“十四五”时期国家重点出版物出版专项规划项目

中国

文化大典

工程档案（古代部分）一

《中国黄河文化大典》编委会　编

中国水利水电出版社
www.waterpub.com.cn
·北京·

图书在版编目（CIP）数据

中国黄河文化大典．古近代部分．工程档案．古代部分．一 / 《中国黄河文化大典》编委会编．-- 北京 ：中国水利水电出版社，2024．12．-- ISBN 978-7-5226-2879-0

Ⅰ．K29；G275.3

中国国家版本馆CIP数据核字第20248M1B28号

项目负责人：营幼峰　马爱梅　陈玉秋

选 题 策 划：马爱梅　宋建娜　李慧君

审图号：GS（2024）3913号

书　　名	**中国黄河文化大典（古近代部分）** ZHONGGUO HUANG HE WENHUA DADIAN（GU-JINDAI BUFEN）
卷　　名	**工程档案（古代部分）一** GONGCHENG DANG'AN（GUDAI BUFEN）YI
作　　者	《中国黄河文化大典》编委会　编
出版发行	中国水利水电出版社 （北京市海淀区玉渊潭南路1号D座　100038） 网址：www. waterpub. com. cn E-mail：sales@mwr. gov. cn 电话：（010）68545888（营销中心）
经　　售	北京科水图书销售有限公司 电话：（010）68545874、63202643 全国各地新华书店和相关出版物销售网点
排　　版	中国水利水电出版社微机排版中心
印　　刷	涿州市星河印刷有限公司
规　　格	184mm×260mm　16开本　57.25印张　736千字　16插页
版　　次	2024年12月第1版　2024年12月第1次印刷
印　　数	001—800册
定　　价	**498.00**元

《中国黄河文化大典》
编　委　会

《中国黄河文化大典》
编委会办公室

《中国黄河文化大典》学术顾问及专家委员会

序　一

5000多年前，中华大地形成了裴李岗文化、仰韶文化、良渚文化、红山文化、马家窑文化、大汶口文化、龙山文化等众多的文明雏形，考古学家形象地比喻为满天星斗。但最终能延续并发展成为中华文明主体的都集中在黄河中下游地区，绝不是偶然的。

黄河中下游绝大部分属于黄土高原和黄土冲积平原，地形平坦，土壤疏松，大多为稀树草原地貌，是对早期农业开发极其有利的条件。在尚未拥有金属农具的条件下，先民用简单的石器、木器就能完成开垦荒地、平整土地、松土、播种、覆土、除草、排水、收获。

黄土高原和黄土冲积的平原地处北温带，总体上适合人类的生活、生产和生存。5000年前，这一带的气候正经历一个温暖期，3000年前后有过一个短暂的寒冷期，然后又重新进入温暖期，直到公元前1世纪才转入持续的寒冷。因此在5000多年前，这一带气候温暖，降水充沛，农作物能获得更多热量和水分，物种丰富，成为当时东亚大陆最适宜的成片农业区。

这片土地是当时北半球面积最大的宜农土地，足以满足不断扩大的农业生产和持续增长的人口的需要。在这片土地中间，没有太大的地理障碍，函谷关、太行山以东更是连成一片的大平原。黄河及其支流、独立入海的河流、与河流相通的湖泊，形成天然的水上交通网。交通便利，人流、物流和行政管理的成本较低。这样的地理环境，使一些杰出人物萌发统一的理念，逐步形成大一统观念，由政治家付诸实行。这一片土地成为大一统观念的实践和基础，“中国”的概念由此产生，并逐步扩大到整个中国。

中华文明的起源和早期发展阶段，呈现出多元格局，并在长期交流互动中相互促进、取长补短、兼收并蓄，最终融汇凝聚出以二里头文化为代表的文明核心，开启了夏商周三代文明。黄河文明是早期中华文明的核心和基础，黄河中下游地区是中华文明的摇篮，黄河是中华民族的母亲河。

中国历史上的统一时期，政治中心都在黄河流域（包括历史时期黄河改道形成的流域）。宋代以前，全国的经济中心和大多数区域经济中心都处于黄河流域。春秋战国时的黄河流域是文化最发达的地区。儒家学说的创始人孔子是鲁国陬邑（今山东曲阜）人。他曾周游列国，晚年回到家乡，致力于儒家典籍的整理和教学；他的众多学生主要来自鲁、卫、齐、宋等国；他的主要传承人孟子、曾子等也都在这一带。齐鲁地区是儒家文化的中心。春秋战国时百家争鸣，几种主要学派的创始人和主要传播地区也集中在黄河流域。墨子（墨翟），道家学派的创始人老子，道家学派代表人物杨朱、宋钘、尹文、田骈、庄子，从道家分化出来的法家慎到，战国中期产生的黄老学派，法家商鞅，荀子（荀况），法家韩非等，以及其他各家的代表人物，都不出黄河流域的范围。

秦汉时代，黄河中游已是名副其实的全国性政治中心，其影响还远及亚洲腹地。黄河下游是全国的经济中心，是最主要的农业区、手工业区和商业区。黄河流域的优势地位由于政治中心的存在而更加强。两汉时期见于记载的各类知识分子、各种书籍、各个学派、私家教授、官方选拔的博士和孝廉等的分布，绝大多数跨黄河流域。“关东出相，关西出将”的说法反映了当时人才分布高度集中的实际状况。

从公元589年隋朝统一至755年安史之乱爆发，黄河流域又经历一个繁荣时期。隋唐先后在长安和洛阳建都，关中平原和伊洛平原再次成为全国的政治中心。唐朝的开疆拓土和富裕强盛还使长安的影响远及西亚、朝鲜、日本，成为当时世界上最大最繁荣的城市。尽管长江流域和其他地区已有了很大的发展，但黄河流域在农业、手工业、商业以及国家财政收入中还占着更多的份额。唐朝这一阶段的诗人和进士主要分布在黄河流域，显示出文化重心所在。

从河源到出海口，亿万中华各族人民在黄河流域生活，生产，生存。他们或农，或牧，或工，或商，或狩，或采；或住通都大邑，或居茅屋土房，或凿窑洞，或栖帐篷，或依山傍水，或逐水草而居。他们的方言、饮食、服饰、民居、婚丧节庆、崇拜信仰，形成丰富多彩的地域文化。

总之，中华文明的源头就是黄河文明，就是中华民族的先人在黄河流域创造的；中华民族最早的生活方式、生产方式、行为规范、审美情趣、礼乐仪式、伦理道德、价值观念、意识形态、思想流派、文学艺术、崇拜信仰，都是在黄河流域形成的，或者是以黄河流域所形成的为主体，为规范，然后才传播到其他地区。

黄河，不愧为中华民族的魂。

大量历史事实足以证明，黄河曾经哺育了华夏民族的主体，曾经哺育了中华民族的大部分先民。她的儿女子孙遍布于中华大地，并已走向世界各地。

夏朝的建立和长期存在形成了由各个部族融合成的夏人，又称诸夏。在商、周时代，人口的主体是夏、诸夏，他们被美誉为华夏（华的本义是花，象征美丽、高尚、伟大），以后常被简称为夏或华。华夏聚居于黄河流域，通过周朝的分封和迁移，扩散到更大的地域范围，并不断融合残留的戎、狄、蛮、夷人口。到秦始皇统一六国时，长城之内的黄河流域，非华夏族都已被融合在华夏之中。

秦汉期间，华夏人口从中原迁入河套地区、阴山南麓、河西走廊、长江两岸、巴蜀岭南、辽东朝鲜。在两汉之际、东汉末年至三国期间、西晋永嘉之乱后至南北朝后期、安史之乱至唐朝末年、靖康之乱至宋元之际，一次次大规模的人口南迁使华夏人口遍布于南方各地。一部分人口主动或被动迁入匈奴、乌桓、鲜卑、高句丽、突厥、吐蕃、南诏、回鹘、契丹、渤海、党项、女真、蒙古、满族的聚居区，在与这些民族融合的同时，传播了华夏的制度、礼仪、文化、技艺、习俗、器物，扩大了中华文明的影响范围，促进了中华民族大家庭的逐渐形成。到了近代，成百万上千万的内地移民闯关东，走西口，渡台湾，迁新疆，开发和巩固了祖国的边疆。至20世纪初，从黄河流域迁出的人口与他们的后裔，已经遍布中国大地。

在向各地输出移民的同时，黄河流域也在大量吸收其他地区的移民，特别是来自周边地区的非华夏移民。匈奴、东瓯、闽越、乌桓、鲜卑、西域诸族、昭武九姓、突厥、粟特、吐谷浑、吐蕃、党项、高句丽、百济、契丹、奚、女真、蒙古等先后迁入黄河流域，这些民族的整体或大部分人口在这里融合于中华民族的主体之中。

尽管今天全国各地的汉族人口并非都来自黄河流域，在南方一些地区和边疆地区其实是世代土生土长的人口占了多数，但绝大多数汉族家族，甚至一些少数民族家族都将中原视为祖先的根基所在。显然他们所认同的不仅是血统之根，更是文化之根，而这个根就在黄河之滨、黄河流域。

黄河，不愧为中华民族的根。

黄河流域有世界上黄土覆盖面积最大、覆盖最厚的黄土高原，本身植被稀少，经农业开发和人为破坏，加剧了水土流失。黄河中游降水往往集中在夏秋之际，在局部时间和地点会将大量泥沙冲入黄河，使河水含沙量达到世界之最。泥沙淤积在下游河床，形成高于两岸地表的“悬河”，一遇洪水就泛滥成灾，决溢改道。黄河成为世界大河中改道最频繁、波及范围最大的河流。

这条哺育了中华民族的母亲河，也曾经使她的儿女子孙历经磨难，黄河的安危历来是国运民瘼所系。“海晏河清”“黄河清，圣人出”，是从帝王到庶民的千古期盼；但面对现实，多少人不得不发出“俟河之清，人寿几何”的浩叹。大禹治水的成果奠定了华夏立国的根基，历代治黄的成功保障了中华民族的繁衍。从《尚书·禹贡》到历代《河渠志》、各地的水利志，从《水经注》到《水道提纲》，从贾让的“治河三策”到潘季驯的“束水攻沙”，从“导河积石”到《河源纪略》，从金匮石室的秘籍档案到野老村夫的私人记录，历代治黄留下皇皇经典和浩如烟海的史料。

黄河作为一条饱经忧患的河，凝聚了中华民族的苦难和与苦难的奋争。“黄河宁，天下平。”历朝历代都将治理黄河作为兴邦安民的大事。特别是1946年以来，中国共产党领导人民开展了波澜壮阔的治黄实践，取得了举世瞩目的伟大成就。黄河文化经久不息、历久弥新，是中华文明的重要组成部分，是中华民族的根和魂。习近平总书记强调，要深入挖掘黄河文化蕴涵的时代价值，讲好“黄河故事”，延续历史文脉，坚定文化自信，为实现中华民族伟大复兴的中国梦凝聚精神力量。

水利部领导有鉴于此，成立以党组书记、部长李国英为主任的编纂委员会，组织专家学者、水利部门领导和专业人士编纂《中国黄河文化大典》，举凡河流与人类文明之关系，黄河文明与其他河流文明之异同，黄河及其流域之自然地理和人文地理，黄河何以为中华民族之魂与根，黄河文化之内涵、外延、特色和变迁，历代治黄之实录、经验和教训，新中国治黄之巨大成就与未来展望，黄河流域生态保护和高质量发展的理念与实践，黄河文化之传播与弘扬，史籍文献、档案资料、旧典新篇、巨著零札，无不广搜博引，严选精编。

盛世修典，功在千秋。我忝为编纂委员会学术顾问，得参与其事，躬逢其盛，曷其幸哉！是为序。

葛剑雄

2021年10月

序　二

黄河流域文明源远流长，首先表达为中国新石器时代的仰韶文化（公元前 5000 年—前 3000 年）、大汶口文化（公元前 4300 年—前 2400 年）、龙山文化（公元前 2400 年—前 1900 年）。至于中国水利文明的开始，则是妇孺皆知的距今 4000 年前的大禹治水的传说。有人说当时的大暴雨是全球性的，因为一些民族的神话传说都流露出一些痕迹。大禹治水主要发生于黄河流域，在中华民族形成过程中是有着强大凝聚力的伟大事件。黄河流域也在此后几千年间成为中华民族政治、经济、文化的重心地带。

文化是民族的血脉，是人民的精神家园。在我国 5000 年文明发展历程中，各族人民共同创造出源远流长、博大精深的中华文化。它凝聚着中华民族自强不息的精神追求，为中华民族的发展提供了强大的精神支撑。回顾历史为的是着眼于未来。人类文明发展史证明，先进的文化筑就国家强盛之基。从文艺复兴的历史来看，它曾开创人文主义的思想解放运动。当年一些思想家挣脱欧洲中世纪宗教神权的精神枷锁和封建君主专制，在古希腊和古罗马的优秀思想中寻求智慧，从而开创了欧洲社会发展的新纪元，促成了 18 世纪末由英国开始又很快传播到欧洲的第一次工业革命，成为人类思想史辉煌的一页。然而以优胜劣汰为指针的西方文化，在以“大同世界”“天下为公”为目标的中华传统文化面前，却难掩其不足。当年辜鸿铭就曾当面责备翻译《天演论》的严复说，“自严复译出《天演论》，国人只知物竞天择，而不知有公理，于是兵连祸结”，直指只讲自由竞争的西方价值观的缺憾。真正的大国强国，不仅取决于它的经济和军事实力，也取决于它的精神文化的感召力。历史经验提示，文化是社会政治、经济、技术发展的原动力。在前人的基础上，我们应该探寻优秀传统文化的时代内涵和新的发展理念，走出一条新的道路。如今编纂的《中国黄河文化大典》系统总结黄河流域的文化演进，是水利部党组落实习近平总书记关于黄河流域生态保护和高质量发展讲话精神的重要部署，是保护、传承、弘扬黄河文化的重大出版工程，是服务于当代水利实践的重要文化建设。

如何理解前人沉淀在众多文化典籍中的古老智慧，青蒿素的发现就是有说服力的例证。从 20 世纪 60 年代开始，由屠呦呦领衔的研究者从众多古代医药书中筛选出有研究前景的几种治疗疟疾的中药。从大约 1900 年前晋代葛洪著《肘后备急方》记载的“绞汁”获得灵感，发现青蒿素，获得诺贝尔奖。后来又从其他典籍和民间验方中发现黄花蒿等几种高效抗疟药物，进一步打开传统医学研究服务当代的成功之路。

在前沿科学创新中也不乏传统文化的身影。2001 年数学家吴文俊指出，他发现并因此获得国家最高科学技术奖的“几何定理证明的机械化问题，从思维到方法，至少在宋元时代就有蛛丝马迹可寻”。他在《东方数学的使命》中再次强调，现代计算机数学和我国古代数学算法的思维方式相一致，“从这个意义上讲，我们最古老的数学，也是计算机时代最适合、最现代化的数学”。既然现代基础科学尚可以从传统文化的继承中推陈出新，在经验性很强的以大自然为背景的科学领域，尤其要进行综合研究。

科学发展史说明，在古代文明中，科学是一个统一的体系。直至15世纪下半叶，在文艺复兴运动推动下，科学才逐渐分化为自然科学与人文科学两大部类，而每一部类又逐渐分化为各门学科。正是由于学科的分解才有力地促进了科学的深入发展，生产力大为提高。在科学不断分化的同时，近百年来科学的融合也在悄然兴起。自然科学内部的有关学科之间加强了交叉联系，进而自然科学也开始注重与历史、管理等社会科学的相互渗透。尤其是像水科学这样以大自然为背景的科学领域，边界条件十分复杂，还不可能分析一切自然界的影响因素，何况其间还加入了人类大规模改造自然所产生的对水环境的影响。而水科学与历史的交叉研究恰恰在构建一个包括人类活动在内的自然界的统一景象，并由此在增进对自然的理解方面显现出自己的优势。

例如，以往的防洪方针主要是控制自然态洪水。水利规划就是根据算水账来进行工程布置，认为控制了洪水也就控制了灾害。但多年来的实践却未能尽如人意，灾害损失大幅度提高，主要江河都发生了不利于防洪的变化。但这些防洪形势的不利变化并非由于水利工程不足，也不是自然洪水显著变异所致，而主要是社会无序发展所产生的负面效果。然而直到20世纪末，世界各国都仍将水灾只称作自然灾害，其实2000年前汉代贾让“治水上策”早就强调：水灾与过度的社会开发有关。自此之后，在2000年的治河史上，当出现单纯运用工程防洪走投无路时，几乎无例外地提出了人类发展要主动适应洪水客观规律的类似见解。世界各主要国家在20世纪中叶以来所普遍推行的工程与非工程相结合的防洪措施的精神实质也相类似。由此我们在自然科学和社会科学交叉研究的基础上，通过历史模型方法提出："灾害具有自然属性和社会属性，双重属性全面概括了灾害的本质属性，缺一不成其为灾害。"灾害双重属性不是防灾减灾政策制定的依据，也不是工程与非工程减灾措施的另一种表达方式，而是对灾害本质属性的哲学概括。在双重属性当中，二者缺一就不能构成灾害。没有人类活动，就算天崩地裂也无所谓灾害。水利部原部长汪恕诚在2003年发表署名文章，认为"灾害双重属性进一步阐明了灾害的本质属性，这是一种哲学思维方面的进步，也是中国政府在1998年长江发生大洪水后对洪水问题进行深刻思考得出的结论"。他还进一步指出：这些基础理论成果在2002年新修订的《中华人民共和国水法》中得到了体现。古代治水思想研究为当代防洪减灾方针提供了有益借鉴。

在高科技时代，为什么还能够从传统哲学中寻求借鉴？古代生产力低下，自然力对人类社会处于支配地位，人们不得不怀着敬畏的心情，更多地关心和记录自然变异对人类社会的影响，注重天文、地理与人事之间的综合思考。虽然前人对自然规律的认识不及今人深刻，但这种综合思考的原始自然观和世界观，反映的却是和现代相似的客观事实。可见，科学与人文的分割，曾经妨碍了我们的视野。"灾害双重属性"的提出是在许多水利及相关历史典籍的整理中，在1991年淮河、长江和太湖大水灾的实地调查中得到的启示，继而将视野扩展至世界防洪减灾现实，终于有所感悟。

近年来，基于传统水利典籍的搜集整理，在水科学和水文化上做出重要贡献的还有许多。例如中国大运河申请世界文化遗产的基础论证；世界灌溉工程遗产的研究与申报；水利风景区规划；古代水利典籍汇编；以及向社会推介12位历史治水名人，无不借重于传统水利及文化典籍的学习和研究。从事这些工作的心得，是期待更广泛、更系统地搜罗宏富的系统文献。如今《中国黄河文化大典》率先启动，邀约部内精英和社会贤达共襄盛举，汇编流域内水科学水文化典籍，规模巨大，蔚为大观。此外还安排有和黄河治水文化有关的专题研究。在流域范围里产出如此大体量系统的文献整理和研究成果，彰显出组织者促进水科学与水文化融合的深邃思考。

被喻为“中华民族的摇篮”的黄河，既造就了广大的华北平原，提供了民族生存和发展的基础环境，又是一条“善淤、善决、善徙”的多灾多难的河流。2000多年来，它曾北夺海河，自天津入渤海；又南夺淮河，从云梯关入黄海。它在华北平原上往复摆动，频繁决溢，对面积达25万平方千米的国家腹心经济区构成重大的威胁。黄河之所以如此不安定，主要是由于河水挟带的大量泥沙淤积在下游，将河床年复一年抬升的缘故。以往黄河每年从中游带下约16亿吨泥沙，除12亿吨可以直接输送入海外，其余4亿吨堆积在下游河床里。下游河床越淤越高，形成高于两岸地平面的“悬河”。黄河也因此成为“中国之忧患”。黄河下游地区历来是国家的重要经济区，因而历代王朝都把治理黄河，减轻黄河洪水灾害，作为国家的大政方针。

黄河的根本出路何在，是古往今来人们关注的重大宏观研究课题。今天的宏观研究应不同于古代。为了科学地制定黄河防洪战略，对于它的高含沙量以及由此带来的种种后果和问题，都应有准确科学的答案。也就是说，宏观研究必须以一系列的微观研究做基础。因此，为了把黄河治理纳入科学的轨道，为防止和减轻黄河水灾，基础科研亟待加强。近百年来曾经用过模型方法，试图求得解决之道。在模型运用上首先是物理模型和数学模型，这是运用最多的两种方法。加上上面提到的历史模型，三种模型都有着共同的特点，即无论哪种模型，都是中介物。模型方法都是通过对中介物的研究来认识原型。区别则在于它们模拟原型的方法和形态各有不同。近百年间通过对黄河下游的水沙调节，谋求防洪安澜的努力，就曾结合我国古代治河经验，开展了以上三种模型方法的试验。

黄河上第一次物理模型试验，是在20世纪30年代进行的，那是由李仪祉先生推动，委托德国水工模型实验创始人恩格斯教授主持，在瓦痕湖试验场开展，共进行了两次。第二次试验采用平面比尺1∶165，垂直向比尺1∶110的变态模型，河床质采用从国内带去的黄土。验证试验肯定了明代治河专家潘季驯“束水攻沙”理论和他所设计的系统堤防。然而限于当时的条件，模型比尺小，悬移质模拟困难，因而只得出了定性结论，没有取得定量成果。

在20世纪60年代，也曾直接依据历史文献说明黄河下游河床演变规律，首见于钱宁和周文浩所著《黄河下游河床演变》。这是国内研究黄河泥沙和河床演变的力作。在该书绪论中，作者就详细说明：“研究河床演变不可能离开河道的历史背景……这些丰富的历史遗产使我们有条件重温河道的历史演变过程”，历史治水文献“是造床科学中一份最宝贵的历史遗产”。他们还在该书的许多章节中大段引用历代先贤治理河道状况和水力输沙的创造性见解，如欧阳修、苏辙、万恭、潘季驯、陈潢等一众先贤的认识。而在写到黄河游荡性河段特性时，还记录了沿河群众“一弯变，弯弯变”和“一枝动，百枝摇”的民谚，生动地说明了由于险工挑溜角度的改变，或滩岸河势变化，河床左右摆动会向下游传播的游荡性河道特征。可见，汇编整理治黄历史典籍和民间谚语等智慧，对于了解和研究黄河科技和文化，对于社会可持续发展有重要的意义。

当然，历史研究能再现实在的历史过程，但历史与现实只具有一定程度的相似性。历史研究不可能穷尽对研究对象的所有认识，并且主要在宏观问题上具有显著的优势。黄河含沙量居于世界诸大河之冠，带来了黄河治理的复杂性。1949 年后，我们曾对黄河下游防洪做了许多工作，主要依靠堤防和险工，取得 50 年无决口的历史纪录；也曾在中游河道建设系列水库滞蓄洪水和泥沙，并提出黄河水沙同是宝贵资源的新理念。但黄河安定的最终出路何在，仍是国家关注的重大课题。直到 21 世纪初，开始了旷古未有且极具魄力的黄河下游河道治理的全新探索，相较于模型研究，它是在 1∶1 的黄河下游原型上的“模型”实验。于是，调水调沙应运而生。其主要目标是，在黄河下游河道堤防现状下，运用现代化高新技术以及万家寨、三门峡、小浪底等水库对水沙的调配，使黄河进入健康发展阶段。

调水调沙试验在 2002 年开展，通过水库调蓄泄放，形成人造洪峰，加大了对下游河床的冲刷。20 年来黄河调水调沙取得的成果是：黄河主槽不断萎缩的状况得到初步遏制；下游河道主槽平均降低2.6米，主河槽过流能力（水不上滩流量）由2002年汛前的1800立方米每秒，提升到2021年汛前的5000立方米每秒左右。调水调沙以来，黄河累计入海总沙量达28.8亿吨，防洪减淤效果明显。得益于调水调沙，黄河下游河道沿线以及河口三角洲生态状况好转，取得了显著的社会效益，在适应自然规律的基础上，助推了黄河的健康发展。调水调沙实践将成为科学技术史上的重要篇章。

如今，社会以前所未有的速度在前进，物质层面的新技术新产品令人炫目且极具诱惑，科学技术也因此走上圣殿，被公认为社会发展的动力。而孕育科学发展原动力的文化，却一度被冷落。然而看似柔软的文化，却是人类社会持续发展的内在动力，对传统文化的重新整理研究，也应成为科学创新的源泉之一，为科学带来灵感和想象力。可见，科学的发展非但不应该排斥文化，相反，提炼文化中的历史经验和信息，并与之相融合，正是科学所要完成的重要课题。为了大力加强黄河水文化建设，为水利科学发展提供精神营养，我们期待着《中国黄河文化大典》的早日问世。

周野一

2021年11月

编纂说明

《中国黄河文化大典》全面记录了我国历代黄河治理的辉煌成就，系统展现了历代黄河治理的理论与实践，传承了经典典籍中蕴含的思想观念、人文精神和道德规范。《中国黄河文化大典》是胸怀国之大者、保护传承弘扬黄河文化的具体体现，是坚定文化自信、延续历史文脉的重大出版工程，对中华优秀传统文化创造性转化、创新性发展意义重大。

《中国黄河文化大典》编纂出版原则是：句读合理，标点正确，校雠细致，校勘有据。

一、为方便阅读，将底本的繁体竖排改为简体横排，原文中表示前后关系的“如左”“如右”等予以保留，实际表达的含义为“如下”“如上”，只在每个编纂单元首次出现时统一注释说明。

二、底本中的异体字、俗字等原则上改为简体字，不出校。“粘”“爬”等用字因字词的义项发生变化，虽然已经不适用于现在的字词义项，但仍保持原貌不予修改，只在每个编纂单元首次出现时统一注释说明。

三、原文中的数字用法仍依底本不改；人名、地名易生歧义者，不予简化；底本中的双行小字注释改为单行小字注释。

四、对原文献分段，逐句加标点，标点遵循 GB/T

15834—2011《标点符号用法》。

五、文献正文以及文中引文部分，除校改明显错误外，一般不作不同版本的校注。对原文献进行校勘，凡有可能影响理解的文字差异和讹误（脱、衍、倒、误）都标出并改正。如有必要再以校勘记进行说明，校勘记置于页下，文中校码紧附于原文附近。正文改字在正文中标注增删符号，拟删文字用圆括号标记，正确文字用六角括号标记，如把拟删的“下”改成“卜”，格式为“（下）〔卜〕”。

六、对于史实记载过于简略，明显谬误之处，以及古代水利技术专有术语、专业管理机构、工程专有名称及名词等，进行必要的简单注释。

七、每个编纂单元前，有文献整理人撰写的“整理说明”，其主要内容包括文献的时代背景，作者简介及其主要学术成就，文献的基本内容、特点和价值，文献的创作、成书情况和社会影响，整理所依据的版本及其他需要说明的问题。

八、每分册前设有“前言”，其主要内容包括本分册涵盖的典籍内容、文献价值、出版意义和版本特色，本分册典籍入选原则以及与编纂有关的需要特别说明的情况等。

九、为保持文献历史原貌，本次整理不对插图进行技术处理。

《中国黄河文化大典》的编纂出版得到了水利行业及社会各界的广泛关注和大力支持，中共中央宣传部、中央政策研究室、文化和旅游部、中国科学院、中国社会科学院、中国工程院、清华大学、北京大学、复旦大学等部门及单位给予了大力支持，不少院士、专家、学者担任编委会及专家委员会委员，指导编纂工作。本书的点校专家、审稿专家、编纂工作组织者亦付出了巨大努力，在此诚表谢意。

由于工程浩大、编校繁难，编纂过程中难免存在疏漏，欢迎广大读者、专家批评指正。

《中国黄河文化大典》编委会办公室

《中国黄河文化大典》
工程档案（古代部分）一

主　　编　白鸿叶

副 主 编　马爱梅　宋建娜　李慧君

参编人员　白鸿叶　翁莹芳　成二丽　杨箫杨　张　萌
易弘扬　房智超　王　双　刘笑含

审稿专家（以姓氏笔画为序）
牛建强　李云鹏　李孝聪　吴　漫　郑小惠
康　弘

前　言

黄河起源于距今115万年前的早更新世晚期，形成于距今10万至1万年间的晚更新世。远古时期，黄河中下游地区气候温和、雨量充沛，适宜原始人类生存。黄土高原和黄河冲积平原特殊的自然地理环境，为我国古代文明的发育提供了较好的条件。黄河作为中华民族的母亲河，它哺育了中华民族，孕育了中华文明。但黄河也曾给沿岸百姓带来严重灾难。自春秋战国时期以来，黄河灾害频仍，决堤泛滥不断，至明清时期尤为严重。基于黄河的重要性及其造成灾害的频繁性和严重性，从古至今人们从未停止过对黄河的调查、研究和治理。历朝历代也积累了浩如烟海的黄河相关文献。这些文献不仅有专书、舆图、谕旨、奏议、传记、诗词、图说，也有散见于正史、典志、实录、地方志、文集、笔记、类书、丛书中的散篇。其中的绝大部分在中国国家图书馆有藏，本书精选其中20种清代黄河河工水利图，作为古代黄河河工档案的重要呈现。

中国国家图书馆是国家总书库、国家书目中心、国家古籍保护中心和国家典籍博物馆，它的前身是京师图书馆。1909年9月9日，清政府准奏设立京师图书馆，1928年更名为国立北平图书馆，1951年更名为北京图书馆，1998年12月12日更名为中国国家图书馆。中国国家图书馆馆藏宏富、撷英集萃，继承了南宋以来的历代皇家藏书，最早的馆藏可远溯到3000多年前的殷墟甲骨。敦煌遗书、《赵城金藏》《永乐大典》和文津阁《四库全书》四大专藏为世界瞩目。

中国国家图书馆收藏的黄河相关文献，主要涵盖两大类：一类是古地图、金石拓片等，1949年前的约有400种；另一类是古籍文献，包括善本、普通古籍、地方志、民族语文文献等，1949年前的约有200种。其中古地图历史悠久，图面内容不仅包含丰富的地理信息，如地形、河流、湖泊、交通路线、城市规划等，还记录了当时的社会、政治、经济、文化等方面的信息。这些信息对于历史研究和地理学研究具有重要的价值，是研究地理演变和古代水利工程的重要资料。同时，古地图也是文化遗产的重要组成部分，传承和保护古地图对于弘扬传统文化和促进文化交流具有重要意义。

黄河作为地理要素在古地图上出现的年代很早。我国现存最早的石刻舆图之一《禹迹图》（1136年刻石）上关于黄河的刻画就已经相当准确、清晰。目前存世的最早的黄河专门舆图出现于元朝。清朝是黄河舆图绘制的井喷期，中国国家图书馆馆藏黄河相关舆图绝大部分出自这个时期，总数接近400种，可谓数量众多、类型多样。中国国家图书馆收藏的黄河相关舆图除黄河全图、黄河源图外，大多为黄河中下游地图，主要涉及陕西、河南、山东三省。从内容来看，中国国家图书馆馆藏黄河相关舆图主要包括河道图、河徙图、河患图、河工技术图、河防工程图等。河道图是以记录黄河河道为主的舆图。河徙图是记录黄河河道迁徙的舆图，多以历代河图的形式汇集成册。河患图是记录黄河河道漫溢、决口等灾后实况的舆图。河工技术图是记载河工器具、工程技术等的图表，一般以图说形式汇集成册。河防工程图是主述黄河堤防工程的舆图，涉及堤、坝、埽、堡等工程。

本书收录的工程档案主要是清代黄河河工水利图，又可细分为河工技术图与河防工程图两类。其中河工技术图以《河工合龙做法图式》为代表，此图册采用左图右说的形式，记录了堵合黄河漫口所采用的河工合龙做法，包括堵筑大工捆厢出占合龙式、未捆艎船式、捆龙骨式、明过肚式、暗过肚式等，共计20幅图和20篇图说。书中出现“乾隆四十三年”字样，故此合龙做法有可能用于应对乾隆四十三年（1778年）七月黄河在河南仪封十六堡决口之灾情。河防工程图以河南卫粮厅绘制的4幅随奏折河图为代表，即《卫粮厅光绪二十八年分做过岁修埽工砖土石各工河图》《卫粮厅光绪三十三年分做过岁修埽砖土石各工河图》《卫粮厅宣统元年分做过岁修埽砖土石各工河图》及《卫粮厅属阳武阳封封邱三汛现在河势情形图》。这4幅地图分别绘出不同年代卫粮厅属阳武汛、阳封汛和封邱汛经管之黄河北岸大堤各堡及迎水坝、越堤、圈埝等堤工位置，并贴签标注埽工段长。4幅地图的地理范围、绘画风格和内容比较接近，以动态叙事的方式展现了清道光年间到宣统年间卫粮厅所属黄河北岸河段的堤防工程治理的过程。图中还标绘了不同材料构成的堤防工程，有传统结构的土坝、碎石坝，有新型材料的砖坝、砖石坝等，展示了清末河务管理的实践和经验。

黄河河工技术图与河防工程图都属于河工水利图，是黄河工程档案的重要组成部分，具有重要的历史和技术价值。这些图形象直观地记录了黄河的演变过程和古代水利工程的建设情况，为今人研究清代黄河治水工程提供了重要资料。本书精选的20种水利图，都是清代中后期主管河工的官员编绘的官绘本图，更具历史性和真实性。希望通过这批古代河工水利图的展示，使读者更清晰地了解清代黄河的水利工程。古地图是文化遗产的重要组成部分，也希望能够通过这些古地图挖掘更多黄河流域的文化和历史，为现代水利工程和环境保护提供重要参考和科学依据。

黄河历史文献作为古代先贤治河智慧的结晶和治河理论的总结，是研究各个历史阶段黄河变迁、决溢灾害、治河人物、黄河河政和河工技术等赖以借鉴的重要内容。所谓鉴古知今，整理、研究以及充分利用黄河历史文献，兼顾历史与现实，坚持文化引领，有助于深入挖掘黄河文化的丰富内涵和历史意义，全面阐释黄河文化的时代价值。这项工作不仅对于当前乃至以后的黄河保护、治理、开发、利用和研究具有重要意义，而且能打造一张弘扬中华优秀文化的特色名片。

2024年11月

编　例

一、本书精选收录中国国家图书馆藏黄河河工水利图20种，年代以清代为主，基本为卷轴装、经折装的长卷本或拼接后为长卷本，绘制精细，内容丰富，系黄河图中的精品。

二、本书所收录的黄河河工水利图分为河工技术图与河防工程图两大类。

三、全书按“先全图，后分段图”排序。除全图外，其余为中下游图，涉及陕西、河南、山东三省。

四、每种文献涵盖题名、目录信息、说明文字、全景、详图5项内容。

1. 文献有原题名，照录；文献无原题名，照录中国国家图书馆文献数据所用题名。

2. 目录信息包括版本、年代、尺寸（单位：厘米）、数量4项。

3. 说明文字主要介绍地图的年代、绘制者、尺寸、图向、图面信息、河工水利相关信息及其他延展信息。

4. 全景为带题名的封面或长卷略图，或二者兼有。

5. 详图有多幅。

五、书中存在较多历史地名，与今名不同，或统属关系有变。书中一般使用历史地名，照录当前文献中的用字；若照录可能引起歧义，则在该字后加圆括号标出正确用字。

六、本书收录之图片年代久远，旨在真实展示原图原貌，以清晰呈现当时的河流走向、河工状况、水利设施及地理信息等关键内容，核心在于彰显其学术价值。需要说明的是，若图片清晰度不足，系原图自身条件所限，非后期处理之失。

目　录

《黄河图》

版本：彩绘本

年代：清咸丰五年（1855年）后

尺寸：23厘米×852厘米

幅数：1幅

《黄河图》长卷描绘了清代咸丰年间的黄河上游、中游河道以及黄河下游旧道。清咸丰五年（1855年），黄河在河南兰仪县铜瓦厢北岸决口改道，经山东入渤海。本图虽然绘于此次改道之后，但并未绘出改道之后的新河道。对于铜瓦厢以下的河段，仍然按照改道之前的黄河旧道进行描绘。

此图采用形象画法，用黑色双线勾勒河道走势，河源至盛土山一段主干道着青色，盛土山至吐谷浑界未着色，自小积石山起至铜瓦厢着黄色。铜瓦厢以下为清咸丰五年（1855年）黄河改道之前的旧河道，图中标有“干河”。在“干河”河段中，自铜瓦厢至泗汾岗段着褐色，自泗汾岗至入海口段则为赭石色。对于黄河支流，图中多用深浅程度不一的青色表现。此外，还采用形象画法勾勒出黄河两岸的山峦、城池（比如府、州用矩形围墙示意，县用矩形或圆弧形围墙示意）、关隘、庙宇、界碑、聚落。

自河南武陟县起，出现了红色图示的河工描绘，用红色粗线示意河工形态和走势，在整体的地理描绘上格外醒目。从细节上看，所有与河工有关的内容均有图示和文字注记，大至堤坝，小至堡房。对于不同类型的堤坝均有形象的描绘，比如对顺坝、托坝、戗坝和挑坝的区别示意。此图自有河工处始，注记多为对堤工长度（距离）的标注，如“河南黄河南岸七厅，西自荥泽汛民埝头起，东至江南砀山汛界止，计程四百九十七里零八十七丈九尺六寸”，并且会分别注记缕堤、遥堤、月堤和格堤的工长，体现了当时堤防体系的完整性。此外，注记中还具体叙述了河兵、埽夫和堡夫的人数，可见此图与河道巡防关系密切。

从图注类型上看，此图标记了省界（如甘肃省、陕西省界）、汛界（如武陟汛、荥泽汛界）、自然景观（如积石山、鄂灵湖）、人文景观（如雷音寺、嘉应观）、府县（如兰州府、中卫县）以及村镇名称（如木栾店）等。河工图示出现前，图注多为自然景观及其间距离的记录。河工图示出现后，注记多为对河工内容及其长度的记录，包括修筑性质（民修）、设堡房、河兵、堡夫数量、工长等。

与“探源”功能相比，黄河地图在治河中的作用和功能更为重要和明显。明代，黄河决堤频繁，朝廷命重臣前往勘察和测绘黄河河段，大臣则以“图说”上奏皇帝，既说明了水患的根源所在，又用治河工程地图的形式阐明治黄的方案和经验。此图属于明清时期黄河图中的长卷式彩绘本全图，绘本是除水利典籍附图之外的另一种表现中国河运水利工程的重要历史文献。它采用中国传统绘画和地图相结合的方式绘制，以描绘黄河治理、运河漕运和各地水利工程为主。虽然河渠水利典籍中也常附有河道图、河工图，比如《续行水金鉴》所附单色刻本黄河图，由于受到幅面尺寸、色彩等的限制，与着色的绘本地图相比，在表现力和内容上都稍逊一筹。总体而言，绘本地图更清晰易读，更容易让读者掌握河渠水利工程系统的全貌。因此，明清两代的黄河治理工程多以河工水利绘本地图作为主要的参照依据和呈报内容。

此图采用的描绘手法是风景（山脉）与地理要素（府州县治所、河流、桥梁、庙宇符号等）并存，即地图画法与山水景物画法相结合的绘制手法。这种画法的地图在中国有悠久的历史，对研究历史上的水利、水患及治理都非常有意义。古代地图绘制的目的在于使用，而不是为了再现，对此李孝聪在《古代中国地图的启示》中提出：“古代中国人的地图从表面上看，似乎不如西方人的地图那么精确，但是中国人的地图体现了相当明确的务实性。”尽管这类地图上没有明确的数学参考基础（如方里网、经纬度等），但图中地物的地理位置和相对位置关系是正确的，并且多附有文字说明，有助于了解当时的河渠水利工程状况。

金元以后黄河长期夺淮入海，大量泥沙排入海口，河口不断延伸，使坡降变化，曲流河段增多，加速了河口以上河道的淤积。明清两代定都北京，京杭大运河是王朝生存的经济命脉。黄河和京杭大运河虽然归属于两个完全不同的河渠系统，但二者在黄河下游地区有所交织，黄河的安危关系到漕运的通塞，因此“治河即治运”成为两代国策。明清政府“治黄”的首要目的是“保运”，解除东西向的黄河对南北走向的京杭运河漕运的干扰，确保京师物资的供给。

清代治河沿袭明代潘季驯“筑堤束水，以水攻沙”的方略。不同之处在于明代治河的重点在徐州至清江浦（今淮安市）段，当时这一段黄河就是运河河道，为了维护漕运的畅通，避免黄河北决冲毁山东运河、南决危及皇陵（凤阳）和祖陵（古泗州），必须保证这一段河道稳固。到了清代，黄河下游日久淤高，地处黄、淮、运交汇处的清口[1]排水不畅，“黄强淮弱”，汛期黄水往往倒灌入洪泽湖，冲破高家堰，洪水决入里下河地区，不仅灾害严重，更主要的是漕运阻塞，影响到北京的供应。清康熙十六年（1677 年），靳辅出任河道总督以后，治河治运重点转移至清口及清口以下至黄河入海口的河段。十九世纪以后，下游河道淤废不堪，黄河日渐高悬，决口连年发生，决口河段从黄河入海口开始向上游推移，其中尤以淮安至河口段河患最为频繁。道光朝以来，内忧外患，政治局势动荡，治河不力，也加剧了黄河下游河道的决口现象。

清道光五年（1825 年），河督琦善、严烺因河底增高，归海阻滞，曾拟于北岸改导黄河入海，即将入海口移至灌河口。但经专员查勘后，发现灌河海口内外，河窄滩高，土性胶淤，难容全黄，不宜导黄入海。但是清口淤高，河漕交病，想要用“减黄蓄清”的办法，并抛筑碎石坦坡以蓄清。当时完颜麟庆正任河南开归陈许道，据《麟庆私档》载清道光五年（1825 年）十月的一份奏折，他认为大要在于固守堤防，疏涤海口。并且“今日黄河全局，在下游必先筹疏浚，在上游仍首重堤防。”[2]

参考前人的经验和实际操作，麟庆提出了很多具体措施，这些河工在图中均有体现。清嘉庆二十四年（1819 年）以来，异涨漫堤，河身抬高，临黄各坝大半淤成平陆。针对这种情况，麟庆认为：“惟有以防为治，疏筑兼施。”首先，临黄险工之处，旧有挑、顺、盖、戗、鱼鳞、磨盘等坝之淤垫塌卸者，应根据损毁状况禀报修复。其次，对于河势坐湾，大溜逼近堤身，尚未生工者，预为筑坝备防。或于对面切滩放溜，以免顺堤厢埽之险而多费。

---

❶ 清口：淮水会黄河口，因淮水经洪泽湖沉淀后水流较清而得名。当时的南北运口都是先与淮水相会，然后经清口与黄河相会，所以清口等于运口的延续，是漕运必经之地，为“粮运咽喉所系”。其地位之重要甚于运口。

❷ 中国水利水电科学研究院水利史研究室编，再续行水金鉴，湖北人民出版社，2004 年，第 241–242 页。

这是以实际有效的应对措施而提出的建议。再次，逢弯取直，开挑引河，是疏浚第一良法。此外，治河也应因时制宜，“严督厅营，于霜清后，集料积土，栽植柳株，春令趱筑签堤，搜捕獾鼠。伏前放龙沟，开马路，厢做防风捆扎秸枕，实心实力，认真讲求，预为大汛修防根本”。

《黄河图》自河南武陟县起，详细标注了两岸的堤坝工程，是研究清代水利史的重要文献。

张萌

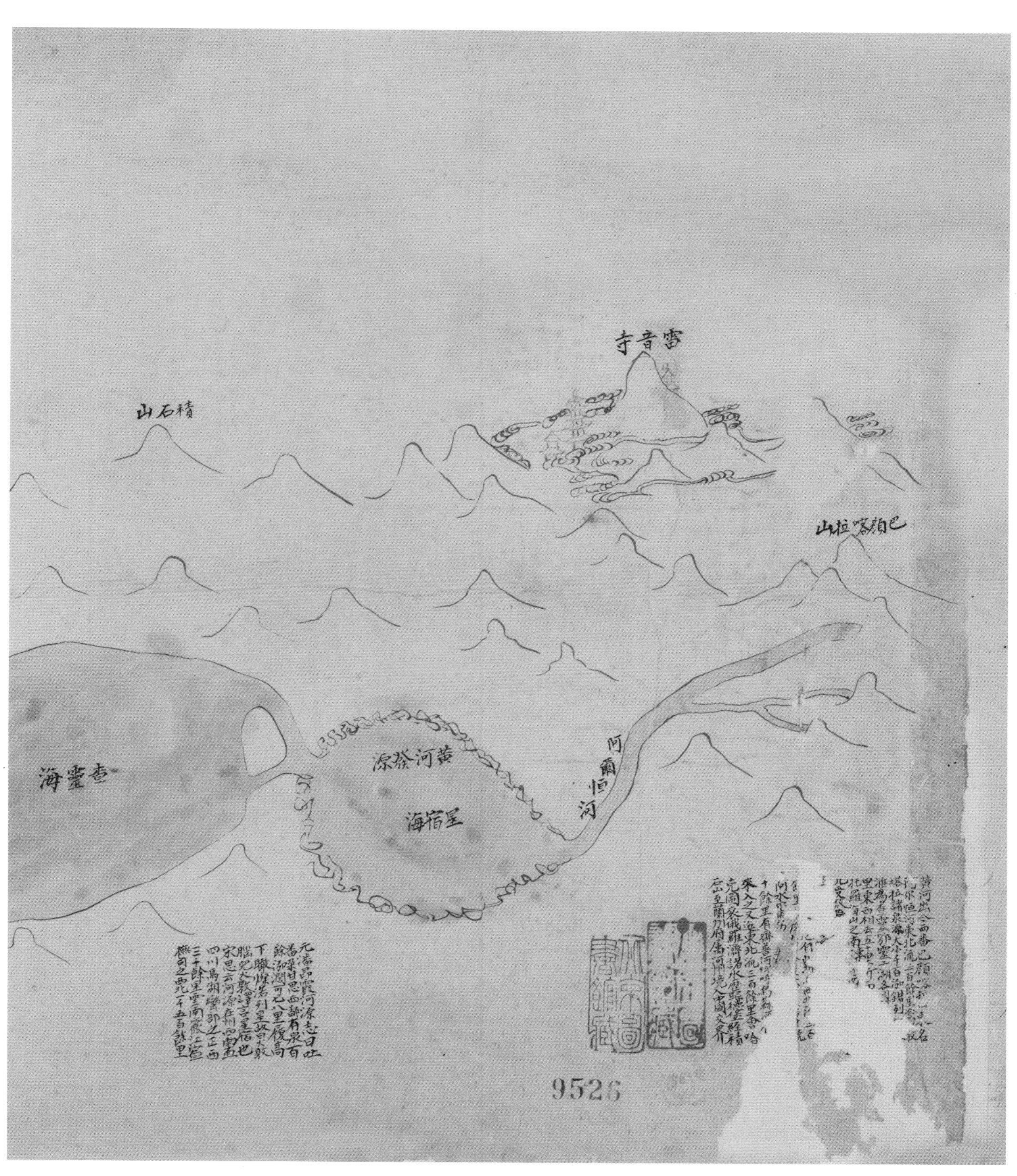
雷音寺
積石山
巴顏喀拉山
查靈海
黃河發源
星宿海
阿爾恒河
元潘昂霄河源志曰吐
蕃朶甘思西鄙有泉百
餘泓泪可七八里履高
下瞰燦若列星故曰火敦
腦兒火敦譯言星宿也
宋思云河源在州西南直
四川馬湖蠻部之正西
三千餘里雲南麗江宣
撫司之西北一千五百餘里
9526

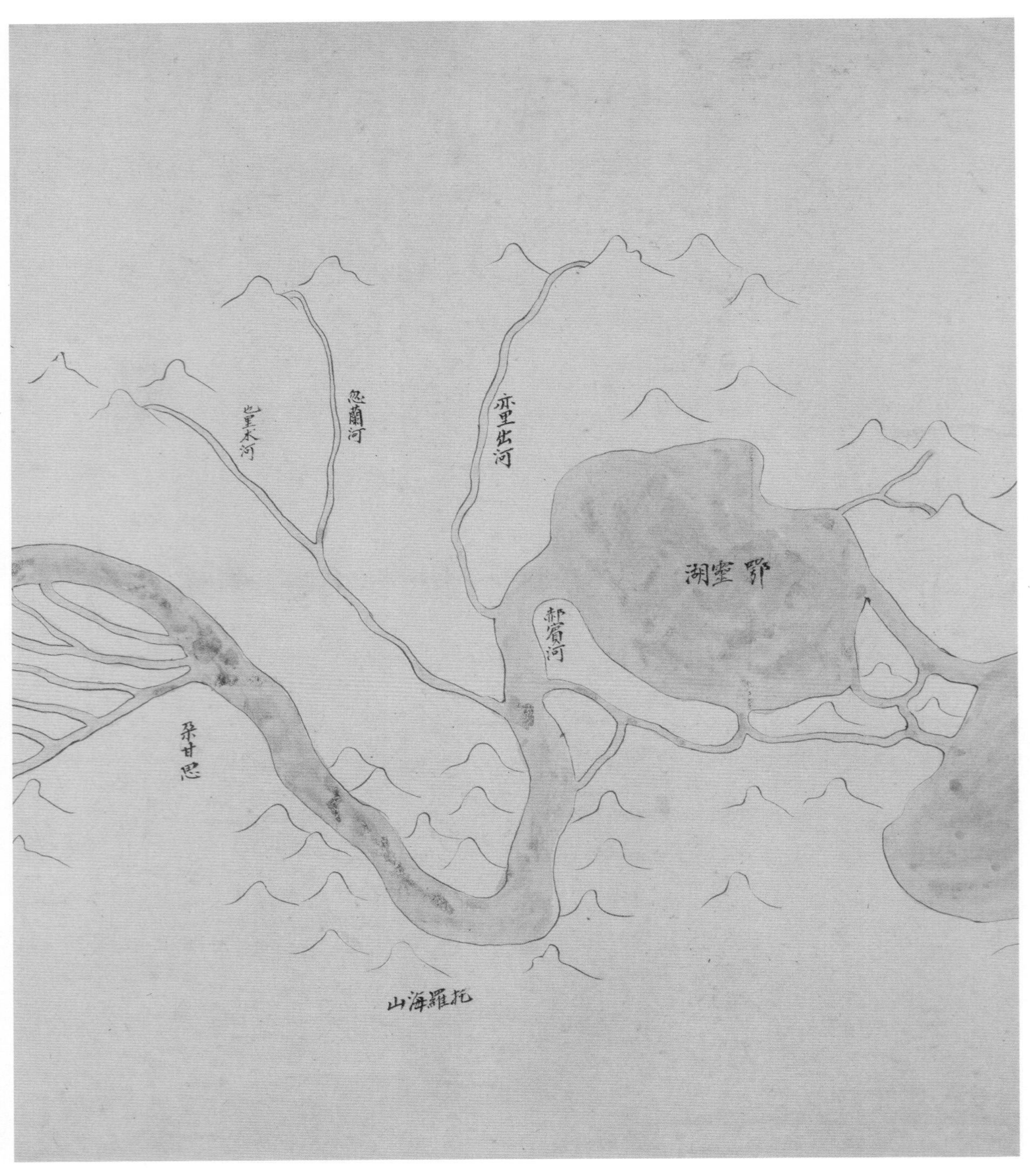
忽蘭河
也里术河
亦里出河
郝賓河
鄂室湖
朵甘思
托羅海山

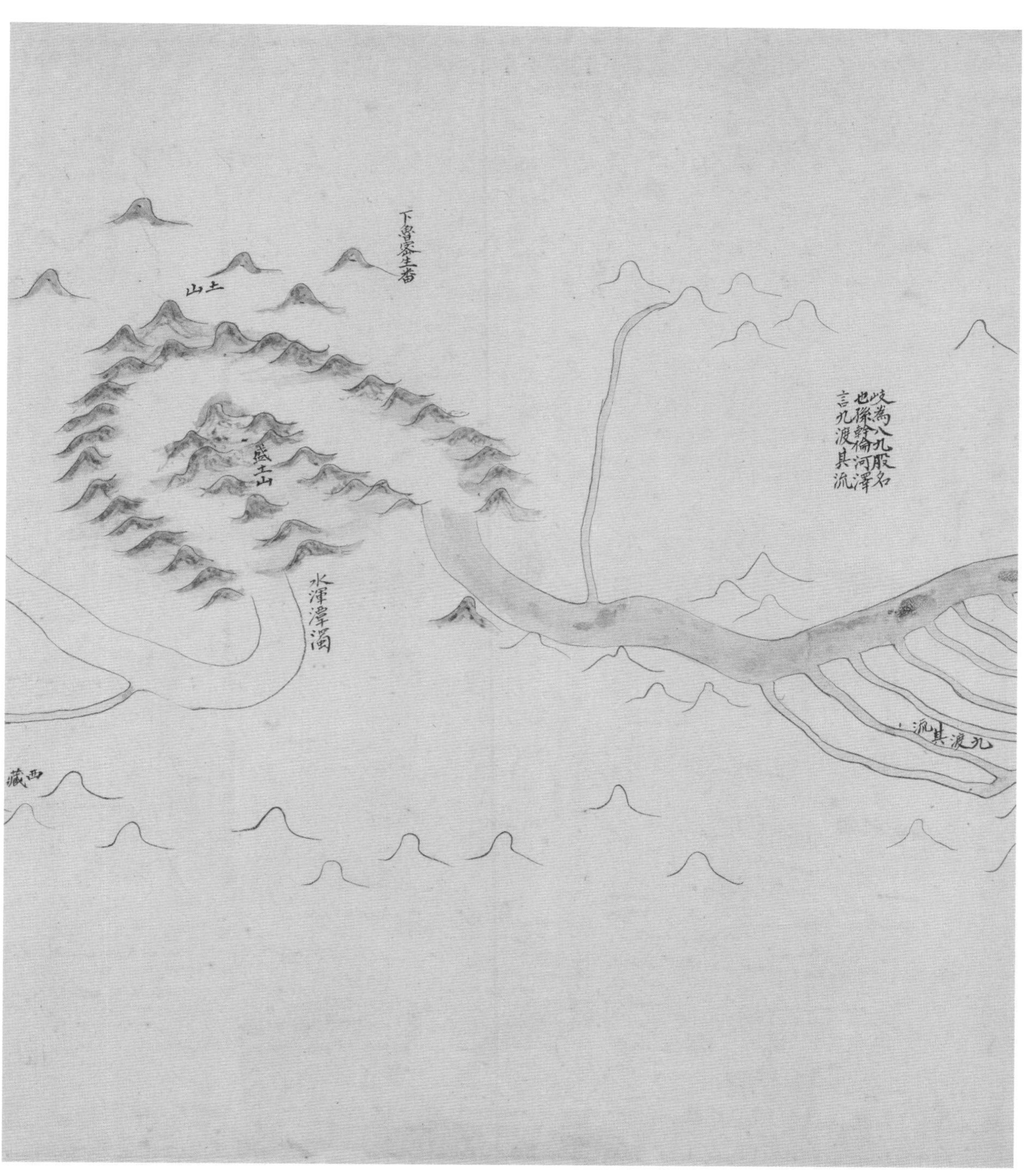
下魯寨生番
土山
盛土山
水渾潭濁
岐為八九股名
也孫幹倫河澤
言九渡具流
九渡具流
西藏

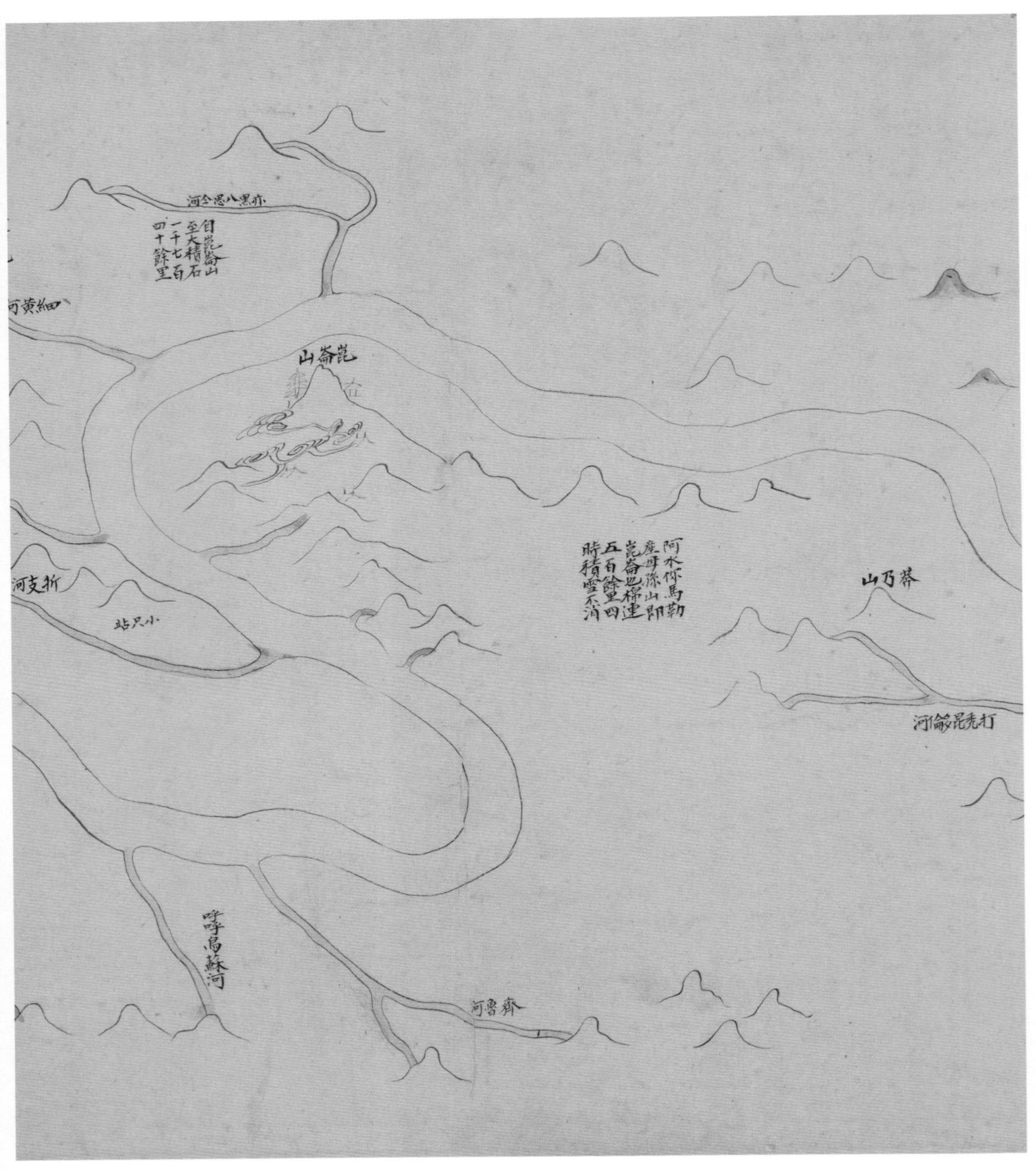
亦黑八思合河
自崑崙山
至大積石
一千七百
四十餘里
細黃河
崑崙山
阿水你馬勒
產母孫山郎
崑崙也棉連
五百餘里四
時積雪不消
莽乃山
折支河
小只站
打兗昆倫河
呼呼烏蘇河
齊魯河

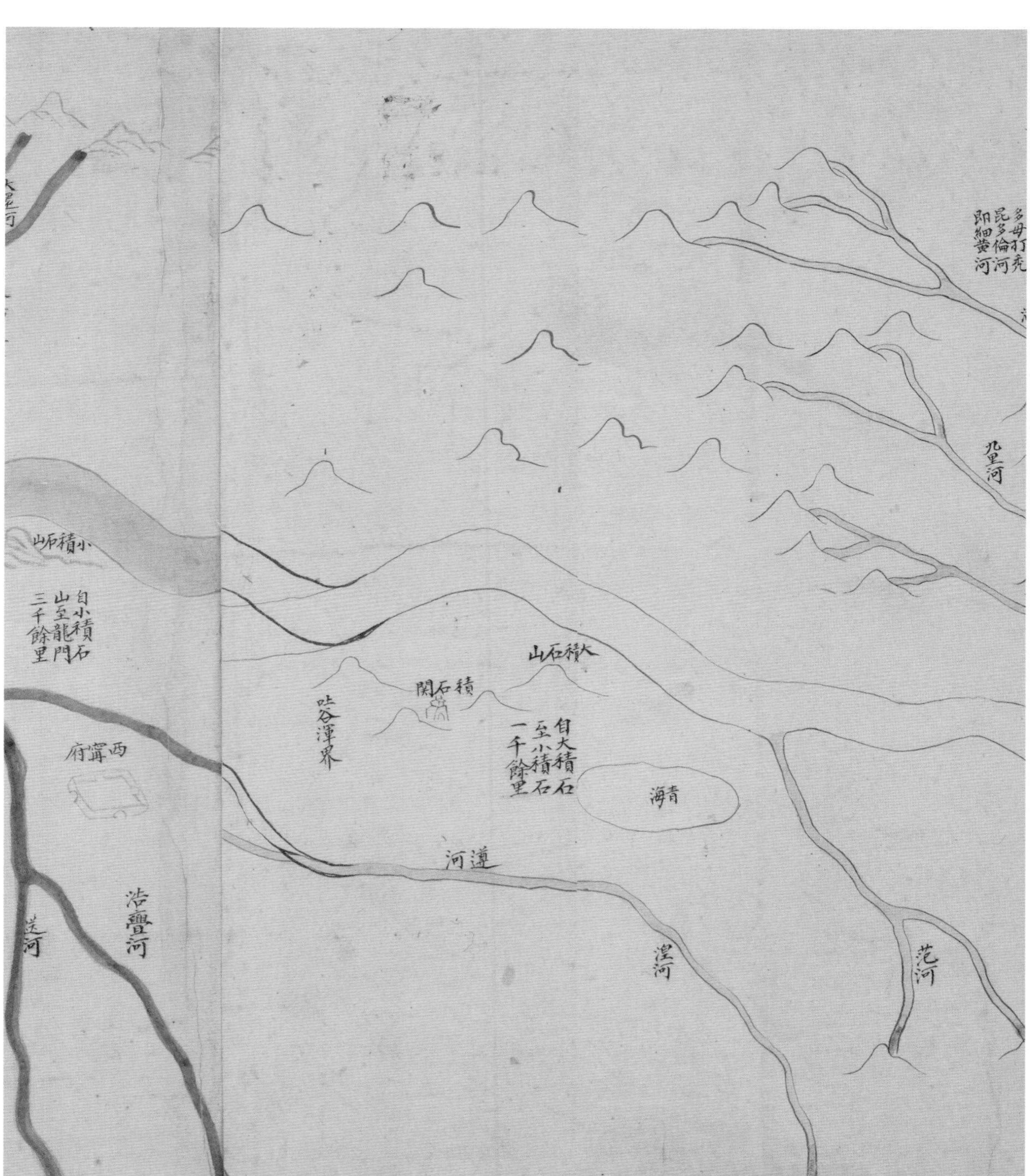

多母打充昆多倫河即細黃河
九里河
小積石山
自小積石山至龍門三千餘里
大積石山
積石關
吐谷渾界
自大積石至小積石一千餘里
西寧府
青海
河道
湟河
浩亹河
范河

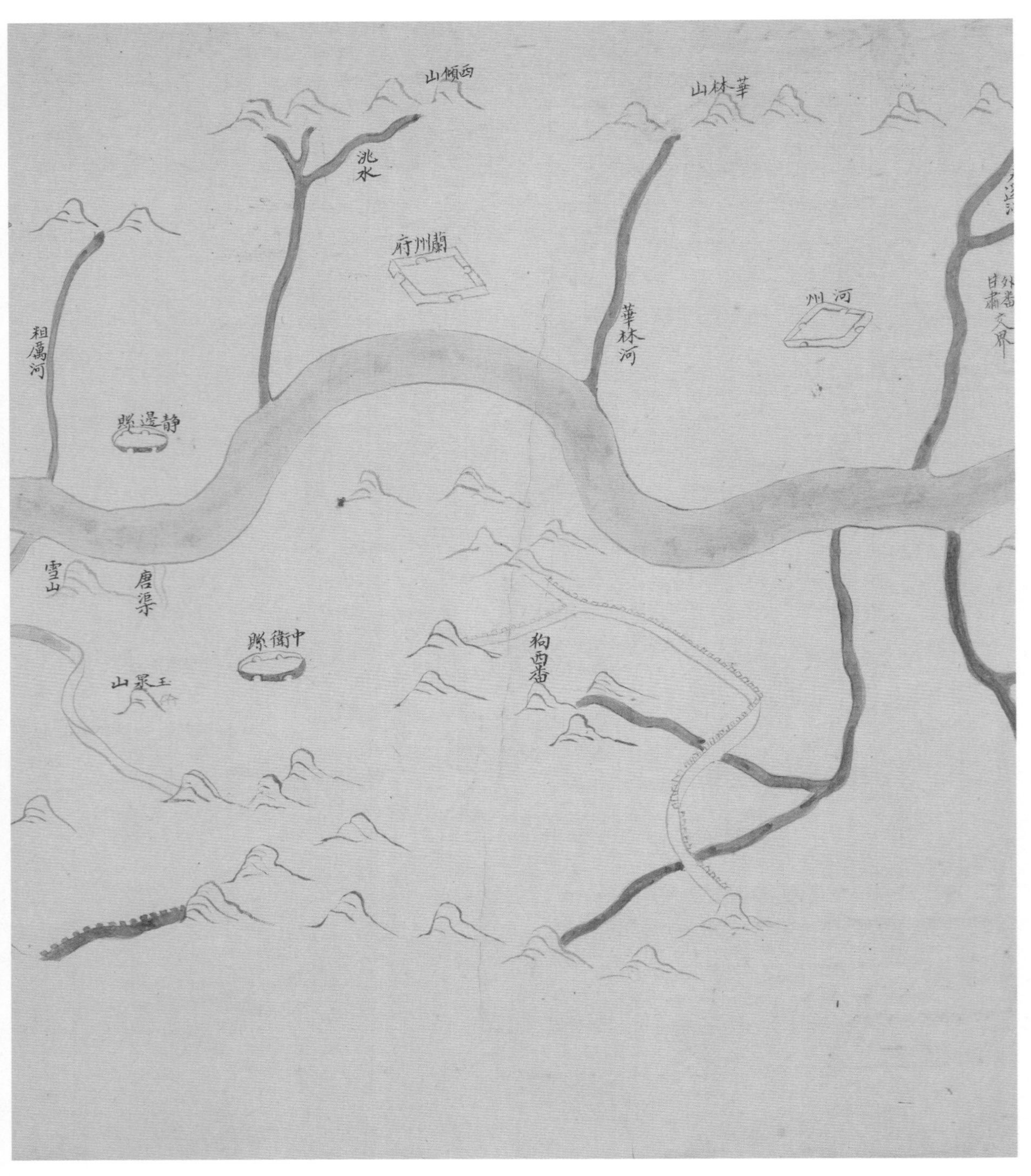
西傾山
華林山
洮水
蘭州府
華林河
河州
外番甘肅交界
祖厲河
靖遠縣
雪山
唐渠
中衛縣
狗西番
玉泉山

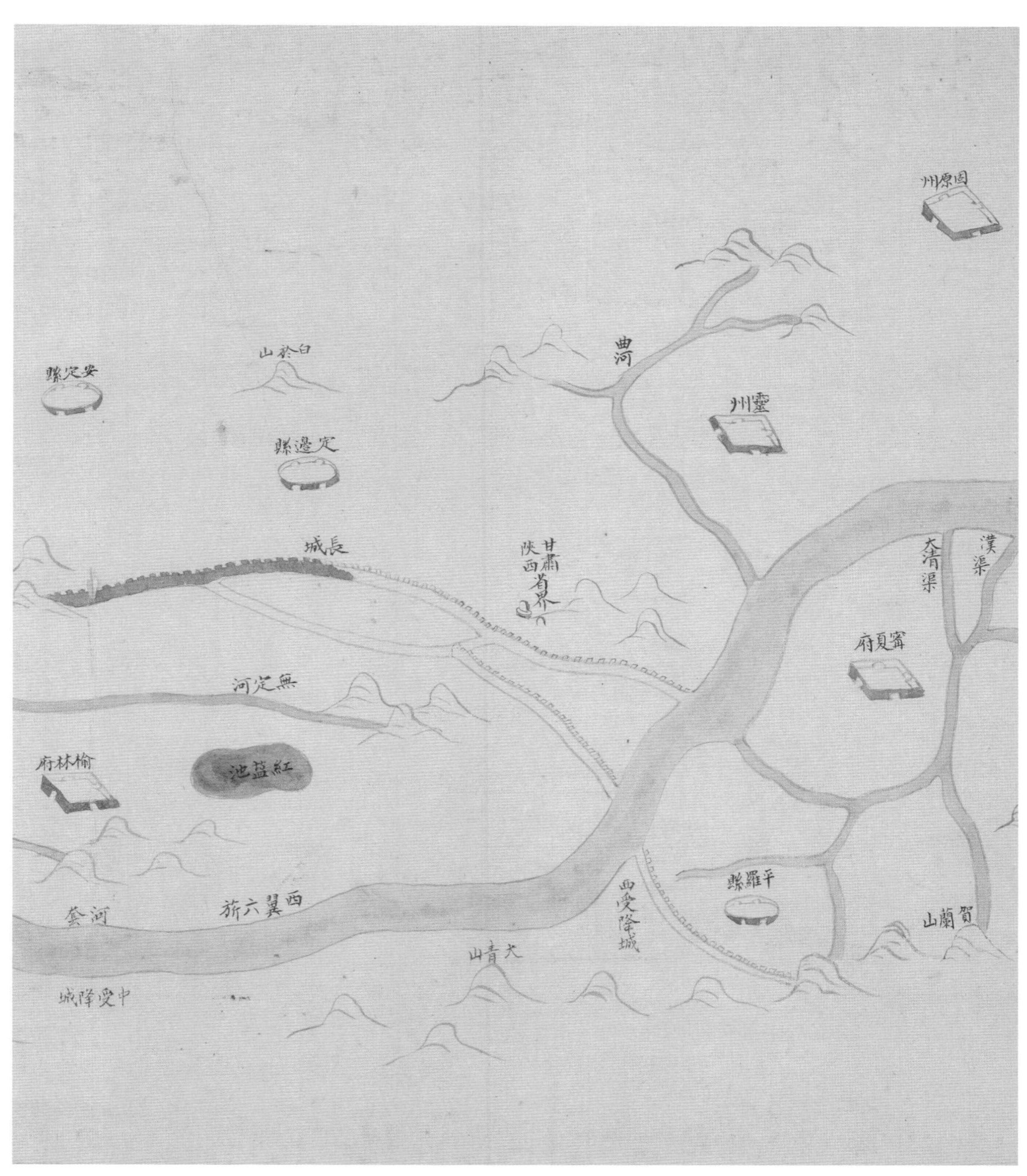
固原州
曲河
靈州
白於山
安定縣
定邊縣
長城
甘肅
陝西
省界
寧夏府
大清渠
漢渠
無定河
榆林府
紅鹽池
平羅縣
西受降城
賀蘭山
河套
西翼六旂
大青山
中受降城

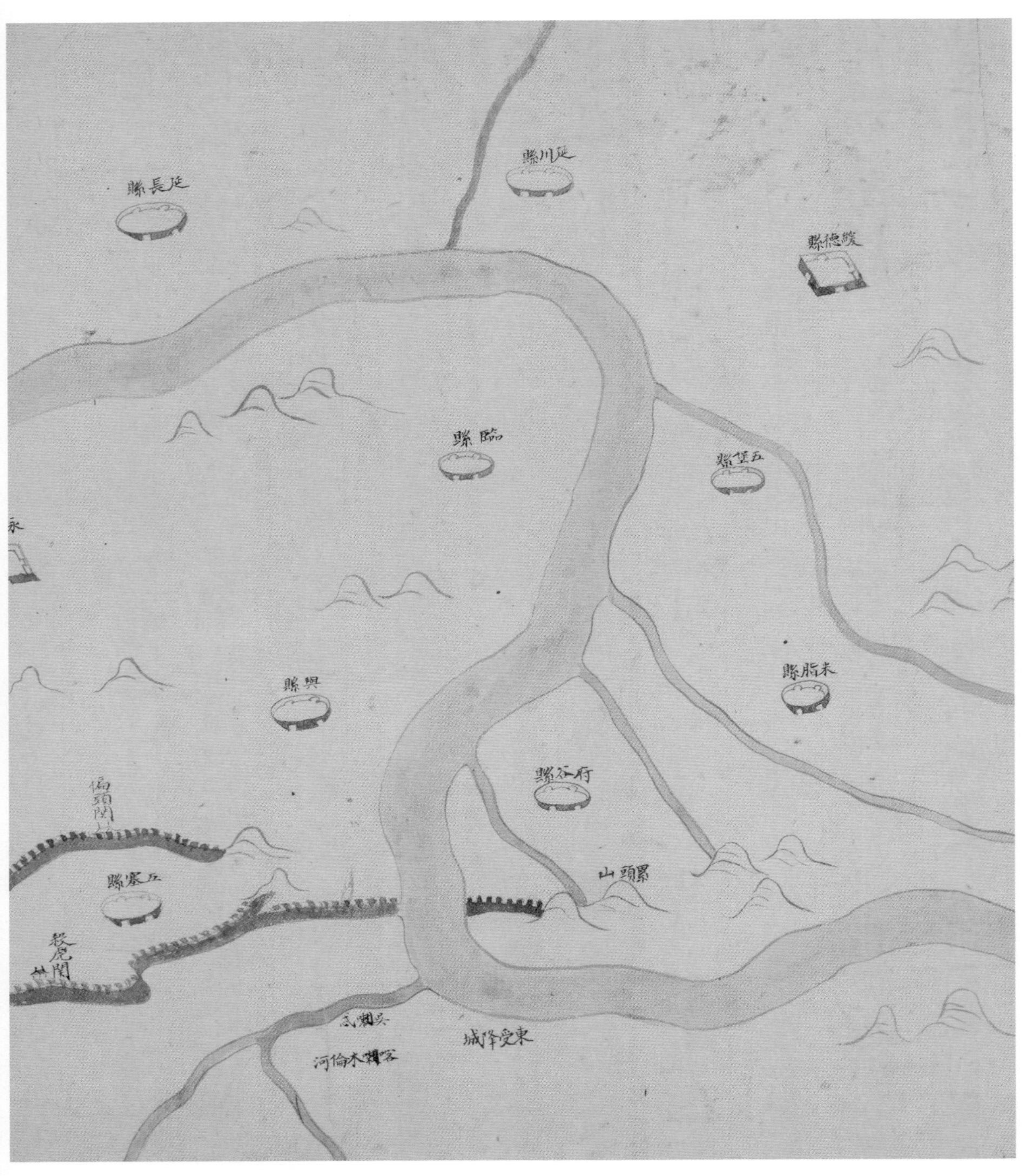

延長縣
延川縣
綏德縣
臨縣
米脂縣
興縣
府谷縣
東受降城

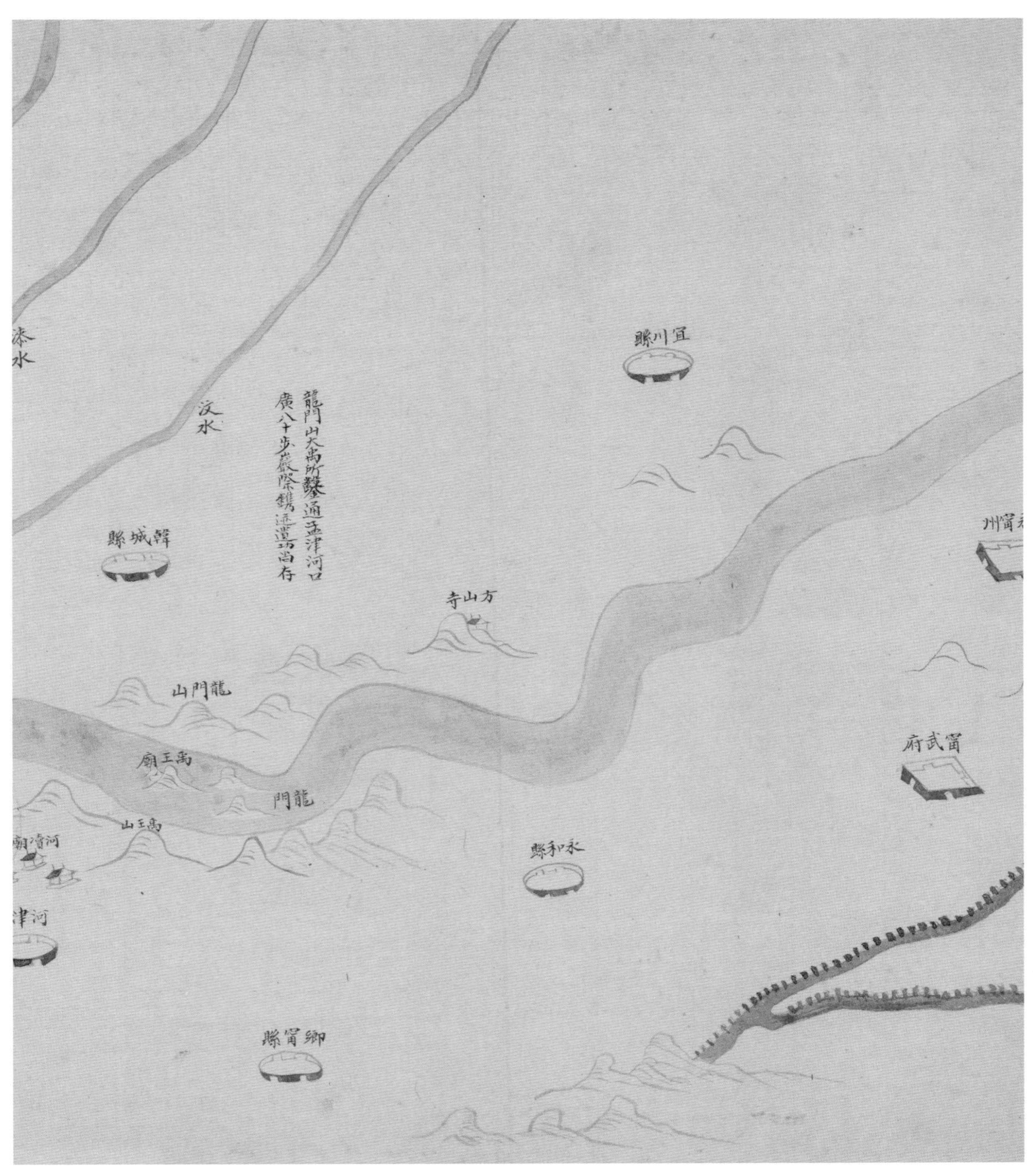
涑水
汾水
龍門山大禹所鑿通孟津河口
廣八十步巖際鐫迹遺功尚存
宜川縣
韓城縣
方山寺
龍門山
禹王廟
龍門
禹王山
河津
永和縣
甯武府
鄉甯縣

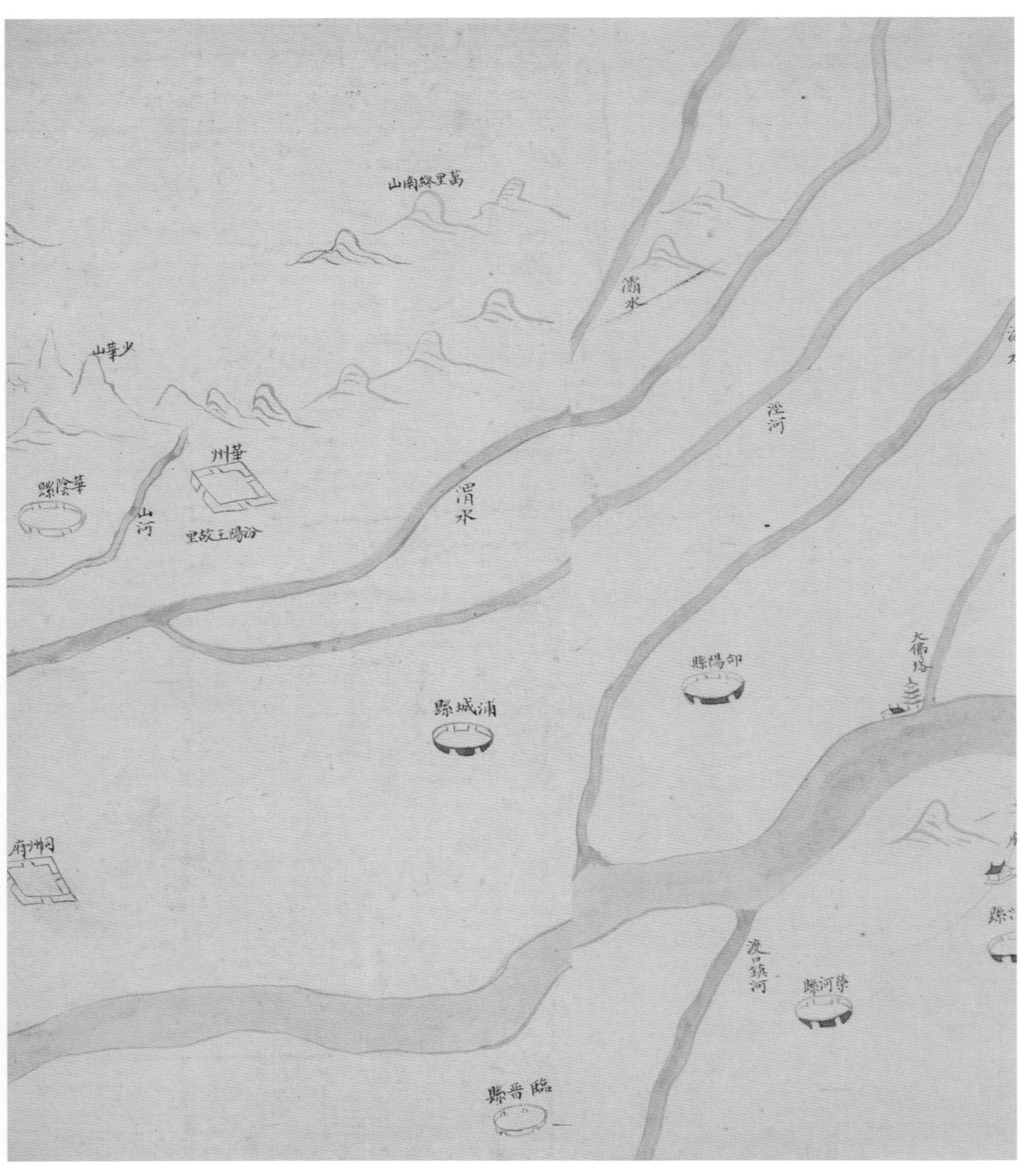
萬里終南山
少華山
華州
華陰縣
山河
汾陽王故里
渭水
灞水
涇河
蒲城縣
同州府
郃陽縣
大佛塔
渡口鎮河
榮河縣
臨晉縣

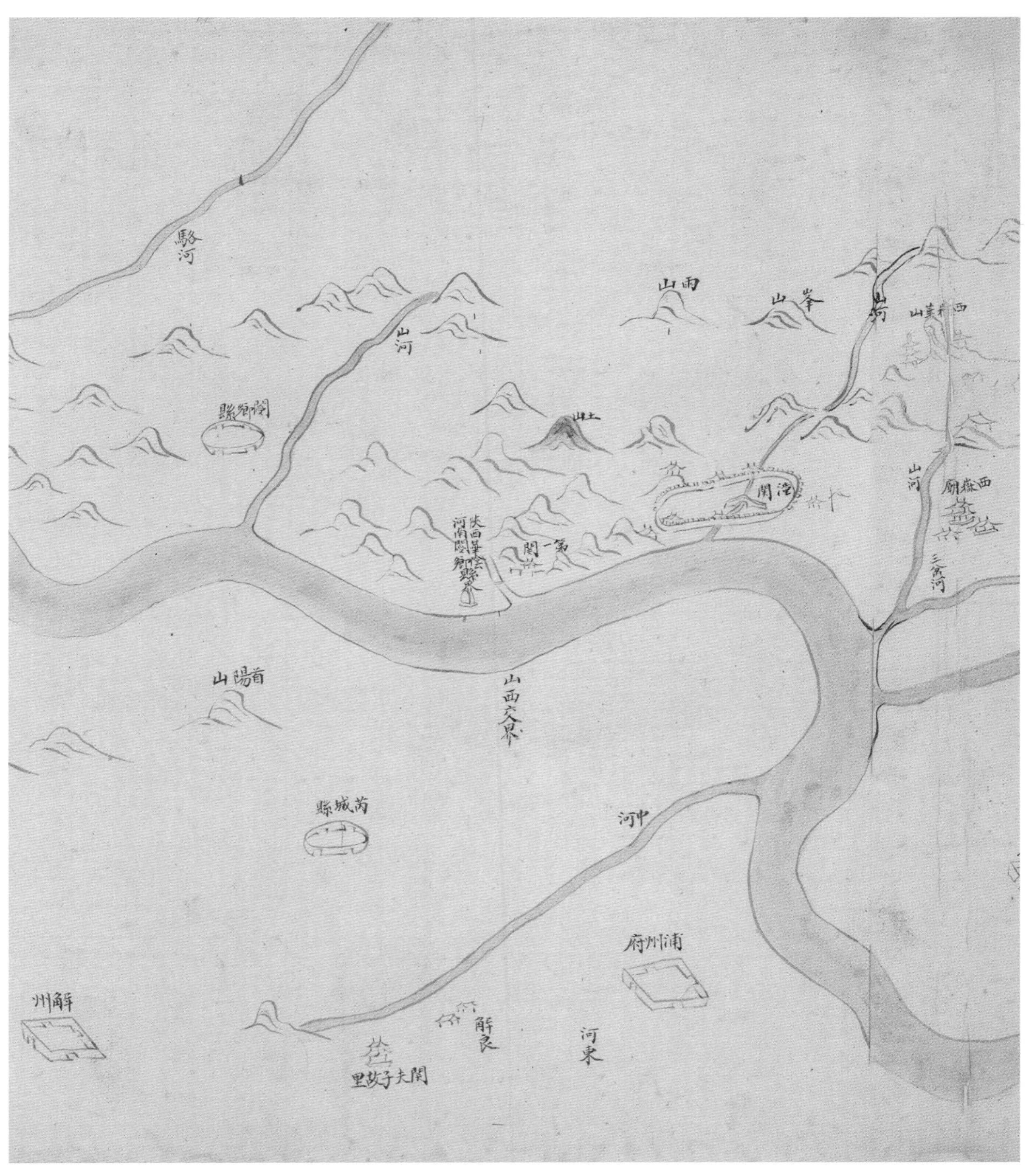

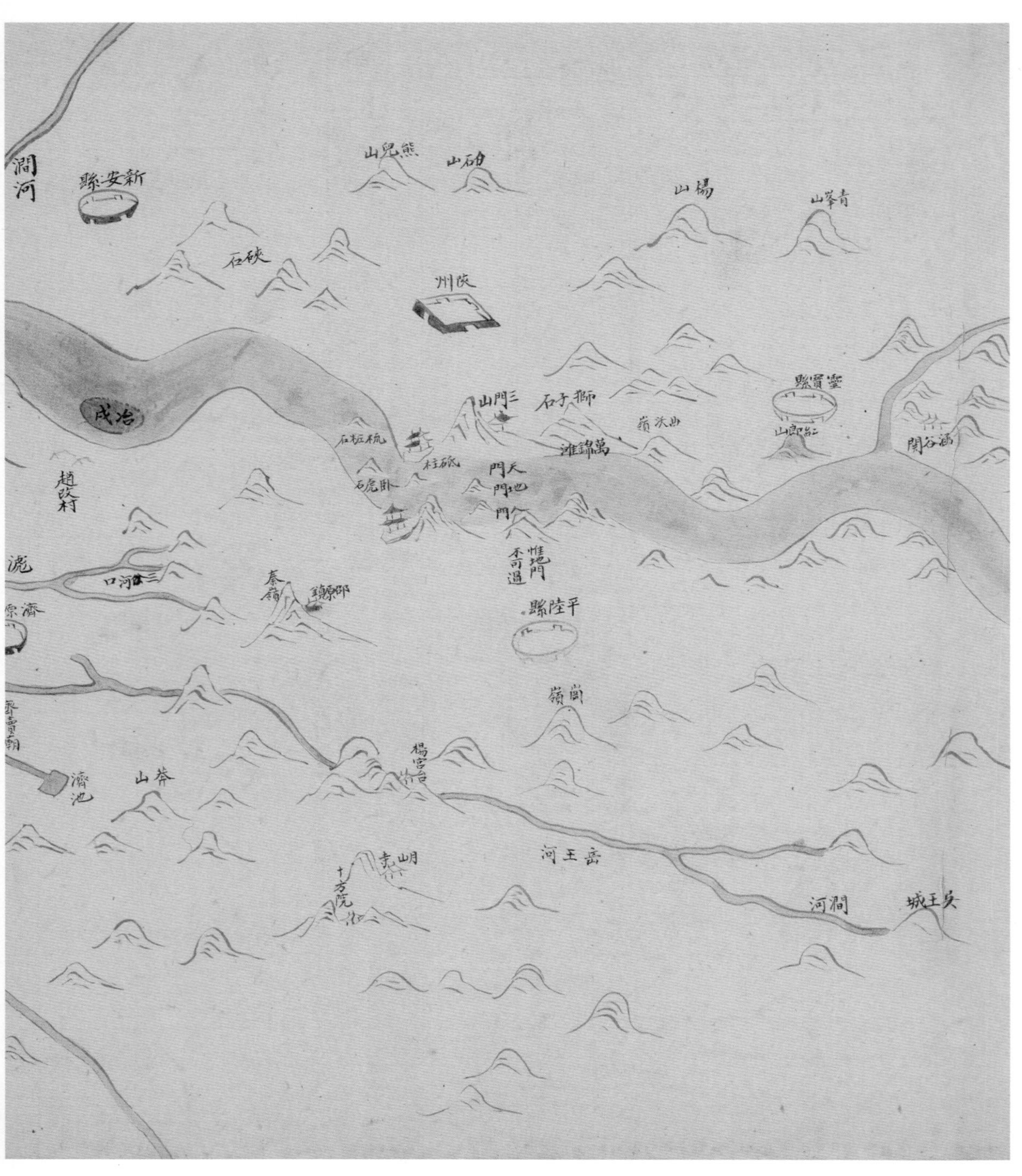

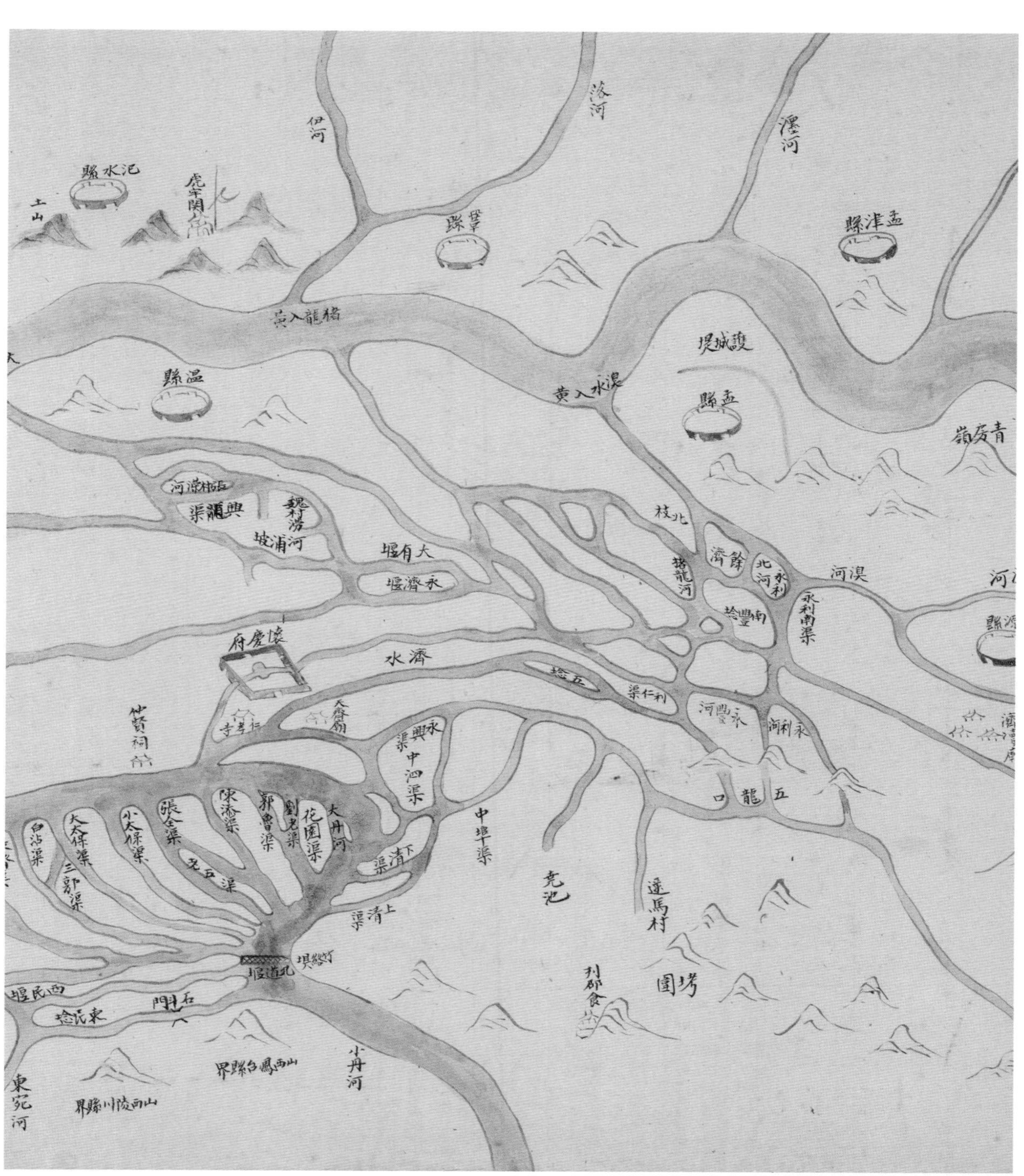

汜水縣
虎牢關
土山
伊河
洛河
鞏縣
瀍河
孟津縣
溫縣
護城堤
孟縣
北枝
猪龍河
北河
永利
湨河
永利南渠
大有堰
永濟堰
懷慶府
濟水
利仁渠
永豐河
永利河
五龍口
永興渠
中泗渠
花園渠
大丹河
下清渠
上清渠
張全渠
陳渰渠
郭魯渠
小太保渠
大太保渠
三郭渠
白沽渠
中埠渠
逯馬村
石門
西民堰
小丹河
山西鳳台縣界
山西陵川縣界

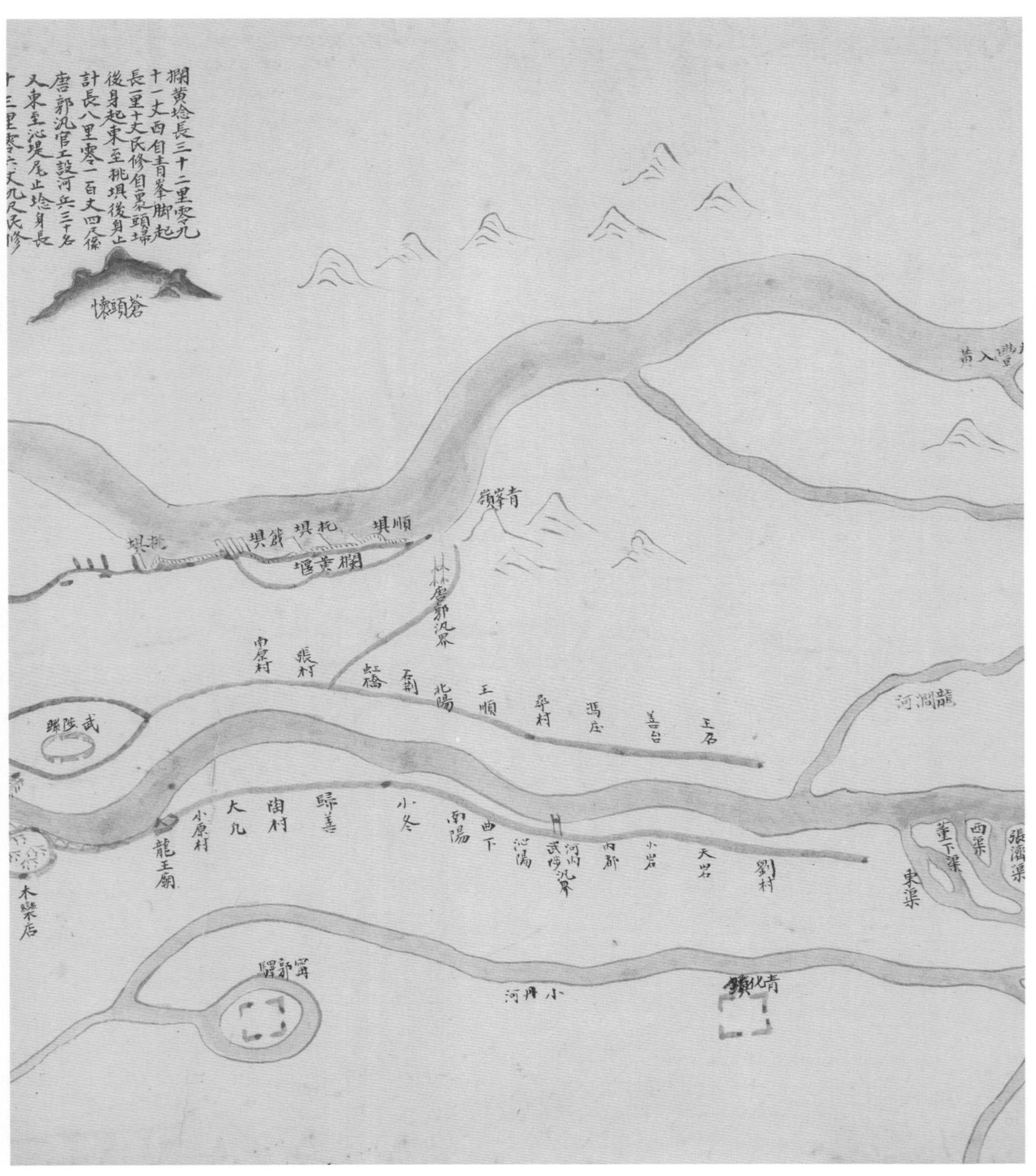
攔黄埝長三十二里零九
十一丈西自青峯脚起
長一里十丈民修自冢頭埽
後身起東至挑垻後身止
計長八里零一百丈四尺係
唐郭汎官工設河兵三十名
又東至沁堤尾止埝身長
十三里零六丈九尺民修
蒼頭懷
青峯嶺
順垻
挑垻
攔黄堰
唐郭汎界
南原村
張村
石荊
北陽
王順
馮庄
善台
王后
武陟縣
龍潤河
小原村
大凡
陶村
歸善
小冬
南陽
曲下
沁陽
武陟汎界
小岩
天岩
劉村
龍王廟
木欒店
東渠
董下渠
西渠
張濟渠
甯郭驛
小丹河
青化鎮

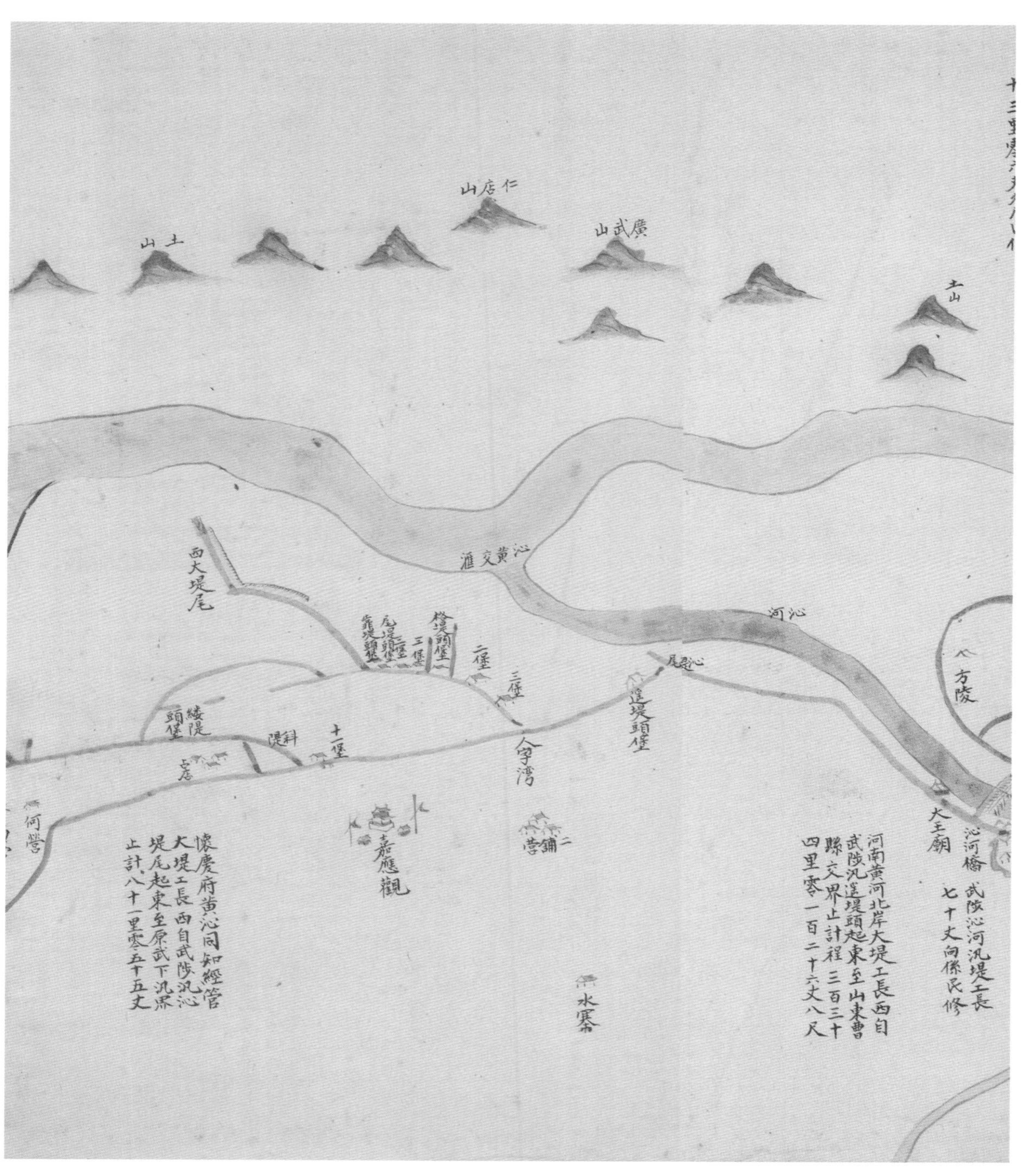
仁居山
土山
廣武山
土山
沁黄交滙
沁河
西大堤尾
方陵
大王廟
沁河橋
何營
嘉應觀
二鋪營
水寨
懷慶府黄沁同知經管
大堤工長西自武陟汛沁堤尾起東至原武下汛界止計八十一里零五十五丈
河南黄河北岸大堤工長西自武陟汛遥堤頭起東至山東曹縣交界止計程三百三十四里零一百二十六丈八尺
武陟沁河汛堤工長七十丈向係民修

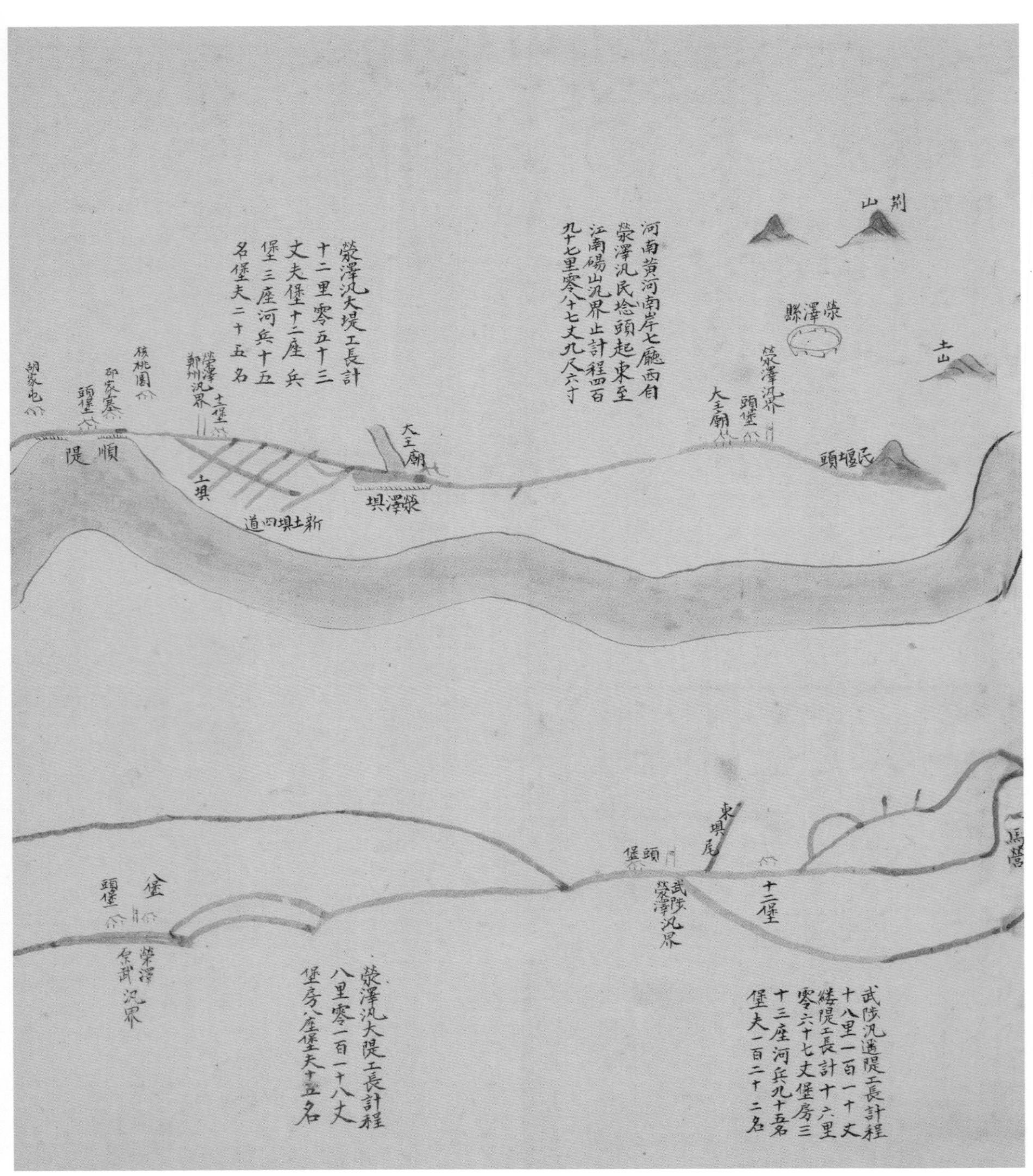
荆山
滎澤縣
土山
河南黄河南岸七廳西自滎澤汛民埝頭起東至江南碭山汛界止計程四百九十七里零八十七丈九尺六寸
滎澤汛界
頭堡
大王廟
民埝頭
大王廟
滎澤壩
新土壩四道
土壩
滎澤汛大堤工長計十二里零五十三丈夫堡十二座兵堡三座河兵十五名堡夫二十五名
十堡
滎澤鄭州汛界
核桃園
邱家寨
頭堡
胡家屯
順隄
東壩尾
頭堡
武陟滎澤汛界
十二堡
馬營
頭堡
滎澤原武汛界
滎澤汛大隄工長計程八里零一百一十八丈堡房八座堡夫十五名
武陟汛遥隄工長計程十八里一百一十丈縷隄工長計十六里零六十七丈堡房三十三座河兵九十五名堡夫一百二十二名

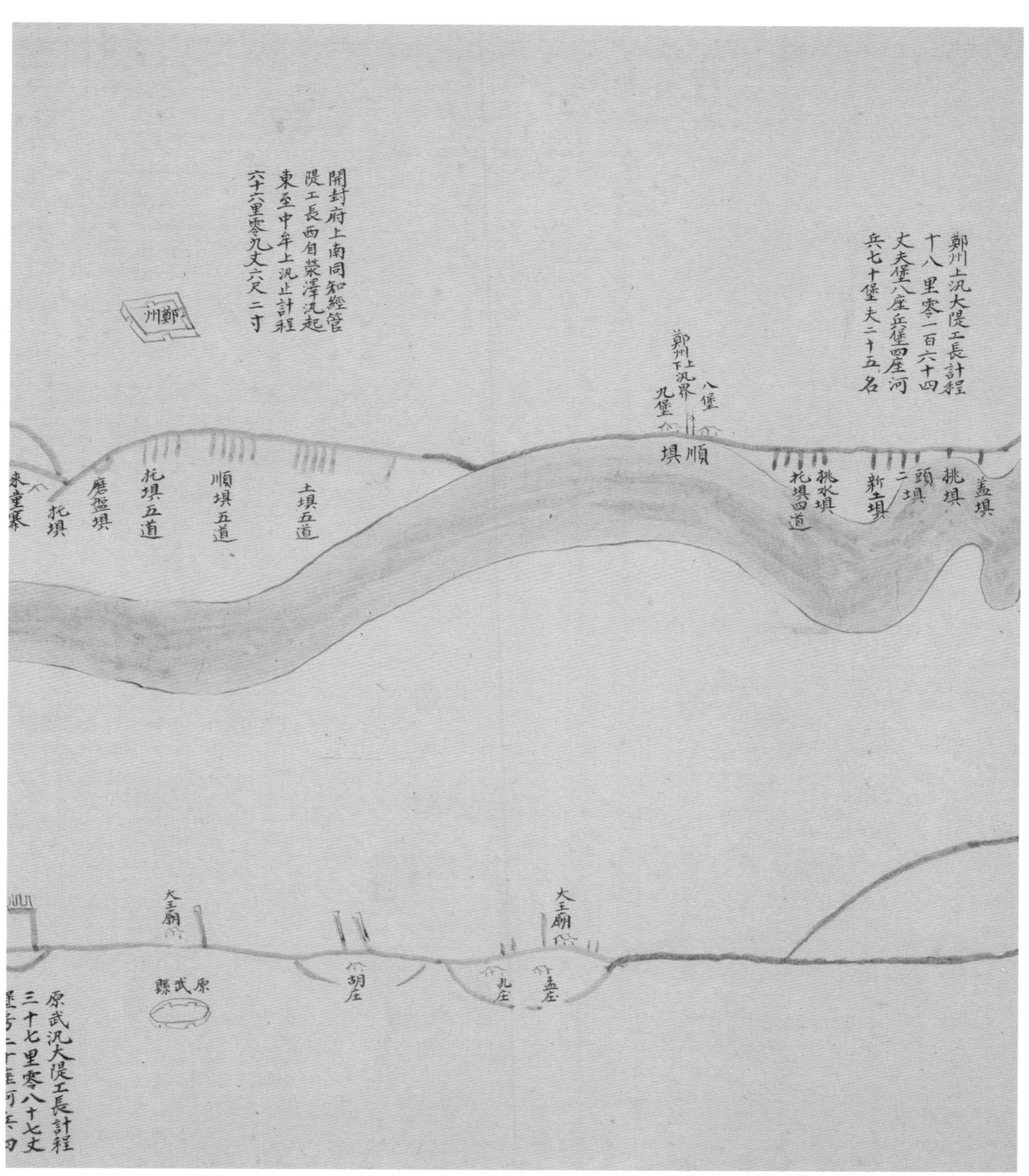

鄭州上汛大隄工長計程十八里零一百六十四丈夫堡八座兵堡四座河兵七十堡夫二十五名
開封府上南同知經管隄工長西自滎澤汛起東至中牟上汛止計程六十六里零九丈六尺二寸
鄭州
鄭州上下汛界
八堡
九堡
順壩
托壩
磨盤壩
托壩五道
順壩五道
上壩五道
托壩四道
挑水壩
新土壩
二壩
頭壩
挑壩
蓋壩
大王廟
大王廟
原武縣
胡庄
孔庄
孟庄
原武汛大隄工長計程三十七里零八十七丈

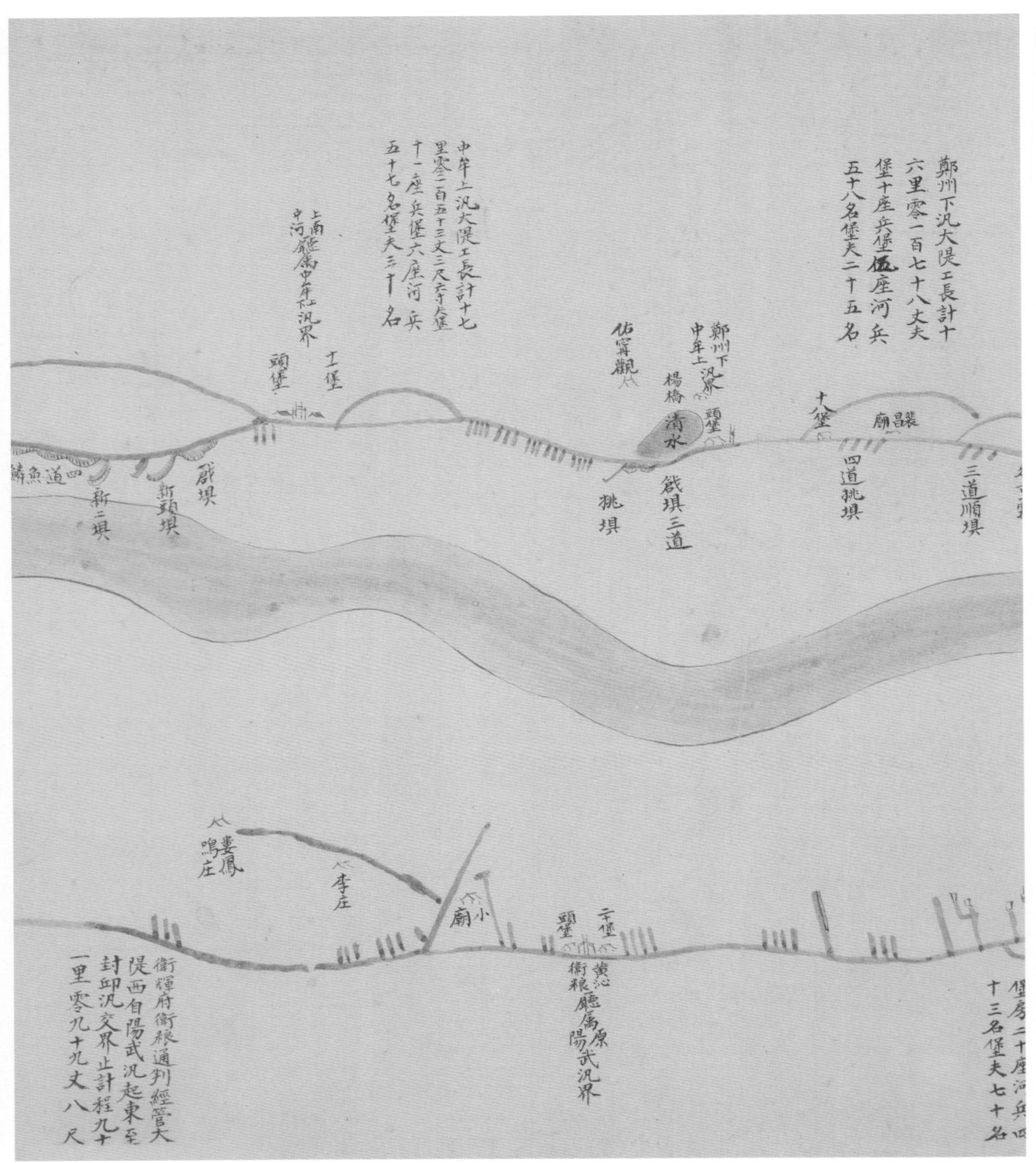

鄭州下汎大隄工長計十六里零一百七十八丈夫堡十座兵堡伍座河兵五十八名堡夫二十五名
中牟上汎大隄工長計十七里零一百五十三丈三尺六寸大堡十一座兵堡六座河兵五十七名堡夫三十名
上南中河廳屬中牟下汎界
頭堡
二堡
佑寧觀
鄭州下中牟上汎界
楊橋
清水
頭堡
十八堡
張昌廟
四道魚鱗
新二壩
新頭壩
戧壩
挑壩
戧壩三道
四道挑壩
三道順壩
婁鳳鳴庄
李庄
小廟
頭堡
二堡
黄沁衛粮廳屬原陽武汎界
衛輝府衛粮通判經管大隄西自陽武汎起東至封邱汎交界止計程九十一里零九十九丈八尺
堡房二十座河兵四十三名堡夫七十名

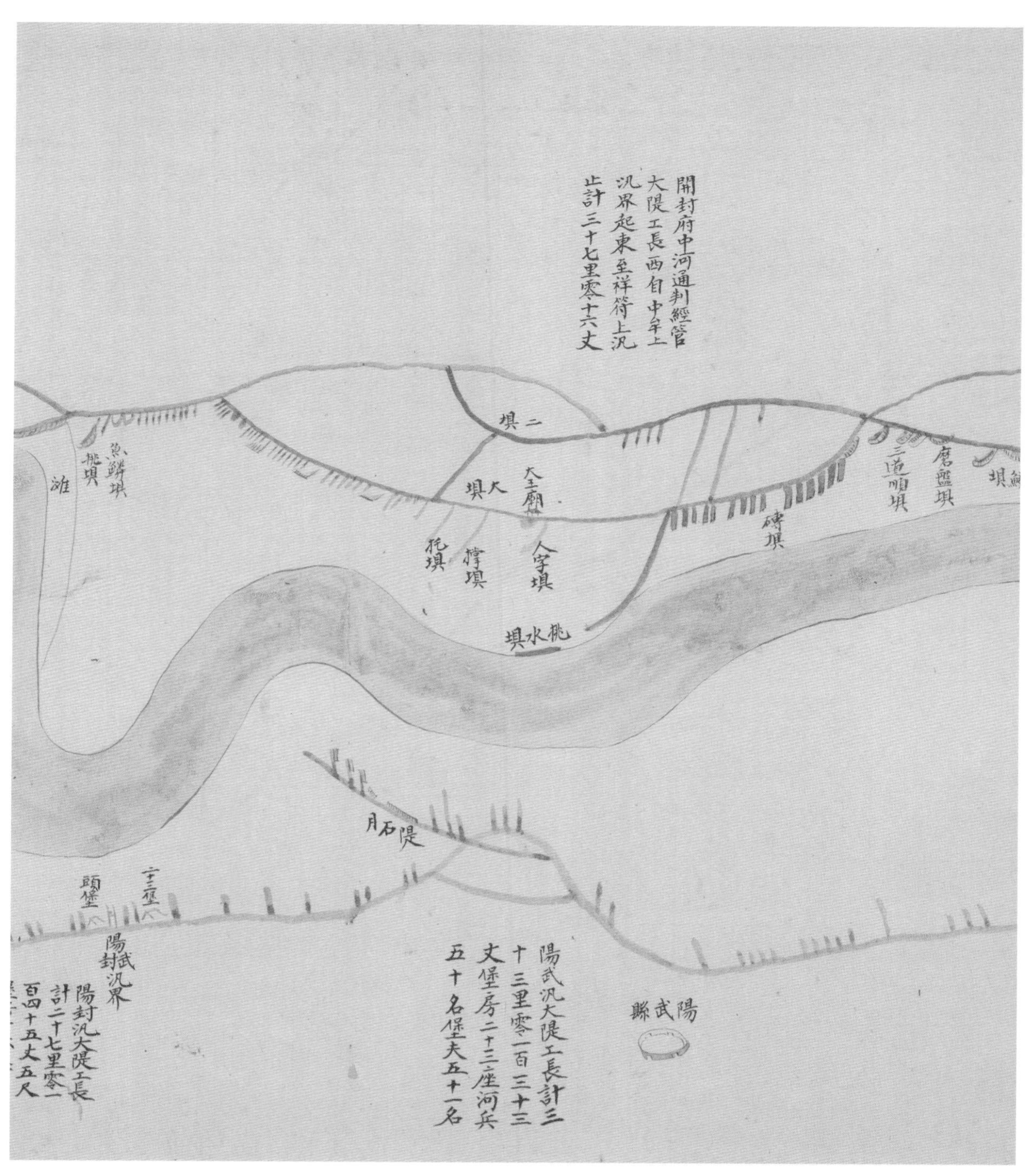
開封府中河通判經管
大隄工長西自中牟上
汛界起東至祥符上汛
止計三十七里零十六丈
二壩
大壩
大王廟
托壩
撑壩
人字壩
挑水壩
磚壩
三道順壩
磨盤壩
魚鱗壩
挑壩
灘
月石隄
頭堡
二十三堡
陽武封汛界
陽封汛大隄工長
計二十七里零一
百四十五丈五尺
陽武汛大隄工長計三
十三里零一百三十三
丈堡房二十三座河兵
五十名堡夫五十一名
陽武縣

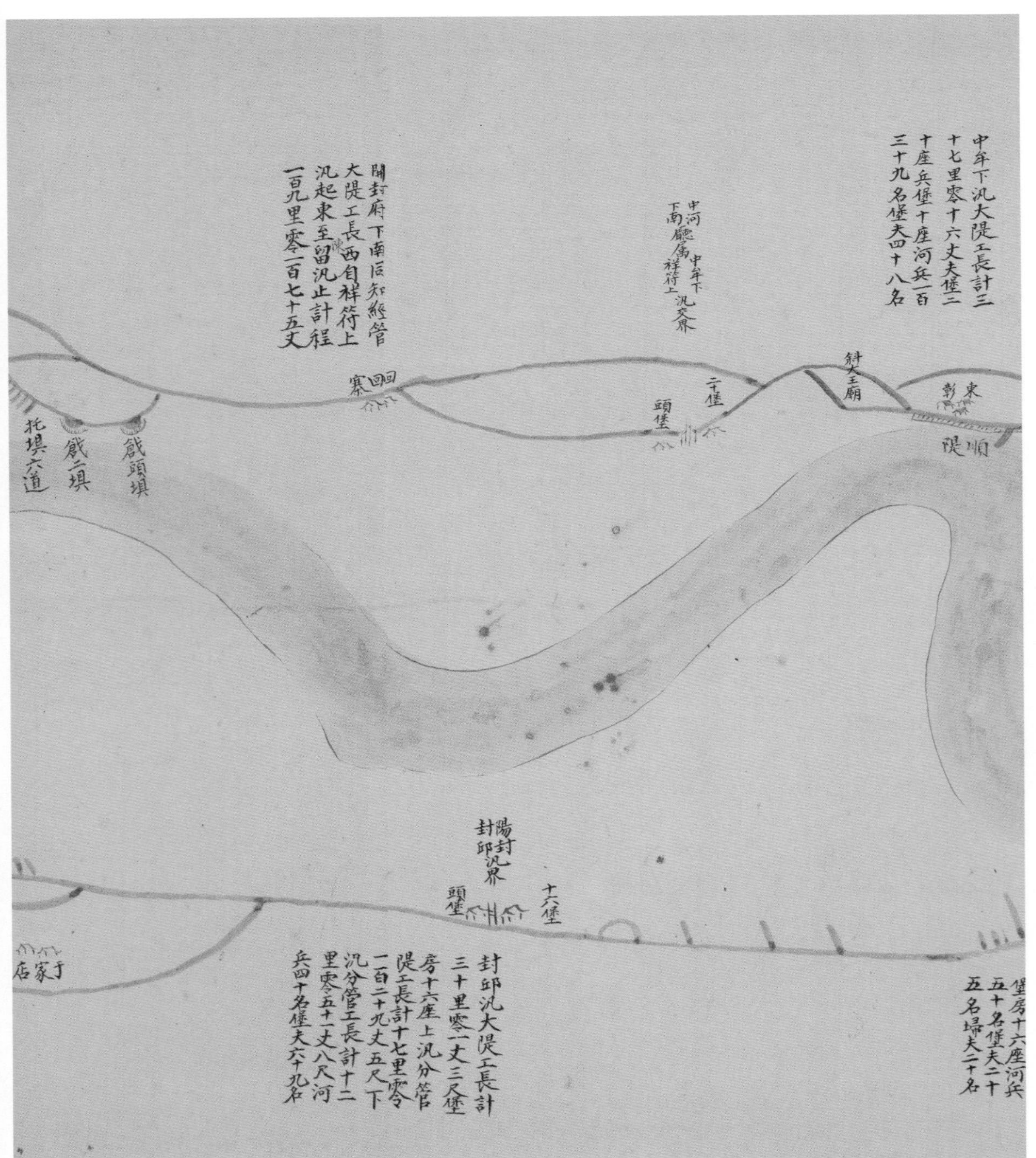
中牟下汛大隄工長計三
十七里零十六丈夫堡二
十座兵堡十座河兵一百
三十九名堡夫四十八名
中河下南廳屬中牟下祥符上汛交界
開封府下南厅同知經管
大隄工長西自祥符上
汛起東至陳留汛止計程
一百九里零一百七十五丈
回回寨
二十堡
頭堡
斜大王廟
東彰
順隄
托填六道
戧二填
戧頭填
陽封封邱汛界
頭堡
十六堡
于家店
封邱汛大隄工長計
三十里零一丈三尺堡
房十六座上汛分管
隄工長計十七里零
一百二十九丈五尺下
汛分管工長計十二
里零五十一丈八尺河
兵四十名堡夫六十九名
堡房十六座河兵
五十名堡夫二十
五名埽夫二十名

祥符上汛大隄工長計程四十四里零十四丈大堡三十三座兵堡十一座河兵一百七名堡夫九十九名

開封府

祥符縣

將軍廟

大王廟

祥符上汛下汛界

三十三堡

頭堡

挑水壩

托壩

大王廟

黑岡

戧壩

蓋壩

磚壩

新挑壩

磨盤壩

托三壩

托二壩

魚鱗壩

挑水壩

土壩

東園埝

西園埝

越壩

月隄頭堡

頭堡

十六堡

辛店

衛糧祥河廳屬封邱祥符汛界

廣佑祠

荊隆工

封邱縣

開封府祥河同知經管大隄工長西自封邱汛界起東至祥符上汛界止計程三十里零十丈

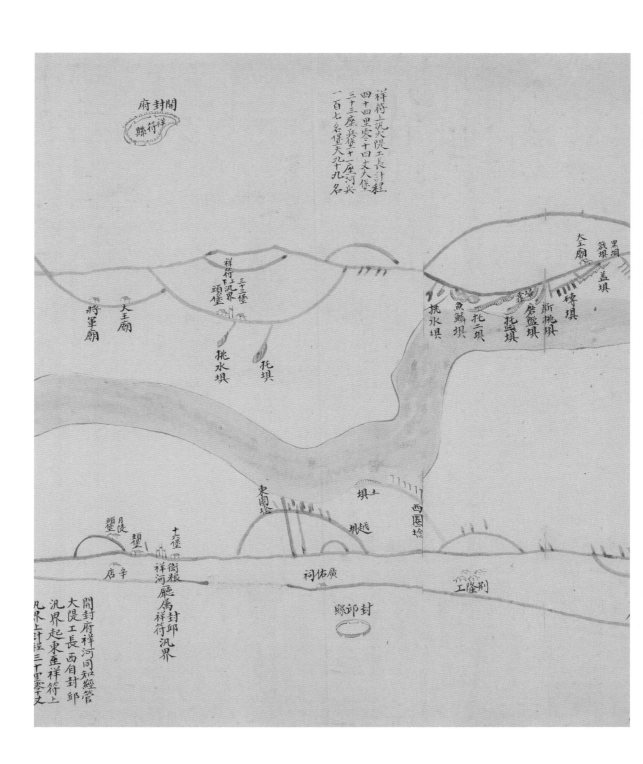

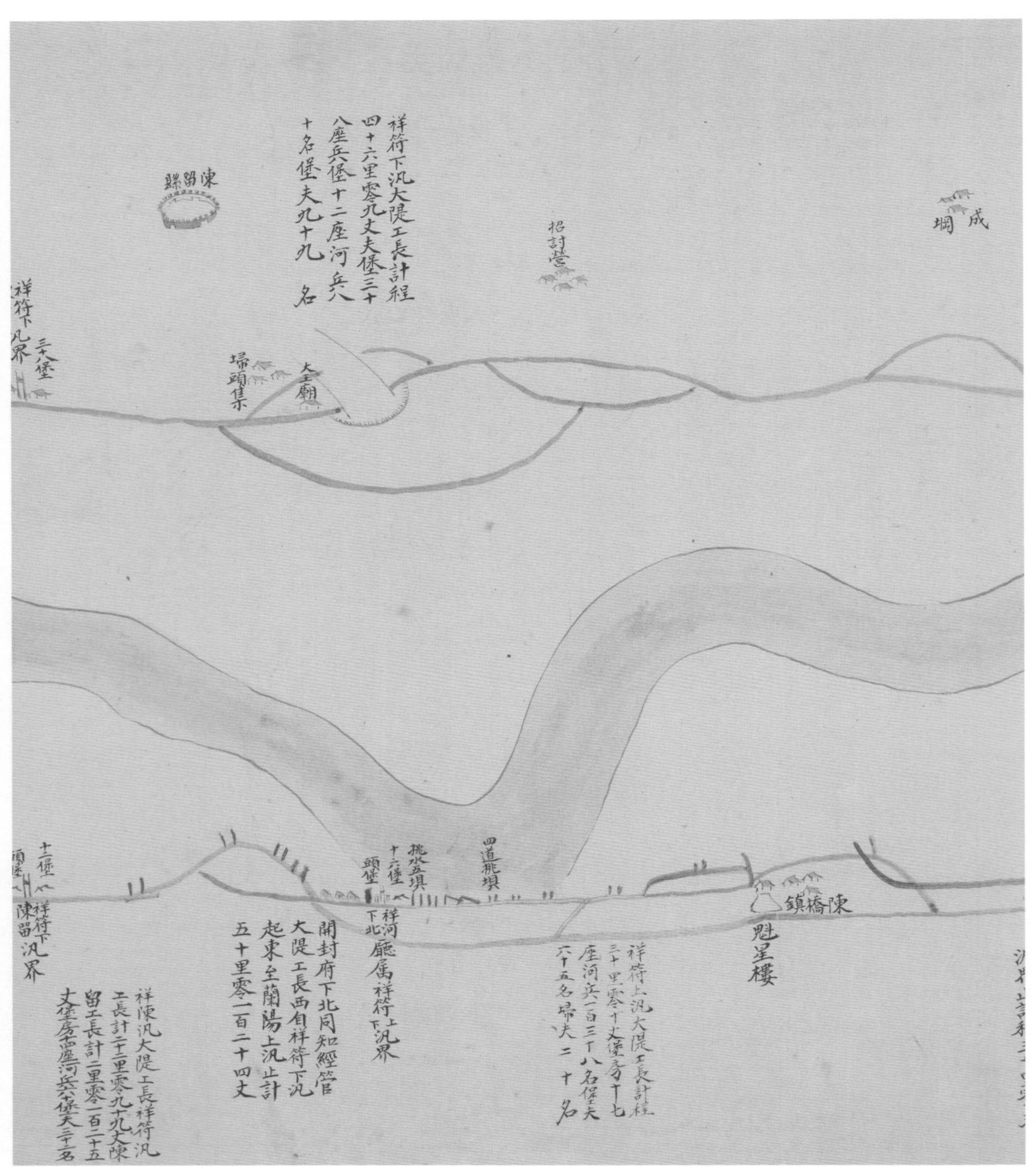
祥符下汛大隄工長計程四十六里零九丈夫堡三十八座兵堡十二座河兵八十名堡夫九十九名
陳留縣
招討營
成堌
祥符下汛界
三十八堡
埽頭集
大王廟
十二堡
祥符下陳留汛界
挑水五垻
十六堡
頭堡
四道挑垻
祥河下北廳屬祥符上下汛界
開封府下北同知經管大隄工長西自祥符下汛起東至蘭陽上汛止計五十里零一百二十四丈
陳橋鎮
魁星樓
祥符上汛大隄工長計程三十里零十丈堡房十七座河兵一百三十八名堡夫六十五名埽夫二十名
祥陳汛大隄工長祥符汛工長計二十三里零九十九丈陳留工長計二里零一百二十五丈堡房十四座河兵六十八堡夫三十一名

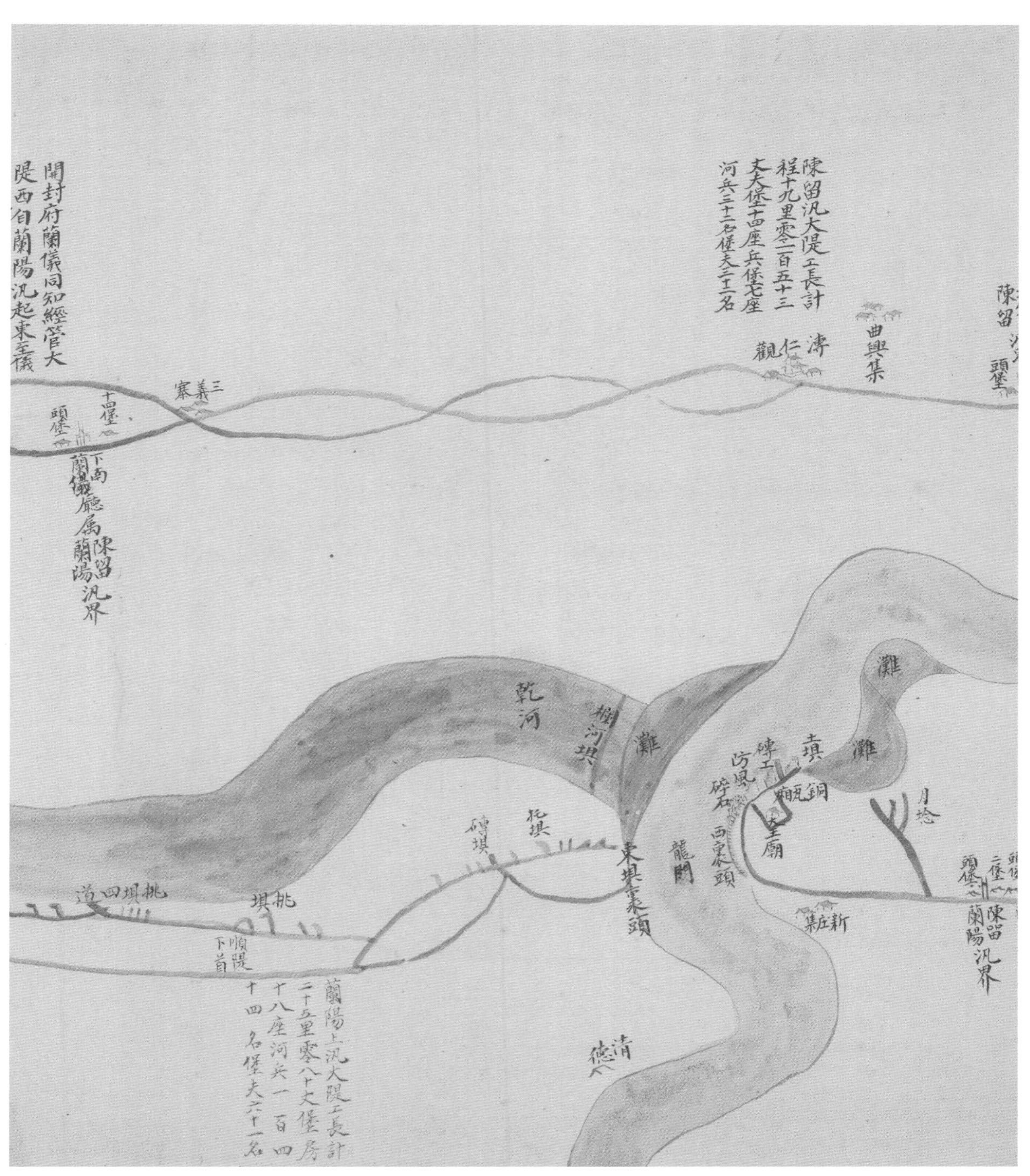
開封府蘭儀同知經管大隄西自蘭陽汛起東至儀
陳留汛大隄工長計程十九里零二百五十三丈大堡十四座兵堡七座河兵三十二名堡夫三十二名
蘭陽上汛大隄工長計二十五里零八十丈堡房十八座河兵一百四十四名堡夫六十一名
乾河
灘
龍門
清德
新庄集
曲興集
三義寨

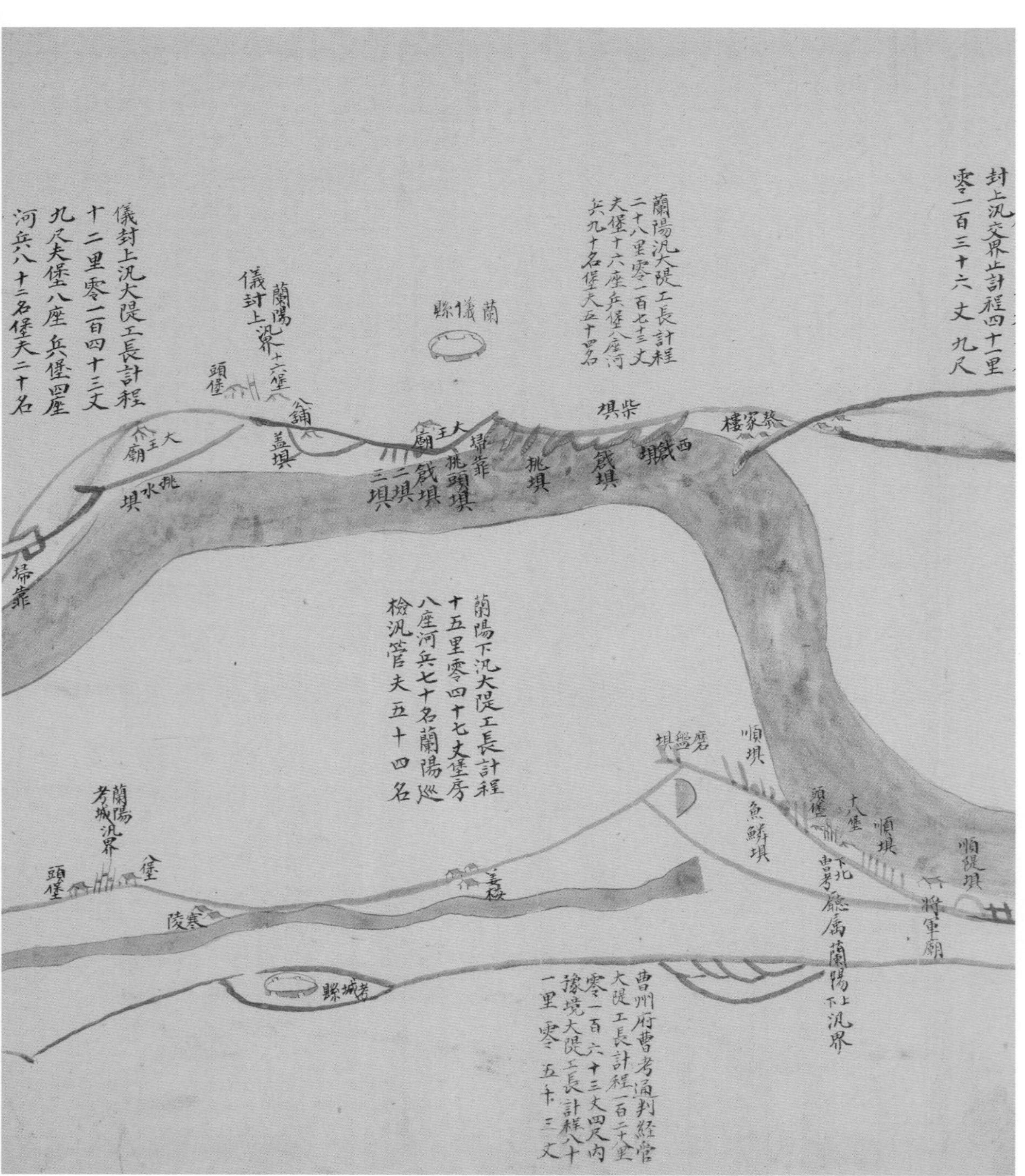

封上汎交界止計程四十一里零一百三十六丈九尺
蘭陽汎大隄工長計程二十八里零一百七十三丈夫堡十六座兵堡八座河兵九十名堡夫五十四名
蘭儀縣
蘭陽儀封上汎界
儀封上汎大隄工長計程十二里零一百四十三丈九尺夫堡八座兵堡四座河兵八十二名堡夫二十名
頭堡
十六堡
公鋪
蓋壩
大王廟
大王廟
埽靠
挑水壩
埽靠
挑頭壩
戧壩
二壩
三壩
挑壩
戧壩
柴壩
西戧壩
蔡家樓
蘭陽下汎大隄工長計程十五里零四十七丈堡房八座河兵七十名蘭陽巡檢汎管夫五十四名
磨盤壩
順壩
魚鱗壩
頭堡
十八堡
順壩
順隄壩
將軍廟
曹考北下廳屬蘭陽上下汎界
蘭陽考城汎界
頭堡
堡
姜莊
寒陵
考城縣
曹州府曹考通判經管大隄工長計程一百二十丈零一百六十三丈四尺內豫境大隄工長計程八十一里零五十三丈

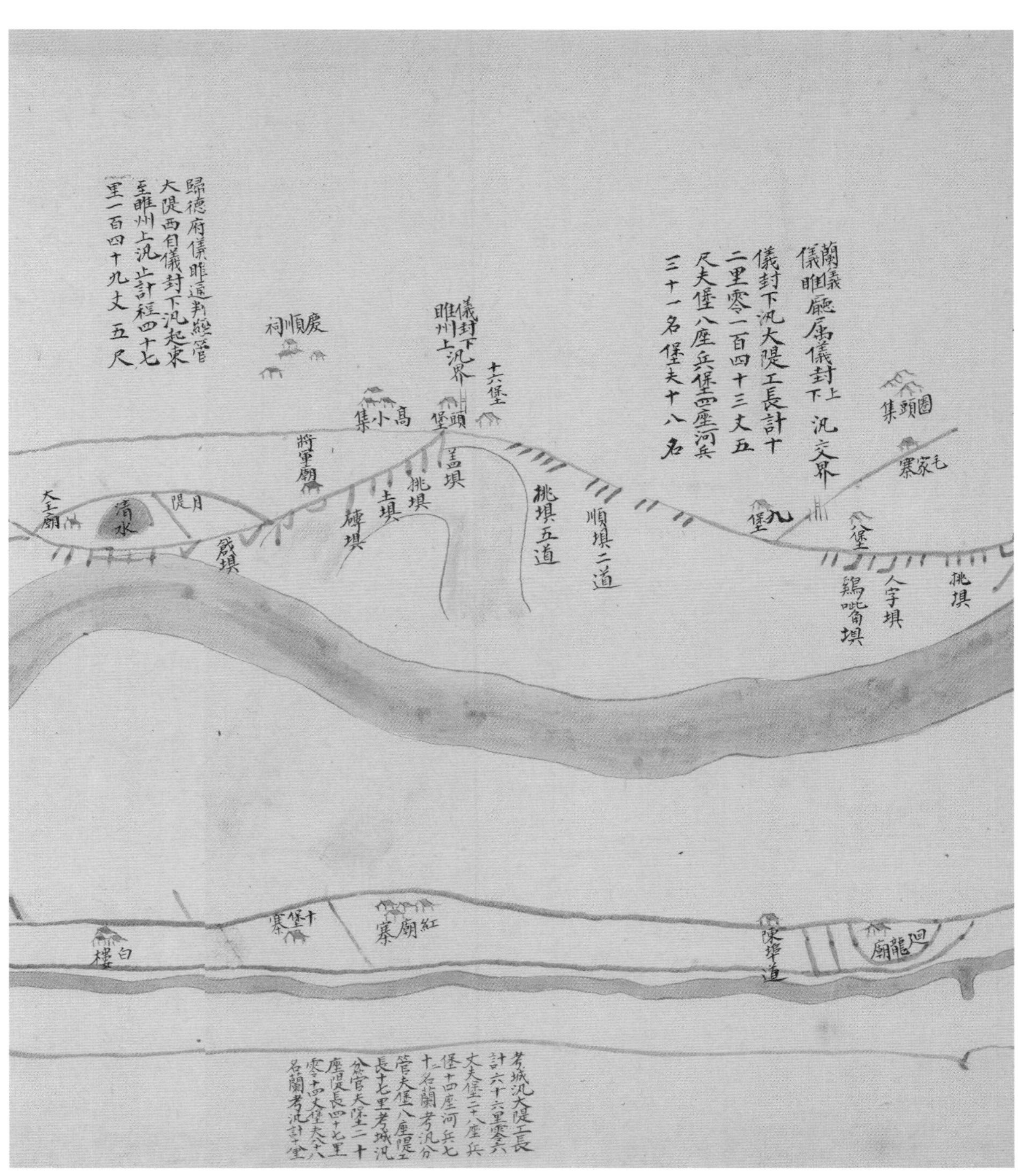
歸德府儀睢通判總管
大隄西自儀封下汛起東
至睢州上汛止計程四十七
里一百四十九丈五尺
蘭儀儀睢廳屬儀封上下汛交界
儀封下汛大隄工長計十
二里零一百四十三丈五
尺夫堡八座兵堡四座河兵
三十一名堡夫十八名
慶順祠
儀封下睢州上汛界
十六堡
高小集
頭堡
將軍廟
大王廟
清水
月隄
戧壩
挑壩
土壩
磚壩
挑壩五道
順壩二道
九堡
八堡
圈頭集
毛家寨
雞嘴壩
人字壩
挑壩
白樓
十堡寨
紅廟寨
陳埝道
迴龍廟
考城汛大隄工長
計六十六里零六
丈夫堡二十八座兵
堡十四座河兵七
十二名蘭考汛分
管夫堡八座隄工
長十七里考城汛
分管夫堡二十
座隄長四十七里
零十四丈堡夫八十八
名蘭考汛計十堡

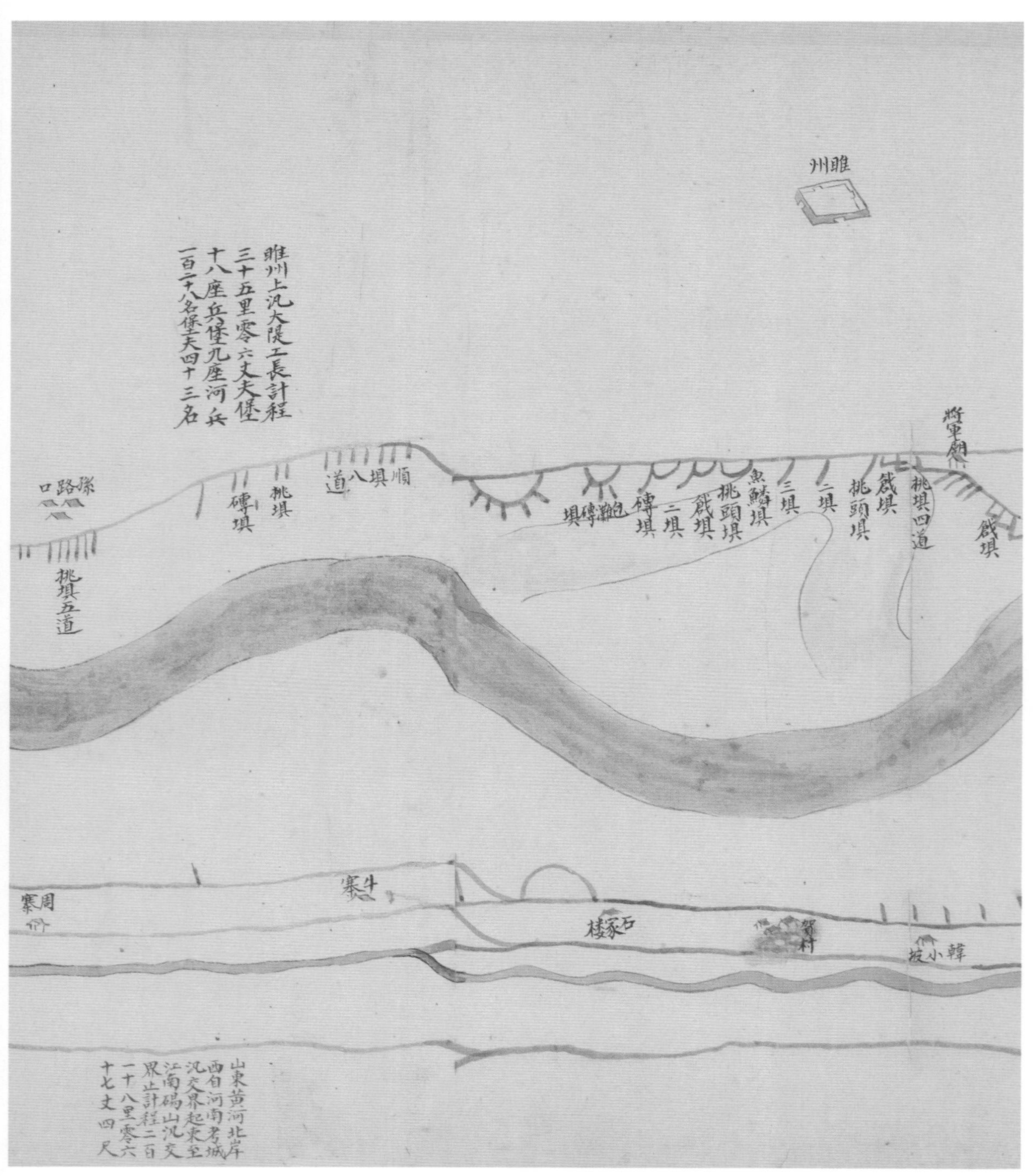
睢州
睢州上汛大隄工長計程三十五里零六丈夫堡十八座兵堡九座河兵一百二十八名堡夫四十三名
將軍廟
孫路口
挑垻五道
磚垻
挑垻
順垻八道
包灘磚垻
磚垻
二垻
戧垻
挑頭垻
魚鱗垻
三垻
二垻
挑頭垻
戧垻
挑垻四道
戧垻
周寨
牛寨
石家樓
賀村
韓小坡
山東黄河北岸西自河南考城汛交界起東至江南碭山汛交界止計程二百一十八里零六十七丈四尺

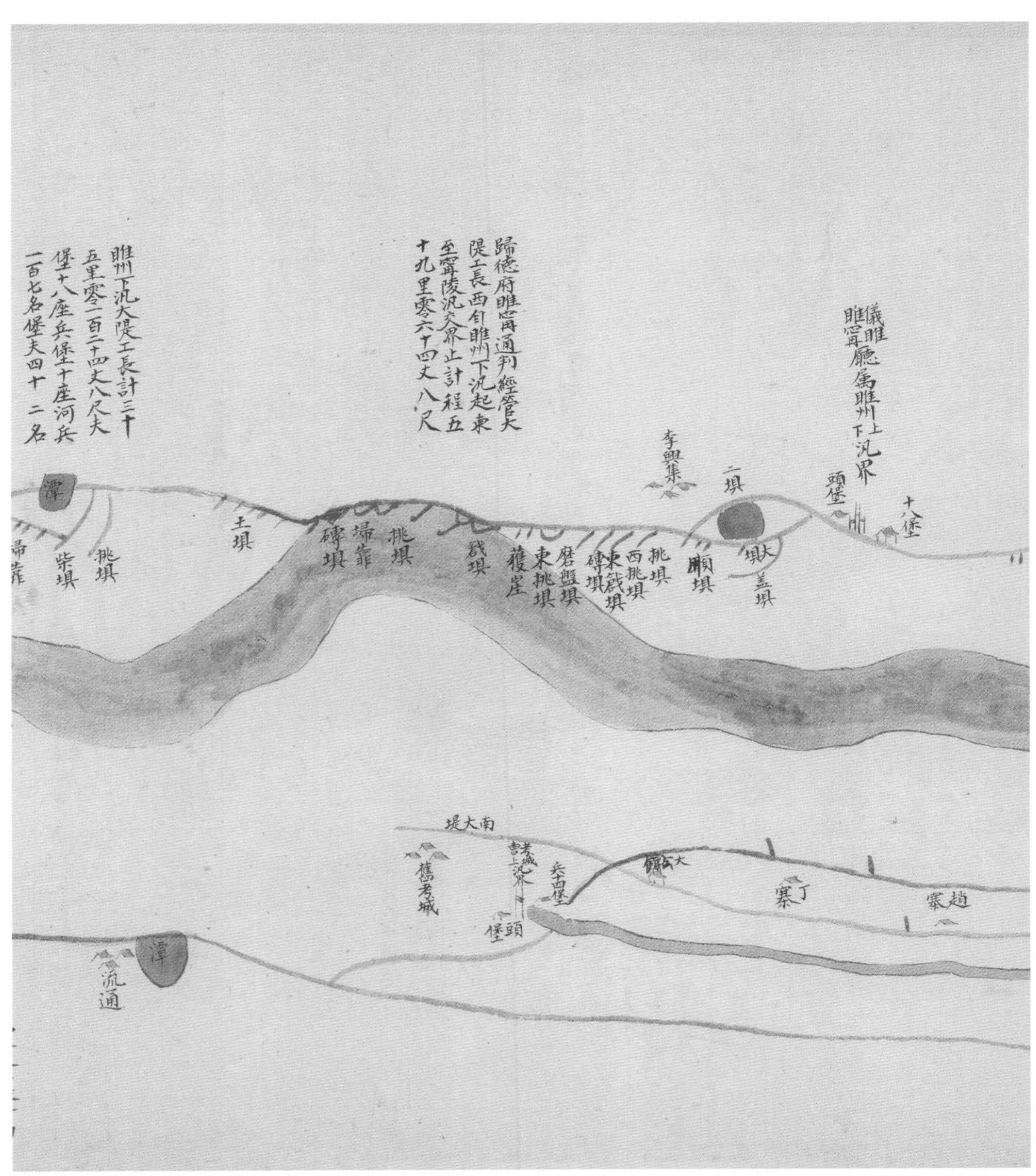

睢州下汛大隄工長計三十五里零一百二十四丈八尺夫堡十八座兵堡十座河兵一百七名堡夫四十二名
歸德府睢寧通判經管大隄工長西自睢州下汛起東至寧陵汛交界止計程五十九里零六十四丈八尺
儀睢睢寧廳屬睢州上下汛界
李興集
二壩
頭堡
十八堡
土壩
磚壩
埽靠
挑壩
戧壩
穫崖
東挑壩
磨盤壩
磚壩
東戧壩
西挑壩
挑壩
順壩
大壩
蓋壩
柴壩
挑壩
埽靠
潭
南大堤
舊考城
考城上汛界
兵十四堡
大隄
丁寨
趙寨
頭堡
潭
通流

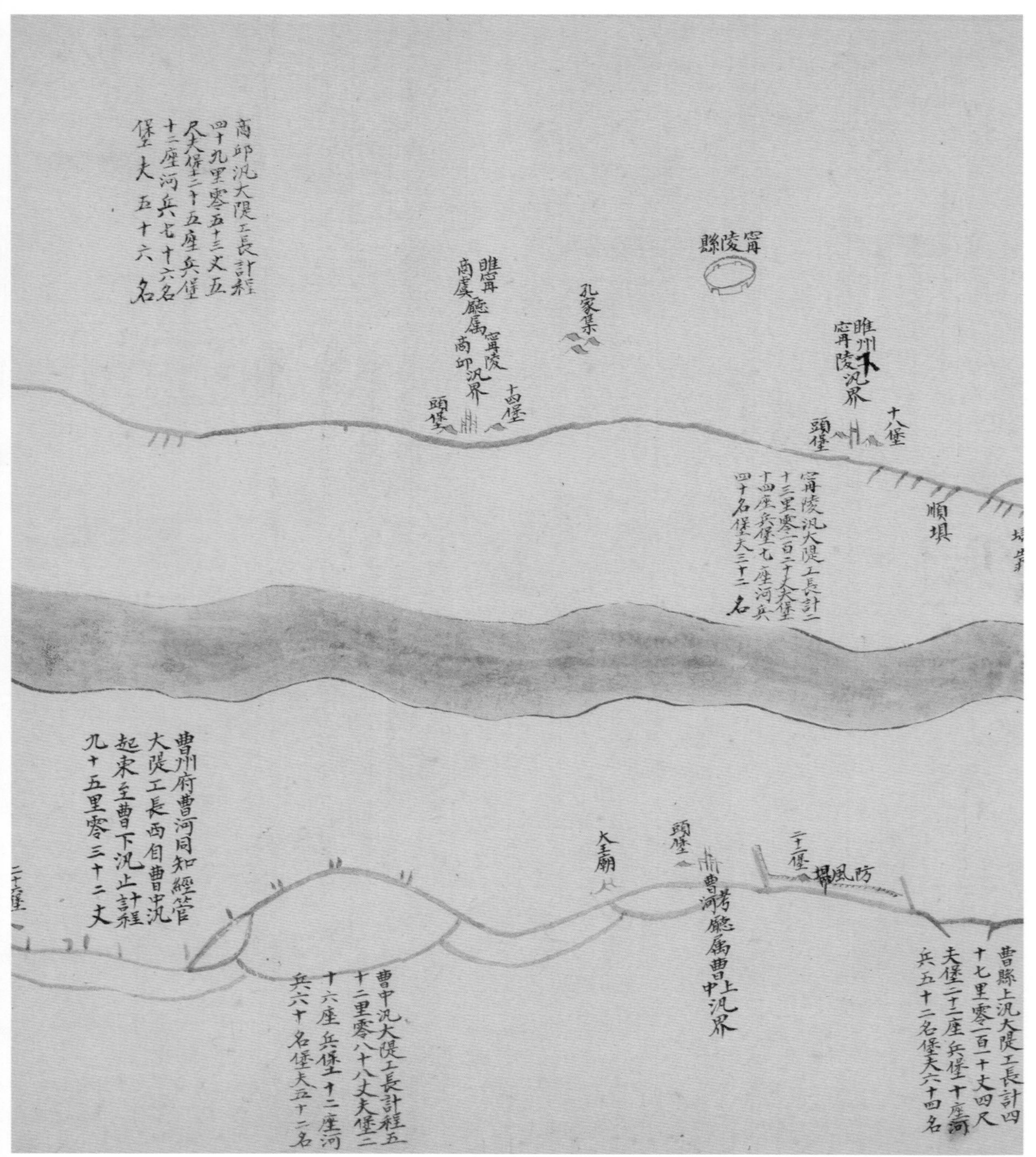
商邱汛大隄工長計程四十九里零五十三丈五尺夫堡三十五座兵堡十二座河兵七十六名堡夫五十六名
甯陵縣
睢甯商虞廳屬甯陵商邱汛界
孔家集
頭堡
十四堡
睢州下甯陵汛界
頭堡
十八堡
甯陵汛大隄工長計二十三里零一百二十八丈夫堡十四座兵堡七座河兵四十名堡夫三十二名
順堤
曹州府曹河同知經管大隄工長西自曹中汛起東至曹下汛止計程九十五里零三十二丈
大王廟
頭堡
二十二堡
防風埽
曹考河廳屬曹上中汛界
曹中汛大隄工長計程五十二里零八十八丈夫堡二十六座兵堡十二座河兵六十名堡夫五十二名
曹縣上汛大隄工長計四十七里零一百一十丈四尺夫堡二十二座兵堡十座河兵五十二名堡夫六十四名

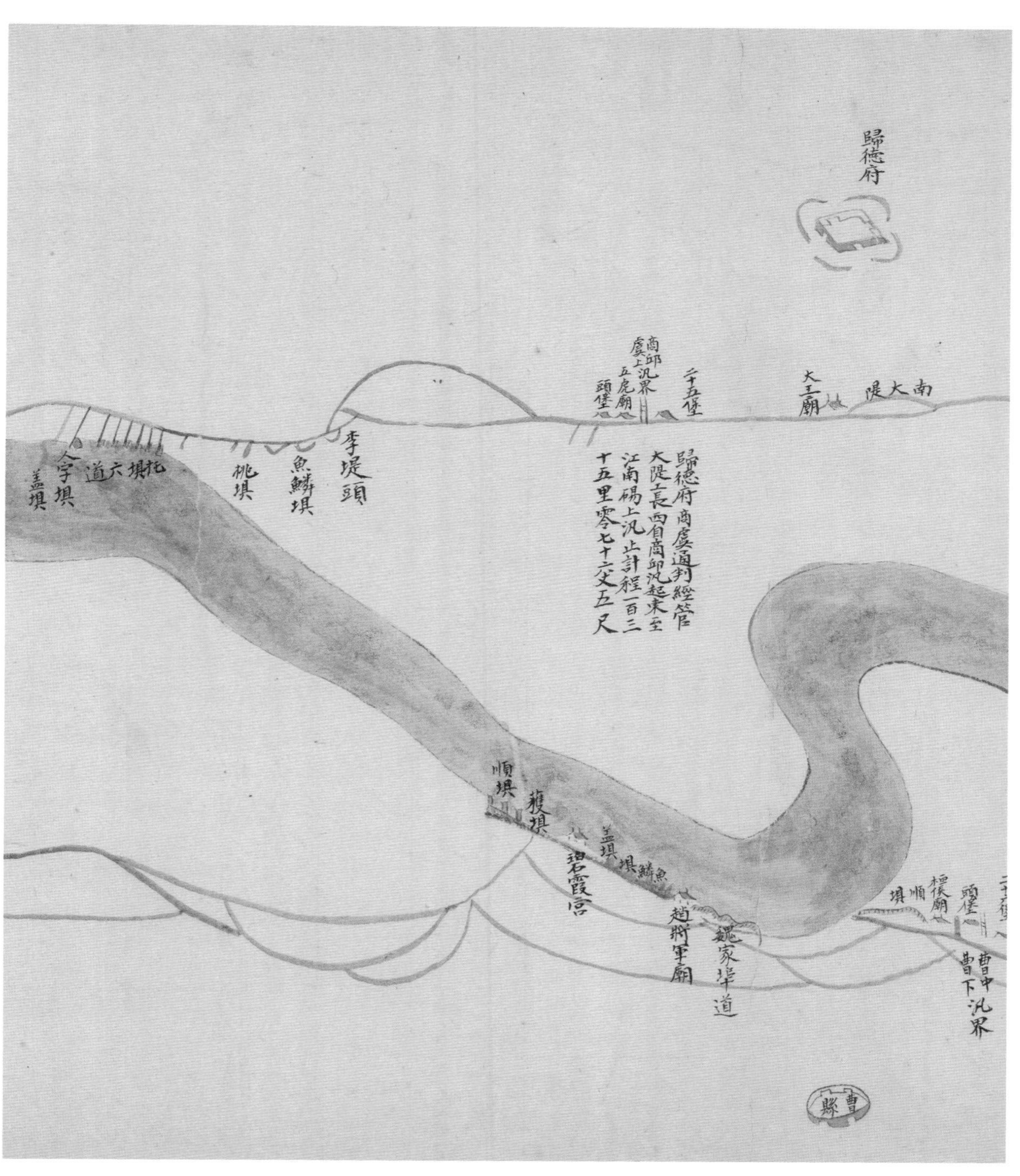
歸德府
南大隄
大王廟
二十五堡
商邱虞上汛界
五虎廟
頭堡
李堤頭
魚鱗埧
桃埧
托埧
六道
人字埧
盖埧
歸德府商虞通判經管
大隄工長西自商邱汛起東至
江南碭上汛止計程一百三
十五里零七十六丈五尺
順埧
護埧
盖埧
魚鱗埧
碧霞宮
趙將軍廟
魏家埠道
順埧
標侯廟
頭堡
曹中曹下汛界
曹縣

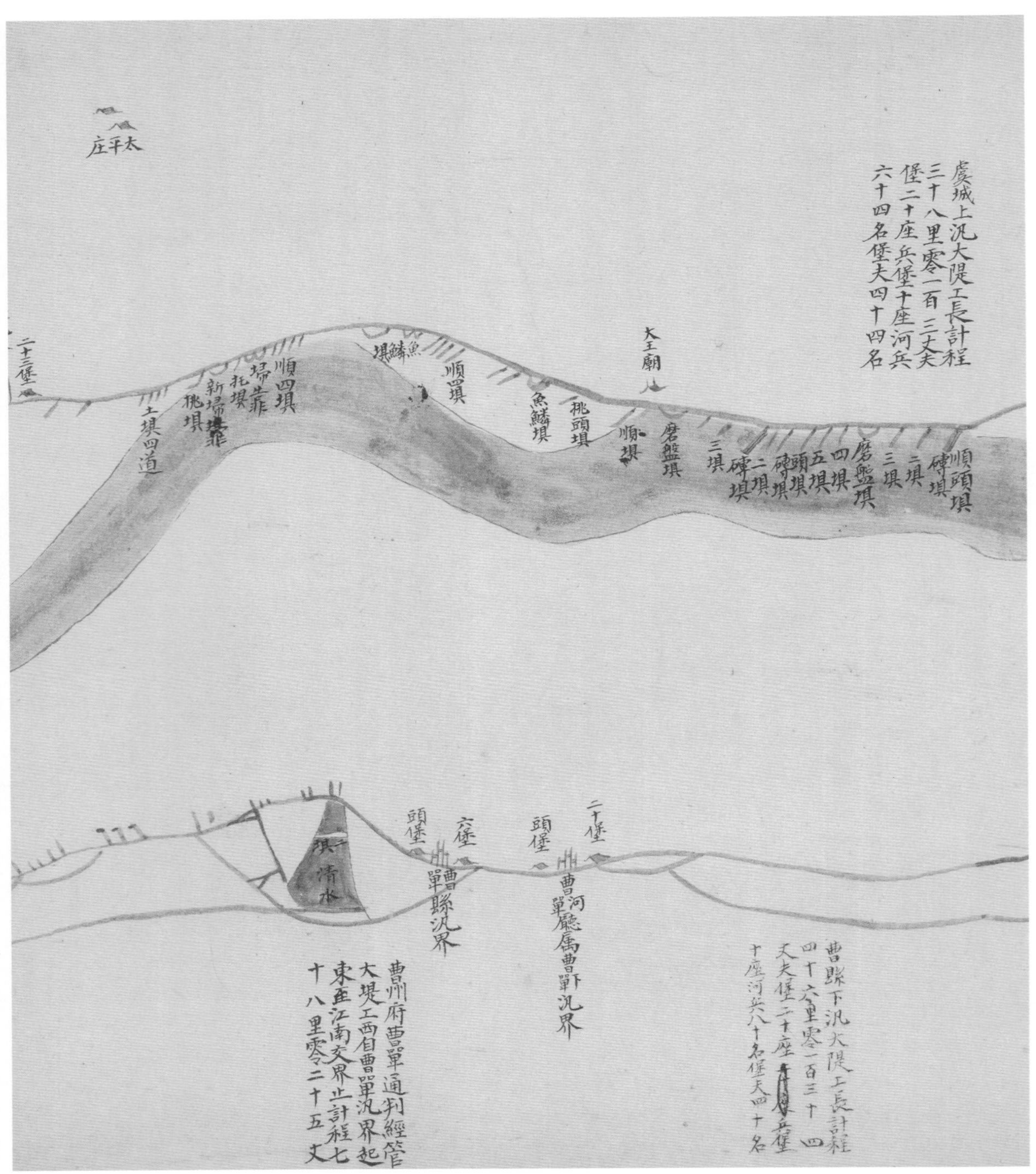
太平庄
虞城上汛大隄工長計程三十八里零一百三丈夫堡二十座兵堡十座河兵六十四名堡夫四十四名
二十三堡
大王廟
土埧四道
桃埧
新埽埧
托埧
埽箒
順四埧
魚鱗埧
順埧
魚鱗埧
桃頭埧
順埧
磨盤埧
三埧
磚埧
二埧
磚埧
頭埧
五埧
四埧
磨盤埧
三埧
二埧
磚埧
順頭埧
頭堡
六堡
頭堡
二十堡
清水
曹單縣汛界
曹河廳屬曹單汛界
曹州府曹單通判經管大堤工西自曹單汛界起東至江南交界止計程七十八里零二十五丈
曹縣下汛大隄工長計程四十六里零一百三十四丈夫堡二十座兵堡十座河兵八十名堡夫四十名

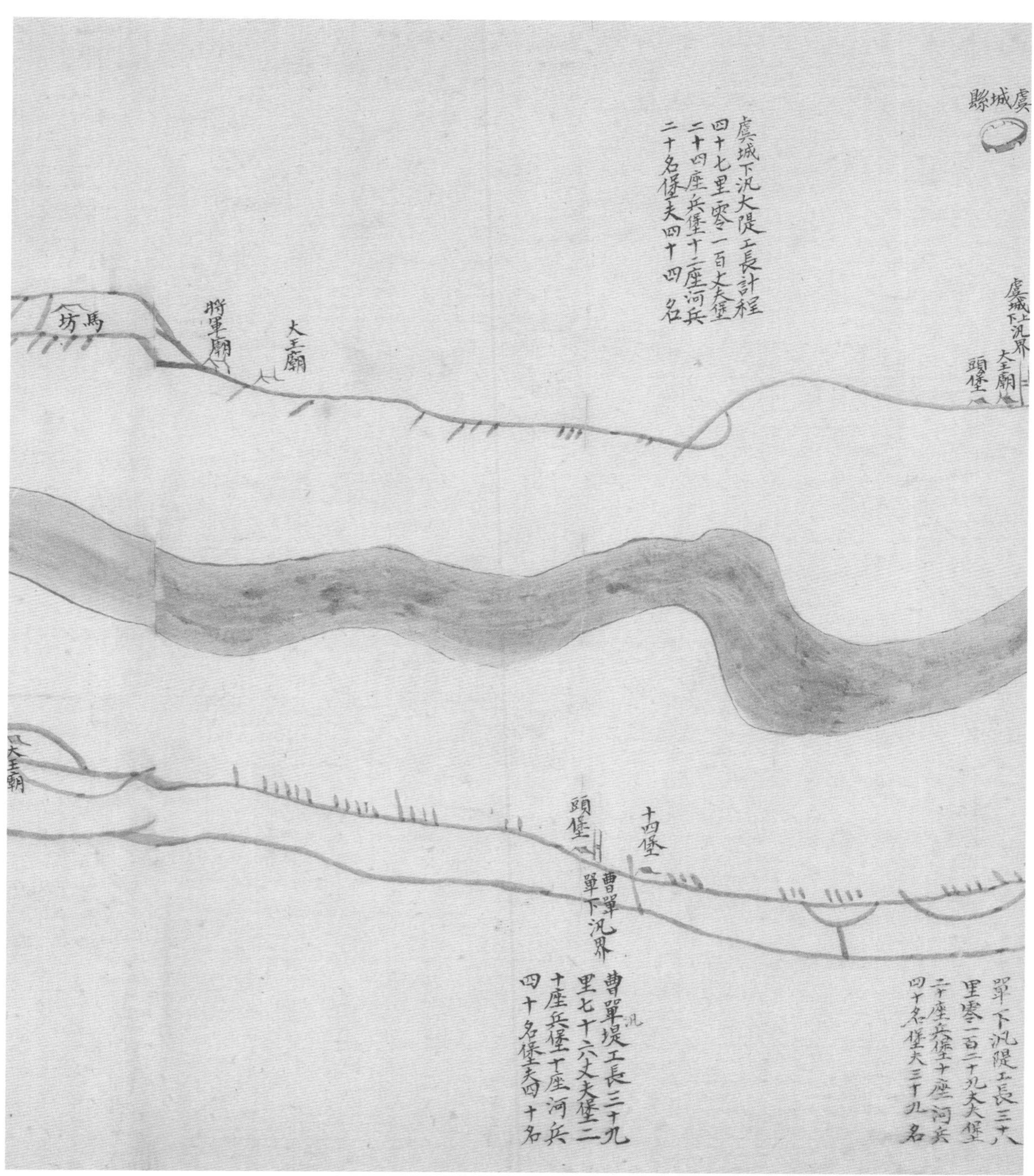
虞城縣
虞城下汛大隄工長計程四十七里零一百丈兵堡二十四座兵堡十二座河兵二十名堡夫四十四名
虞城上汛界
大王廟
頭堡
馬坊
將軍廟
大王廟
大王廟
頭堡
十四堡
曹單下汛界
曹單汛堤工長三十九里七十六丈夫堡二十座兵堡十座河兵四十名堡夫四十名
單下汛隄工長三十八里零二百二十九丈大堡二十座兵堡十座河兵四十名堡夫三十九名

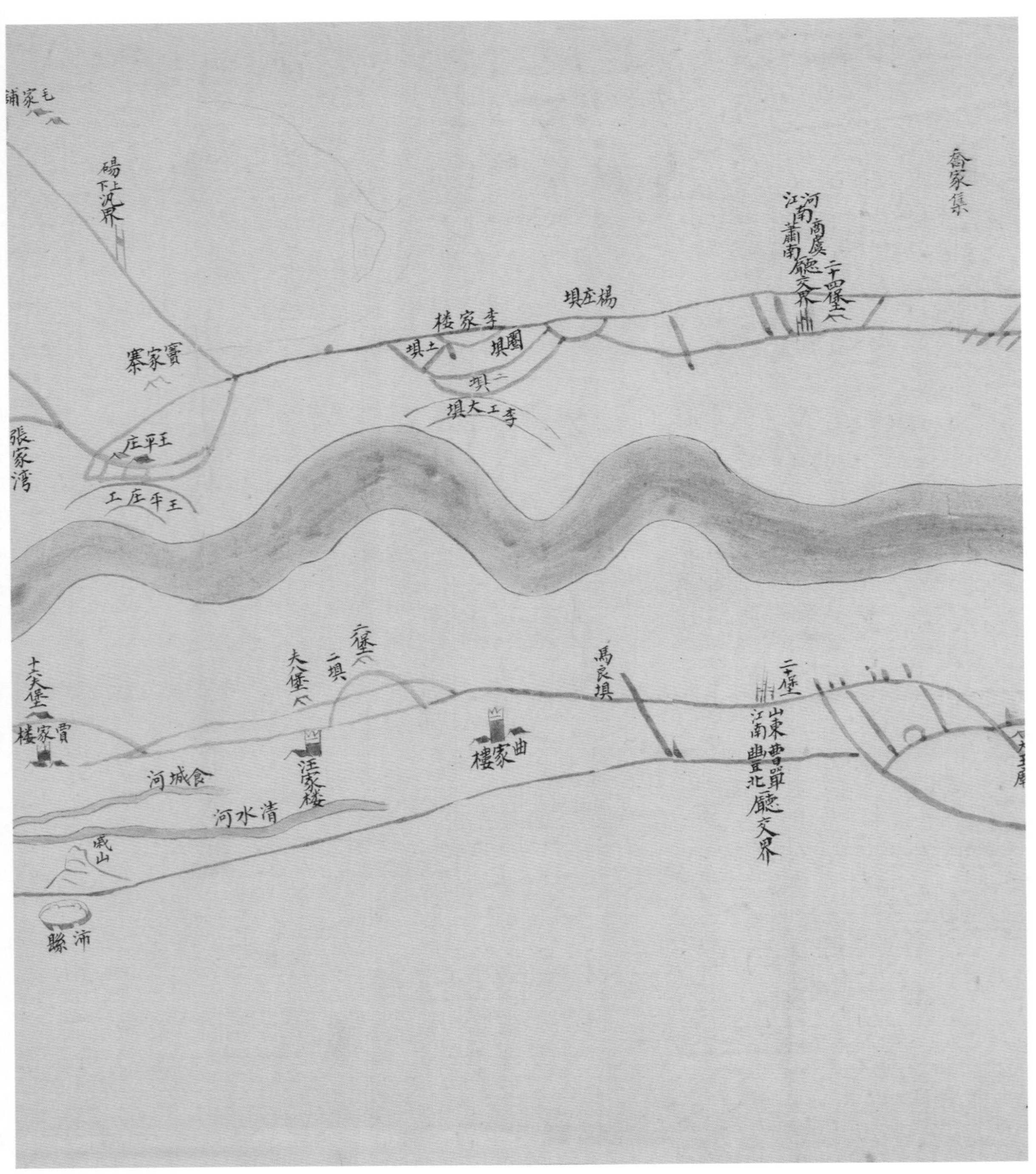

毛家浦
碭上下汛界
竇家寨
張家灣
王平庄
王平庄工
李家楼
上埧
圈埧
二埧
李工大埧
楊庄埧
河南商虞江南蕭南廳交界
二十四堡
喬家集
十六大堡
賈家樓
八大堡
二埧
二十堡
汪家楼
曲家樓
馬良埧
二十堡
山東曹單江南豐北廳交界
食城河
清水河
戚山
沛縣

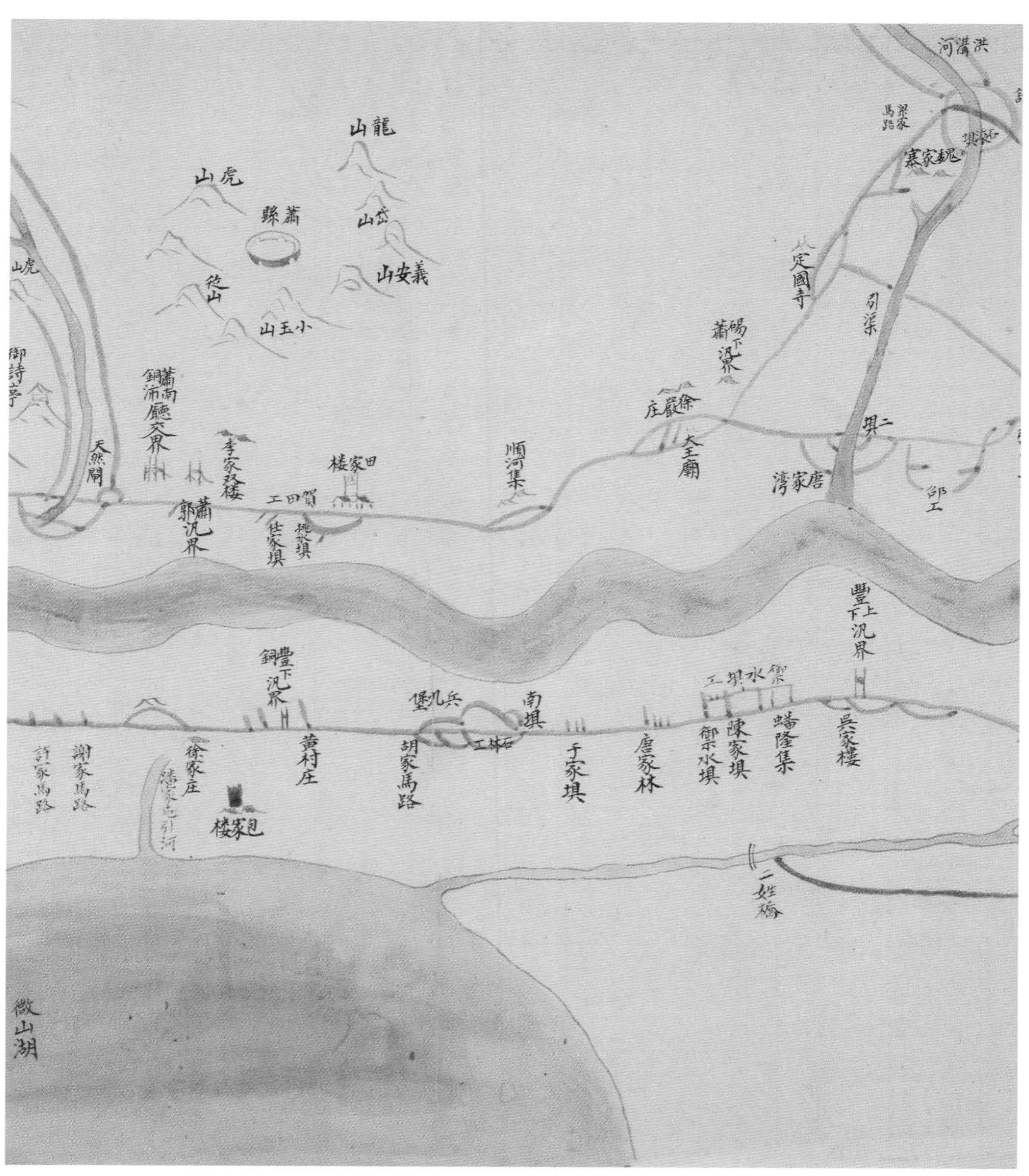

龍山
虎山
蕭縣
岱山
義安山
徙山
小王山
虎山
御詩亭
蕭南銅沛廳交界
天然閘
李家樓
田家樓
賀田工
順河集
蕭郭汛界
佐家壩
洮水壩
徐嚴庄
大王廟
蕭碭下汛界
定國寺
引渠
唐家灣
二壩
魏家寨
洪溝河
豐上下汛界
銅豐下汛界
兵九堡
南壩
石林工
欒水壩工
許家馬路
謝家馬路
徐家庄
黃村庄
胡家馬路
于家壩
唐家林
陳家壩
蟠隆集
吳家樓
包家樓
二姓橋
微山湖

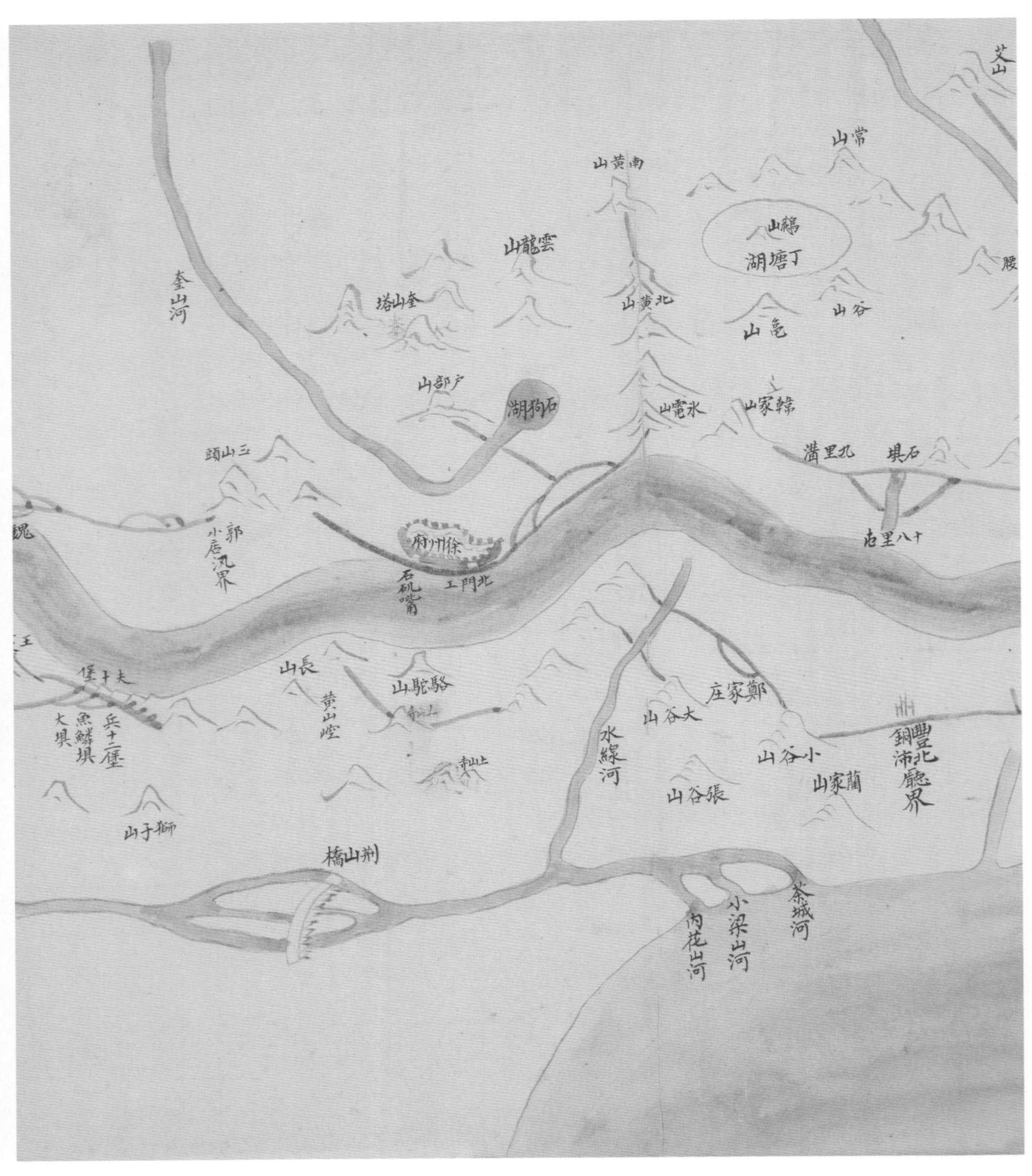

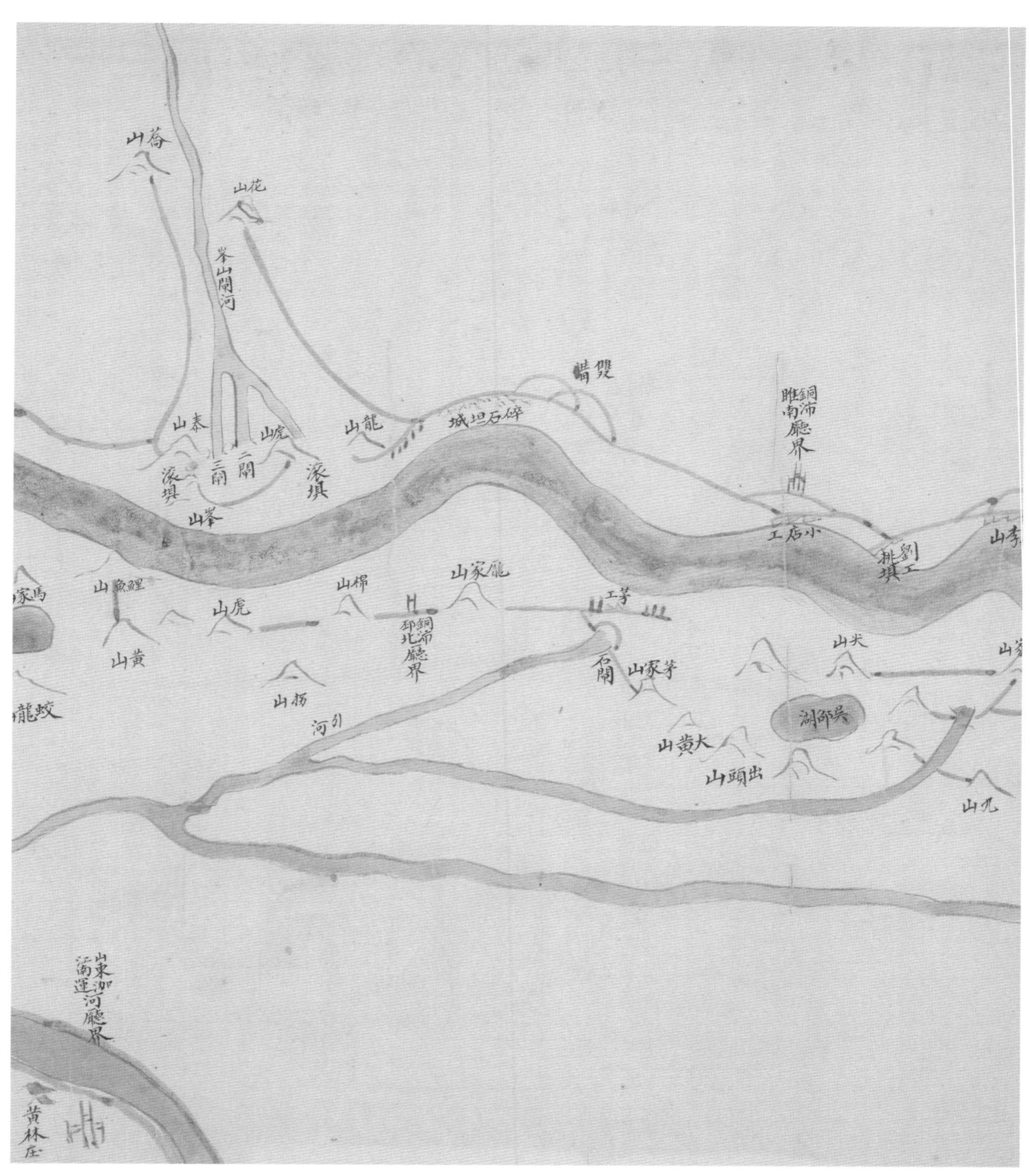

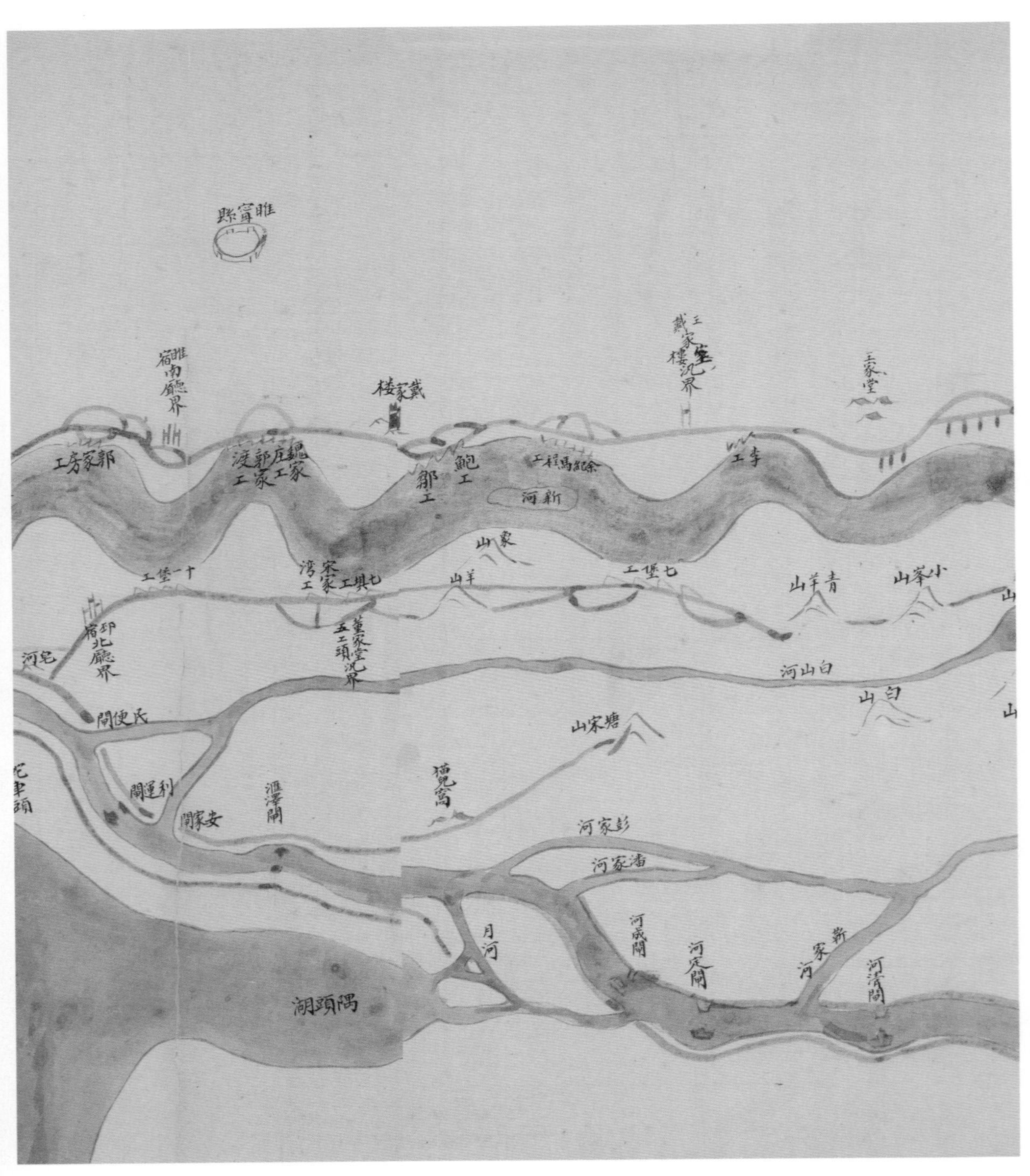

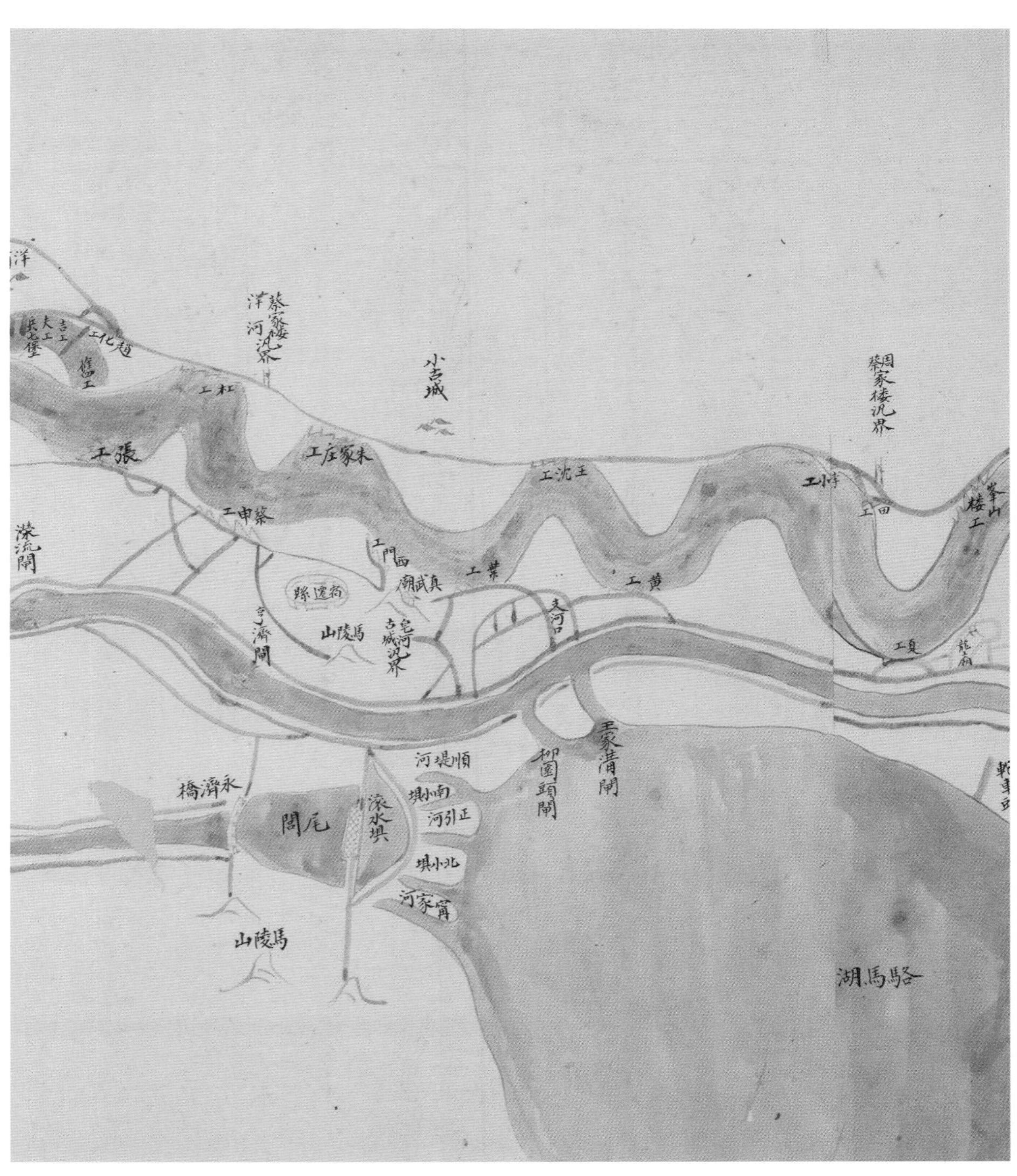

蔡家樓
洋河汛界
小古城
趙化工
杜工
張工
朱家庄工
王沈工
蔡申工
西門工
真武廟
宿遷縣
馬陵山
葉工
黃工
支河口
永濟橋
尾閭
滾水壩
順堤河
南小壩
正引河
北小壩
柳園頭閘
駱馬湖
馬陵山

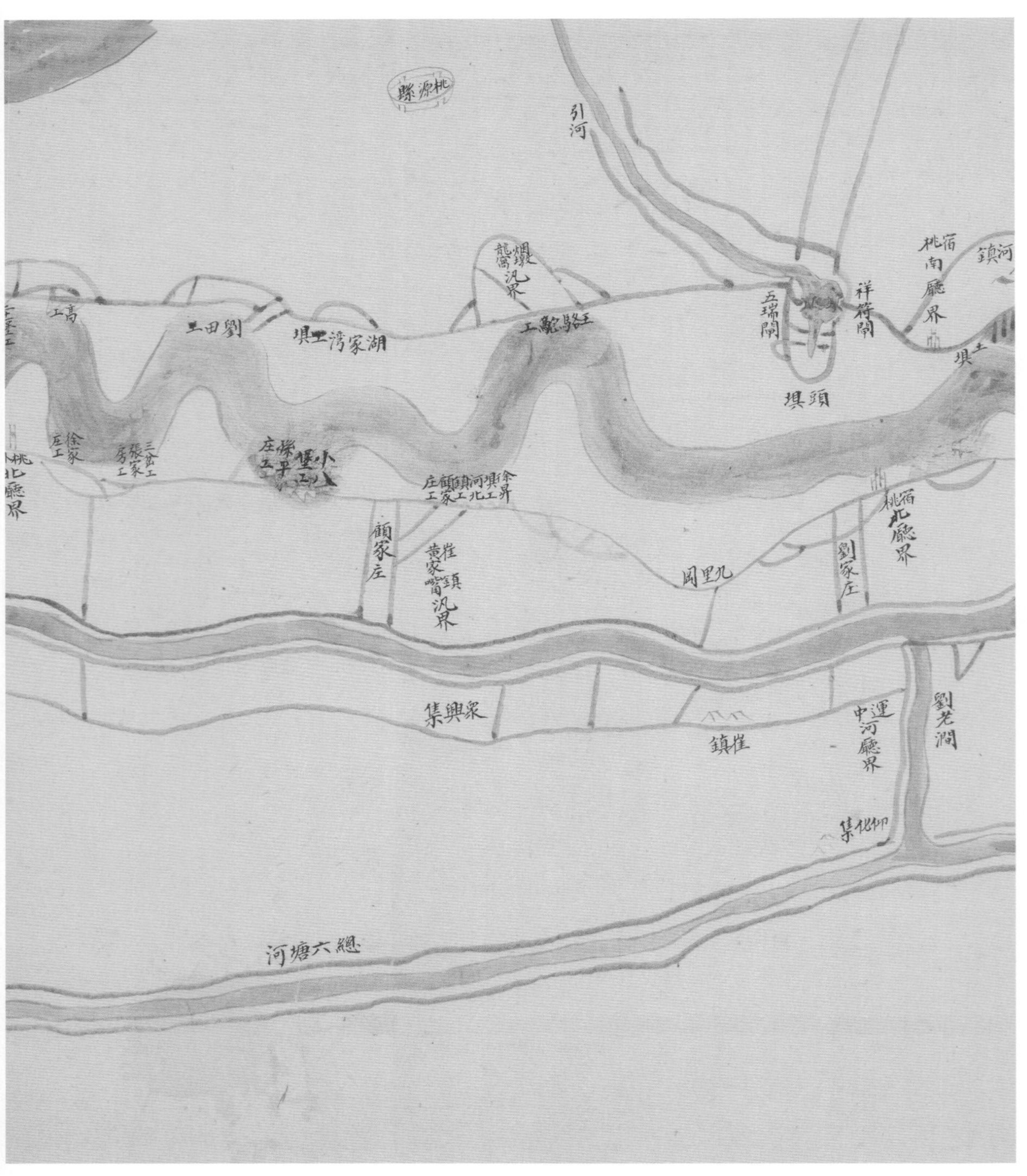
桃源縣
引河
五瑞閘
祥符閘
宿桃南廳界
河鎮
頭埧
劉田工
湖家灣土埧
王駱駝工
高工
徐家庄工
顧家庄
黄崔家嘴頭汛界
九里岡
劉家庄
宿桃北廳界
衆興集
崔鎮
中運河廳界
劉老澗
仰化集
總六塘河

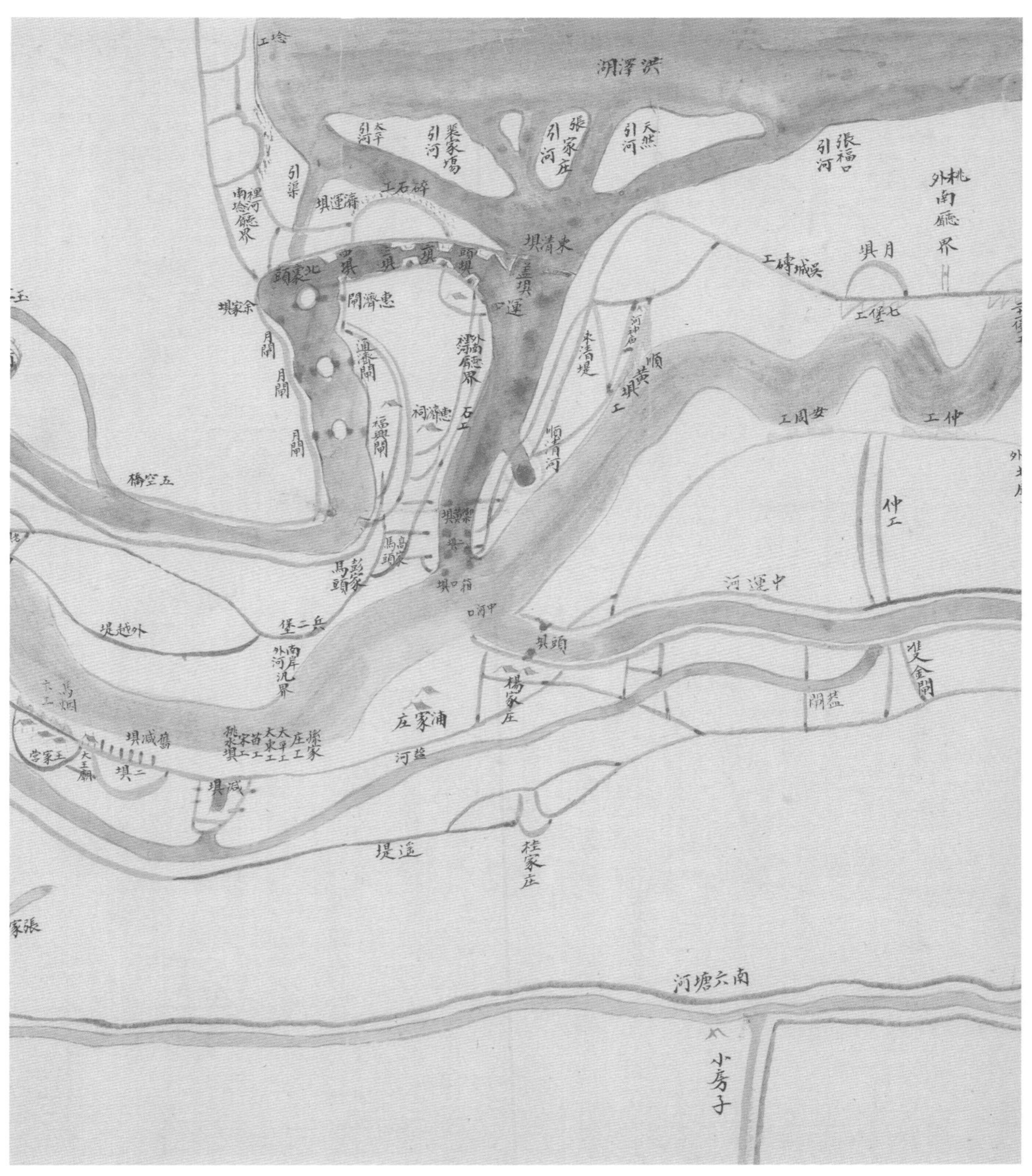

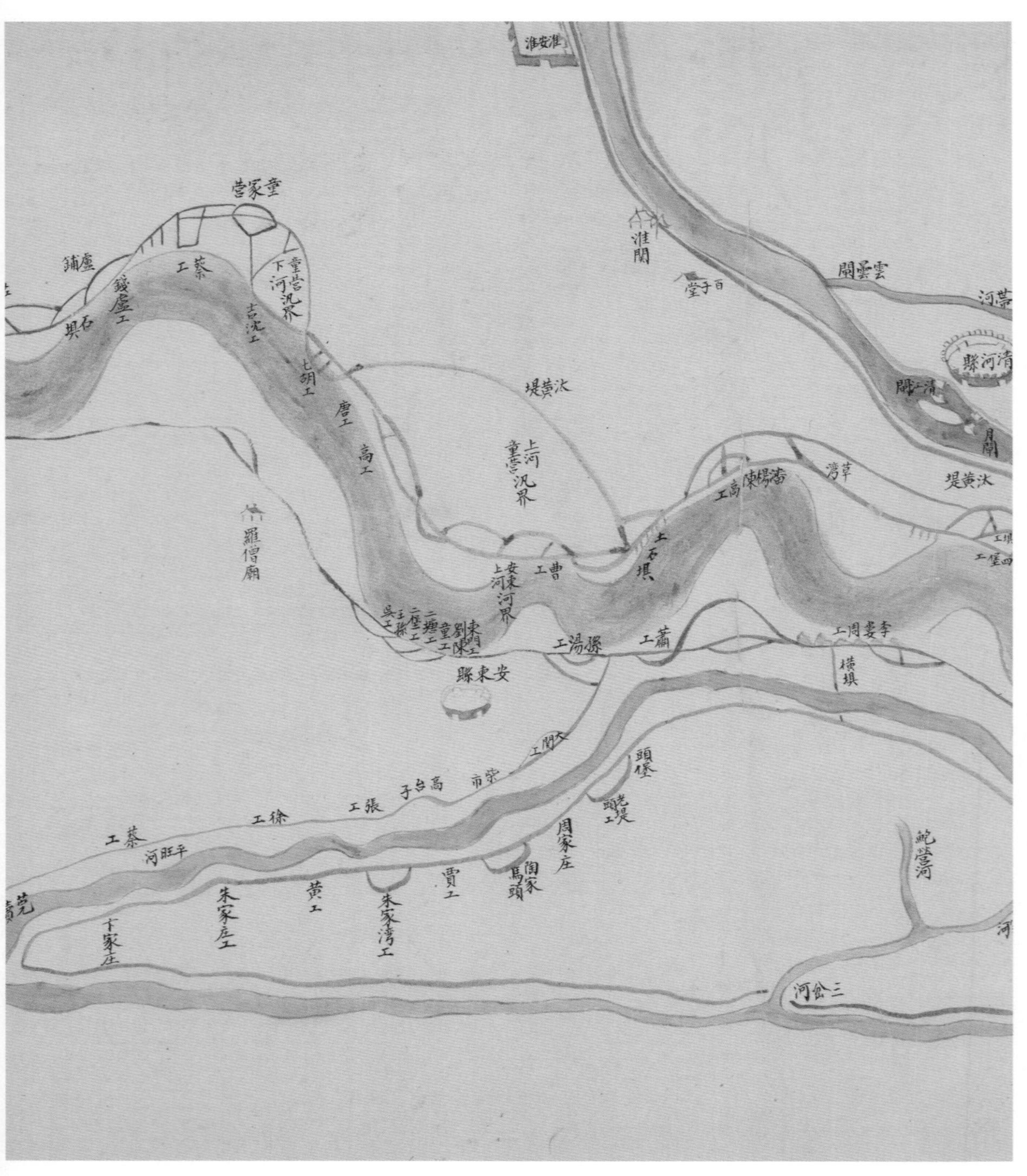
童家營
淮關
雲壘閘
清河縣
汰黃堤
羅僧廟
安東縣
周家庄
朱家庄工
朱家灣工
三岔河

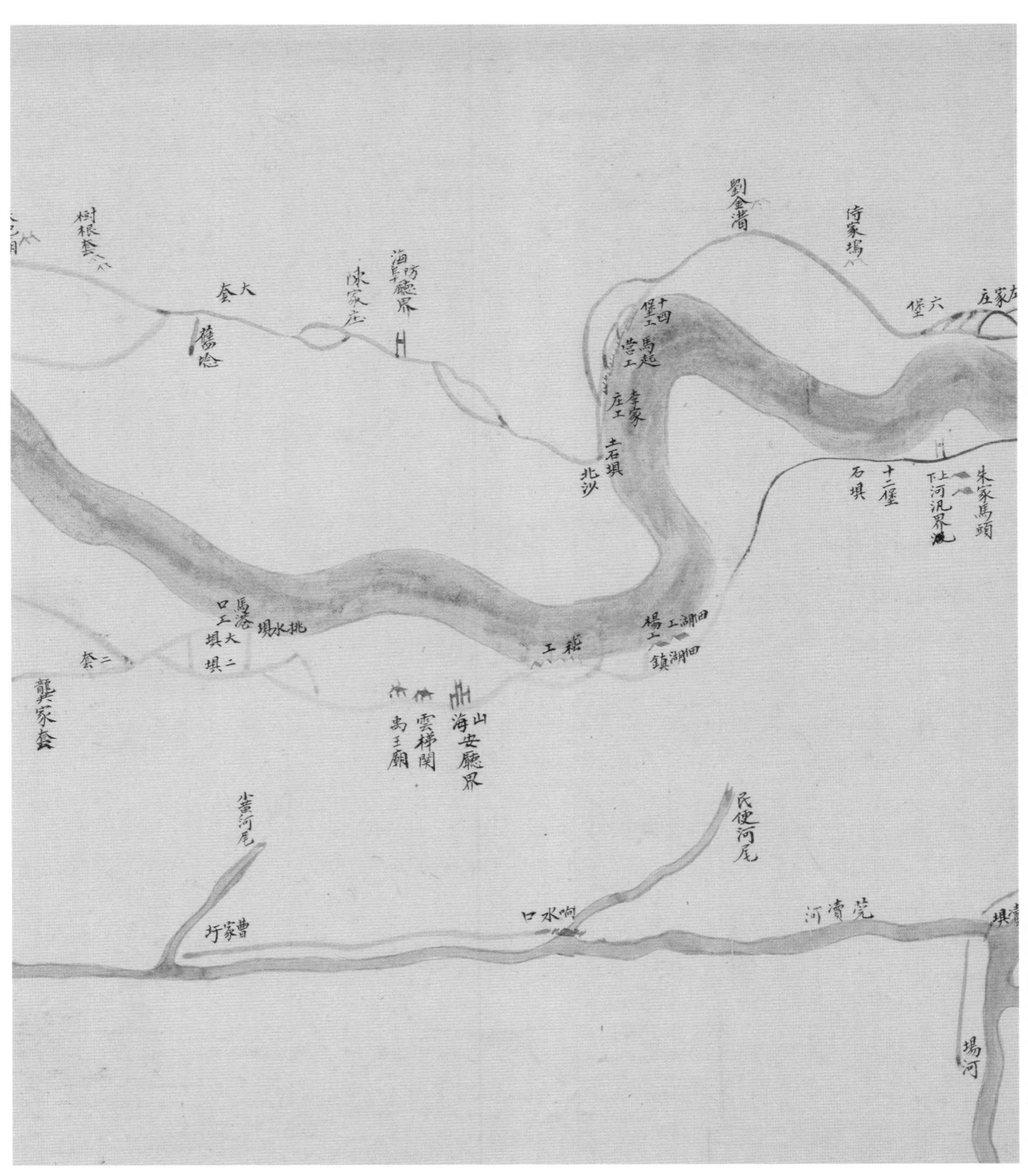

樹根套
大套
舊埝
陳家庄
海阜防廳界
劉金漕
侍家塢
十四堡工
馬起營工
李家庄工
土石壩
北沙
六堡
朱家馬頭
上下河汛界
十二堡
石壩
馬港口工
挑水壩
大壩
二壩
二套
龔家套
工
田湖工
楊工
田湖鎮
山海安廳界
雲梯關
禹王廟
民便河尾
響水口
曹家圩
河尾
場河

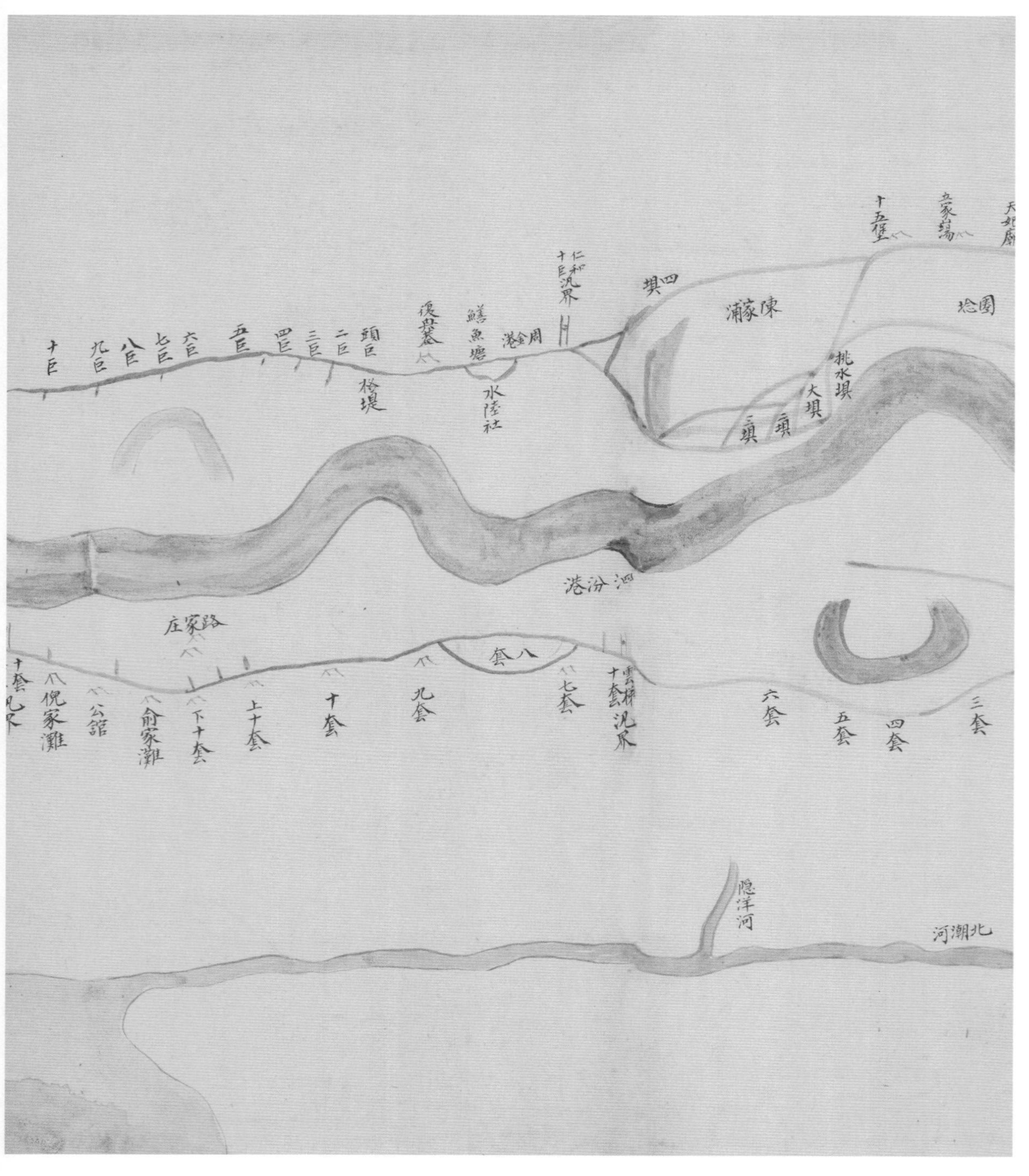

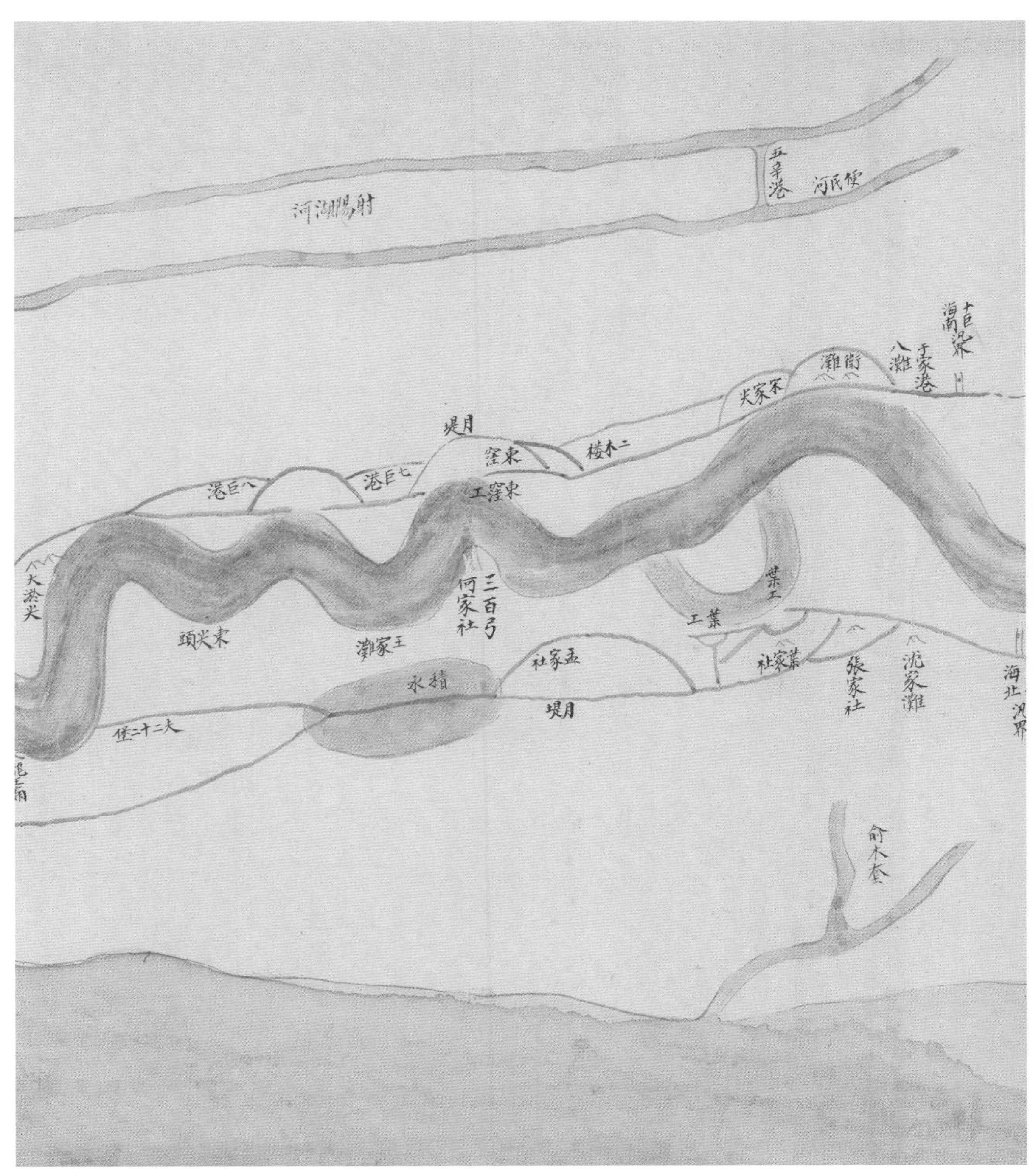

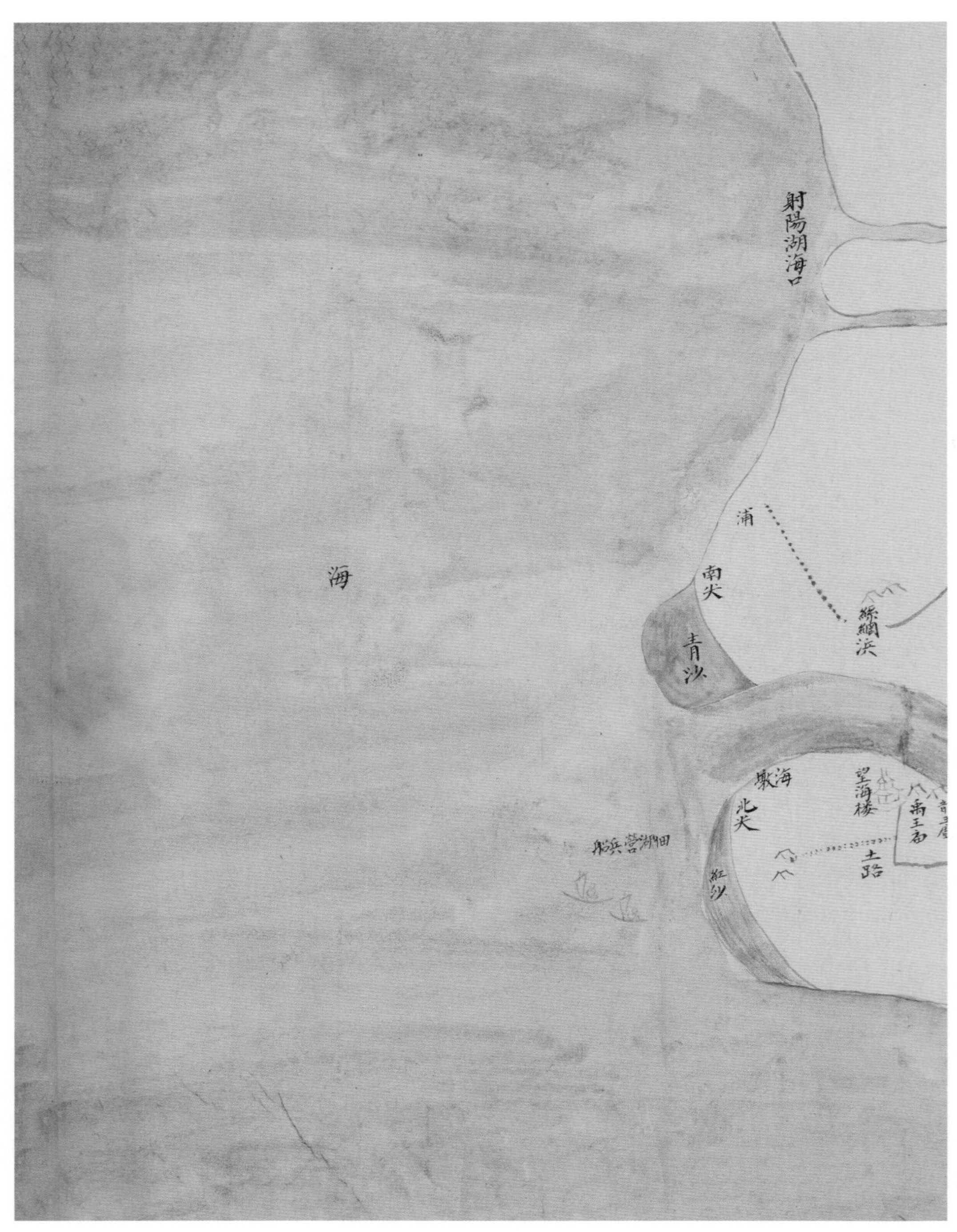

射陽湖海口
浦
南尖
青沙
海
𦆔綱浜
海墩
北尖
望海樓
禹王廟
土路
紅沙
田湖營兵船

《黄河水道全图》

版本：彩绘本

年代：约清道光三十年（1850 年）

尺寸：23 厘米 ×580 厘米

幅数：1 幅

中国国家图书馆藏官绘本《黄河水道全图》，封面贴签墨书“黄河水道全图庚戌夏日星白题签”。星白，即清道光十六年（1836 年）进士张锡庚（?—1861 年），字秋航，号星白。张锡庚，江苏丹徒人，大学士张玉书裔孙，善书法，尤以小楷著称。“庚戌”，系清道光三十年（1850 年）。张锡庚官历顺天府丞、太仆寺卿、左副都御史，清咸丰八年（1858 年）督浙江学政、擢刑部侍郎。清咸丰十一年（1861 年）辛酉，太平军攻破杭州城，自缢。本图绘出黄河自星宿海至云梯关入海口之全程，详细标示两岸各厅工程位置，整幅图为鸟瞰视角，在绘制方法上采用了工笔画法，绘制精细。在河两岸群山的描绘上，山头采用青绿山水传统技法，山底用赭石色晕染过渡，虚实相生。河坝、浅滩、旧河道均采用晕染法，表现水势较弱、不丰盈的样貌。以青、黄二色区别黄河水道和运河水道，以红色粗实线示意河工。

清道光二十九年（1849 年），黄河水道上发生了两件重要的事：其一是七月汛期黄河积涨，导致洪泽湖和黄河水道连接处的吴城七堡堤坝溃决；其二是由此引发的河务官员讨论泄黄后路一事，想要找到泄黄入海的最佳方案。上述事件中涉及的河工与河道走势在此图中均有相应示意。

七月黄水积涨，南河吴城七堡堤段坍塌，河督将上游大王庙旁的泄清旧址挑通宣放，黄水立刻消退四五尺，给抢筑七堡溃堤赢得了时间。因涨水溃堤一事，杨以增奏参厅营员弁一折，认为他们抢护不得力。包括淮安府外南厅同知、外南营守备、清河县马头司巡检、南岸汛把总和上汛协防，都应一并摘去顶戴。由图可见，清河县、外南厅、南岸汛等处恰位于吴城七堡所处河段南岸，是防范的要害。此外，海安厅五套堤工平漫过水，虽然抢堵挂淤，仍因防范不力而被杨以增奏上一折，建议摘去海安厅营汛官顶戴。据图可见，山安厅、海安厅界和云梯汛、十套汛界，其间即为六套平堤，平漫过水处即在此。

同样因吴城溃堤一事，御史马沅奏请筹备泄黄后路，认为北岸东侧的山安厅属有二塘，在王营减坝下游，势极低洼，地已荒废，可筹为泄黄入海后路。此后福济、陆建瀛又上奏，二人亲勘后认为二塘位于安东县城下四里，正当河流坐湾处，堤外无滩地，土性沙松，不能作为建坝的基址。而且堤内外高下相差二丈有余，一旦泄水，可能跌塘掣溜，自二塘至民便河尾计程一百数十里，河身间段淤浅，挑河筑堤费用过多。此外，两岸田庐甚多，地非荒废，与之前上奏情况并不相符。二人又提出启用王营新减坝泄黄，经盐河至武障河，下北潮河入海的方案。此水道周围并无村庄镇市格碍，其过水情形，内外测量，高下亦不悬殊，似可预为减泄之备。图中王营新减坝与盐河水道皆清晰可见。

此外，陆建瀛认为自古治水，先治下游，朝廷每年耗资甚巨，却治标不治本，甚至找专员讨论方案都不得要领，往往以经费有限为借口，也找不到疏浚海口的方法，导致河病日深。他参考嘉庆年间的提案，认为黄河入海之路应筑束水长堤，以防散漫。但是因为年久失修，为今之计应选择关键位置修补筑堤，在入海上下，河有中溜地方，防筑对头草坝，形成束水的趋势。据图可见，自安东县至入海口段，黄河两岸近坐湾处多筑有石坝或土石坝。

治黄保运是当时的国策，清道光三十年（1850 年）六月，杨以增上奏称："外南塘河系岁挑之工，本年春间，大加挑浚，久已完工。洪湖各道引河，亦均挑挖深通。重运正在灌塘畅行无滞。"为防止汛期黄水积涨漫溢影响漕运，期望清高于黄，用挑坝木龙之法逼溜北趋。但当时的情况是高堰湖水已蓄一丈七尺五寸，却仍低于黄水三尺九寸，更不可能指望汛期清高于黄。据图可见，高堰石工在黄河以南，洪泽湖西，应为蓄水所筑。附近洪泽湖、运河和黄河之间的闸坝尤其繁多，实为应对黄运之间水势关系之举。有趣的是，当年漕运总督周天爵奏议因水系平流，可废除清江三闸。而令官员确量各闸坝后，实际情况是水势递高，节节钳束，实非平水，不可废闸。据图可见，清江闸处于运黄交汇附近，位置重要，废除与否不可据一时的水势高低而定。

综上，此图清晰反映了当时黄河水道上各种水利工程，如堤坝、河道、闸口等的布局及其功能和效果，是研究黄河历史和水利工程的重要资料。而且，此图为官绘本黄河全图，有张锡庚亲笔题注，具有较高的艺术价值。

张萌

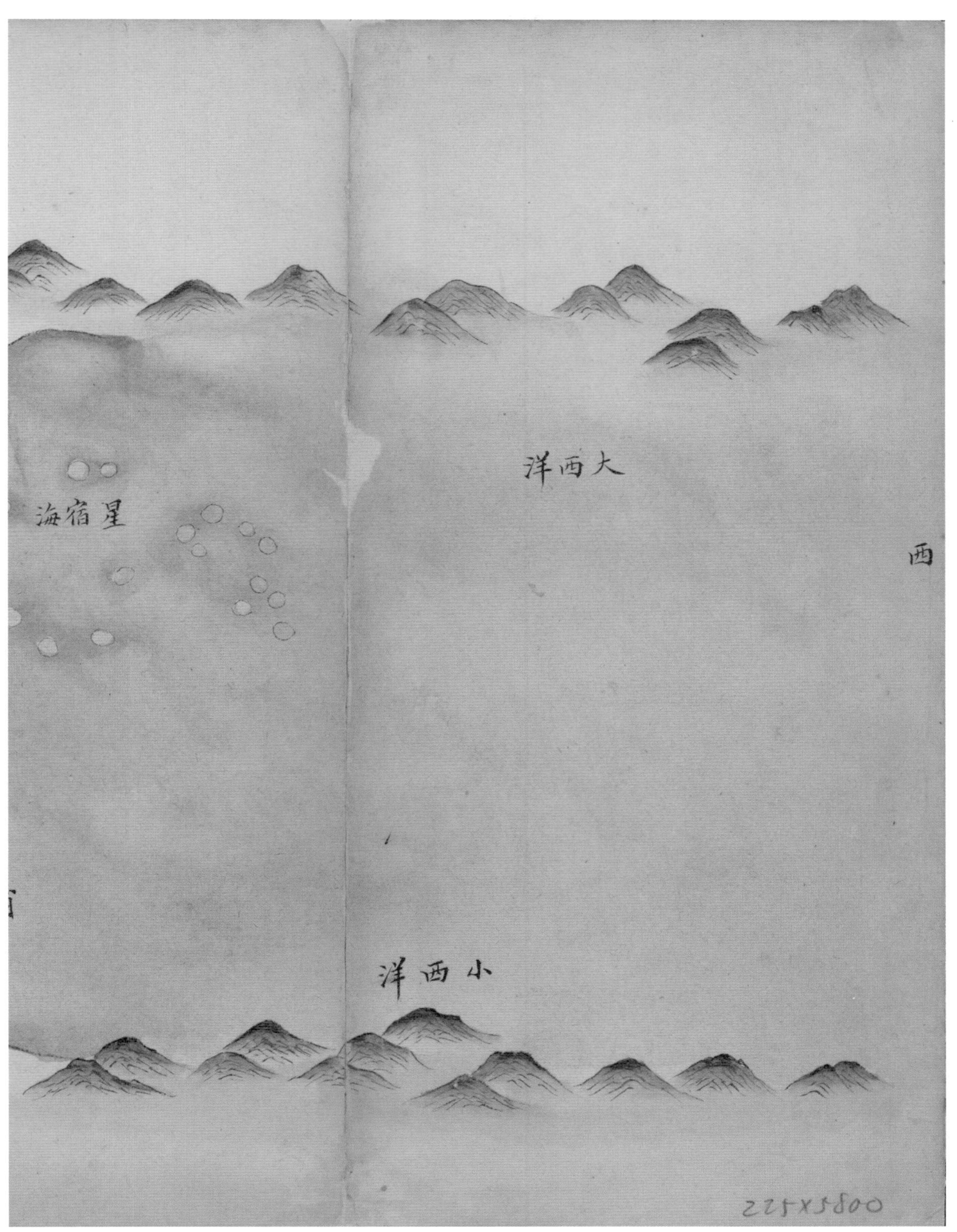
星宿海
大西洋
西
小西洋

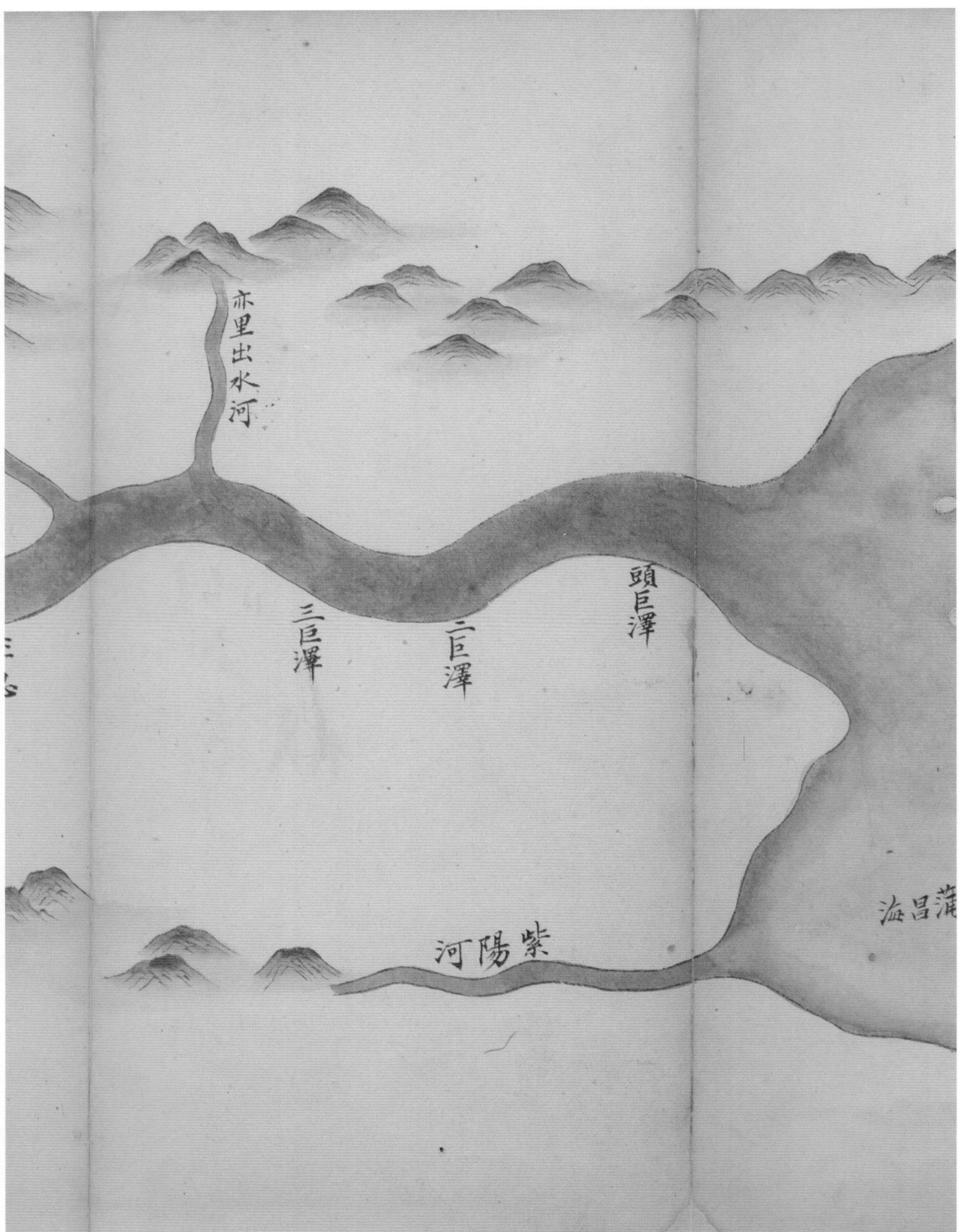
亦里出水河
頭巨澤
二巨澤
三巨澤
紫陽河
蒲昌海

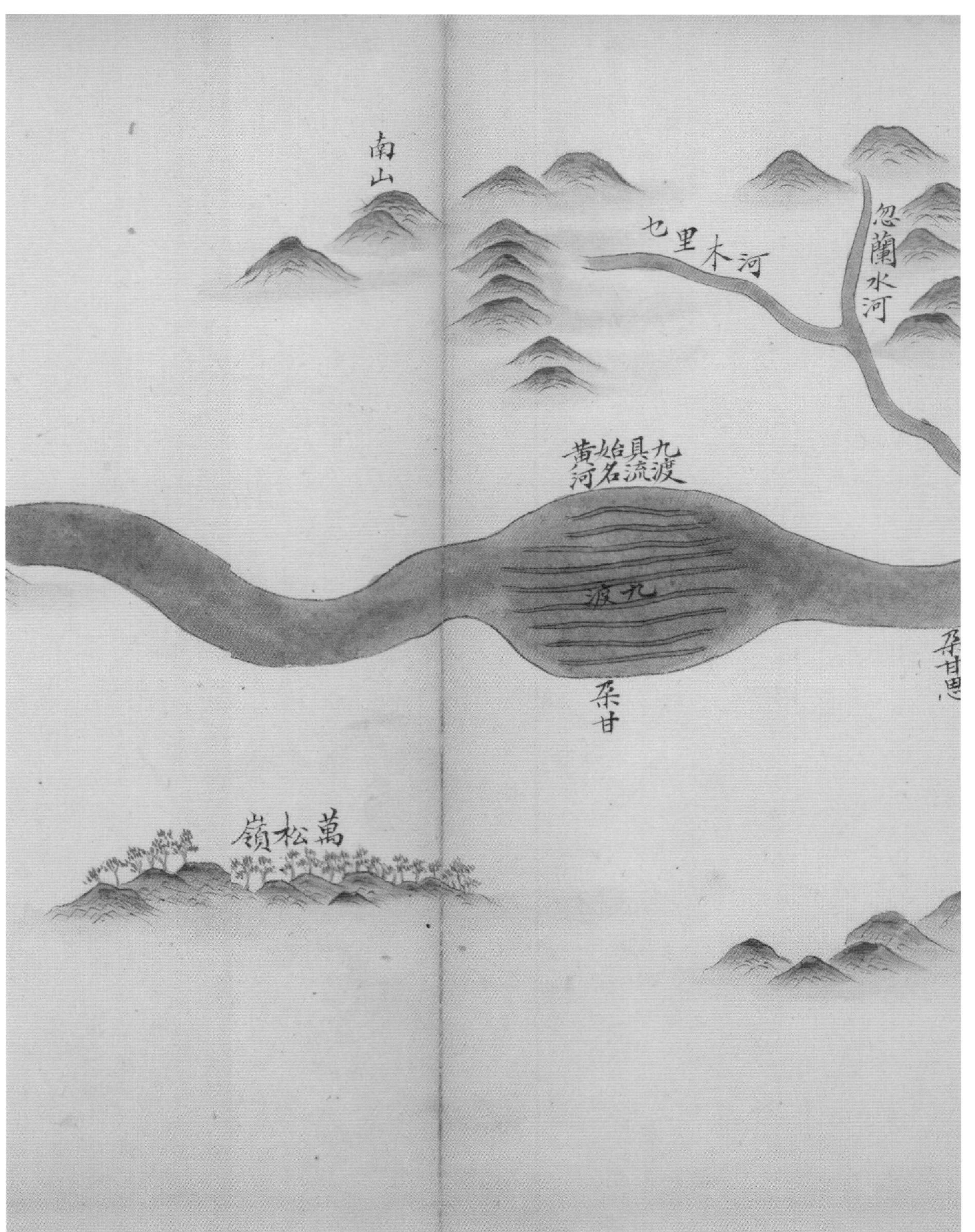
南山
七里木河
忽蘭水河
九渡具流始名黄河
九渡
朶甘
朶甘思
萬松嶺

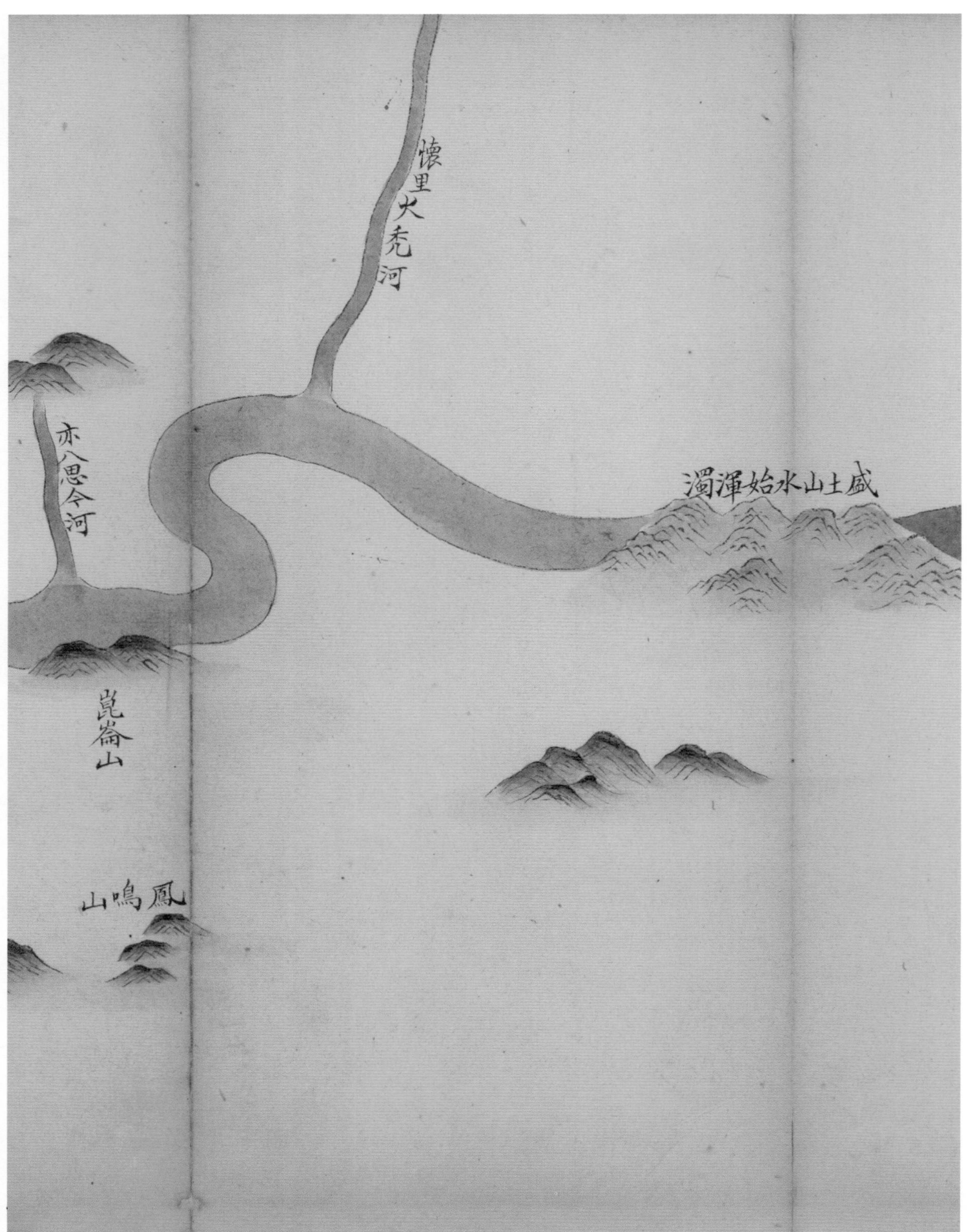
懷里火禿河
亦八思今河
盛土山水始渾濁
崑崙山
鳳鳴山

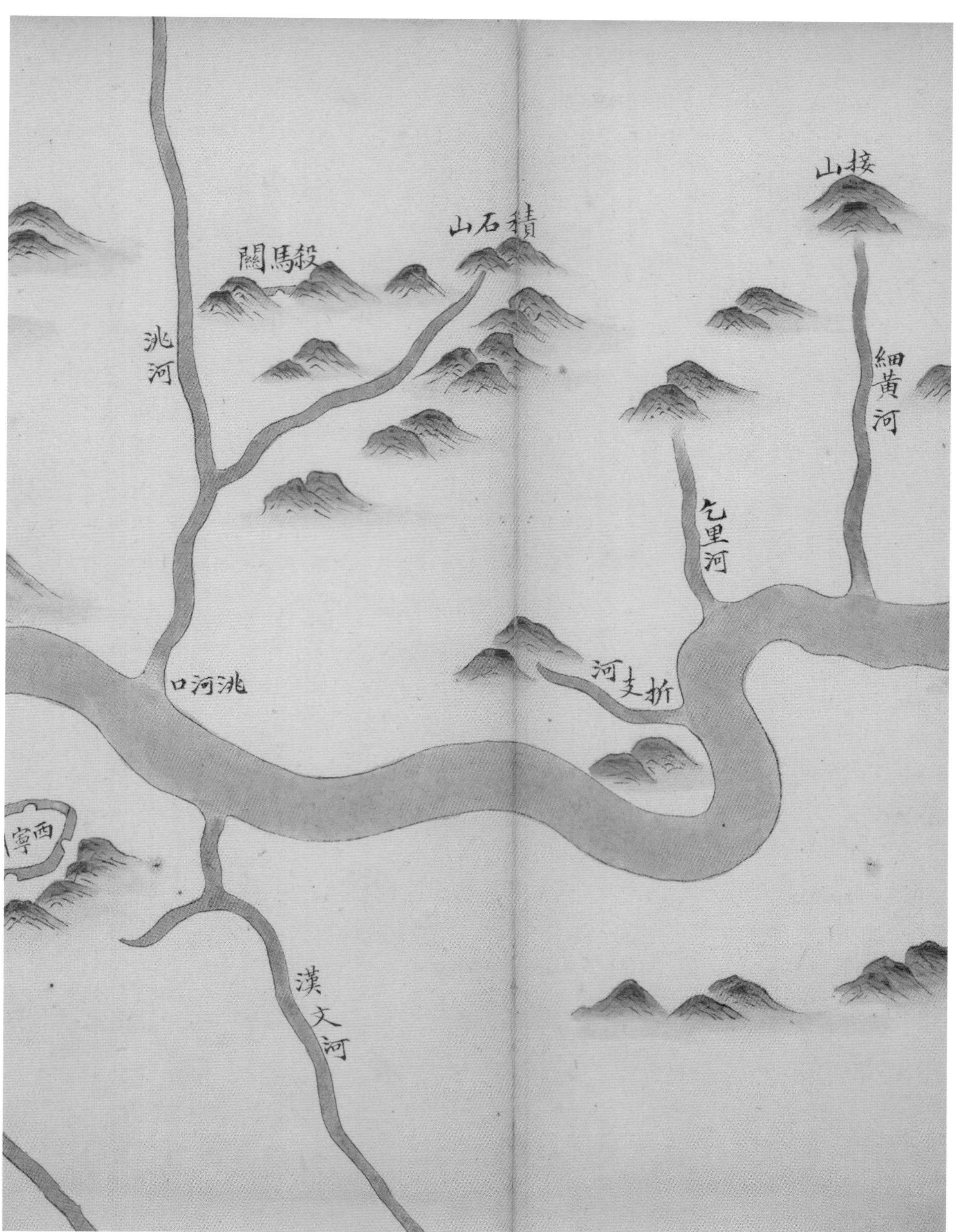
接山
積石山
殺馬關
洮河
細黃河
乞里河
洮河口
折支河
西寧
漢文河

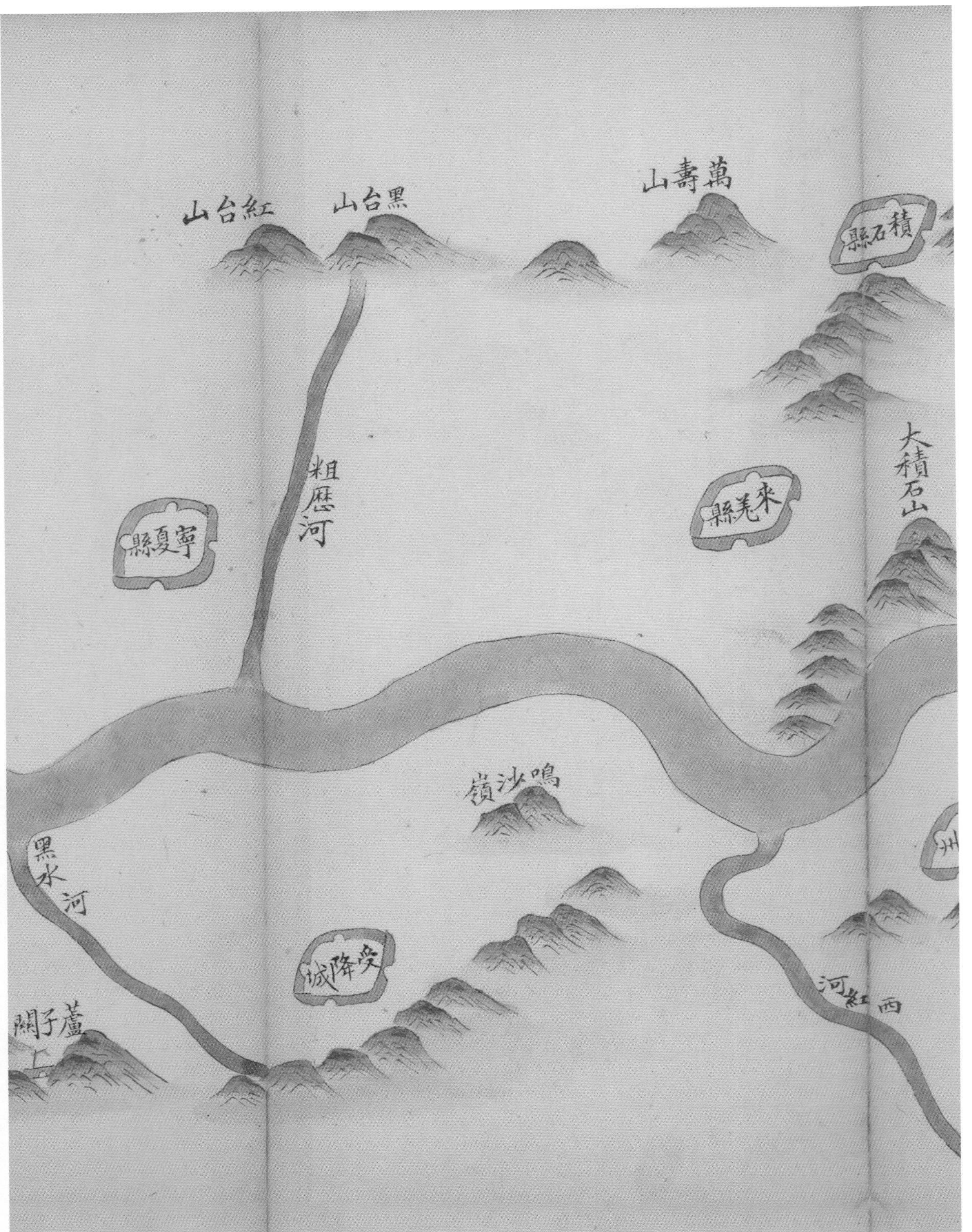
紅台山
黑台山
萬壽山
積石縣
粗歷河
寧夏縣
來羌縣
大積石山
鳴沙嶺
黑水河
受降城
蘆子關
西紅河
州

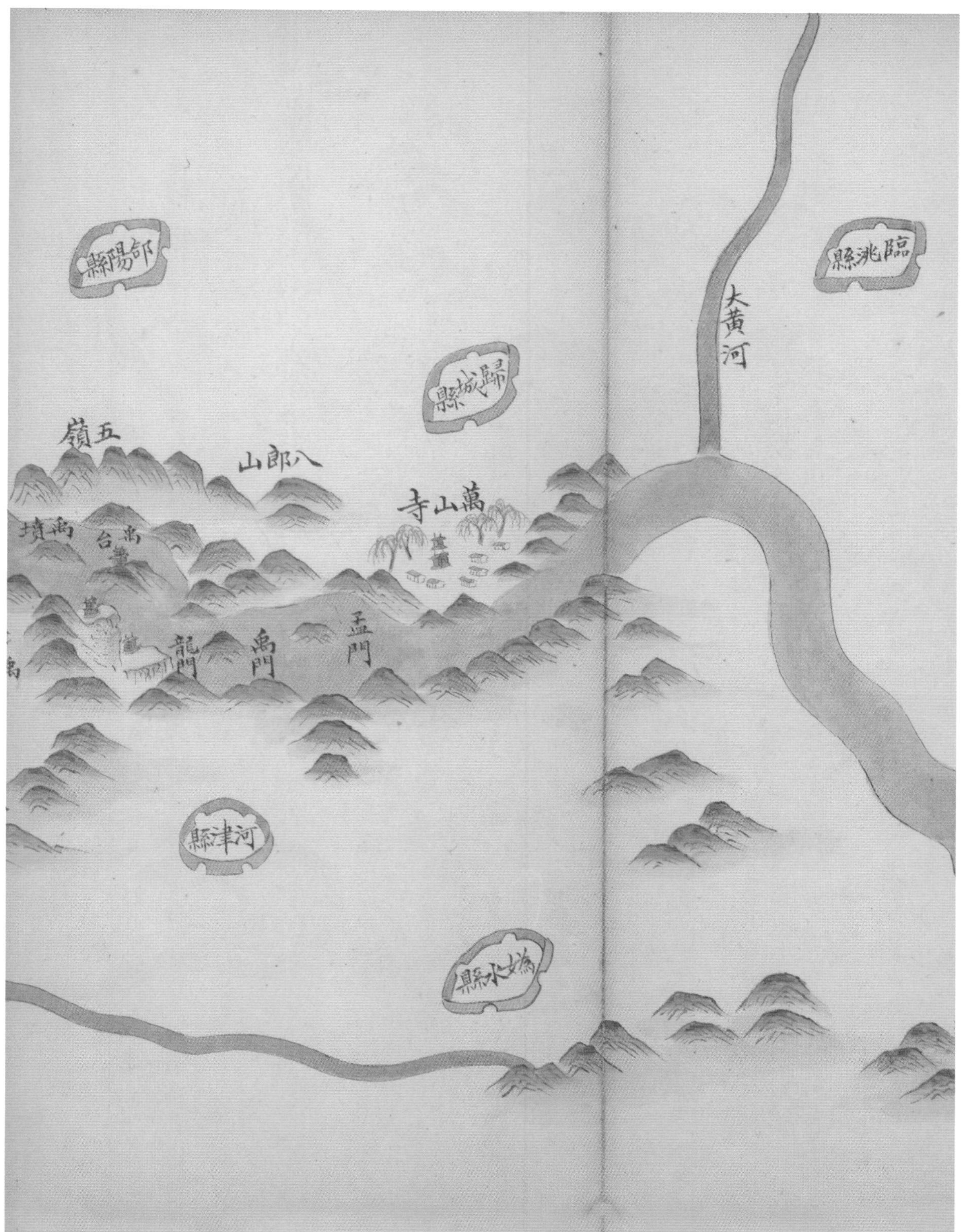

郃陽縣
臨洮縣
大黃河
歸城縣
五嶺
八郎山
萬山寺
禹墳
禹台
龍門
禹門
孟門
河津縣
嬀水縣

渭河
白九谷山
蒲谷山
華陰縣
涇河
萬峯
雨山
雨山潼關
上寨甘露
雪山
中河書院
首陽山
五老峯
蘇武祠
蒲州
陽嶺
彭堆山
雪澗河
介山
猗氏縣
杜稷山
滎河縣
山王
涑河
九源山
萬家山
黃賴山
王屋
絳州
解州

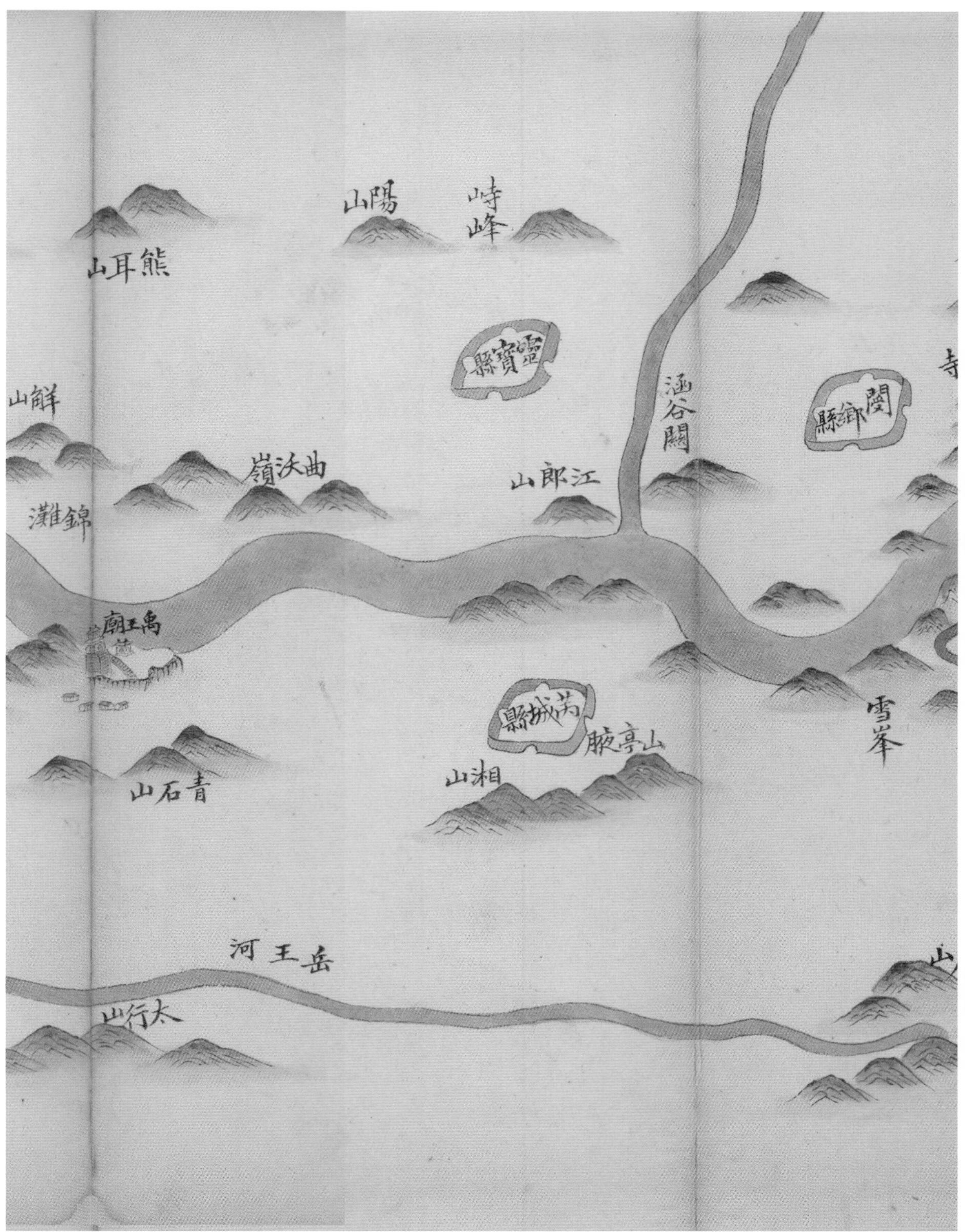
熊耳山
陽山
峙峰
靈寶縣
涵谷關
閿鄉縣
寺
鮮山
曲沃嶺
江郎山
錦灘
禹王廟
芮城縣
腋亭山
湘山
青石山
雪峯
岳王河
太行山
山

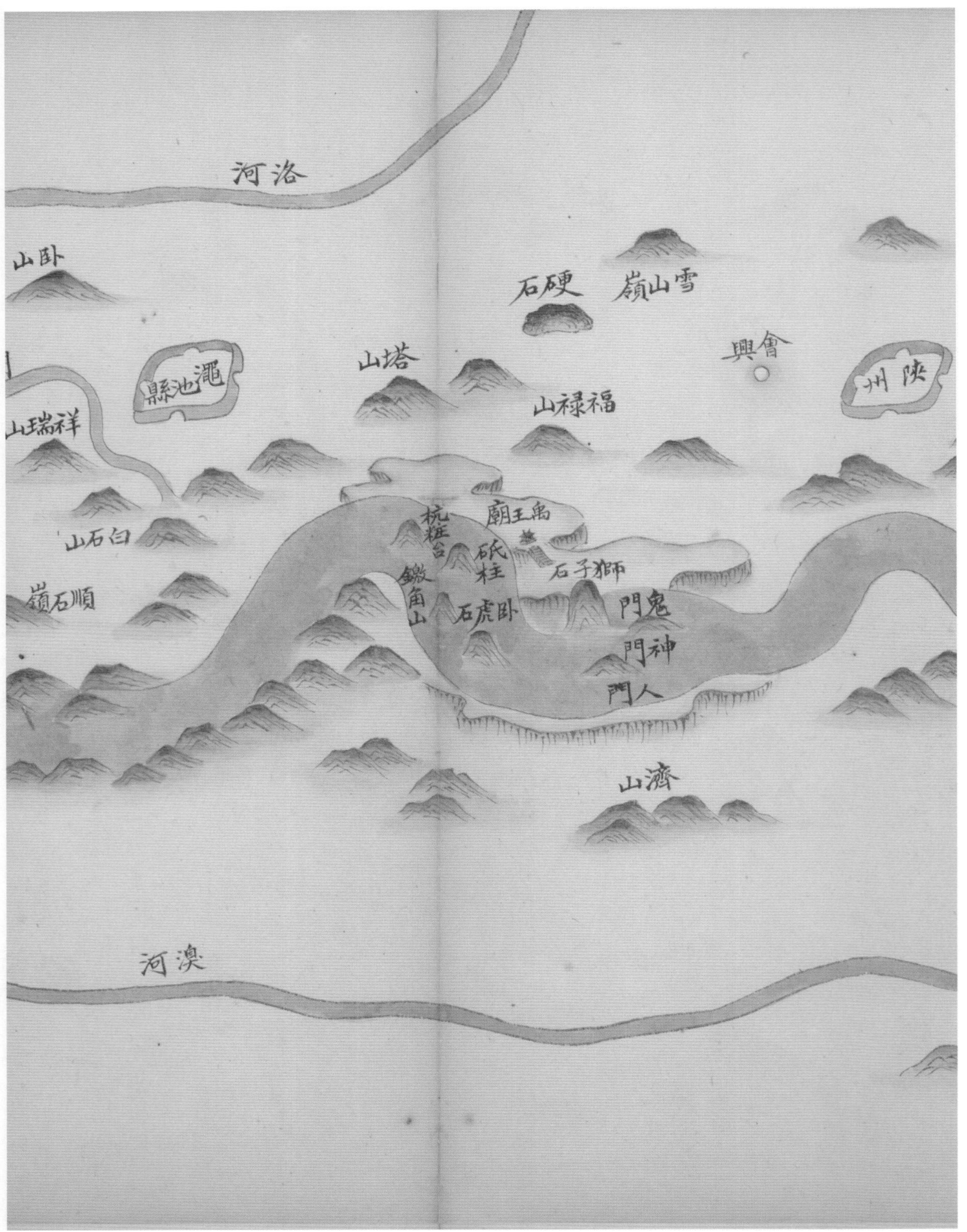
洛河
卧山
硬石
雪山嶺
會興
陝州
澠池縣
塔山
福祿山
祥瑞山
白石山
順石嶺
禹王廟
杭框台
砥柱
獅子石
鐵角山
臥虎石
鬼門
神門
人門
濟山
溴河

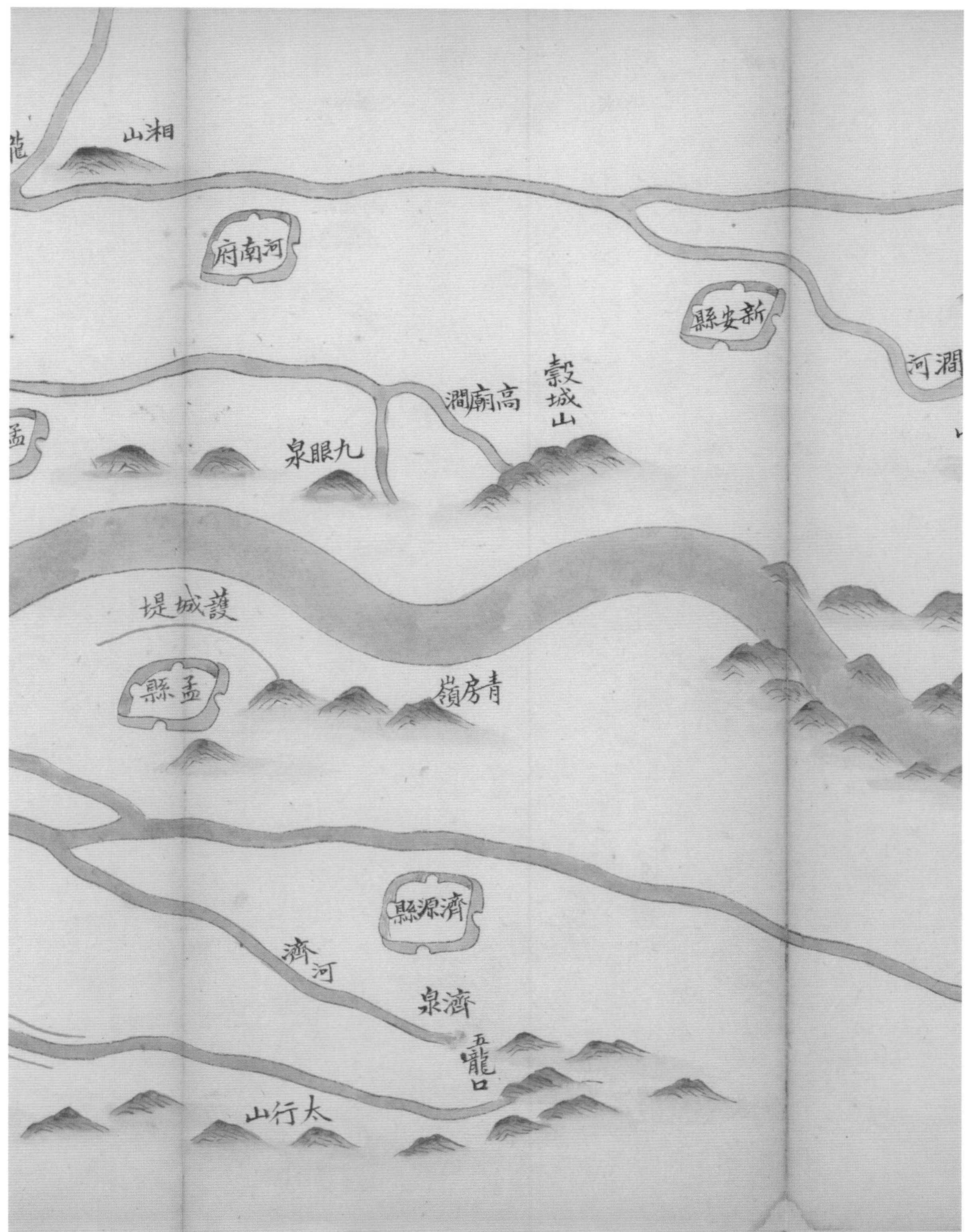

湘山
河南府
新安縣
澗河
穀城山
高廟澗
九眼泉
孟
護城堤
孟縣
青房嶺
濟源縣
濟河
濟泉
五龍口
太行山

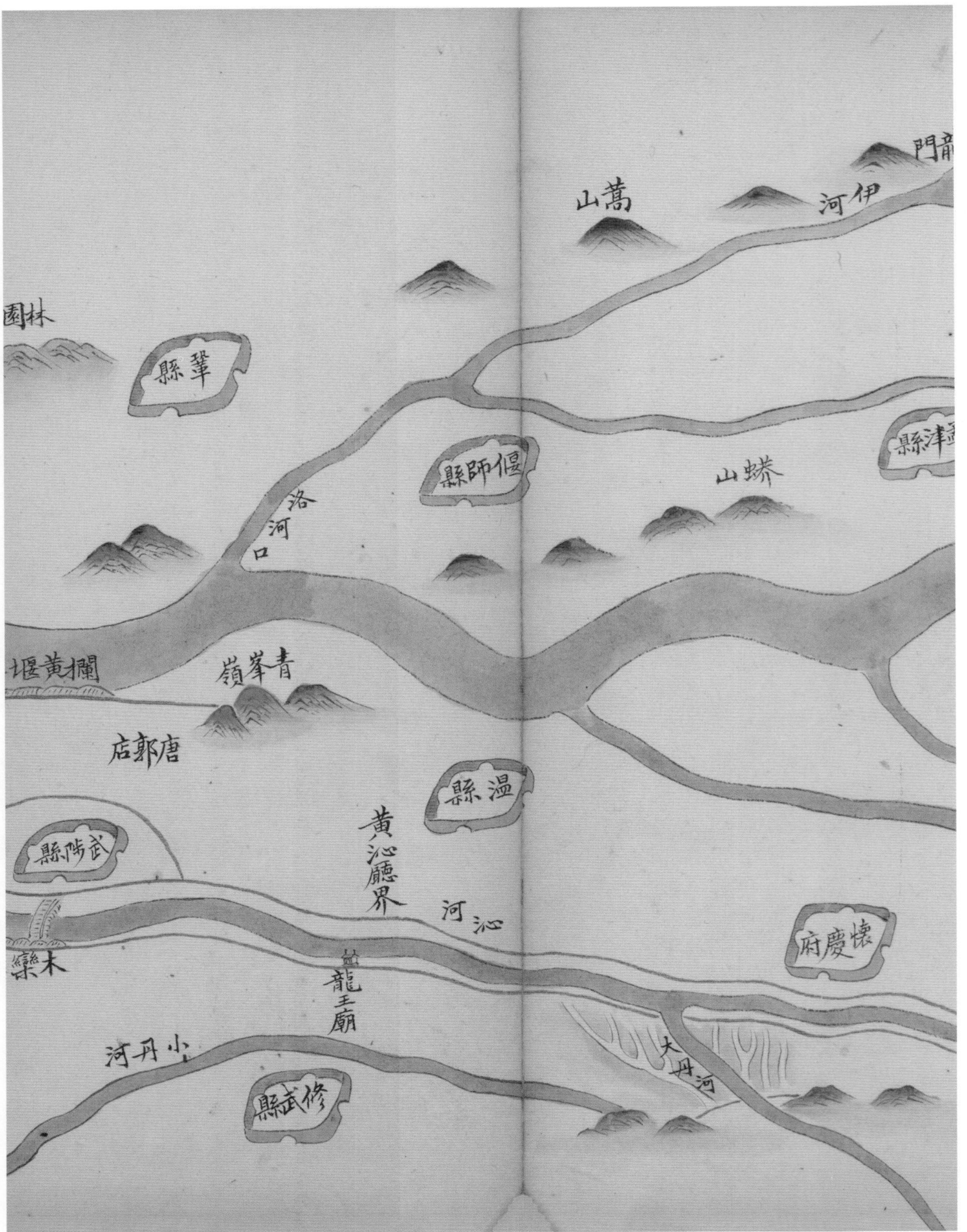

伊河
嵩山
鞏縣
偃師縣
蟒山
洛河口
青峯嶺
唐郭店
溫縣
武陟縣
黃沁廳界
沁河
懷慶府
木欒
龍王廟
小丹河
大丹河
修武縣

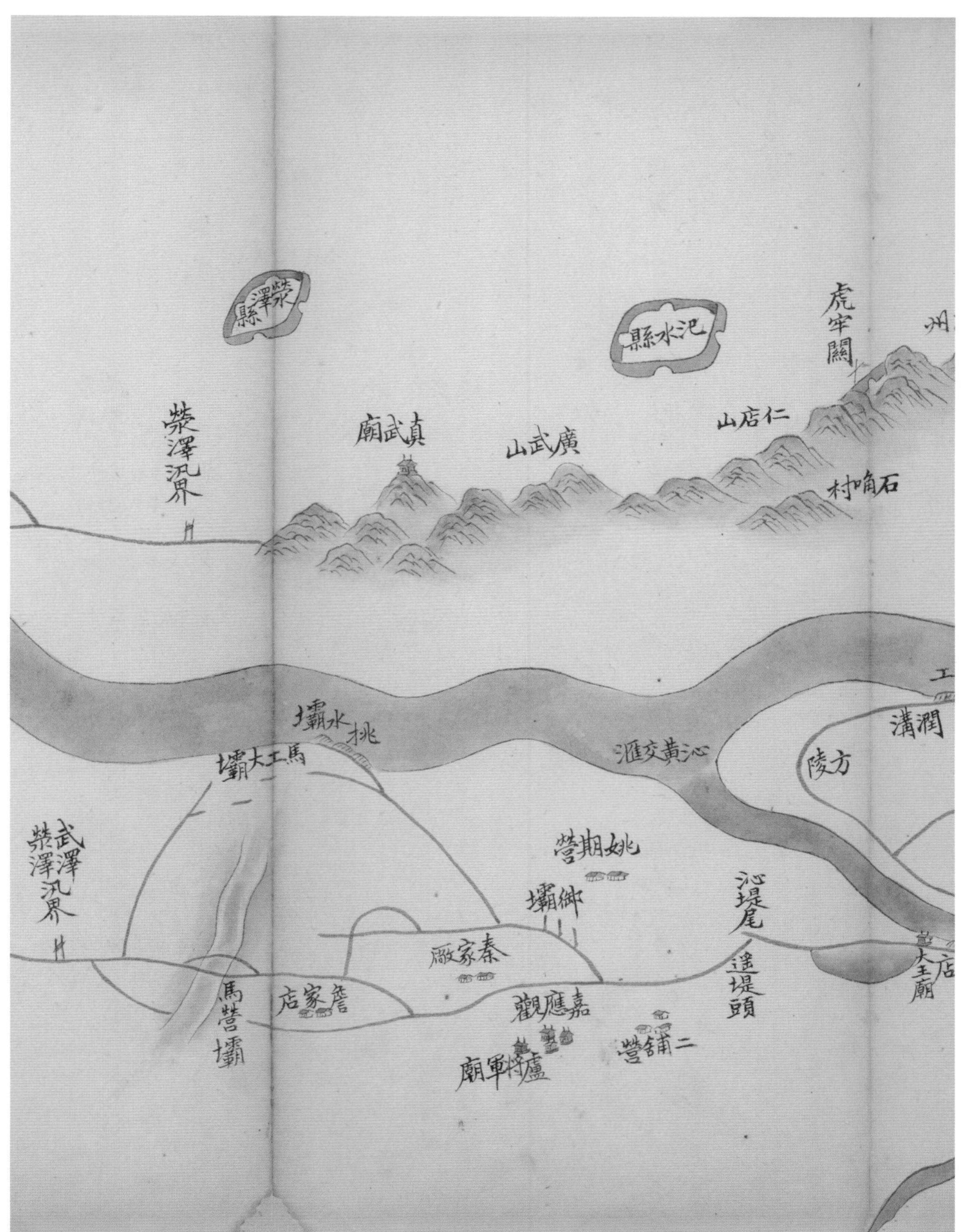

滎澤縣
汜水縣
虎牢關
滎澤汛界
真武廟
廣武山
仁店山
石唃村
挑水壩
馬工大壩
汜黃交滙
潤溝
方陵
武澤
滎澤汛界
姚期營
御壩
汜堤尾
遥堤頭
秦家廠
詹家店
嘉應觀
二鋪營
盧將軍廟
馬營壩
大王廟

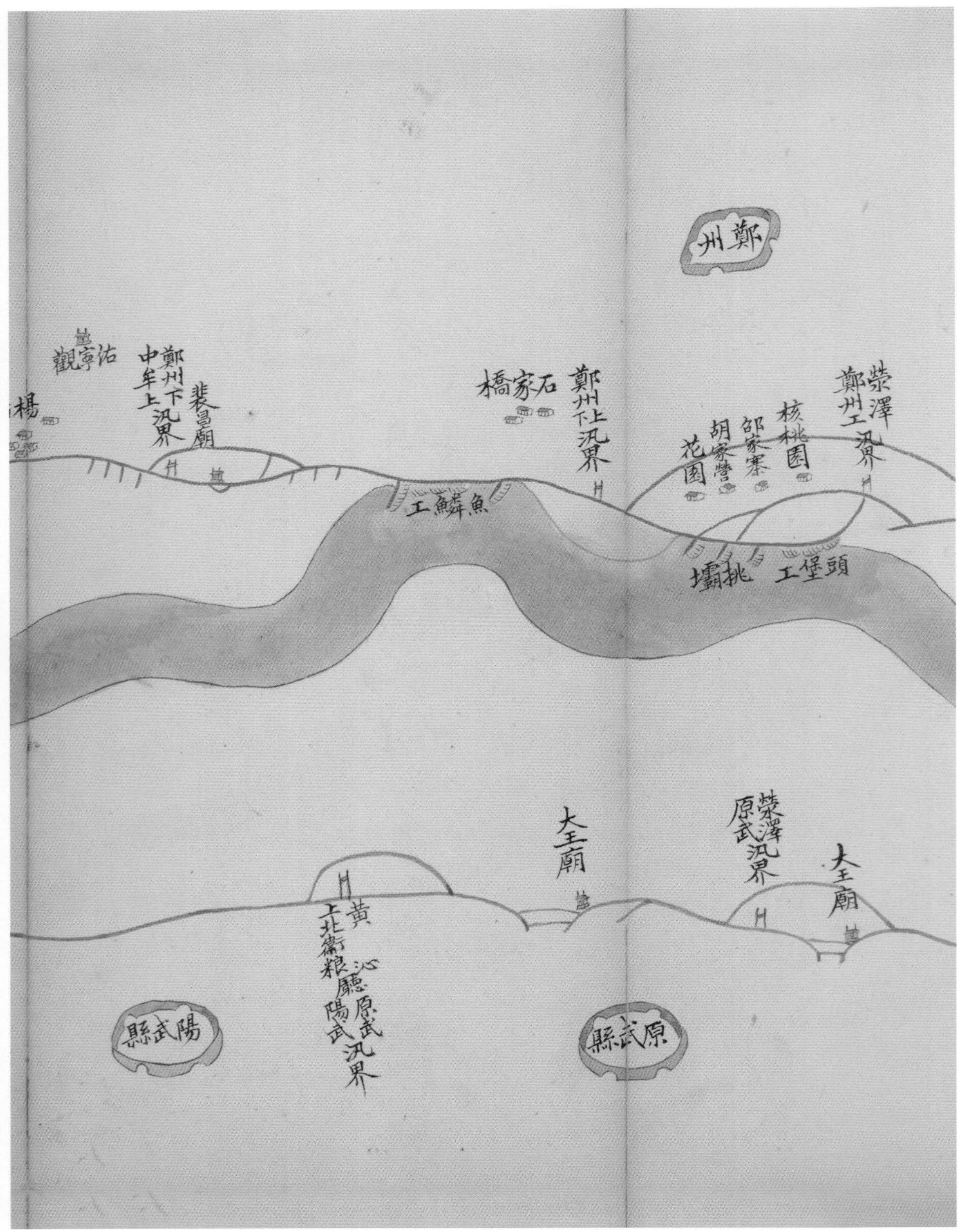

鄭州
沾寧觀
鄭州下汛中牟上界
裴昌廟
楊
石家橋
鄭州上汛下界
魚鱗工
滎澤鄭州工汛界
核桃園
郃家寨
胡家營
花園
挑壩
頭堡工
大王廟
滎澤原武汛界
大王廟
黃沁廳原武陽武汛界
上北衛粮
陽武縣
原武縣

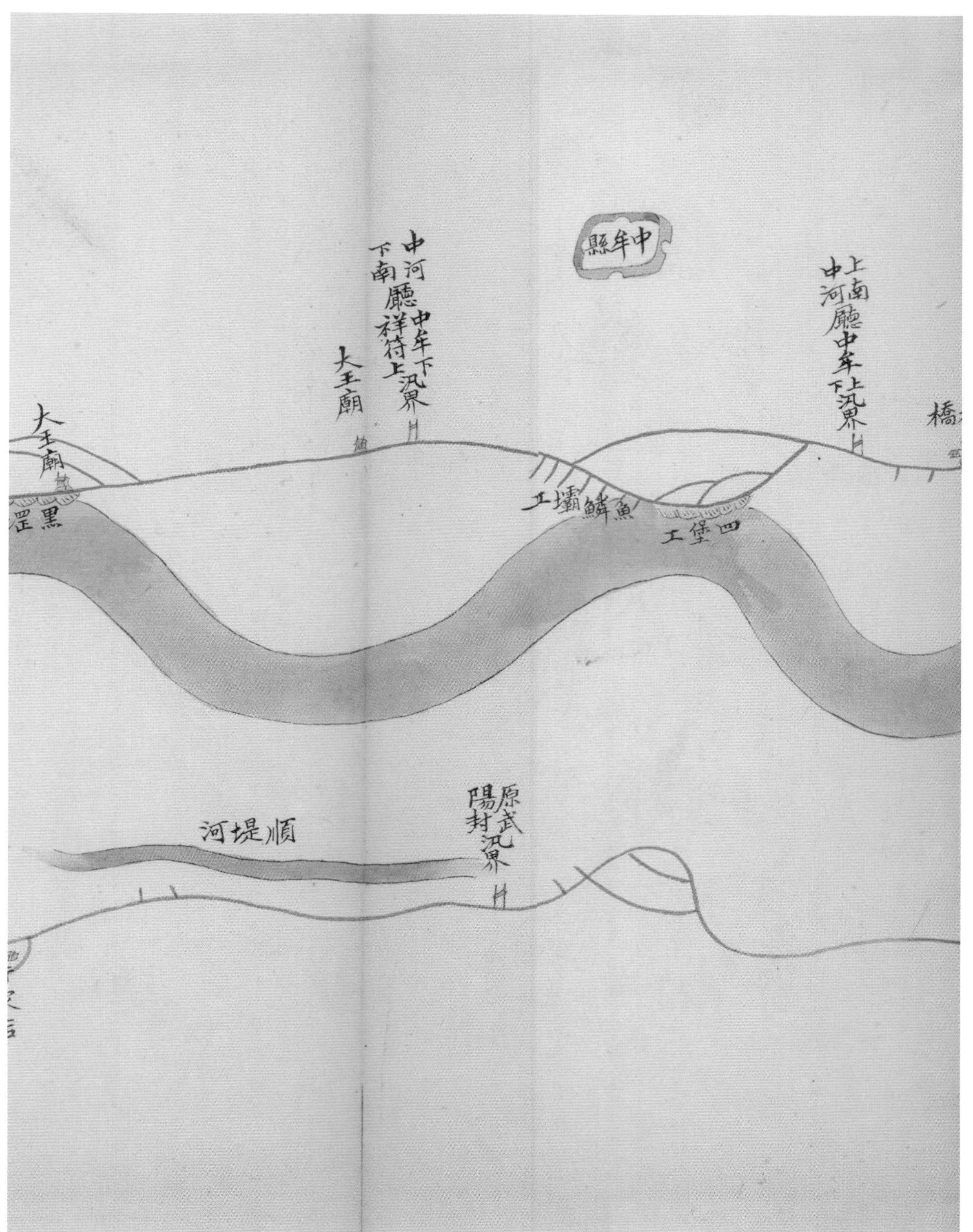
中牟縣
中河廳中牟下汛界
下南河廳祥符上汛界
上南河廳中牟上汛界
中河廳中牟下汛界
大王廟
大王廟
橋
黑罡
魚鱗壩工
四堡工
順堤河
原武陽封汛界

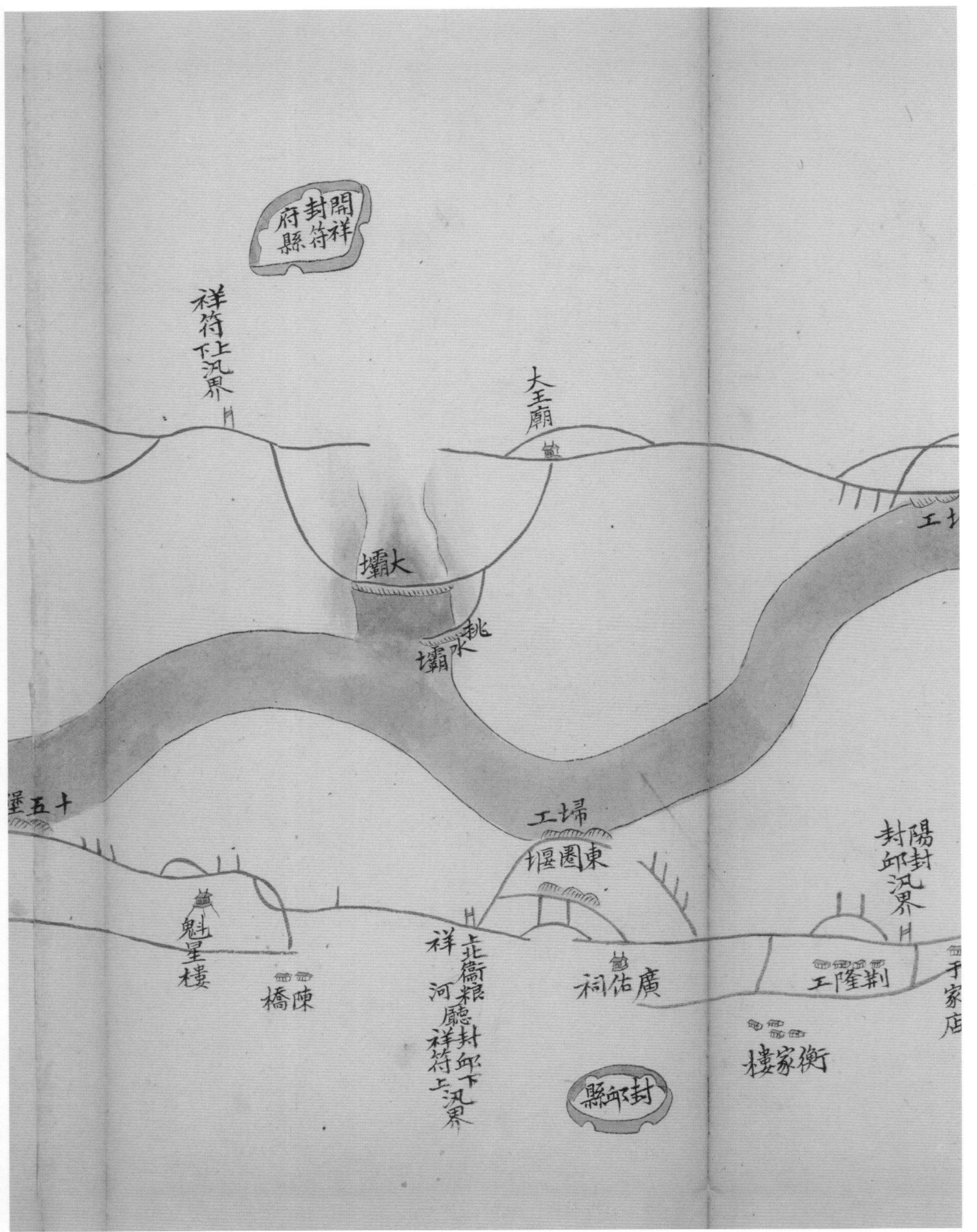
開封府
祥符縣
祥符上下汛界
大王廟
大壩
挑水壩
十五堡
埽工
東圈堰
魁星樓
陳橋
上北河衛糧廳
祥符上汛
封邱下汛界
廣佑祠
封邱縣
陽封
封邱汛界
荆隆工
衡家樓
于家店

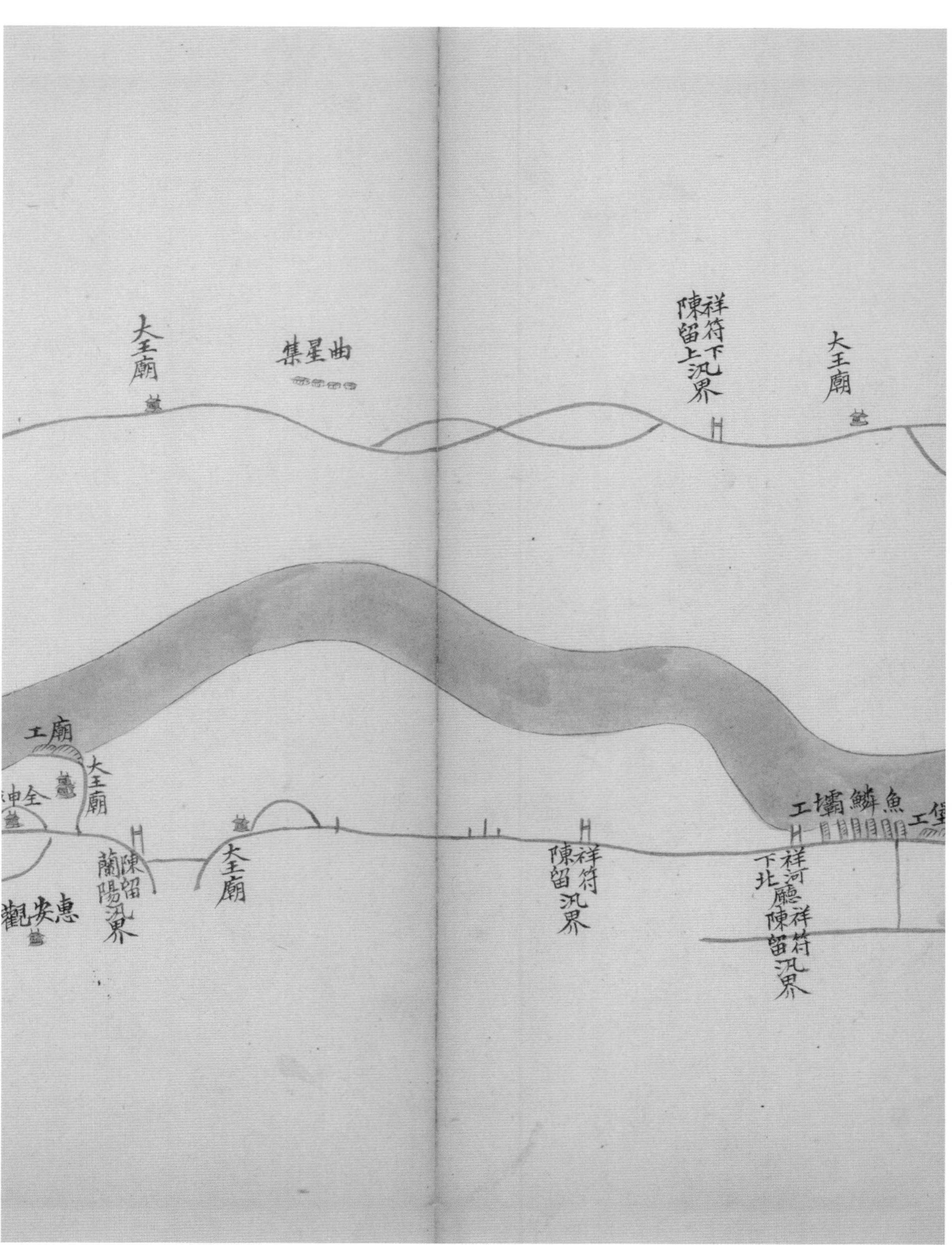
大王廟
曲星集
祥符下
陳留上汛界
大王廟
工廟
大王廟
全申
惠安觀
陳留
蘭陽汛界
大王廟
祥符
陳留汛界
魚鱗壩工
工
祥河廳
祥符
下北
陳留汛界

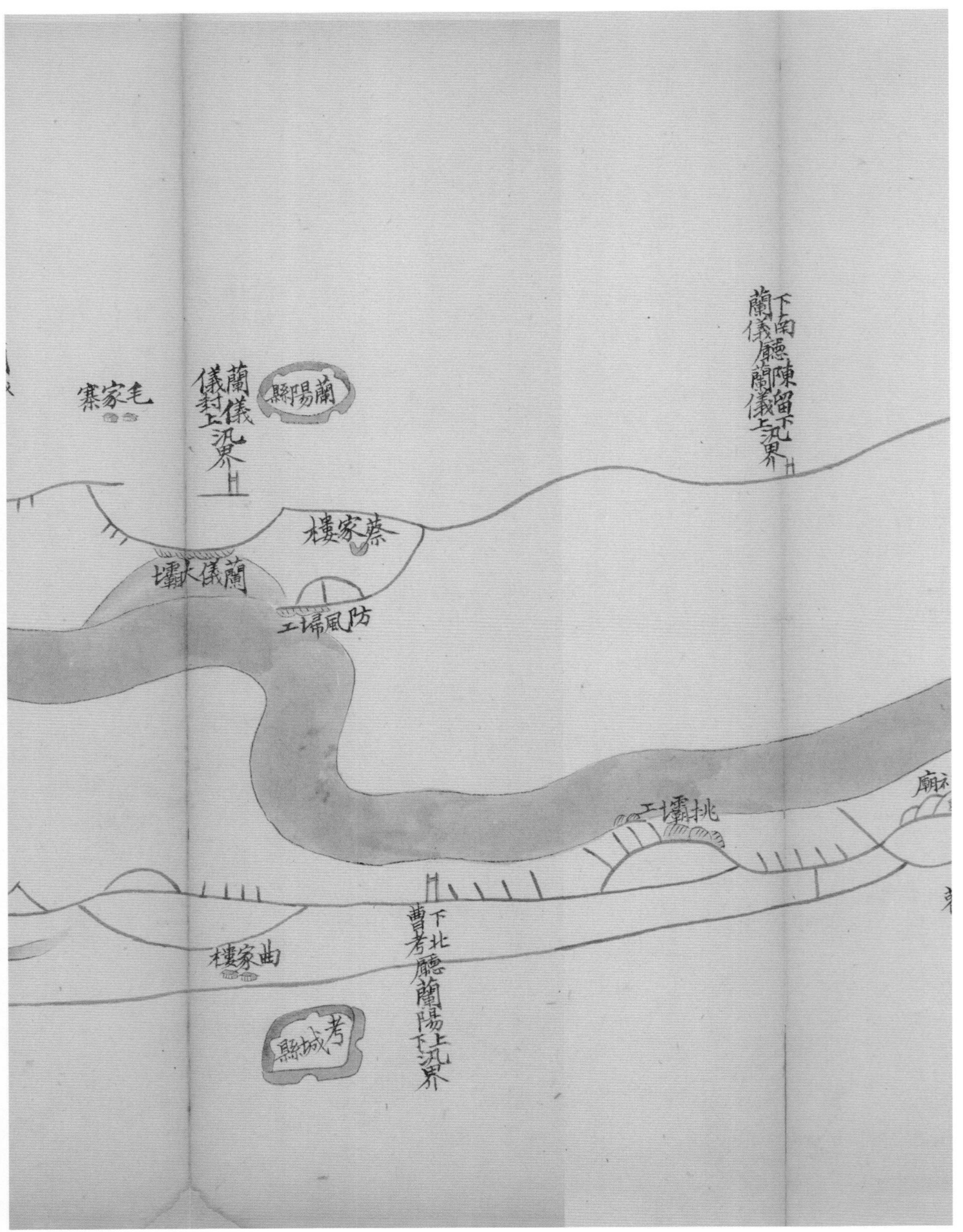

毛家寨
蘭陽縣
蘭儀
儀封上汛界
蔡家樓
蘭儀大壩
防風埽工
下南廳陳留下汛
蘭儀廳蘭儀上汛界
挑壩工
廟
曲家樓
下北廳蘭陽上汛界
曹考下汛
考城縣

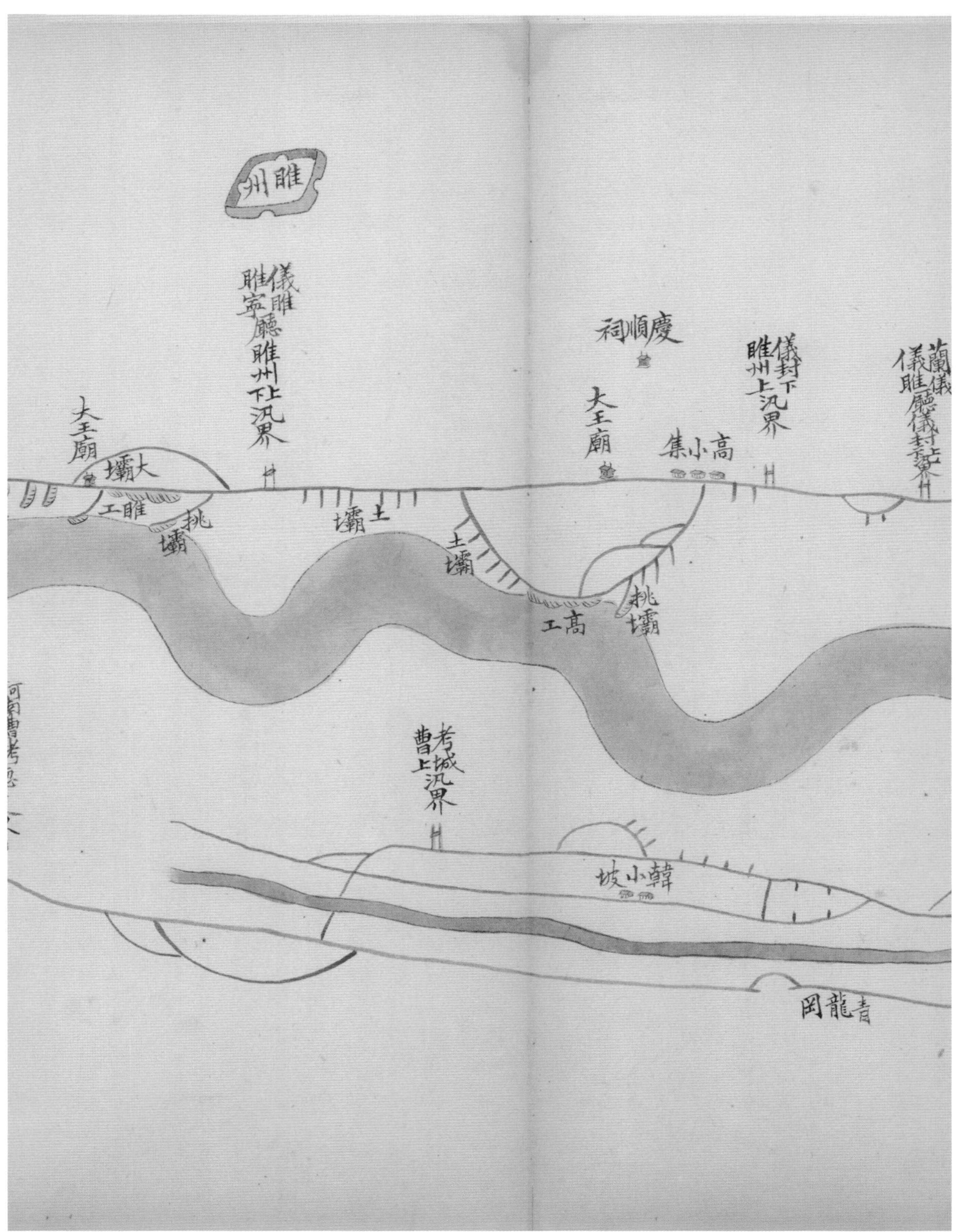
睢州
儀睢廳睢州上汛界
睢寧廳睢州下汛界
慶順祠
大王廟
大壩
睢工
挑壩
土壩
土壩
高工
挑壩
大王廟
高小集
儀封下汛界
睢州上汛界
蘭儀
儀睢廳
考城
曹上汛界
韓小坡
青龍岡
河南曹考廳

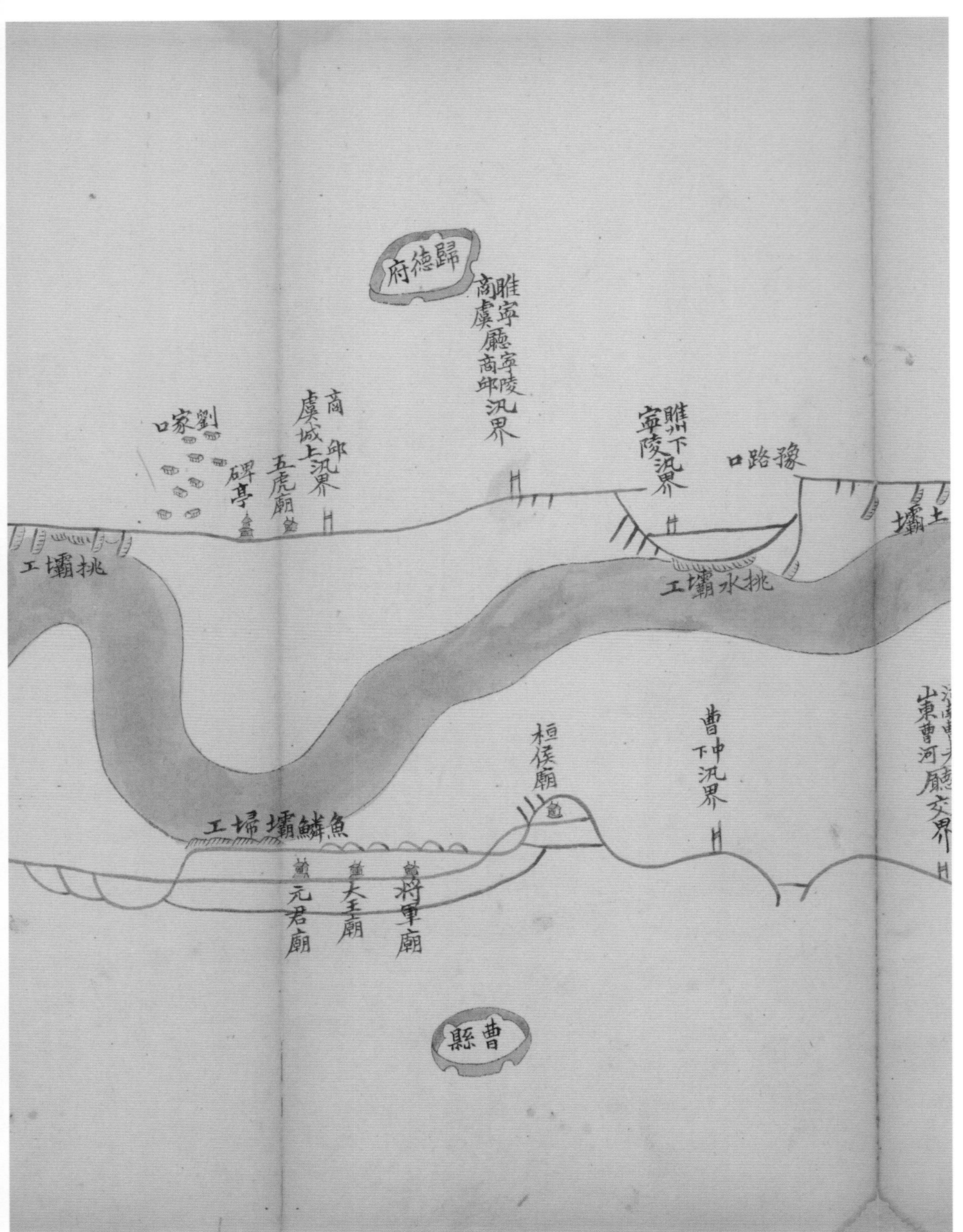
歸德府
睢寧廳商虞
寧陵商邱汛界
劉家口
商邱
虞城上汛界
五虎廟
碑亭
睢州下
寧陵汛界
豫路口
挑壩工
挑水壩工
土壩
曹中下汛界
桓侯廟
魚鱗壩埽工
元君廟
大王廟
將軍廟
山東曹河廳交界
曹縣

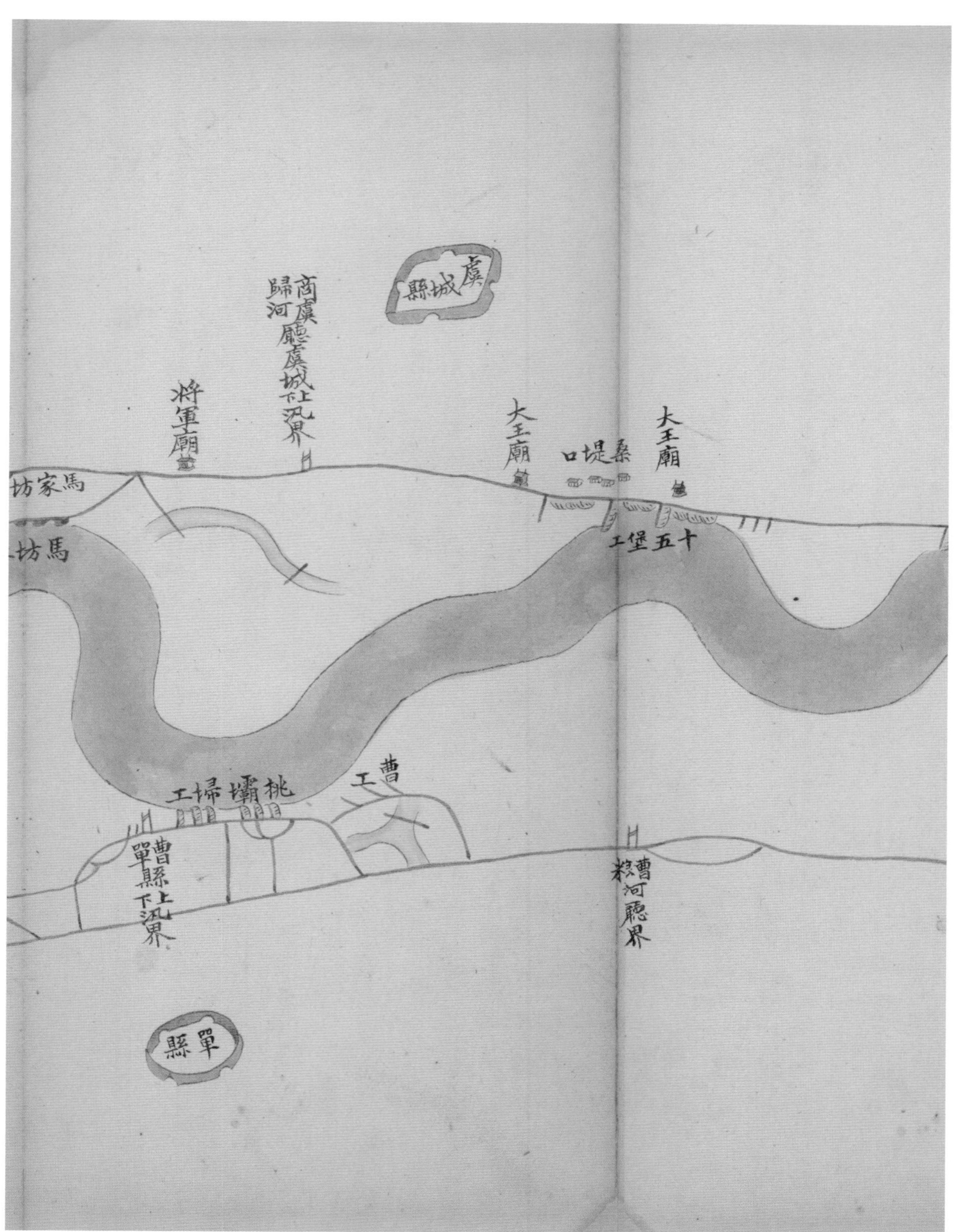
虞城縣
商虞廳虞城上下汛界
歸河
將軍廟
大王廟
桑堤口
大王廟
馬家坊
馬坊
十五堡工
桃壩
埽工
曹工
曹單縣上下汛界
曹河廳界
糧
單縣

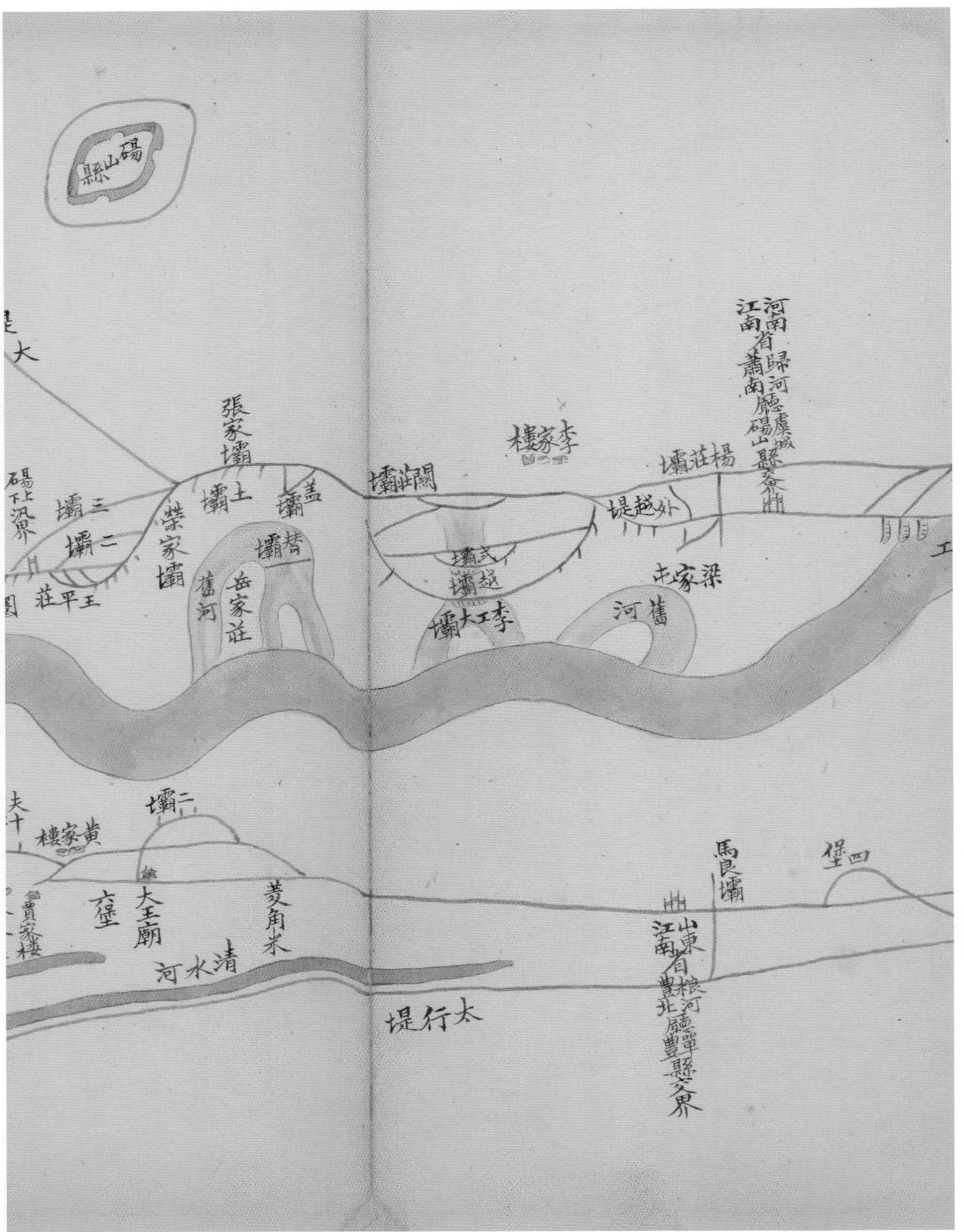
碭山縣
河南省歸河廳虞城
江南省蕭南廳碭山縣交界
李家樓
楊莊壩
閻莊壩
外越堤
張家壩
土壩
盖壩
三壩
二壩
柴家壩
碭上汎
碭下汎界
王平莊
替壩
舊河
岳家莊
越壩
李工大壩
梁家庄
舊河
二壩
黄家樓
大王廟
六堡
菱角木
清水河
太行堤
馬良壩
四堡
山東省粮河廳單縣
江南省豐北廳豐縣交界

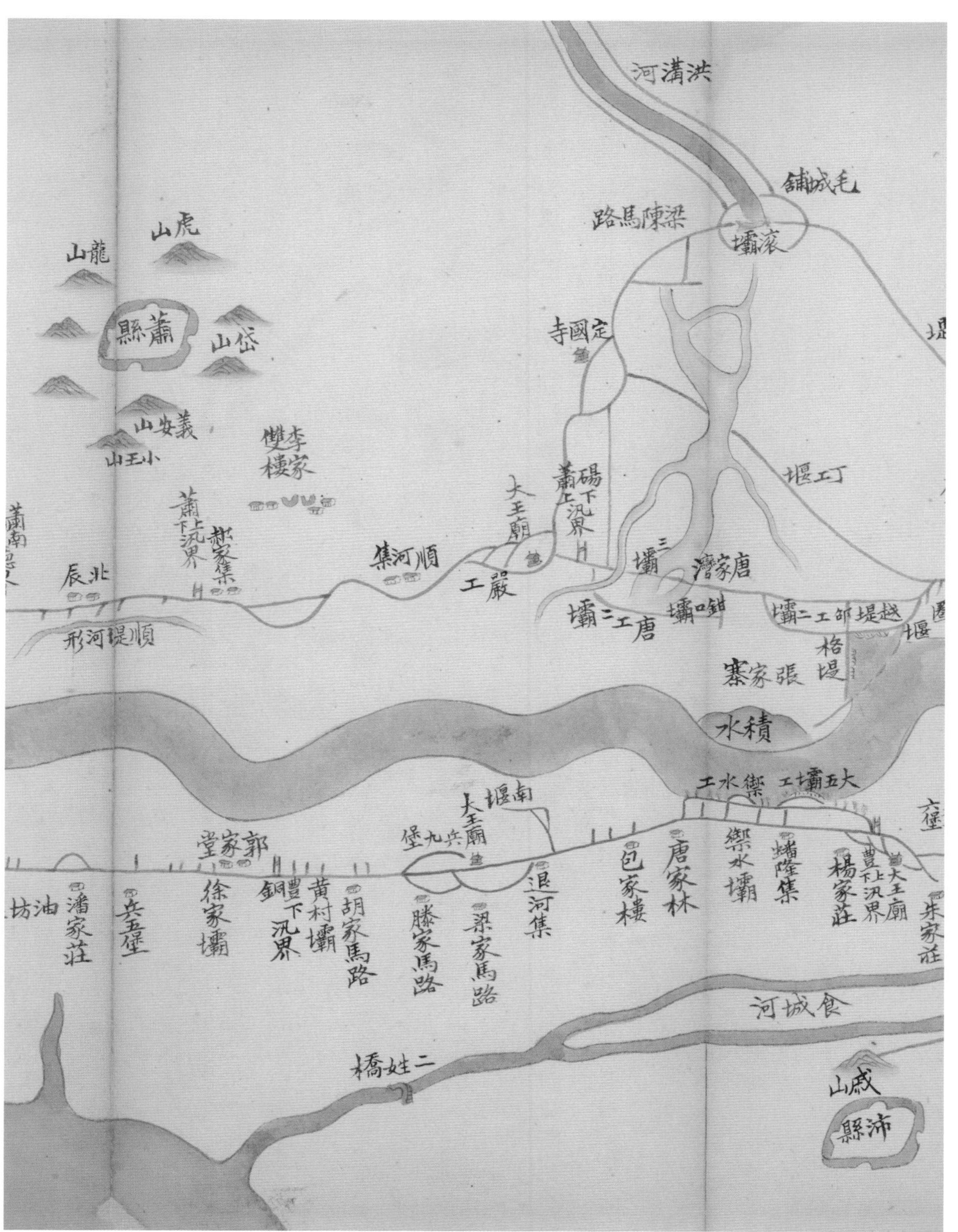

洪溝河
毛城鋪
梁陳馬路
滚壩
虎山
龍山
蕭縣
岱山
義安山
小王山
定國寺
李家樓
丁工堰
碭蕭下上汛界
大王廟
蕭下上汛界
順河集
北辰
三壩
唐家灣
嚴工
順堤河形
唐工二壩
錯口壩
越堤部工二壩
張家寨
格堤
積水
大五壩工
欒水工
南堰
大王廟
郭家堂
兵九堡
包家樓
唐家林
欒水壩
蟠隆集
楊家莊
豐下上汛界
大王廟
油坊
潘家莊
兵五堡
徐家壩
豐銅下汛界
黃村壩
胡家馬路
滕家馬路
梁家馬路
退河集
朱家莊
食城河
二姓橋
咸山
沛縣

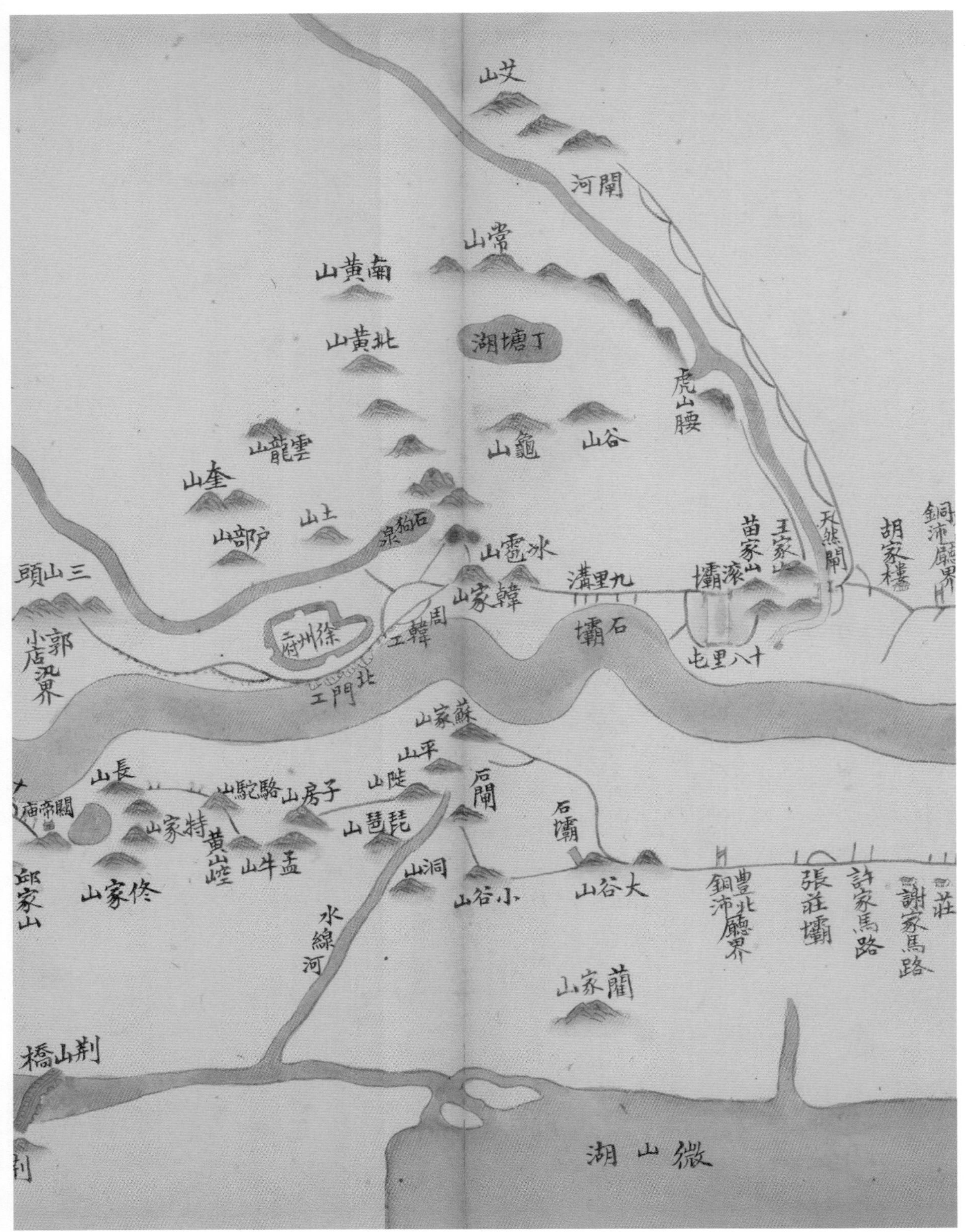
艾山
閘河
常山
南黄山
北黄山
丁塘湖
虎山腰
雲龍山
龜山
谷山
奎山
石狗泉
户部山
土山
氷雹山
三山頭
韓家山
九里溝
滾家山
王家山
苗家山
天然閘
胡家樓
銅沛廳界
徐州府
周韓工
石壩
十八里屯
郭小店汛界
北門工
蘇家山
平山
陡山
石閘
長山
駱駝山
子房山
關帝廟
特家山
黄山崆
琵琶山
盂牛山
石壩
佟家山
洞山
小谷山
大谷山
豐北銅沛廳界
張莊壩
許家馬路
謝家馬路
水線河
蘭家山
荆山橋
微山湖

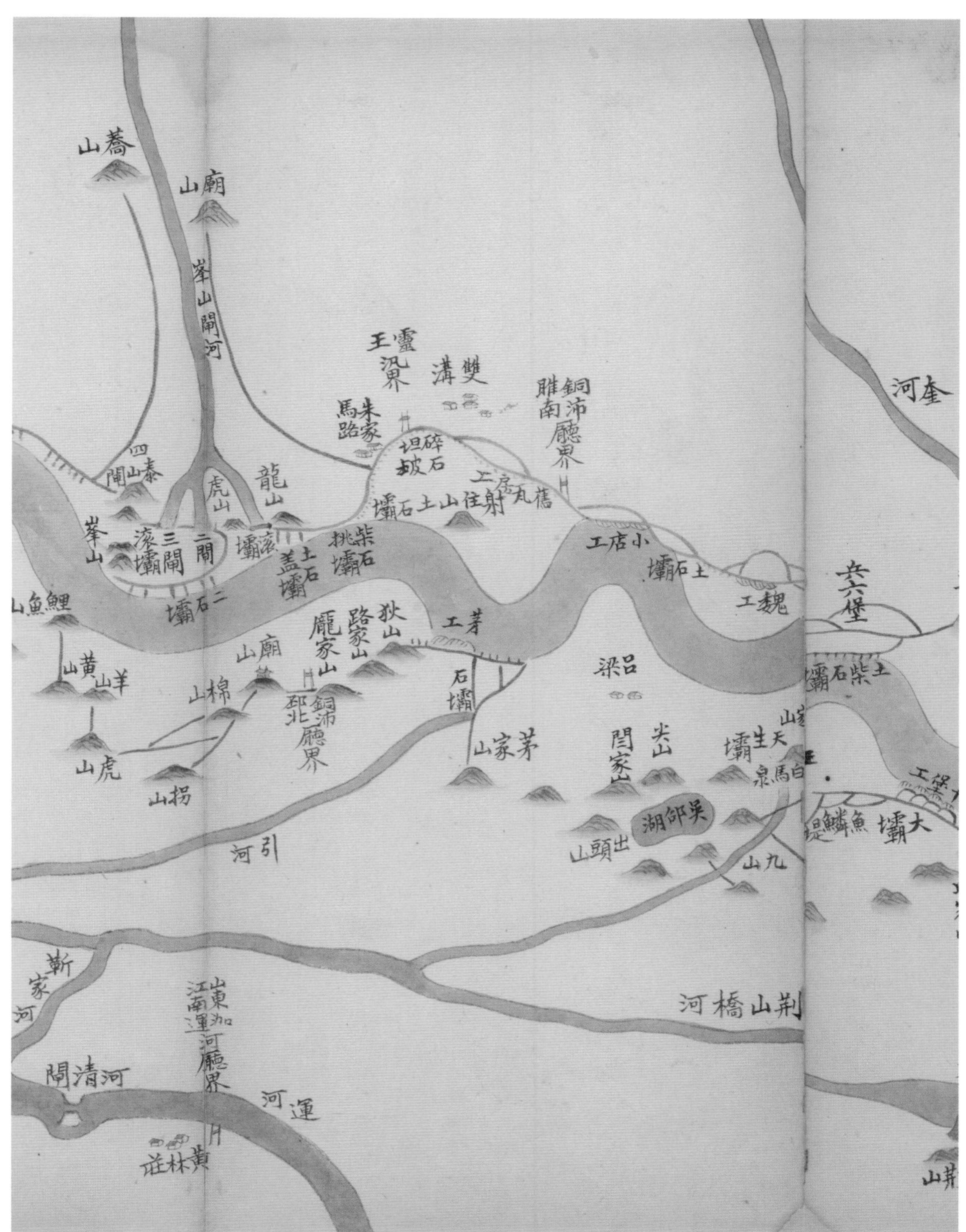

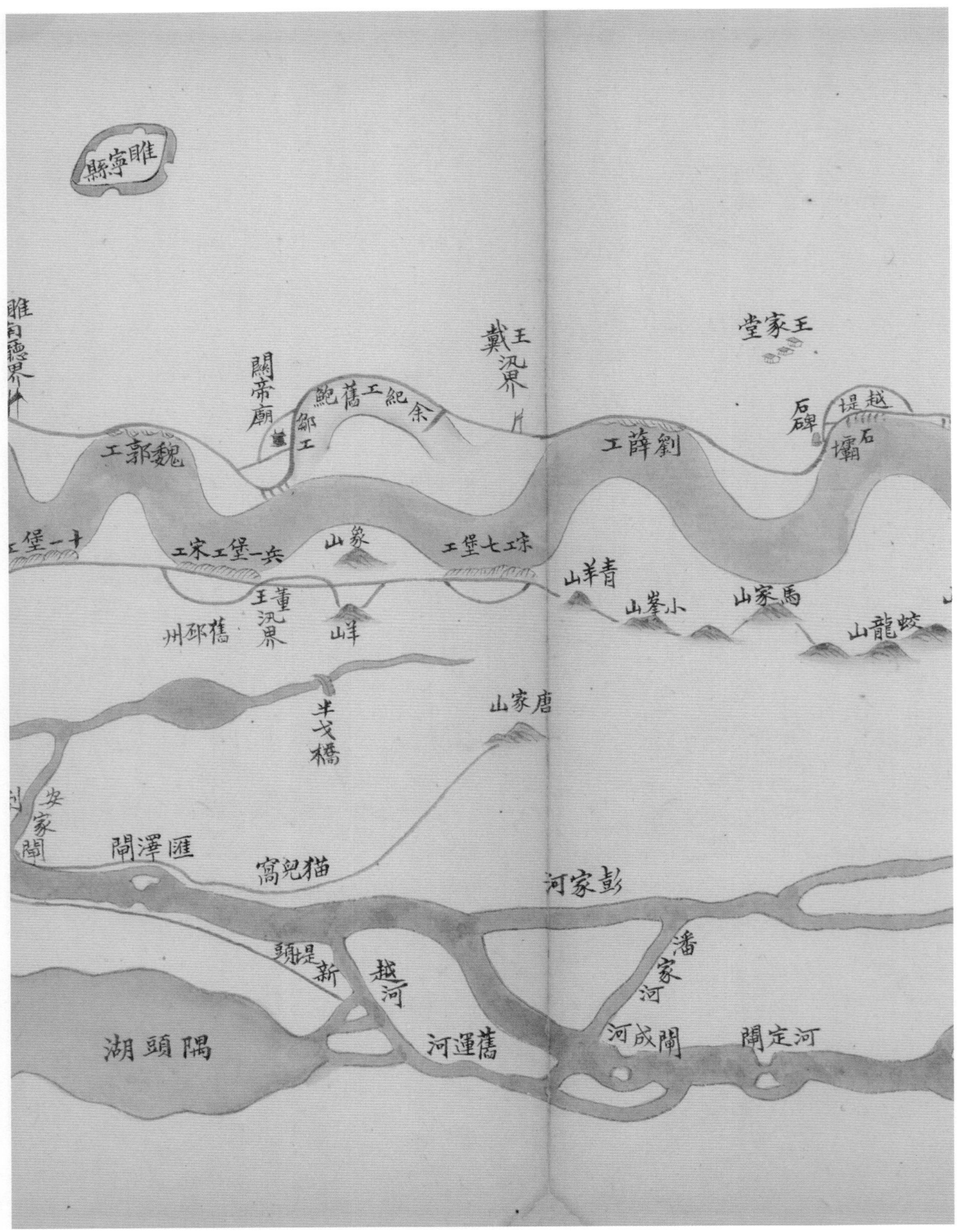

睢寧縣
王家堂
劉薛工
魏郭工
關帝廟
王戴汛界
紀工舊鮑
兵一堡工宋工
宋工七堡工
象山
青羊山
小峯山
馬家山
蛟龍山
羊山
舊邳州
董王汛界
唐家山
半戈橋
安家閘
匯澤閘
猫兒窩
彭家河
潘家河
新堤頭
越河
隅頭湖
舊運河
閘成河
河定閘
石碑
越堤

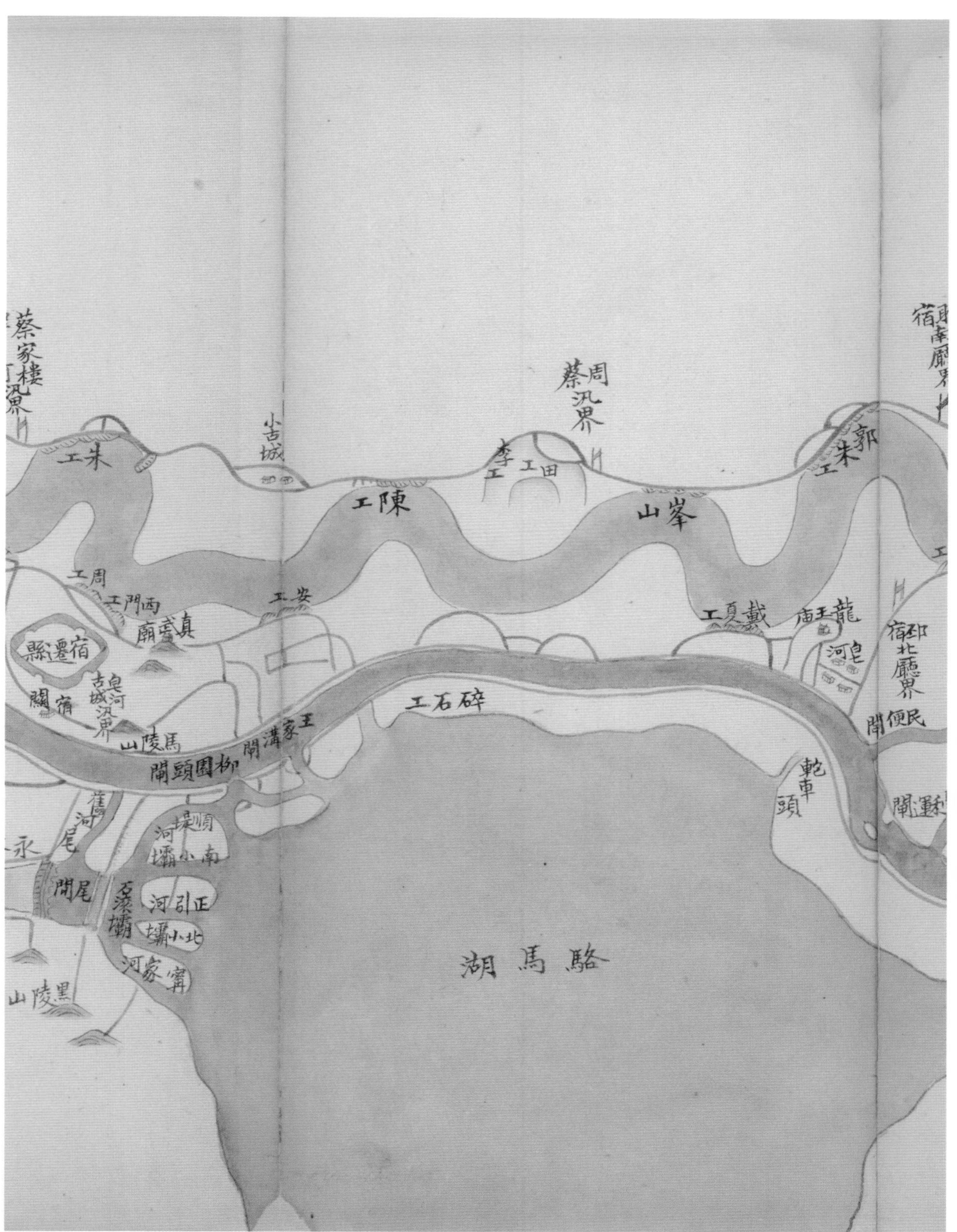

蔡家樓
汛界
朱工
小古城
周蔡汛界
李工
田工
陳工
峯山
郭
朱工
周工
西門工
真武廟
安工
戴夏工
龍王廟
宿遷縣
皂河古城汛界
宿關
馬陵山
王家溝閘
柳園頭閘
碎石工
皂河
邳宿北廳界
民便閘
軋車頭
利運閘
舊河尾
永
尾閘
南小壩
河
正引河
北小壩
滾壩
寧家河
黑陵山
駱馬湖

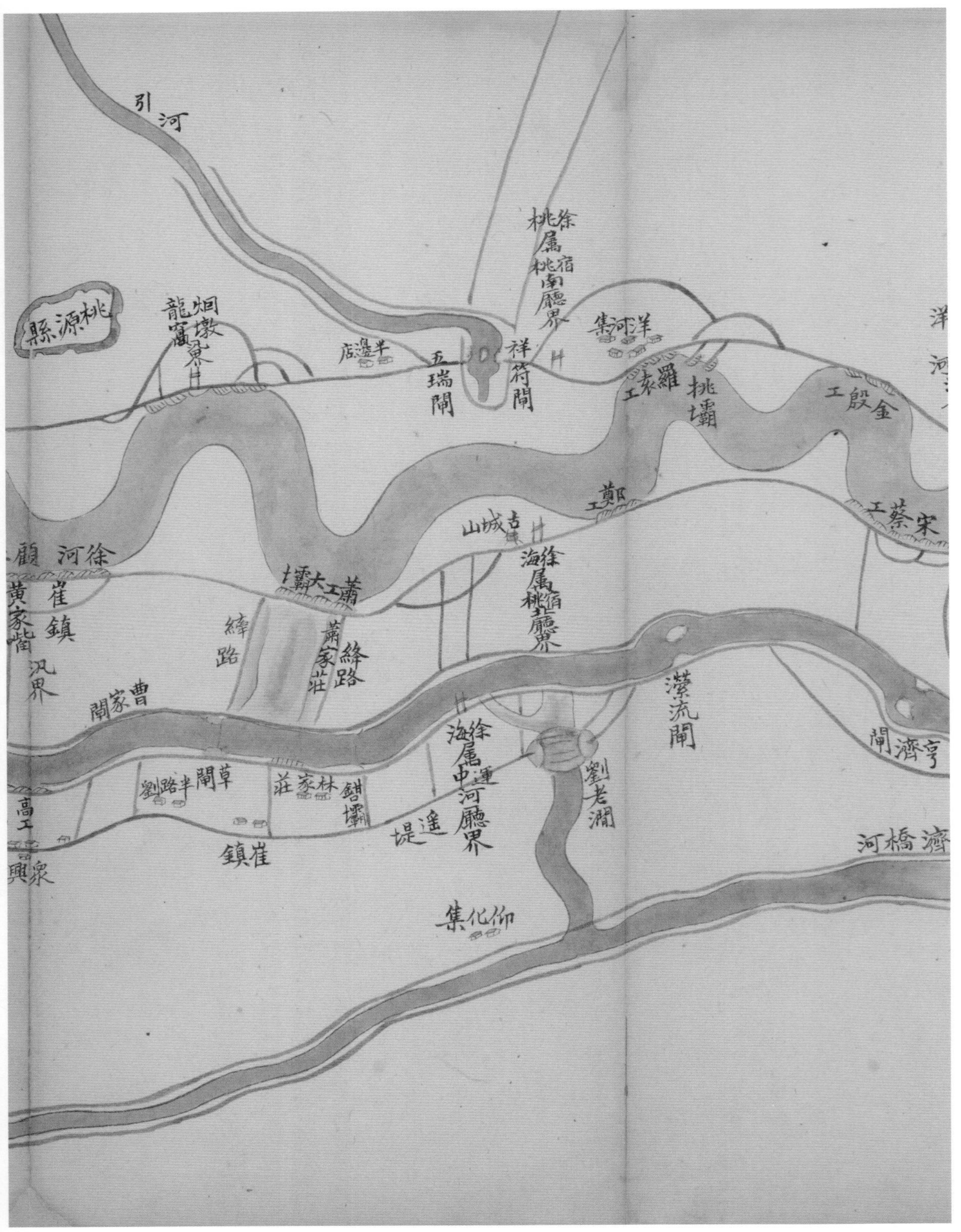

引河
桃源縣
烔墩龍窩界
半邊店
五瑞閘
祥符閘
徐宿桃南廳界
桃属
洋河集
羅家工
桃壩
金殷工
鄭工
古城山
宋蔡工
徐河
崔鎮
黃家嘴
汛界
蕭大壩工
縴路
蕭家莊
縴路
徐宿海桃廳界
曹家閘
徐海中運河廳界
濛流閘
亨濟閘
草閘
劉半路
林家莊
錯壩
遙堤
劉老澗
崔鎮
高工
衆興
仰化集
濟橋河

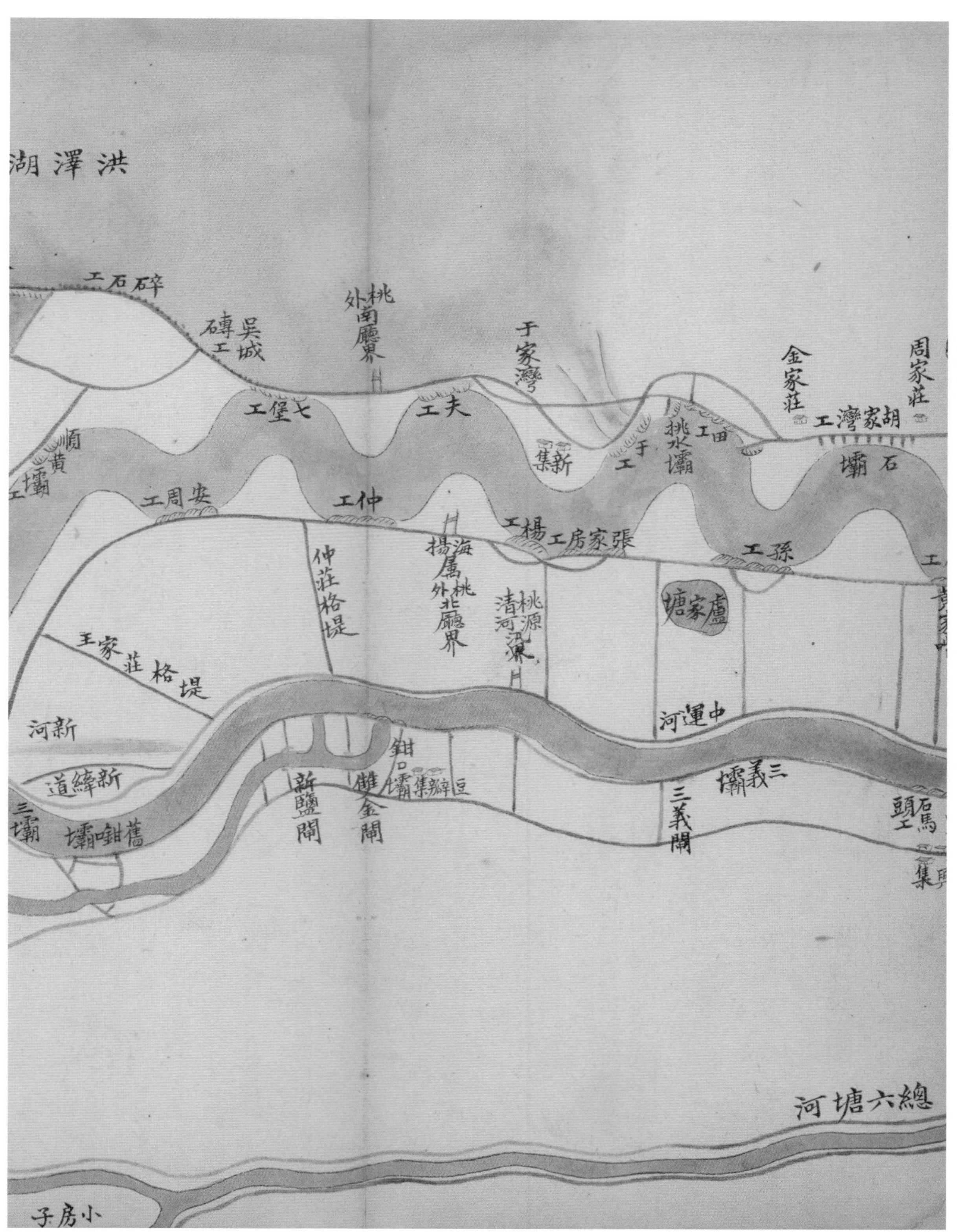
洪澤湖
碎石工
吳城磚工
桃南廳外界
于家灣
金家莊
周家莊
胡家灣工
七堡工
夫工
新集
于工
田工
挑水壩
石壩
黃壩
安周工
仲工
楊工
張家房工
孫工
海桃揚屬外北廳界
仲莊格堤
王家莊格堤
桃源清河界
盧家塘
中運河
新河
新縴道
鉗口壩
新鹽閘
雙金閘
豆瓣集
三義壩
三義閘
舊鉗口壩
馬頭
總六塘河
小房子

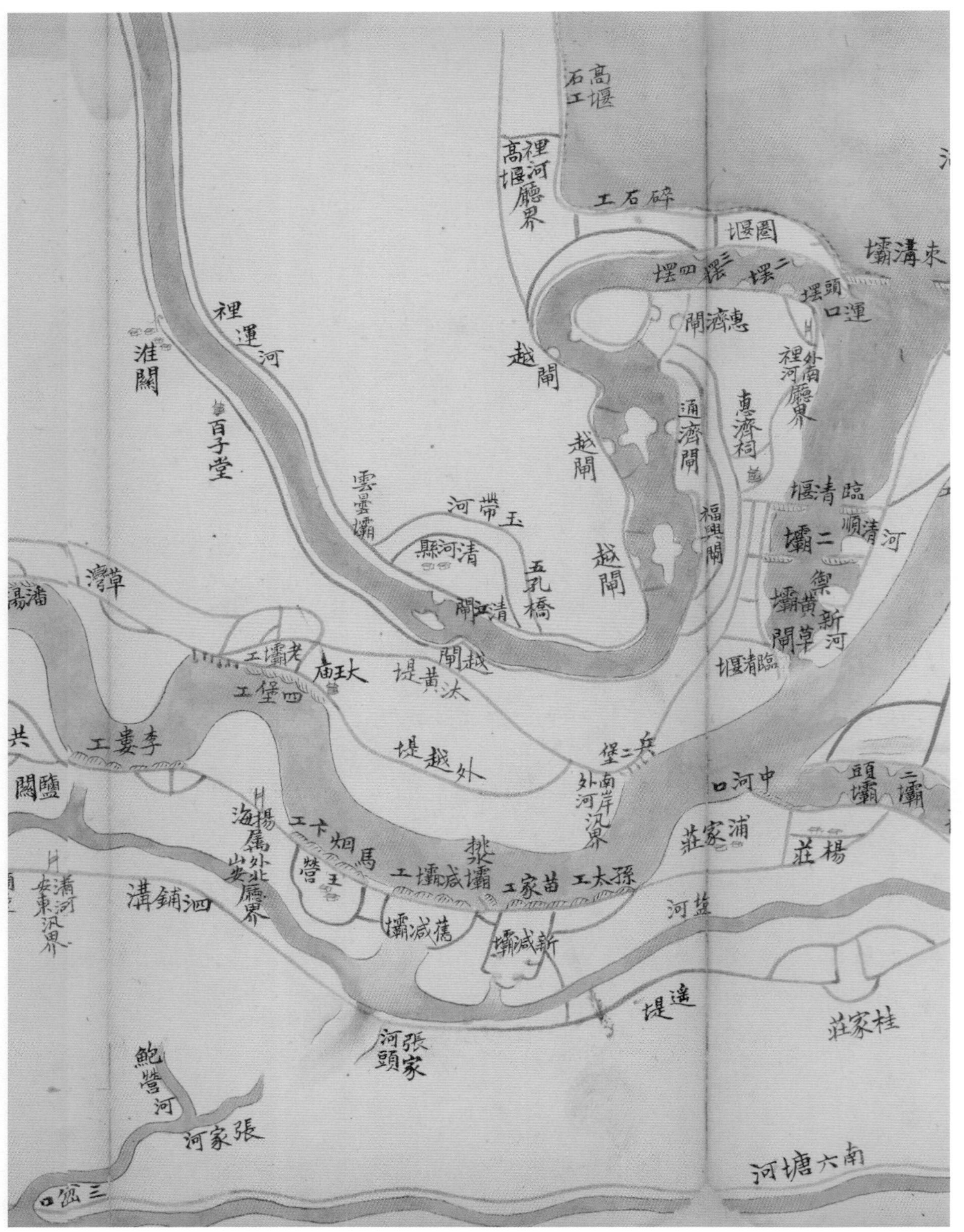

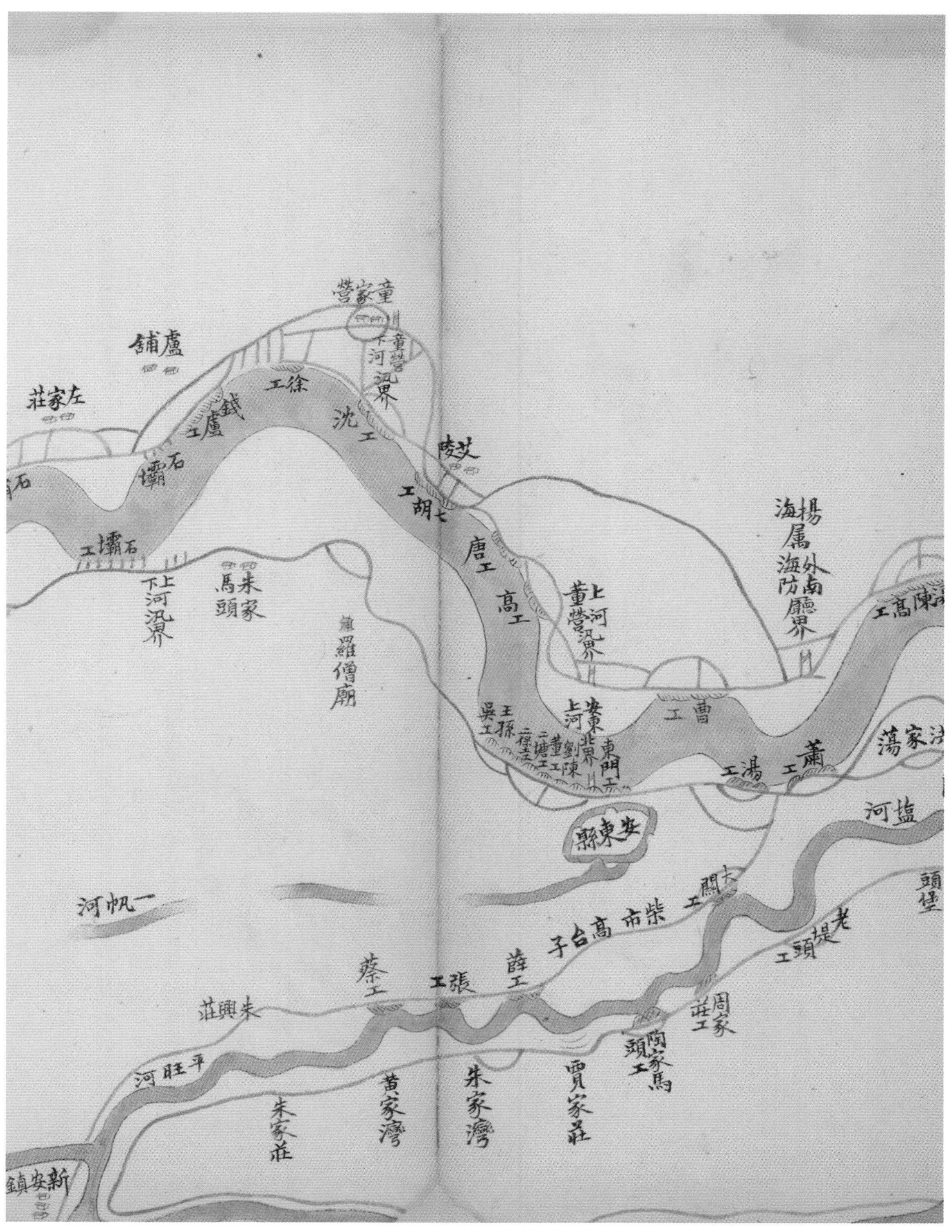

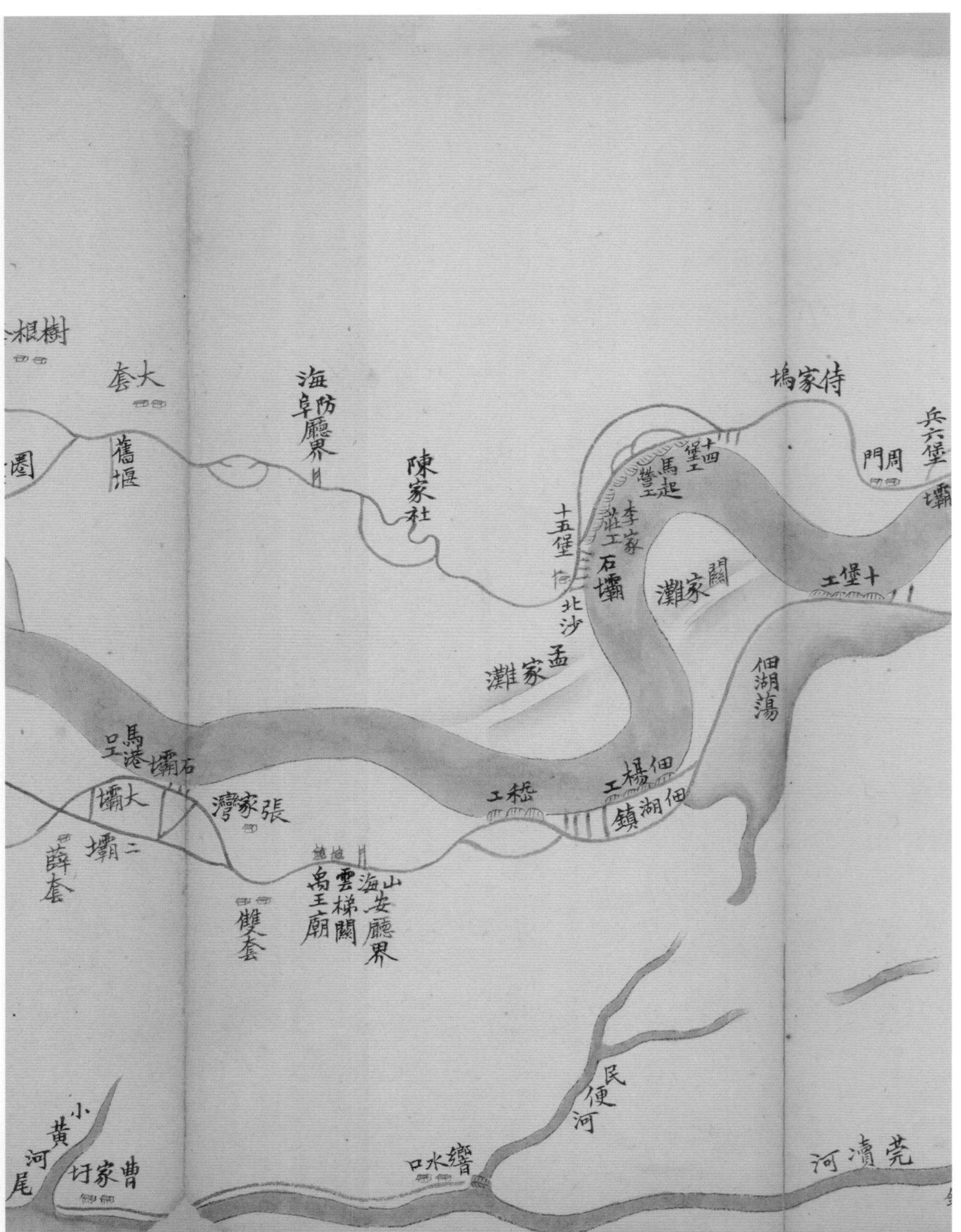

樹根
大套
舊堰
海防廳界
陳家社
十五堡
北沙
孟家灘
石壩
李家莊工
馬營工
馬起
十四堡工
侍家塢
周門
兵六堡
十堡工
闞家灘
佃湖蕩
佃楊工
佃湖鎮
嵇工
馬港口
石壩
大壩
二壩
張家灣
薛套
雙套
山安廳界
海雲梯關
禹王廟
民便河
響水口
小黃河尾
曹家圩
莞瀆河

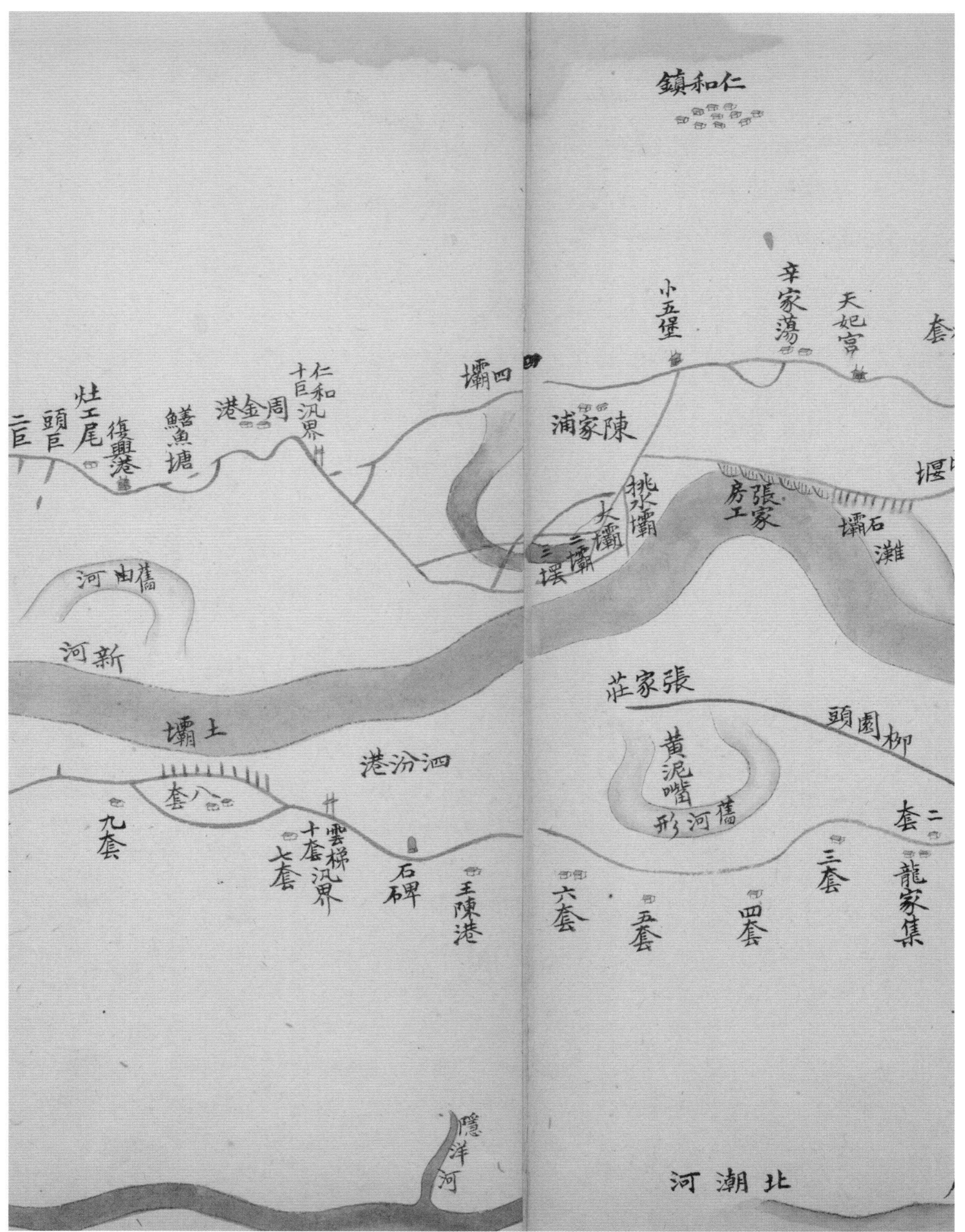
仁和鎮
小五堡
辛家蕩
天妃宮
四壩
仁和汛十巨界
周金港
鱔魚塘
復興港
灶工尾
頭巨
二巨
陳家浦
挑水壩
大壩
二壩
三堤
張家工房
石壩
灘
舊由河
新河
土壩
泗汾港
八套
九套
雲梯汛界
十套
七套
石碑
王陳港
張家莊
柳園頭
黃泥嘴
舊河形
二套
三套
龍家集
六套
五套
四套
隱洋河
北潮河

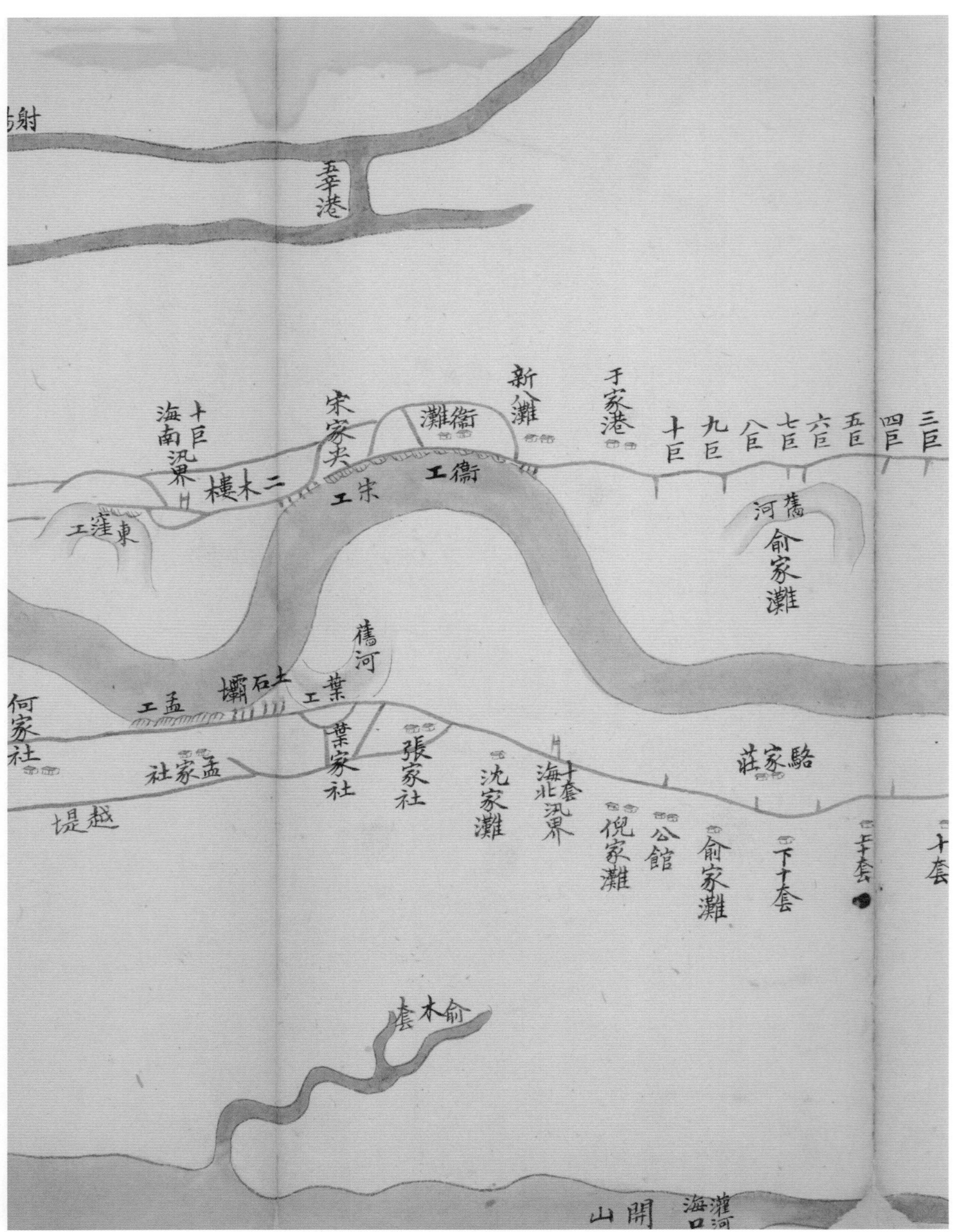

射
五辛港
十巨
海南汛界
二木樓
宋家夹
衛灘
新灘
于家港
十巨
九巨
衛工
宋工
東洼工
舊河
俞家灘
舊河
土石壩
孟工
葉工
何家社
孟家社
葉家社
張家社
沈家灘
十套
海北汛界
駱家莊
越堤
倪家灘
公館
俞家灘
下十套
十套
俞木套
開山
灌河海口

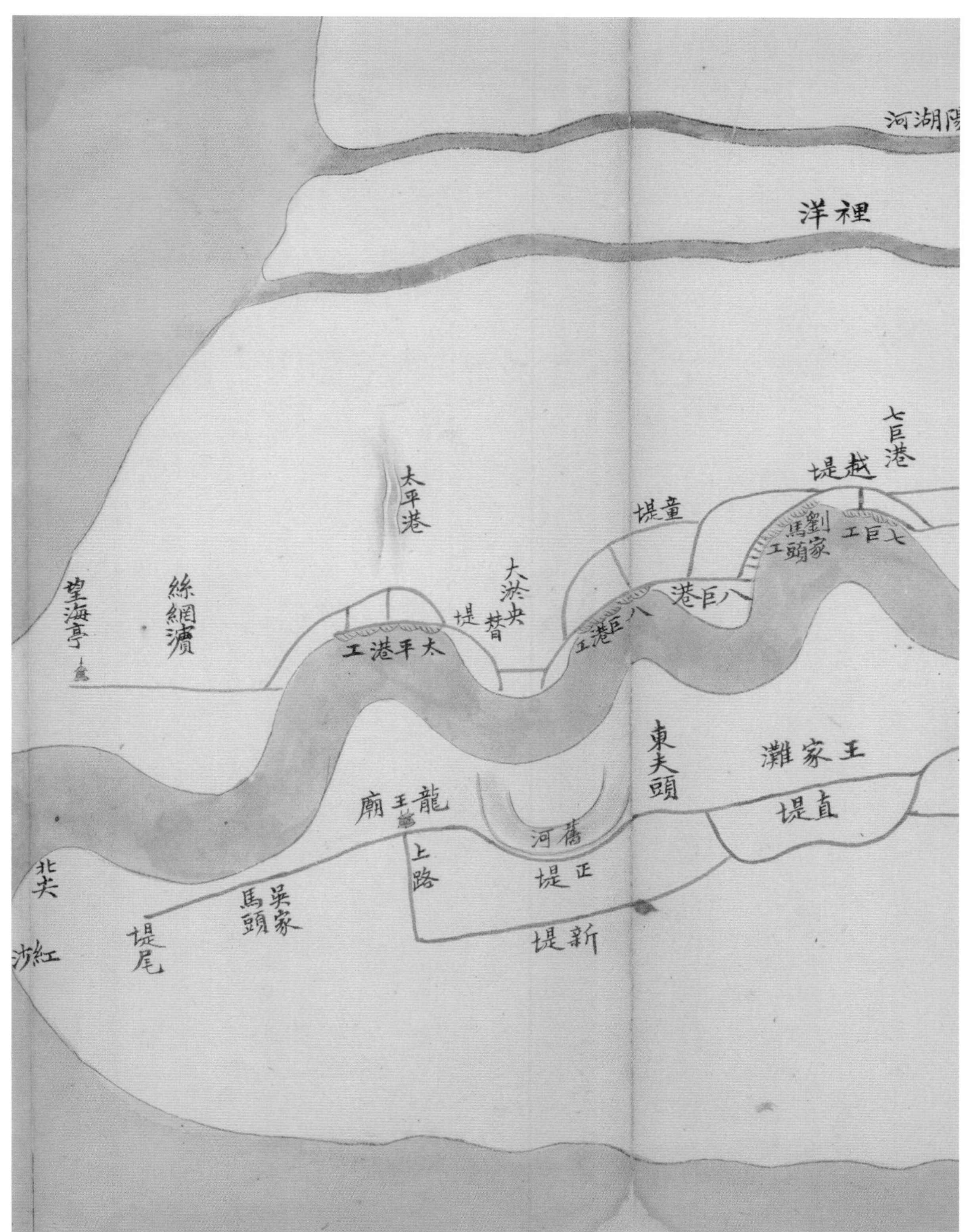
陽湖河
裡洋
七巨港
越堤
童堤
太平港
劉家馬頭
七巨工
大淤央替堤
八巨港
八巨港工
望海亭
絲網瀆
太平港工
東夫頭
王家灘
龍王廟
直堤
舊河
正堤
上路
北尖
吳家馬頭
新堤
堤尾
紅沙

東
海
南尖青沙
海口

《河工合龙做法图式》

版本：彩绘本

年代：民国元年（1912 年）

尺寸：26 厘米 ×17 厘米

册数：1 册

《河工合龙做法图式》1 册，包含 20 幅工程图，以图画的形式详细描绘了使用厢埽技术堵合黄河决口时的每一步骤。

埽工是中国古代创造的以梢料、苇、秸和土石分层捆束制成的河工建筑物，可用于护岸、堵口和筑坝等。埽工的每一构件称为埽捆，简称埽，累积若干个埽捆接连修筑构成的工程就叫埽工。宋明时期的埽工普遍采用卷埽技术，清中叶以后则逐渐改为厢埽。与卷埽相比，厢埽的特点是在施工处置一捆厢船，在船与堤头间铺绳索加料就地捆埽，层层下沉。本册图谱展示的是用厢埽技术堵塞决口的具体流程。

中国国家图书馆现存两种黄河决口合龙工程图谱，即《河工合龙做法图式》与《河工合龙图谱》。两种图谱均包含 20 幅工程图，所绘内容基本一致。与《河工合龙图谱》相比，《河工合龙做法图式》的文字说明更为详细，但 20 幅图的排列次序较为混乱，与黄河决口合龙的施工流程并不一致。

《河工合龙做法图式》中的 20 幅工程图，除最后一幅外，其余 19 幅皆有图名，分别为《堵筑大工捆厢出占合龙式》《未捆艎船式》《捆龙骨式》《明过肚式》《暗过肚式》《底钩挂缆一式》《底钩挂缆二式》《面钩拉活留式》《揪头式》《肚占式》《撑档式》《打张第一式》《打张第二图式》《打张第三图式》《船上坝上家伙名式全图》《出船式》《合龙关门埽式》《挂缆式》及《金门合龙式》。这 20 幅图与《河工合龙图谱》所列 20 幅工程图的内容基本一致，但排列次序有所不同。从这些工程图的相对位置可以看出，《河工合龙图谱》展示的应是正确的施工顺序。例如，《河工合龙图谱》第 12 幅《面钩拉活留式》的文字说明中提到“档已撑足，厢高丈余”，可以看出这应是第 8 幅《撑档式》描绘的“撑档”工作完成之后的另一施工步骤，《河工合龙图谱》次序无误。而在《河工合龙做法图式》中，《撑档式》列于第 11 幅，《面钩拉活留式》却列于第 8 幅。显然《河工合龙做法图式》的排列次序有误。

又如，《河工合龙图谱》第 19 幅为《合龙关门埽》，描绘的是修筑关门埽之后的埽工外形示意图。关门埽是在金门合龙完成之后修筑的，本应列于第 17 幅《挂缆式》与第 18 幅《金门合龙》之后，《河工合龙图谱》次序无误。而在《河工合龙做法图式》中，关于关门埽的图名为《合龙关门埽式》，列于第 17 幅，在《挂缆式》与《金门合龙式》之前。由此也可看出《河工合龙做法图式》的排列次序有误，与决口合龙的施工流程不符。

虽然《河工合龙做法图式》并没有展示正确的施工顺序，但这部图谱中的文字说明却比《河工合龙图谱》详细得多。例如，《河工合龙图谱》中的第 1 幅图没有图名，文字说明仅有“大凡出占，未经临水，先于旱地刨槽，软厢一经见水数尺，始行拉船上位也”与“后身护埽、盘头乃札根起首之地，先要鱼鳞厢护周密，以防搜后”两段。《河工合龙做法图式》中的第 1 幅图则有图名，称《堵筑大工捆厢出占合龙式》。其文字说明除上述两小段文字外，还有以下文字：

“左堵合黄河漫口图说也。捆厢进占，治河书言之未详。徐心如河帅所著《回澜纪要》：乾隆四十三年，豫省马家店大工行之，是为捆厢之始。厢者，镶也，亦曰软厢。其法以敞船泊坝口，密挂绳缆，先铺软草，次加料柴，约虚高四尺，压土一尺二寸，谓之肚土。是为一坯成。令兵夫双足跳之，谓之跳埽，再以柴土相间层积。凡肚土不宜多，二、三、四坯可各压一尺五寸，五六坯可各压二尺。迨七八坯，边埽渐无浪花，是为到底，须压面土，愈厚愈佳，积与埽台相平，谓之一占。每占之宽，视水势深浅、工程缓急酌定。大抵黄河工十丈、十余丈，清水工三、四、五、六丈不等。上下边埽亦须酌定。所有橛缆各有主名，附识于后。”

《堵筑大工捆厢出占合龙式》图左侧绘有待合龙的决口边缘原有的土坝，右侧为新修筑的埽工。埽工中部自左至右分别标有“一占”“二占”“三占”等字样。仅从《河工合龙图谱》中的两段文字说明中，很难了解“一占”

之具体所指。而从《河工合龙做法图式》增加的这段文字说明中可以看出，使用厢埽技术第一次填充肚土直至高度与埽台相平时，即为一占。一占完成之时，埽工就由决口边缘向决口中心处推进了一段距离。在一占的基础上继续进行类似的厢埽流程，就会形成二占、三占，埽工也继续向决口中心处推进，这就是“捆厢进占”的基本原理。

又如，第 3 幅为《捆龙骨式》。在《河工合龙图谱》中此图之前的文字说明为：“船已上位，欲使船身免其损失，须按五六尺一空，多用绳缆，由船底团团捆索，均以龙骨为本。”而在《河工合龙做法图式》中，除这段文字外，还另有一段文字提到：“艎船系摘脑、揪艄后，用大木一根，长与船身略同，平架船面，名曰龙骨。每五六尺用绳缆一道，由船底周遭捆缚，以固船身。”由此可看出，《河工合龙做法图式》的文字说明比《河工合龙图谱》更为详细。

在前 19 幅图之后，还绘有一幅没有名称的埽工外形示意图。此图中除了绘出合龙处的主体埽工（图中称为“正坝”）以外，还绘有“二坝”与“挑水坝”。从此图之前的文字说明中可以看出，正坝以下，沿原决口河道往下游数十丈处，可以再修筑一道埽工，称为“二坝”，起到双重保障作用。此外，在正坝上游还可修筑挑水坝一道，可以更加顺畅地将河水归入引河，这样能够更好地保证合龙处免受河水冲击。

现存中国古代水利文献中，以图画形式详细绘出每一施工步骤的文献非常稀少，目前已知的仅有《河工合龙做法图式》与《河工合龙图谱》两种，这在中国水利史的研究中具有重要意义。

杨箫杨

左堵合黃河漫口圖說也細廂進占治河書言之未詳徐心如河帥端所著迴瀾紀要乾隆四十三年豫省馬家店大工行之是為細廂之始廂者鑲也亦曰軟廂其法以敞船泊壩口密掛繩纜先鋪軟草次加料柴約虛高四尺壓土一尺二寸謂之肚土是為一坯咸令兵夫双足跳之謂之跳埽再以柴土相間層積凡肚土不宜多二三四坯可各壓一尺五寸五六坯可各壓二尺迨七八坯邊埽漸無浪花是為到底須壓面土愈厚愈佳積與埽臺相平謂之一占每占之寬視水勢深淺工程緩急酌定大抵黃河工十丈十餘丈清水工三四五六丈不等上下邊埽亦須酌定所有橛纜各有主名附識於後

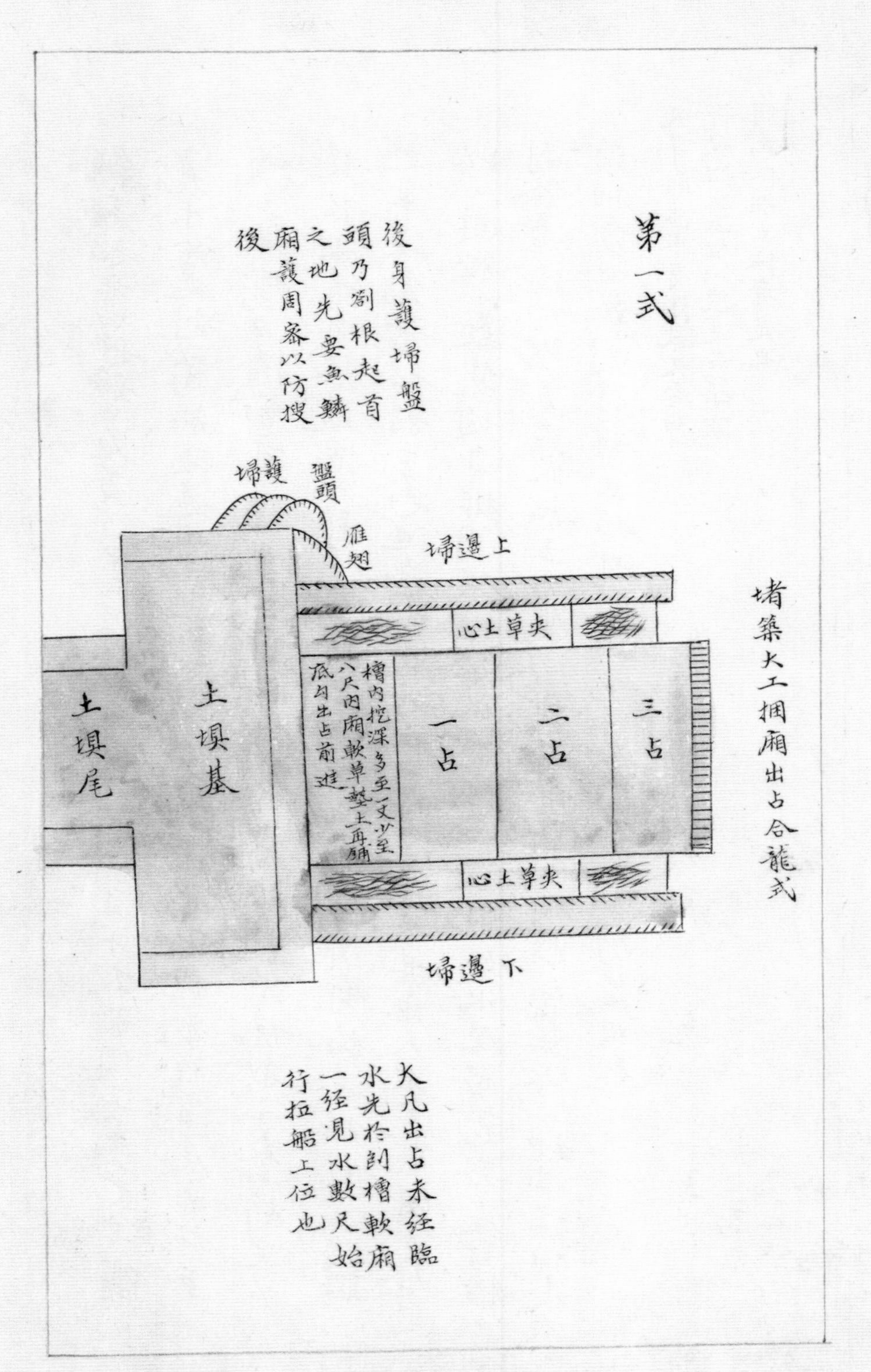
第一式
後身護埽盤頭乃劉根起首之地先要魚鱗廂護周密以防搜後
護埽
盤頭
雁翅
上邊埽
夾草土心
槽內挖深多至一丈少至八尺因廂軟草墊土再舖底勻出占前進
一占
二占
三占
土壩尾
土壩基
夾草土心
下邊埽
堵築大工捆廂出占合龍式
大凡出占未經臨水先於刨槽軟廂一經見水數尺始行拉船上位也

綑廂船亦曰艎船多以黄河中西河牛船為之約正壩寬十丈船須長十二丈正壩寬十餘丈則以兩船接連用之船宜方底方艙卸去艙板桅舵於首尾各施巨纜上水纜曰摘腦亦曰摘頭釘排樁於淺水處根數須視船之大小酌定以提住船首不使隨溜下移下水纜曰揪艄亦於淺灘釘樁其根數減摘腦之半以兜緊船艄不為迴流激動如水寬纜長慮其垂入水不能得力則以小圓船十數隻均勻排開架纜於上謂之擔纜船如水深溜急無處釘樁則於邊埽出纜另用大船五六隻密排埽邊將摘腦分繫俗曰神仙摘腦是須相度地勢因時制宜也纜以檾繩竹纜及灰纜酌量用之

凡旱廂臨水有深數尺者即將艎船拉上位以便進占築做所為拉船上位者是也

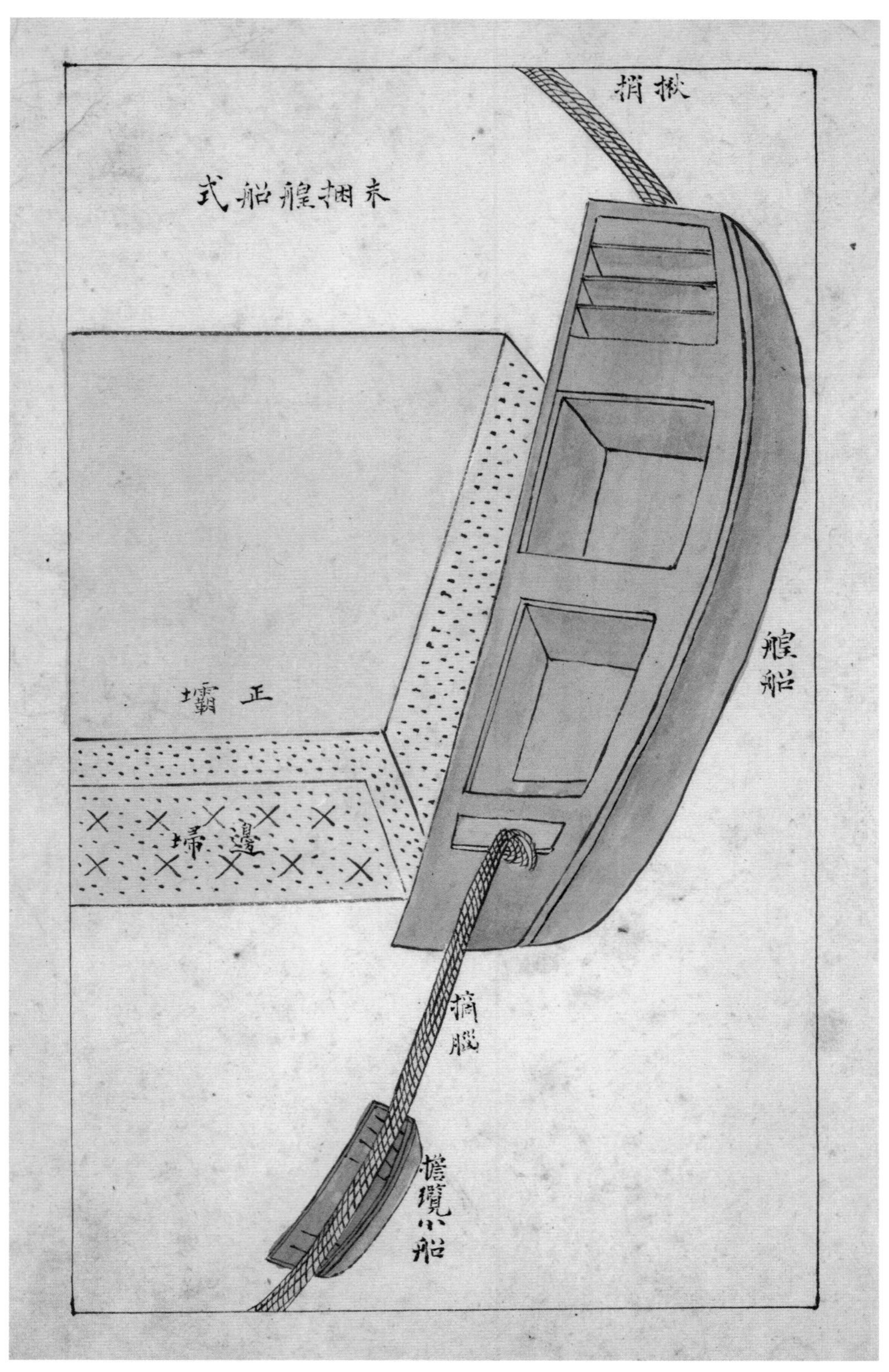
夯捆艎船式
揪捎
艎船
正壩
邊埽
摘腦
擔纜小船

艍船繫摘腦揪艄後用大木一根長與船身畧同平架船面名曰龍骨

每五六尺用繩纜一道由船底周遭綑縛以固船身

船已上位欲使船身免其損失須按五六尺一空多用繩纜由船底團團捆索均以龍骨為本以資擔纜生守傢伙之用

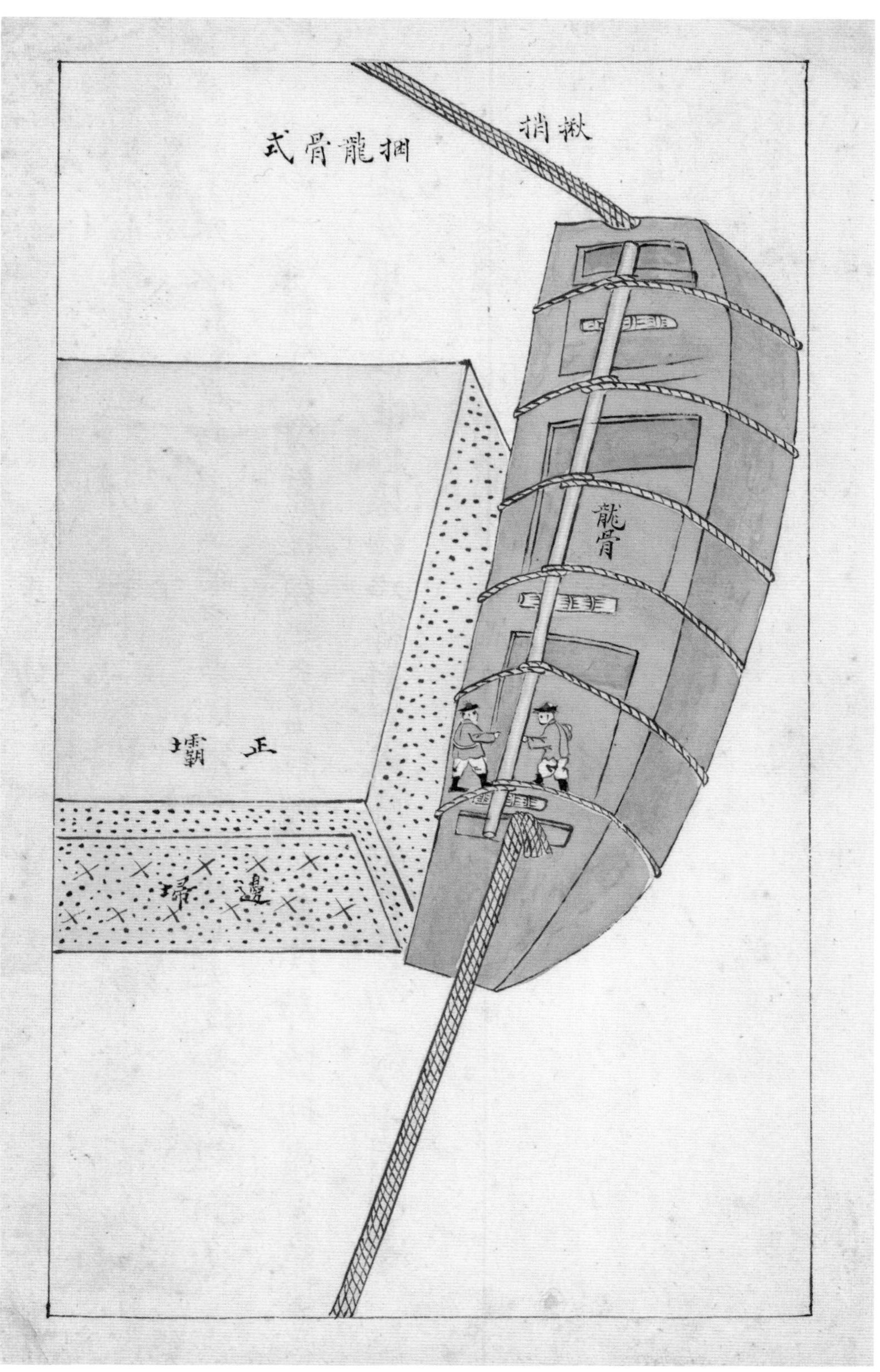
捆龍骨式
揪梢
龍骨
正壩
邊埽

艘船到塢謂之上位以次各種之纜第一曰明過肚横兜船之首尾上下水根數亦視船之大小酌定其橛釘於埽頭七丈後如雁翅形名曰一條龍凡以纜繫橛謂之上簀解纜放船使離埽稍謂之打張此明過肚惟打張時始暫解之此外不可輕動一纜盡則一纜接之謂之跟沖前進

船雖上位捆過之後其船敞溜必致點動即於船頭船尾生上明過肚纜後占打袂上簀一俟撐擋其纜跟沖前進

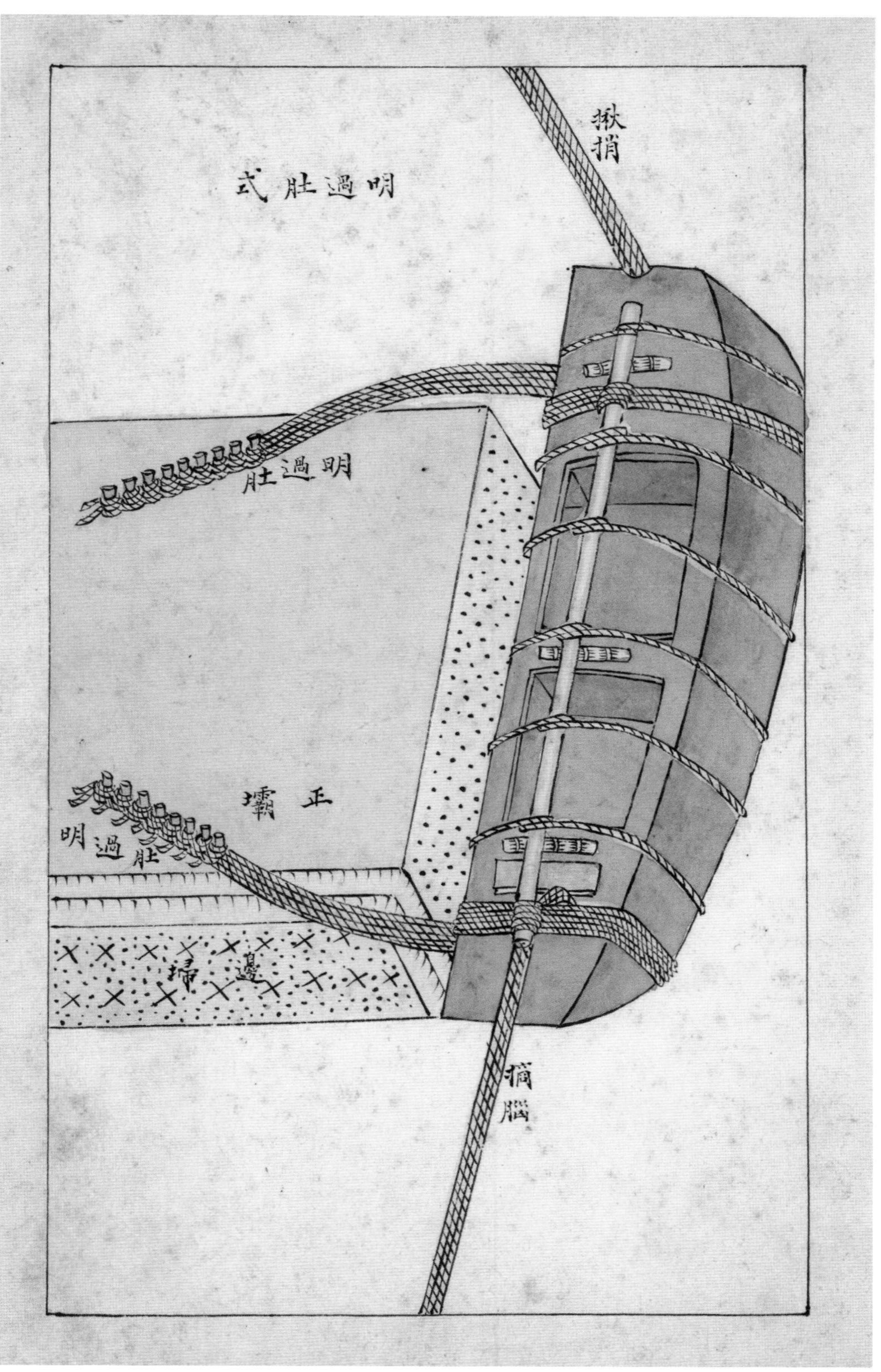
明過肚式
揪捎
明過肚
正壩
明過肚
邊埽
摘腦

第二纜曰暗過肚艎船首尾繫定而中腰空虛此纜專繫船身根數
與明過肚同其橛釘於埽頭三丈後長須十丈一頭上簀一頭從船底包
轉活扣於龍骨之上隨占開放隨時跟冲直至合龍出船時始行勾
回此明暗過肚皆為護艎船而設非正纜也

尾　肚

艎船頭尾雖有明過肚收管兩
船中間作空又須生出暗過肚俾
資摟束船隻庶免屈抑之虞

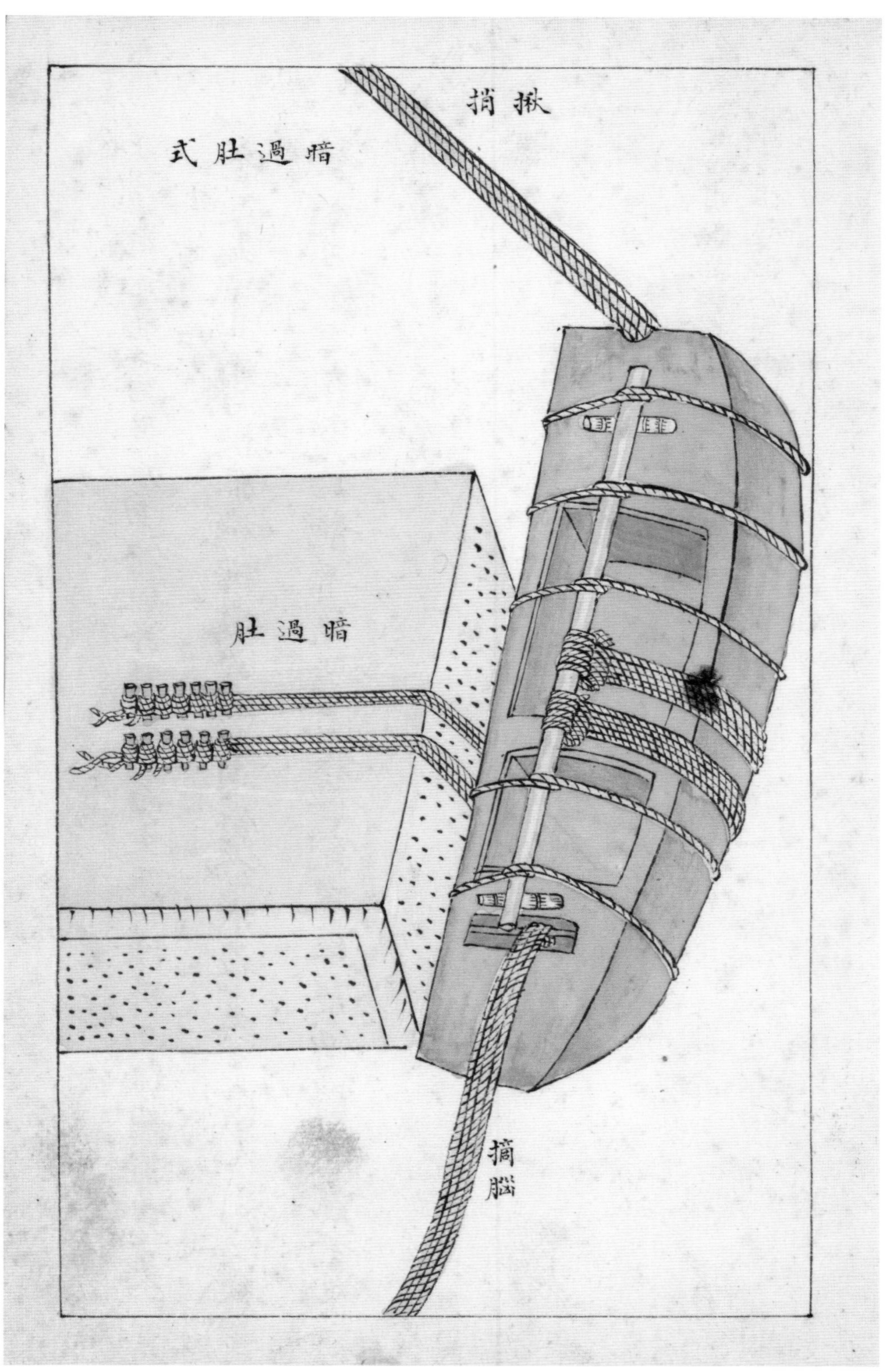
暗過肚式
揪捎
暗過肚
摘腦

正纜有底面二勾其底勾釘橛於離填頭四丈一字橫排两橛相離或一尺

或一尺五寸其面勾橛亦橫排數於底勾同釘於底後一丈之地先以纜一頭

繫底勾橛上一頭繫於龍骨俟占子追壓到底從龍骨解下繫於面

勾橛上則一占成矣

艎船明暗過肚已隆

即須生纜擡入船上

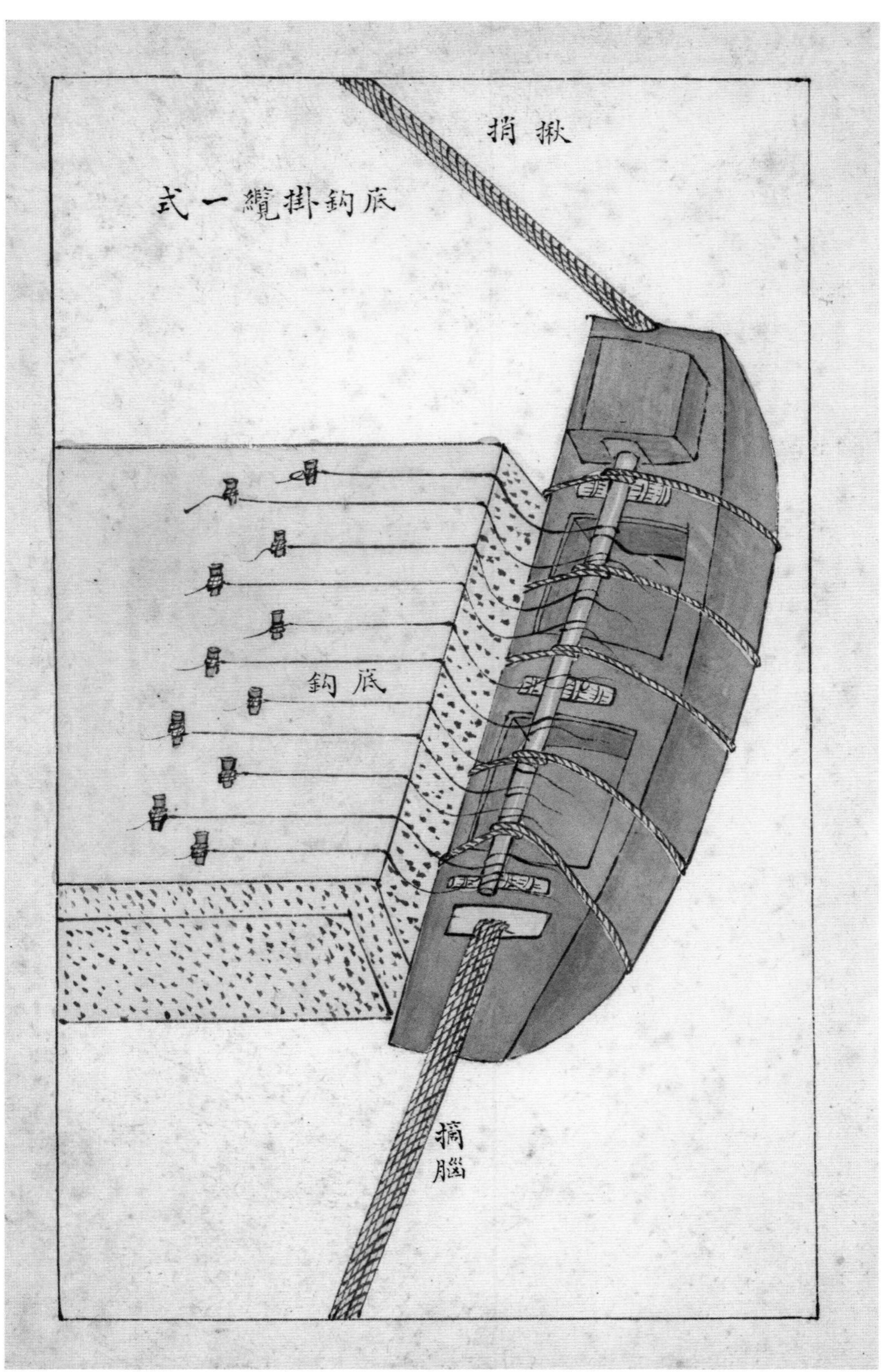
揪捎
底鈎掛纜一式
底鈎
摘腦

此底勾掛纜式也此纜最為緊要掛齊後以一兵夫管二纜立於龍骨之旁專司收放名曰守傢伙

底鈎各纜掛齊派兵在船專守傢伙

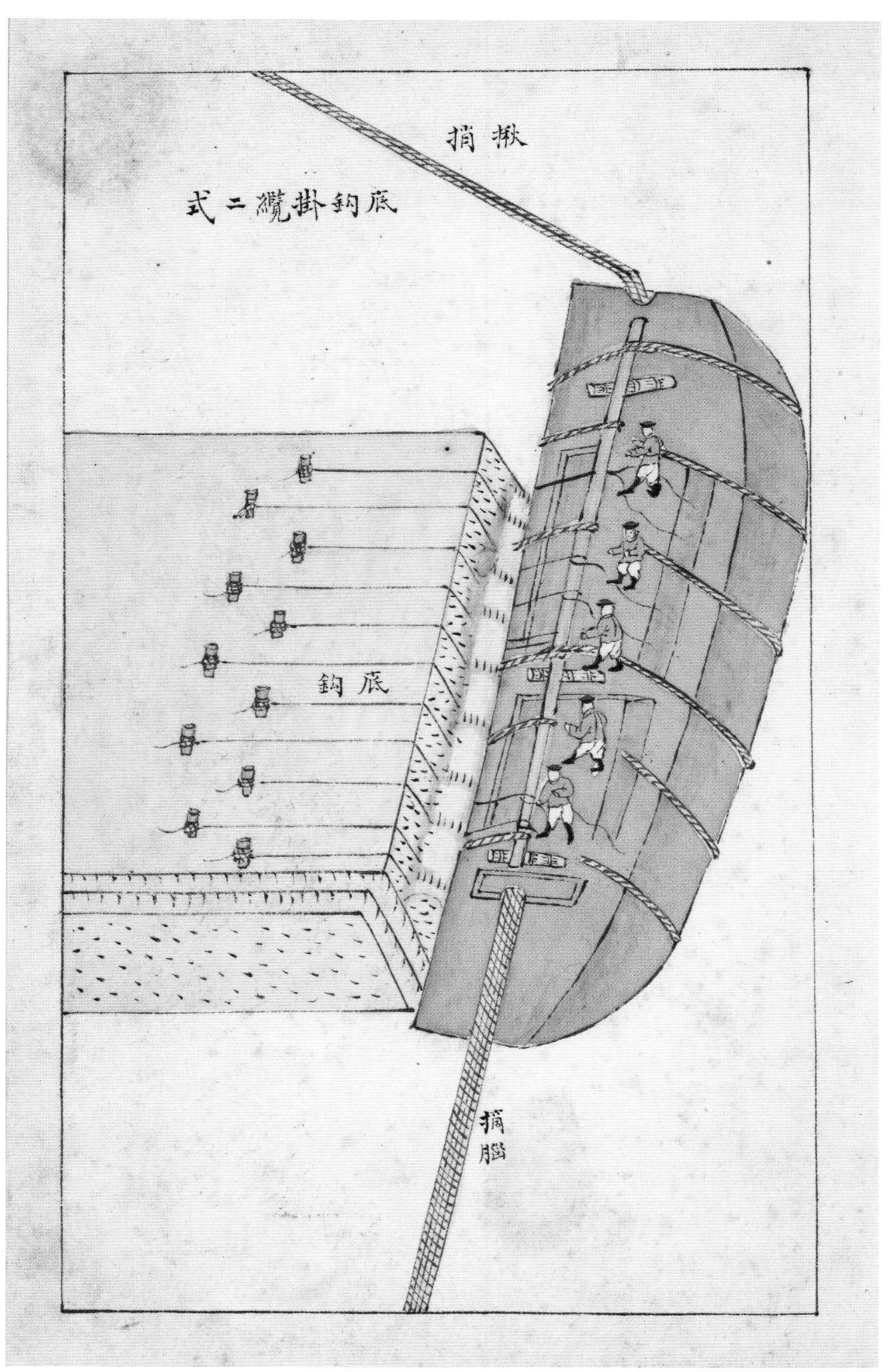
揪捎
底鈎掛纜二式
底鈎
捎腦

撑檔既足各兵夫收纜繫於句欄上須知騎欄以便拉緊其拉纜式也

擋已撑足廂高丈餘其纜間
擋出簀拉活留後醒船壓蓋花
土即下串心揪頭上下倒眉均
下騎馬再回活留加廂追壓到
底面鈎長臺壓土

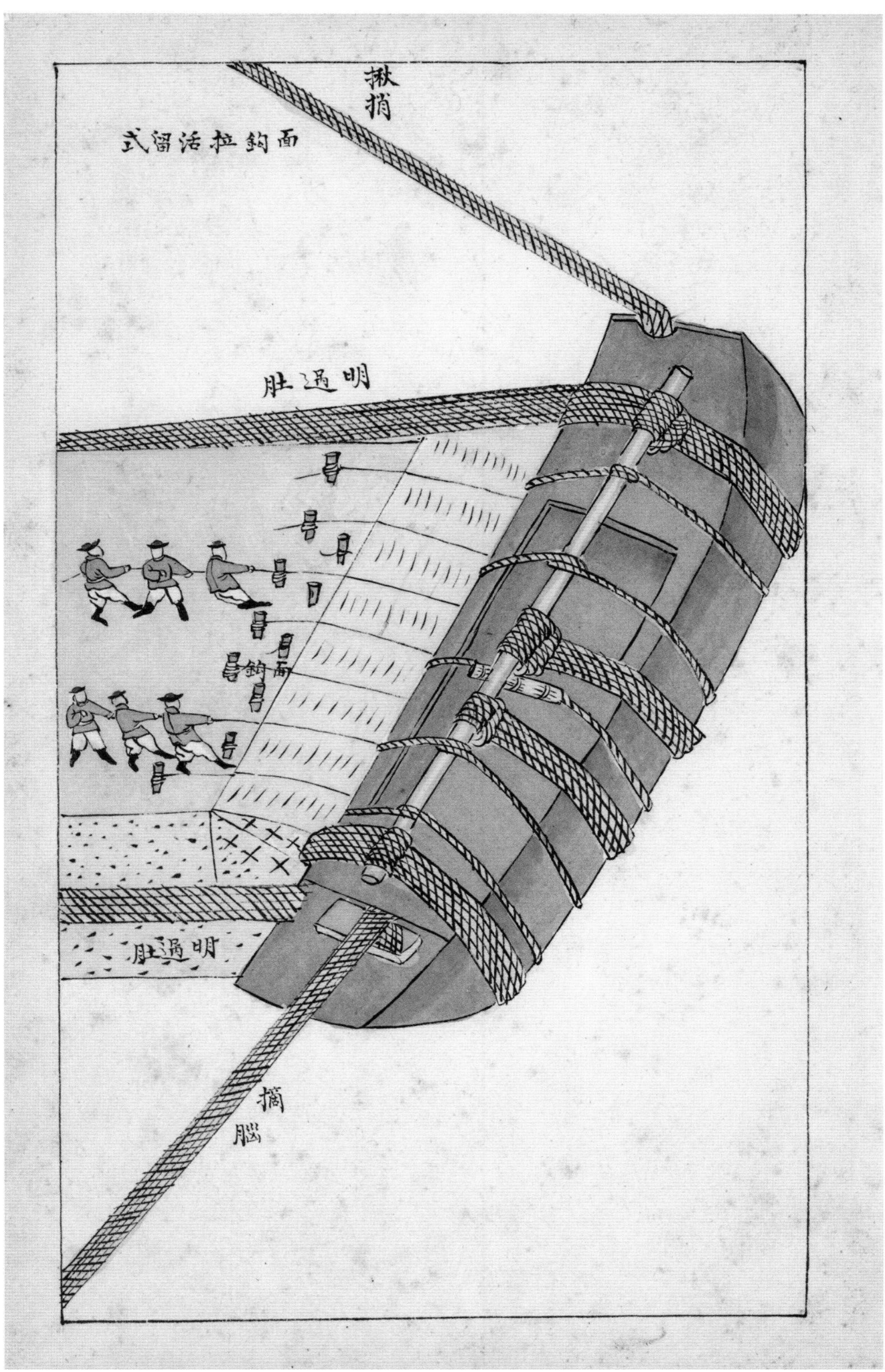

面鉤拉活留式
揪捎
明過肚
面鉤
明過肚
摘腦

揪頭以兜埽之前眉而籠絡埽占其櫛釘於上下水埽眉為一條龍式每占作至二坯即宜下揪頭一路層層揪緊方可用土追壓使埽耳不致外游連環占以摟束埽身一頭綑住揪頭一頭扣於龍骨樁加廂二坯再行勾回

連環占專為摟束埽身占占連絡免其外游揪頭串心俾免埽身外游

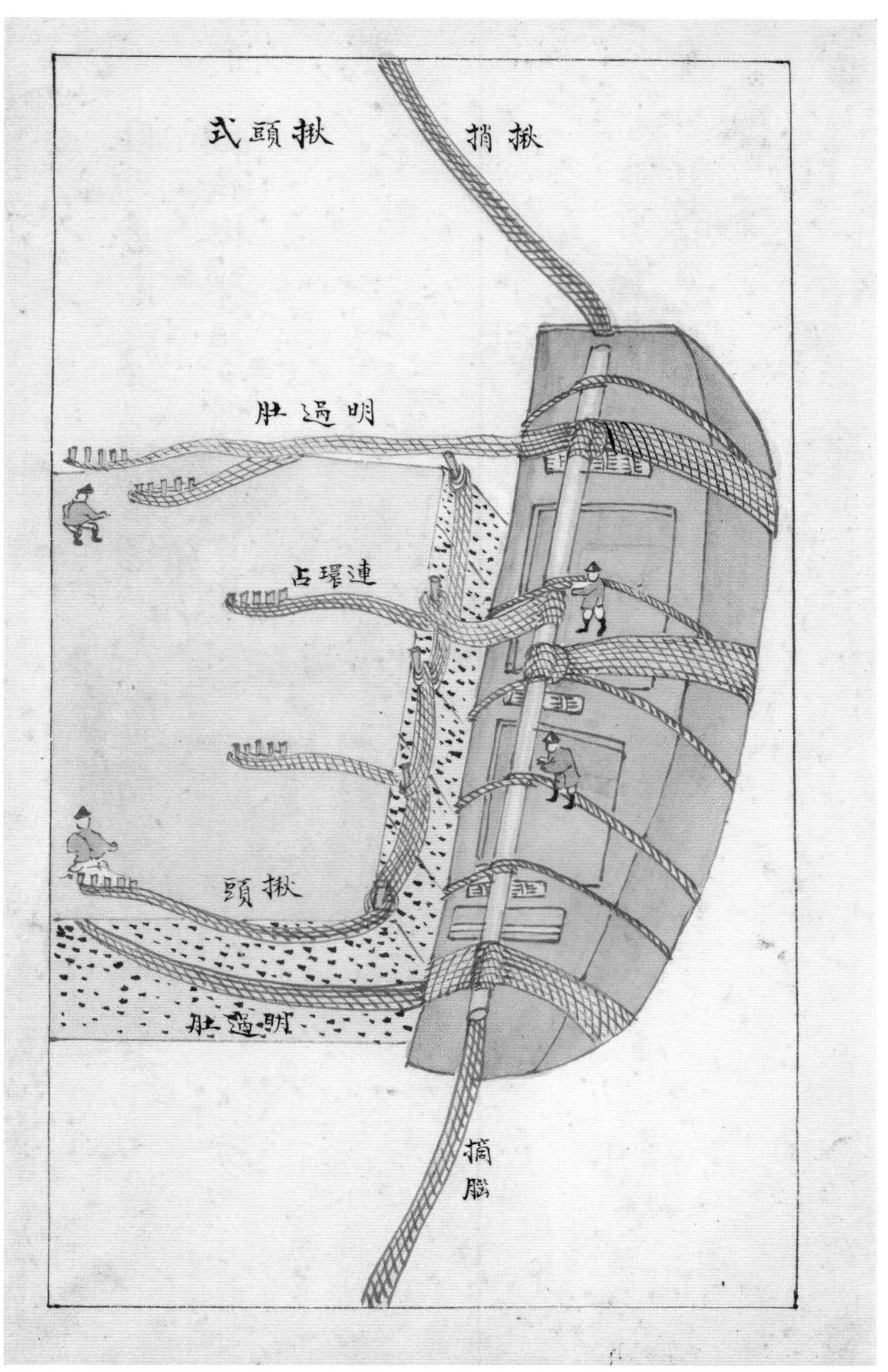
揪頭式
揪捎
明過肚
連環占
揪頭
明過肚
搞腦

肚占一名患腰占以摘住埽心免致挫動每排用纜五条計兩排一頭綑住揪頭一頭上墳

肚占即日腰占專為摟束埽身內設

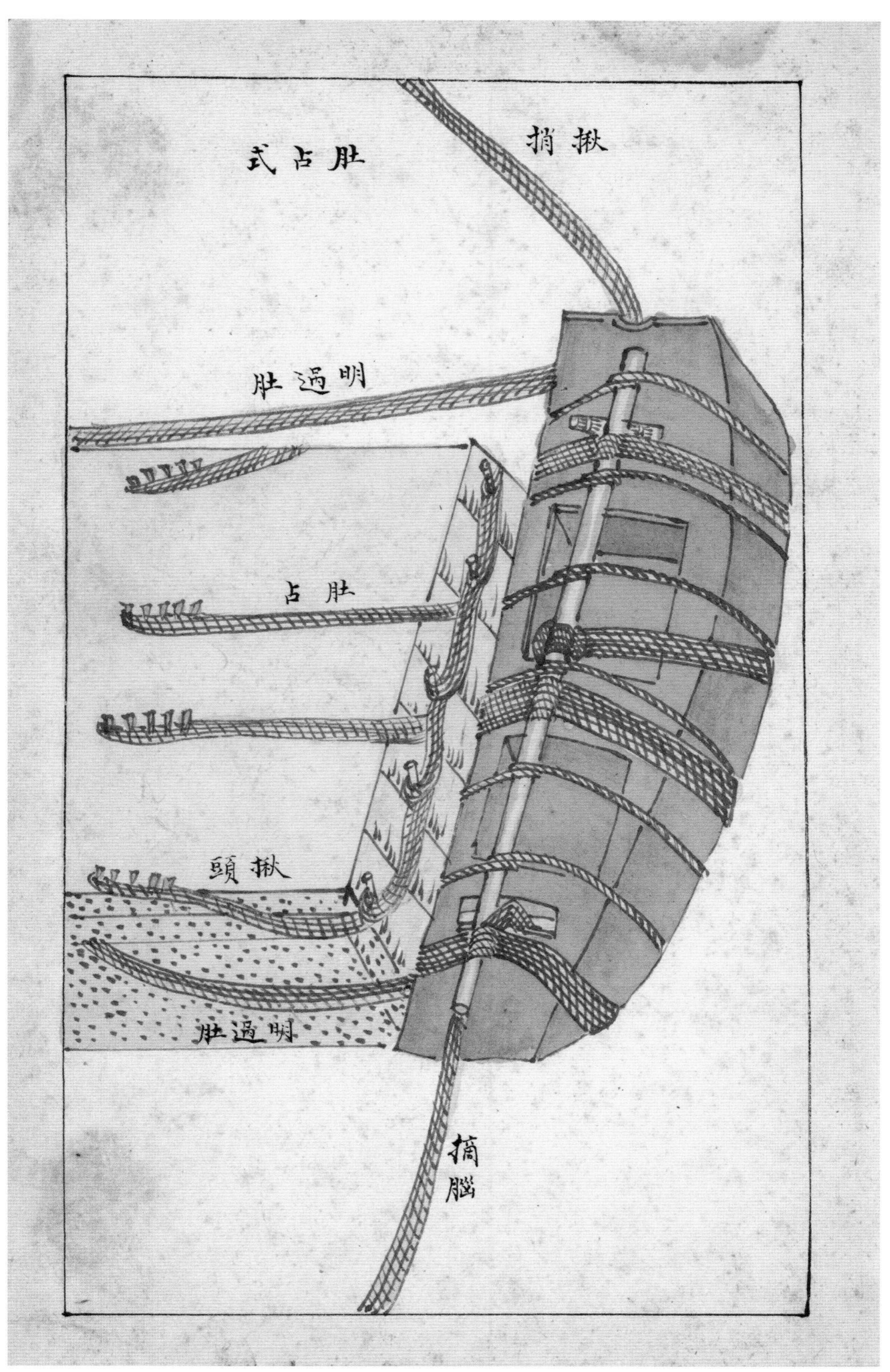
肚占式
揪捎
明過肚
肚占
揪頭
明過肚
摘腦

各纜掛齊每四五尺派一兵夫執木篙一根插於水內用肩扶住前撑擋

名曰抗杠子使船畧開繩纜平垂水面得以𠛬料加廂

各纜掛齊即用篙木

住前撑擋以備鋪做

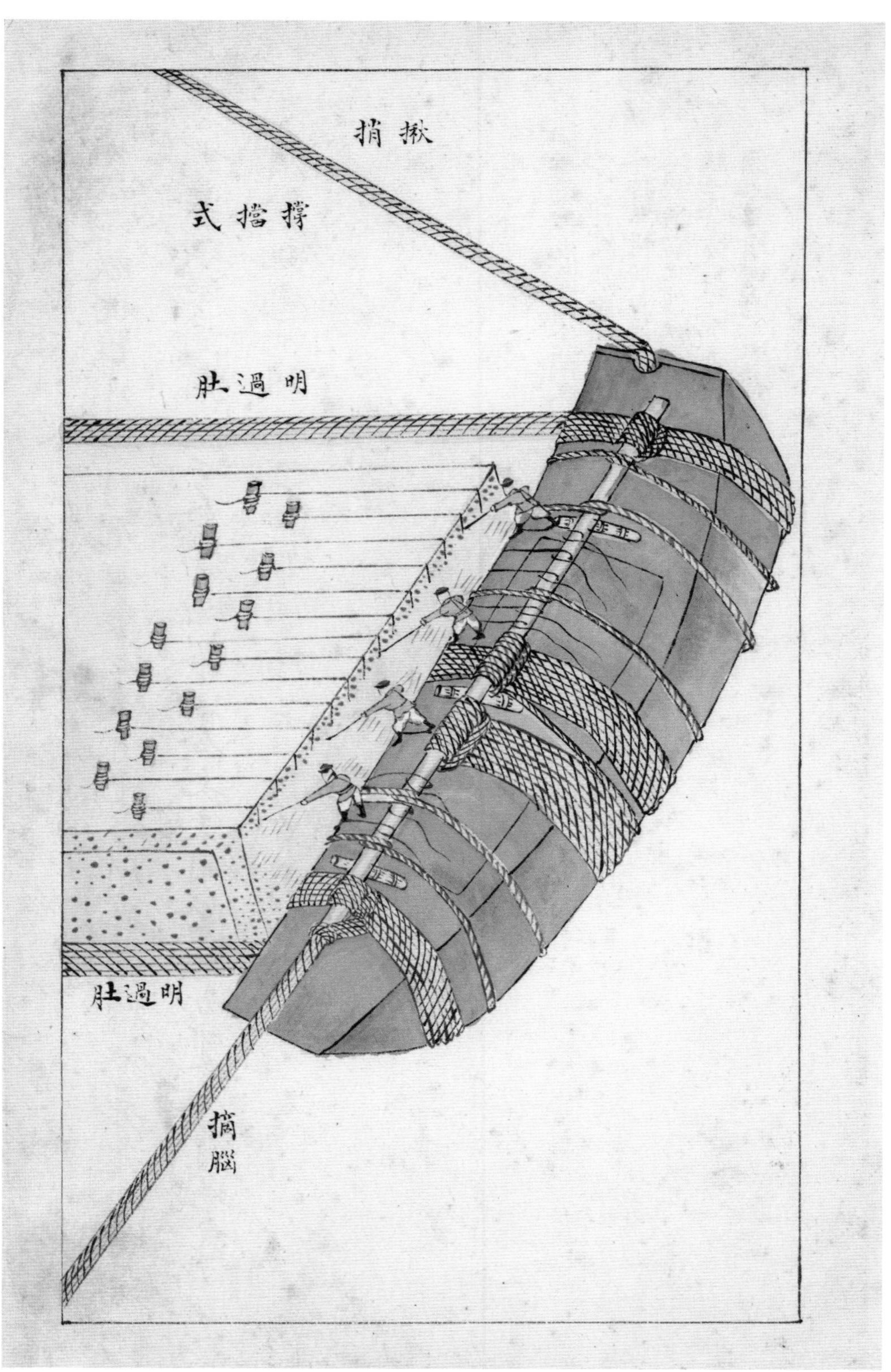
揪捎
撐擋式
明過肚
明過肚
摘腦

河流湍激擋難外撑則有打張之法將繩纜閘解撅持於兵夫之手謂活留於前眉後二尺壓蓋脊土令兵夫同聲用力雙足齊跳前眉愈跳愈下則埽後自然閘擋矣

所謂打張者因金門收窄溜勢益形湍激艎船被逼擋難外撑只得將內繩間擋出貫派兵活留使傢伙外鬆於前眉後二尺壓蓋脊土集夫上跳令埽眉吃重青頭得以外張

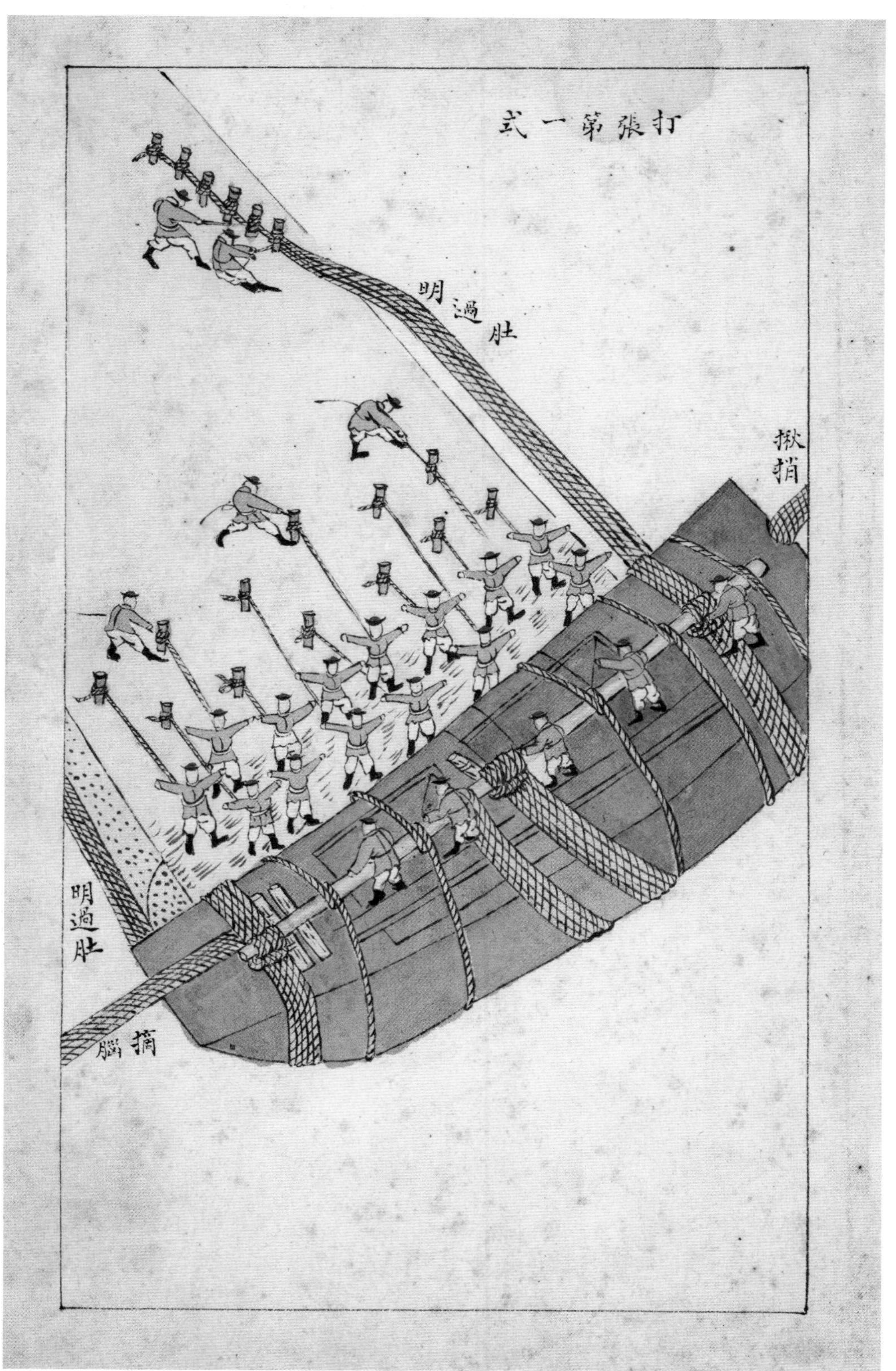
打張第一式
明過肚
揪梢
明過肚
摘腦

打張一次埽牆仍不甚寬遂放活溜如前集夫跳埽使埽身益寬以丈餘為度是謂二次打張

打張一次埽擋仍不甚寬遂活留仍在前眉後二尺如前壓土集夫跳埽船上跟游前進使埽身增寬丈餘即謂二打張也

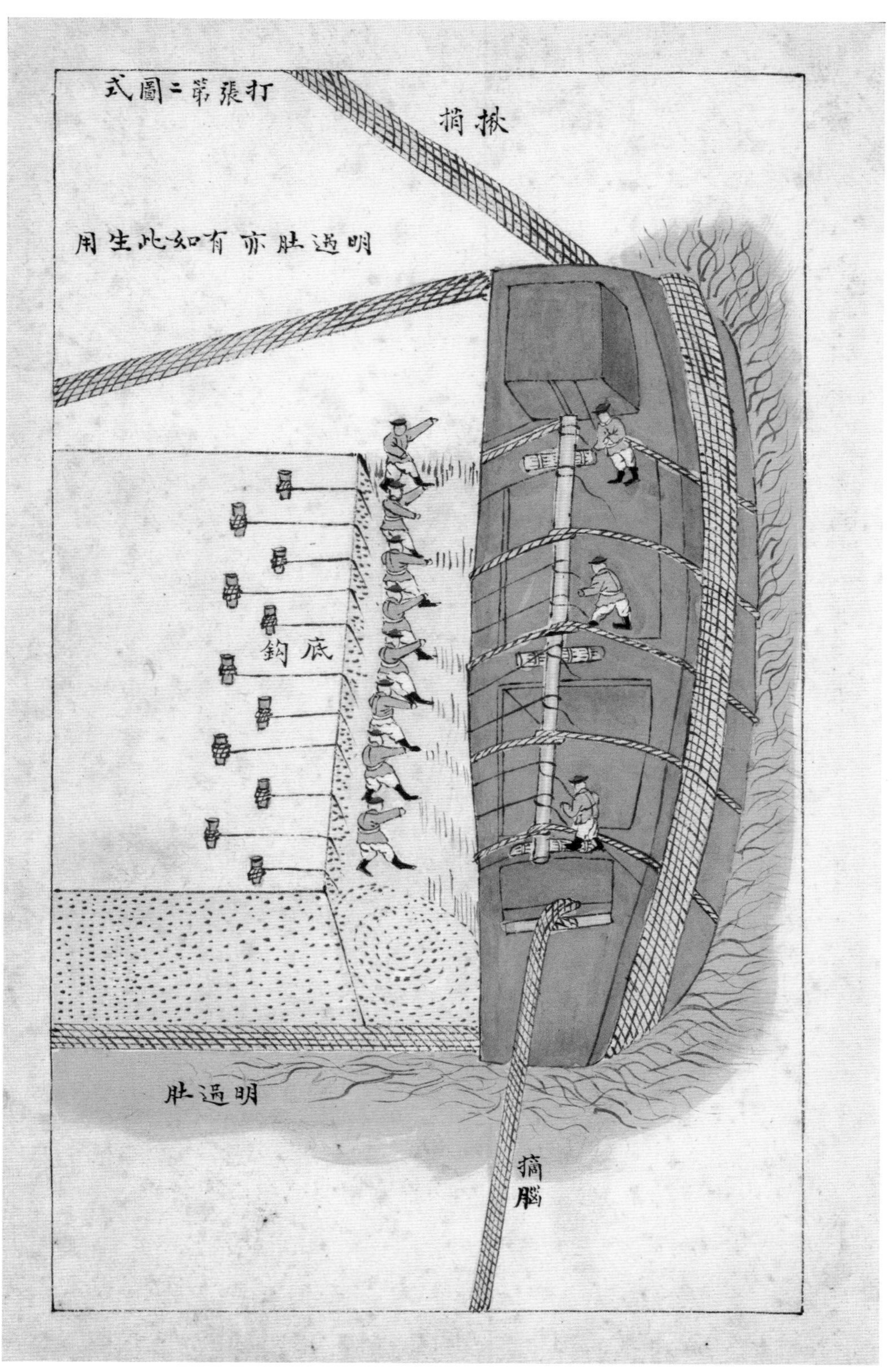
打張第二圖式
掀梢
明過肚亦有如此生用
底鈎
明過肚
摘腦

打張以三次為率埽檔撐足　蓋壓蓋紫花土加廂成此一占

三次打張即照前式跳寬
文餘活留後醒船滿壓蓋
紫花土加廂成此占

打張第三圖式
明過肚
揪捎
鈎底
明過肚
摘腦

此各纜齊列式也邊占以兜束迎面埽眉免其前傾餘纜已詳前說

底勾即生纜之袂面勾占埽廂成回纜之袂暗過肚乃為艎船外撓明過肚乃為穩定艎船之頭尾邊占乃為兜束迎面埽眉免其前青串心揪頭乃為埽身外游串心腰占乃為揹住埽心不致挫動連環占乃為坯占均資連絡免其外游腰占乃為摟束埽身

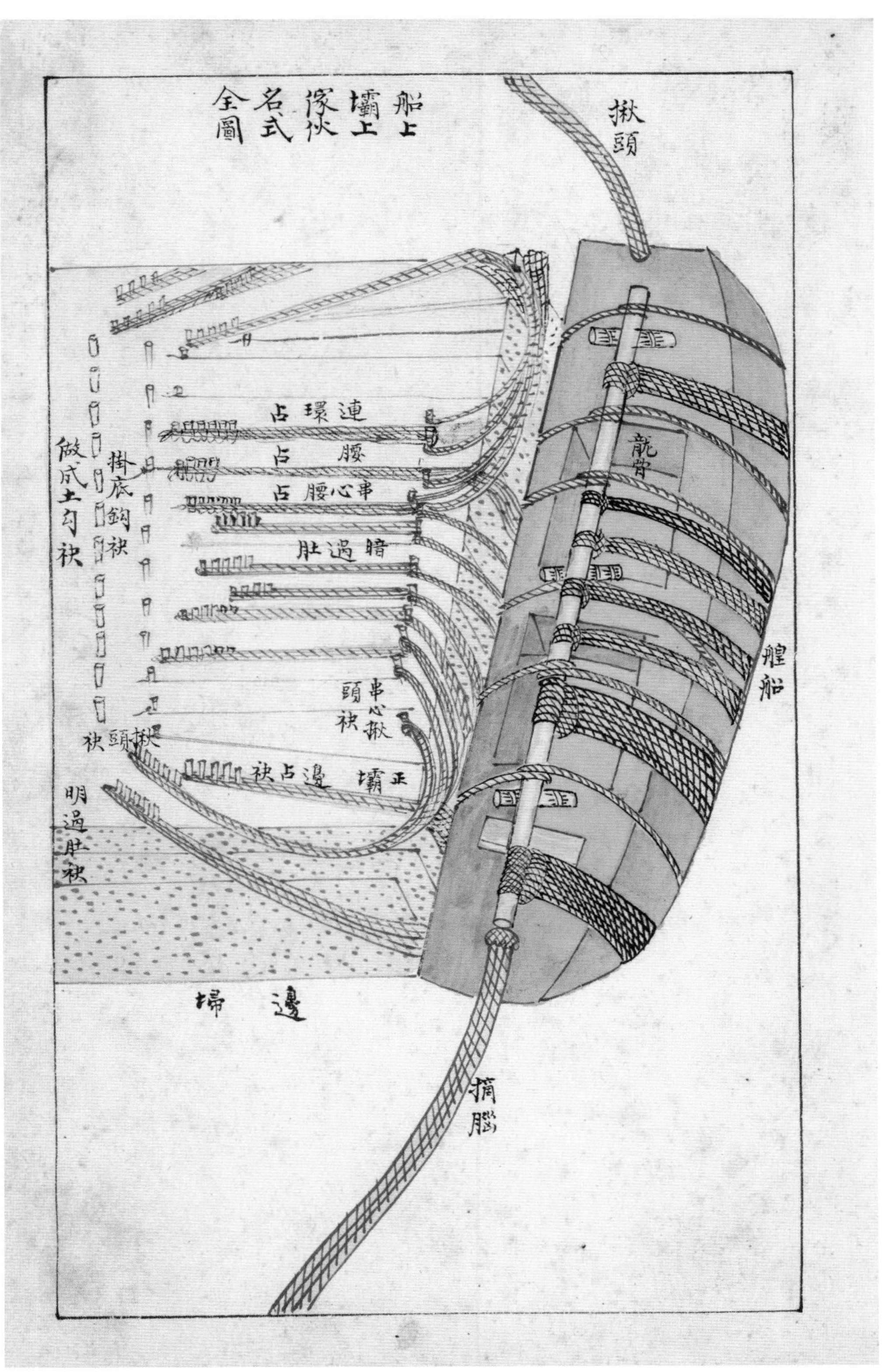
船上壩上傢伙名式全圖
揪頭
連環占
腰占
串心腰占
暗過肚
串心揪頭袂
正壩
邊占袂
揪頭袂
做底土勺袂
掛底鉤袂
明過肚袂
龍背
艎船
邊埽
摘腦

两埧進占至将成時所留金门最宜留意如平時三丈一占此時只可定二丈五
尺總須上寛下窄先将艎船拉之出位得以掛纜合龍

两壩門占均已做成長臺
拉船出位得以掛纜合龍

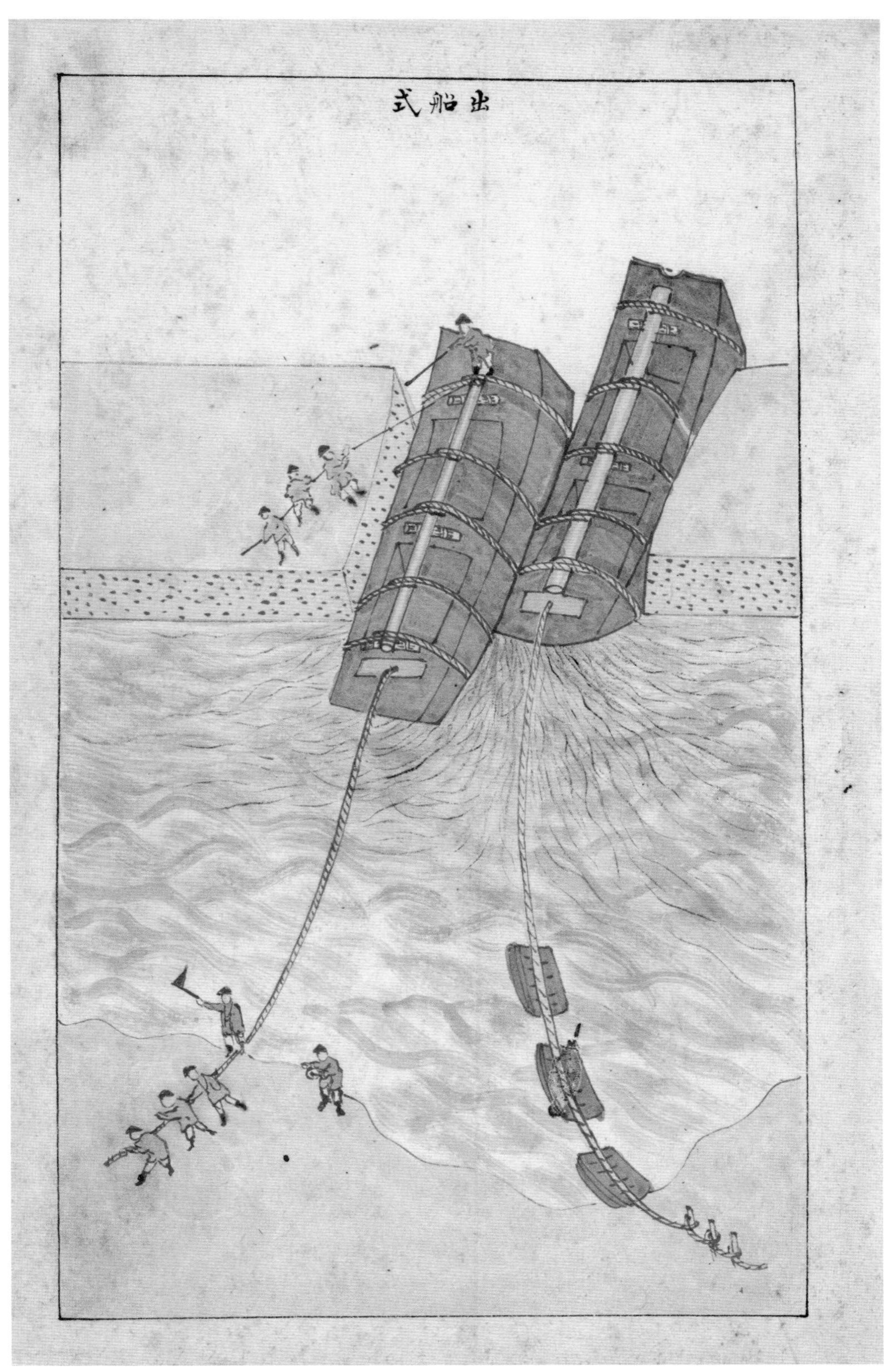
出船式

合龍後仍恐埽眼有滲漏簾子等水不能閉氣 趕做關门埽占俾工無
罅隙永固金湯

尤恐稍有罅隙填用
關門埽以資閉氣

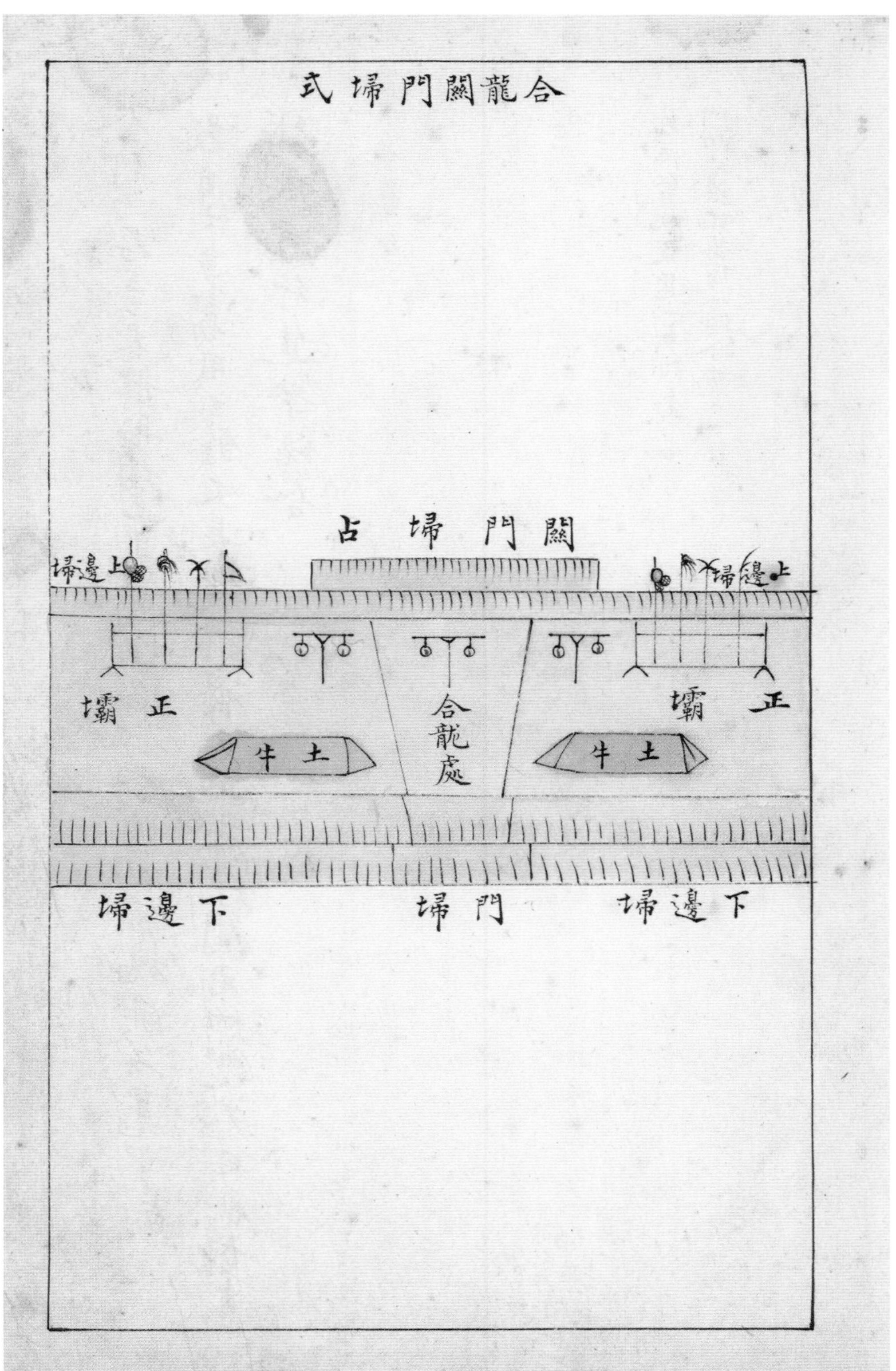
合龍闕門埽式
闕門埽占
上邊埽
上邊埽
正壩
正壩
土牛
土牛
合龍處
下邊埽
門埽
下邊埽

金門只存三二丈艎船均已出位兩填各釘合龍大橛視填台寬窄酌定數目之多寡用十餘丈長纜掛齊多用麻繩間用竹纜先用軟草舖底再行進埽堵合

引河啓放旋進一占剩金門即行出船掛纜以備合龍

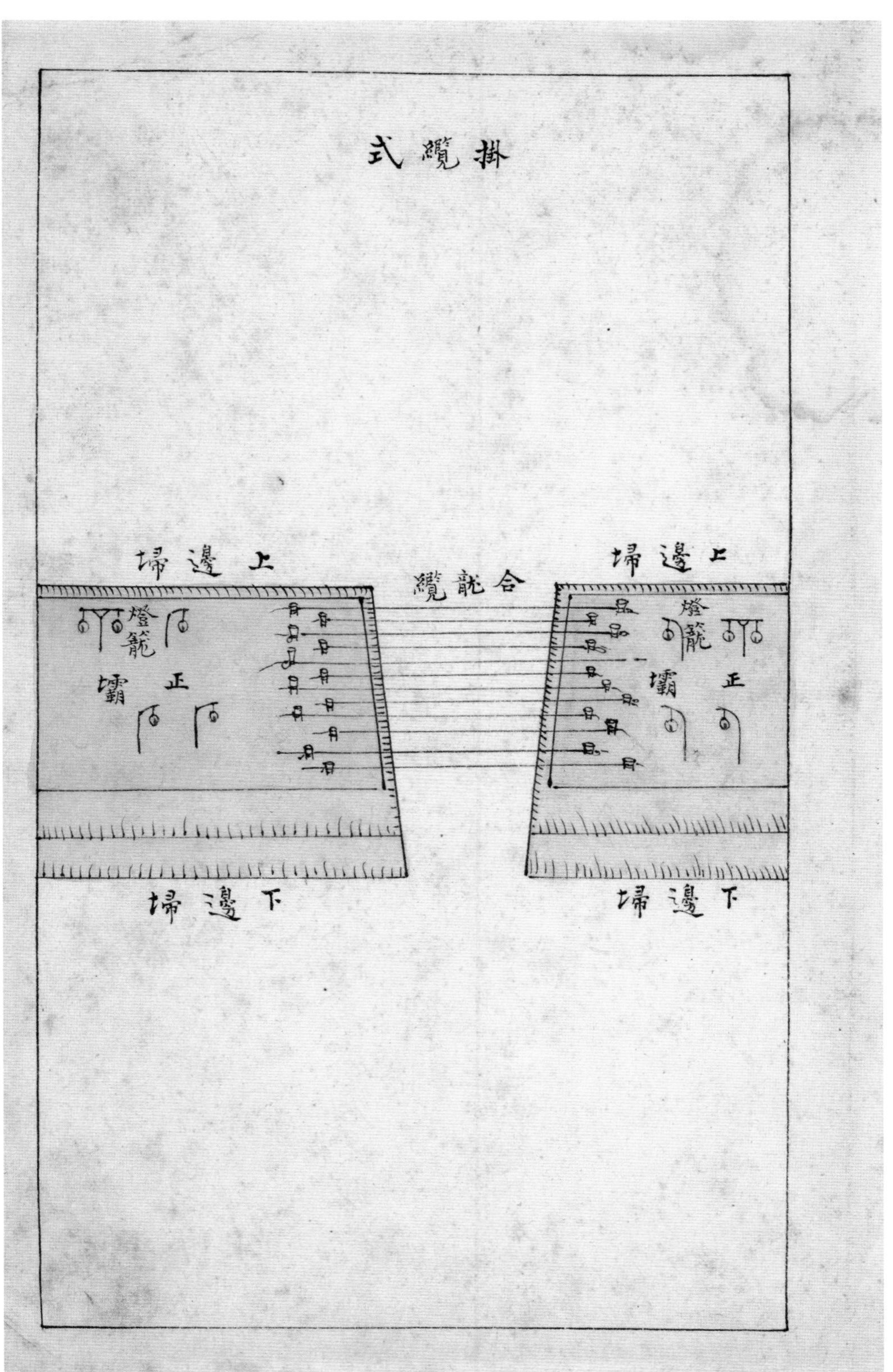
掛纜式
上邊埽
上邊埽
合龍纜
燈籠
燈籠
正壩
正壩
下邊埽
下邊埽

金門掛纜擇吉合龍宜預為計算速則恐有草率遺慮金門涮深以填追壓到底為度合龍之日宜於子丑寅三時開工盡一日之力撒手搶買柴土一氣呵成初合時尚有滲漏謂之簾子水壓土漸重即可斷流謂之閉氣合龍後或見下水翻花有自金門出者有自兩壩填壩眼出者應辯明是底漏是腰漏以小船用丈竿探之入水一二丈即行漂淌為腰其漏輕丈竿約已到底始漂去則底漏矣如翻花不見柴土尚可追壓大土斷亦閉氣其上水亦可以丈竿試之竿至何處戰動即為進水速於其處加作邊埽亦可補救無虞上下边埽亦同時合龍以資護衛

金門既已掛纜吉時合龍
撒手搶買柴土一氣呵成
即時堵閉永慶平成

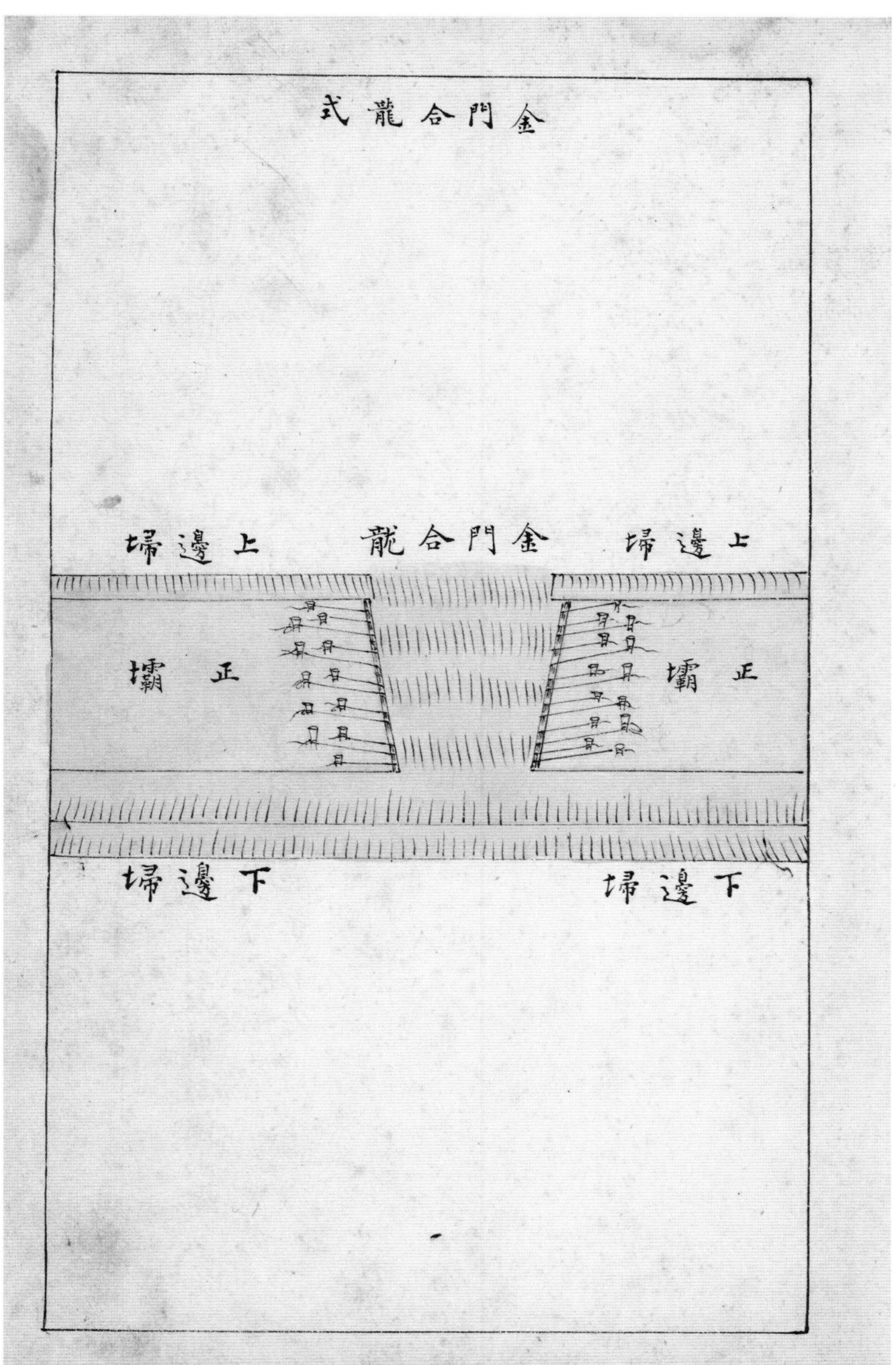
金門合龍式
上邊埽
金門合龍
上邊埽
正壩
正壩
下邊埽
下邊埽

正埧迤下數十丈酌做二埧一道又曰托水埧既可托平溜勢又作重门保

障其進占與正埧相同兩埧之上游相對引河頭處酌做挑水埧一

道專挑全河溜勢歸入引河底金门溜緩易於堵合

挑水壩專挑全河溜勢歸入引河

俾資暢流下注使金门易於堵合

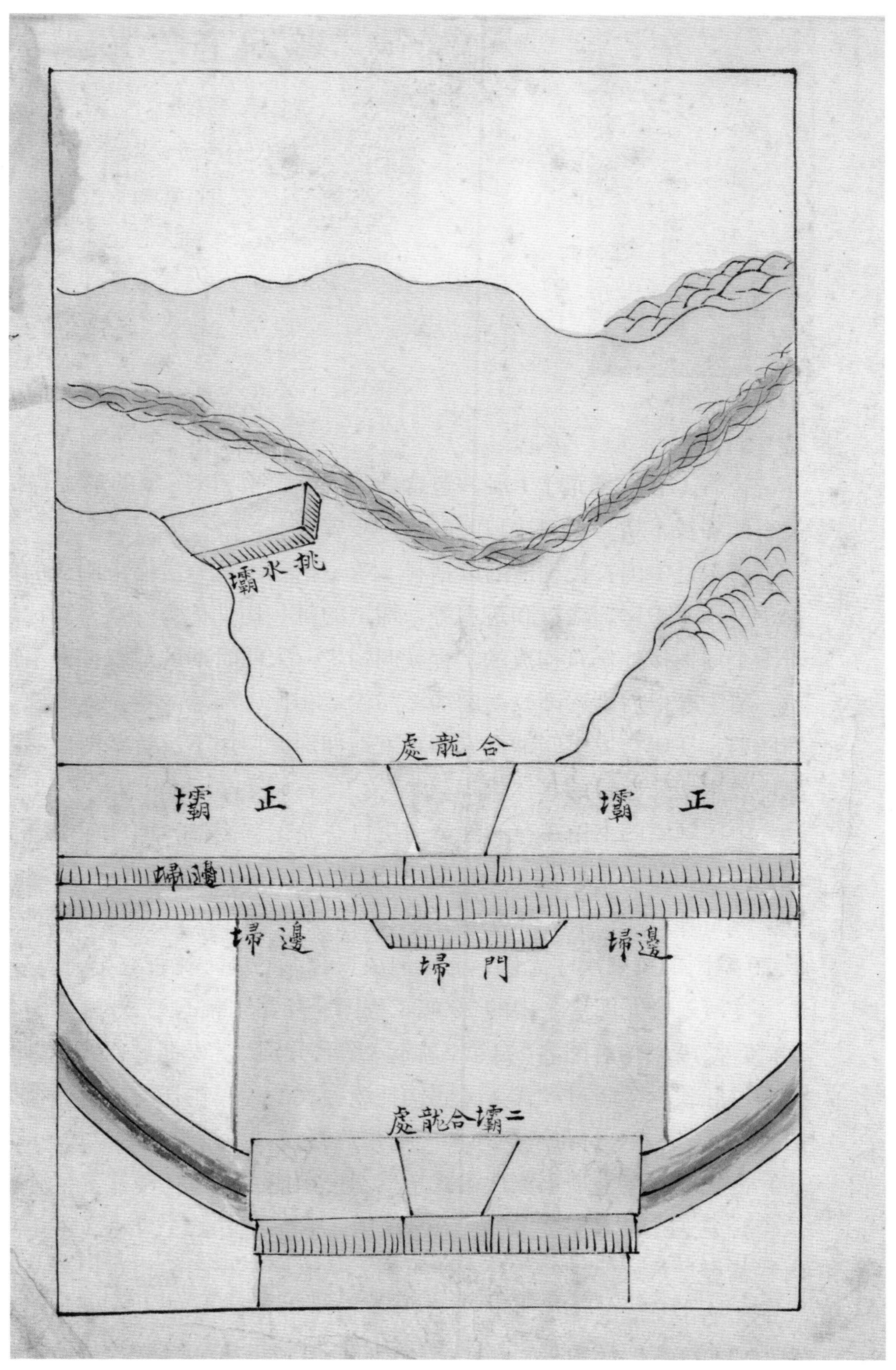
挑水壩
合龍處
正壩
正壩
邊埽
邊埽
門埽
邊埽
二壩合龍處

《河工合龙图谱》

版本：彩绘本

年代：约清光绪十四年（1888 年）

尺寸：21 厘米 ×13.5 厘米

册数：1 册

《河工合龙图谱》1 册，包含 20 幅工程图，以图画的形式详细描绘了使用厢埽技术堵合黄河决口时的每一步骤。

埽工是中国古代创造的以梢料、苇、秸和土石分层捆束制成的河工建筑物，可用于护岸、堵口和筑坝等。埽工的每一构件称为埽捆，简称埽，累积若干个埽捆接连修筑构成的工程就叫埽工。宋明时期的埽工普遍采用卷埽技术，清中叶以后则逐渐改为厢埽。与卷埽相比，厢埽的特点是在施工处置一捆厢船，在船与堤头间铺绳索加料就地捆埽，层层下沉。本图谱展示的是用厢埽技术堵塞决口的具体流程。

中国国家图书馆现存两种黄河决口合龙工程图谱，即《河工合龙做法图式》与《河工合龙图谱》。两种图谱均包含 20 幅工程图，所绘内容基本一致。与《河工合龙做法图式》相比，《河工合龙图谱》的文字说明较为简略，但 20 幅图的排列次序无误，与黄河决口合龙的施工流程完全一致。

《河工合龙图谱》中的 20 幅工程图，除第 1 幅与第 20 幅无图名外，第 2 幅至第 19 幅均有图名。自第 2 幅起，图名分别为《未捆艎船式》《捆龙骨式》《明过肚式》《暗过肚式》《底钩挂缆一式》《底钩挂缆二式》《撑档式》《打张一图式》《打张二图式》《打张三图式》《面钩拉活留式》《揪头式》《肚占式》《船上坝上家伙名式全图》《出船式》《挂缆式》《金门合龙》及《合龙关门埽》。这 20 幅图与《河工合龙做法图式》所列 20 幅工程图内容基本一致，但排列次序有所不同。从这些工程图的相对位置可以看出，《河工合龙图谱》展示的应是正确的施工顺序。例如，《河工合龙图谱》第 12 幅《面钩拉活留式》的文字说明中提到“档已撑足，厢高丈余”，可以看出这应是第 8 幅《撑档式》描绘的“撑档”工作完成之后的另一施工步骤，《河工合龙图谱》次序无误。而在《河工合龙做法图式》中，《撑档式》列于第 11 幅，《面钩拉活留式》却列于第 8 幅。显然《河工合龙做法图式》的排列次序有误。

又如，《河工合龙图谱》第 19 幅为《合龙关门埽》，描绘的是修筑关门埽之后的埽工外形示意图。关门埽是在金门合龙完成之后修筑的，本应列于第 17 幅《挂缆式》与第 18 幅《金门合龙》之后。而在《河工合龙做法图式》中，关于关门埽的图名为《合龙关门埽式》，列于第 17 幅，在《挂缆式》与《金门合龙式》之前。由此也可看出《河工合龙做法图式》的排列次序有误，《河工合龙图谱》的排列次序无误，与决口合龙施工流程完全一致。

此外，《河工合龙图谱》首页还有一段文字为《河工合龙做法图式》所无，这段文字记载了“捆厢进占”过程中每占的长、宽、高以及所用绳缆数量等相关信息。在决口合龙工程中，使用厢埽技术第一次填充肚土直至高度与埽台相平时，称为一占。《河工合龙图谱》首页文字为：

“正坝每占长三丈五尺，高深八丈五尺，宽十五丈，计单长四千四百六十二丈五尺。

“勾绳一百四十条，四冲。共七百条。

“大占三十四条，四冲。共一百七十条。

“底占四路二十八条，四冲。共一百四十条。

“冲心揪头六排，每排用绳二十一条，五冲。共七百五十六条。

“腰占四路，每路用绳七条，一冲半。共四百二十条。

“连环占四排，每排用绳二十八条，二冲。共三百三十六条。

“上、下水撑档骑马用绳二十条。

“骑马十二付，计十六排，每排用绳一条，共一百九十二条。

“共绳二千七百三十四条。

“上、下水边埽照正坝家伙临时酌减。外备苏缆一千二百条。”

图谱中的 20 幅图描绘的都是埽工外形的示意图或者某一施工步骤的情形图。例如，第 1 幅图（无图名）是一幅埽工外形示意图。这幅图左侧绘有待合龙的决口边缘原有的土坝，右侧为新修筑的埽工。埽工中部自左至右分别标有“一占”“二占”“三占”等字样。可以看出，使用厢埽技术完成“一占”之时，埽工就由决口边缘向决口中心处推进了一段距离。在一占的基础上继续进行类似的厢埽流程，就形成二占、三占，埽工也继续向决口中心处推进，这就是“捆厢进占”的基本原理。

又如，第 2 幅《未捆艎船式》与第 3 幅《捆龙骨式》都是施工步骤的情形图，它们描绘的是捆埽船尚未与原有坝体捆在一起时的情形。《未捆艎船式》图中左侧为原有坝体，右侧为捆埽船。可以看出捆埽船已经固定到工程所需的位置，但船上尚未捆接龙骨。而《捆龙骨式》图中，原有坝体与捆埽船的位置皆与《未捆艎船式》相同，但捆埽船上已经用六道绳缆捆接上一根大木。这幅图之前的文字说明中又提到：“船已上位，欲使船身免其损失，须按五六尺一空，多用绳缆，由船底团团捆索，均以龙骨为本。”可以看出，这幅图描绘的已是《未捆艎船式》之后的施工步骤，也就是在捆埽船上捆接龙骨之后的情形。

图谱第 17 幅与第 18 幅分别为《挂缆式》及《金门合龙》。这两幅图描绘的都是决口合龙工程的施工步骤。在合龙工程中，先从决口两侧利用厢埽技术分别向决口中心修筑埽工，这样，两侧修筑的埽工必定会逐渐靠近，最终必然出现两侧埽工顶端的捆厢船完全相邻的现象。此时将两艘捆厢船移开，两侧埽工之间只剩下一个较窄的缺口，称为“金门”。《挂缆式》与《金门合龙》描绘的是金门最终合龙的施工情形。

第 19 幅图为《合龙关门埽》，描绘的是修筑关门埽之后的埽工外形示意图。此图之前的文字说明为：“尤恐稍有罅隙，填用关门埽，以资闭气。”可以看出，合龙之后，如果埽工中仍有罅隙，则无法起到阻断水流的作用。为了防止这种现象发生，需要在坝前再加修一道埽工，即为关门埽。

在前 19 幅图之后，还绘有一幅没有图名的埽工外形示意图。此图中除了绘出合龙处的主体埽工（图中称为“正坝”）以外，还绘有“二坝”与“挑水坝”。可以看出，正坝以下可以再修筑一道埽工，称为“二坝”，起到双重保障作用。此外，在正坝上游还可修筑挑水坝一道，可以更加顺畅地将河水归入引河，这样也就可以更好地保证合龙处免受河水冲击。

现存中国古代水利文献中，以图画形式详细绘出每一施工步骤的文献非常稀少，仅有《河工合龙做法图式》与《河工合龙图谱》两种，它们在中国水利史的研究中具有重要意义。

杨箫杨

正垻每占長三丈五尺高深八丈五尺寬十五丈計単長四千四百六十二丈五尺

勾繩一百四十条四冲　共七百条

大占三十四条四冲　共一百七十条

底占四路二十八条四冲　共一百四十条

冲心揪頭六排每排用繩二十一条五冲　共七百五十六条

腰占四路每路用繩七条一冲半　共四百二十条

連環占四排每排用繩二十八条二冲　共三百三十六条

上下水撑檔騎馬用繩二十条

騎馬十二付計十六排每排用繩一条　共一百九十二条

共繩二千七百三十四条

上下水邉埽照正垻傢伙臨時酌減　外備蘇纜一千二百条

大凡出占未經臨水先於旱地刨槽軟廂一經見水數尺始行拉船上位也

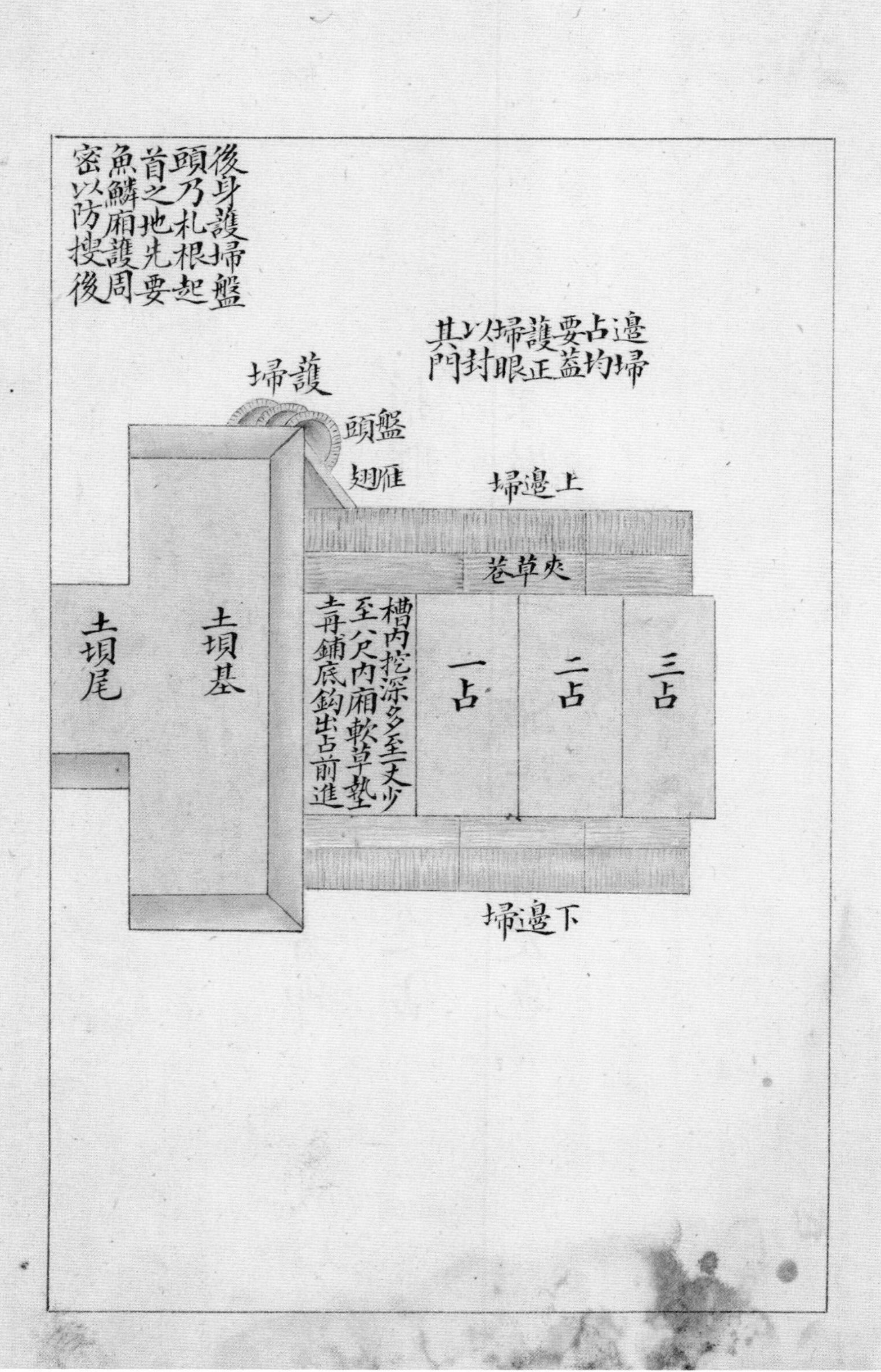
後身護埽盤頭乃札根起首之地先要魚鱗廂護周密以防搜後
邊埽均𥁞占要正眼護埽以封其門
護埽
盤頭
雁翅
上邊埽
夾草卷
土埧尾
土埧基
槽内挖深多至一丈少至八尺内廂軟草墊毒鋪底鈎出占前進
一占
二占
三占
下邊埽

凡旱廂臨水有深數尺者即
将艎船拉上位置以便進占
築做所謂拉船上位者是也

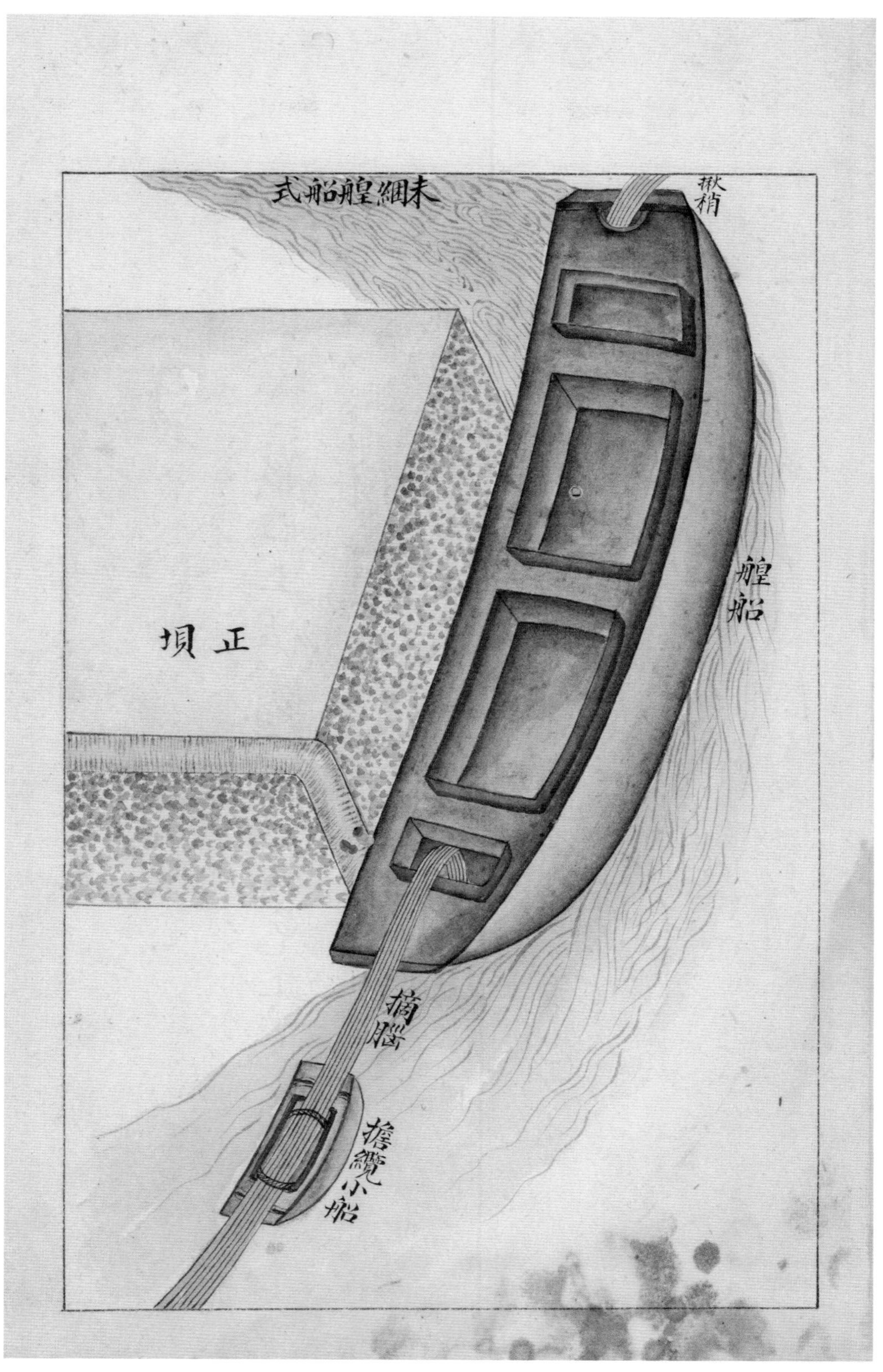
未綑艎船式
揪梢
艎船
正埧
摘腦
擔纜小船

船已上位欲使船身免其
損失須按以五六尺一空
多用繩纜由船底團〻捆
索均以龍骨為本以資擔
纜生守傢伙之用

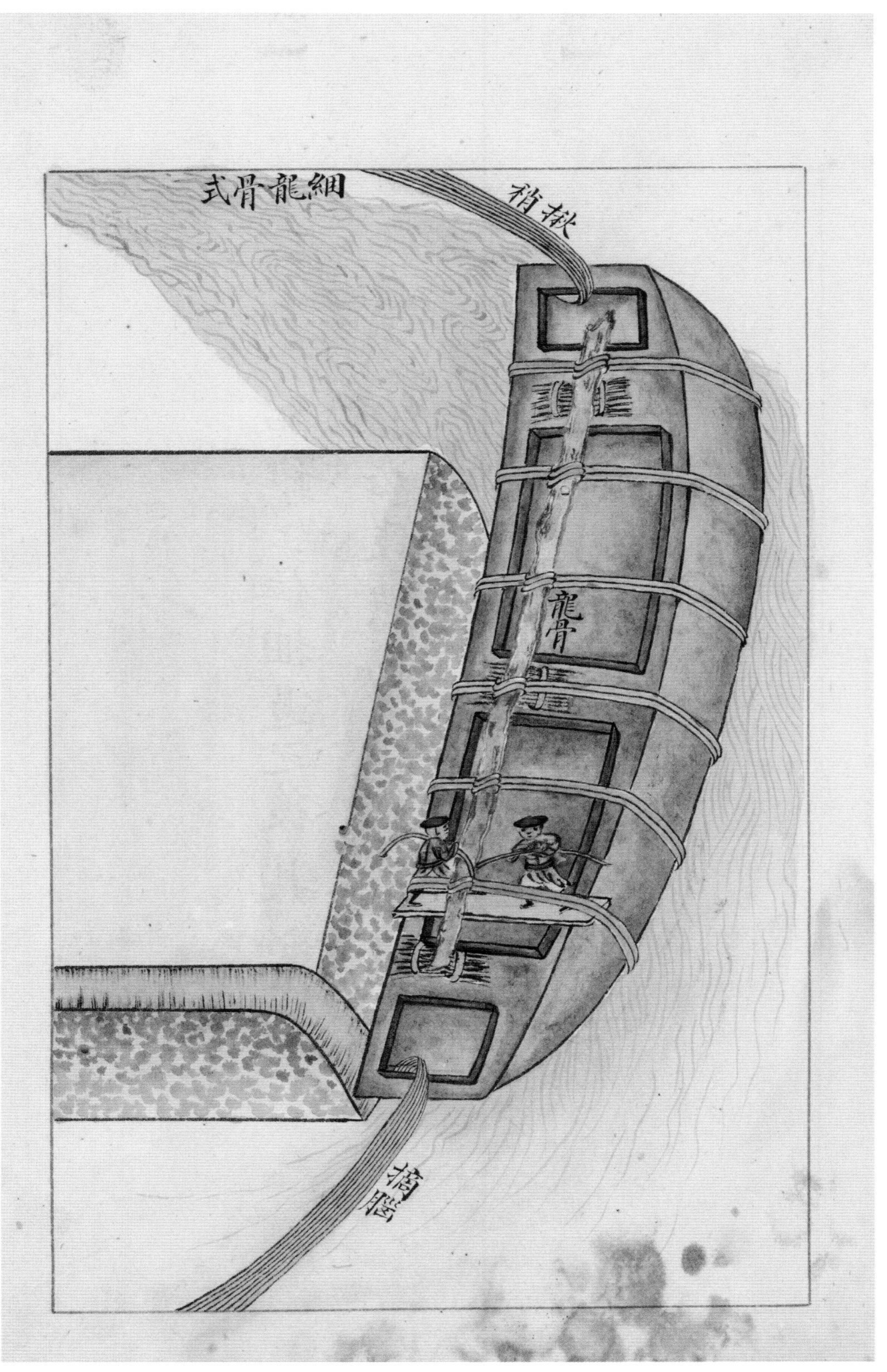

細龍骨式
揪稍
龍骨
摘腰

船雖上位捆過之後其船敵
溜必致點動即於船頭船尾
生上明過肚纜後占打柣上
簣一俟撐檔其纜跟冲前進

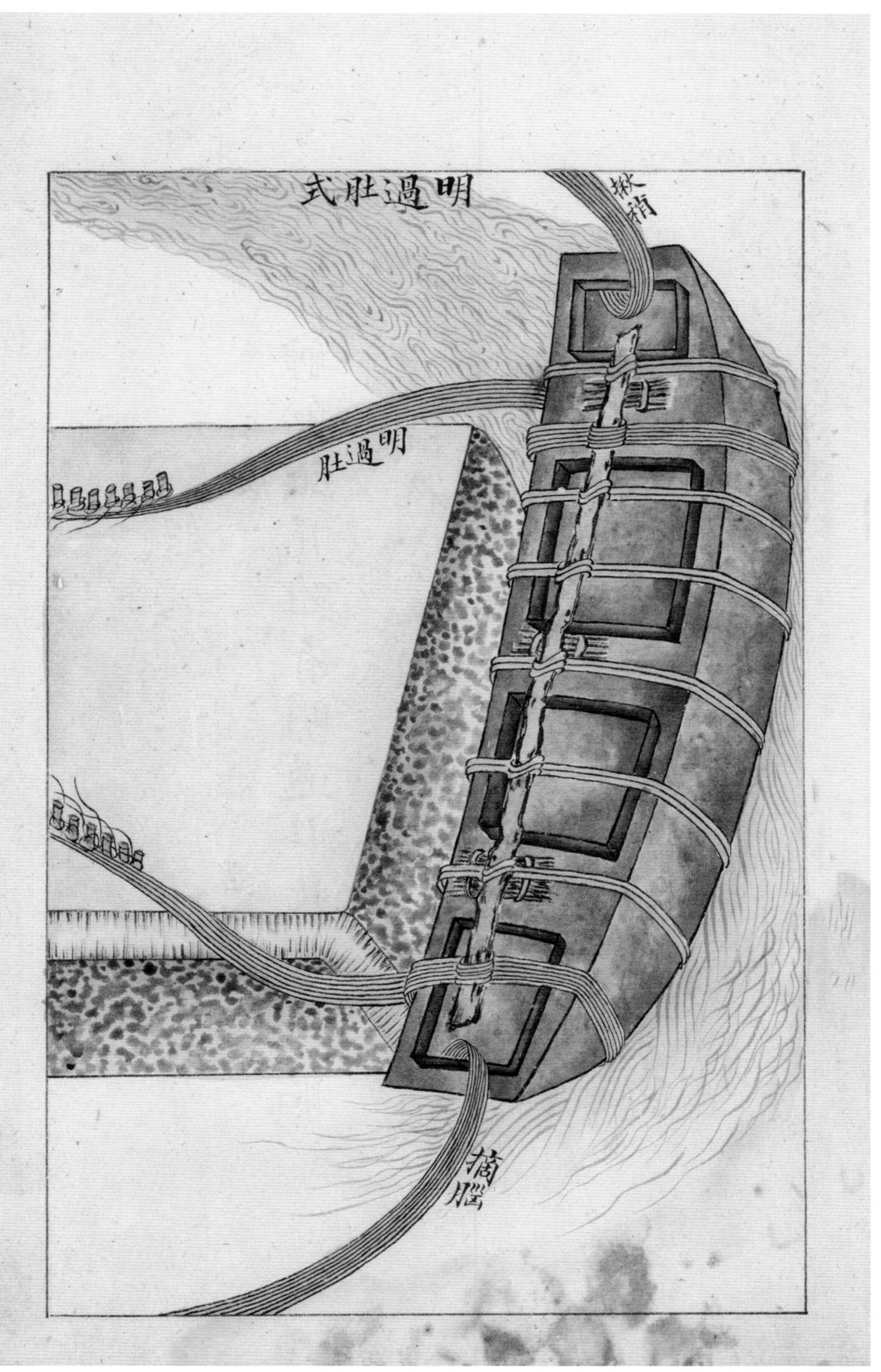
明過肚式
揪稍
明過肚
摘腦

艎船頭尾雖有明過肚收管而船
中間作空又須生出暗過肚俾資
摟束船隻庶免屈抑之虞

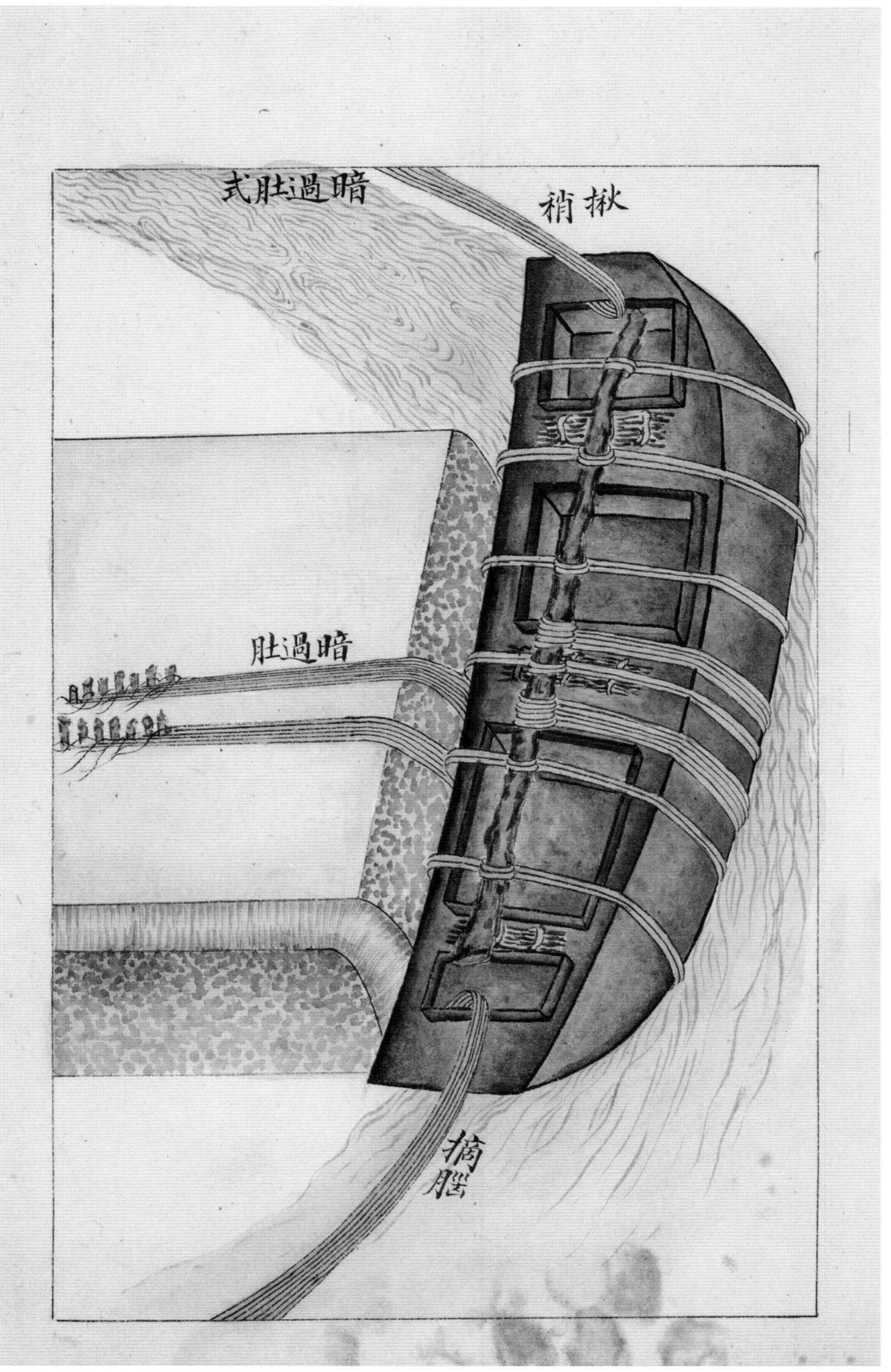
暗過肚式
揪梢
暗過肚
摘腦

艎船明暗過肚已備
即須生纜擔入船上

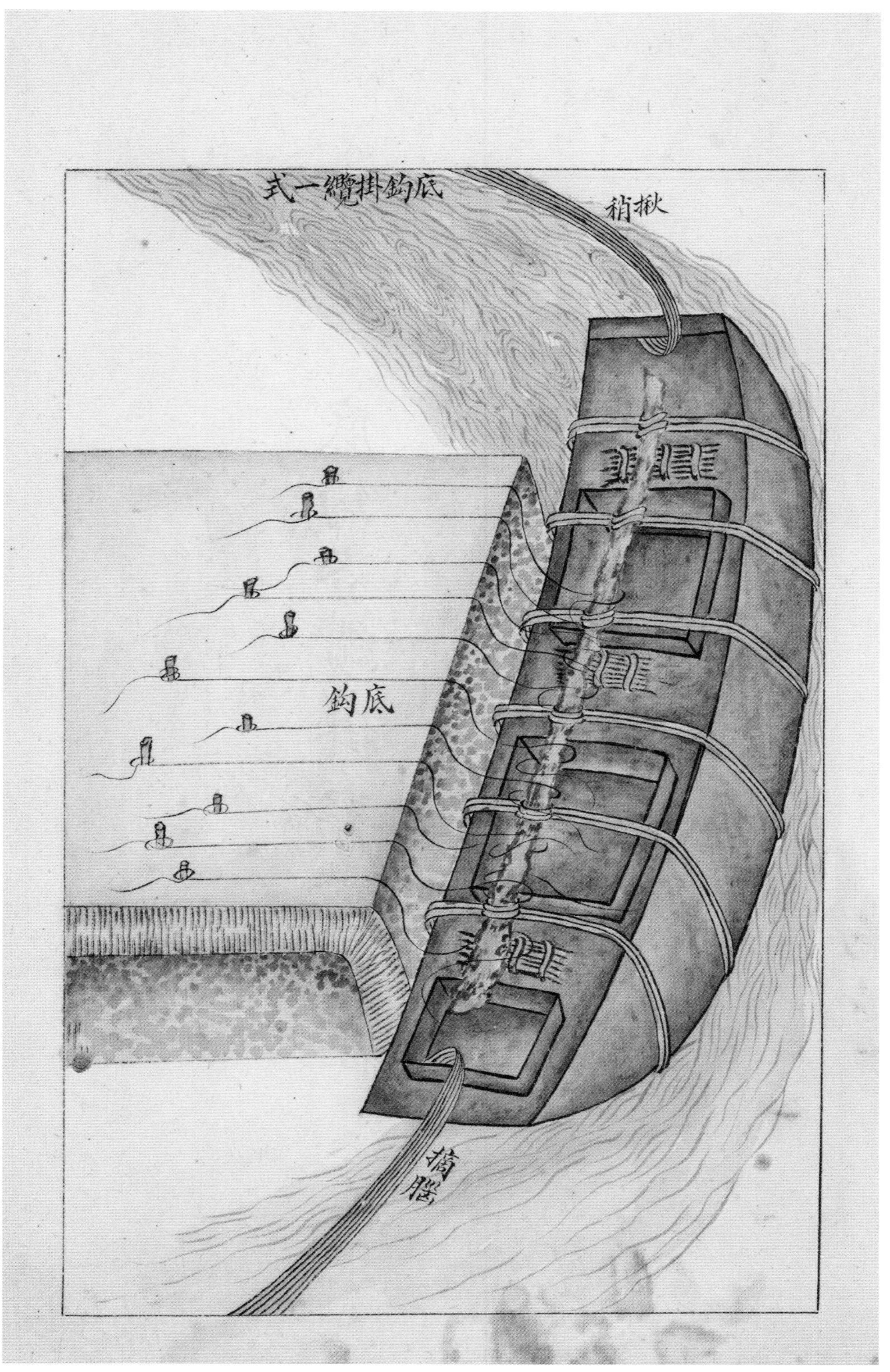
底鈎掛纜一式
揪梢
底鈎
搞腦

底鈎各纜掛齊派兵在
船專守傢伙

底鉤掛纜二式
揪稍
底鉤
摘腦

各纜掛齊即用槁
木往前撐檔以備
鋪做

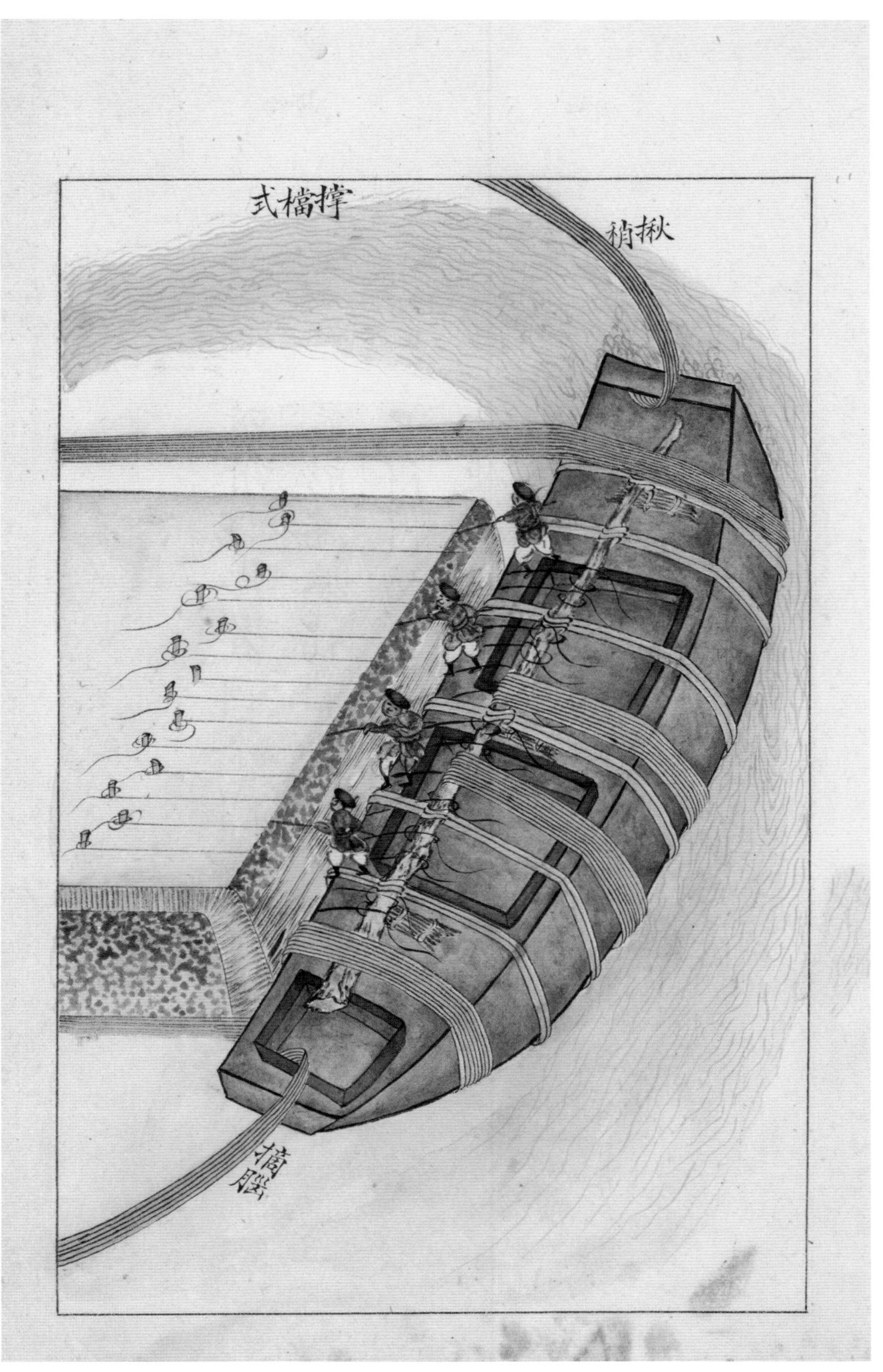
撑檔式
揪梢
樀腦

所謂打張者因金門收窄溜勢
益形湍激艎船被逼檔難外撐
只得將鈎繩間檔出簣派兵活
留使傢伙外鬆於前眉後二尺
壓蓋脊土集夫上跳令埽眉吃
重青頭得以外張

打張一圖式
揪梢

打張一次埽檔仍不甚寬遂活留
仍在前眉後二尺如前壂土集夫
跳埽船上跟游前進使埽身增寬
丈餘即謂二打張也

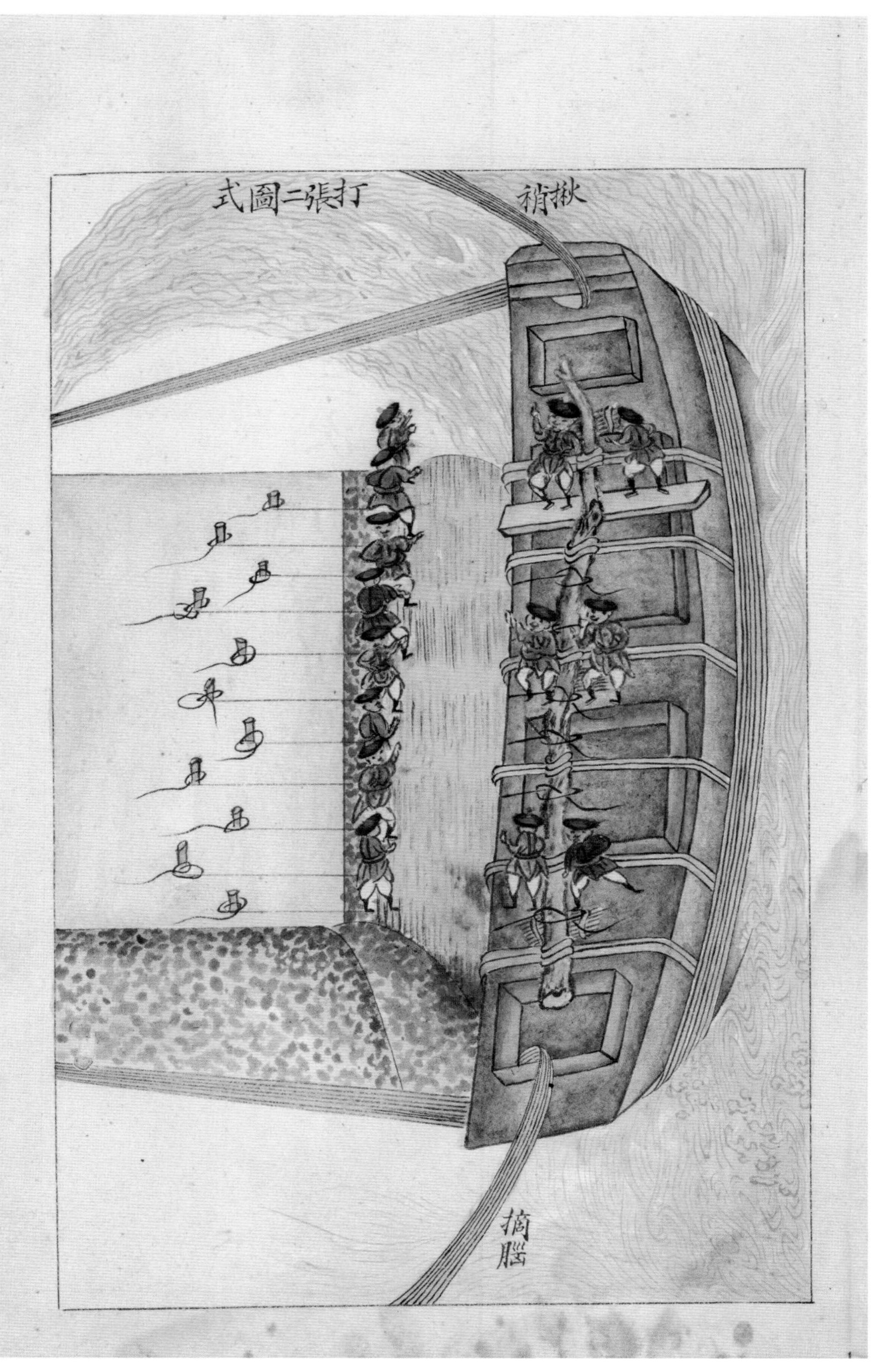
打張二圖式
揪稍
摘腦

三次打張即照前式跳寬
丈餘活留後醒船滿墼盖
祡花土加廂成此占

打張三圖式
揪梢
摘腦

檔巴撐足廂高丈餘其纜間檔
出簣拉活留後醒船壓盖花土
即下串心揪頭上下倒眉均下
騎馬再回活留加廂追壓到底
面鈎長臺壓土

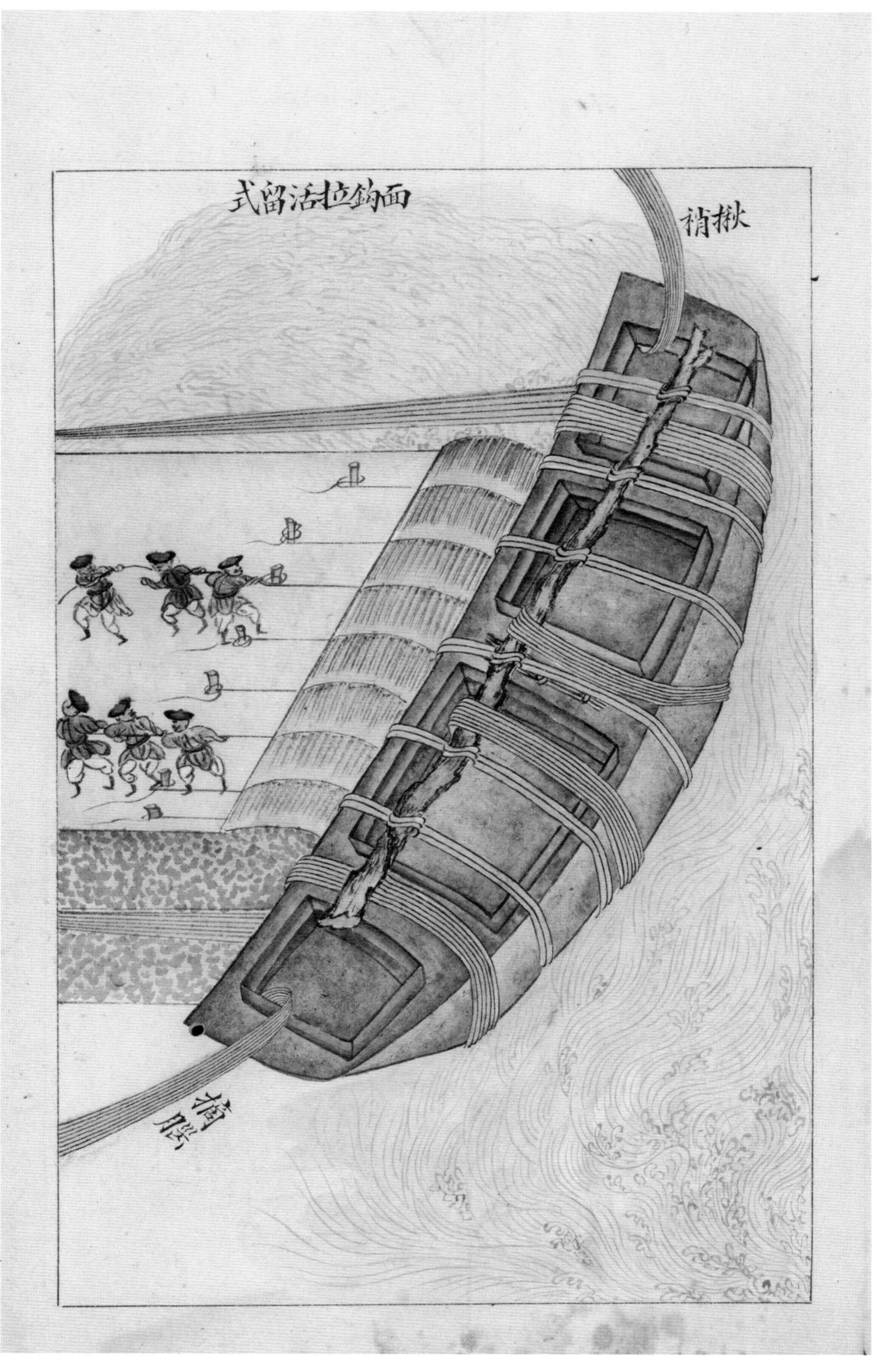
面鉤拉活留式

連環占專為摟束埽身

占占連絡免其外游揪

頭串心俾免埽身外游

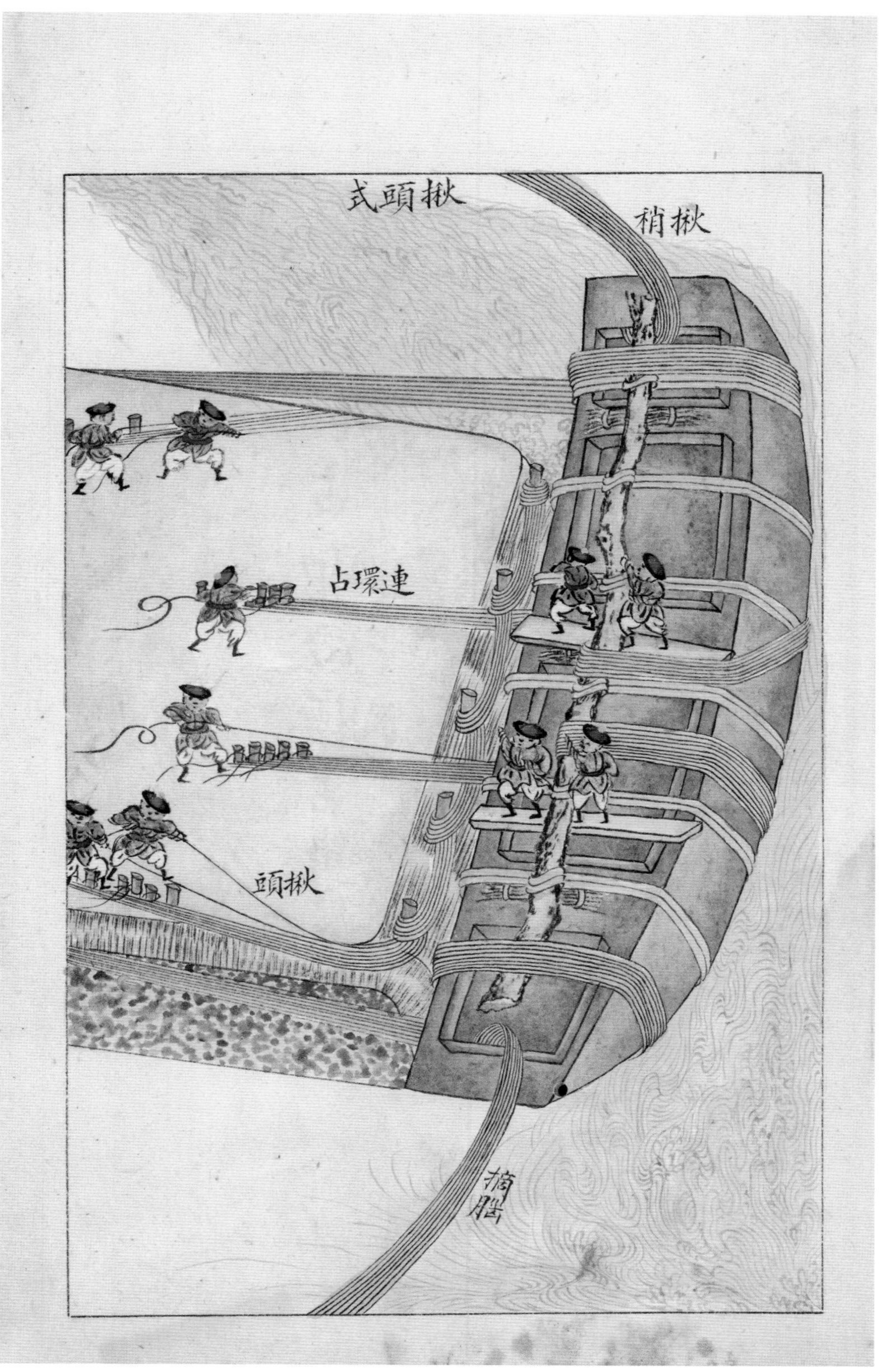
揪頭式
揪稍
連環占
揪頭
掎腦

肚占即曰腰占專爲
摟束婦身而設

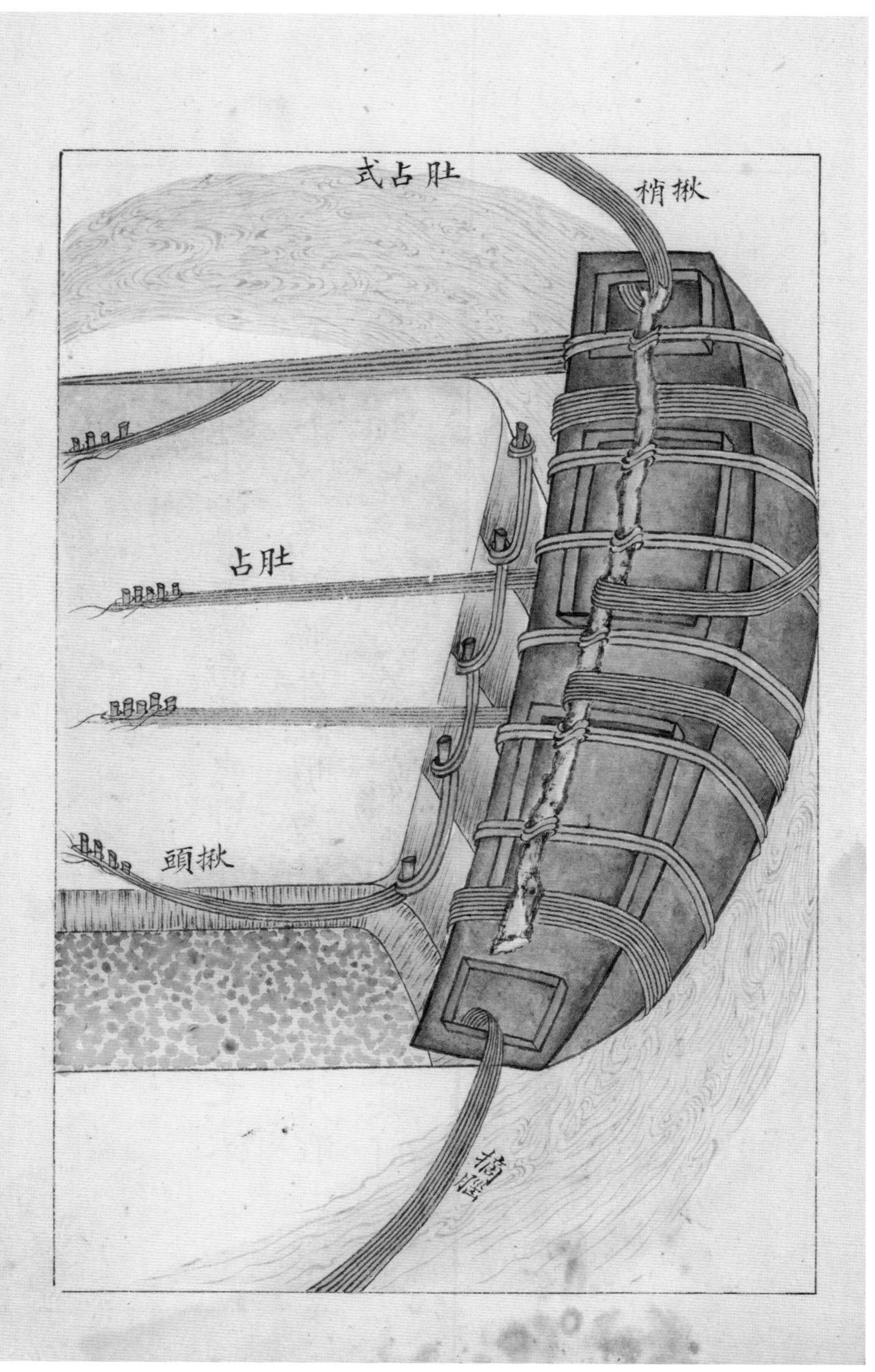
肚占式
揪梢
肚占
揪頭

底鉤即生纜之枎面鉤占埽廂成回纜之枎
暗過肚乃為艎船外撬明過肚乃為穩定艎
船之頭尾邊占乃為兜束迎面埽眉免其前
肯串心揪頭乃為埽身外游串心腰占乃為
摘住埽心不致挫動連環占乃為坯占均資
連絡免其外游腰占乃為摟束埽身

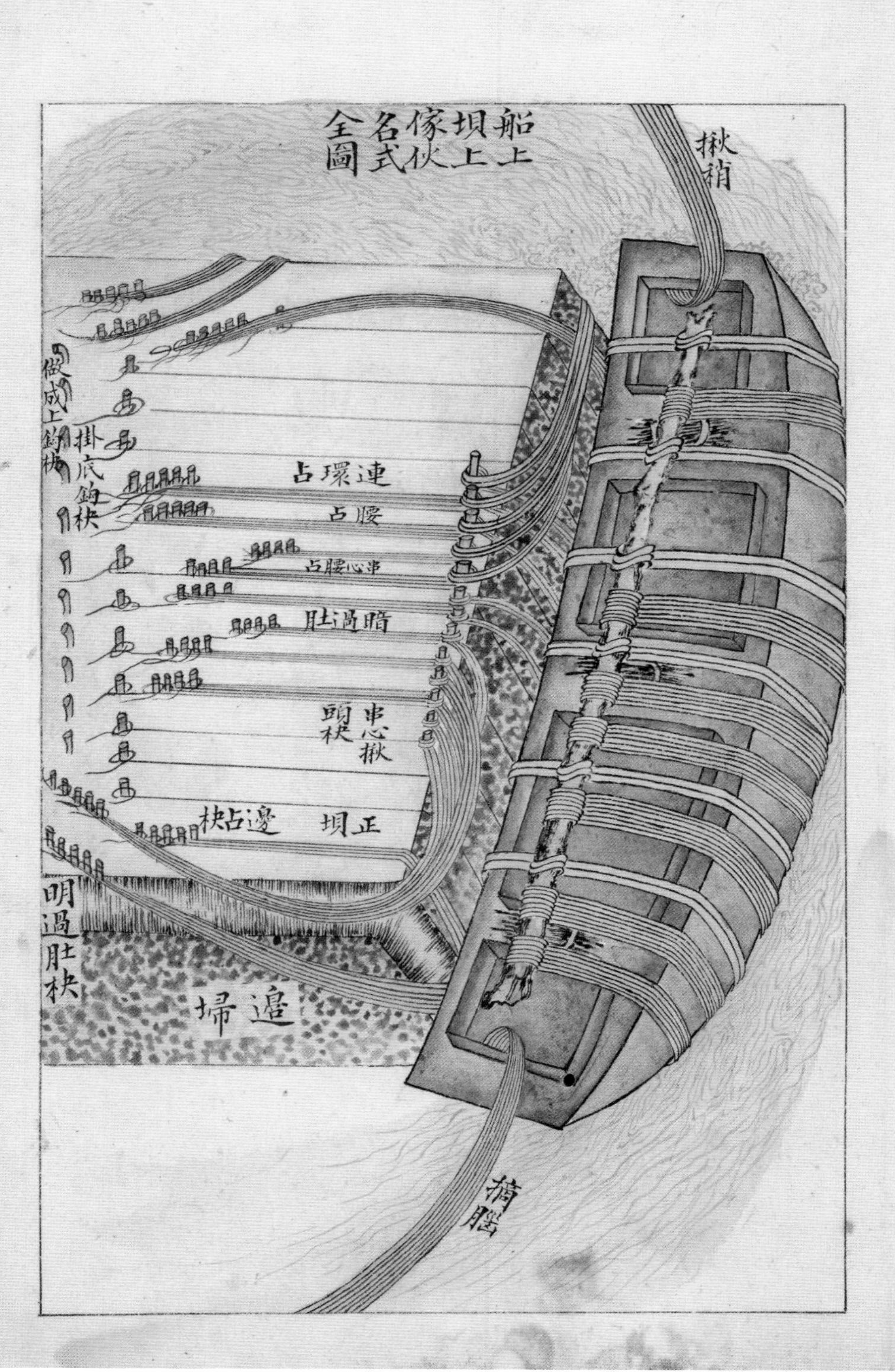
船上埧上伙家名式全圖
揪梢
做成上鈎枎
掛底鈎枎
連環占
腰占
串心腰占
暗過肚
串心揪頭枎
正埧
邊占枎
明過肚枎
邊埽
掎腦

兩埧門占均已做成長
臺拉船出位得以掛纜
合龍

出船式

引河啓放旋進一占只剩金
門即行出船掛纜以備合龍

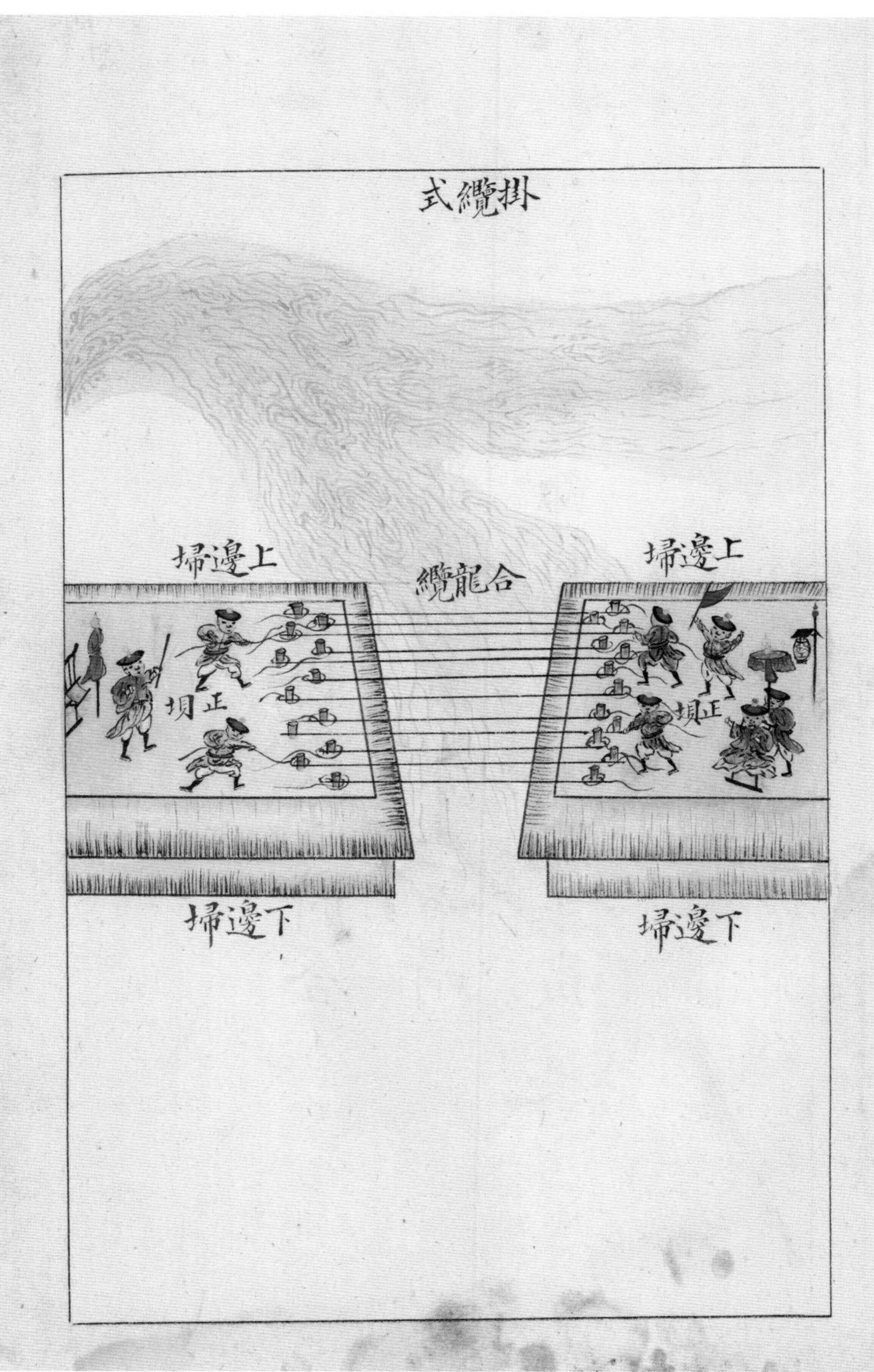
掛纜式
上邊埽
合龍纜
上邊埽
正垻
正垻
下邊埽
下邊埽

金門既已掛纜吉時合
龍撒手搶買槳土一氣呵
成即時堵閉永慶平成

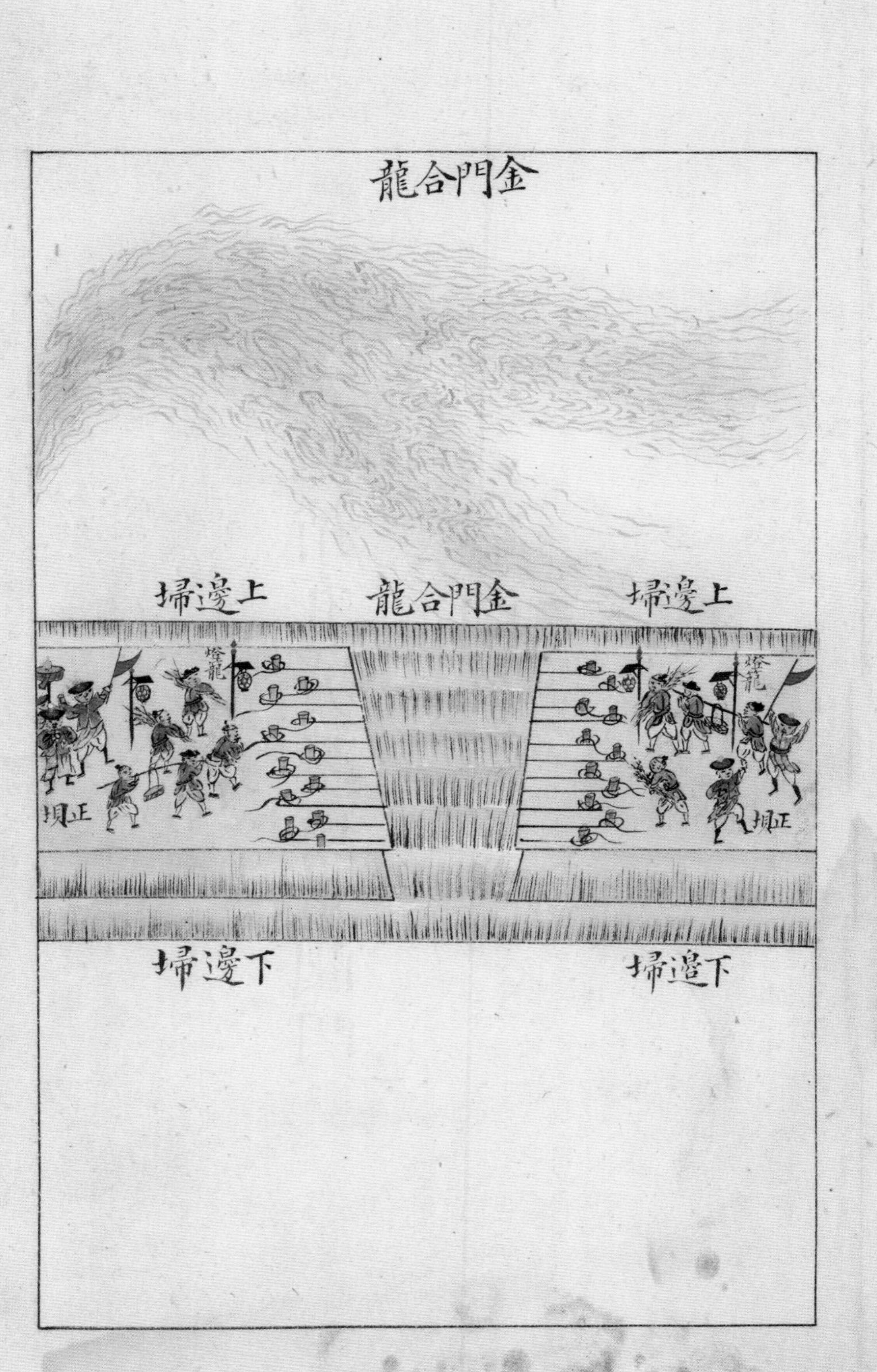
金門合龍
上邊埽
金門合龍
上邊埽
燈籠
燈籠
正壩
正壩
下邊埽
下邊埽

尤恐稍有罅隙填用闗門
埽以資閉氣

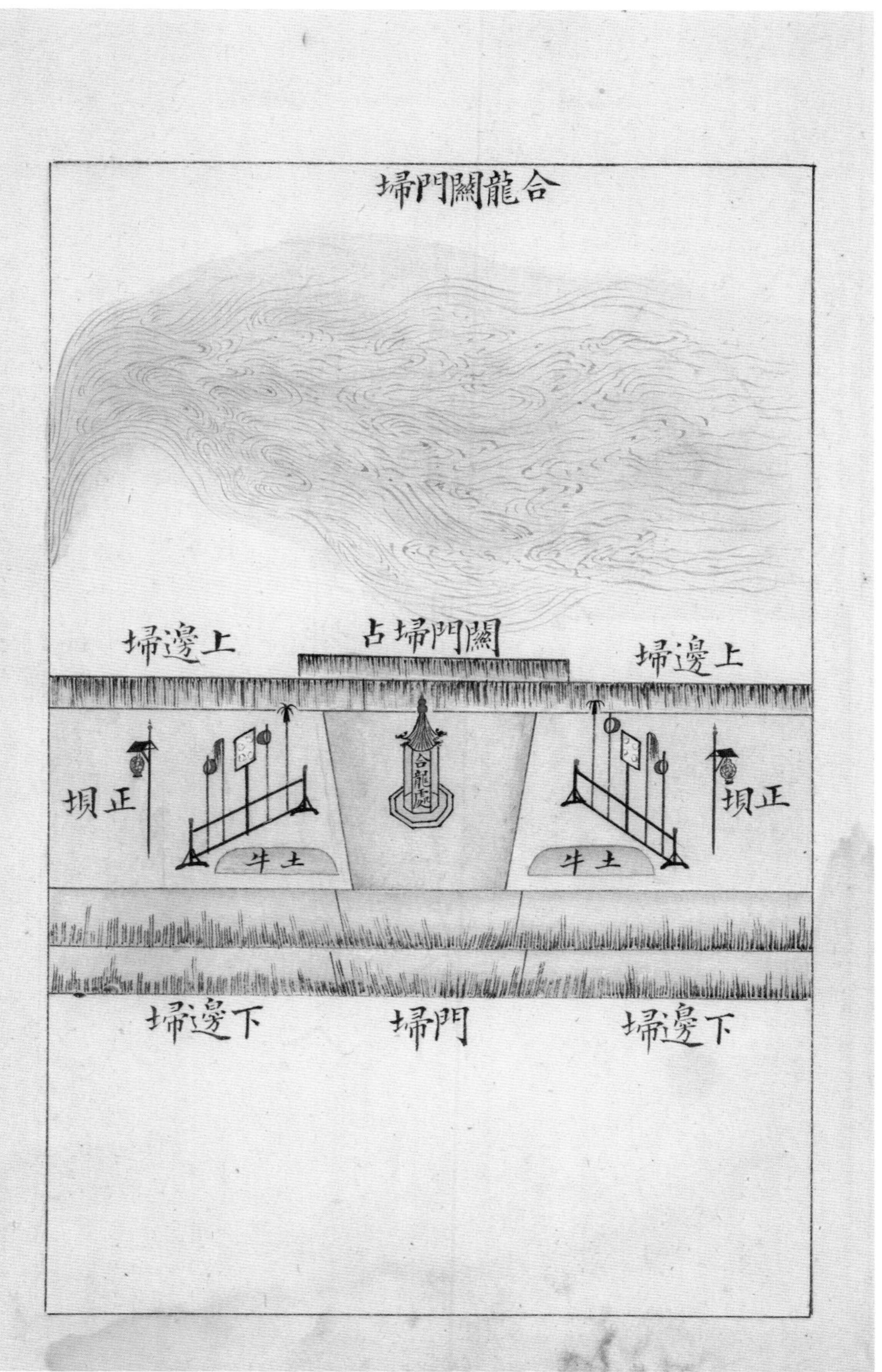

合龍闔門埽
上邊埽
闔門埽占
上邊埽
正壩
合龍處
正壩
土牛
土牛
下邊埽
門埽
下邊埽

挑水垻專挑全河溜勢歸入

引河俾資暢流下注使金門

易於堵合

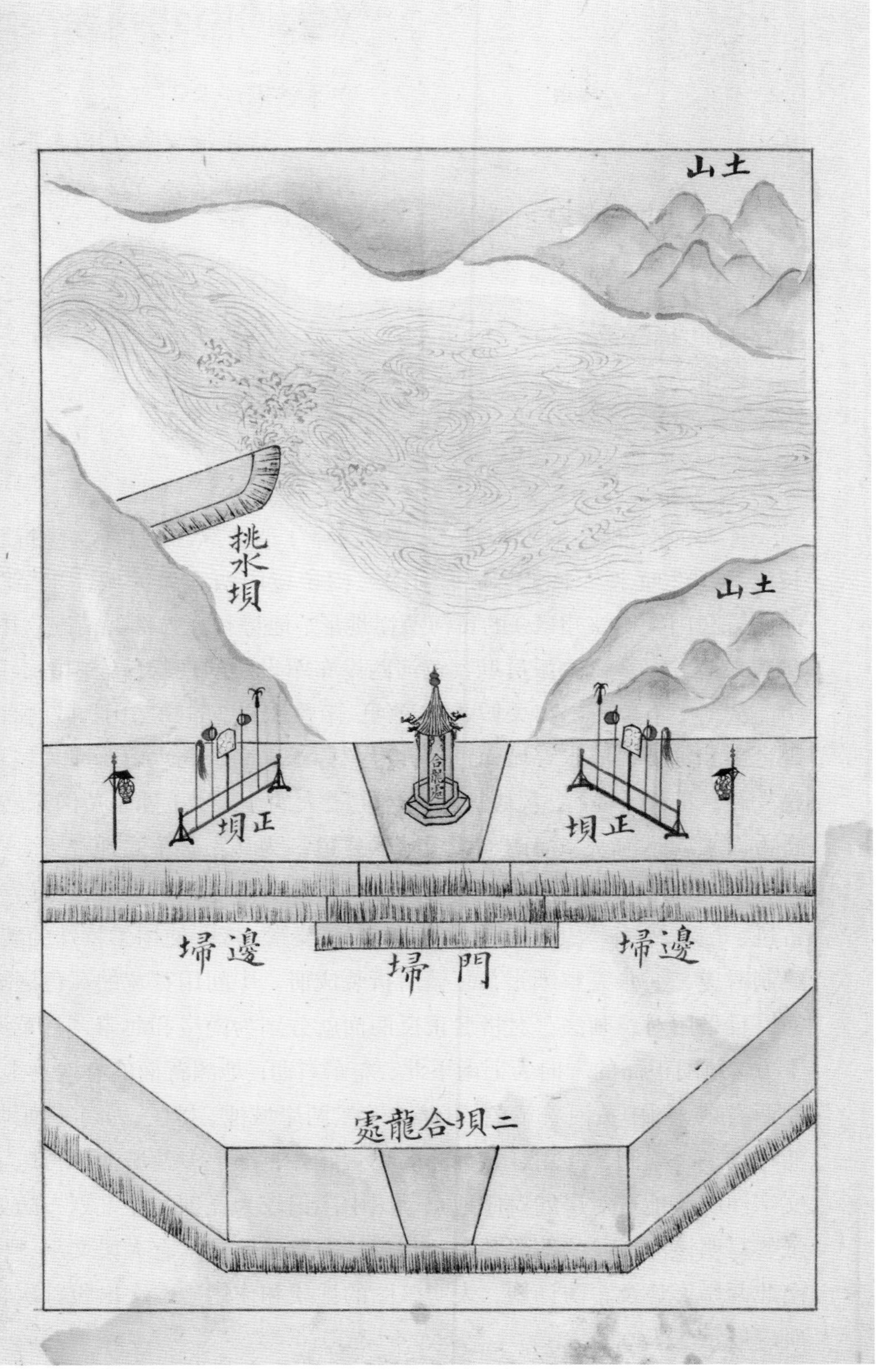

土山
挑水垻
土山
合龍處
正垻
正垻
邊埽
門埽
邊埽
二垻合龍處

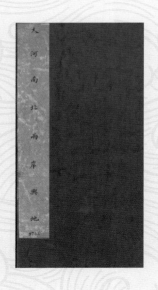

《大河南北两岸舆地图》

版本：彩绘本

年代：清同治四年（1865 年）

尺寸：36 厘米 ×592 厘米

册数：1 册

《大河南北两岸舆地图》，彩绘本，1 册，纵 36 厘米，经折装，展开长度为 592 厘米。本图绘制了河南三门峡境内西起潼关城，东至陕州（今河南省三门峡市陕州区）的黄河两岸地形、地势和军力部署情况，并附图说，是清末地方军事机关派员勘察黄河两岸布军设防的现状后绘制的。

从图中可以看出潼关城北临黄河，南跨凤凰、麒麟二山，城内有蝎子山、砚台山和钟楼，潼水穿城而过，并专门标示出南、北水门。潼关城东去五里是大路，北对风陵渡。风陵渡是黄河上最大的渡口，正处于黄河东转的拐角，自古以来就是河东、河南、关中咽喉要道，为兵家必争之地。

全图采用中国古地图传统形象绘法，绘有南北两岸地形、城邑、关隘、古迹、道路、驻军营地、炮台、炮船分布等要素。该图使用了特殊的装帧形式，绘制时应是一张完整纸张，装裱后折装成册。中间用宽宽的黄色区域表示黄河，且采用对景画法，对折后正反两面就分别为南岸和北岸，且黄河都位于下方。地图正面的方向为上南下北，左东右西；地图背面的方向为上北下南，左西右东。图中黄河着黄色，山着灰色，两岸城池、村庄、庙宇、河滩、道路、渡口均一一绘制，并用红签标注名称。此外，图上多处城池、村庄上方都有文字注明该地点对岸的对应地点。图中注记较为详细，在筹划布防处皆用黄纸签写明该河岸段的地势和布防建议。图册首尾还附有大段文字，说明黄河南北两岸形势及军防计划，表明该图的性质和作用。本次出版首次将正反面对应展示。

图首文字为黄河北岸布防情况：

“图内自陕州起至潼关止，通计陡崖十五处、低岸十一处、平滩十五处，北岸自平陆县起至风陵渡止，通计陡崖十二处、低岸十八处、平滩十六处。卑职等详细履勘，除河南陡崖势如壁立无庸议办外，其余河南低岸处所而河北亦系低岸者，拟请北岸安炮遥击，其有河南低岸而河北系属陡崖难以安炮者，拟请添造炮船数只，分布北岸，以资轰击。卑职等愚昧所及，此项炮船无事则提泊各渡口，归驻防官兵经理。设有警信，再行饬令前赴陡崖处所，用备防守。至河南平滩，凡距河切近者，拟请挖坑钉签择要办理。此外尚有虽属平滩，已成大路，自三四里至十余里、二十里不等，片段较长，其势亦难铲断，此项平滩地方，查明河北对岸亦系平滩者，拟请添安炮位，如北岸系属陡崖不能安炮者，亦拟请添造炮船，分布较为周密。卑职等又一面禀商河陕汝道，凡低岸平滩地方，虽晋省已有戒备，仍请督饬各地方官严守附近隘口，以期共图保卫。以上各情形均于图内粘签声明，仰祈鉴核。”

图尾为黄河南岸形势：

“查南岸自陕州三门起至潼关止沿河二百三十里，通计大小渡口二十处，船只一律停泊北岸，图内北岸有红旗者均系本省官兵驻防之所，其余平滩低岸应行布置各处，或在近河滩内掘挖梅花坑，或密布竹签，或在北岸安设炮位，或添设炮船，均分别粘签贴说，恭候宪裁。”

清咸丰三年（1853 年），太平军从扬州出师北伐，经安徽进入河南。为了阻止北进的太平军，清政府以黄河为天险，在黄河南北两岸布防。咸丰皇帝多次下谕，严防太平军北窜，要求将黄河各渡口船只收入北岸，防止太平军抢船渡河。又要求各地方官员在北岸截击。《文宗实录》记载：咸丰三年五月“又谕，前因逆匪窜扰江南，叠次谕令李僡严防黄河渡口，将船只收入北岸。兹据恩华奏称，逆匪由皖窜豫，于曹河上游掳船偷渡等语。若使该处防守严密。何至任贼偷渡？所谓防河者安在耶？现在东省兵力空虚，李僡闻得此信，谅必带兵择要堵截。兹已谕令恩华带兵前往迎剿，又命慧成由黄河北岸截击，勿令该匪深入东境。著李僡速即筹画机宜，严饬地方文武员弁加意防范。并将各渡口船只尽行收至北岸，毋得再资贼用。将此由六百里加紧谕令知之。”[1]

[1] 山东师范大学历史系中国近代史研究室选编，《清实录山东史料选・中》，齐鲁书社，第 1227 页。

《大河南北两岸舆地图》是当地官员为防止太平军渡过黄河，巡查南北两岸后所作，并根据南北两岸地势布军设防。官府人员对大河两岸地势进行详细履勘，并一一标注大河两岸的陡崖、低岸、平滩、沙滩等地形。图中大河南岸通计陡崖十五处、低岸十一处、平滩十五处，北岸通计陡崖十二处、低岸十八处、平滩十六处。为防止太平军渡河，当地官员作了相应的部署：其一，图中大小渡口二十处，各渡口船只一律停泊北岸；其二，北岸部署官兵驻防，图中插红旗处为官兵驻防之处，皆在渡口北岸；其三，南岸平滩低岸处，即太平军有可能渡河处，均布设梅花桩或竹签，或在北岸安设炮位，当太平军渡河时即可炮击之；其四，河南低岸而河北是陡崖处，北岸难以安炮者，拟添造炮船数只，分布北岸以资轰击。“以上共拟请办理钉签、挖坑四处，北岸添安炮位二十一处，北岸陡崖添设炮船三处。”

黄河自潼关以下，流经中条山和崤山之间，两山相夹，河身处在峡谷之中，是黄河最险峻的峡谷河道之一。《大河南北两岸舆地图》是清末官府就河南省境西部黄河两岸布军设防的现状与筹划而上奏朝廷的一幅军事地图，同时也是一幅中国传统的山水画，黄河两岸山峰耸立，道路蜿蜒，城池关隘缀于其间，渡口船型多样，有飘板、小舟、帆船，渡船形象生动。《大河南北两岸舆地图》整幅图笔法细腻，构图生动，兼具舆图功能与较高的艺术价值。

成二丽

圖內自陝州起至潼關止通計陡崖十五處低岸十一處平灘十五處北岸自平陸縣起至風陵渡止通計陡崖十二處低岸十八處平灘十六處卑職等詳細履勘除河南陡崖勢如壁立無庸議辦外其餘河南低岸處所而河北亦係低岸者擬請北岸安炮遙擊其有河南低岸而河北係屬陡崖難以安炮者擬請添造炮船數隻分布北岸以資轟擊卑職等愚昧所及此項炮船無事則提泊各渡口歸駐防官兵經理設有警信再行飭令前赴陡崖處所用備防守至河南平灘凡距河切近者擬請挖坑釘籤擇要辦理此外尚有雖屬平灘已成大路自三四里至十餘里二十里不等片段較長其勢亦難鏟斷此項平灘地方查明河北對岸亦係平灘者擬請添安炮位如北岸係屬陡崖不能安炮者亦擬請添造炮船分布較為周密卑職等又一面稟商河陝汝道凡低岸平灘地方雖晉省已有戒備仍請督飭各地方官嚴守附近隘口以期共圖保衛以上各情形均於圖內粘簽聲明仰祈鑒核

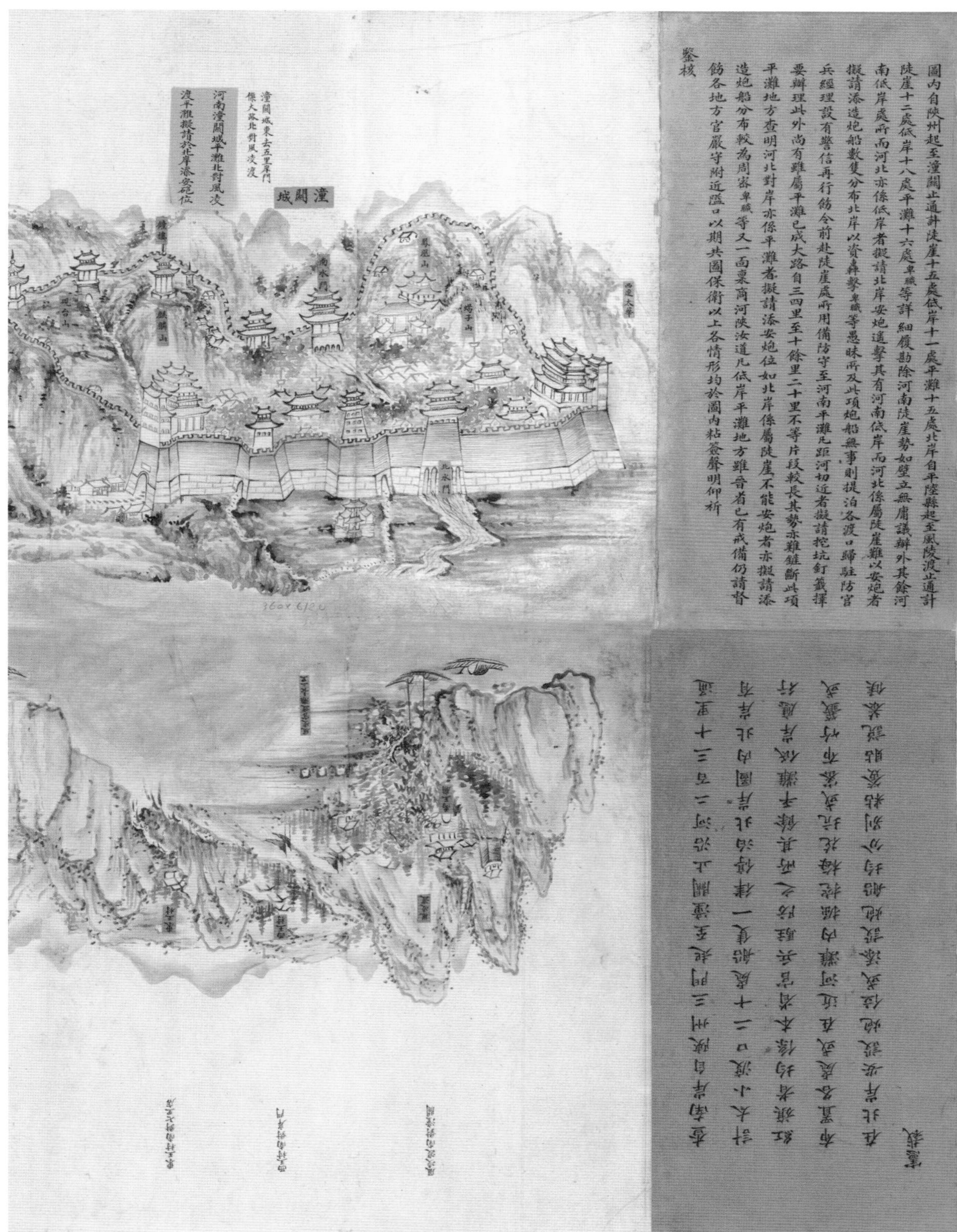

查南岸自陝州三門起至潼關止沿河二百三十里通計太小渡口二十處船隻一律停泊北岸圖內北岸有紅旗者均係本省官兵駐防之所其餘平灘低岸應行布置各處或在近河灘內掘挖梅花坑或簽布竹籤或在北岸安設炮位或添設炮船均分別粘簽貼說恭候憲裁

岸門東去三里七里店
係大路北對西王村
七里店西去二里十里鋪
係大路北對東王村
河南七里店平灘北對西王村
低岸擬請於北岸添安砲位
十里鋪東去十里文底
鎮係大路北對閆口村
河南蒲頭低岸北對南吉部
家崖陡岸擬請於北岸添設砲船
蒲頭係小路北對古賢
文底鎮東去二十里盤頭
鎮係大路北對小裡渡
河南文底鎮有老灘北對
小裡渡低岸擬請於北岸添安砲位
十里河東去十里盤頭鎮
係大路北對原村渡口
岸門
七里店
十里鋪
十里河

河南盤頭鎮依岸北對永樂渡汝雅擬請於北岸添安砲位
盤頭鎮東去二十里閔鄉縣係大路北對永樂渡

閿鄉縣東去二十里大字營係大路北對鄭家渡
河南閿鄉至盤頭有老灘北對鄭家渡低岸擬請於北岸添安砲位
河南高北灘沙灘距河切近擬請辦理挖坑釘樁
大字營東去二十里稠桑鎮係大路北對太安渡
閿鄉縣
大字營

楊家灣係小路北對太安渡
河南楊家灣低岸北對太安
渡沙灘擬請於北岸添安砲位
西呂店係小路北對老貫嵩
河南西呂店沙灘距河切近北對
大禹渡低岸擬請於北岸添設炮
銅桑鎮東去靈寶縣二十
里係大路北對大禹渡
東呂店係小路北對大禹渡
河南東呂店沙灘距
切近擬請辦理挖坑釘橛
西古兩係小路北對金牛溝
河南東西古兩低岸北對南
窰村低岸擬請於北岸添安砲位
東古兩係小路北對南窰村
十里鋪東去十里靈寶縣
係大路北對牛呆村
函谷關係大路北對高冬嶺
河南函谷關低岸北對高
冬嶺陡岸擬請於北岸添設砲船

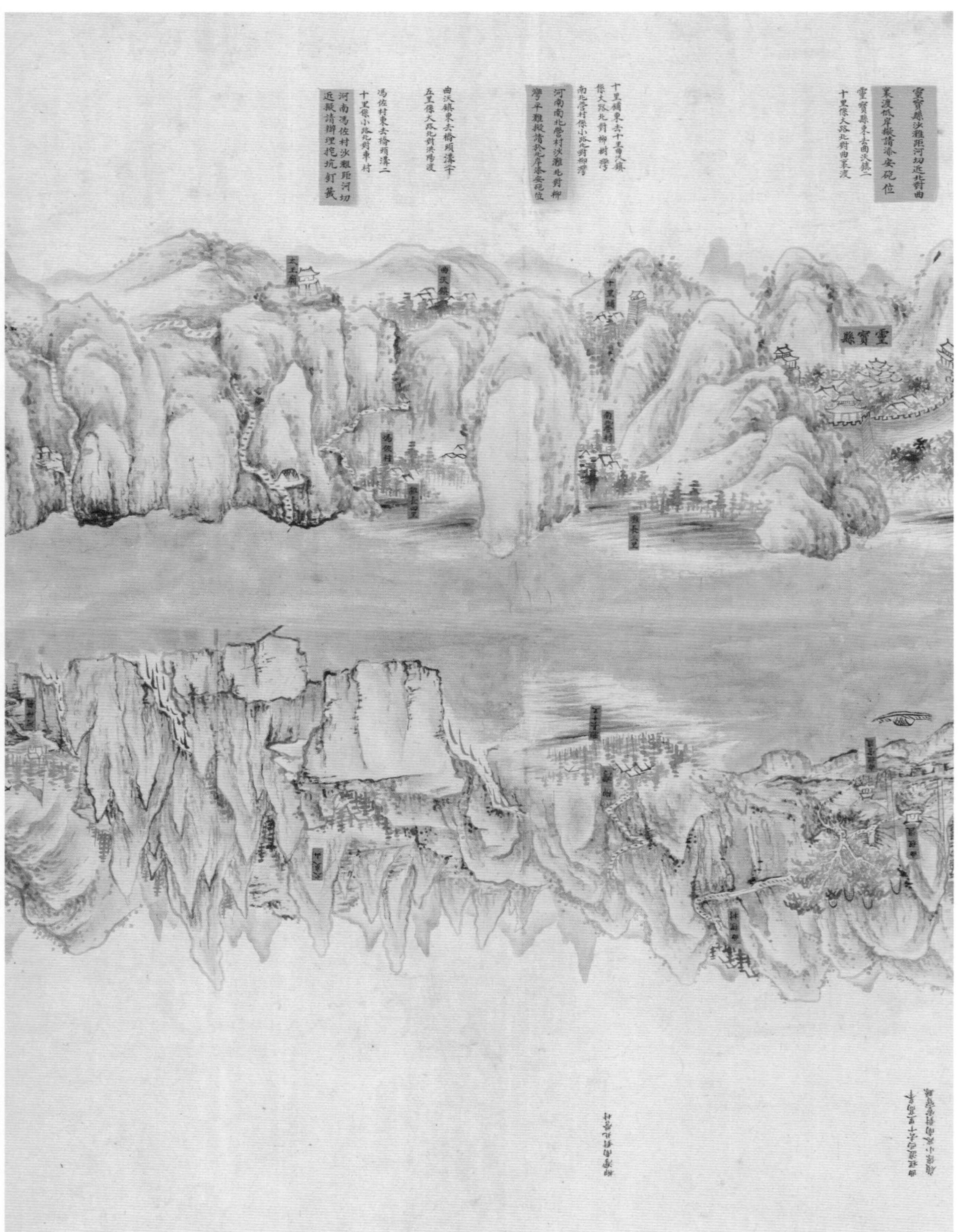
靈寶縣沙灘距河切近北對曲萊渡低岸擬請添安砲位
靈寶縣東去曲沃鎮二十里係大路北對曲萊渡
十里鋪東去十里曲沃鎮係大路北對柳樹灣
南北營村係小路北對柳灣
河南南北營村沙灘北對柳灣平灘擬請於北岸添安砲位
曲沃鎮東去橋頭溝十五里係大路北對洪陽渡
馮佐村東去橋頭溝二十里係小路北對車村
河南馮佐村沙灘距河切近擬請擲埋挖坑釘簽
靈寶縣
曲沃鎮
十里鋪
馮佐村

官庄係小路北對范家灘
河南官庄低岸北對范家灘沙灘擬請於北岸添安砲位
城村係小路北對薛家灘
城村沙灘距河切近北對薛家灘擬請於北岸添安砲位
白土溝係小路北對何家灘
河南白土溝沙灘距河切近北對何家灘沙灘擬請於北岸添安砲位
辛店係小路北對張峪村
橋頭溝東去陝州十五里係大路北對沙口村

上河頭係小路北對窰頭村
河南上河頭沙灘距河切近北對窰頭村沙灘擬請於北岸添安砲位
南澗河係大路北對太陽渡
陝州城東去會興鎮十五里係大路北對平陸縣
陝州城
南澗河
上河頭

萬錦灘東去小崖寺二
里係小路北對佘家灘
河南萬錦灘平灘距河切近北
對佘家灘平灘擬請於北岸添安砲位
小崖寺東去三里後川
村係小路北對盤南村
河南小崖寺沙灘距河
切近擬請辦理挖坑釘樁
後川村東去上村五里
係小路北對萬店村
河南後川村低岸北對萬店
沙灘擬請於北岸添安砲位
上村東去會興鎮五里
係大路北對乾澗溝
河南上村低岸沙灘片段較長北對
乾澗溝低岸擬請於北岸添安砲位
上村
後川村
小崖寺

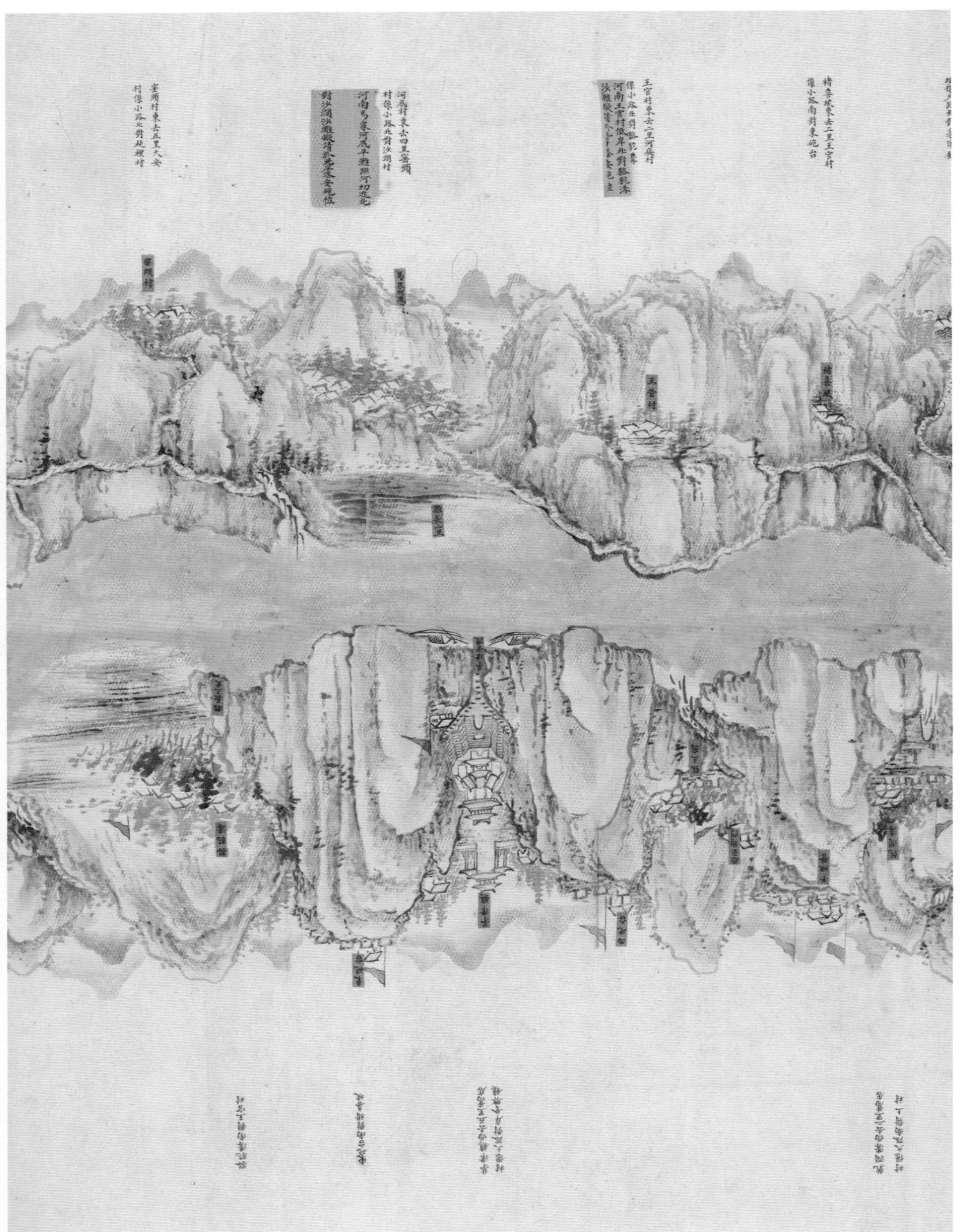
禱喜坡東去二里王官村
係小路南對東砲台
王官村東去二里河底村
河南王官村低岸北對駱駝溝
河底村東去四里寨頭
村係小路北對沙澗村
河南馬家河底平灘距河切近北
對沙澗汝灘擬請於北岸安砲位
寨頭村東去五里大安
村係小路北對趁裡村
寨頭村
王官村

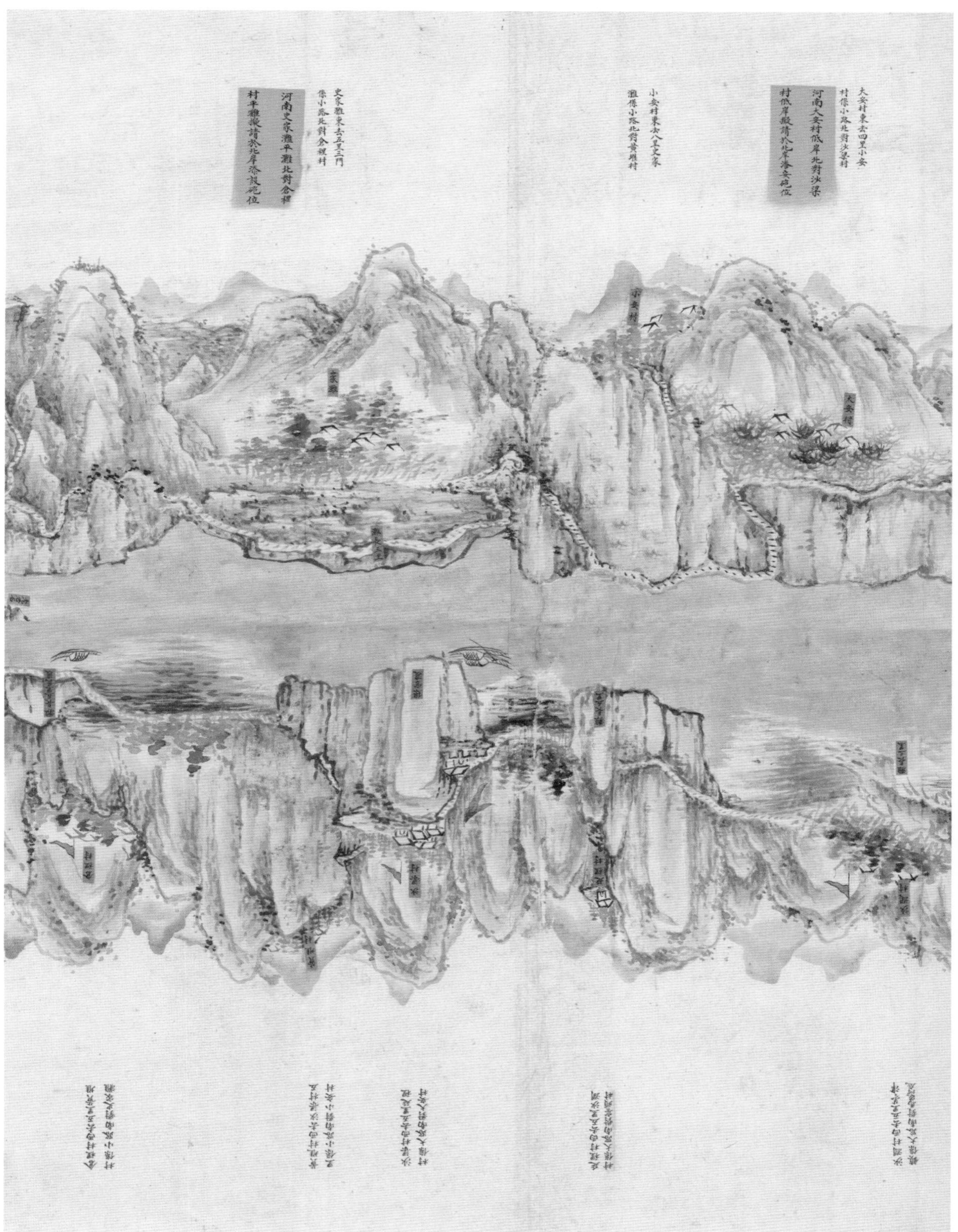
大安村東去四里小安村係小路北對沙渠村
河南大安村低岸北對沙渠村低岸擬請於北岸添安砲位
小安村東去八里史家灘係小路北對黃堆村
史家灘東去五里三門係小路北對倉裡村
河南史家灘平灘北對倉裡村平灘擬請於北岸添設砲位

三門村傍小路北對紅土崖
河南三門龍王廟低岸北對
三門廟陡岸擬請於北岸添設砲船
龍王廟對岸禹王廟
以上共擬請北岸添安砲位二十處
辦理釘戳挖坑四處
北岸陡崖添設砲船三處
合併聲明

《清代黄河河工图》

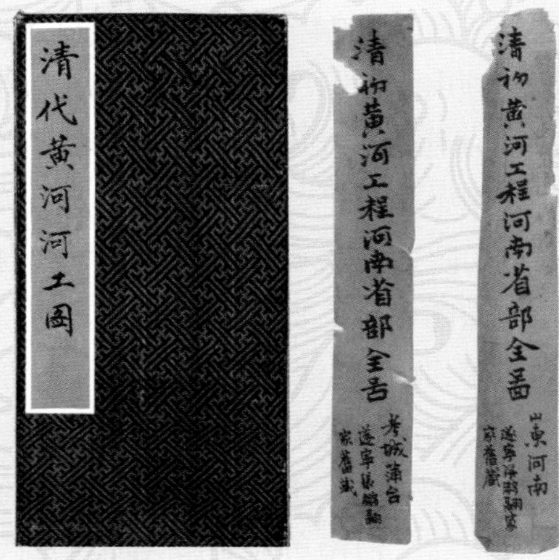

清代黄河河工图
清初黄河工程河南省部全图
清初黄河工程河南省部全图

版本：彩绘本

年代：清光绪年间（1877—1881 年）

尺寸：25 厘米 ×273 厘米

25 厘米 ×124 厘米

册数：2 册

《清代黄河河工图》为清代光绪年间捕河通判查筠所绘，全图折叠装裱为两册，一为《陕西潼关至河南陈留》，图纵 25 厘米，横 273 厘米；一为《河南考城至山东利津》，图纵 25 厘米，横 124 厘米。本图方位大致上南下北，西起陕西潼关，东至山东利津黄河入海口，图中采用中国传统形象画法，详细绘制了黄河两岸堤工及各段河防厅、汛界线、沿河重要山脉、城堡、村镇等，是以黄河河工为主的专题地图。

清代治河多沿明制，但是为了加强对河流的管理，除了治河的最高长官河道总督，还设置了专门的治河机构，河道总督以下并设文、武两套机构，文职机构设有道、厅、汛，负责核算钱粮，购备河工料物。道设道员，与地方相同；厅与地方府州同级，官职为同知、通判等；汛为县级，官职为县丞、主簿、巡检等。武职机构设有河标、河营，负责河防修守。河兵一般驻守在黄河大堤上，营区称为“堡”或“铺”。堡房大约每隔一千米建一处，由上游到下游依次编号，称为头堡、二堡等。光绪初年，由东河总督管理河南、山东境内的黄河与运河，河南境内有七河厅，分别为黄沁厅、上北卫粮厅、祥河厅、下北河厅、上南河厅、中河厅、下南河厅。山东运河道下辖运河厅、上河厅、捕河厅、泇河厅、泉河厅，主管山东段运河河工等。

本图两幅图末都注有“捕河通判查筠恭绘”，表明绘图者为查筠。查筠，原名以奎，字声庭，顺天宛平县人，生于清道光十二年（1832 年），清同治十三年（1874 年）题补山东捕河通判，清光绪元年莅任[1]。据记载，其擅工画山水兼写兰竹。捕河通判为清朝设立的各河厅主管，隶属于河道总督及管河道员。查筠为山东捕河厅的管河通判，所以称作捕河通判，捕河厅驻张秋镇，辖东平、寿张、东阿、阳谷四汛。

《陕西潼关至河南陈留》所绘内容为河南境内黄河，西起陕西潼关，东至河南陈留，主要绘制了黄河河道、两侧堤坝、堤上堡房、两侧城池、村庄、寺庙等，用文字注记厅界、汛界、堡房编号，并用文字详细说明各汛大堤长度，堡房、河兵、堡夫数量等基本情况。卷首总述："河南黄河南岸七厅西自荥泽县民堰头起，东至江南砀山县界止，计程四百九十七里零八十七丈九尺六寸。""河南黄河北岸大堤西自武陟汛遥堤头起，东至山东曹县交界止，计程三百三十四里一百二十六丈八尺。"图中黄河从潼关转向东流，先是在山谷中激荡，在武陟县出山进入平原。黄河北岸大堤自武陟县筑起，南岸大堤自荥泽县筑起。图中黄河着黄色，其他河流为青色，黄河堤坝为主要描绘对象，着棕色，另外详细绘制了各处埽坝、鱼鳞坝、月堤、汛界及各汛堡房。在堤坝重要地点，贴红签详细说明注意事项，如"该工地居上游首，受出山之水，临黄埽坝工程最为吃紧，按年择要厢修。""铜瓦厢金门东西两坝旧有里头埽工，因经费支绌，历久未修，朽底汇塌无存，口门现宽一千余丈。"清咸丰五年（1855 年）黄河在铜瓦厢决口后，改道山东。图中黄河从铜瓦厢向东北流，原有黄河旧道仍存，用浅棕色表示，并在旧河道上建拦河坝一道。

《河南考城至山东利津》所绘内容为山东境内黄河，西起河南铜瓦厢，东至利津县黄河入海处。图中绘制了黄河河道、堤坝、沿途城池、村庄以及运河的河道、堤埝、闸坝。图中黄河着黄色，大堤着棕色，黄河南侧运河为青色，黄运交汇处运河为棕色，黄河北侧运河则在青色中混入黄色，不同的颜色代表了运河的淤堵程度及含沙量。与《陕西潼关至河南陈留》不同，本图并未绘制黄河两岸汛界、堡房等河防工程。

清咸丰五年（1855 年）黄河在铜瓦厢决口后窜入山东，当时清政府正忙于对农民起义军的镇压，无心顾及黄河，山东各州县只好自筹经

[1] 叶修成，《紫芥掇实》，天津古籍出版社，2017，第 109–110 页。

费自行筑堤，“顺河筑堰，遇湾切滩，堵截支流”[1]，并且由于清廷内部对于黄河沿现河道从山东入海还是堵筑铜瓦厢决口让黄河归复旧道这两种方案一直存在争议，因此也并未设置专门的管理山东境内黄河的机构。但是黄河连年水灾，极大地影响了山东地方民众的生产生活。当时山东黄河北岸有汉代修筑的黄河大堤——北金堤，但也久废失修，而南岸只有民埝，因此黄河常常泛滥。同治末年，山东巡抚丁宝桢奏请修筑南岸大堤，清光绪元年（1875 年）六月完竣。“是月初十日，丁宝桢奏为菏泽贾庄大工，修筑南岸长堤，暨补修北岸金堤，一律完竣……伏查南岸堤工，上自直东交界起，下至十里铺运河入黄之处止，东省计长一百八九十里。”[2]清光绪三年（1877 年），山东巡抚李元华在北面金堤之外的濮州、范县、寿张、阳谷、东阿等五州县境内修筑近河北堤一百七十余里。图中黄河在山东境内分为几股，穿运河后汇为一股，沿大清河河道入海。运河以西的黄河两岸筑有堤坝，南岸大堤为光绪元年丁宝桢修筑长堤，北岸为金堤和李元华修筑的近河北堤，但堤上无堡房，无河兵把守。运河以东黄河沿原大清河河道入海，两岸还未修筑官堤，各县自行修筑的民埝并未绘出。

黄河改道，在山东张秋附近将运河堤坝冲毁，并把运河分为南北两段，运河水源被黄河裹挟而东去，使得运河通航受阻。清同治三年（1864 年）局势平定，漕运总督吴棠上奏请试行河运。由于黄河的影响，运河穿黄处或受泥沙淤阻，或堤坝被黄河冲垮，常常受阻。为使漕船顺利穿过黄河，清政府试行了各种方案，《河南考城至山东利津》图中所绘为渡黄方案之一——绕行史家桥。同治末年，黄河在寿张县分成两股：一股是北河，即原来沙河旧道，从八里庙穿运；一股是南河，即赵王河旧道，从十里堡与姜家庄之间穿运。两股黄河在张秋以东二十多里的史家桥又汇合为一，向东北入大清河。南来的漕船要先后穿渡两道黄河、两个运口——十里堡和八里庙才可北上。但是由于黄河多年冲刷，十里堡至八里庙之间的旧运道已淤，漕船难行，所以漕船到达十里铺时，先入黄河东行二十余里至史家桥，再从史家桥逆流

---

❶ 中国水利水电科学研究院水利史研究室编，《再续行水金鉴·黄河卷 3》，湖北人民出版社，2004，第 1142 页。

❷ 中国水利水电科学研究院水利史研究室编，《再续行水金鉴·黄河卷 4》，湖北人民出版社，2004，第 1473 页。

而上至八里庙，入北运河达张秋镇。清同治十三年（1874 年），丁宝桢《堪估运河筹款修理折》中奏："查春间漕艘经行之路，系于五家垓至东平十里铺，修筑御黄长堤一道，又将戴庙闸一带旧河挑挖，深通漕船，由下十里铺黄流支河东面，绕史家桥逆挽至八里庙口门，停泊待汛，始得向北畅行。"[1]图中在张秋镇南黄运交会处，黄河分为三股穿运，南运口在十里堡，北运口在八里庙，十里堡至八里庙之间的运道用棕色绘制，表示运道已淤。图中用红虚线和三角旗标志绘出漕船借黄行运的航线，并贴红签标注漕船渡黄入运的情形，"漕艘出运口，由此入黄，放下水二十里至史家桥，又挽上水二十里至八里庙停泊，专候汛涨。""漕船渡黄，因河身间有坍塌，村庄桥梁树木恐致碰损，必先期插标，安拨绕坡牵引，以昭慎重。""查该处每年霜清后修筑拦黄大坝，专候漕船齐集，黄水盛涨，启坝借黄浮送。现经抚宪派员建修石闸。"

图中漕船绕行史家桥至八里庙，解决了因十里堡至八里庙运道淤积、堤坝损毁造成的漕船渡黄难题。但黄河漫流并无定势，此后黄河河水大多走南股，北股河水渐微，史家桥至八里庙河道几乎断流，漕船难行，十八里的路程需要行走半个多月。而且常年借黄行运，八里庙至张秋运道因泥沙淤塞不通，漕船渡黄又成为漕运一大难题。清光绪七年（1881 年）山东巡抚周恒祺勘察河道后，建议在史家桥下游陶城埠新开运口，挖挑新河直达阿城闸。

因此，从图中所绘内容来看，此图的绘制时间应是清光绪三年（1877 年）李元华修筑近河北堤至清光绪七年（1881 年）陶城埠新开运口之间。《清代黄河河工图》绘制精细，内容翔实，不仅绘制出了黄河、运河水利工程的空间形态，还记载着当时的河政管理制度，是研究清代黄河及运河河工、河政、河道变迁的重要史料。

成二丽

[1] 丁宝桢，《丁文诚公奏稿》，载贵州省文史研究馆编《续黔南丛书》第 3 辑，贵州人民出版社，2012，第 1177 页。

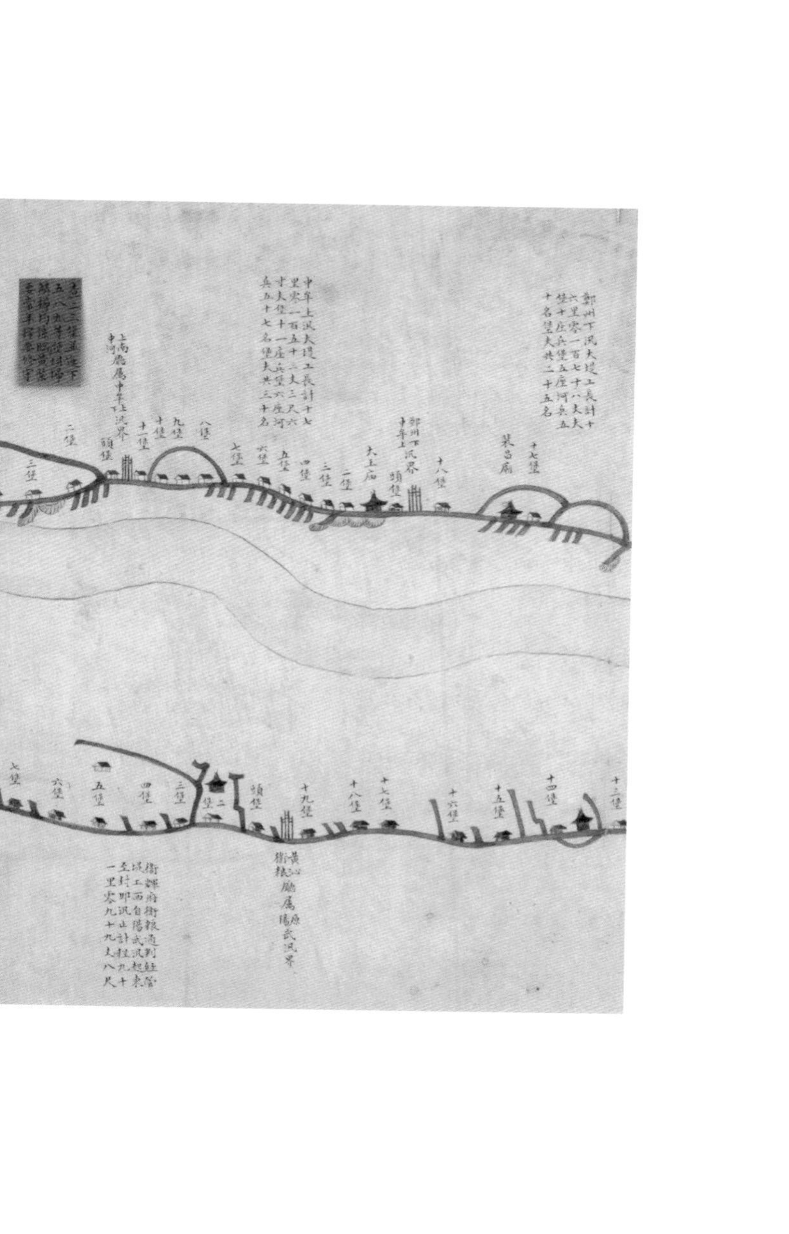

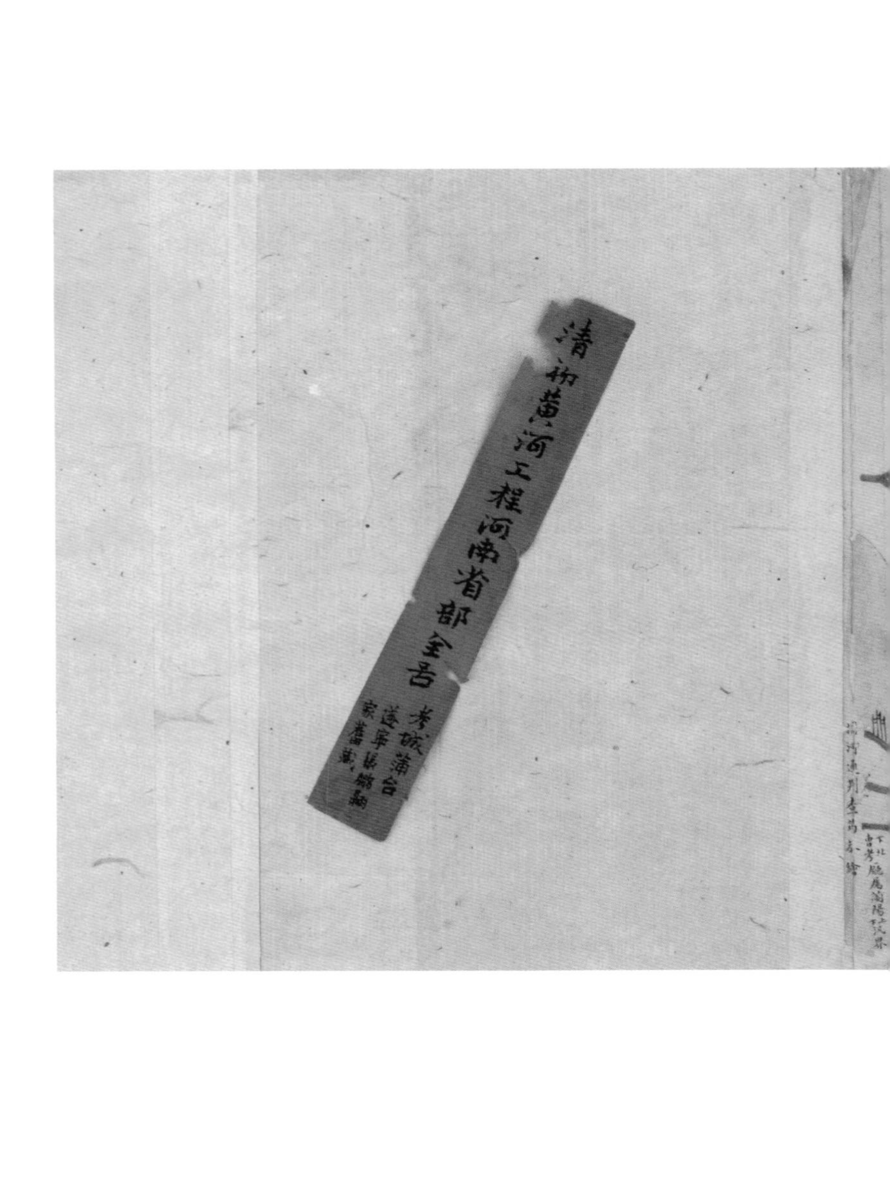
清初黄河工程河南省部全图
孝感蒲台
蓬宇县铭驹
家旧藏

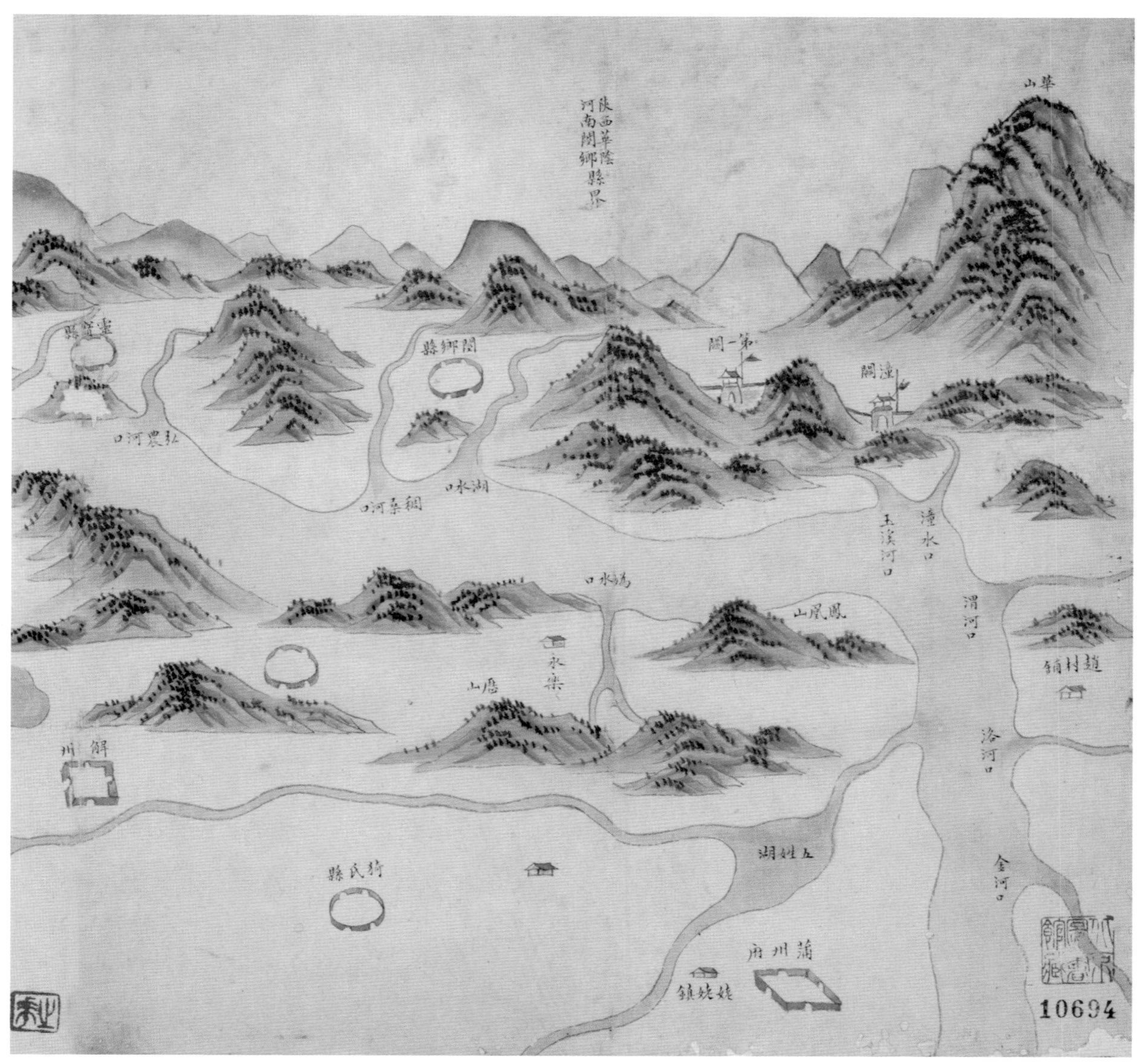
華山
陝西華陰
河南閿鄉縣界
靈寶縣
閿鄉縣
第一關
潼關
弘農河口
湖水口
稠桑河口
玉溪河口
潼水口
渭河口
鳳凰山
趙村鋪
永樂
鴈山
解州
洛河口
五姓湖
金河口
猗氏縣
蒲州府
10694

新安縣
澠池縣
澠水
穀水口
澗河口
沇河口
陝州
三門山
南挑鎮
官店鎮
金鑪頂
垣曲縣
砥柱
天門
地門
人門
邵源鎮
王屋山
濟源縣
歷山
諸馮山
瑤台
平陸縣
秦嶺
濟瀆廟
濟池
鹽池
安邑縣

汜水縣
孟津縣
沇河口
護城隄
孟縣
溫縣
懷慶府
河內縣
九道堰
小岩
大岩

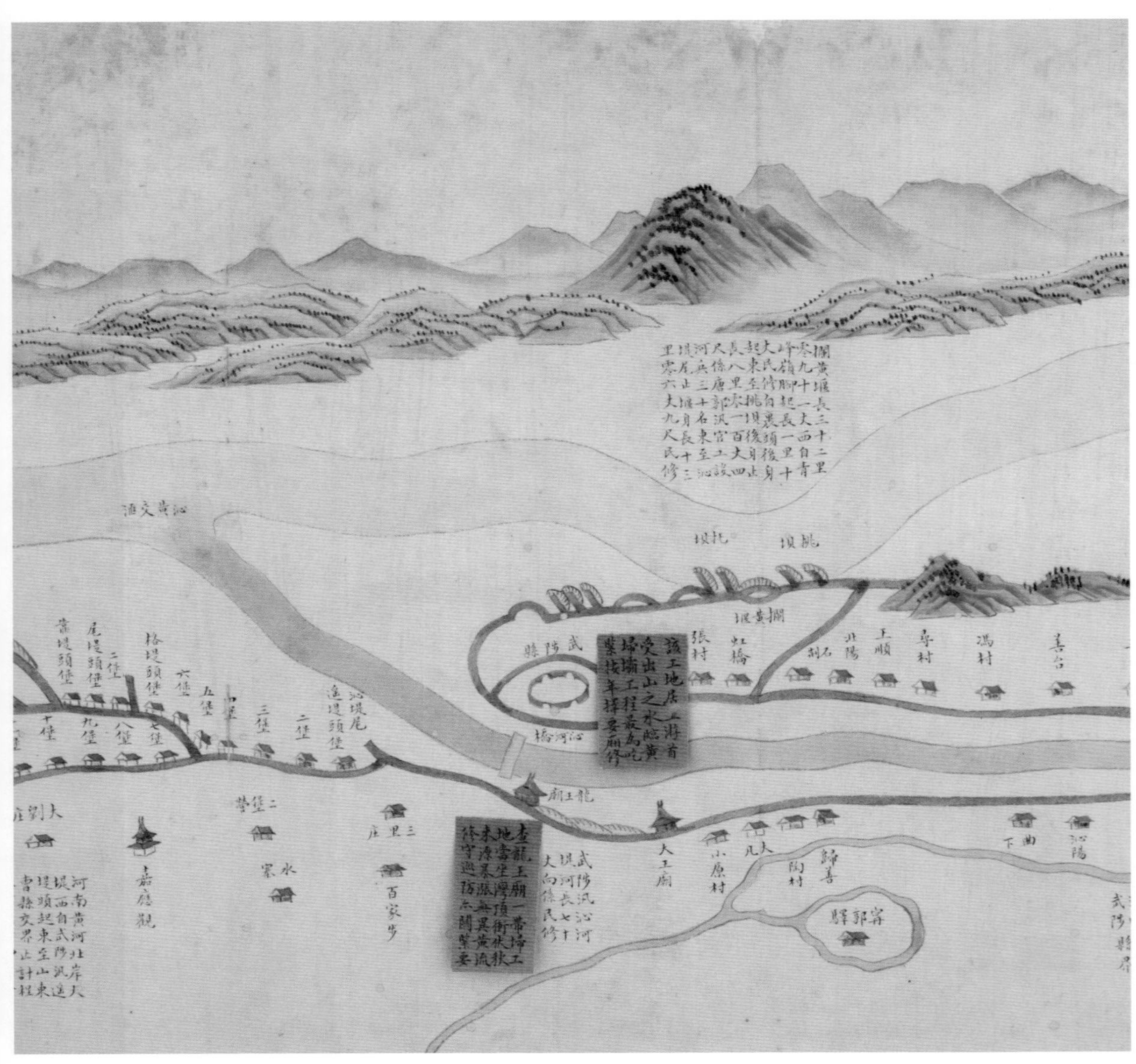
攔黄堰長三十二里
零九十一丈西自青
峰嶺腳起長一里十
丈民修自裏頭後身
起東至挑壩後身止
長八里零一百丈四
尺係唐郭汛官工設
河兵三十名東至沁
堤居止堰身長十三
里零六丈九尺民修
沁黄交匯
攔黄堰
該工地居上游首
受出山之水臨黄
埽壩工程最為吃
緊按年擇要廂修
武陟縣
沁河橋
龍王廟
查龍王廟一帶埽工
地當坐灣頂衝伏秋
來源暴漲無異黄流
修守巡防亦關緊要
武陟汛沁河
堤河長七十
丈向係民修
大王廟
張村
虹橋
亭村
馮村
嘉應觀
百家步
大劉庄
河南黄河北岸大
堤西自武陟汛迤
堤頭起東至山東
曹縣交界止計程

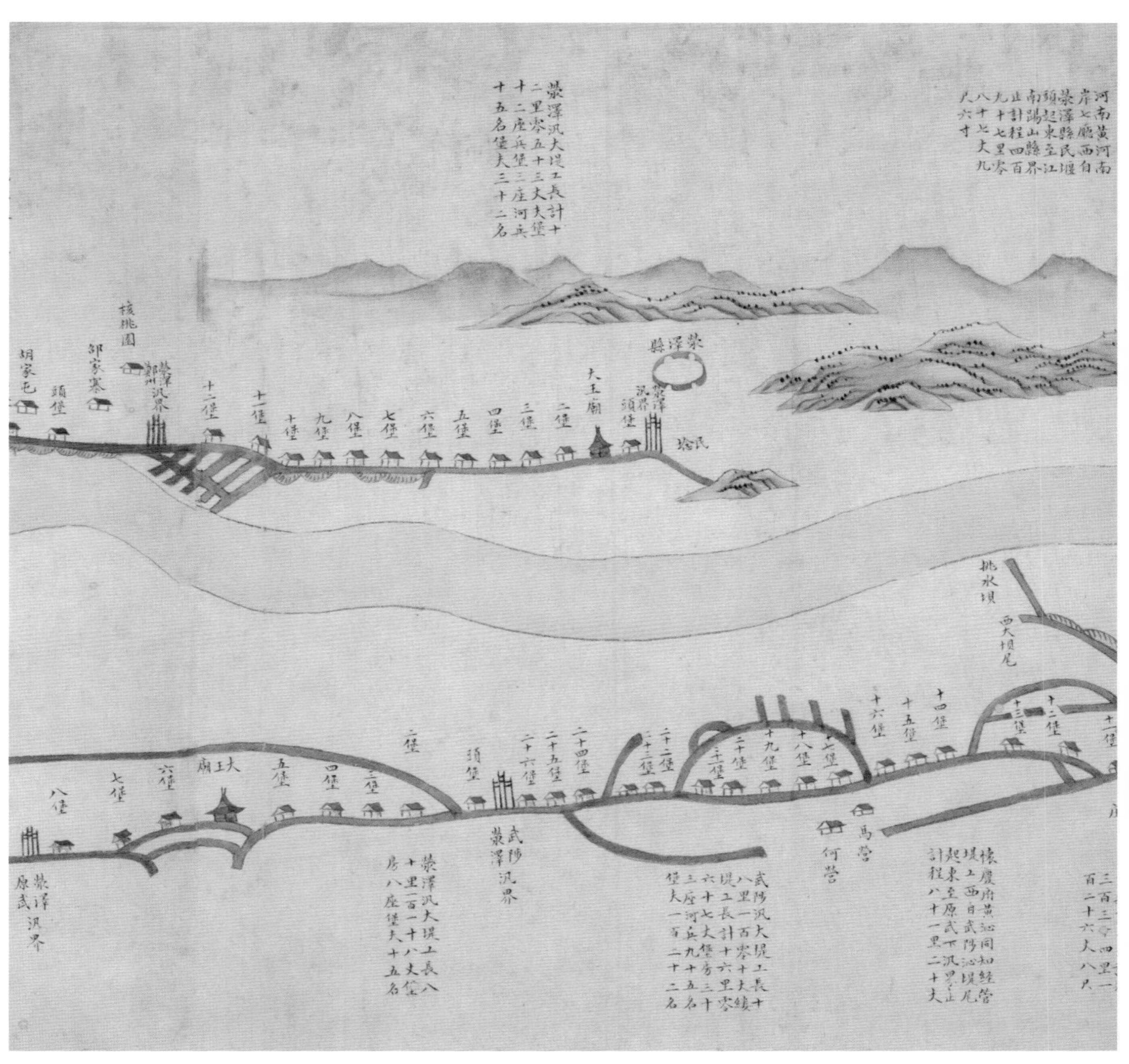

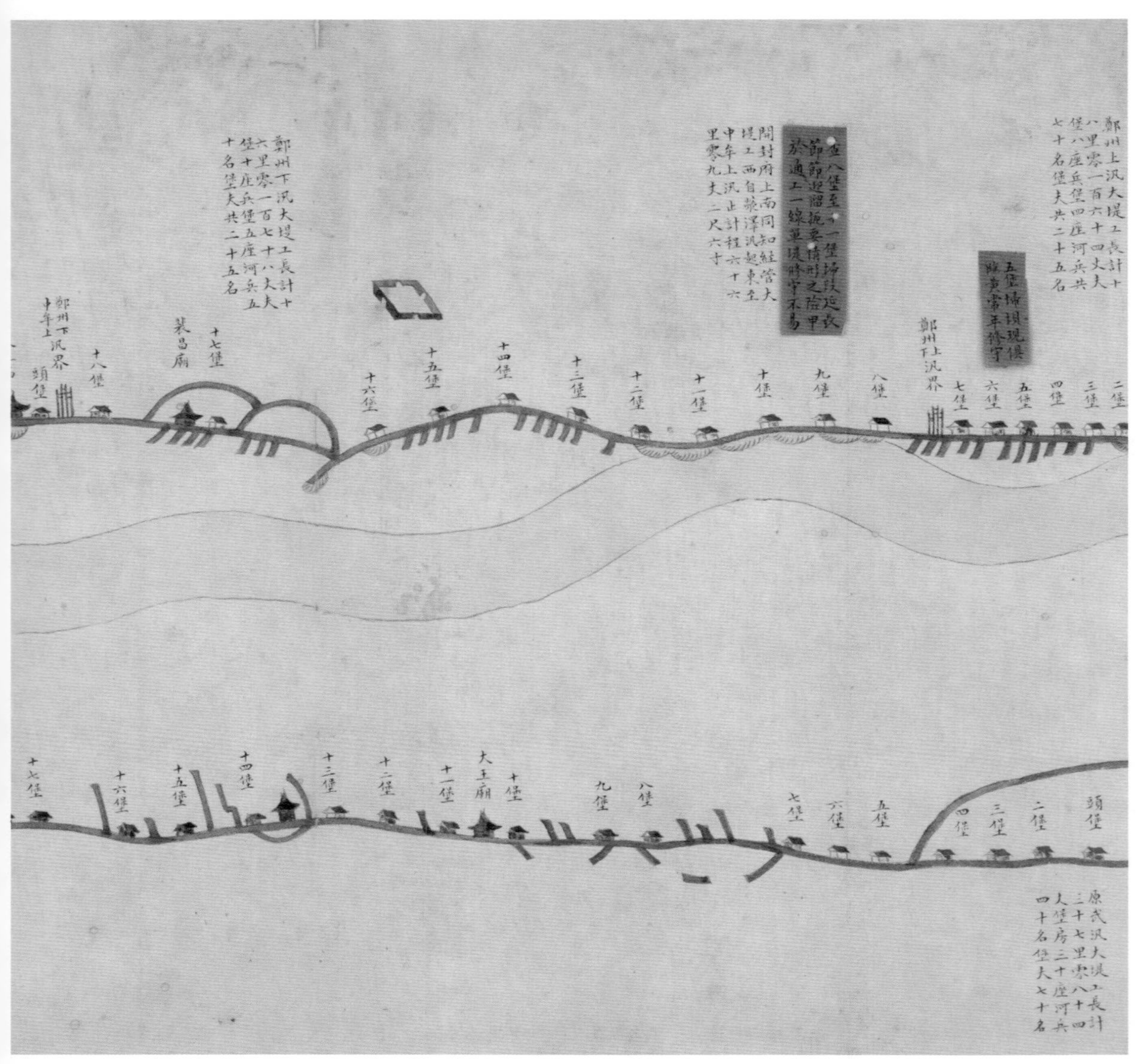
鄭州上汛大堤工長計十八里零一百六十四丈，大堡八座，兵堡四座，河兵共七十名，堡夫共二十五名
五堡埽現俱險，黄常年修守
查八堡至十一堡埽段近歲節節迎溜，搬要情形之險甲於通工，一線單堤修守不易
開封府上南同知經管大堤工，西自滎澤汛起，東至中牟上汛止，計程六十六里零九丈二尺六寸
鄭州下汛大堤工長計十六里零一百七十八丈，大堡十座，兵堡五座，河兵五十名，堡夫共二十五名
鄭州下汛、中牟上汛界
鄭州上汛、下汛界
頭堡
二堡
三堡
四堡
五堡
六堡
七堡
八堡
九堡
十堡
十一堡
十二堡
十三堡
十四堡
十五堡
十六堡
十七堡
十八堡
裴昌廟
大王廟
原武汛大堤工長計三十七里零八十四丈，堡房三十座，河兵四十名，堡夫七十名

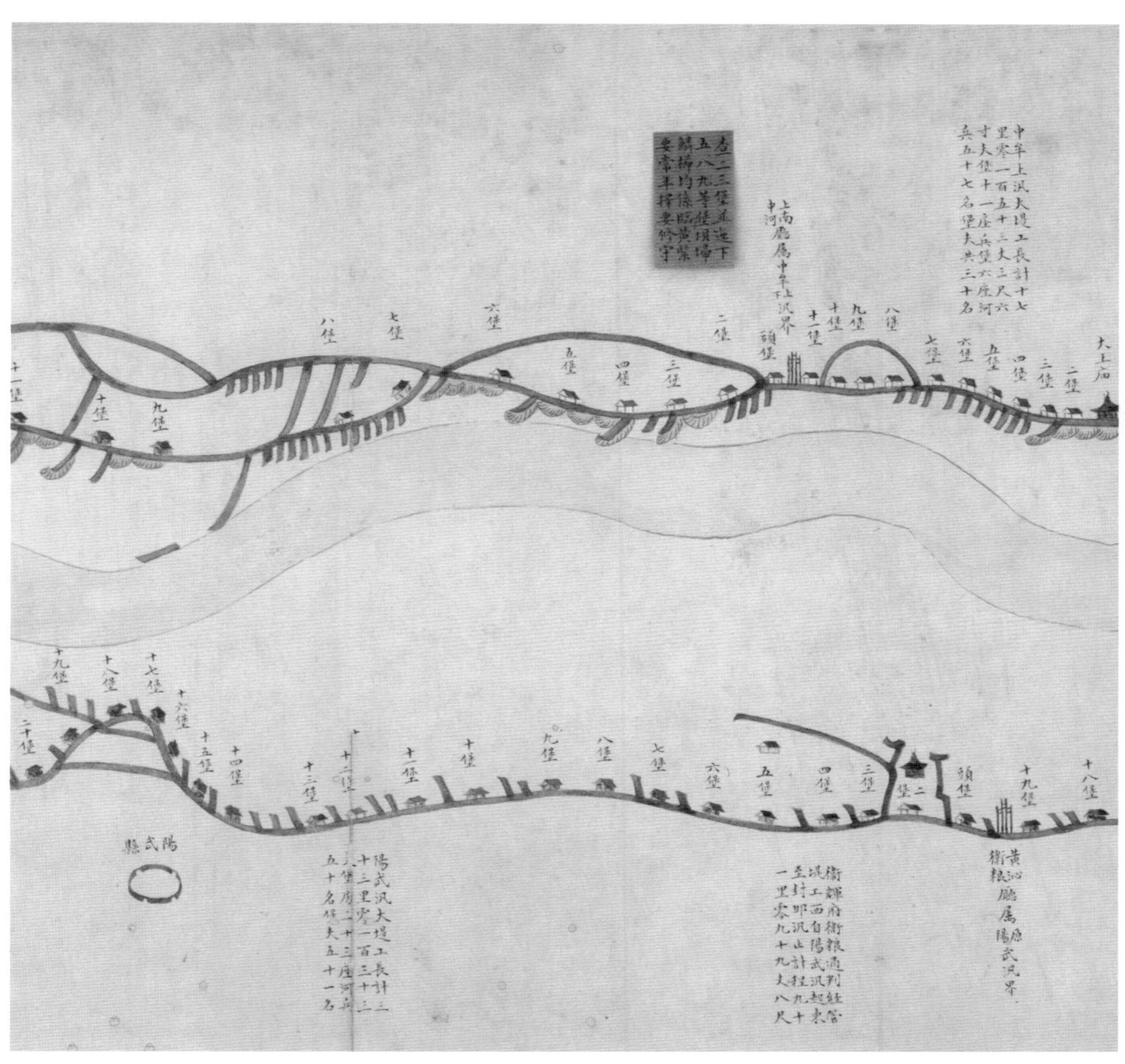

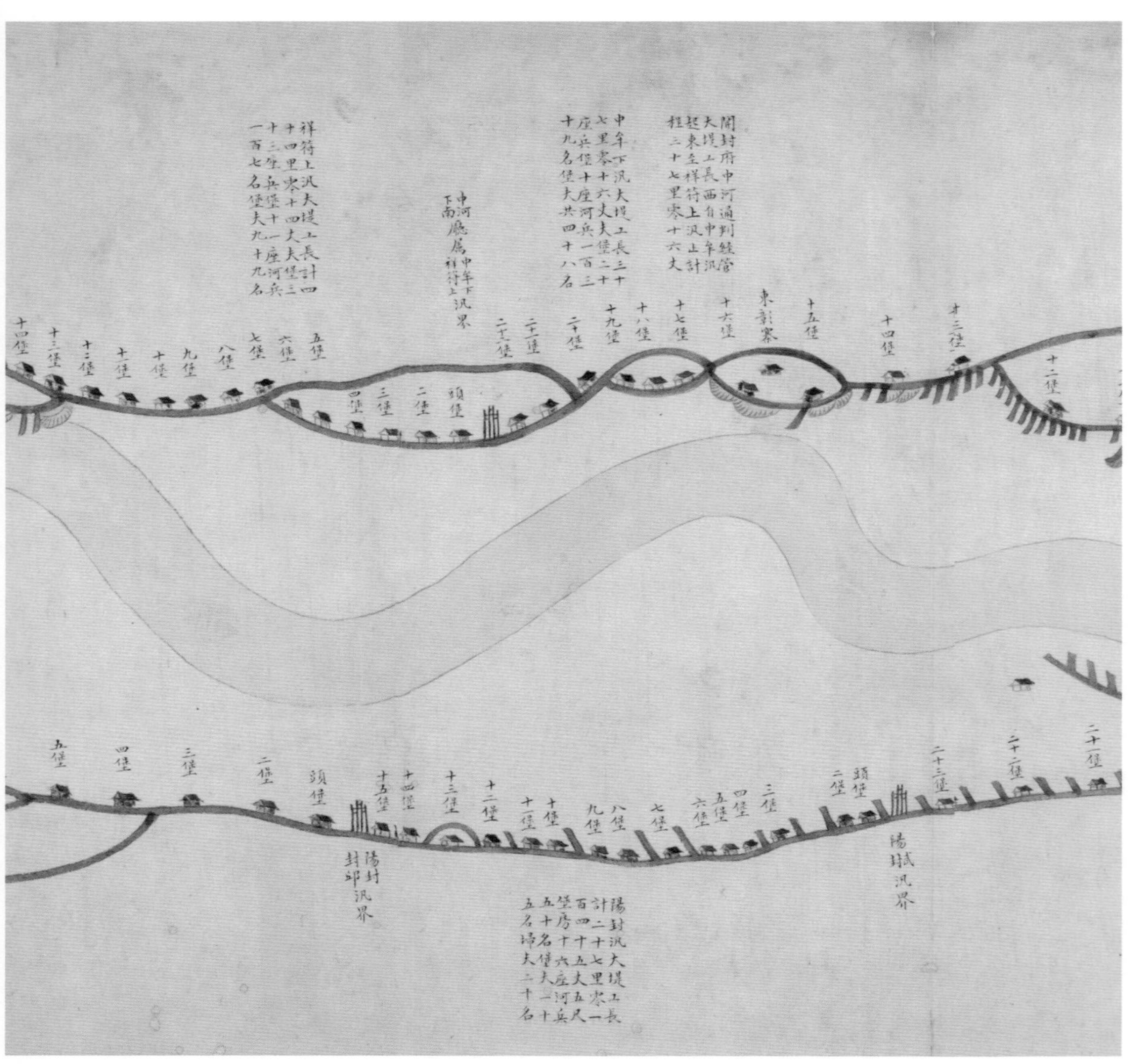

開封府中河通判經管大堤工長西自中牟汛起東至祥符上汛止計程三十七里零十六丈
中牟下汛大堤工長三十七里零十六丈大堡二十座兵堡十十座河兵一百三十九名堡夫共四十八名
中河廳屬中牟下汛祥符上汛界
祥符上汛大堤工長計四十四里零十四丈大堡三十三座兵堡十一座河兵一百七名堡夫九十九名
東彰寨
陽封汛大堤工長計二十七里零一百四十五丈五尺堡房十六座河兵五十名堡夫二十一名五名埽夫二十名
陽封郘汛界
陽封武汛界

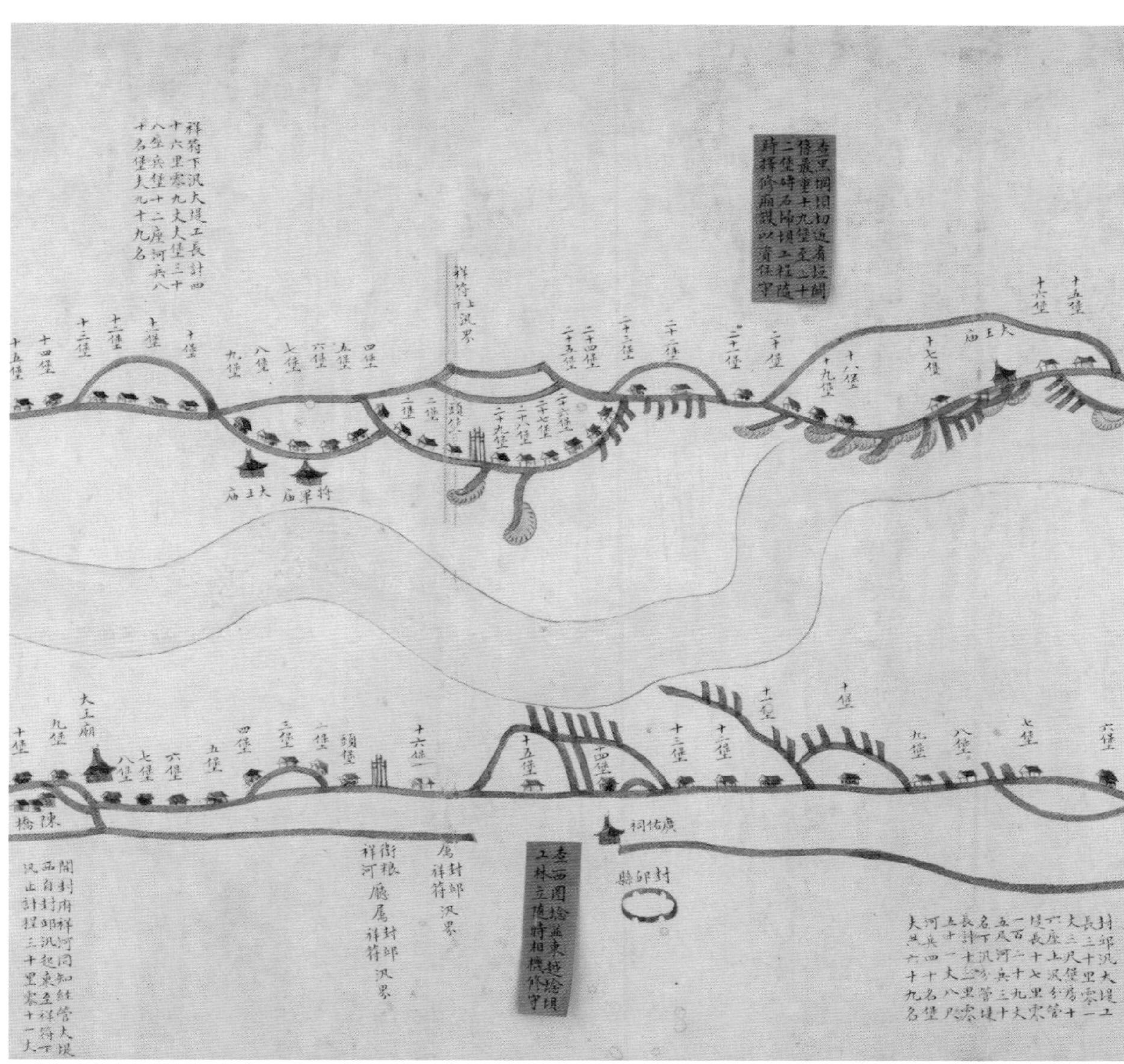
祥符下汛大堤工長計四十六里零九丈大堤三十八座兵堡十二座河兵八十名堡夫九十九名
查黑岡俱切近省垣關係最重十九堡至二十二堡磚石埽壩工程隨時搶修廂護以資保守
祥符上汛界
大王廟
將軍廟
大王廟
陳橋
廣佑祠
封邱縣
開封府祥河同知經管大堤西自封邱汛起東至祥符下汛止計程三十里零十一丈
衛糧廳屬封邱汛界
祥河廳屬祥符汛界
屬封邱祥符汛界
查西圍埝並東越埝埧工林立隨時相機修守
封邱汛大堤工長三十一里零一丈三尺堡房十六座上汛分管堤長十七里零一百二十九丈五尺河兵三十名下汛分管堤長計十二里零五十一丈八尺河兵四十名堡夫共六十九名

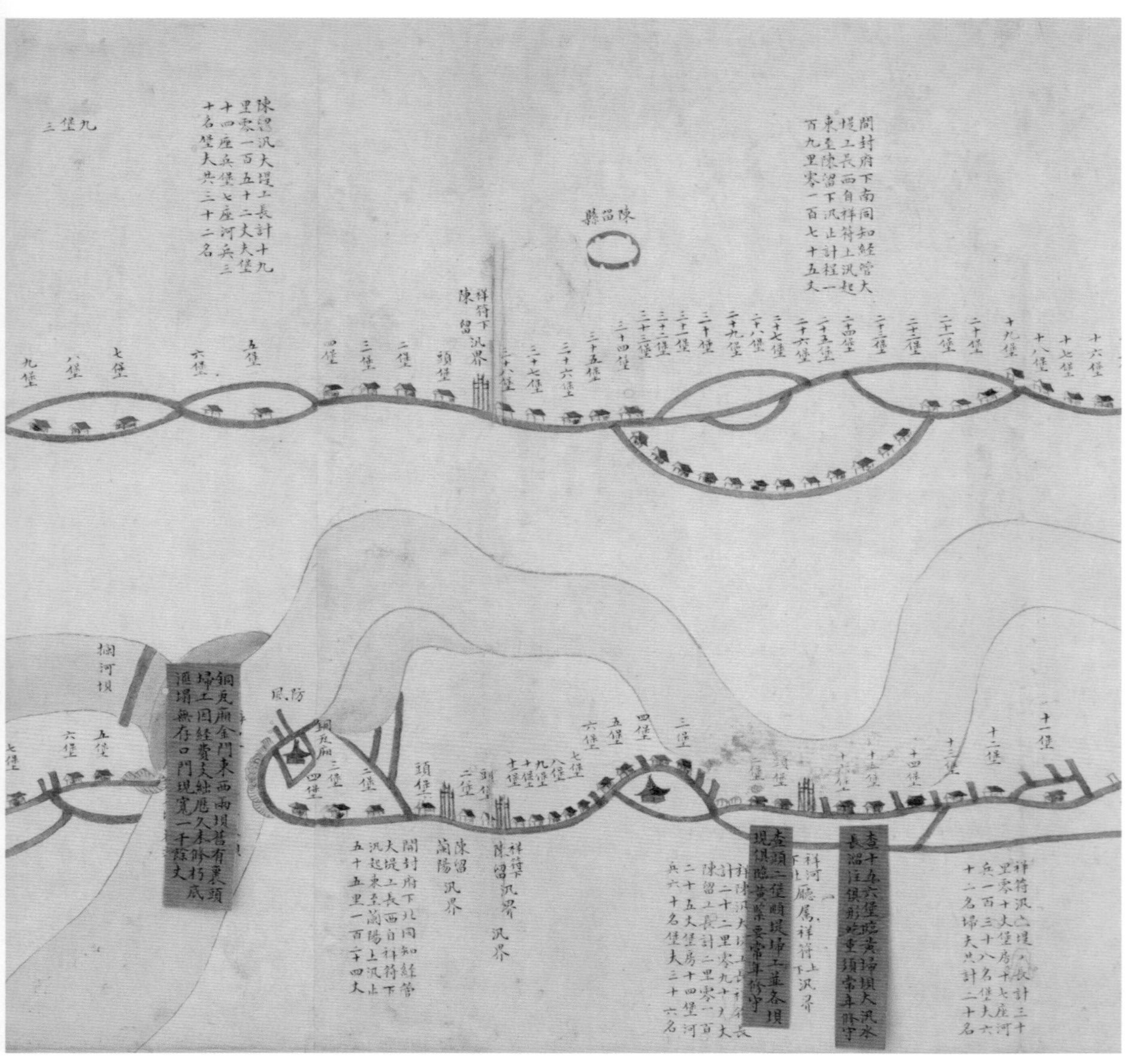

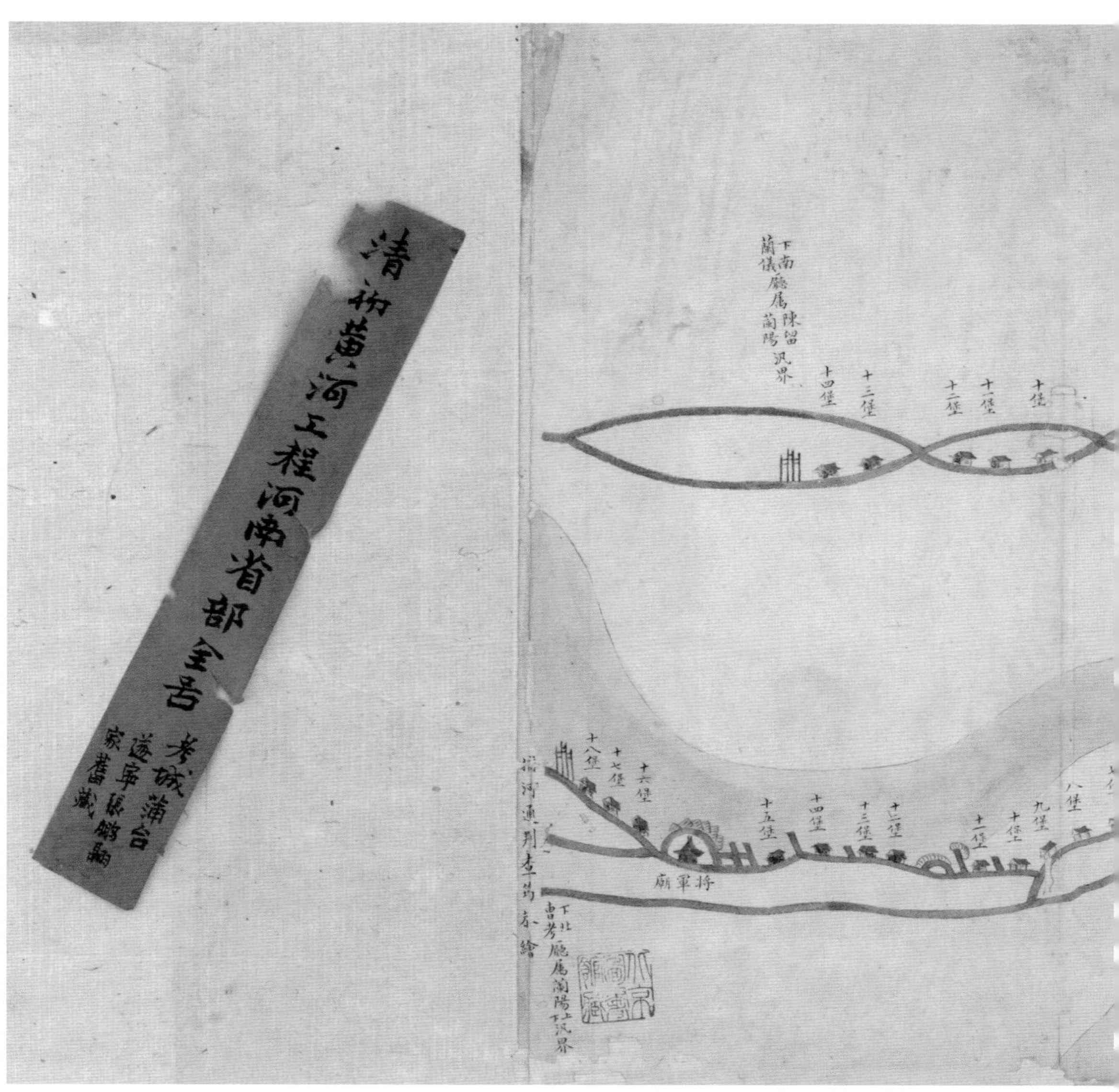
清初黄河工程河南省部全图
考城蒲台
遂宁张鹏翮
家旧藏
下南厅属陈留
兰仪兰阳汛界
十四堡
十三堡
十二堡
十一堡
十堡
十八堡
十七堡
十六堡
十五堡
十四堡
十三堡
十二堡
十一堡
十堡
九堡
八堡
将军庙
下北厅属兰阳上下汛界

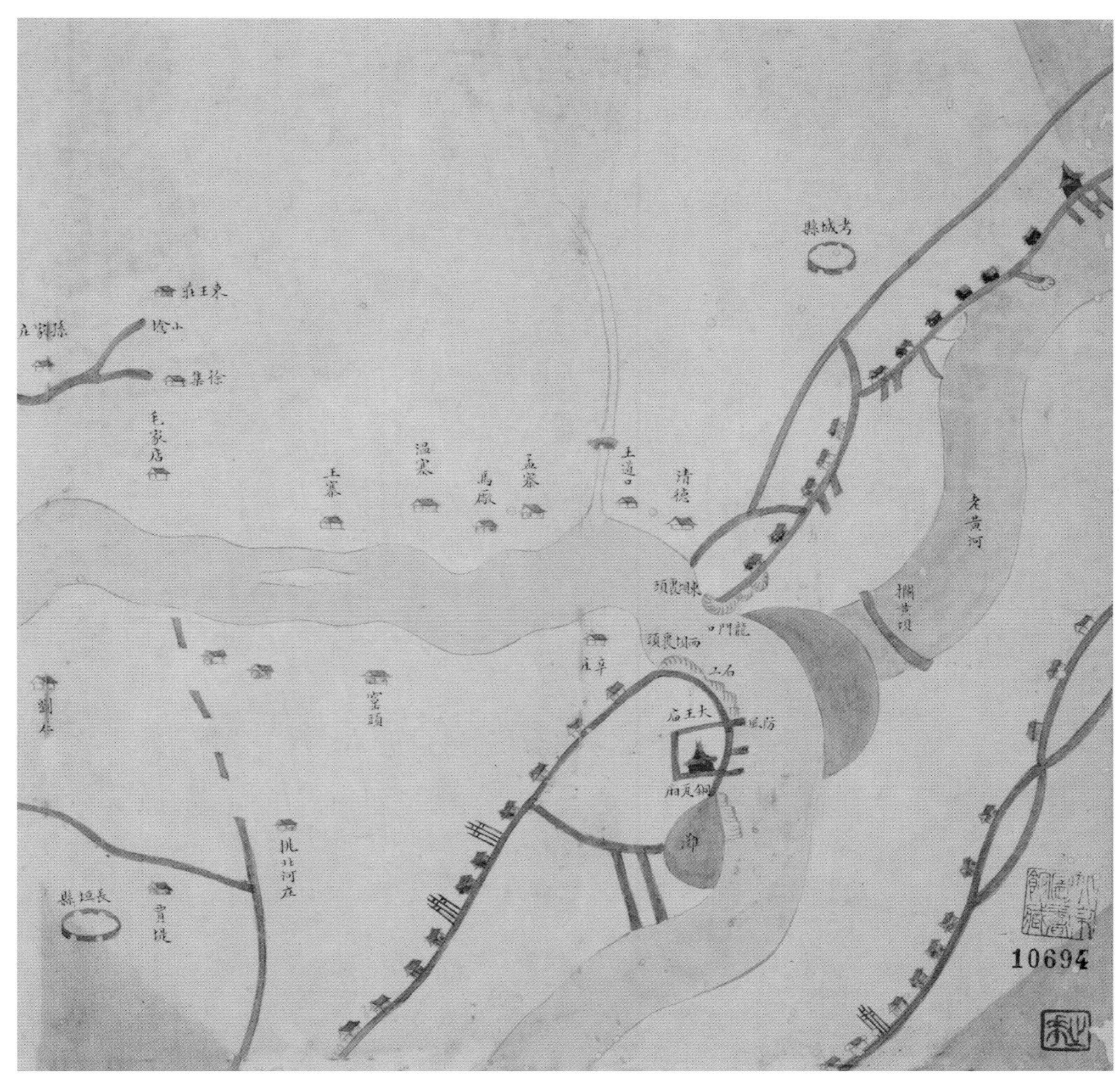

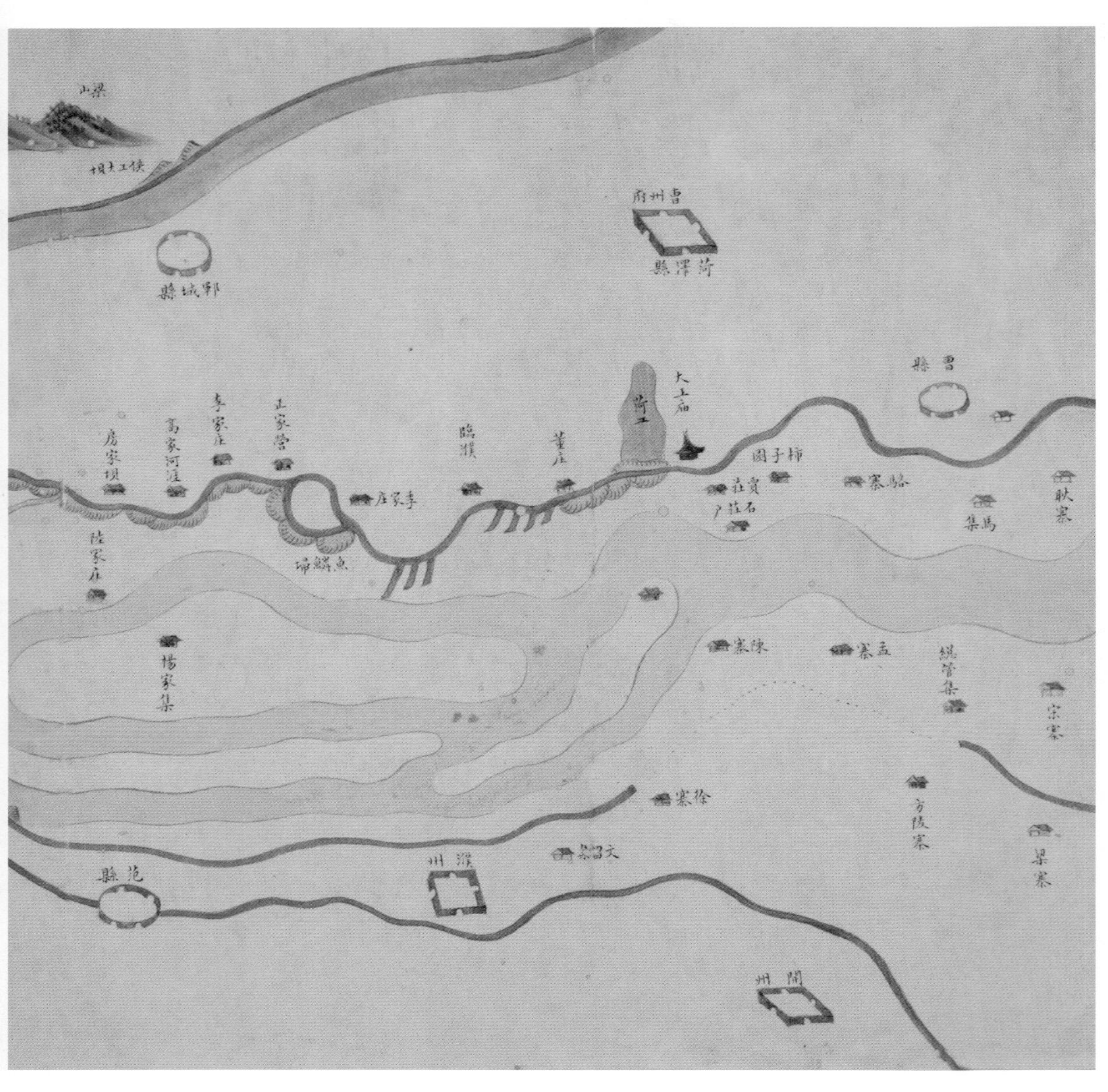
梁山
鄆城縣
曹州府
菏澤縣
曹縣
房家堌
高家河涯
李家庄
王家營
臨濮
董庄
李家庄
菏工
大王廟
魚鱗埽
陸家庄
柿子園
貫莊
石莊户
駱寨
馬集
耿寨
楊家集
陳寨
孟寨
宋寨
徐寨
方陵寨
梁寨
文留集
濮州
范縣
開州

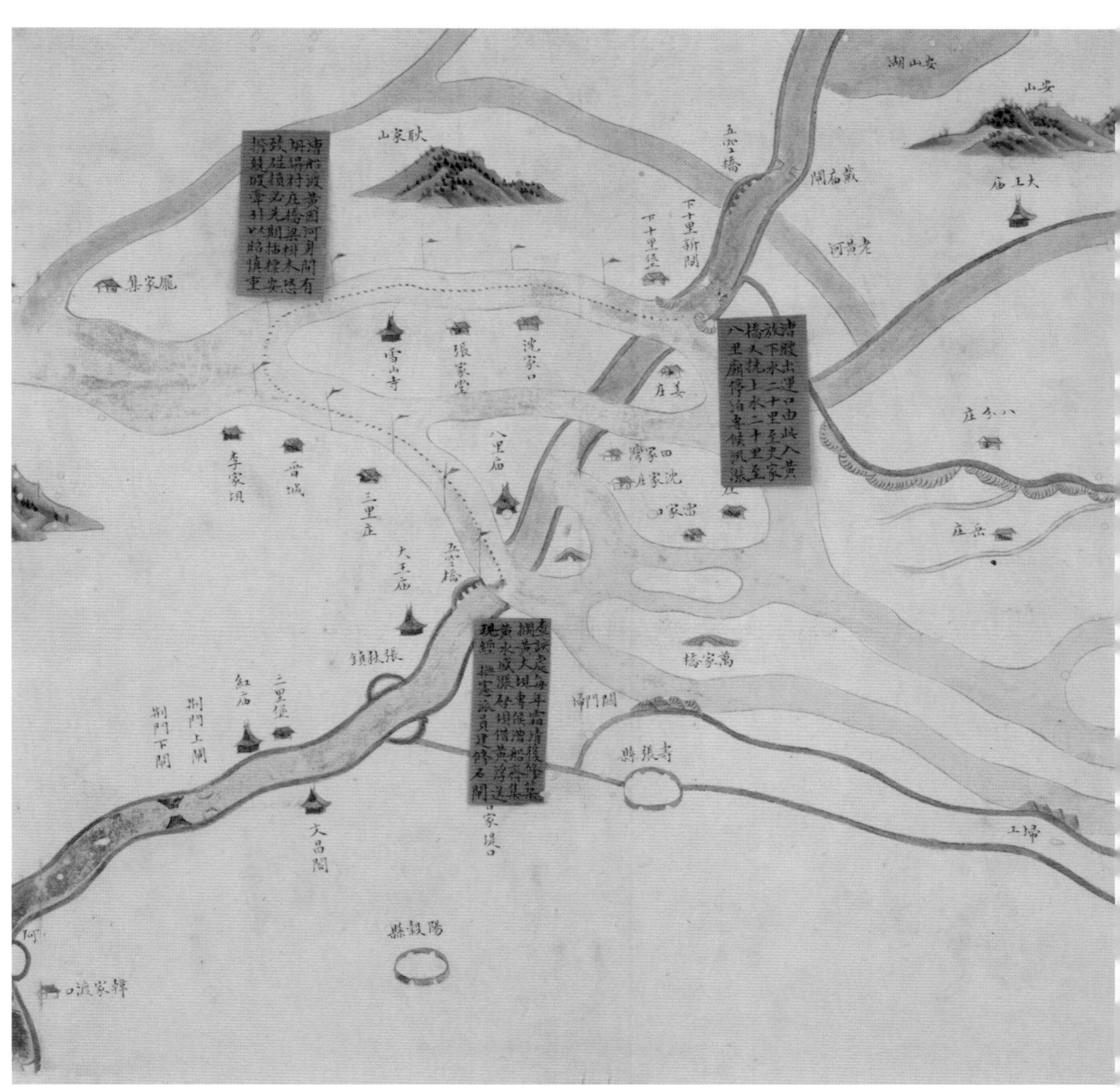

济南府
华山
南雄口
长清县
郭家庄
桃园
平阴县
姜家沟
齐河县
于家庄
鹊山
北雄口
艾山
城
阿城上闸
阿城下闸

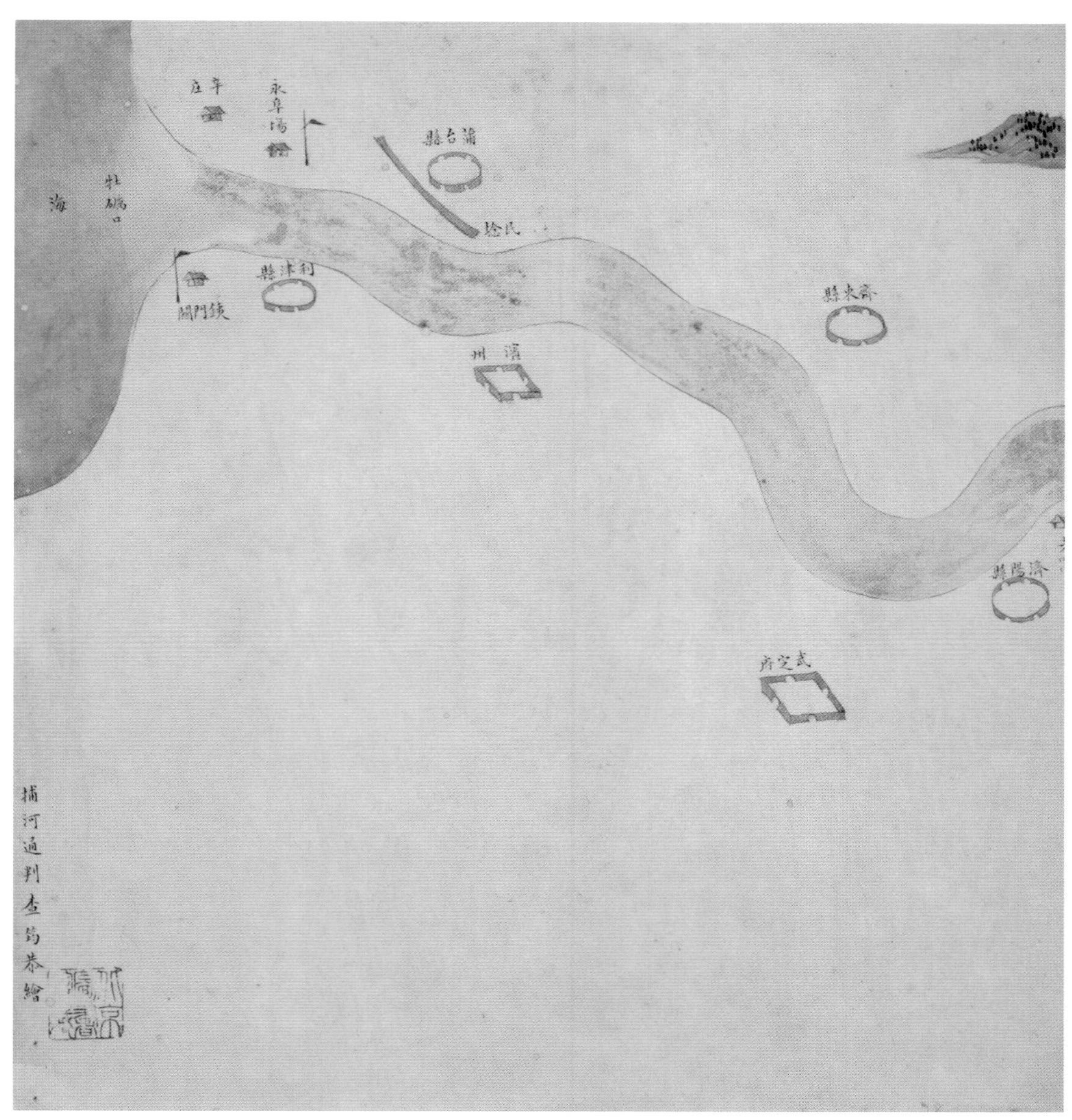
海
牡蠣口
阜庄
永阜場
蒲台縣
民捻
利津縣
鉄門關
濱州
齊東縣
濟陽縣
武定府
捕河通判查筠恭繪

《黄河埽工全图》

版本：彩绘本

年代：清（1644—1911 年）

册数：1 册

《黄河埽工全图》为清代线装彩绘本，1 册，标注 22 页，地理范围覆盖河南省郑州、开封府一带，主要展现了郑州、开封沿线黄河南岸大堤及其上的埽工工程，同时绘出两岸山脉、村庄、寨堡、寺庙等，全图绘制精细。图中文字标注了河流、村庄、寺庙、城郭、堤坝、标号石垛等。图名据书衣题。地图着色偏黄色系，黄河以黄色表示，黄河南岸大堤工程以浅棕色表示，河边滩地、土地以橘粉色表示，两岸村庄以浅橘粉色表示，山脉、寨堡等以灰色表示，寺庙以红墙灰顶示意。

黄河南岸河工具体起于黄门庄、于庄、韩家洞一带河滩，止于上南分局下交界、郑中分局上交界，沿河标绘了南岸的民埝、坝、坝齿、埽、护石、新旧石垛等。地图的绘制和标注都较为详细，仅“坝”这一项就细分为磨盘坝、顺水坝、土坝、人字坝、石坝、顺坝、砖坝、托坝、盖坝、挑坝等，又有石垛、坝、坝齿等工，不仅标出了大致形态，也注明了顺序和数量等。除上述记录外，在“上南河防分局”东侧标注有“支队长办公处”和“杂料厂”，另一处“杂料厂”位于胡家屯大王庙附近，唯一标出了地名的大坝是“花园口大坝”。地图还详细标注了各段堤埝的丈尺长度，例如“自广武坝至工长二千一百六十丈”“顺河埝工长二百八十五丈”等，总计 23 处。

地图中的第一处埽工出现在“六堡”偏东，从颜色可以看出，黄河在此处发生了两处决溢，为了堵口，此处需要修筑两处埽工。从“九堡”附近开始，埽工频繁出现，可知此后河段的决溢处较多。图中埽工分为两类：一类是埽，分段按顺序标注为“头埽”“二埽”“三埽”等，以棕色点块状示意，围住决溢的黄河水；另一类是埽护石，标注为“二埽护石”“五埽护石”等，以灰色叠石状示意，同样围住决溢的黄河水。后者说明，在河水决溢的某些地段，单纯的埽工无法完全堵口，还需加上护石。

埽工是中国古代以薪柴（梢料、秸、苇、柳）和土石为主体，以桩绳为联系，分层捆束制成的河工建筑物。埽工的每一构件称埽个或埽捆，简称埽，小的叫埽由或由；埽工就是累积若干个埽个接连修筑构成的工程。埽工的作用是抗御水流对河岸的冲刷，防止堤防坍塌，也常用于堵复溃决的堤坝，即用于护岸、堵口、筑坝等。其优势在于能够就地取材，制作较快，便于应急；秸草等料可缓溜、抗冲刷、留淤，特别适用于黄河这类多沙河流，具有多种用途。不过埽工也有劣势，就是体轻易腐，需要经常修理更换，管理费用较大。

我国早在先秦时期就已经有类似埽工的建筑，称为茨防。到了宋代，埽工已经得到普遍应用，卷埽技术也已经比较成熟；埽工之名即起于北宋时期。卷埽方式如下：以梢芟分层匀铺，压以土及碎石，然后推卷成捆，用竹索、草绳等捆扎维系，即成埽捆，每捆圆径数丈、长加倍。将若干埽捆下至河岸指定位置，并用桩、绳固定，即成埽工。历代埽工用料不断变化：宋代一般为“梢三草七”；元代用梢较少，不及草的十分之一；明代制埽无柳梢时用芦苇代替，并且不再用竹索，而是以麻绳代替，也较少使用石料；清代逐渐用秫秸代替柳梢。

清代中叶以前，埽工的形式基本是卷埽，清中叶以后，逐渐变为厢埽。厢埽就是在施工处放置一捆厢船，在船与堤头之间铺绳索加料就地捆埽，层层下沉。厢埽又有顺厢和丁厢之分，前者指料物平行水流方向铺放，后者指料物垂直水流方向铺放。按形状又有磨盘、月牙、鱼鳞、雁翅、扇面等埽，按作用又有藏头、护尾、裹头等埽，按所处位置又分为旱、面、肚、套、门帘等埽。到了近现代，埽工演变成风搅雪，逐渐形成柳石滚厢埽。随着现代科技的发展，大型机械也被运用到埽工中，机械化埽工应运而生。2004 年，河南兰考蔡集 54 坝抢险做埽时，就成功运用了饺子网埽新技术，这是现代将埽工技艺进一步延续、提升的佐证。

埽工是黄河上最古老的御水建筑物，黄河埽工的起源可以追溯至黄河有堤防记载的汉代。经过劳动人民的不断改进，埽工的结构越来越完善，用途也越来越广泛。黄河埽工传统技艺主要分布在华北平原黄河两岸的广大地区，包括捆抛柳石枕、柳石搂厢等类型，具体技艺有捆厢船固定、绳缆布置、打家伙桩、拴系桩绳、绳扣、铺柳秸料、压土石等。2021 年，“黄河埽工”入选河南省开封市第六批市级非物质文化遗产项目名录，正式进入“传统技艺”的范畴。

翁莹芳

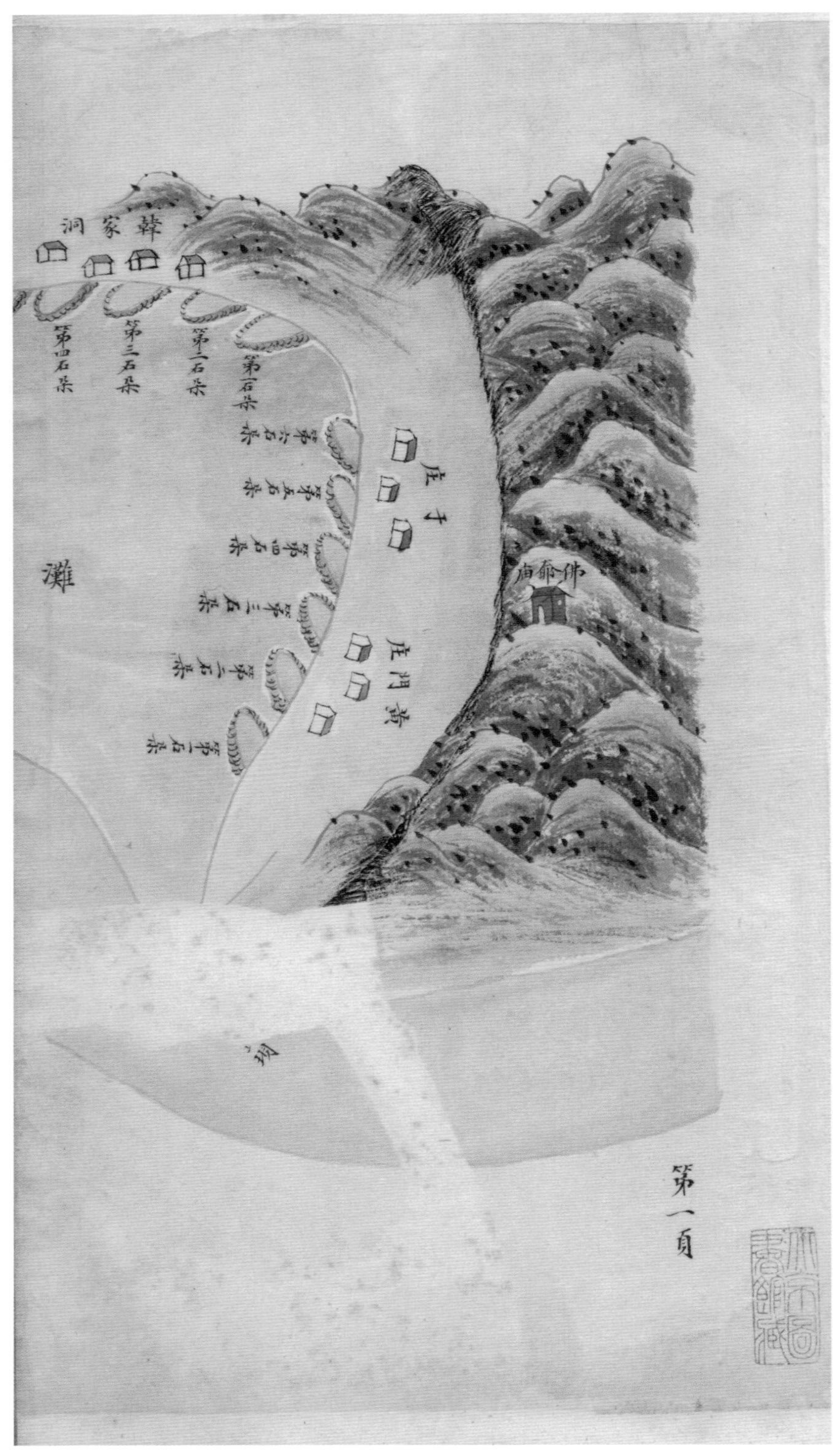
韓家洞
第四石朵
第三石朵
第二石朵
第石朵
第六石朵
第五石朵
第四石朵
第三石朵
第二石朵
第一石朵
子庄
黄門庄
佛爺庙
灘
第一頁

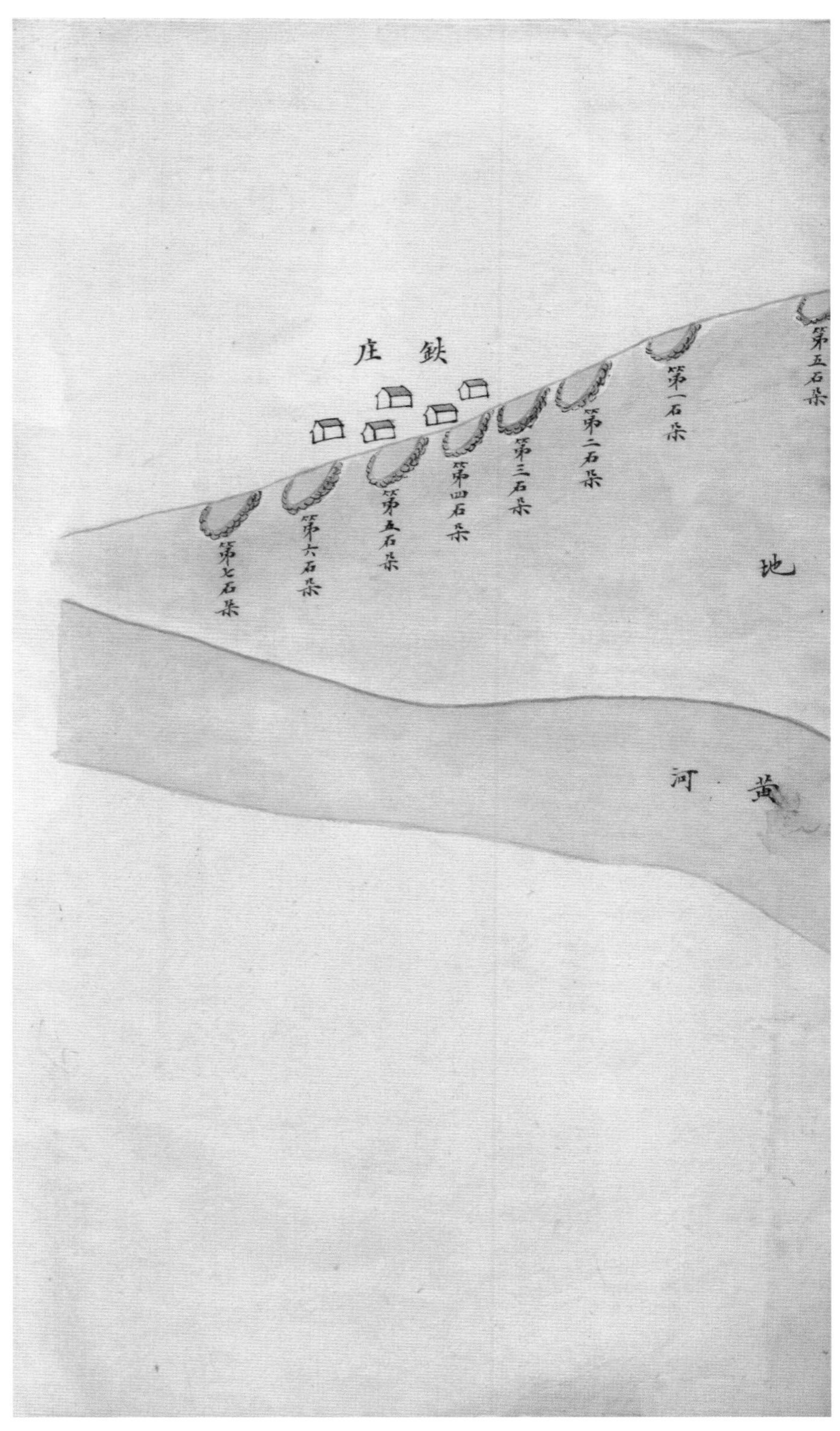

鉄庄
第五石朵
第一石朵
第二石朵
第三石朵
第四石朵
第五石朵
第六石朵
第七石朵
地
黄河

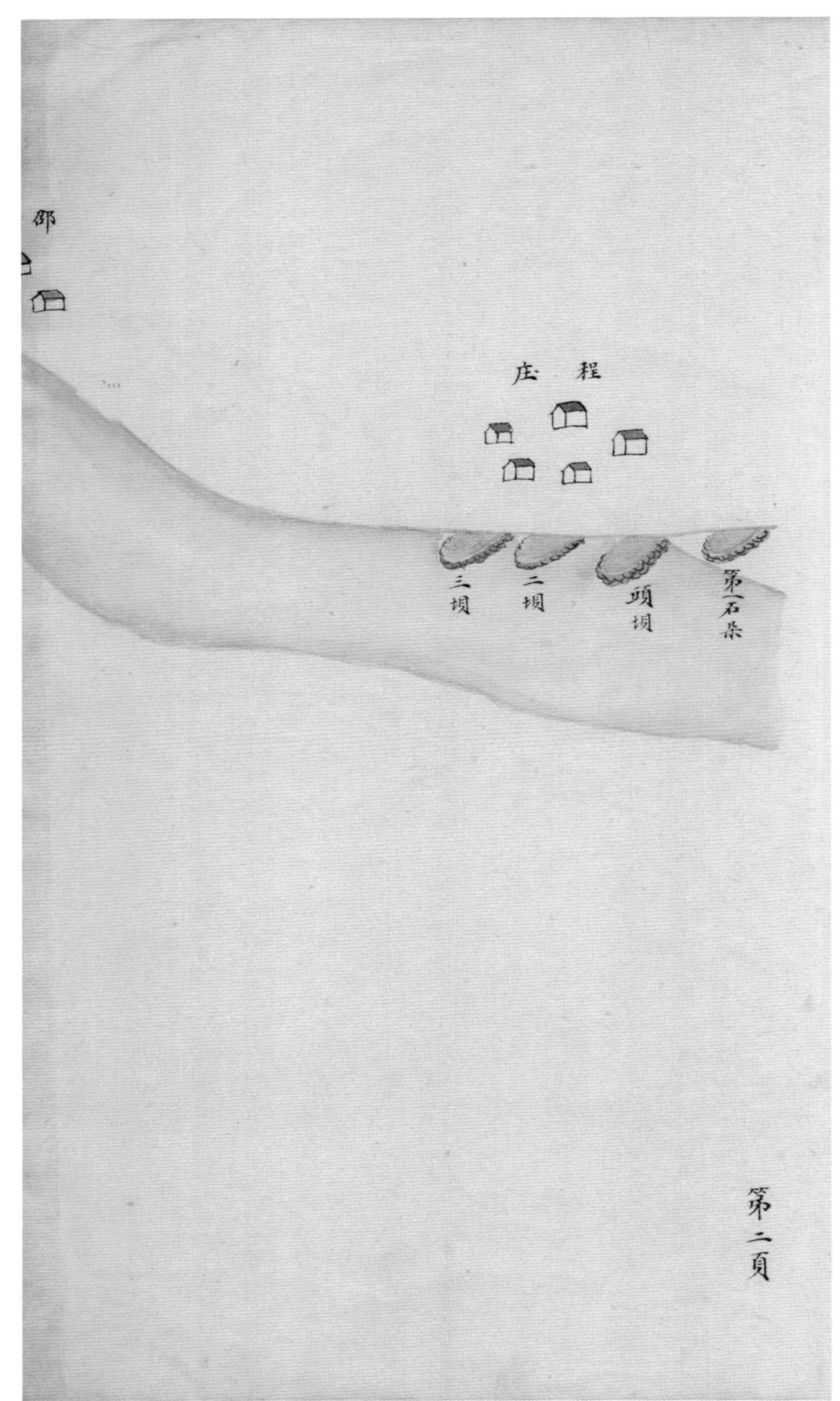
邵
程庄
三垻
二垻
頭垻
第一石朵
第二頁

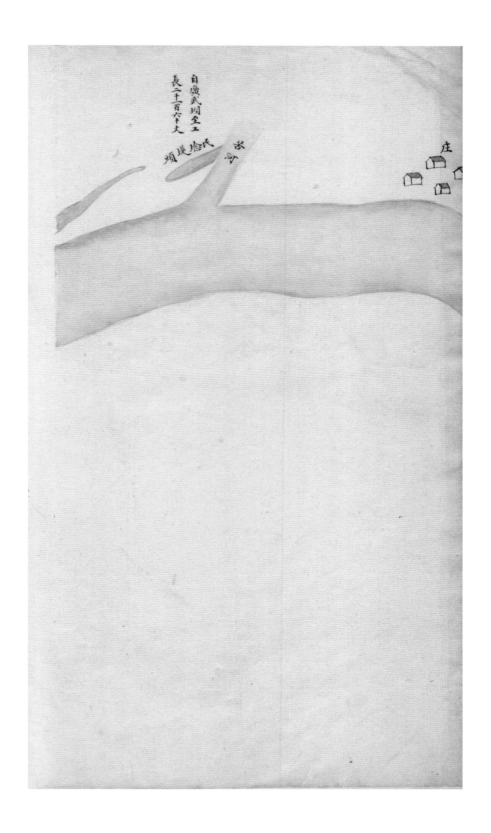
自廣武垻至工
長二千一百六十丈
民埝堤頭
苦河
庄

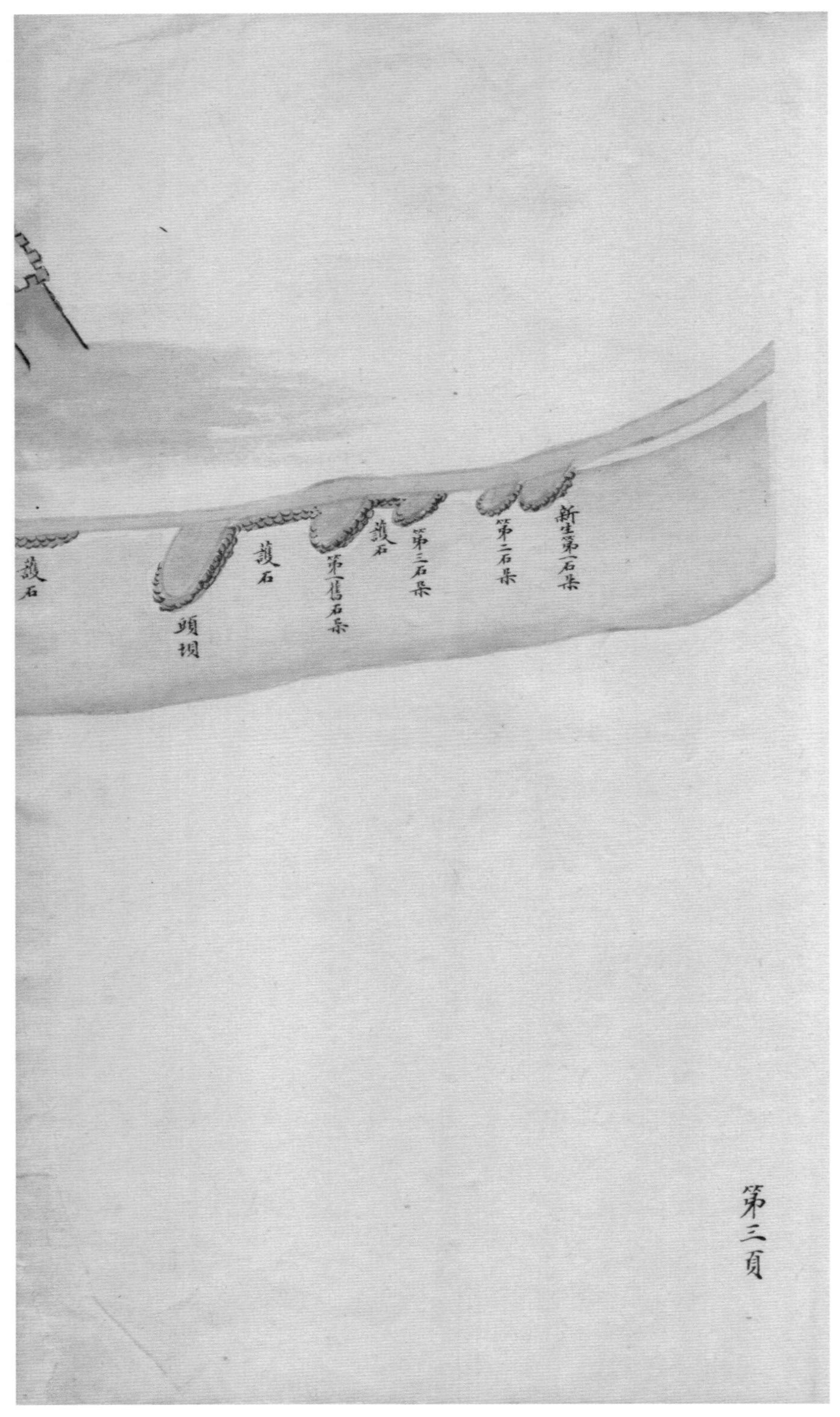
新生第一石垛
第二石垛
第三石垛
護石
第一舊石垛
護石
頭垻
護石
第三頁

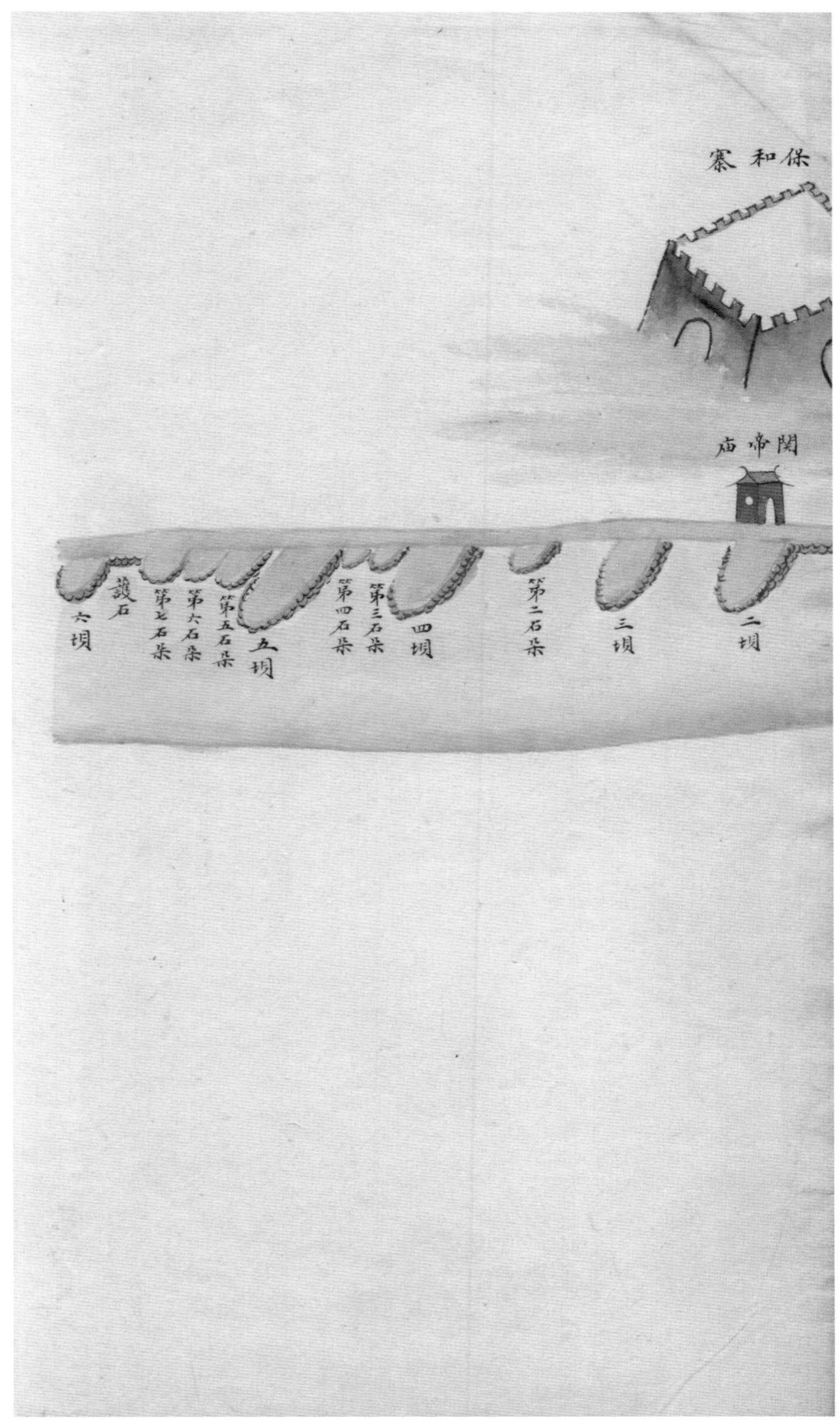
保和寨
関帝庙
二垻
三垻
第二石朵
四垻
第三石朵
第四石朵
五垻
第五石朵
第六石朵
第七石朵
護石
六垻

大王庙
第八石朵
第九石朵
第十石朵
第十一石朵
第十二石朵
第十三石朵
七垻
第十四石朵
第十五石朵
第十六石朵
第十七石朵
第十八石朵
第十九石朵
頭道磨盤垻
八垻
第二十石朵
二道磨盤垻
第四頁

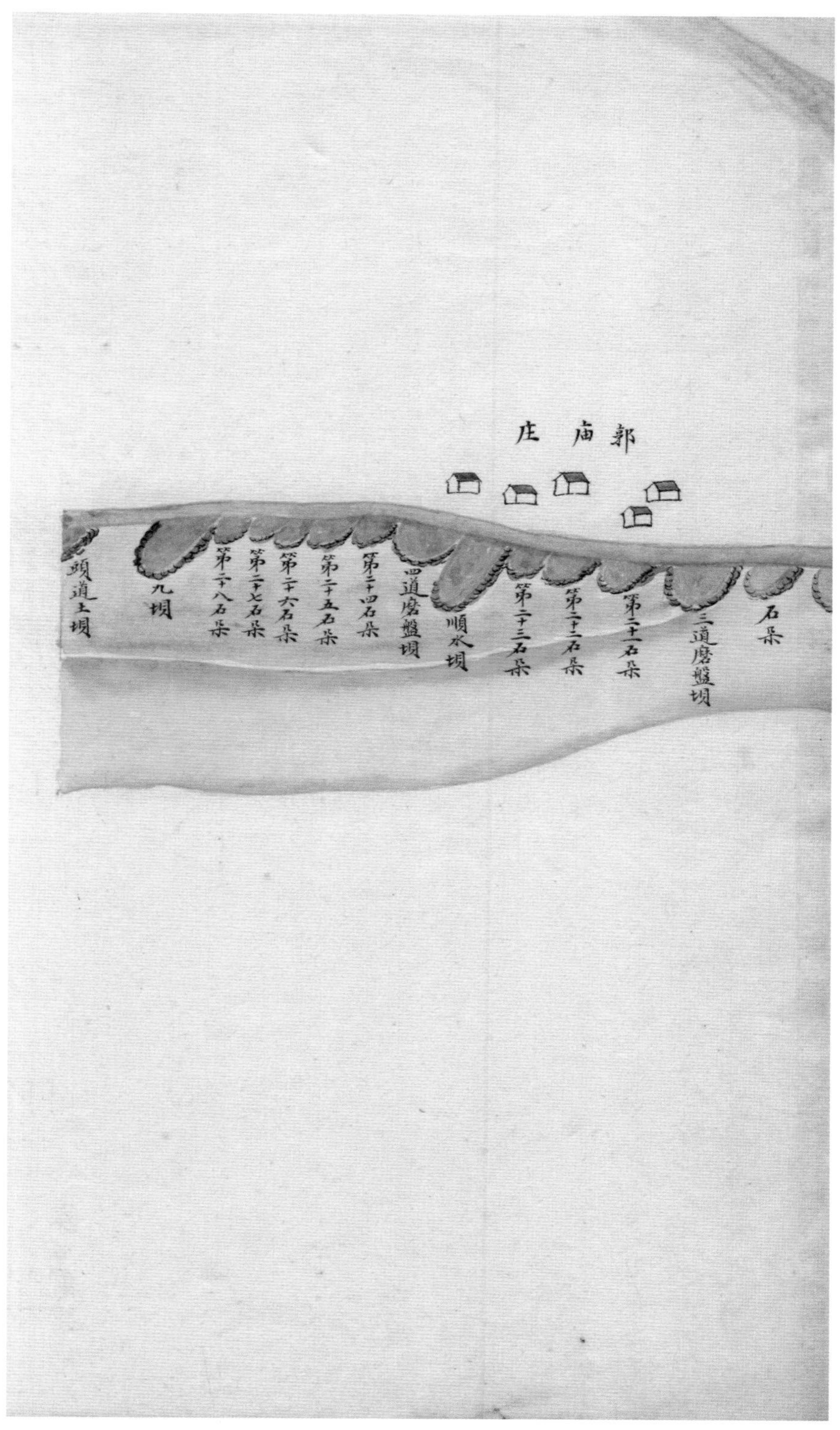
郭庙庄
頭道土垻
九垻
第二十八石朵
第二十七石朵
第二十六石朵
第二十五石朵
第二十四石朵
四道磨盤垻
順水垻
第二十三石朵
第二十二石朵
第二十一石朵
三道磨盤垻
石朵

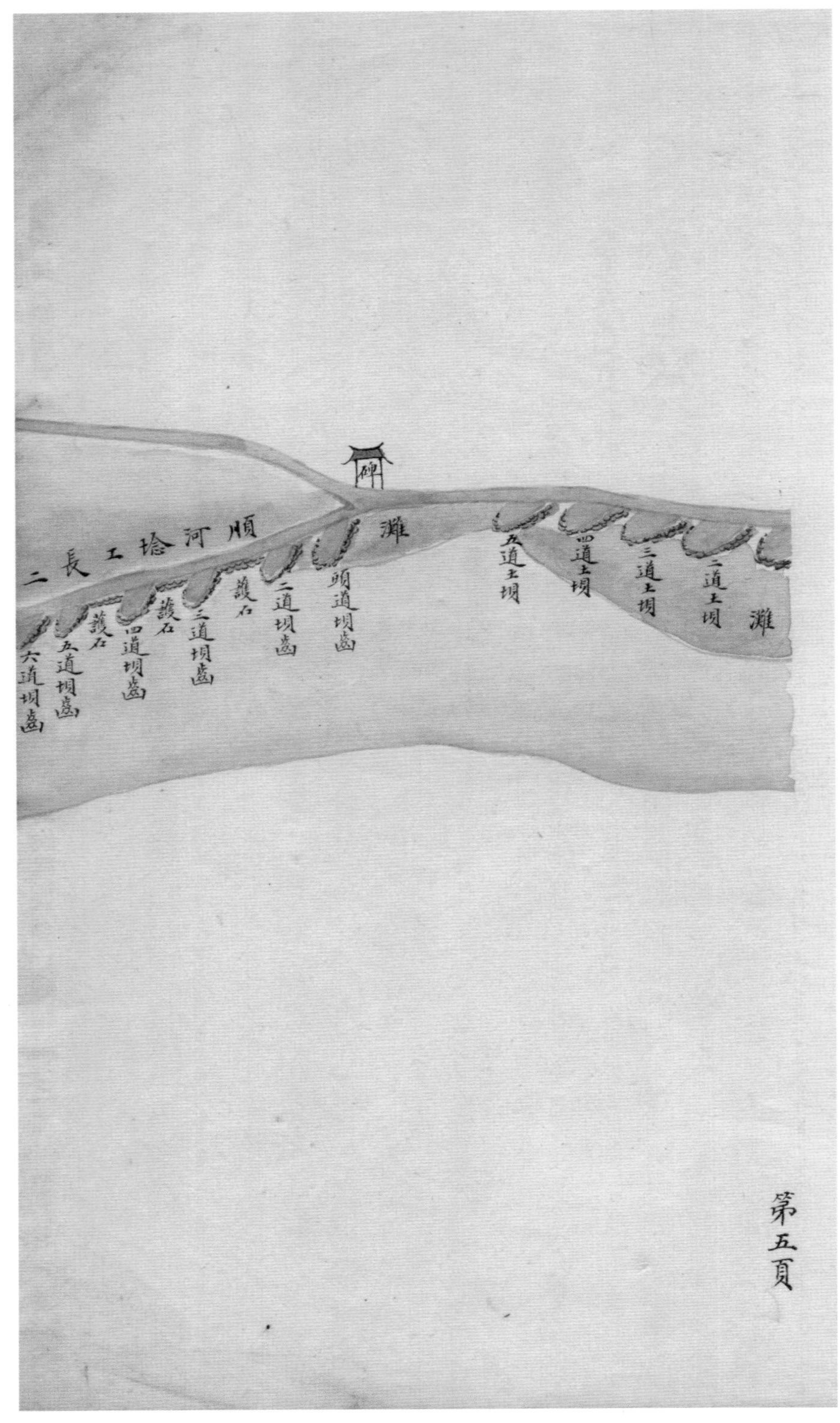
碑
灘
順河埝工長二
頭道埧盡
二道埧盡
護石
三道埧盡
護石
四道埧盡
護石
五道埧盡
六道埧盡
五道土埧
四道土埧
三道土埧
二道土埧
灘
第五頁

自民埝堤頭至工長一千○六丈
民大王庙
民埝交界碑亭
碑
大堤頭至工長四十五丈
頭堡
灘地
百八十五丈
七道垻齒
八道垻齒
九道垻齒
十道垻齒
十一道垻齒
十二道垻齒
十三道垻齒

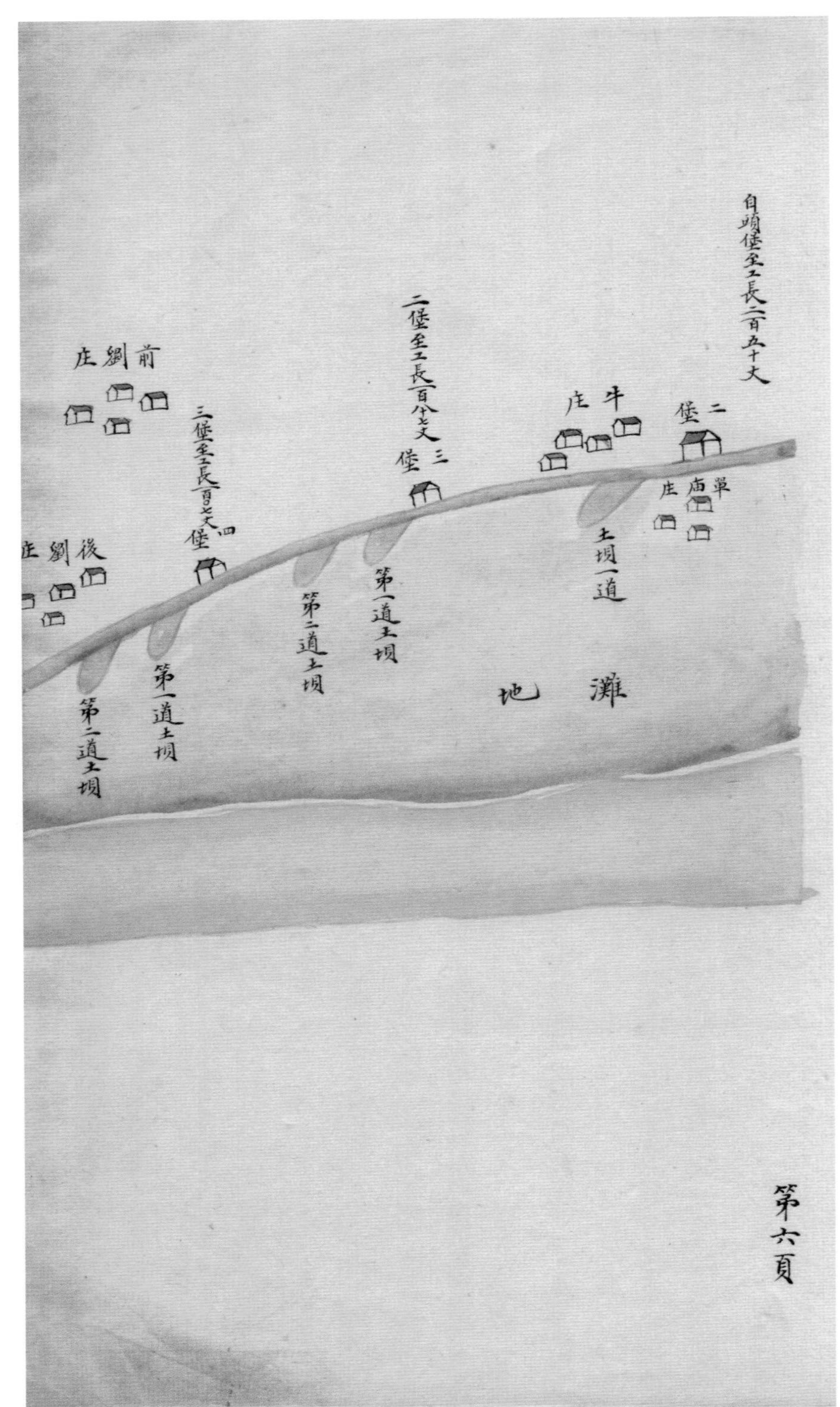
自頭堡至二堡長二百五十丈
二堡
牛庄
單廟庄
土壩一道
二堡至三堡長一百八十丈
三堡
第一道土壩
第二道土壩
三堡至四堡長一百七十丈
四堡
前劉庄
後劉庄
第一道土壩
第二道土壩
灘地
第六頁

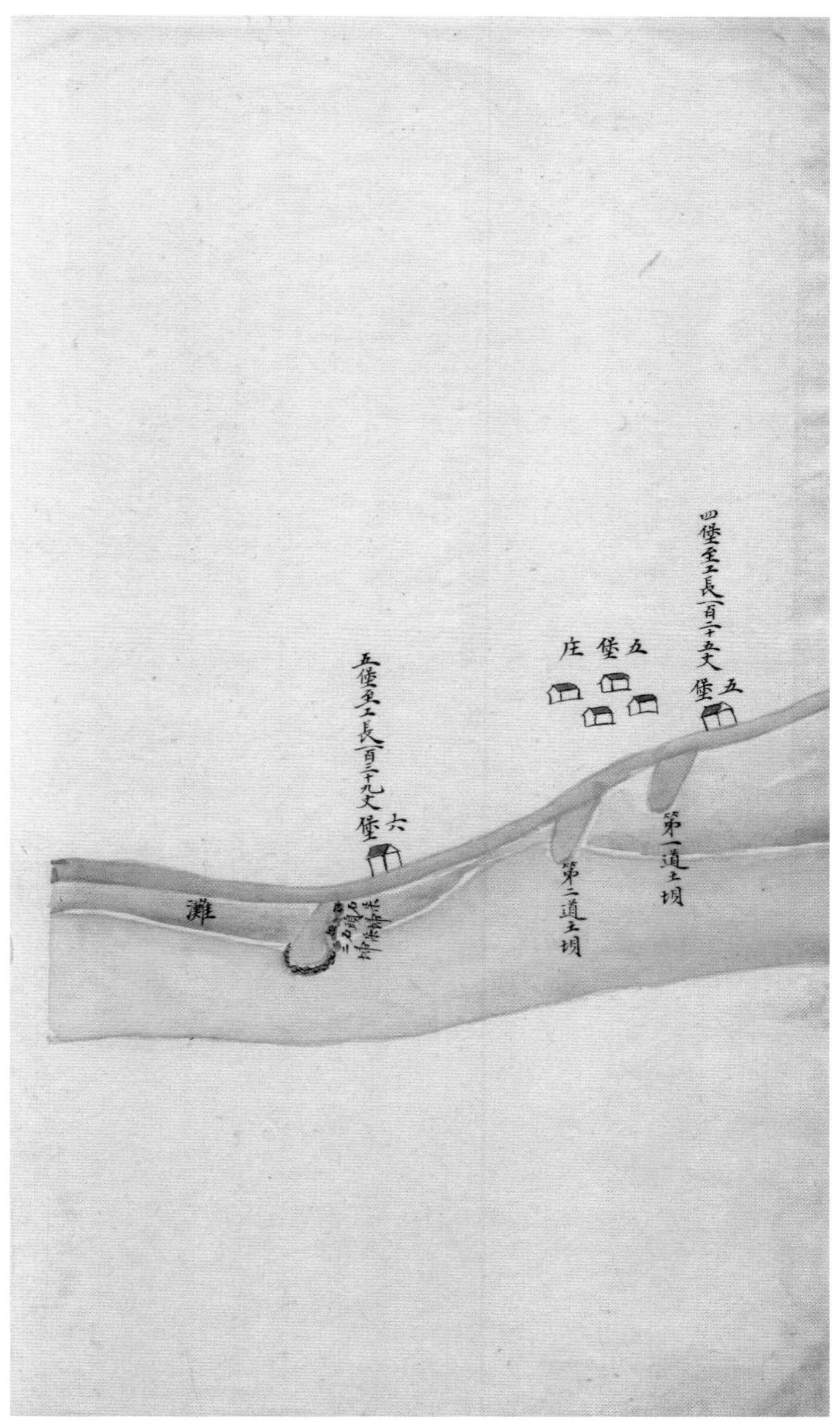
四堡至工長一百二十五丈
五堡
五堡庄
五堡至工長一百三十九丈
六堡
第一道土垻
第二道土垻
灘

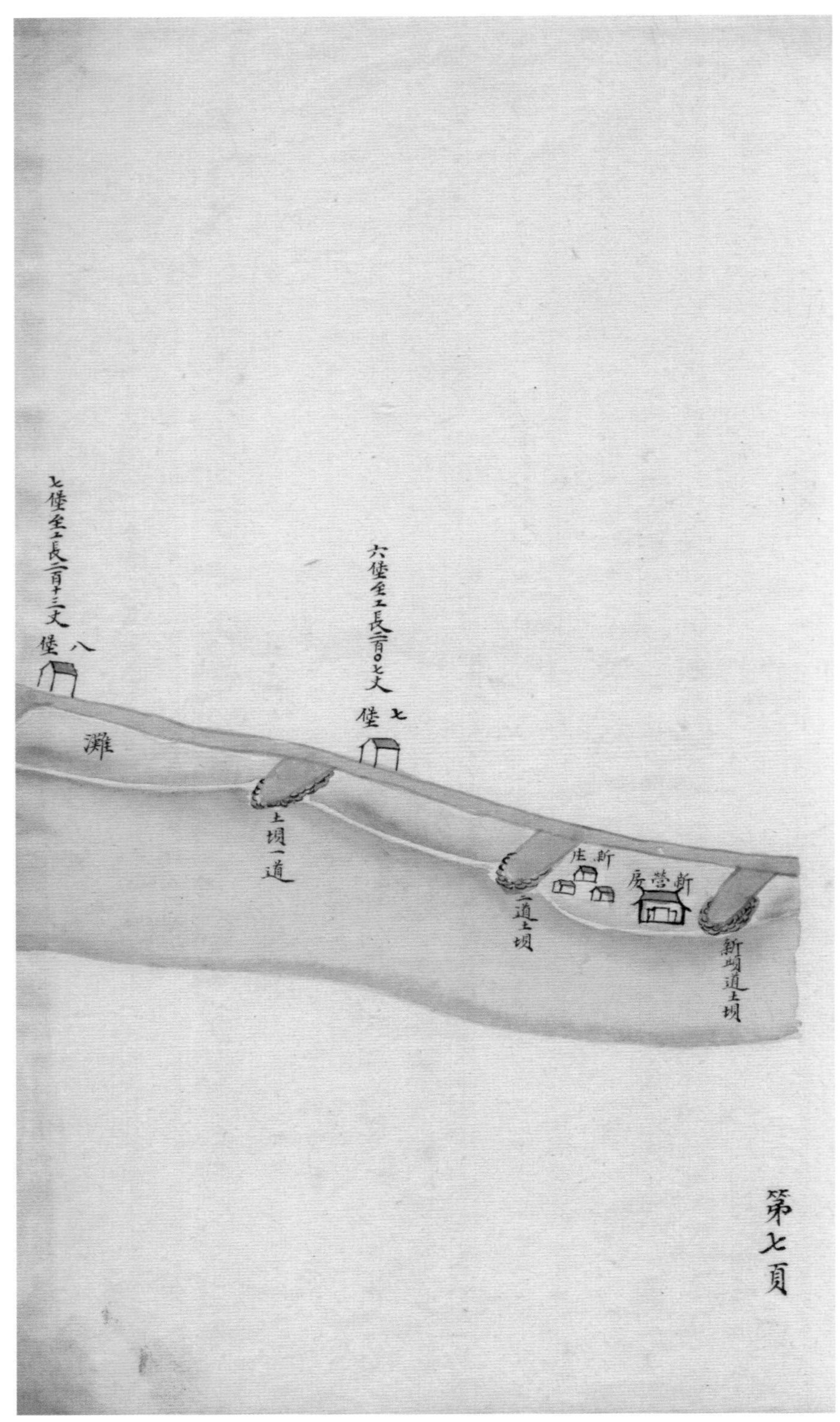
七堡至工長二百十三丈
八堡
六堡至工長二百〇七丈
七堡
灘
土垻一道
二道土垻
新庄
新營房
新垻道土垻
第七頁

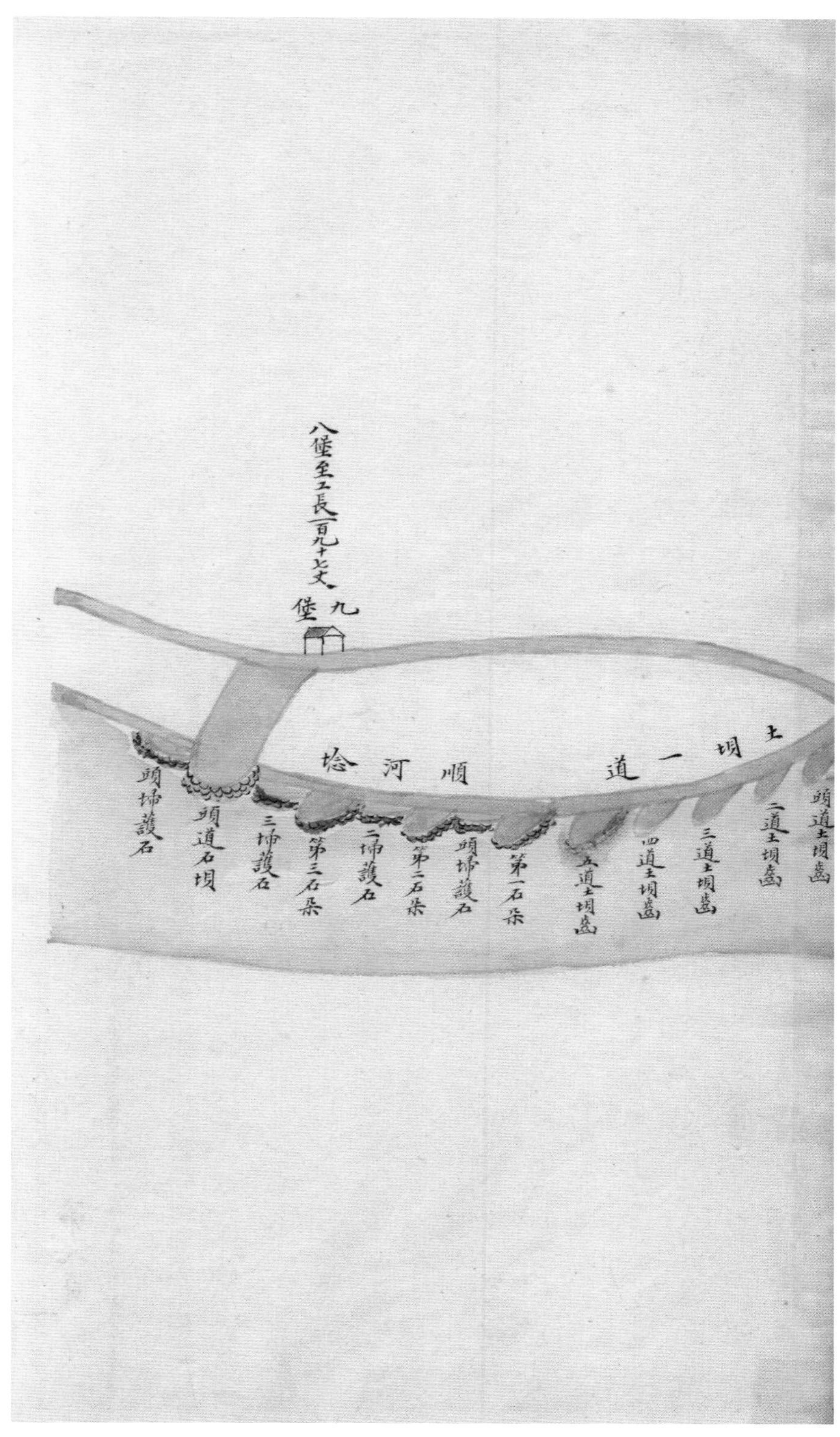
八堡至九長一百九十七丈
九堡
土坝一道
順河埝
頭埽護石
頭道石坝
三埽護石
第三石朵
二埽護石
第二石朵
頭埽護石
第一石朵
五道土坝盘
四道土坝盘
三道土坝盘
二道土坝盘
頭道土坝盘

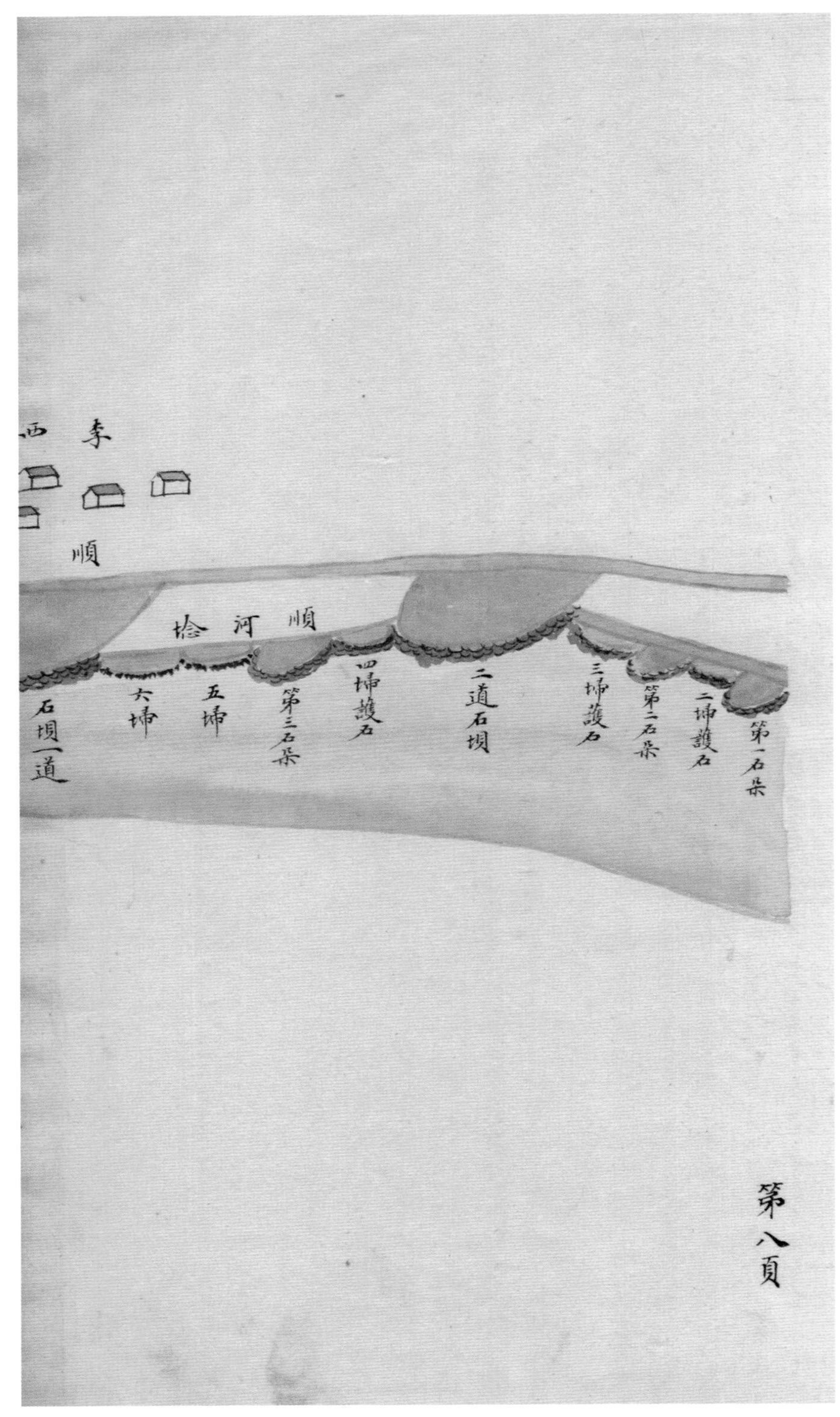
西
李
順
順河埝
石垻一道
六埽
五埽
第三石朶
四埽護石
二道石垻
三埽護石
第二石朶
二埽護石
第一石朶
第八頁

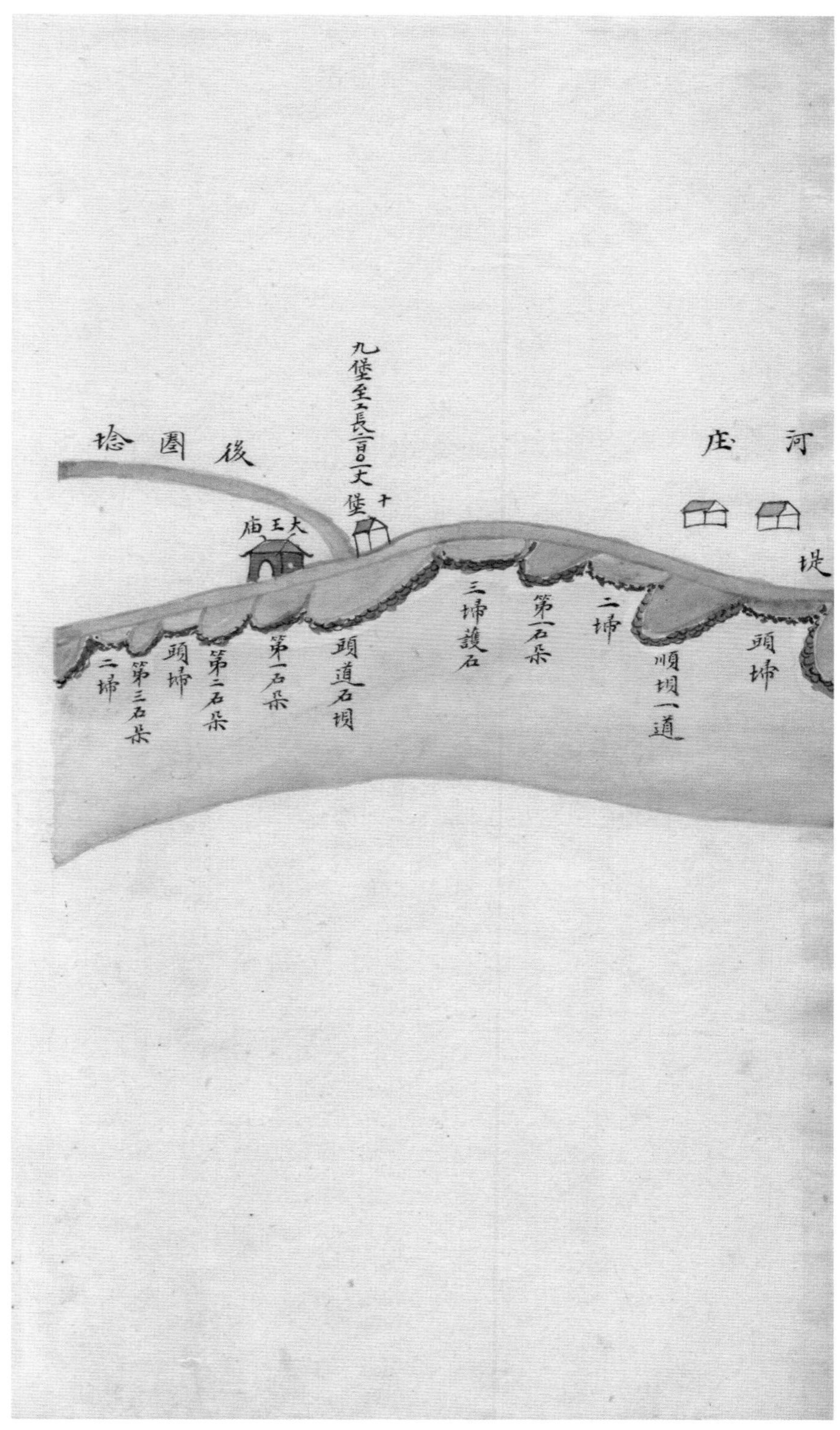

河庄
堤
後圍埝
九堡至十一長亘一大堡
大王庙
頭道石埧
第一石朵
第二石朵
頭埽
第三石朵
二埽
三埽護石
第一石朵
二埽
順埧一道
頭埽

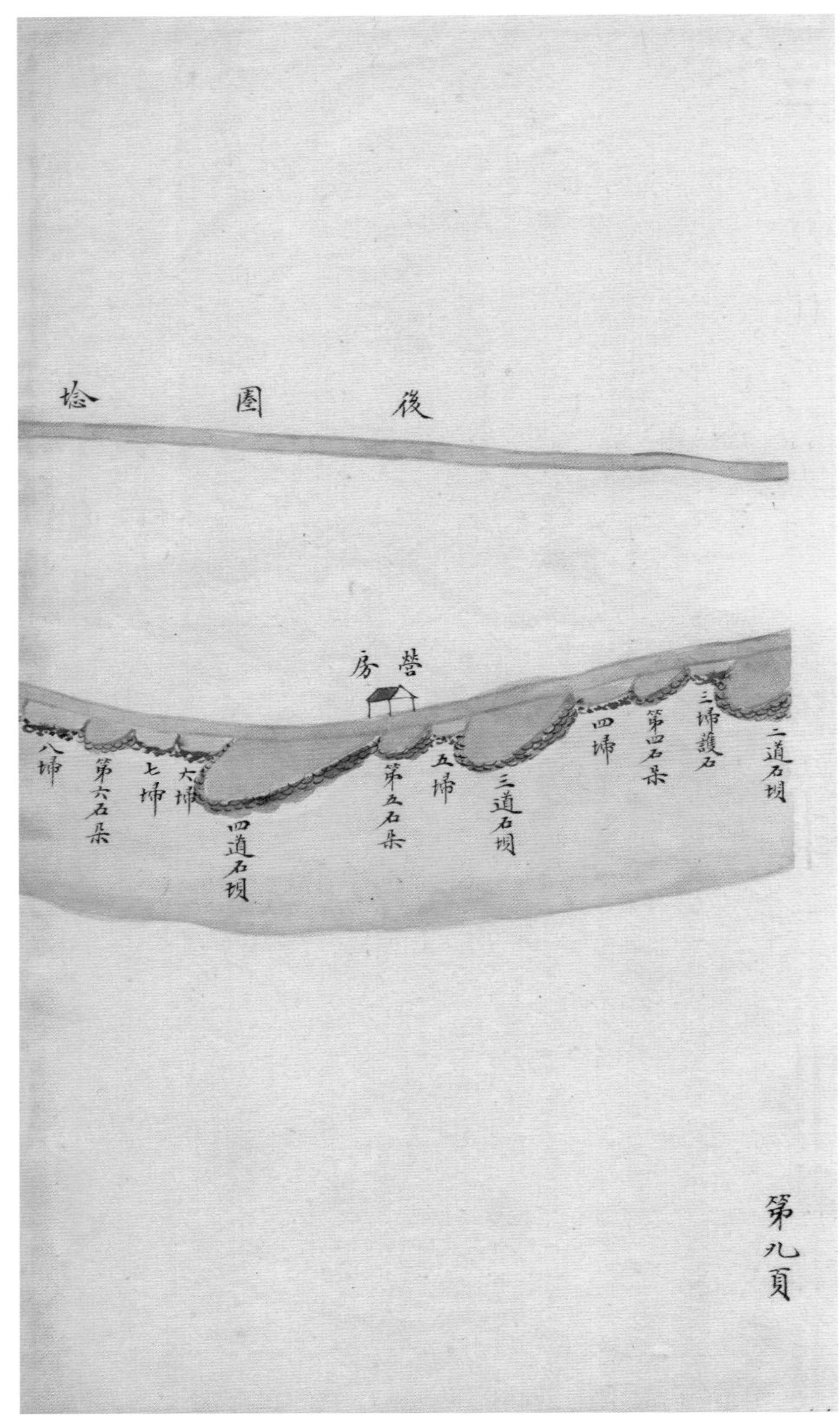

後圍埝
營房
二道石垻
三埽護石
第四石朵
四埽
三道石垻
五埽
第五石朵
四道石垻
六埽
七埽
第六石朵
八埽
第九頁

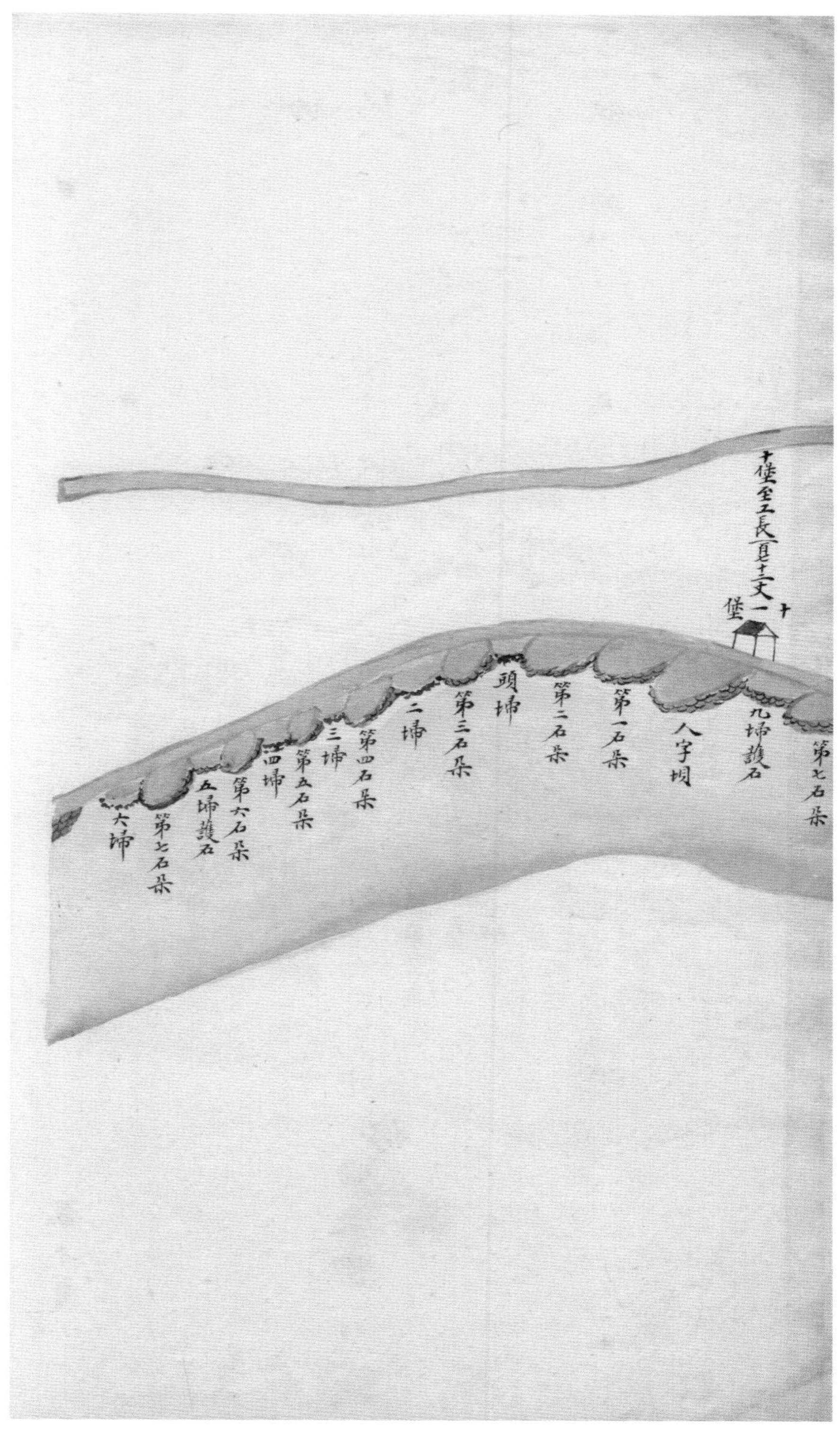
十堡至工長一百七十三丈
十一堡
第七石朵
九埽護石
八字垻
第一石朵
第二石朵
頭埽
第三石朵
二埽
第四石朵
三埽
第五石朵
四埽
第六石朵
五埽護石
第七石朵
六埽

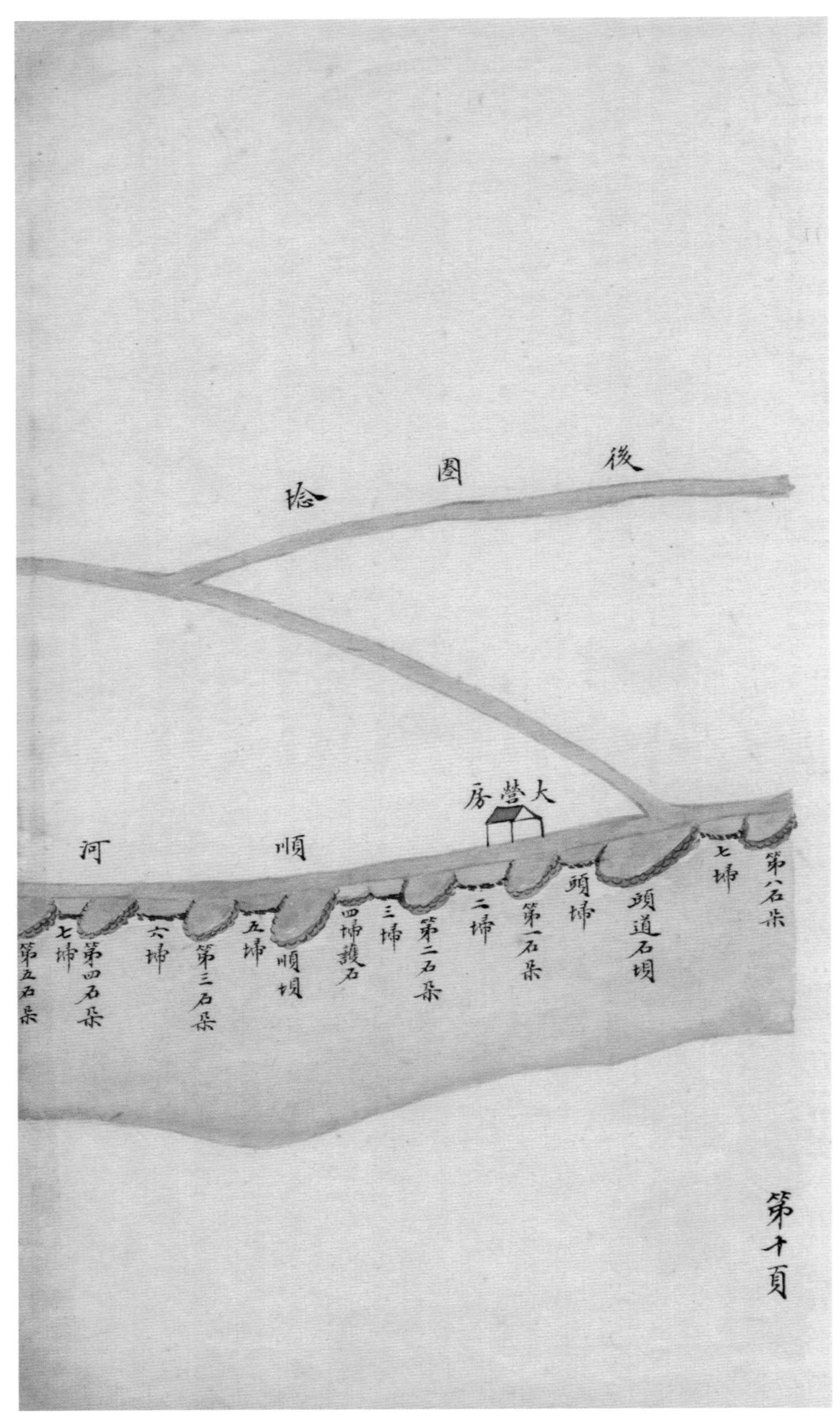

後圍埝
大營房
順河
第八石垛
七埽
頭道石垻
頭埽
第一石垛
二埽
第二石垛
三埽
四埽護石
順垻
五埽
第三石垛
六埽
第四石垛
七埽
第五石垛
第十頁

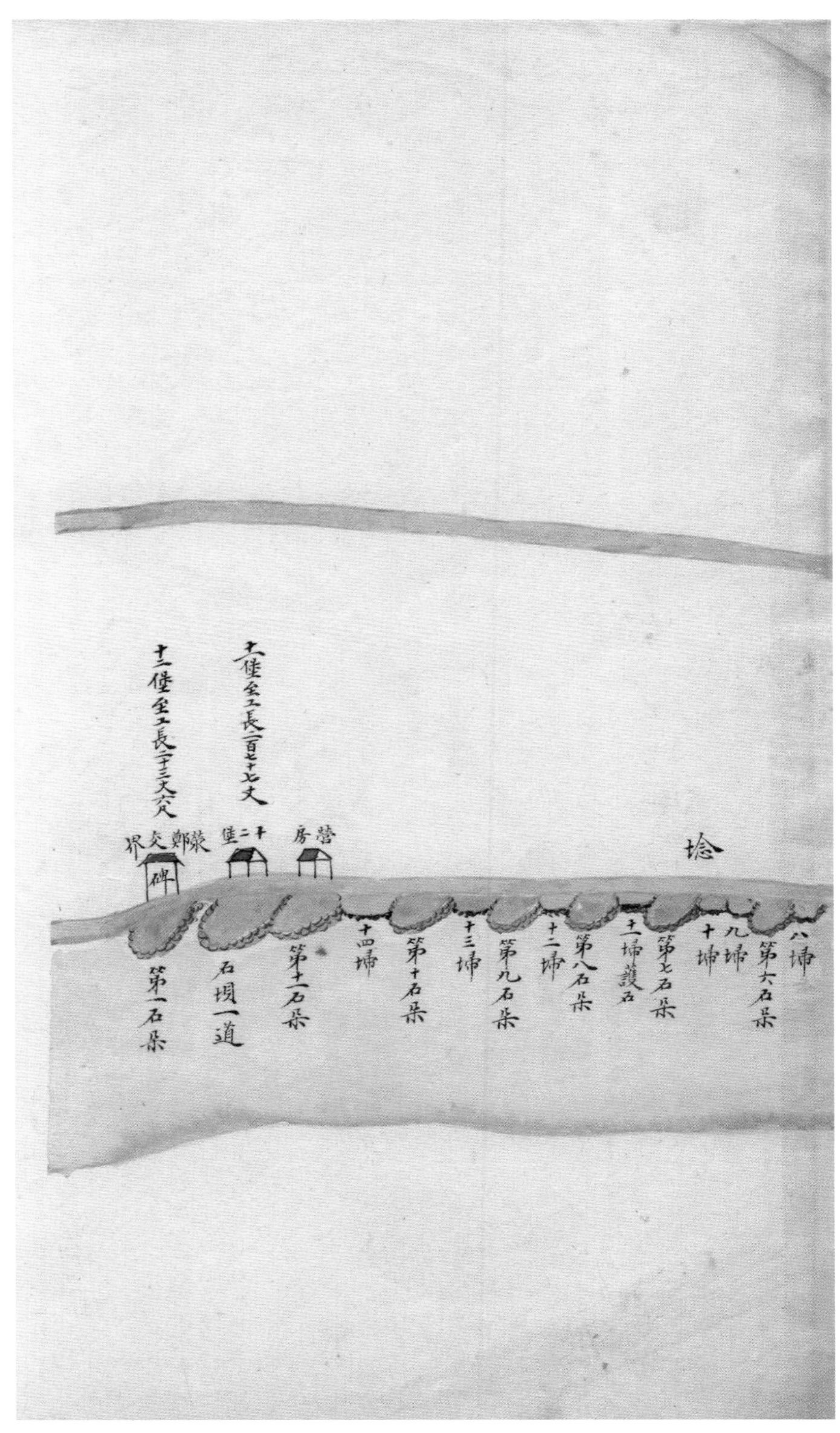
埝
八埽
第六石朵
九埽
十埽
第七石朵
十一埽護石
第八石朵
十二埽
第九石朵
十三埽
第十石朵
十四埽
第十一石朵
營房
十二堡
十二堡至工長二百七十七丈
石壩一道
滎鄭交界
碑
十三堡至工長二十三丈六尺
第一石朵

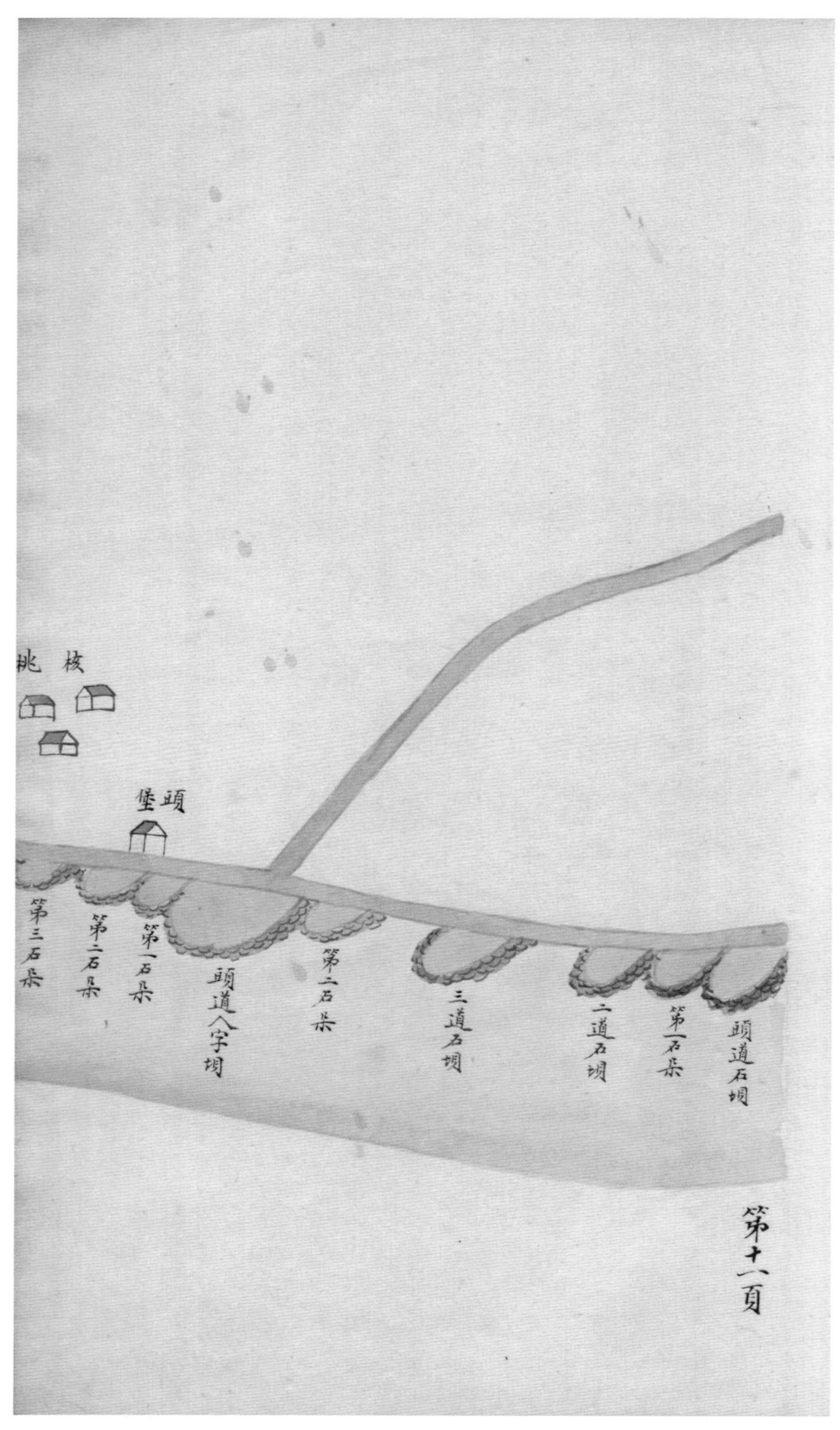
桃
核
頭堡
第三石朵
第二石朵
第一石朵
頭道八字埧
第二石朵
三道石埧
二道石埧
第一石朵
頭道石埧
第十八頁

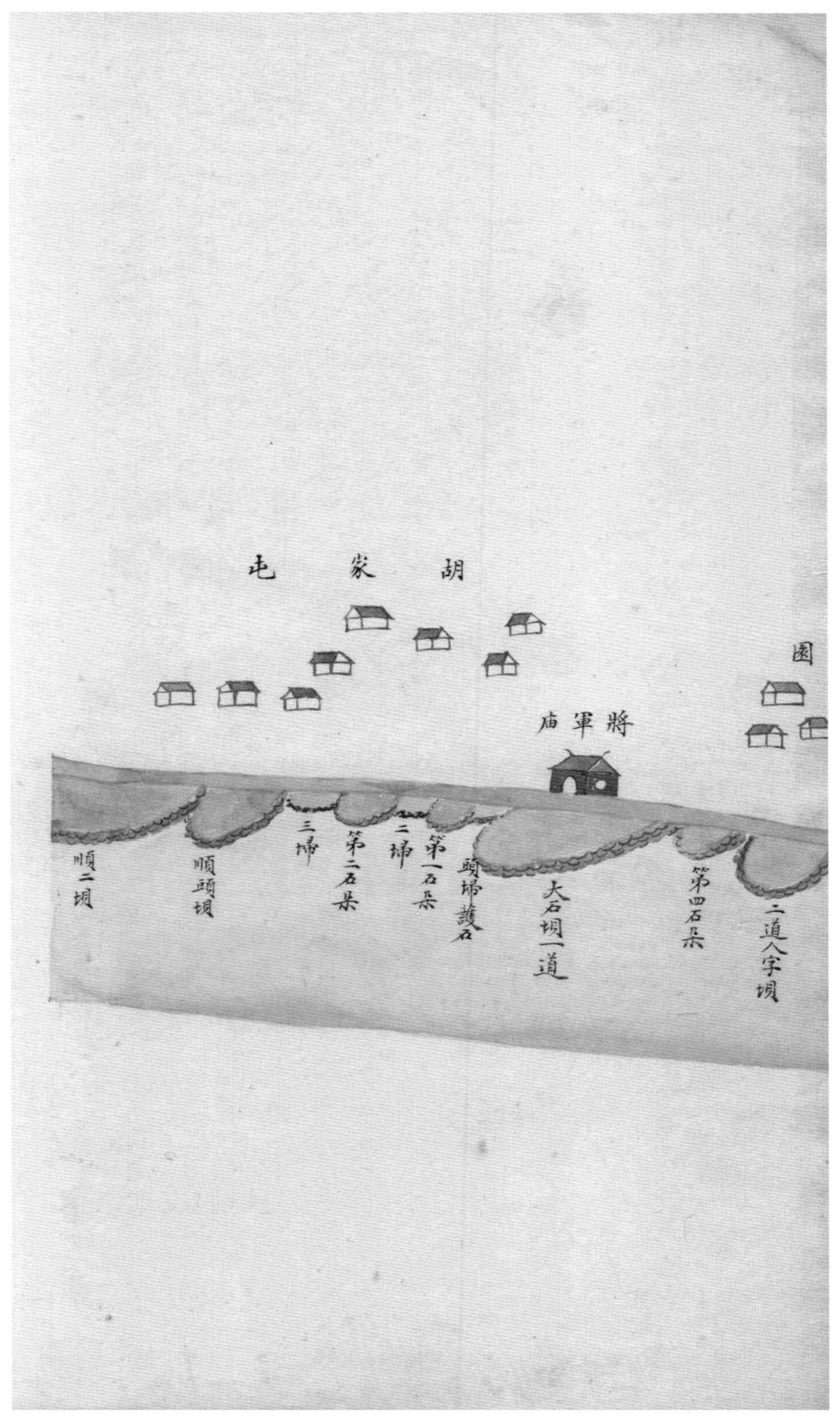
胡家屯
園
將軍庙
順二埧
順頭埧
三埽
第二石朵
二埽
第一石朵
頭埽護石
大石埧一道
第四石朵
二道人字埧

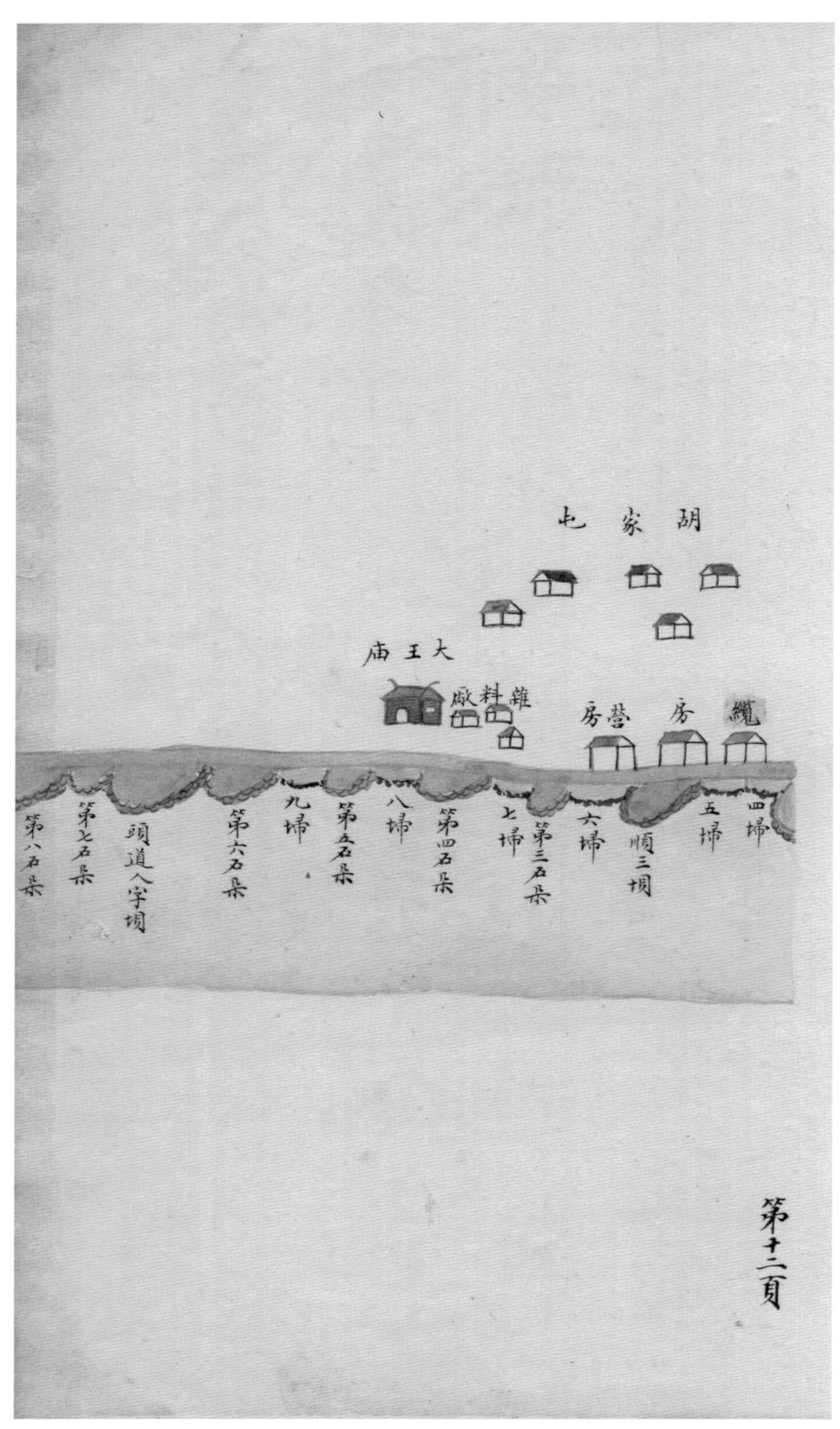
胡家屯
大王庙
雜料廠
營房
纜房
四埽
五埽
順三埧
六埽
第三石朵
七埽
第四石朵
八埽
第五石朵
九埽
第六石朵
頭道人字埧
第七石朵
第八石朵
第十二頁

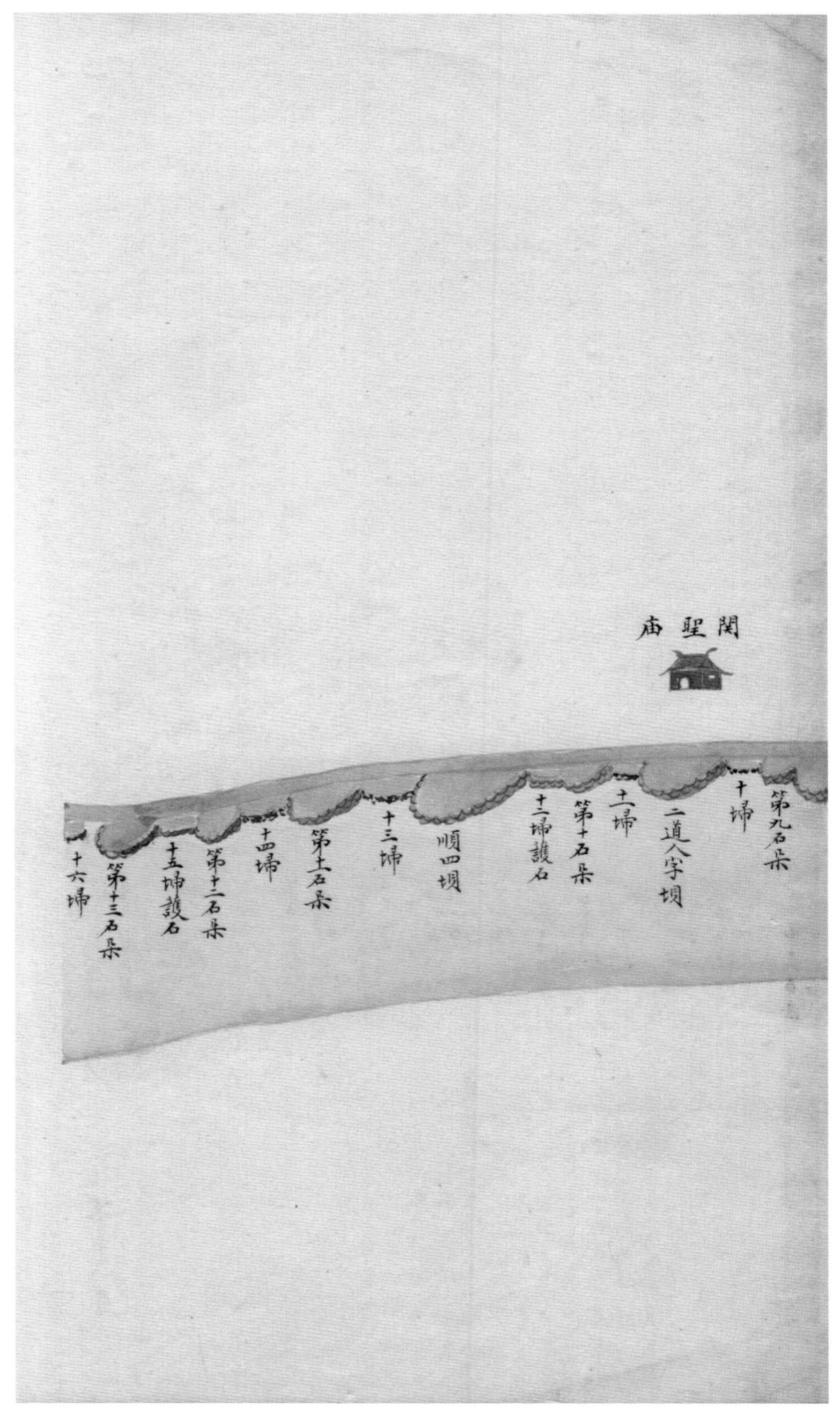
関聖庙
第九石朵
十埽
二道人字垻
十一埽
第十石朵
十二埽護石
順四垻
十三埽
第十一石朵
十四埽
第十二石朵
十五埽護石
第十三石朵
十六埽

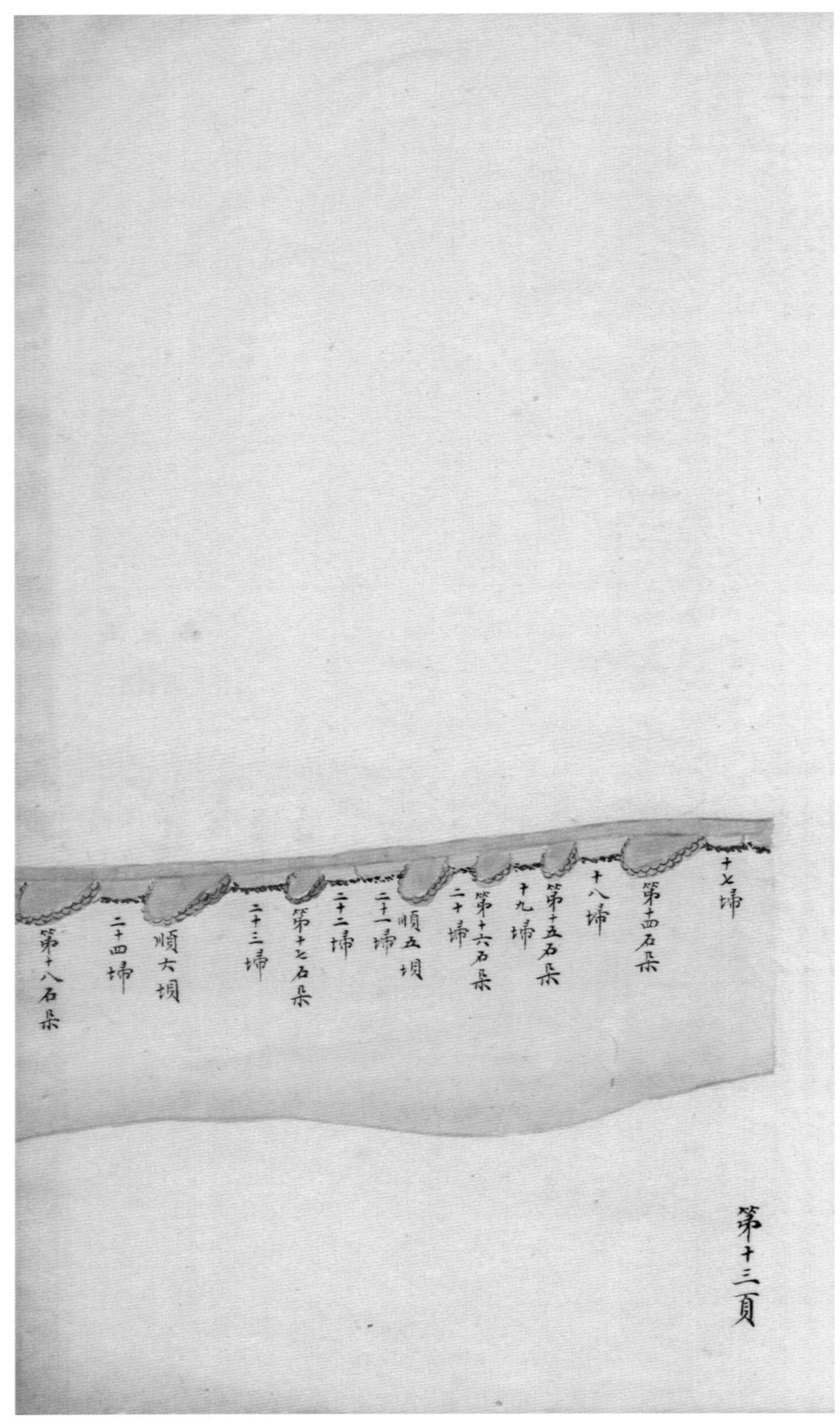
十七埽
第十四石朵
十八埽
第十五石朵
十九埽
第十六石朵
二十埽
順五壩
二十一埽
二十二埽
第十七石朵
二十三埽
順六壩
二十四埽
第十八石朵
第十三頁

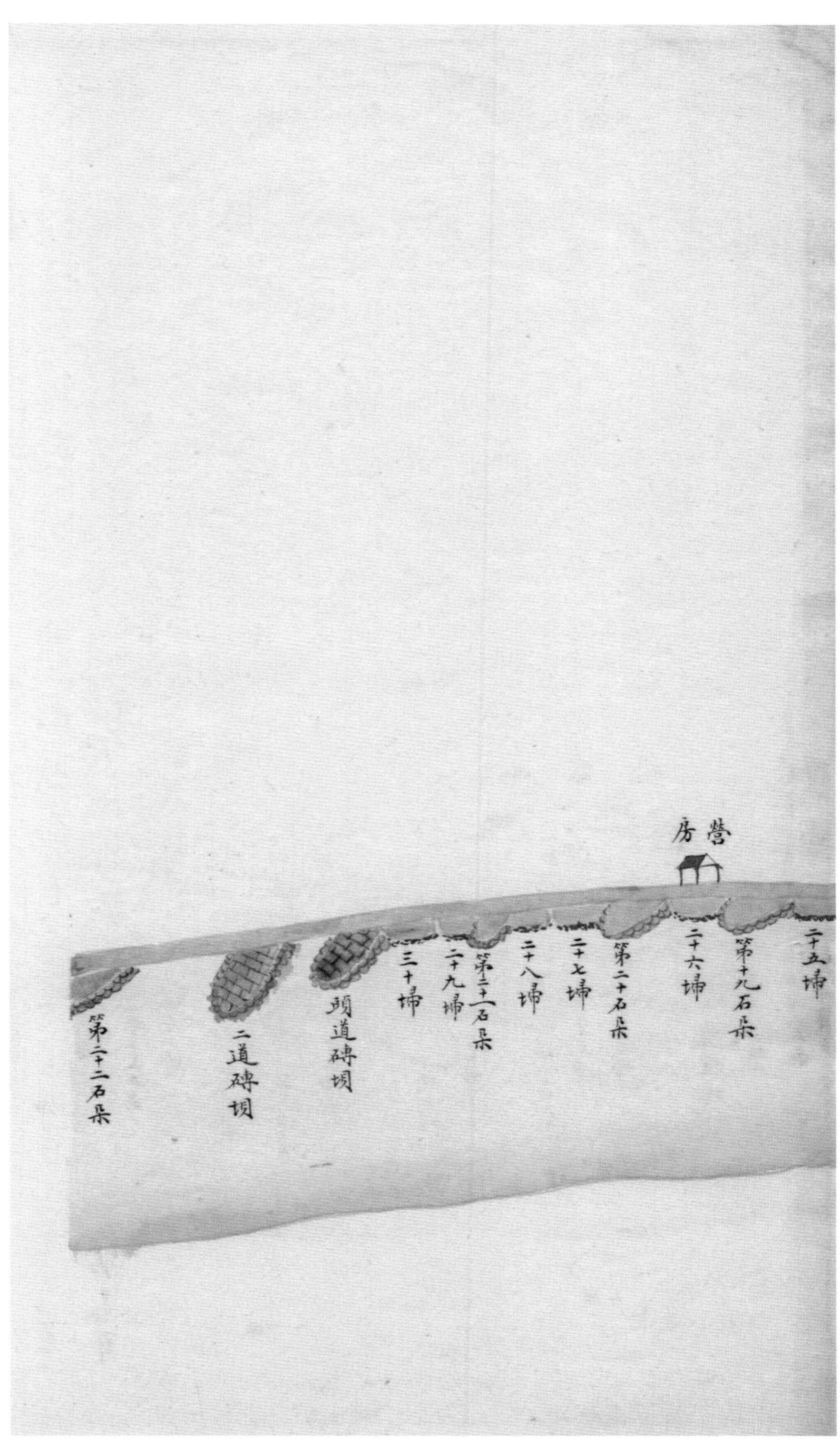
營房
二十五埽
第十九石朵
二十六埽
第二十石朵
二十七埽
二十八埽
第二十一石朵
二十九埽
三十埽
頭道磚垻
二道磚垻
第二十二石朵

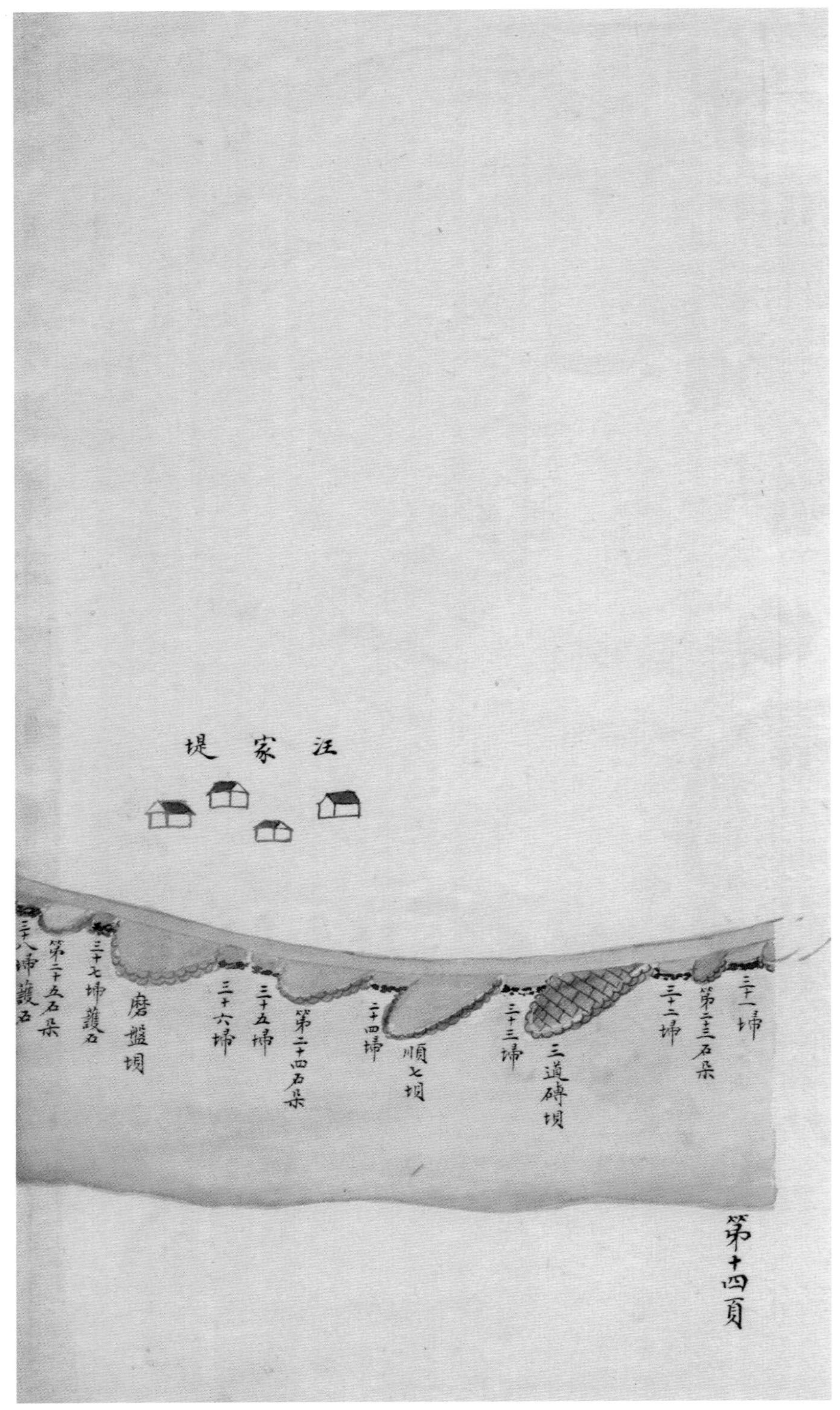
汪家堤
三十一埽
第二三石朵
三十二埽
三道磚垻
三十三埽
順七垻
二十四埽
第二十四石朵
三十五埽
三十六埽
磨盤垻
三十七埽護石
第二十五石朵
三十八埽護石
第十四頁

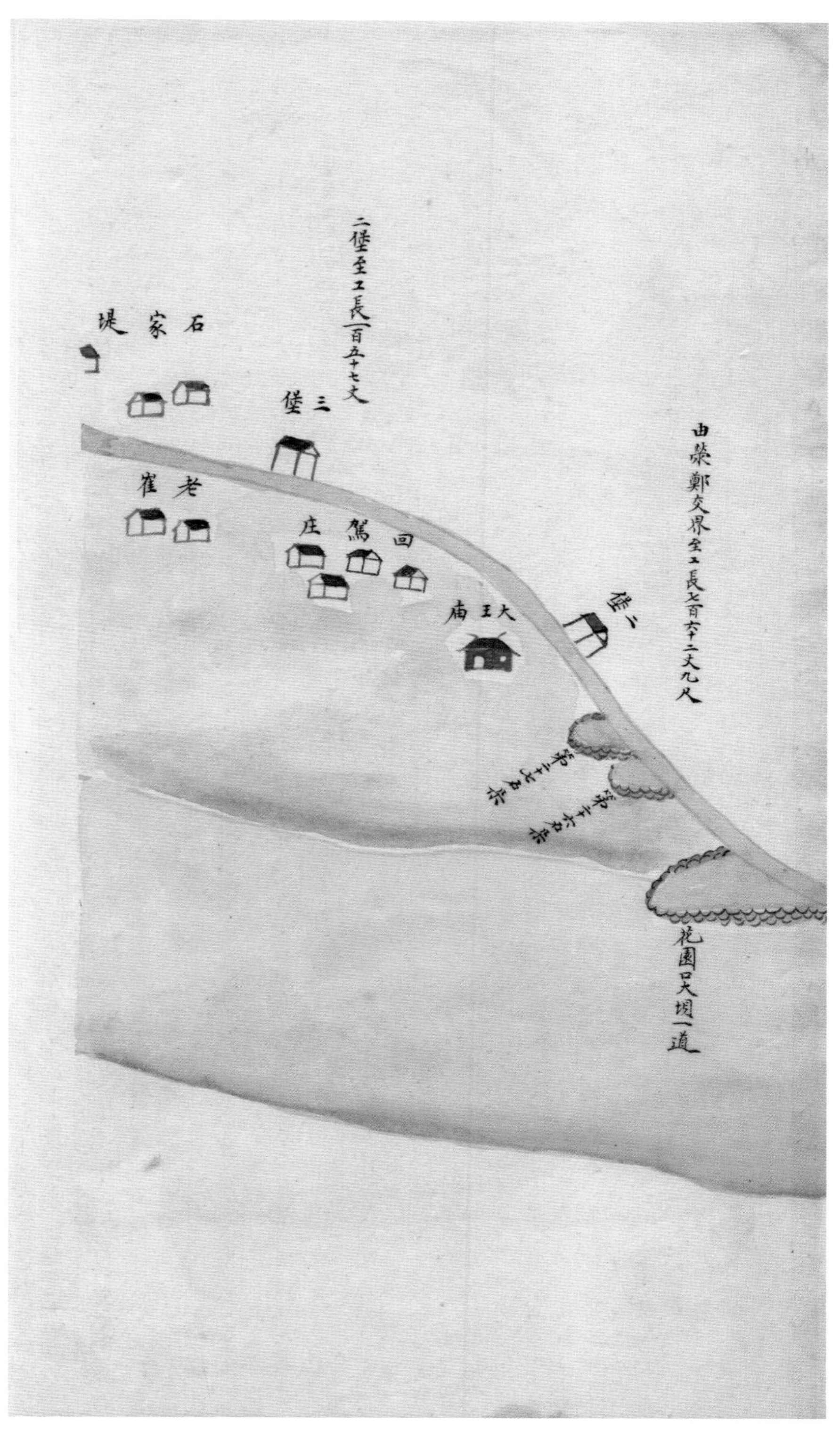
石家堤
二堡至工長一百五十七丈
三堡
由滎鄭交界至工長七百六十二丈九尺
老崔
回駕庄
大王庙
二堡
第三十五垻
第三十六垻
花園口大垻一道

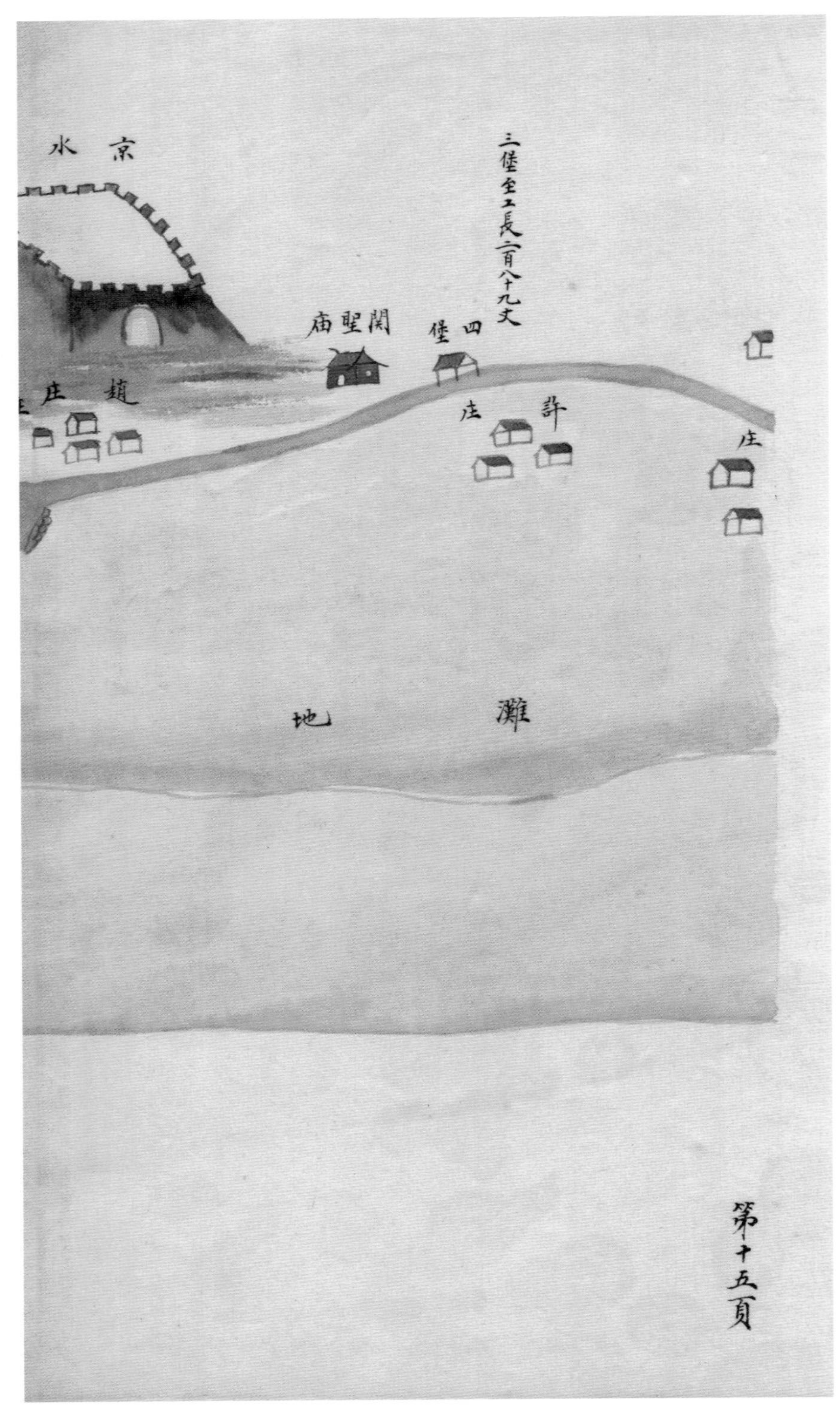
京水
三堡至二堡長二百八十九丈
關聖廟
四堡
趙庄
許庄
庄
灘地
第十五頁

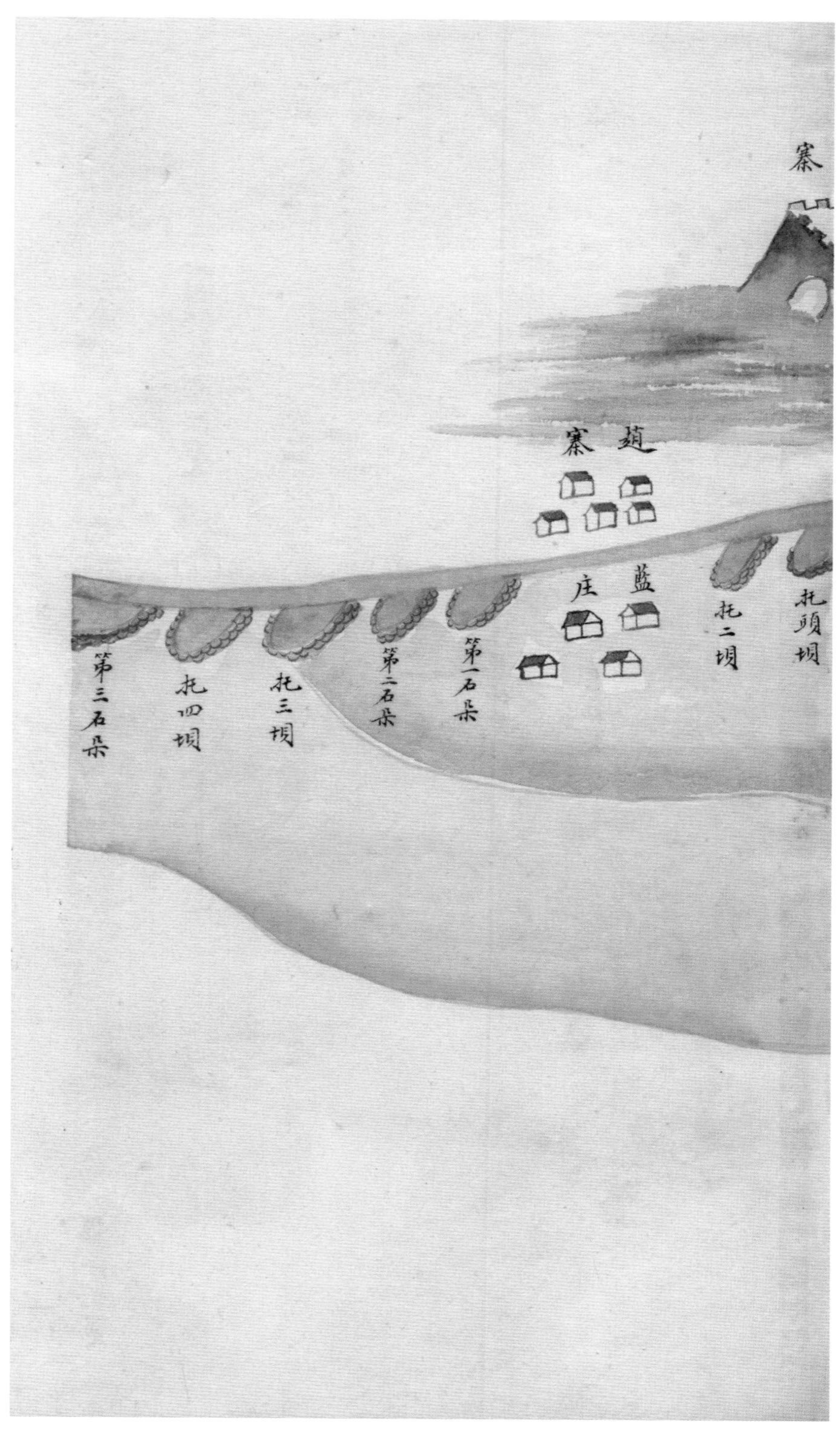
寨
趙寨
藍庄
托頭埧
托二埧
第一石朵
第二石朵
托三埧
托四埧
第三石朵

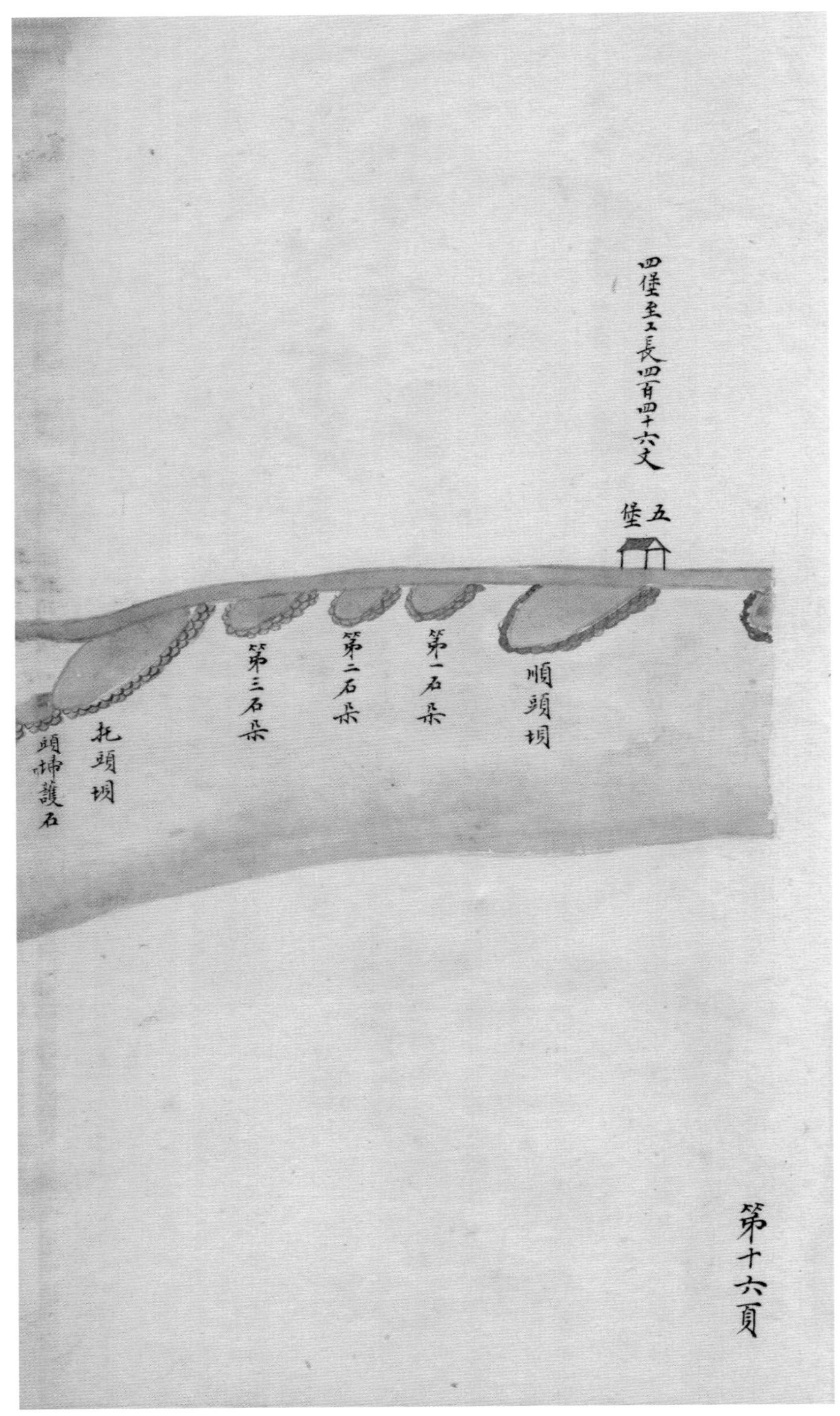
四堡至五堡長四百四十六丈
五堡
順頭垻
第一石朶
第二石朶
第三石朶
托頭垻
頭坲護石
第十六頁

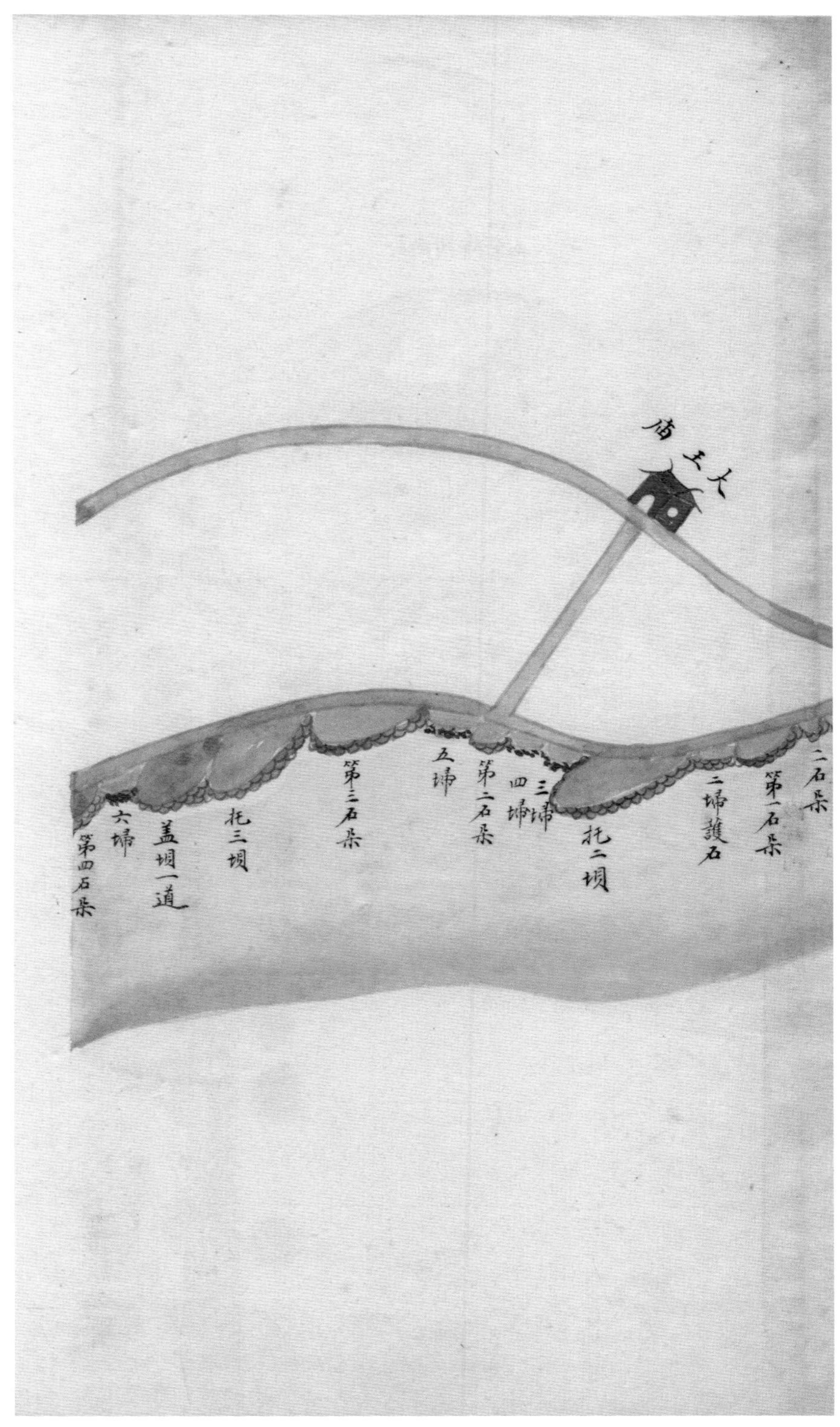
大王廟
二石朵
第一石朵
二埽護石
托二埧
三埽
四埽
第二石朵
五埽
第三石朵
托三埧
蓋埧一道
六埽
第四石朵

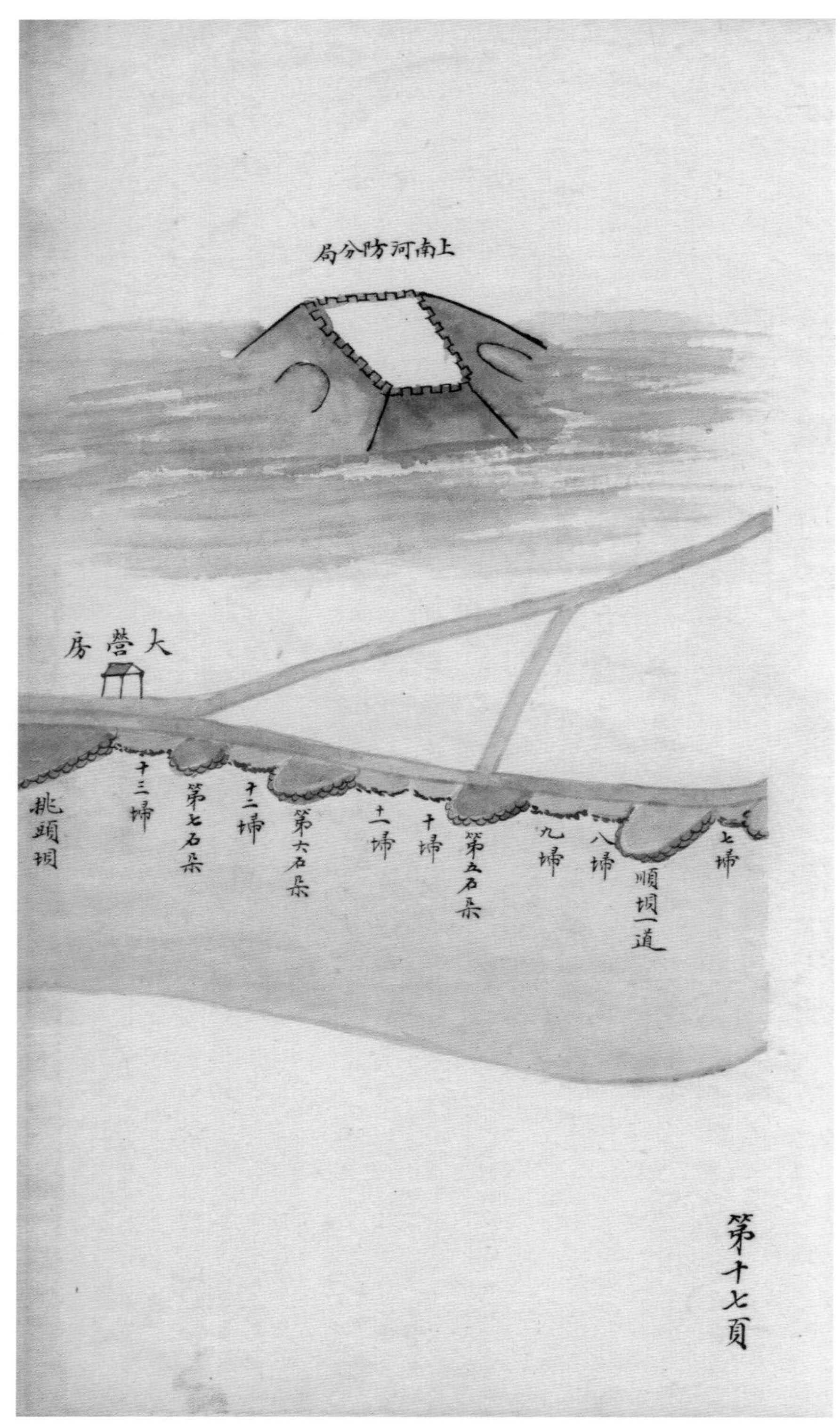
上南河防分局
大營房
挑頭垻
十三埽
第七石朶
十二埽
第六石朶
十一埽
十埽
第五石朶
九埽
八埽
順垻一道
七埽
第十七頁

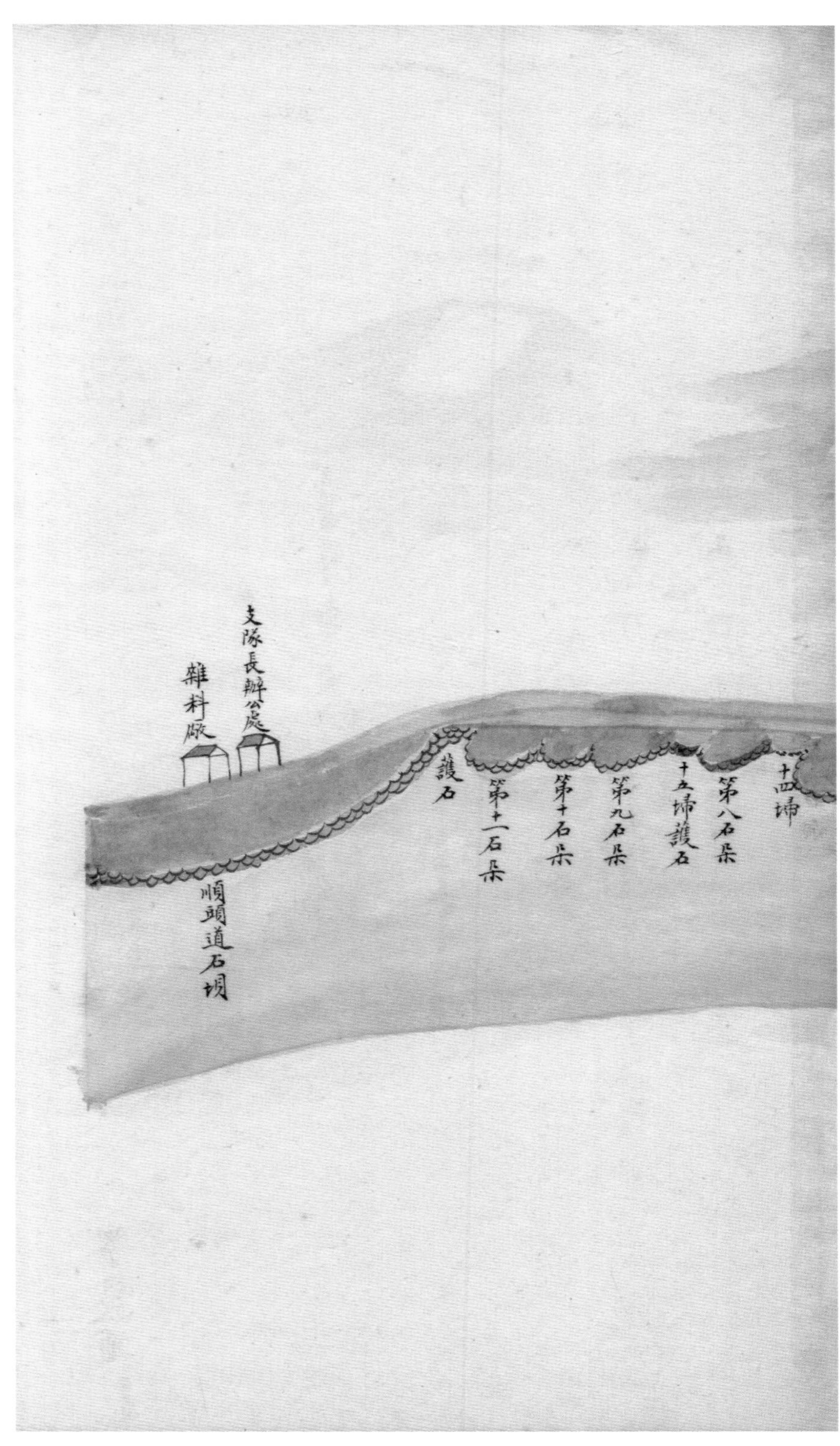

支隊長辦公處
雜料厰
護石
第十一石朵
第十石朵
第九石朵
十五埽護石
第八石朵
十四埽
順頭道石壩

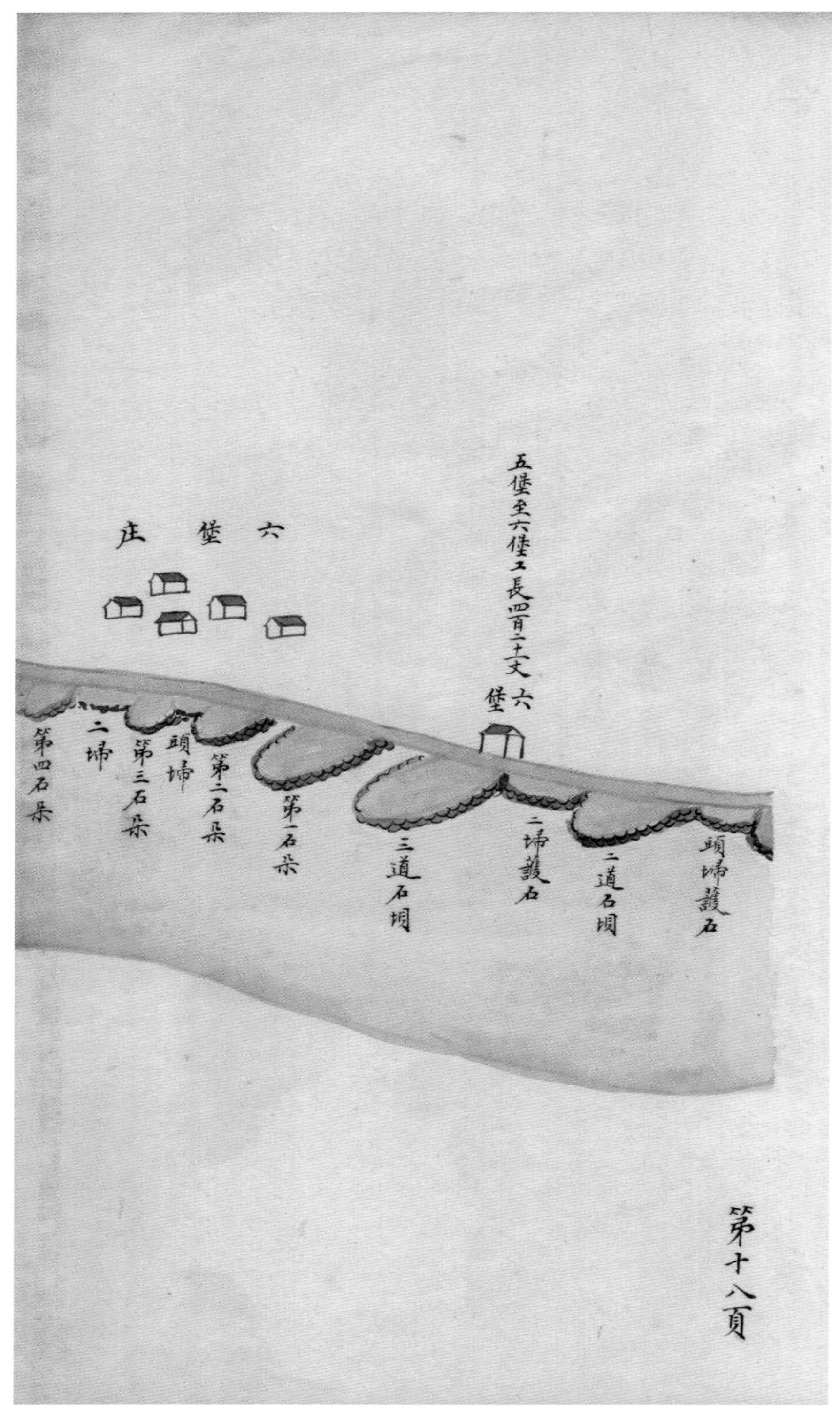
五堡至六堡工長四百二十丈
六堡
六堡庄
第四石朵
二埽
第三石朵
頭埽
第二石朵
第一石朵
三道石垻
二埽護石
二道石垻
頭埽護石
第十八頁

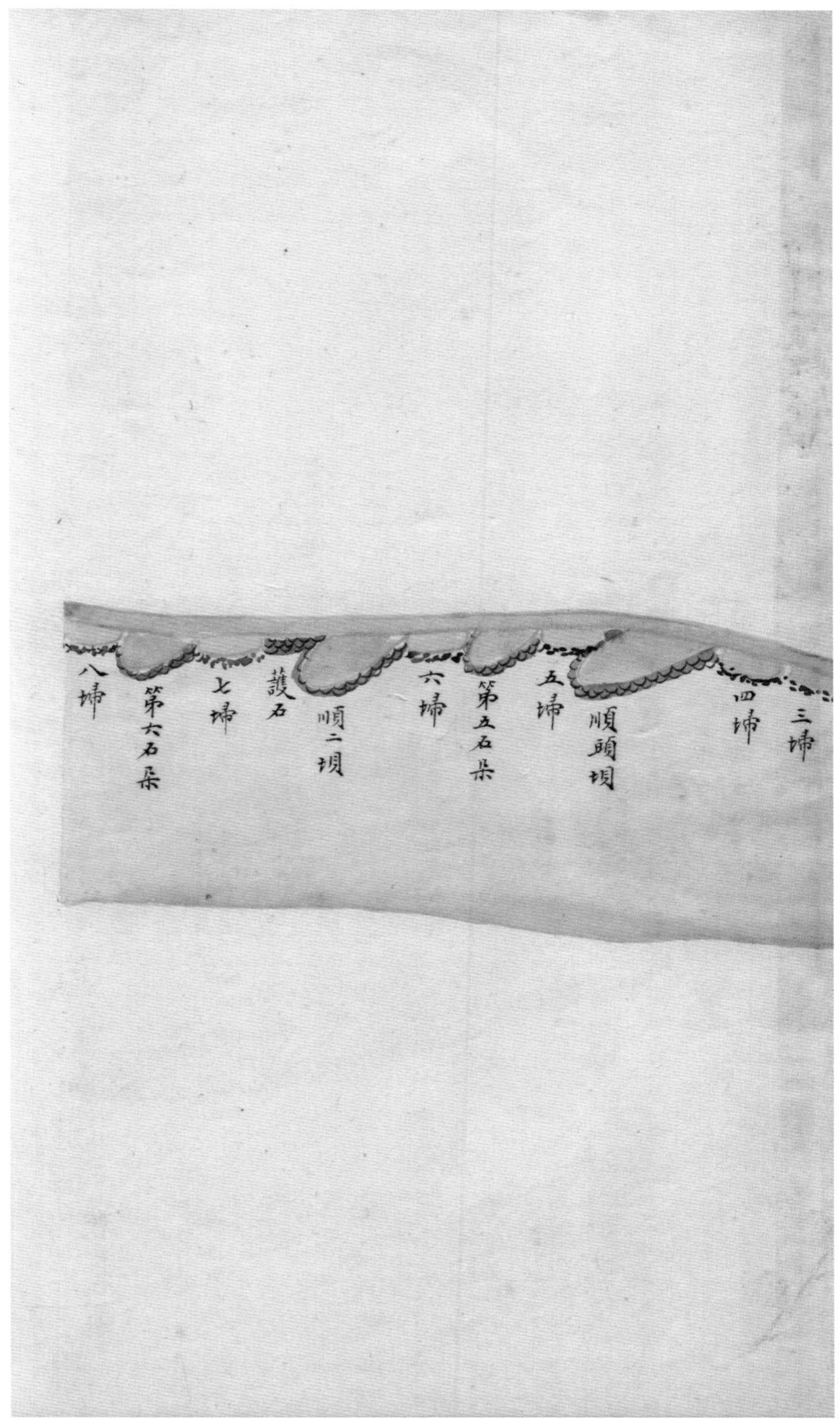
三埽
四埽
順頭垻
五埽
第五石朵
六埽
順二垻
護石
七埽
第六石朵
八埽

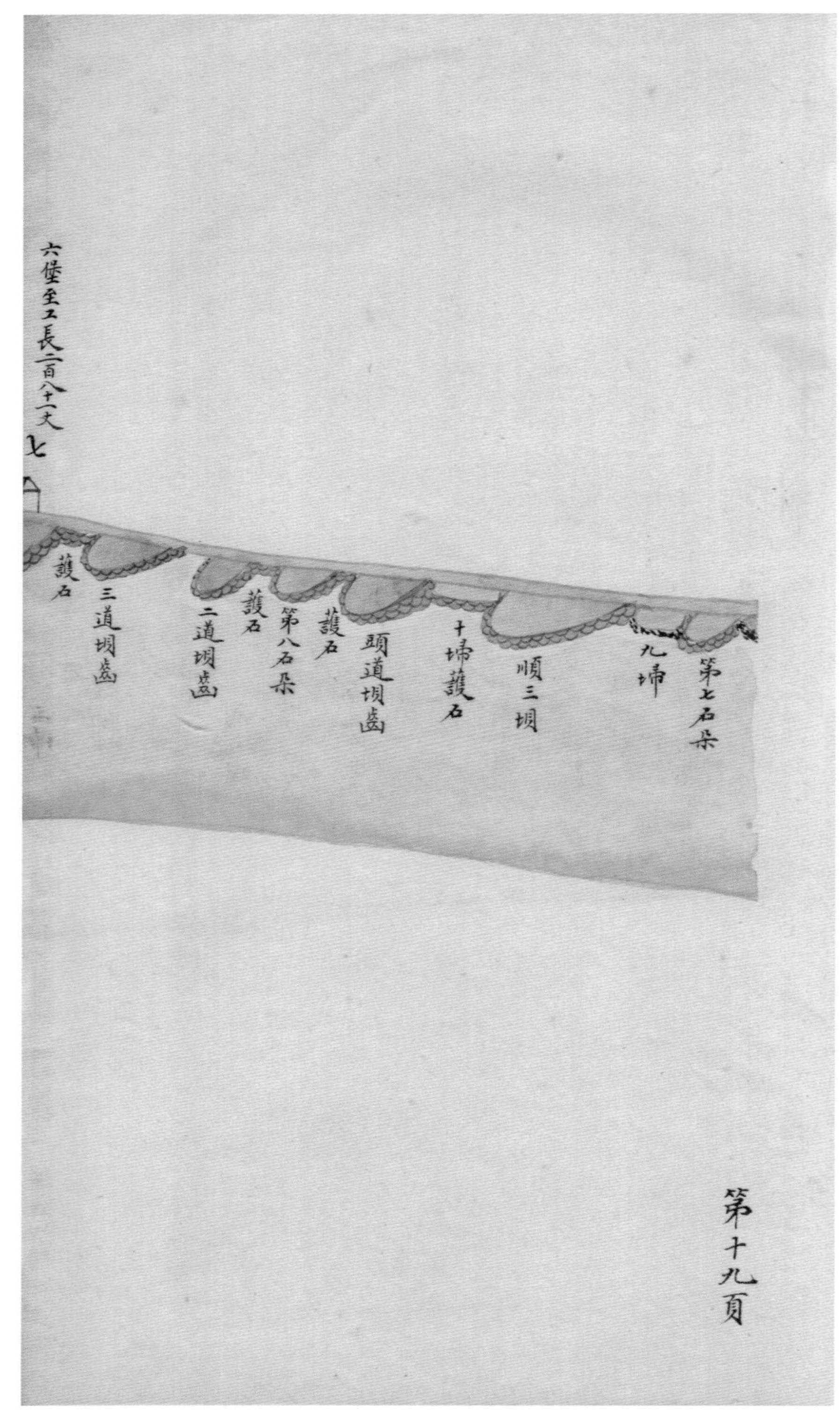
六堡至工長二百八十一丈
七
護石
三道坝盉
二道坝盉
護石
第八石朵
護石
頭道坝盉
十埽護石
順三坝
九埽
第七石朵
第十九頁

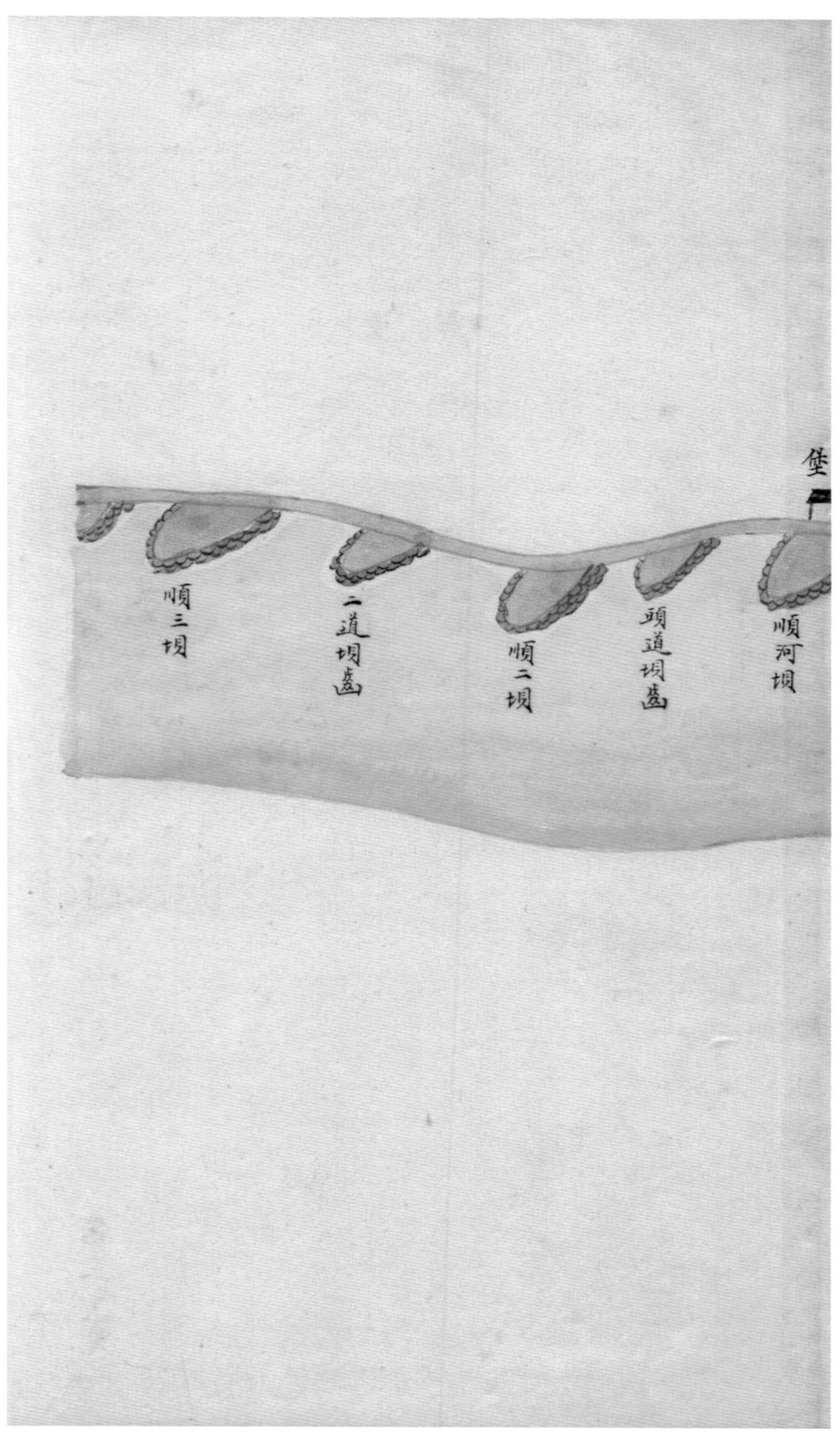

堡
順河埧
頭道埧盡
順二埧
二道埧盡
順三埧

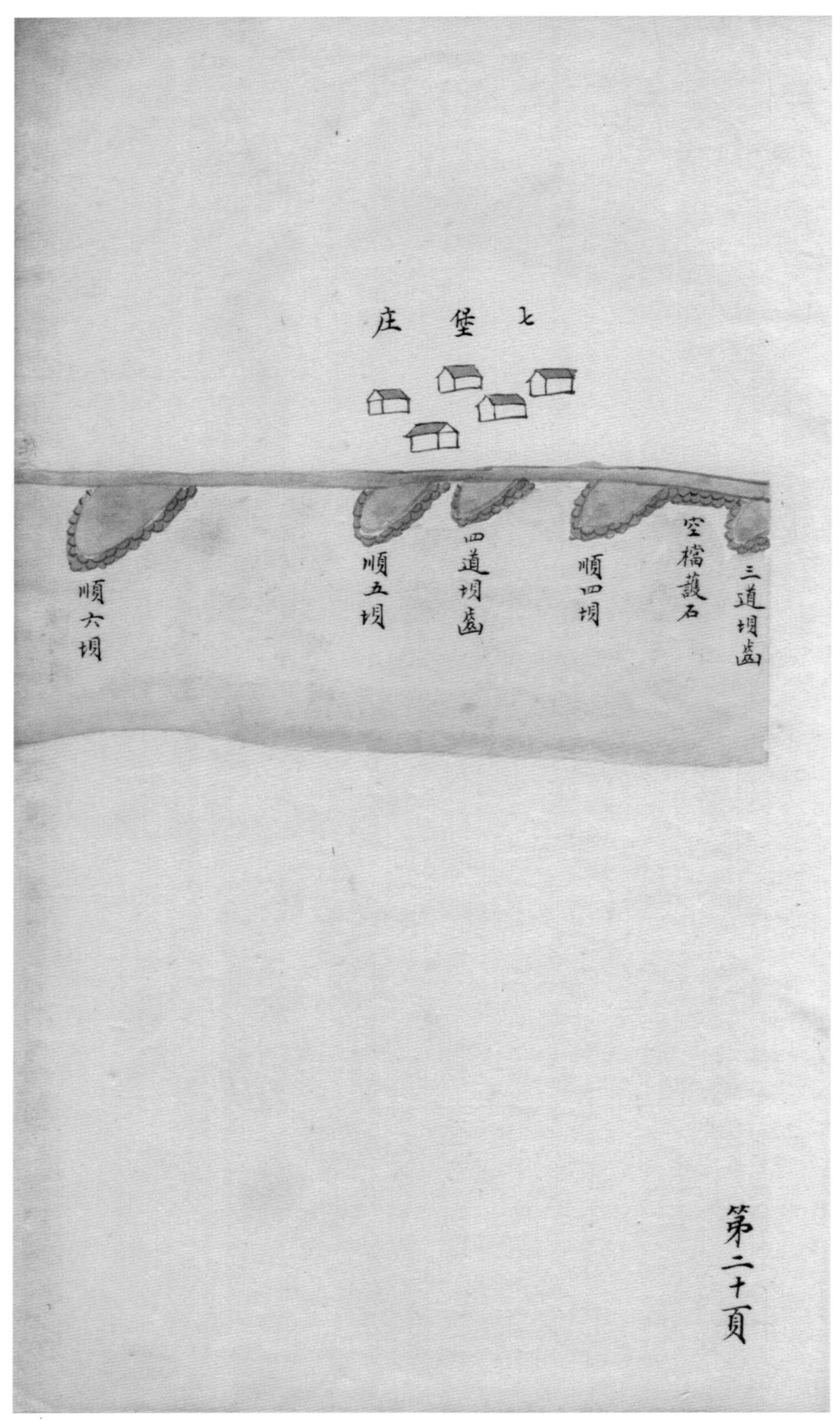

七堡庄
三道埧盡
空檔護石
順四埧
四道埧盡
順五埧
順六埧
第二十頁

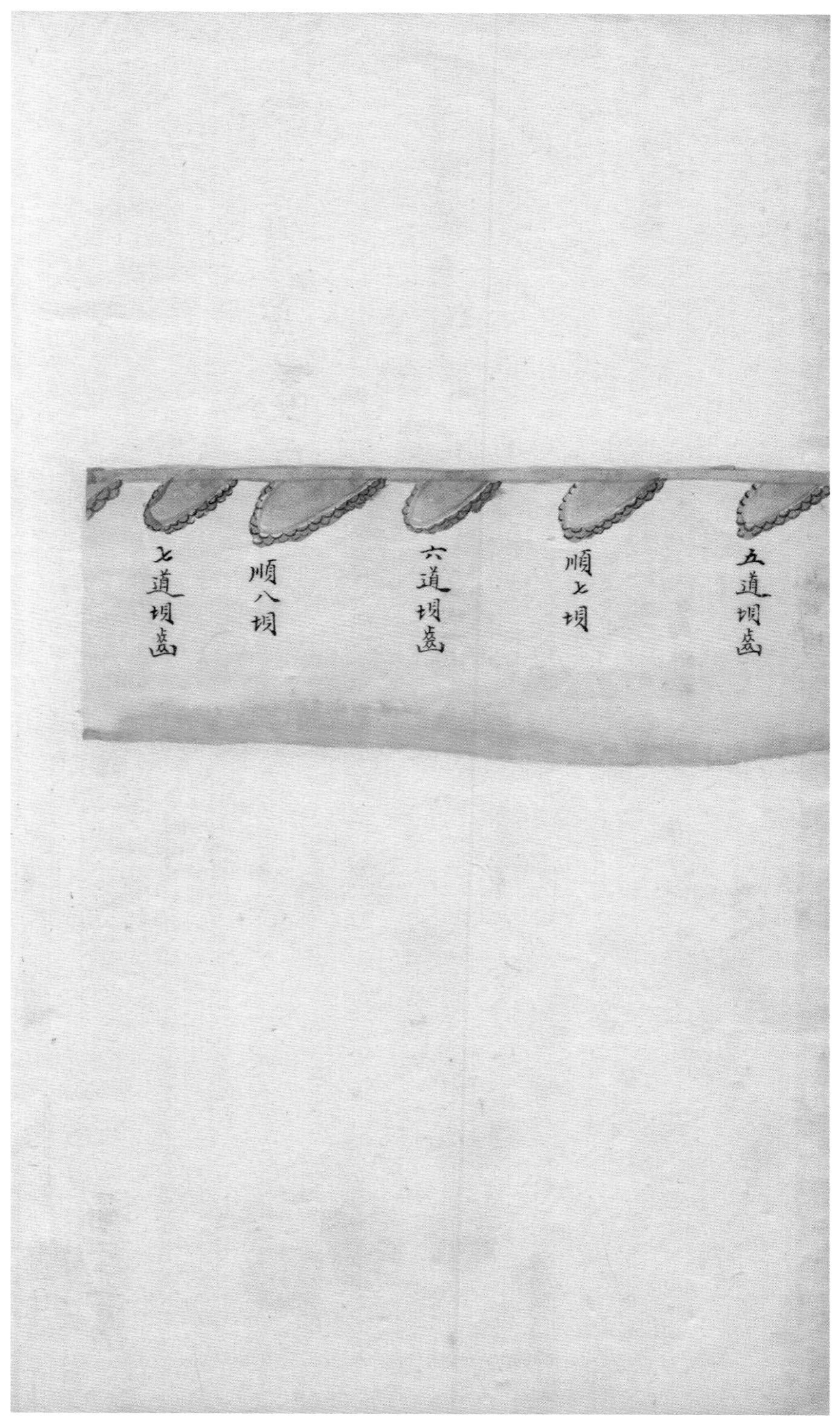
五道垻處
順七垻
六道垻處
順八垻
七道垻處

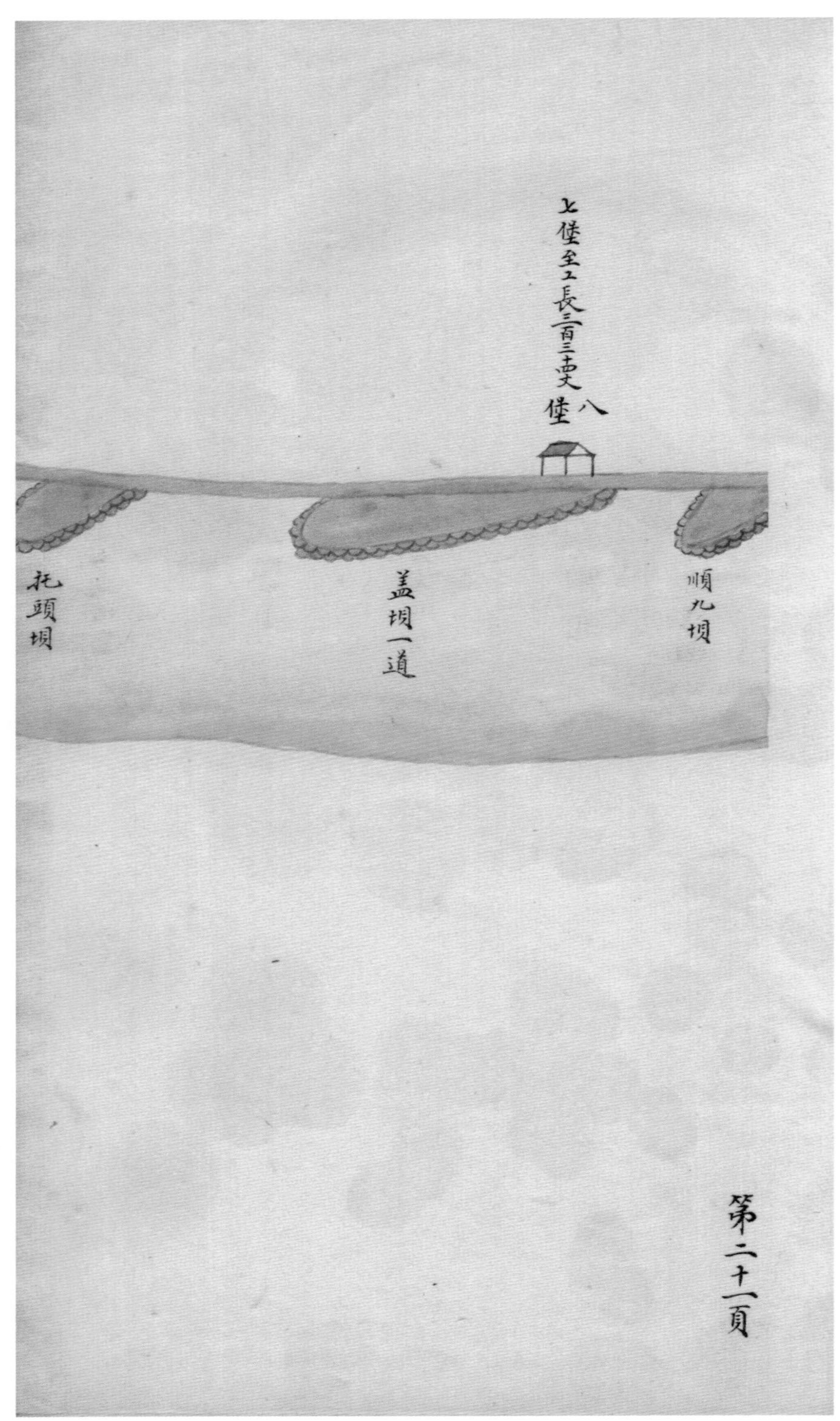
七堡至工長三百三十丈
八堡
托頭垻
盖垻一道
順水垻
第二十一頁

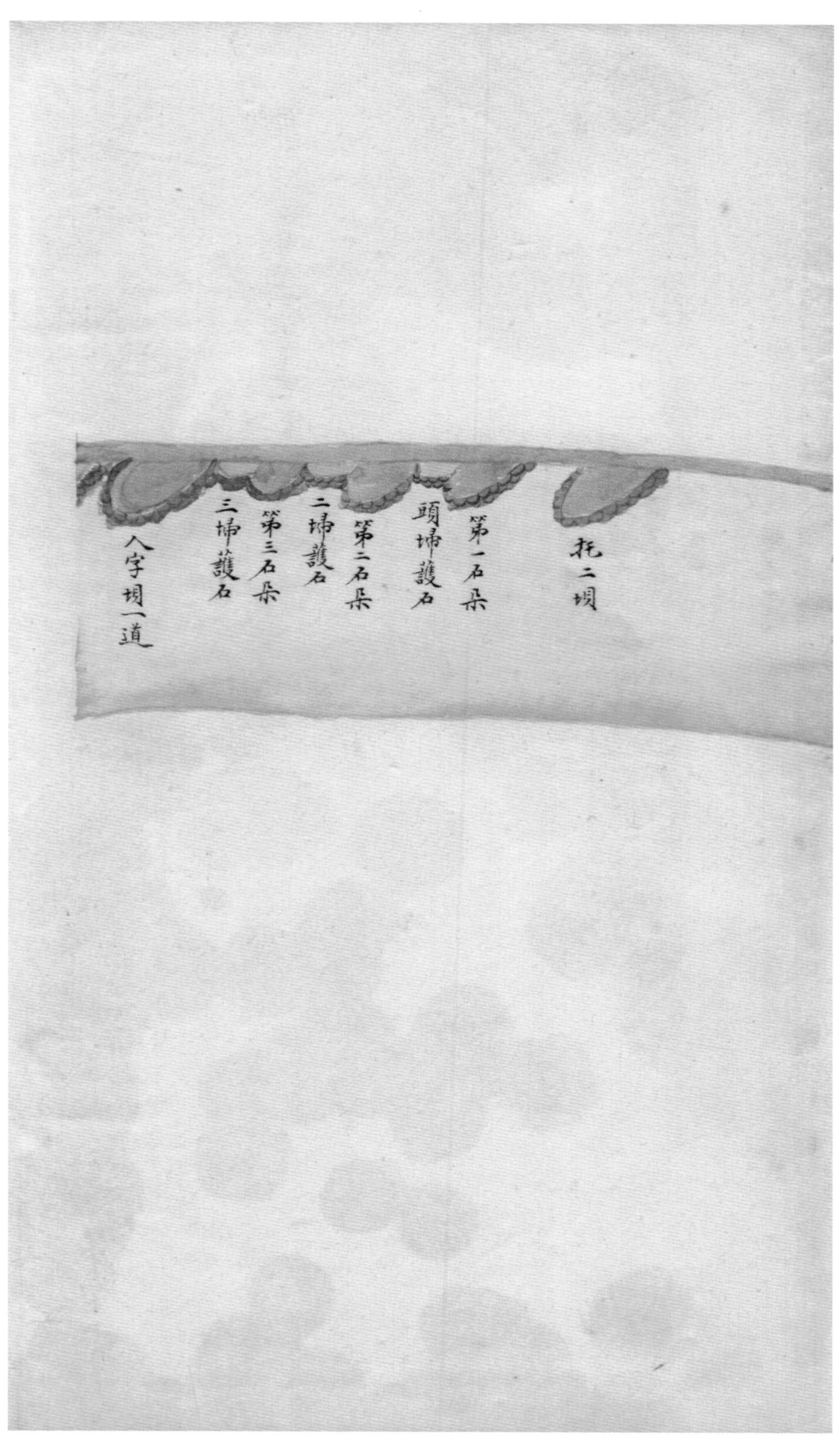

托二埧
第一石朵
頭埽護石
第二石朵
二埽護石
第三石朵
三埽護石
人字埧一道

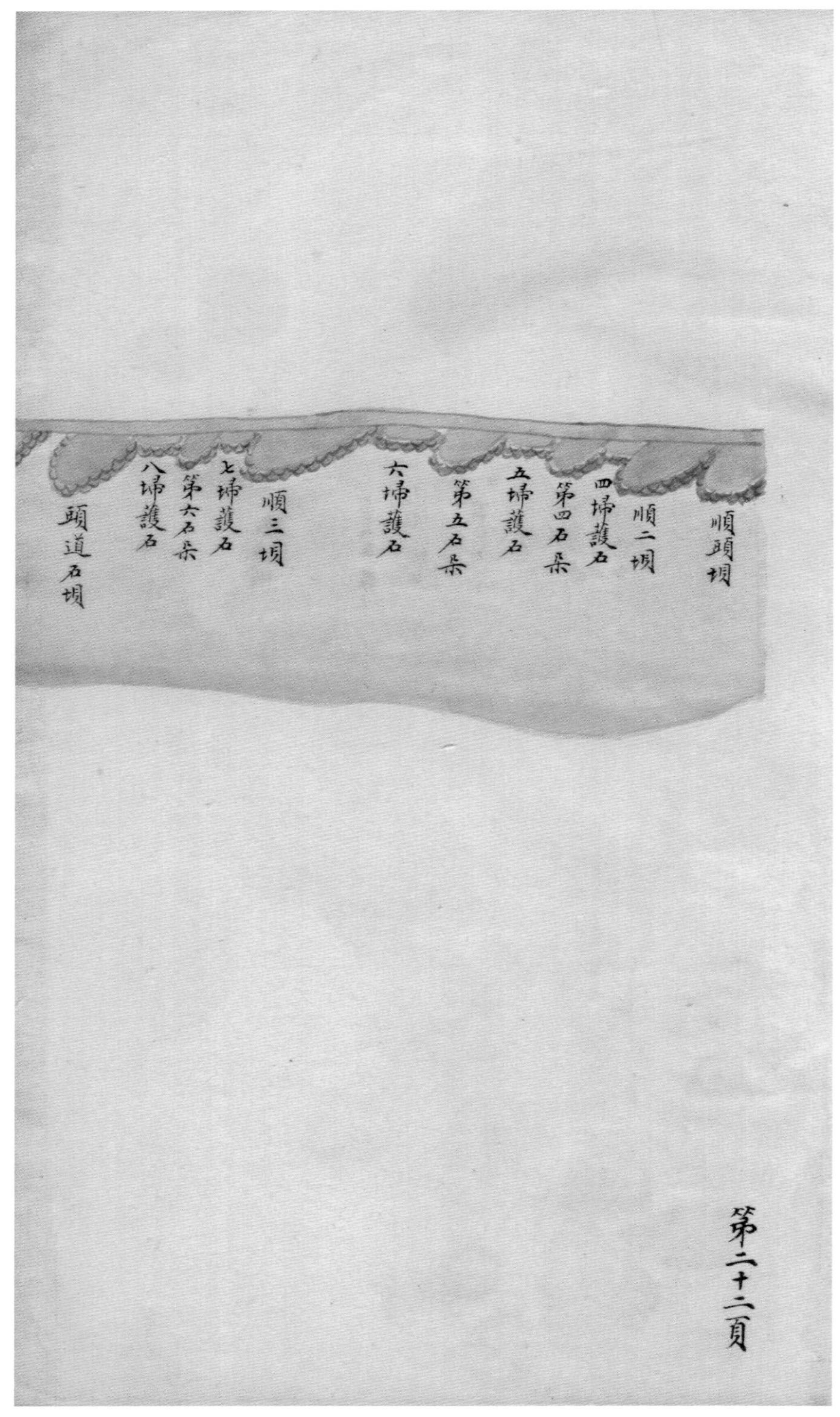
順頭埧
順二埧
四埽護石
第四石朵
五埽護石
第五石朵
六埽護石
順三埧
七埽護石
第六石朵
八埽護石
頭道石埧
第二十二頁

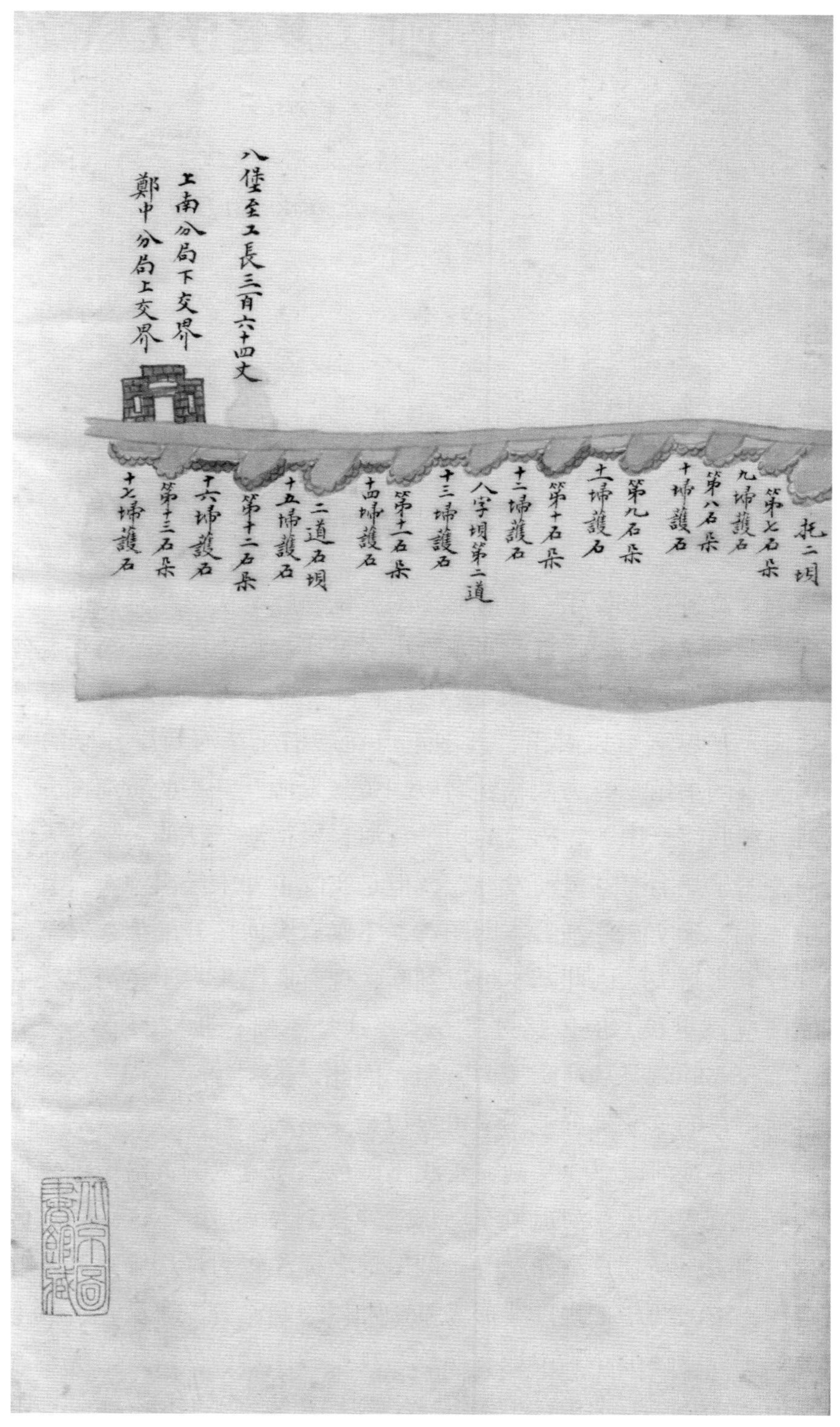
八堡至工長三百六十四丈
上南分局下交界
鄭中分局上交界
托二垻
第七石朵
九埽護石
第八石朵
十埽護石
第九石朵
十一埽護石
第十石朵
十二埽護石
八字垻第二道
十三埽護石
第十一石朵
十四埽護石
二道石垻
十五埽護石
第十二石朵
十六埽護石
第十三石朵
十七埽護石

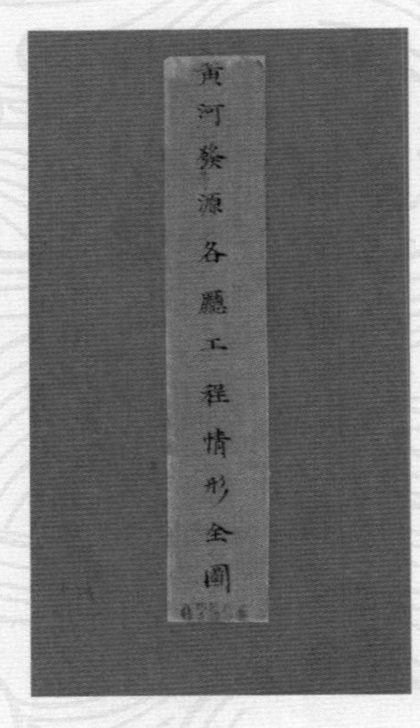

《黄河发源各厅工程情形全图》

版本：彩绘本

年代：清道光元年至道光五年（1821—1825 年）

尺寸：23 厘米 ×580 厘米

幅数：1 幅

《黄河发源各厅工程情形全图》是一幅清代彩绘本黄河图，地图方向上南下北、左东右西，自西向东绘出了黄河自河南武陟县至江苏丝网浜入海口之全程。全图纵 23 厘米，展开后全长 580 厘米，从形制来看是一幅随奏折地图。从题名可以看出，地图重点在于描绘黄河两岸各厅的工程情形。中国国家图书馆藏有另两幅题名以“黄河发源”开头的黄河图，题名均为《黄河发源归海全图》，描绘的均是黄河自星宿海至江苏云梯关入海口之全程。而本图虽然名有“黄河发源”，但是实际上并未绘出源头，其中是否有什么说法呢？确实，仔细看本图图首，不仅有纵向撕开的痕迹，下方横向也有一部分纸张缺失，因此基本可以判断，现有此图失去了黄河源头的那一部分，原图应该更长，应该超过了 6 米。这是一幅有残损的地图。不过，黄河两岸工程实际就是从河南境内开始，因此，就“各厅工程”这个意义上而言，目前留存的这一部分地图又可以说是完整的。

图中黄河以双线绘制，着浅土黄色，河道宽阔；沿岸汇入河流也以双线绘制，着灰蓝色，河道较窄。从武陟县至入海口，汇入的较大河湖有沁水、微山湖、骆马湖、洪泽湖等。两岸地名标注较为详细，尤其是各厅工程所经地区。黄河两岸工程以线形为基础加以绘制，着深土黄色，其上各堤、坝、埝等工标绘详细。其中埝有圈埝、越埝、民埝、外埝等，堤有遥堤、格堤、靠堤、缕堤、月堤、越堤、斜堤等，坝有鱼鳞坝、土坝、挑坝、上坝、鸡嘴坝、顺水坝、挑水坝、盖坝、夹土坝、磨盘坝、柴坝、戗坝、顺坝、御水坝、滚坝、滚水坝、御黄坝、钳口坝、横坝、减坝、土石坝、石坝等，又有以地名命名的任家坝、黄村坝等，及以顺序命名的头坝、二坝等。

地图上有大量文字用于记载各汛起止、经管人员、路程计里等，其规整、严谨也从侧面反映了这幅地图的确属于官方出品。例如，“河南黄河北岸五厅，西自武陟沁堤尾起，东至曹汛上界止，共长三百四十九里九十丈八尺”；“怀庆府黄沁同知经管西自武陟汛界起，东至原武下汛界止，计程九十五里一百四十三丈”“卫辉府上北卫粮通判经管西自阳武上汛起，东至封邱下汛止，计程九十一里九十九丈八尺”“开封府祥河同知经管西自祥符上汛起，东至祥符下汛止，计程三十里十丈”“开封府下北同知经管西自祥陈上汛起，东至兰阳上汛止，计程五十一里七十九丈”“曹州府曹考通判经管西自兰阳下汛起，东至曹上汛止，计程八十里一百十九丈”；“武陟汛缕堤工长十六里一百三丈”“武陟沁河汛堤工长七十丈，向系民修”“武陟汛遥堤长十八里一百十一丈”“荥泽汛堤工长八里一百一十八丈”“原武汛堤工长三十七里八十四丈”“阳武汛堤工长三十三里一百三十三丈”“阳封汛堤工长二十七里一百四十五丈五尺”“封邱汛堤工长三十里一丈三尺”“祥符汛堤工长二十里十丈”“祥陈汛堤工长二十五里四十四丈”“兰阳上汛堤工长二十六里三十五丈”“兰阳下汛堤工长十五里四十七丈”“考城汛堤工长六十五里七十二丈”“考城汛旧南堤工长一万二百九十四丈”。

又有“河南黄河南岸八厅，西自荥泽县民埝头起，东至江南砀山县交界止，大堤共长五百三里八十三丈七尺”；“开封府上南同知经管西自荥泽起，东至中牟止，计程七十里八丈四尺”“开封府中河通判经管西自中牟上汛起，东至祥符上汛止，计程三十八里二十一丈”“开封府下南同知经管西自祥符上汛起，东至陈留汛止，计程一百十里七十七丈”“开封府兰仪同知经管西自兰阳汛起，东至仪封汛止，计程四十一里九丈五尺”“开封府仪睢通判经管西自仪封汛起，东至睢州上汛止，计程四十七里一百四十九丈五尺”“归德府睢宁通判经管西自睢州上汛起，东至宁陵汛止，计程五十九里四十六丈八尺”“归德府商虞通判经管西自商邱汛起，东至虞城上汛止，计程八十九里十三丈五尺”“归德府归河通判经管西自虞城下汛起，东至江南砀山交界止，计程四十七里一百丈”；“荥泽汛堤工长十三里二十三丈”“郑州上汛堤工长十八里一百六十四丈九尺”“郑州下汛堤工长十七里三十八丈”“中牟上汛堤工长二十里一百四十三丈五尺”“中牟下汛堤工长三十八里二十一丈”“祥符上汛堤工长四十五里二丈”“祥符下汛堤工长四十五里一百四十二丈”“陈留汛堤工长十九里一百十三丈”“兰阳汛堤工长二十八里四十六丈”“仪封上汛堤工长十二里四十三丈五尺”“仪封下汛堤工长十二里一百四十三丈五尺”“睢州上汛堤工长三十五里六尺”“睢州下汛堤工长三十五里一百二十四丈八尺”“宁陵汛堤工长二十三里一百二十丈”“商邱汛堤工长四十九里九十六丈五尺”“虞城上汛堤工长二十九里九十七丈”“虞城下汛堤工长四十七里一百丈”。

那么，这幅地图是什么时候绘制的呢？图中出现了道光皇帝旻宁的“宁”字避讳，因此地图的绘制时间不会早于清道光元年（1821年）。清道光五年（1825年），开封府兰阳县与仪封厅合并为兰仪县，而图中兰阳县尚未更名，因此地图的绘制时间不会晚于清道光五年（1825年）。再看图中的黄河入海口在望海墩以东，符合清道光时期的黄河入海口实际情况。因此，地图的实际绘制时间应当是在清道光元年（1821年）至清道光五年（1825年）之间。

此图中的黄河入海口在丝网浜以东。丝网是打鱼的工具，浜有小沟河之意；丝网浜在清嘉庆初年还是一个小渔村，因渔而兴集市，因集市而渐成港口，成为扼守黄河门户的海边重镇。南宋建炎二年（1128年），黄河在河南境内决堤，向南一股流入淮河，黄、淮合流，从云梯关外入海。随着泥沙的沉积，附近海岸日渐向东延伸。清康熙四十二年（1703年），海岸延伸到八滩东；清嘉庆八年（1803年），海岸向东伸展到大淤尖一线。100年间，海岸向东推进23.5公里，年平均淤长235米。至清咸丰五年（1855年），海岸延伸到望海墩东。这些地点在本图上均有体现。黄河淤沙填海，使得沧海变桑田，丝网浜的地位一度胜过云梯关，但在清咸丰五年（1855年）黄河决口铜瓦厢之后，又悄然湮没于茫茫大海中。国家版图上不再有“丝网浜”这个地名，但是如今，在距离丝网浜原址不远的海岸，淮河门户滨海港已经初具规模，正在昂然崛起，目前成为10万~15万吨级码头条件最好的深水良港，是国家级一类开放口岸。

翁莹芳

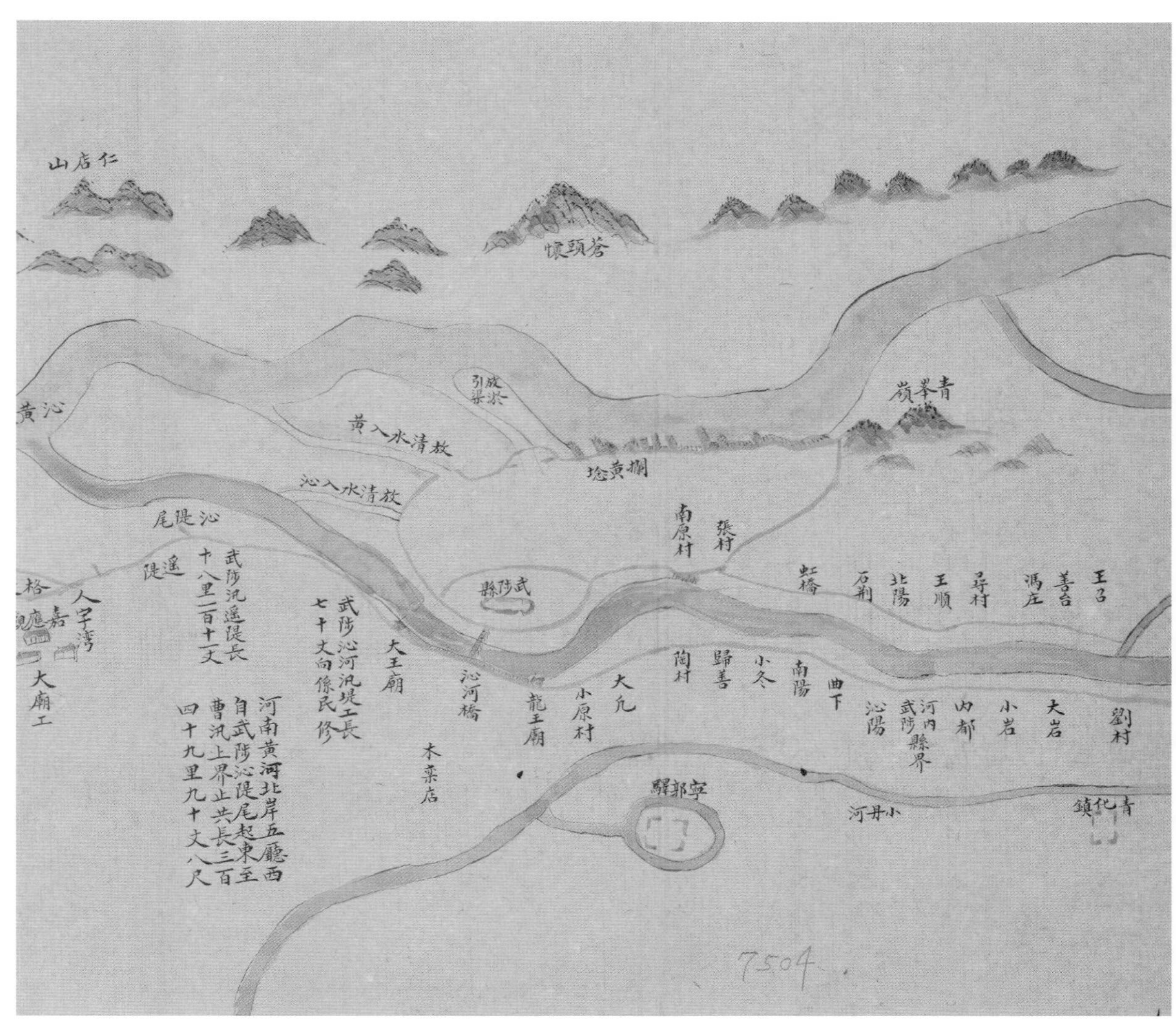

仁居山
蒼頭懷
引放淤渠
青峯嶺
沁黄
放清水入黄
攔黄埝
放清水入沁
沁隄尾
遥隄
武陟汛遥隄長十八里二百十丈
武陟沁河汛堤工長七十丈向係民修
河南黄河北岸五廳西自武陟沁隄尾起東至曹汛上界止共長三百四十九里九十丈八尺
人字湾
嘉應觀
大廟工
大王廟
沁河橋
木欒店
龍王廟
小原村
大凢
武陟縣
南原村
張村
陶村
歸善
小冬
南陽
曲下
虹橋
石荊
北陽
王順
尋村
馮庄
善台
王召
沁陽
武陟河内縣界
内都
小岩
大岩
劉村
寧郭驛
小丹河
青化鎮
7504

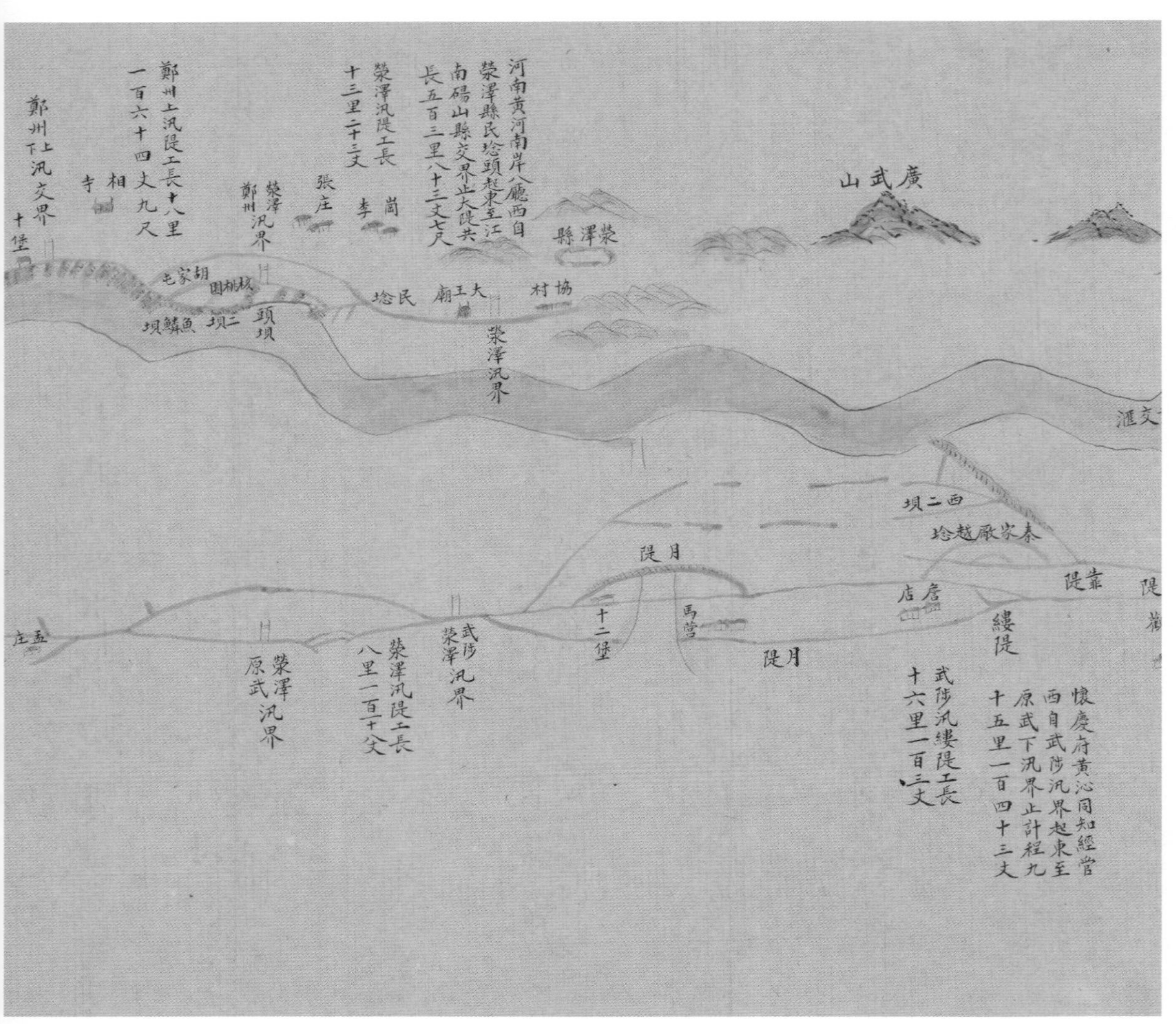
河南黄河南岸八廳西自
滎澤縣民埝頭起東至江
南碭山縣交界止大隄共
長五百三里八十三丈七尺
滎澤汛隄工長
十三里二十三丈
鄭州上汛隄工長十八里
一百六十四丈九尺
鄭州下上汛交界
十堡
相寺
張庄
李崗
滎澤鄭州汛界
滎澤縣
廣武山
胡家屯
核桃園
頭壩
二壩
魚鱗壩
民埝
大王廟
協村
滎澤汛界
西二壩
秦家廠越埝
月隄
靠隄
詹店
縷隄
十二堡
馬營
月隄
孟庄
滎澤原武汛界
滎澤汛隄工長
八里一百十丈
武陟滎澤汛界
武陟汛縷隄工長
十六里一百三丈
懷慶府黄沁同知經管
西自武陟汛界起東至
原武下汛界止計程九
十五里一百四十三丈

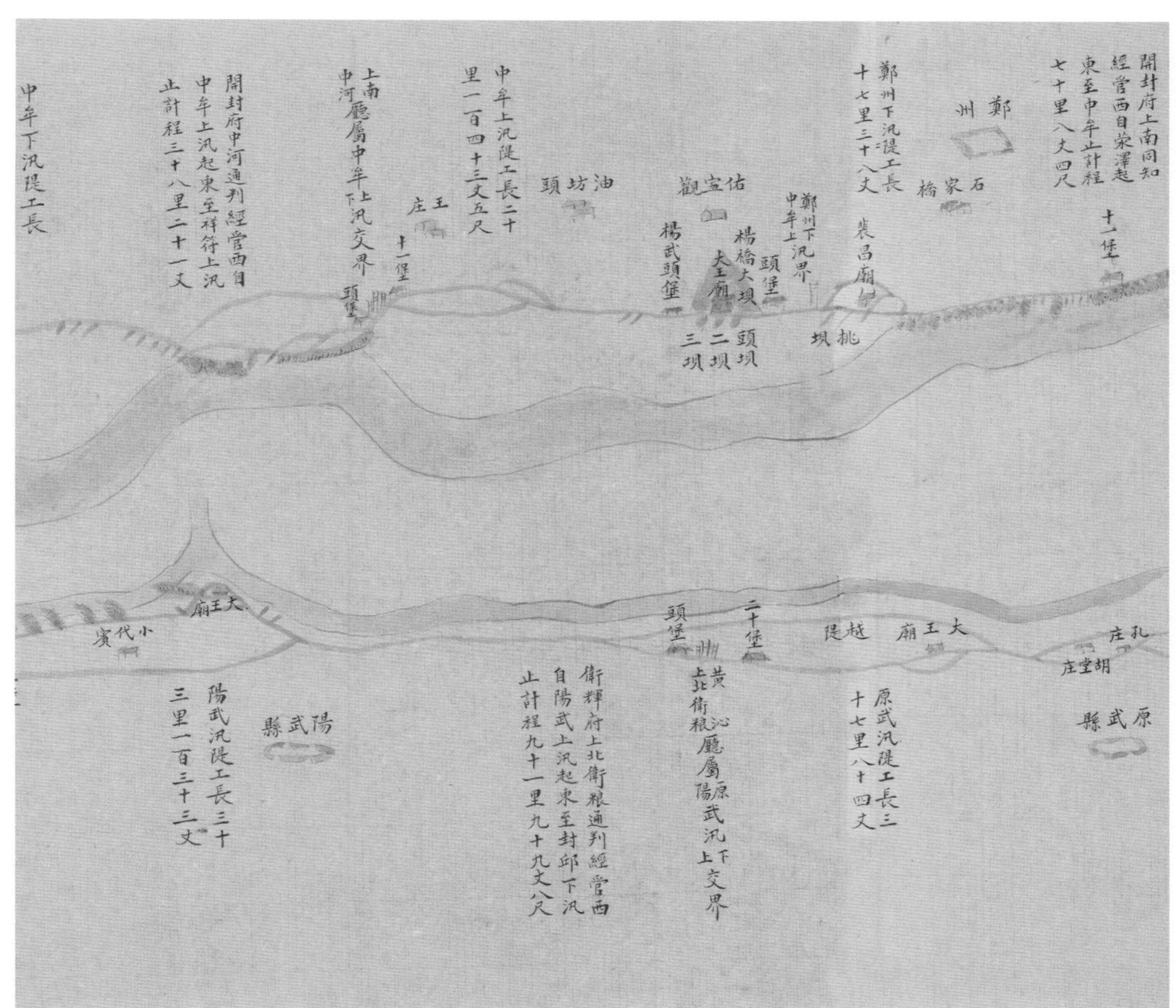
開封府上南同知
經管西自滎澤起
東至中牟止計程
七十里八丈四尺
鄭州
石家橋
鄭州下汛隄工長
十七里三十八丈
十一堡
裴昌廟
挑壩
鄭州下
中牟上汛界
佑宣觀
頭堡
楊橋大壩
大王廟
楊武頭堡
頭壩
二壩
三壩
油坊頭
中牟上汛隄工長二十
里一百四十三丈五尺
王庄
十一堡
上南
中河廳屬中牟上下汛交界
頭堡
開封府中河通判經管西自
中牟上汛起東至祥符上汛
止計程三十八里二十一丈
中牟下汛隄工長
大王廟
小代寨
陽武縣
陽武汛隄工長三十
三里一百三十三丈
衛輝府上北衛糧通判經管西
自陽武上汛起東至封邱下汛
止計程九十一里九十九丈八尺
頭堡
二十堡
黃沁
上北衛糧廳屬陽原武汛上下交界
越隄
大王廟
孔庄
胡堂庄
原武縣
原武汛隄工長三
十七里八十四丈

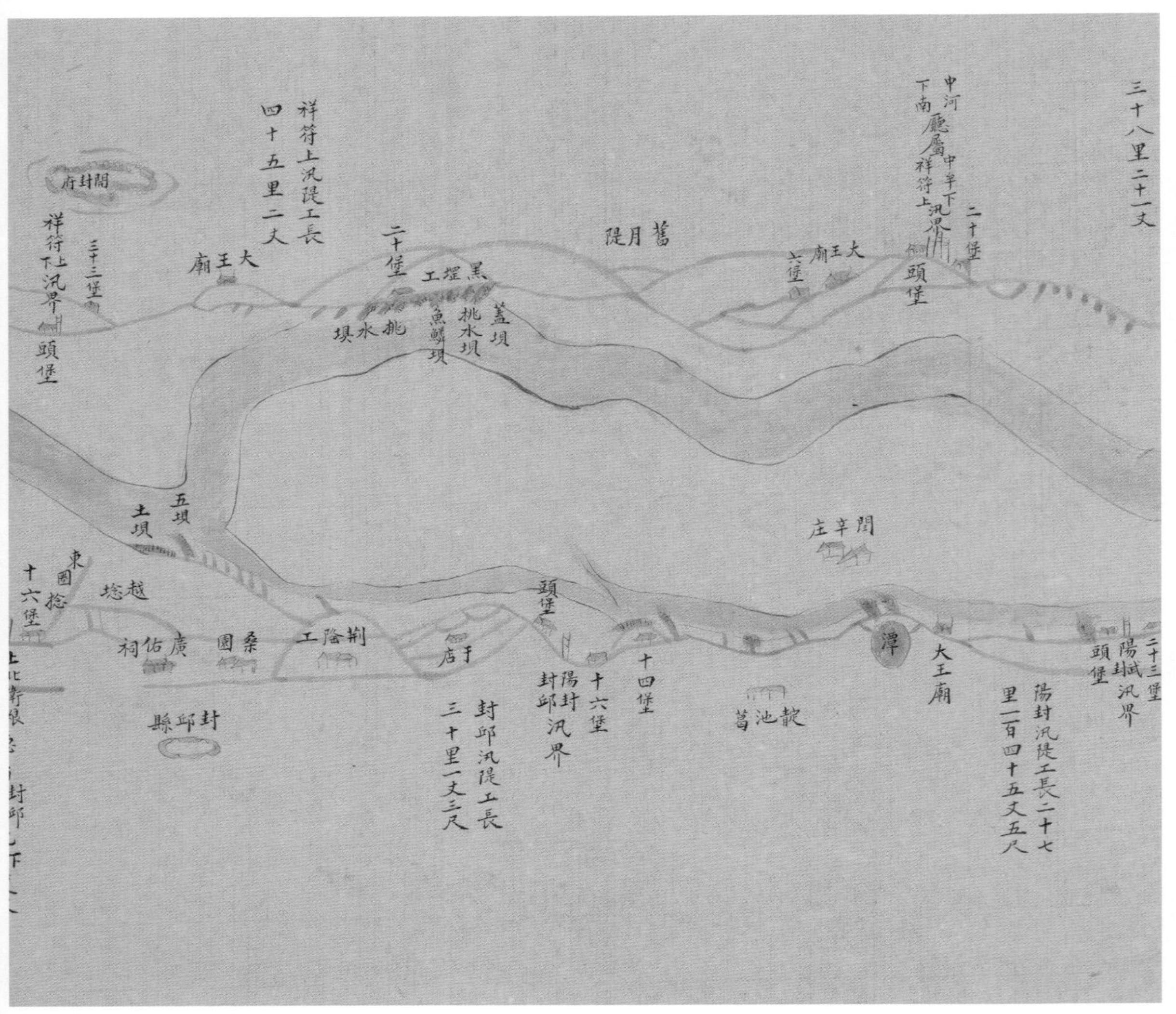

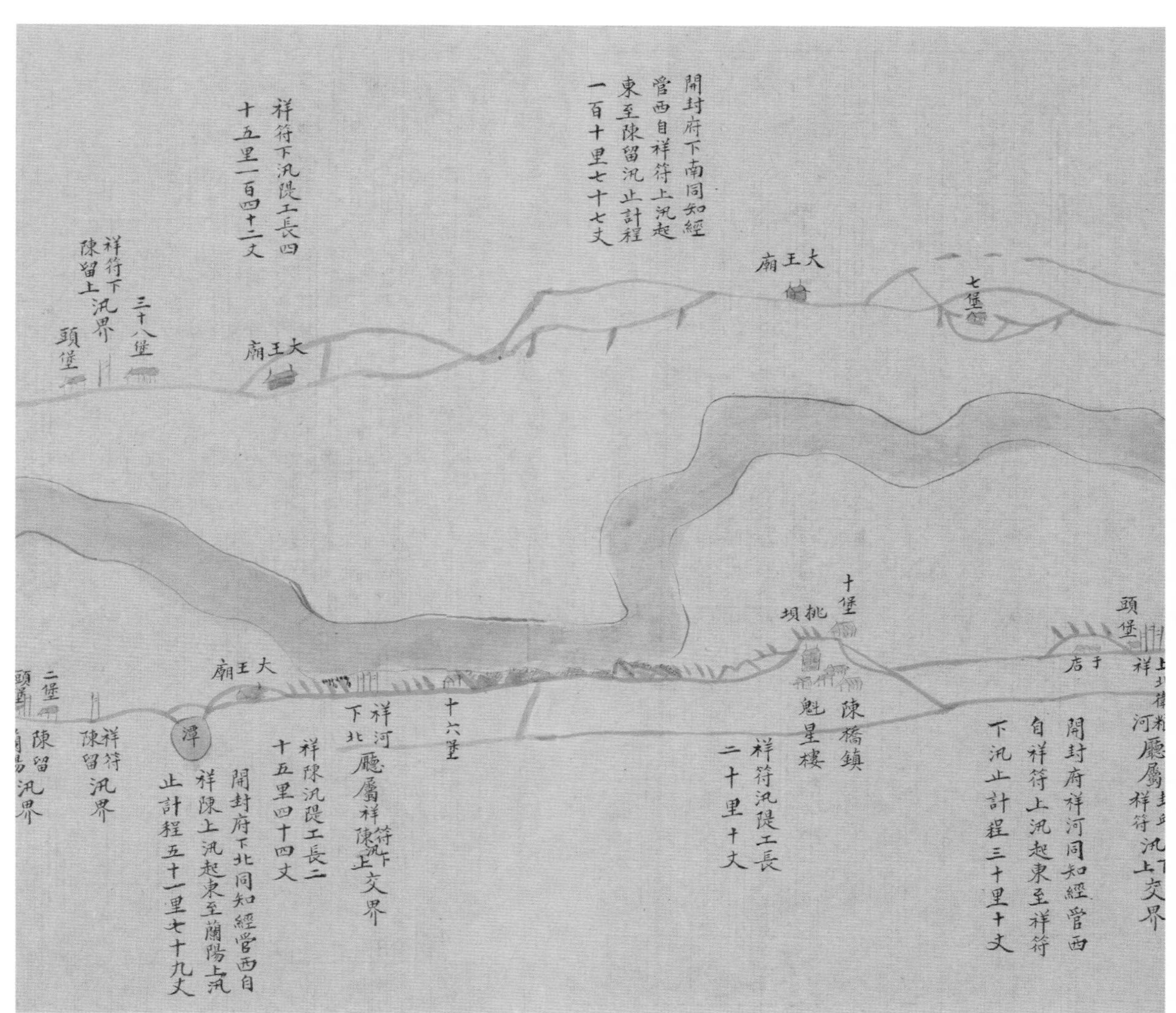
開封府下南同知經管西自祥符上汛起東至陳留汛止計程一百十里七十七丈
祥符下汛隄工長四十五里一百四十二丈
祥符下陳留上汛界
三十八堡
頭堡
大王廟
大王廟
七堡
十堡
挑壩
頭堡
大王廟
二堡
陳留蘭陽汛界
祥符陳留汛界
祥河下北廳屬祥符下陳汛上交界
十六堡
祥陳汛隄工長二十五里四十四丈
開封府下北同知經管西自祥陳上汛起東至蘭陽上汛止計程五十一里七十九丈
陳橋鎮
魁星樓
祥符汛隄工長二十里十丈
開封府祥河同知經管西自祥符上汛起東至祥符下汛止計程三十里十丈
祥符上汛下交界

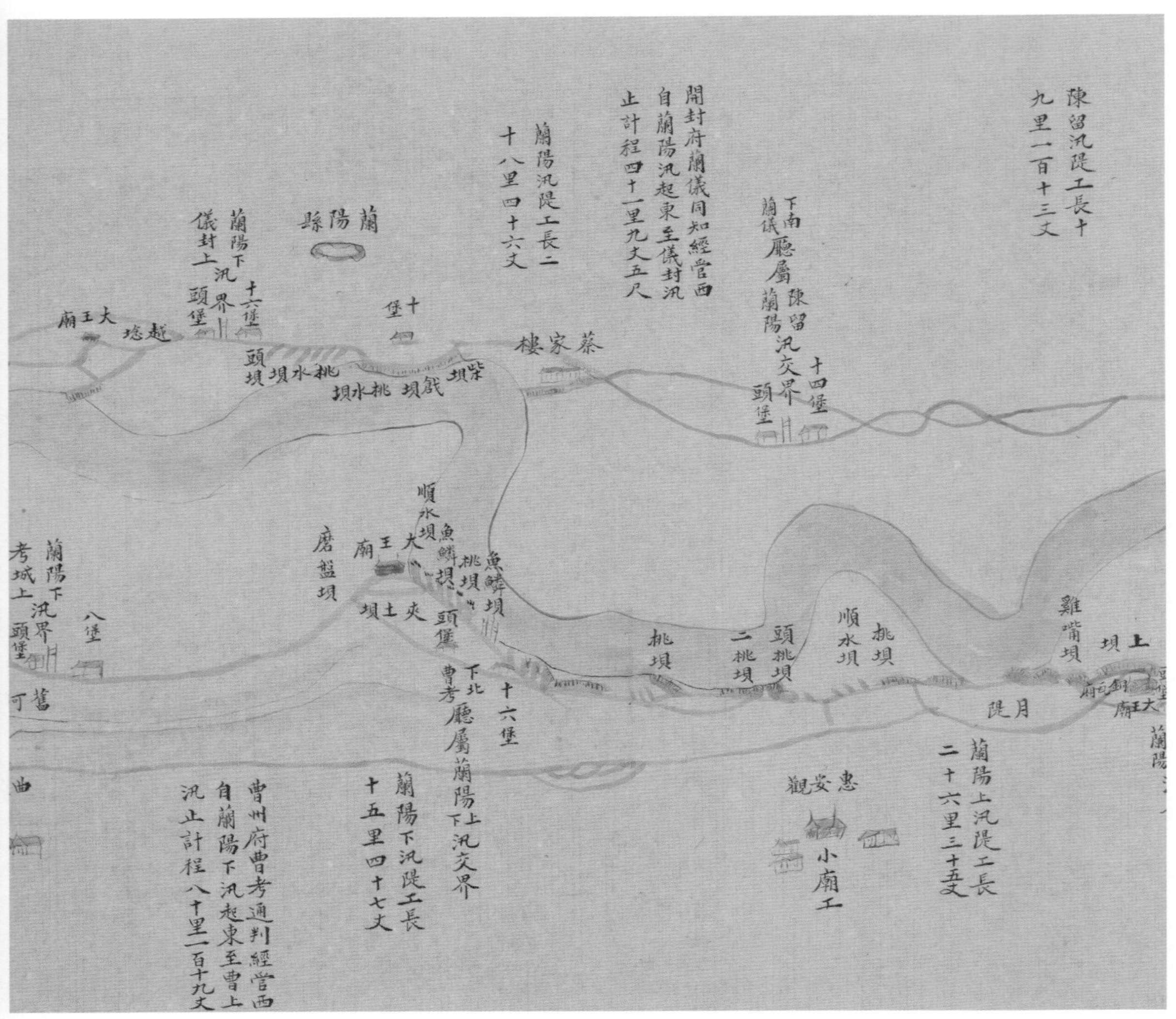
陳留汛隄工長十九里一百十三文
開封府蘭儀同知經管西自蘭陽汛起東至儀封汛止計程四十一里九丈五尺
下南蘭儀廳屬陳留蘭陽汛交界
十四堡
頭堡
蘭陽汛隄工長二十八里四十六丈
蘭陽縣
蘭陽下儀封上汛界
十六堡
頭堡
大王廟
越堤
十堡
蔡家樓
頭壩
挑水壩
挑水壩
戧壩
柴壩
磨盤壩
大王廟
順水壩
魚鱗壩
挑壩
魚鱗壩
夾土壩
頭堡
蘭陽下考城上汛界
頭堡
八堡
舊河
曲
下北曹考廳屬蘭陽下上汛交界
十六堡
挑壩
二挑壩
頭挑壩
順水壩
挑壩
雞嘴壩
上壩
月隄
大王廟
蘭陽上汛隄工長二十六里三十五丈
惠安觀
小廟工
蘭陽下汛隄工長十五里四十七丈
曹州府曹考通判經管西自蘭陽下汛起東至曹上汛止計程八十里一百十九丈

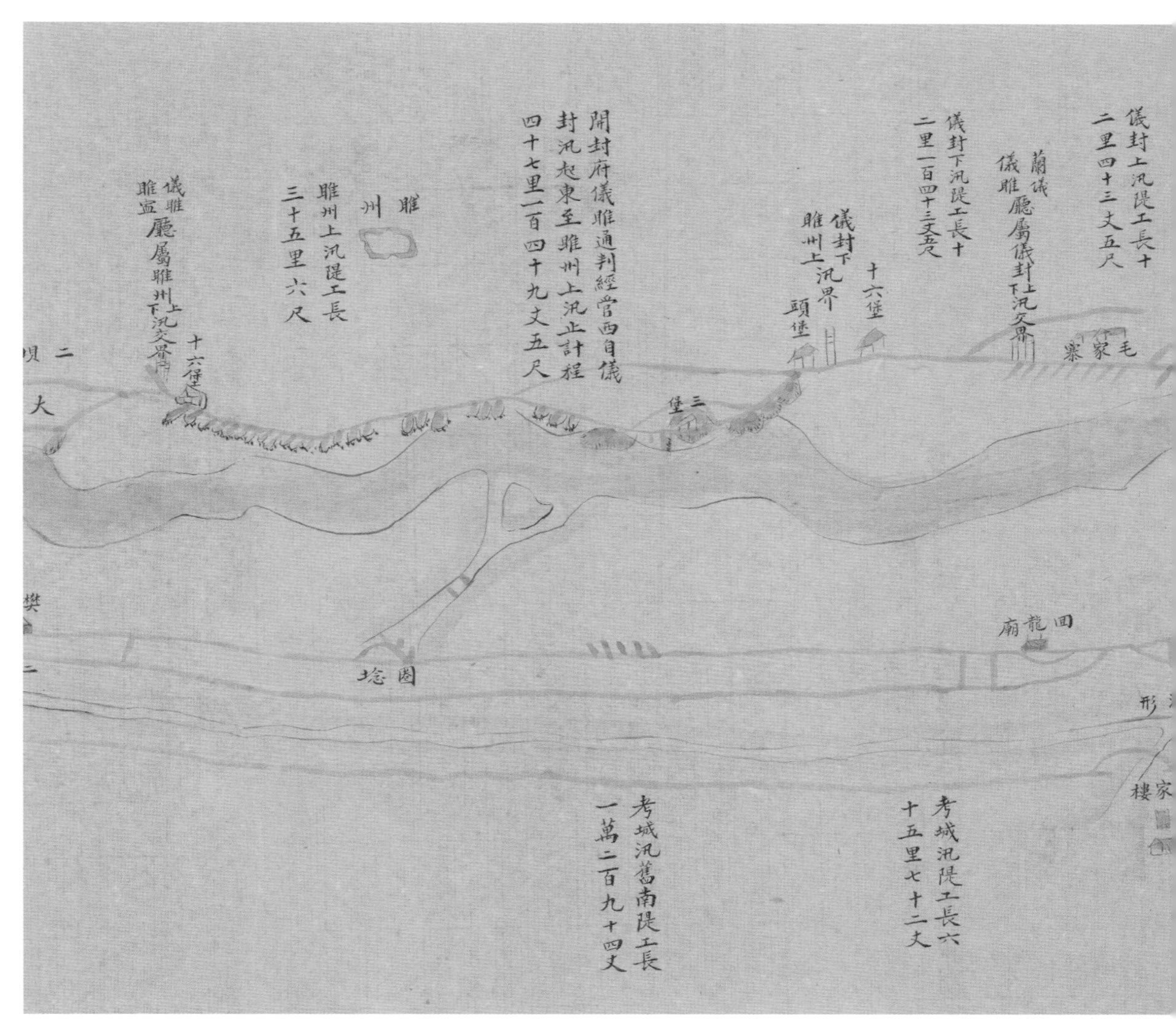

儀封上汛隄工長十二里四十三丈五尺
蘭儀 儀雎廳屬儀封下上汛交界
儀封下汛隄工長十二里一百四十三丈五尺
毛家寨
十六堡
儀封下 雎州上汛界
頭堡
三堡
開封府儀雎通判經管西自儀封汛起東至雎州上汛止計程四十七里一百四十九丈五尺
雎州
雎州上汛隄工長三十五里六尺
儀雎 雎寧廳屬雎州上下汛交界
十六堡
圈埝
回龍廟
孝城汛舊南隄工長一萬二百九十四丈
孝城汛隄工長六十五里七十二丈

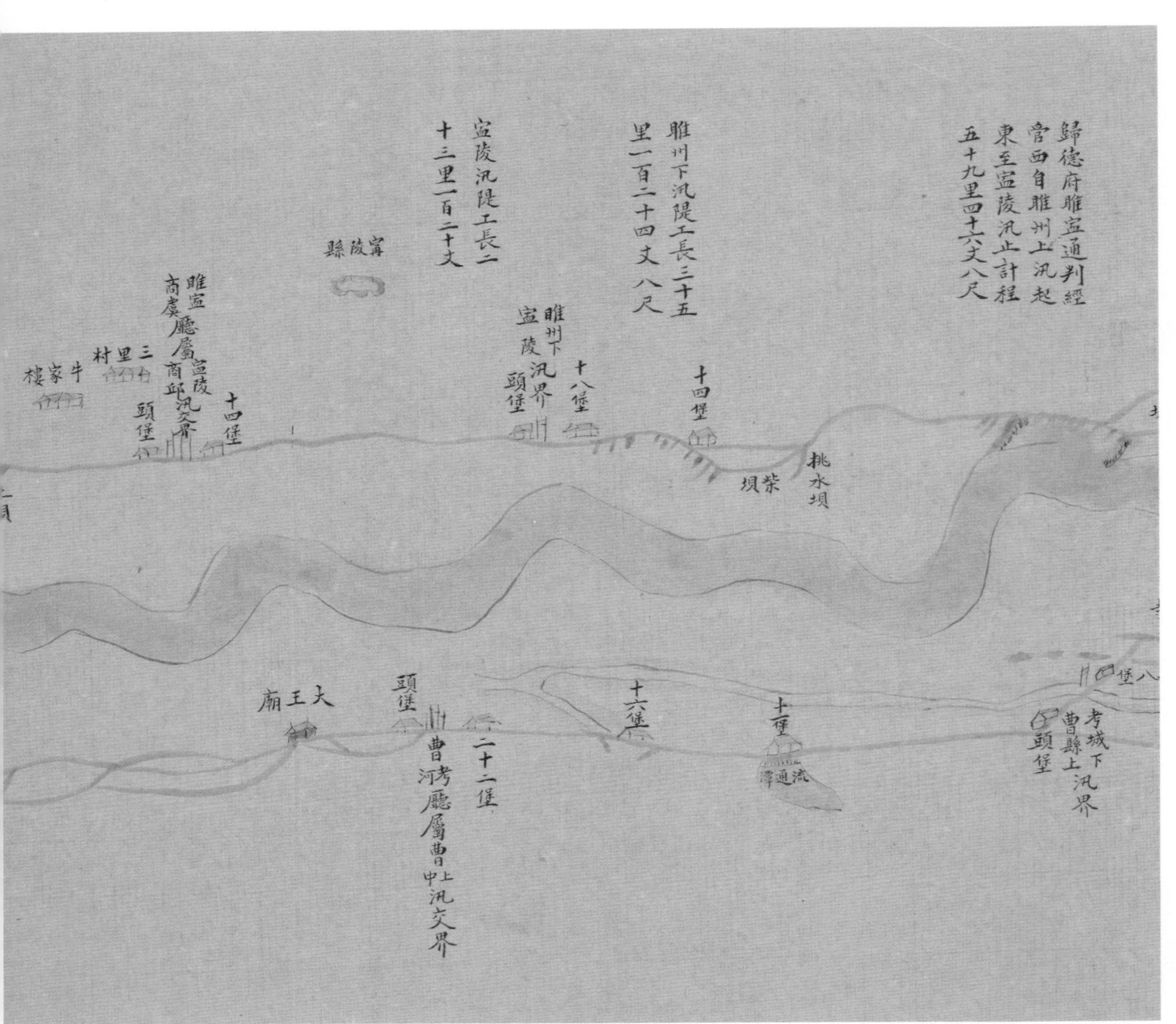
歸德府睢寧通判經管西自睢州上汛起東至寧陵汛止計程五十九里四十六丈八尺
睢州下汛隄工長三十五里一百二十四丈八尺
寧陵汛隄工長二十三里一百二十丈
寧陵縣
睢州下寧陵汛界頭堡
十八堡
十四堡
桃水壩
紫壩
睢寧商虞廳屬寧陵商邱汛交界
頭堡
十四堡
三里村
牛家樓
大王廟
頭堡
二十二堡
曹考河廳屬曹上中汛交界
十六堡
流通潭
考城下曹縣上汛界
頭堡
八堡

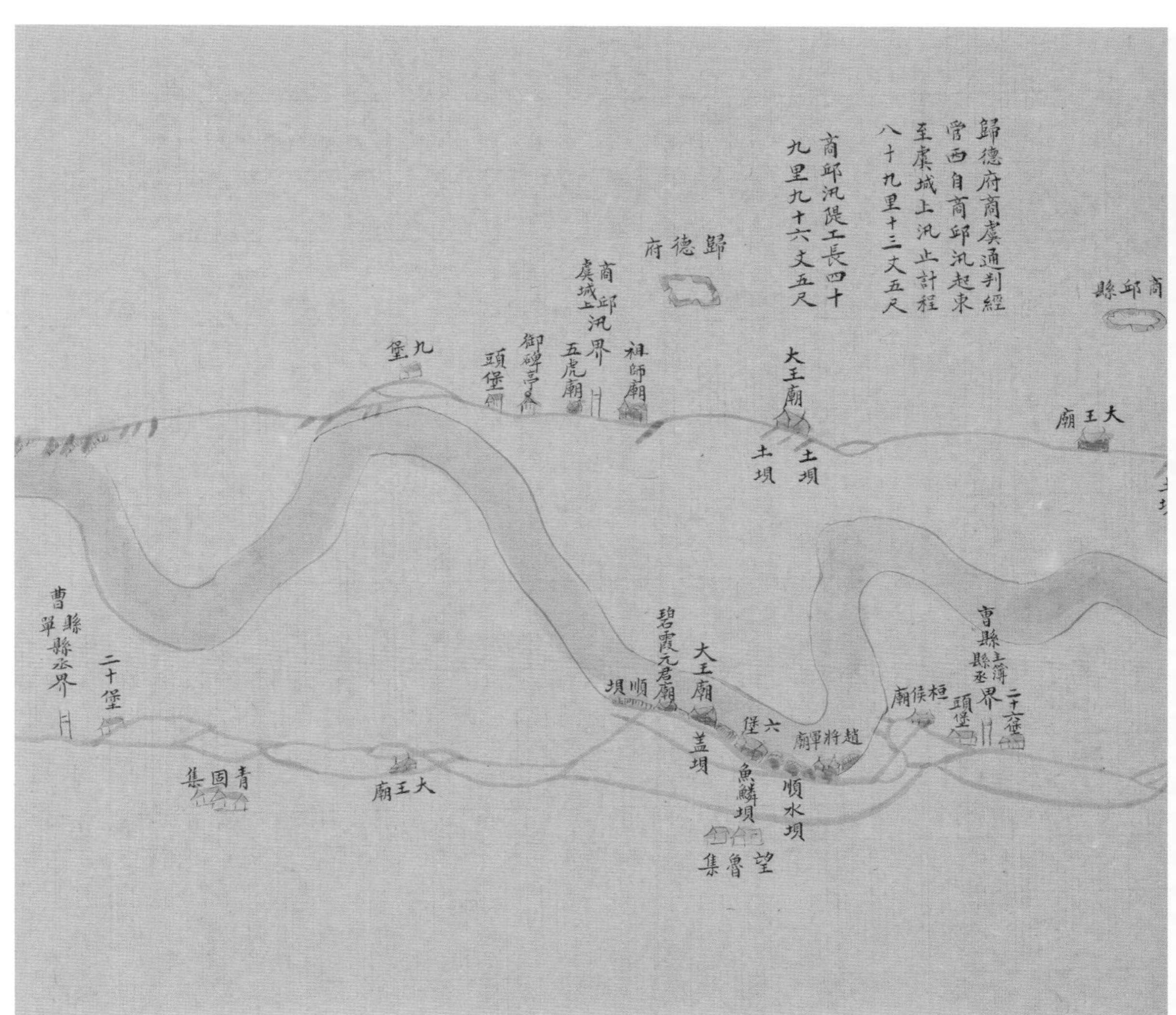

歸德府商虞通判經管西自商邱汛起東至虞城上汛止計程八十九里十三丈五尺
商邱汛隄工長四十九里九十六丈五尺
歸德府
商邱縣
商邱汛虞城上界
祖師廟
五虎廟
御碑亭
頭堡
九堡
大王廟
土壩
土壩
大王廟
曹縣單縣丞界
二十堡
青固集
大王廟
碧霞元君廟
順壩
大王廟
蓋壩
六堡
趙將軍廟
魚鱗壩
順水壩
望魯集
曹縣主簿縣丞界
桓侯廟
頭堡
二十六堡

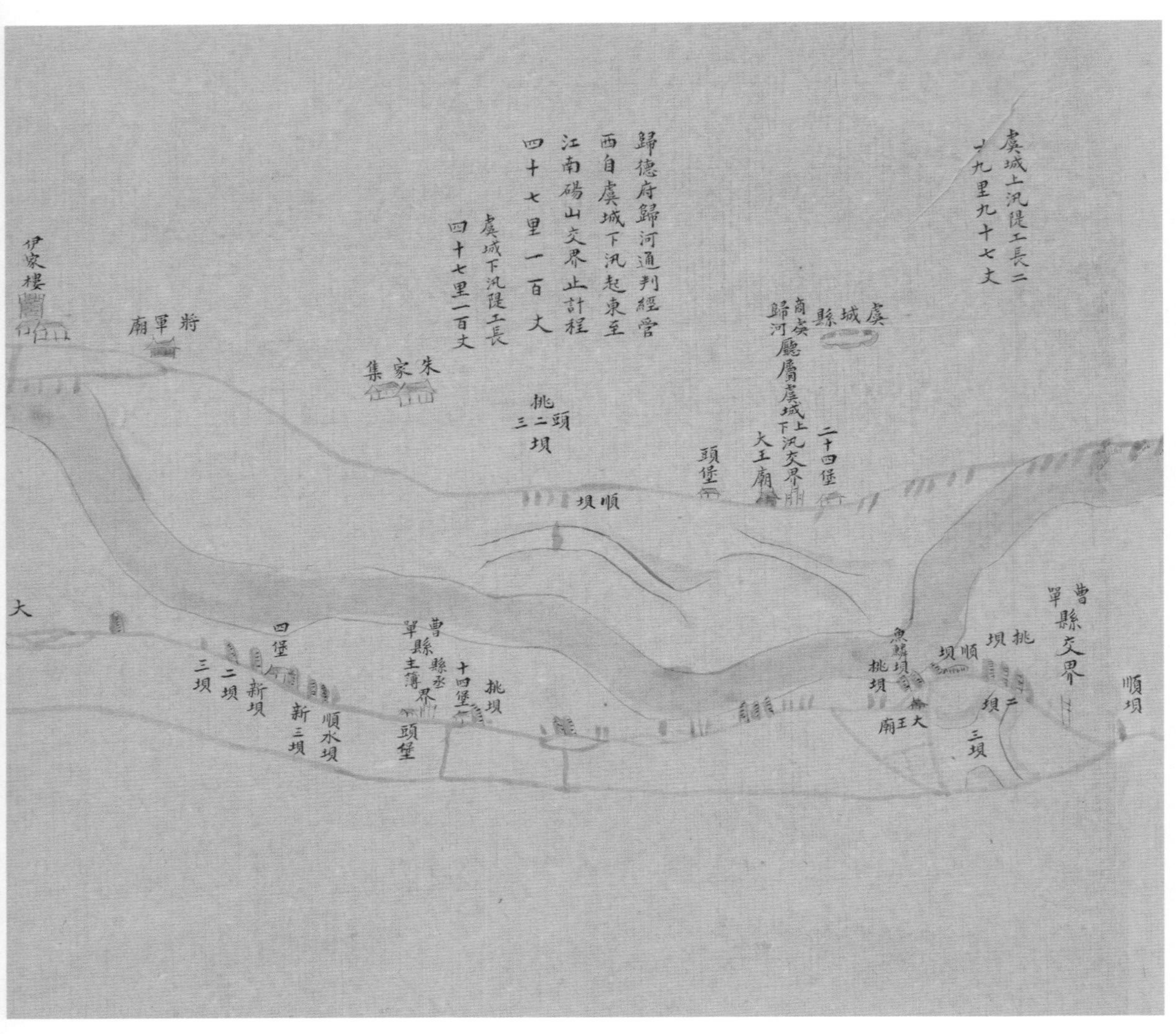
虞城上汛隄工長二十九里九十七丈
歸德府歸河通判經管西自虞城下汛起東至江南碭山交界止計程四十七里一百丈
虞城下汛隄工長四十七里一百丈
虞城縣
商虞歸河廳屬虞城上下汛交界
二十四堡
大王廟
頭堡
順壩
挑頭二三壩
朱家集
將軍廟
伊家樓
大
曹單縣交界
順壩
挑壩
順壩
二壩
三壩
魚鱗壩
挑壩
大王廟
曹單縣縣丞主簿界
十四堡
挑壩
頭堡
順水壩
新三壩
新壩
四堡
二壩
三壩

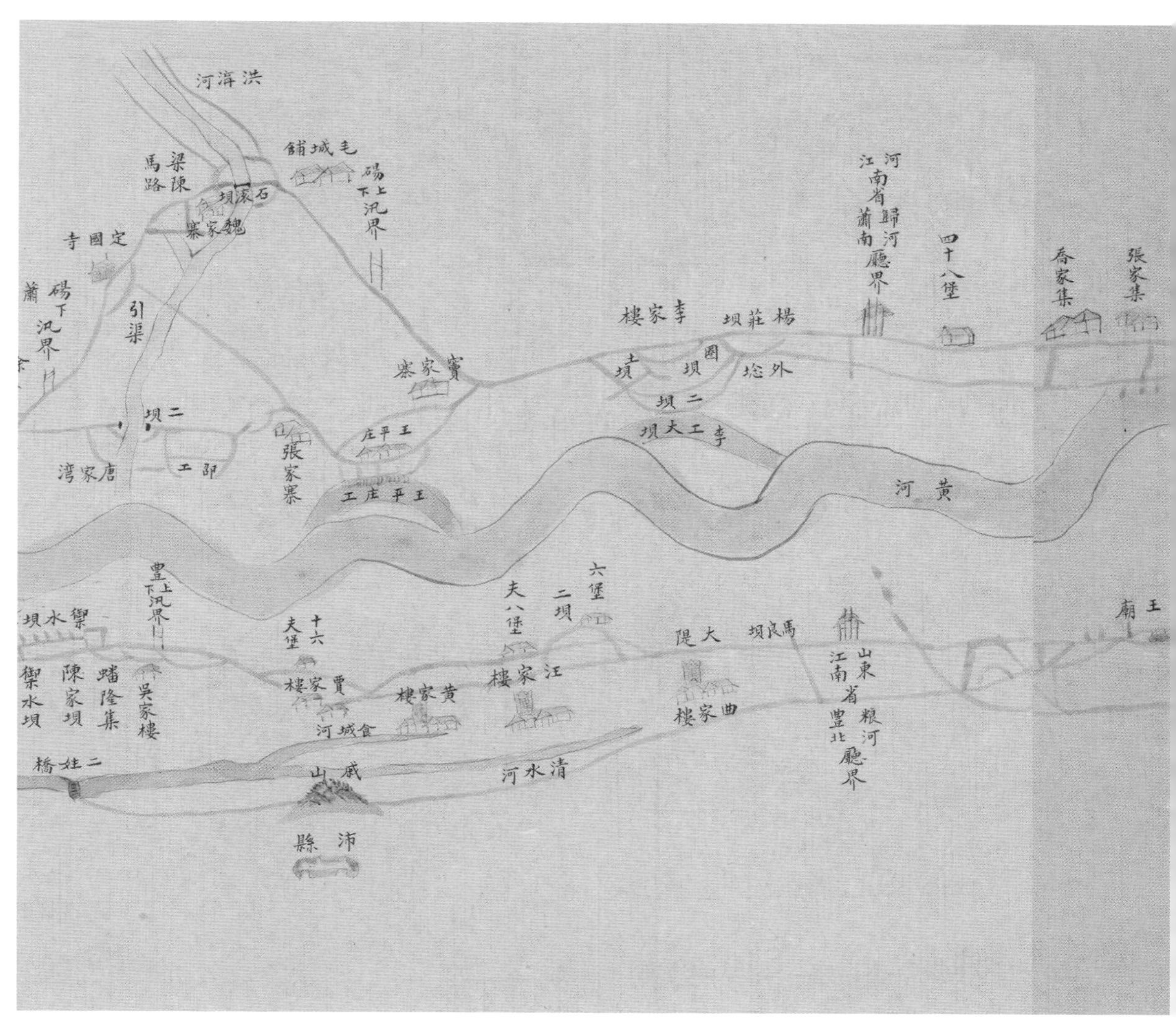

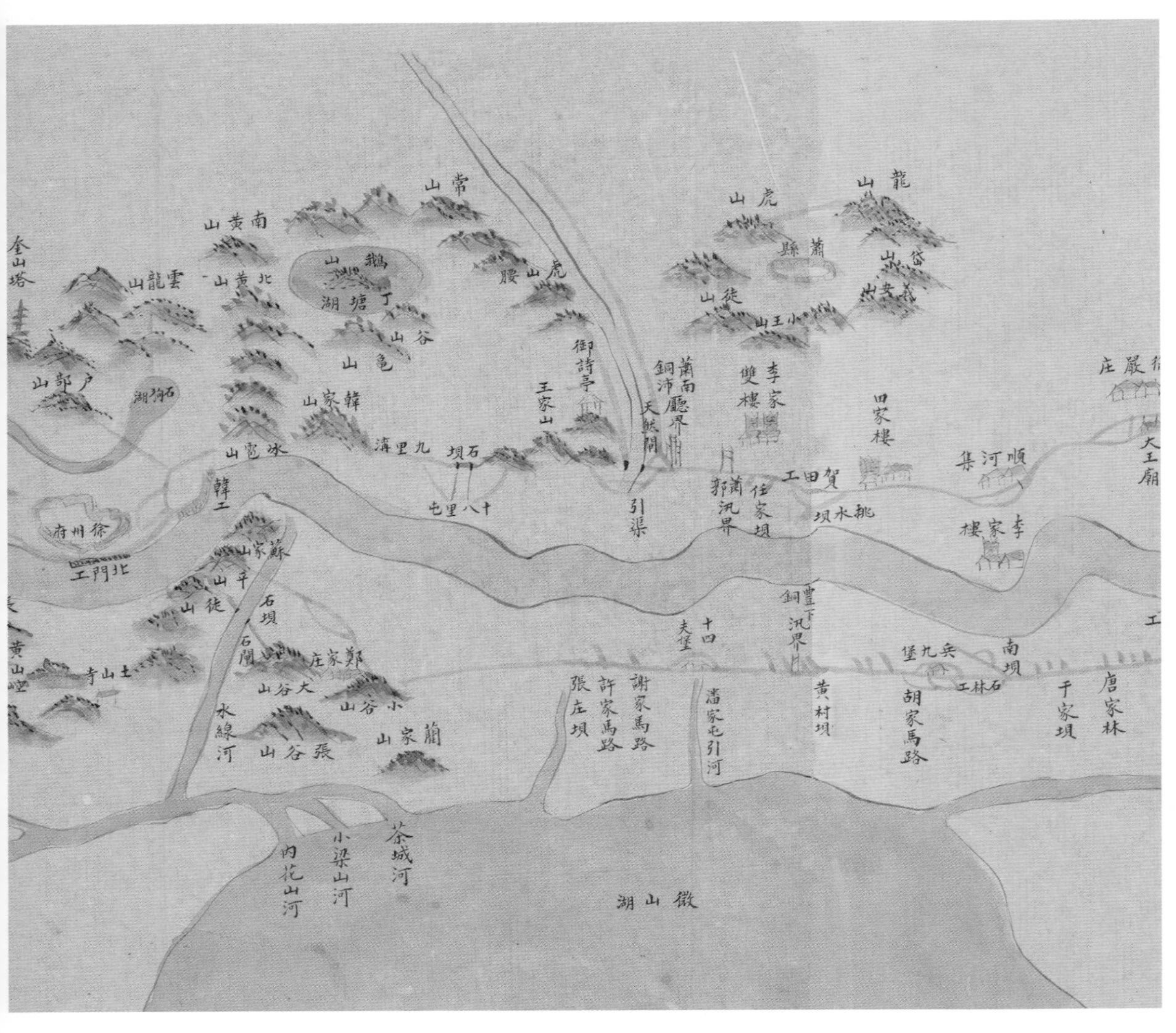

常山
南黄山
北黄山
雲龍山
鵝山
丁塘湖
谷山
亀山
虎腰山
韓家山
冰窖山
九里溝
石垻
十八里屯
御詩亭
王家山
天賦閘
引渠
蕭南
銅沛
廳界
李家
雙樓
任家垻
蕭沛
郭界
賀田工
桃水垻
田家樓
順河集
李家樓
龍山
虎山
蕭縣
徒山
小王山
韓工
徐州府
北門工
蘇家山
平山
徒山
石垻
鄭家庄
大谷山
小谷山
張谷山
藺家山
水線河
土山寺
十四
夫堡
銅豐
汛界
兵九堡
南垻
石林工
張庄垻
許家馬路
謝家馬路
潘家屯引河
黃村垻
胡家馬路
于家垻
唐家林
大王廟
內花山河
小梁山河
茶城河
微山湖

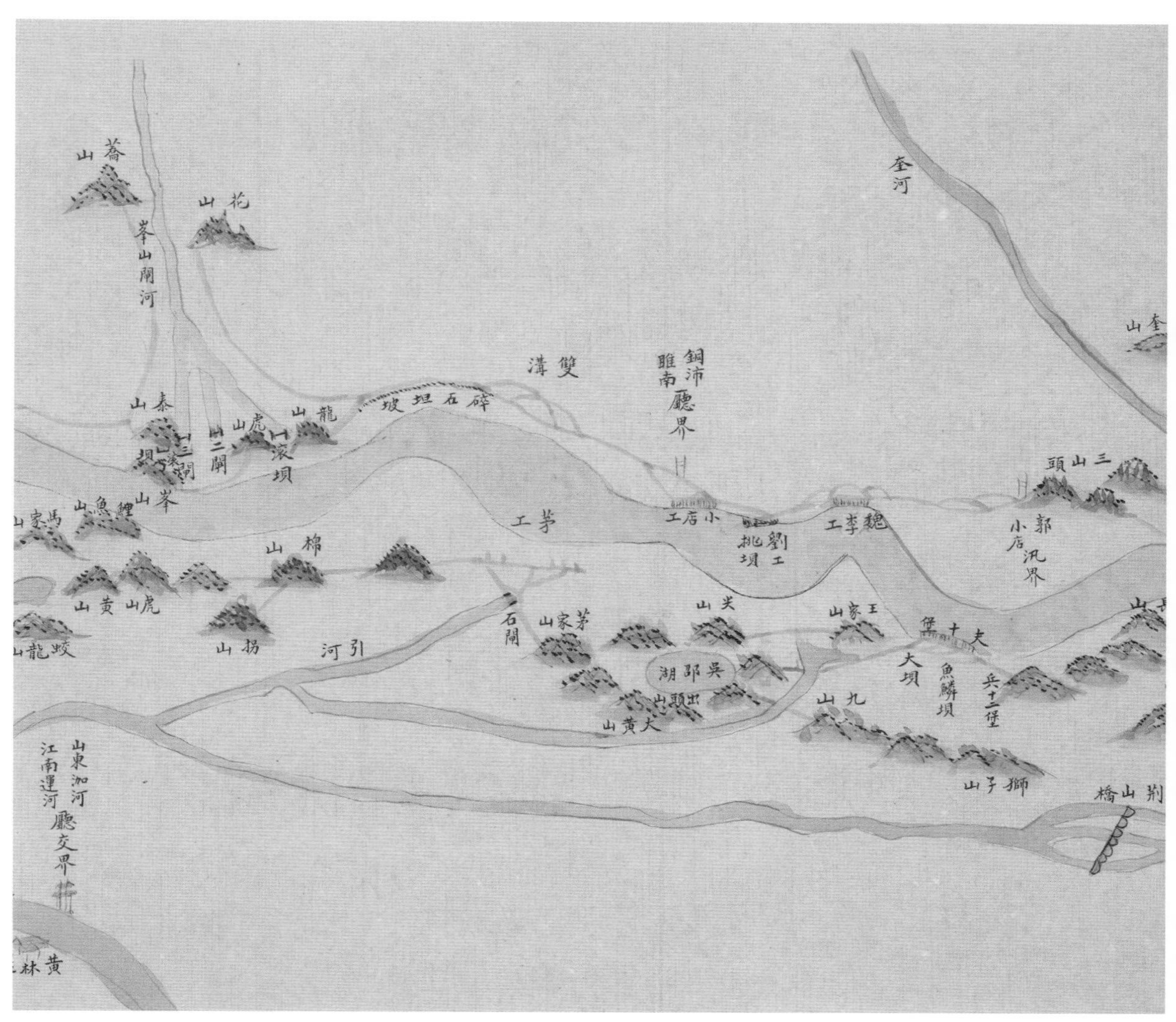

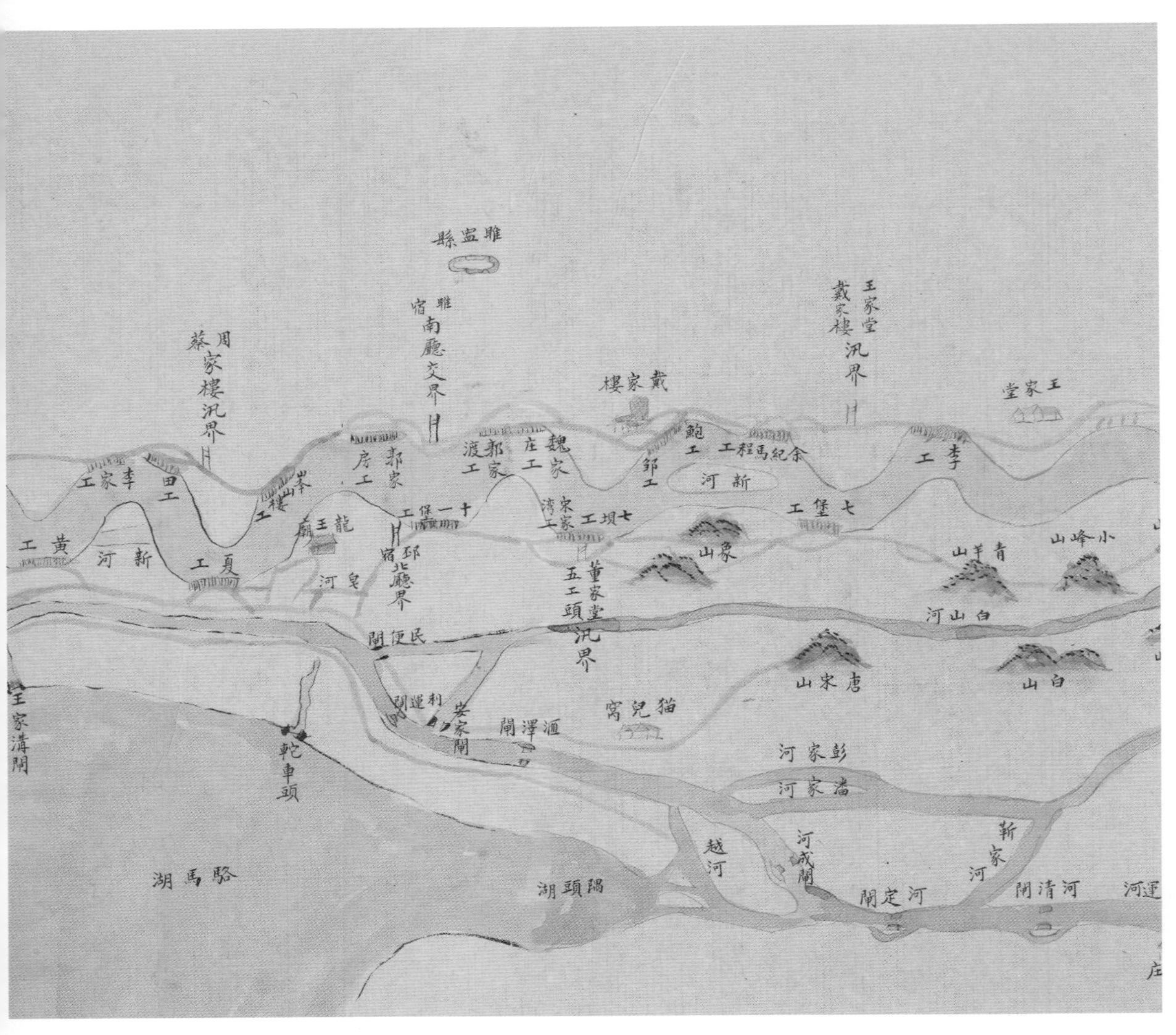

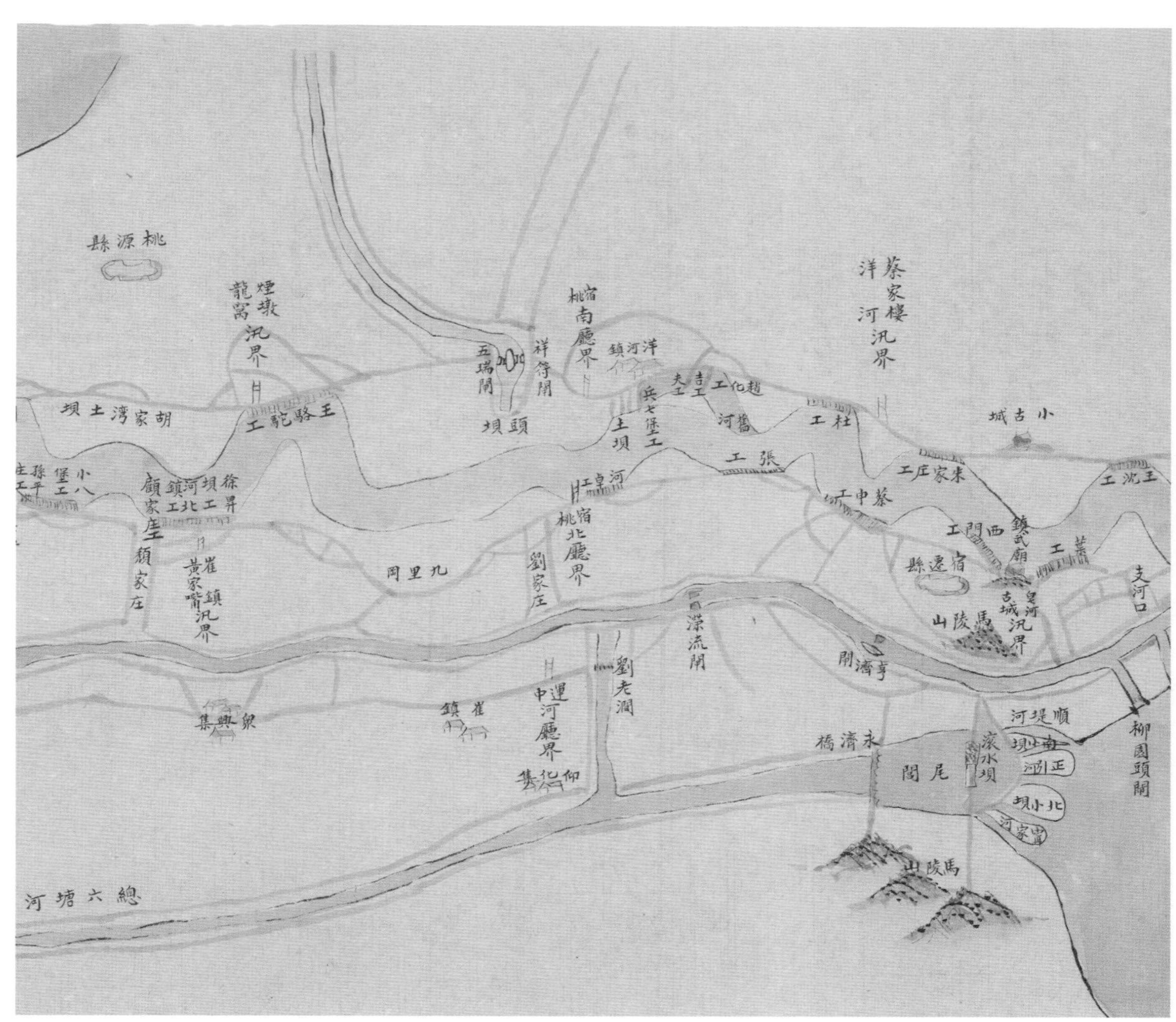

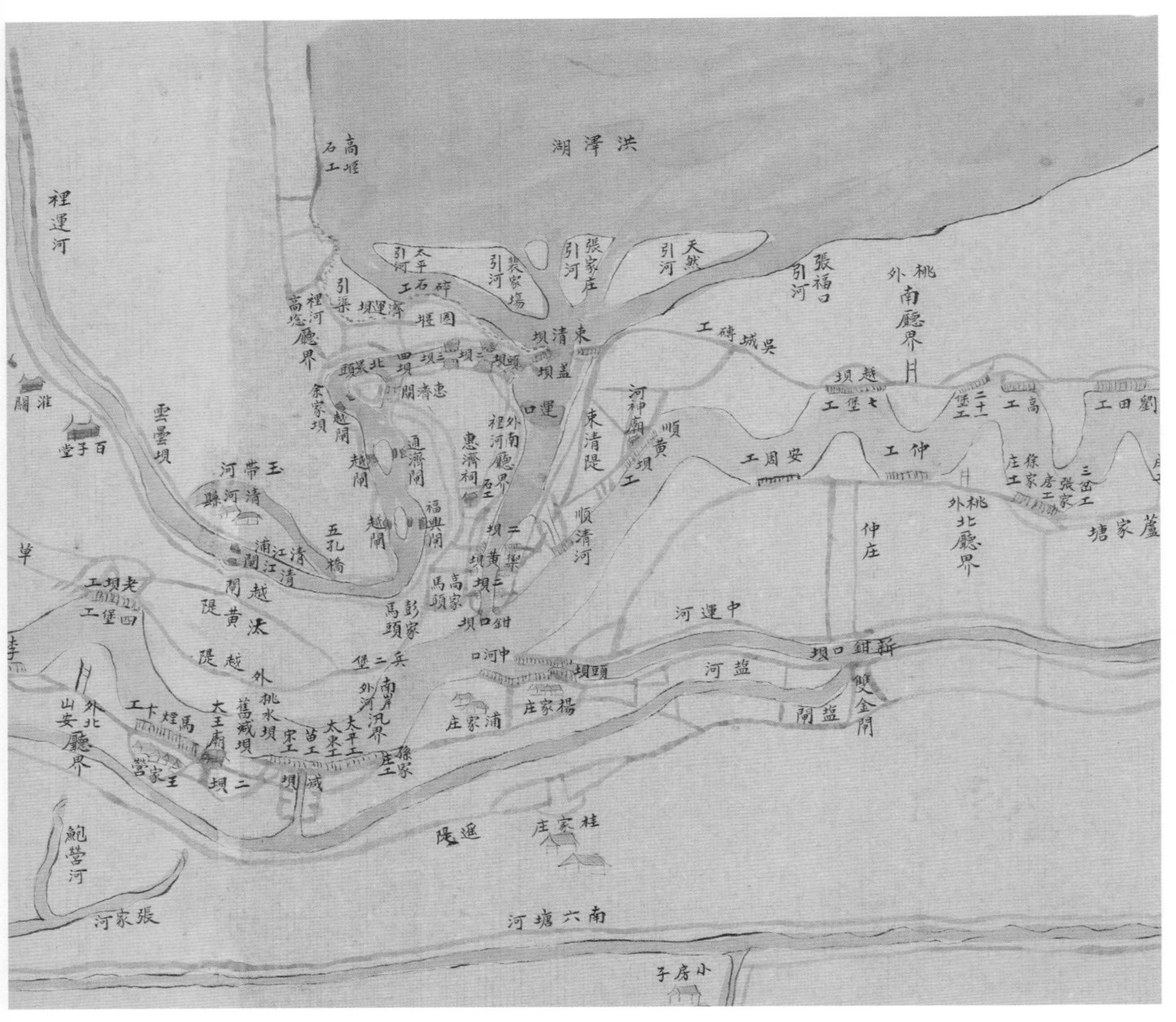

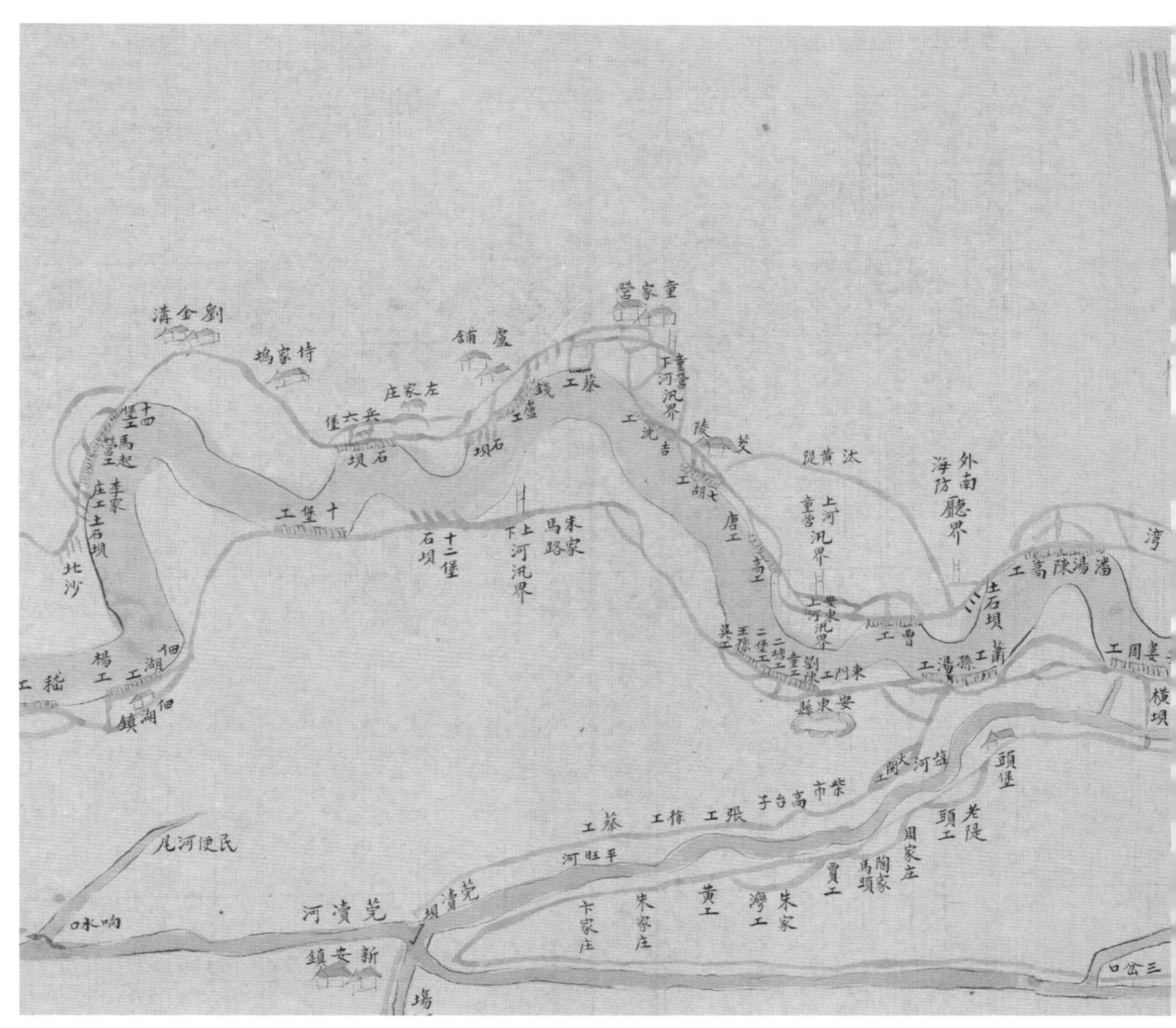

劉全溝
侍家塢
盧舖
童家營
左家庄
兵六堡
十四堡工
起馬營工
李家庄工
土石壩
北沙
石壩
錢盧工
蔡工
下童營河汛界
吉洗工
艾陵
七胡工
汰黃隄
外南海防廳界
十堡工
十二堡石壩
朱家馬路
上下河汛界
唐工
高工
上河童營汛界
上河東安汛界
灣
潘湯陳高工
土石壩
曹工
蕭孫湯工
妻周工
橫壩
東門工
劉陳童工
二堡工
王孫工
吳工
安東縣
佃湖工
楊工
稽工
佃湖鎮
益河大閘工
頭堡
紫市高台子
張工
徐工
蔡工
老隄頭工
周家庄
陶家馬頭
賈工
朱家灣工
黃工
朱家庄
卞家庄
平旺河
民便河尾
响水口
莞瀆河
莞瀆壩
新安鎮
場
三岔口

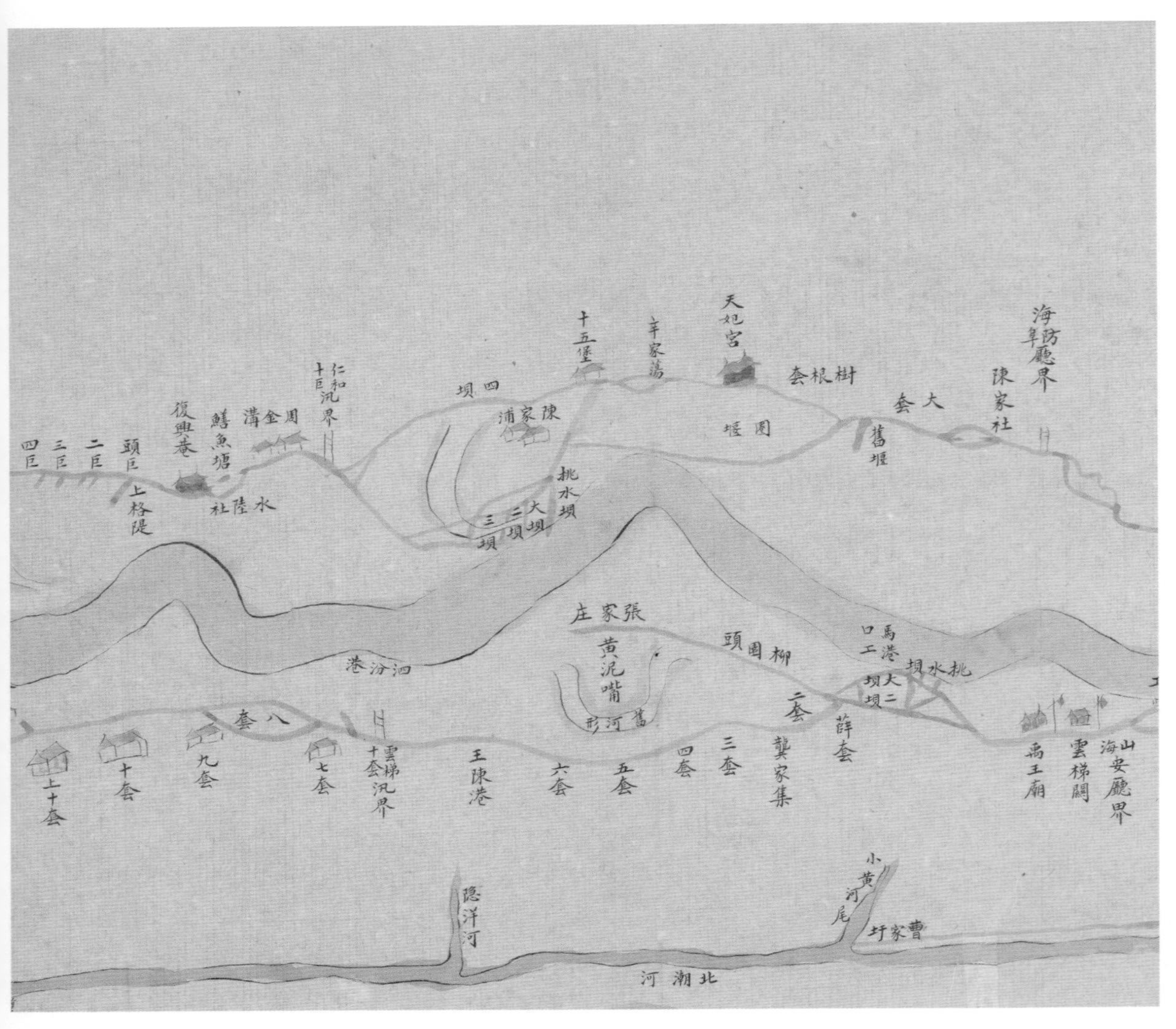

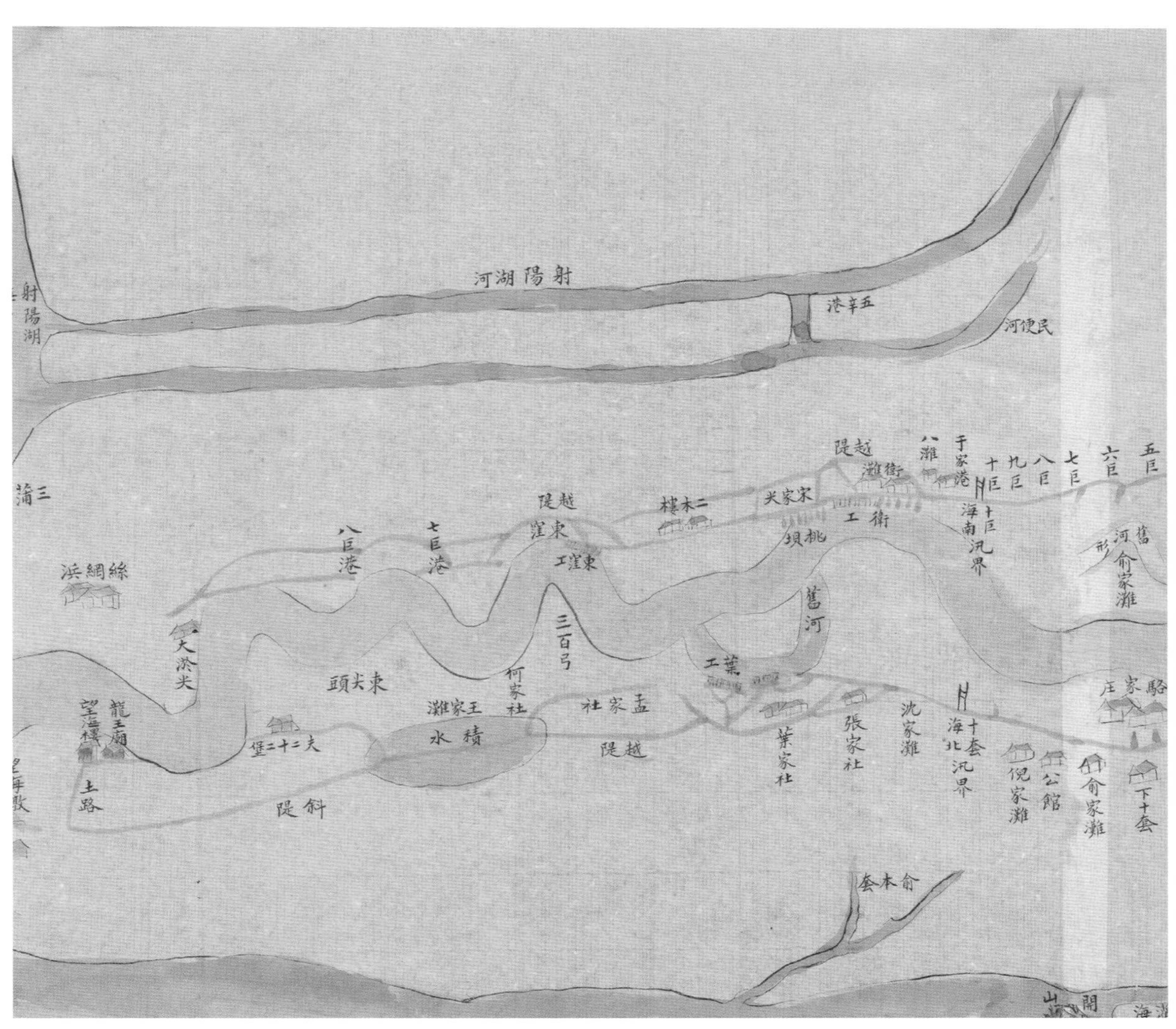

射陽湖河
五辛港
民便河
射陽湖
絲網浜
八巨港
七巨港
越隄
東窪
東窪工
二木樓
宋家尖
越隄
衛工
于家港
八灘
十巨
九巨
八巨
七巨
六巨
五巨
海南汛界
舊河形
俞家灘
舊河
三百弓
大淤尖
東尖頭
葉工
王家灘
何家社
孟家社
積水
越隄
夫二十二堡
龍王廟
望海樓
土路
斜隄
葉家社
張家社
沈家灘
十套
海北汛界
倪家灘
公館
俞家灘
下十套
駱家庄
俞本套

海口
海
南尖
青沙
佃湖營
兵船
北尖
紅沙
海口

《黄河旧道图说》

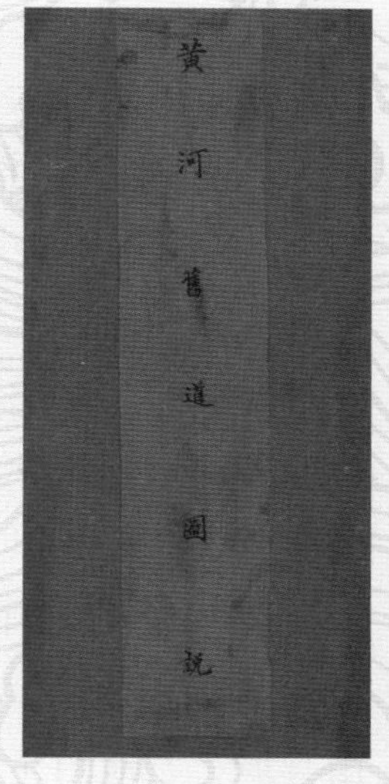

版本：彩绘本

年代：清光绪年间（1875—1908 年）

尺寸：22 厘米 ×152 厘米

幅数：1 幅

《黄河旧道图说》是一幅清光绪年间彩绘本地图，从形制来看，是一幅随奏折地图，封面红色，上有红色贴纸书写“黄河旧道图说”6 字。地图呈折叠状，纵 22 厘米，拉伸后横 152 厘米。在中国国家图书馆馆藏的大约 400 种黄河古旧图当中，呈现黄河旧道的地图不在少数，但直接以“黄河旧道”或“黄河故道”命名的地图极少。历史上，史料有记载的黄河泛滥有上千次，其中较大的改道二三十次，重大的改道六次，因此，黄河旧道也不止一条。本图所指的“黄河旧道”是黄河在清咸丰五年（1855 年）于河南铜瓦厢决口改道之前的河道，也是南宋建炎二年（1128 年）黄河侵泗夺淮入海留下的河道，这条河道存在了七百余年，直到清咸丰五年（1855 年）的铜瓦厢决口。该黄河旧道起于河南铜瓦厢，终于江苏安东县辖境内入海口，共长约 730 公里。本图所绘制的正是这段黄河旧道及黄河两岸大堤。

地图图向为上南下北，左东右西。图中黄河着黄色，旧道着棕色，原本自西向东流淌的黄河在铜瓦厢改道，曲折向北而行，旧道口标注“沙堆”“干河口”，并贴有红签，上书“兰仪县干河口起至清河县杨庄止，沙淤一百二十八段，统长二百三十里十丈，拟挑河面宽三十丈，底十五丈，深一丈二尺”。该贴签记录了兰仪县干河口起至清河县杨庄之间的沙淤情况，以及拟开启的挑河工程。除铜瓦厢决口外，在丰县境内还绘出了“丰北厅决口”，这是黄河铜瓦厢决口之前最近一次大决口的地点。丰北厅决口以下的黄河旧道上标有“旧引河”“沙堆”及“二坝”等字样。至清河县杨庄处，又有红色贴签，上书“杨庄以至海口干河中间现有小河一道，如遇盈满出槽，仍在河身以内，不足为患”。也就是说，从杨庄开始，由于附近湖泊水流的汇入，黄河旧道即现在的干河中又有小股水流流向入海口，但是无论水盈水亏，该流都已无法造成灾患。图中该水流着绿色，呈细长状，位于干河中部，最终流至入海口；从图中看其水源来自南北两侧的河流或湖泊。

图上地名注记不多，仅有 5 处红色贴签注出河情说明及地理情况。除上述两处河情说明外，另 3 处贴签均记录了地理信息，例如黄河北岸“崔杨坝”处贴签书“自此以西系河南考城县境，自此以东系山东曹县境”，黄河北岸“马良集”处贴签书“自此以西系山东单县境，自此以东系江苏砀山县境”，黄河南岸“乔集”处贴签书“自此以西系河南虞城县境，自此以东系江苏砀山县境”。地图还绘出了黄河故道两侧原来的南堤和北堤，并且标绘了两岸各县。

铜瓦厢是一个古镇，位于今河南兰考县城西北 12 公里东坝头村西。铜瓦厢原名铜牙城，元朝为铜牙县治所，后县废。明景泰四年（1453 年），此地曾开渠引黄入运。明弘治五年（1492 年）黄河溢于铜牙城，百姓用筒瓦堵口，后来此地谐音成铜瓦厢。铜瓦厢于明代设镇，属兰阳县，明正德六年（1511 年）建管河厅和寺观、设津渡，是黄河河防要地。

清咸丰五年（1855 年）六月十四日至十七日，天降大雨，黄河、沁河、洛河同时猛涨。黄河下游水位接连上涨，开封、陈留、兰仪三县北岸堤防所在的下北厅水位骤然升高一丈一尺以上。这次洪水主要来自三门峡以上，含沙量极大；洪水期间，河床大淤，水位很高，致使下游河道无法及时宣泄。六月十九日，铜瓦厢三堡下无工堤段溃决，铜瓦厢瞬间被一鼓荡平，沉于河底。六月二十日，河道刷宽为七八十丈，到七月初扩至一百七八十丈，全行夺溜，正河断流。黄河决口后，先向西北斜注，淹及封丘、祥符各县村庄，再折向东北，淹及兰仪、考城及直隶长垣等县村庄。行至长垣县属之兰通集，分为两股。一股由赵王河下注，经山东曹州府以南至张秋镇穿运河；一股由长垣县之小清集行至东明县之雷家庄，又分两股。一股由直隶东明县南门外下注，水行七分，经曹州府以北，与赵王河下注漫水会流入张秋镇穿过运河；另一股由东明县北门外下注，水行三分，经茅草河由山东濮州城及白杨阁集、逯家集、范县，东北行至张秋镇穿运河，归大清河入海。在许多地方，洪水并没有形成清晰的河身，一些灾区的水面宽达数百里。

当时清廷忙于镇压太平军，无暇治理黄河。黄河自此改道东北经今长垣、濮阳、范县等地由山东利津入海，结束了黄河东南流向、夺淮入海的历史。这次改道直接导致铜瓦厢的废弃，只留下了一个小坝头，也就是土堤，因为在黄河东边，被称作东坝头。这是历史上黄河最后一次大改道，黄河在此由南向夺淮入海转向东北，在这里形成了九十九道弯的最后一道大弯。这次大改道，让持续 727 年流向东南的黄河河道戛然而止，成为一条时水时涸、时断时续的故道。此后，虽然黄河再也没有流经这条故道，但是它带来的遗患却没有随之远去。由于水系紊乱，黄河故道地区依然水灾不断，尤其是淮河下游和沂沭泗流域。此外，在朝廷当中也始终存在黄河南流、北流之争，有人主张黄河顺势由大清河入海，也有人主张挽黄河回故道。当然，因为国库空虚等缘故，黄河故道最终也只能是故道。

《黄河旧道图说》标注中较为醒目的还有一处，就是靠近海口处的“云梯关”“禹王庙”和“龙王庙”。这三处建筑均为灰顶红墙，其中禹王庙为两层建筑，云梯关西侧甚至绘出了石碑，极有可能是清嘉庆十五年（1810 年）所立“古云梯关”石碑。这块石碑位于今江苏省响水县黄圩镇云梯关村境内。黄河侵泗夺淮，最初就是从云梯关入海。云梯关曾有“东南沿海第一关”“江淮平原第一关”之誉。元代以后借黄行运，常有庞大船队由云梯关出入海口。明清之际，此处是江苏、山东、辽宁民间海运要道，往来商船均由此出入。这里当年既是海防重镇、交通要道、险要河防，也是商贸集散地。云梯关附近至今仍然保留着大关、钱码头等地名，足见关隘当年的规模之大。不过，由于黄河夹带的泥沙全部由云梯关出海，海岸迅速扩展，至清康熙年间，海口已下移 50 里。为了存其遗迹，清嘉庆十五年（1810 年），这里竖立了一块高 245 厘米、宽 110 厘米的石碑，上刻“古云梯关”四字。至清咸丰五年（1855 年）黄河改道由山东入海时，云梯关已距海 145 里。清中叶以后，这里不再置军戍守，仅存“云梯关”之名。1943 年，日寇侵华，云梯关建筑和周围树木全部被炸毁，仅存“古云梯关”四字石碑一块。1987 年，当地政府修建了护碑亭，将石碑重新竖立起来。

今天的黄河故道，大部分河段因为水少而不能通航。商丘、徐州、宿迁、淮安等城市将其开发为公园、风光带等，为市民提供健身休闲场所；淮安市杨庄以下至中山河尾段仍是淮河、洪泽湖的泄水道之一，因此常年水流较大；在一些完全断水的地方，则被开垦为农田或果园。2008 年，封丘县政府在封丘临黄大堤最东端竖立了“铜瓦厢决口处”纪念碑。在铜瓦厢（现属兰考县东坝头镇）黄河决口处，如今还可以看到“毛主席视察黄河纪念亭”以及毛主席当年乘坐的小火车的轨道，用于纪念毛主席 1952 年 10 月 30 日和 1958 年 8 月 7 日两次来兰考视察工作的经过。黄河故道地区时空跨度长、地域面积广，现存历史文物十分丰富，有 60 多处国家级文物保护单位，50 多个国家级非物质文化遗产项目。

翁莹芳

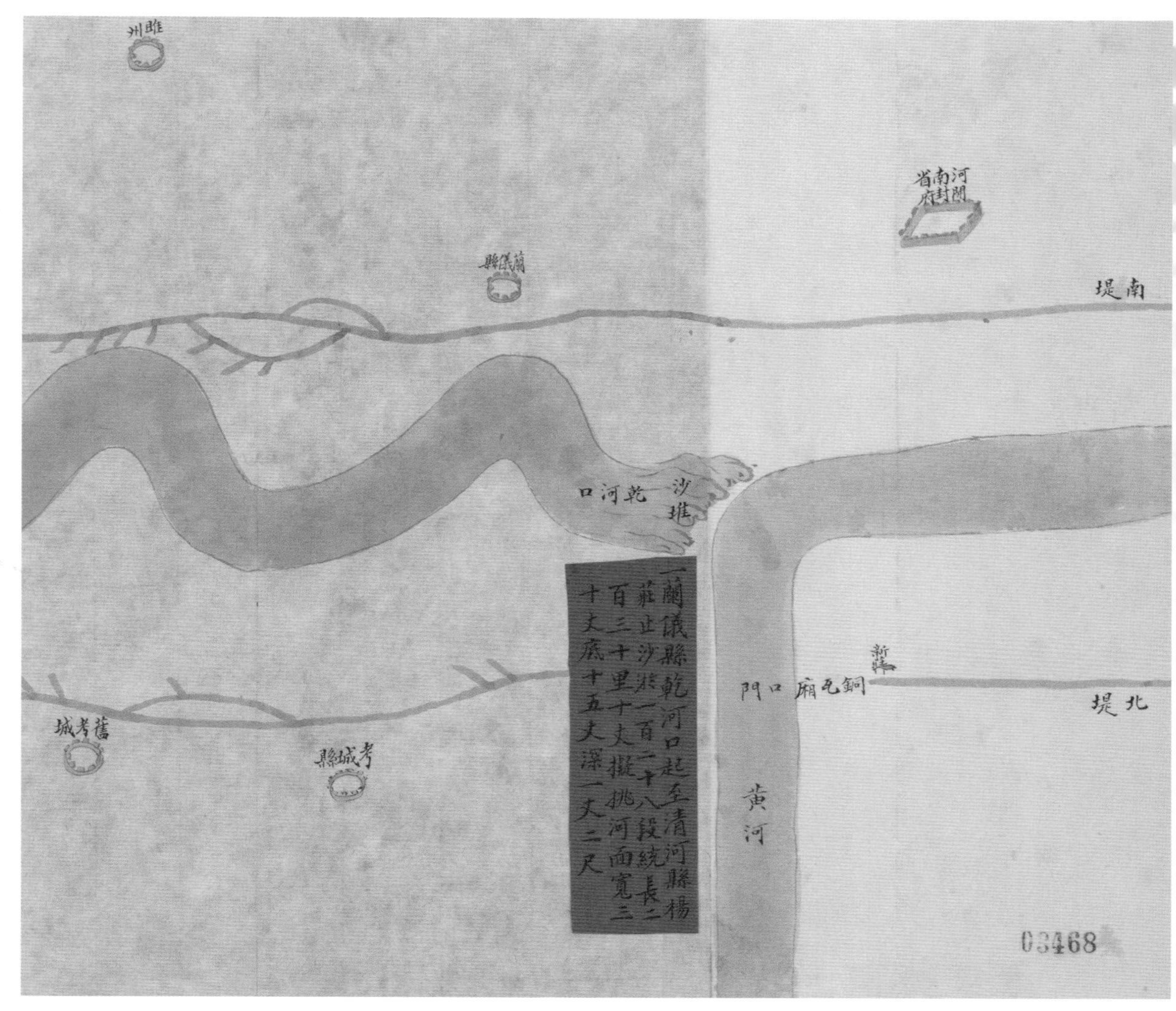
睢州
河南省開封府
蘭儀縣
南堤
沙堆
乾河口
一蘭儀縣乾河口起至清河縣楊莊止沙洲一百二十八段統長二百三十里十丈擬挑河面寬三十丈底十五丈深一丈二尺
新堤
銅瓦廂口門
北堤
舊考城
考城縣
黃河
03468

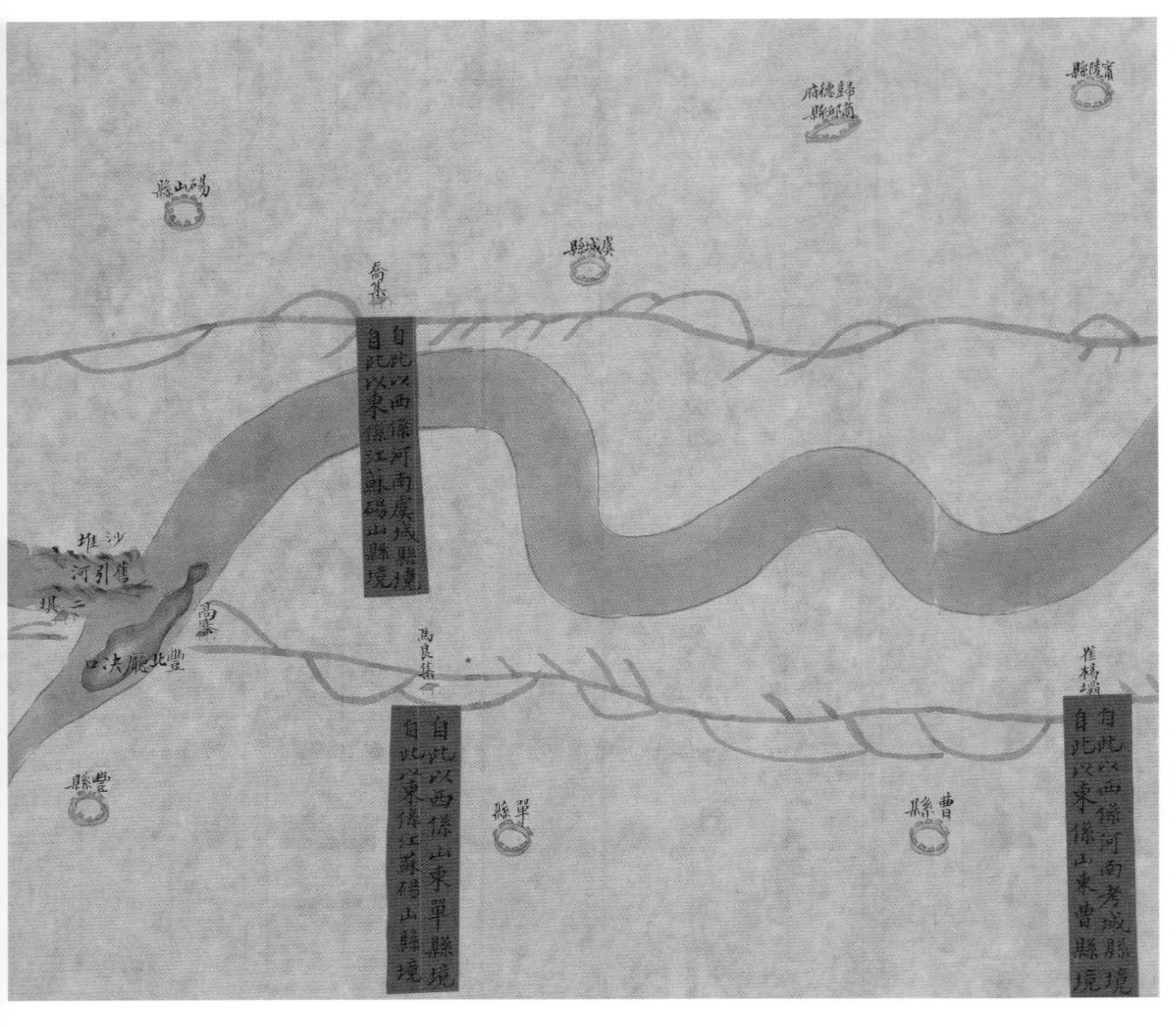

寧陵縣
歸德府商邱縣
碭山縣
虞城縣
喬集
自此以西係河南虞城縣境
自此以東係江蘇碭山縣境
沙堆
舊引河
二壩
高寨
豐北廳決口
馬良集
自此以西係山東單縣境
自此以東係江蘇碭山縣境
自此以西係河南考城縣境
自此以東係山東曹縣境
豐縣
單縣
曹縣

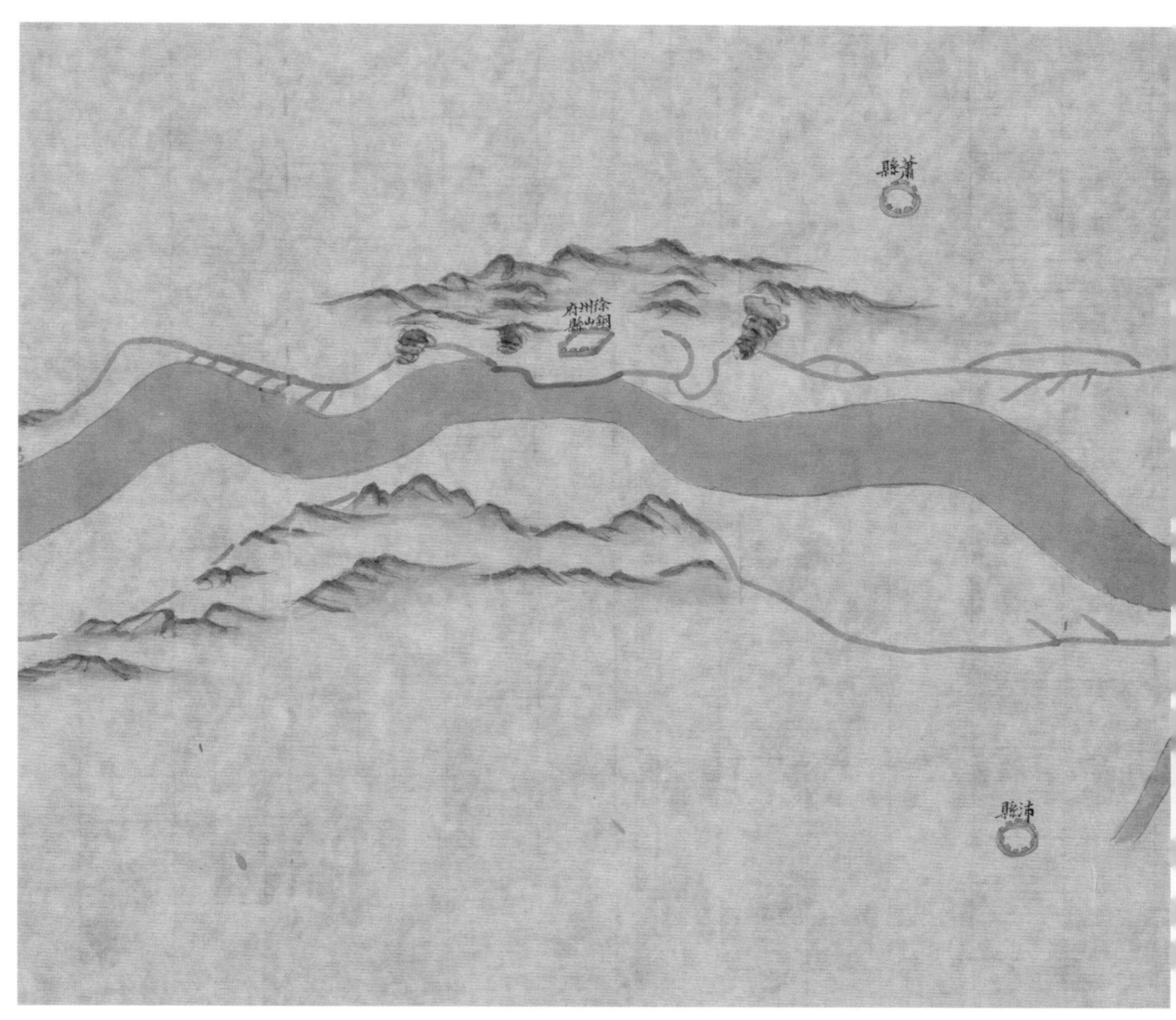
蕭縣
徐州府
銅山縣
沛縣

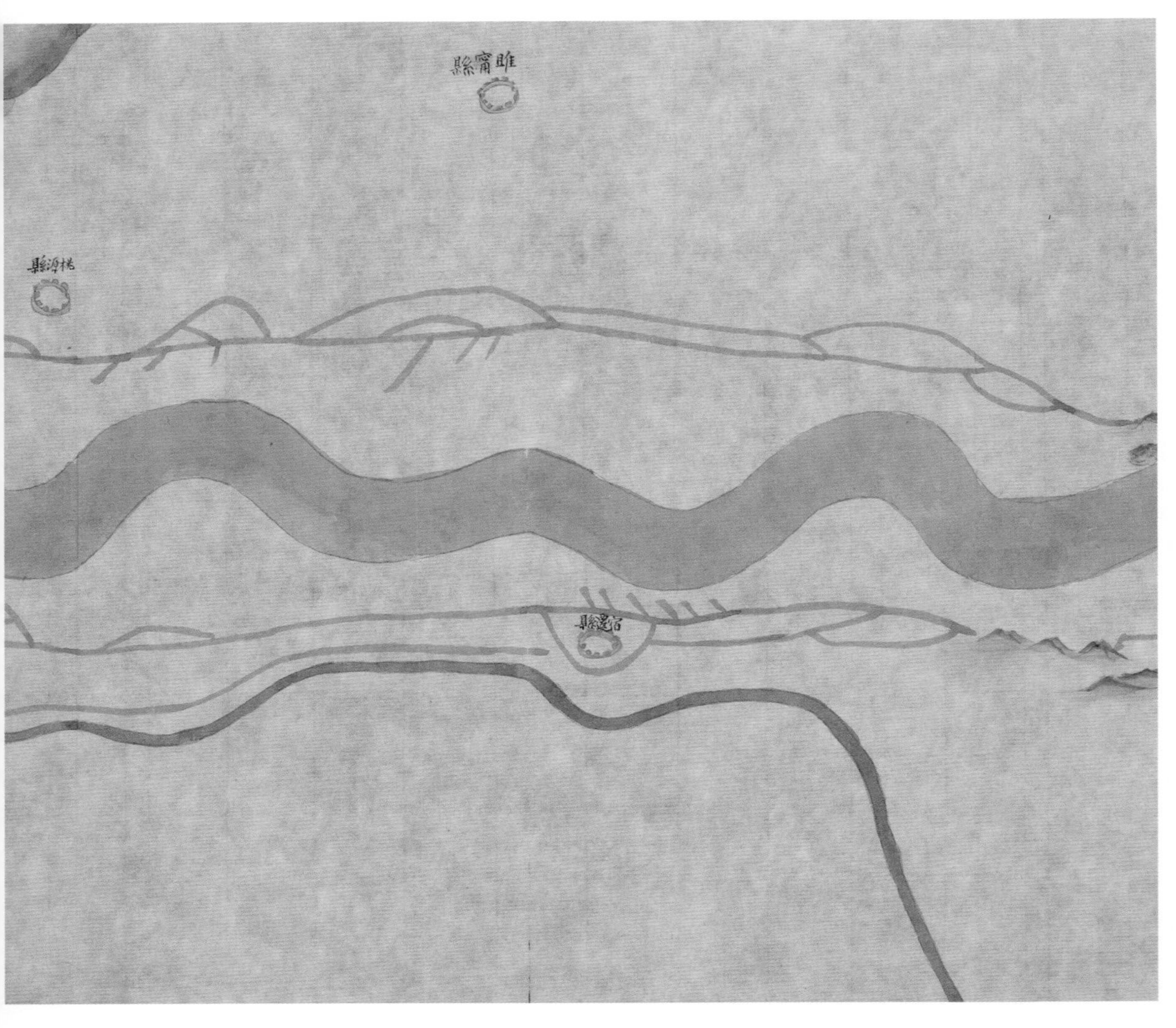
睢甯縣
桃源縣
宿遷縣

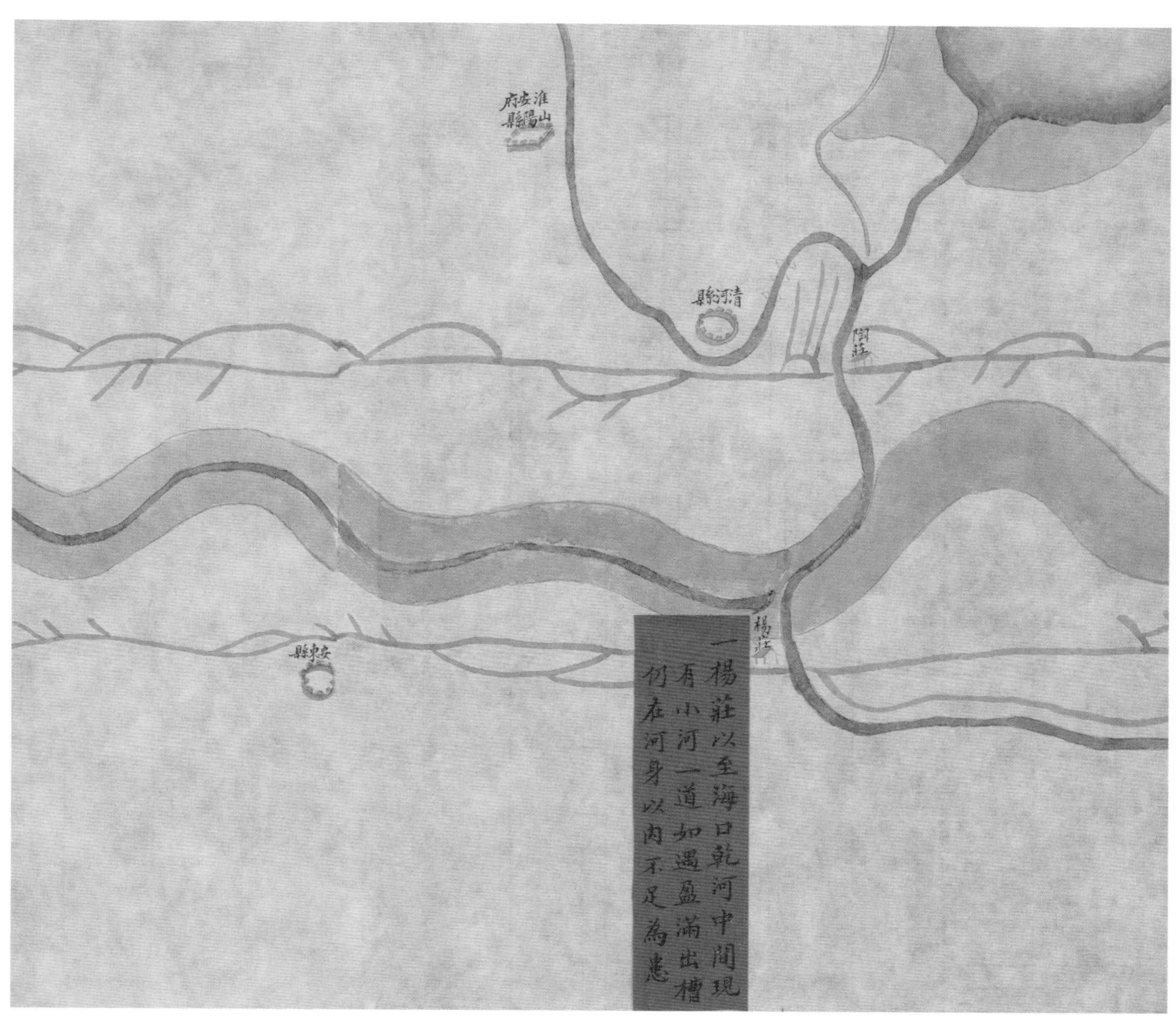
淮安府
山陽縣
清河縣
陶莊
楊莊
安東縣
一楊莊以至海口乾河中間現
有小河一道如遇盈滿出槽
仍在河身以內不足為患

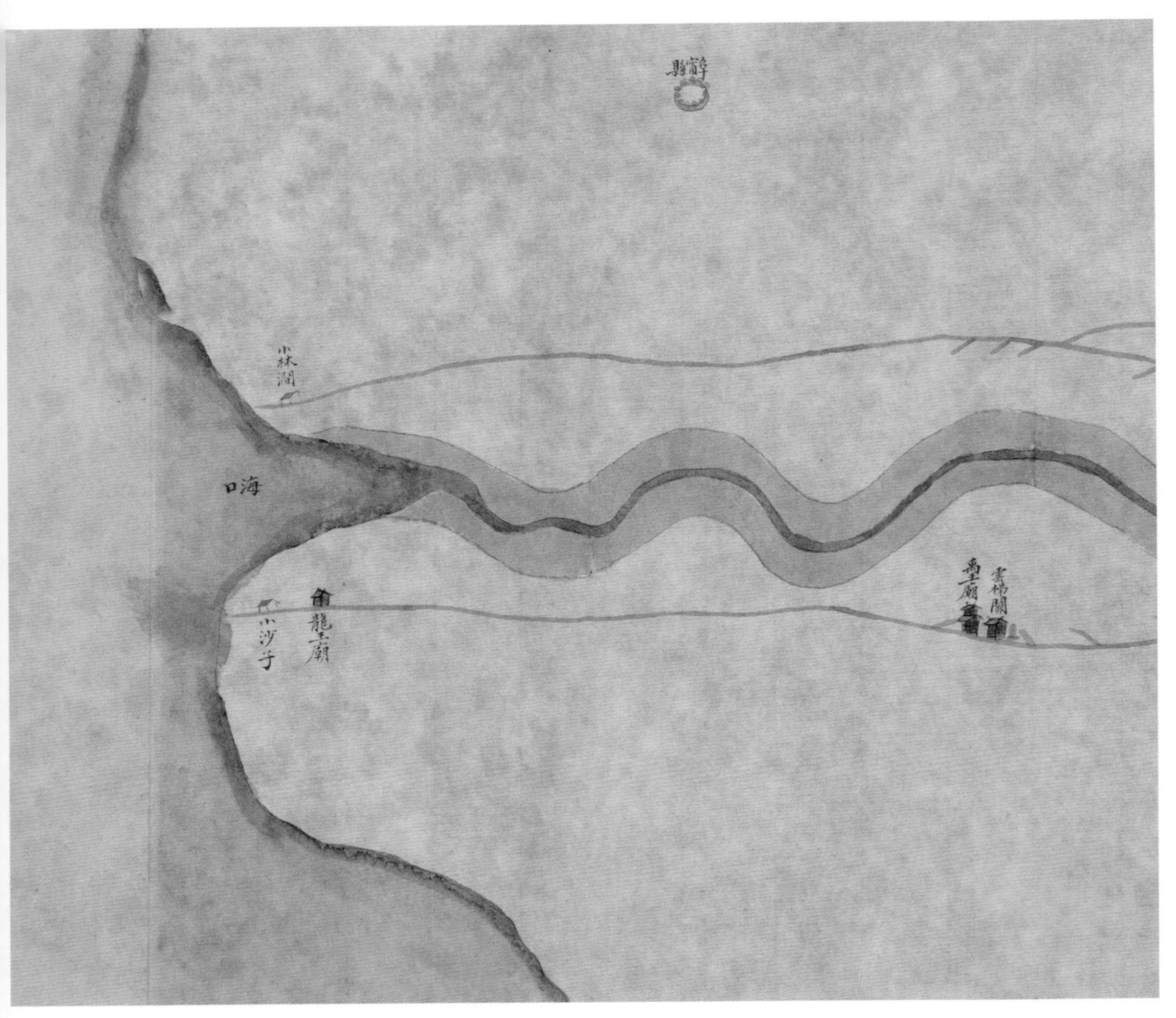
阜寧縣
小林澗
海口
小沙子
龍王廟
雲梯關
禹王廟

《御览三省黄河全图》

（山东　直隶　河南）

版本：石印本

年代：清光绪十六年（1890 年）

尺寸：34 厘米 ×30 厘米

册数：5 册

《御览三省黄河全图》，又名《山东直隶河南三省黄河全图》，首冠前印有“光绪庚寅年季秋月上海鸿文书局石印”。此图的原本藏于北京故宫博物院，副本经上海鸿文书局石印，供治河使用。

清光绪十三年（1887 年）八月，黄河在郑州十堡（即石桥）段决口泛滥，朝廷署河南山东河道总督李鹤年、河南巡抚倪文蔚主持堵口，复派礼部尚书李鸿藻到工督修。然而到清光绪十四年（1888 年）五月，口门埽占失事，功败垂成。于是，同年七月，光绪皇帝派广东巡抚吴大澂署河南山东河道总督，接办堵口大工。仅历时 5 个月，决口于当年十二月合龙，并且工程为拨发款银节约了六十余万两。

以此次决口及堵口工程为契机，清光绪十五年（1889 年）初，吴大澂奏请朝廷成立河图局，就勘测黄河图一事上奏光绪皇帝，奏请用新法测量绘制黄河图。吴大澂与直隶总督李鸿章、山东巡抚张曜、河南巡抚倪文蔚共同商议此事，最终，光绪皇帝“准其咨调数员，办理绘图事件”。吴大澂等“即遴选派候补道易顺鼎总司其事，分饬各员按段测绘”，并于清光绪十六年（1890 年）三月，全图告竣。

全图测竣后，呈光绪皇帝“留览”，命名为《御览三省黄河全图》，图册又名《山东直隶河南三省黄河全图》。全图刻印成精本，分装成五册，共成图 157 幅。测图比例尺为三万六千分之一，注有经纬线，且经线以北京为本初子午线。根据比例尺，可以测算出每幅图约 128 平方公里，总计约 20096 平方公里。该图是当时比例尺最大的河道图，也是最早采用近代西方科学方法测绘的黄河图。河道部分为实测，河道两侧村镇多为估绘或交绘，沿河州县村庄、堤岸埽坝等均标注详细。黄河两岸凡曾兴办过大工程的地方，均载明年月始末。

此图首冠河东河道总督、河南巡抚倪文蔚《进呈三省黄河全图奏稿》及《三省黄河全图凡例》。结尾附有《三省黄河河道一》《三省黄河河道二》《三省黄河北岸堤工表》《三省黄河南岸堤工表》《述意十二条》《三省黄河图后叙》（吴大澂）等。

根据附录《三省黄河河道一》《三省黄河河道二》的记载，该图所绘黄河自陕西潼关厅与河南阌乡县(今灵宝市)交界处的金斗关黄河入境处起，经河南、河北，至山东利津县铁门关入海口止，共计两段河道。第一段河道自金斗关起，至河南兰仪县铜瓦厢东坝头止，河长九百二十九里。第二段河道自铜瓦厢东坝头起，至山东利津县入海口止，河长一千一百十三里半。全图所绘黄河自金斗关至海口，河长共二千四十二里半。河道各流经地点、距离、方向均记载明确。

根据《御览三省黄河全图》凡例记载和图的内容，测图以经纬度为基础，并配合中国传统的“计里画方”绘图法。以当时工部尺寸计算，每里 180 丈，每方格为 1 里，每幅图纵 16 格、横 32 格。测图距离以实量为主，运用几何原理间接求长，并顾及球气差的影响。同时，《三省黄河全图凡例》统一规定了该图的图例。河边老滩用单线，嫩滩用沙点，遥堤、缕堤、格堤、越堤均用双线，帮堤旁加一线，小堰用粗单线，淤河用双虚线。坝、埽、土塘、水塘、大溜、山、州县城、厅、营、哨、汛、堡、镇集、村庄、庙、闸、省界、州县界、渡口等也统一规定了符号图例。图中重视水利设施，描绘了堤坝工程、防汛厅、防汛堡以及历年决口的位置，注有口门大小、负责堵复人员、合龙时间、用银数量等，水流缓急以“大溜”箭头稠密表示。该图的绘制只测量了平面位置，未测高程，也没有绘制等高线。

该图所附《述意十二条》中，详细记载了《御览三省黄河全图》的十种用途。吴大澂奏请绘制此图，综合了当时黄河的汛涨情况、治河工程状况以及未来变迁等多个方面的考量，为黄河治理提供了较为科学的河图依据：

“此图实用可以略举十端。综全河之形势，汛涨皆可预防，其用一。核全堤之丈尺，土料皆可实估，其用二。知河面之阔狭挑戗，不至误报，其用三。察滩形之利害守切，不至谬施，其用四。定村庄之名目，禀报无从影射，其用五。详营汛之界限修守，无从推诿，其用六。具高下之确数，两岸得以合筹，其用七。挈首尾之要，枢千里，得以相应，其用八。备三省之工程，欲改易而成规可案，其用九。存一代之掌故，虽变迁而遗迹可求，其用十。凡此十用，特其大网赓续扩充，望诸来者要之，河不变则此图不变，河即欲变而能用此图，亦可以不至于变，虚心察之，实力行之，二千里顺轨之图即亿万年安润之券也。”

根据该图所附《三省黄河图后叙》中的记录，黄河在此之前并没有用西方近代技术进行实测，而多按照中国古代原有的计里画方等方法进行简略描画，精确度较低。此套《御览三省黄河全图》是中国历史上首套用经纬测量法实测的黄河图，具有里程碑意义。清光绪十四年（1888 年）郑州石桥决口事件作为此图绘制的契机，也被记录下来：

“海防、江河防皆不可无图，图而不准适足以误事。近数十年来，泰西各国舆图之学日益精求，而中国海道图、长江图亦皆参用西法测绘精密，独河道无总图，亦无善本，盖豫省人才于天文测量之学尚多隔阂，风气未开，因陋就简，以河图责之吏胥，摹绘草率，悉依旧本，南北七厅所辖之区仅存大略，上下游则无从问津矣。光绪戊子冬十二月，郑工合龙以后，设局开办善后事宜，臣所专一讲求者以添筑石坝、测绘河图为最要。”

该图同时保留了中国传统制图法——计里画方的方里网，并配合经纬度进行实测，舆图的精确度明显提高。对比中国传统山水形象画法的古地图，以经纬度画法进行实测的河图改用符号和注记表示山川和州县城等行政驻地，并配以《三省黄河全图凡例》对符号及线条进行解释说明。整个地图从表达方式和内容上都更接近现代地图。

“光绪戊子冬十二月，郑工合龙以后”，吴大澂奏请设立河图局，用新法测量绘制黄河图。“郑工合龙处”也在这幅《御览三省黄河全图》中有明确标注。根据“横三十五、纵二十八”这幅图的记载：“光绪十三年八月，郑下汛十堡漫决口，门五百四十七丈，地名石桥，尚书李鸿藻、河督吴大澂、豫抚倪文蔚等办理。十四年十二月合龙，用帑一千二百万两。”同时，图中精确绘制并注明了金门口的郑工合龙处，清晰地绘制出其地理位置与合龙工程图，与文字注记相吻合。

王可歆

御覽三省黃河全圖
呈進

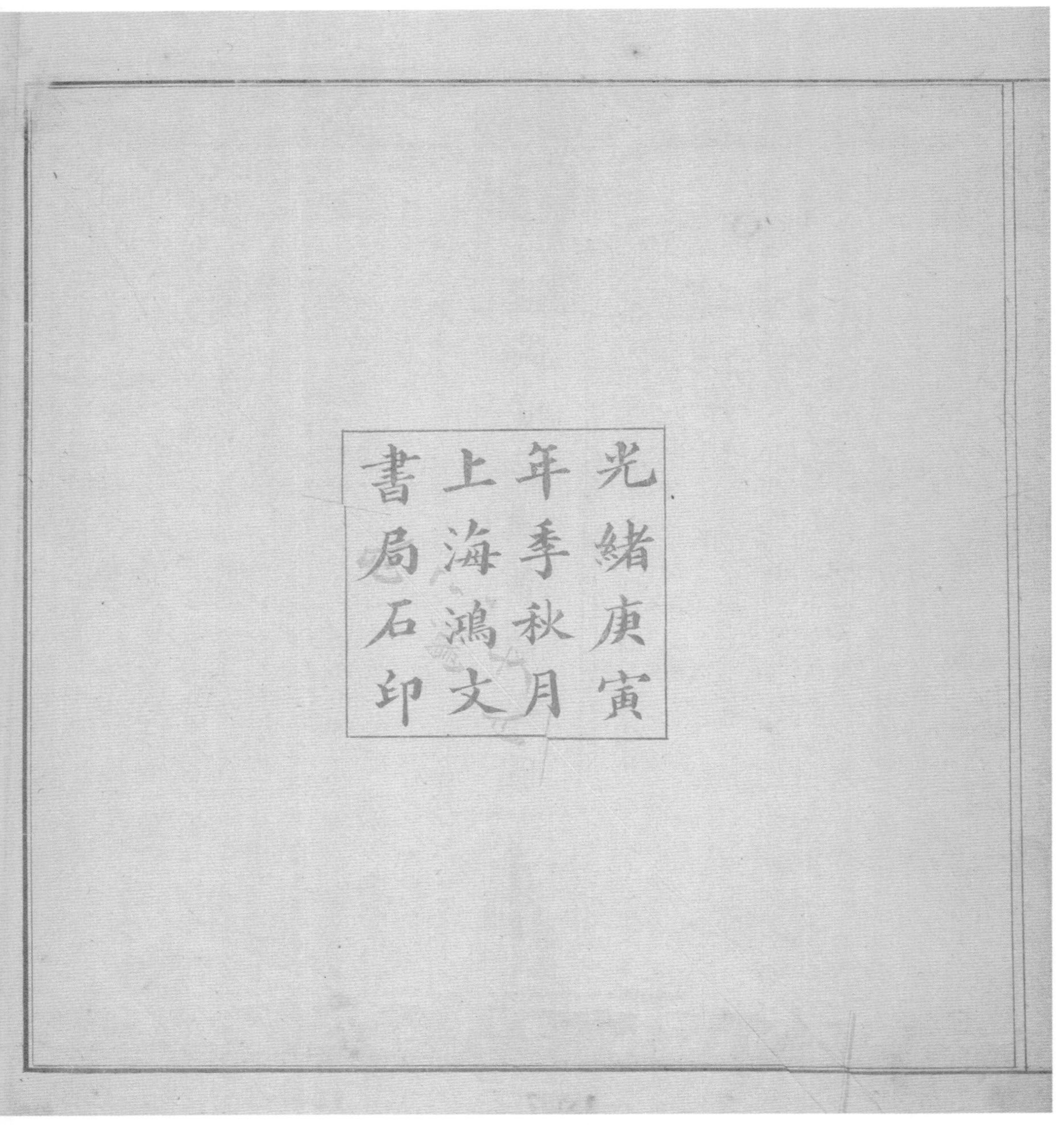

光緒庚寅年季秋月上海鴻文書局石印

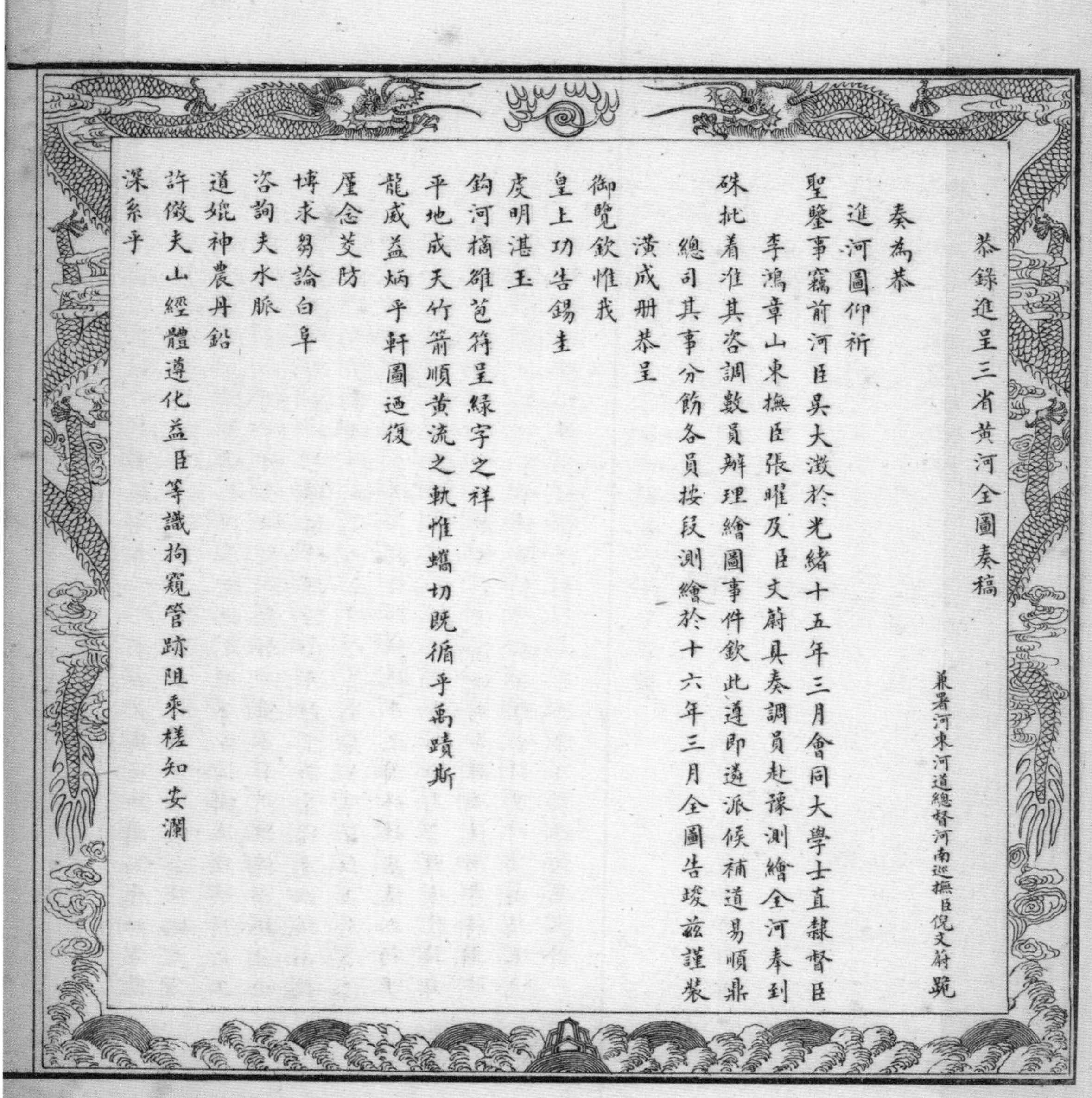

恭錄進呈三省黄河全圖奏稿

兼署河東河道總督河南巡撫臣倪文蔚跪

奏為恭

進河圖仰祈

聖鑒事竊前河臣吳大澂於光緒十五年三月會同大學士直隸督臣

李鴻章山東撫臣張曜及臣文蔚具奏調員赴豫測繪全河奉到

硃批着准其咨調數員辦理繪圖事件欽此遵即遴派候補道易順鼎

總司其事分飭各員按段測繪於十六年三月全圖告竣茲謹裝

潢成冊恭呈

御覽欽惟我

皇上功告錫圭

虞明湛玉

鈎河摘雒笣符呈綠字之祥

平地成天竹箭順黄流之軌惟蠵切既循乎禹蹟斯

龍威益炳乎軒圖迺復

屢念茭防

博求芻論白阜

咨詢夫水脈

道媲神農丹鉛

許傚夫山經體遵化益臣等識拘窺管跡阻乘檋知安瀾

深系乎

堯心念濬澮宜通乎周髀爰訪疇人之子弟庶幾冠知圜而履知方欲
追步地之亥章先使跬行高而軝行下尾閭必察東逾牡蠣之濱
首受宜詳西越梟鳩之澗審蜺桓之形勢方折圜流攷鱗列之工
程旁行斜上衹以廂壝銅瓦遂碁南河關負玉門難探西極韓垣
攺道鐵門爲前日雲梯隊境探源金斗即下游星宿度虹隄而稽
尺寸庶修防有補於搴茭憑象緯以算毫釐冀準望無差於累黍
師裴秀賈耽之法貴得真形攷靳輔張井之圖終嫌虛造人行里
曲而鳥飛里直近徵胡渭之言鬼魅畫易而狗馬畫難遠信韓非
之說二千餘里合作一圖百六十篇分爲五冊兩隄兩岸將期終
古以不遷一里一方實創從來所未有惟是别風刋誤尚恐馬烏
刻日程功未遑副墨衣帶相連夫三省倍懍寅恭綈函恭進於
九重幸塵
乙覽繹善溝善防之訓勉遵成憲於冬官慶
惟歌惟叙之休遠
邁神功於夏后謹會同大學士直隸總督臣李鴻章山東巡撫臣張曜
恭摺進
呈伏祈
皇上聖鑒訓示謹
奏奉
硃批知道了圖留覽欽此

恭錄辦理三省黄河河道圖説職名

監修

太子太傅文華殿大學士兵部尚書兼都察院右都御史直隸總督兼管河道一等肅毅伯臣李鴻章

頭品頂戴兵部尚書銜兼都察院右副都御史前任河南山東河道總督臣吴大澂

太子少保頭品頂戴兵部尚書銜兼都察院右副都御史山東巡撫世襲一等輕車都尉兼一雲騎尉世職臣張曜

兵部侍郎兼都察院右副都御史河南巡撫兼理河道暫署河南山東河道總督臣倪文蔚

總理

頭品頂戴河南布政使升任山西巡撫臣劉瑞祺

二品銜河南按察使署布政使臣賈致恩

二品銜河南分巡開歸陳許道兼理河務臣隆保

二品銜河南分巡南汝光道前署開歸陳許道臣朱壽鏞

河南試用道臣易順鼎

提調

鹽運使銜河南候補知府臣馮光元

安徽儘先補用同知臣董毓琦

候選同知臣劉鶚

分校

三品銜知府用河南候補同知臣王維國

知府銜儘先選用直隸州知州兼襲雲騎尉世職臣顔士熙

同知銜河南候補知縣臣劉于滸

大挑東河試用知縣臣黄佐唐

州吏目用河南候補典史臣顔士樑

六品銜河南候補典史臣姚永祚

測量兼繪圖

浙江補用直隸州知州臣顧潮

六品銜候選縣丞臣黃庭

六品頂戴候選縣丞臣石紹祖

儘先選用縣主簿臣韓貞元

六品銜儘先選用巡檢臣老頡安

縣丞銜臣董廷瑞

縣丞銜臣董壽棟

監生臣葛道般

監生臣賈步緯

監生臣朱建功

監生臣張元基

監生臣劉景昭

監生臣黃鐘

監生臣林大鈞

監生臣鄭奉時

監生臣馬榮

監生臣武文錦

監生臣馮雲書

監生臣陳斌

繕寫

湖南常德府府學廩生臣易順豫

河南祥符縣學優增生臣童霖

監生臣米正杲

河南開封府府學附生臣劉頌德

三省黃河全圖凡例

一地球周七萬二千里分為三百六十度南北緯每度二百里東西經惟赤道每度二百里漸近兩極則漸狹茲圖推測經緯盈縮悉與天度相符

一遵用工部尺布算每里一百八十丈圖用五分一格為一里較原形縮為三萬六千分之一

一列於里格之上者為經度列於里格兩旁者為緯度皆二分一列經度依京師中綫起偏中綫東者曰東幾度幾分偏中綫西者曰西幾度幾分

一河邊老灘用單綫嫩灘用沙點遥隄縷隄格隄越隄均用雙綫幫隄旁加一綫小堰用粗單綫淤河用雙虛綫壩从皿埽从土塘水塘从大溜从山从州縣城各從測量本形間有未經實測者从廳从⊠營从口哨从×汛从◉堡从○鎮集从◎村莊从•廟从回閘从)(省界从州縣界从渡口从△

一河流自西而東溜所向處繪作箭形溜偏南則矢南溜偏北則矢北觀偏指之處即知險工所在

一圖內支水皆據現有者繪之其昔有今無之水不復入圖惟故道尚可指名者亦繪虛綫以存形勢

一支水來源遠近不一茲圖詳於正河凡現有支水祇繪近河數里未能溯流窮源

一繪圖有正視旁視各法茲圖用天空下視法由上視下則全體皆見故繪山作團欒勢不作峭側形

一濱河之山蜿蜒曲折皆繪全形所占之區其距河稍遠僅測一面者繪作半山形以示未盡

一兩岸城郭村莊皆測量得其方位十數里以外足跡目力所未及者任缺無誣

一村莊名目悉本土音俗呼春秋所謂名從主人

一地名之字間有不見字書者相沿已久未便以他字代之即廳堡戧壩等字亦皆古書所無禮在從宜不嫌質實

一金隄自直隸開州境以下漸次有工故從河南滑縣白道口測繪其白道口以西金隄距河更遠未及測量亦不繪入

一兩岸曾辦大工之處略載年月始末以識之其遠事則攷之傅澤洪行水金鑑黎世序續行水金鑑諸書近事則攷之山東河南兩省成案

一圖內所繪係據當時實測之數至測量以後埽壩或有增益沙灘或有變遷尚待他時添注

一圖每頁皆標縱橫數目以同緯度者為橫同經度者為縱

一圖分為五冊凡橫數之一六為第一冊二七為第二冊三八四九五十為第三第四第五冊欲閱某處先檢總圖視其橫幾為某冊次檢縱數即得所欲閱處若閱全圖以第二冊承第一冊三冊承二冊四冊承三冊五冊承四冊一冊復承五冊挨次接連使不紊亂

一開方計里鳥道易知若水道迴環必用規尺宛轉量之乃得真數別載河道里數於圖後

一兩岸隄身遠近長短高低厚薄關係工程別作河隄高寬表並載隄工里數丈尺於圖後

總圖

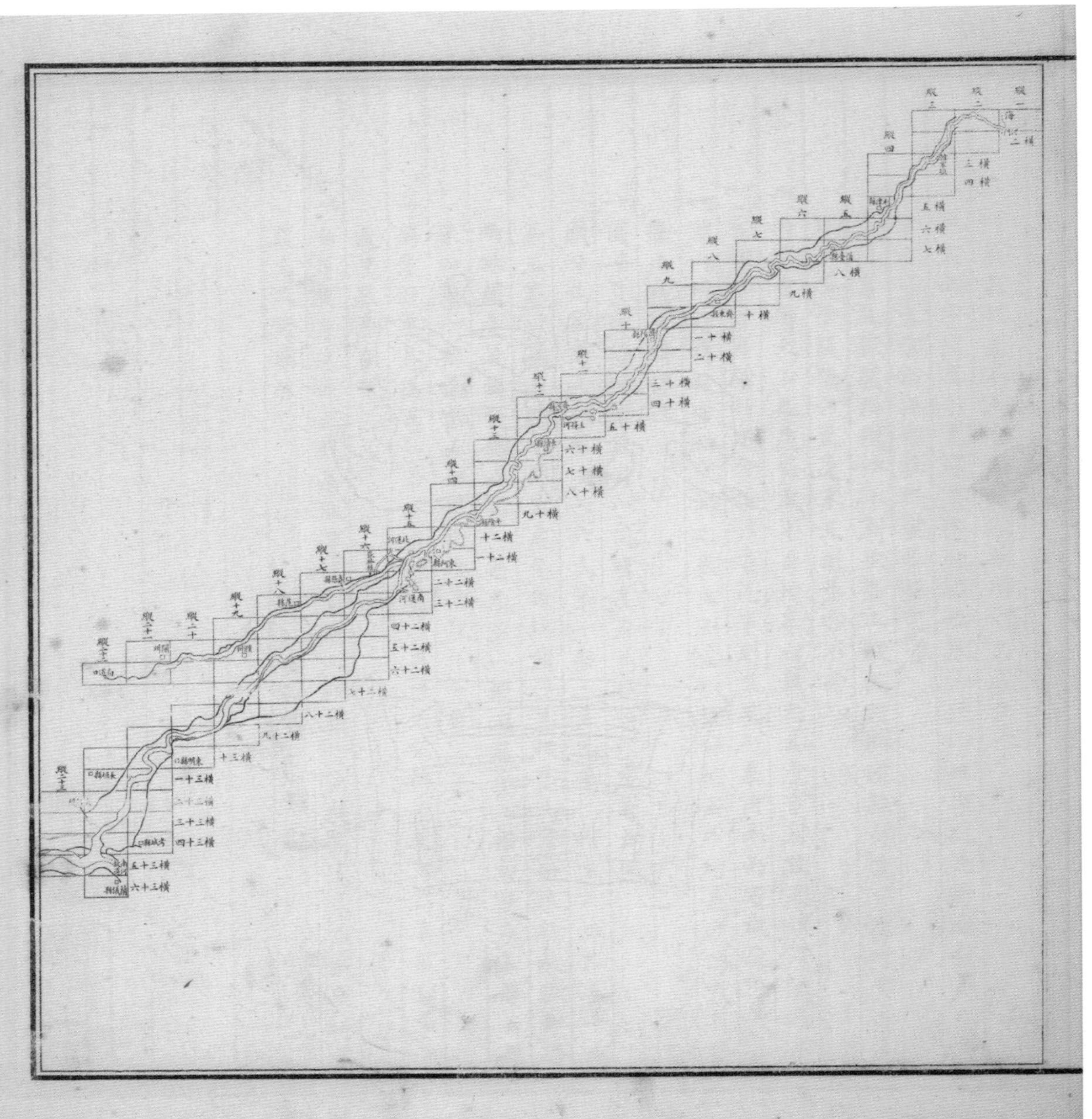

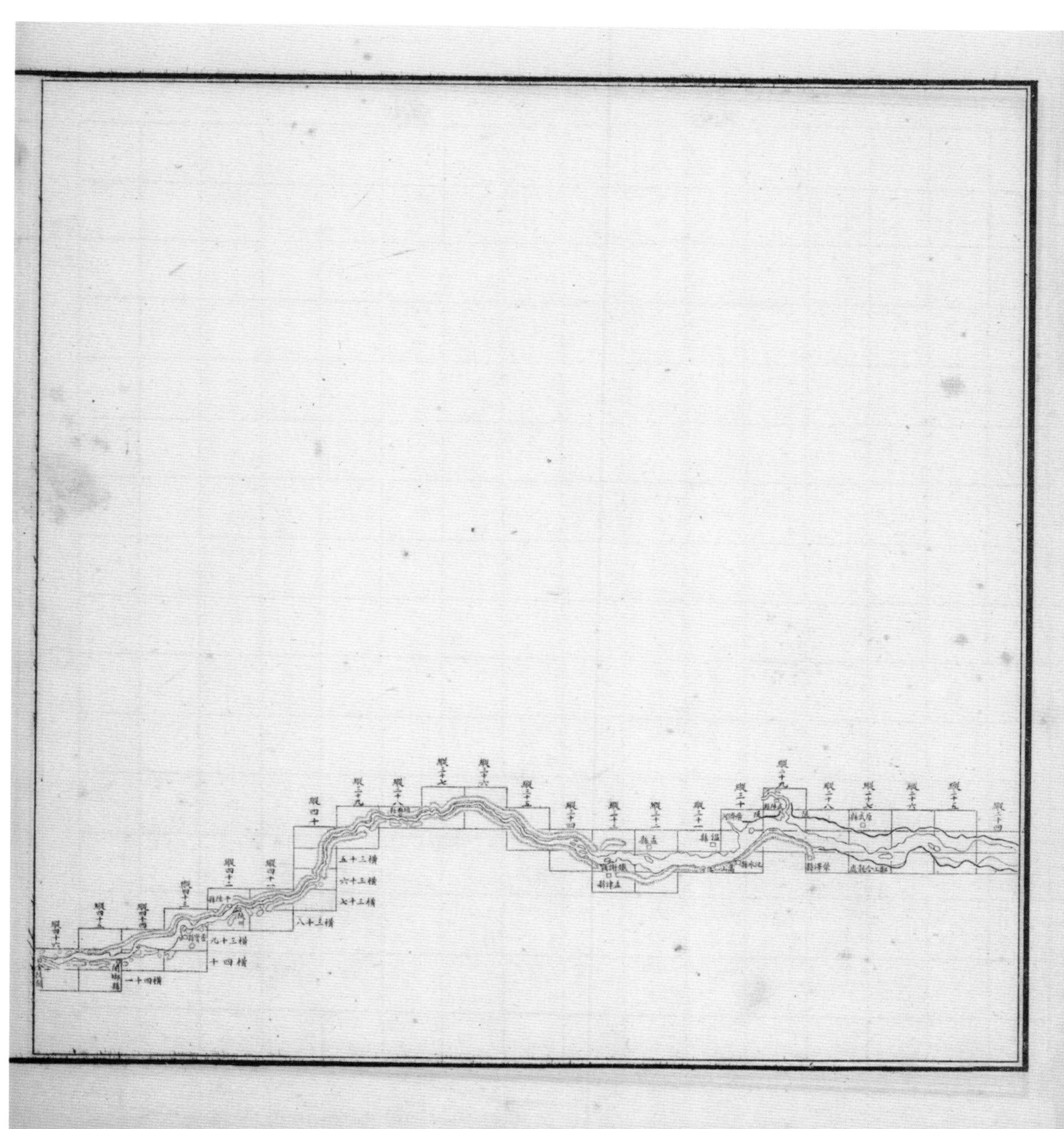

東二度四十分

東二度四十二分

東二度四十四分

三十七度四十八分

三十七度四十六分

三十七度四十四分

橫一

縱一

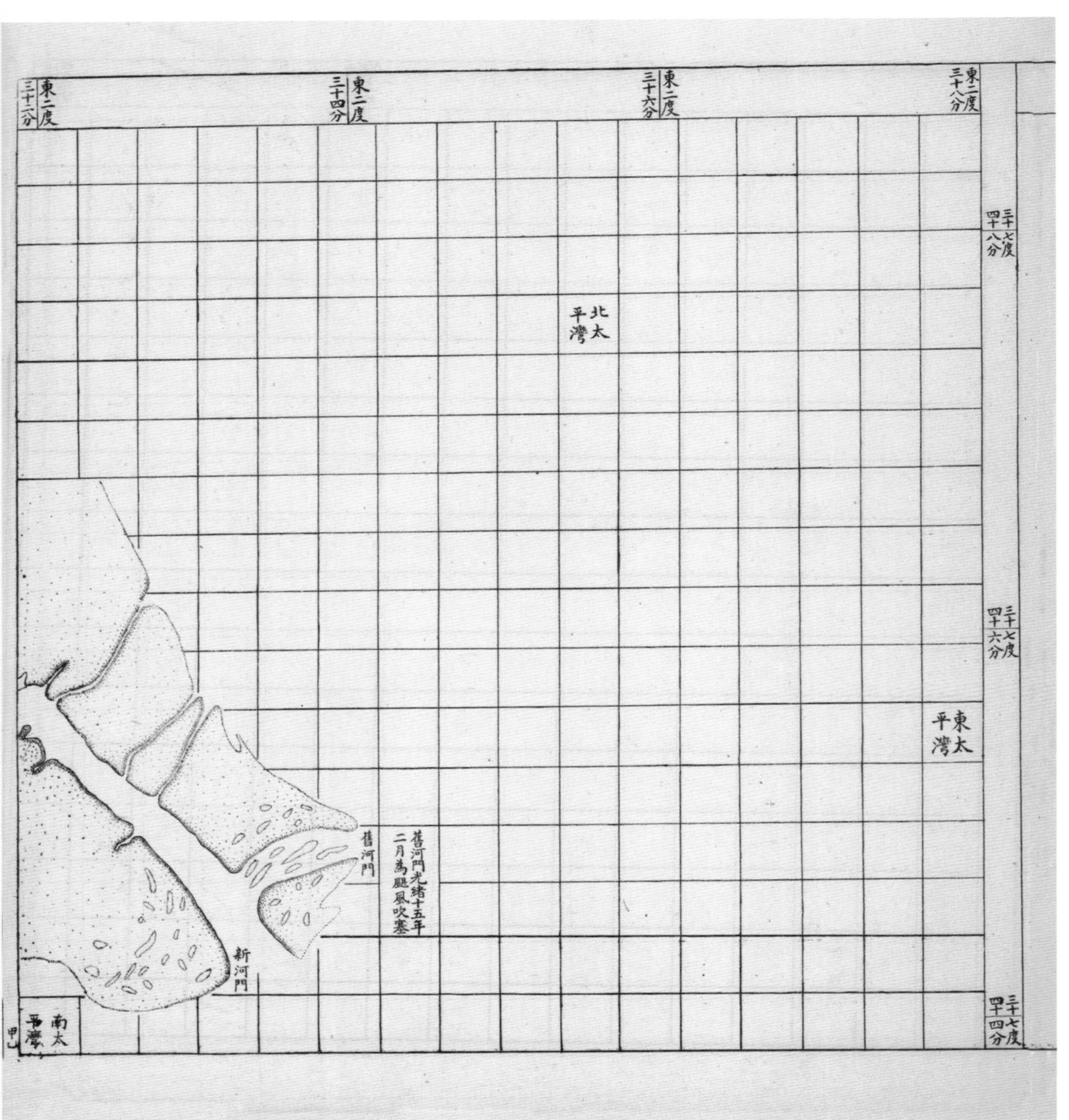
東二度三十二分
東二度三十四分
東二度三十六分
東二度三十八分
三十七度四十八分
三十七度四十六分
三十七度四十四分
北太平灣
東太平灣
舊河門
舊河門光緒十五年二月為颶風吹塞
新河門
南太平灣
甲山

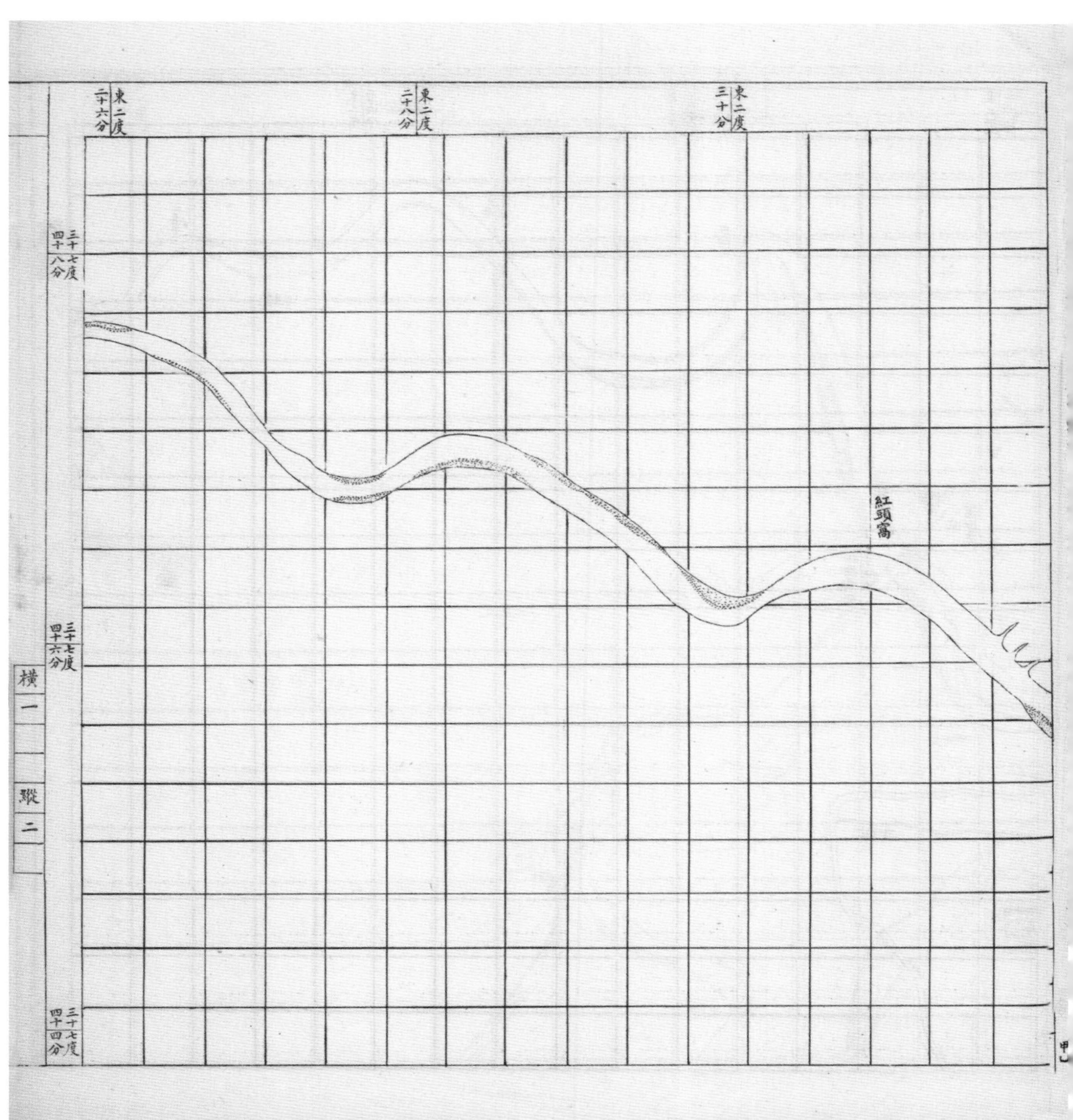
東二度二十六分
東二度二十八分
東二度三十分
三十七度四十八分
三十七度四十六分
三十七度四十四分
橫一
縱二
紅頭窩
甲山

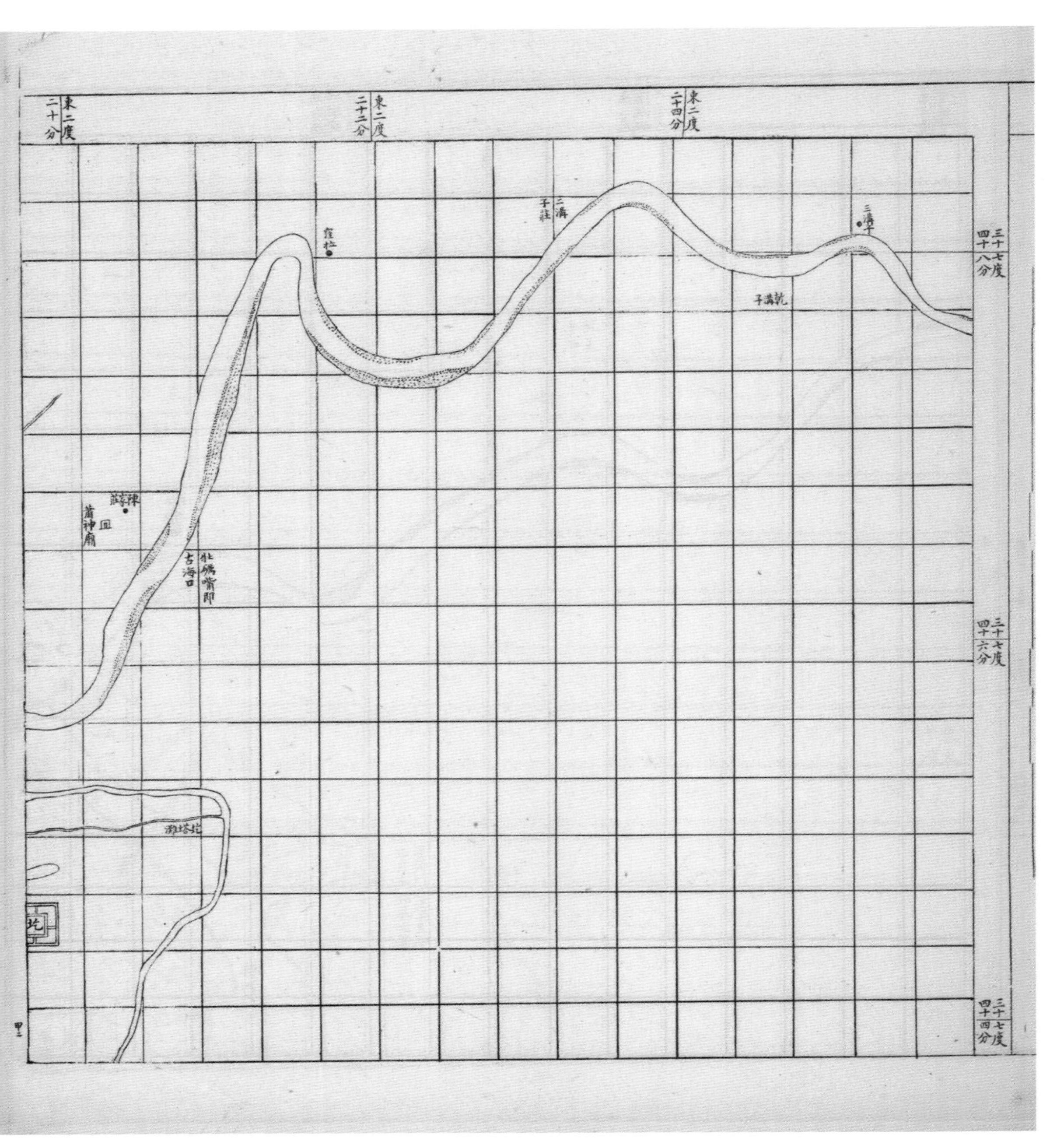

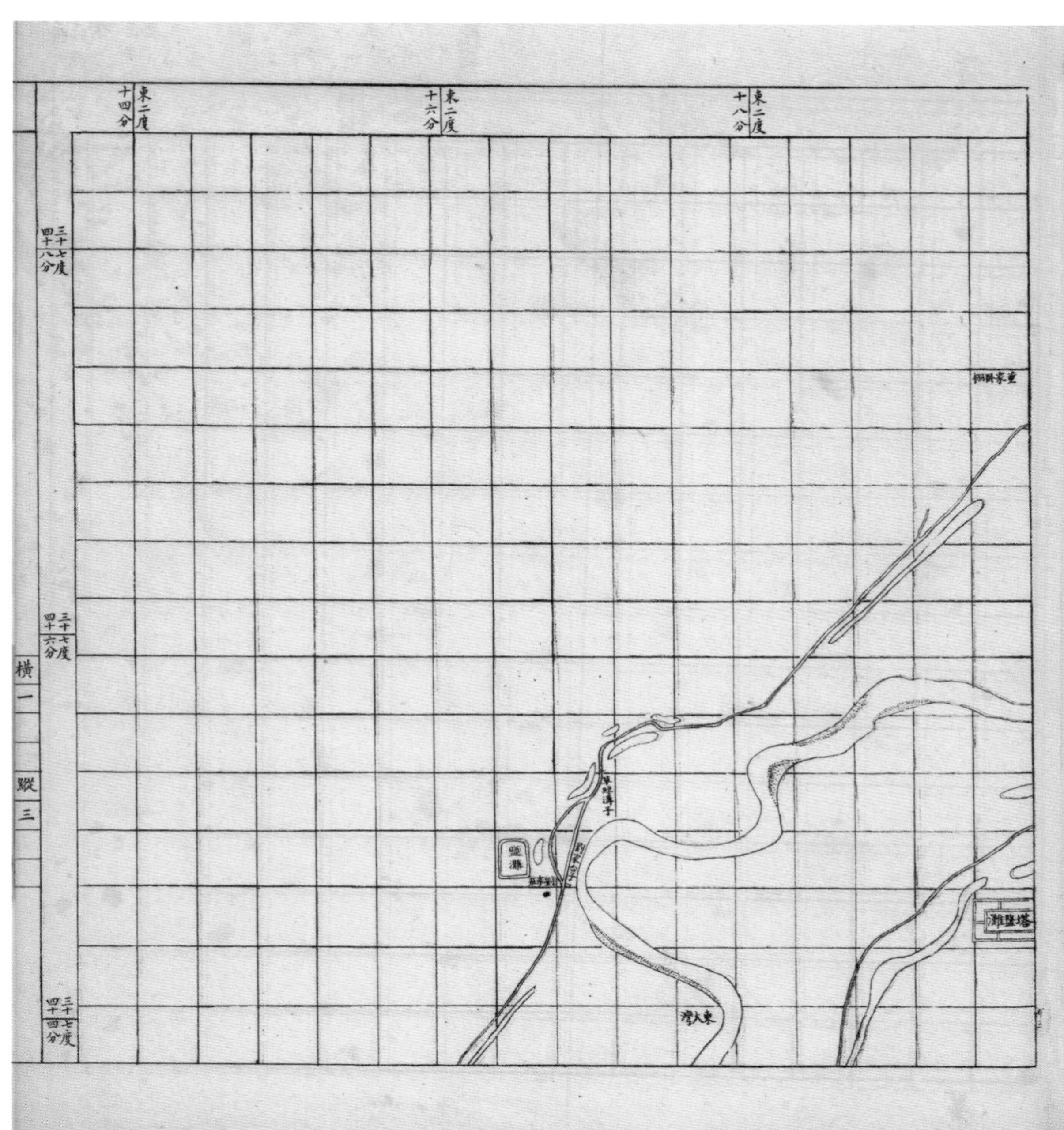
東二度十四分
東二度十六分
東二度十八分
三十七度四十八分
三十七度四十六分
三十七度四十四分
橫一
縱三
塔盤灘

東二度八分

東二度十分

東二度十二分

三十七度四十八分

三十七度四十六分

三十七度四十四分

甲四

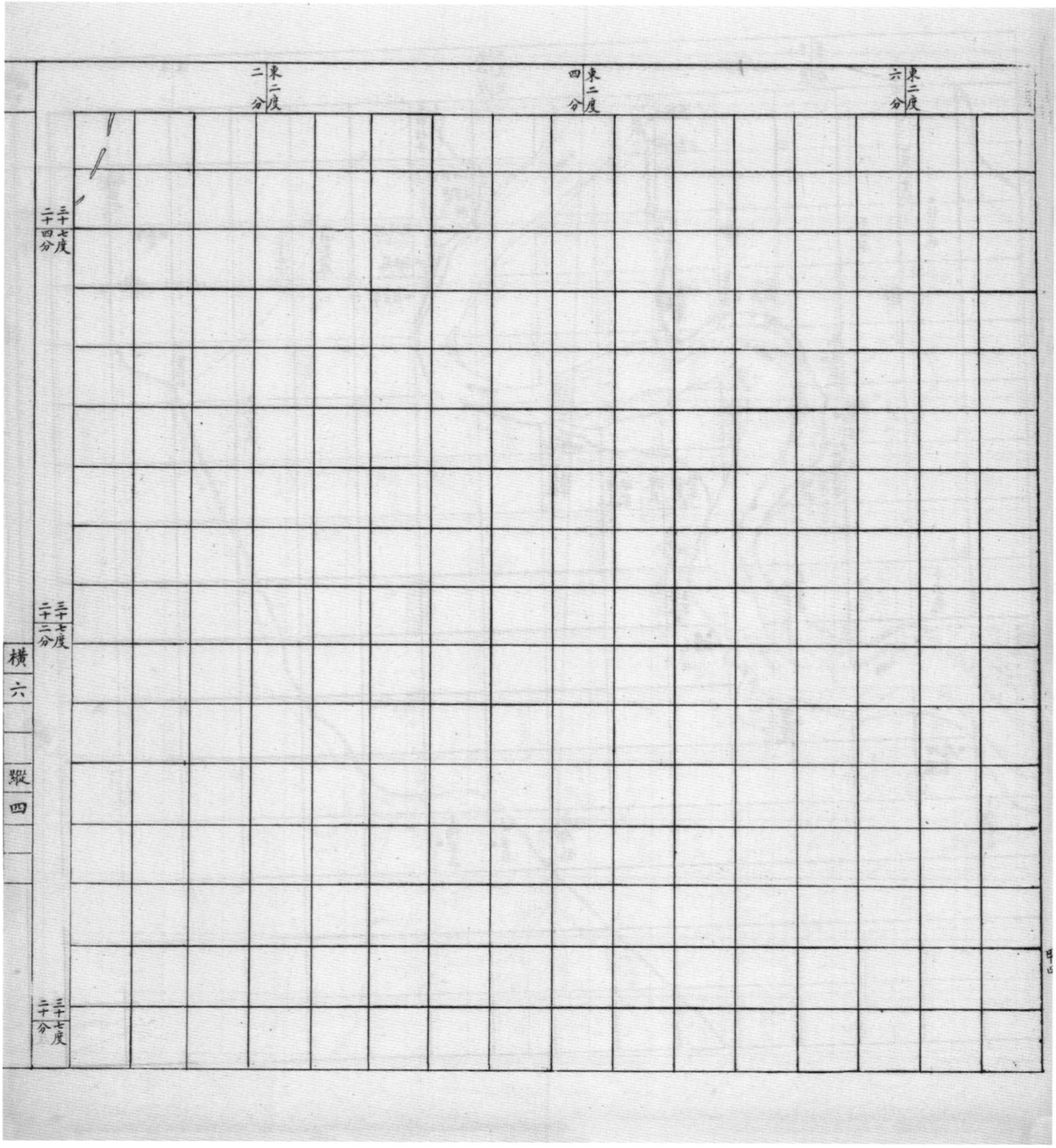

東二度二分
東二度四分
東二度六分

三十七度二十四分

三十七度二十二分

横六
縱四

三十七度二十分

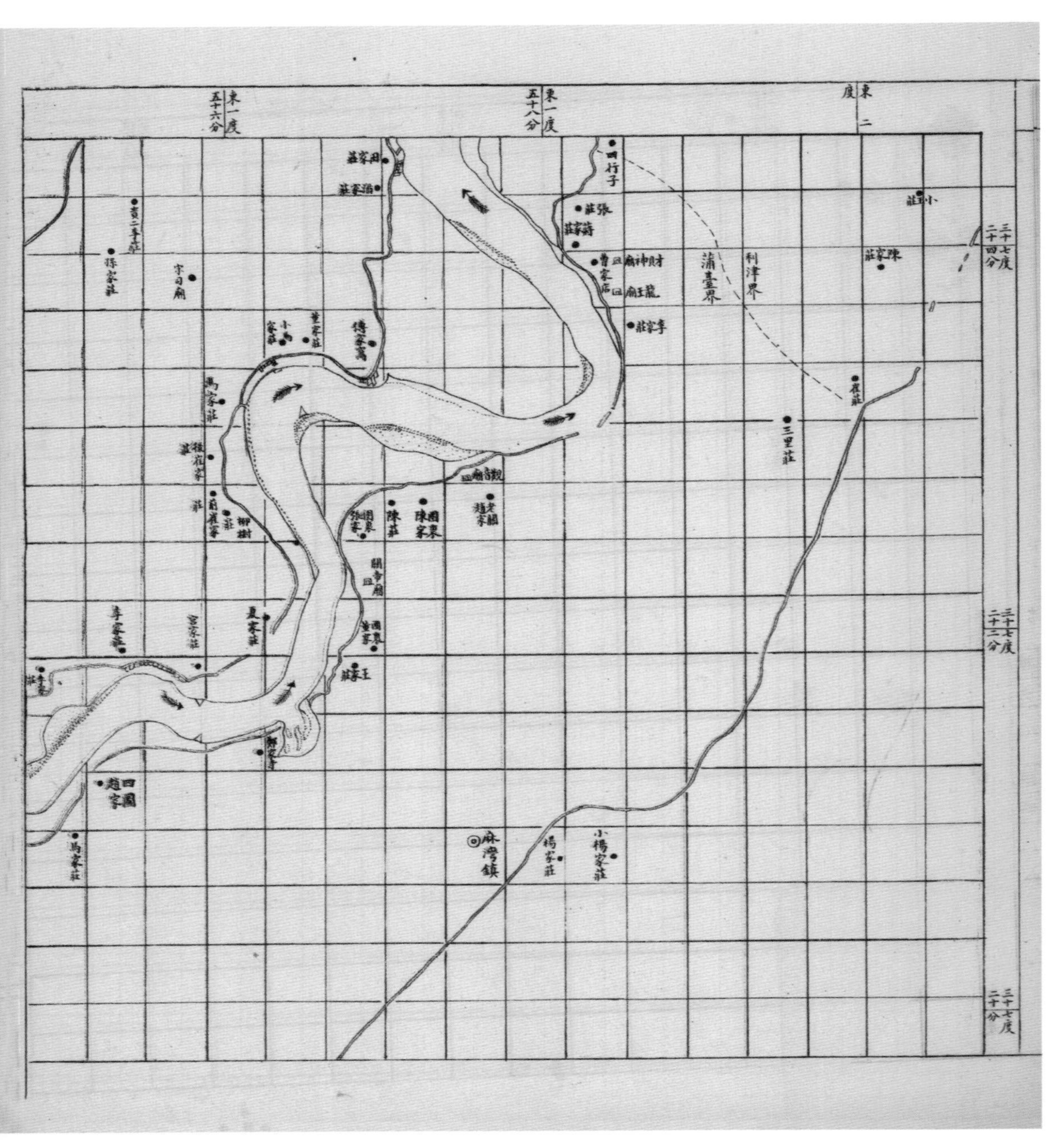

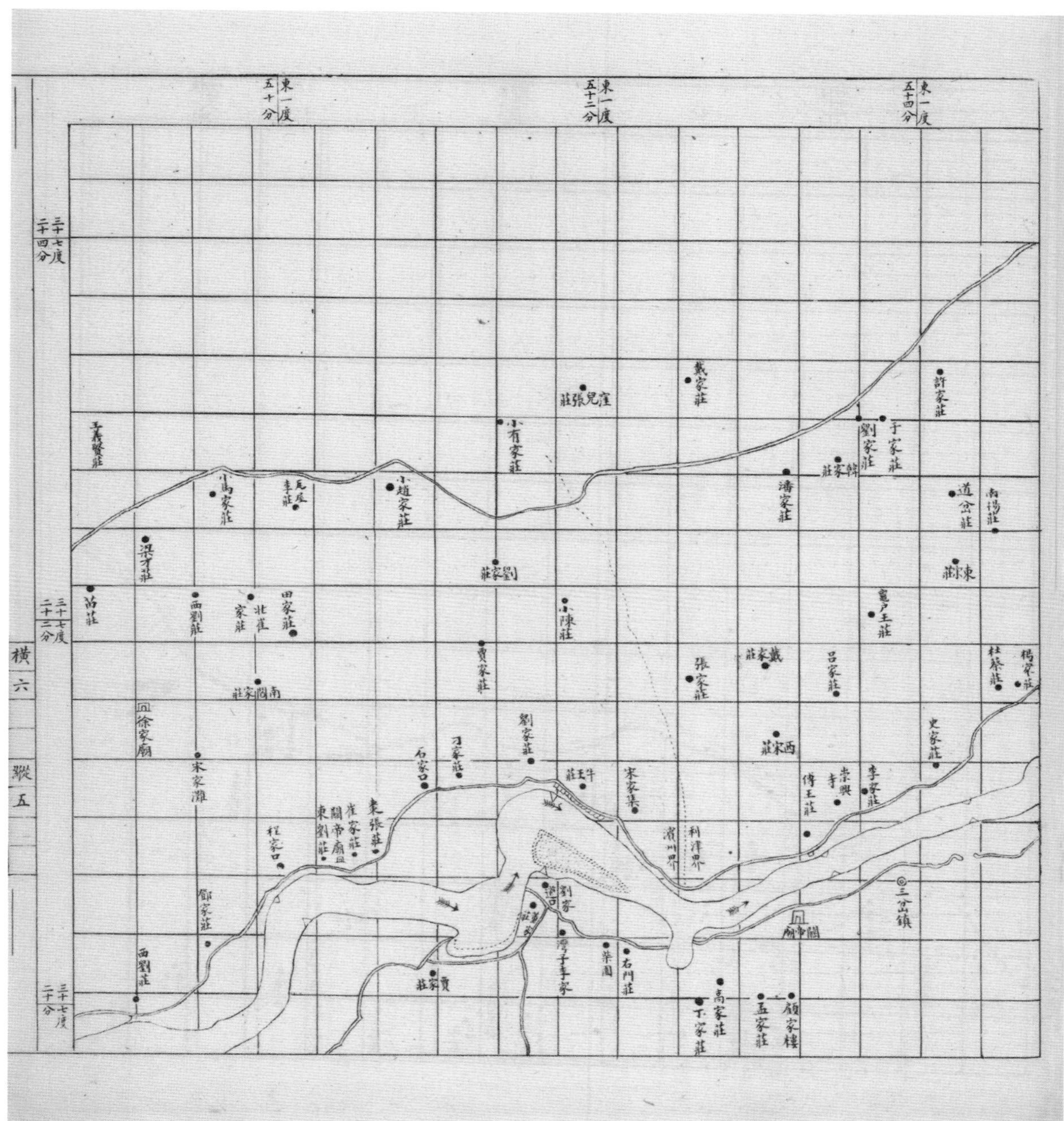

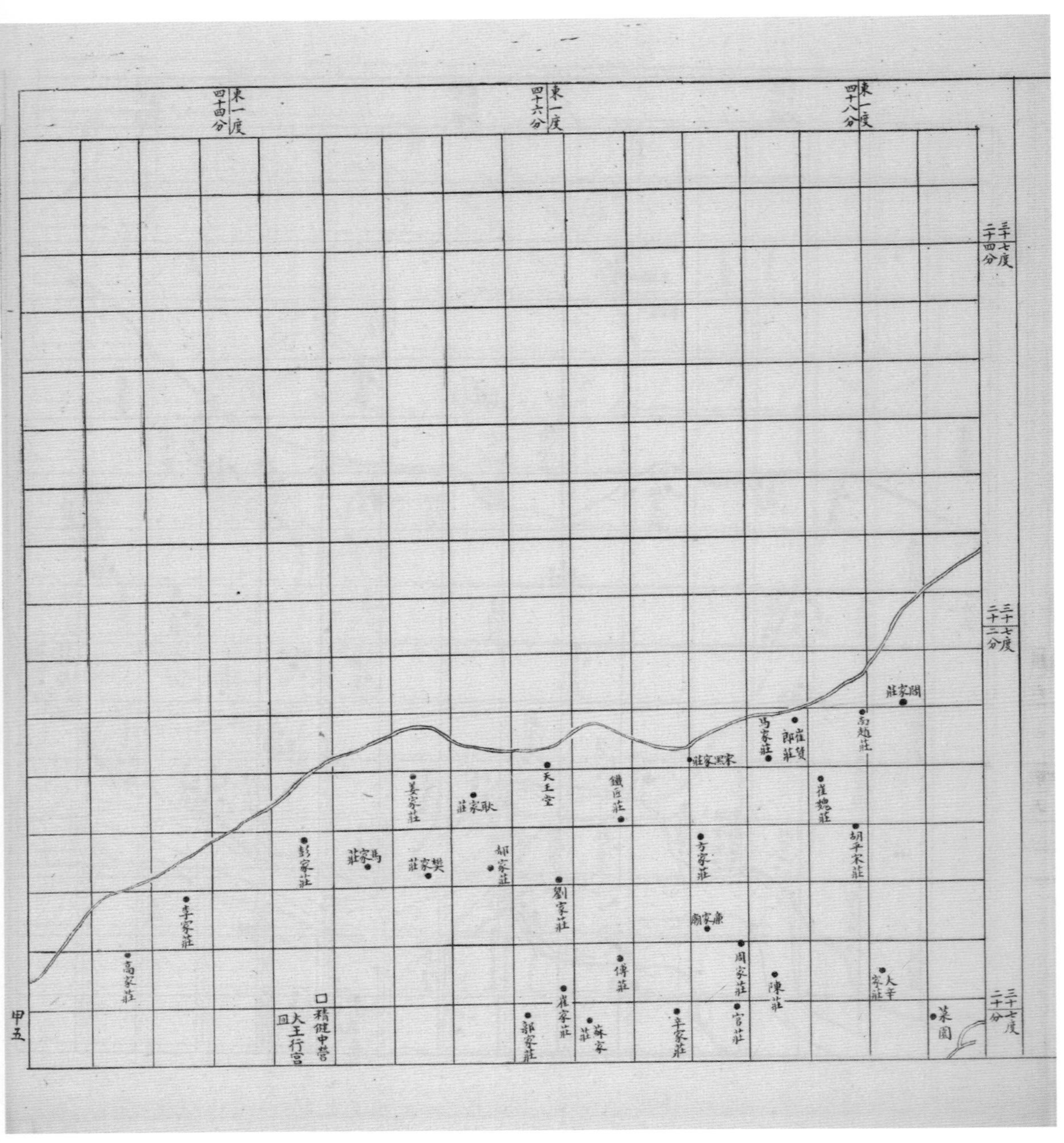
東一度四十四分
東一度四十六分
東一度四十八分
三十七度二十四分
三十七度二十二分
三十七度二十分
甲五
精健中營
大王行宮
天王堂
鐵匠莊
劉家莊
高家莊
李家莊
彭家莊
馬家莊
樊家莊
姜家莊
耿家莊
郝家莊
方家莊
康家廟
周家莊
陳莊
官莊
辛家莊
郭家莊
崔家莊
蔣家莊
傅莊
馬家莊
崔貨郎莊
崔魏莊
胡平宋莊
閻家莊
大辛家莊
菜園

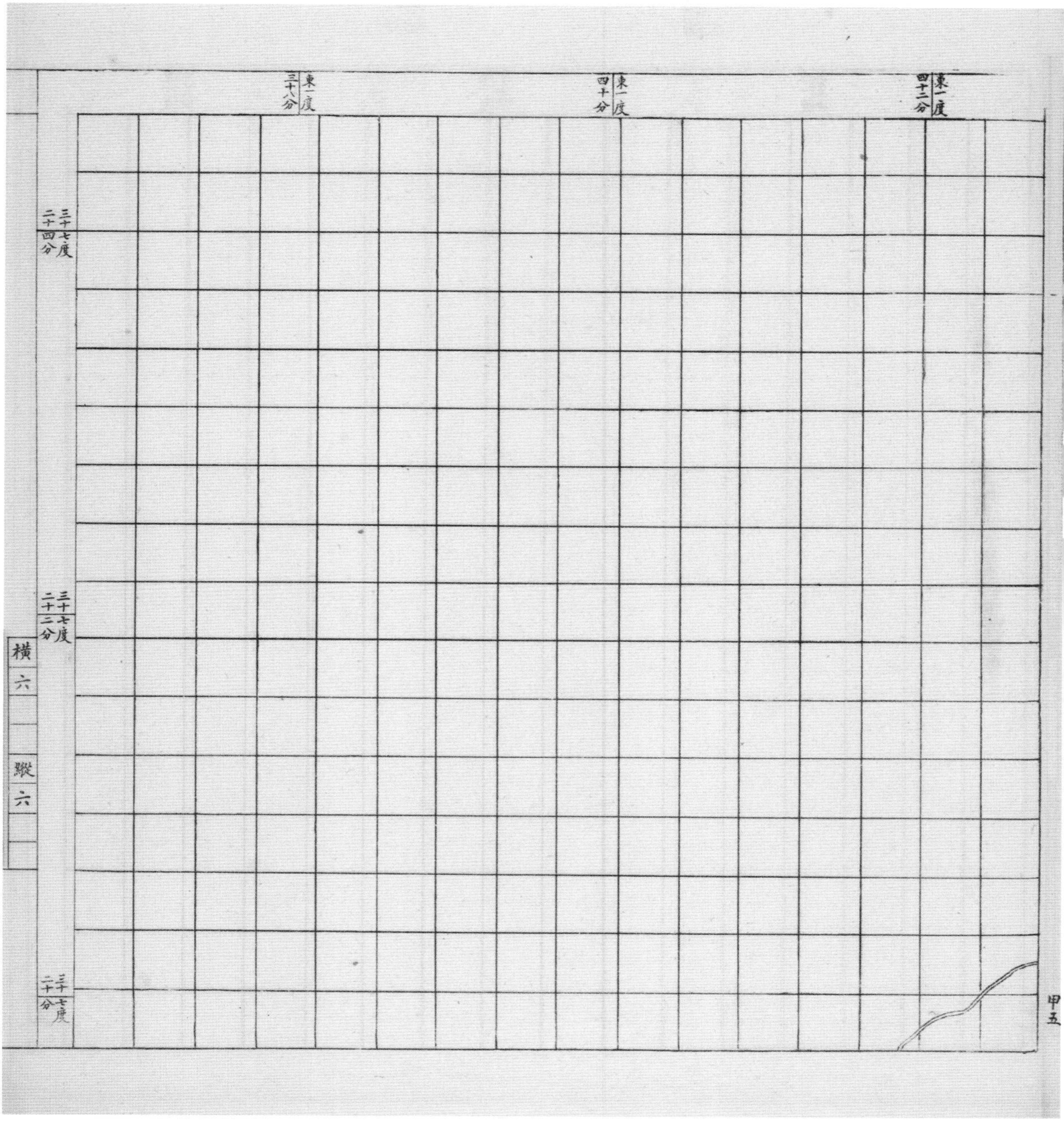

東一度三十八分

東一度四十分

東一度四十二分

三十七度二十四分

三十七度二十二分

三十七度二十分

横六

縱六

甲五

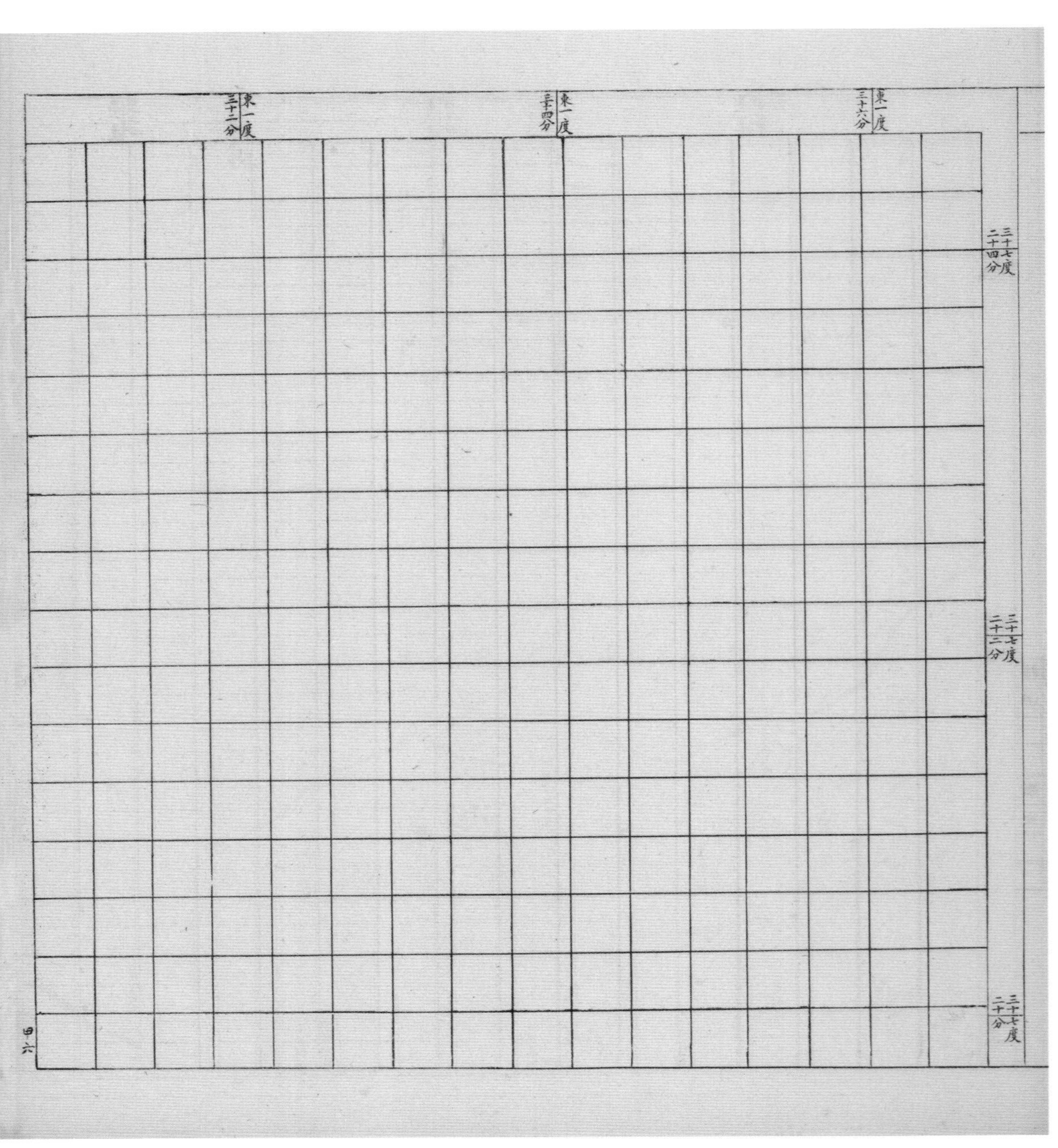
東一度三十二分
東一度三十四分
東一度三十六分
三十七度二十四分
三十七度二十二分
三十七度二十分
四六

東一度二分 東一度四分 東一度六分

三十七度

三十六度五十八分

杉十一 號九

三十六度五十六分

327

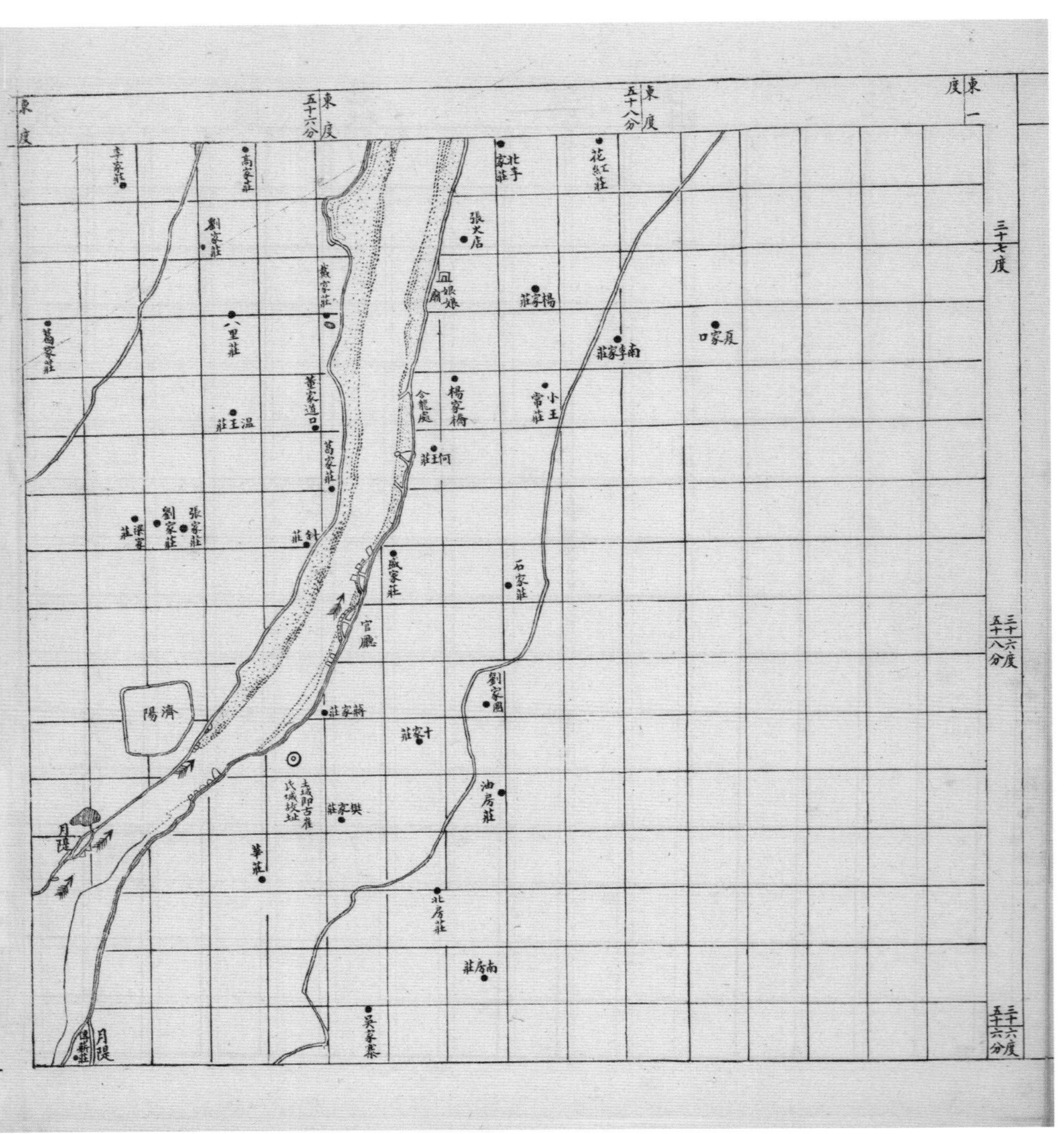

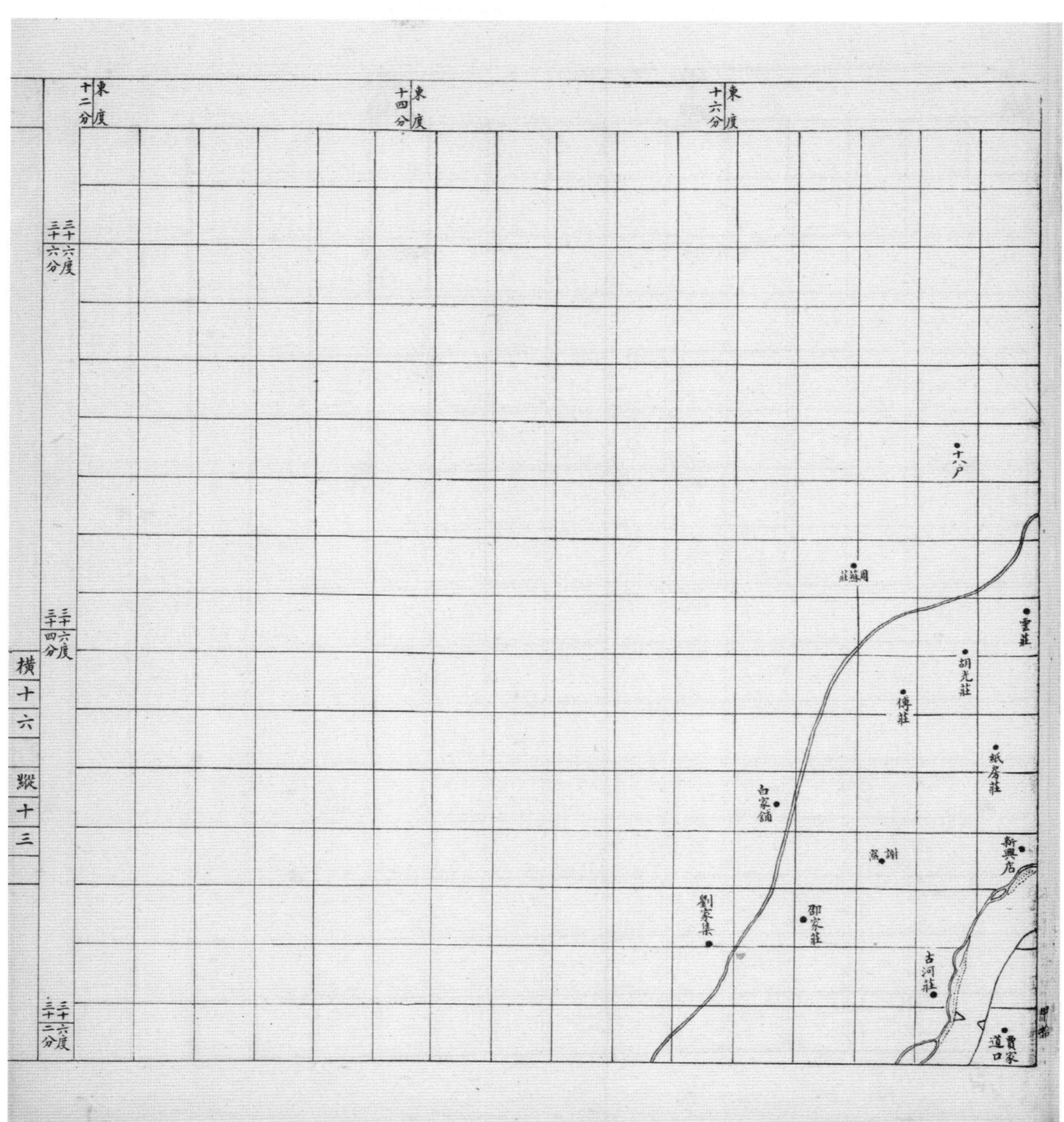
東度十二分
東度十四分
東度十六分
三十六度三十六分
三十六度三十四分
三十六度三十二分
橫十六
縱十三
十八户
周蘇莊
胡光莊
傅莊
紙房莊
白家舖
新興店
劉家集
古河莊
賈家道口

東度六分 東度八分 東度十分

三十六度三十六分

三十六度三十四分

三十六度三十二分

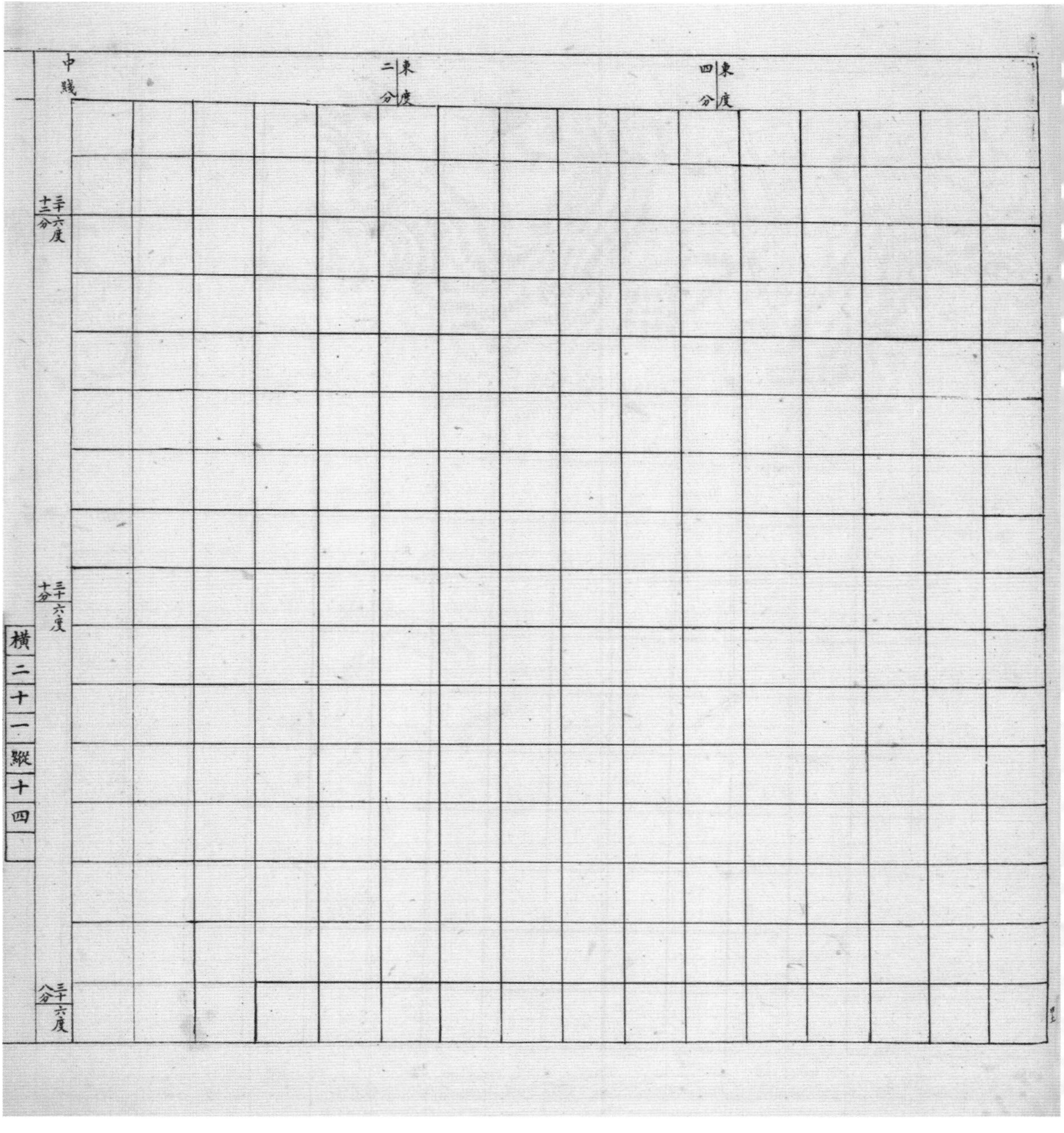

中綫

東度二分

東度四分

三十六度十三分

三十六度十分

横二十一縱十四

三十六度八分

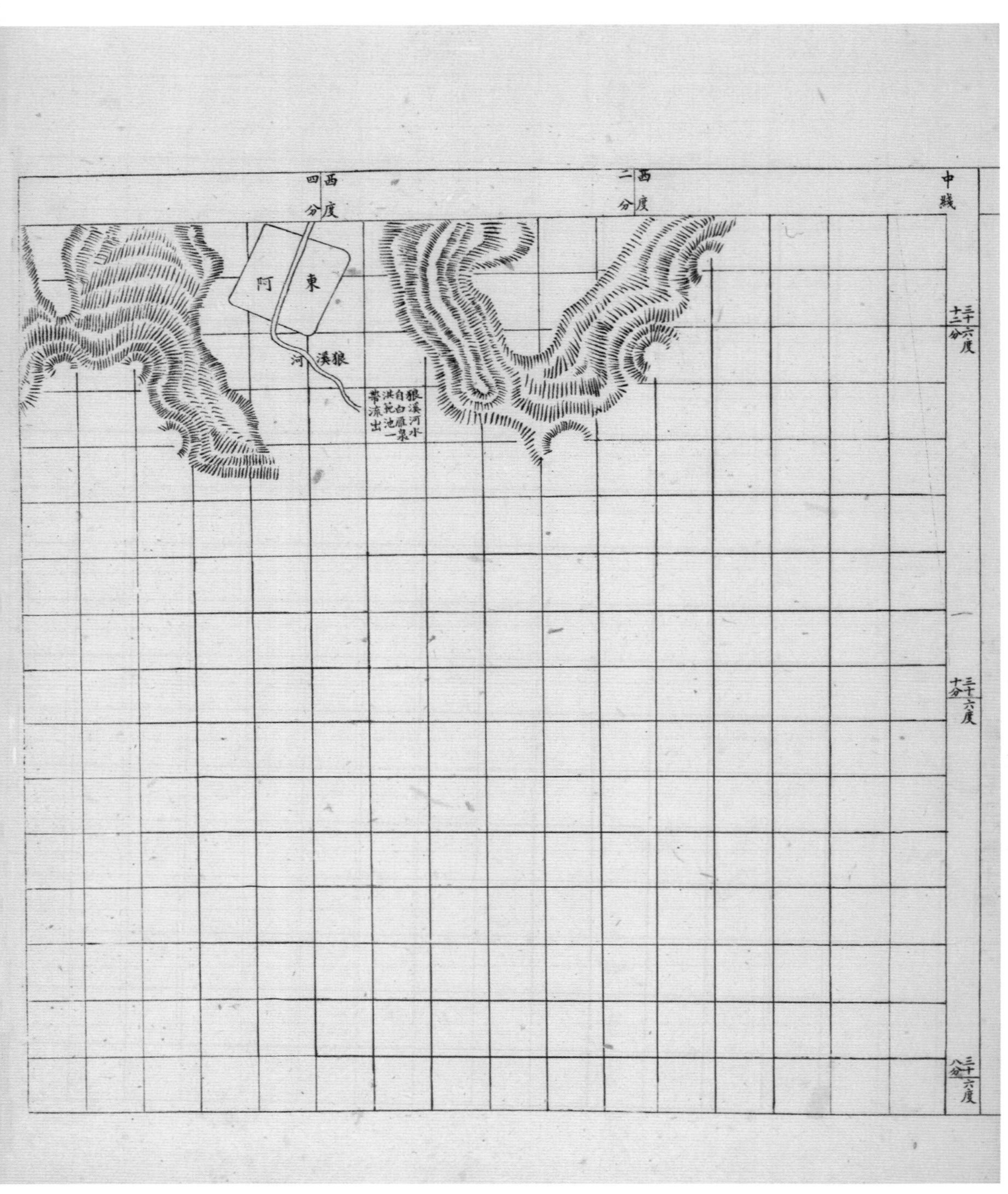

西度四分
西度二分
中綫
三十六度十二分
三十六度十分
三十六度八分
阿東
狼溪河
狼溪河水自白雁泉洪苑池一帶流出

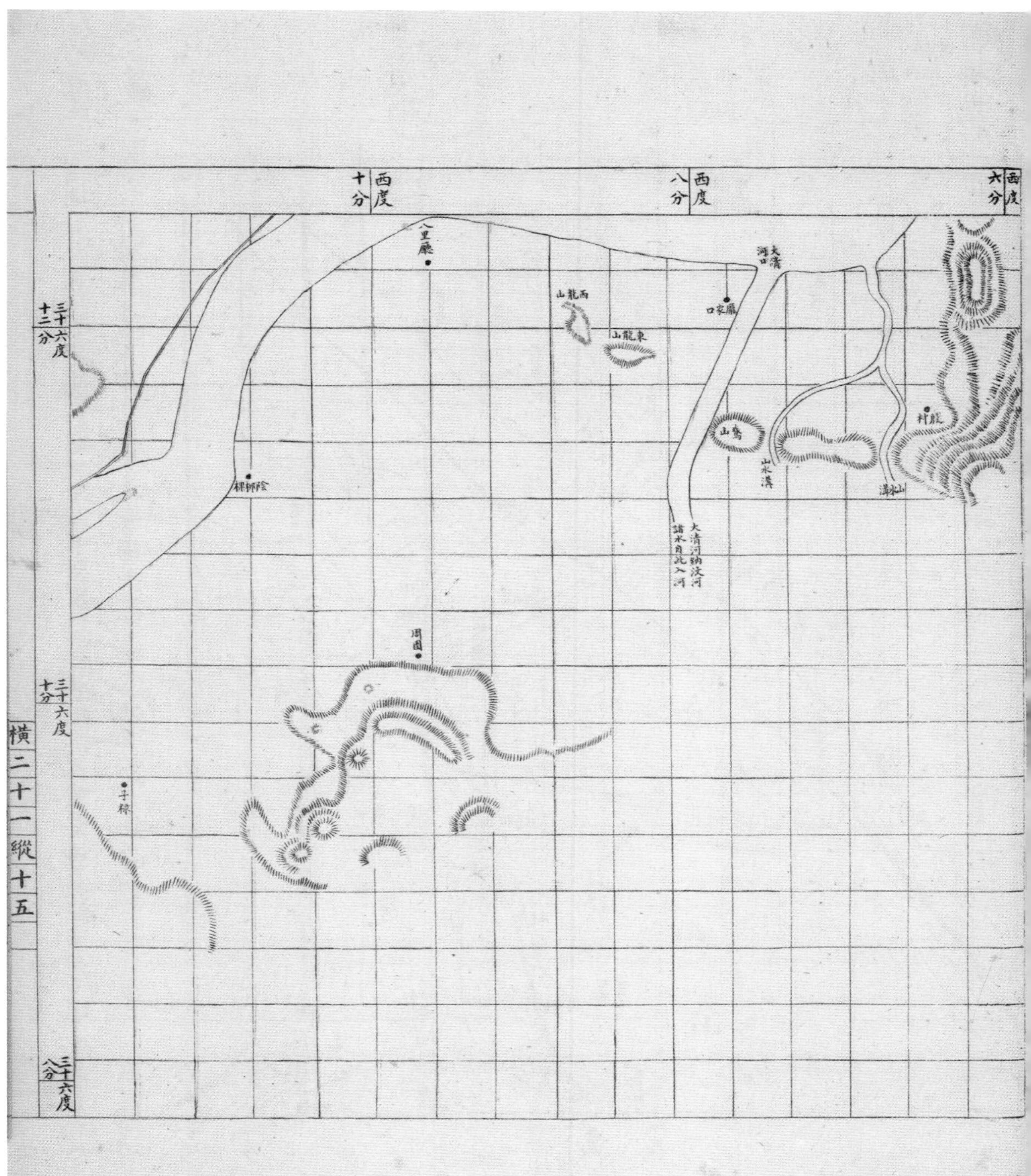
西度十分
西度八分
西度六分
三十六度十二分
三十六度十分
三十六度八分
横二十一縱十五
八里廟
西龍山
東龍山
大清河口
龐家口
鵲山
山水溝
山水溝
大清河納汶河諸水自此入河
周園

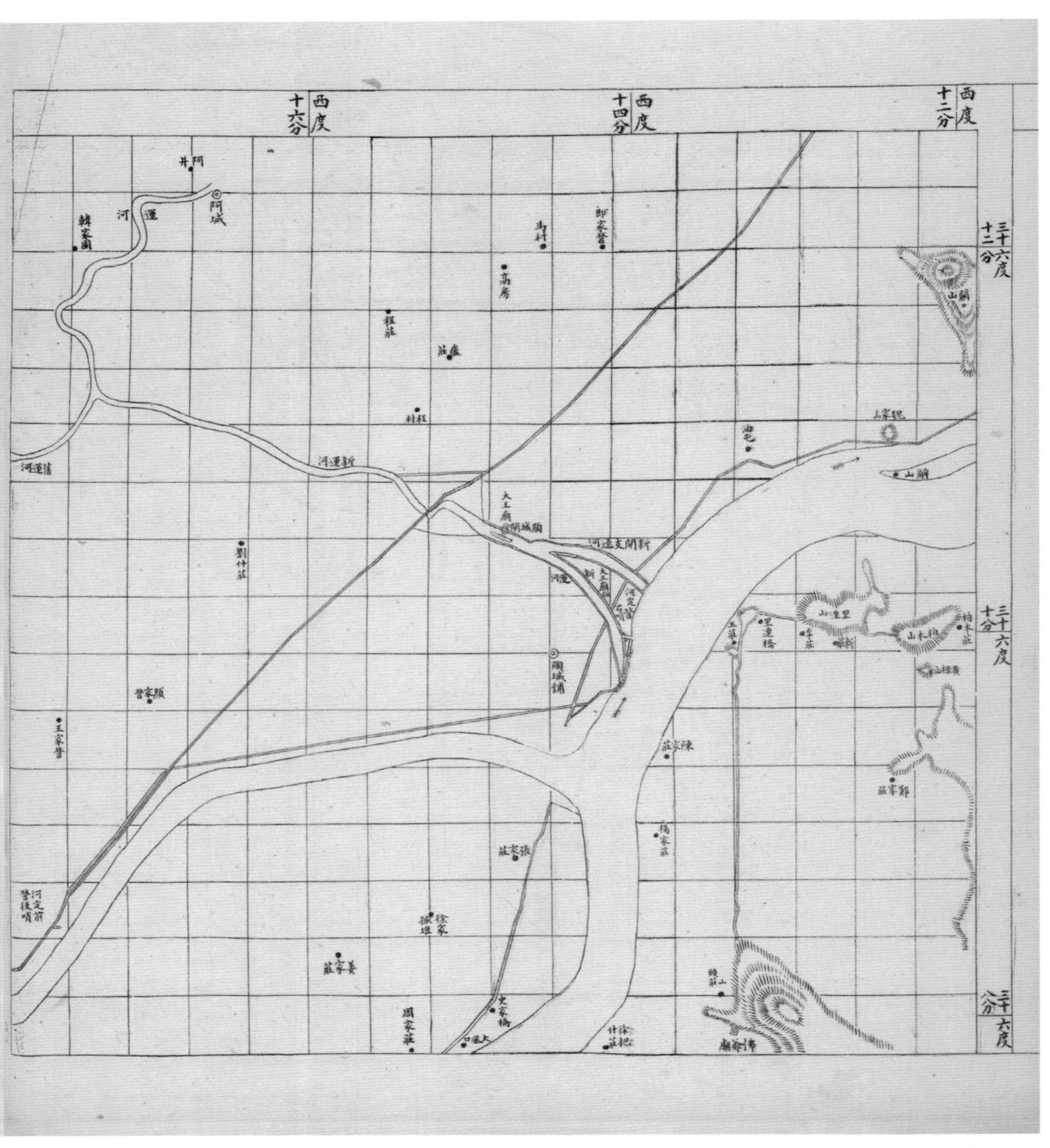
西度
十六分
西度
十四分
西度
十二分
三十六度
十二分
三十六度
十分
三十六度
八分
阿井
阿城
運河
韓家園
馬村
高房
新運河
阿城鋪
劉什莊
王家營

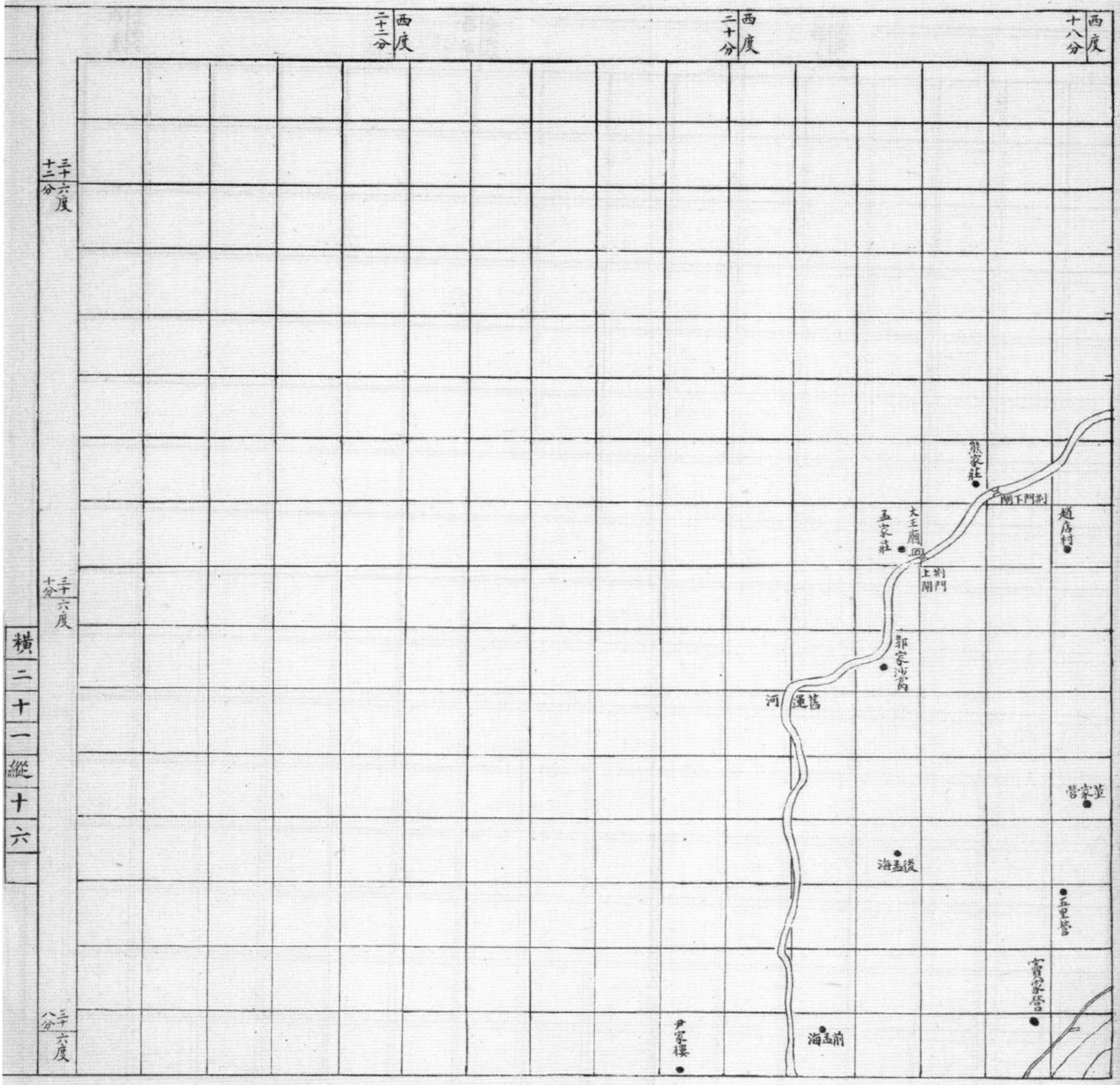

西度二十二分
西度二十分
西度十八分
三十六度十二分
三十六度十分
三十六度八分
橫二十一縱十六

熊家莊
刜門下閘
大王廟
孟家莊
趙店村
刜門上閘
郭家沙窩
舊運河
董家營
後孟海
五里營
竇家營
前孟海
尹家樓

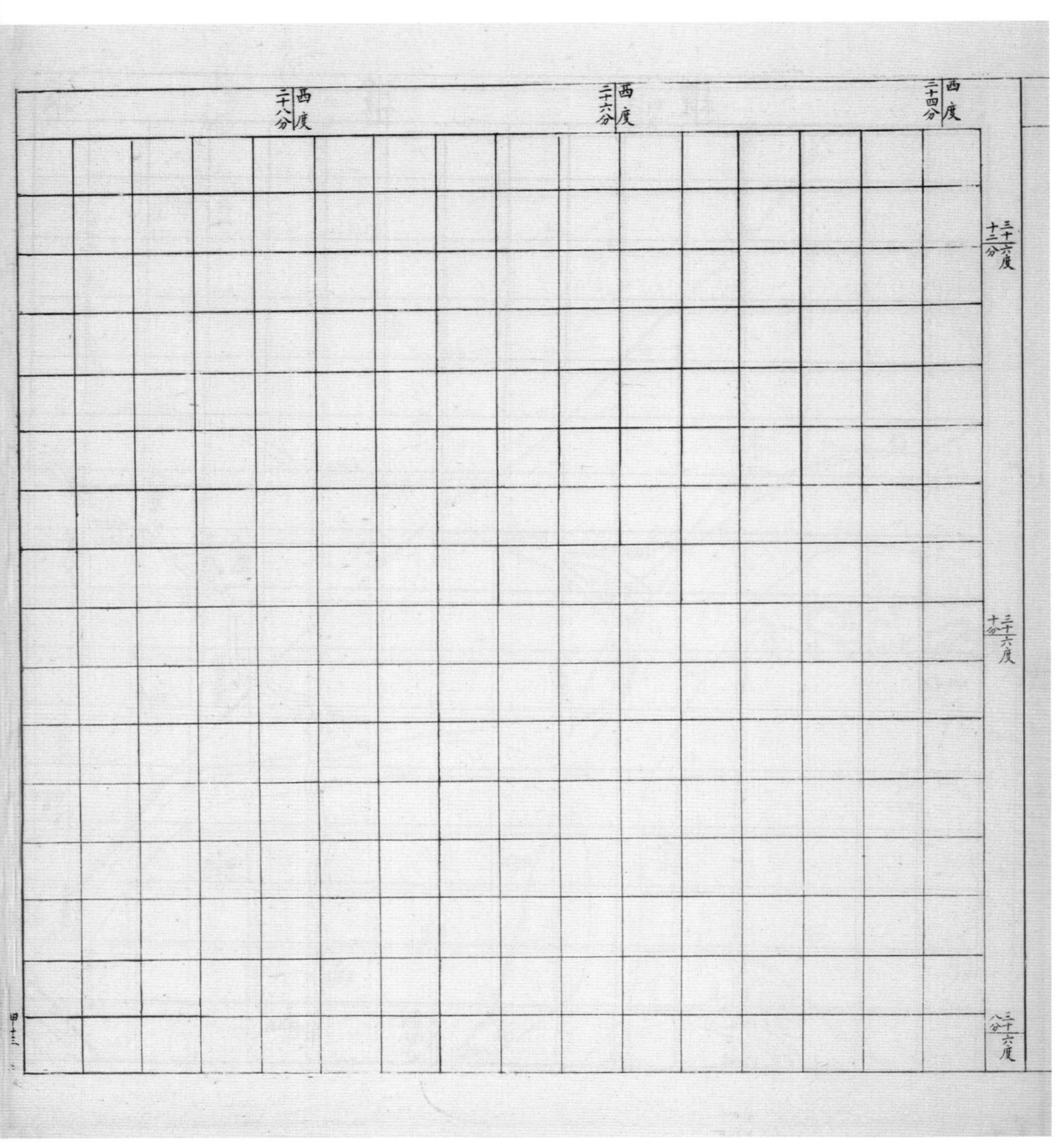
西度二十八分
西度二十六分
西度三十四分
三十六度十三分
三十六度十分
三十六度八分
甲十三

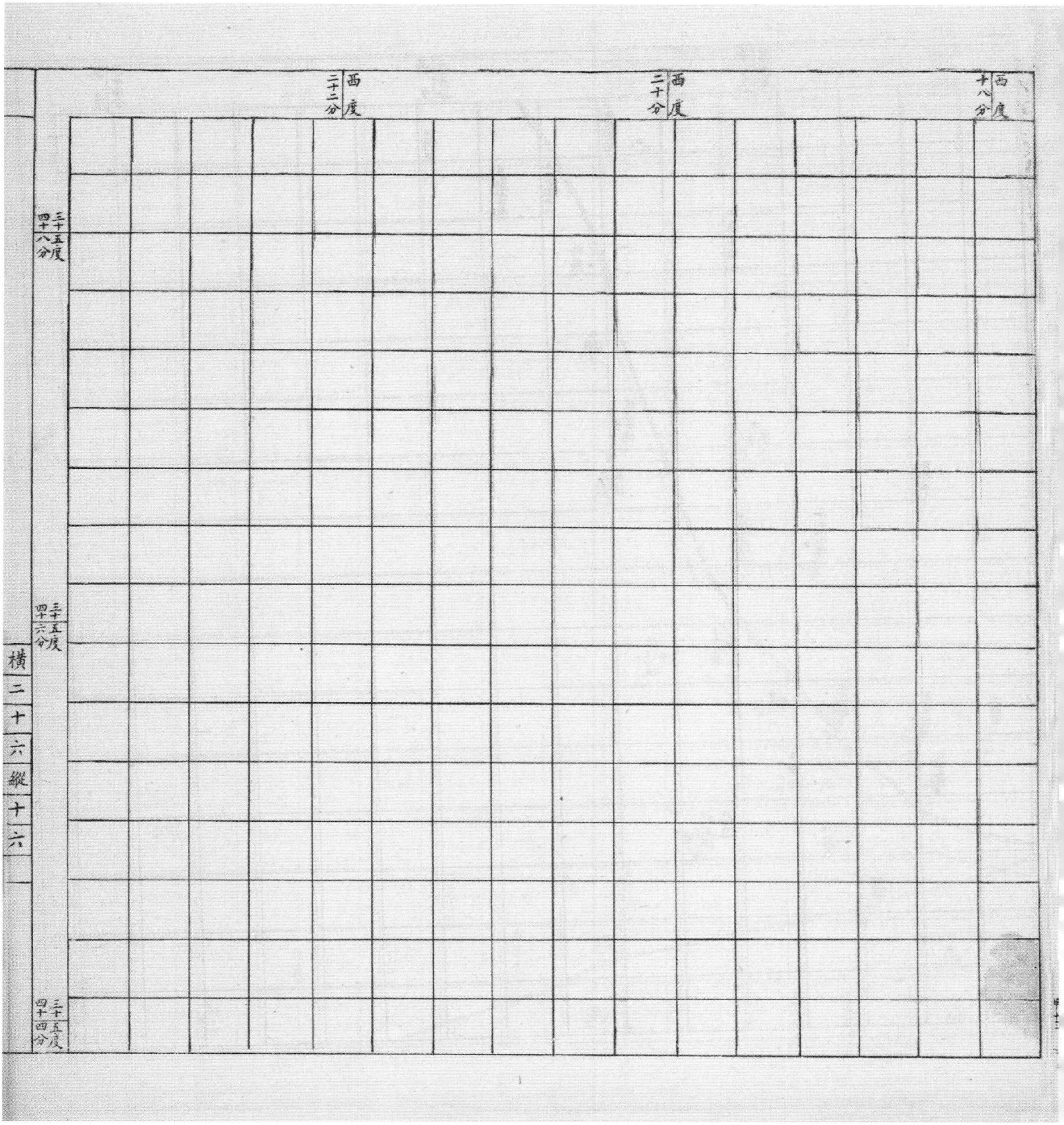

西度二十二分

西度二十分

西度十八分

三十五度四十八分

三十五度四十六分

三十五度四十四分

横二十六縱十六

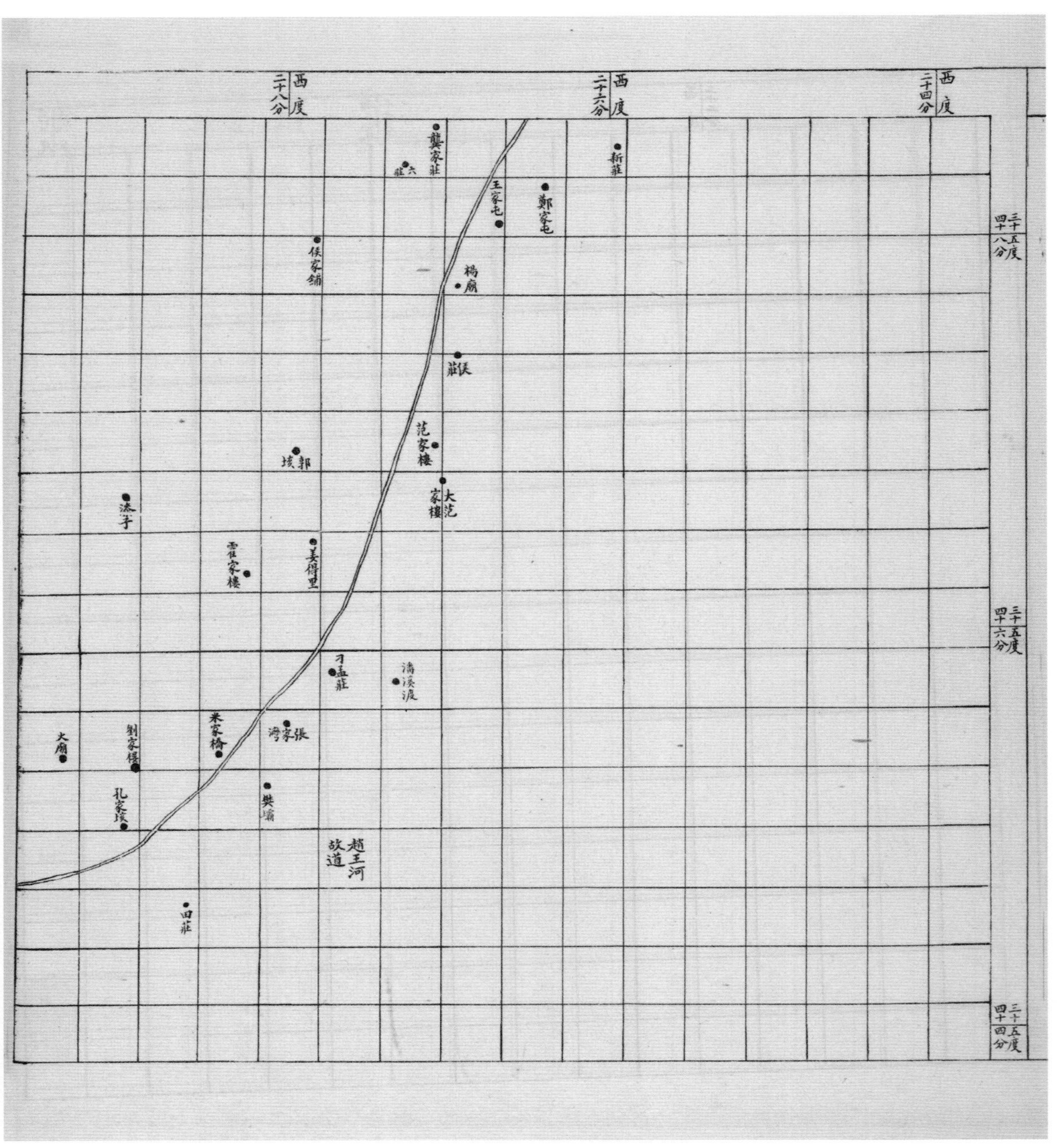

西度二十八分
西度二十六分
西度二十四分
三十五度四十八分
三十五度四十六分
三十五度四十四分
龔家莊
六莊
新莊
王家屯
鄭家屯
侯家鋪
大范家樓
范家樓
美得里
霍家樓
大廟
劉家樓
孔家陵
米家橋
張家灣
趙王河故道
田莊

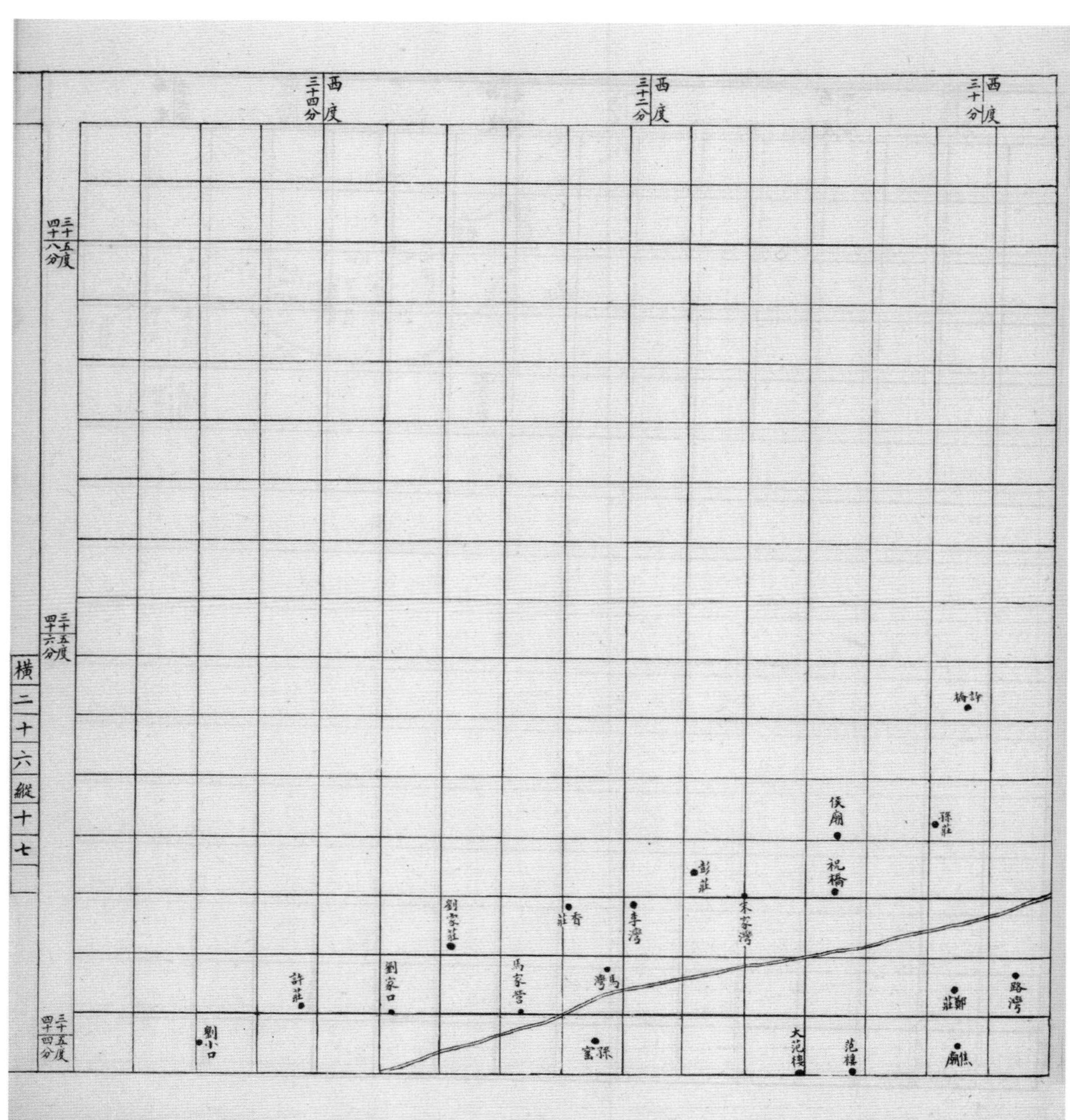

西度三十四分
西度三十二分
西度三十分
三十五度四十八分
三十五度四十六分
三十五度四十四分
横二十六縱十七
許橋
侯廟
孫莊
彭莊
祝橋
劉家莊
香莊
李灣
宋家灣
劉家口
馬家營
馬灣
許莊
路灣
鄭莊
劉小口
孫営
大范樓
范樓
焦廟

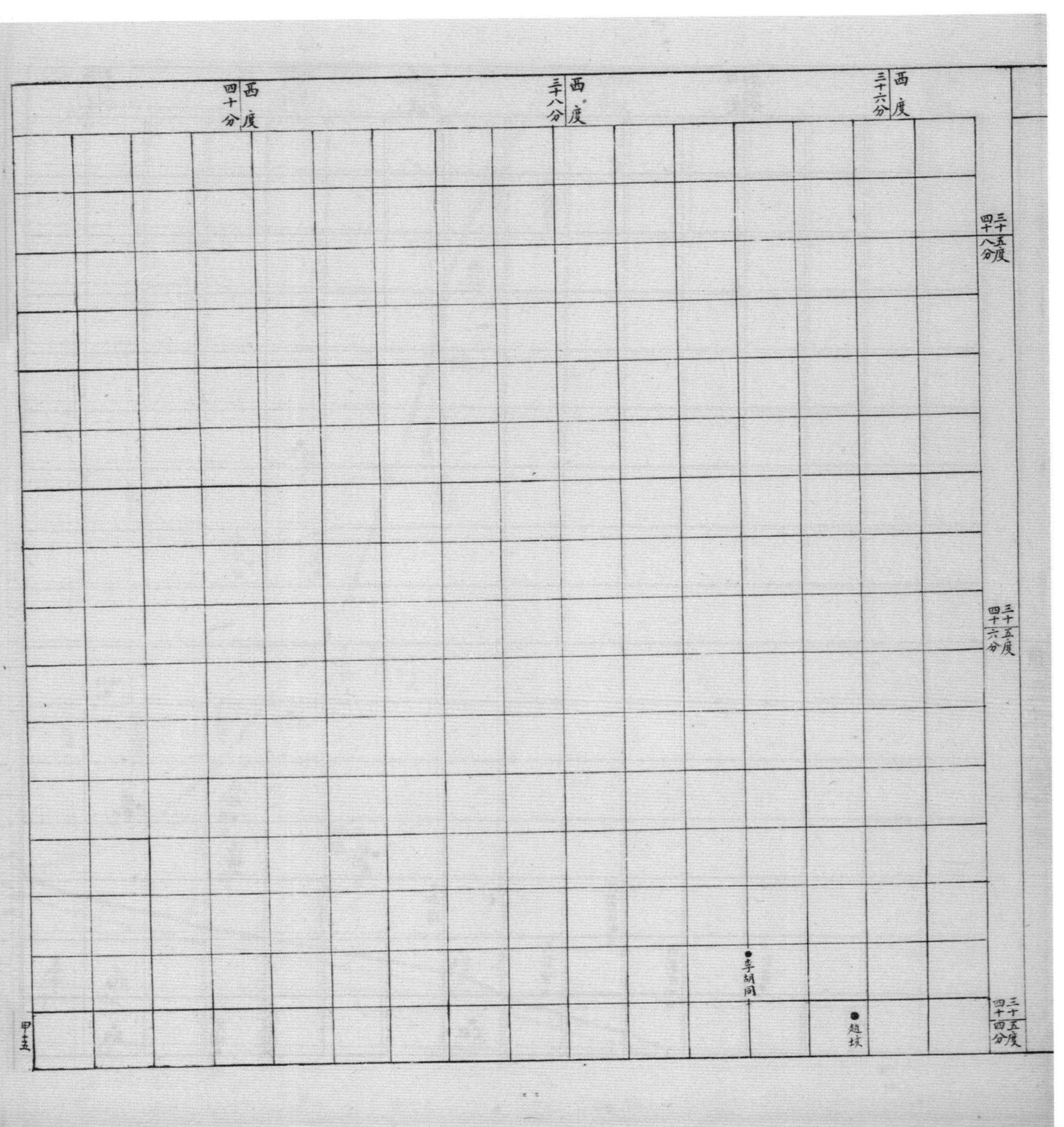

西度四十分
西度三十八分
西度三十六分
三十五度四十八分
三十五度四十六分
三十五度四十四分
李胡同
趙坟
甲主

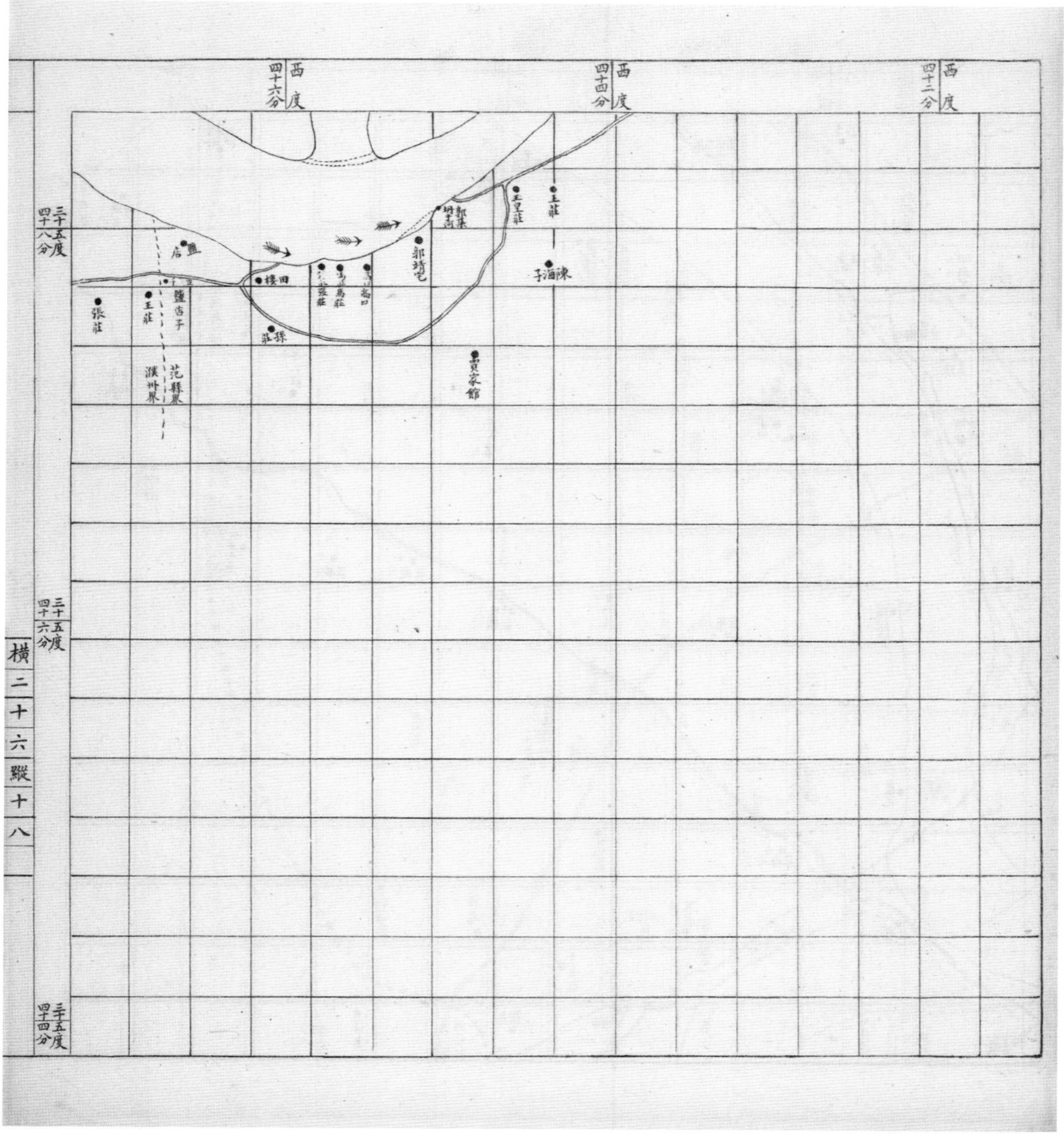

西度四十六分
西度四十四分
西度四十二分
三十五度四十八分
三十五度四十六分
三十五度四十四分

横二十六縱十八

鹽店
田樓
孫莊
張莊
王莊
鹽店子
濮州界
范縣界
馬莊
郭集
王皇莊
王莊
陳海子
賈家館

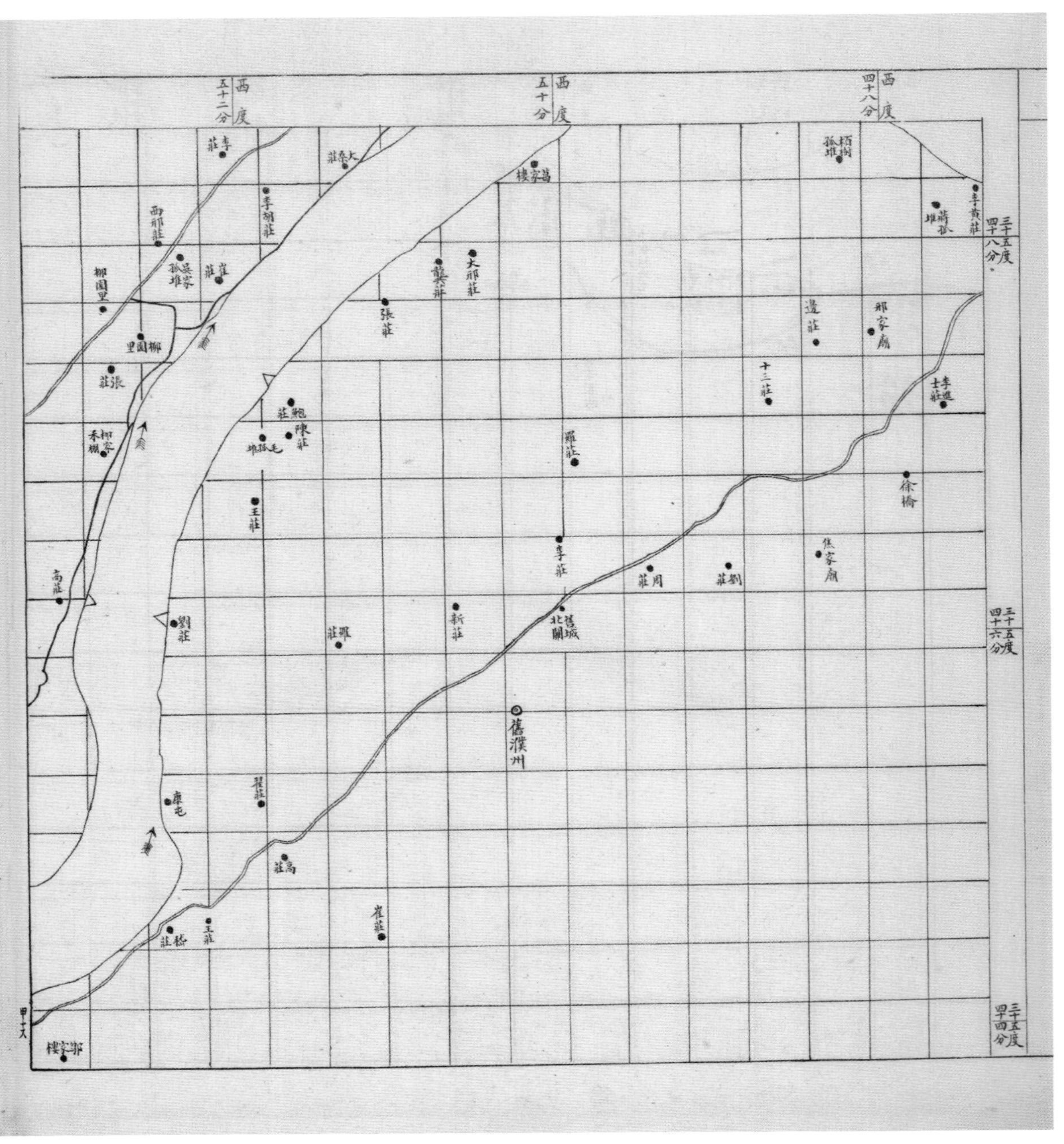

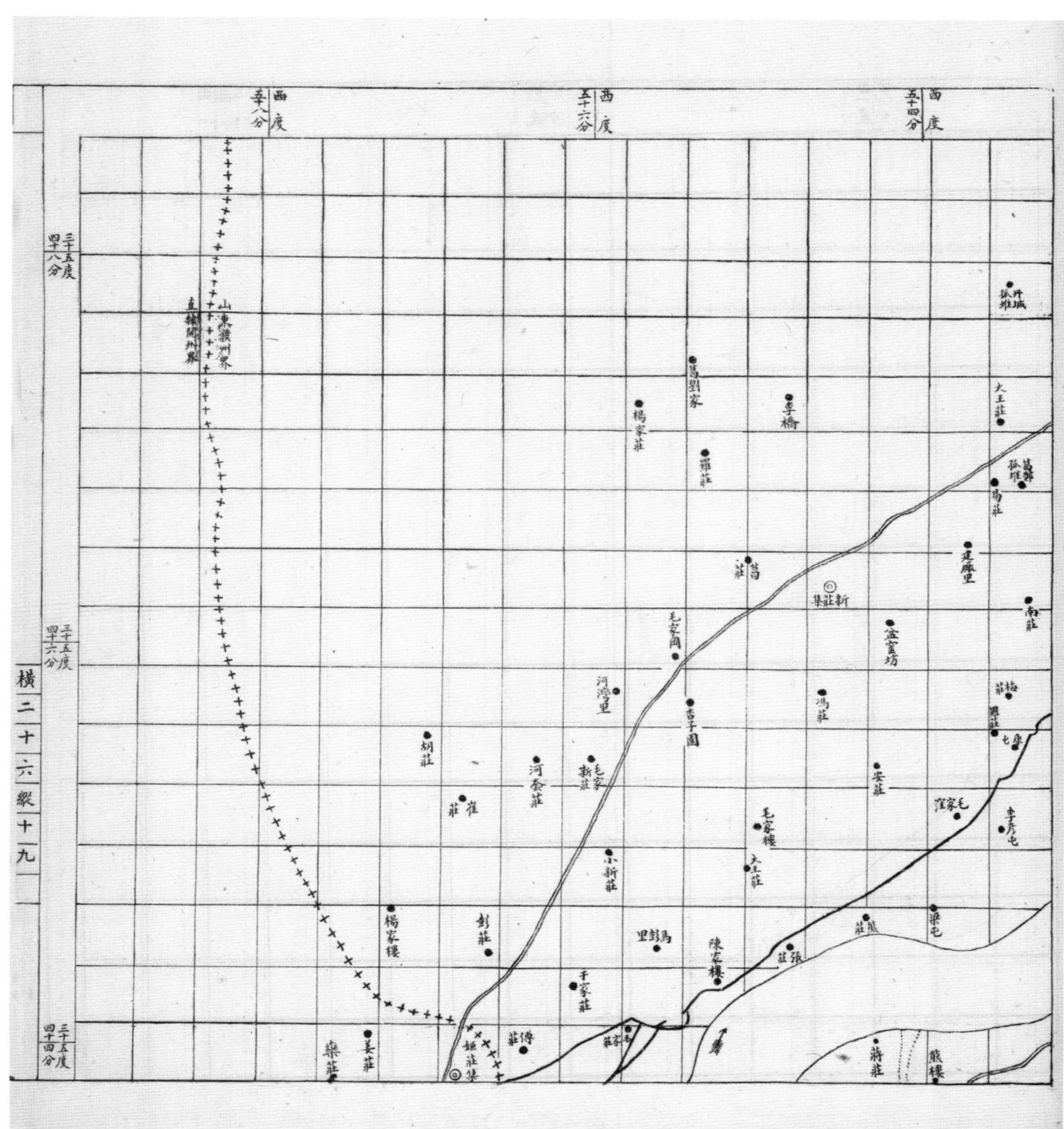

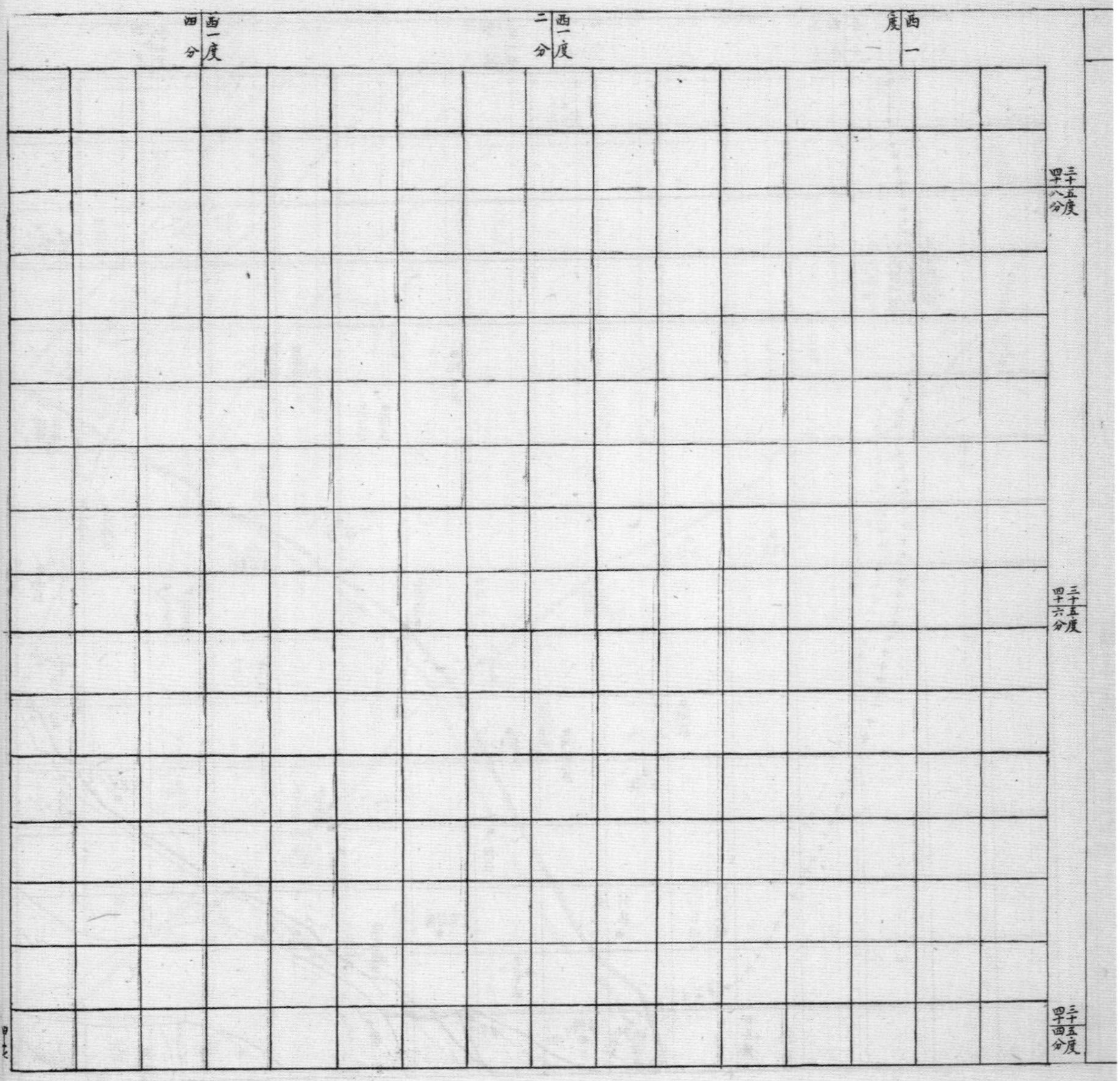

西一度四分

西一度二分

西一度一

三十五度四十八分

三十五度四十六分

三十五度四十四分

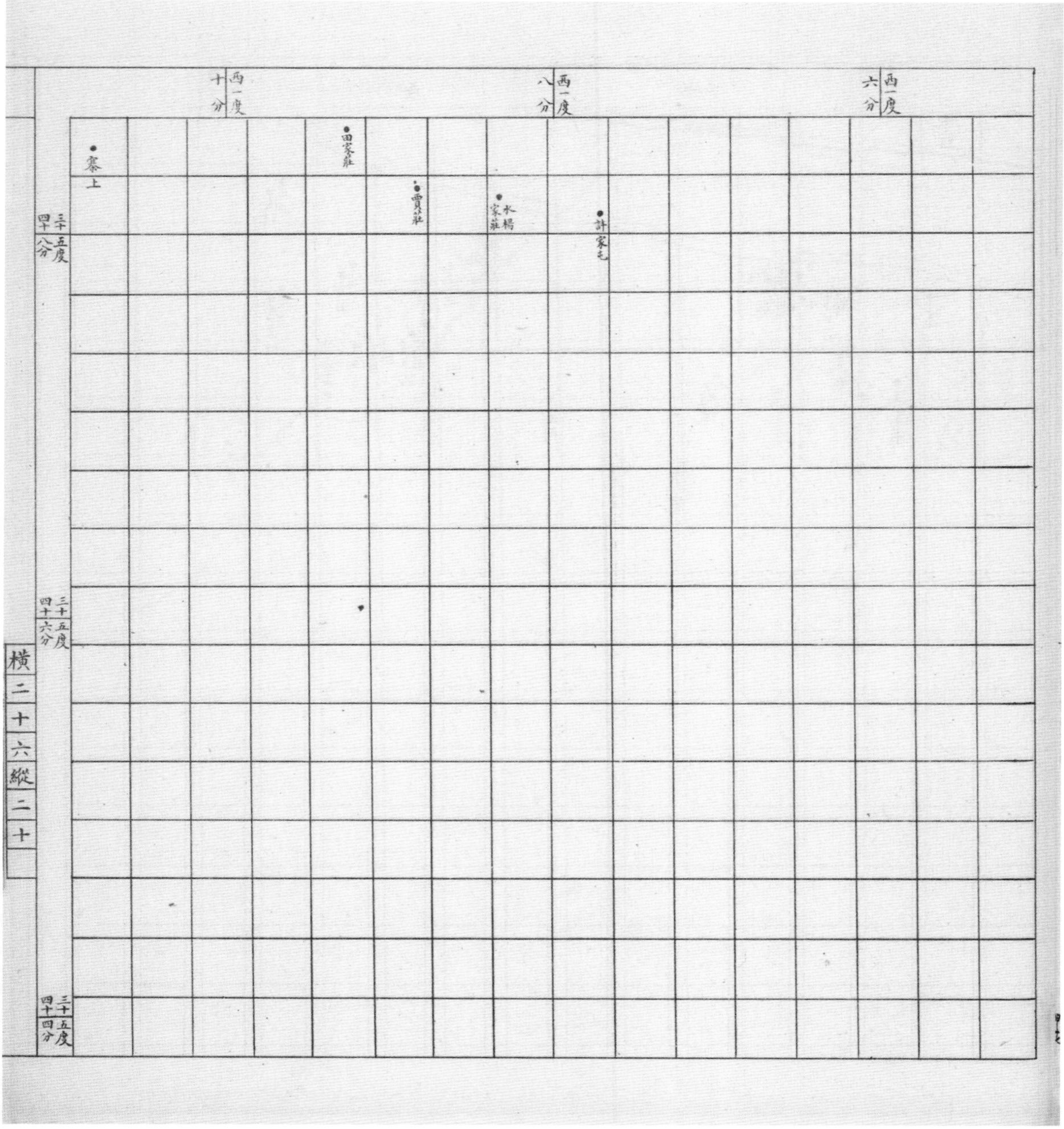

西一度十分

西一度八分

西一度六分

三十五度四十八分

寨上

田家莊

賈莊

水楊家莊

許家屯

三十五度四十六分

橫二十六縱二十

三十五度四十四分

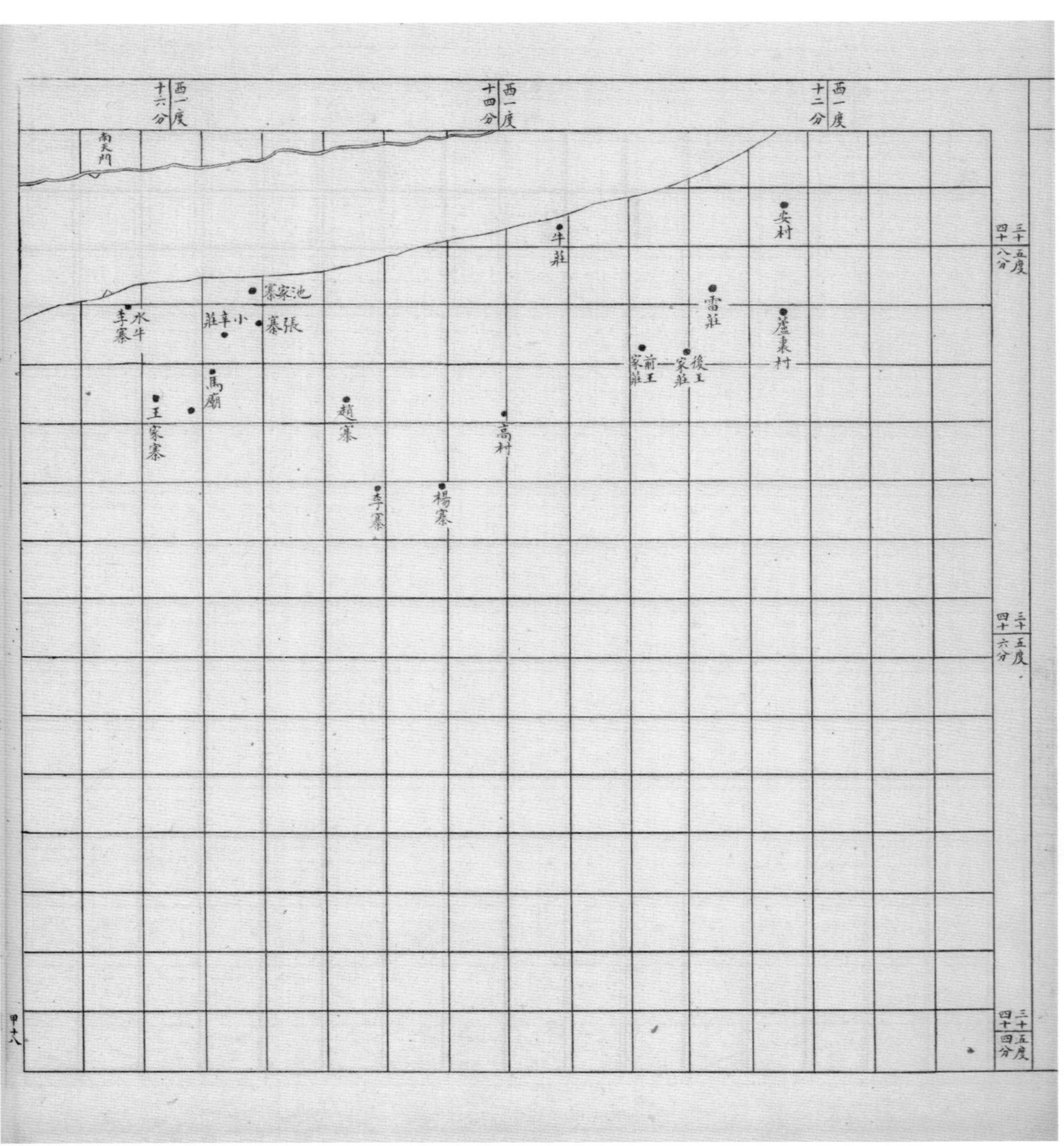
西一度十六分
西一度十四分
西一度十二分
南天門
三十五度四十八分
三十五度四十六分
三十五度四十四分
安村
牛莊
池家寨
雷莊
水牛李寨
小辛莊
張寨
盧東村
前王家莊
後王家莊
馬廟
王家寨
趙寨
高村
李寨
楊寨
甲十八

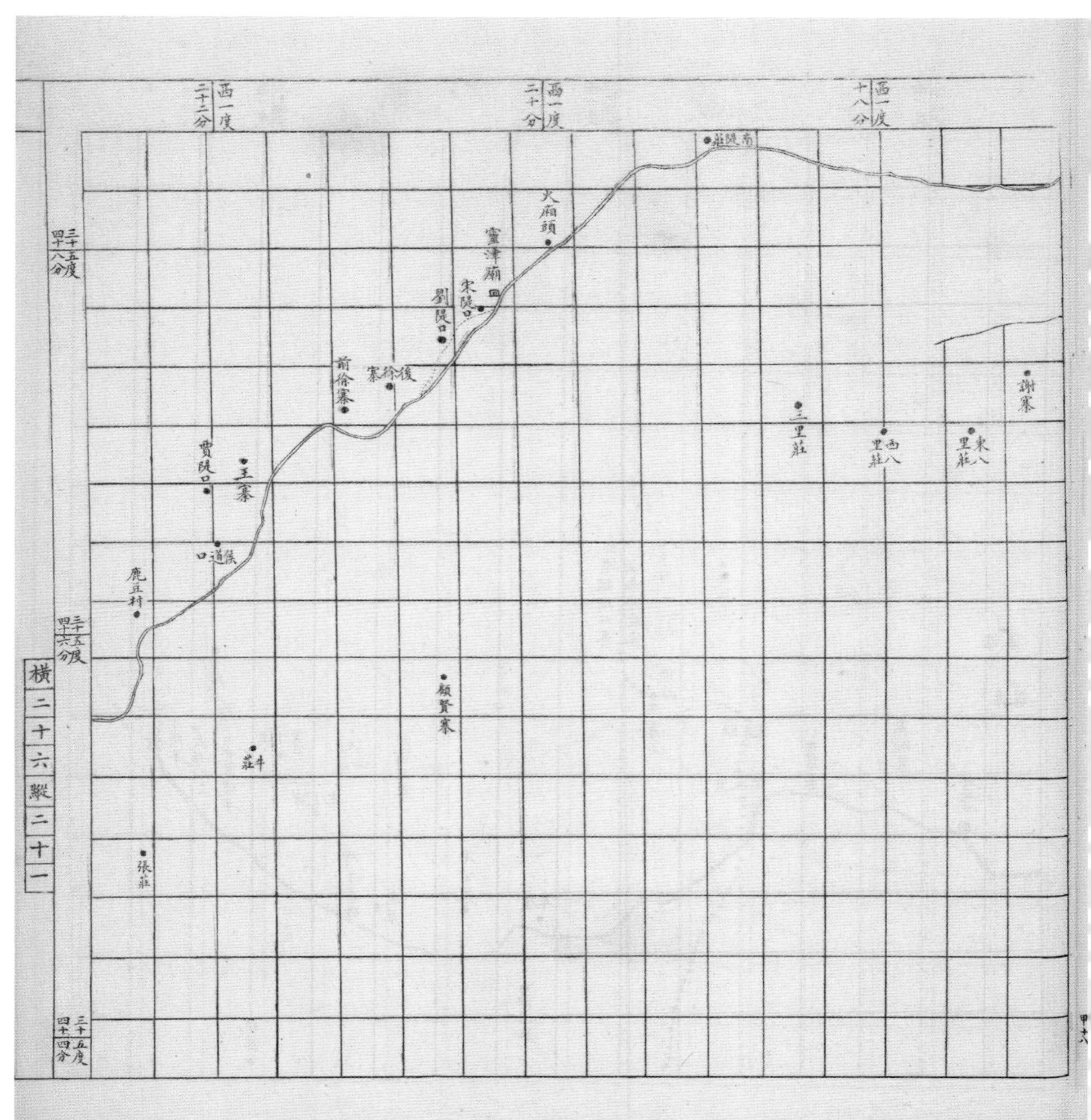

西一度二十二分
西一度二十分
西一度十八分
三十五度四十八分
三十五度四十六分
三十五度四十四分
横二十六縱二十一
南陡莊
火廟頭
靈津廟
宋陡口
劉陡口
前徐寨
後徐寨
賈陡口
王寨
侯道口
鹿豆村
顧賢寨
牛莊
張莊
三里莊
西八里莊
東八里莊
謝寨

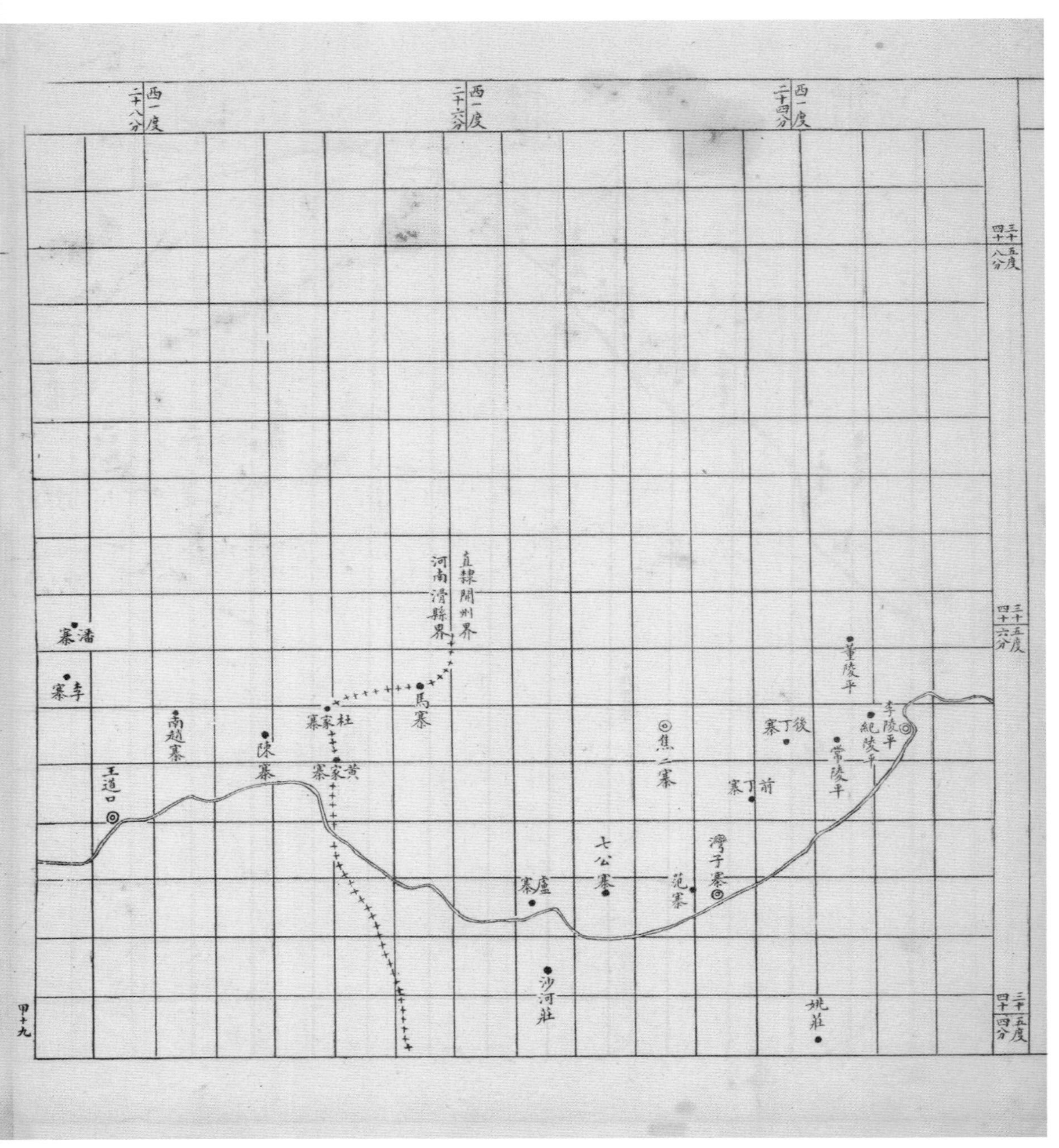

西一度二十八分
西一度二十六分
西一度二十四分
三十五度四十八分
三十五度四十六分
三十五度四十四分
直隸開州界
河南滑縣界
潘寨
李寨
南趙寨
陳寨
杜家寨
黄家寨
馬寨
王道口
焦二寨
後丁寨
前丁寨
董陵平
李陵平
紀陵平
常陵平
七公寨
灣子寨
范寨
盧寨
沙河莊
姚莊
甲十九

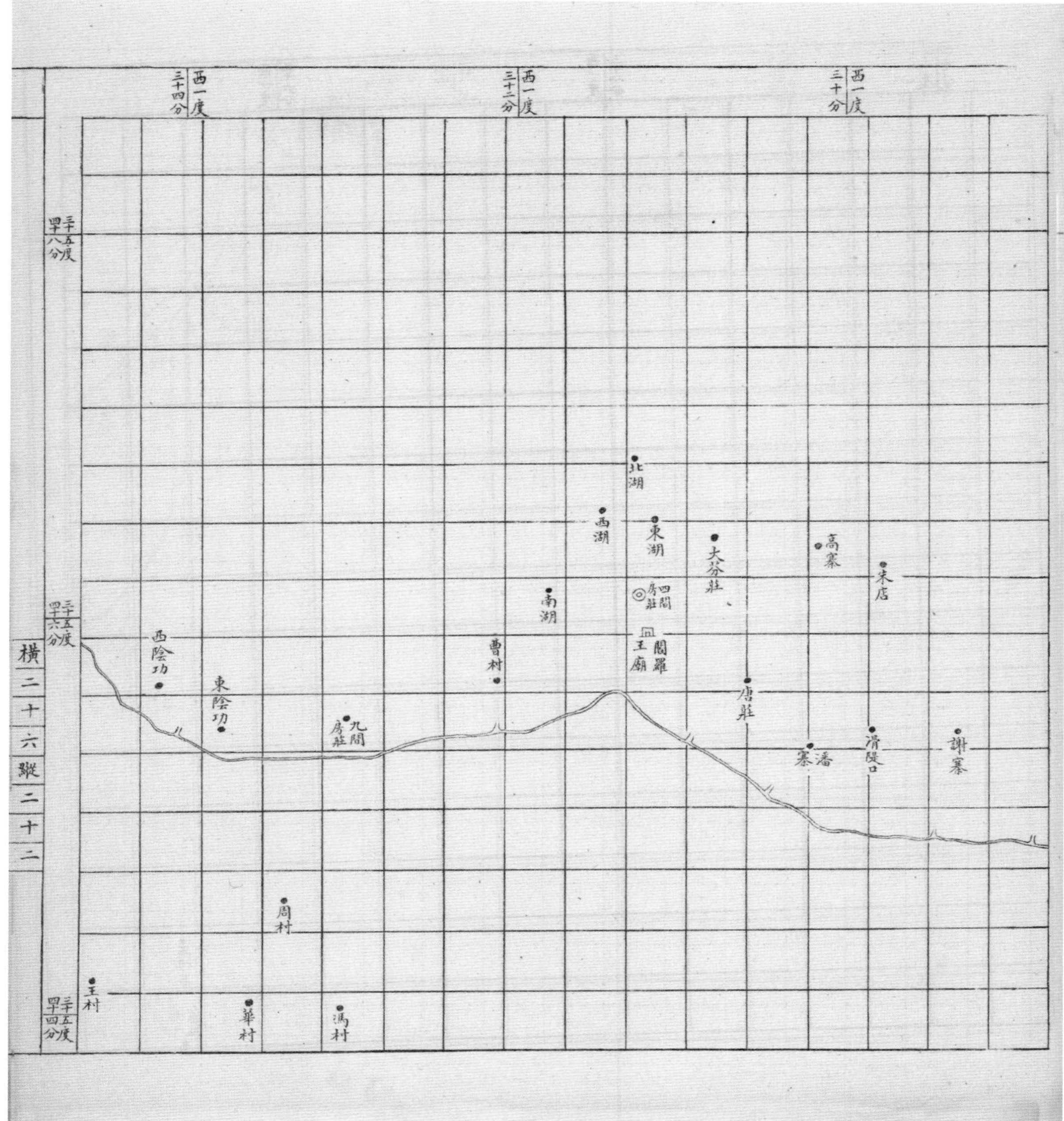
西一度三十四分
西一度三十二分
西一度三十分
三十五度四十八分
三十五度四十六分
三十五度四十四分
横二十六縱二十二
北湖
西湖
東湖
大芬莊
高寨
宋店
南湖
四間房莊
閻羅王廟
西陰功
東陰功
曹村
九間房莊
唐莊
潘寨
滑堤口
謝寨
周村
王村
華村
馮村

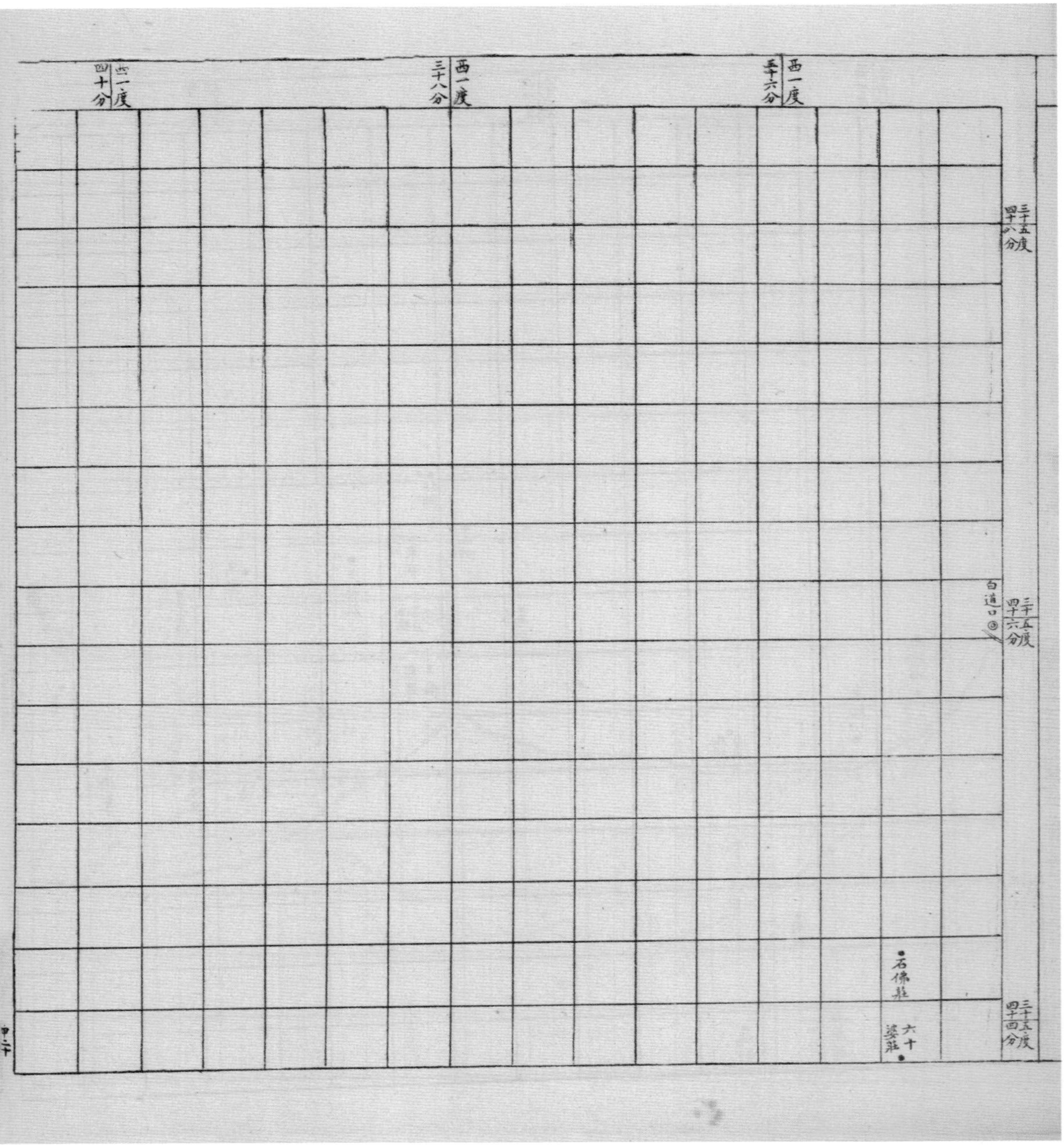

西一度四十分

西一度三十八分

西一度五十六分

三十五度四十八分

白道口

三十五度四十六分

石佛莊

六十婆莊

三十五度四十四分

申二十

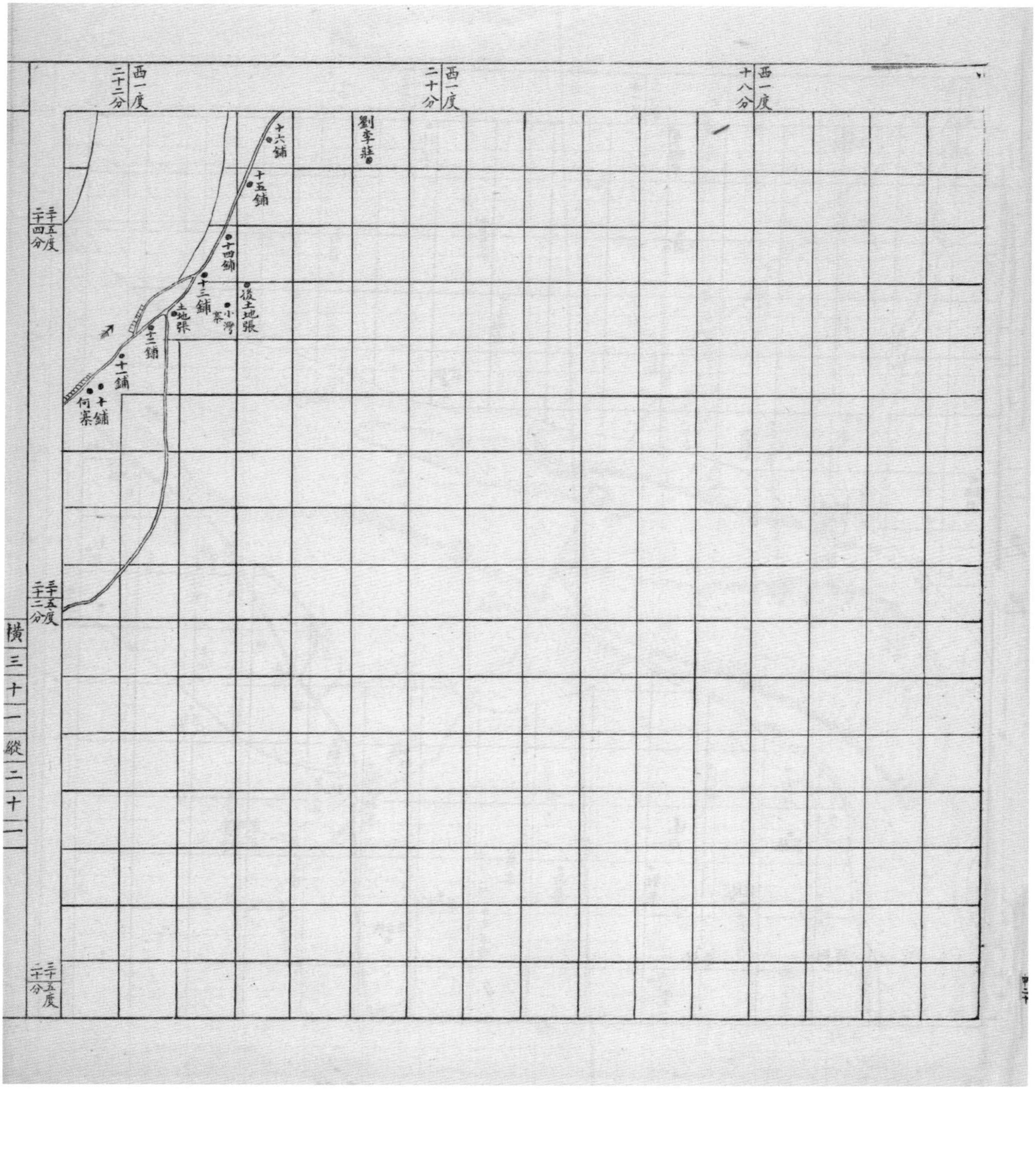

西一度二十二分
西一度二十分
西一度十八分
三十五度二十四分
三十五度二十二分
三十五度二十分
十六鋪
劉李莊
十五鋪
十四鋪
十三鋪
後土地張
小灣寨
土地張
十二鋪
十一鋪
十鋪
何寨
橫三十一縱二十一

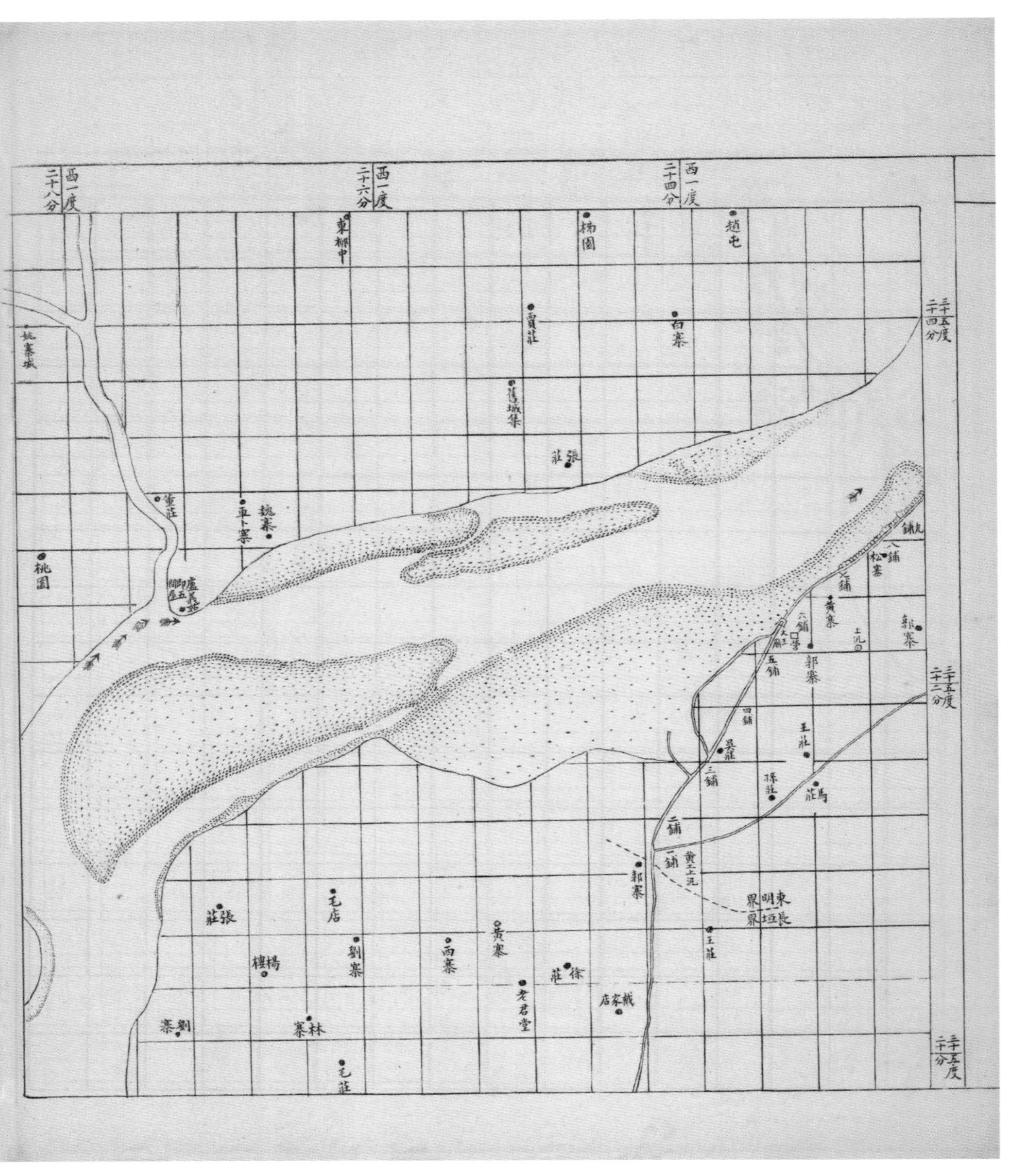

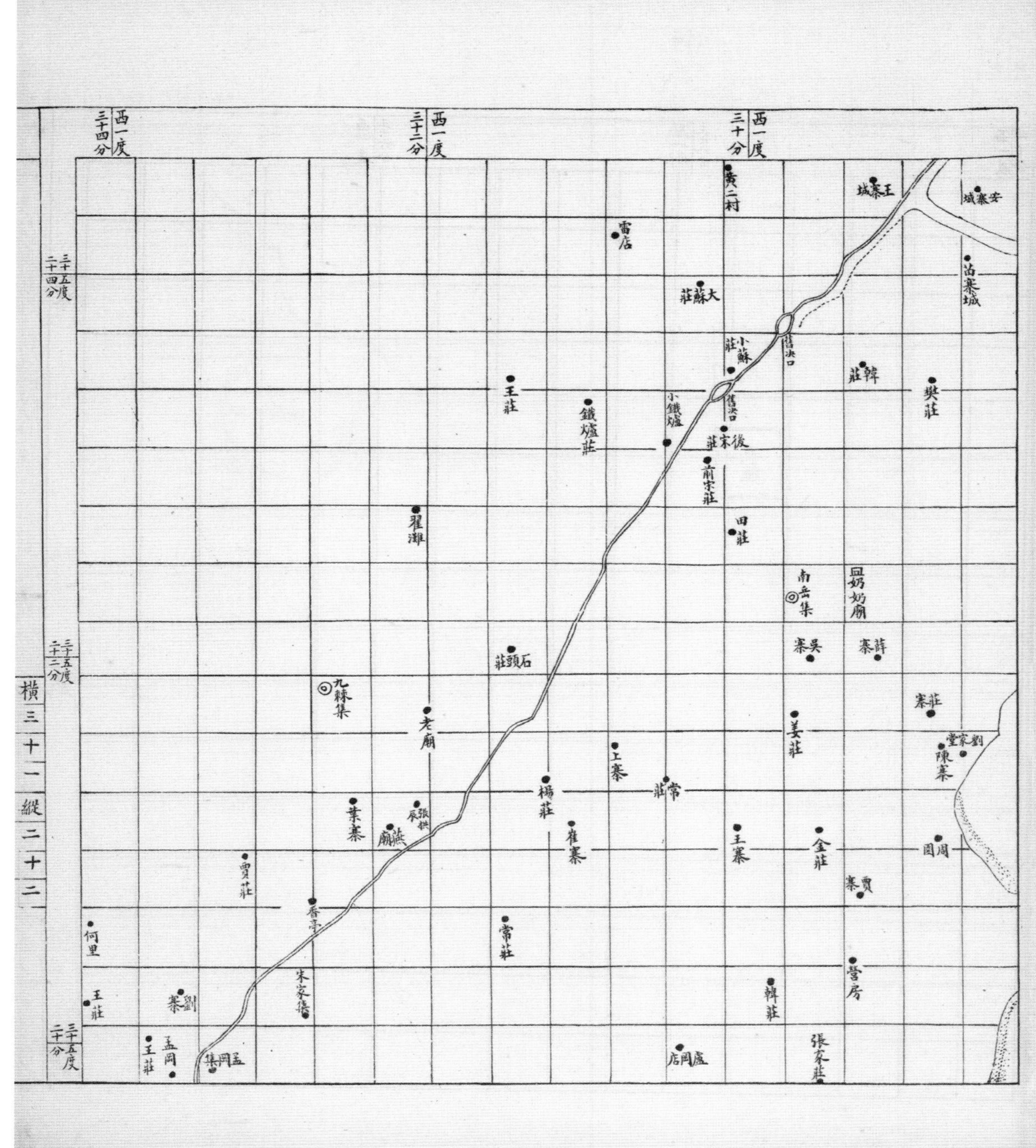

西一度三十四分
西一度三十二分
西一度三十分
三十五度二十四分
三十五度二十三分
三十五度二十分
橫三十一縱二十二

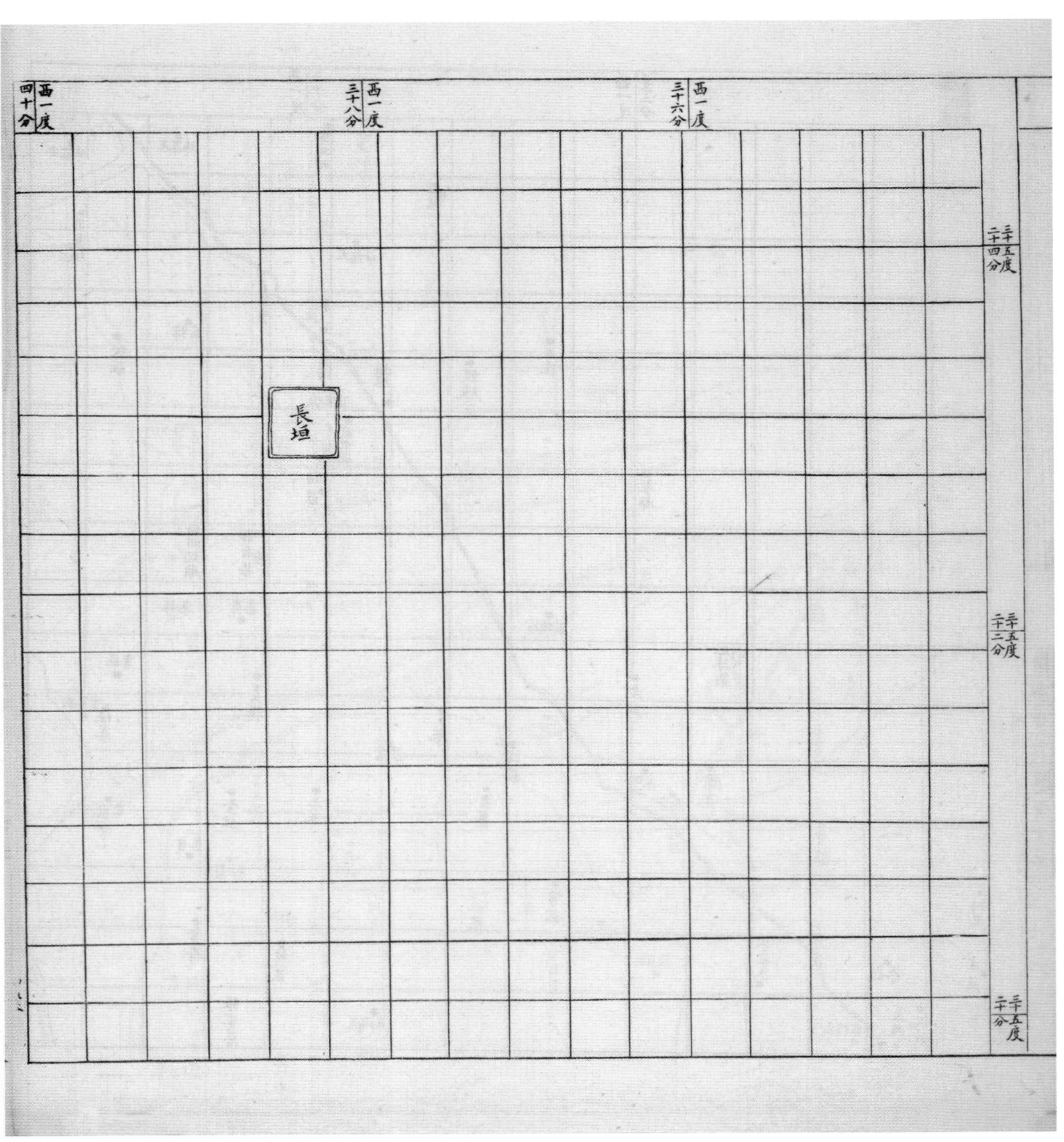

西一度四十分
西一度三十八分
西一度三十六分
三十五度二十四分
三十五度二十二分
三十五度二十分
長垣

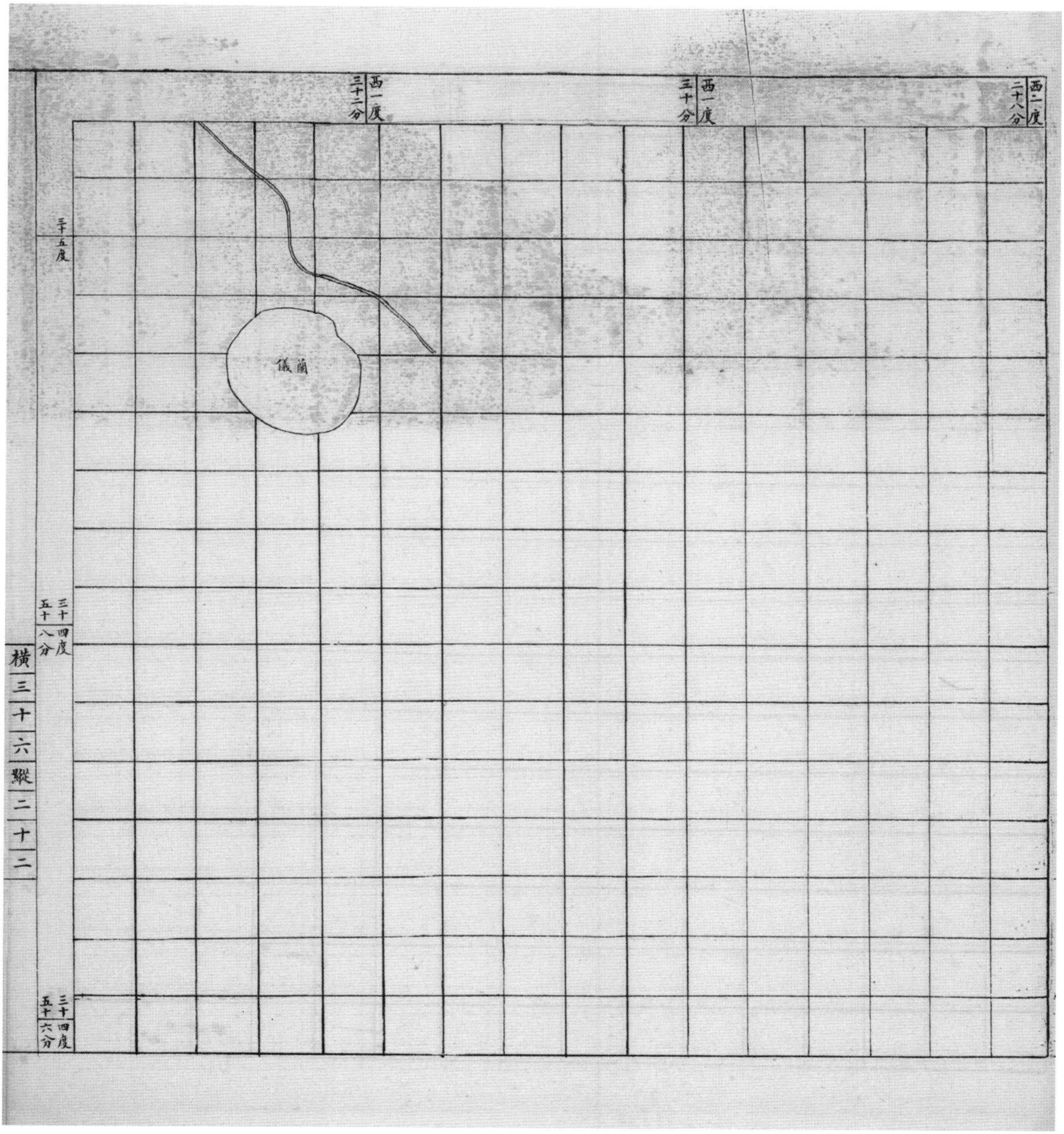

西一度三十二分

西一度三十分

西二度二十八分

三十五度

三十四度五十八分

横三十六縱二十二

儀蘭

三十四度五十六分

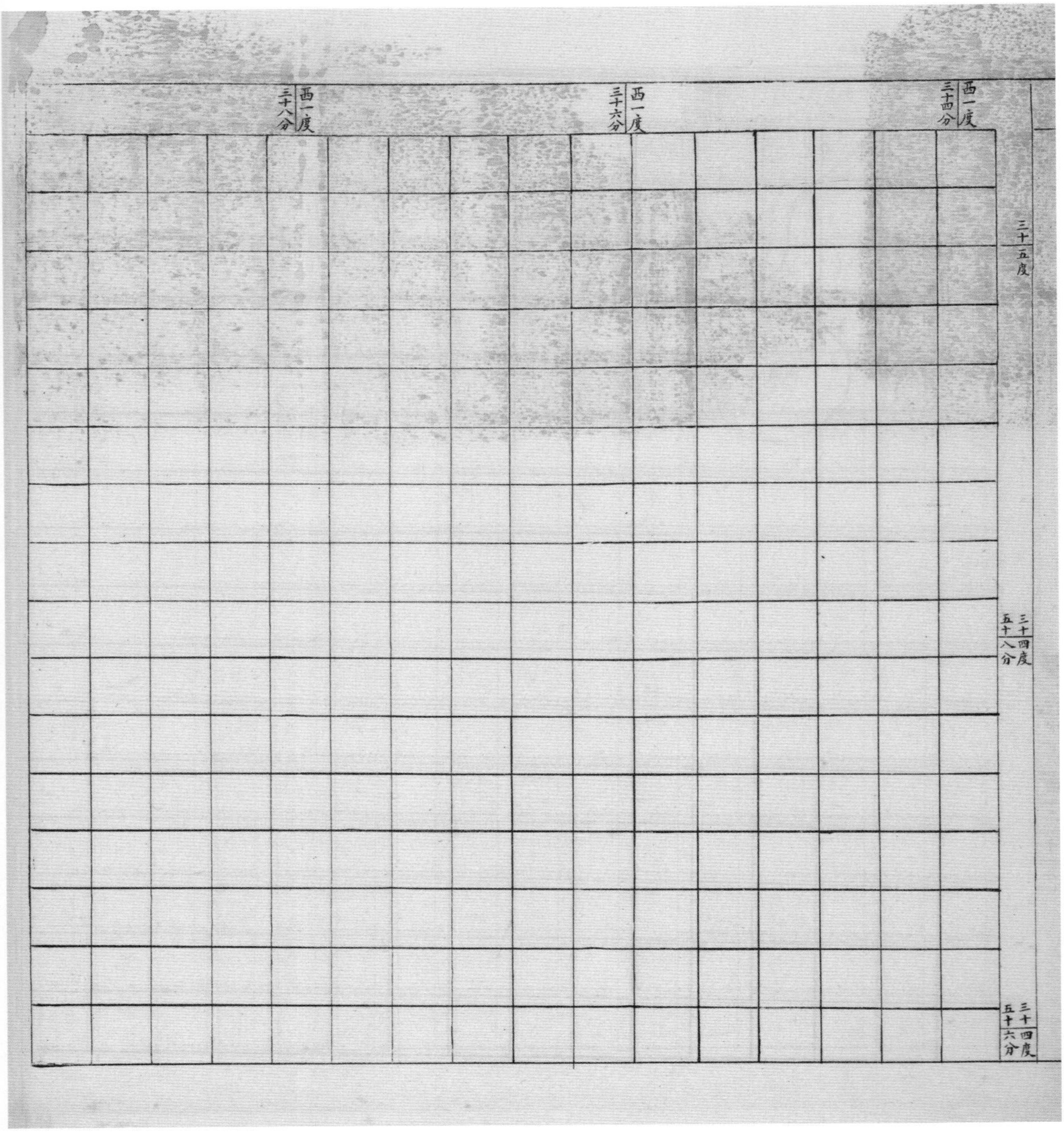

西一度三十八分

西一度三十六分

西一度三十四分

三十五度

三十四度五十八分

三十四度五十六分

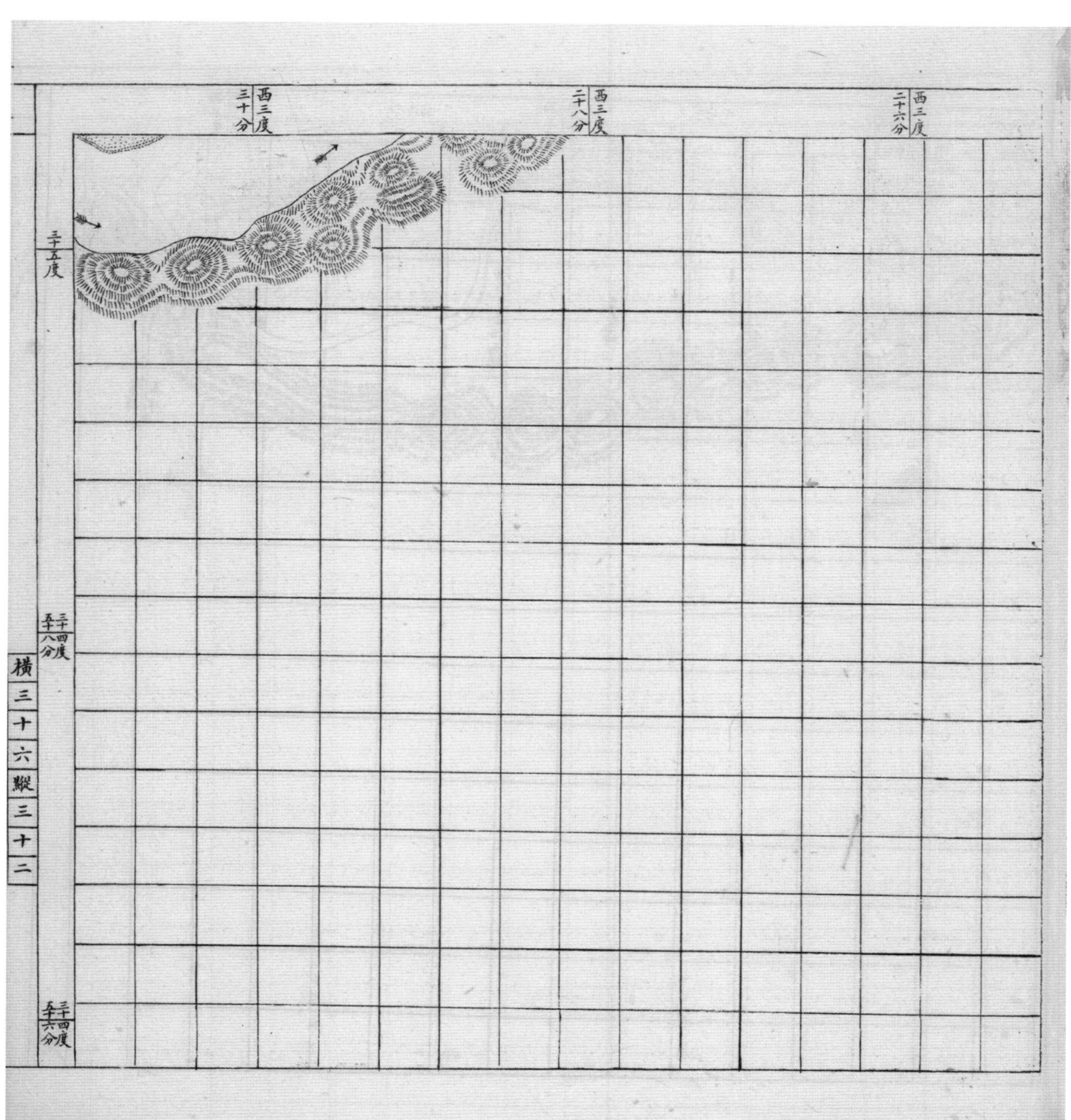
西三度三十分
西三度二十八分
西三度二十六分
三十五度
三十四度五十八分
三十四度五十六分
横三十六縱三十二

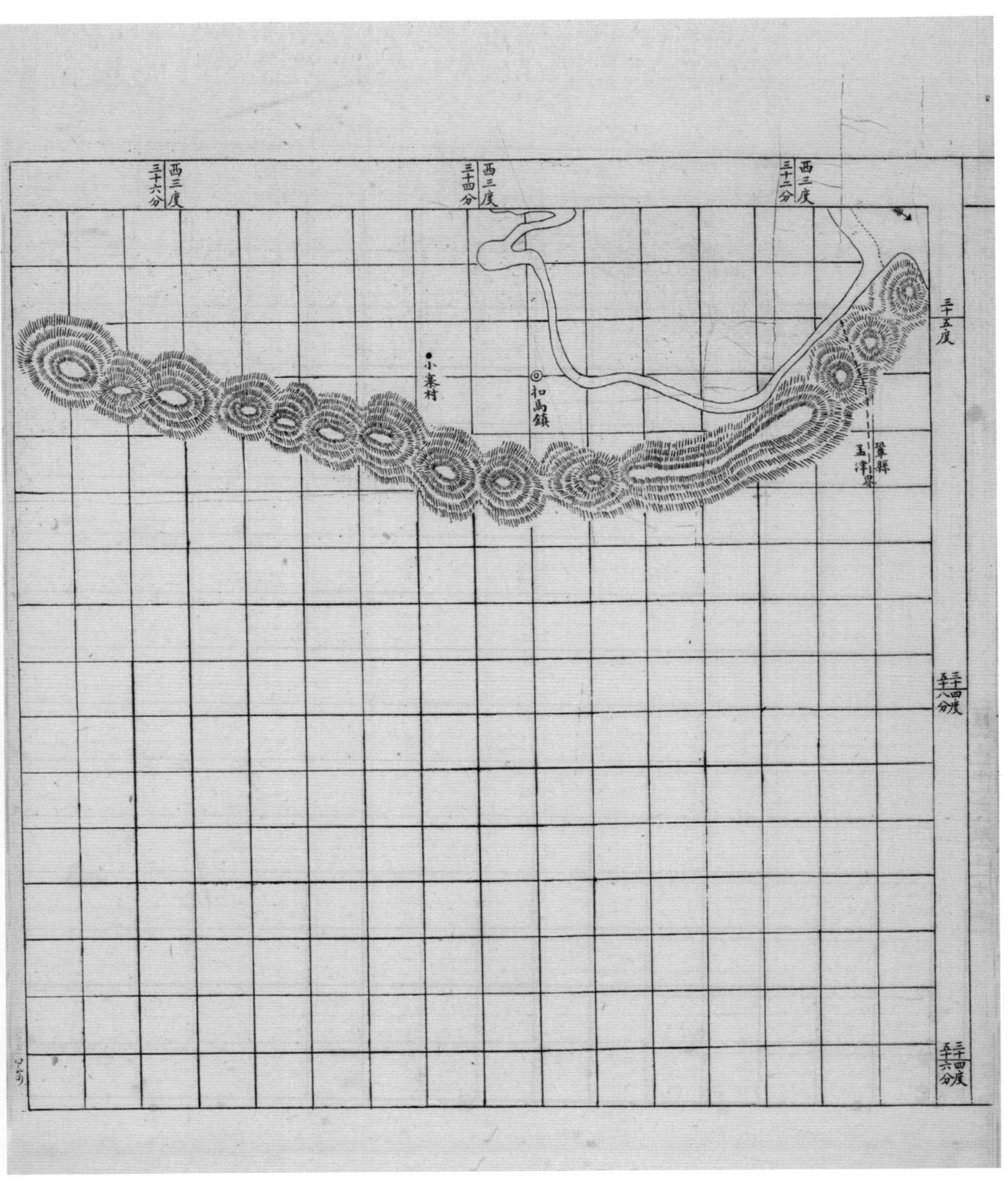
西三度三十六分
西三度三十四分
西三度三十二分
三十五度
三十四度五十八分
三十四度五十六分
小寨村
和馬鎮
鞏縣
玉津界

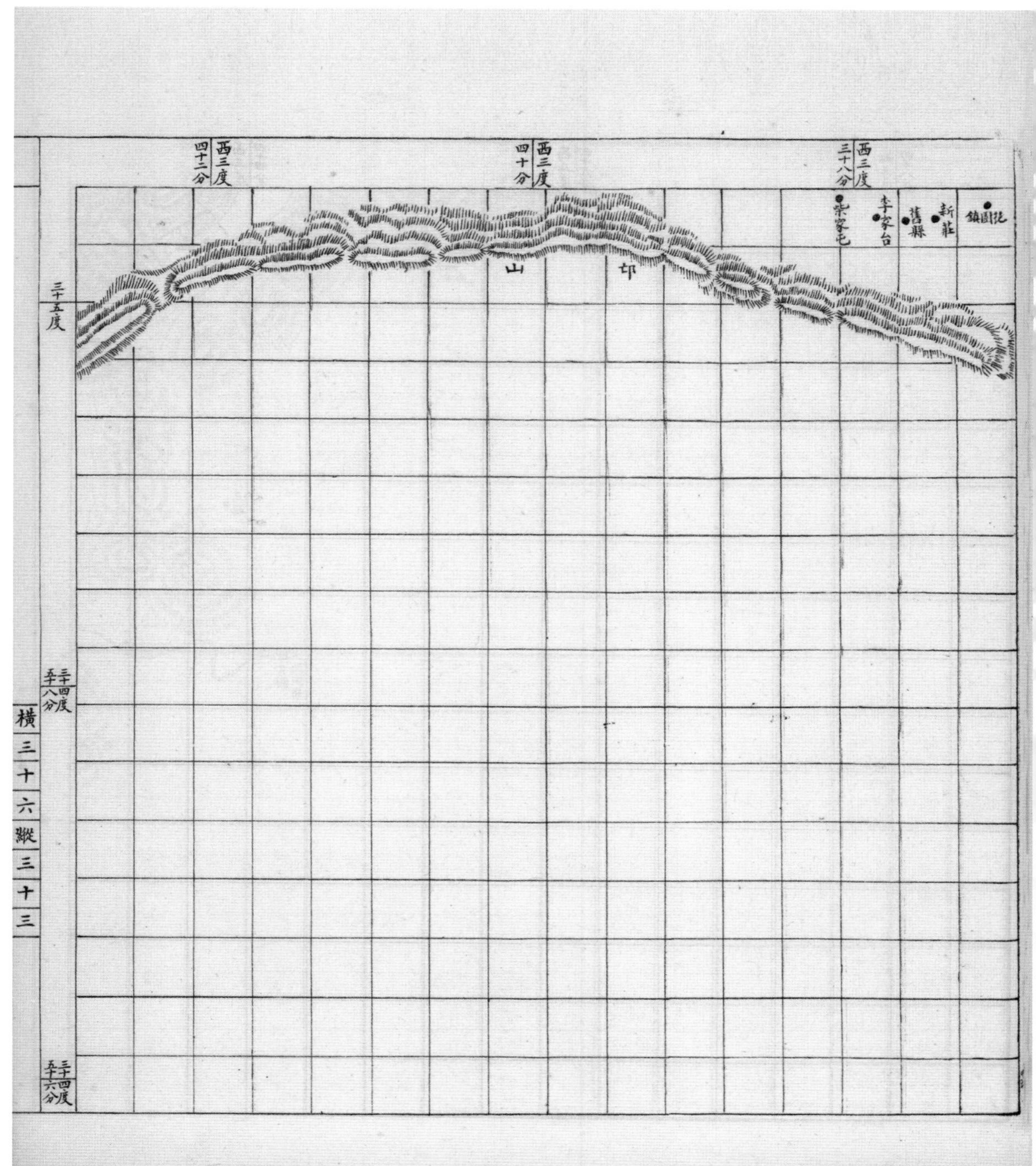
西三度四十二分
西三度四十分
西三度三十八分
柴家屯
李家台
舊縣
新莊
花園鎮
卭山
三十五度
三十四度五十八分
三十四度五十六分
横三十六縱三十三

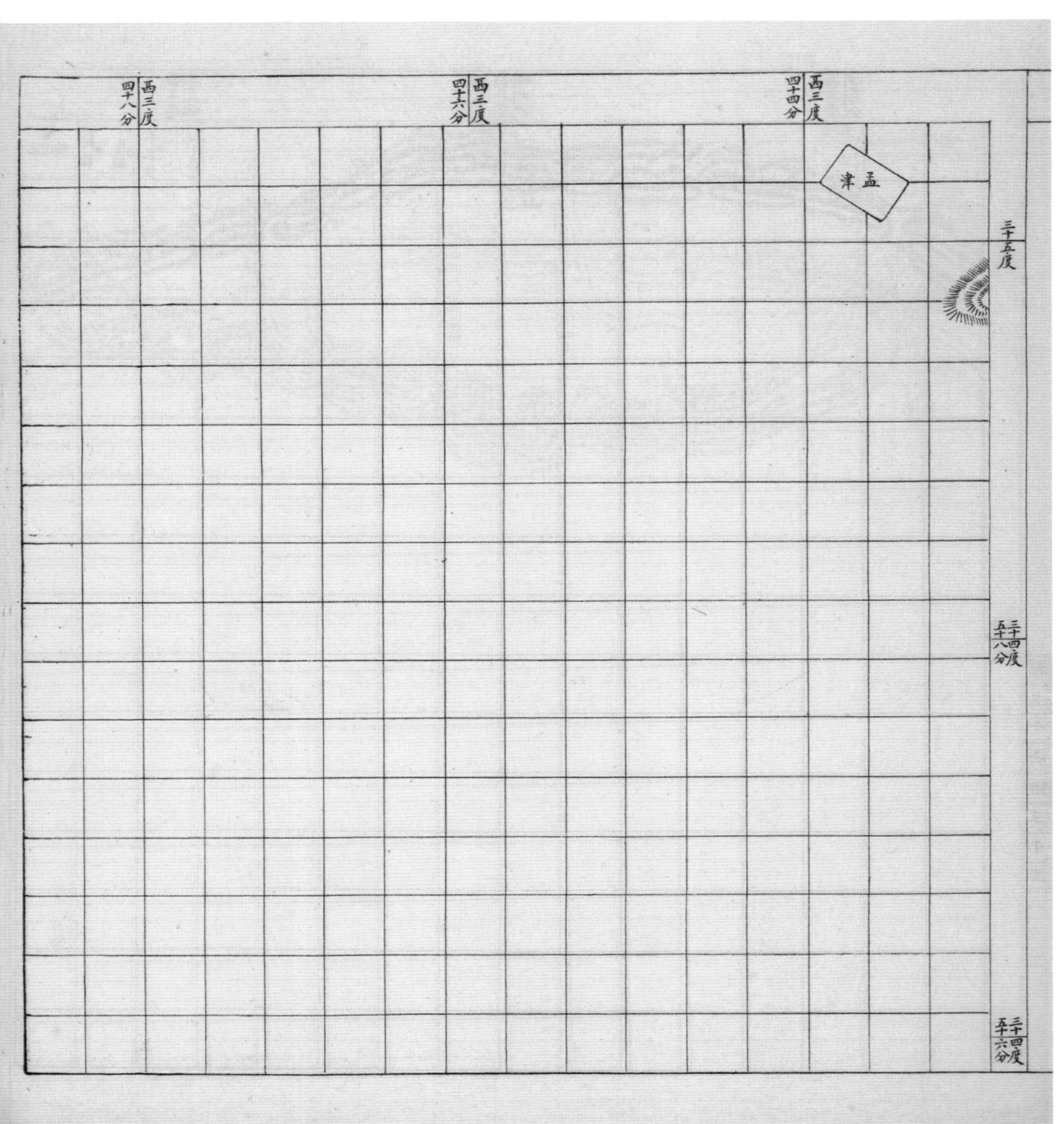
西三度四十八分
西三度四十六分
西三度四十四分
孟津
三十五度
三十四度五十八分
三十四度五十六分

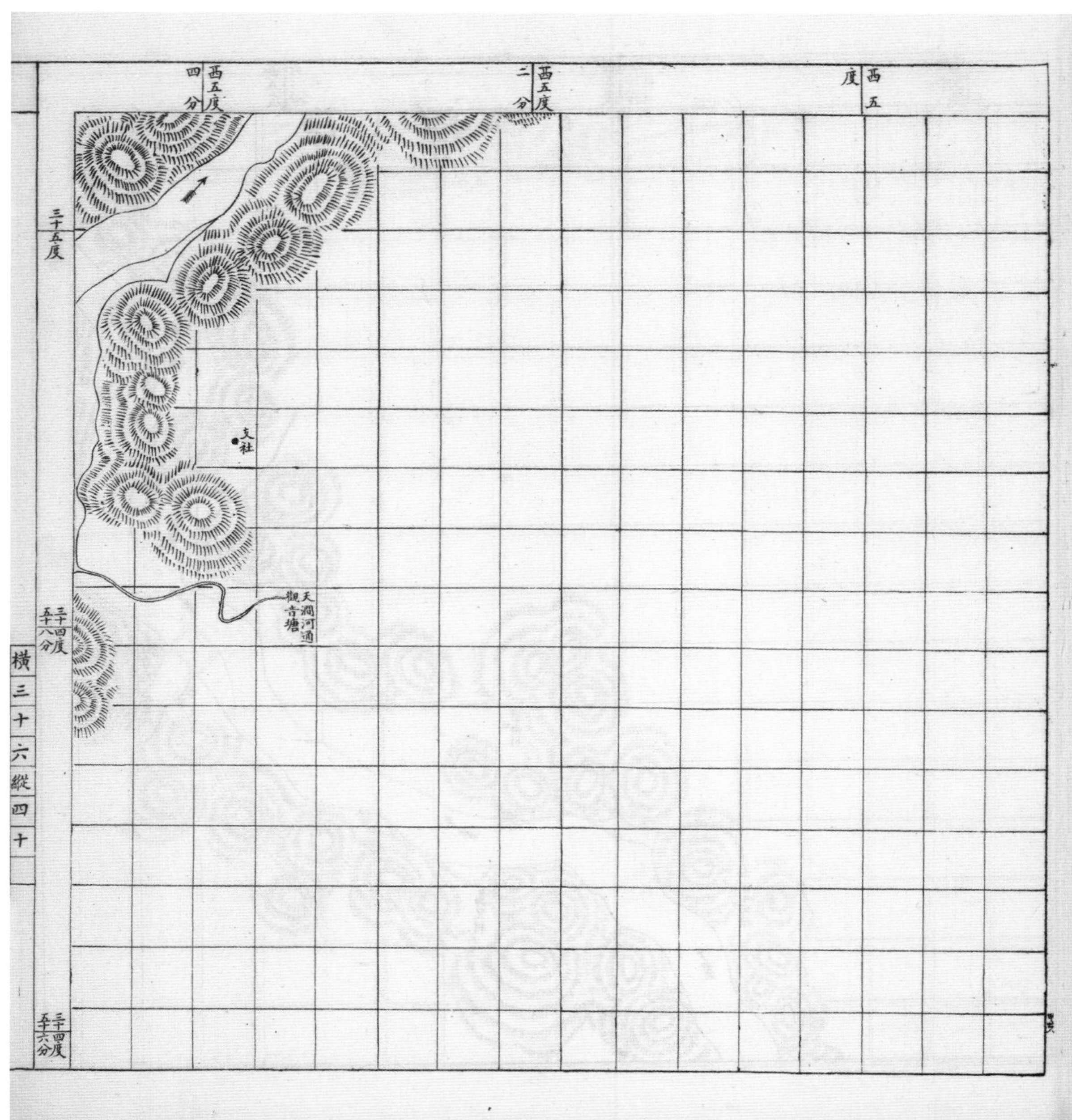
西五度四分
西五度二分
西五度
三十五度
三十四度五十八分
三十四度五十六分
横三十六縱四十
文社
天凋河通觀音塘

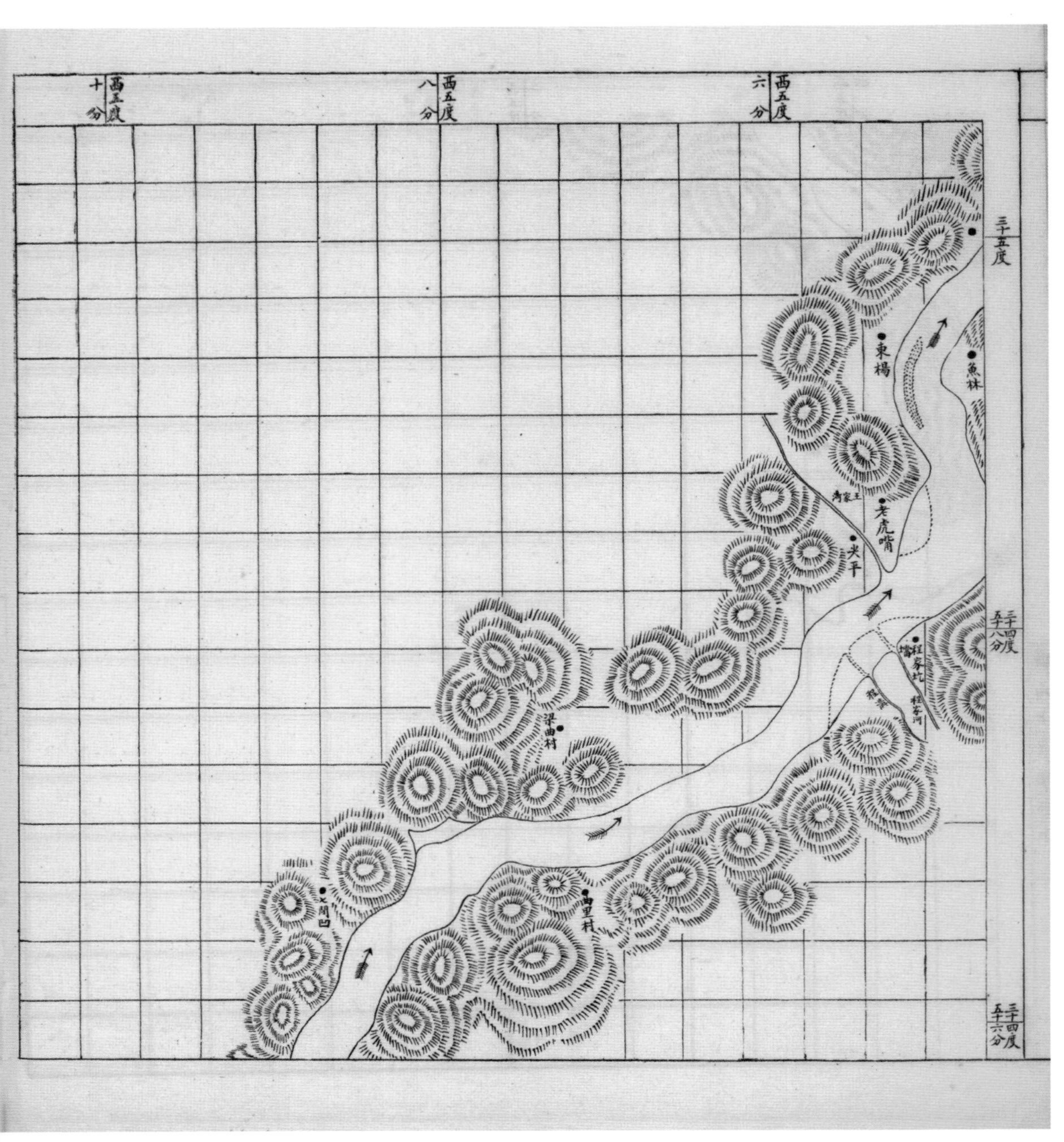
西五度十分
西五度八分
西五度六分
三十五度
三十四度五十八分
三十四度五十六分
魚林
老虎嘴
程家坑
程家河
梁曲村

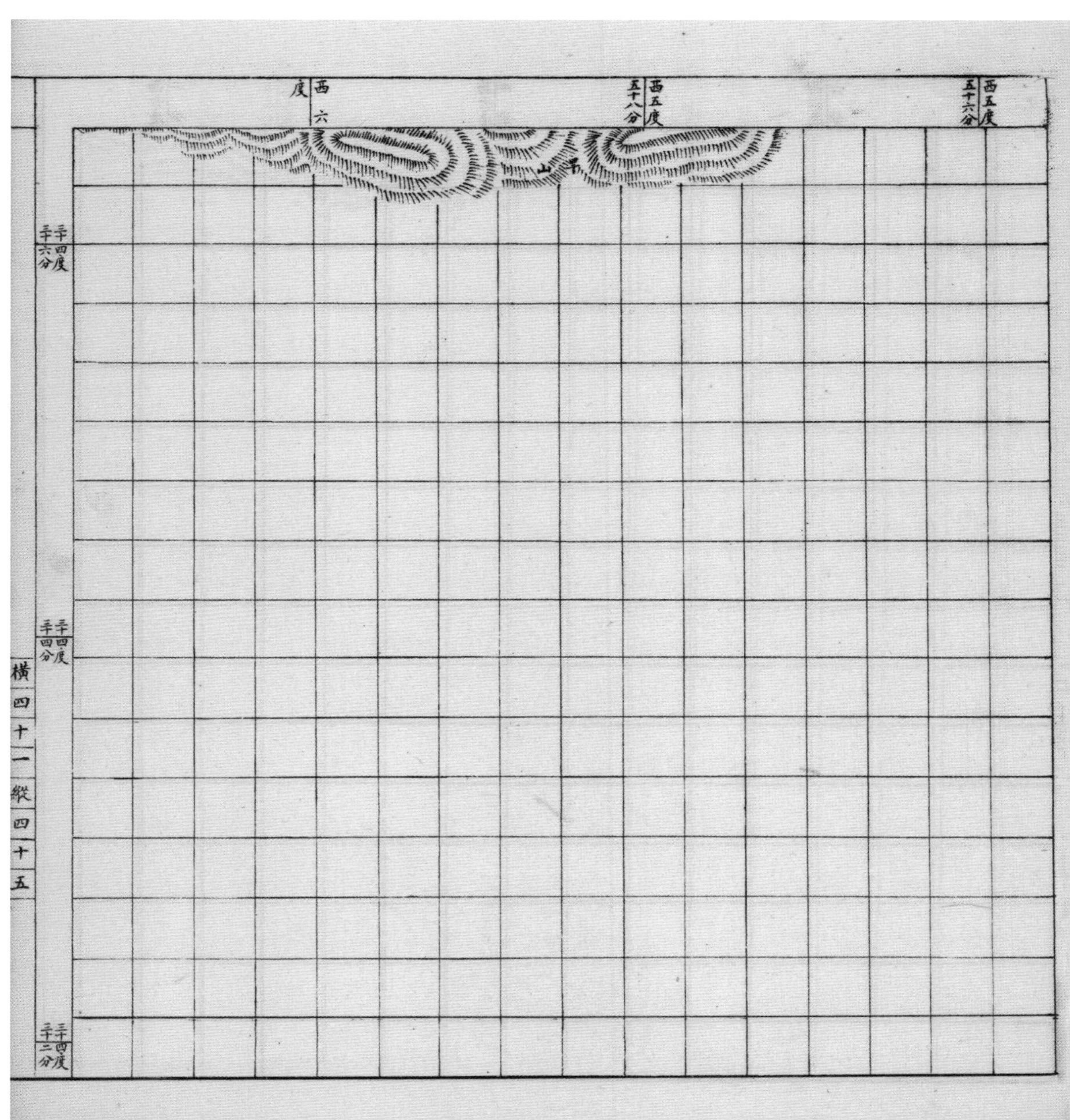
西六度
西五度五十八分
西五度五十六分
呂山
三十四度三十六分
三十四度三十四分
三十四度三十二分
橫四十一縱四十五

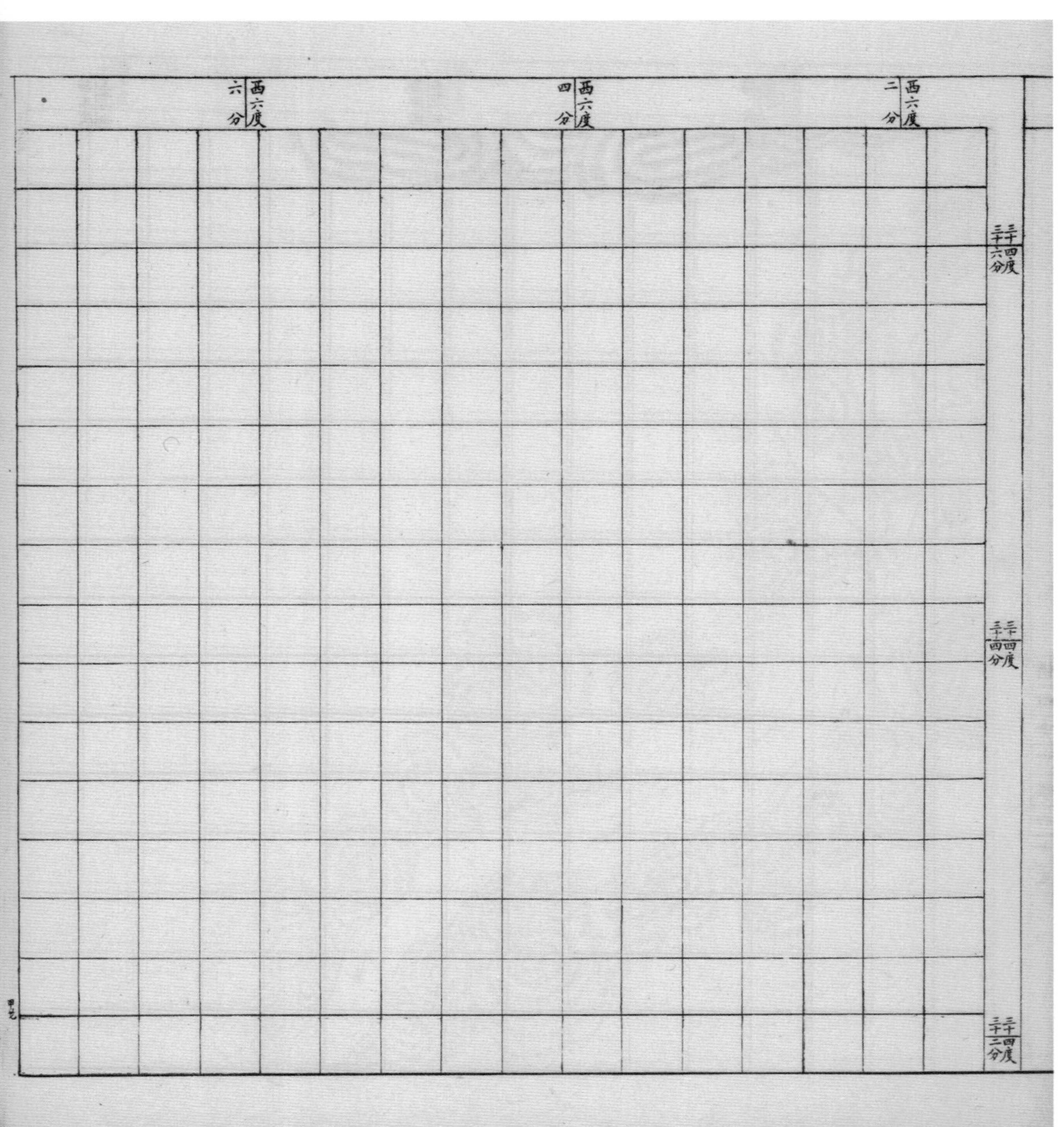
西六度六分
西六度四分
西六度二分
三十四度三十六分
三十四度三十四分
三十四度三十二分

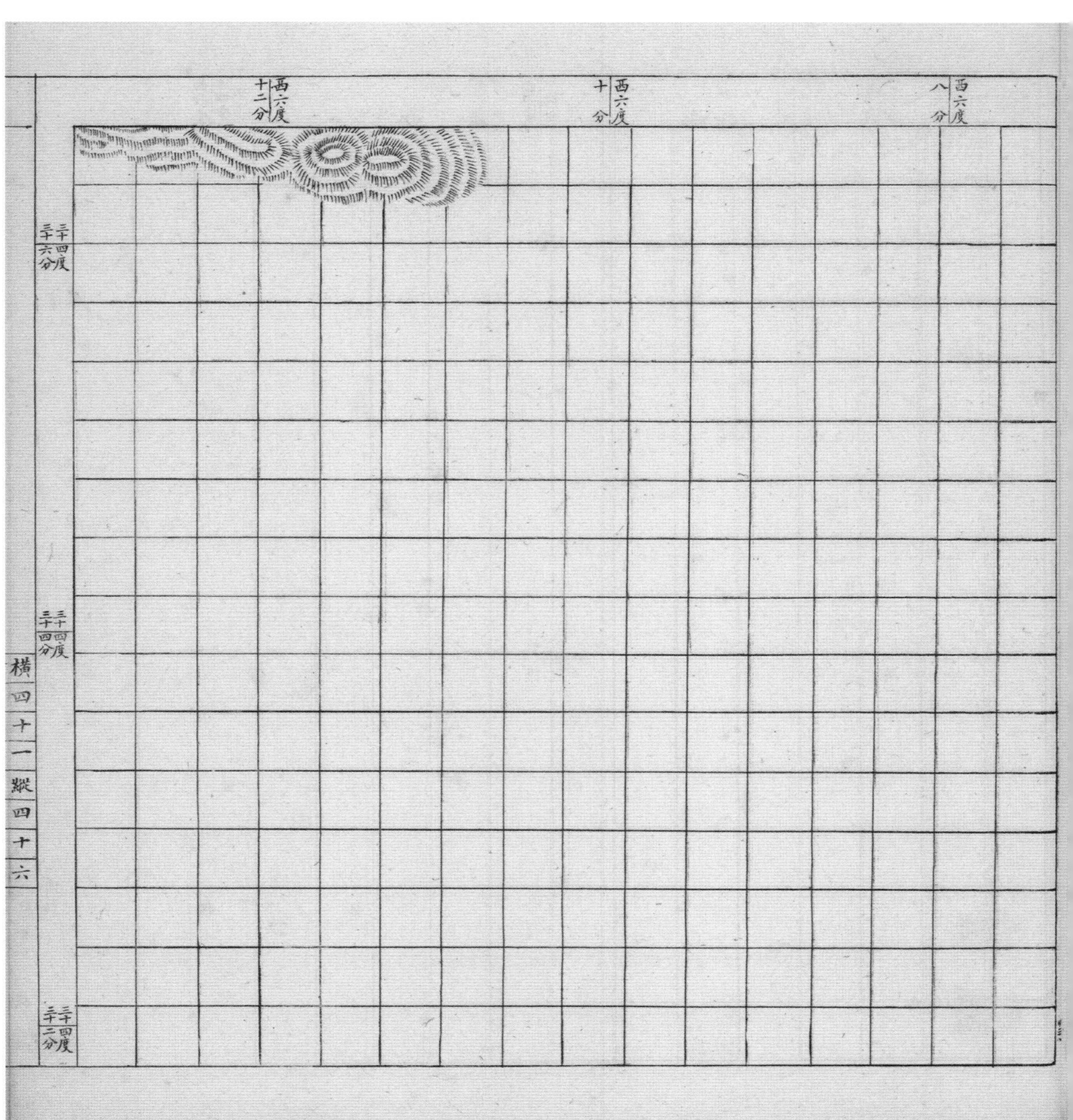
西六度十二分
西六度十分
西六度八分
三十四度三十六分
三十四度三十四分
三十四度三十二分
横四十一縱四十六

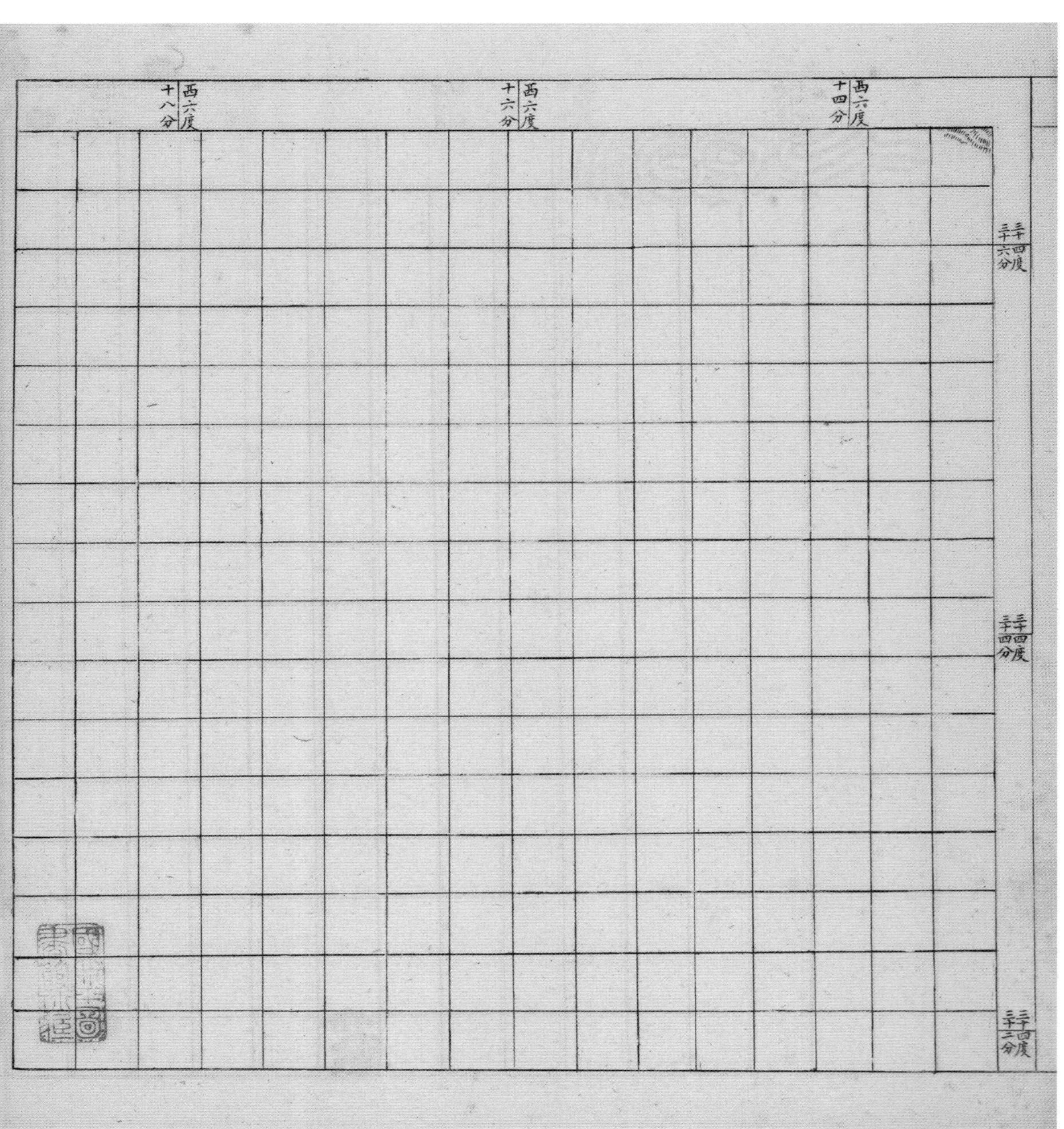

西六度十八分
西六度十六分
西六度十四分
三十四度三十六分
三十四度三十四分
三十四度三十二分

建設總署收藏圖書之章

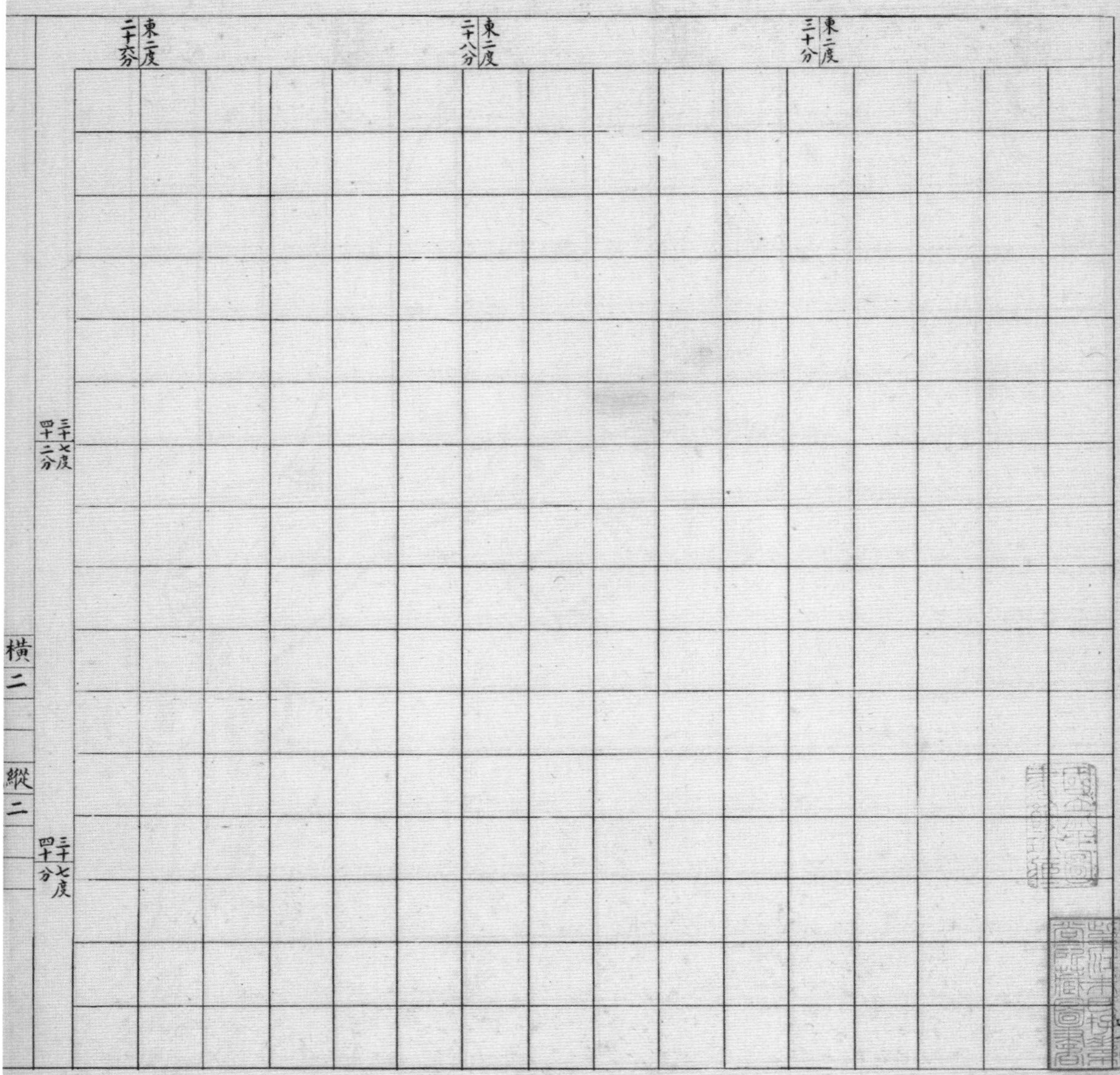

東二度二十六分

東二度二十八分

東二度三十分

三十七度四十二分

横二

縱二

三十七度四十分

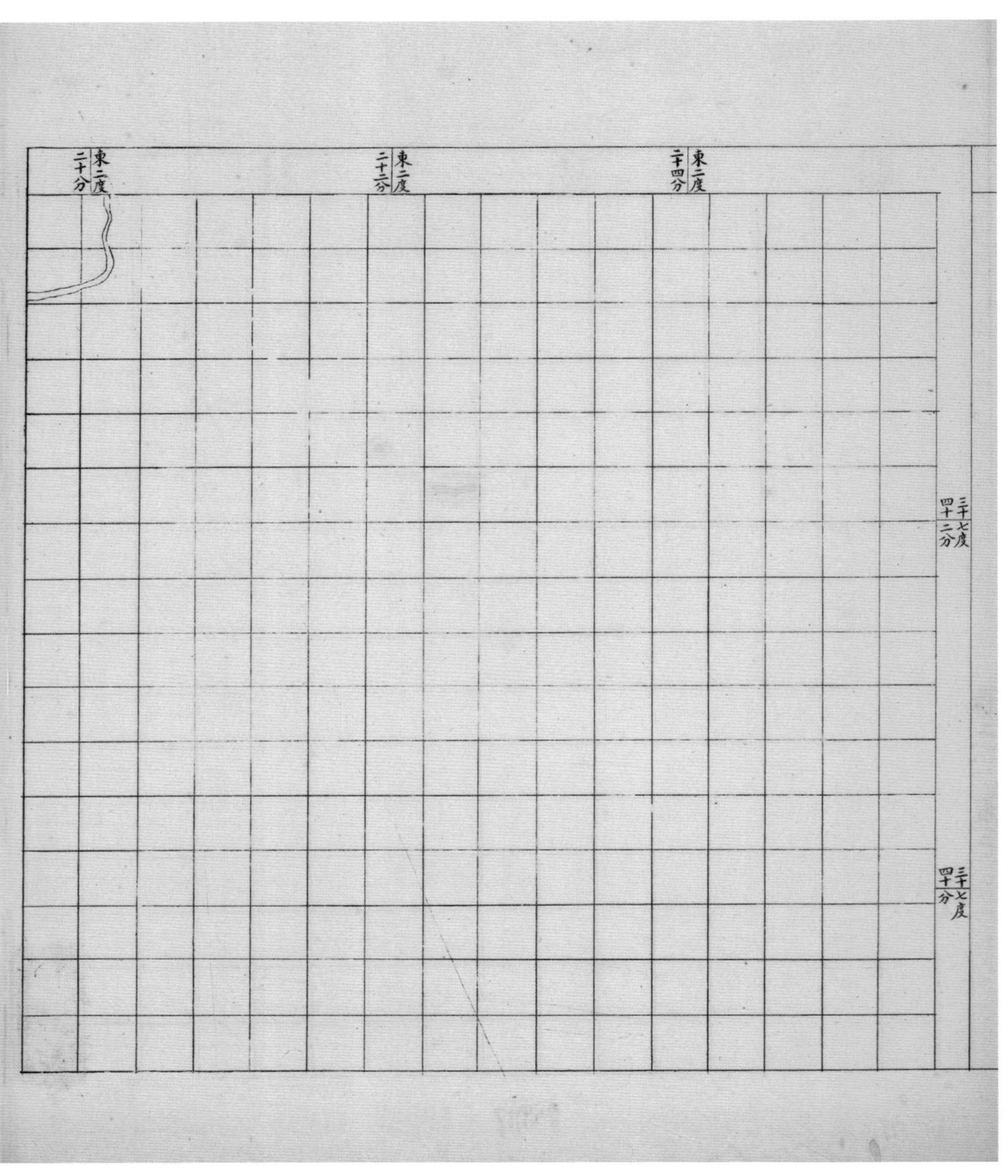

東二度二十分
東二度二十二分
東二度二十四分
三十七度四十二分
三十七度四十分

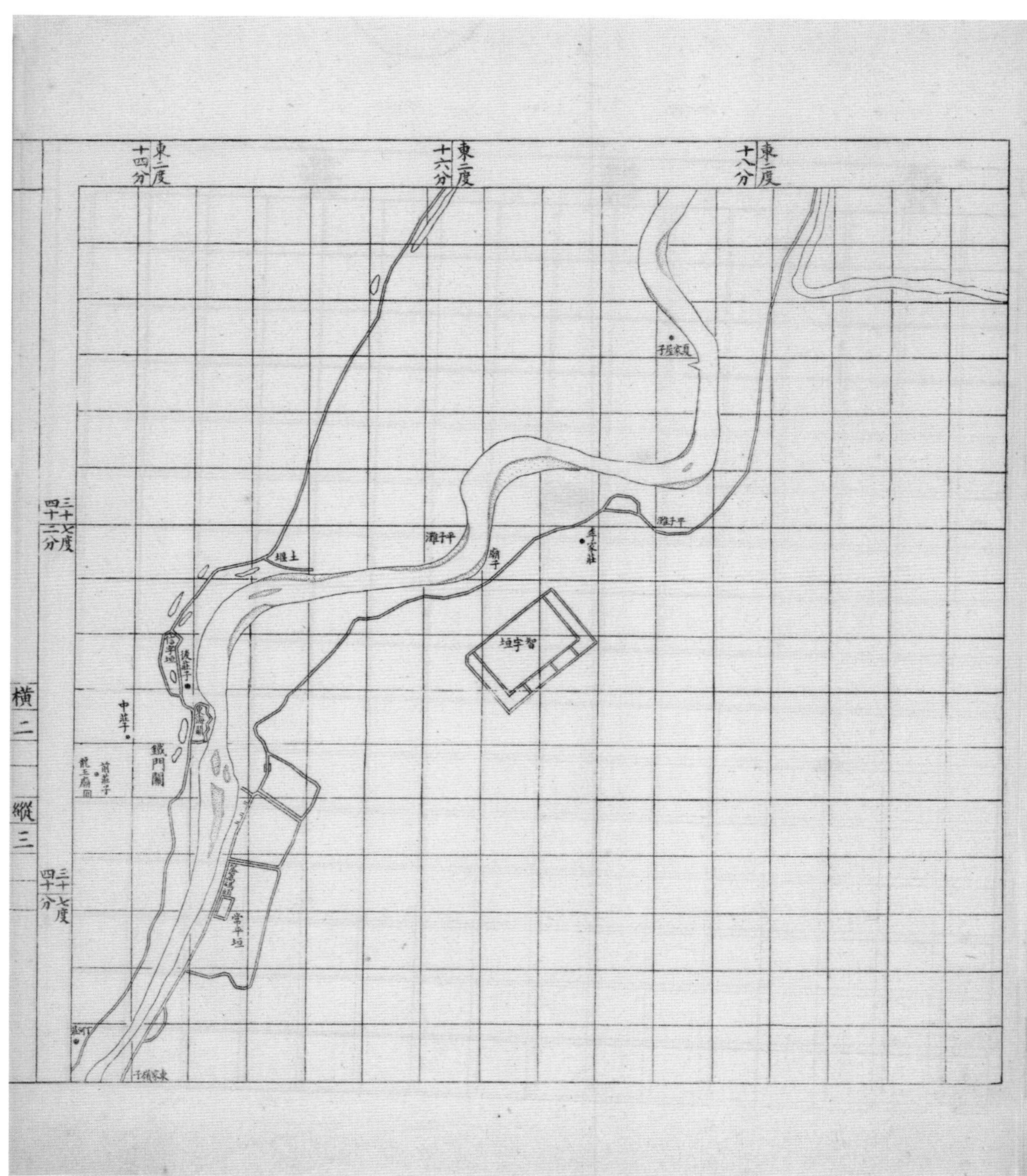
東二度十四分
東二度十六分
東二度十八分
三十七度四十二分
三十七度四十分
横二
縱三
鐵門關
中莊子
智字垣
李家莊

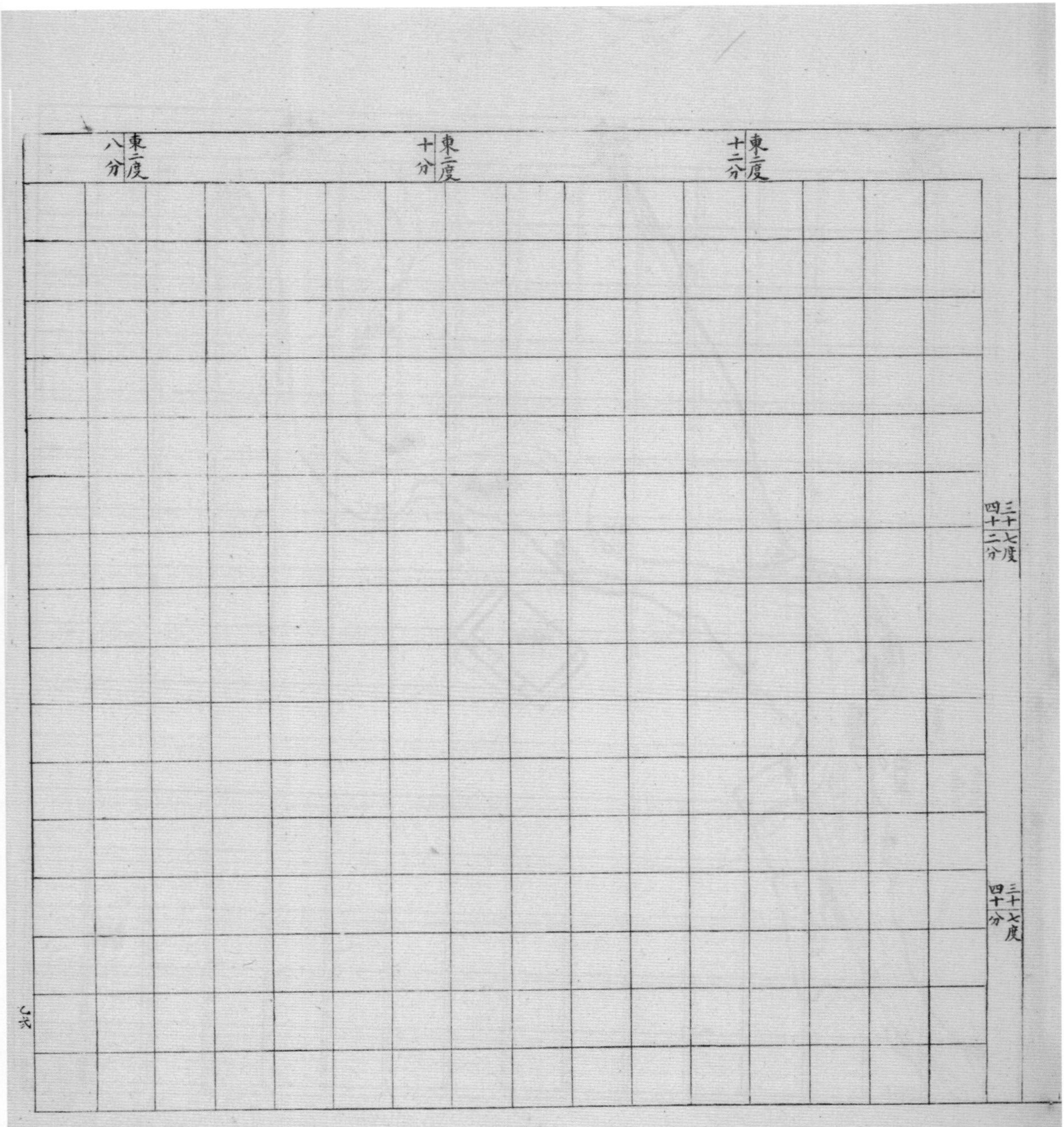

東二度八分

東二度十分

東二度十二分

三十七度四十二分

三十七度四十分

東二度二分

東二度四分

東二度六分

三十七度十八分

橫七

縱四

三十七度十六分

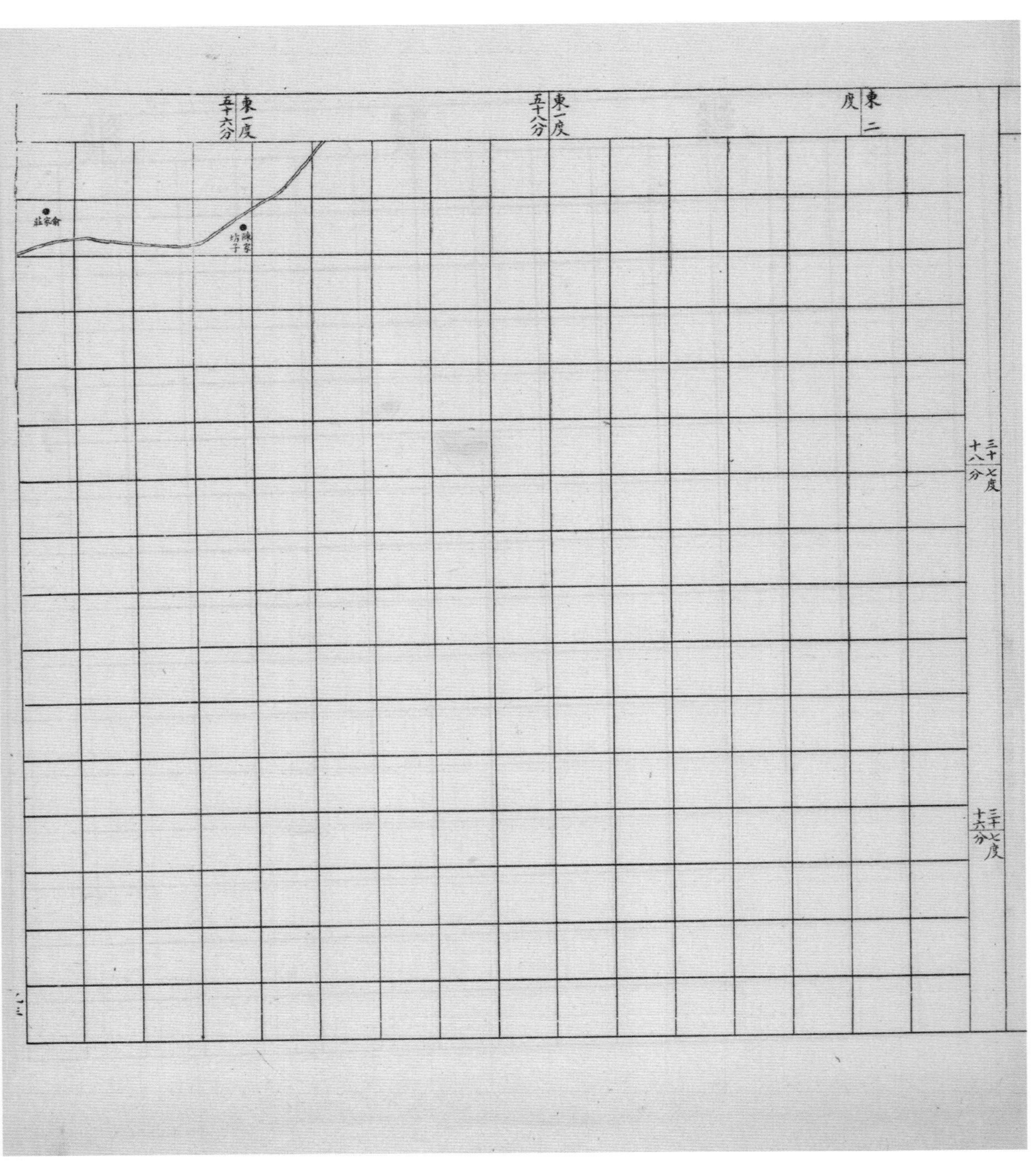
東一度五十六分
東一度五十八分
東二度
莊家舖
陳家坊子
三十七度十八分
三十七度十六分

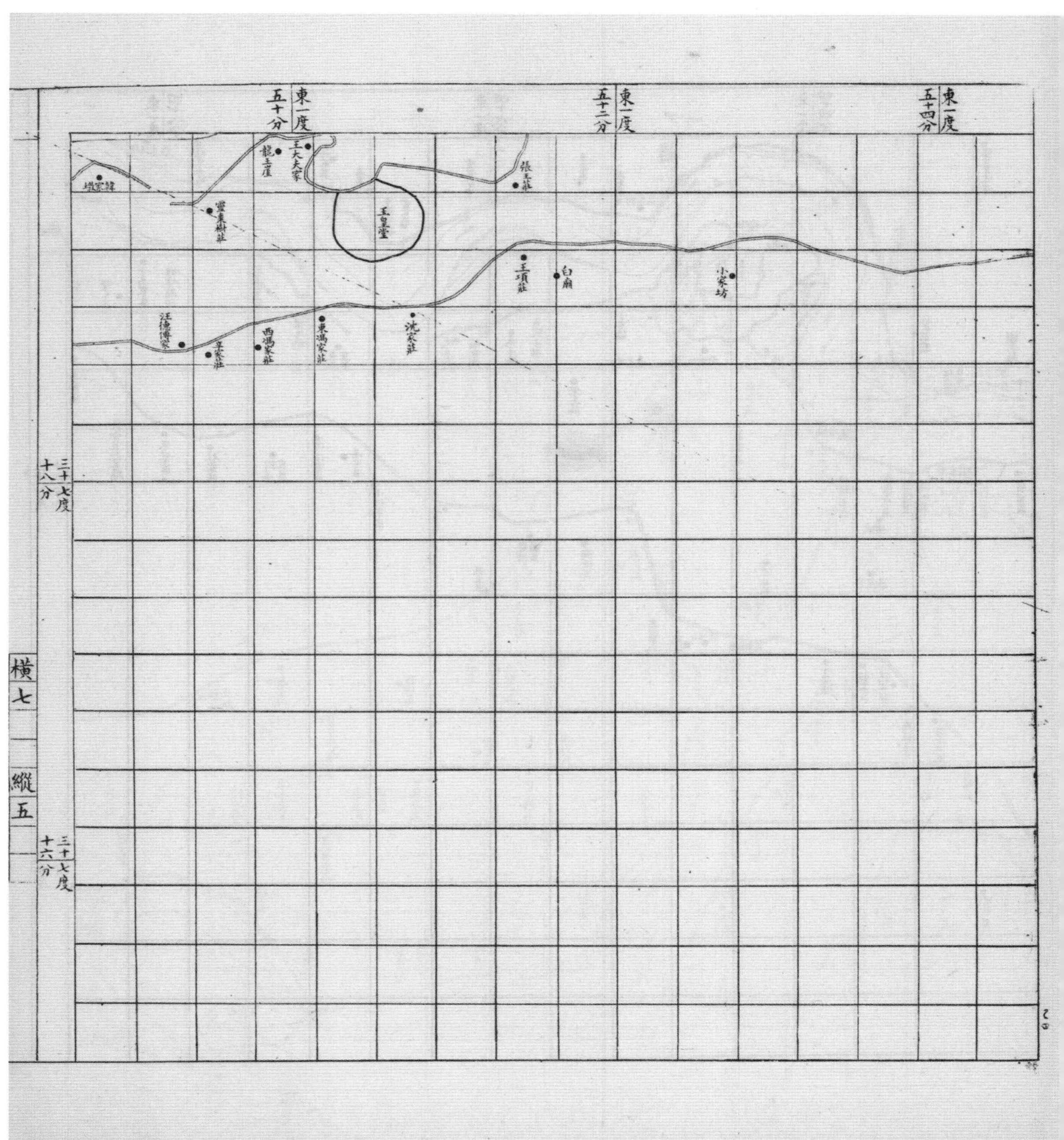

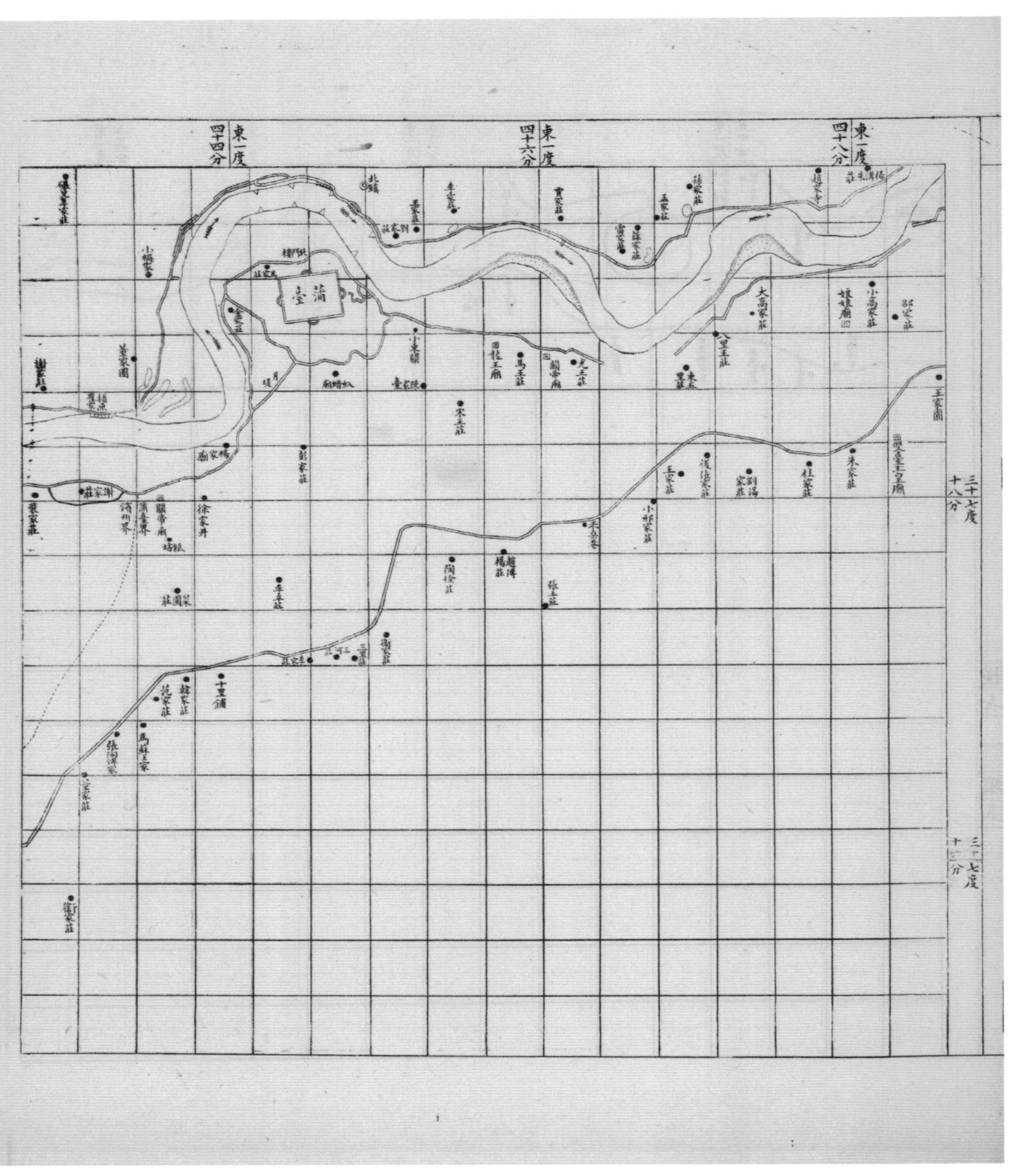

東一度四十四分
東一度四十六分
東一度四十八分
三十七度十八分
三十七度十二分
蒲臺
北鎮
小東關
王家園
十里鋪

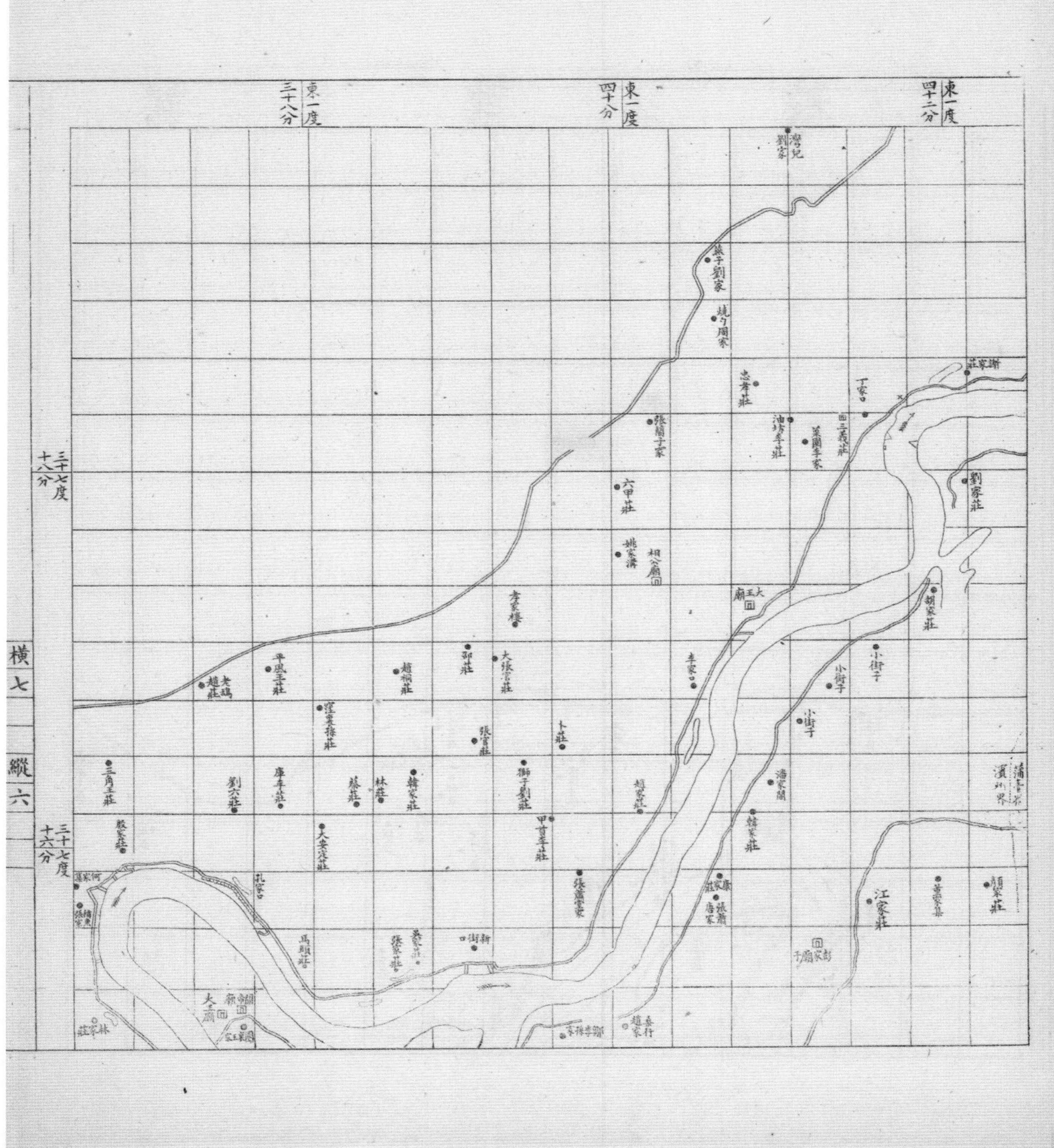
東一度三十八分
東一度四十分
東一度四十二分
三十七度十八分
三十七度十六分
橫七
縱六

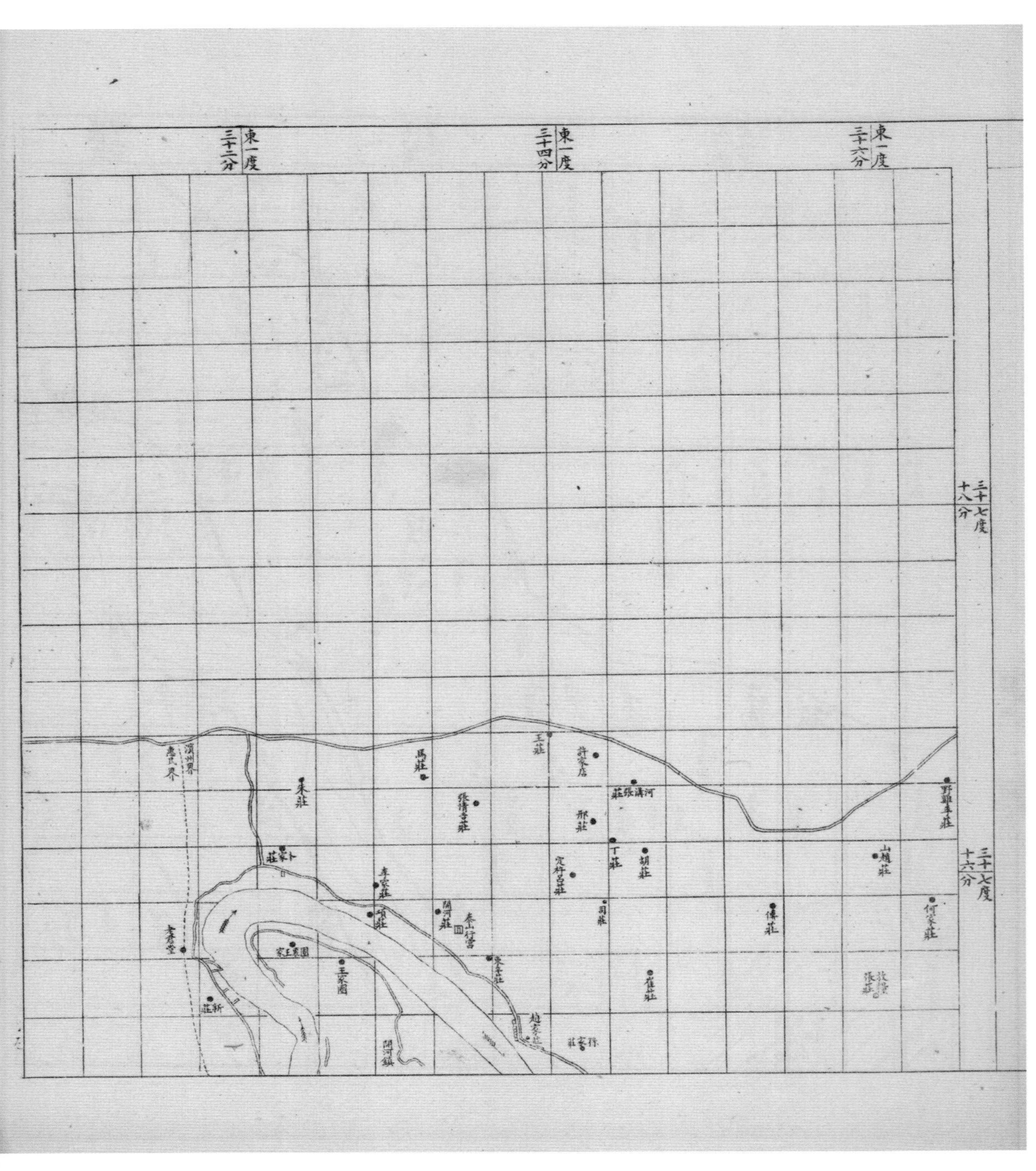
東一度三十二分
東一度三十四分
東一度三十六分
三十七度十八分
三十七度十六分

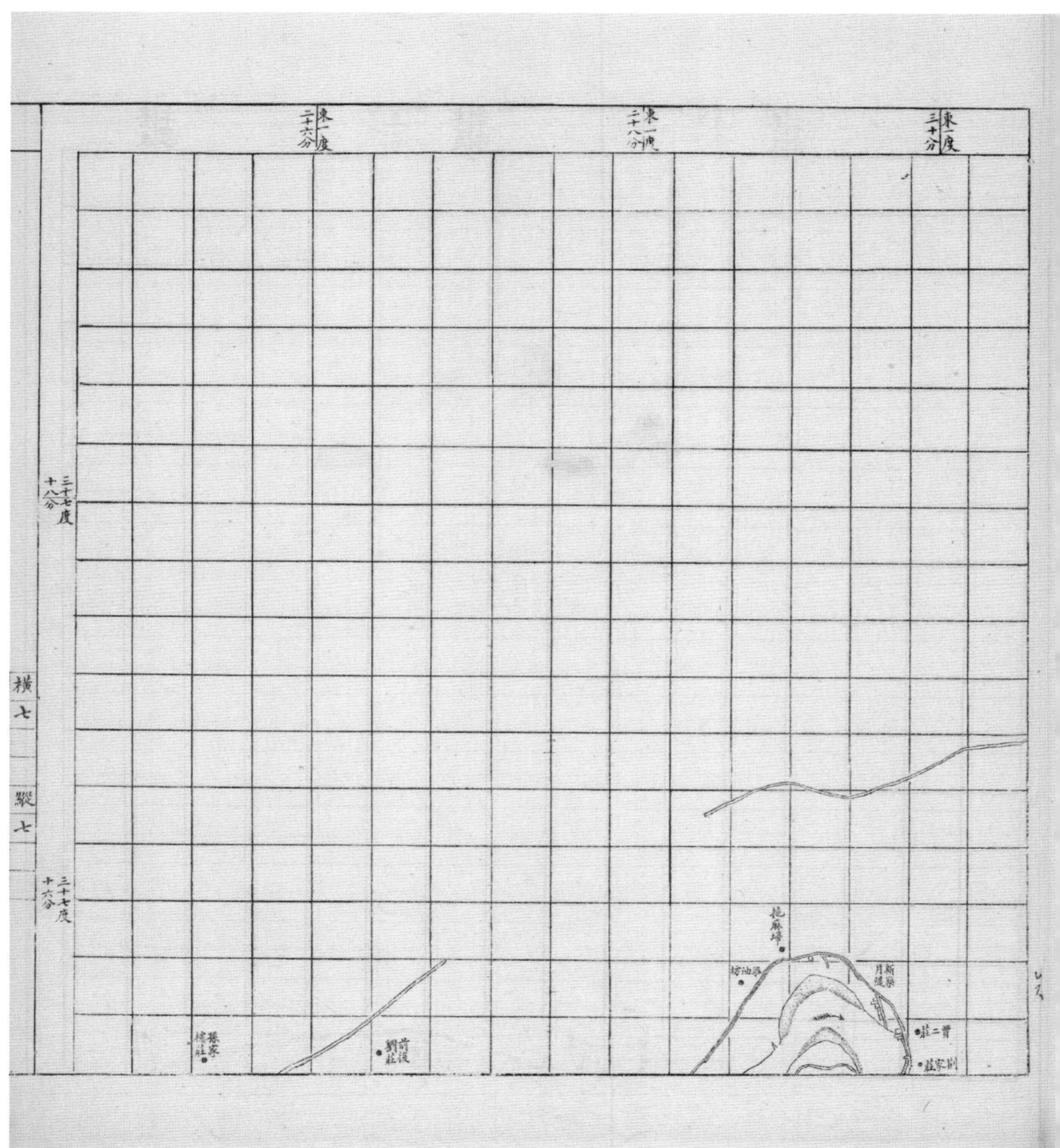
東一度二十六分
東一度二十八分
東一度三十分
三十七度十八分
三十七度十六分
橫七
縱七
拖麻埠
郭油坊
新築月隄
賈二莊
劉家莊
孫家樓莊
前後劉莊

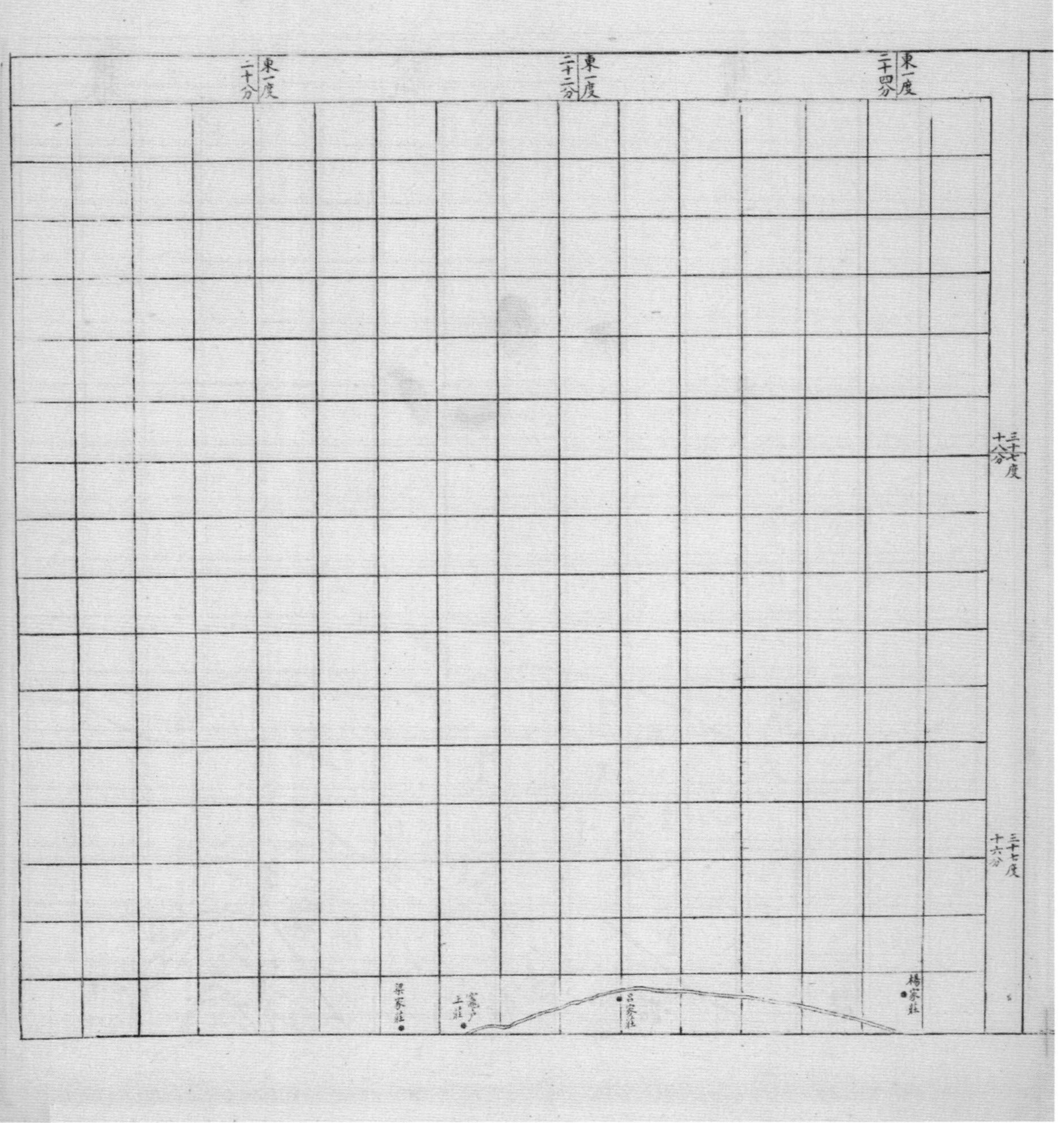
東一度二十分
東一度二十二分
東一度二十四分
三十七度十八分
三十七度十六分
梁家莊
呂家莊
楊家莊

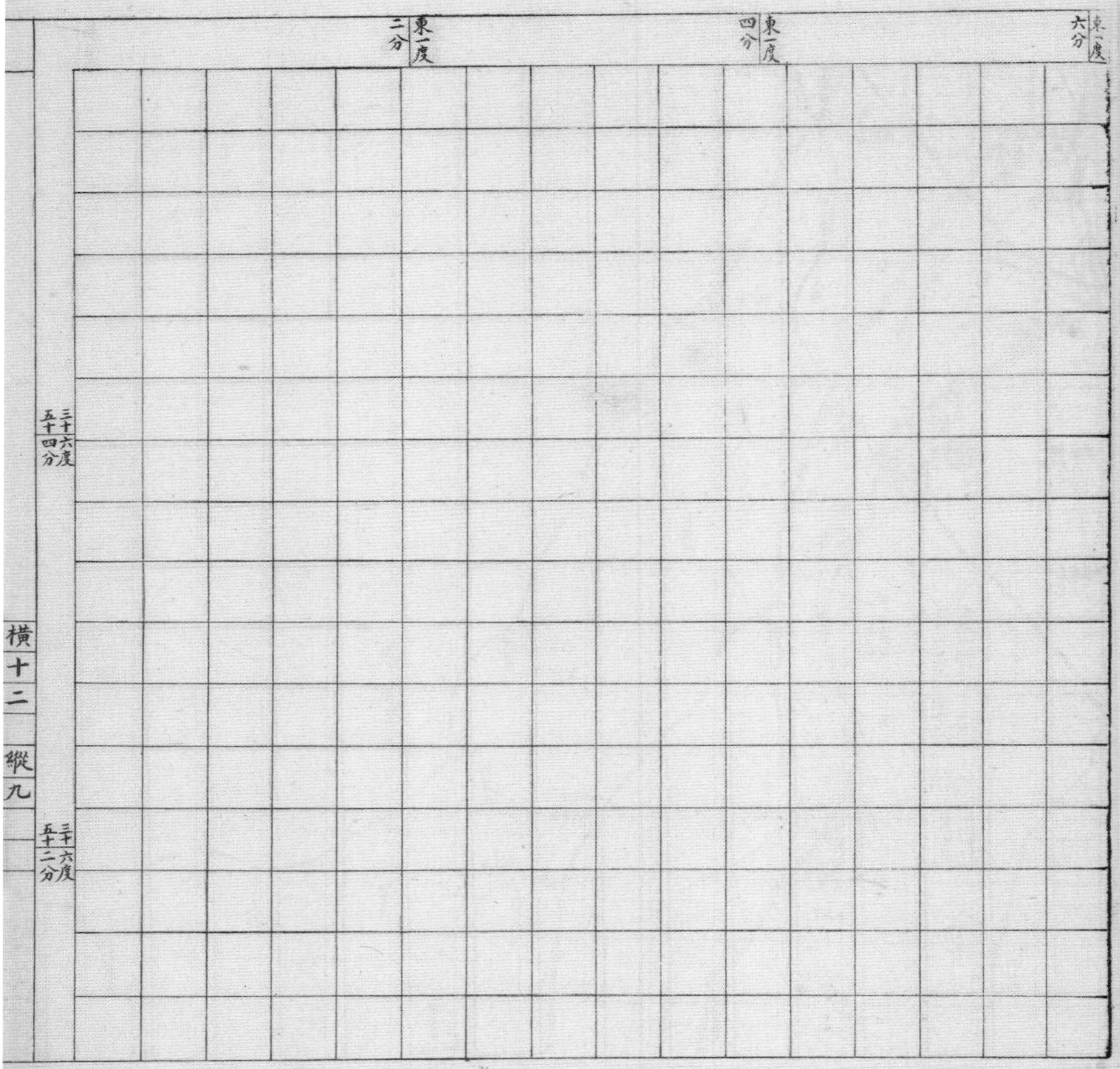

東一度二分

東一度四分

東一度六分

三十六度五十四分

橫十二

縱九

三十六度五十二分

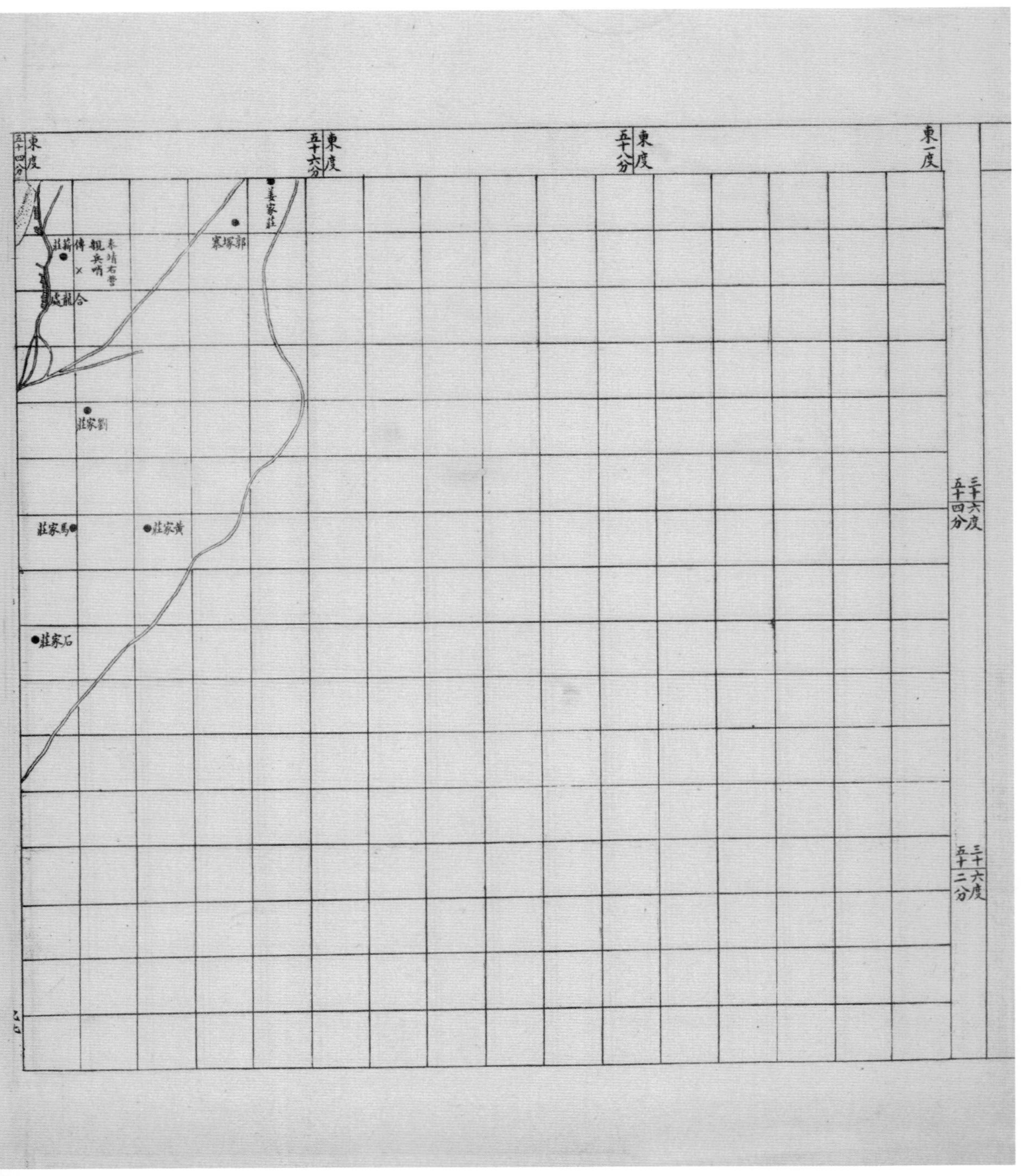

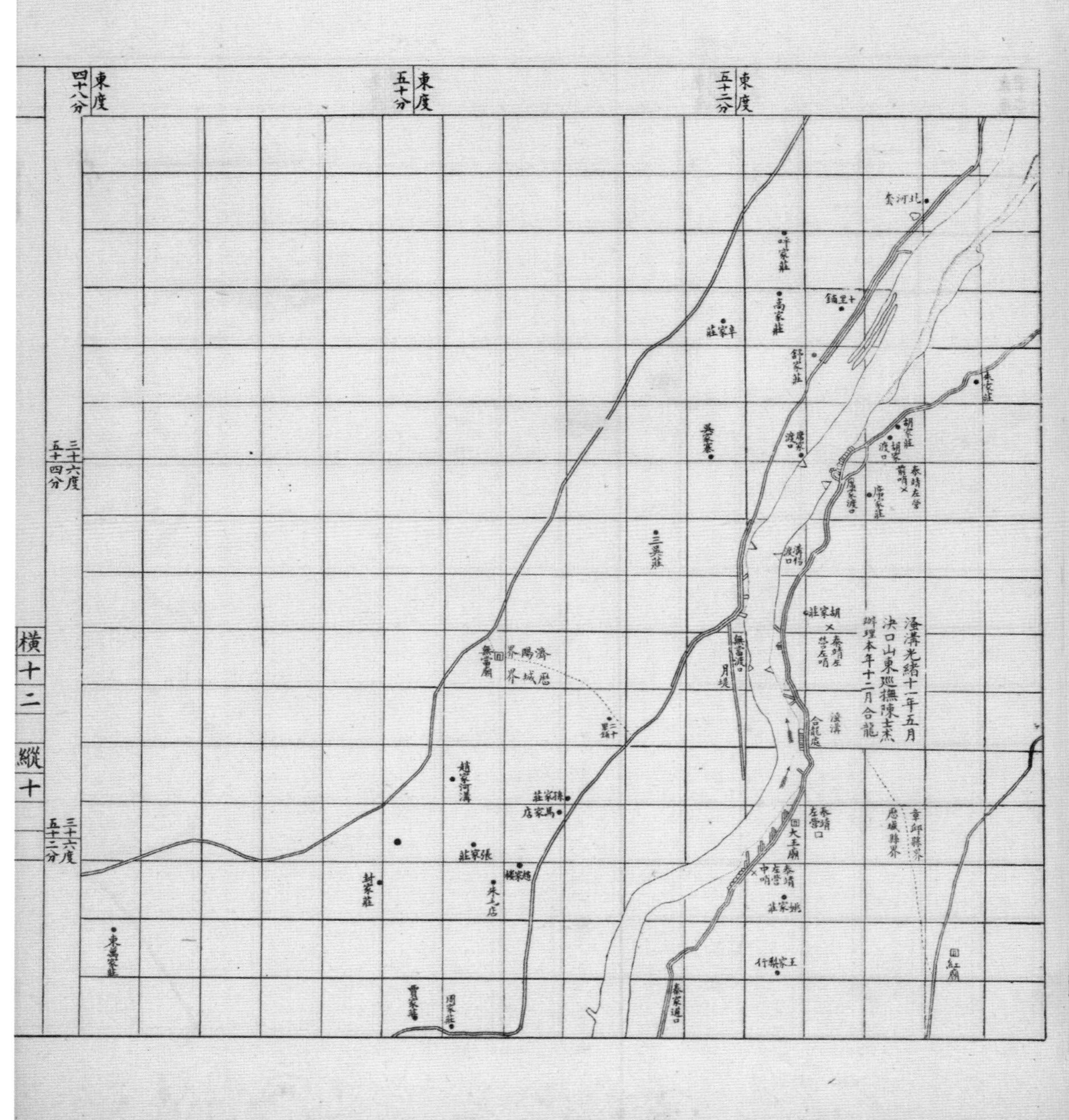

東度四十八分
東度五十分
東度五十二分
三十六度五十四分
三十六度五十二分
横十二
縱十
溎溝光緒十一年五月
決口山東巡撫陳士杰
辦理本年十二月合龍
胡家莊
泰靖左營左哨
溎溝
合龍處
濟陽渡口
濟陽界
歷城界
章邱縣界
歷城縣界
高家莊
三吳莊
月堤
張家莊
馬家店
封家莊

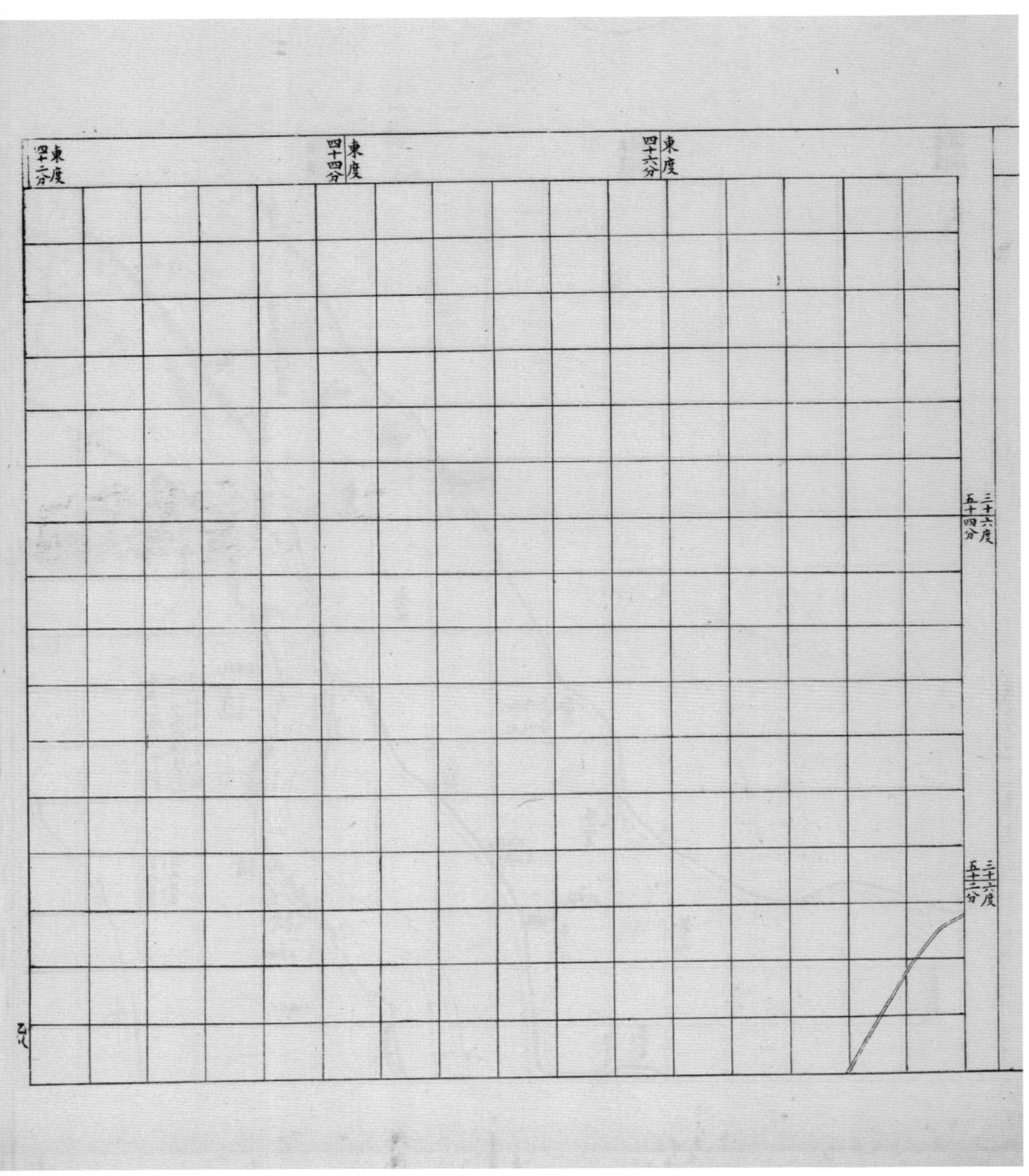
東度
四十二分
東度
四十四分
東度
四十六分
三十六度
五十四分
三十六度
五十二分

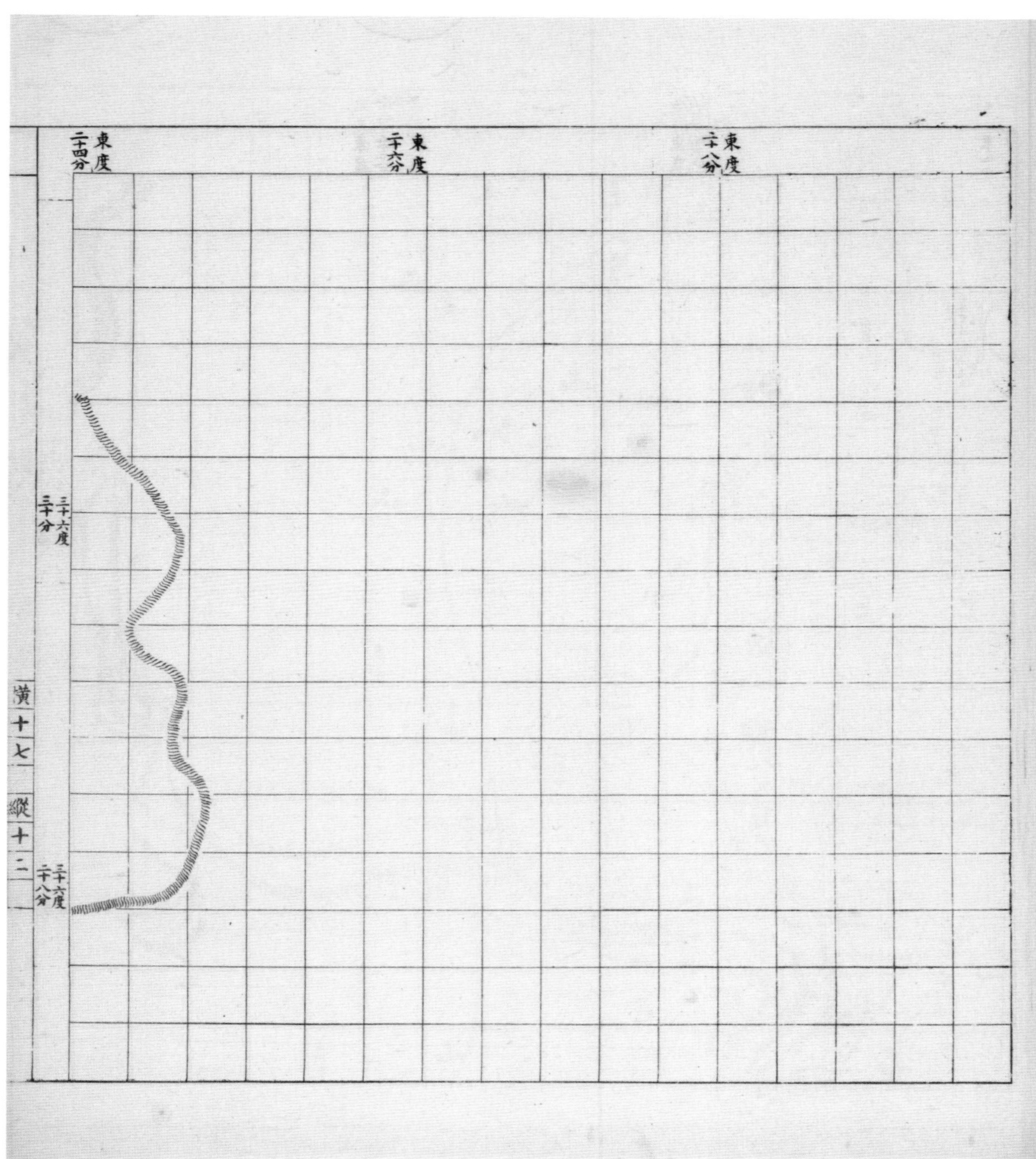
東度二十四分
東度二十六分
東度二十八分
三十六度二十分
三十六度二十八分
横十七
縱十二

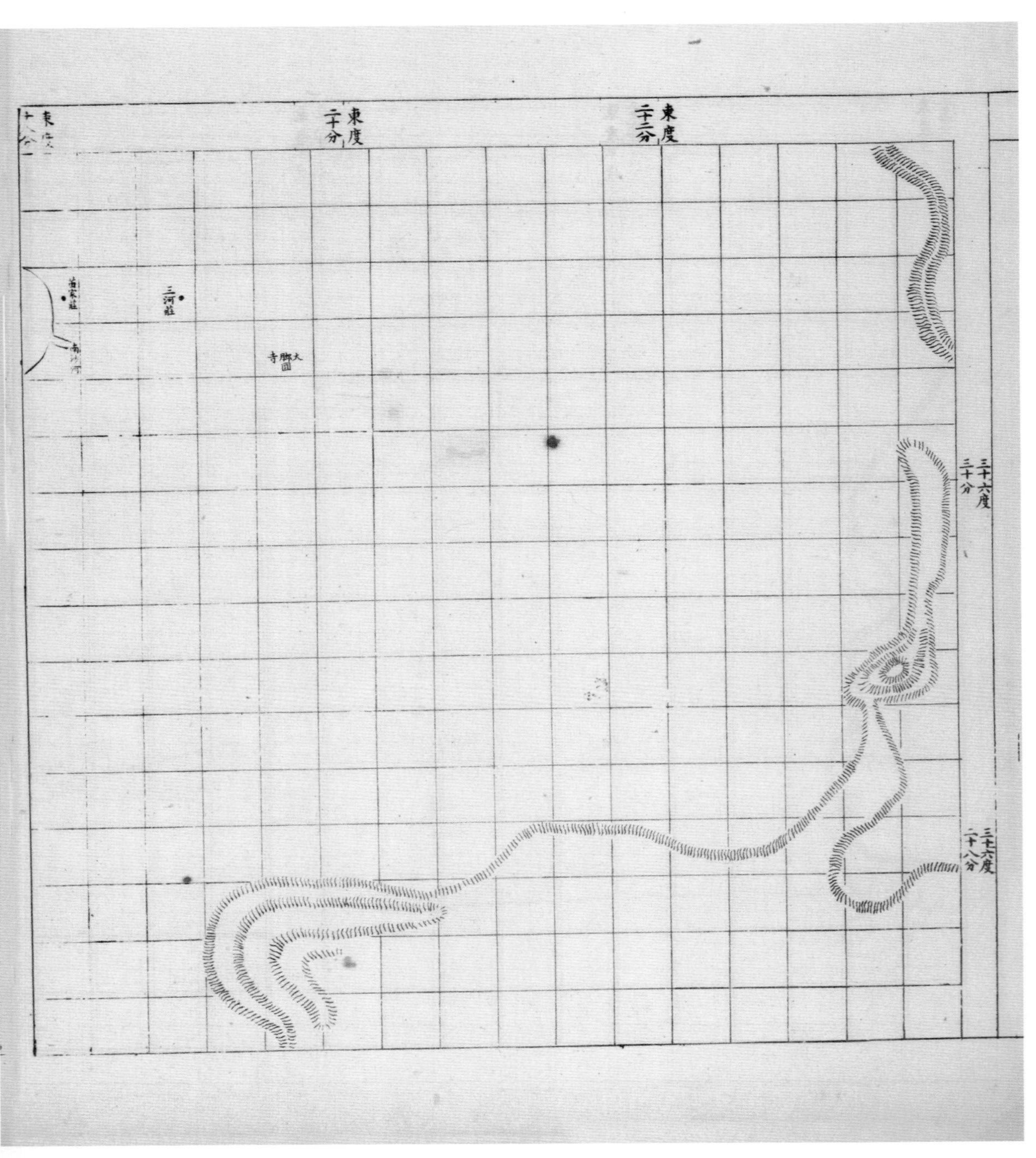
東度
二十分
東度
二十二分
苗家莊
三河莊
南沙河
大腳圓寺
三十六度
三十分
三十六度
二十八分

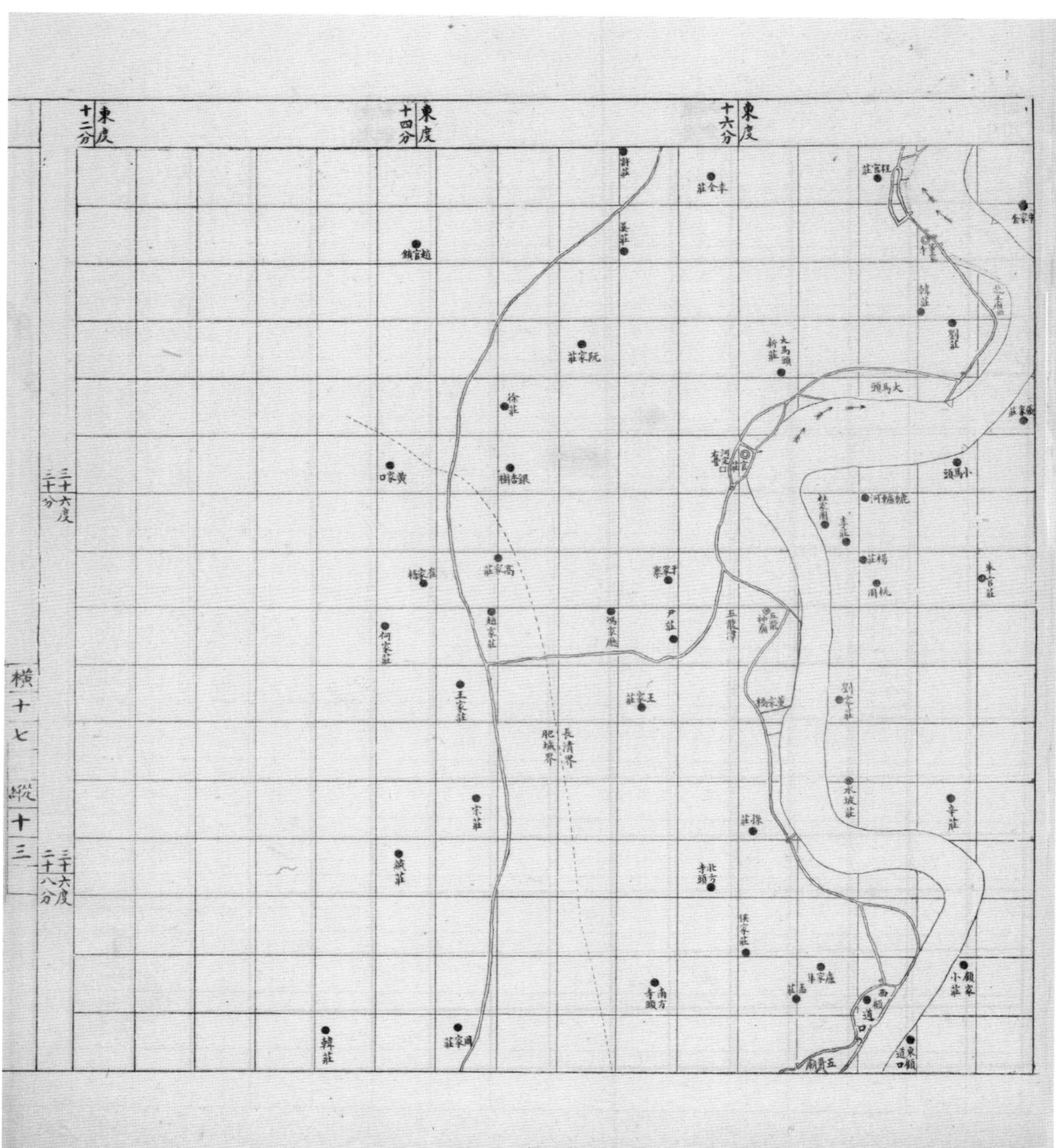

東度 十二分
東度 十四分
東度 十六分
三十六度 三十分
三十六度 二十八分
橫十七
縱十三
許莊
吳莊
趙官鎮
阮家莊
新莊
大馬頭
劉莊
徐莊
黃家口
銀杏樹
小馬頭
高家莊
楊莊
何家莊
趙家莊
馮家廠
尹莊
王家莊
劉家莊
長清界
肥城界
宋莊
孫莊
水坡莊
辛莊
北方寺
南方寺
韓莊
東顧口

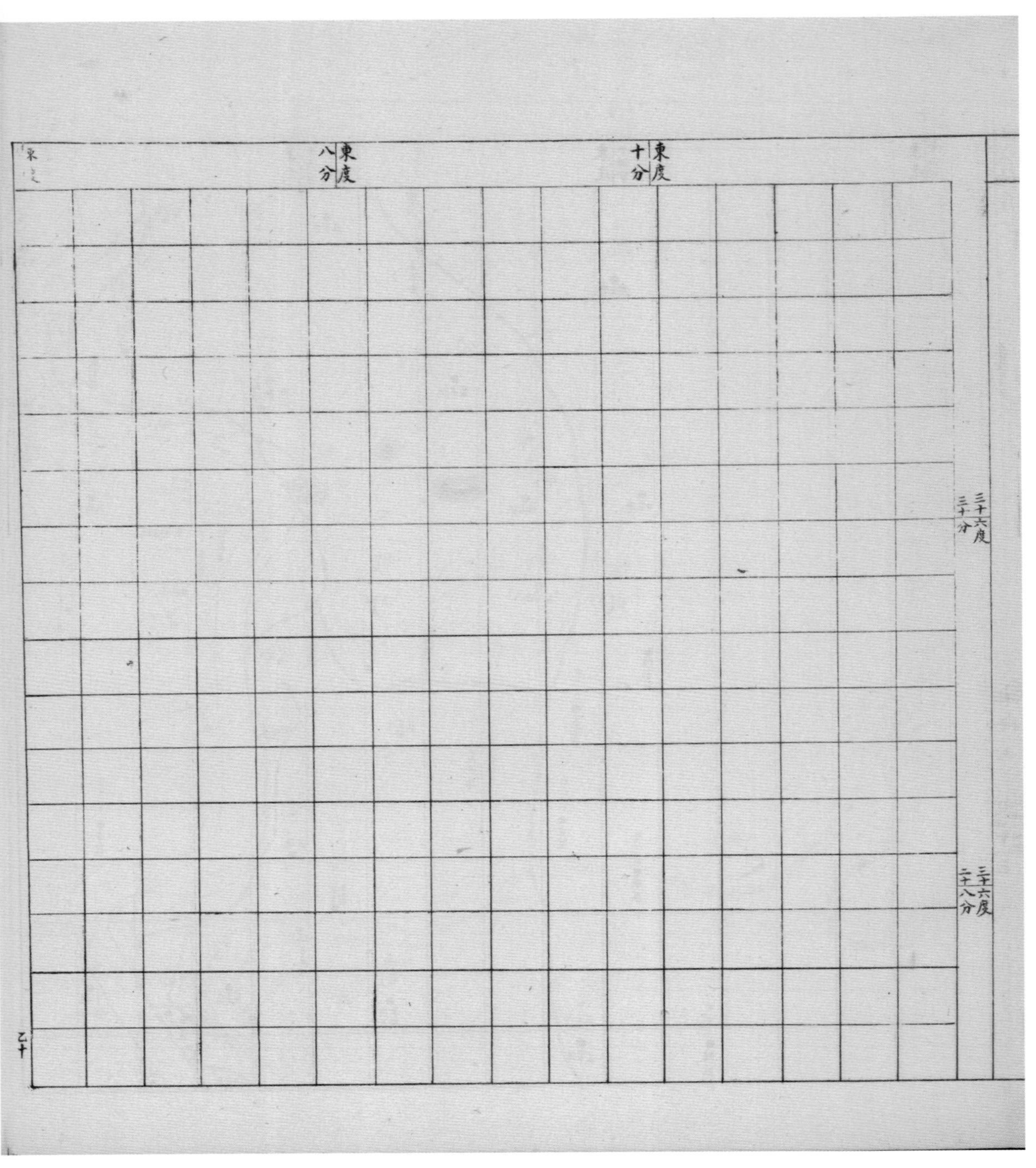
東
東度八分
東度十分
三十六度三十分
三十六度二十八分
乙十

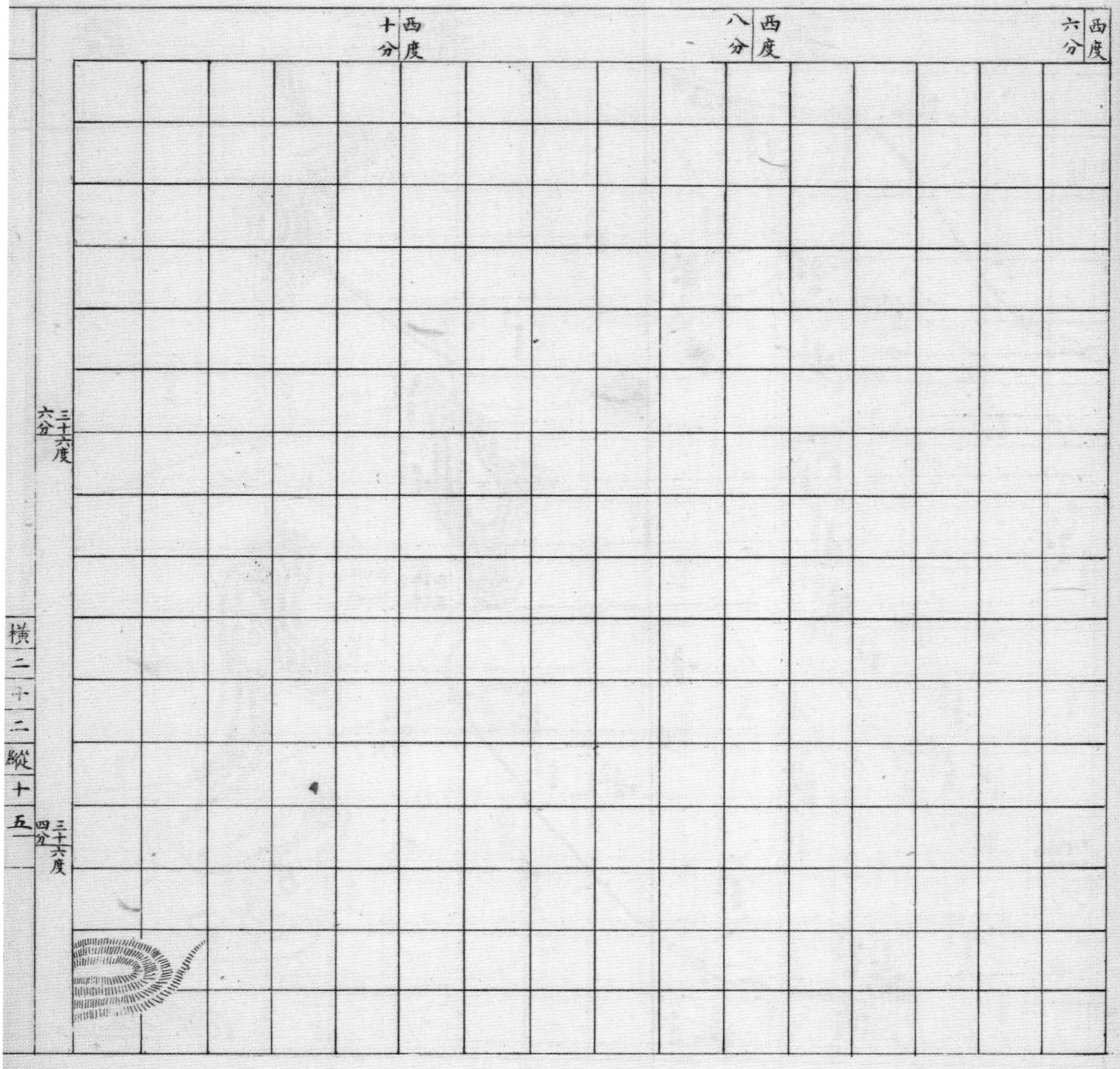

西度十分

西度八分

西度六分

三十六度六分

横二十二縱十五

三十六度四分

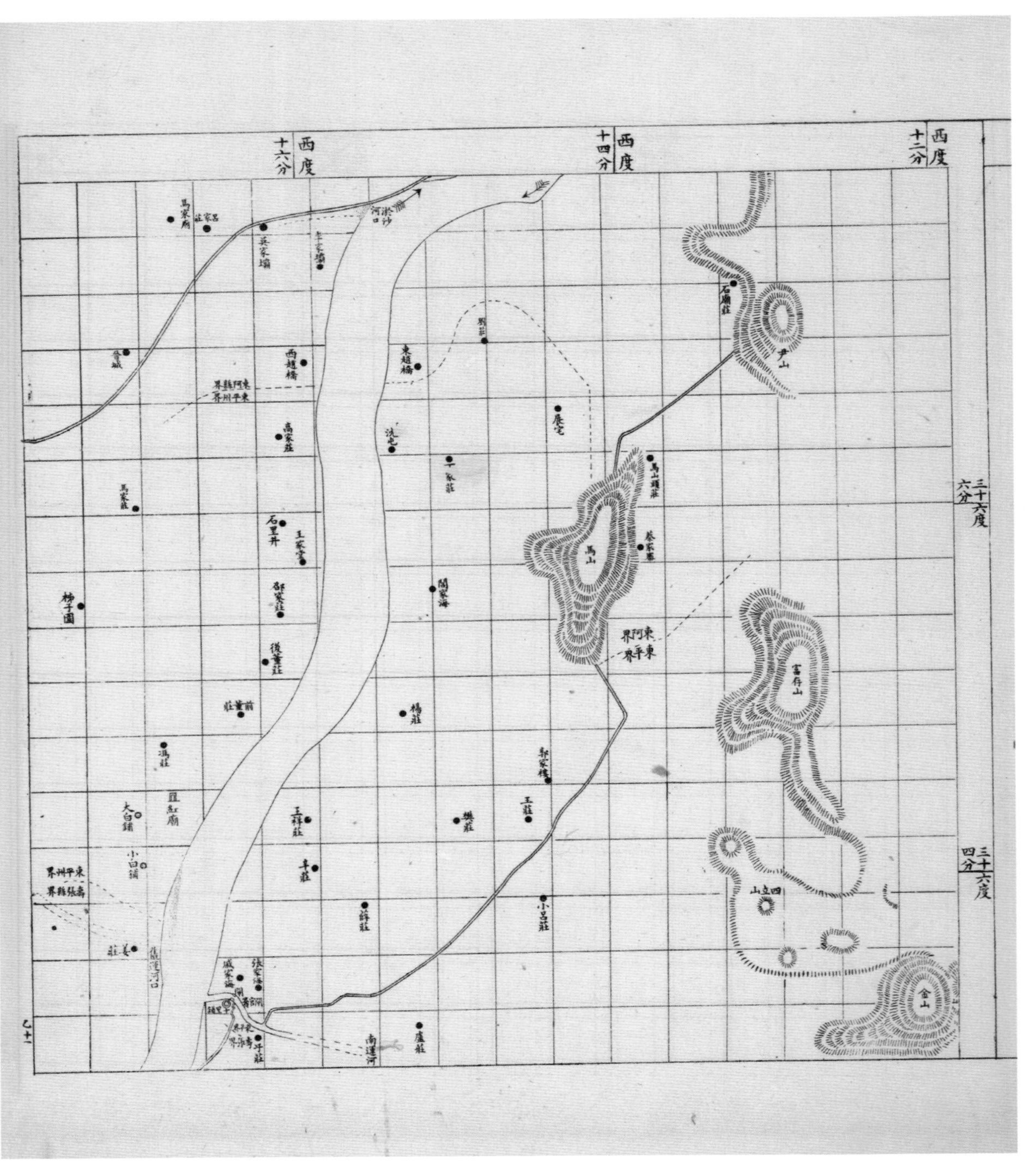

西度
十六分
西度
十四分
西度
十二分
三十六度
六分
三十六度
四分
馬山
富存山
金山

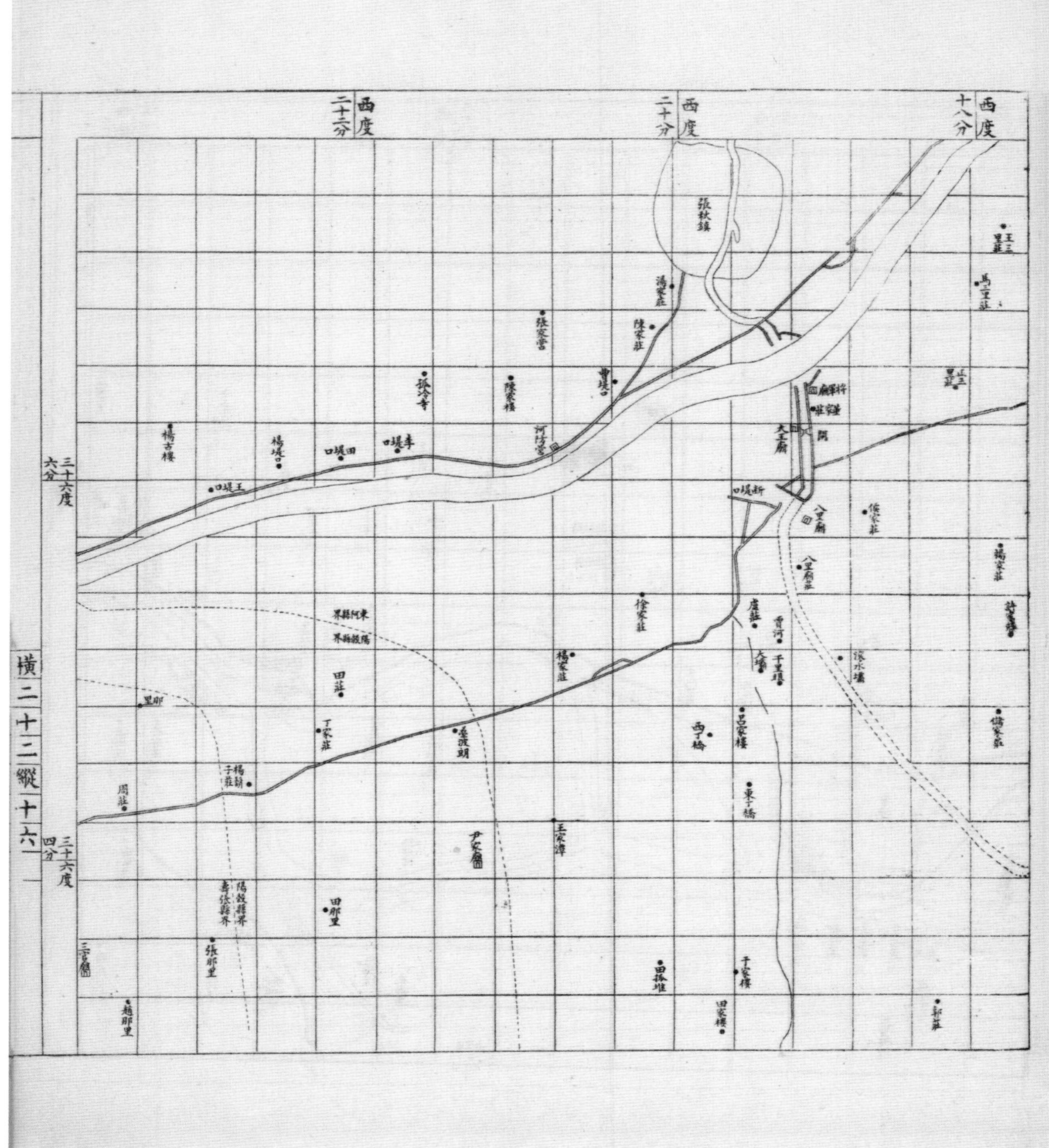

西度二十二分
西度二十分
西度十八分
三十六度六分
三十六度四分
横二十二纵十六
张秋镇

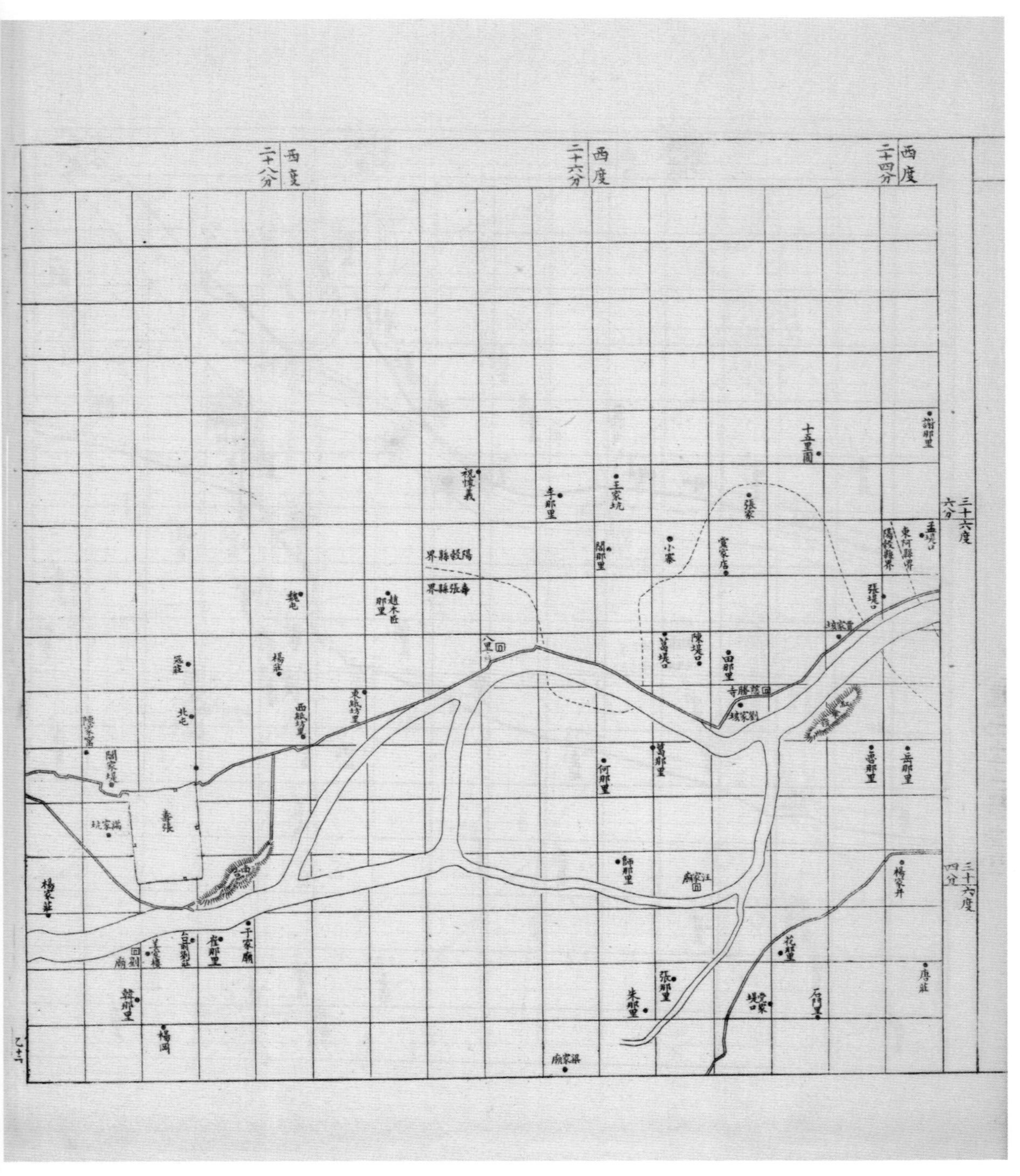

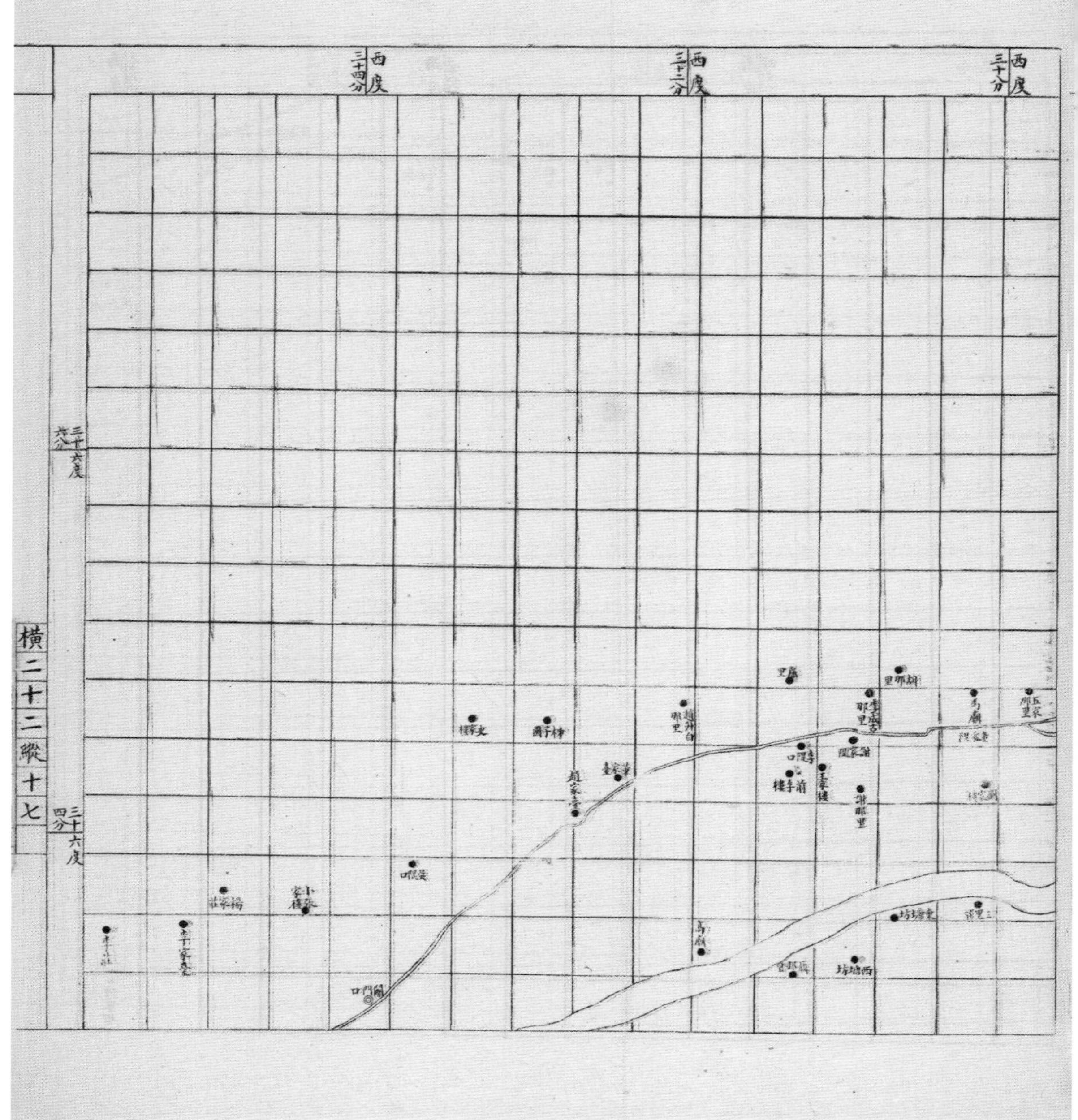
西度三十四分
西度三十二分
西度三十分
三十六度六分
三十六度四分
横二十二縱十七

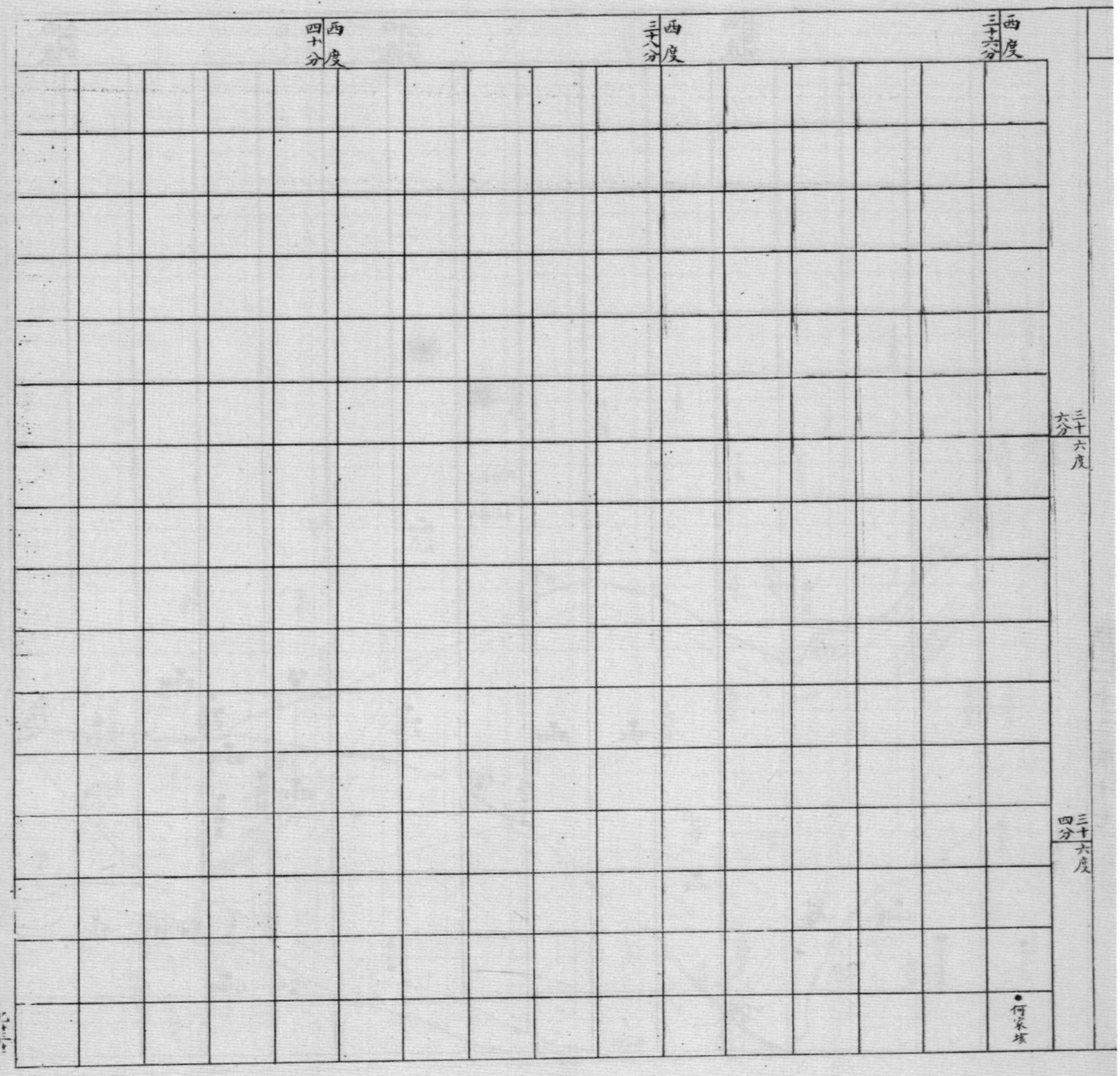

西度四十分

西度三十八分

西度三十六分

三十六度六分

三十六度四分

何家塬

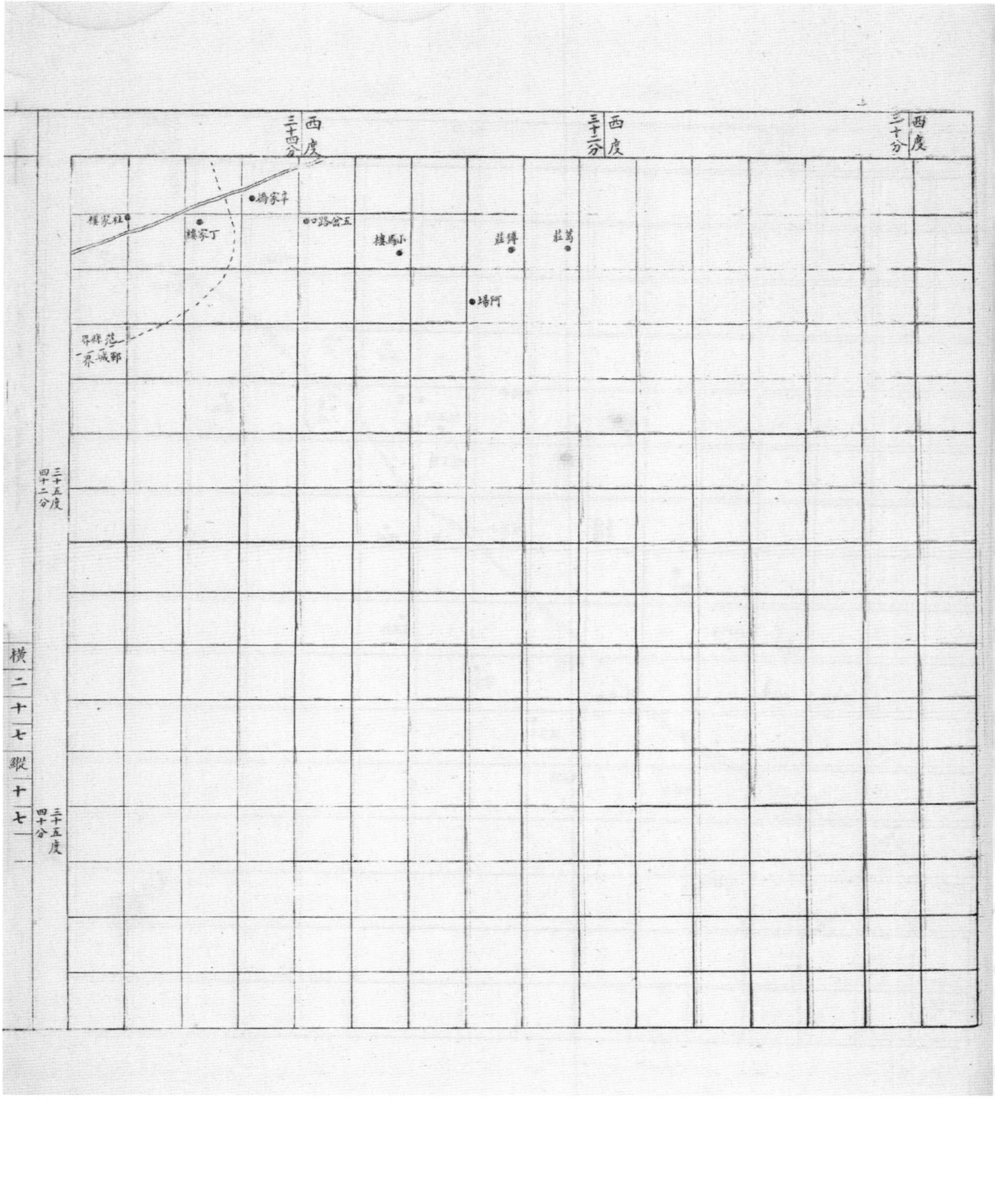

三十四分 西度

三十二分 西度

三十分 西度

三十五度四十二分

橫二十七 縱十七

三十五度四十分

杜家樓

丁家樓

辛家橋

五岔路口

小馬樓

驛莊

萬莊

阿場

范縣界

鄆城界

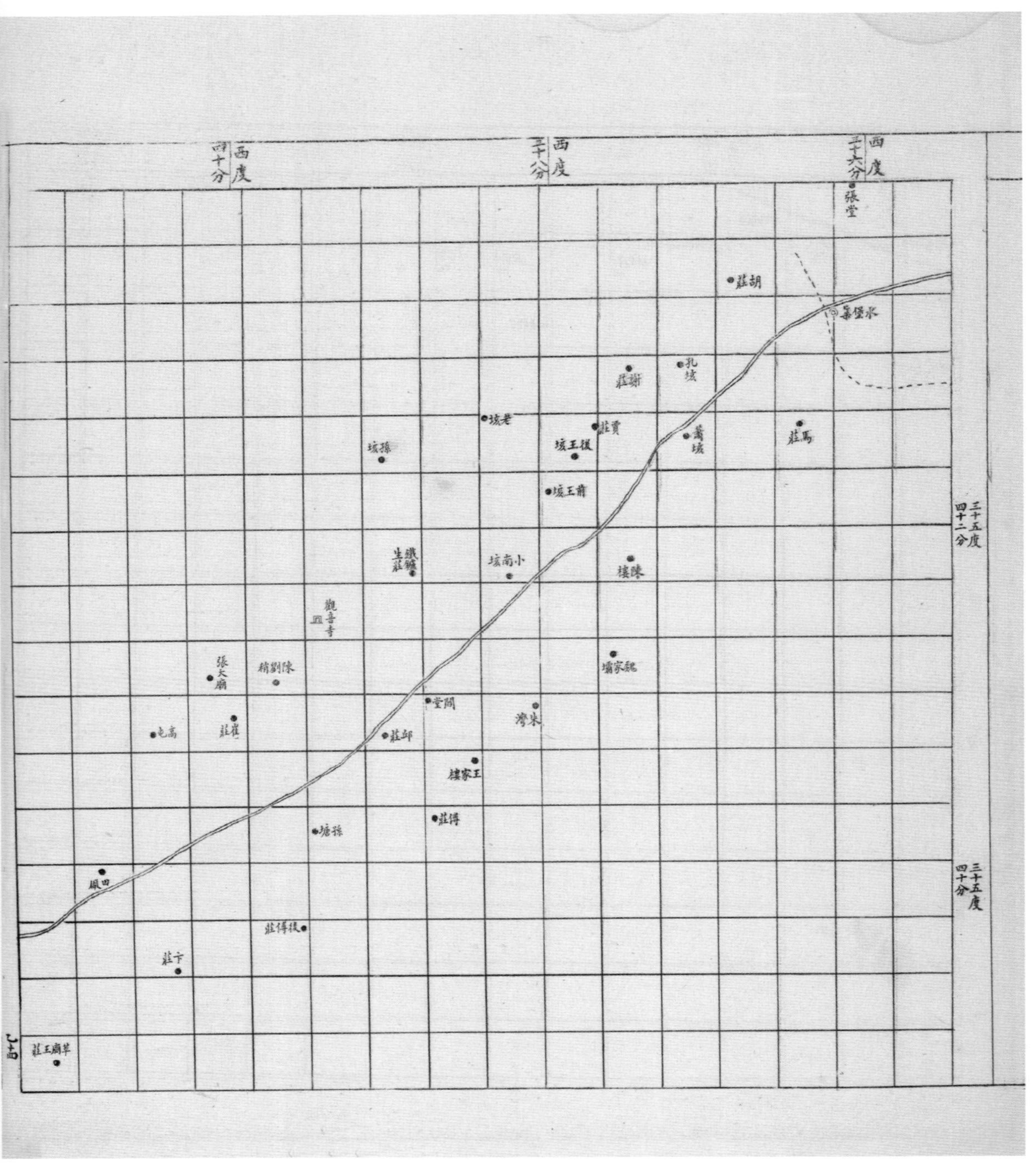

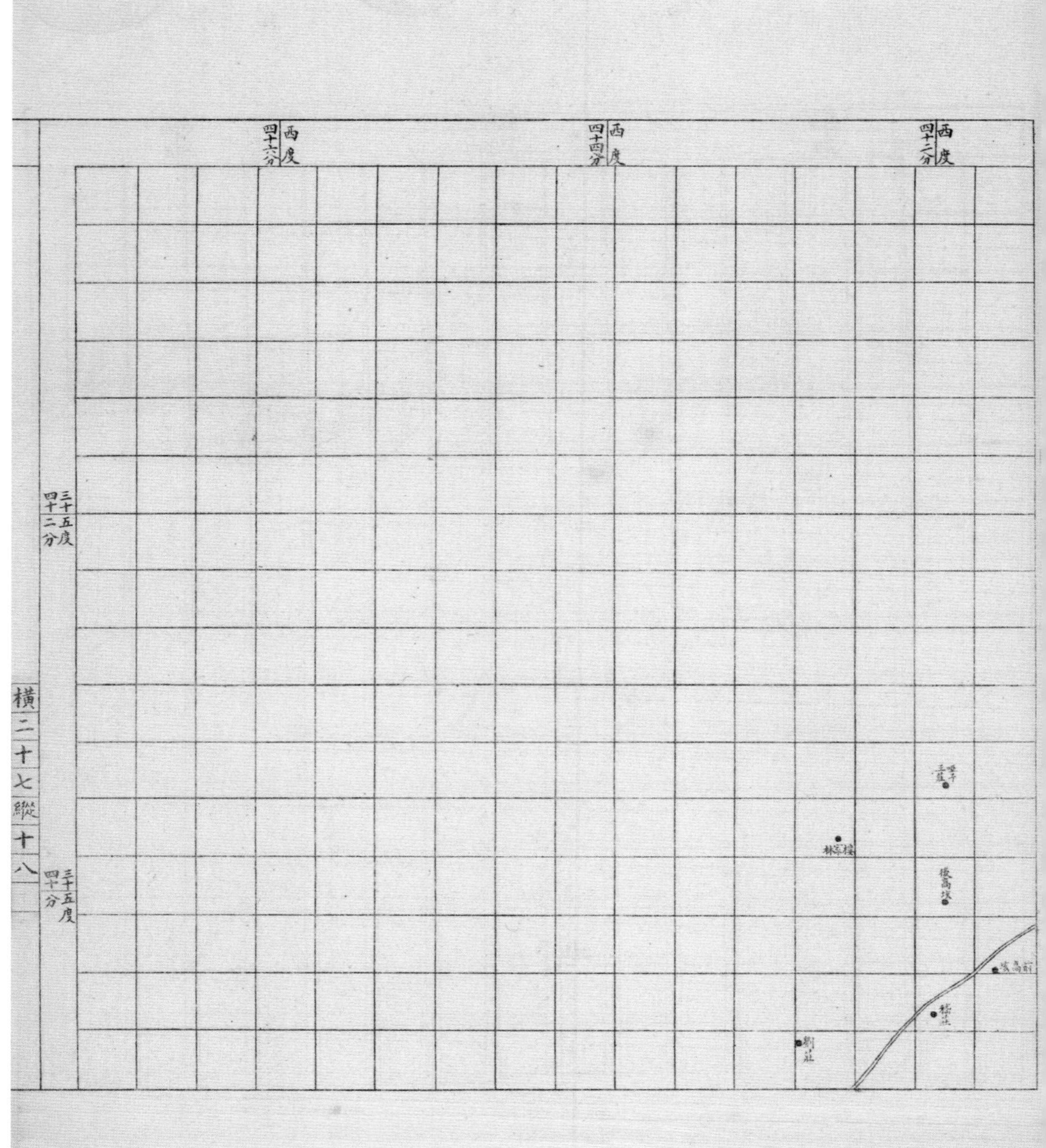
西度四十六分
西度四十四分
西度四十二分
三十五度四十二分
三十五度四十分
横二十七纵十八

西度五十二分

西度五十分

西度四十八分

三十五度四十二分

三十五度四十分

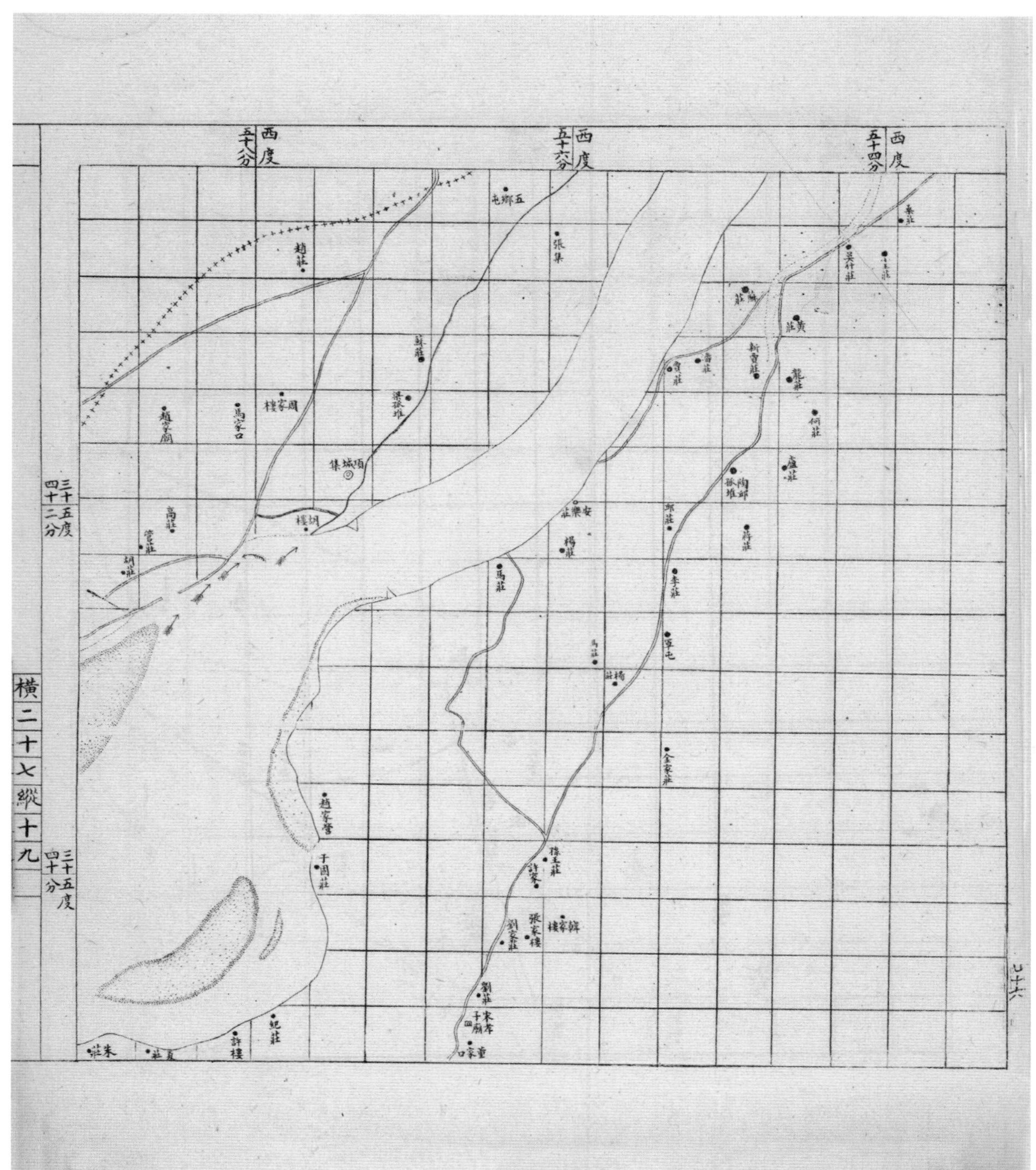
西度五十八分
西度五十六分
西度五十四分
三十五度四十二分
三十五度四十分
横二十七縱十九
項城集
張集
趙莊
蘇莊
馬家口
趙家營
于國莊
許樓
朱莊
劉莊
張家樓
馬莊
李莊
安樂莊

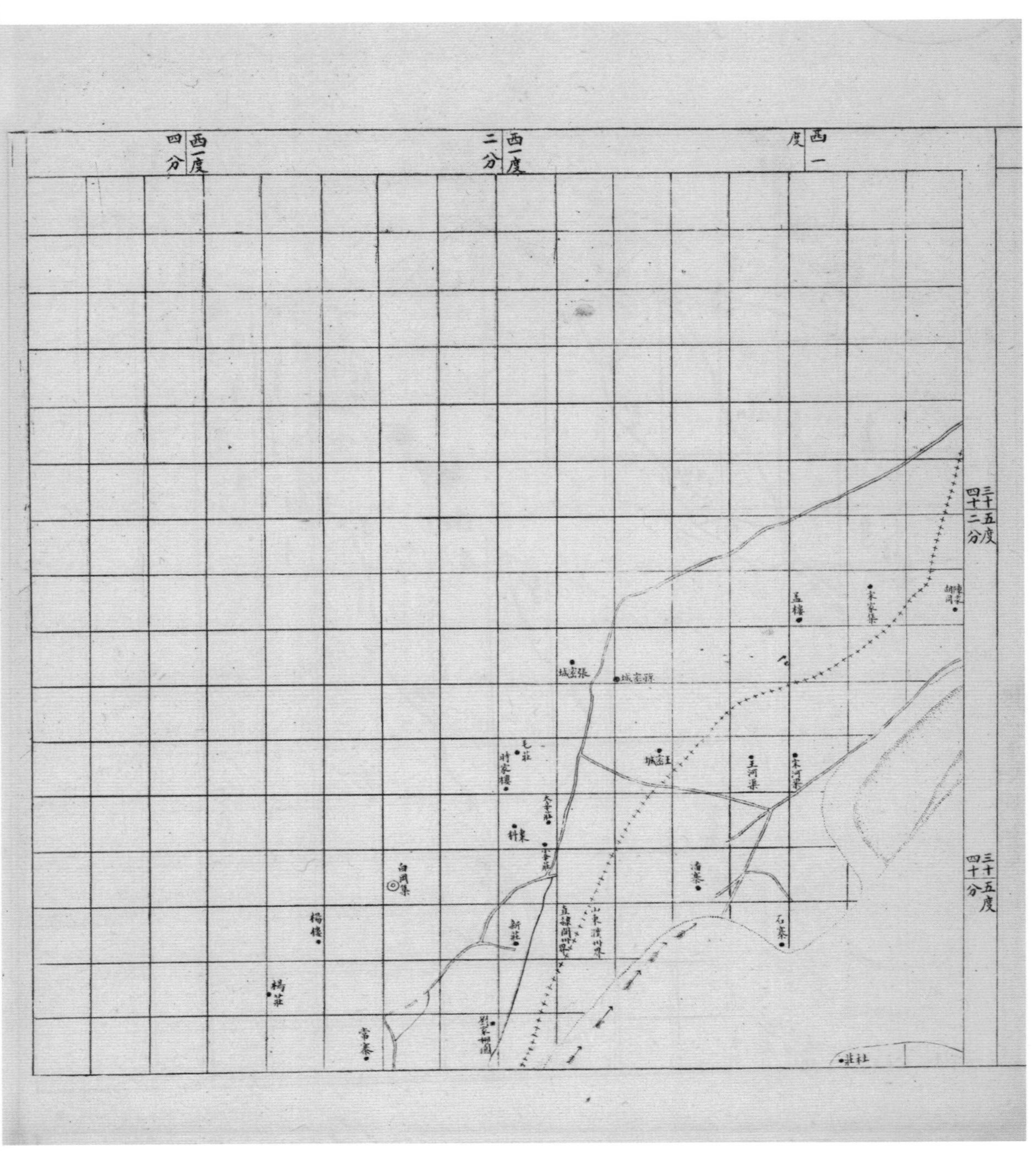
西一度四分
西一度二分
西一度
三十五度四十二分
三十五度四十分

西一度二十二分

西一度二十分

西一度十八分

三十五度十八分

横三十二縱二十一

三十五度十六分

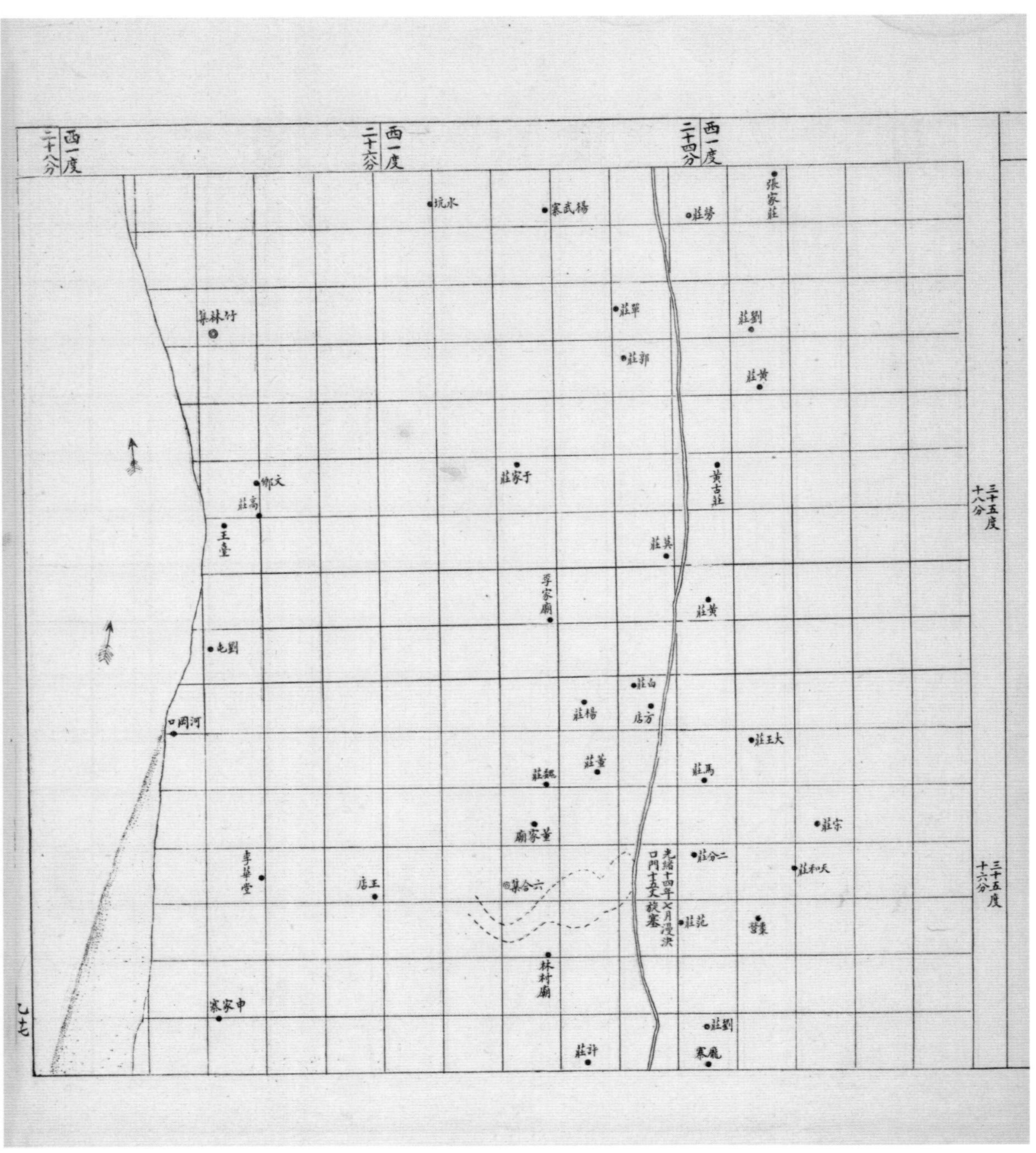

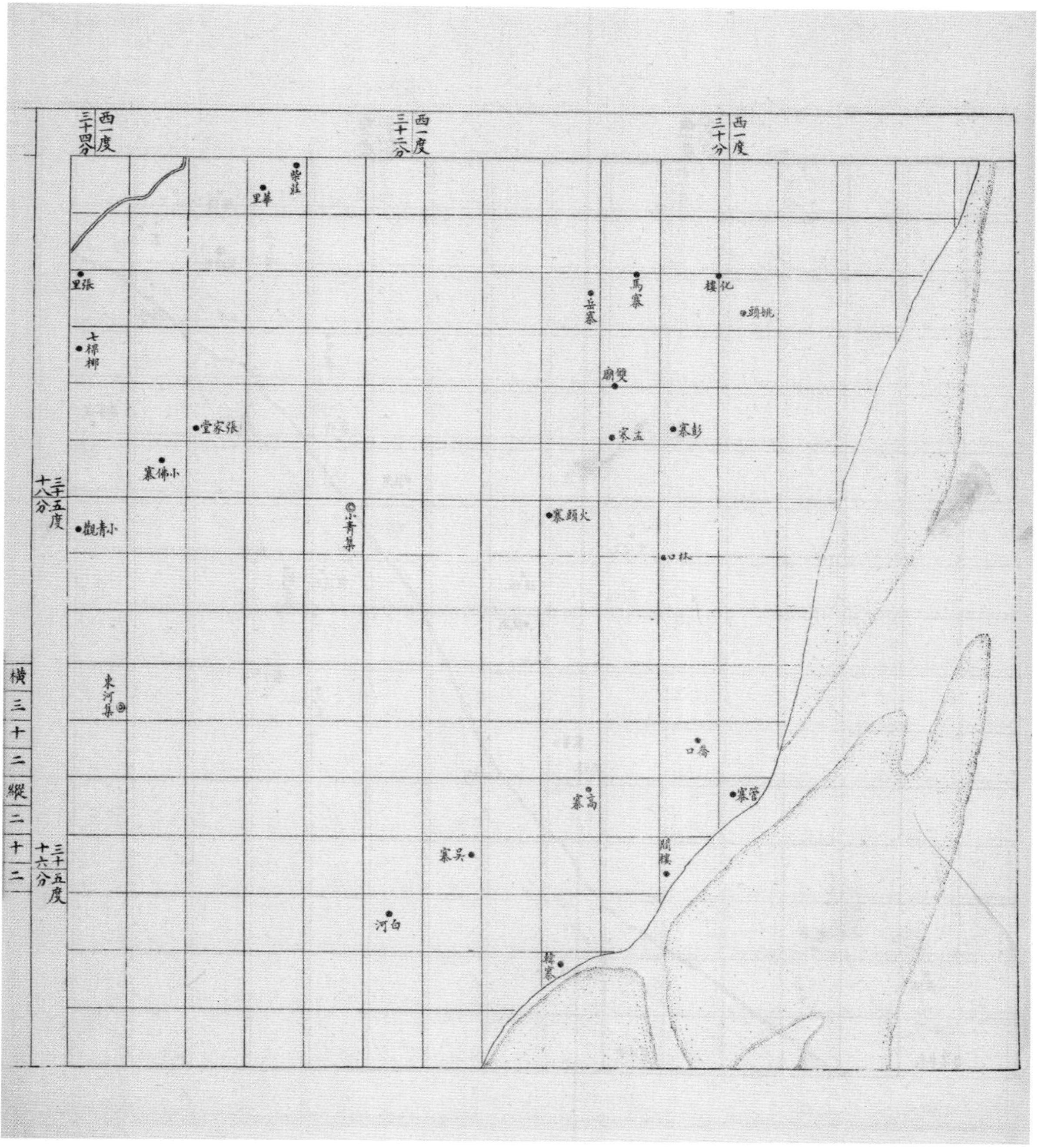

西一度三十四分　西一度三十二分　西一度三十分

三十五度十八分

三十五度十六分

横三十二縱二十二

紫莊
里華
里張
七棵柳
岳寨
馬寨
佖樓
頭姚
廟變
堂家張
寨五
寨彭
寨佛小
小青集
寨頭火
觀青小
口林
東河集
口喬
寨高
寨管
寨吴
閣樓
河白
韓寨

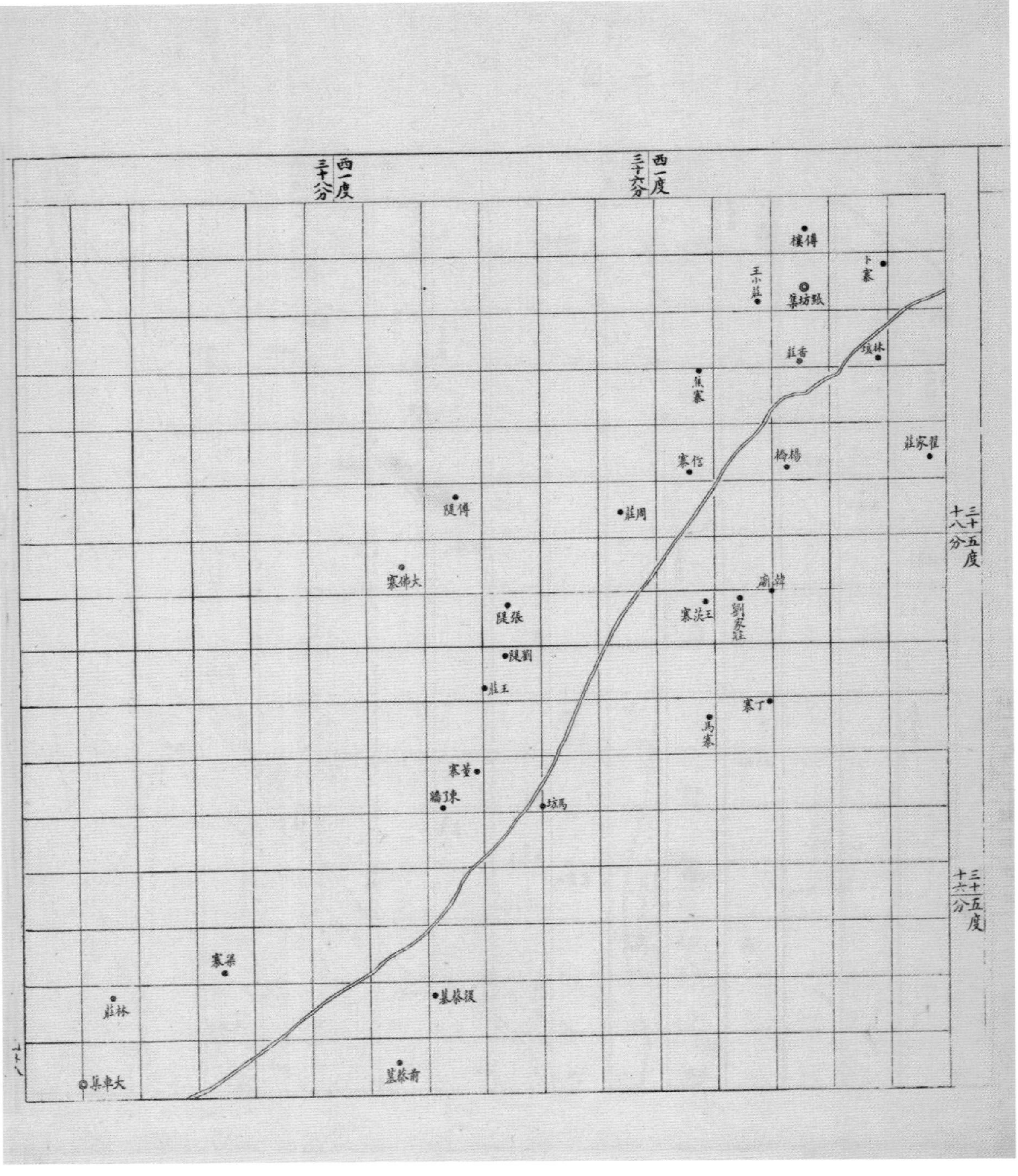
西一度三十分
西一度三十六分
三十五度十八分
三十五度十六分
傅樓
王小莊
卜寨
香莊
焦寨
楊橋
翟家莊
傅隄
周莊
大佛寨
韓廟
張隄
劉家莊
劉隄
王莊
丁寨
馬寨
董寨
馬坊
梁寨
林莊
大車集

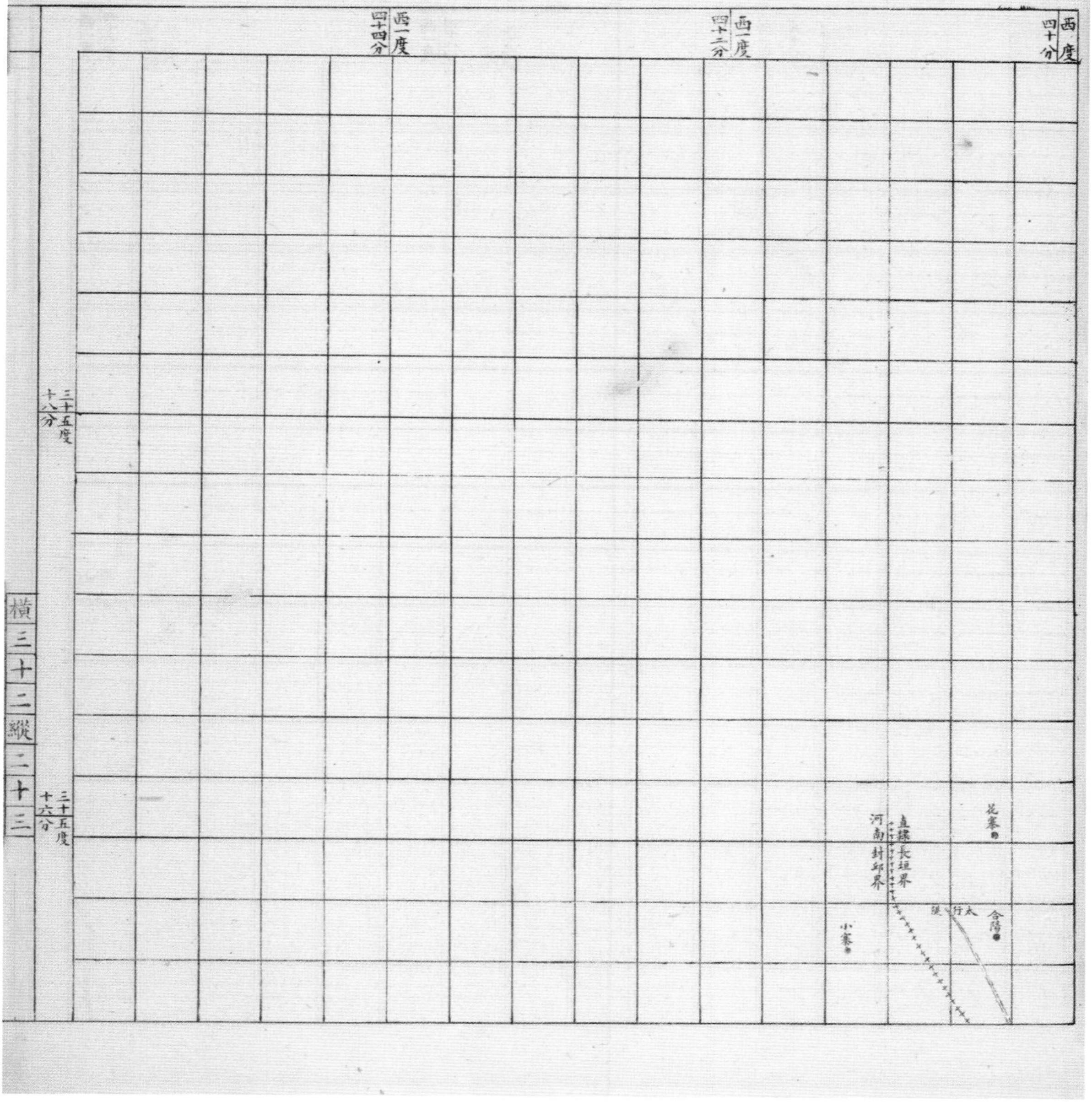

西一度四十四分

西一度四十二分

西一度四十分

三十五度十八分

三十五度十六分

横三十二縱二十三

直隸長垣界

河南封邱界

花寨

太行隄

合陽

小寨

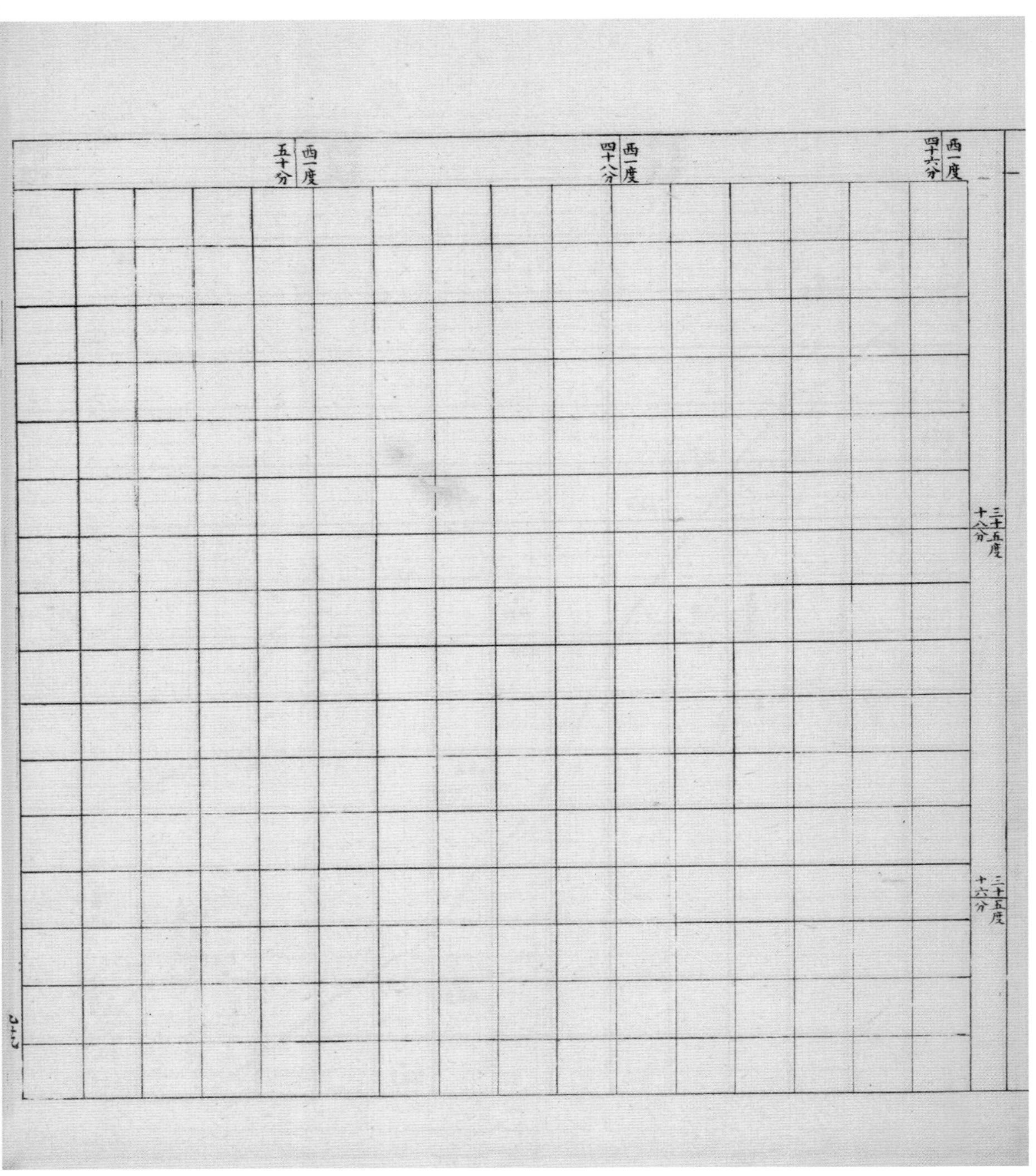

西一度五十分
西一度四十八分
西一度四十六分
三十五度十八分
三十五度十六分

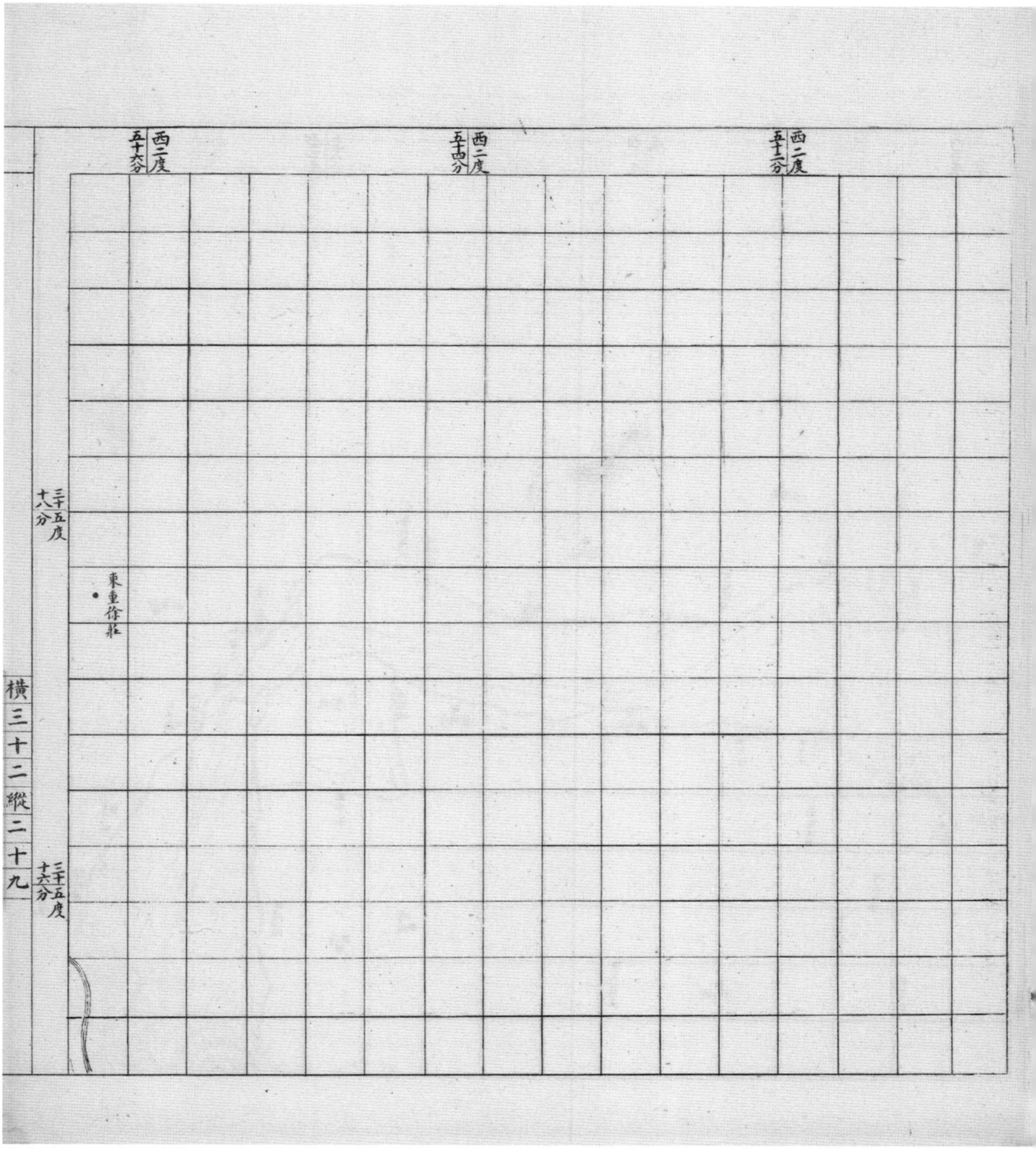

西二度五十六分

西二度五十四分

西二度五十二分

三十五度十八分

東重徐莊

橫三十二縱二十九

三十五度十六分

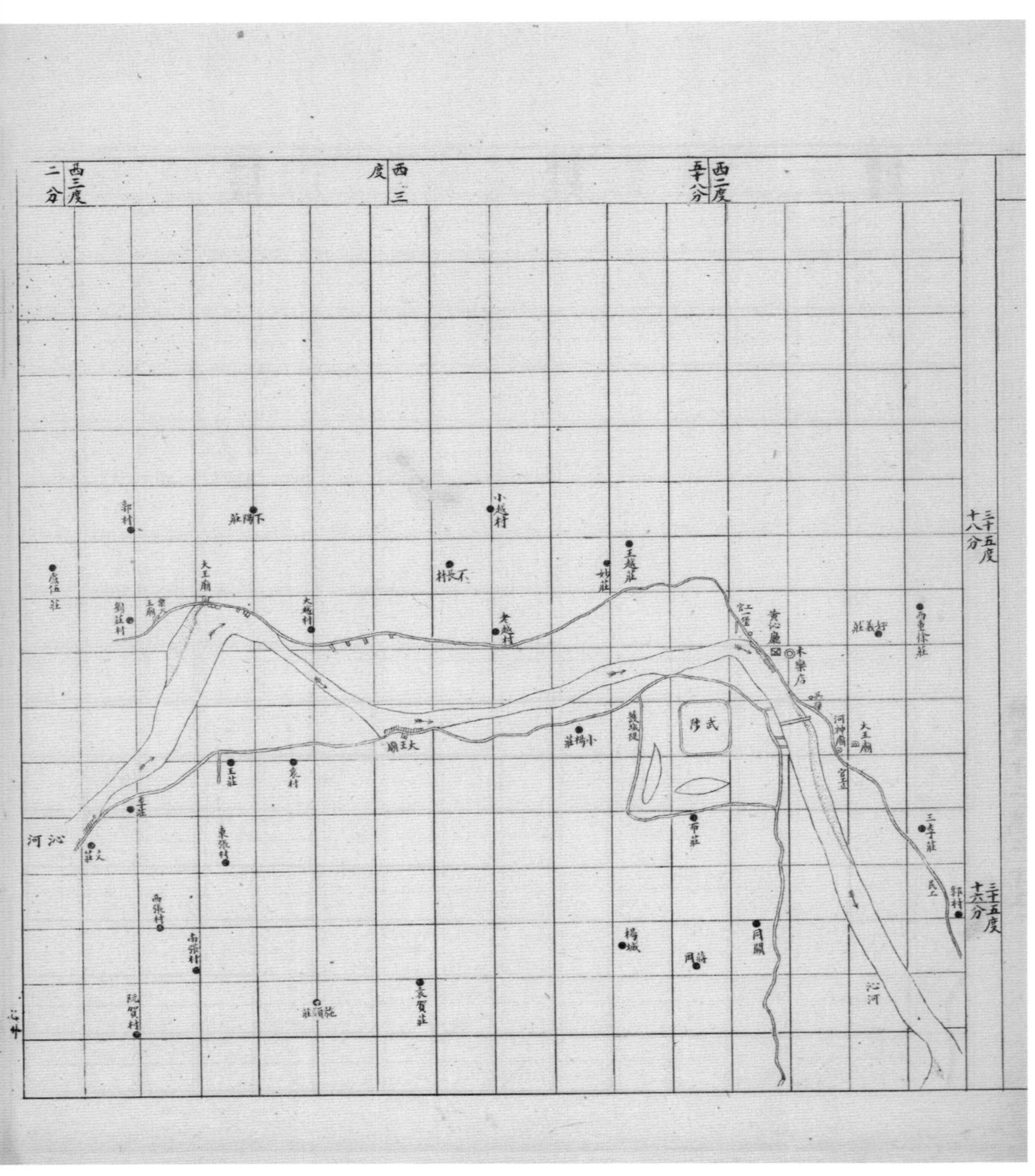
西三度二分
西三度
西二度五十八分
三十五度十八分
三十五度十六分
沁河
武陟
黄沁廳
大王廟
小楊莊
老趙村
大趙村
下陽莊
小趙村
王趙莊
東張村
西張村
南張村
楊城
月關
布莊
河神廟
三李莊
郭村
沁河

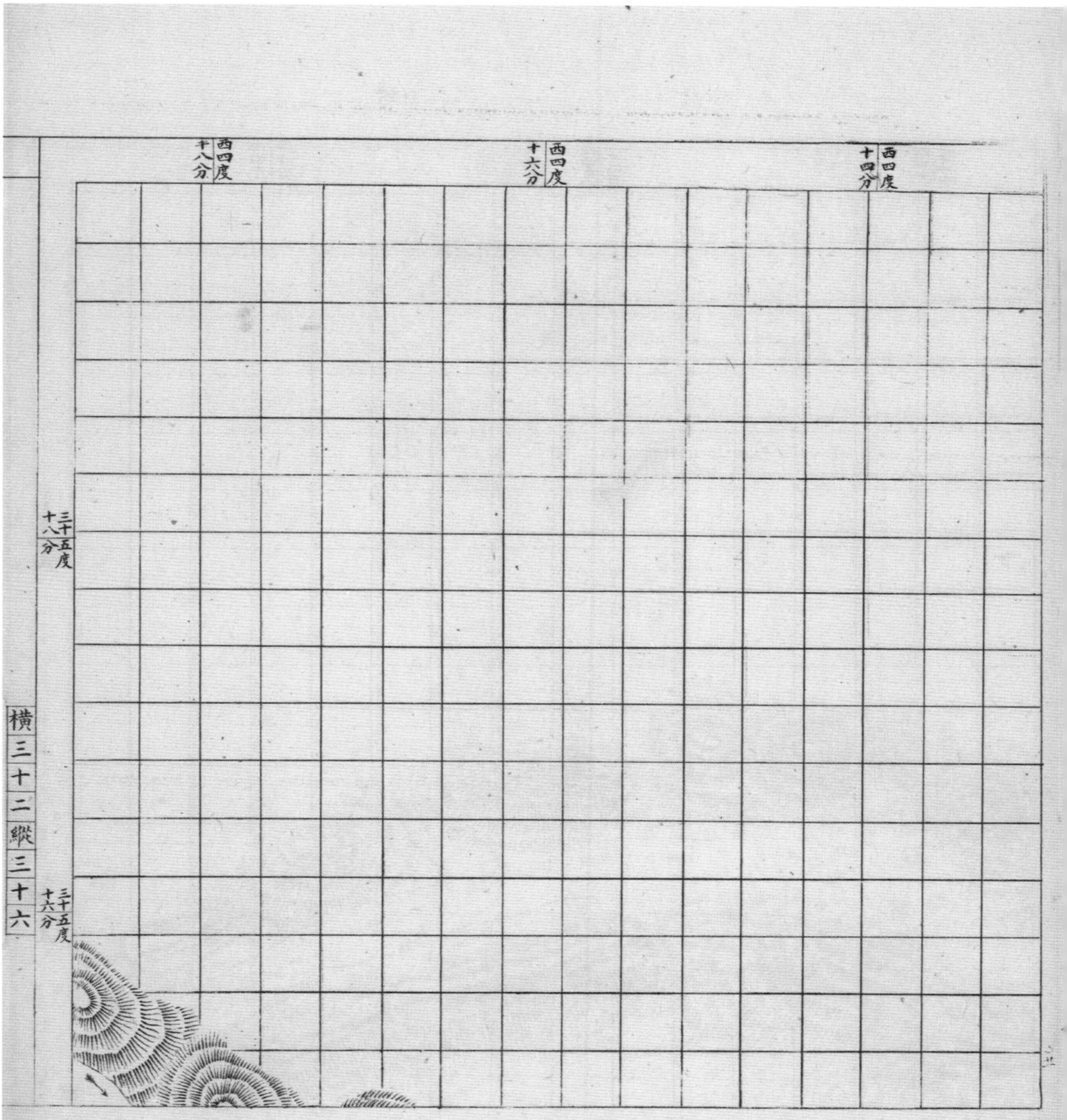

西四度十八分

西四度十六分

西四度十四分

三十五度十八分

横三十二縱三十六

三十五度十六分

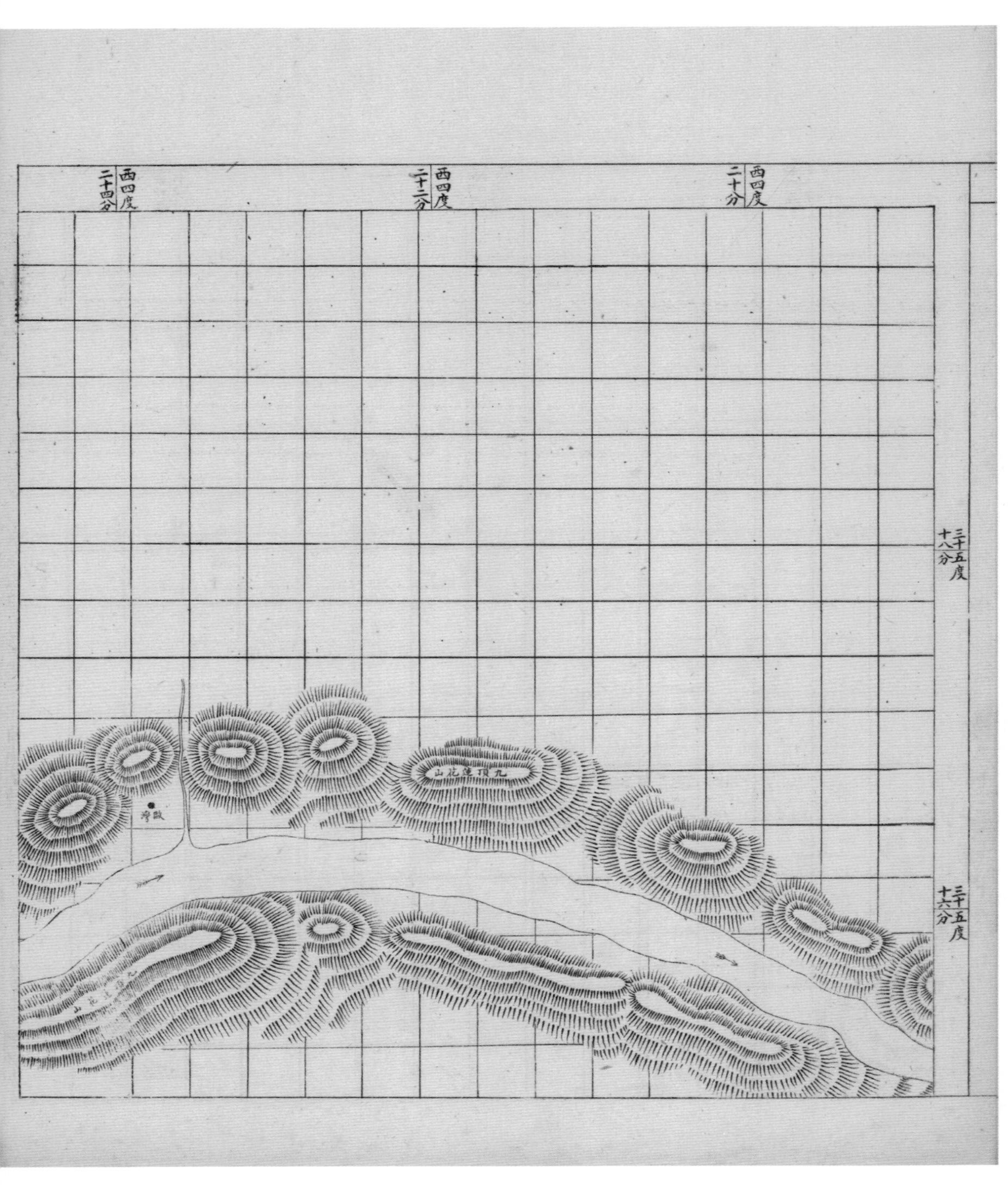
西四度二十四分
西四度二十二分
西四度二十分
三十五度十八分
三十五度十六分
九頂蓮花山
殿湾

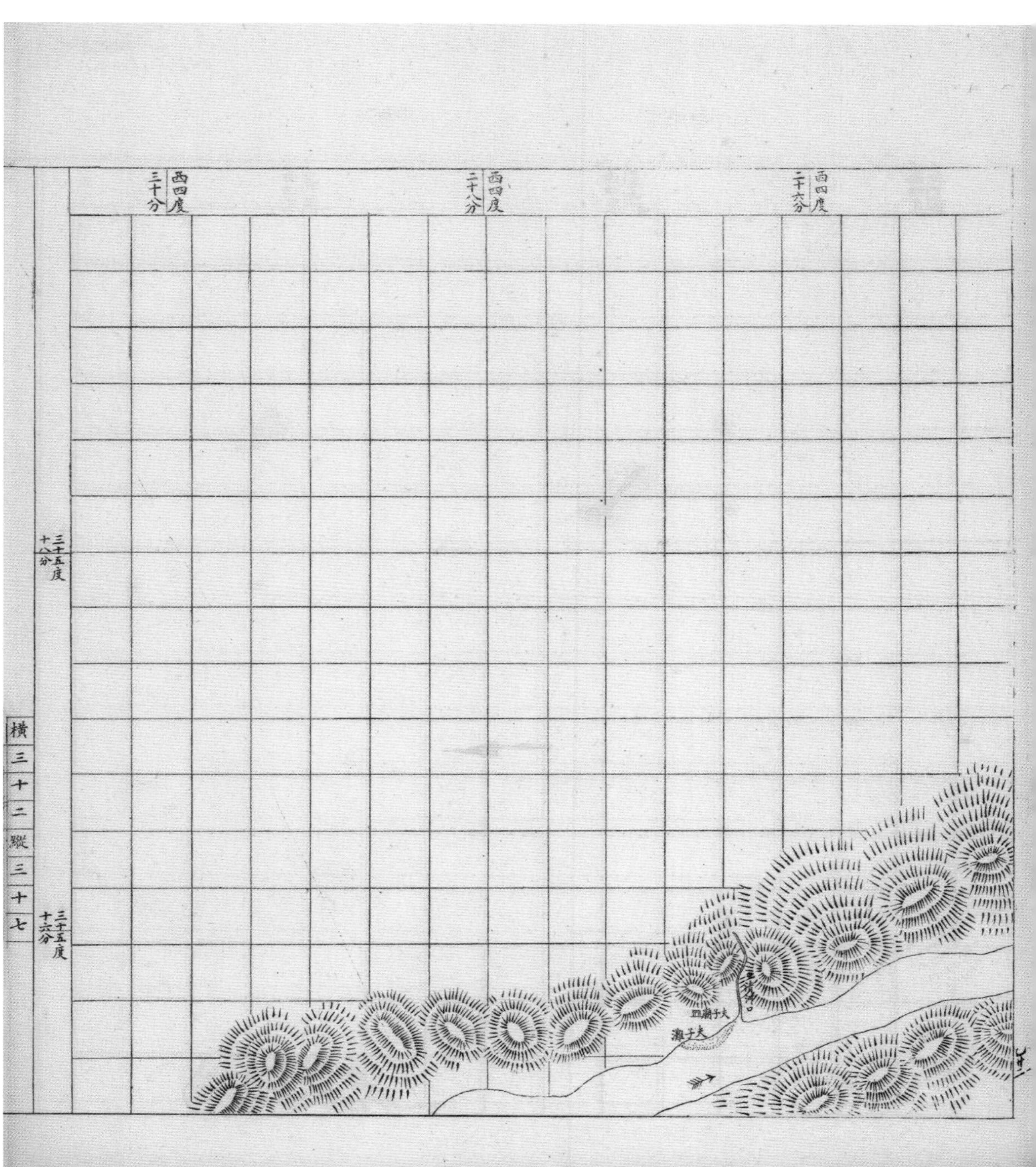
西四度三十分
西四度二十八分
西四度二十六分
三十五度十八分
三十五度十六分
横三十二縱三十七
夫子灘

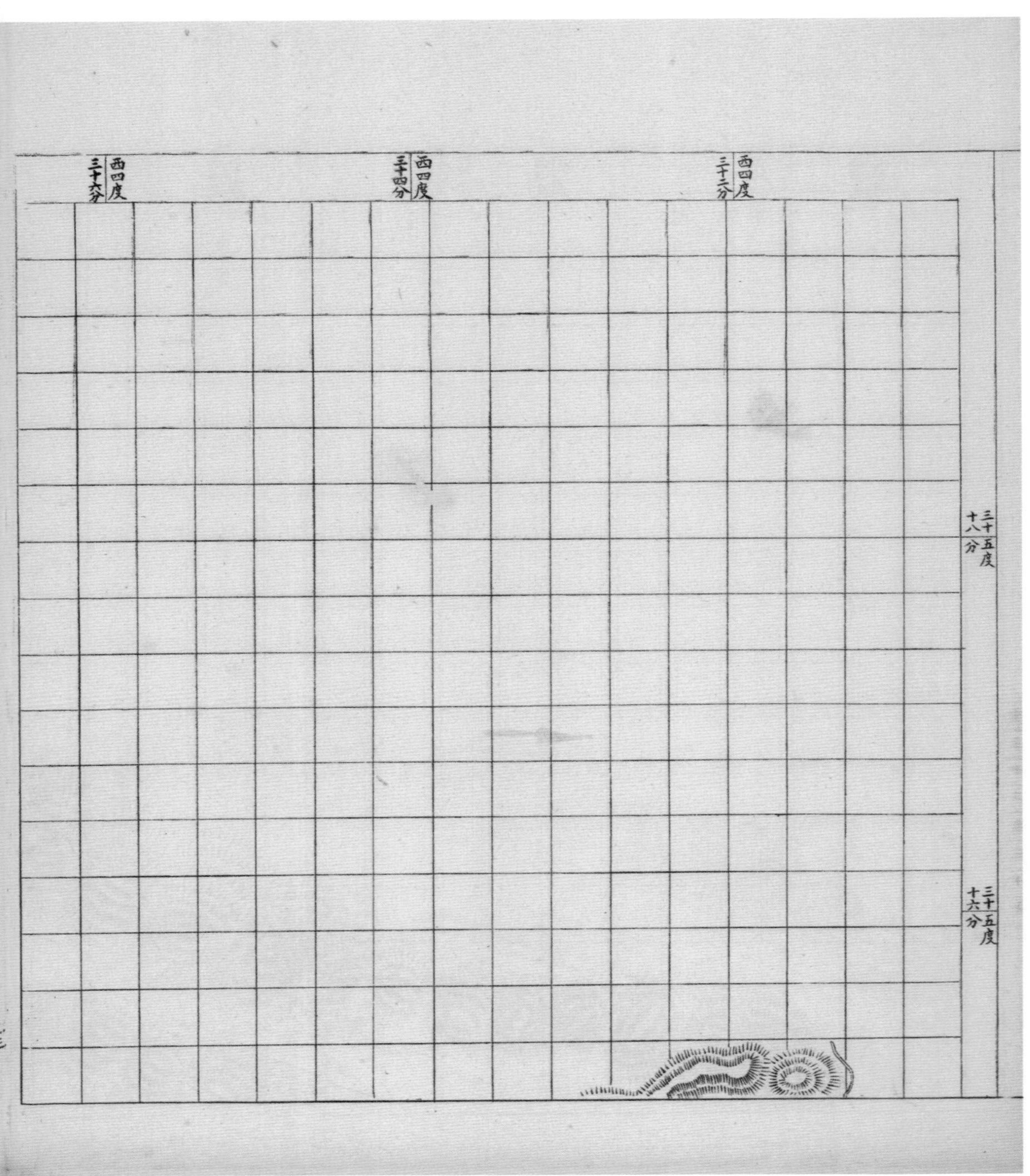
西四度三十六分
西四度三十四分
西四度三十二分
三十五度十八分
三十五度十六分

西五度四分　西五度二分　西五度

三十四度五十四分

三十四度五十二分

横三十七縱四十

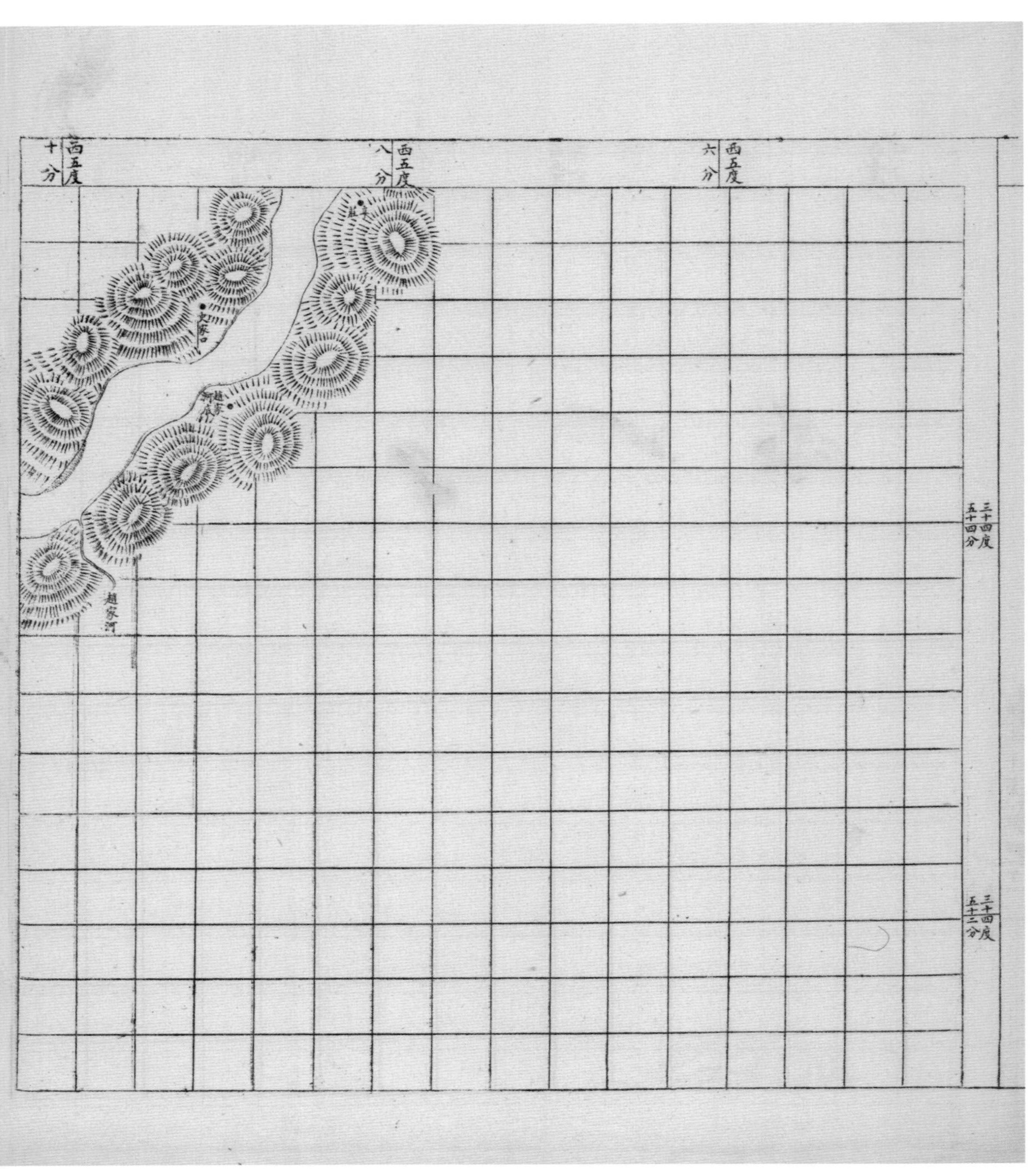
西五度十分
西五度八分
西五度六分
史家口
趙家河底
趙家河
三十四度五十四分
三十四度五十二分

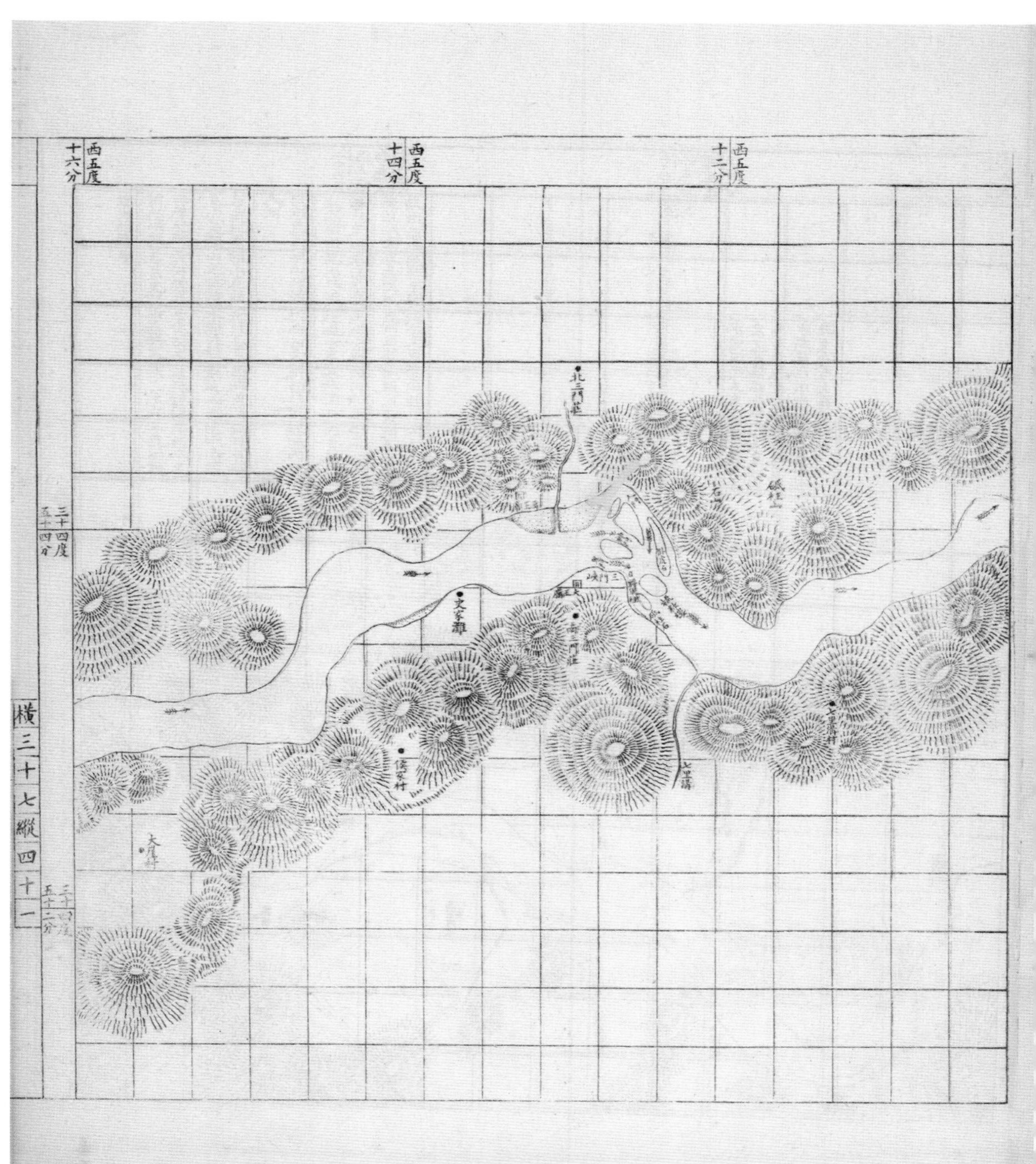

西五度十六分
西五度十四分
西五度十二分
三十四度五十四分
三十四度五十二分
横三十七縱四十一
北三門莊
文家堆

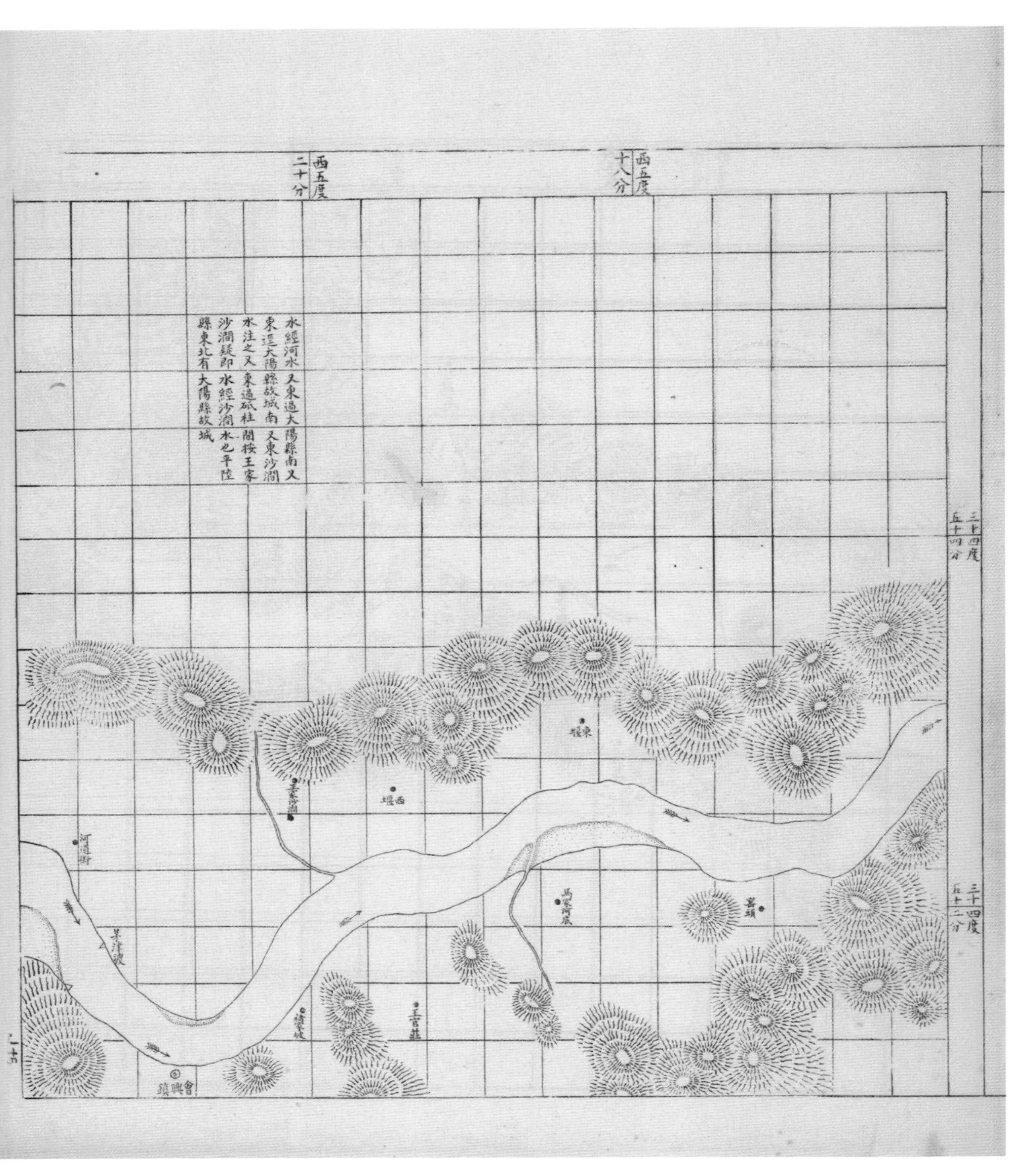

西五度二十分
西五度十八分
水經河水又東過大陽縣南又東逕大陽縣故城南又東沙澗水注之又東過砥柱間按王家沙澗疑即水經沙澗水也平陸縣東北有大陽縣故城
三十四度五十四分
三十四度五十二分
東堰
西堰
王家沙澗
河道街
茅津渡
馬家河底
會興鎮

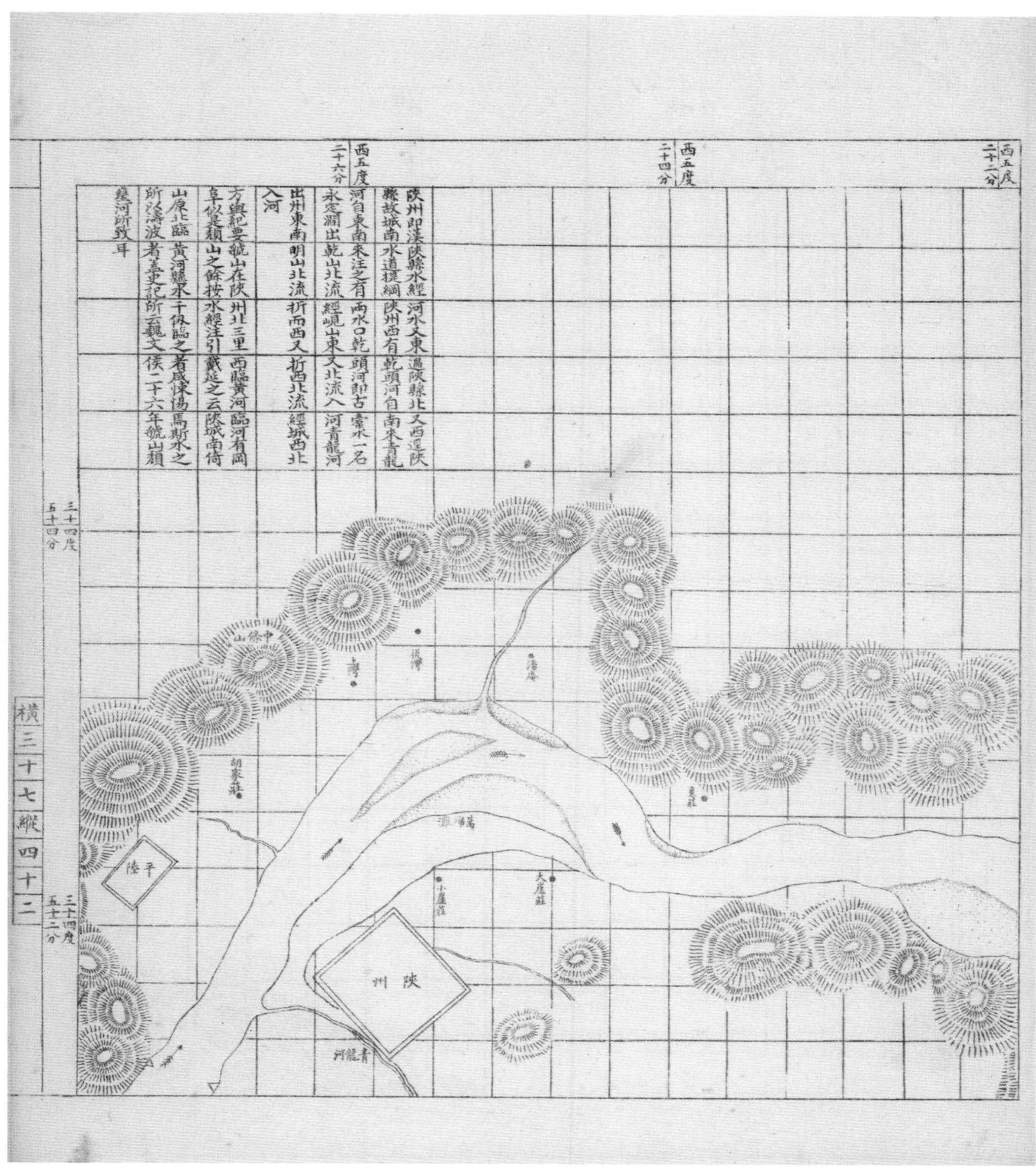

西五度二十二分
西五度二十四分
西五度二十六分
陝州即漢陝縣水經河水又東過陝縣北又西逕陝縣故城南水道提綱陝州西有乾頭河自南來青龍河自東南來注之有兩水口乾頭河即古橐水一名永定澗出乾山北流經峴山東又北流入河青龍河出州東南明山北流折而西又折西北流經城西北入河
方輿紀要虢山在陝州北三里西臨黃河臨河有岡阜似是穎山之餘按水經注引戴延之云陝城南倚山原北臨黃河懸水千仞臨之者咸悚惕馬斯水之所以濤波者蓋史記所云魏文侯二十六年虢山頹壅河所致耳
三十四度五十四分
三十四度五十二分
橫三十七縱四十二
中條山
胡家莊
平陸
陝州
青龍河
小崖莊
大崖莊

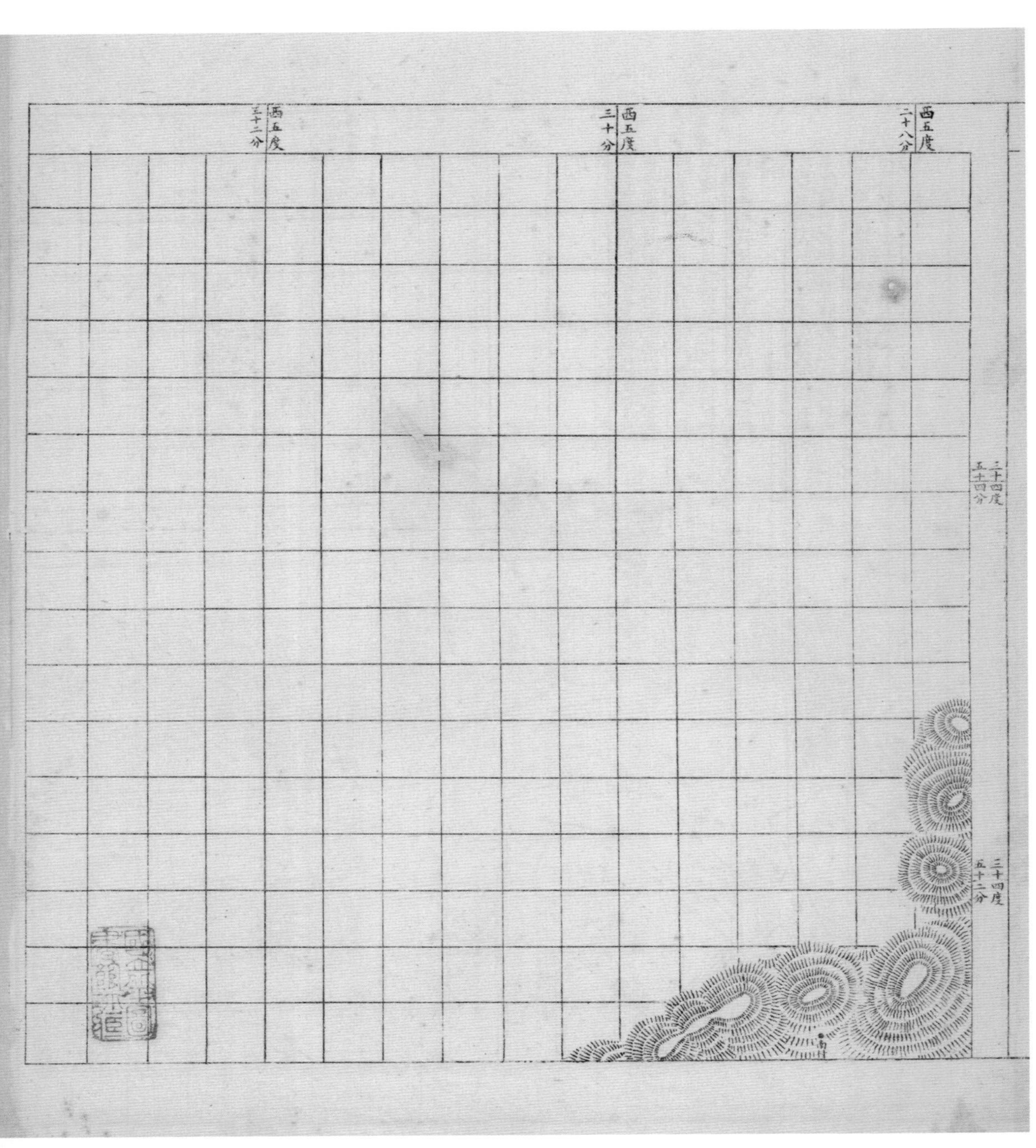
西五度三十二分
西五度三十分
西五度二十八分
三十四度五十四分
三十四度五十二分

建設總署收藏圖書之章

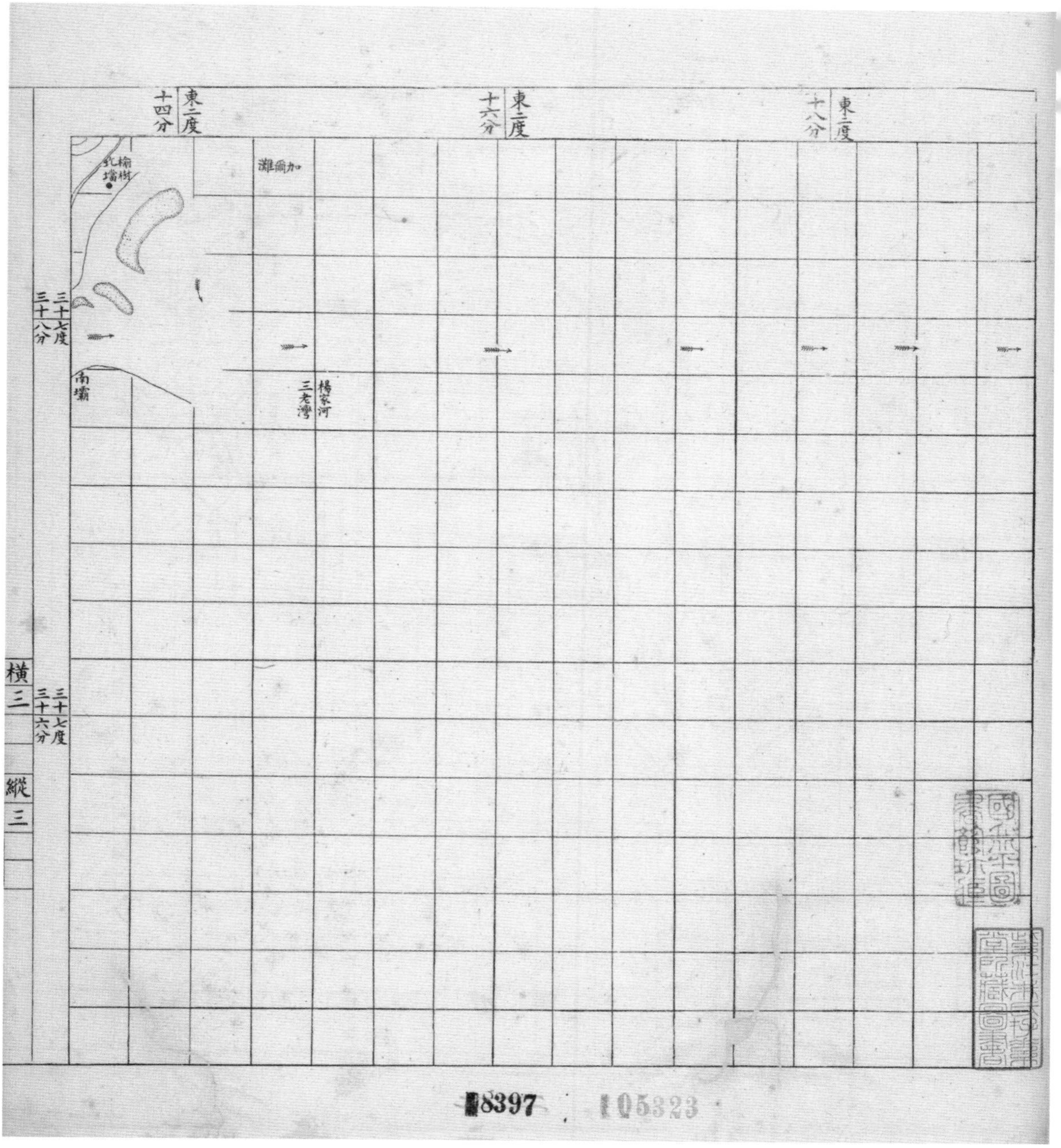

東二度十四分

東二度十六分

東二度十八分

三十七度三十八分

三十七度三十六分

橫三

縱三

榆樹坨

加爾灘

南壩

楊家河三老灣

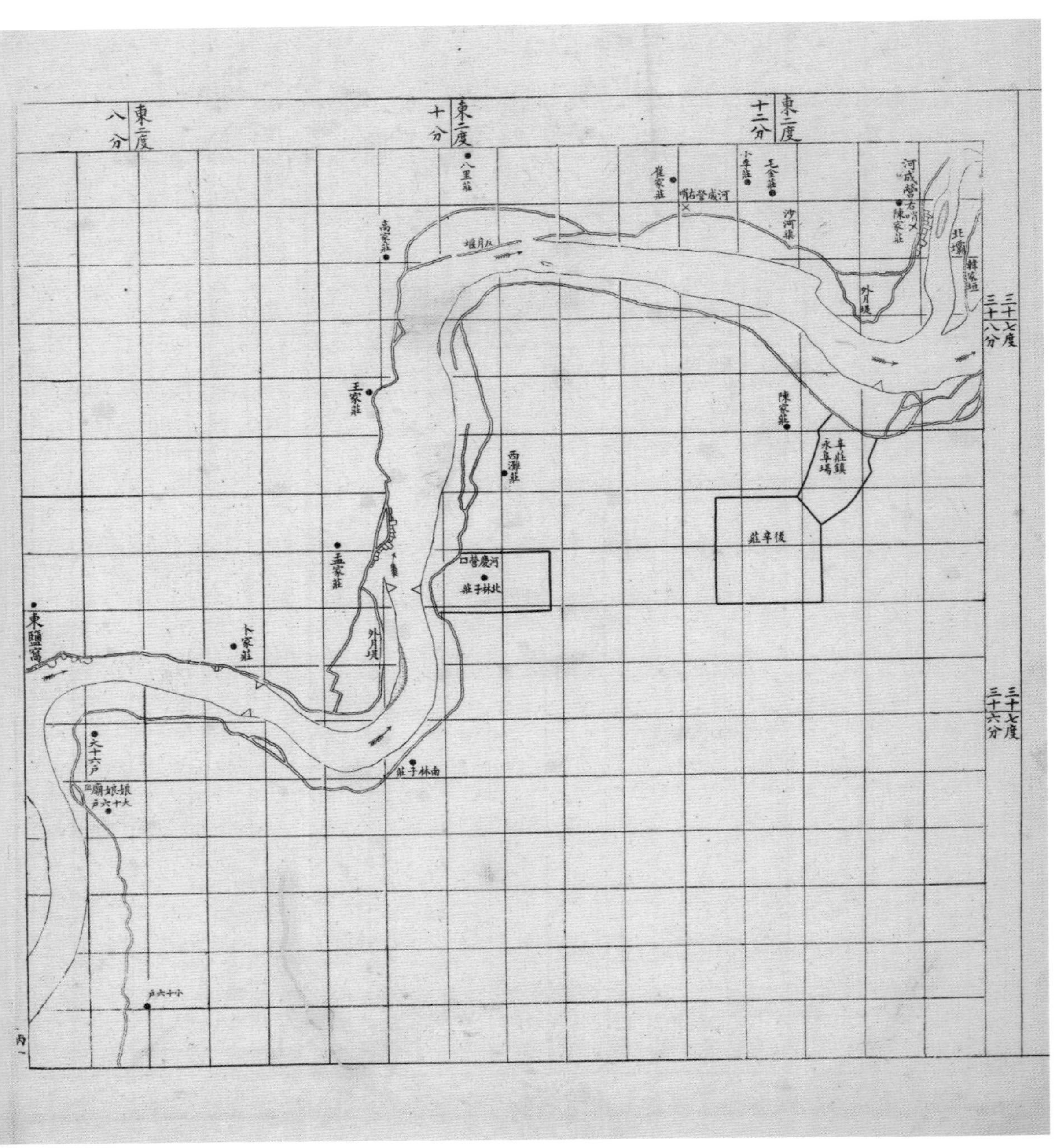

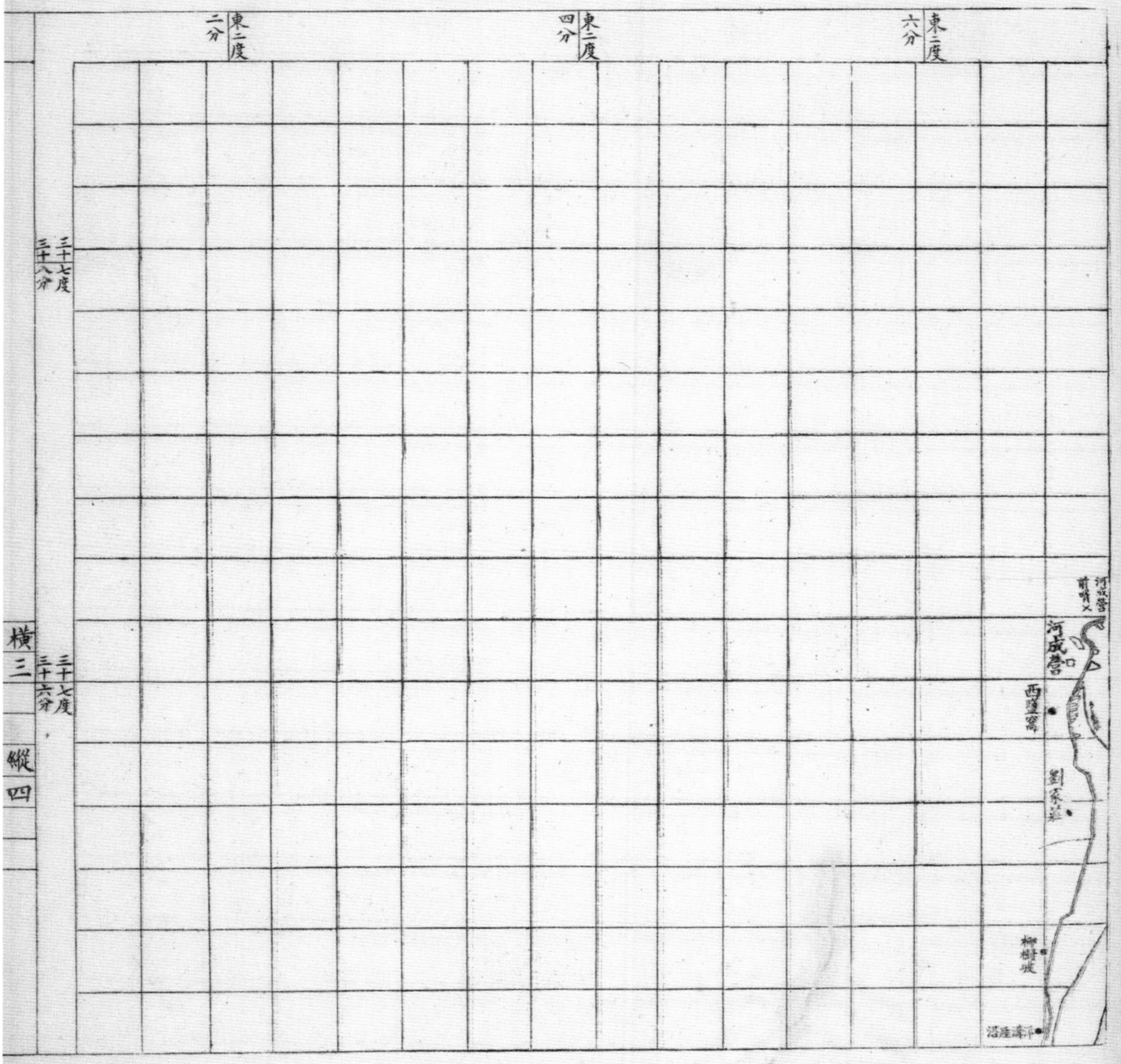

東二度二分

東二度四分

東二度六分

三十七度三十八分

橫三

三十七度三十六分

縱四

河成營前哨

河成營

西望窩

劉家莊

柳樹坡

東一度五十六分

東一度五十八分

東二度

三十七度三十八分

三十七度三十六分

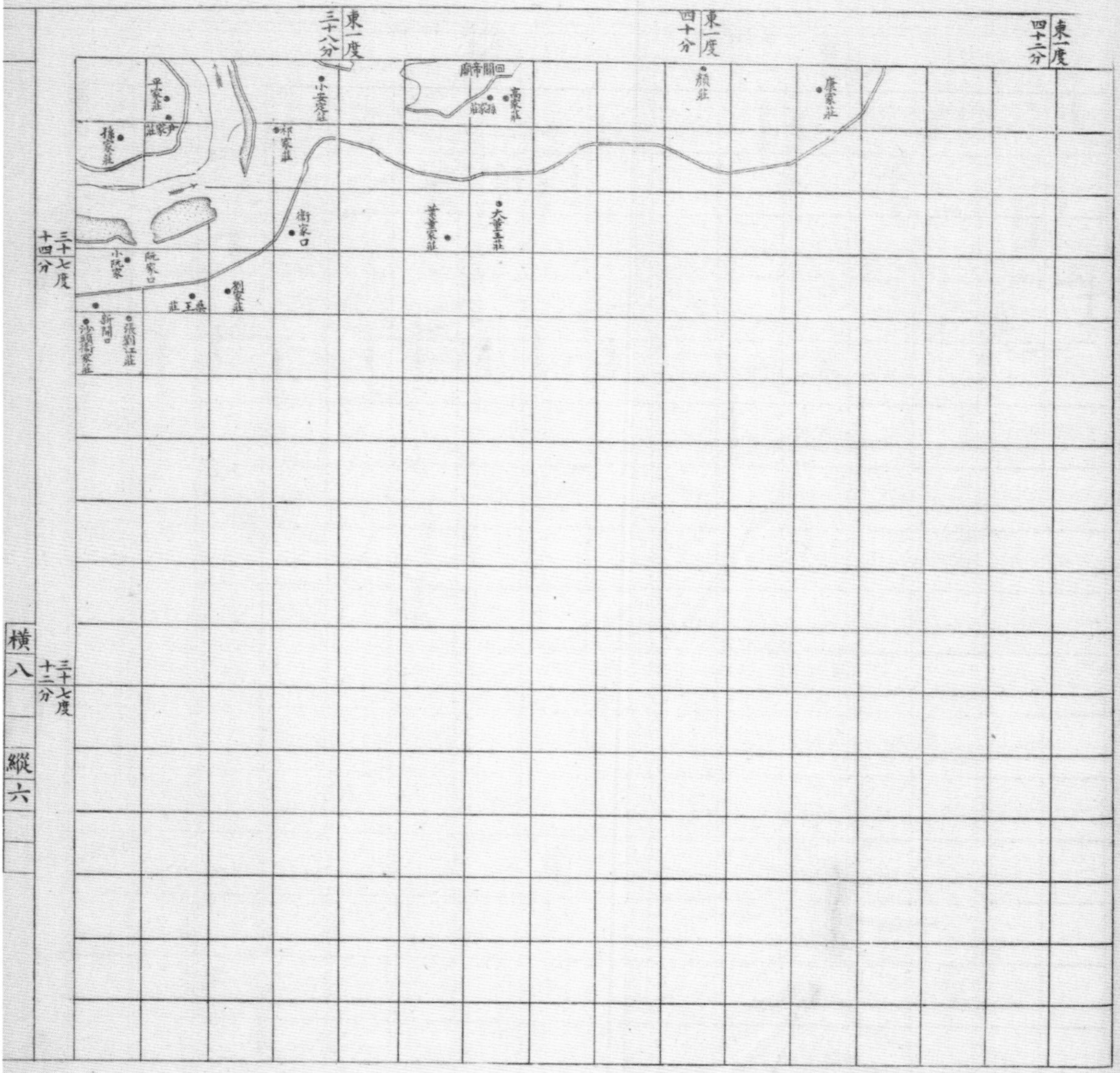

東一度三十八分
東一度四十分
東一度四十二分
三十七度十四分
三十七度十二分
橫八
縱六

回帝關廟
高家莊
孫家莊
平家莊
尹家莊
孫家莊
小安定莊
祁家莊
顏莊
康家莊
衛家口
董家莊
大董王莊
小阮家
阮家口
桑王莊
劉家莊
新開口
張劉江莊
沙頭衛家莊

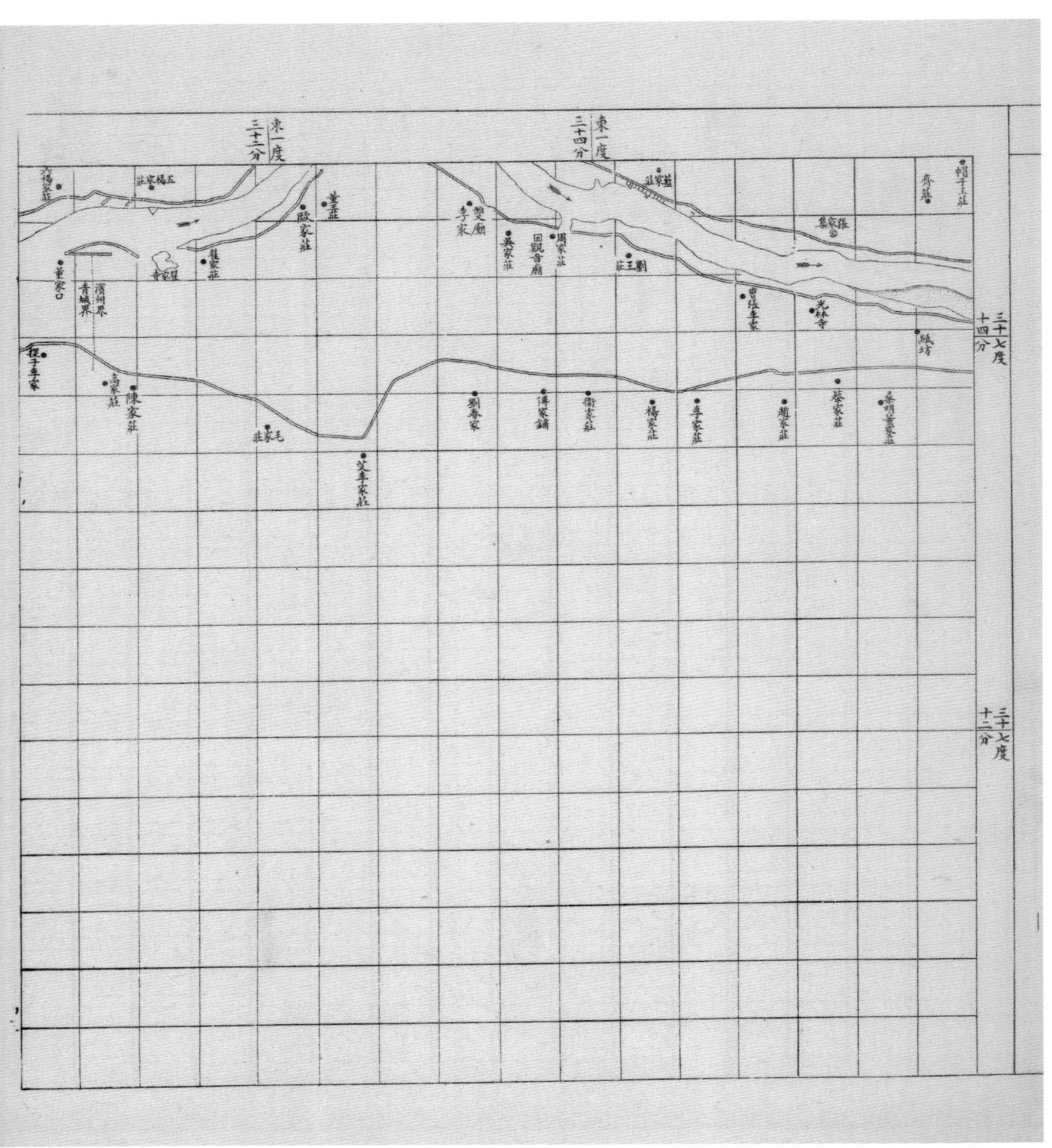

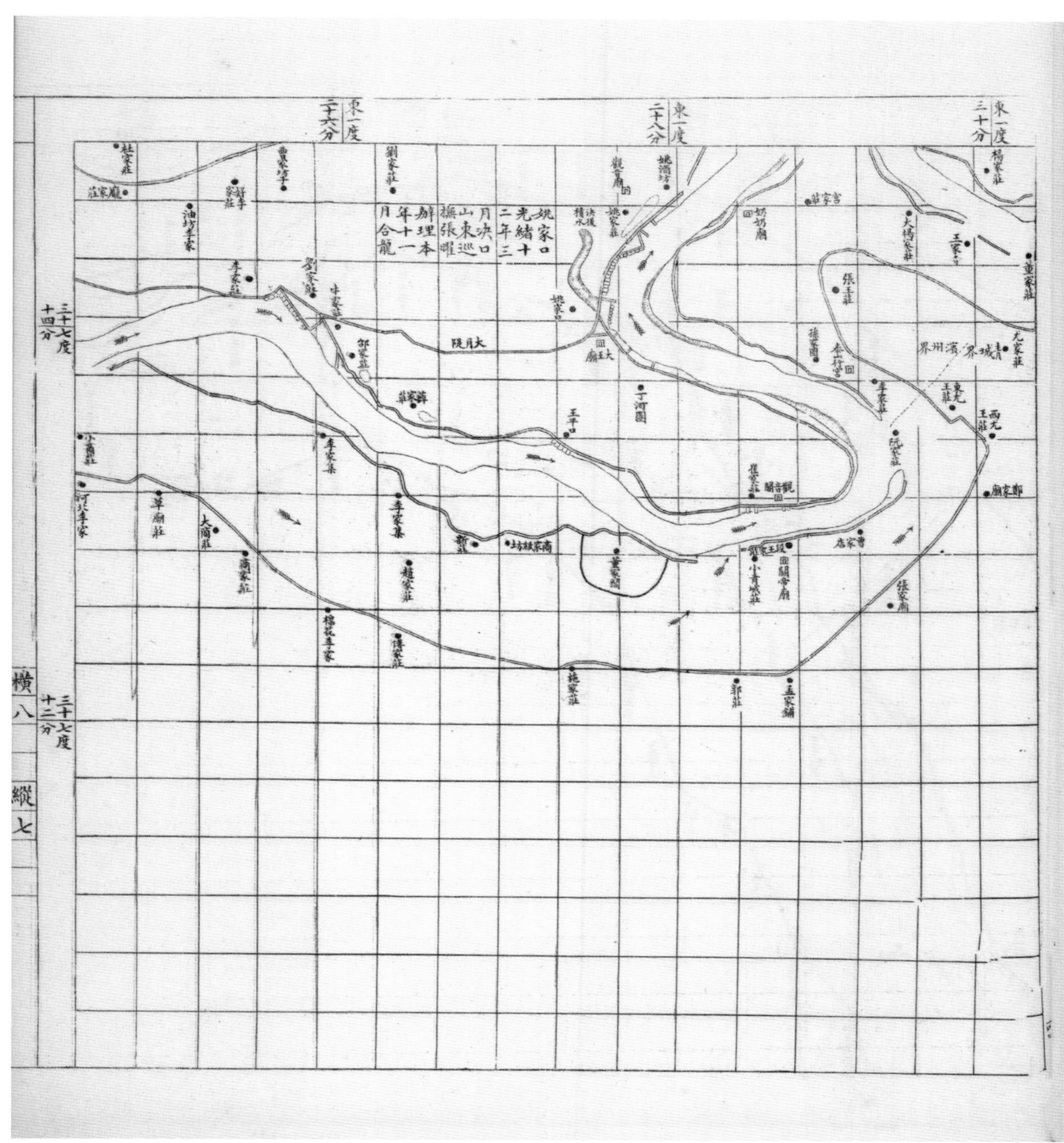

東一度二十六分
東一度二十八分
東一度三十分
三十七度十四分
三十七度十二分
橫八
縱七
姚家口光緒十二年三月決口山東巡撫張曜辦理本年十一月合龍
杜家莊
莊家廳
劉家莊
油坊李家
李家莊
劉家圈
姚家口
大月隄
大王廟
王平口
于河圈
奶奶廟
張王莊
李家集
小高莊
河北李家
草廟莊
大高莊
趙家莊
棉花李家
施家莊
郭莊
孟家鋪
觀音閣
崔家莊
關帝廟
張家廟
小青城莊
董家莊
楊家莊
大楊家莊
王家莊

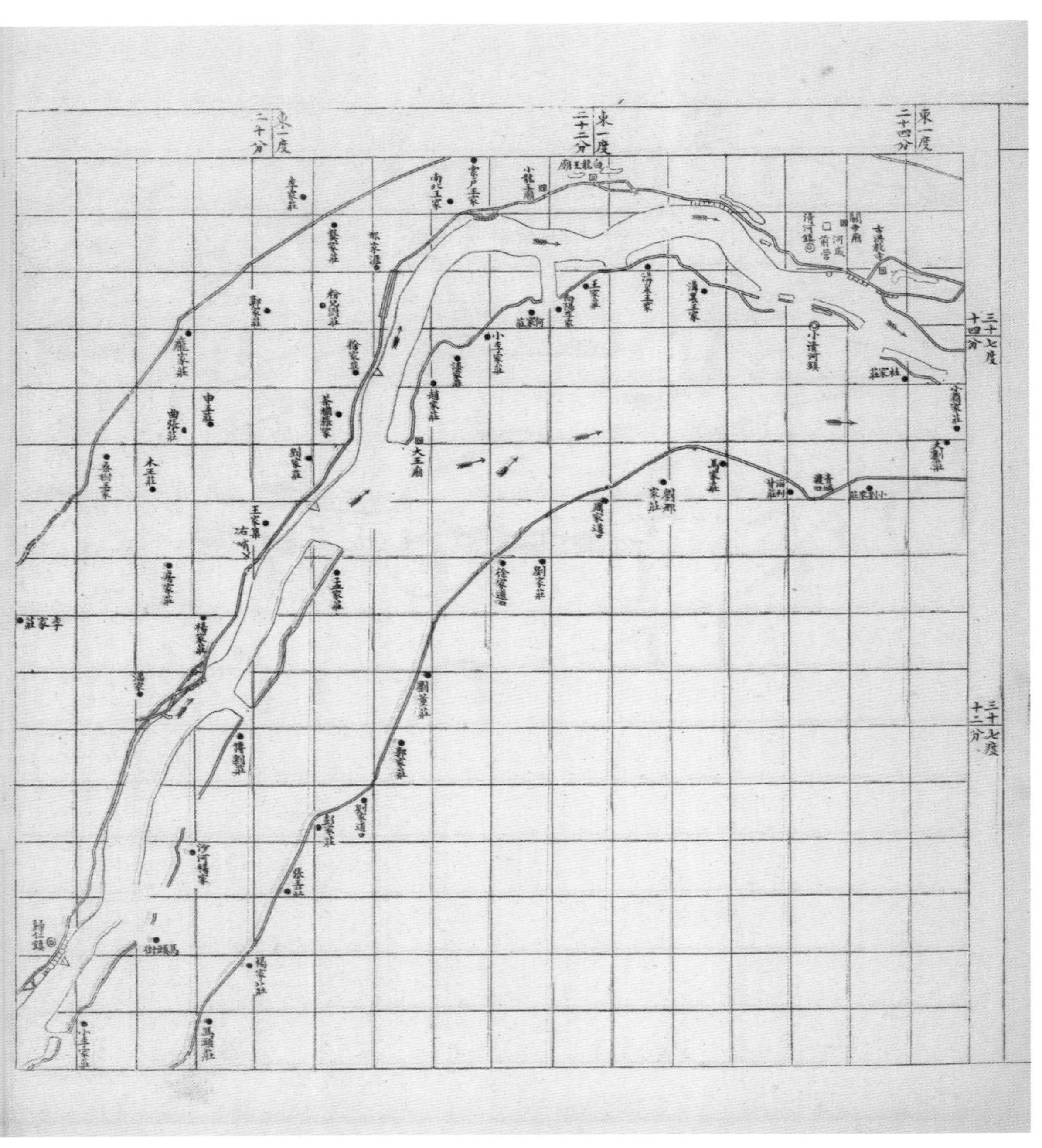
東一度二十分
東一度二十二分
東一度二十四分
三十七度十四分
三十七度十二分
小清河鎮
大王廟

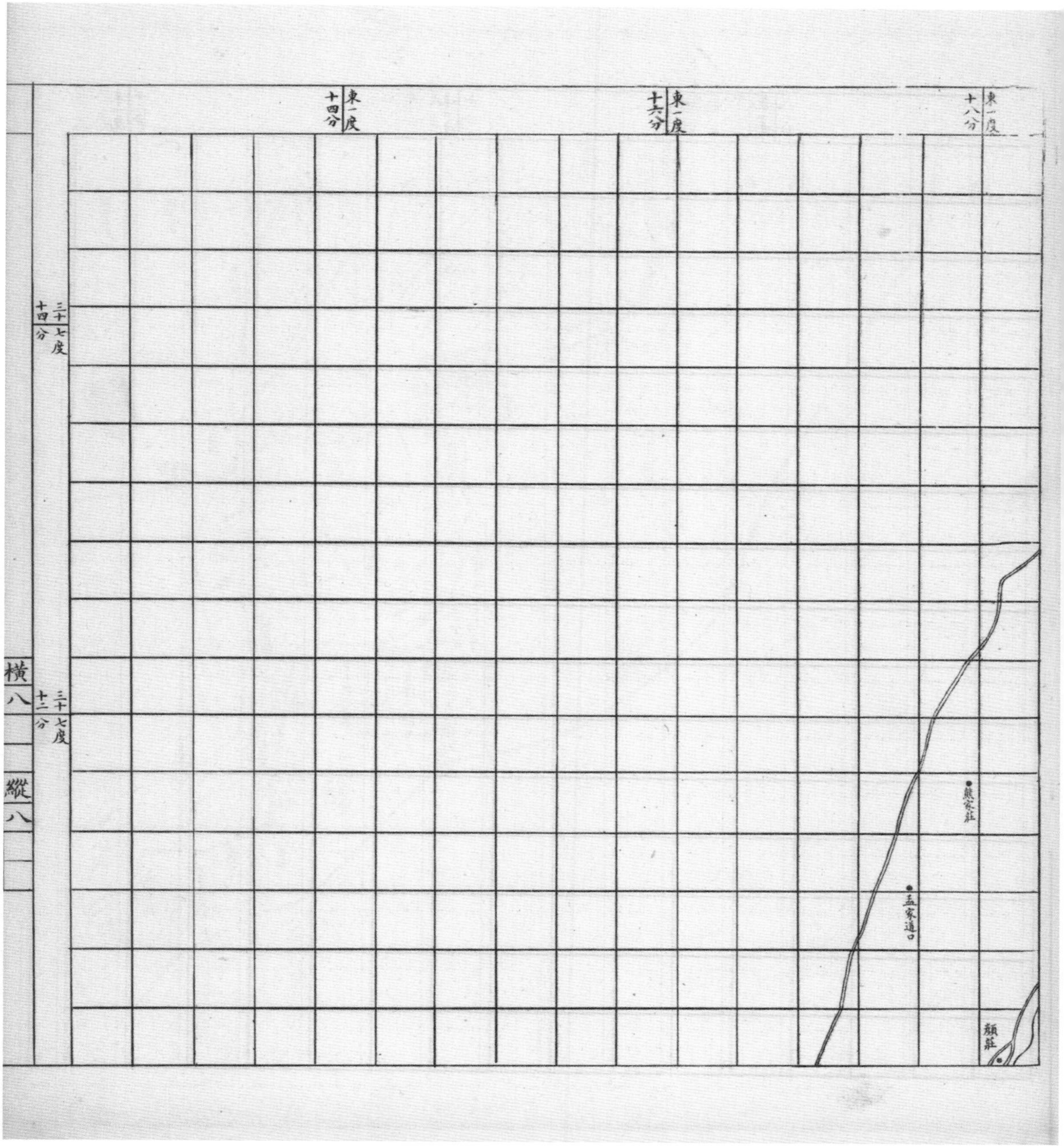

東一度十四分

東一度十六分

東一度十八分

三十七度十四分

横八

三十七度十二分

縱八

熊家莊

孟家道口

顏莊

東一度八分

東一度十分

東一度十二分

三十七度十四分

三十七度十二分

丙五

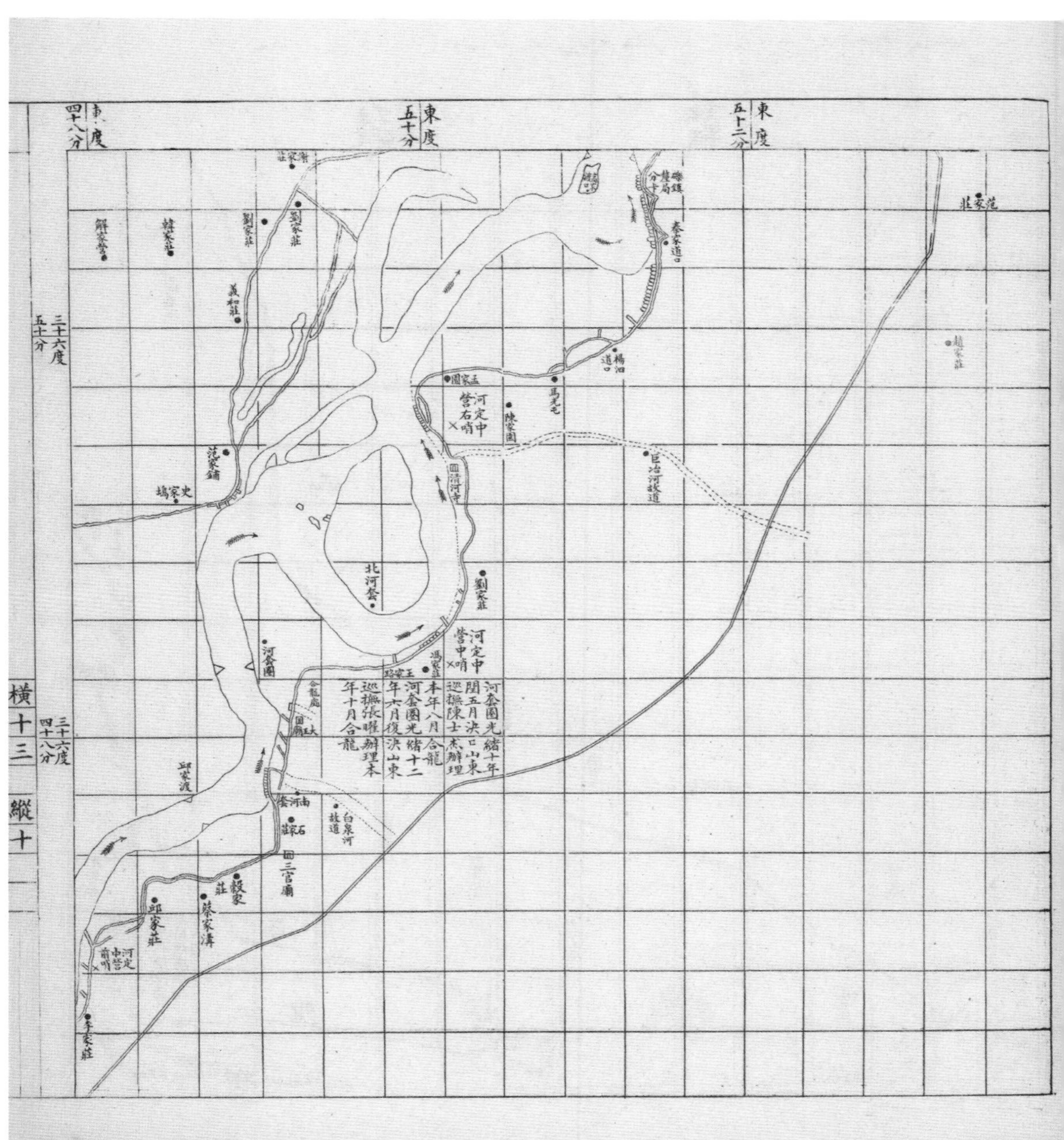

東度
四十八分
東度
五十分
東度
五十二分
三十六度
五十分
三十六度
四十八分
橫十三 縱十一
解家營
韓家莊
劉家莊
劉家莊
義和莊
范家鋪
河定中營右哨
陳家園
清河寺
巨冶河故道
秦家道口
楊泗道口
趙家莊
北河套
劉家莊
河定中營中哨
馮家莊
河套圈
河套圈光緒十年閏五月決口山東巡撫陳士杰辦理本年八月合龍
河套圈光緒十二年六月復決山東巡撫張曜辦理本年十月合龍
合龍廟
白泉河故道
三官廟
蔡家溝
邱家莊
邱家渡
河定中營前哨

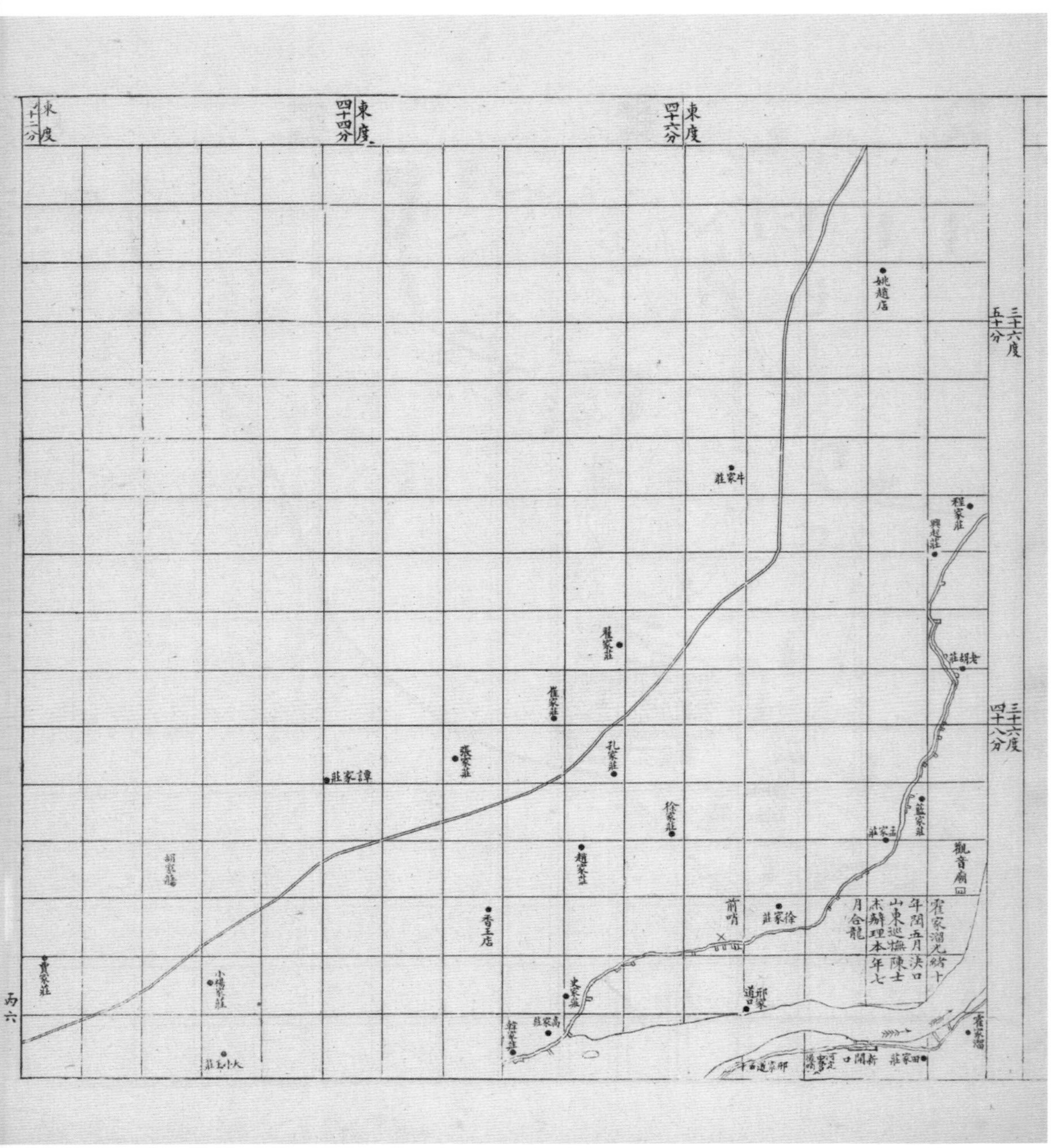

东度三十六分

東度三十八分

東度四十分

三十六度五十分

横十三

三十六度四十八分

縱十一

西宋家店

尹家莊

東度三十分

東度三十二分

東度三十四分

三十六度五十分

三十六度四十八分

東度二十四分 東度二十六分 東度二十八分

三十六度二十六分

三十六度二十四分

橫十八 縱十二

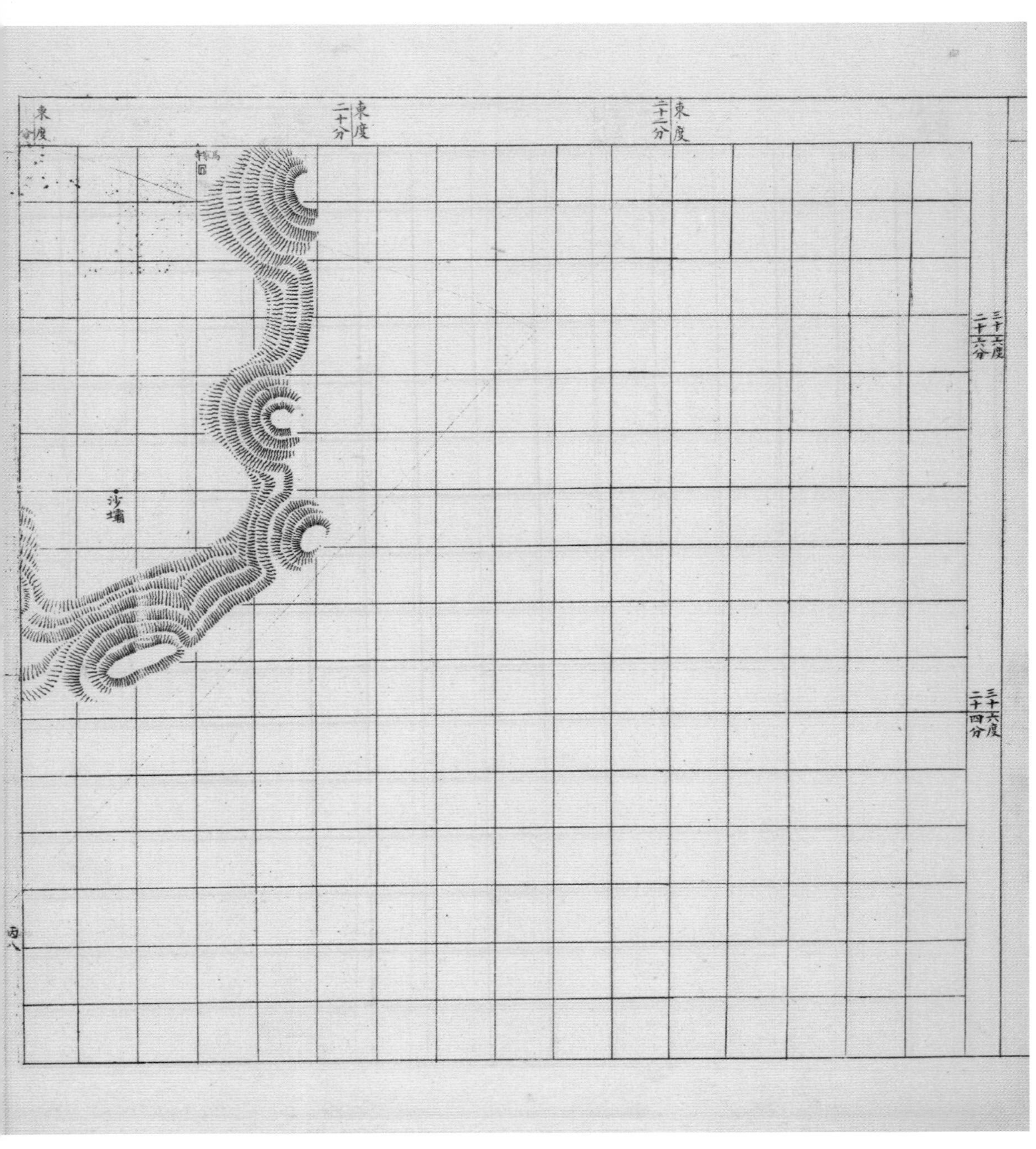
東度
二十分東度
二十二分東度
三十六度二十六分
三十六度二十四分
沙墻

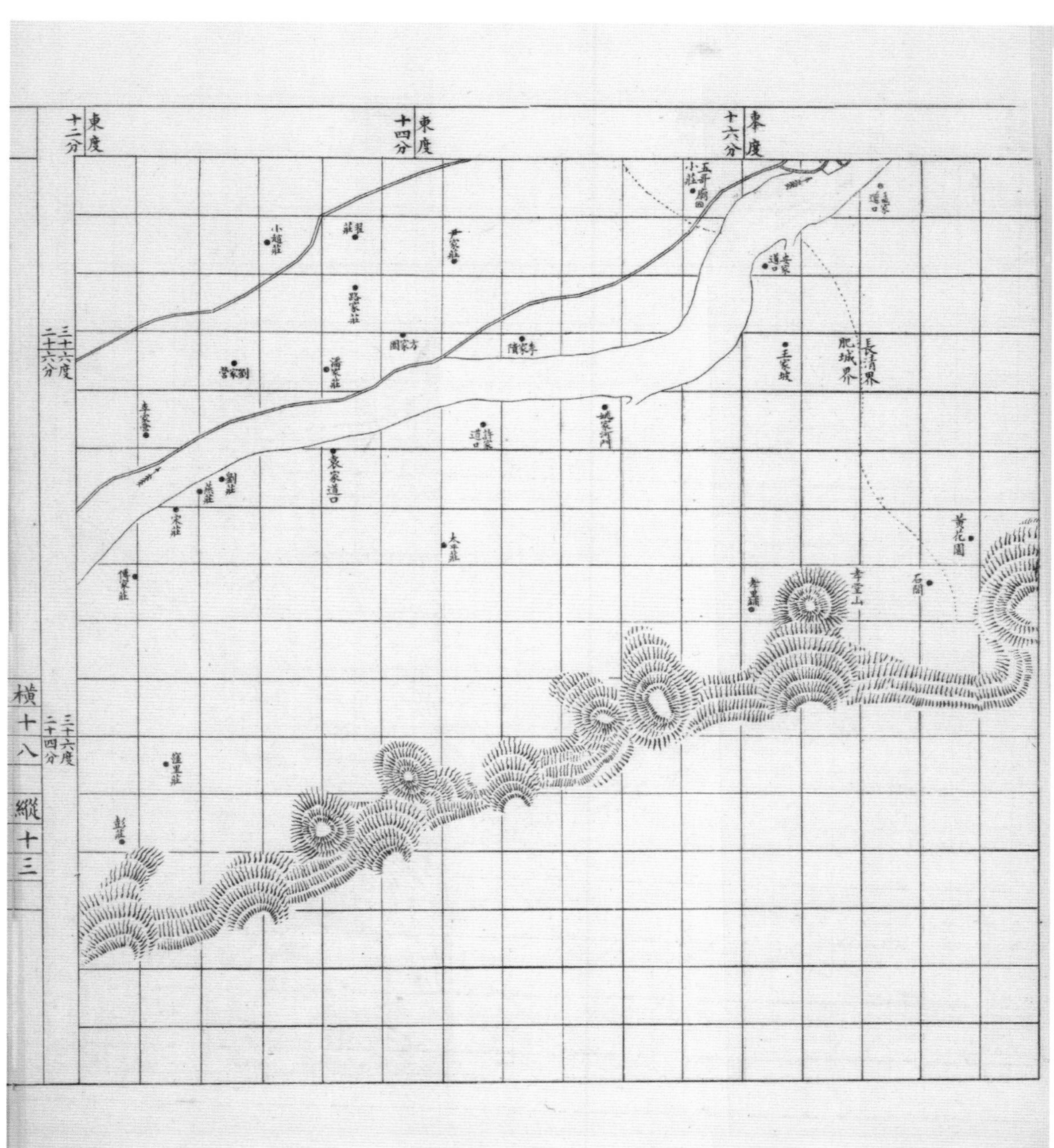
東度十二分
東度十四分
東度十六分
三十六度二十六分
三十六度二十四分
横十八
縱十三
長清界
肥城界
王家坡
孝堂山
黄花園
石閭
袁家道口
許家道口
太平莊
劉家營
小趙莊
路家莊
潘家莊
方家園
五哥廟
安家道口

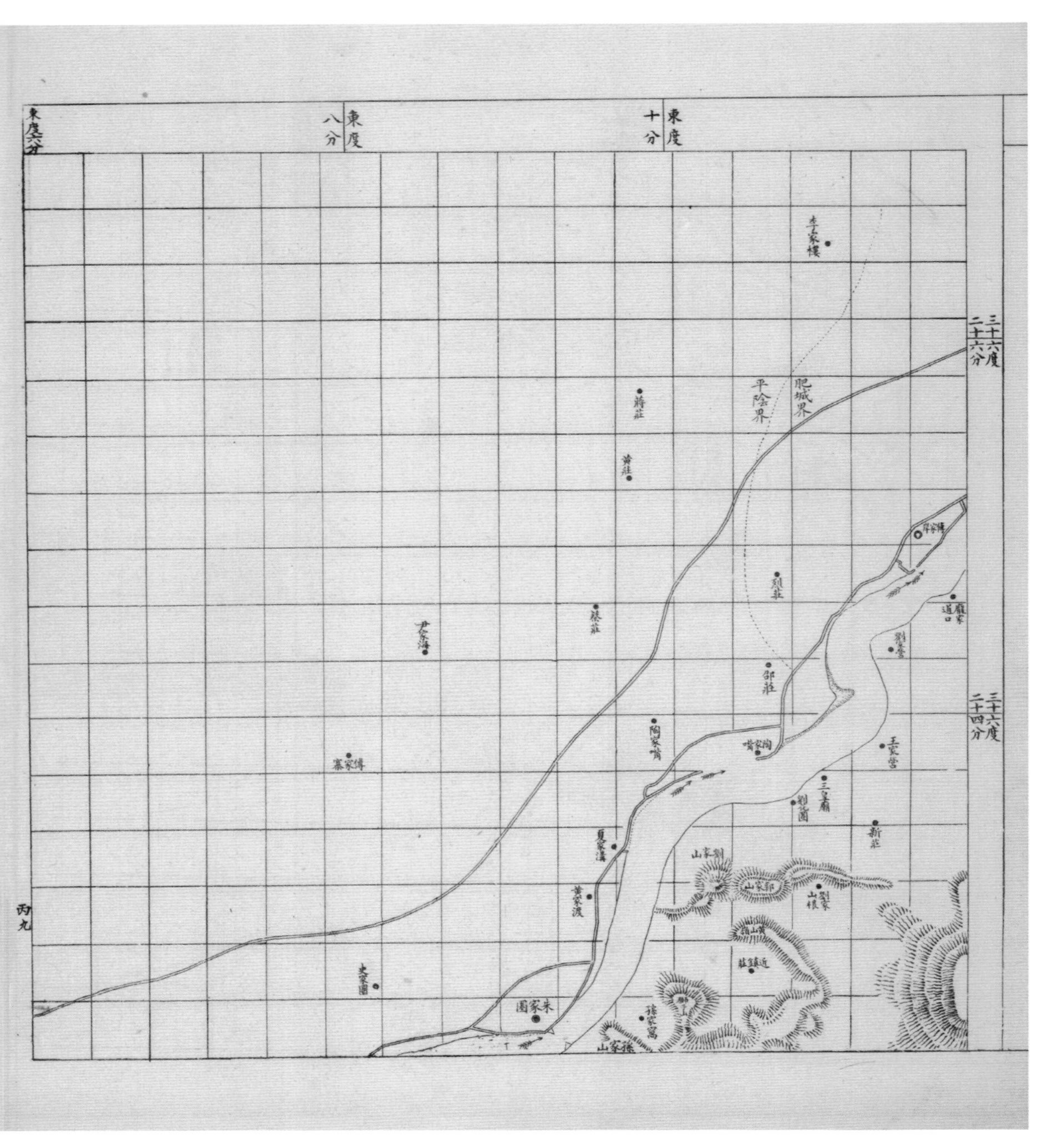
東度六分
東度八分
東度十分
三十六度二十六分
三十六度二十四分
肥城界
平陰界
丙九

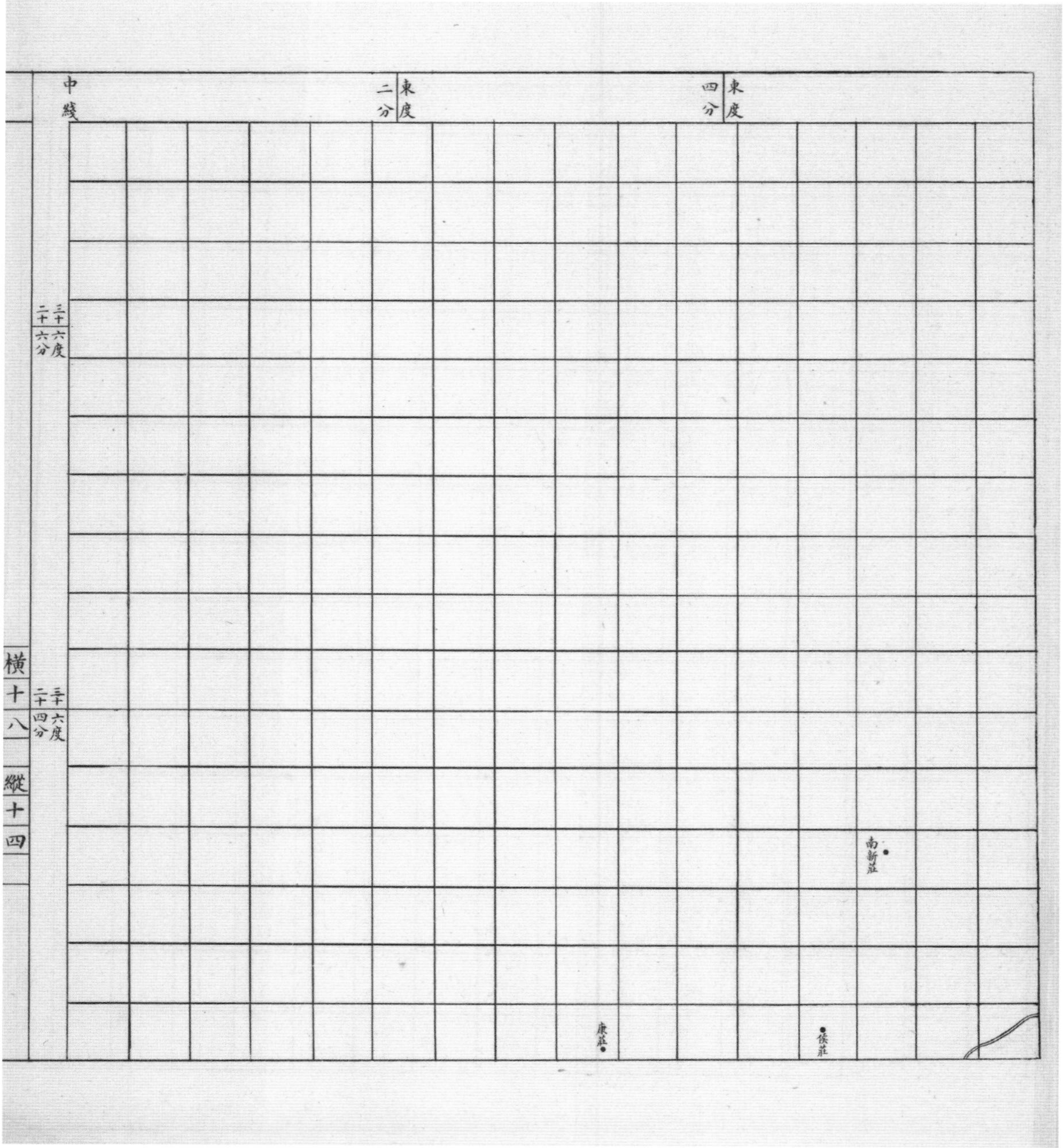
中綫
東度二分
東度四分
三十六度二十六分
三十六度二十四分
橫十八
縱十四
南新莊
康莊
侯莊

西度四分

西度二分

中綫

三十六度二十六分

三十六度二十四分

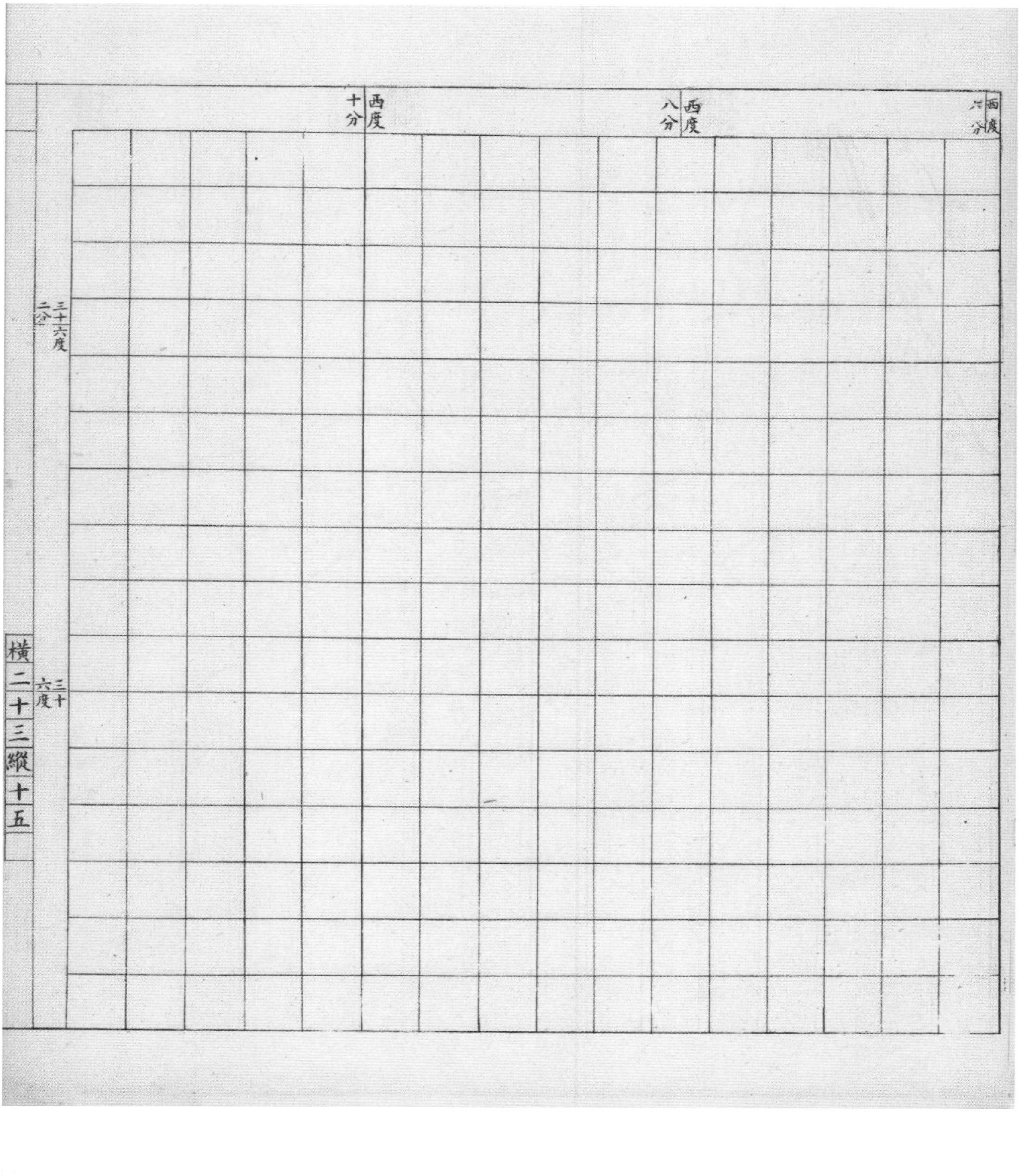

西度十分

西度八分

西度六分

三十六度二分

三十六度

横二十三縱十五

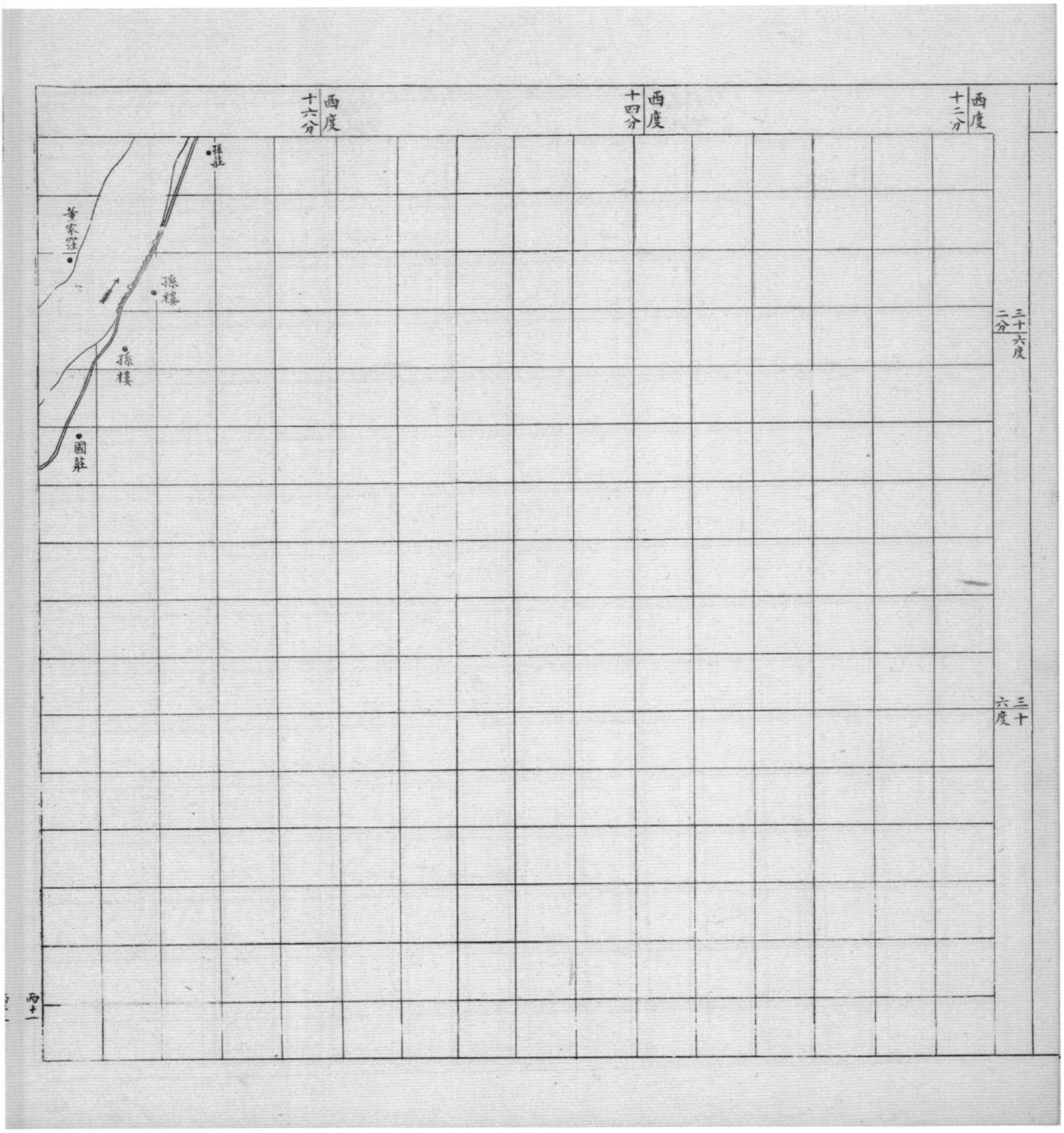

西度十六分
西度十四分
西度十二分
三十六度二分
三十六度
西十一
孫莊
董家窪
孫樓
孫樓
國莊

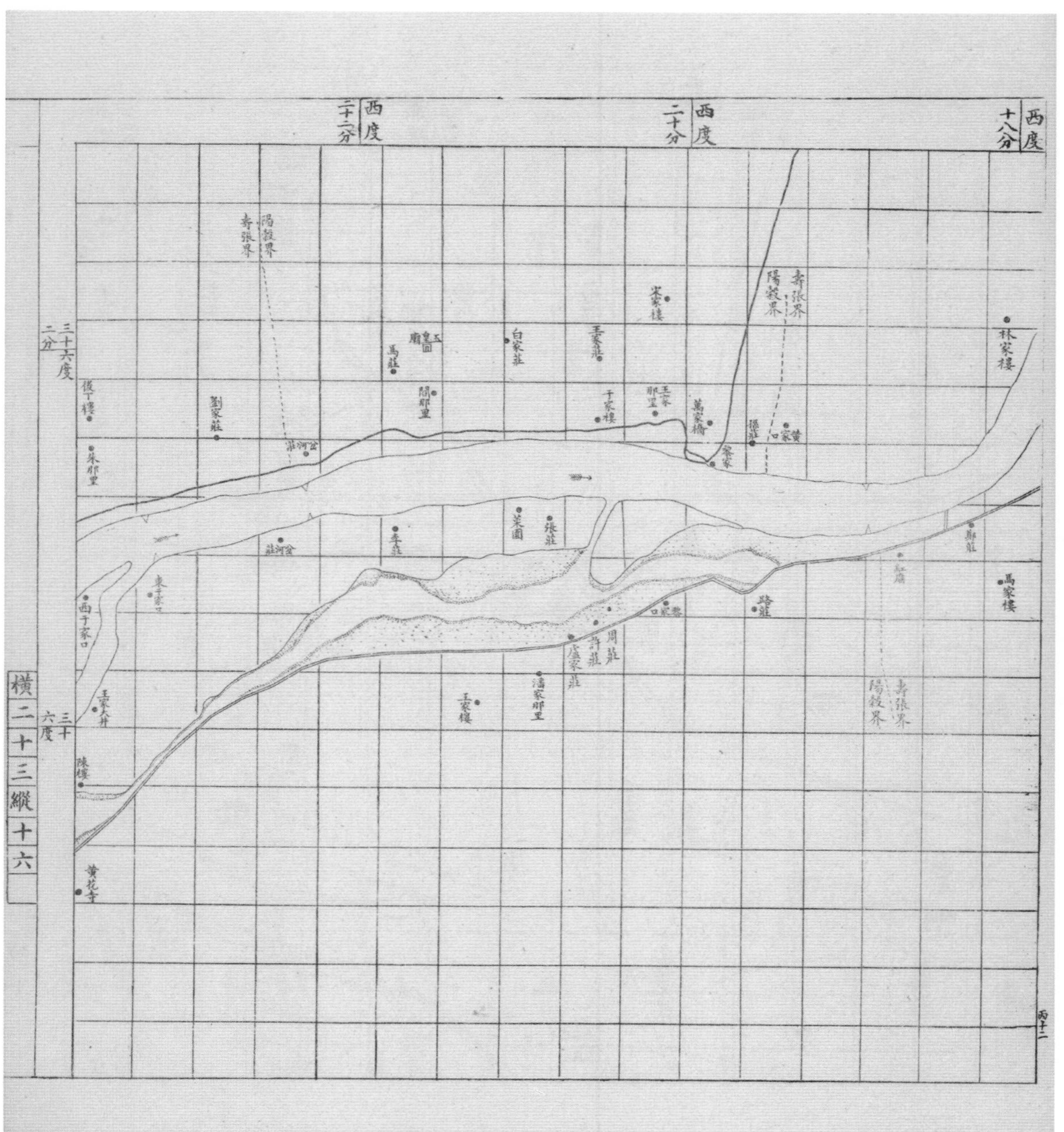
西度二十二分
西度二十分
西度十八分
三十六度二分
三十六度
橫二十三縱十六
陽穀界
壽張界
宋家樓
壽張界
陽穀界
林家樓
馬莊
白家莊
王家莊
劉家莊
于家樓
萬家橋
菜園
張莊
李莊
西于家口
周莊
許莊
盧家莊
王家樓
陳樓
黄花寺
鄭莊
馬家樓
路莊
壽張界
陽穀界

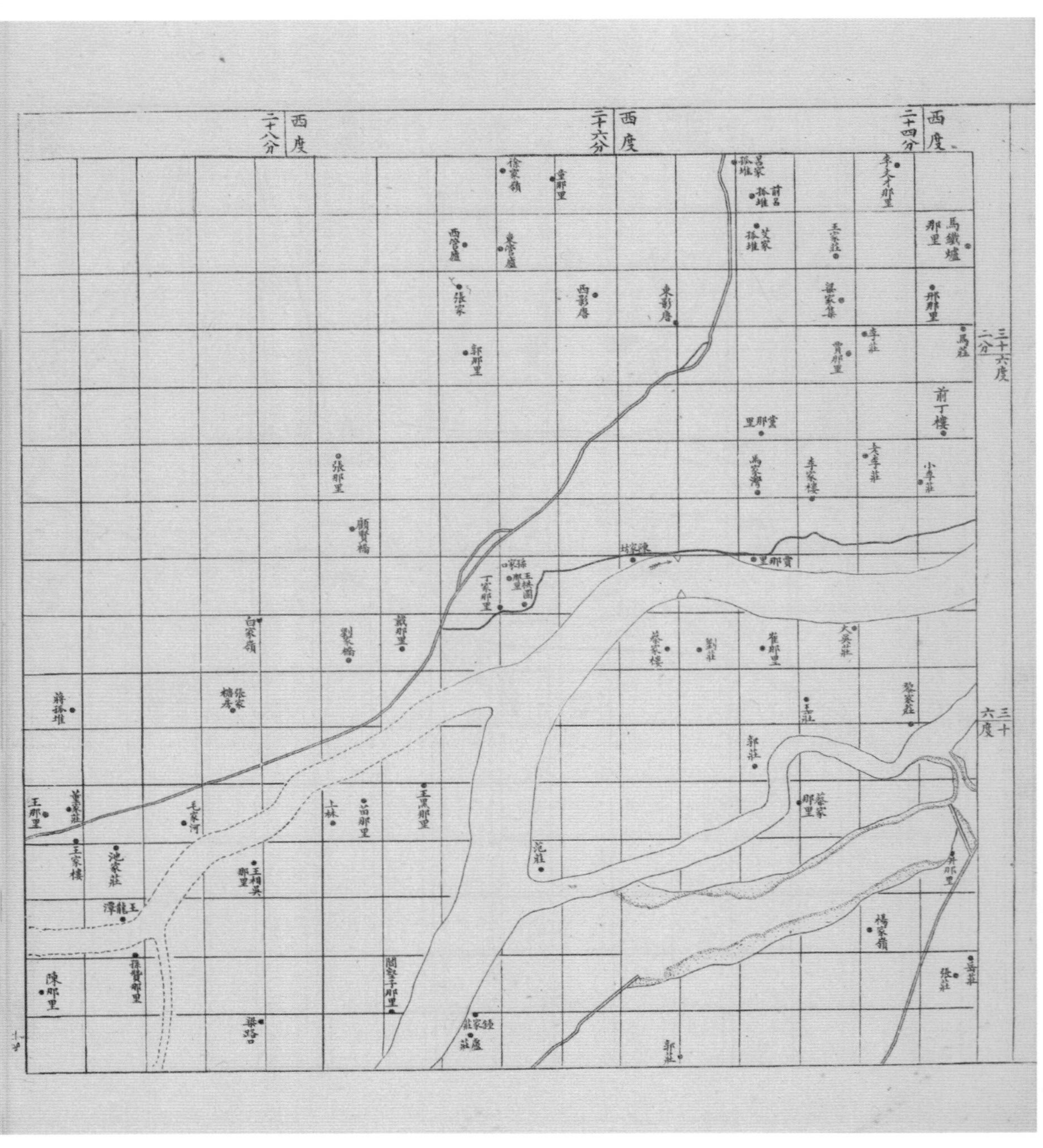

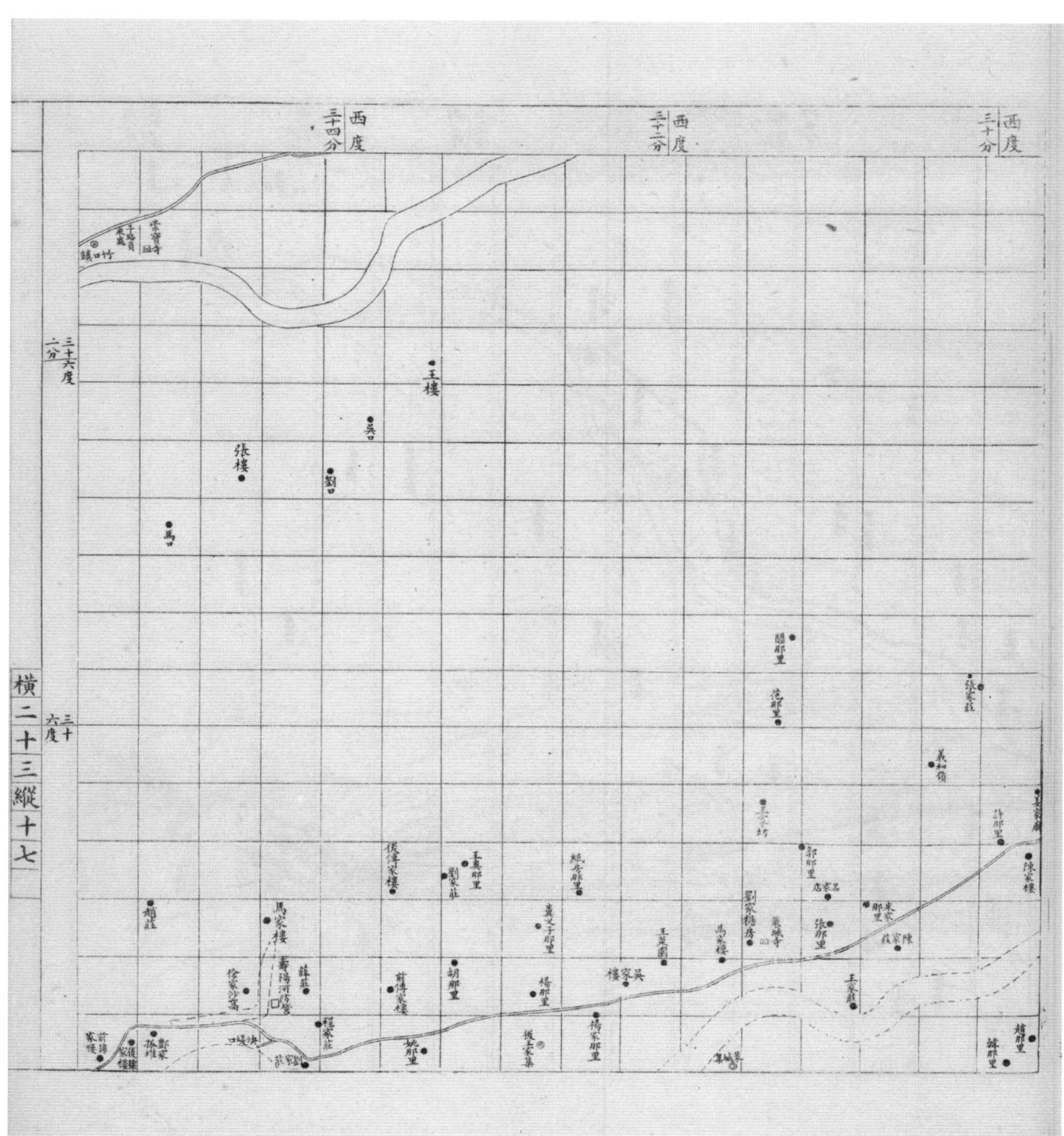

西度三十四分
西度三十二分
西度三十分
三十六度二分
三十六度
橫二十三縱十七
竹口鎮
王樓
吳口
張樓
劉口
馬口
閻郎里
范郎里
張家莊
義和嶺
許郎里
陳家樓
侯傳家樓
劉家莊
紙房郎里
馬家樓
徐家沙窩
蘇莊
胡郎里
楊郎里
吳家樓
馬家樓
王家莊
張郎里
程家莊
姚郎里
楊家郎里

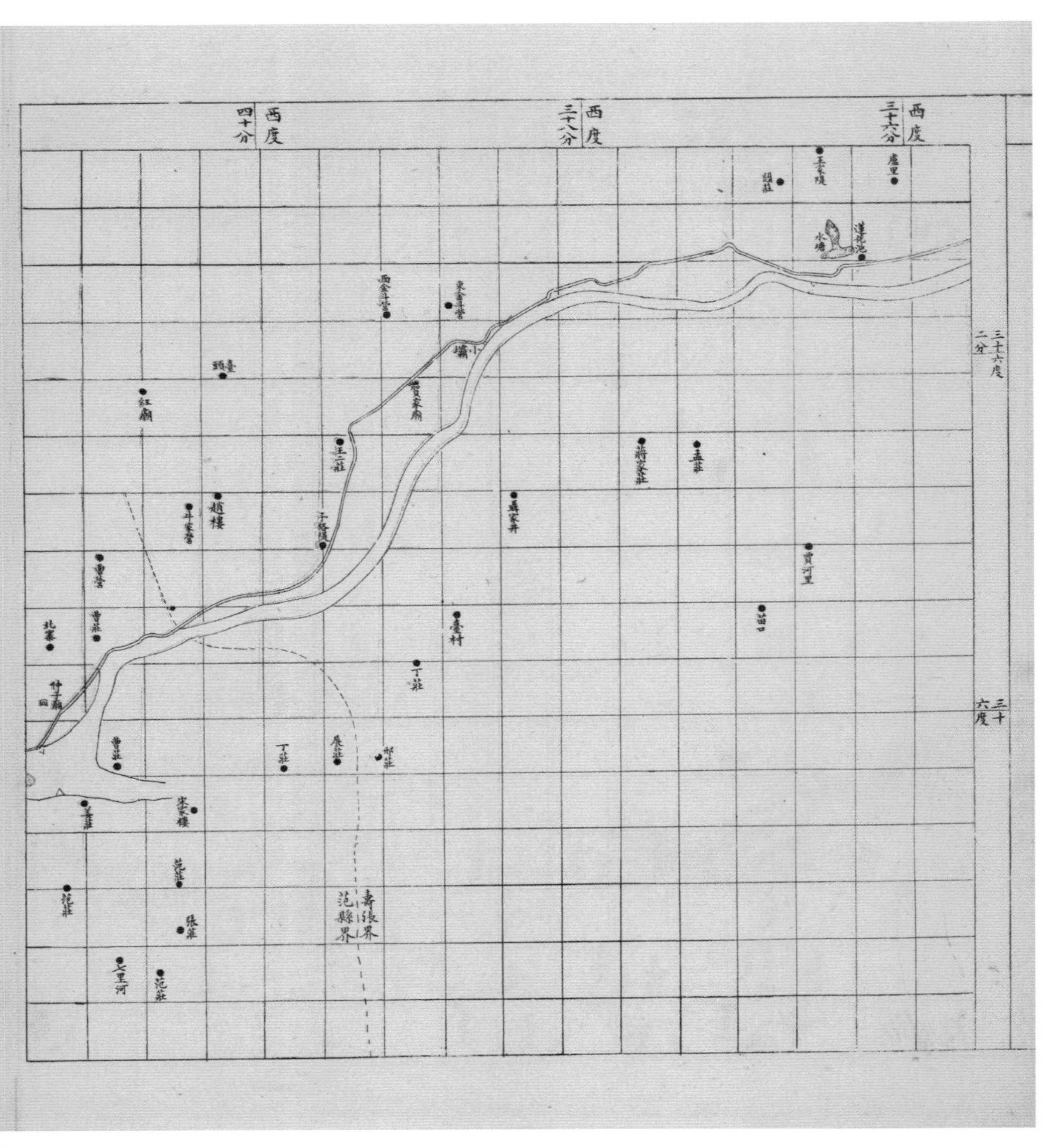
西度四十分
西度三十八分
西度三十六分
三十六度二分
三十六度
盧里
王家陵
水塘
頭臺
紅廟
費家廟
王二莊
蔣家莊
孟莊
趙樓
聶家井
賈河里
曹營
曹莊
北寨
臺村
丁莊
曹莊
丁莊
宋家樓
范莊
張莊
壽張縣界
范縣界
七里河
范莊

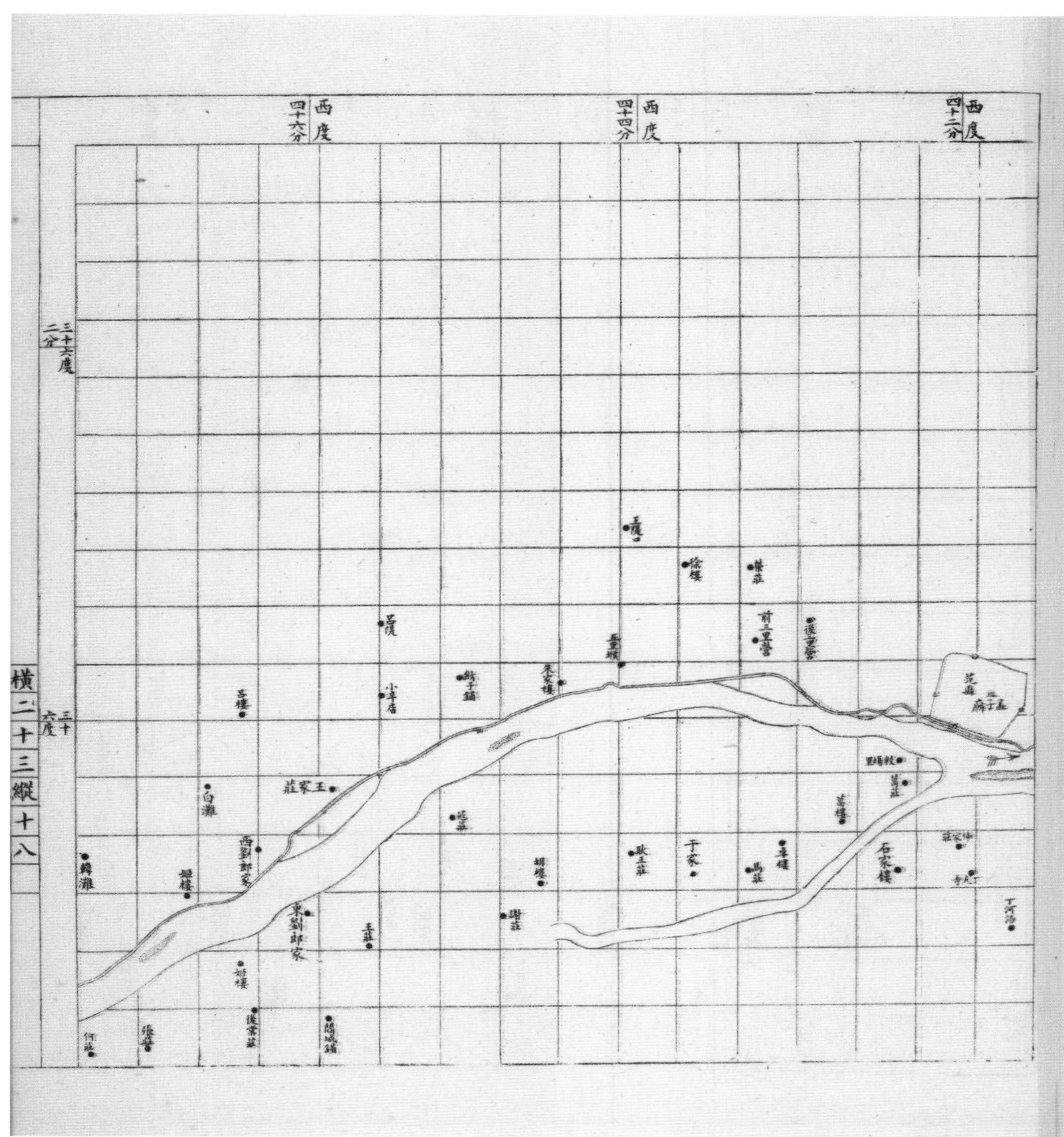
西度
四十六分
西度
四十四分
西度
四十二分
三十六度
二分
三十
六度
橫二十三縱十八
呂樓
小辛店
白灘
王家莊
西劉郎家
東劉郎家
韓灘
于家
石家樓
馬莊

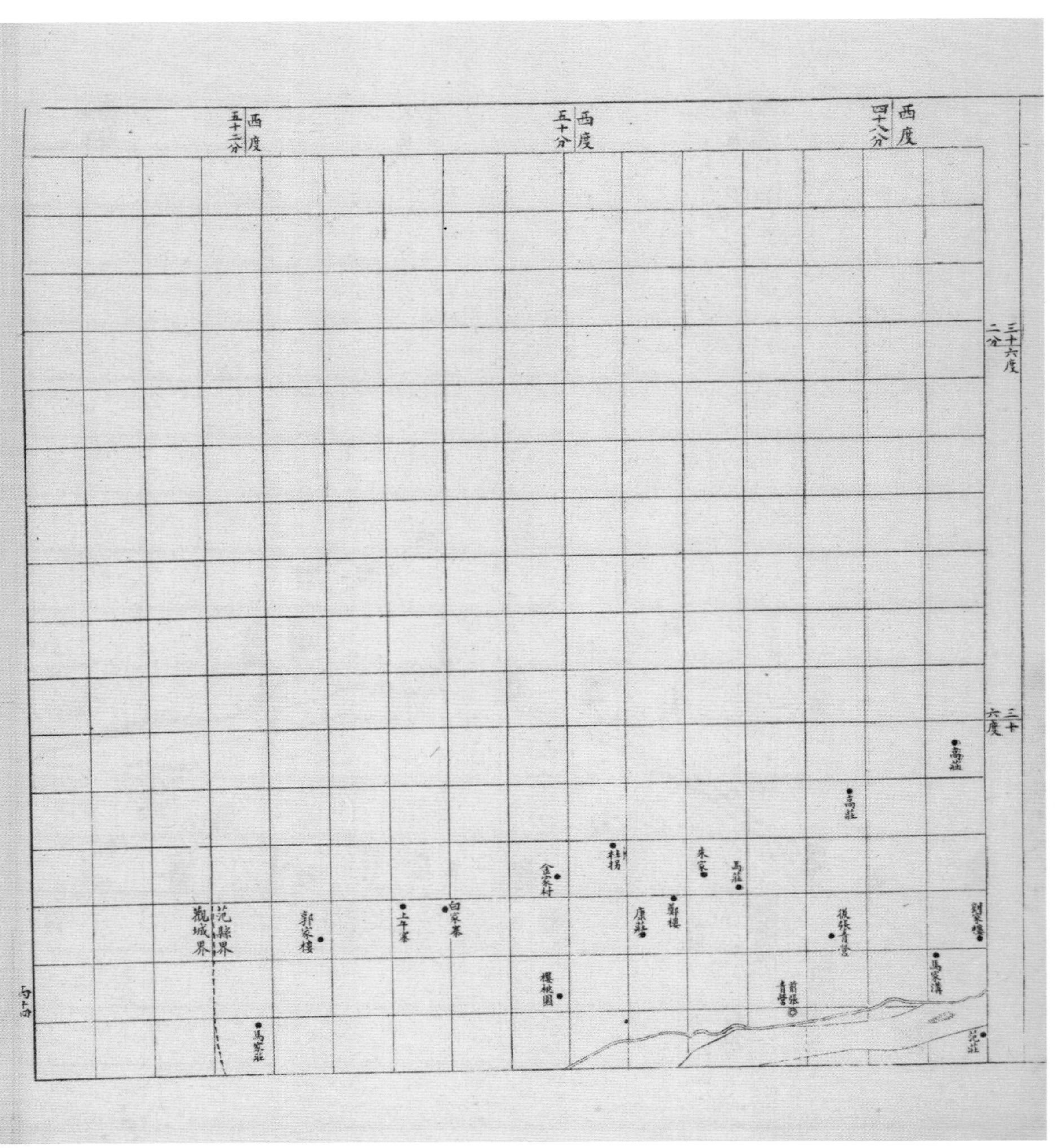
西度五十二分
西度五十分
西度四十八分
三十六度二分
三十六度
高莊
高莊
杜揚
朱家
馬莊
金家村
白家寨
上午寨
郭家樓
范縣界
觀城界
康莊
鄭樓
後張青營
劉家樓
馬家溝
前張青營
櫻桃園
馬家莊
范莊

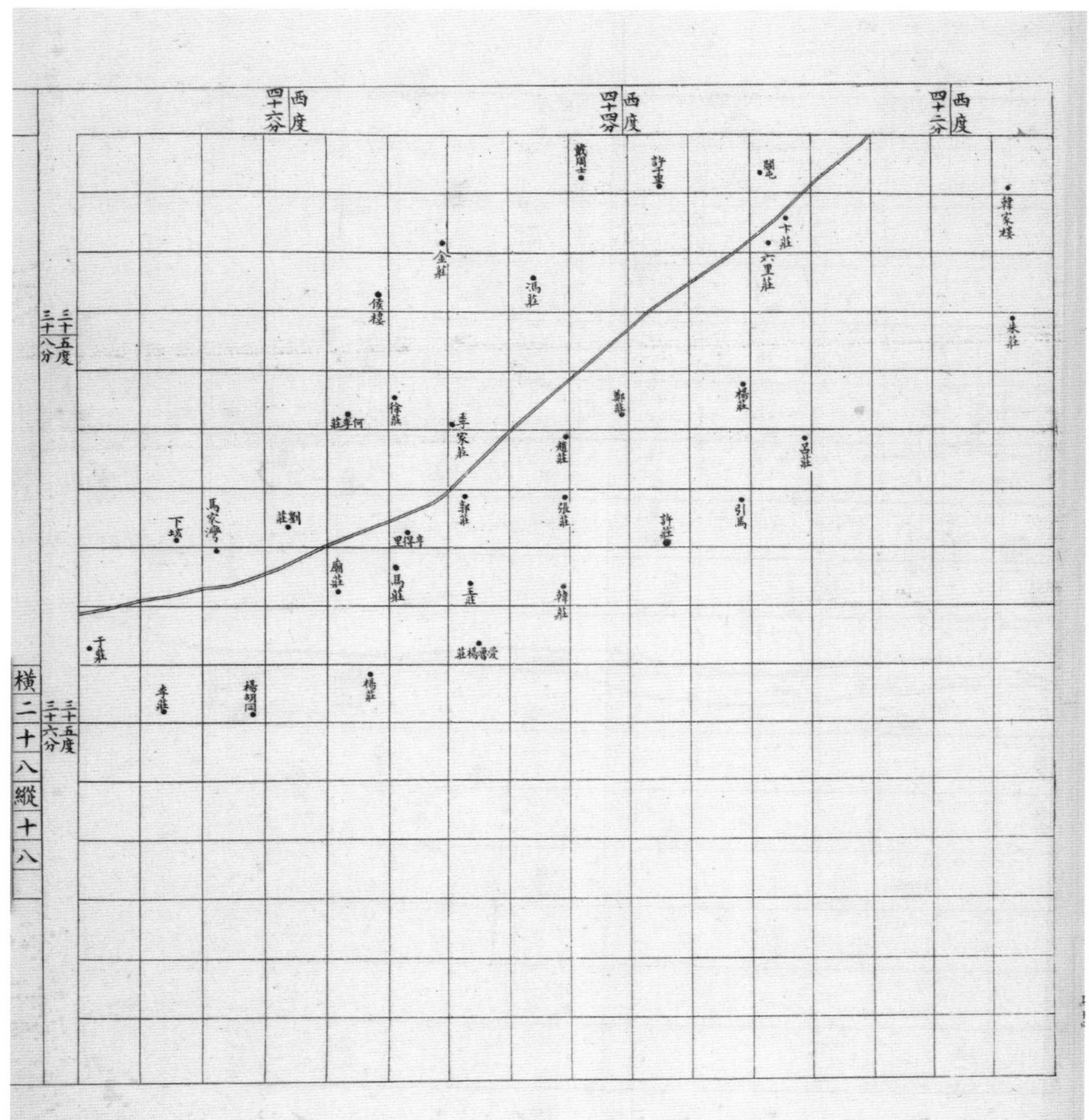
西度
四十六分
西度
四十四分
西度
四十二分
三十五度
三十八分
三十五度
三十六分
橫二十八縱十八
卞莊
六里莊
韓家樓
金莊
馮莊
侯樓
朱莊
鄭莊
楊莊
徐莊
何李莊
李家莊
趙莊
呂莊
郭莊
張莊
許莊
引馬
劉莊
馬家灣
廟莊
馬莊
王莊
韓莊
于莊
楊胡同
楊莊

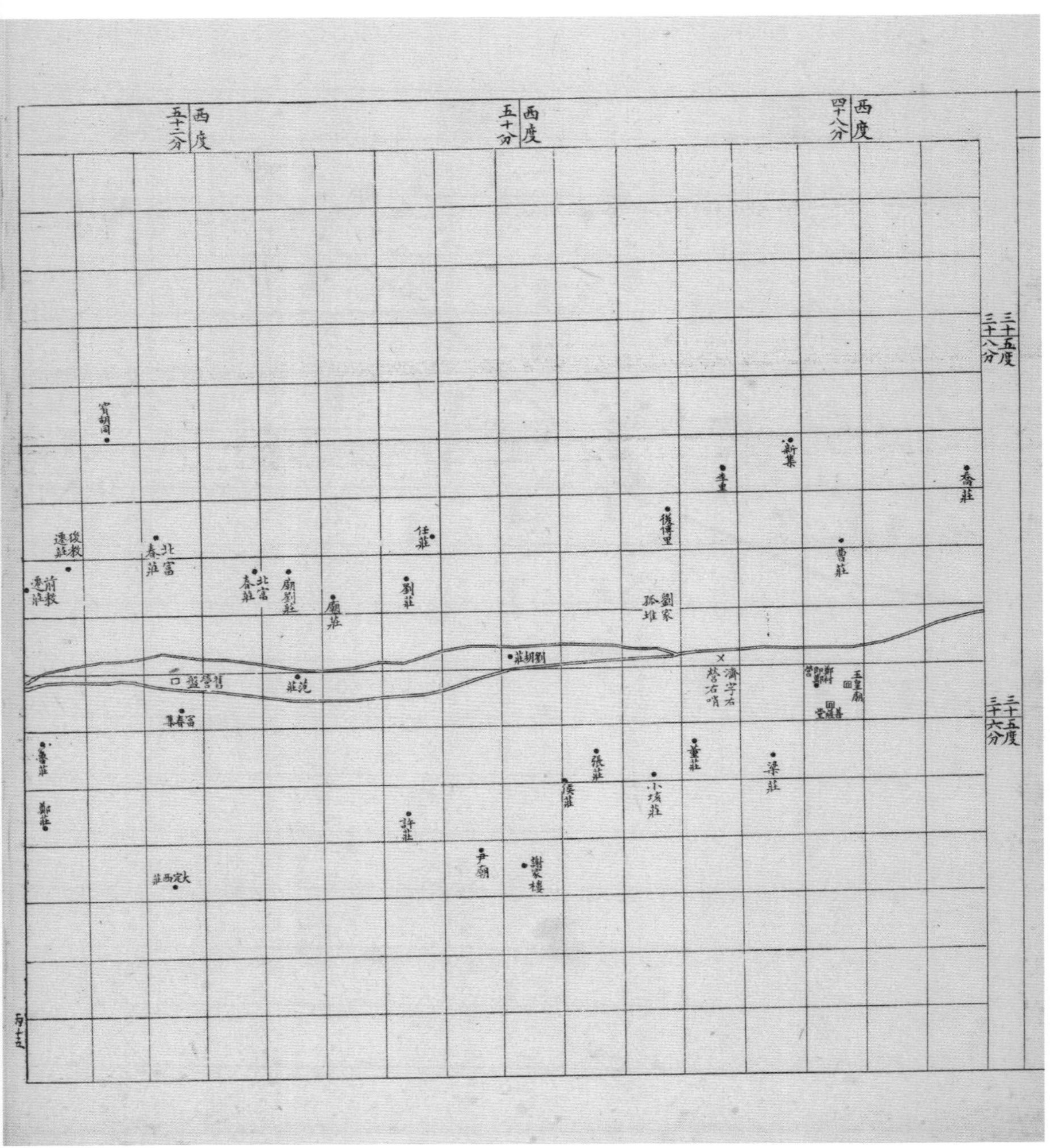

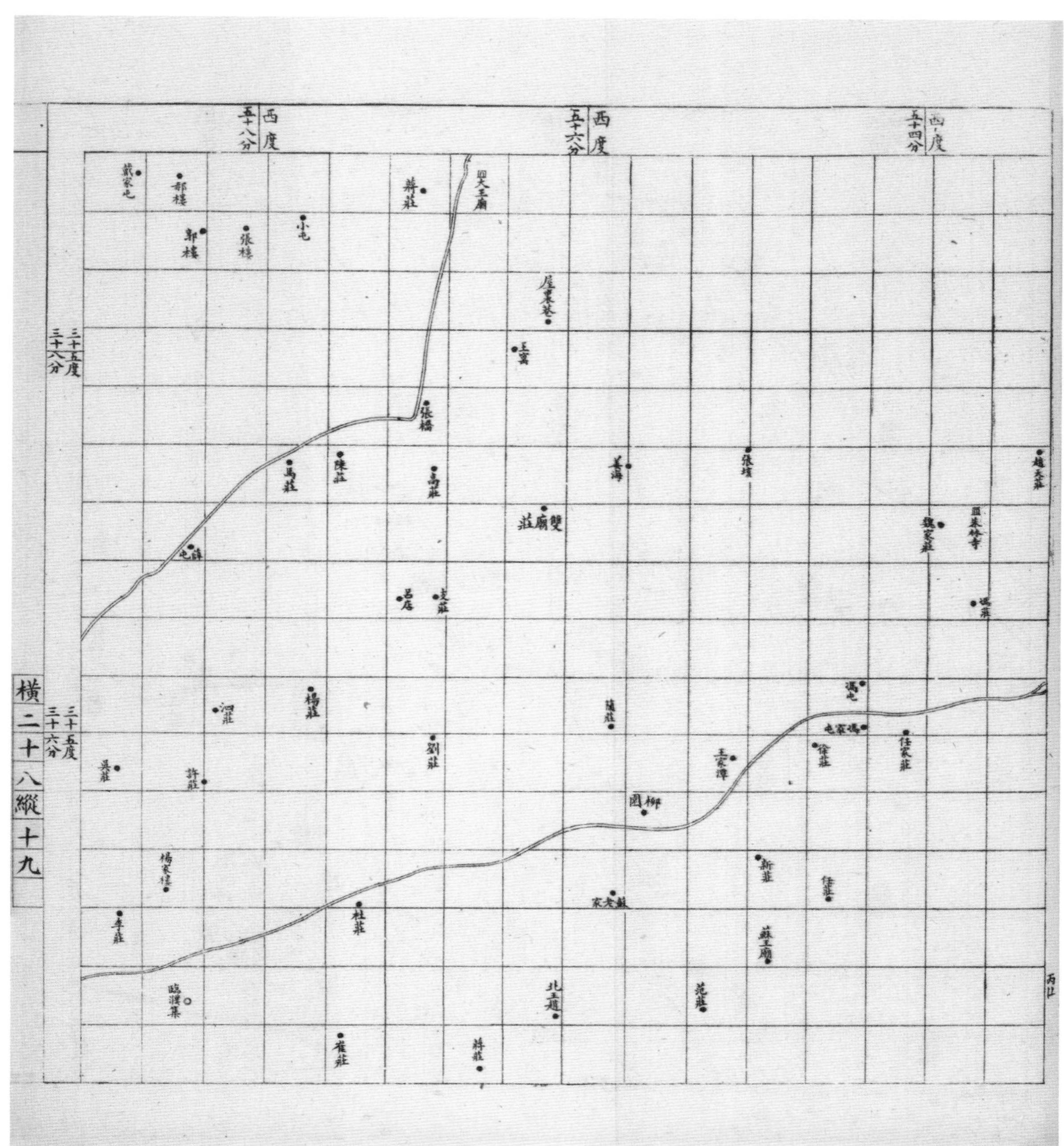

西度 五十八分
西度 五十六分
西度 五十四分
三十五度 三十八分
三十五度 三十六分
横二十八縱十九
郭樓
張樓
小屯
張橋
馬莊
陳莊
雙廟莊
楊莊
劉莊
許莊
柳園
新莊
蘇王廟
杜莊
崔莊
臨濮集

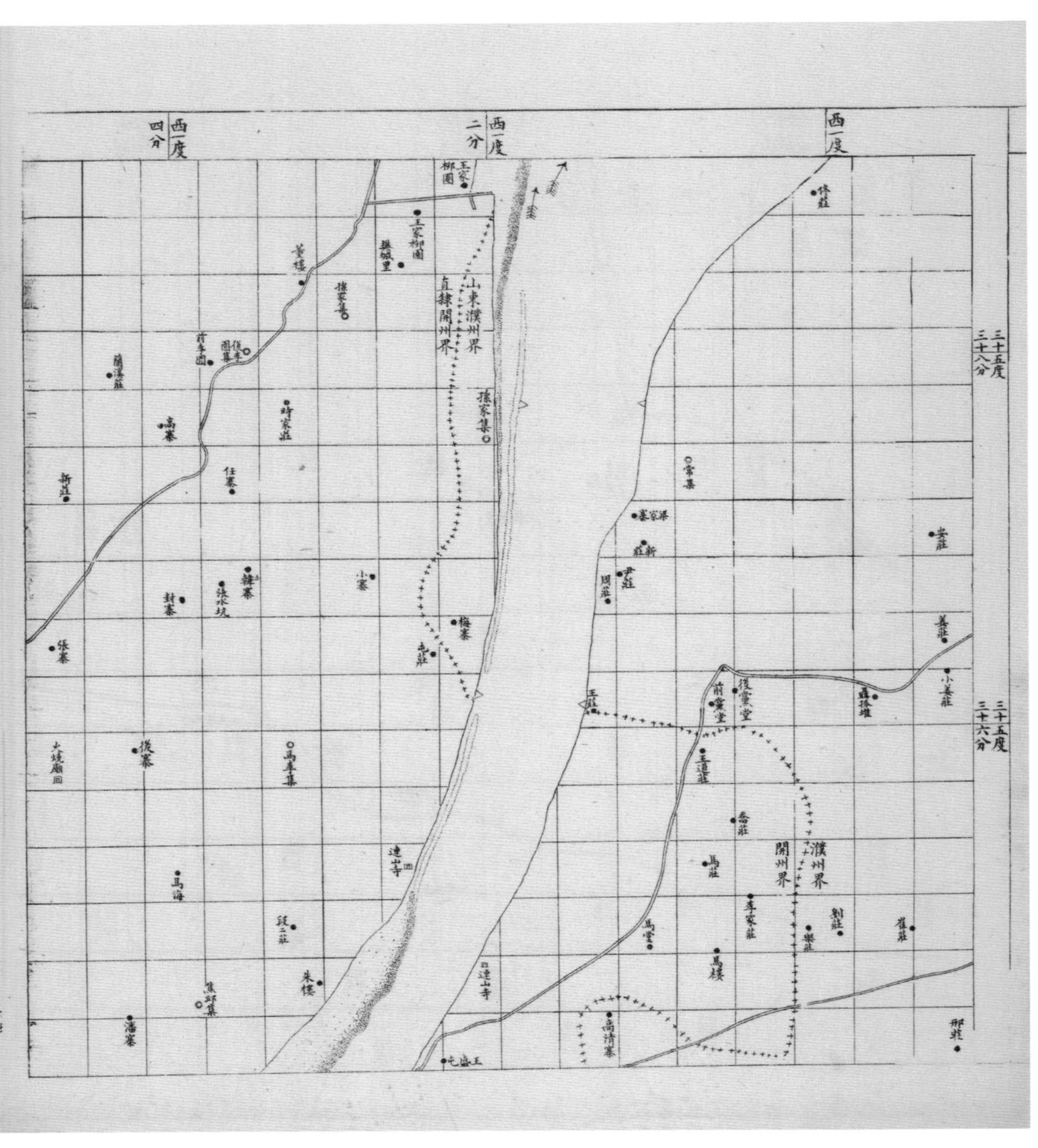
西一度四分
西一度二分
西一度
三十五度三十八分
三十五度三十六分
山東濮州界
直隷開州界
濮州界
開州界

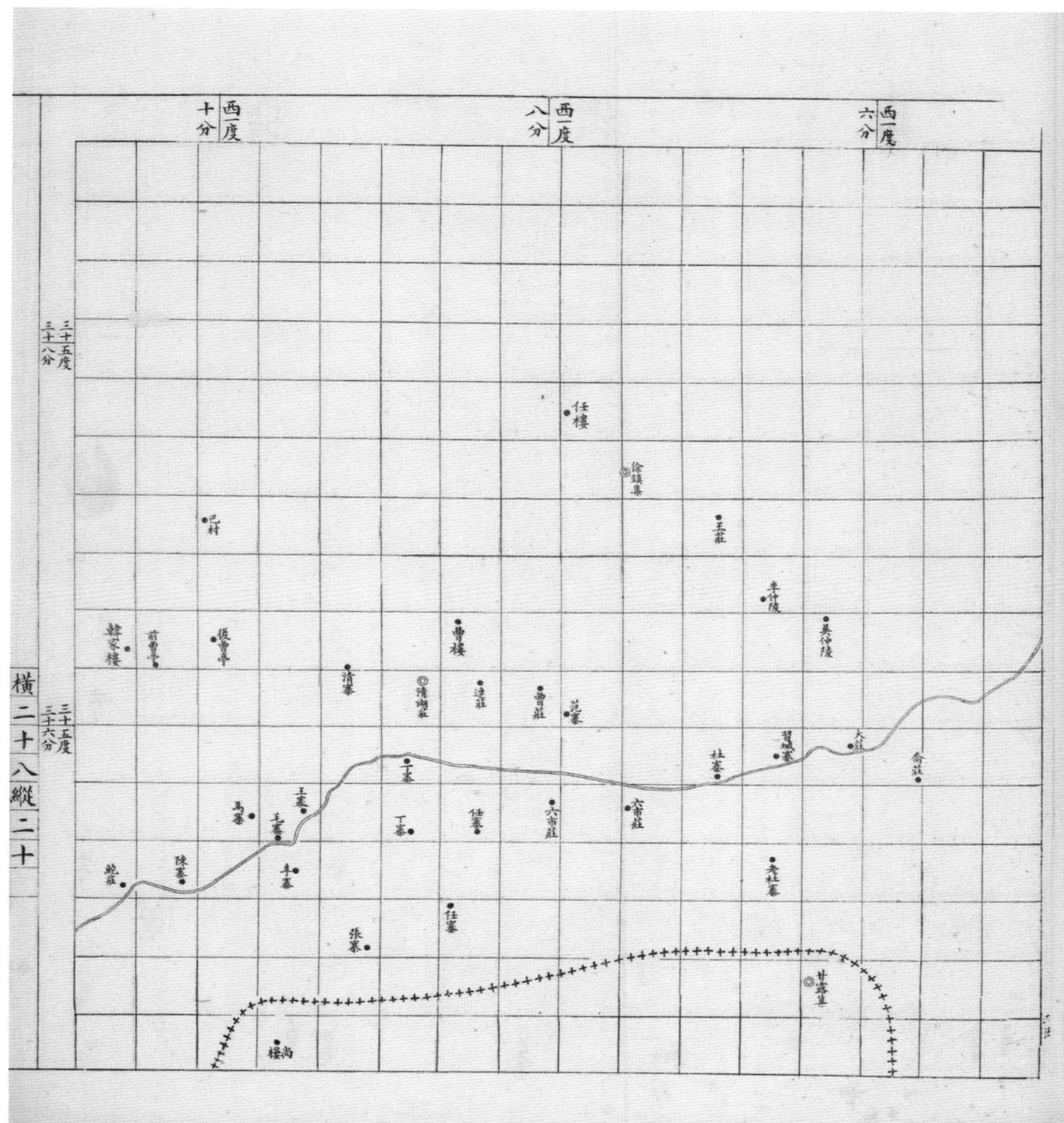

西一度十分
西一度八分
西一度六分
三十五度三十八分
三十五度三十六分
橫二十八縱二十
任樓
徐鎮集
巴村
王莊
李仲陵
吳仲陵
韓家樓
前曹亭
後曹亭
曹樓
清寨
清湖莊
連莊
曹莊
范寨
大莊
習城寨
杜寨
喬莊
丁寨
王寨
馬寨
王寨
丁寨
任寨
六市莊
六市莊
陳寨
李寨
老杜寨
鮑莊
任寨
張寨
甘露集
樓尚

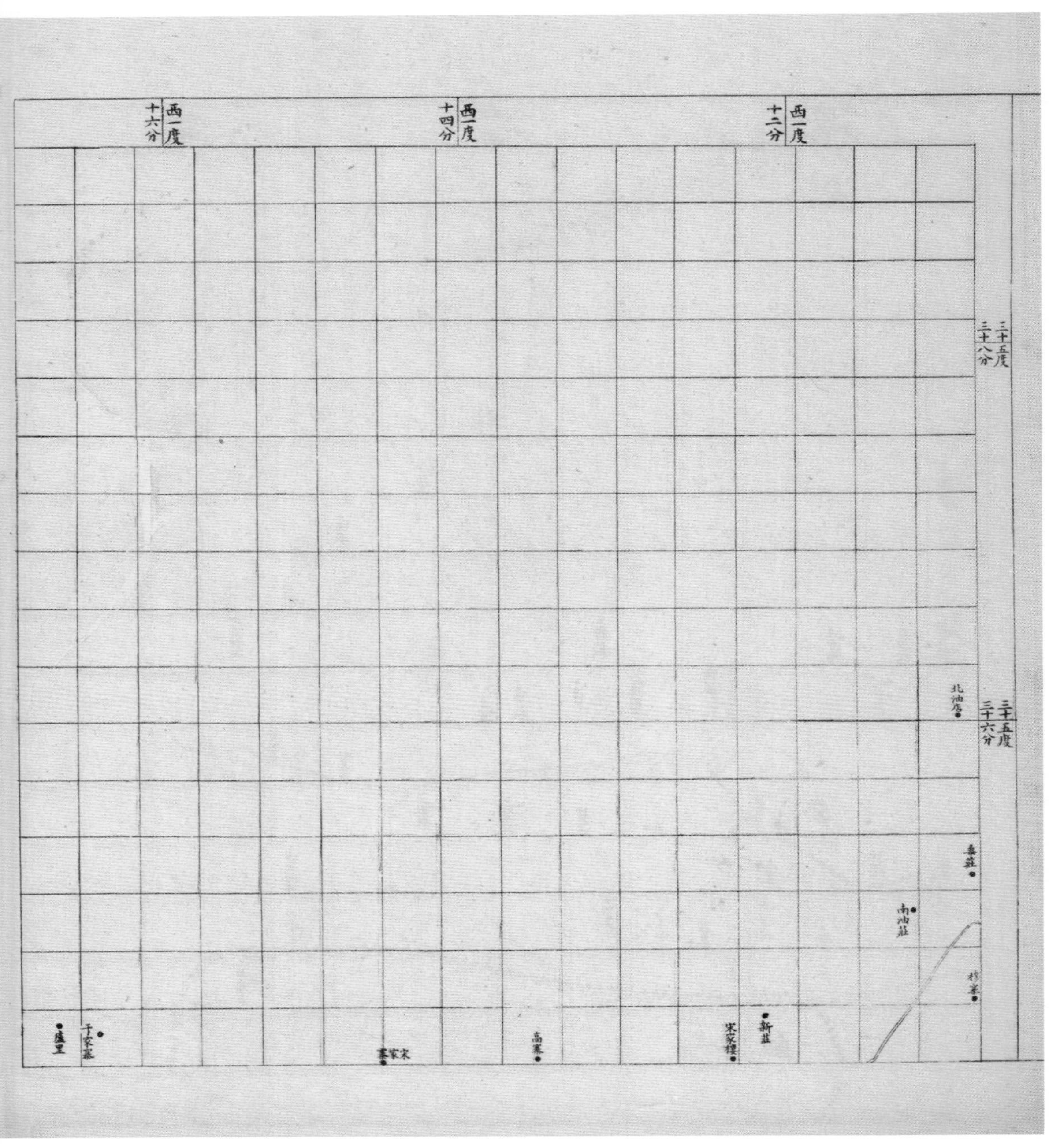
西一度十六分
西一度十四分
西一度十二分
三十五度三十八分
三十五度三十六分
北油房
南油莊
新莊
宋家樓
高寨
宋家寨
于家寨

二十二分 西一度

二十分 西一度

十八分 西一度

三十五度十四分

三十五度十二分

横三十三縱二十一

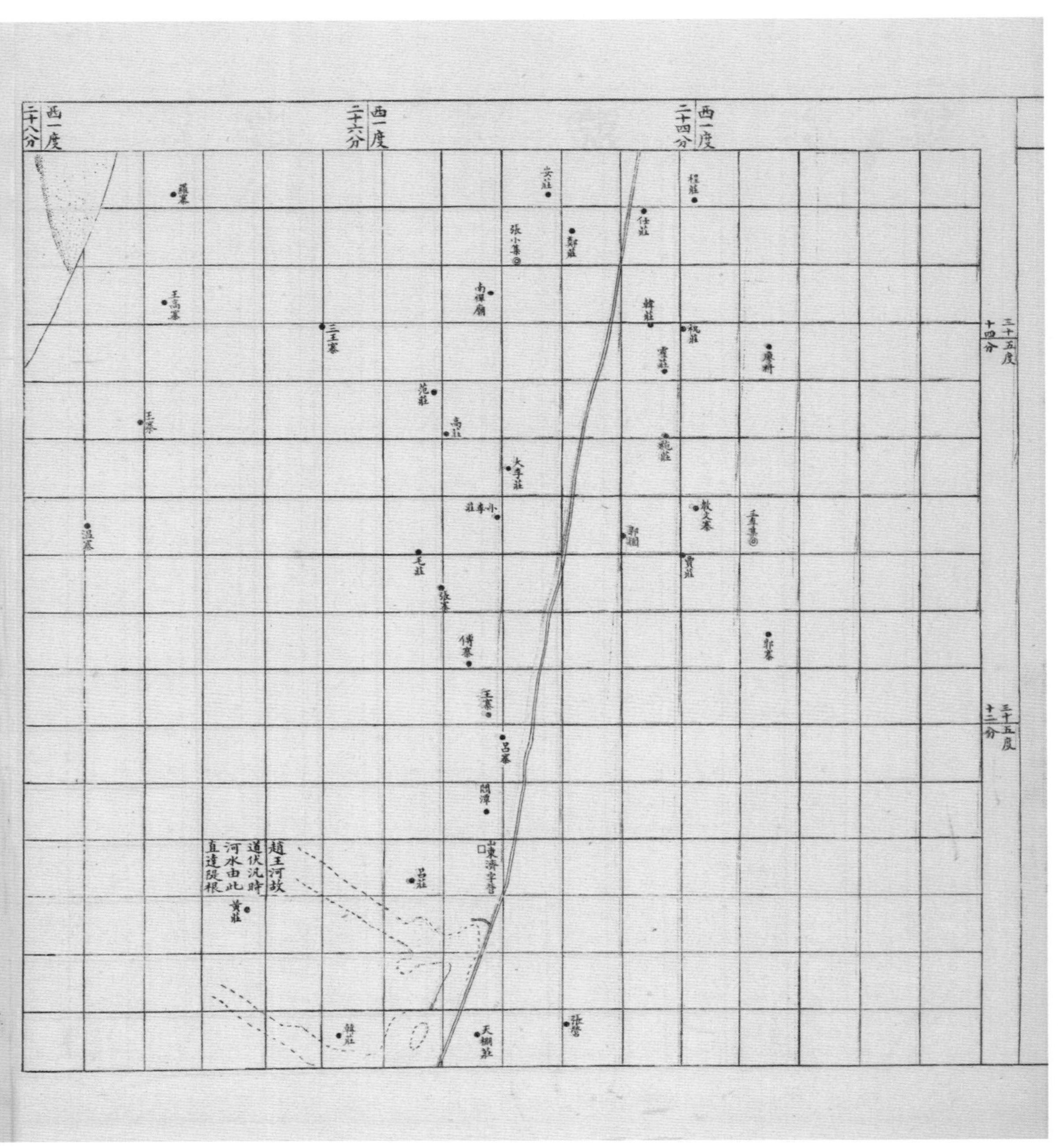
西一度二十八分
西一度二十六分
西一度二十四分
三十五度十四分
三十五度十二分
趙王河故道伏汛時河水由此直達隄根
三王寨
呂寨
閻潭
東濟寧營

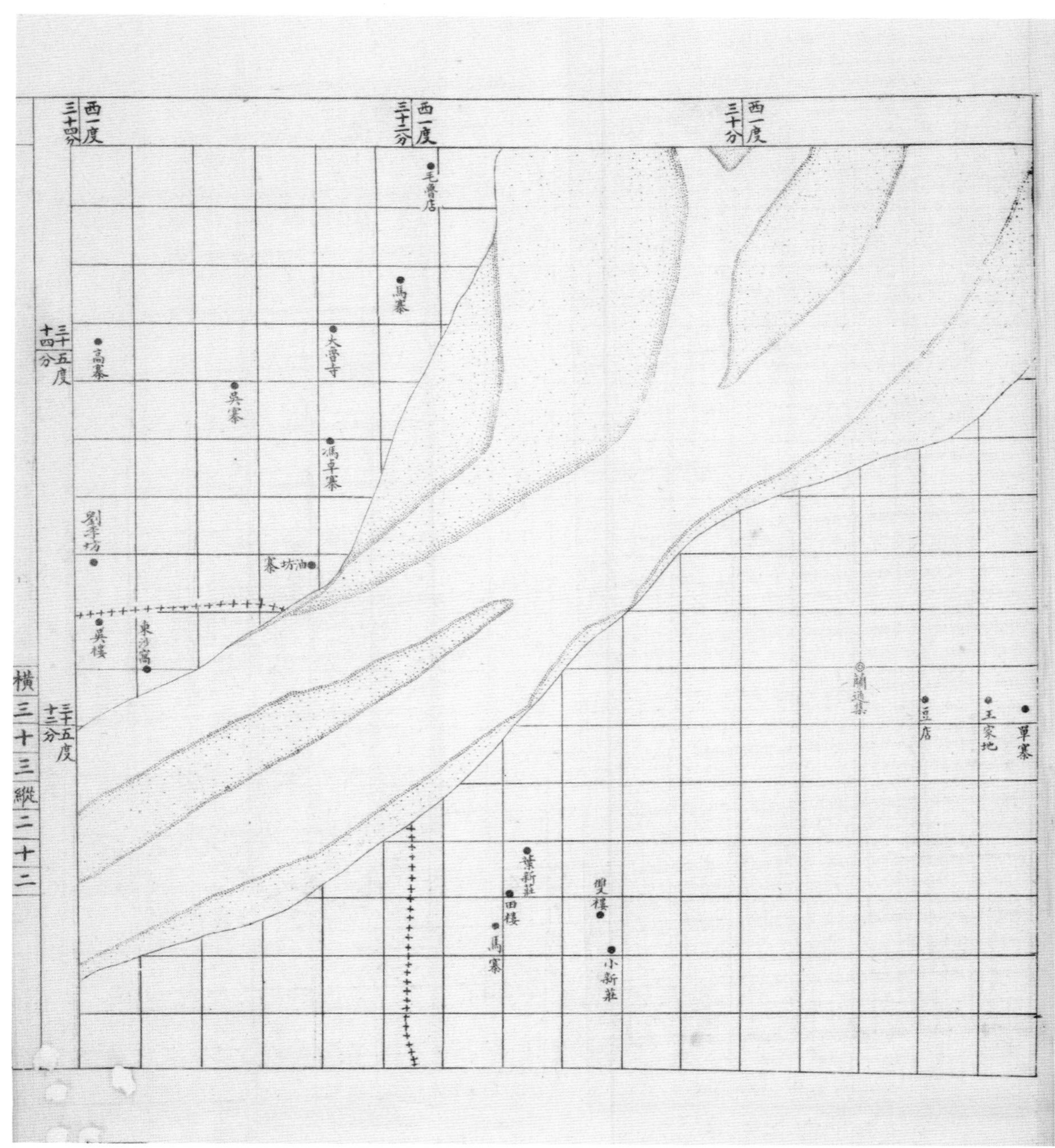
西一度三十四分
西一度三十二分
西一度三十分
三十五度十四分
三十五度十三分
橫三十三縱二十二
毛營店
馬寨
大營寺
高寨
吳寨
馮草寨
劉李坊
油坊寨
吳樓
東沙窩
蘭通集
豆店
王家地
單寨
葉新莊
田樓
雙樓
馬寨
小新莊

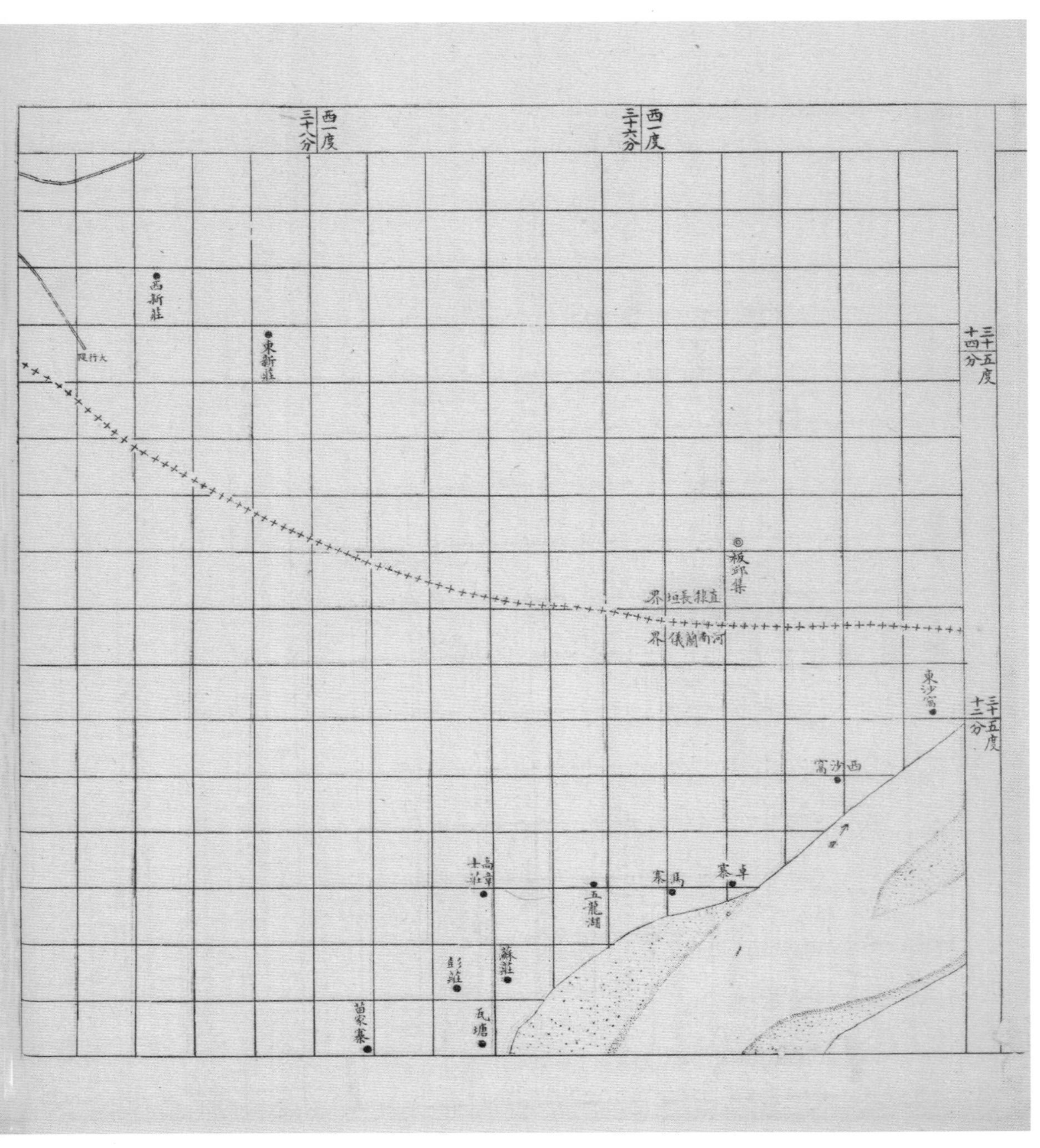

西一度三十八分
西一度三十六分
三十五度四十分
三十五度三十二分
西新莊
東新莊
大行隄
板邱集
直隸長垣界
河南儀封界
東沙窩
西沙窩
高章士莊
五龍湖
馬寨
卓寨
蘇莊
彭莊
苗家寨
瓦塘

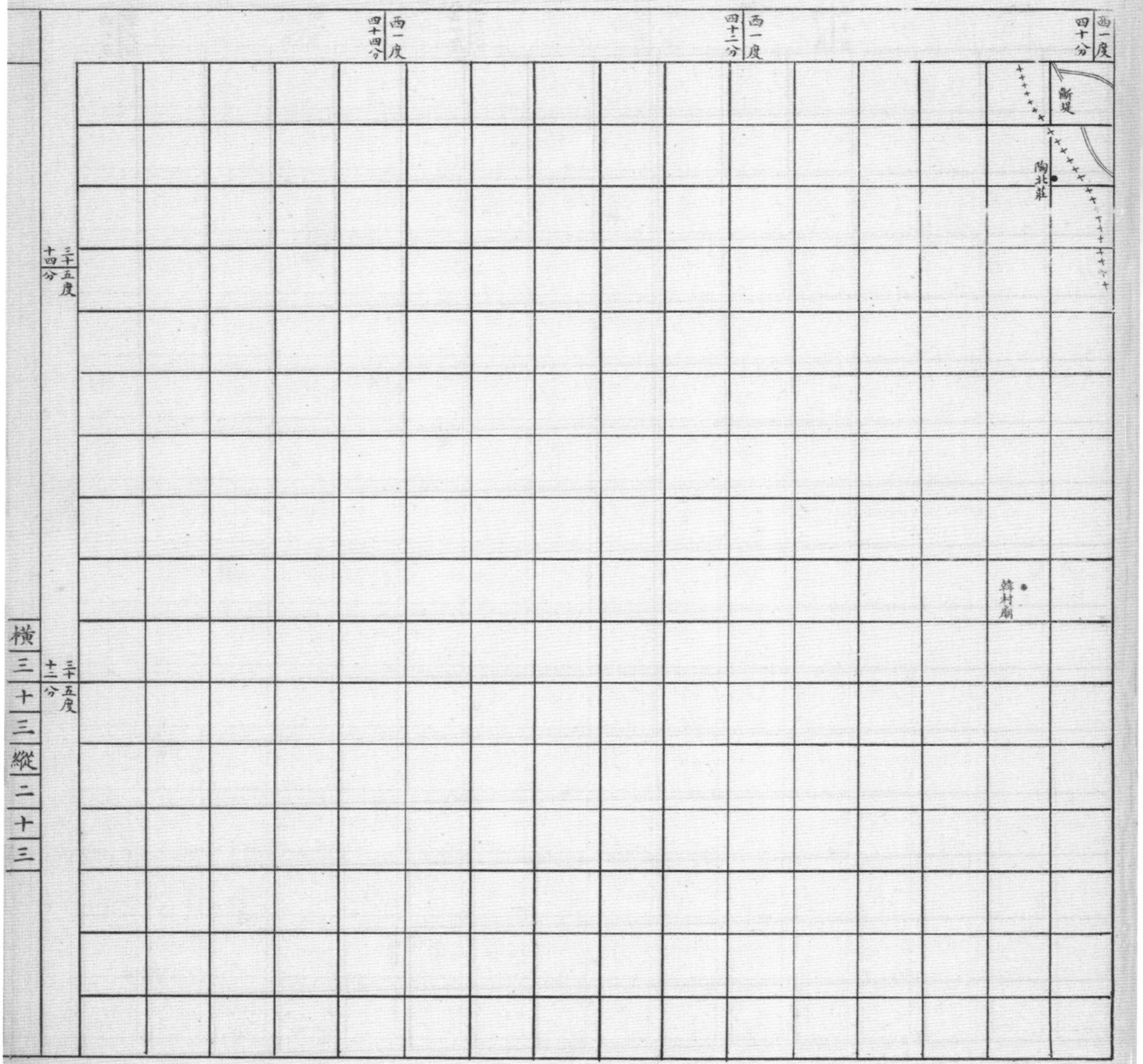

西一度四十四分

西一度四十二分

西一度四十分

三十五度十四分

斷堤

陶北莊

韓村廟

三十五度十二分

横三十三縱二十三

西一度五十分

西一度四十八分

西一度四十六分

三十五度十四分

三十五度十二分

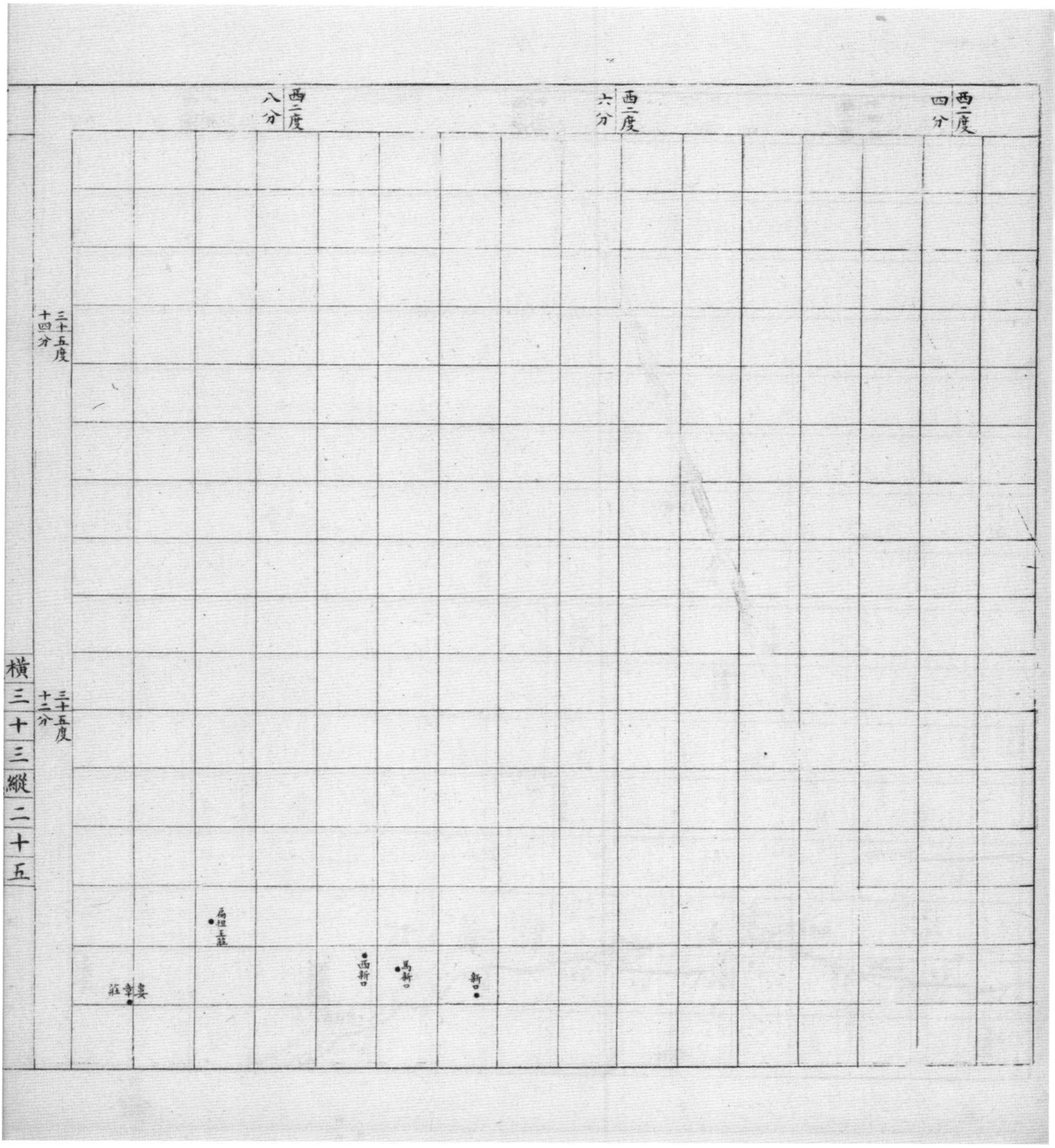

西二度八分　西二度六分　西二度四分

三十五度十四分

三十五度十二分

横三十三縱二十五

扁担王莊

西新口

馬新口

新口

婁章莊

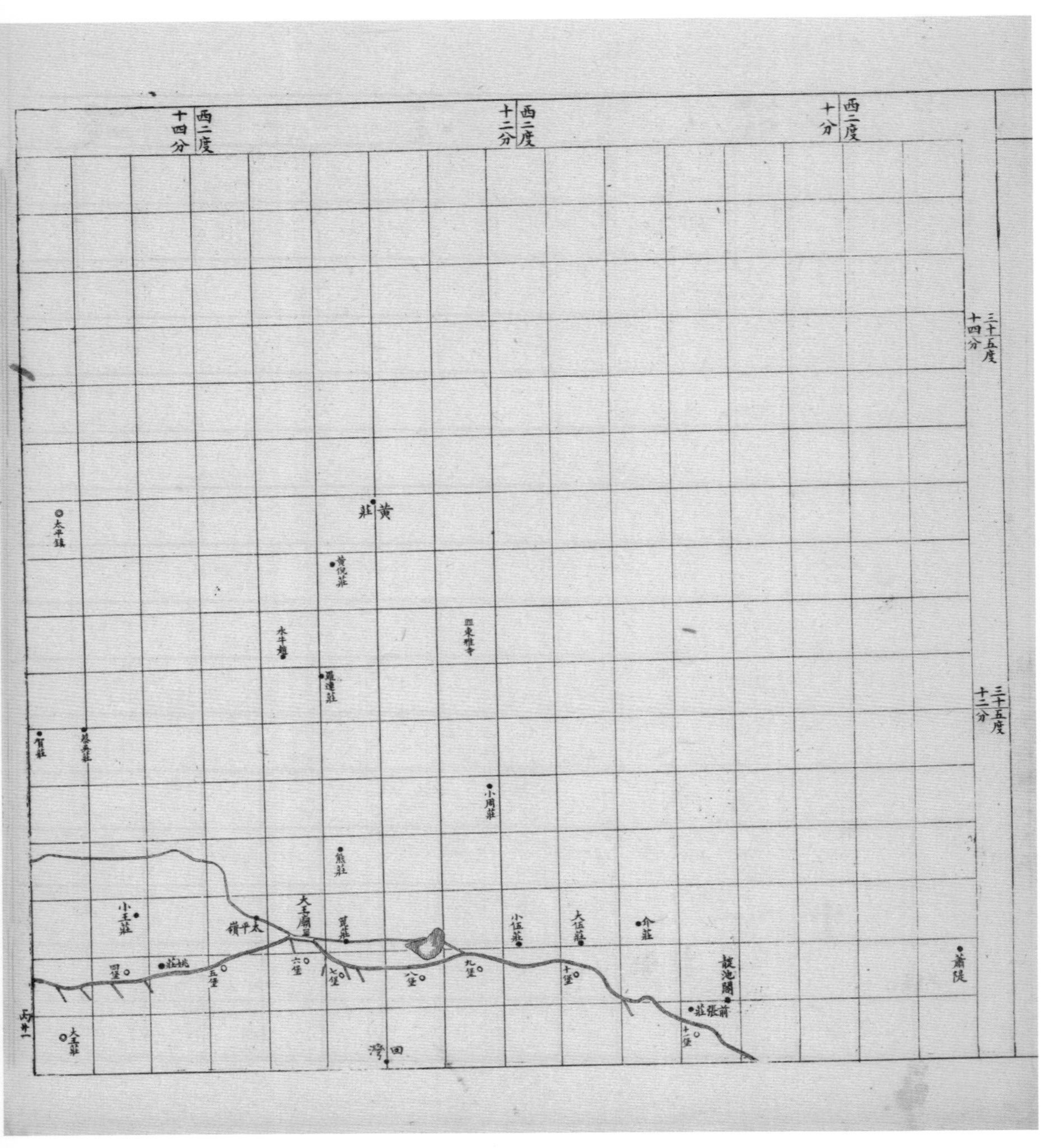

西二度十四分
西二度十二分
西二度十分
三十五度十四分
三十五度十二分
黃莊
太平鎮
小周莊
熊莊
小王莊
太平嶺
大王廟
小伍莊
大伍莊
介莊
姚莊
四堡
五堡
六堡
七堡
八堡
九堡
十堡
十一堡
龍池關
前張莊
大王莊
回灣
蕭陵

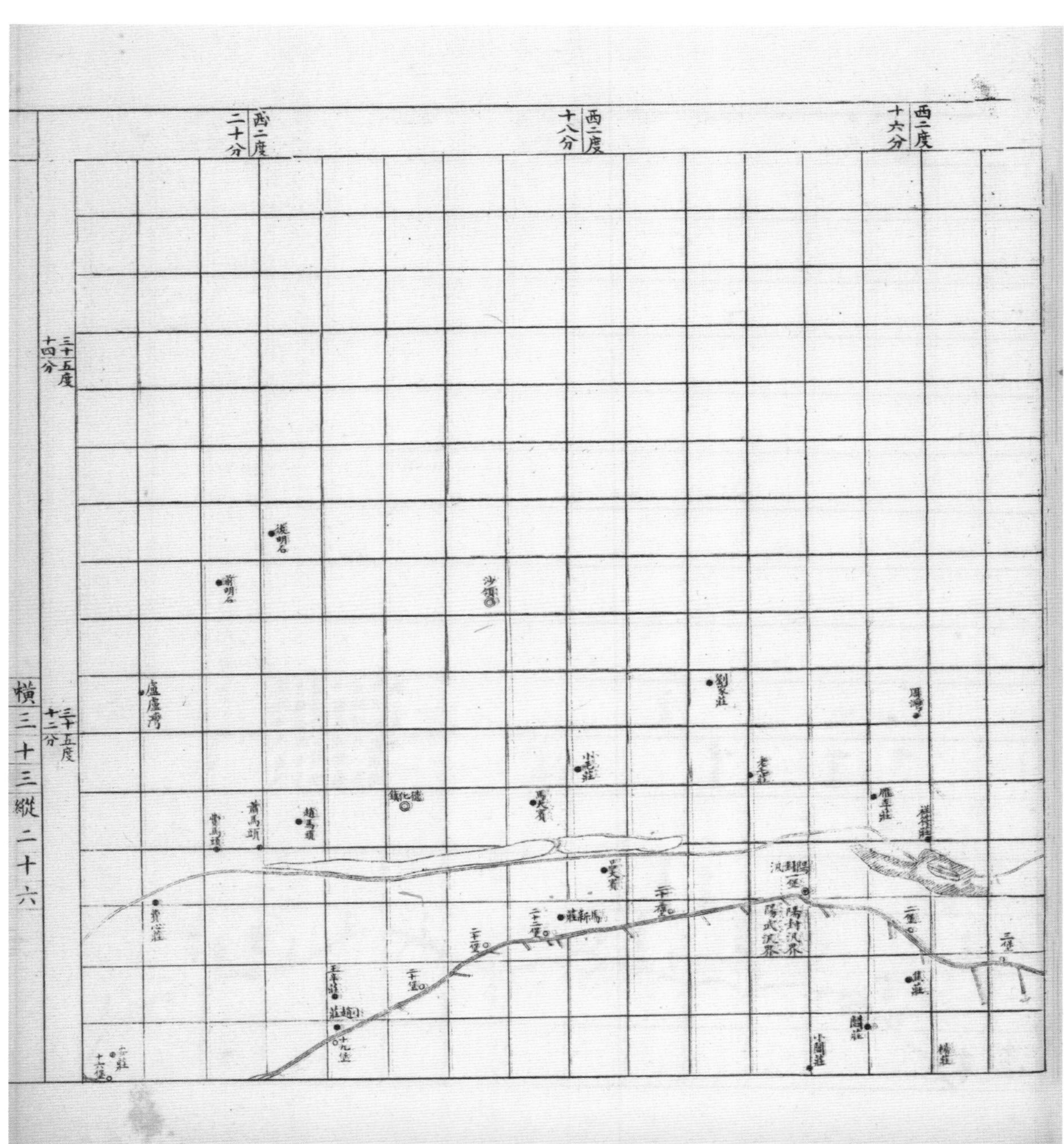
西二度二十分
西二度十八分
西二度十六分
三十五度十四分
三十五度十二分
橫三十三縱二十六
盧盧灣
沙鎮
德化鎮
劉家莊

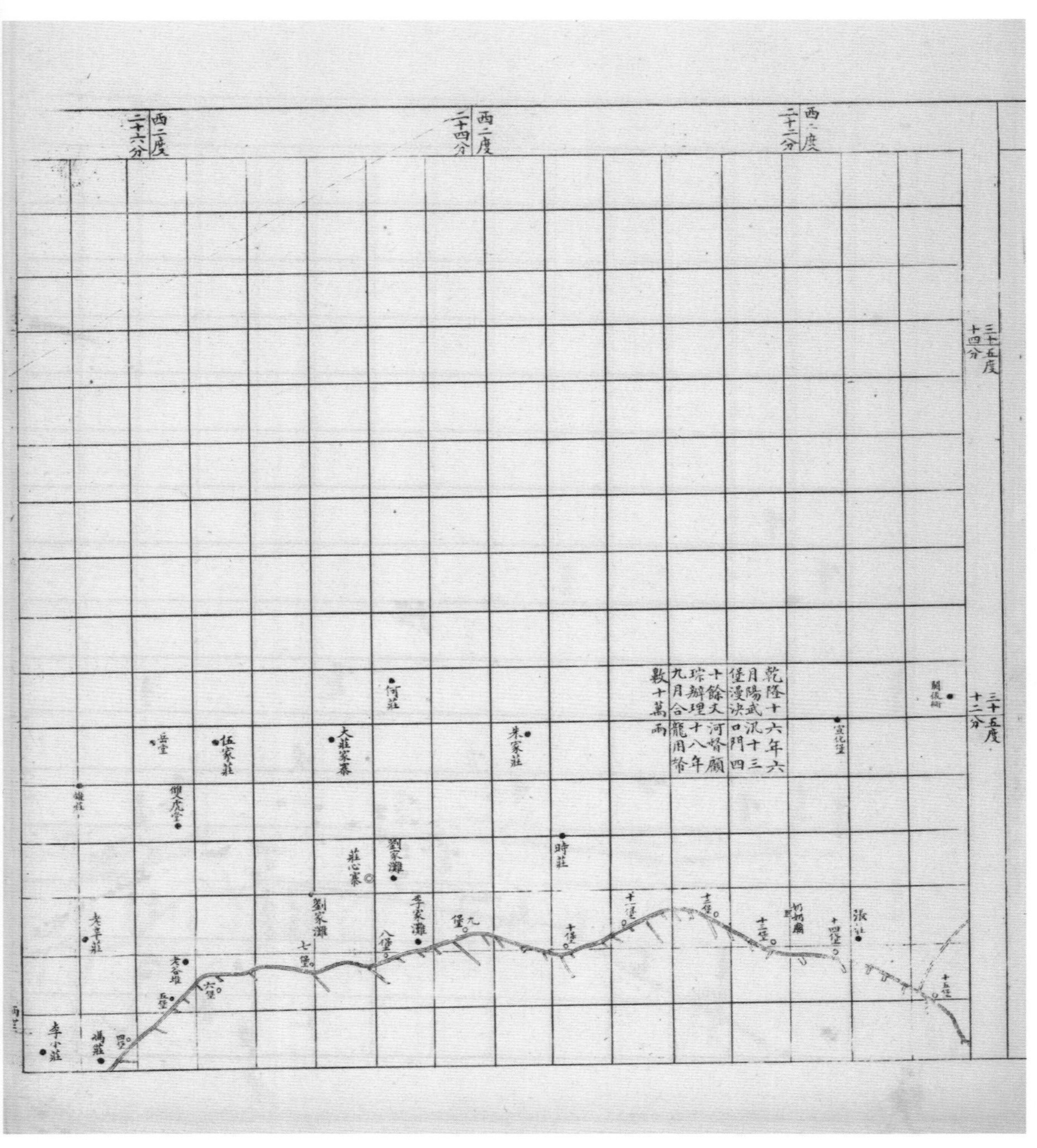
西二度二十六分
西二度二十四分
西二度二十二分
三十五度十四分
三十五度十二分
乾隆十六年六月陽武汛十三堡漫決口門四十餘丈河督顧琮辦理十八年九月合龍用帑數十萬兩
何莊
伍家莊
朱家莊
宣化堡
劉家灘
時莊
莊心寨
劉家灘
李家灘
九堡
八堡
七堡
六堡
十堡
十一堡
十二堡
十三堡
十四堡
張莊
十五堡
馮莊
李小莊

西二度三十二分

西二度三十分

西二度二十八分

三十五度十四分

三十五度十二分

横三十三縱二十七

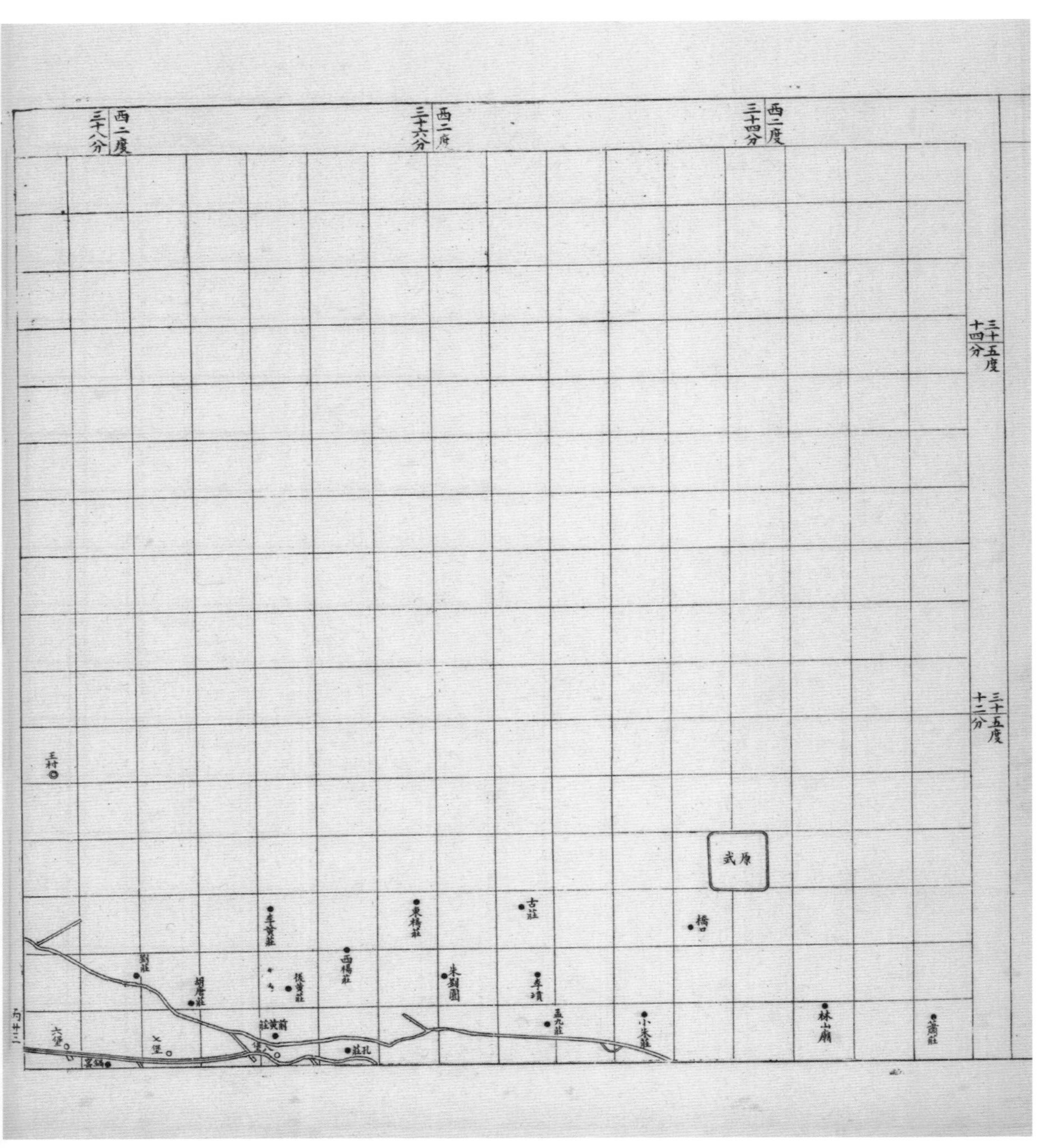

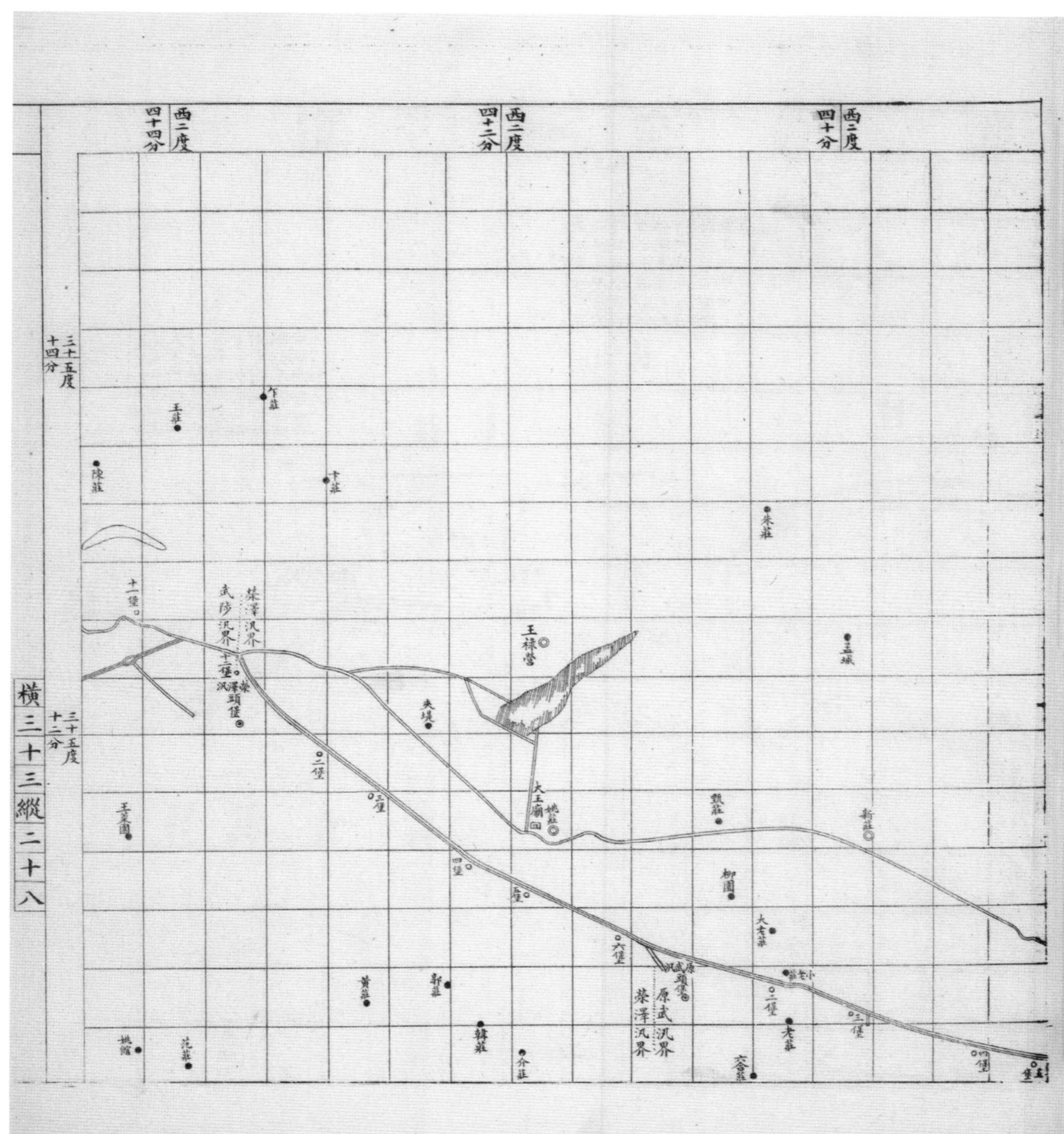

西二度四十四分
西二度四十二分
西二度四十分
三十五度十四分
三十五度十二分
橫三十三縱二十八
王莊
陳莊
十一堡
武陟汎界
滎澤汎界
十二堡
滎澤汎頭堡
王祿營
朱莊
大王廟
新莊
柳園
黃莊
韓莊
原武汎界
滎澤汎界

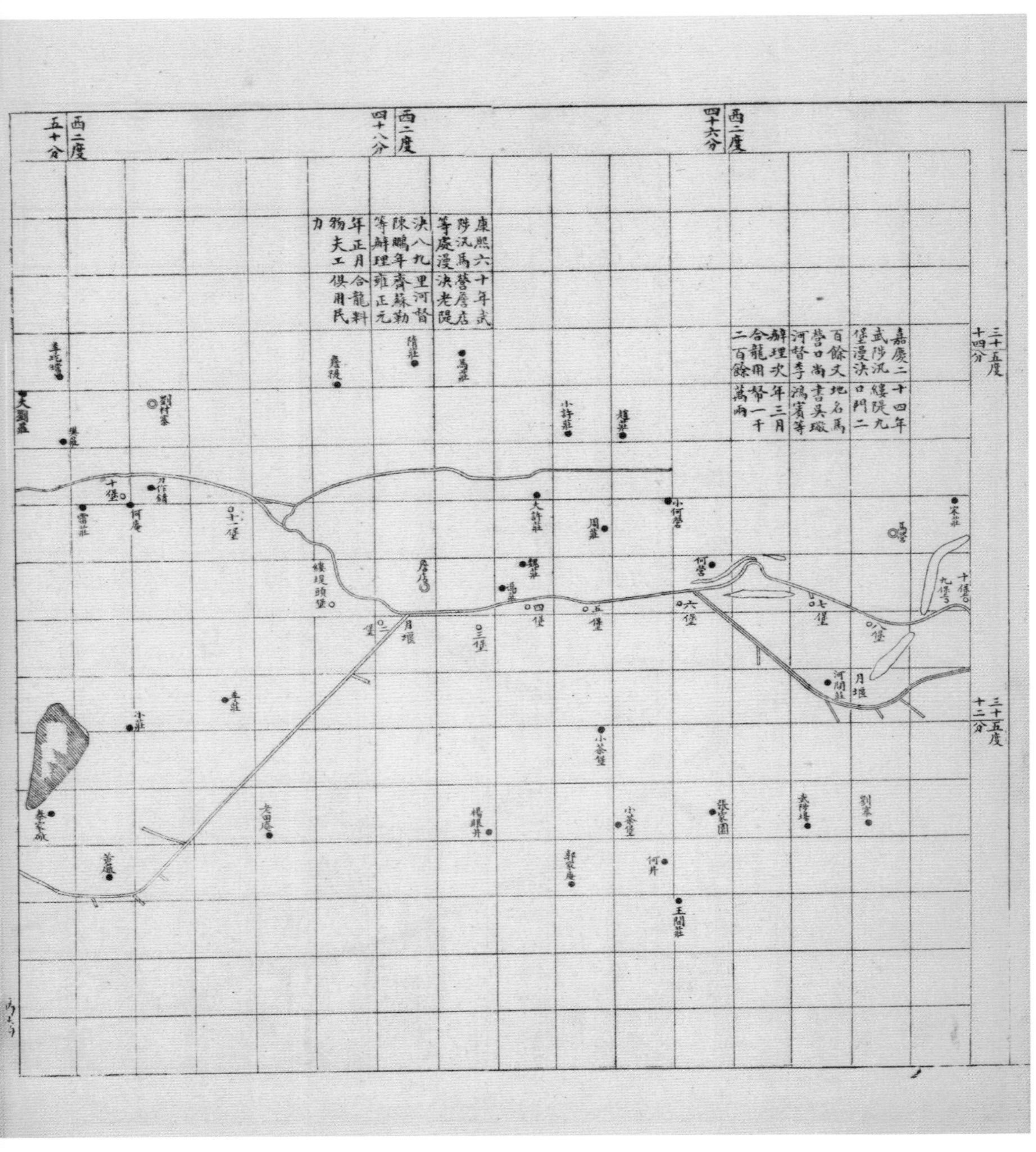
西二度五十分
西二度四十八分
西二度四十六分
三十五度十四分
三十五度十二分
康熙六十年武陟汛馬營廖店等處漫決老隄決八九里河督陳鵬年齊蘇勒等辦理雍正元年正月合龍料物夫工俱用民力
嘉慶二十四年武陟汛縷隄九堡漫決口門二百餘丈地名馬營口尚書吳璥河督李鴻賓等辦理次年三月合龍用帑一千二百餘萬兩
大劉莊
劉村寨
十堡
何營
小何營
大許莊
小許莊
周莊
廖店
二堡
三堡
四堡
五堡
六堡
七堡
八堡
九堡
十堡
月堤
河間莊
小茶堡
張家園
王閣莊
何井

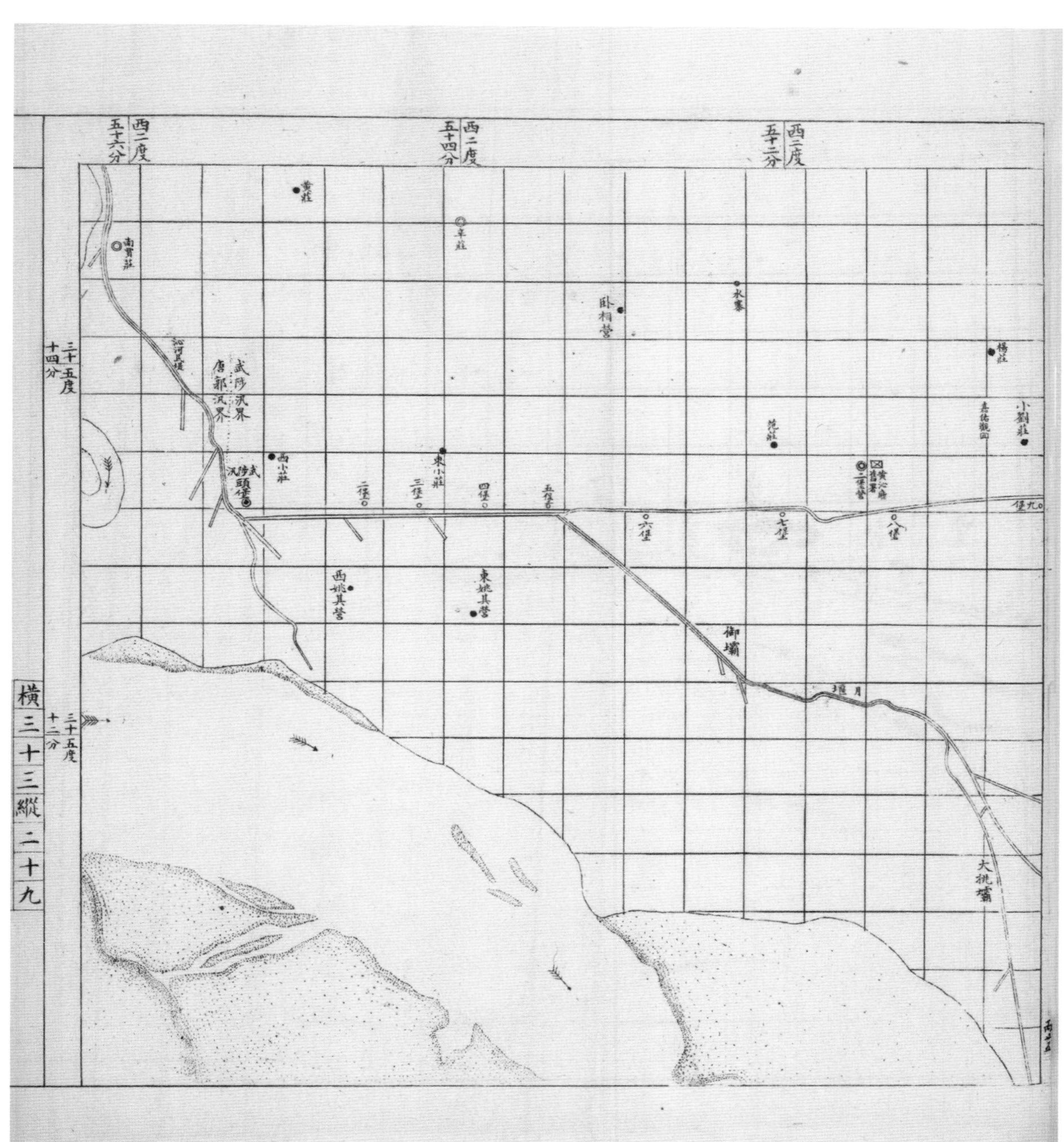

西二度五十六分
西二度五十四分
西二度五十二分
三十五度十四分
三十五度十二分
橫三十三縱二十九
黃莊
辛莊
水寨
臥相營
楊莊
小劉莊
武陟汎界
唐郭汎界
西小莊
東小莊
二堡
三堡
四堡
五堡
六堡
七堡
八堡
九堡
西姚其營
東姚其營
御壩
大拱壩

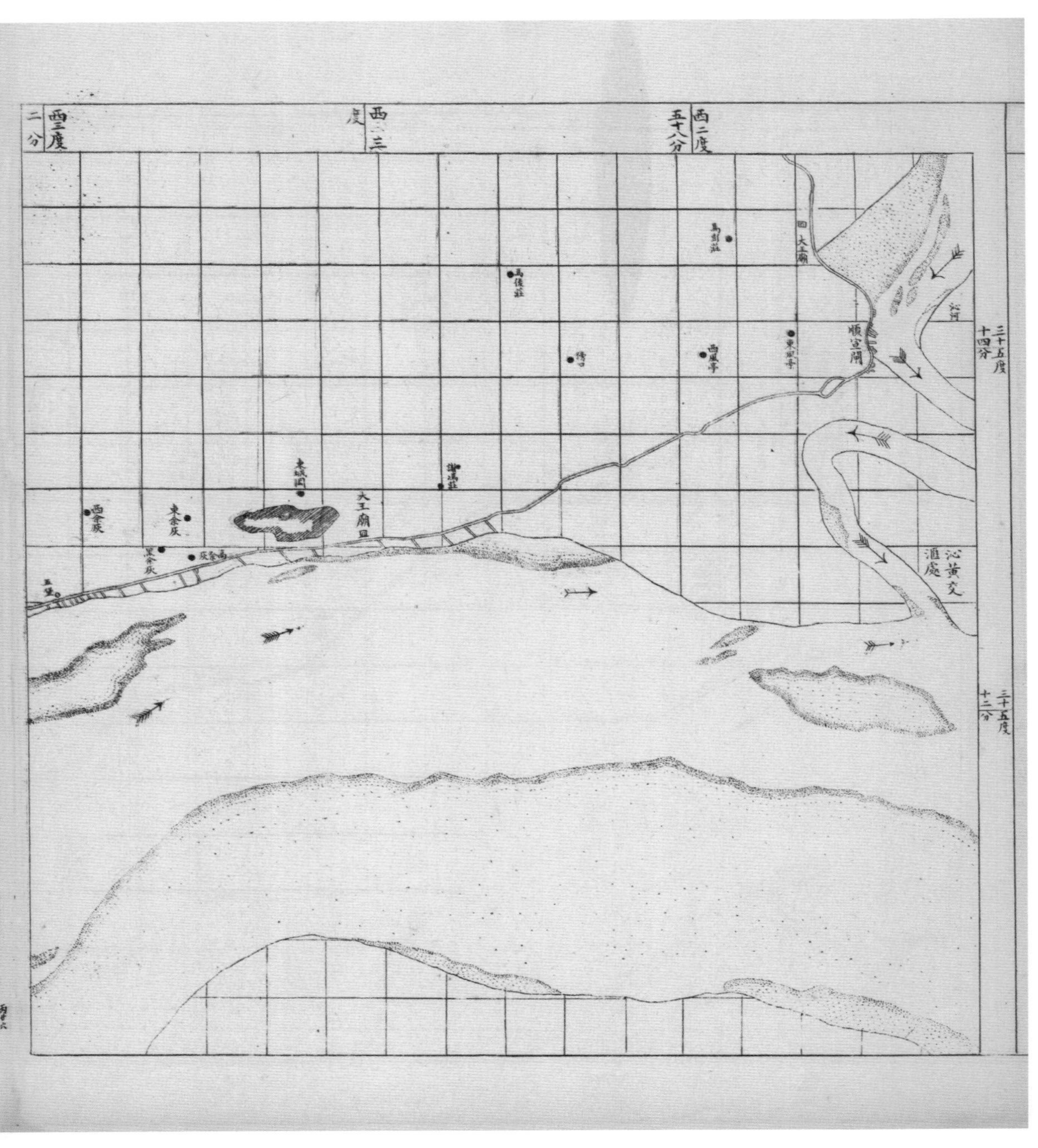

西二度
五十八分
西二三度
西三度
二分
三十五度
十四分
三十五度
十二分
大王廟
順宣閘
東王寺
西風亭
沁河
沁黃交
滙處
東城固
大王廟
西余庆
東余庆

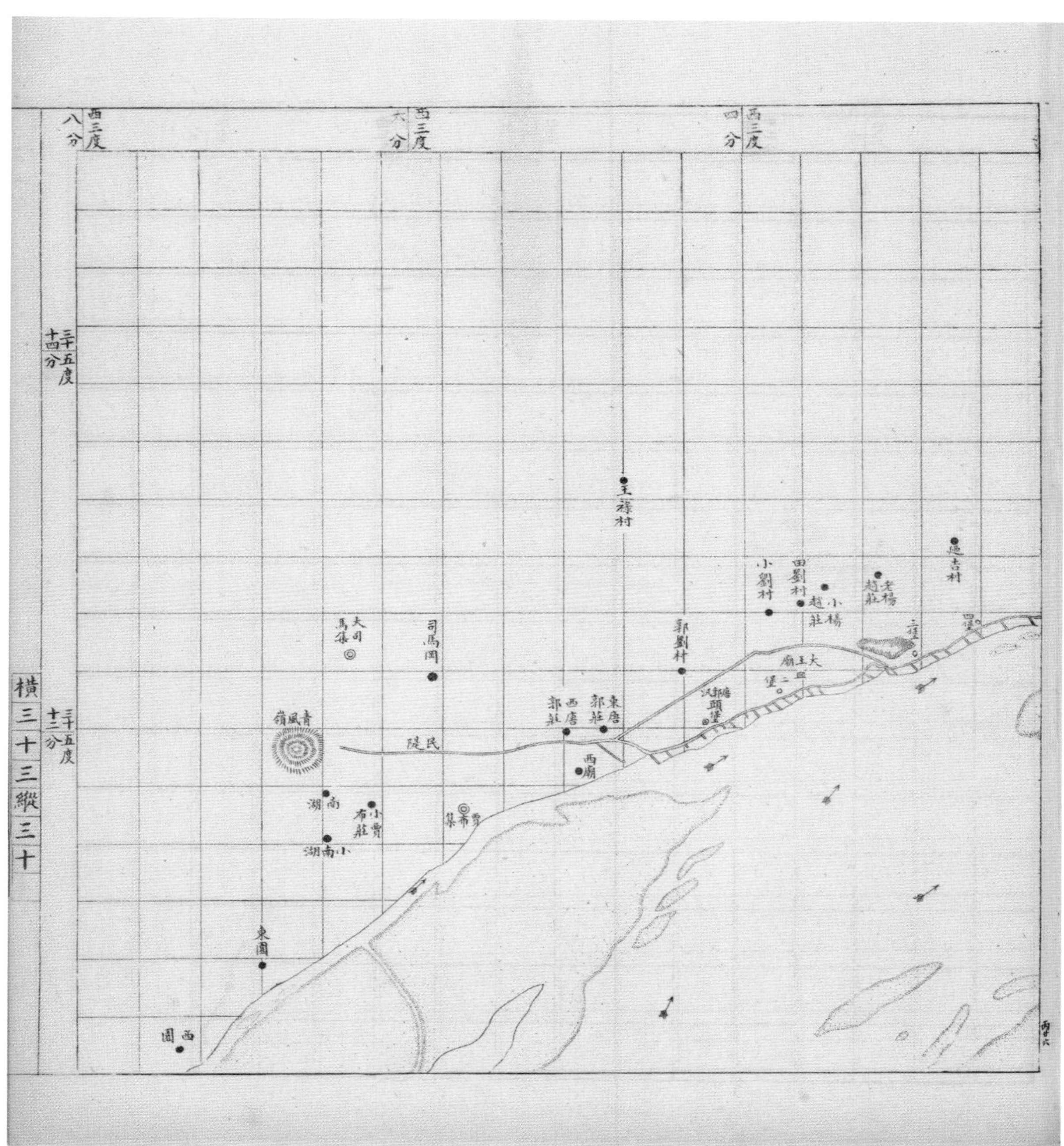
西三度八分
西三度六分
西三度四分
三十五度十四分
三十五度十三分
橫三十三縱三十
王祿村
遇吉村
小劉村
田劉村
老楊趙莊
小楊趙莊
郭劉村
大司馬集
司馬岡
大王廟
二堡
溝頭堡
東唐郭莊
西唐郭莊
青風嶺
民隄
西廟
南湖
小賈布莊
賈布集
小南湖
東園
西園

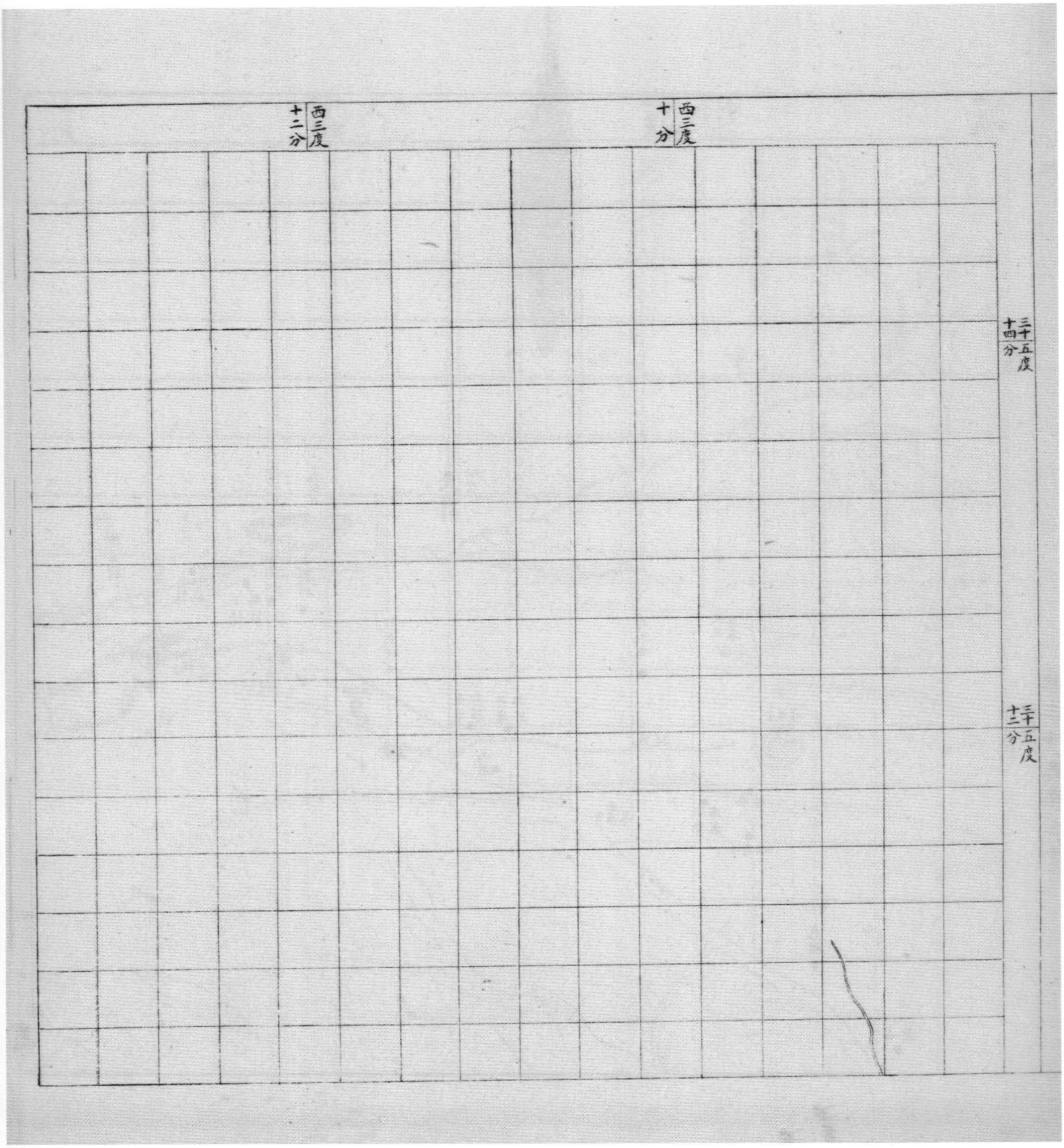

西三度十二分

西三度十分

三十五度十四分

三十五度十二分

西四度二分

西四度四分

西四度六分

三十五度十四分

横三十三縱三十五

三十五度十二分

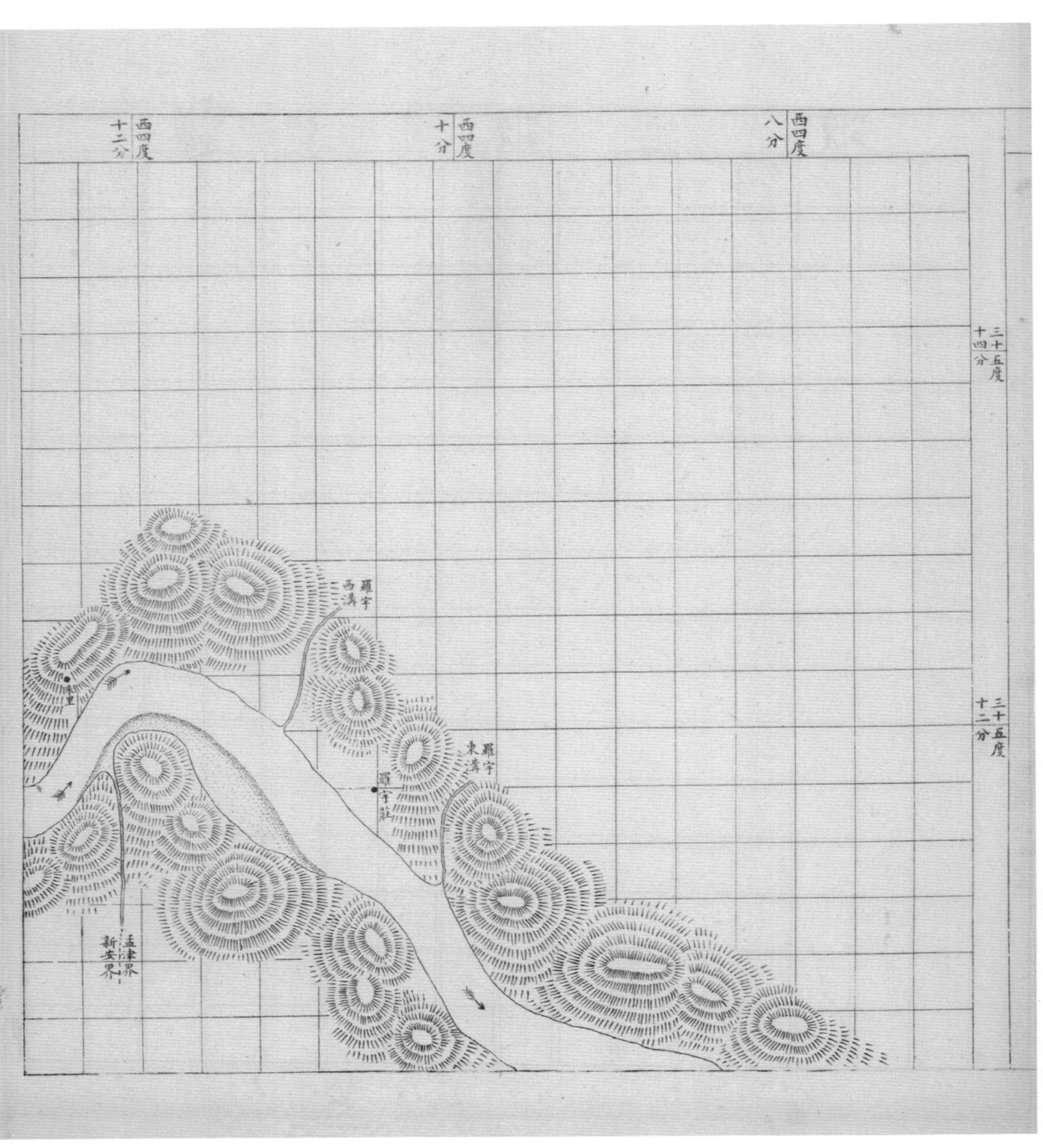
西四度十二分
西四度十分
西四度八分
三十五度十四分
三十五度十二分
羅宇西溝
羅宇東溝
羅宇莊
孟津界
新安界

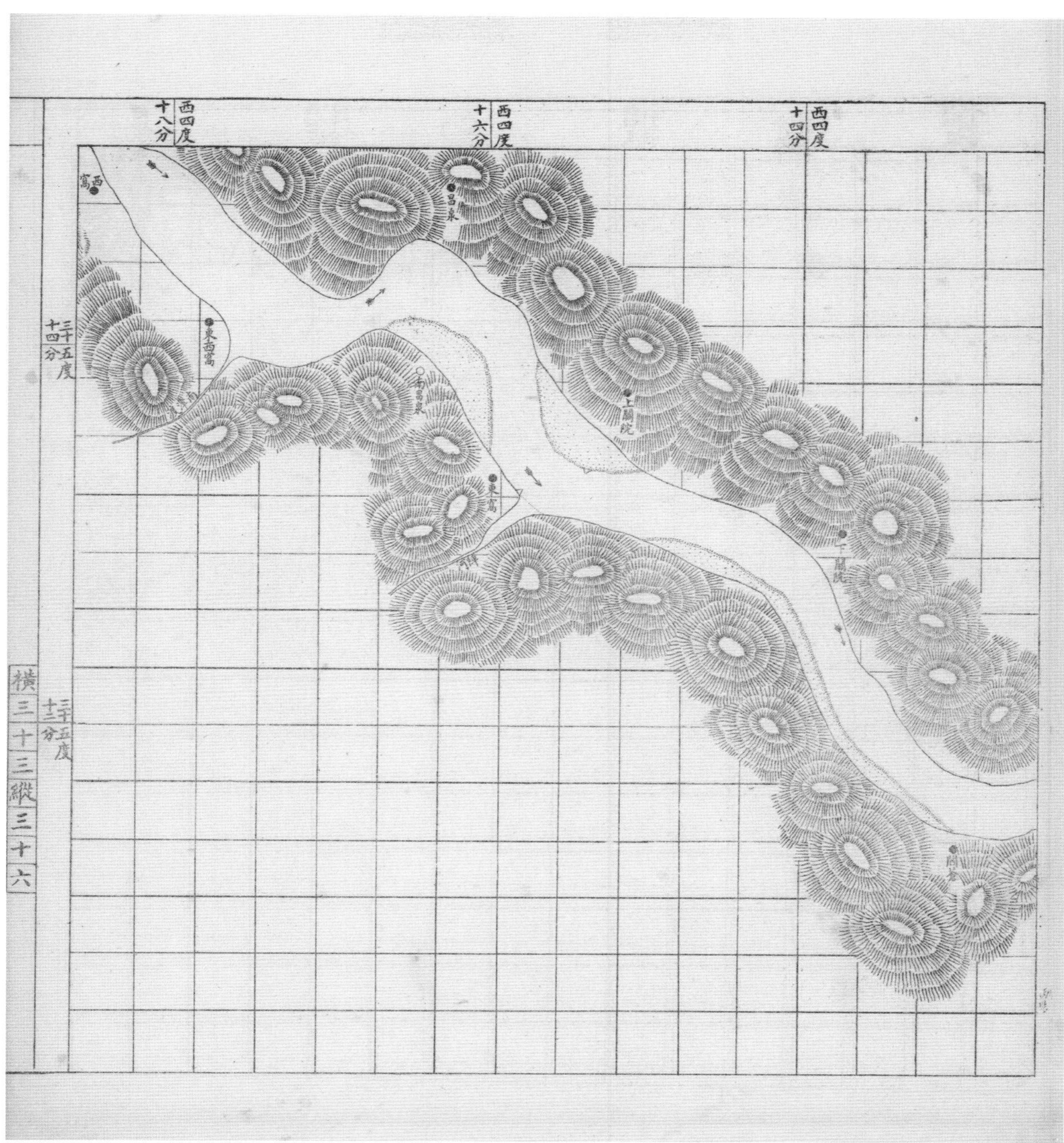
西四度十八分
西四度十六分
西四度十四分
西窩
昌泉
東西窩
南昌泉
上關院
東窩
下關院
三十五度十四分
三十五度十二分
横三十三縱三十六

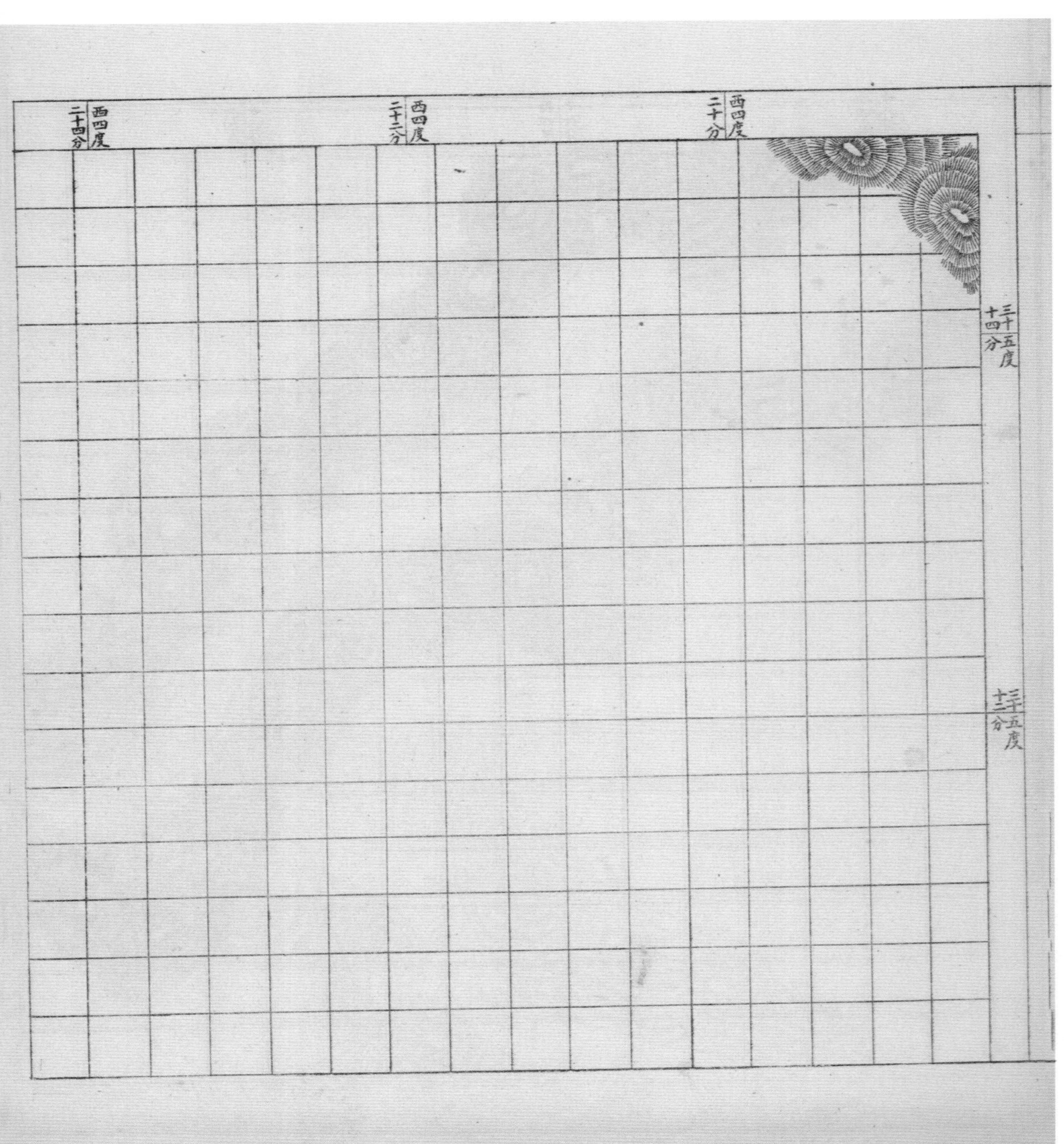
西四度二十四分
西四度二十二分
西四度二十分
三十五度十四分
三十五度十二分

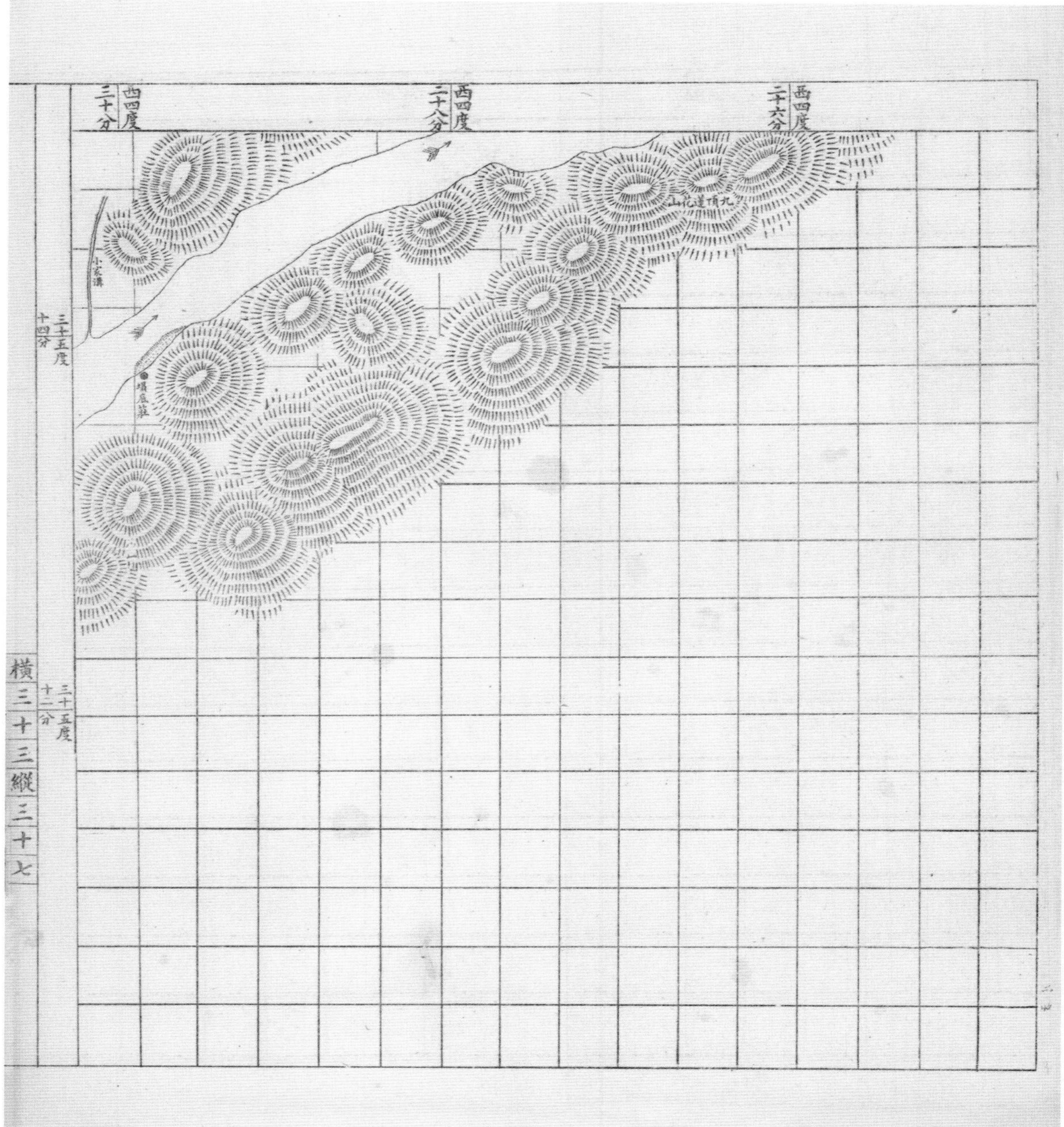
西四度三十分
西四度二十八分
西四度二十六分
三十五度十四分
三十五度十二分
小家溝
九頂蓮花山
横三十三縱三十七

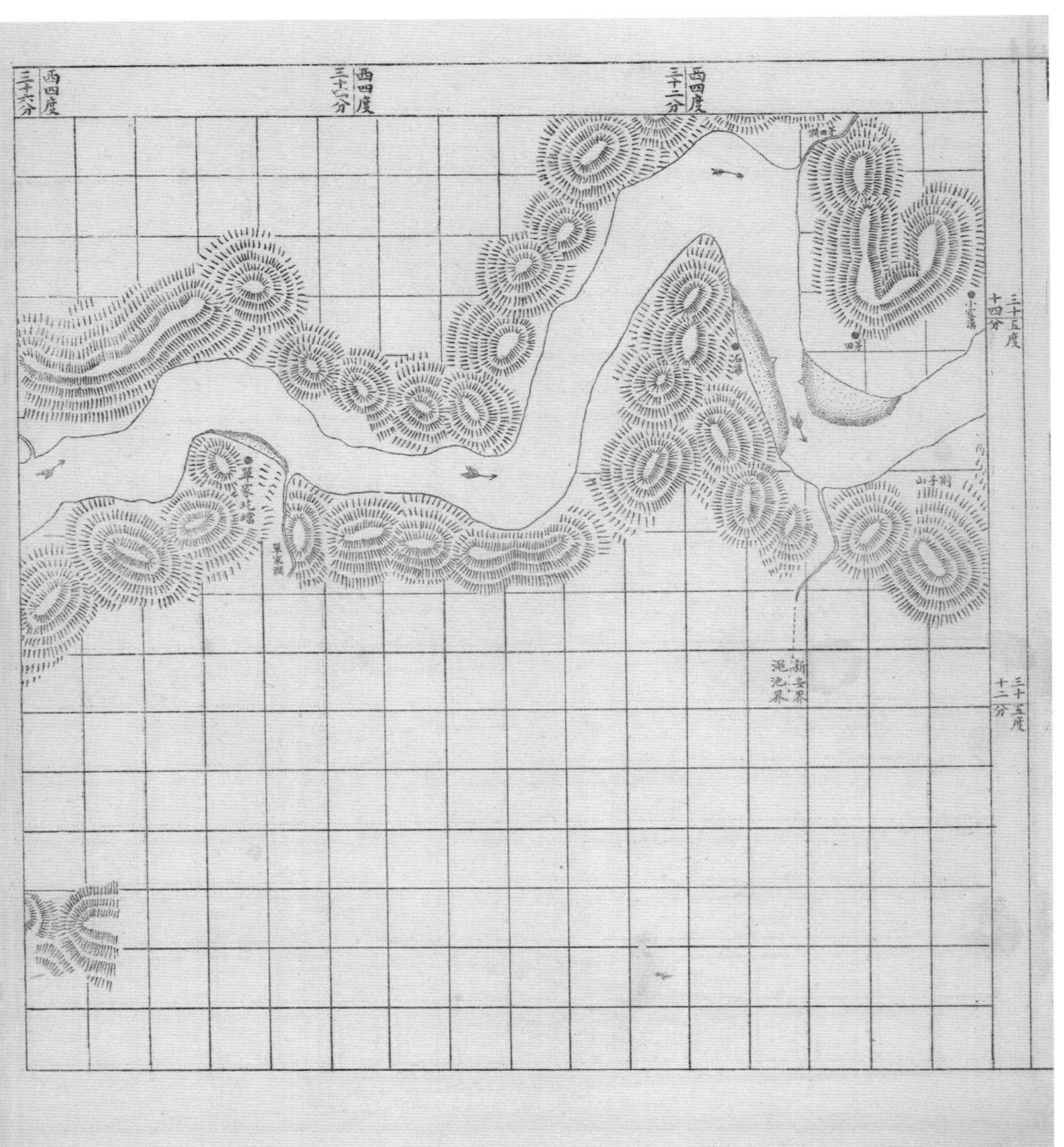

西四度三十六分
西四度三十四分
西四度三十二分
三十五度十四分
三十五度十二分
新安界
澠池界

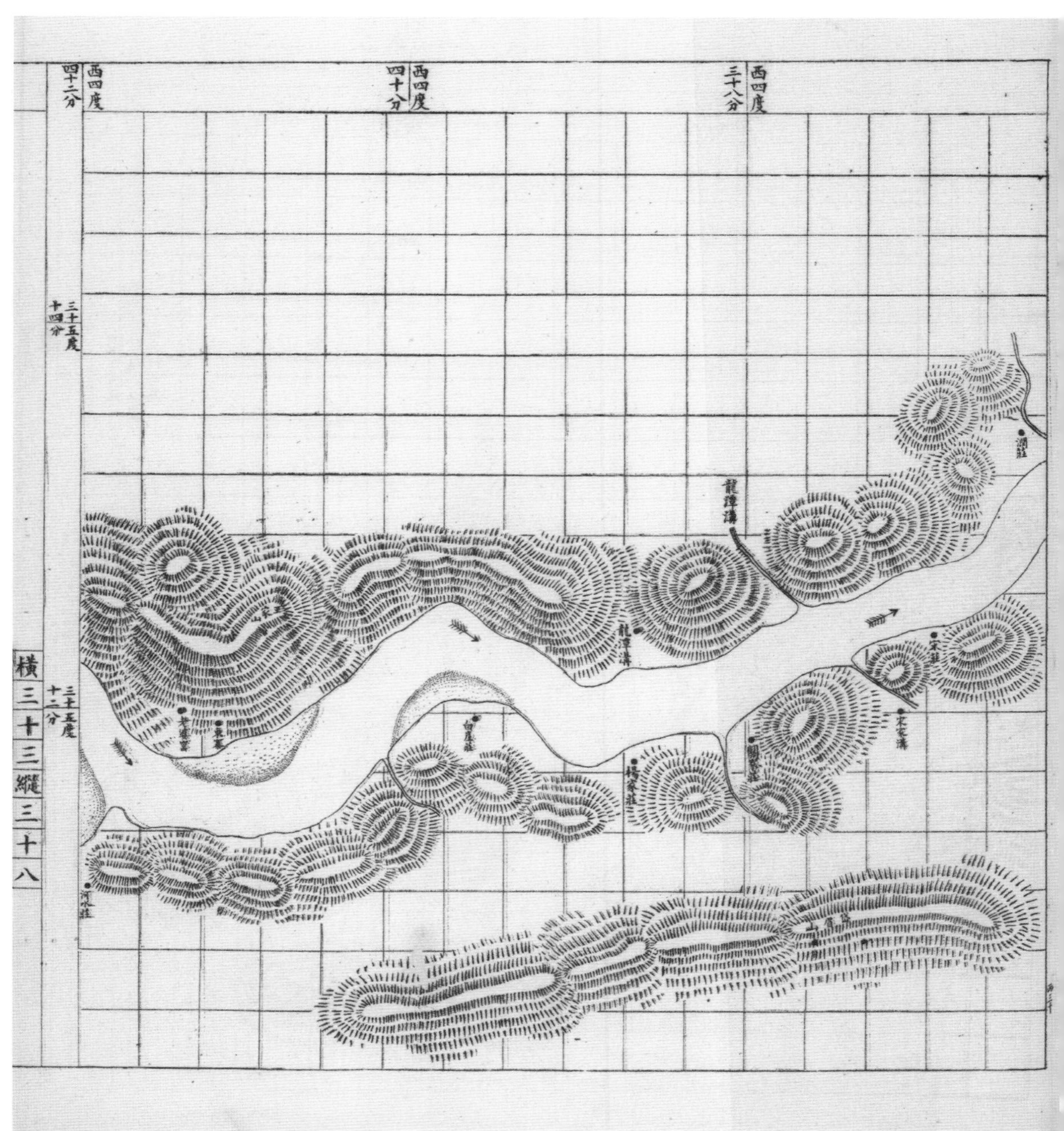
西四度四十二分
西四度四十分
西四度三十八分
三十五度十四分
三十五度十二分
橫三十三縱三十八
龍潭溝
龍潭溝
王家山
白崖莊
楊家莊
宋莊

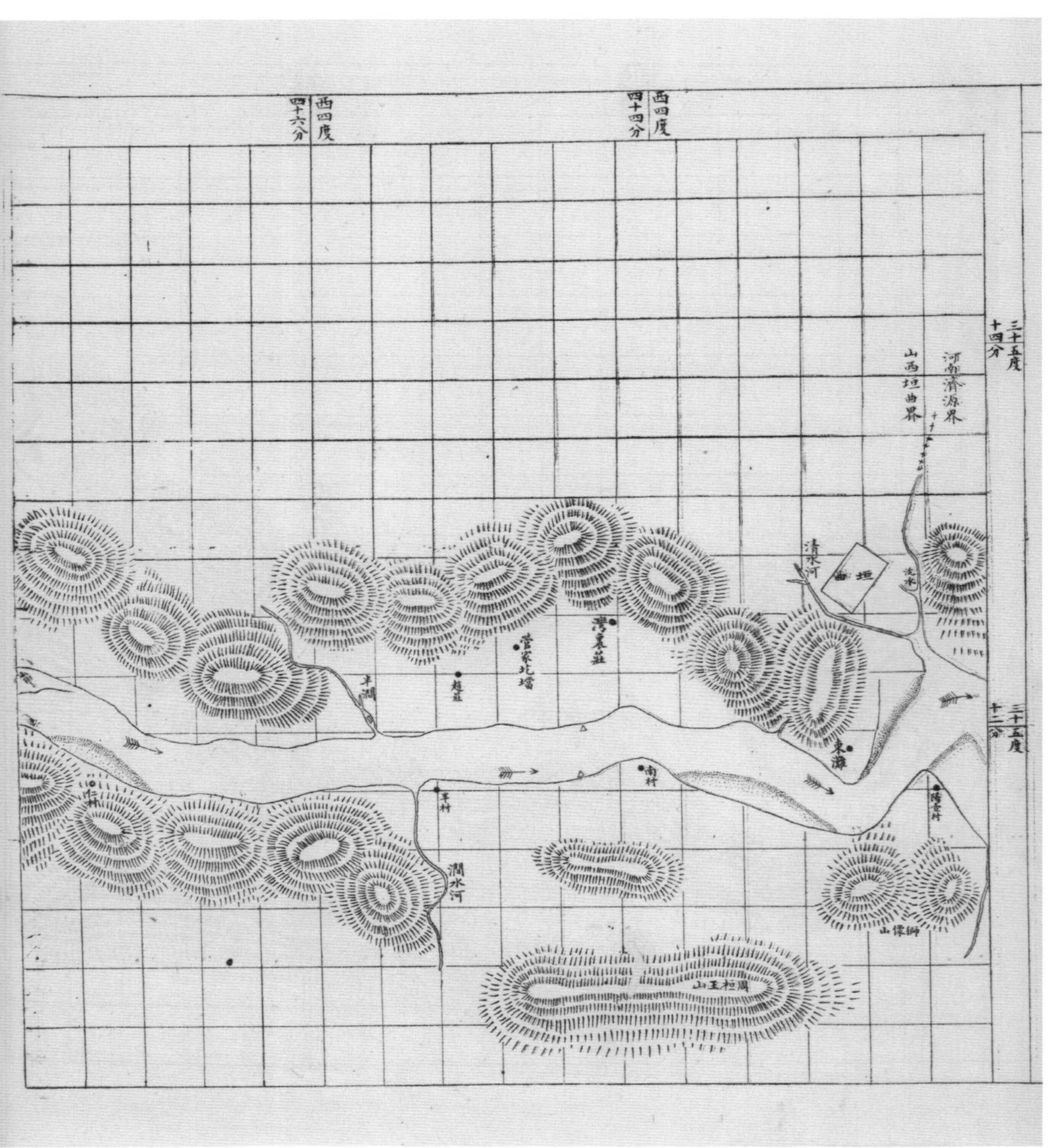

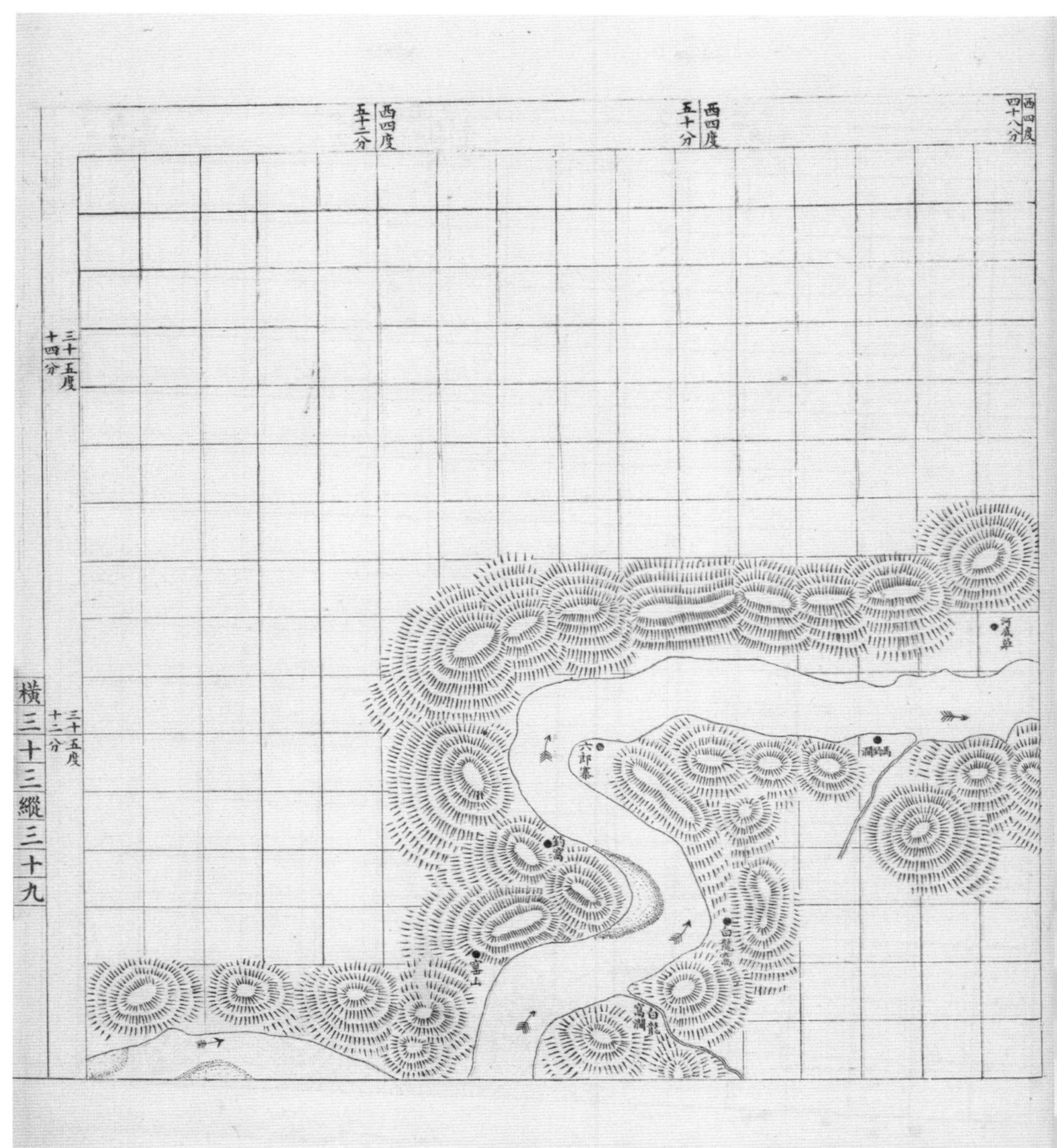
西四度五十二分
西四度五十分
西四度四十八分
三十五度十四分
三十五度十二分
橫三十三縱三十九
六郎寨
富山

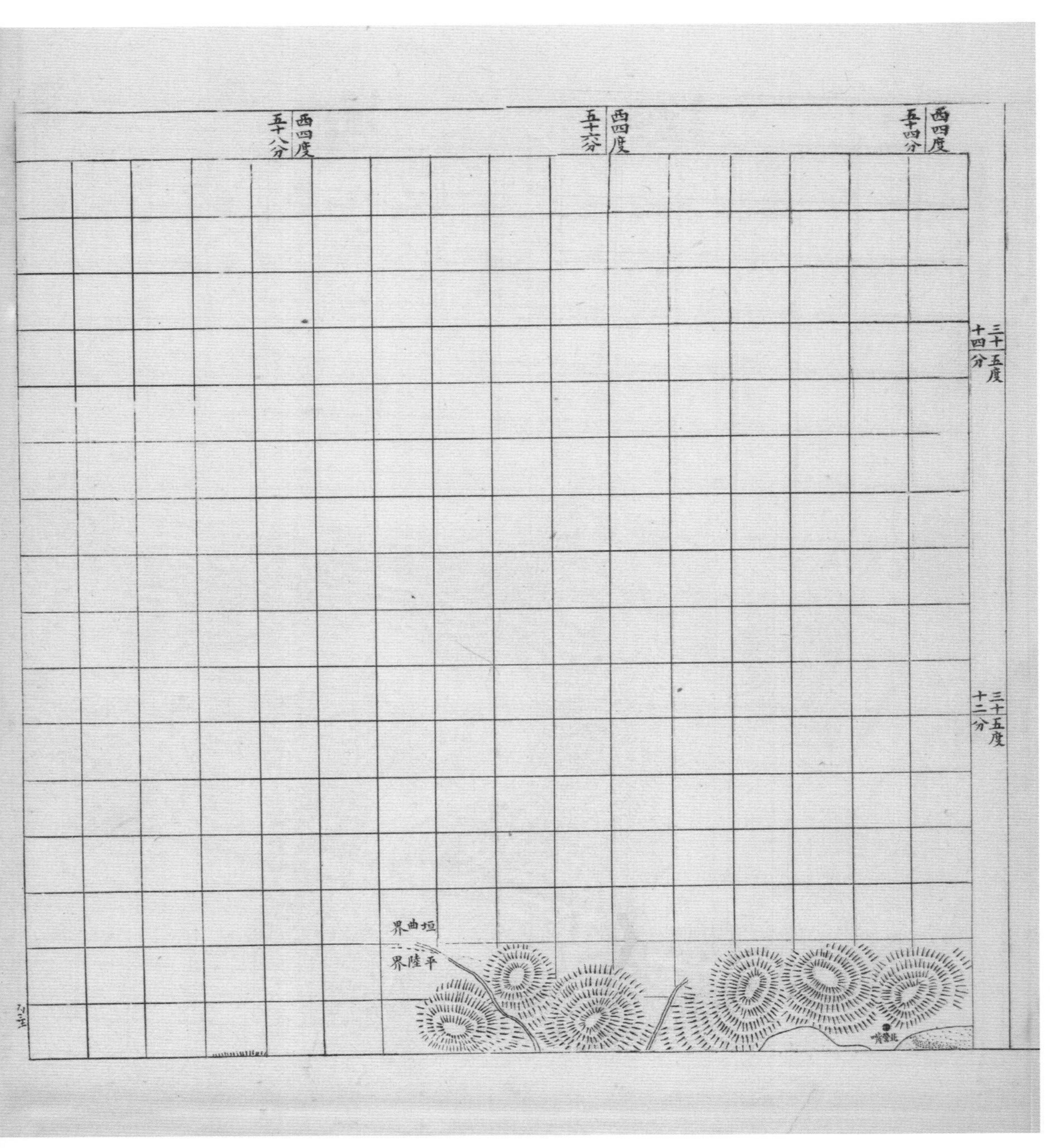
西四度五十八分
西四度五十六分
西四度五十四分
三十五度十四分
三十五度十二分
垣曲界
平陸界

西五度十四分

西五度十二分

西五度十分

三十四度五十分

三十四度四十八分

横三十八縱四十一

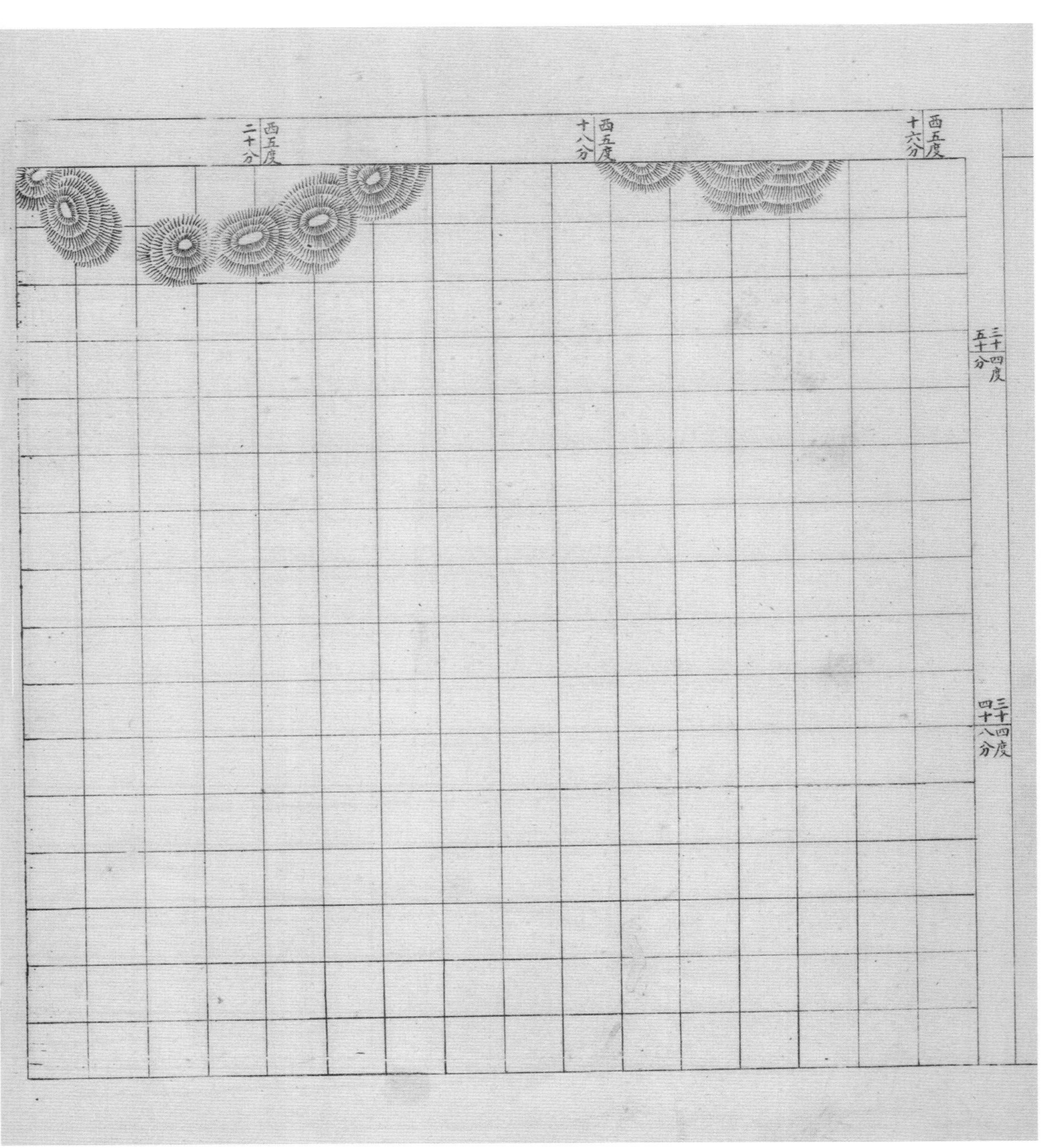
西五度二十分
西五度十八分
西五度十六分
三十四度五十分
三十四度四十八分

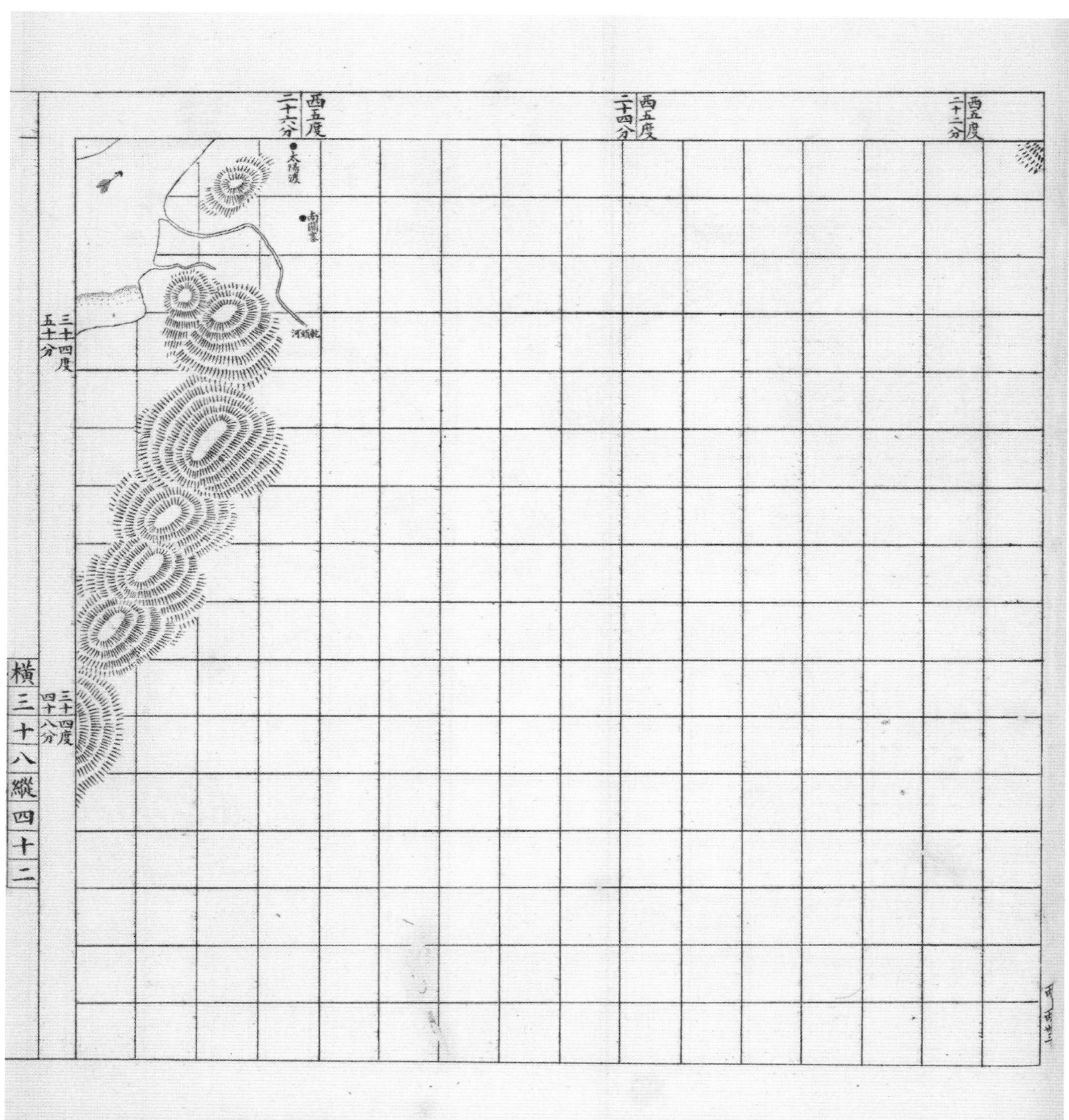
西五度二十六分
西五度二十四分
西五度二十二分
太陽渡
三十四度五十分
三十四度四十八分
横三十八縱四十二

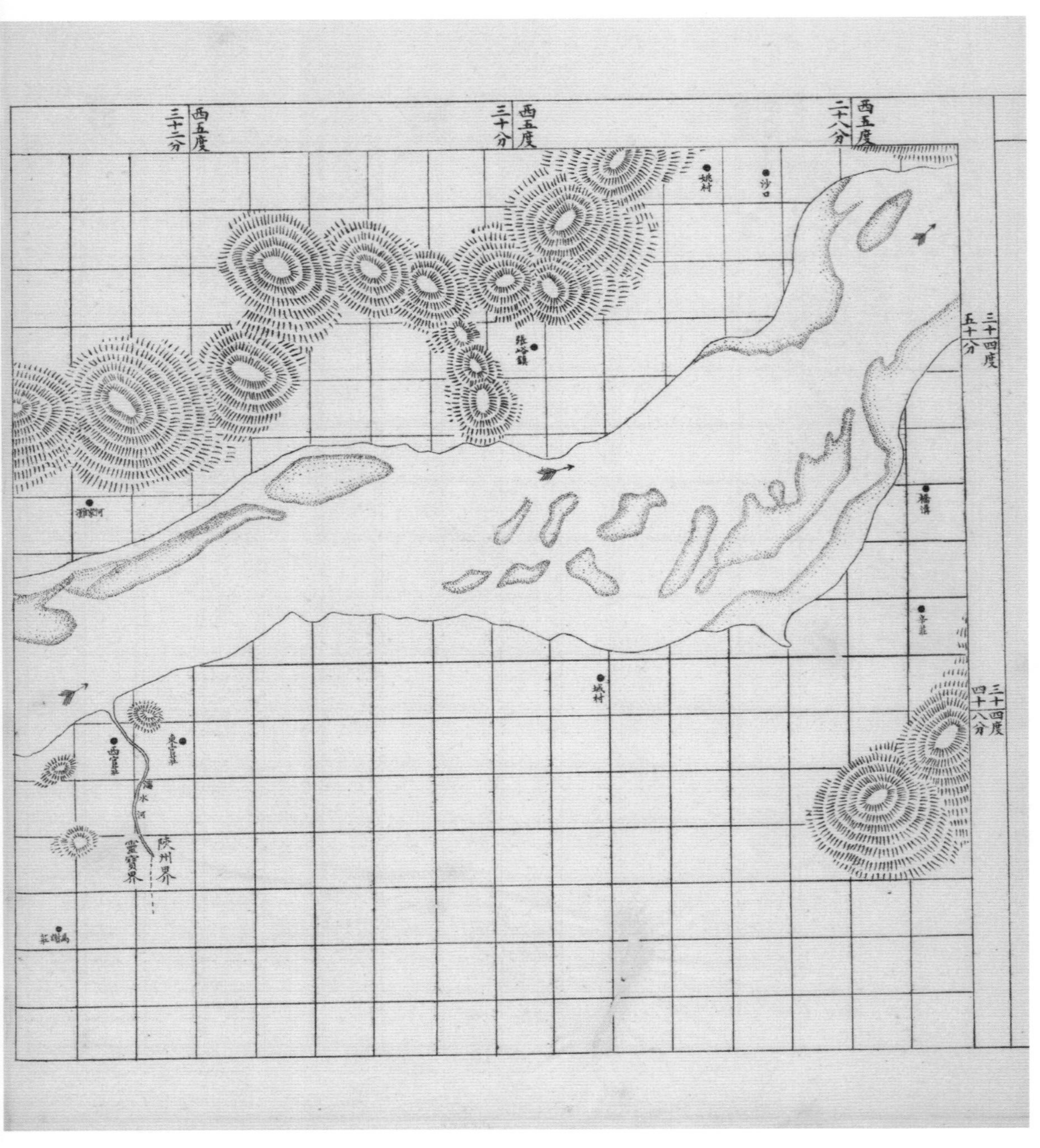
西五度三十二分
西五度三十分
西五度二十八分
三十四度五十分
三十四度四十八分
姚村
沙口
張峪鎮
城村
陝州界
靈寶界

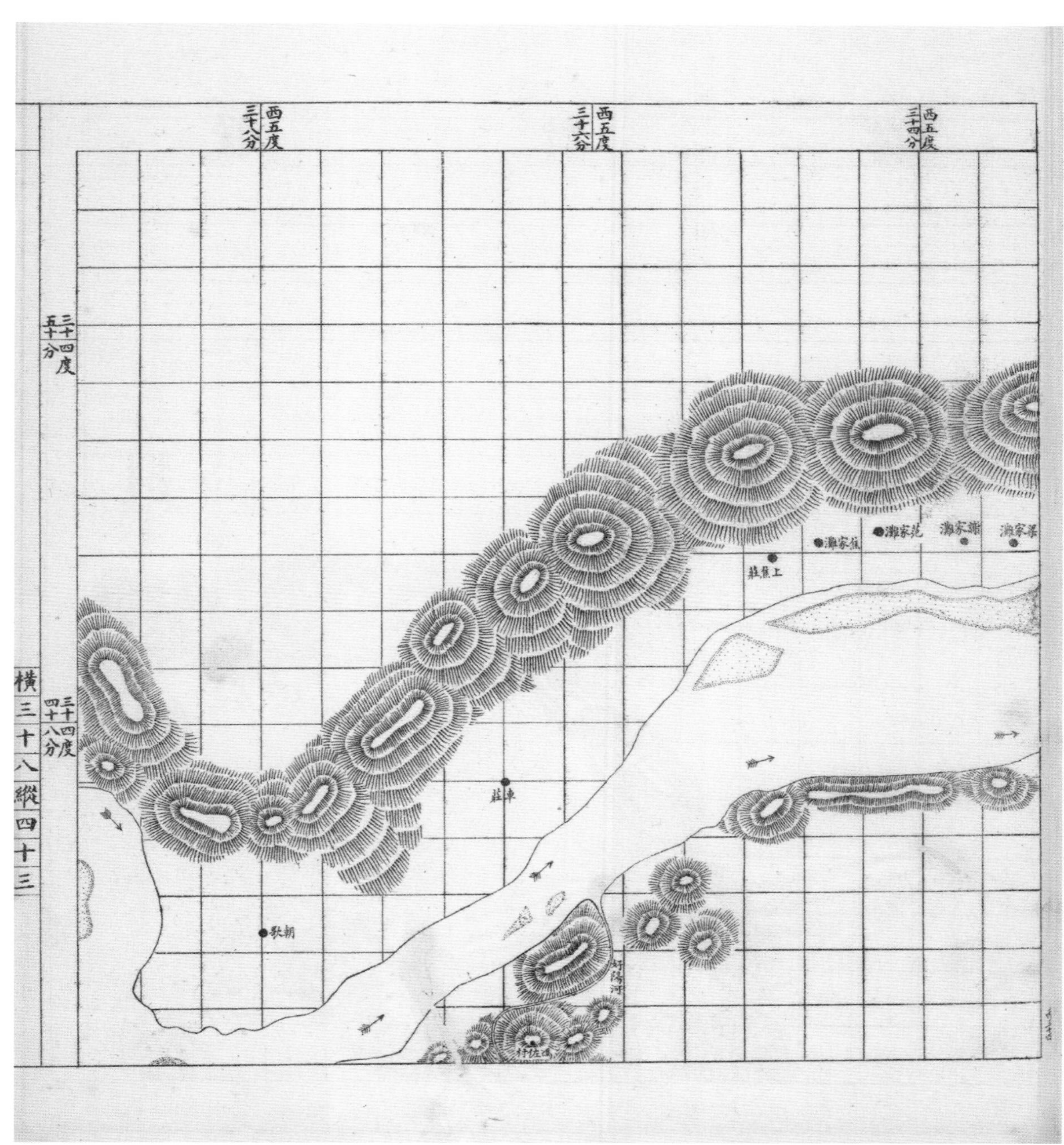
西五度三十八分
西五度三十六分
西五度三十四分
三十四度五十分
三十四度四十八分
横三十八縱四十三
上焦莊
侯家灘
范家灘
謝家灘
梁家灘
東莊
朝歌
好陽河
馮佐村

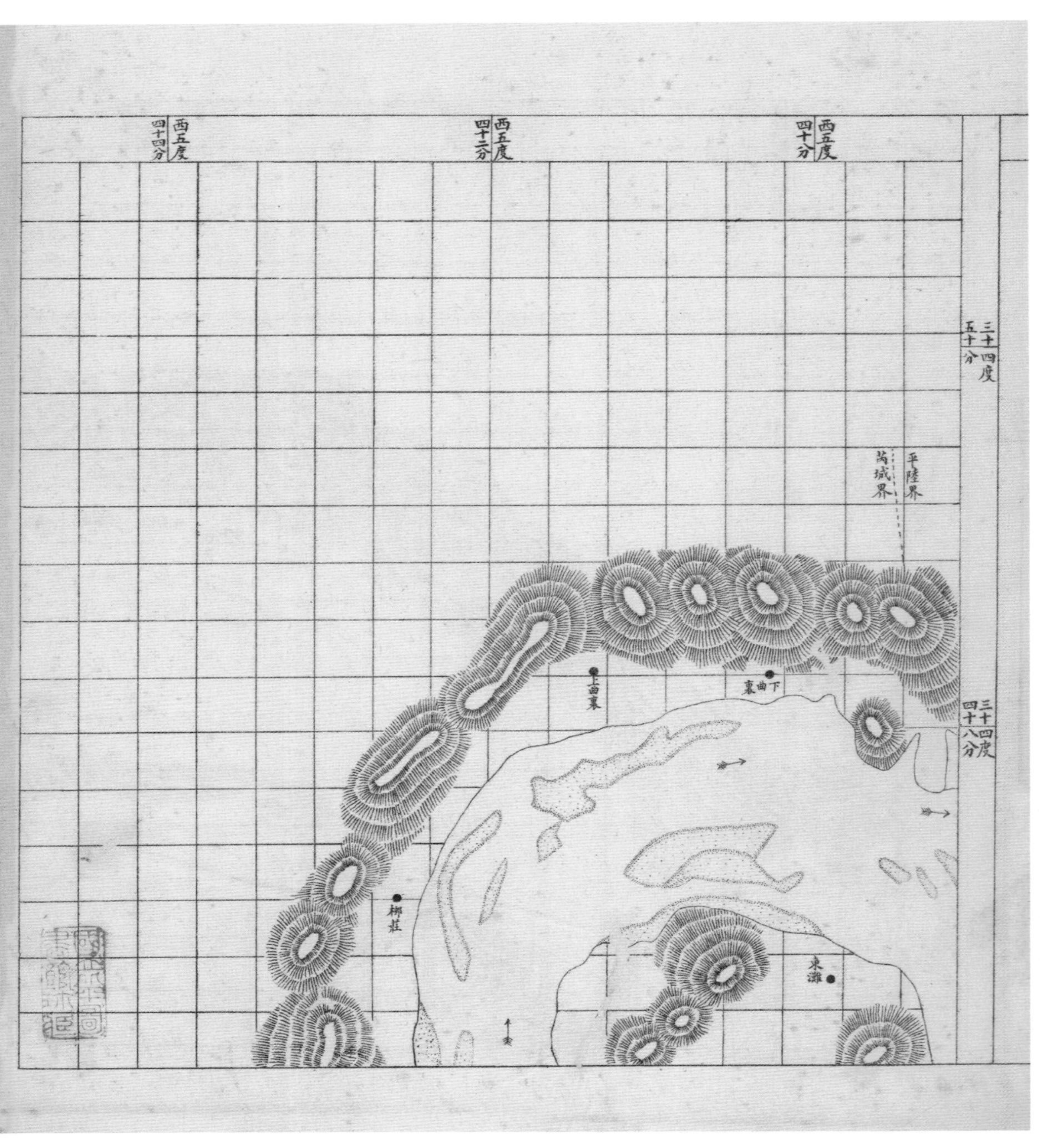

西五度四十四分
西五度四十二分
西五度四十分
三十四度五十分
三十四度四十八分
芮城界
平陸界
上曲裏
下曲裏
柳莊
東灘

建設總署收藏圖書之章

東二度十四分　東二度十六分　東二度十八分

三十七度三十四分

三十七度三十二分

三十七度三十分

橫四

縱三

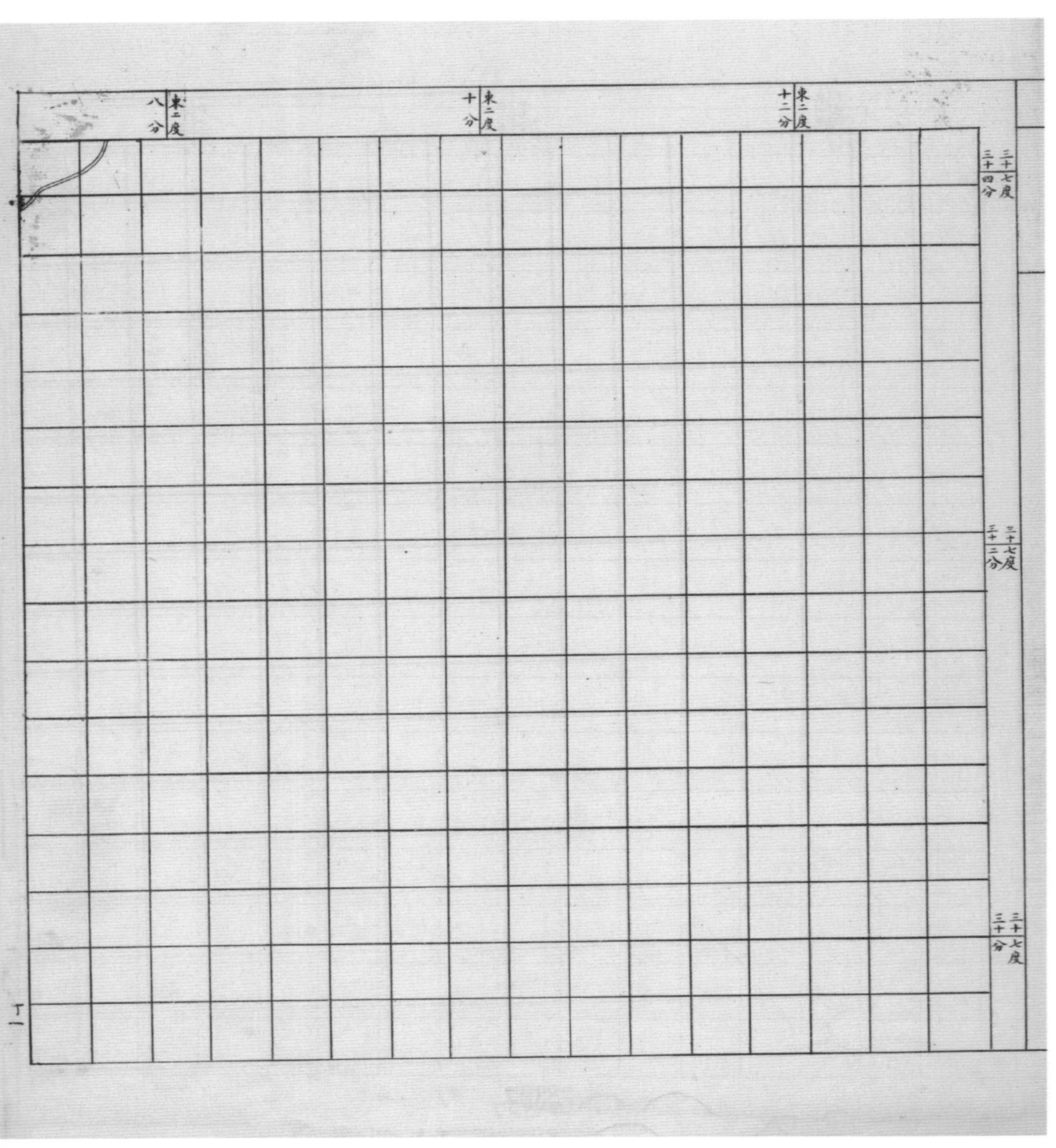
東二度八分
東二度十分
東二度十二分
三十七度三十四分
三十七度三十二分
三十七度三十分

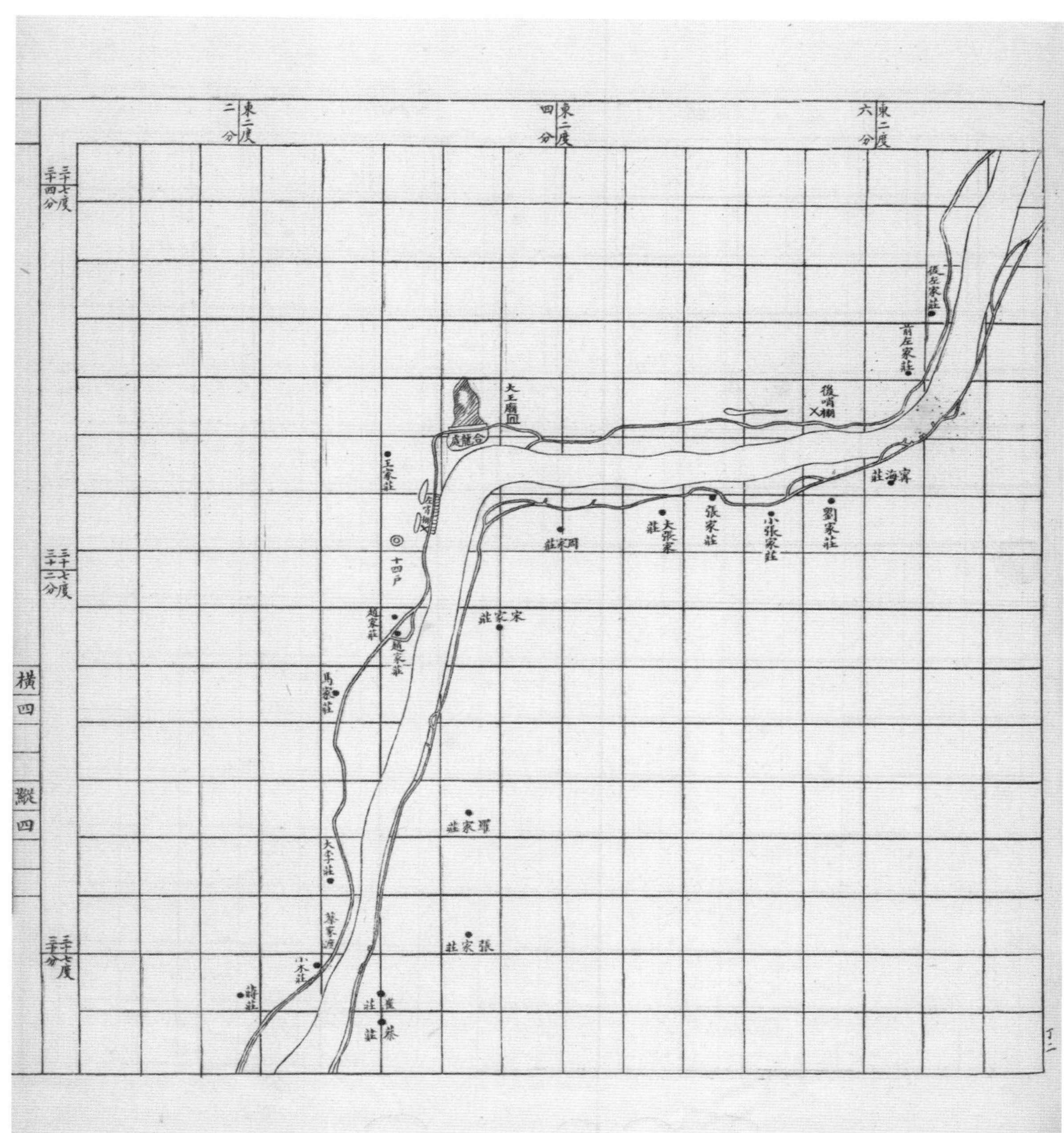
東二度二分
東二度四分
東二度六分
三十七度三十四分
三十七度三十二分
三十七度三十分
橫四
縱四
大王廟
合龍處
後左家莊
前左家莊
後哨棚
王家莊
十四户
趙家莊
馬家莊
大張家莊
張家莊
小張家莊
劉家莊
宋家莊
大李子莊
張家莊
小木莊
崔莊
蔡莊

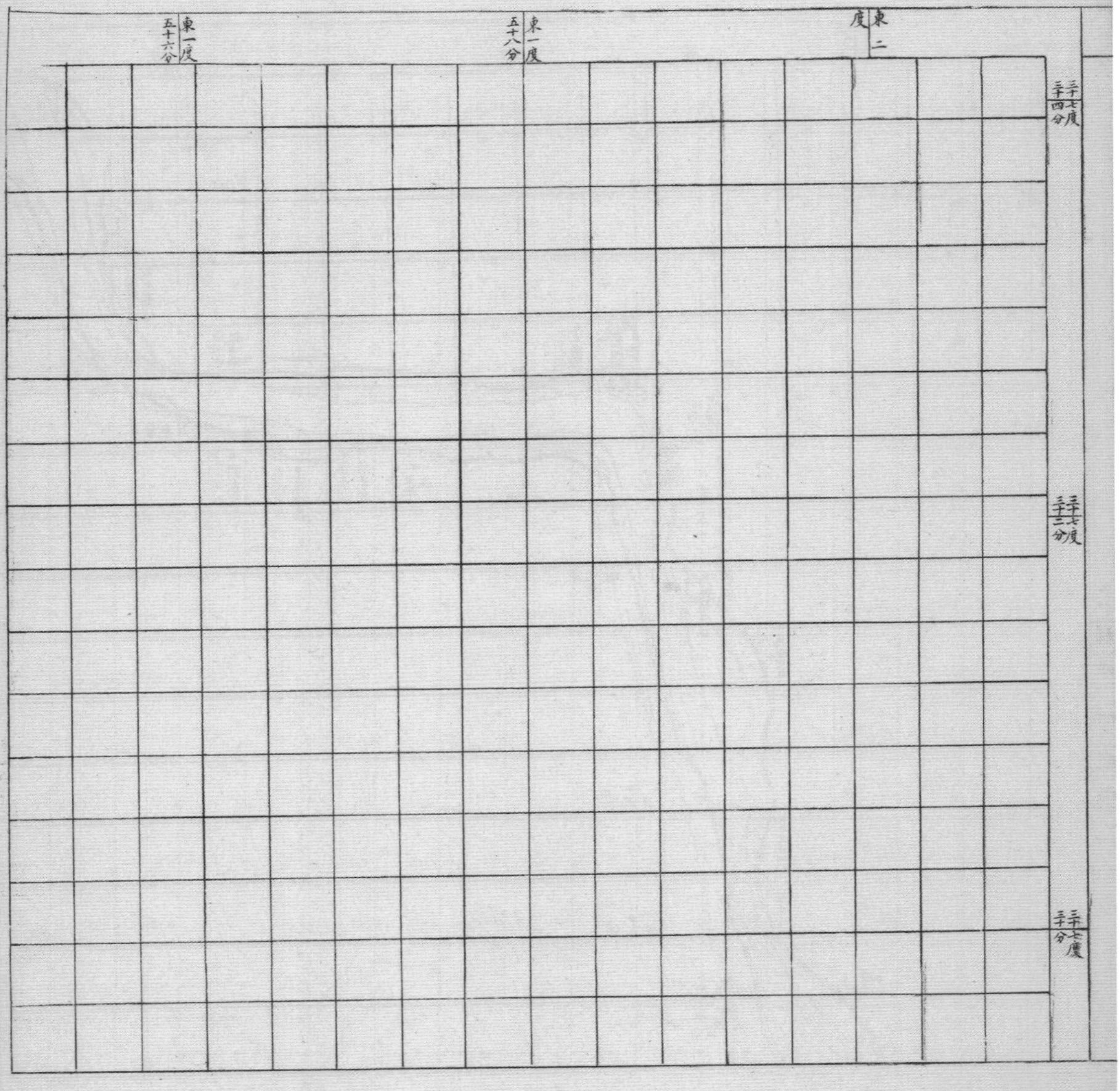

東二度

東一度五十八分

東一度五十六分

三十七度三十四分

三十七度三十二分

三十七度三十分

東一度二十六分

東一度二十八分

東一度三十分

三十七度十分

三十七度八分

三十七度六分

橫九

縱七

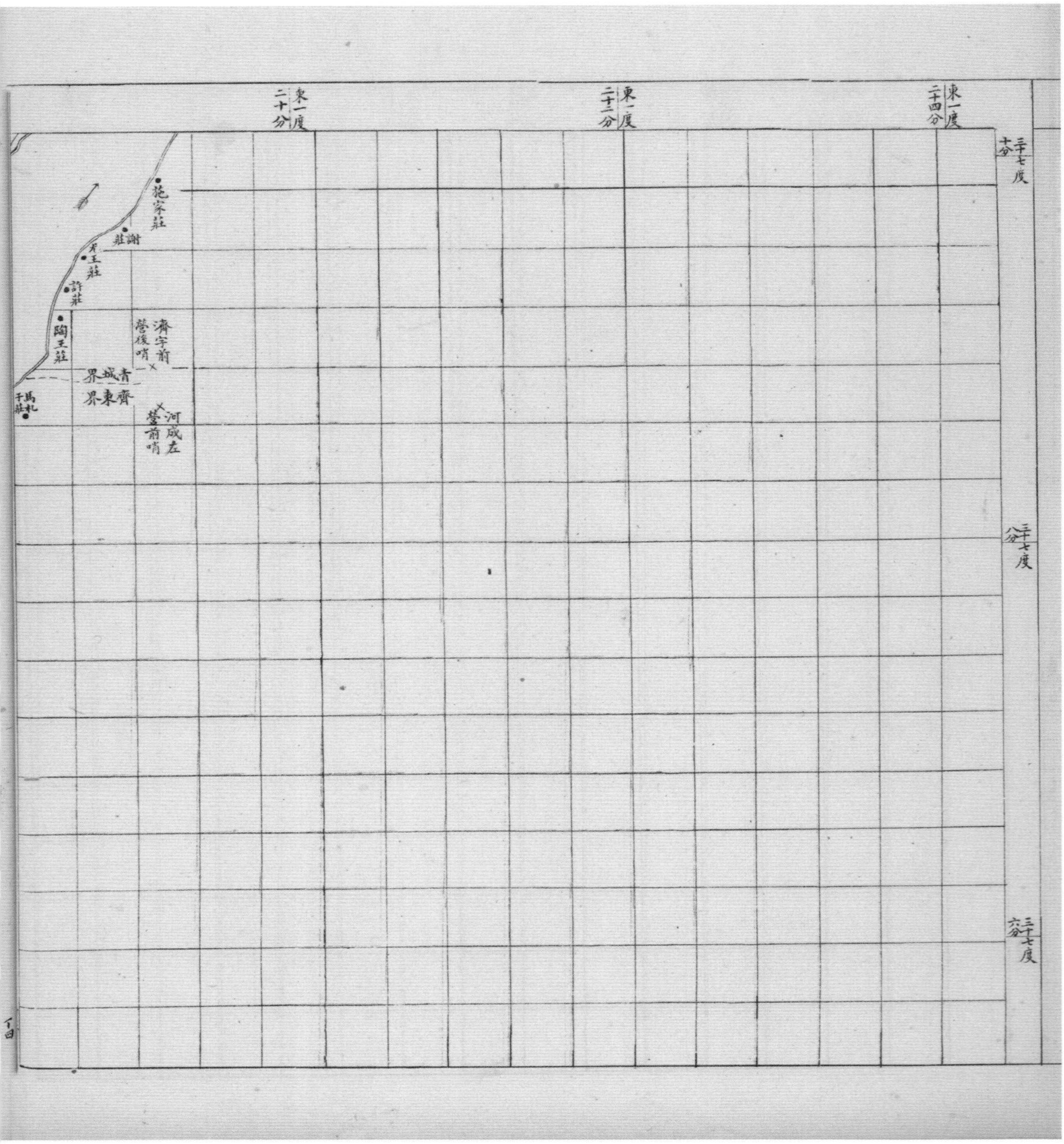
東一度二十分
東一度二十二分
東一度二十四分
三十七度十分
三十七度八分
三十七度六分
謝莊
許莊
陶王莊
濟字前營後哨
青城界
齊東界
河成左營前哨

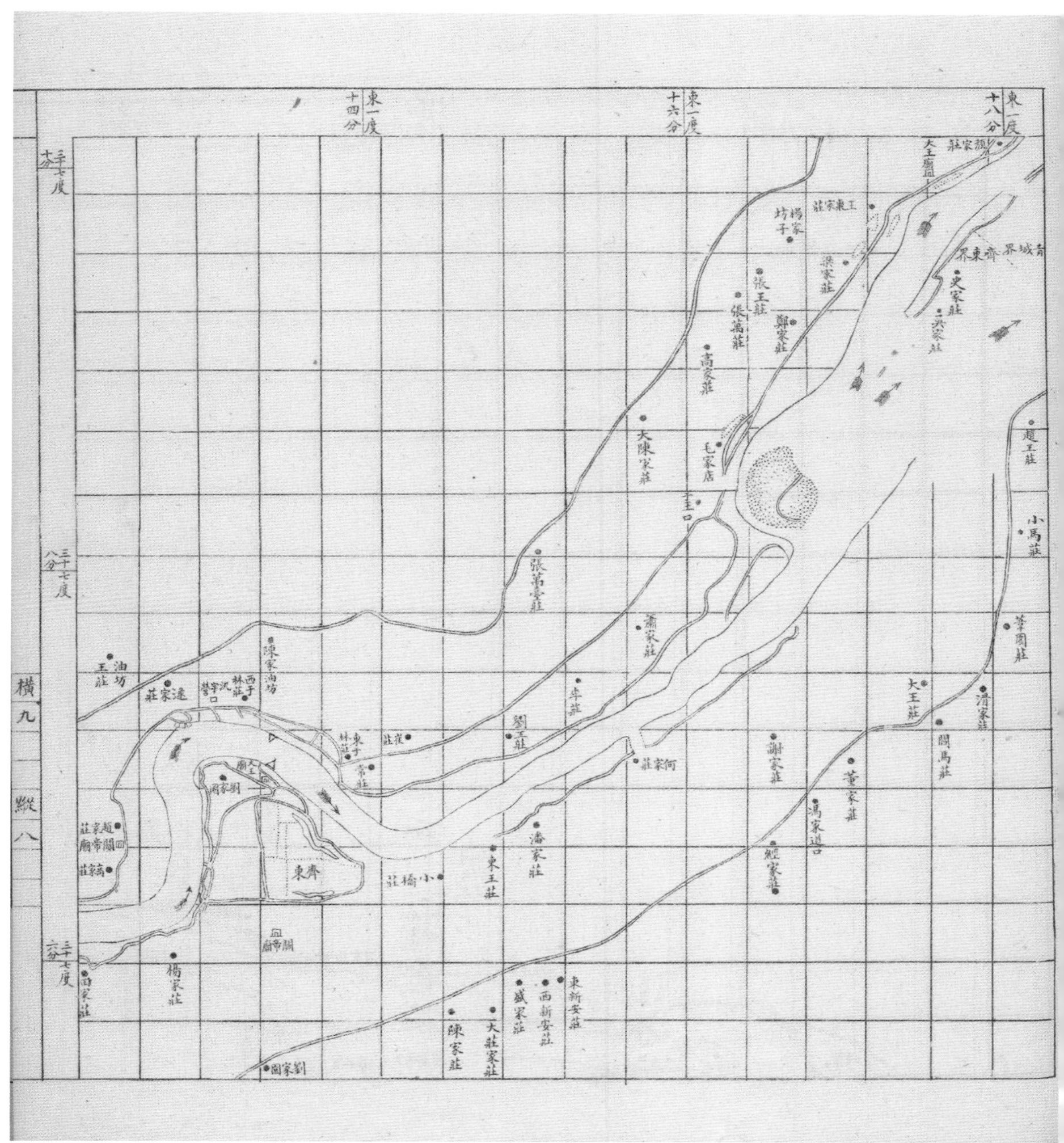

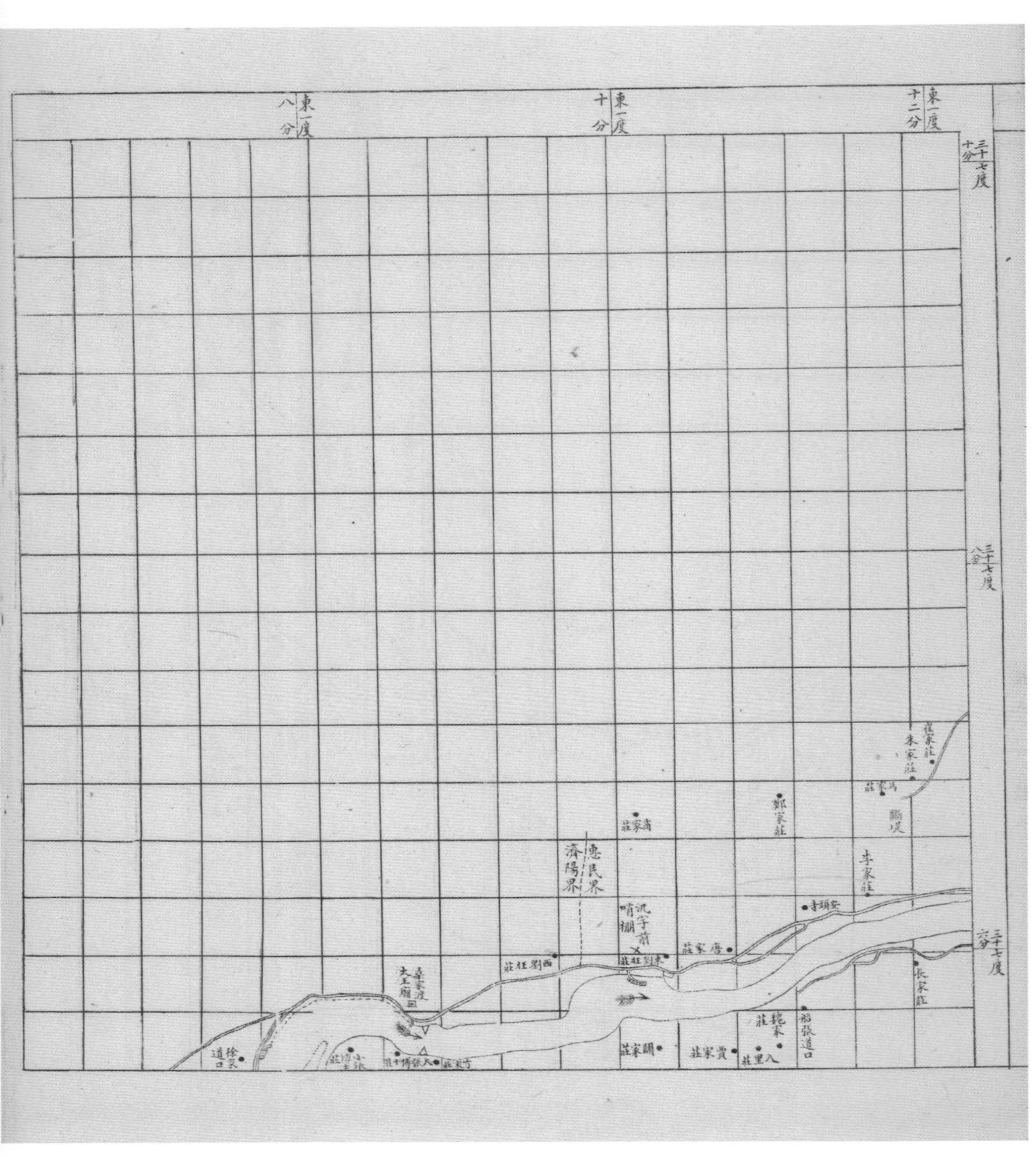

東一度二分 東一度四分 東一度六分

三十七度十分

三十七度八分

三十七度六分

横九

縱九

東度五十六分

東度五十八分

東一度

三十七度十分

三十七度八分

三十七度六分

丁五

東度四十八分

東度五十分

東度五十二分

三十六度四十六分

三十六度四十四分

三十六度四十二分

横十四

縱十

丁五

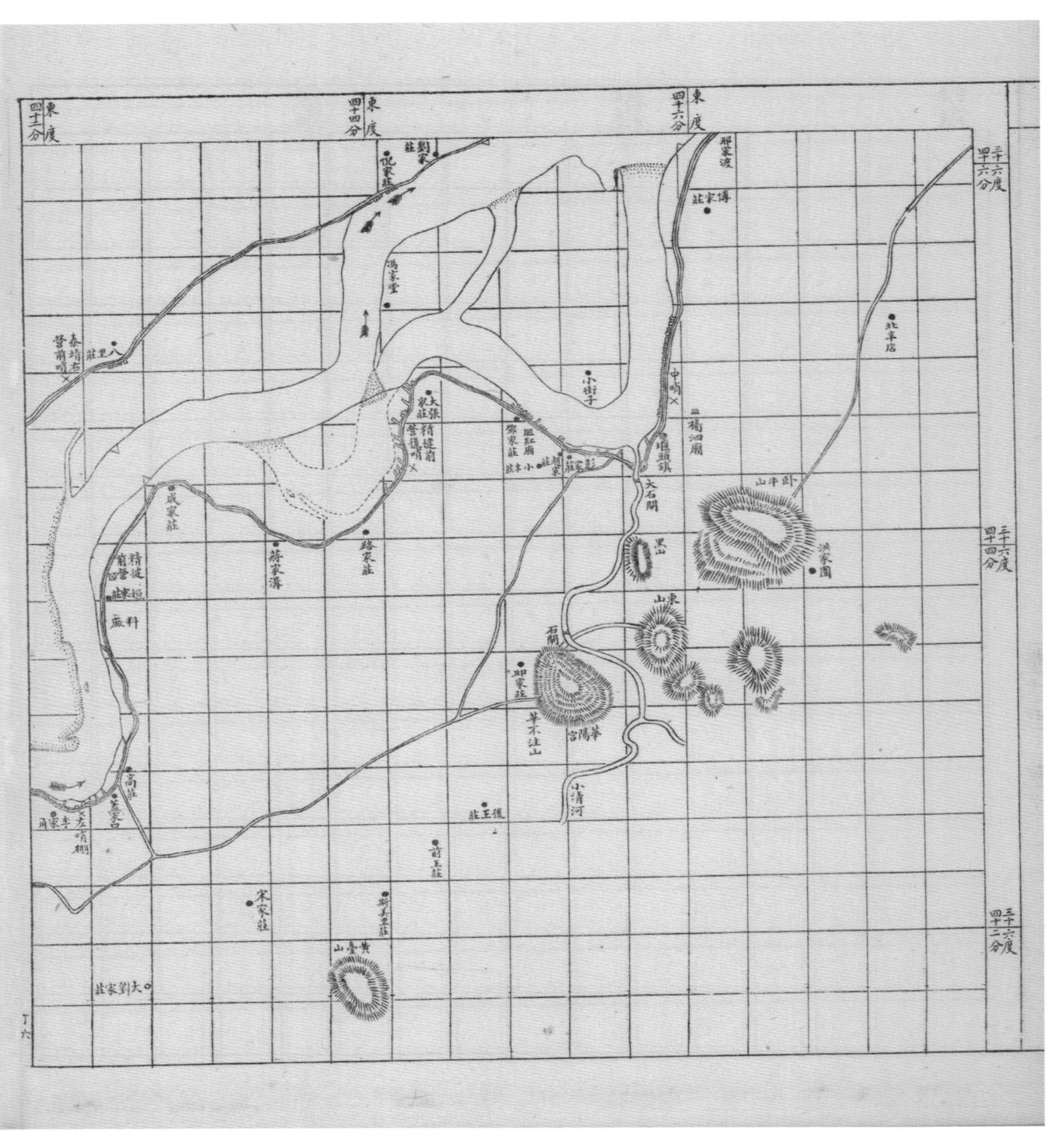

東度 四十二分
東度 四十四分
東度 四十六分
三十六度 四十六分
三十六度 四十四分
三十六度 四十二分
劉家莊
倪家莊
馮家莖
邢家渡
傅家莊
北辛店
八里莊
泰靖右營前哨
大張家莊
精捷前營後哨
小街子
中哨
鄒家莊
紅廟
彭家莊
堰頭鎮
大石關
臥牛山
黑山
洪家園
咸家莊
蔣家溝
路家莊
東山
石關
卯家莊
華不注山
華陽宮
小清河
料廠
高莊
李家角
後王莊
前王莊
宋家莊
黃臺山
大劉家莊

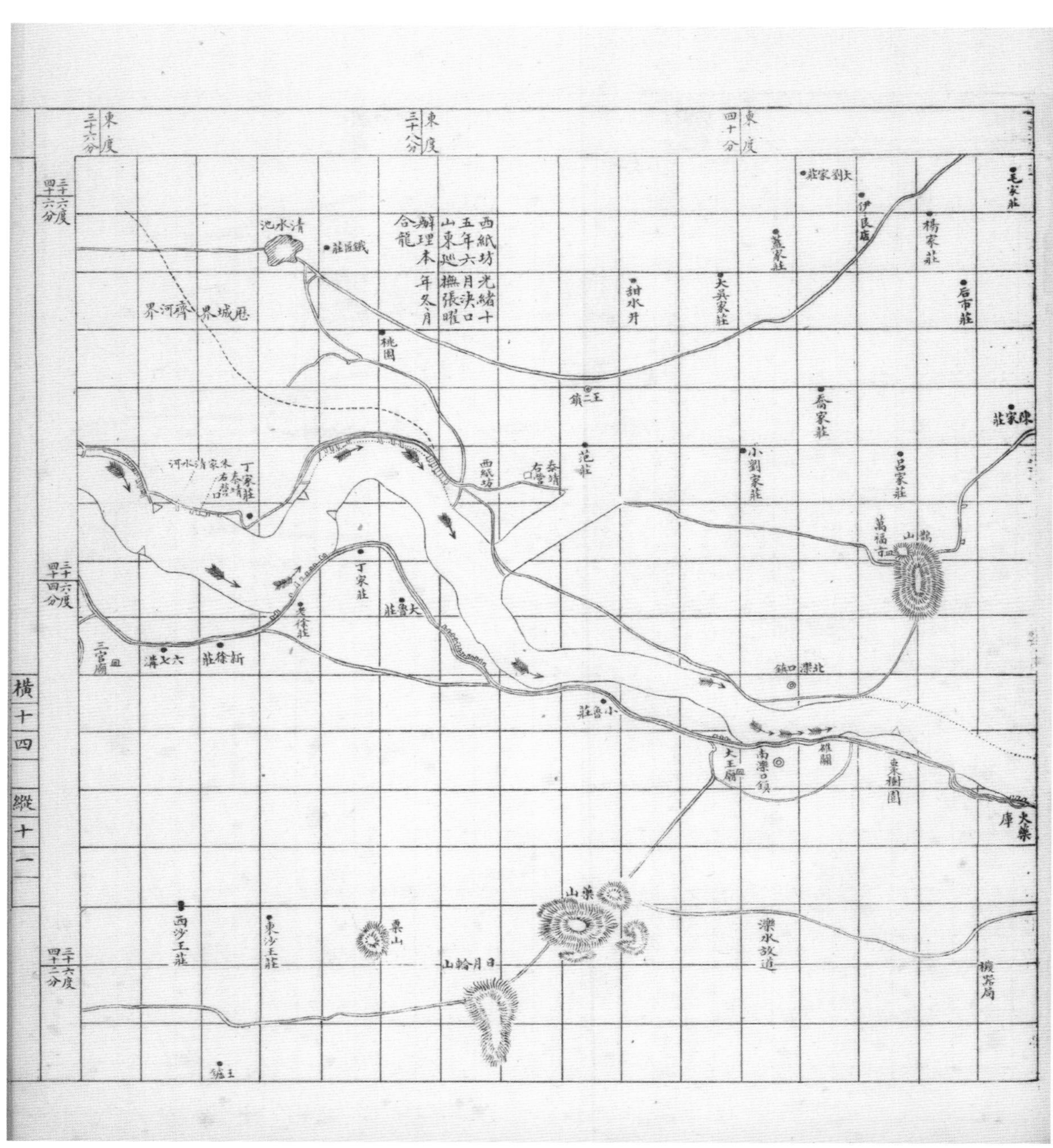

橫十四
縱十一
東度三十六分
東度三十八分
東度四十分
三十六度四十六分
三十六度四十四分
三十六度四十二分
清水池
鐵匠莊
西紙坊光緒十五年六月決口山東巡撫張曜辦理本年冬月合龍
歷城界
齊河界
桃園
甜水井
大吳家莊
大劉家莊
伊良莊
楊家莊
毛家莊
后市莊
王二鎮
喬家莊
陳家莊
范莊
小劉家莊
呂家莊
西紙坊
丁家莊
丁家莊
大魯莊
新徐莊
六七溝
三官廟
鵲山
萬福寺
北濼口鎮
小魯莊
南濼口鎮
大王廟
東樹園
大槐庫
藥山
粟山
日月輪山
濼水故道
西沙王莊
東沙王莊

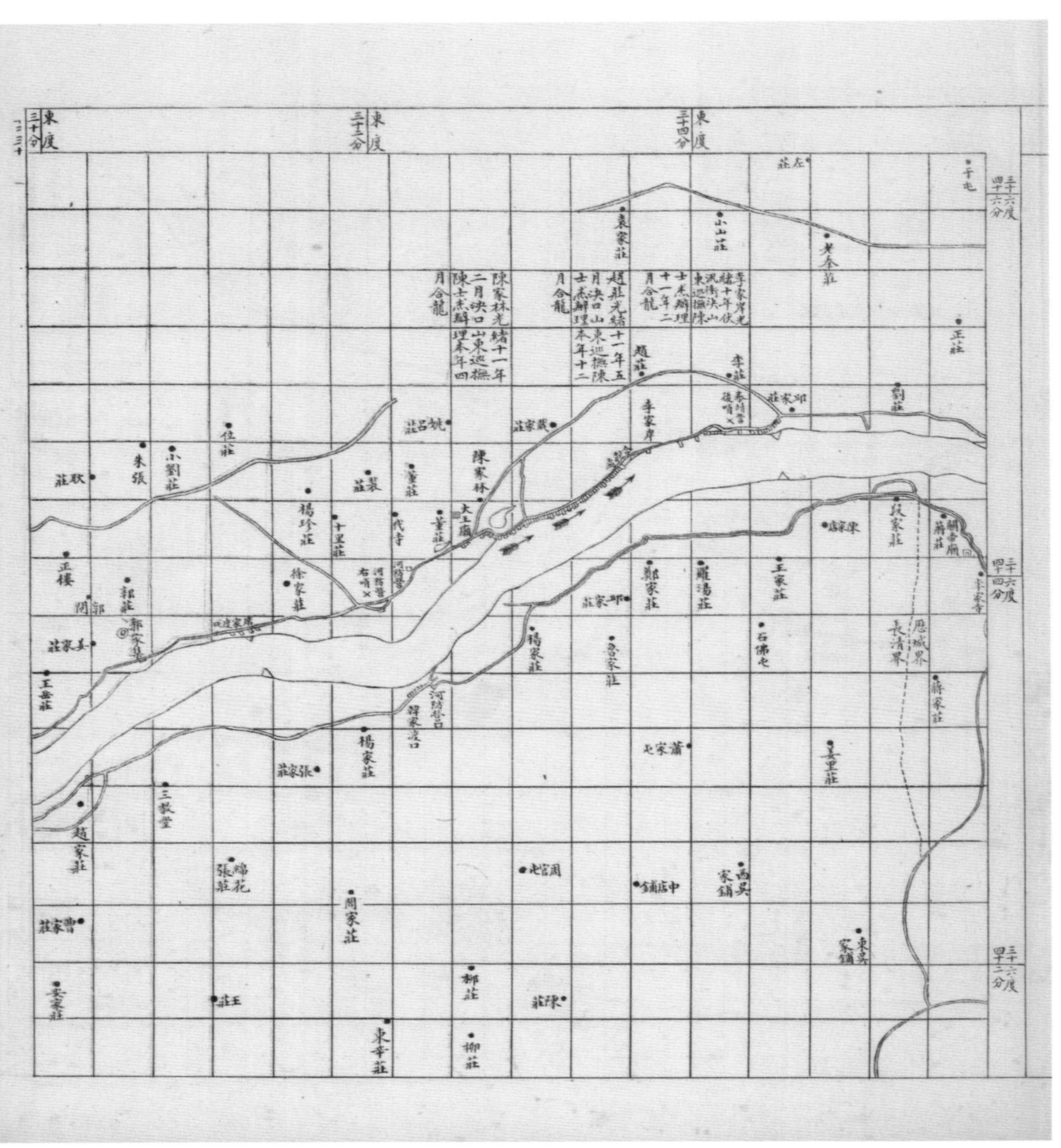

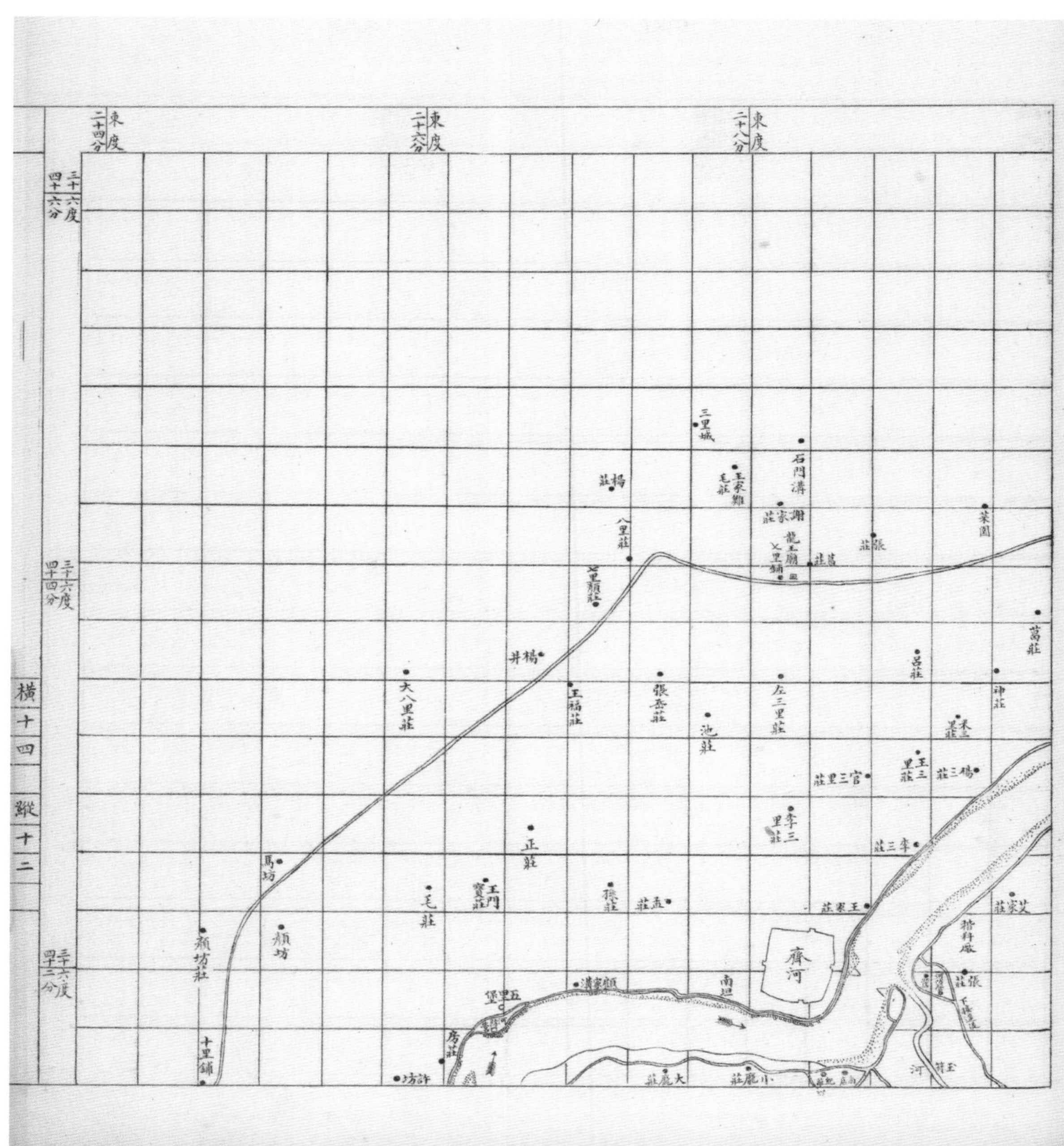

東度二十四分
東度二十六分
東度二十八分
三十六度四十六分
三十六度四十四分
三十六度四十二分
橫十四
縱十二

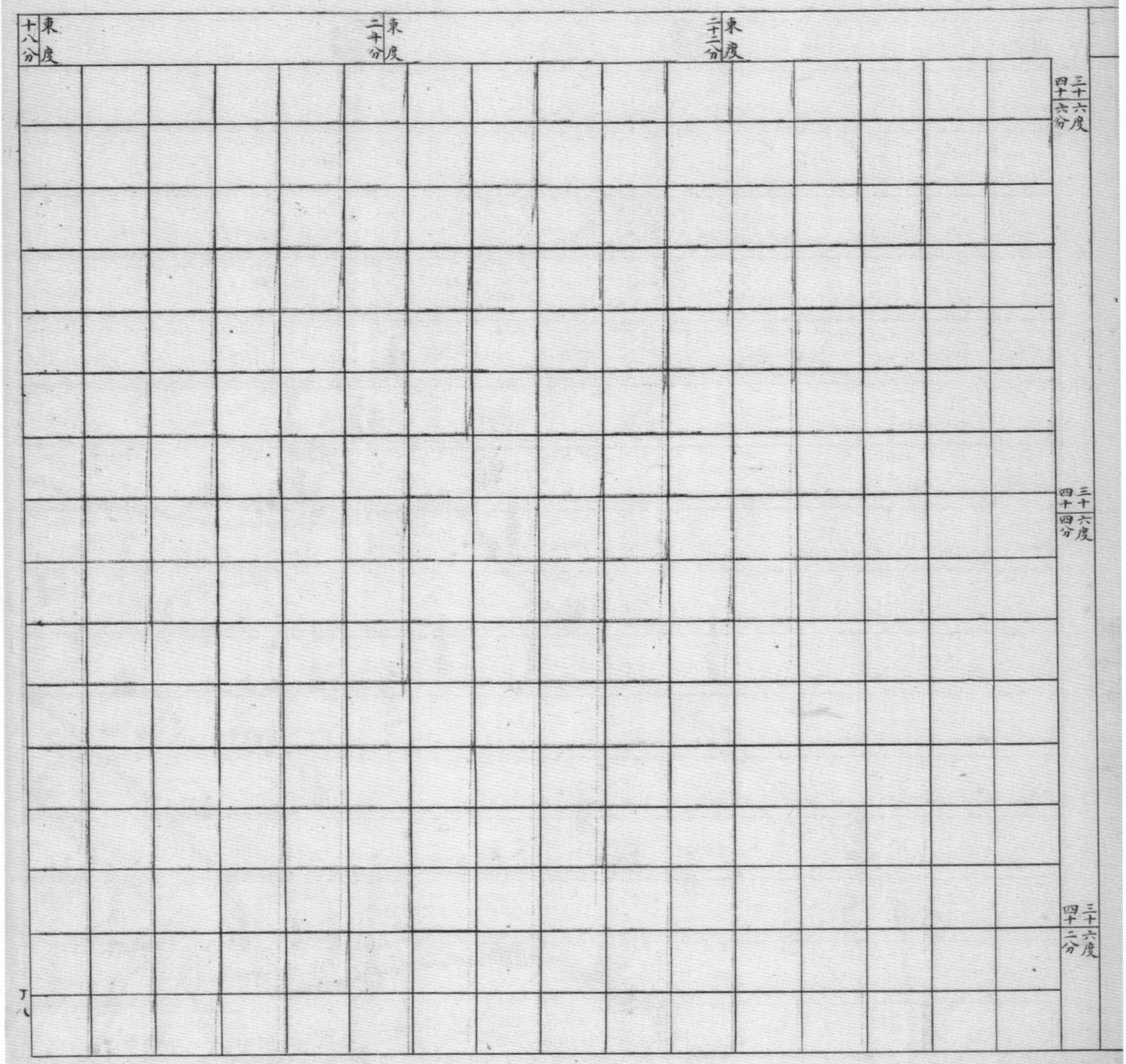

十八分 東度

二十分 東度

二十二分 東度

三十六度 四十六分

三十六度 四十四分

三十六度 四十二分

東度十二分 東度十四分 東度十六分

三十六度二十二分

三十六度二十分

三十六度十八分

横十九 縱十三

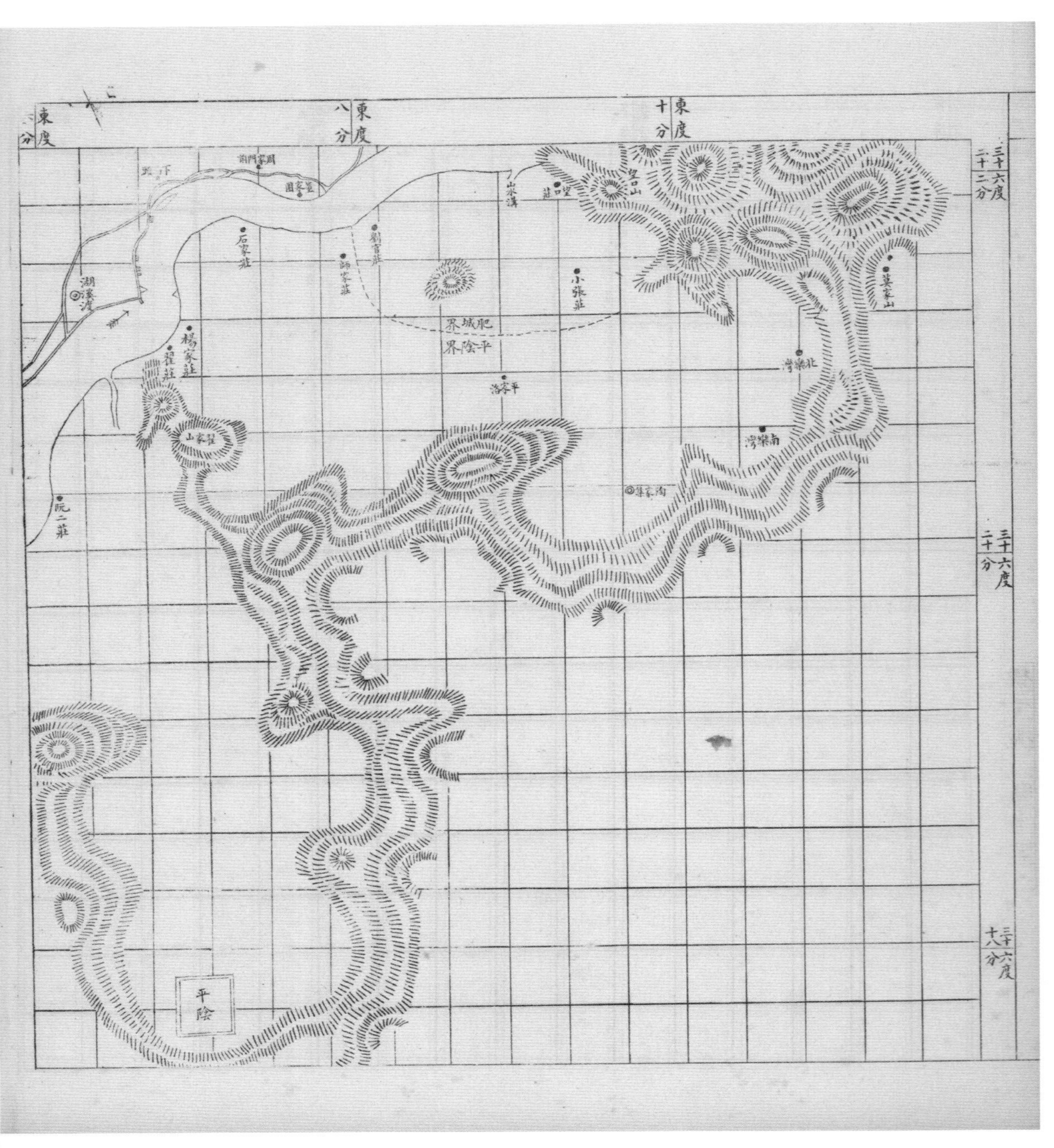

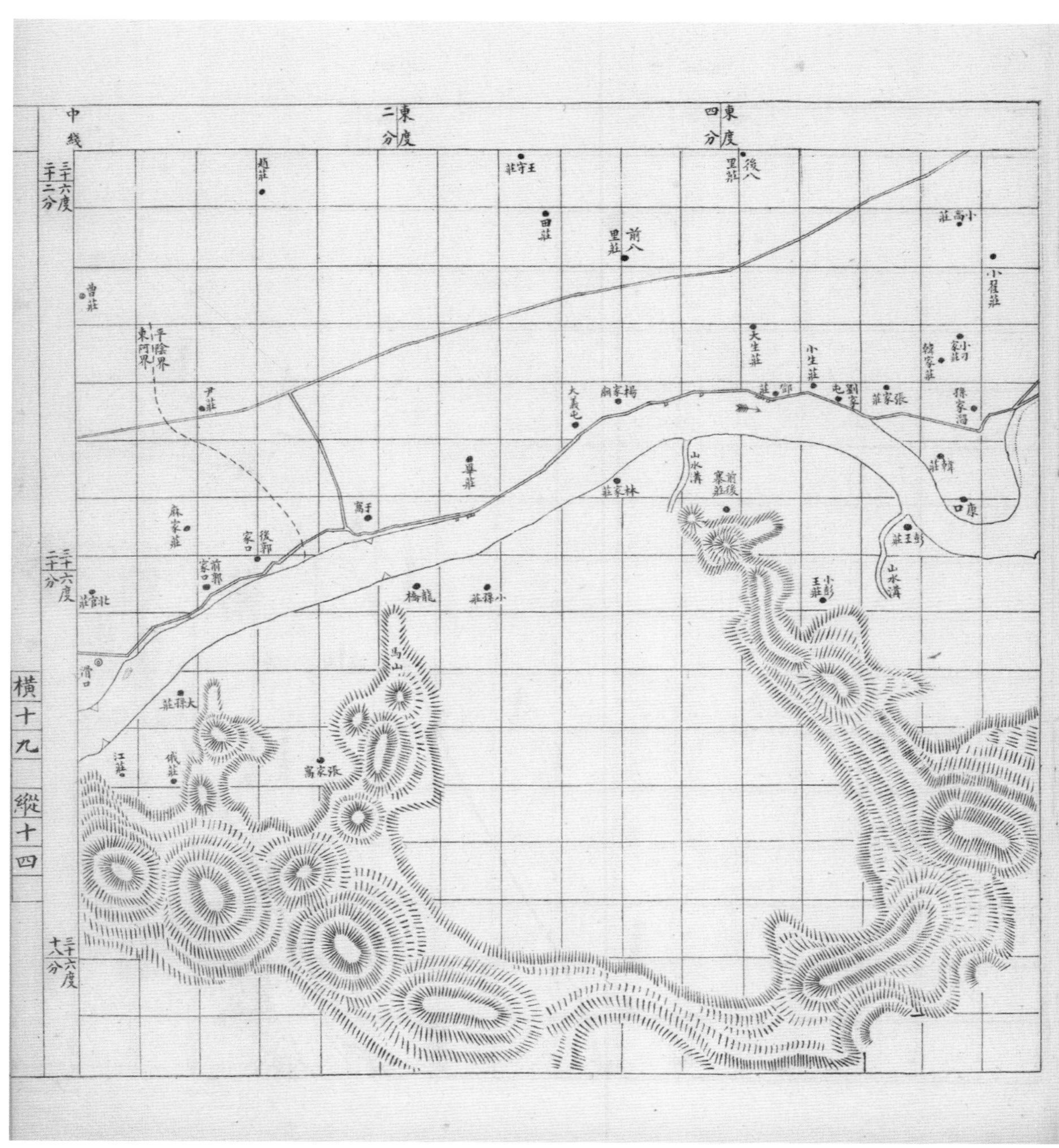

中线
东二分
东四分
三十六度二十二分
三十六度二十分
三十六度十八分
横十九 纵十四
马山
山水沟

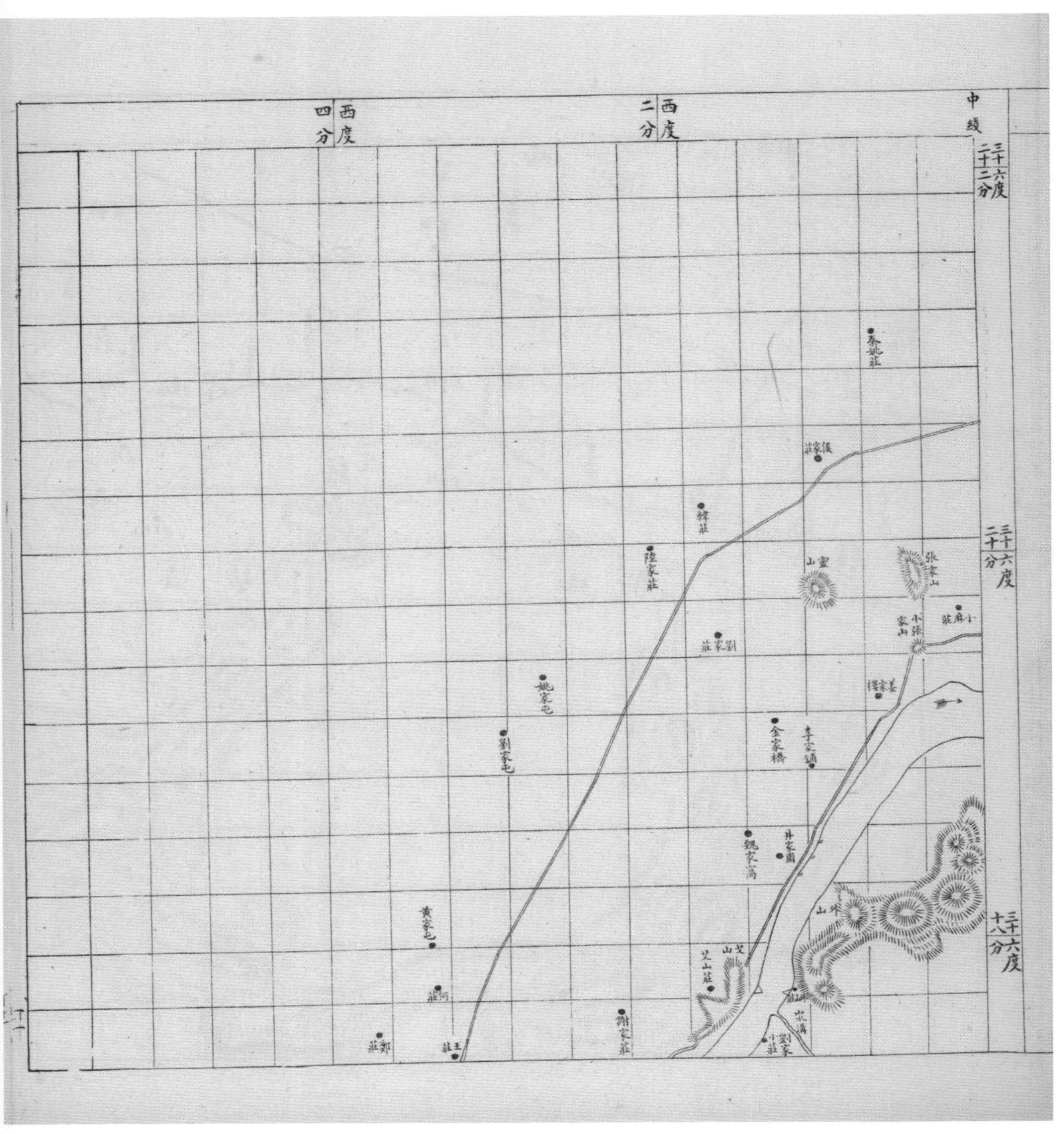
西度四分
西度二分
中綫
三十六度二十二分
三十六度二十分
三十六度十八分
韓莊
陸家莊
姚家屯
劉家屯
金家橋
黄家屯
張家山

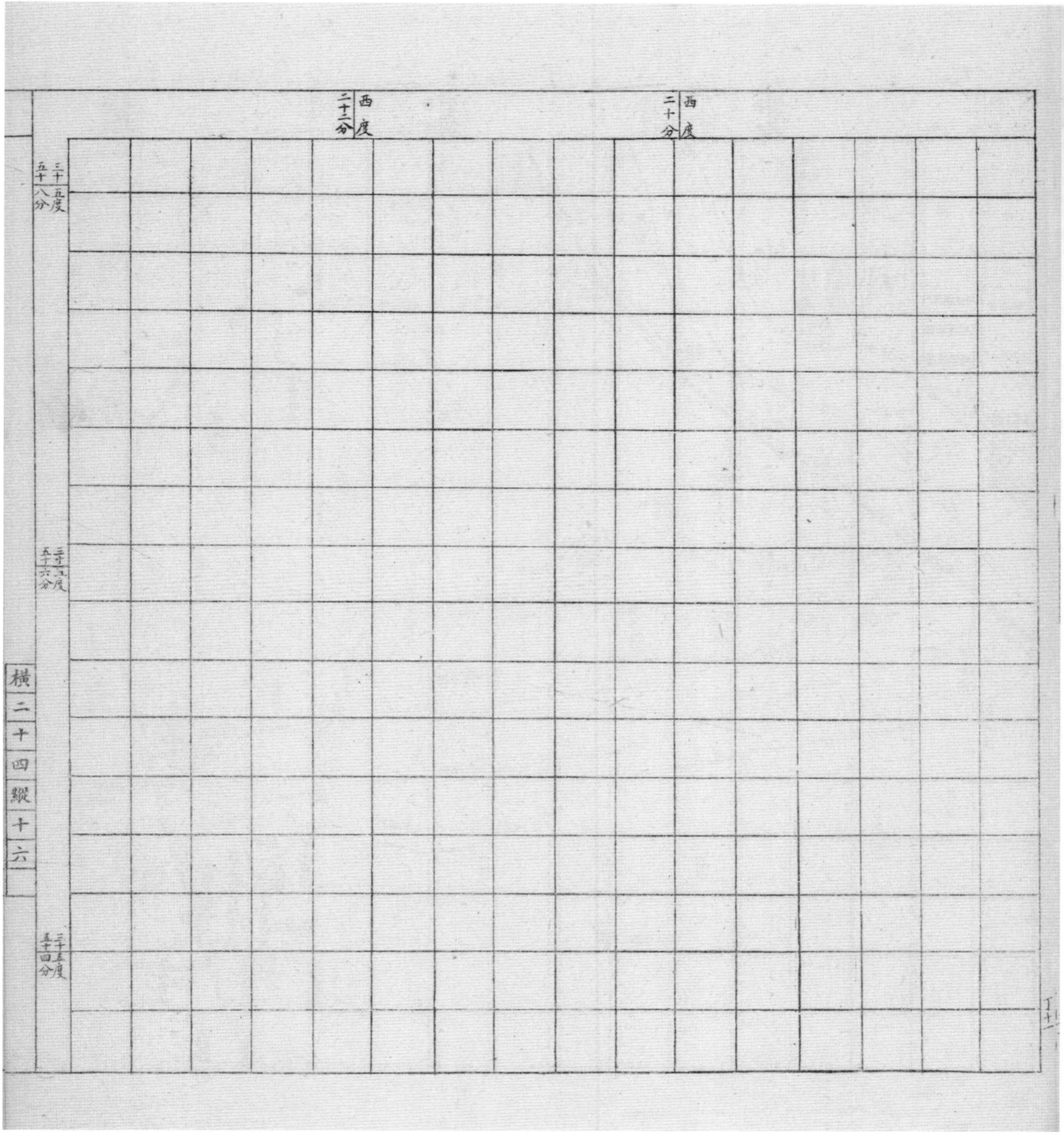

西度二十二分

西度二十分

三十五度五十八分

三十五度五十六分

横二十四縱十六

三十五度五十四分

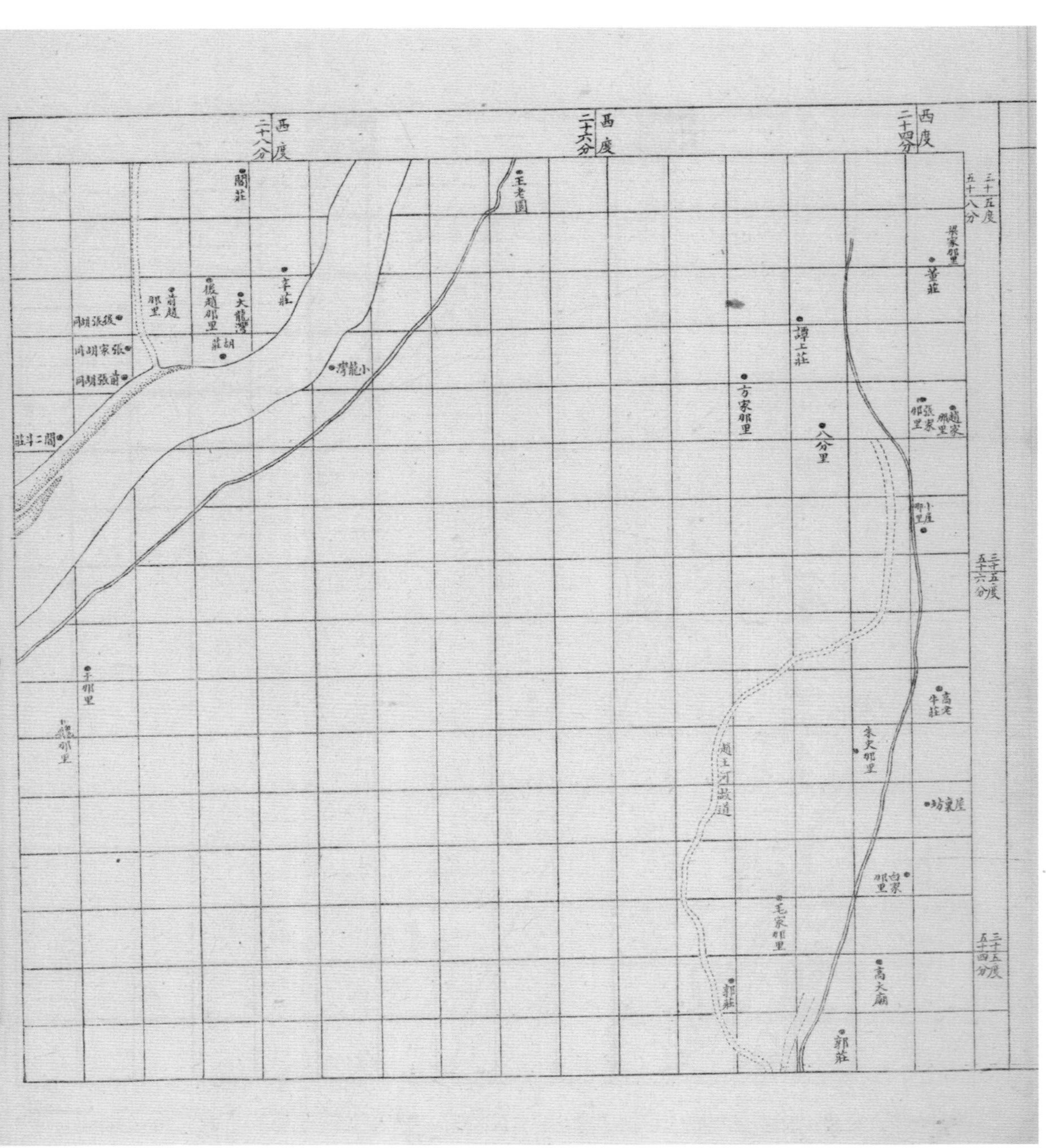

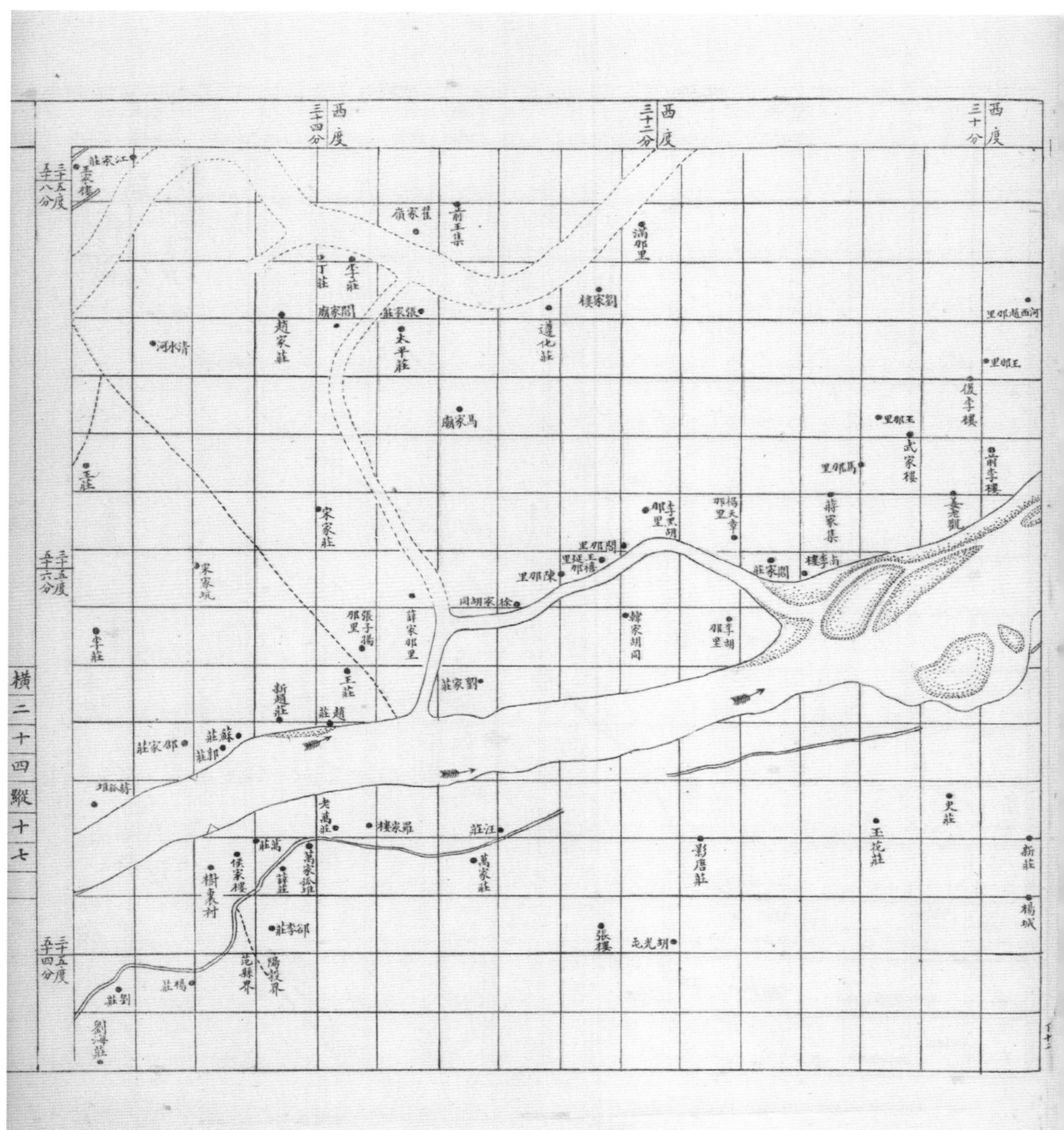
橫二十四縱十七

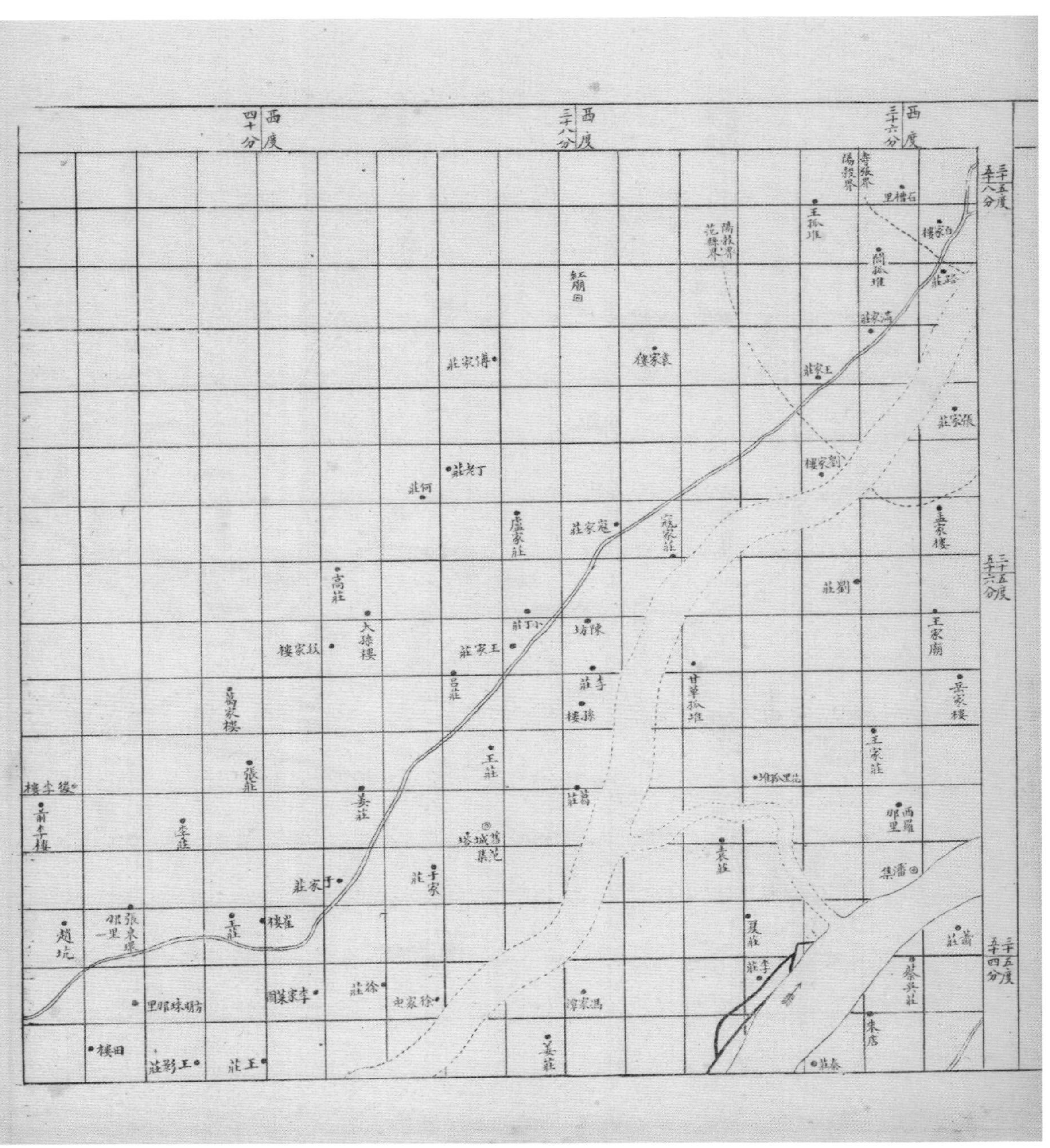

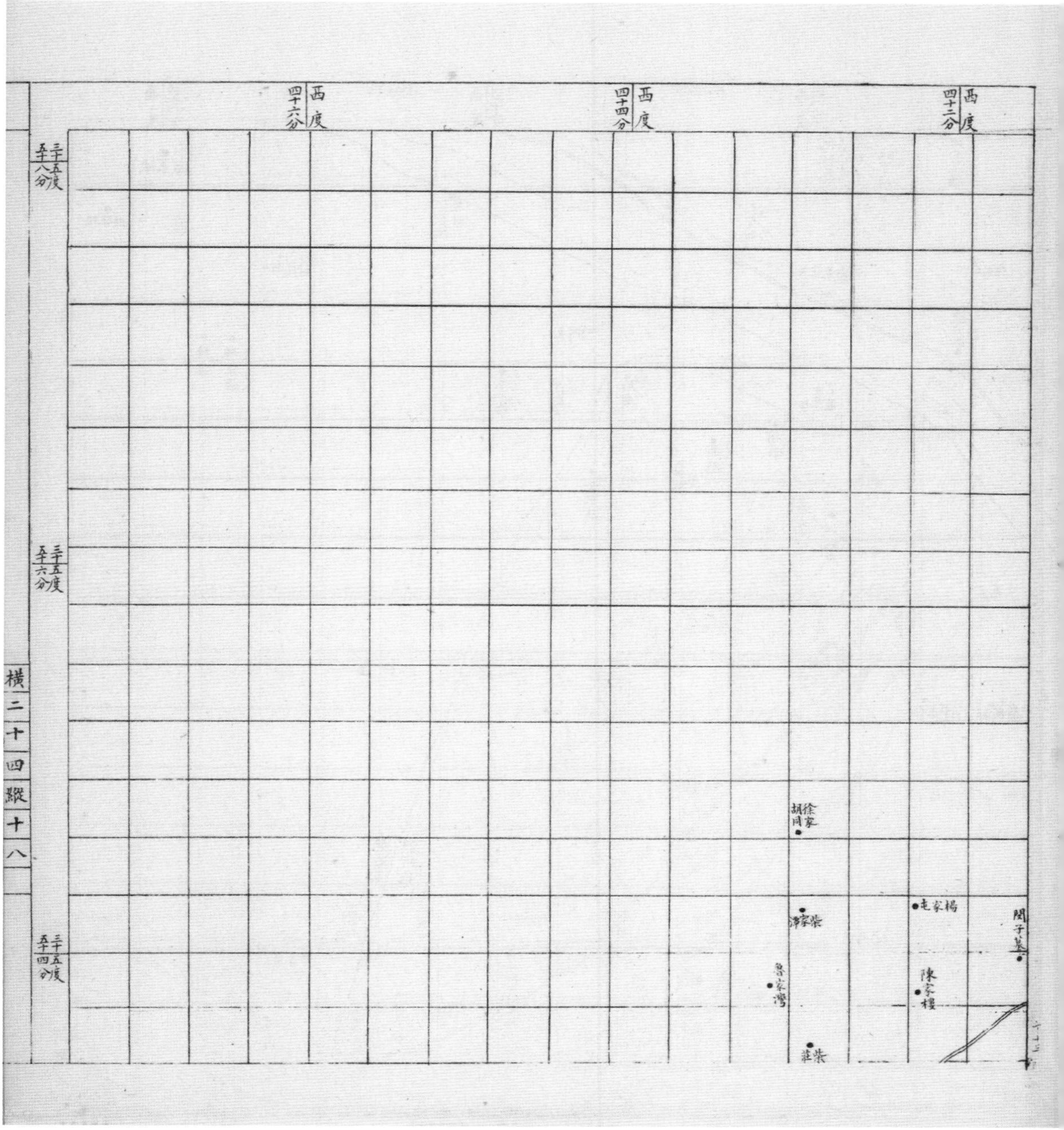

西度四十六分　西度四十四分　西度四十二分

三十五度三十八分

三十五度三十六分

三十五度三十四分

橫二十四縱十八

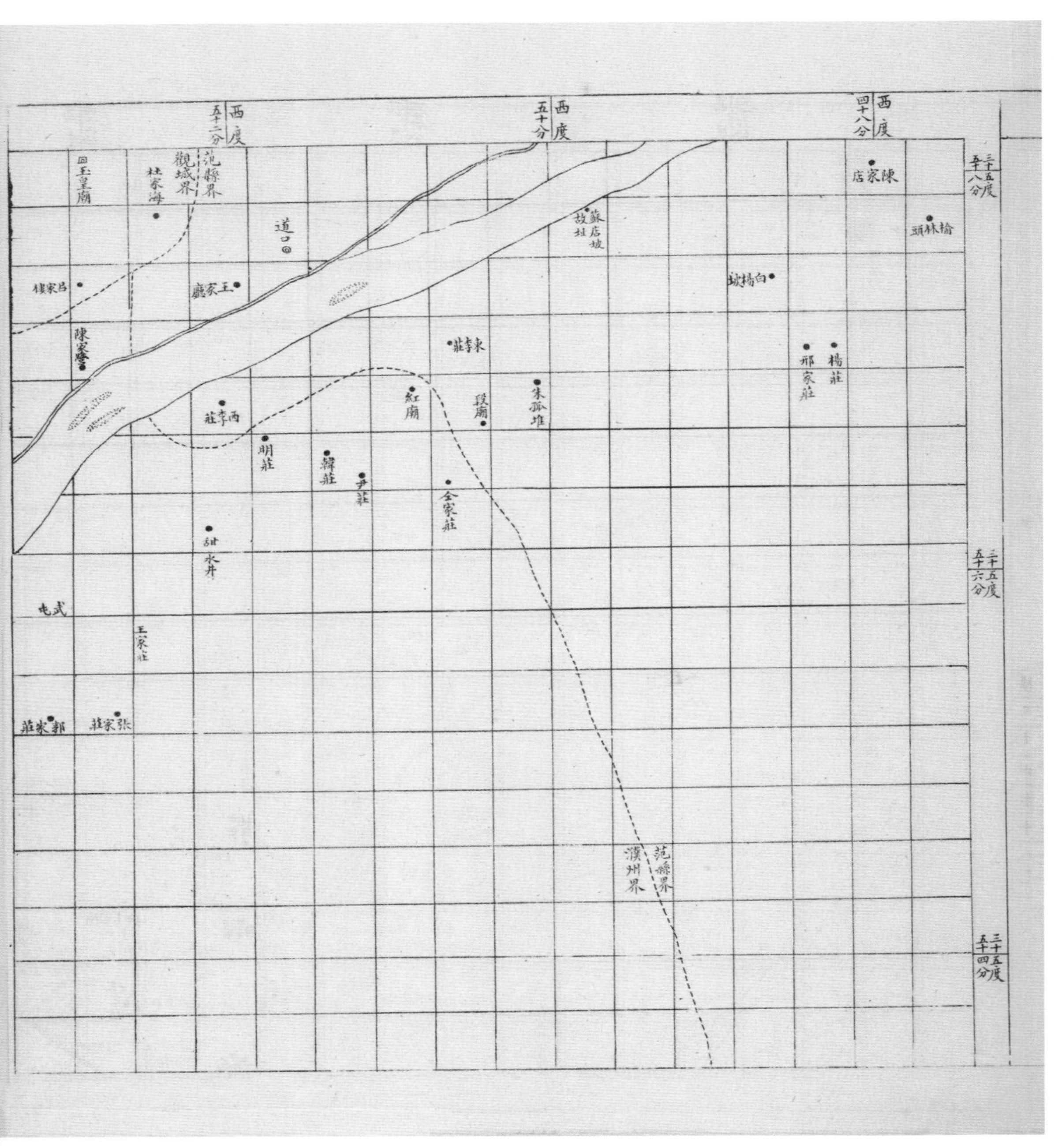

西度
五十二分
西度
五十分
西度
四十八分
三十五度
五十八分
三十五度
五十六分
三十五度
五十四分
范縣界
觀城界
林家海
道口
王家廳
蘇店坡
故址
陳家店
榆林頭
白楊坡
東李莊
邢家莊
楊莊
紅廟
段廟
朱孤堆
西李莊
明莊
韓莊
尹莊
全家莊
甜水井
陳家營
王家莊
郭家莊
張家莊
范縣界
濮州界

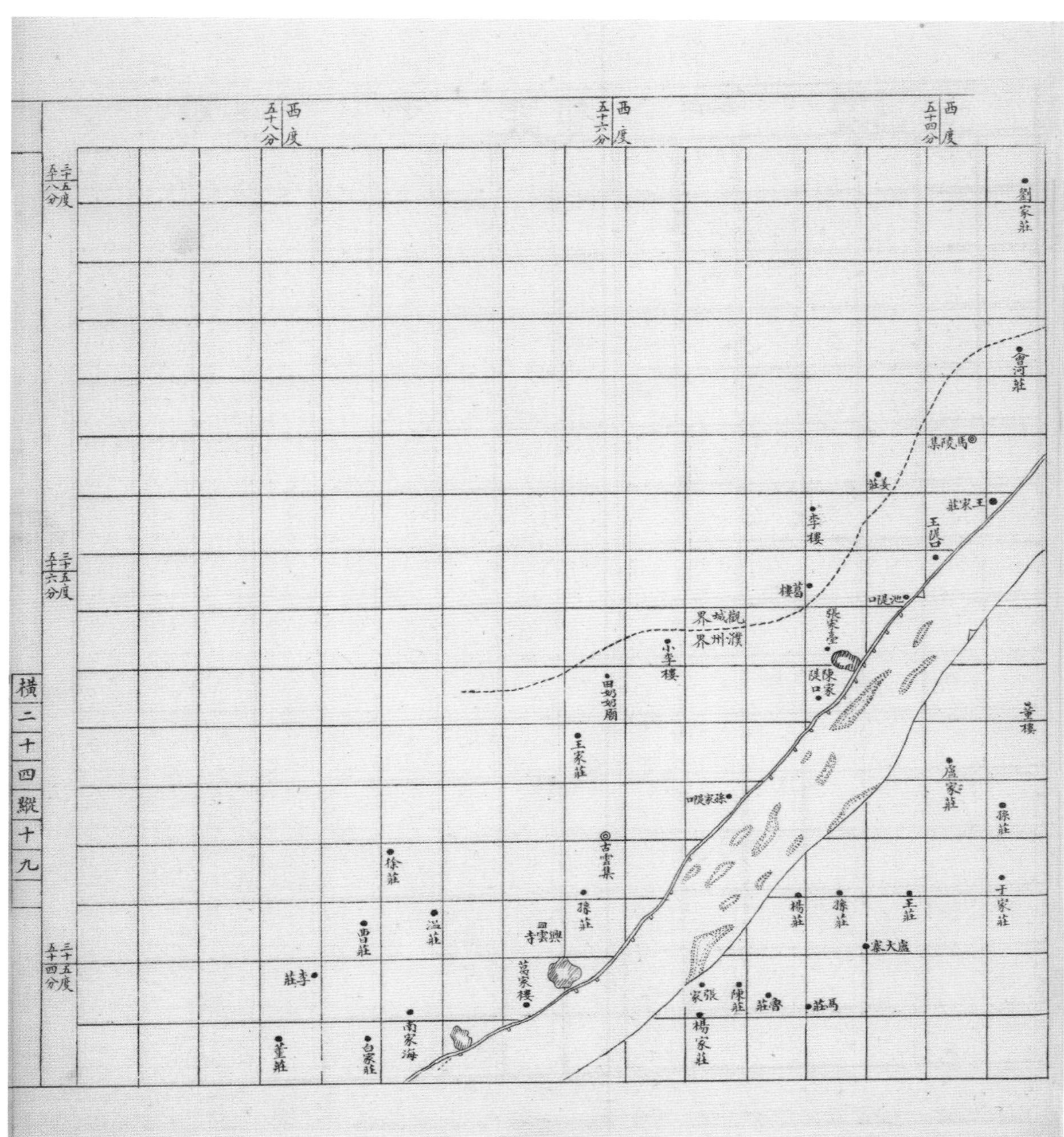
西度五十八分
西度五十六分
西度五十四分
三十五度五十八分
三十五度五十六分
三十五度五十四分
橫二十四縱十九
劉家莊
會河莊
馬陵集
王家莊
李樓
王堤口
葛樓
池堤口
觀城界
濮州界
張家臺
小李樓
陳家堤口
田奶奶廟
王家莊
孫家堤口
古雲集
徐莊
孫莊
溫莊
曹莊
興雲寺
李莊
葛家樓
南家海
白家莊
董莊
楊莊
孫莊
王莊
盧大寨
張家
陳莊
魯莊
馬莊
楊家莊
董樓
盧家莊
孫莊
于家莊

西一度

西一度二分

西一度四分

三十五度五十八分

三十五度五十六分

三十五度五十四分

西度 五十八分　　西度 五十六分　　西度 五十四分

三十五度 三十四分

三十五度 三十二分

横二十九縱十九

三十五度 三十分

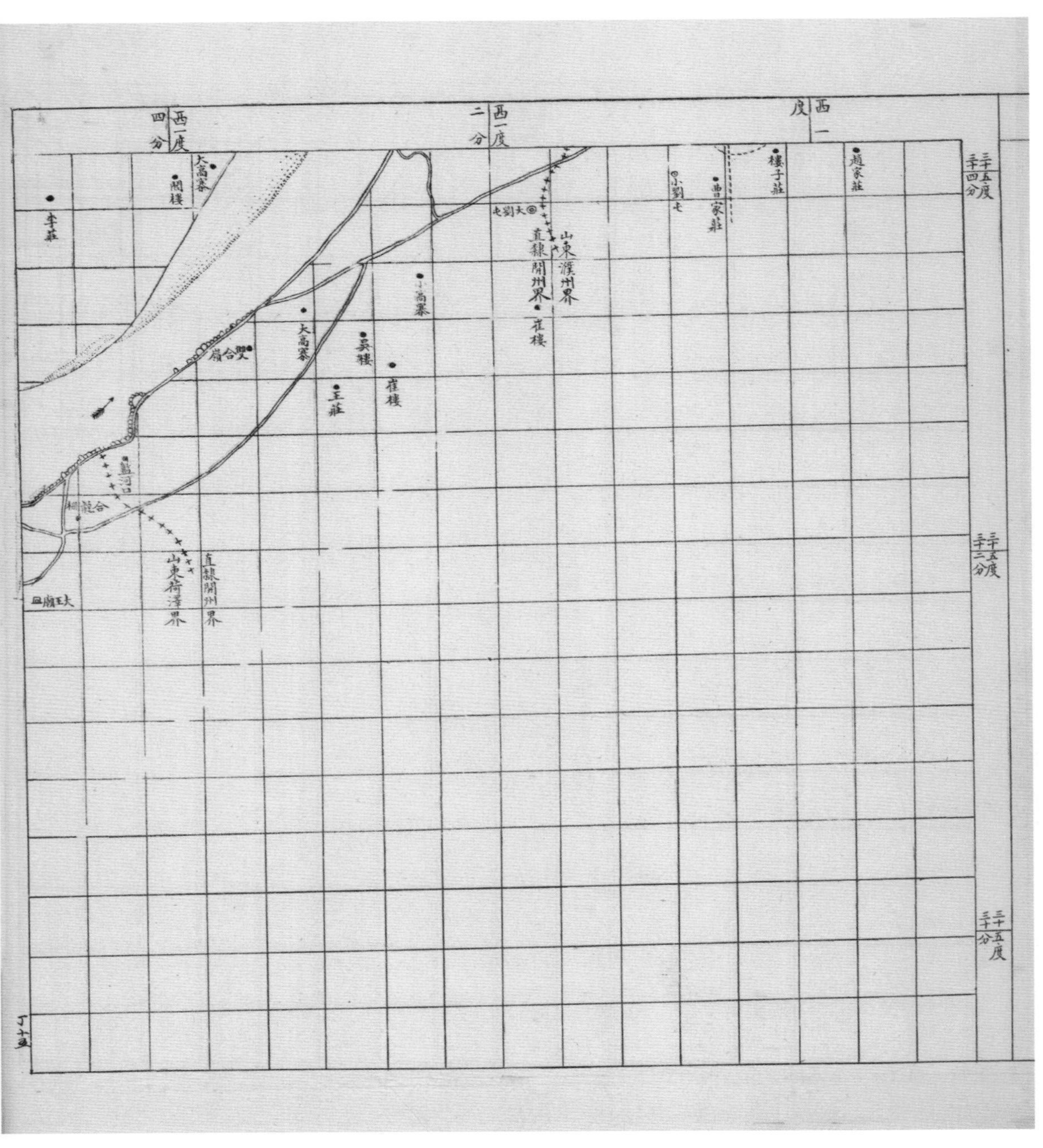
西一度四分
西一度二分
西一度
三十五度三十四分
三十五度三十二分
三十五度三十分
大高寨
閻樓
李莊
大劉屯
直隸開州界
山東濮州界
小劉屯
曹家莊
樓子莊
趙家莊
小高寨
崔樓
大高寨
吳樓
崔樓
王莊
雙合嶺
直隸開州界
山東荷澤界

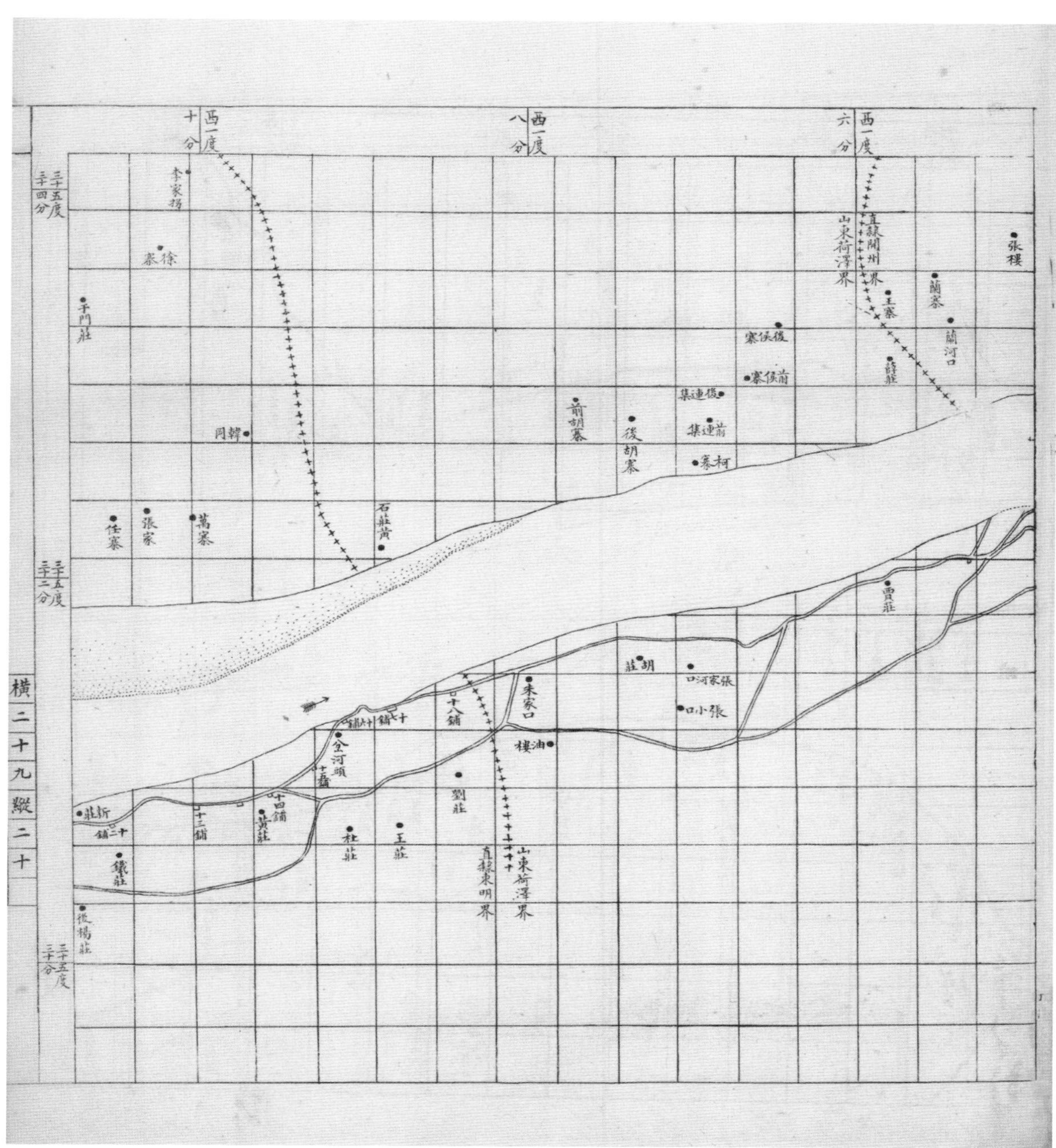

西一度十分
西一度八分
西一度六分
三十五度二十四分
三十五度二十二分
三十五度二十分
橫二十九縱二十
李家楊
徐寨
于門莊
張樓
藺寨
藺河口
直隸開州界
山東荷澤界
王寨
薛莊
後侯寨
前侯寨
後連集
前連集
柯寨
前胡寨
後胡寨
韓同
石莊黃
任寨
張家
萬寨
胡莊
張家河口
張小口
賈莊
朱家口
油樓
十八鋪
十七鋪
全河頭
十五鋪
十四鋪
十三鋪
新莊
二十鋪
黃莊
鐵莊
杜莊
王莊
劉莊
直隸東明界
山東荷澤界
後楊莊

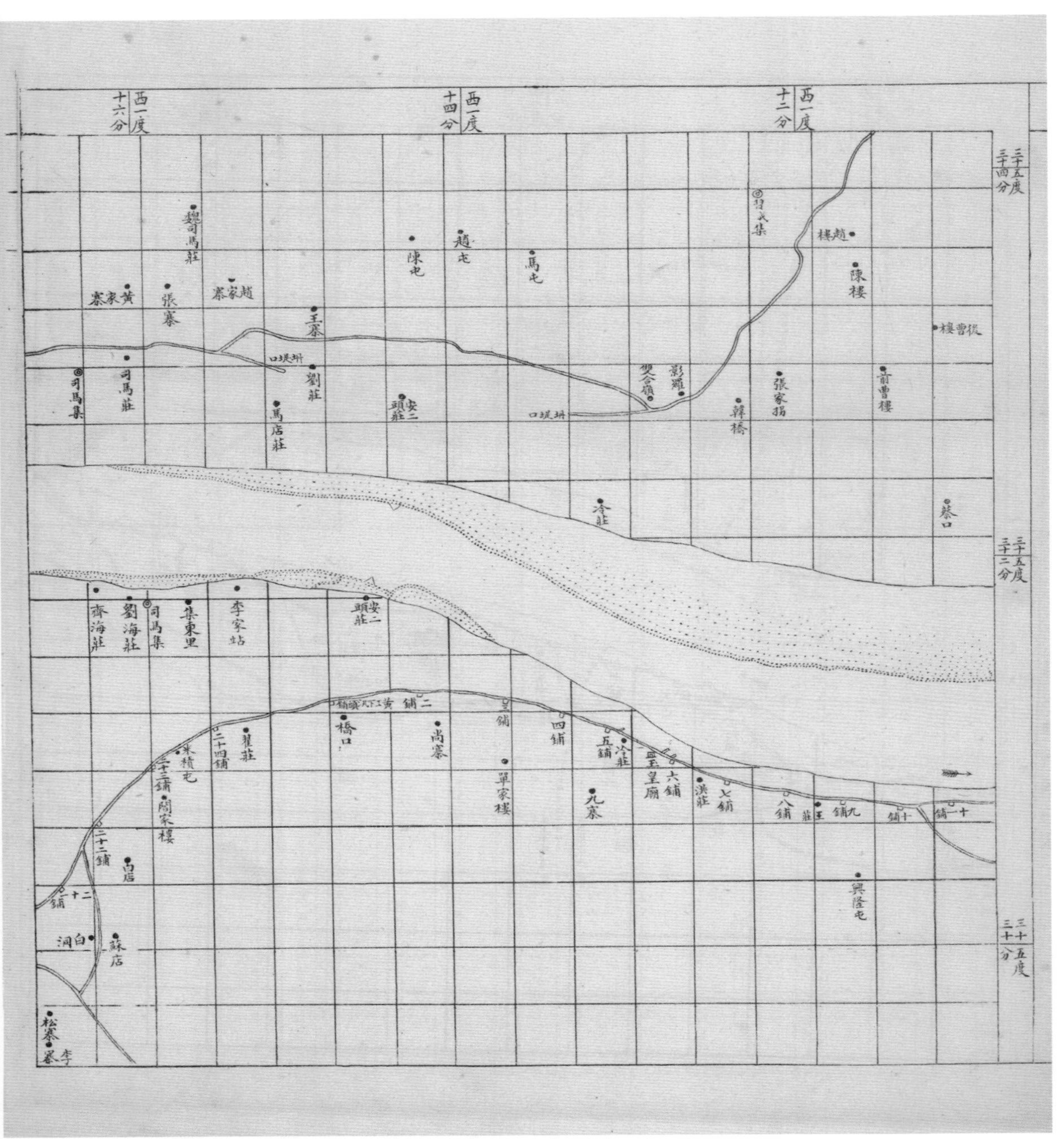

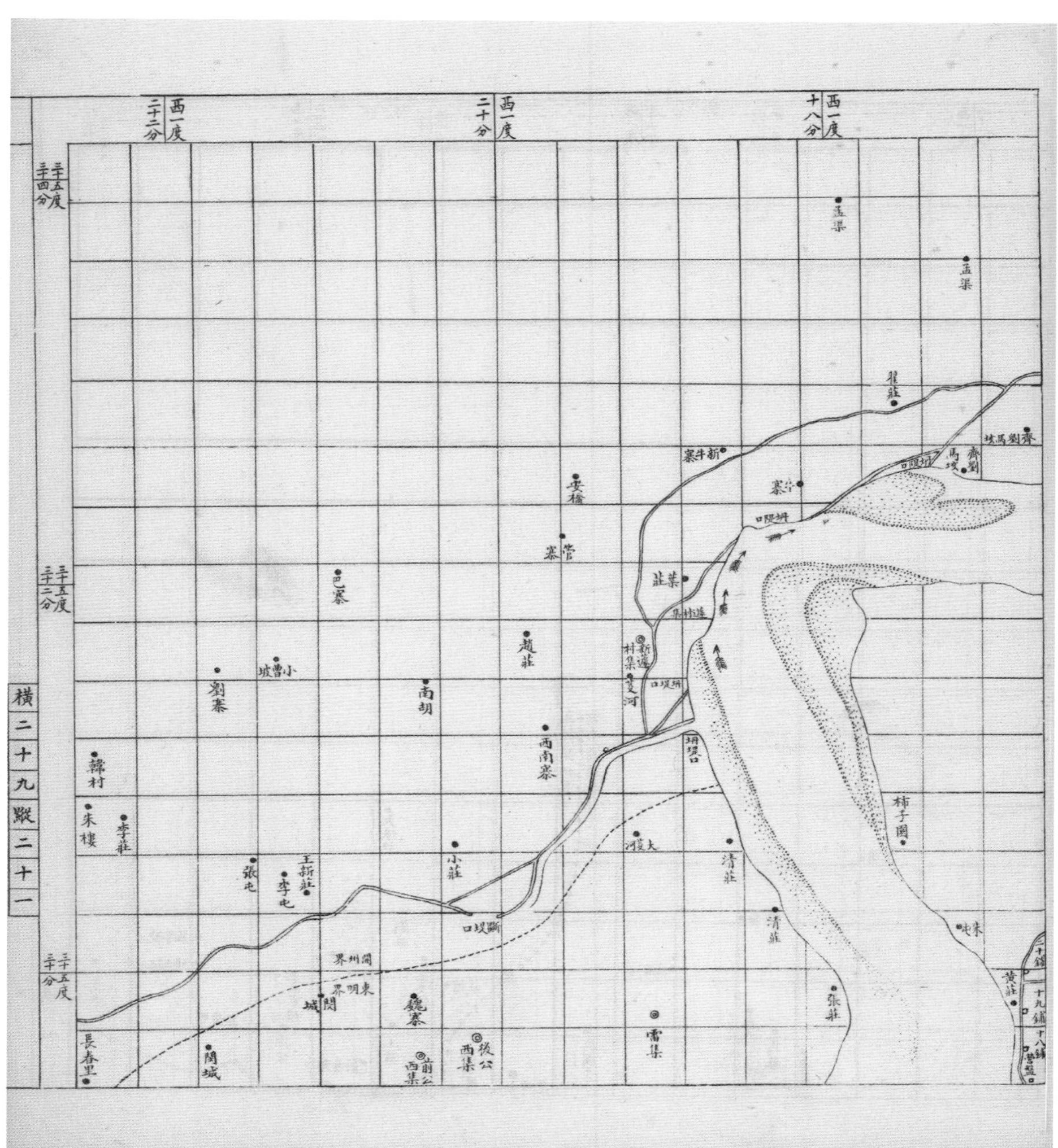

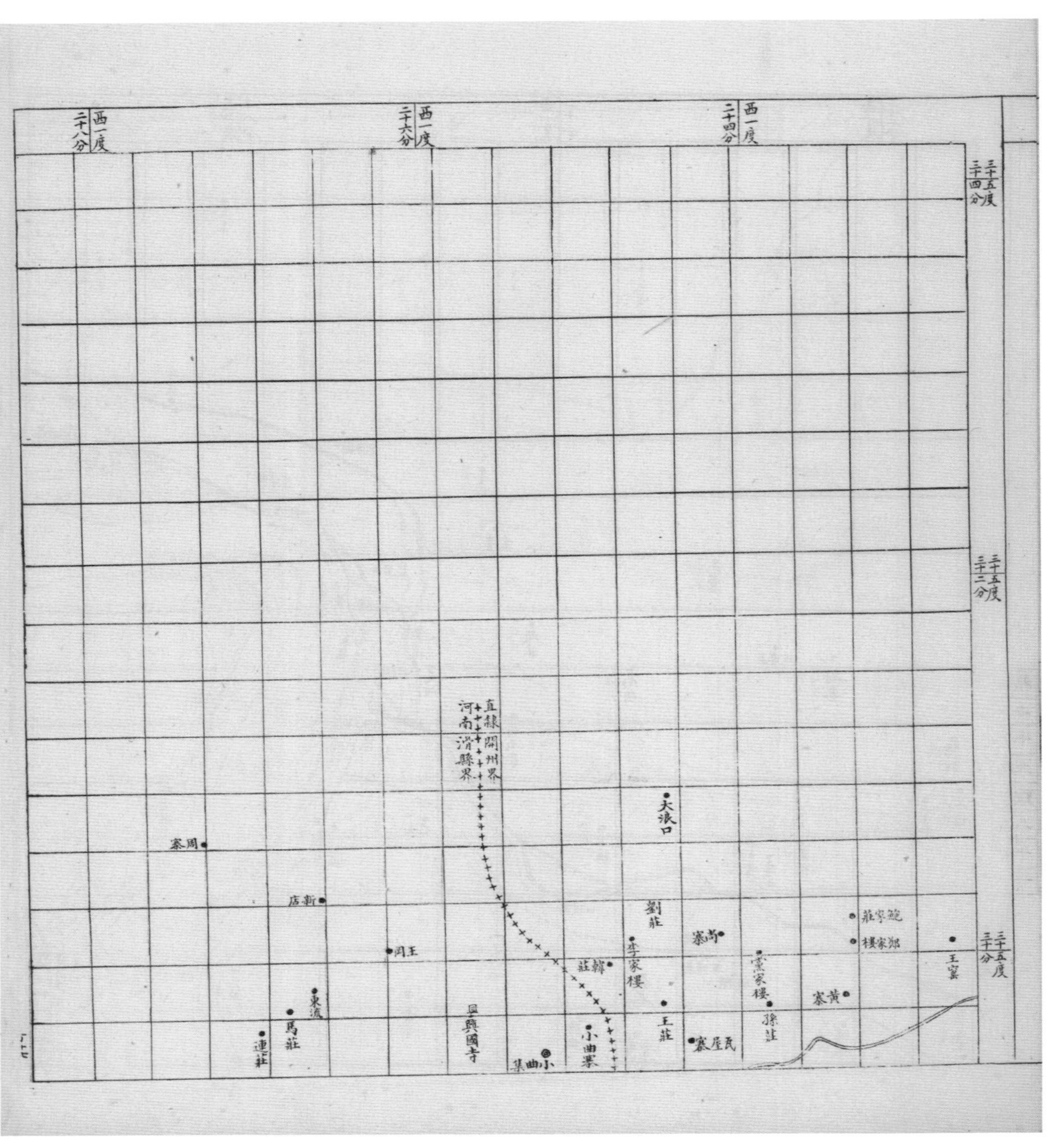

西一度二十八分
西一度二十六分
西一度二十四分
三十五度三十四分
三十五度三十二分
三十五度三十分
直隸開州界
河南滑縣界
大張口
周寨
新店
王固
劉莊
李家樓
王莊
小曲寨
小曲集
興國寺
馬莊
東流
連莊
黃寨
孫莊
王窯

西一度二十二分

西一度二十分

西一度十八分

三十五度十分

三十五度八分

三十五度六分

横三十四縱二十一

百七八

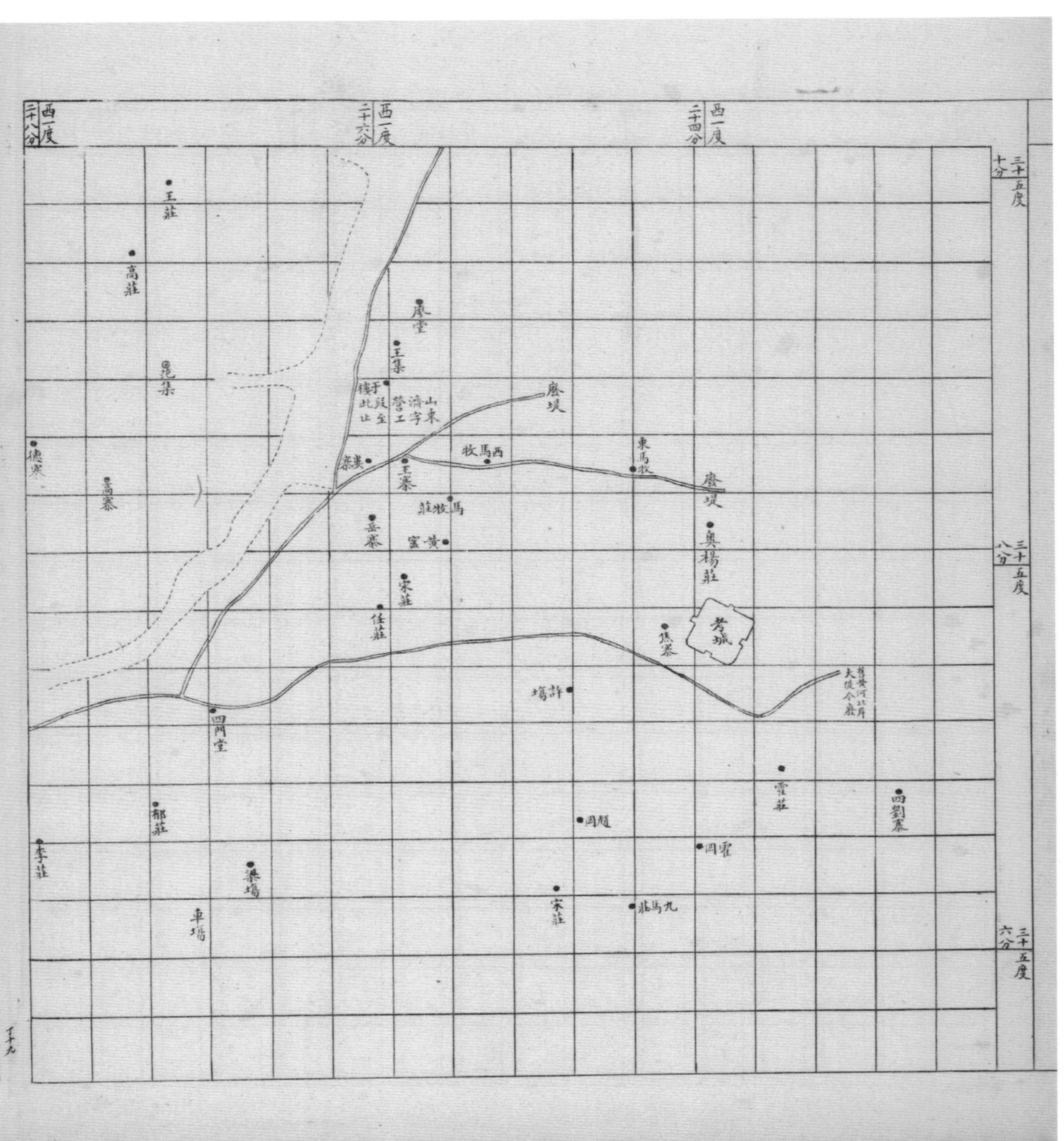

西一度二十八分
西一度二十六分
西一度二十四分
三十五度十分
三十五度八分
三十五度六分
王莊
高莊
廖堂
王集
考城

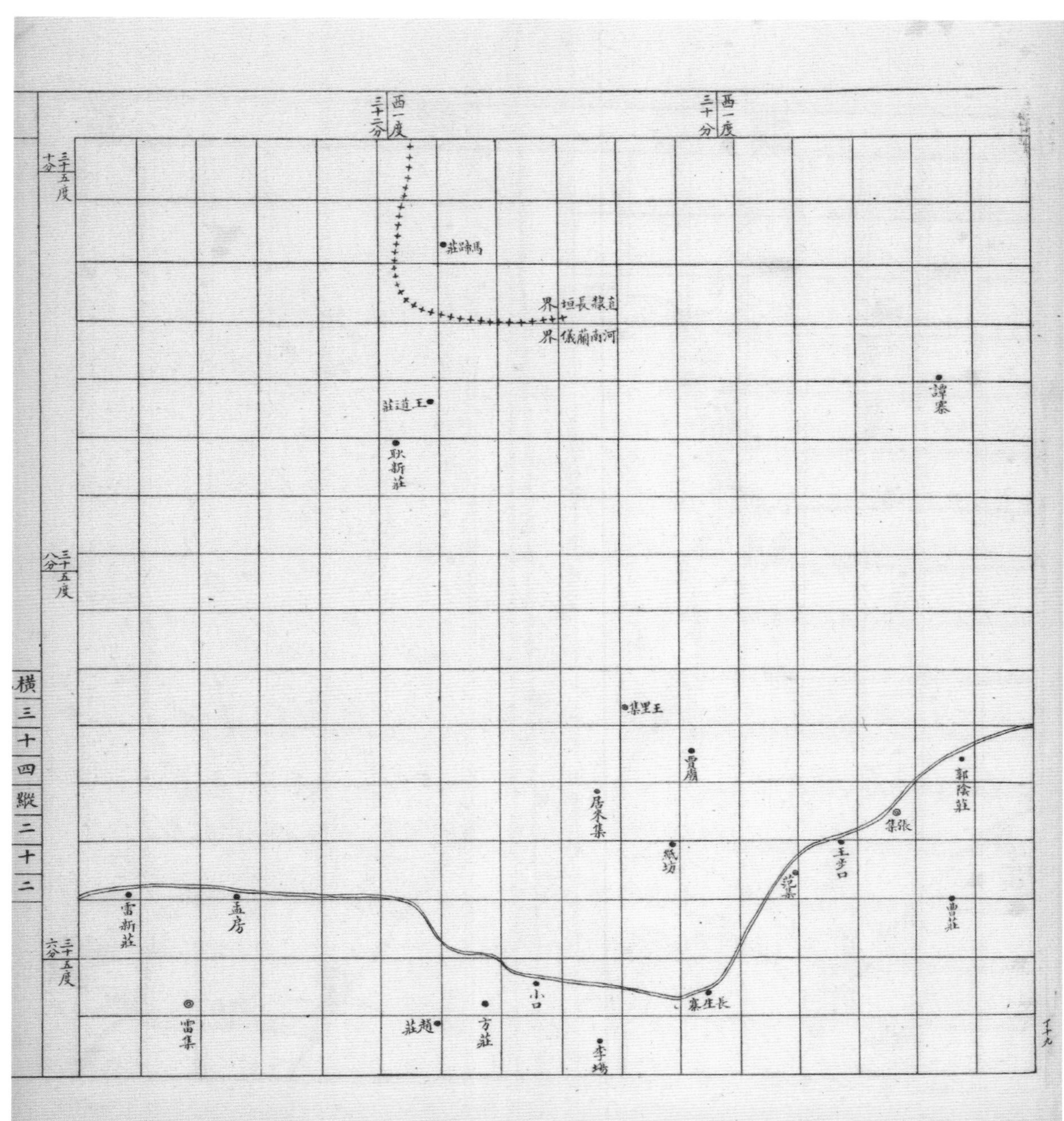

西一度
三十二分
西一度
三十分
三十五度十分
三十五度八分
三十五度六分
横三十四縱二十二
馬跡莊
直隸長垣界
河南蘭儀界
王道莊
耿新莊
譚寨
王里集
賈庙
居米集
紙坊
郭陰莊
張集
王步口
雷新莊
孟房
小口
長生寨
雷集
趙莊
方莊
李埸

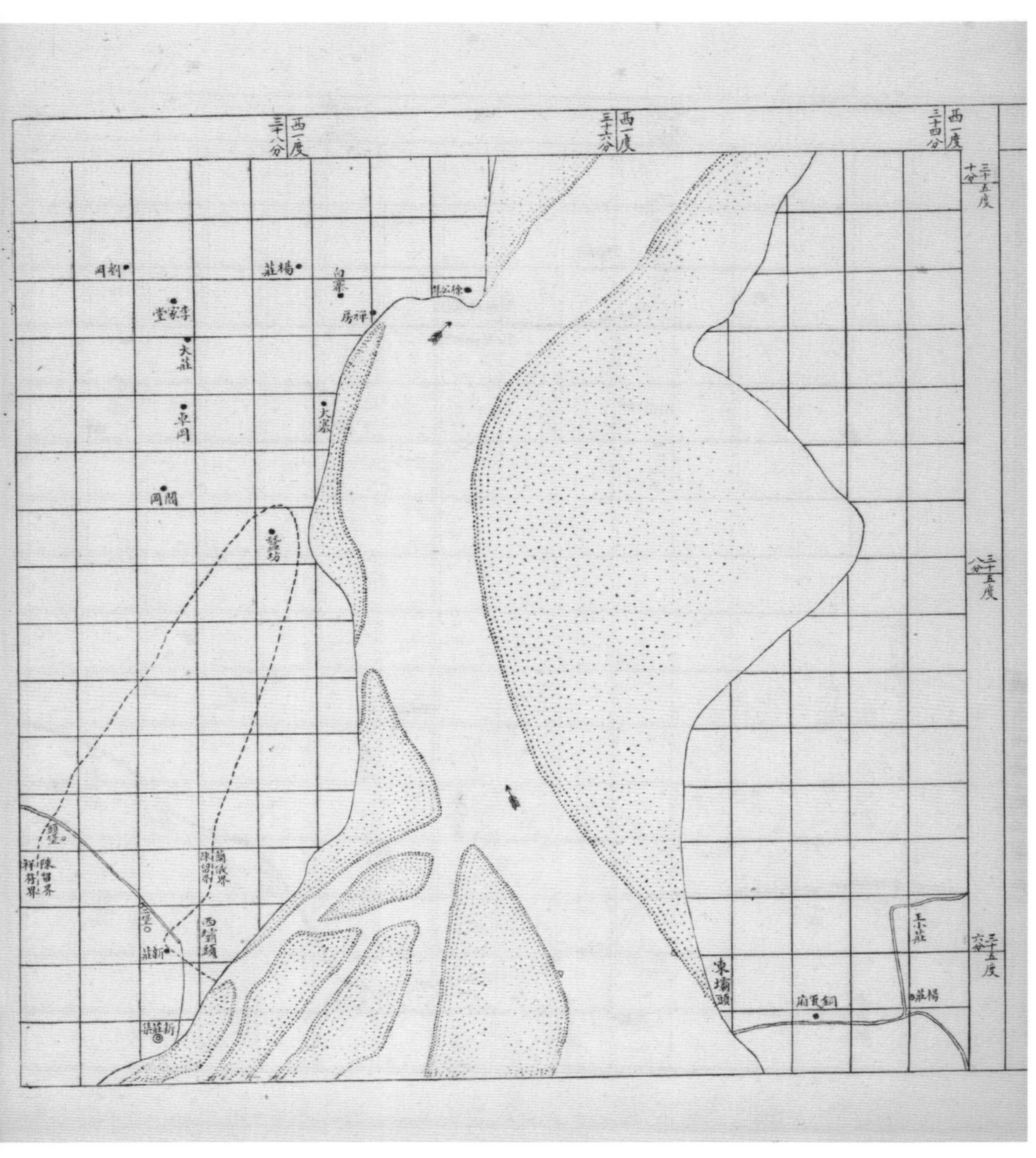

西一度三十八分
西一度三十六分
西一度三十四分
三十五度十分
三十五度八分
三十五度六分
劉岡
楊莊
白寨
李家堂
大莊
大寨
閻岡
西壩頭
東壩頭
銅瓦廂
王小莊
楊莊

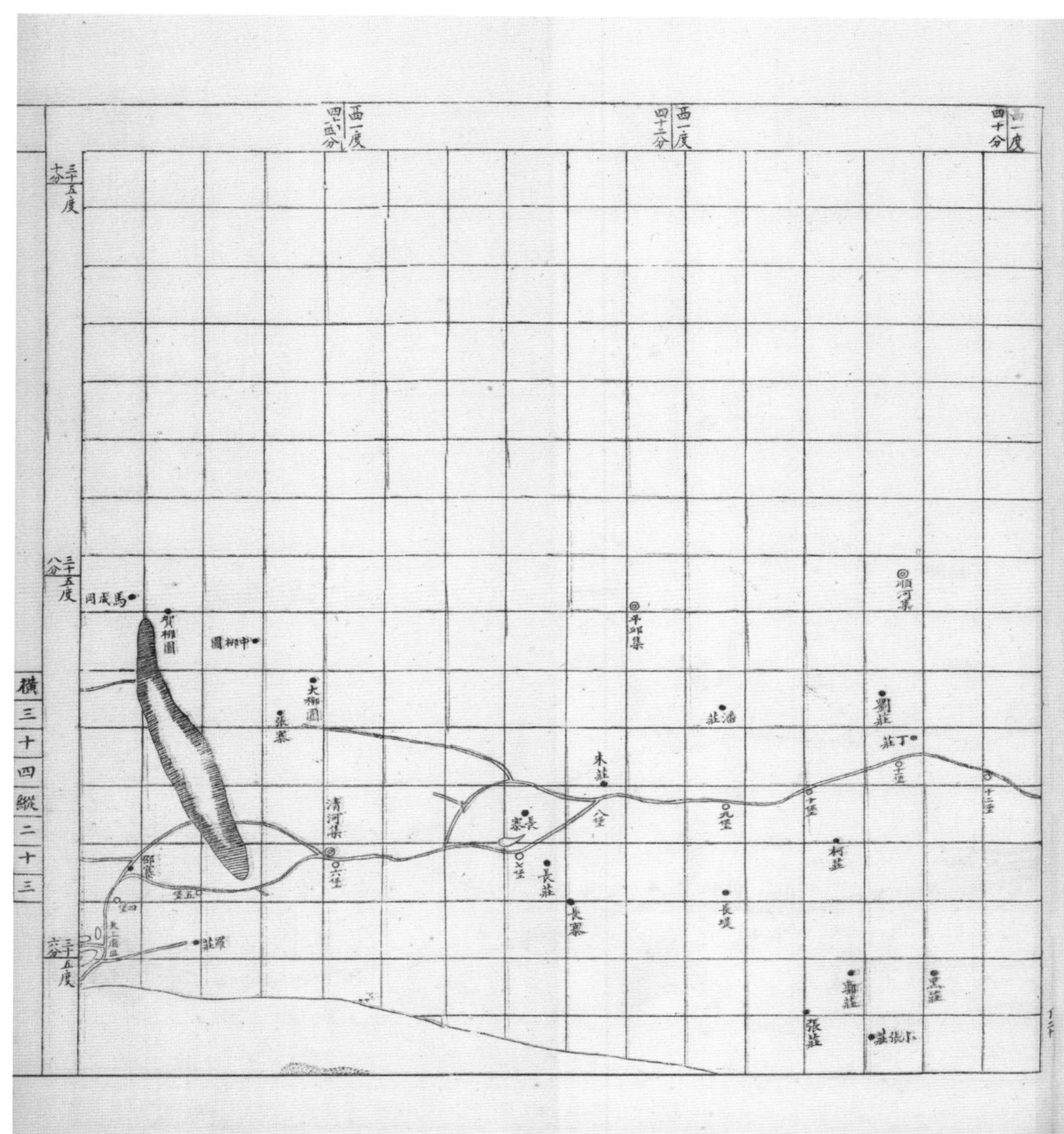

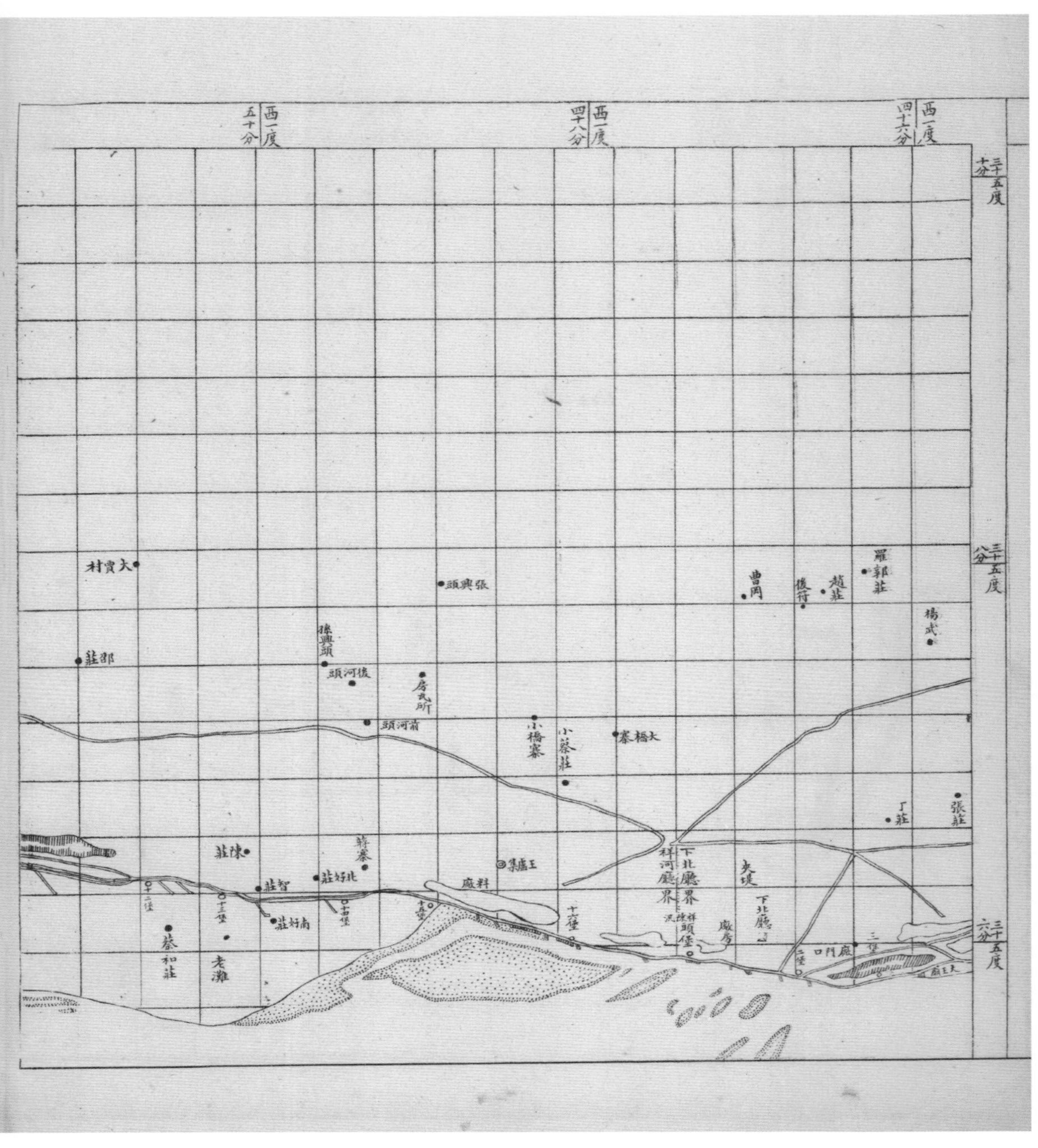
西一度五十分
西一度四十八分
西一度四十六分
三十五度十分
三十五度三十分
三十五度三十六分
大賈村
張興頭
部莊
曹岡
趙莊
羅郭莊
楊武
後河頭
房武所
前河頭
小橋寨
小蔡莊
大橋寨
丁莊
張莊
陳莊
王盧集
料廠
智莊
北好莊
南好莊
蔡和莊
老灘
下北廳界
祥河廳界
口門廠
大王廟

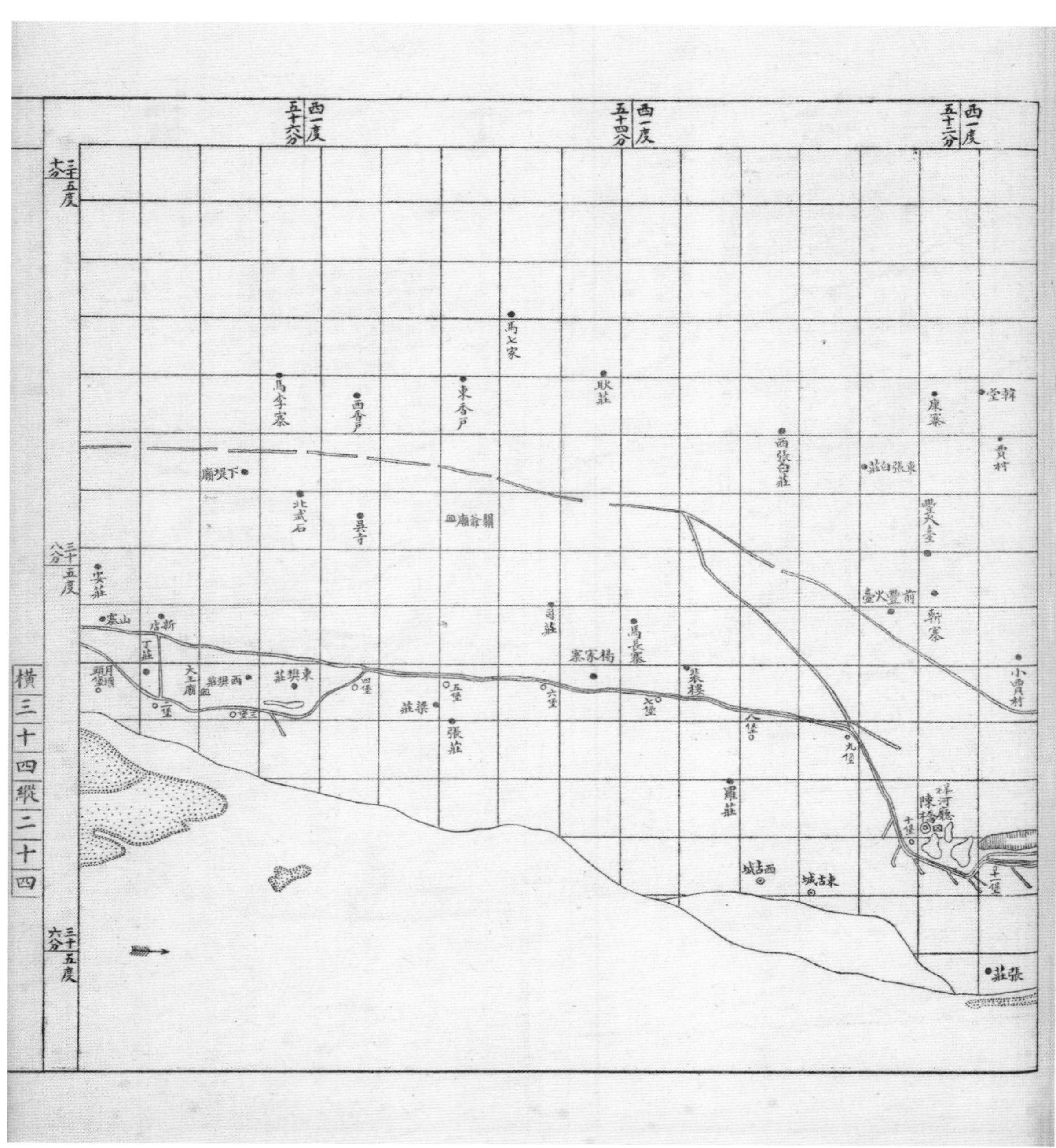
西一度五十六分
西一度五十四分
西一度五十二分
三十五度十分
三十五度八分
三十五度六分
横三十四縱二十四
馬七家
馬李寨
西香戶
東香戶
耿莊
康寨
韓堂
賈村
西張白莊
東張白莊
北武石
吳寺
關爺廟
前豐火臺
新寨
安莊
山寨
新店
丁莊
大王廟
東槐莊
四堡
五堡
六堡
七堡
八堡
九堡
十堡
一堡
梁莊
張莊
司莊
馬長寨
楊家寨
羅莊
陳橋
西古城
東古城
張莊

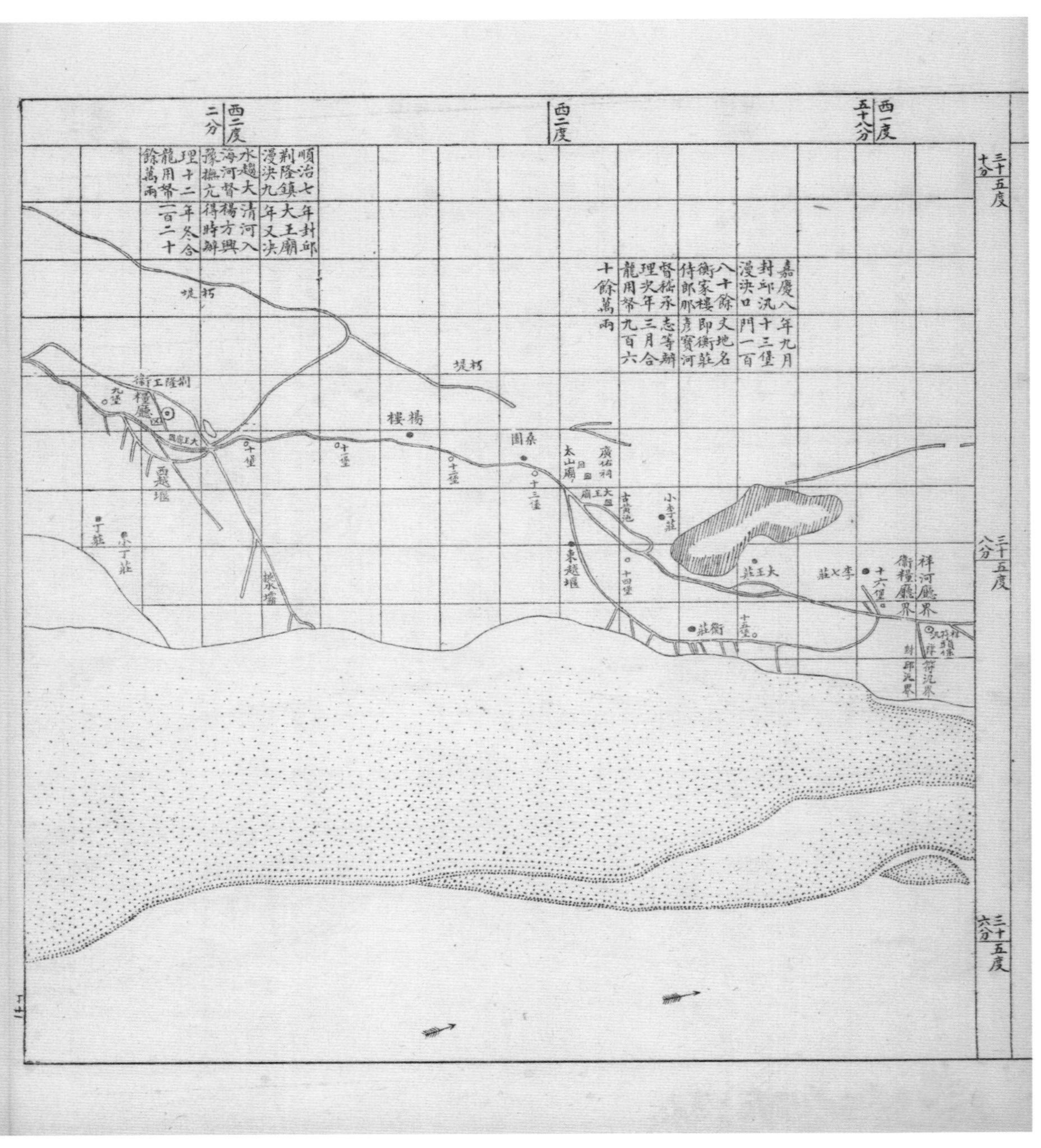

西二度二分
西二度
西一度五十八分
三十五度十分
三十五度八分
三十五度六分
順治七年封邱荆隆鎮大王廟漫決九年又決水趨大清河入海河督楊方興豫撫亢得時辦理十二年冬合龍用帑一百二十餘萬兩
嘉慶八年九月封邱汛十三堡漫決口門一百八十餘丈地名衡家樓即衡莊侍郎那彥寶河督嵇承志等辦理次年三月合龍用帑九百六十餘萬兩
楊樓
桑園
東越堰
西越堰
衡莊
小李莊
大王莊
李七莊

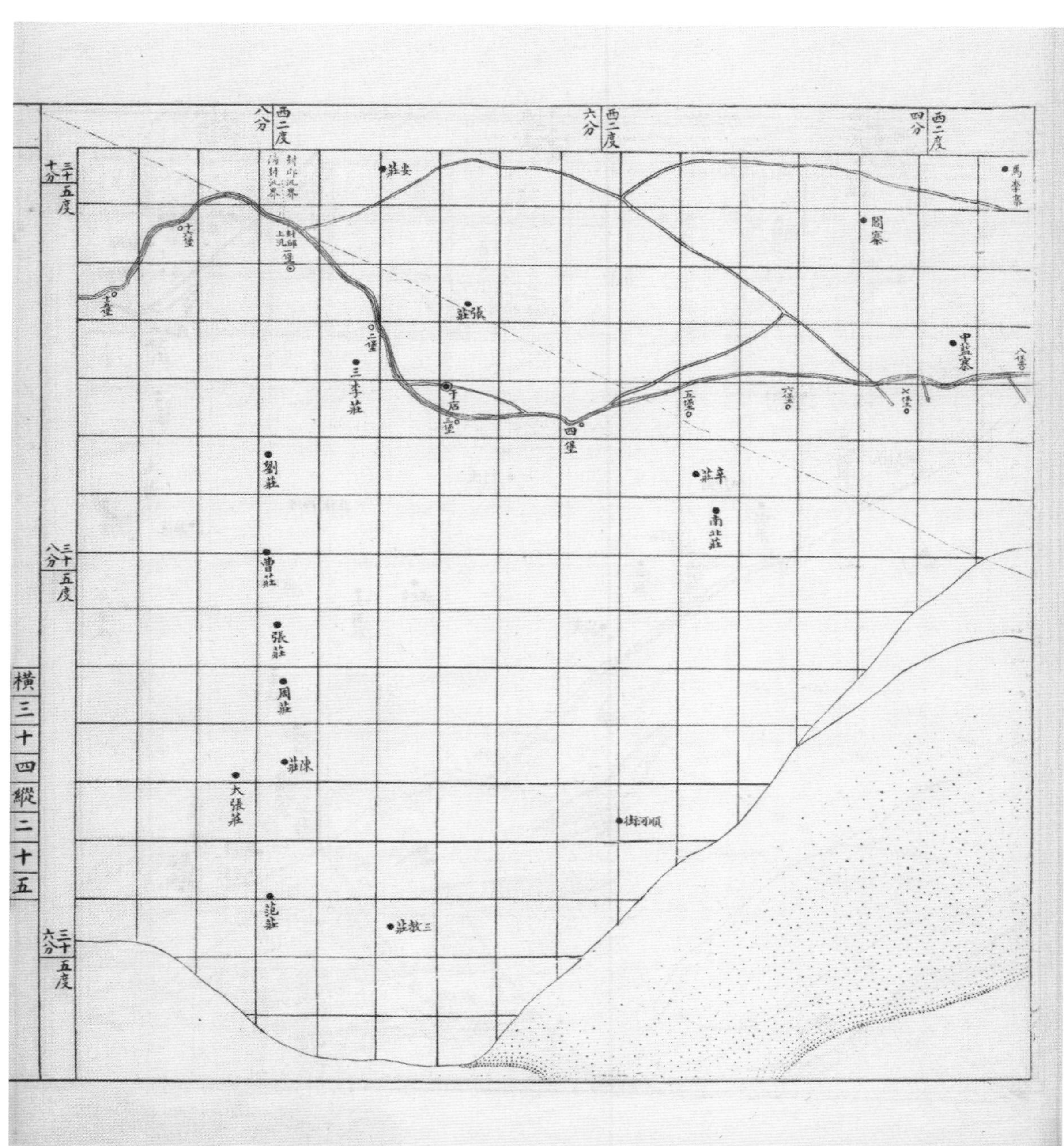

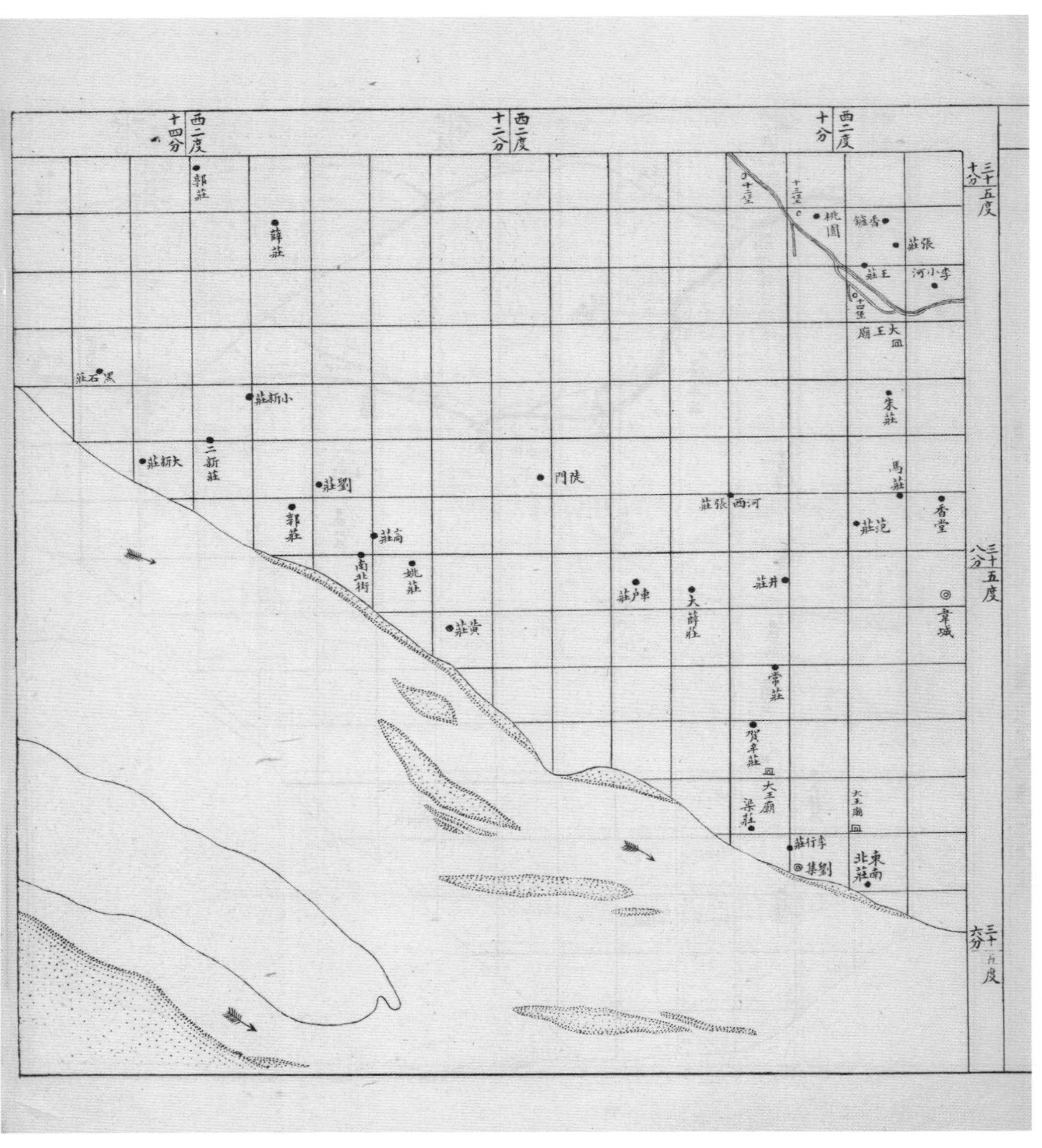
西二度十四分
西二度十二分
西二度十分
三十五度十分
三十五度八分
三十五度六分
郭莊
薛莊
黑石莊
小新莊
大新莊
二新莊
劉莊
郭莊
高莊
南北街
姚莊
黄莊
陝門
車户莊
大薛莊
河西張莊
井莊
常莊
桃園
香爐
張莊
王莊
李小河
大王廟
朱莊
馬莊
香堂
范莊
韋城
大王廟
梁莊
李行莊
劉集
東南北莊

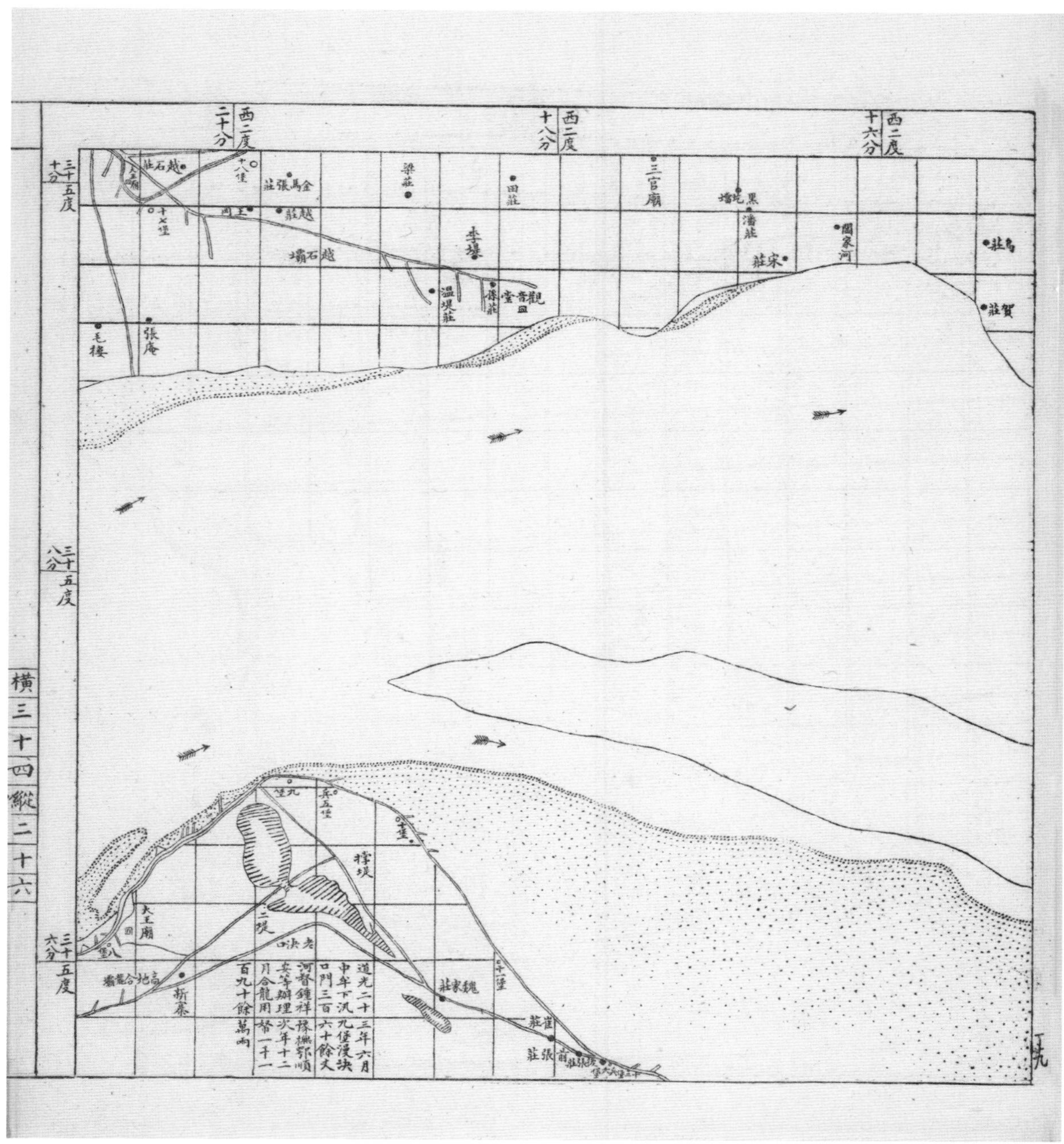
橫三十四縱二十六
西二度二十分
西二度十八分
西二度十六分
三十五度十分
三十五度八分
三十五度六分
越石莊
十八堡
金馬張莊
梁莊
田莊
三官廟
潘莊
宋莊
賀莊
十七堡
越莊
越石壩
溫堤莊
觀音堂
毛樓
張庵
大王廟
二堤
老決口
魏家莊
崔莊
張莊
道光二十三年六月中牟下汛九堡漫決口門三百六十餘丈河督鍾祥豫撫鄂順安等辦理次年十二月合龍用帑一千一百九十餘萬兩

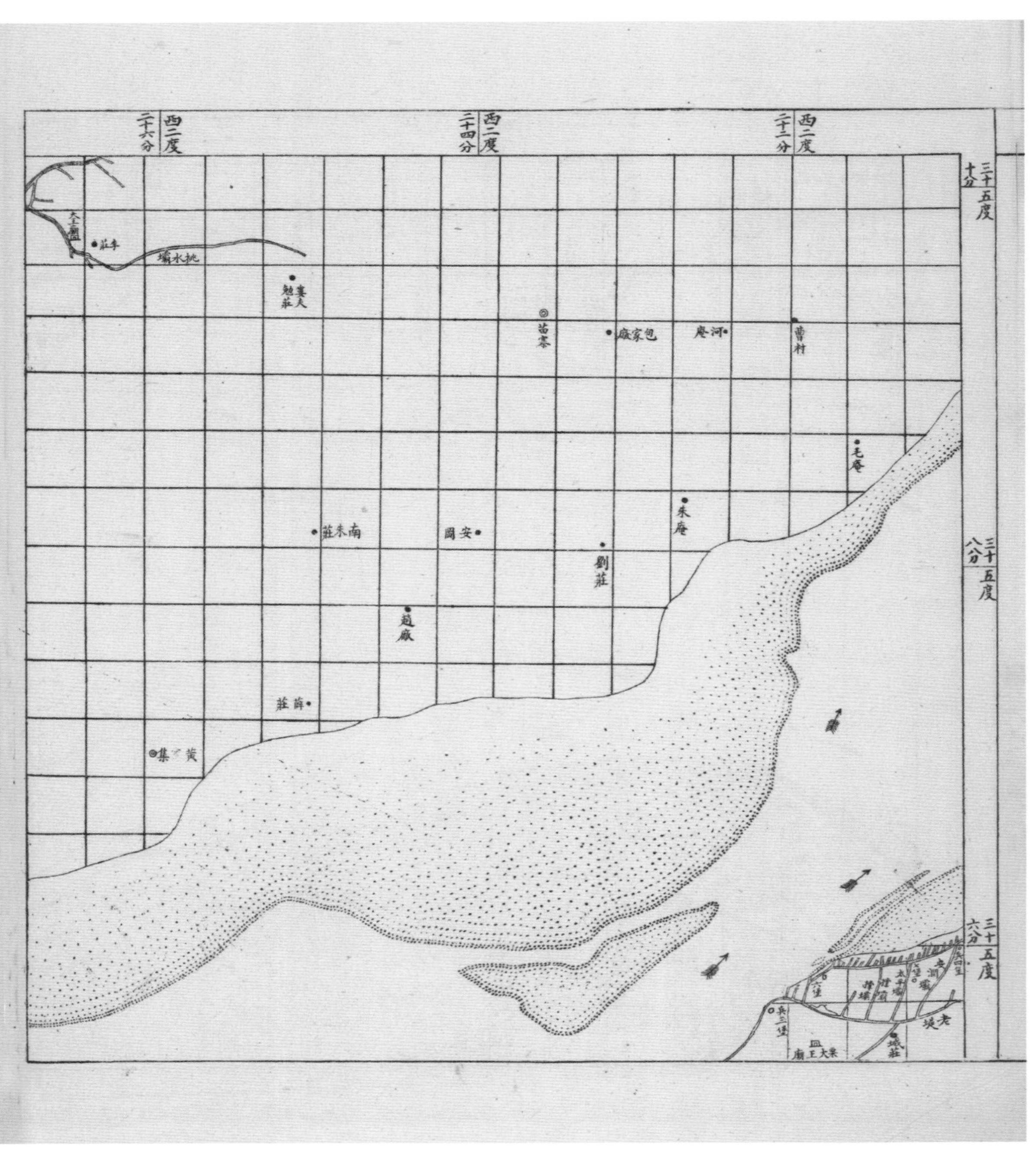

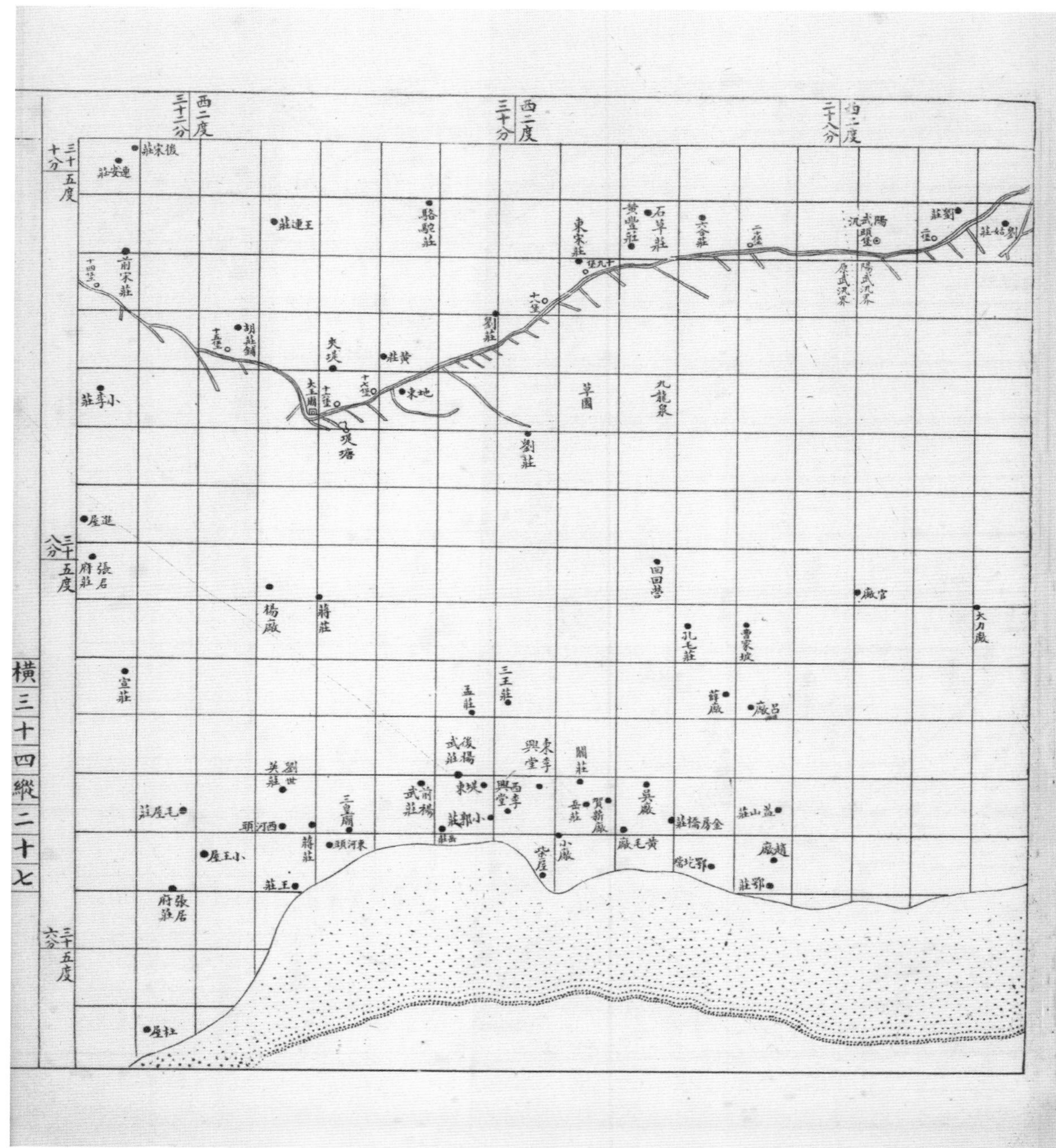
西二度三十二分
西二度三十分
西二度二十八分
三十五度十分
三十五度八分
三十五度六分
橫三十四縱二十七
駱駝莊
東宋莊
前宋莊
劉莊
九龍泉
楊廠
蔣莊
宣莊
三王莊
曹家坡
薛廠
吳廠

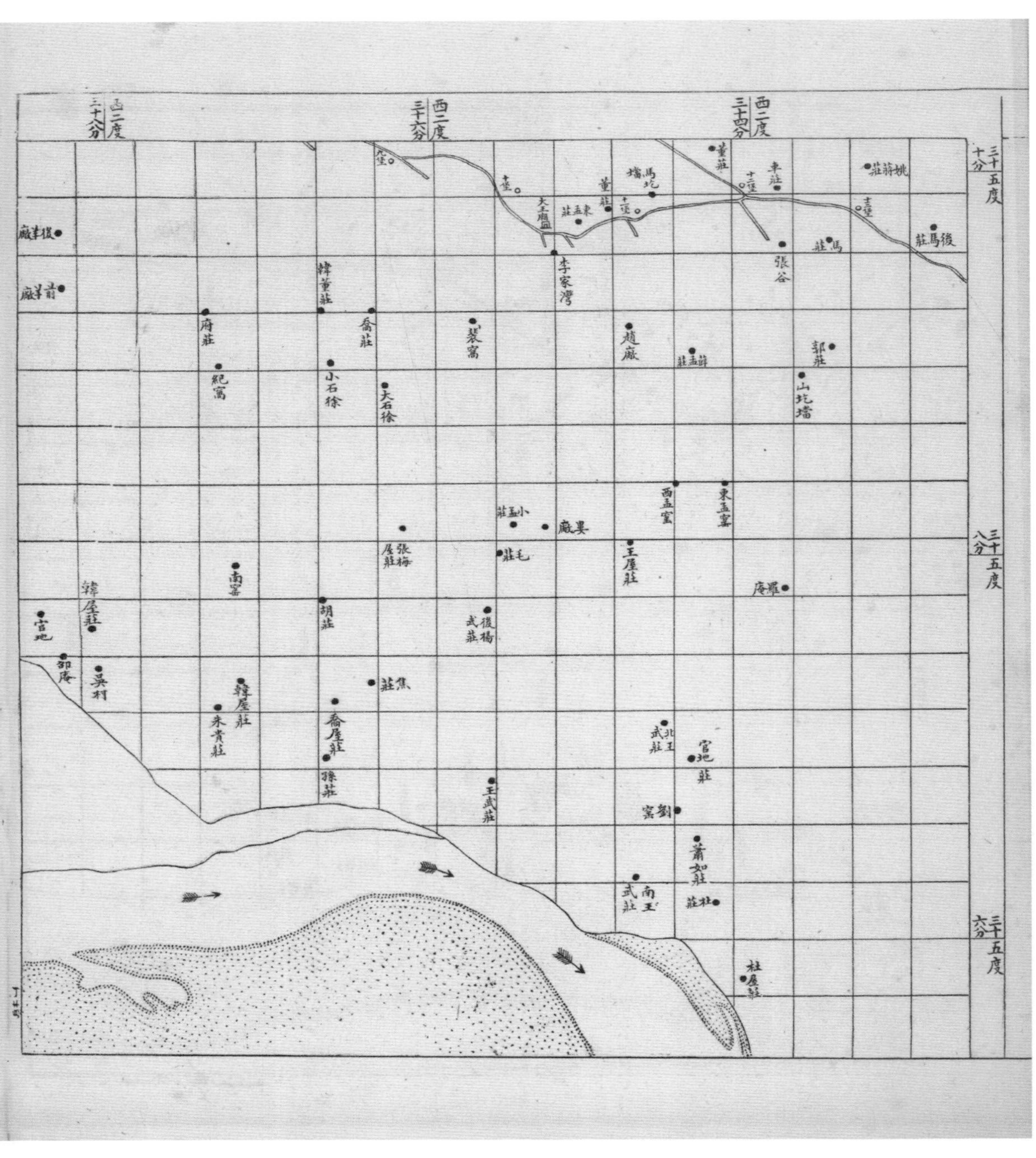

西二度三十二分
西二度三十六分
西二度三十四分
三十五度十分
三十五度八分
三十五度六分
李家灣
張谷
韓董莊
喬莊
府莊
紀富
小石徐
大石徐
趙廠
郭莊
西五富
東五富
王屋莊
胡莊
南富
宮地
朱貴莊
喬屋莊
孫莊
宮地莊
蕭如莊
杜屋莊

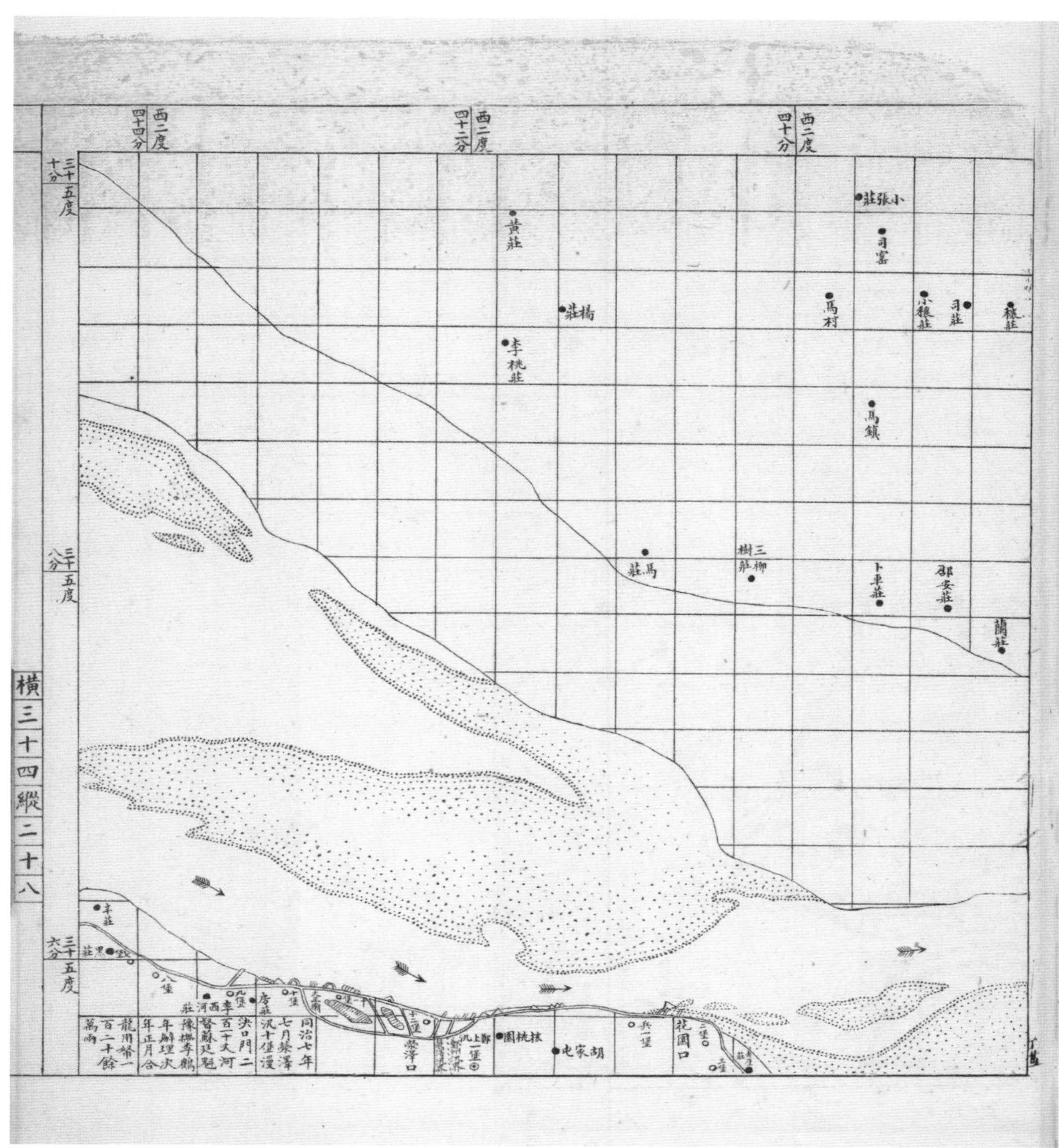

橫三十四縱二十八
西二度四十四分
西二度四十二分
西二度四十分
三十五度十分
三十五度八分
三十五度六分
小張莊
黃莊
楊莊
李桃莊
馬村
馬鎮
馬莊
三柳樹莊
卜東莊
邵安莊
花園口
胡家屯
滎澤口
同治七年七月滎澤汛十堡漫決口門二百十丈河督蘇廷魁撫李鶴年辦理次年正月合龍用帑一百二十餘萬兩

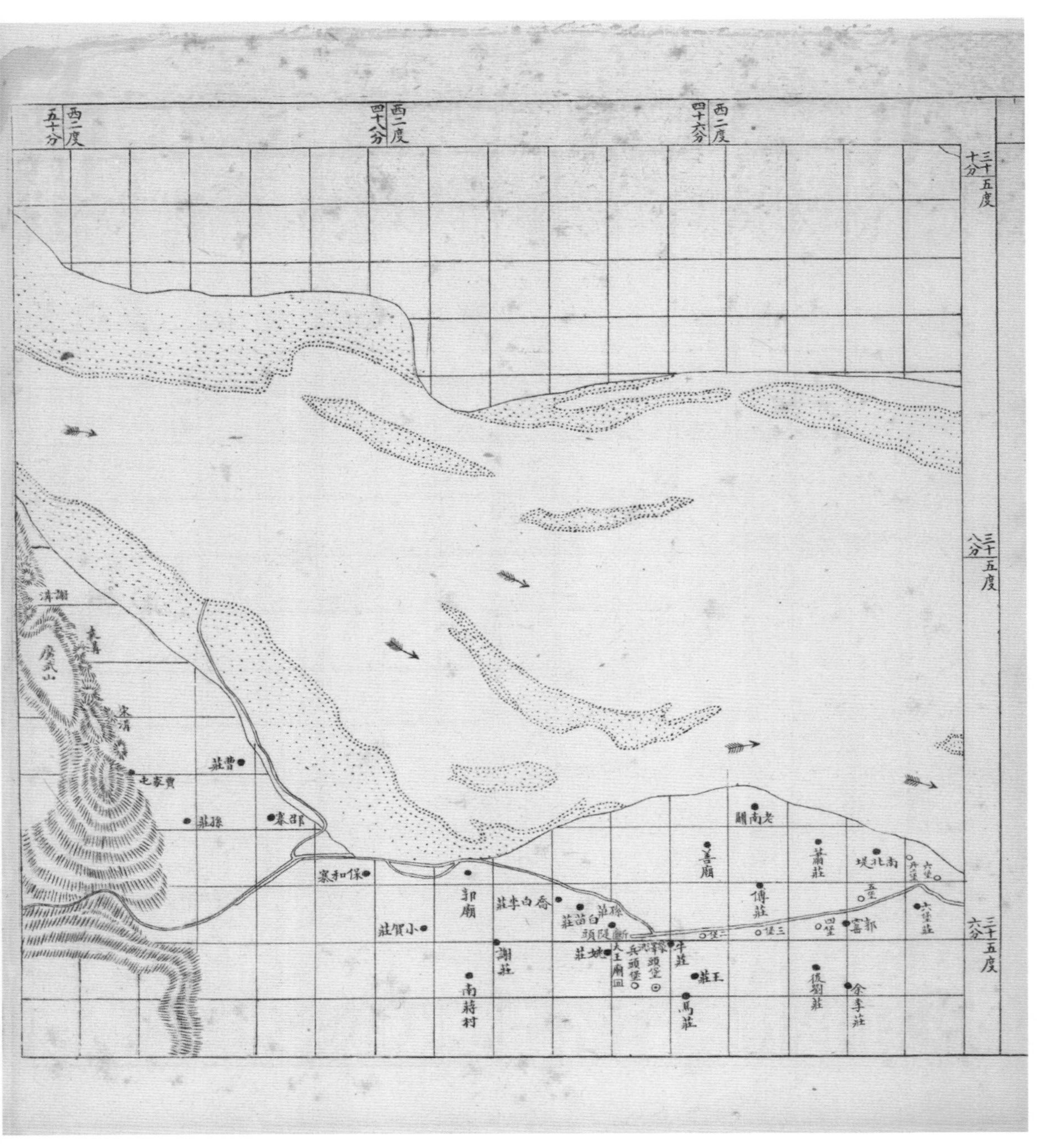

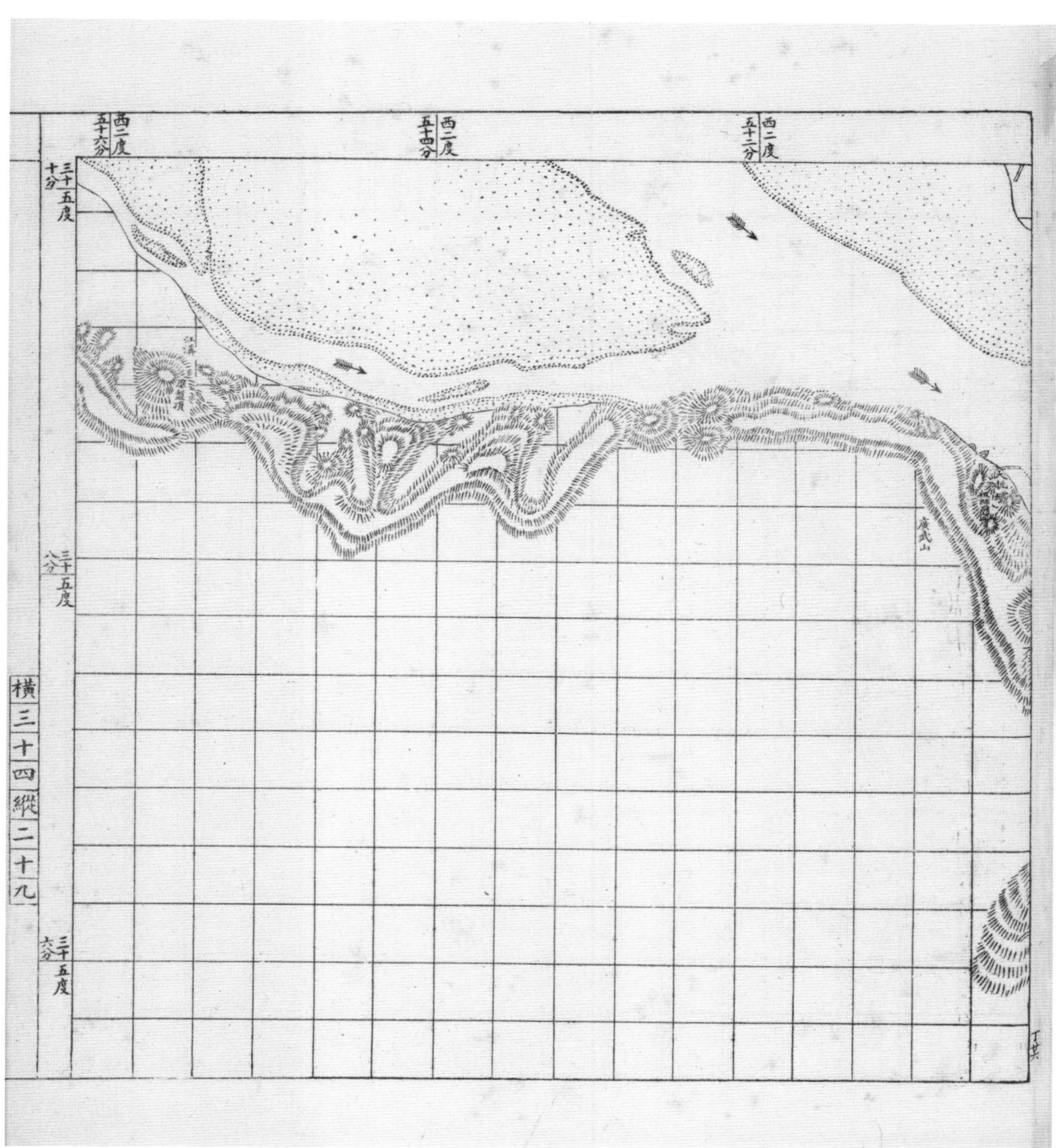
西二度五十六分
西二度五十四分
西二度五十二分
三十五度十分
三十五度八分
三十五度六分
橫三十四縱二十九
廣武山

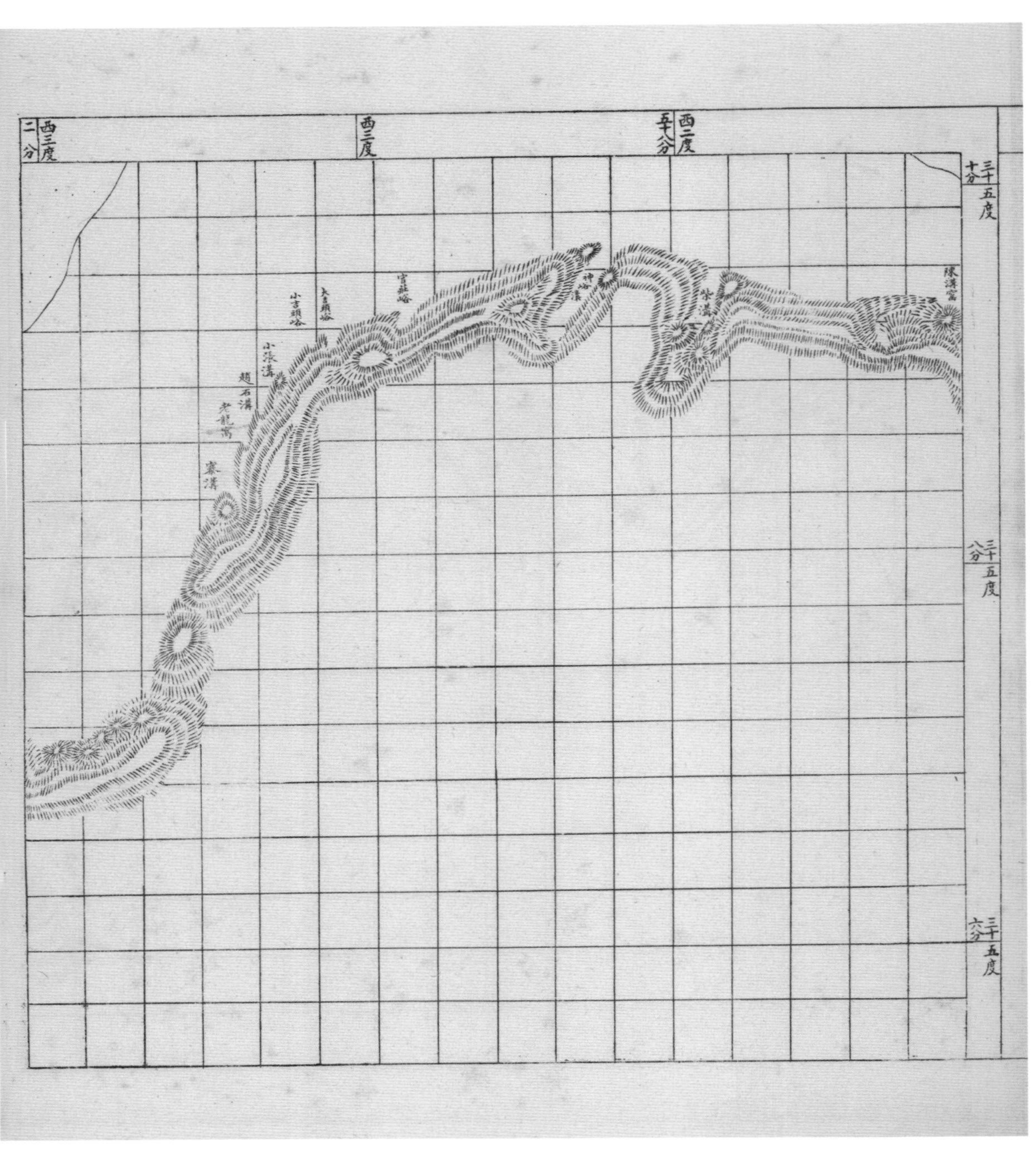
西三度二分
西三度
西二度五十分
三十五度十分
三十五度八分
三十五度六分
官莊峪
大吉頭峪
小吉頭峪
小張溝
趙石溝
老龍窩
寨溝
柴溝
陳溝窩

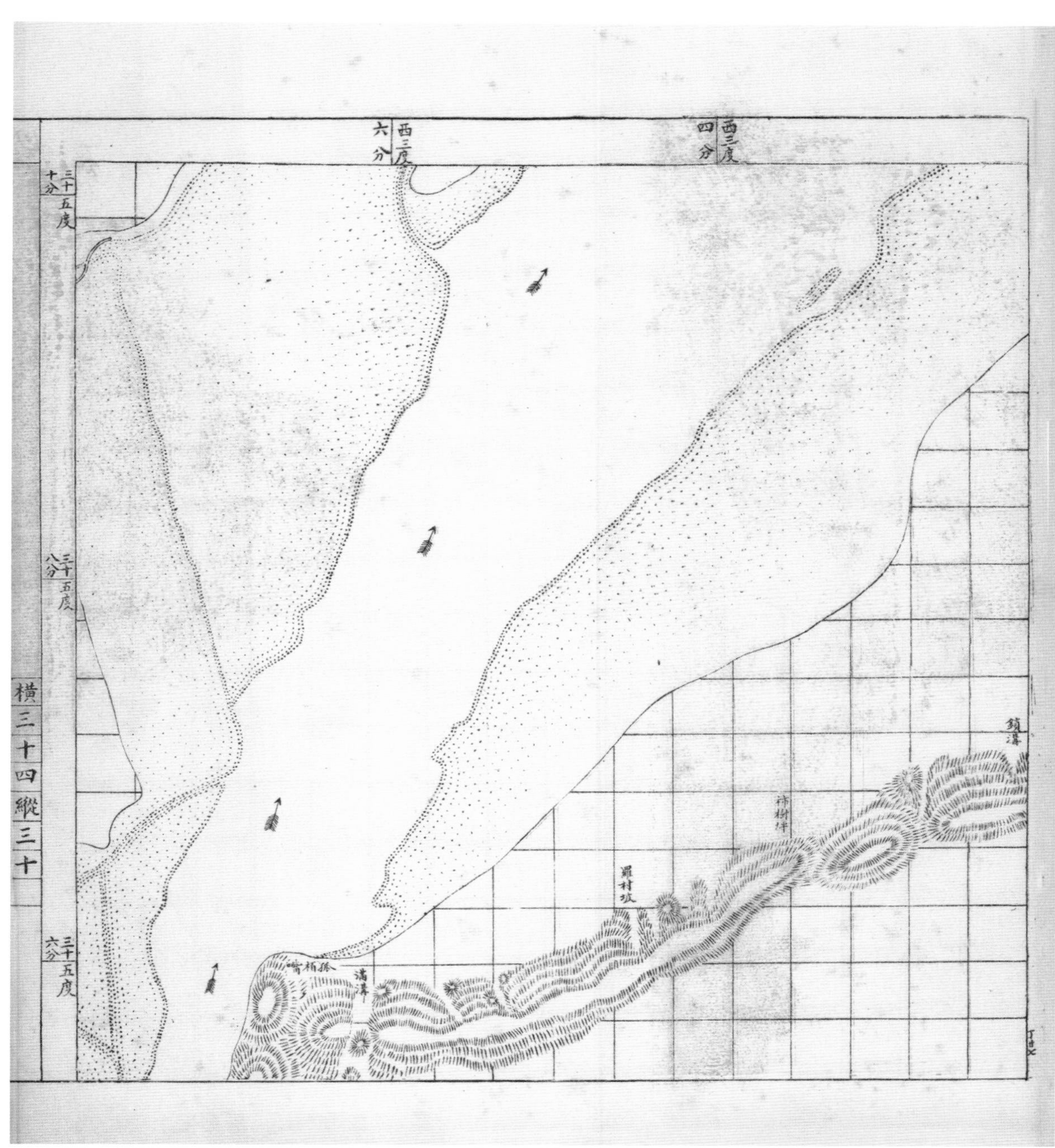
西三度六分
西三度四分
三十五度十分
三十五度八分
三十五度六分
橫三十四縱三十
羅村坡
鎮溝

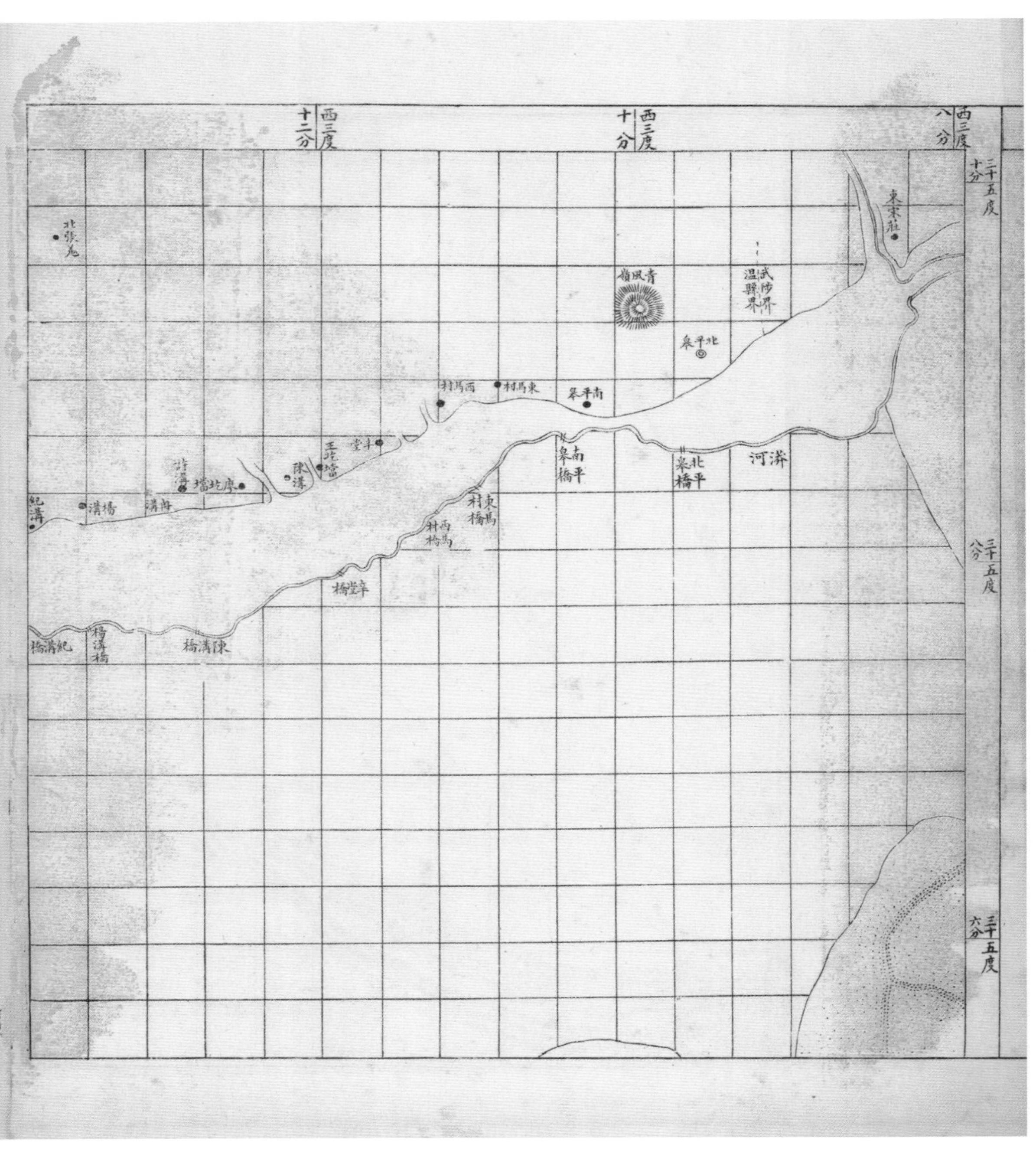
西三度十二分
西三度十分
西三度八分
三十五度十分
三十五度八分
三十五度六分
北張苑
青風嶺
東宋莊
武陟溫縣界
北平皋
南平皋
西馬村
東馬村
南平皋橋
北平皋橋
濟河
東馬村橋
西馬村橋
辛堂橋
陳溝橋
楊溝橋
紀溝橋
紀溝
楊溝
陳溝

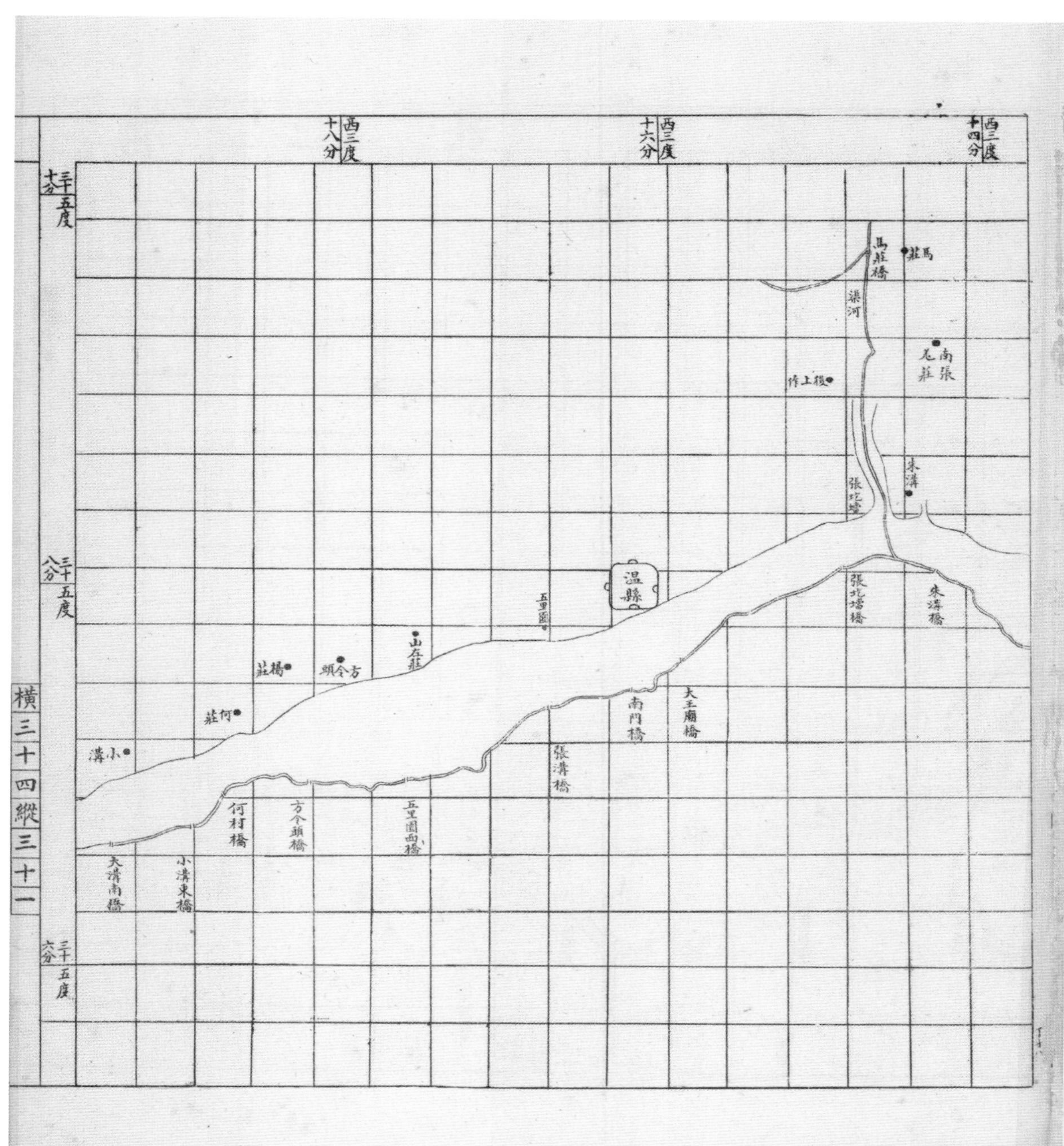
西三度十八分
西三度十六分
西三度十四分
三十五度十分
三十五度八分
三十五度六分
横三十四縱三十一
馬莊橋
馬莊
渠河
南張花莊
後上作
朱溝
張圪壋
温縣
張圪壋橋
朱溝橋
五里閻
山左莊
方令頭
橋莊
何莊
小溝
大王廟橋
南門橋
張溝橋
五里閻西橋
方令頭橋
何村橋
小溝東橋
大溝南橋

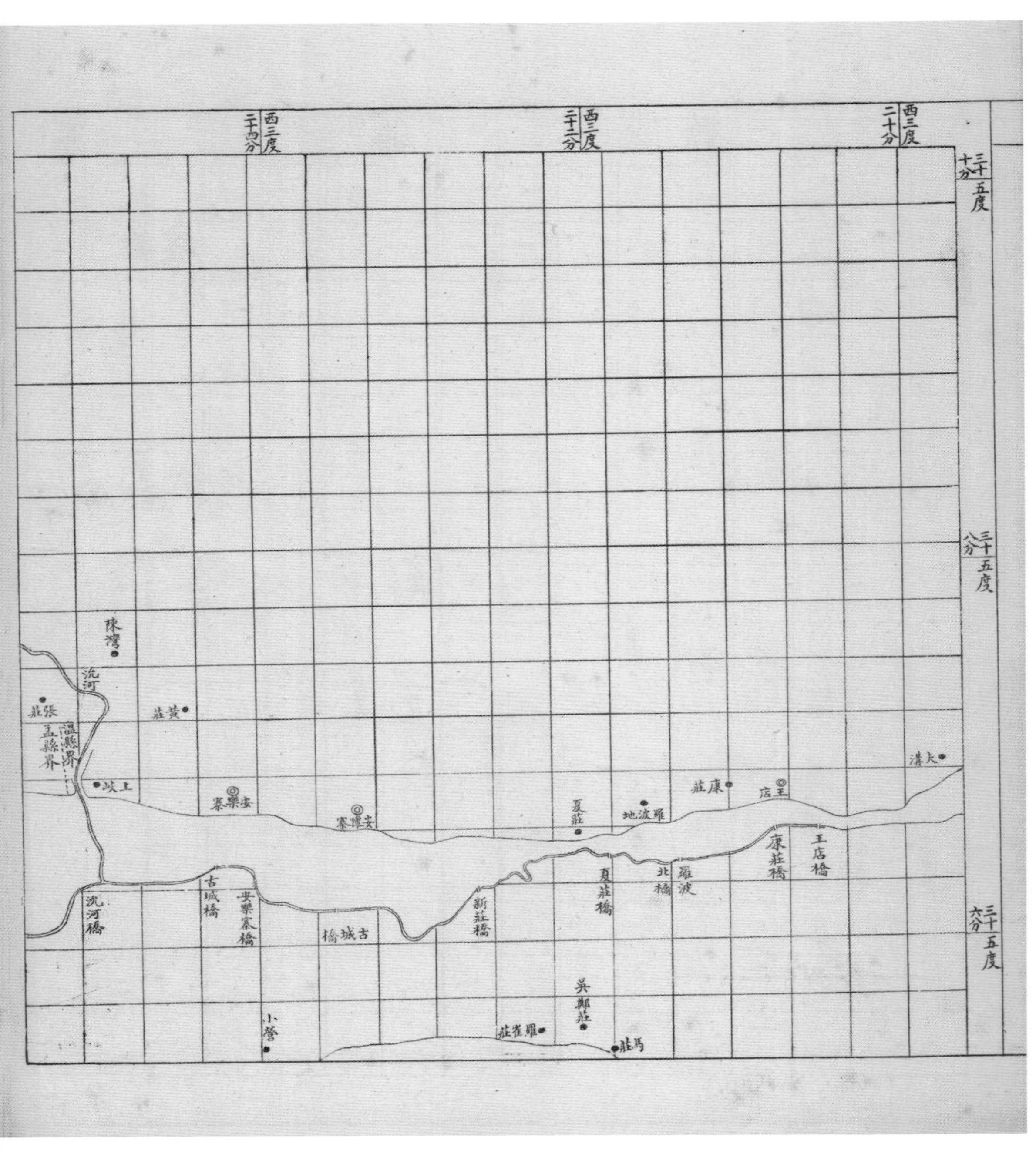
西三度二十四分
西三度二十二分
西三度二十分
三十五度十分
三十五度八分
三十五度六分
陳灣
沇河
張莊
黃莊
溫縣界
孟縣界
上岐
安樂寨
安懷寨
夏莊
羅波地
康莊
王店
大淯
沇河橋
古城橋
安樂寨橋
古城橋
新莊橋
夏莊橋
北橋
羅波
康莊橋
王店橋
吳鄭莊
羅雀莊
馬莊
小營

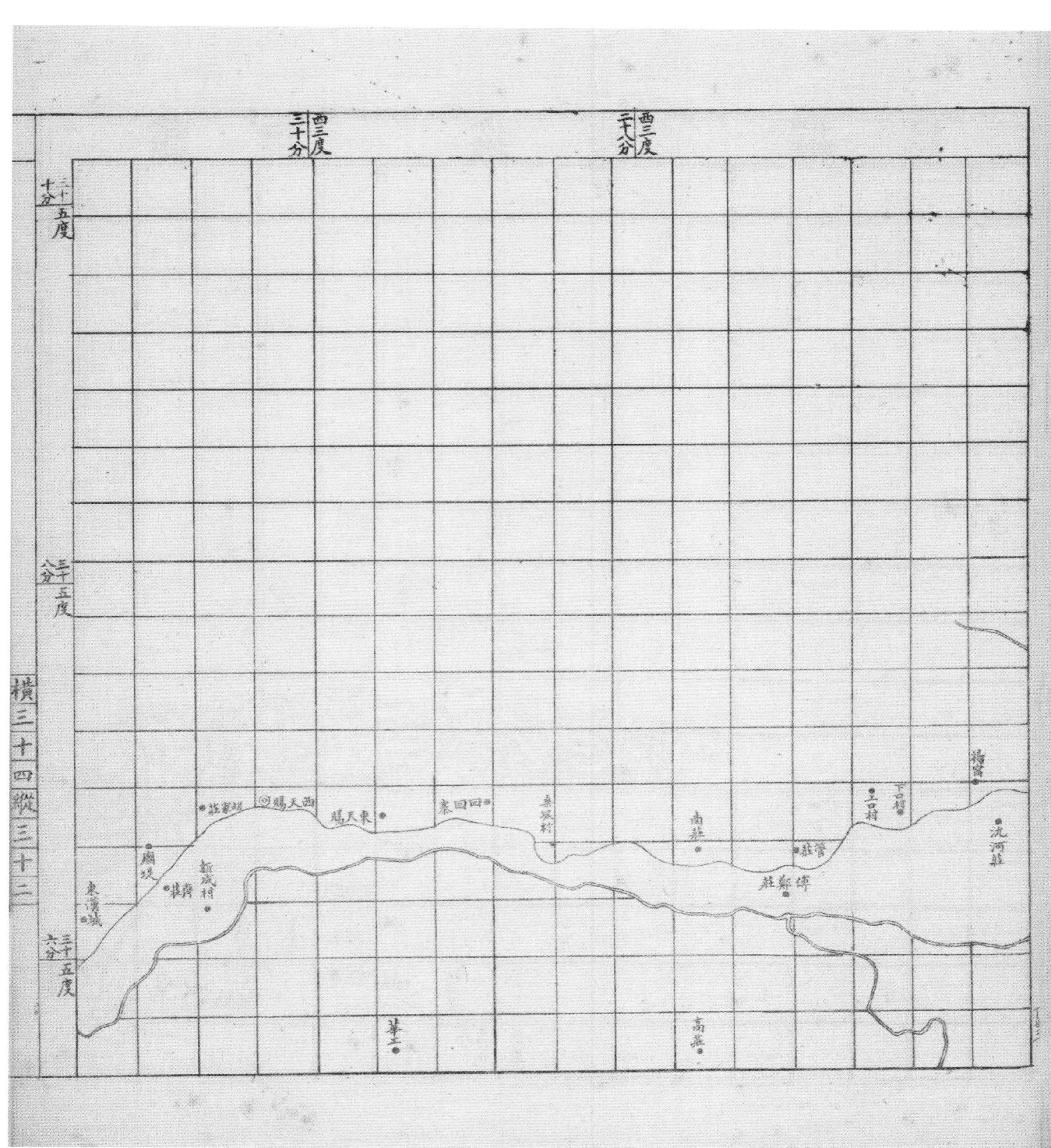

西三度三十分
西三度二十八分
三十五度十分
三十五度八分
三十五度六分
橫三十四縱三十二
西天賜
東天賜
回回寨
南莊
管莊
鄭莊
沈河莊
新成村
東漢城
華工
高莊

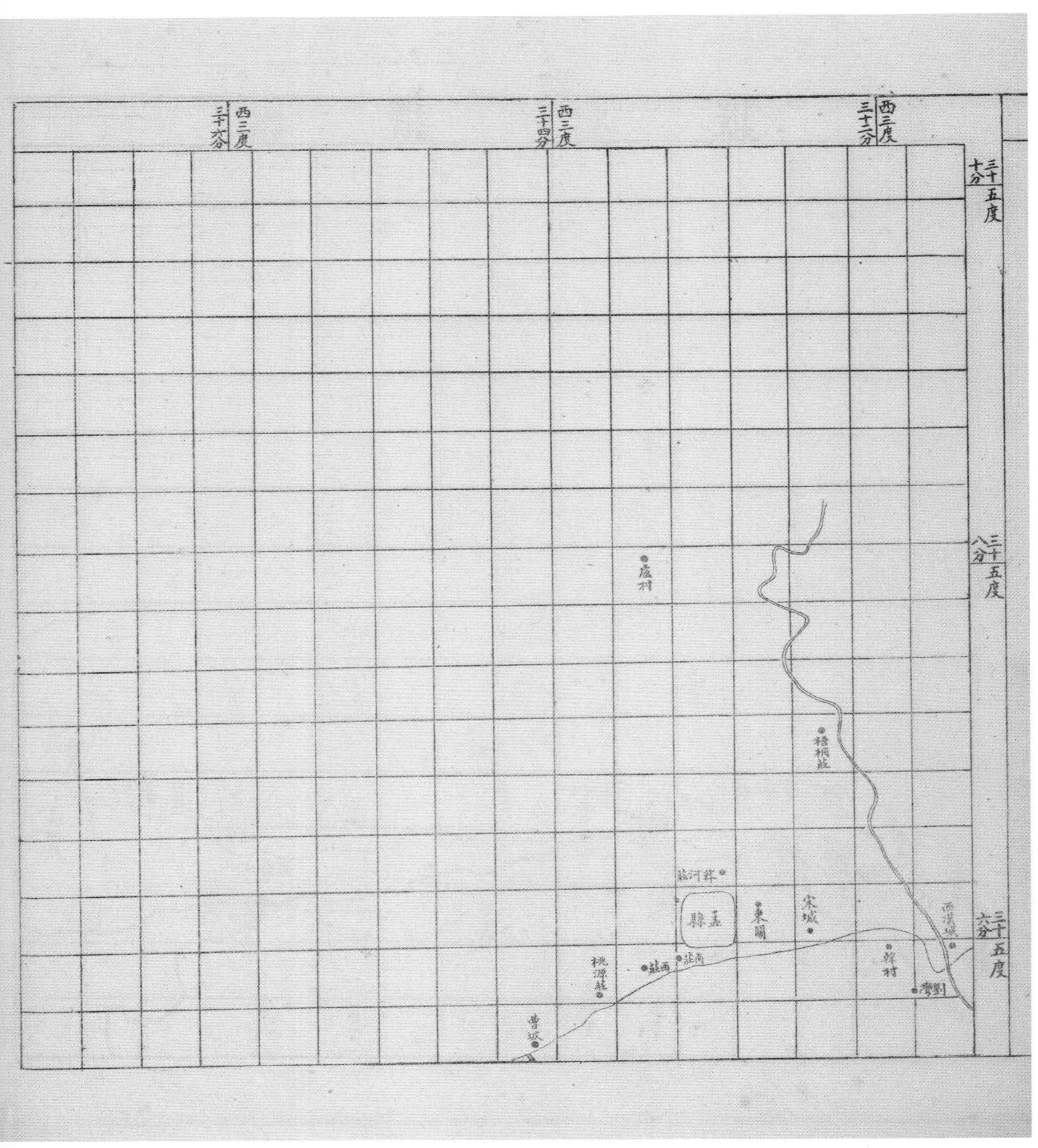
西三度三十六分
西三度三十四分
西三度三十二分
三十五度十分
三十五度八分
三十五度六分
盧村
梧桐莊
莽河莊
孟縣
東關
宋城
西漢城
韓村
劉灣
桃源莊
西莊
南莊
曹城

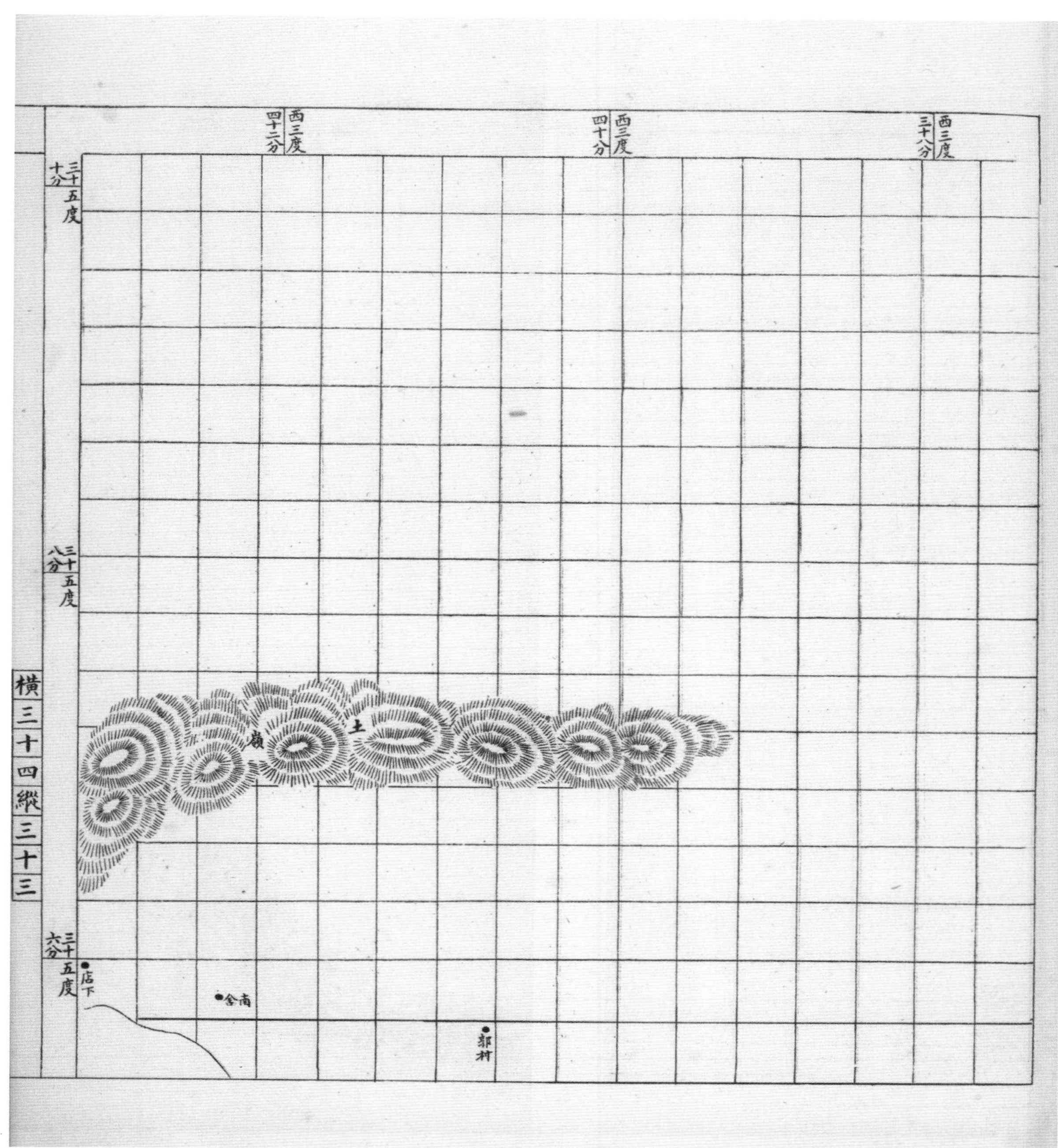
西三度四十二分
西三度四十分
西三度三十八分
三十五度十分
三十五度八分
三十五度六分
橫三十四縱三十三
嶺
土
店下
舍南
郭村

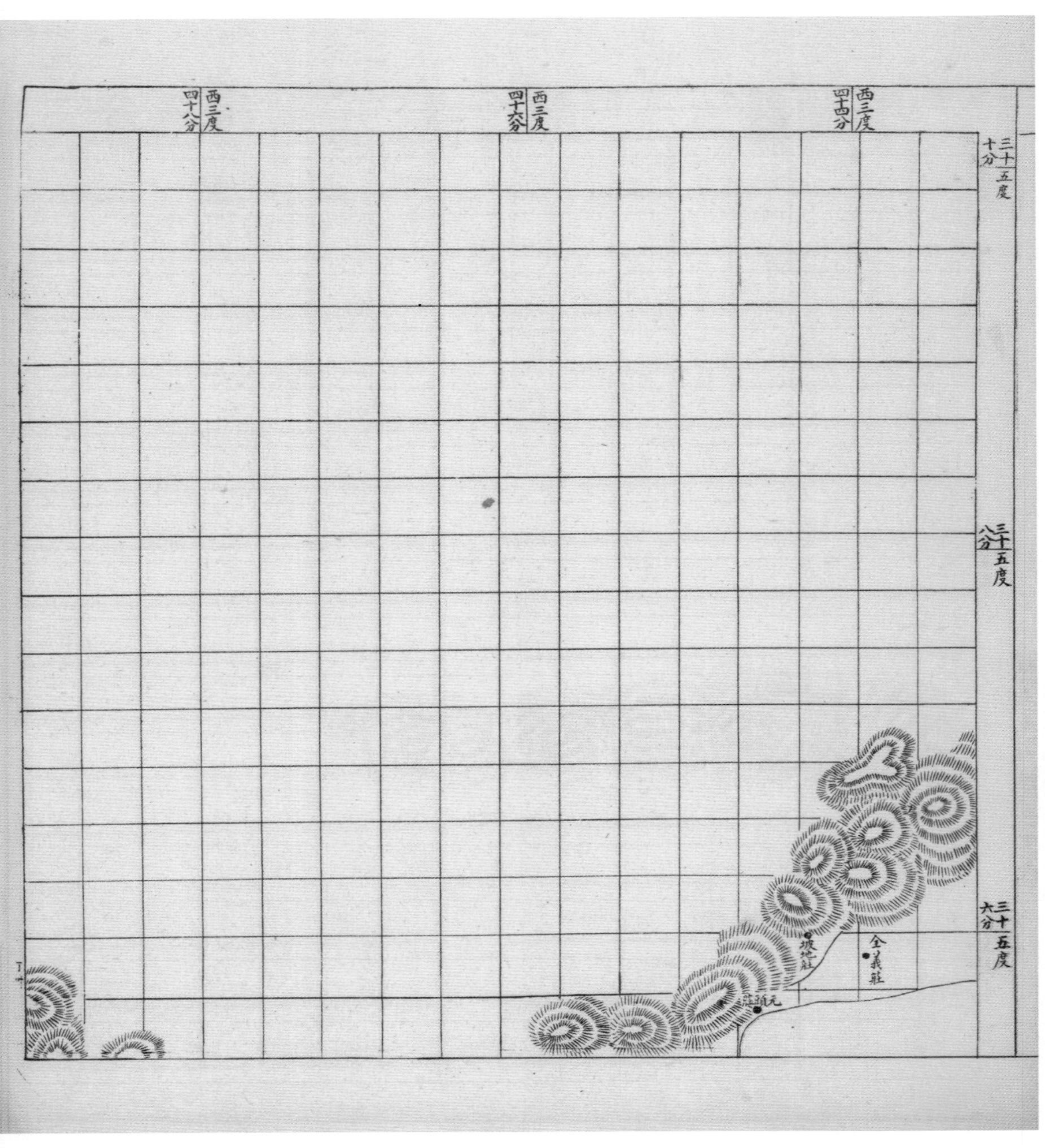
西三度四十八分
西三度四十六分
西三度四十四分
三十五度十分
三十五度八分
三十五度六分
坡地莊
全義莊
元頭莊

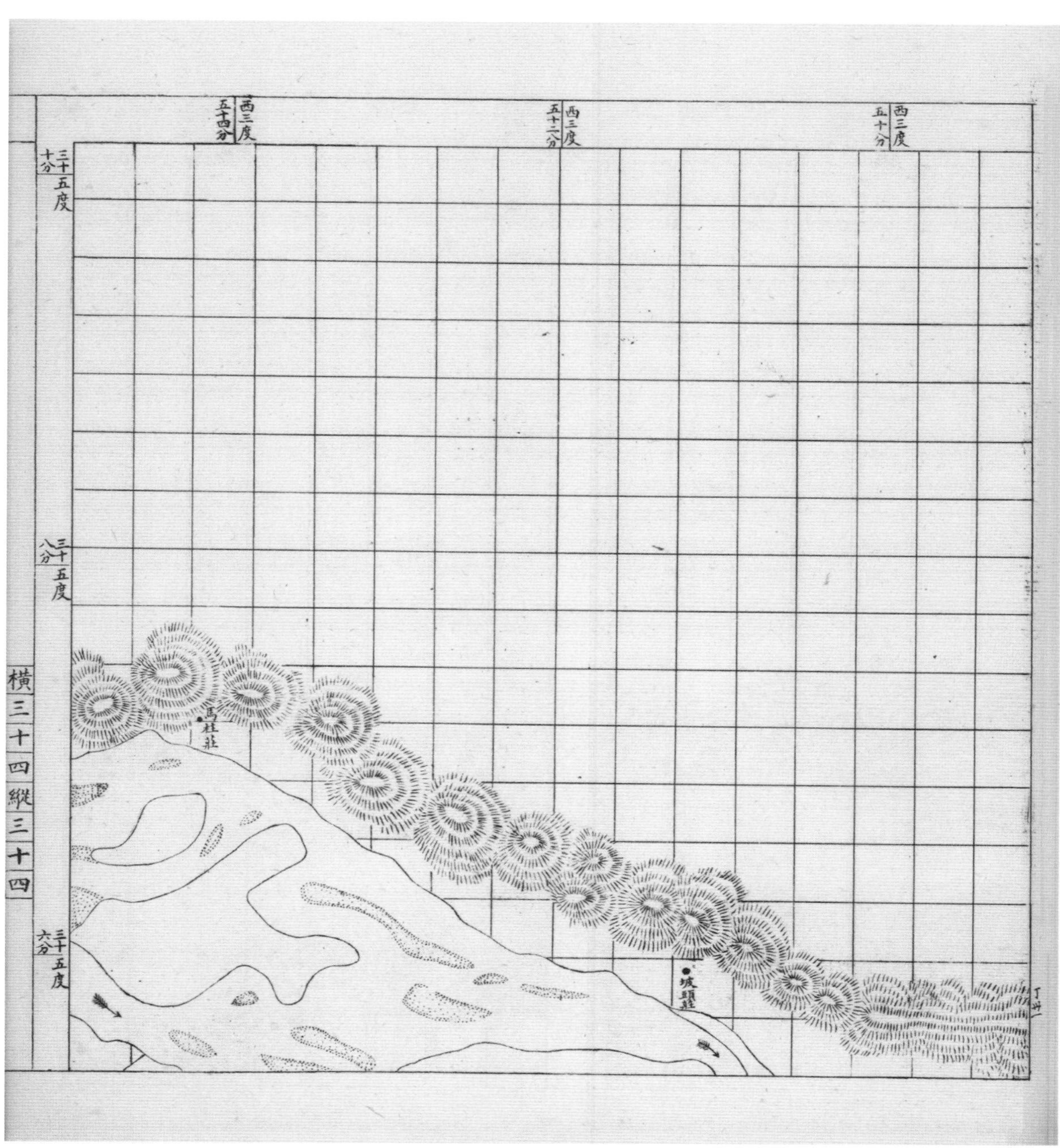

西三度五十四分
西三度五十二分
西三度五十分
三十五度十分
三十五度八分
三十五度六分
横三十四縱三十四
馬柱莊
城頭莊

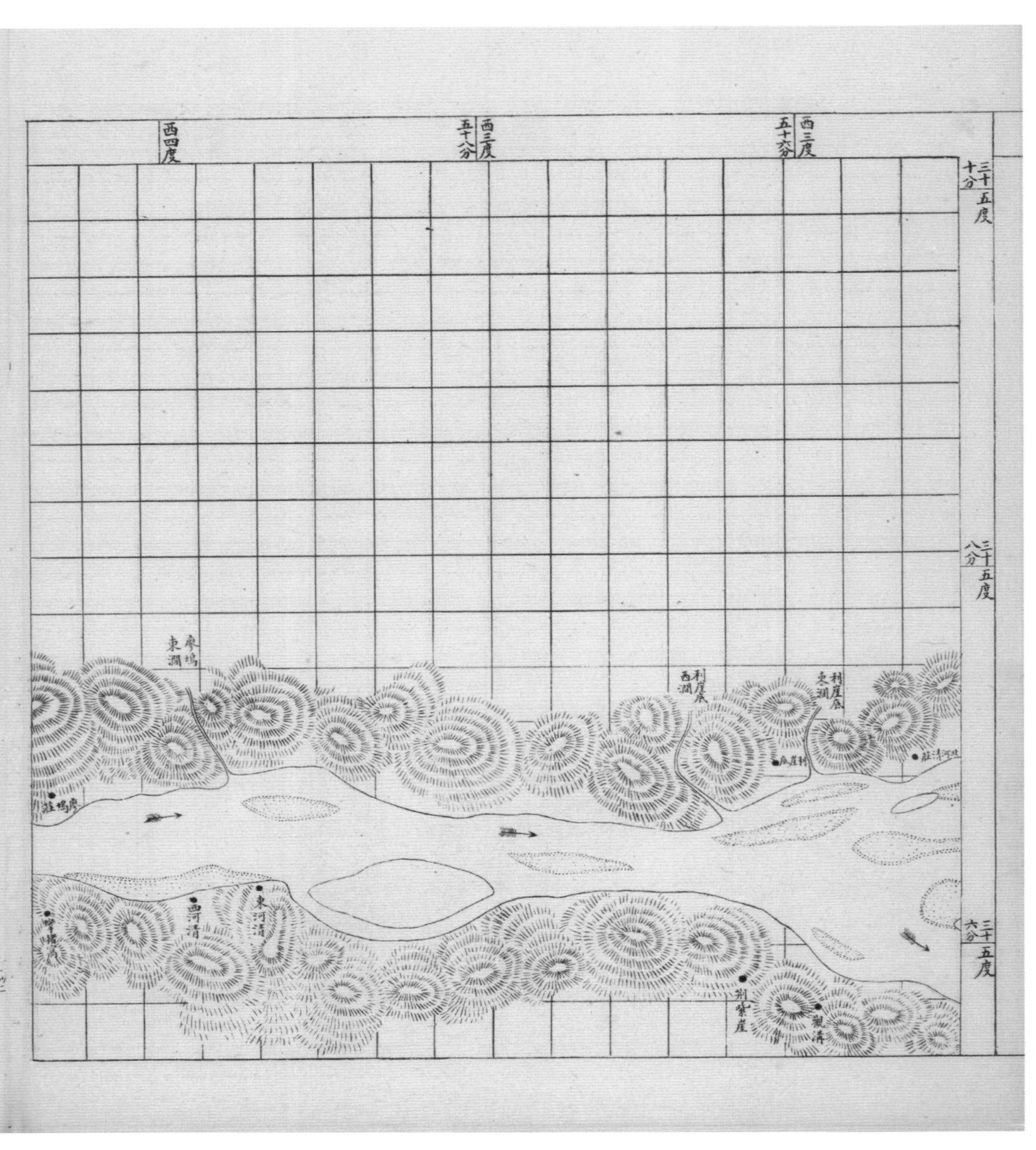
西四度
西三度五十八分
西三度五十六分
三十五度十分
三十五度八分
三十五度六分

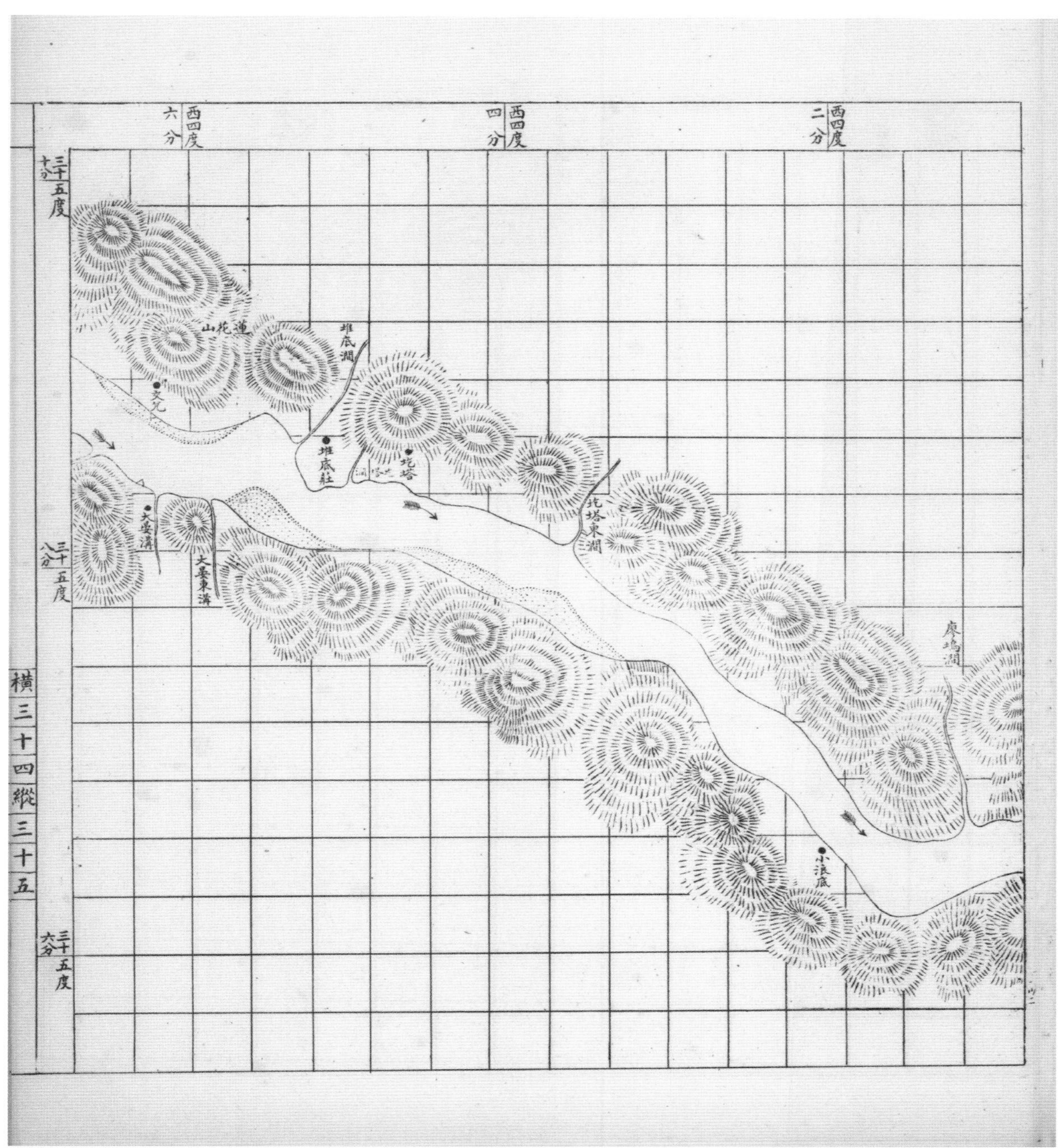
西四度六分
西四度四分
西四度二分
三十五度十分
三十五度八分
三十五度六分
横三十四縱三十五
蓮花山
堆底澗
文允
堆底莊
花塔
大晏溝
大晏東溝
花塔東澗
小浪底

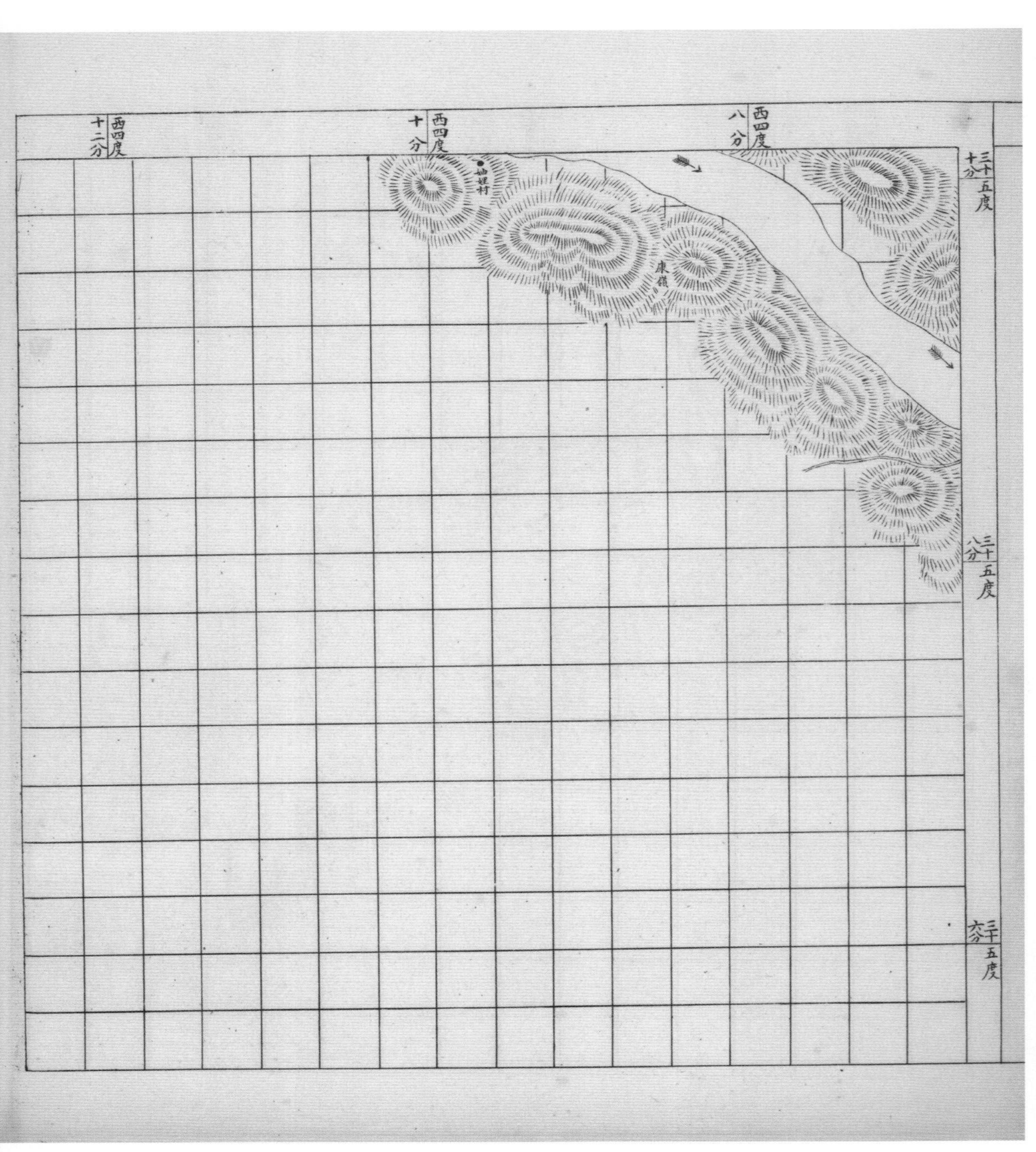
西四度十二分
西四度十分
西四度八分
三十五度十分
康嶺
三十五度八分
三十五度六分

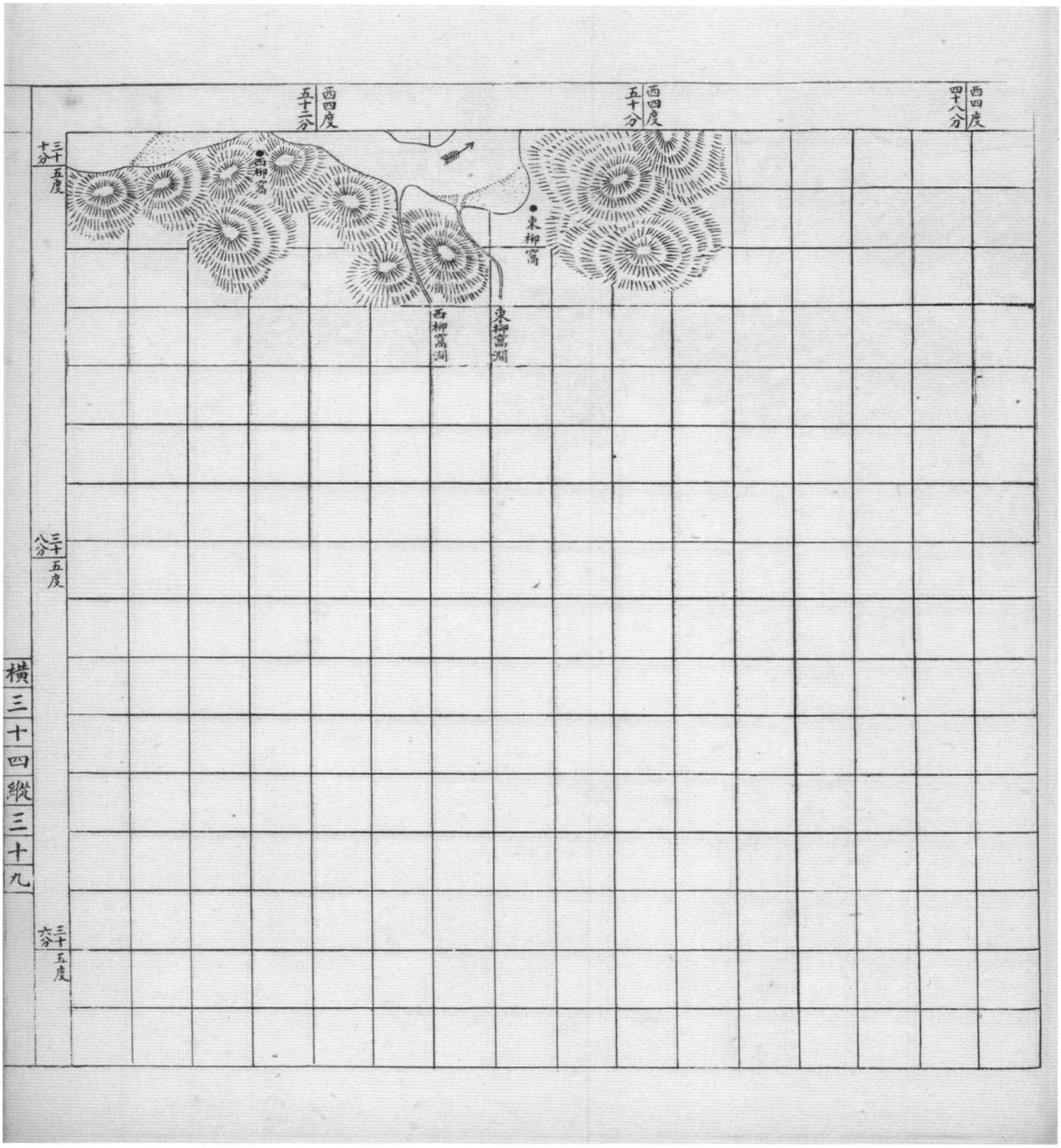

西四度五十二分

西四度五十分

西四度四十八分

三十五度十分

西柳窝

東柳窝

西柳窝洞

東柳窝洞

三十五度八分

横三十四縱三十九

三十五度六分

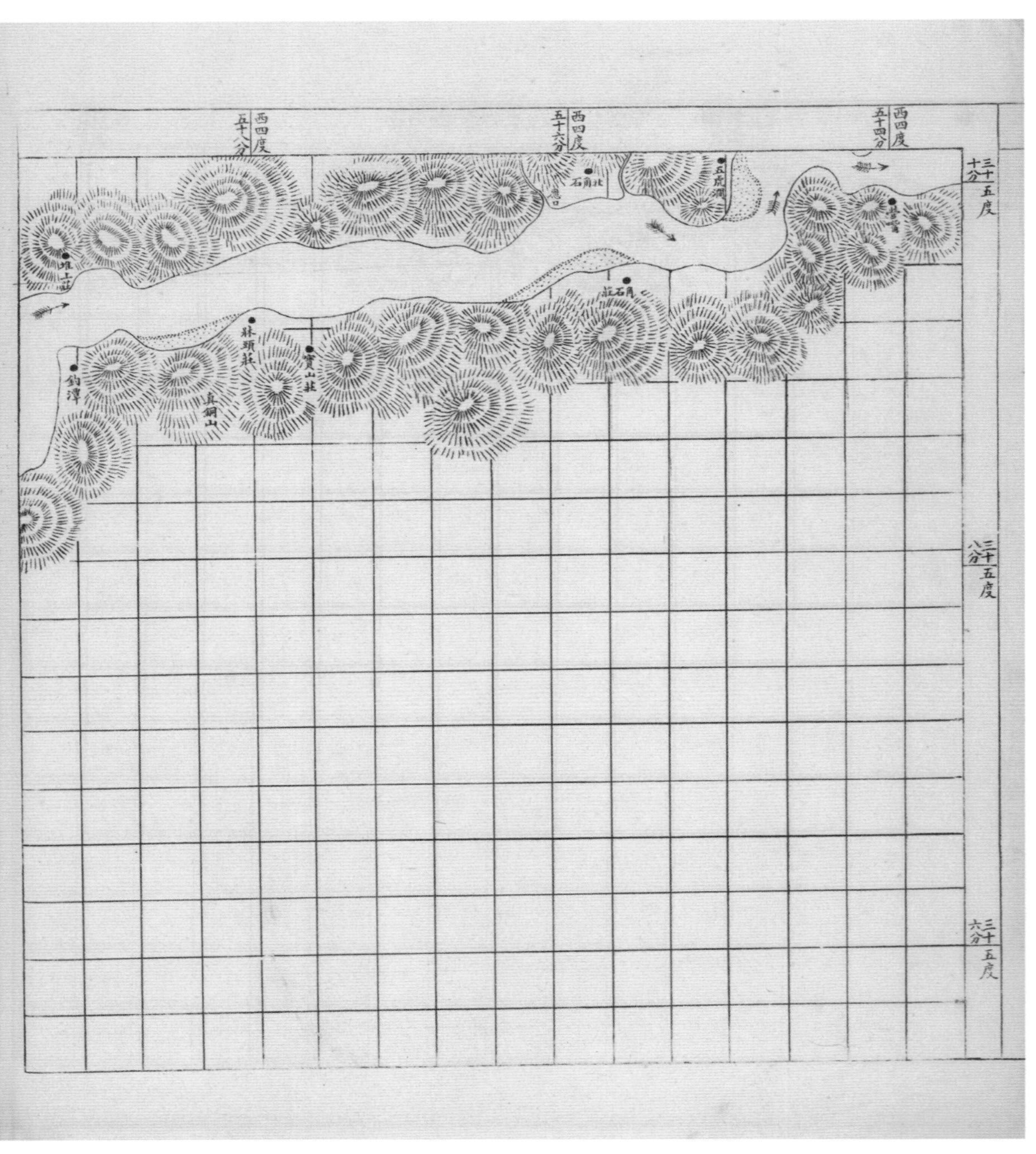
西四度五十八分
西四度五十六分
西四度五十四分
三十五度十分
三十五度八分
三十五度六分
堆上莊
北角石
五虎澗
月石莊
林頭莊
寶山莊
釣潭
真銅山

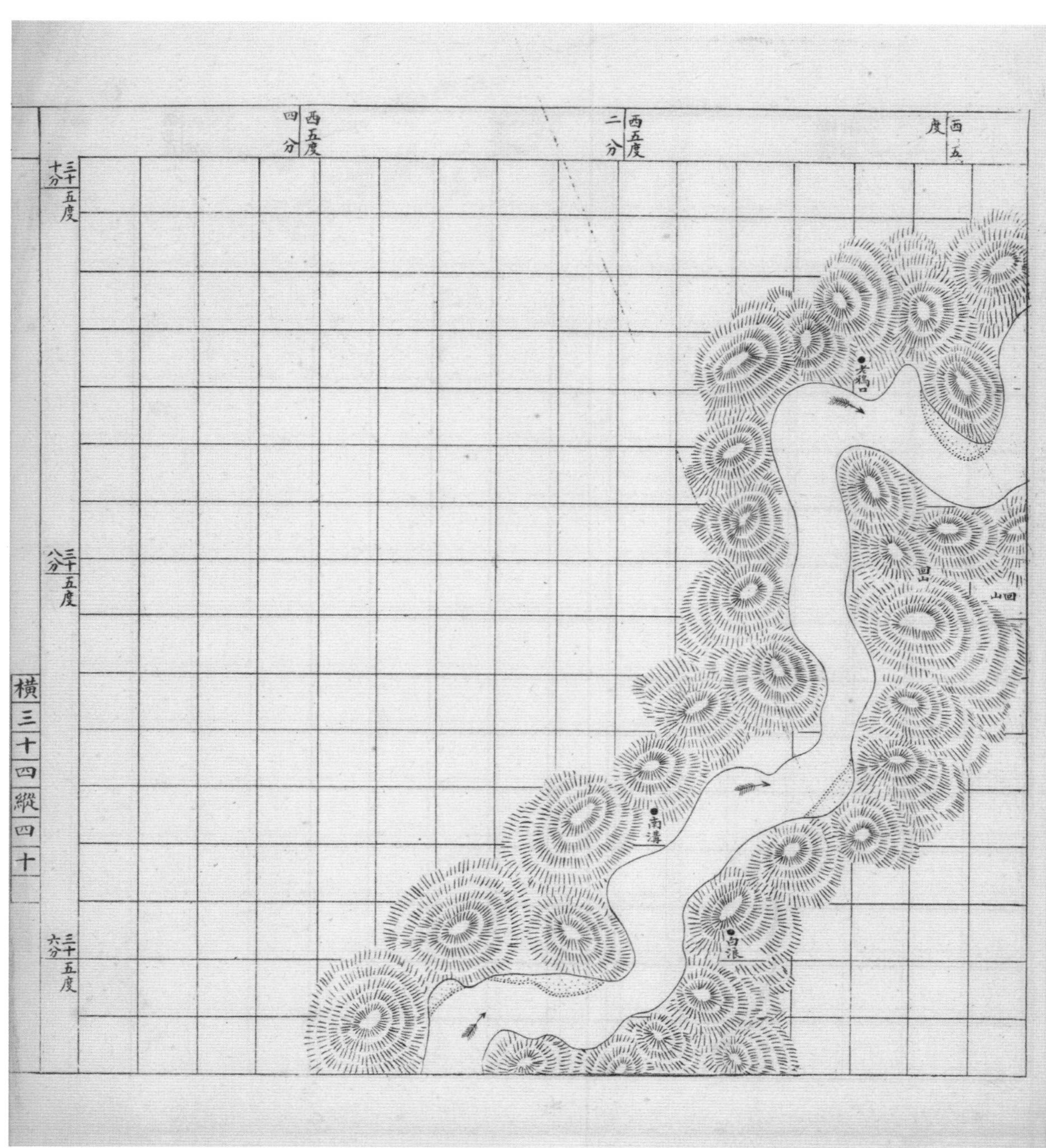
西五度四分
西五度二分
西五度
三十五度十分
三十五度八分
三十五度六分
横三十四縱四十
老鸛口
回山
回山
南溝
白浪

西五度十分

西五度八分

西五度六分

三十五度十分

三十五度八分

三十五度六分

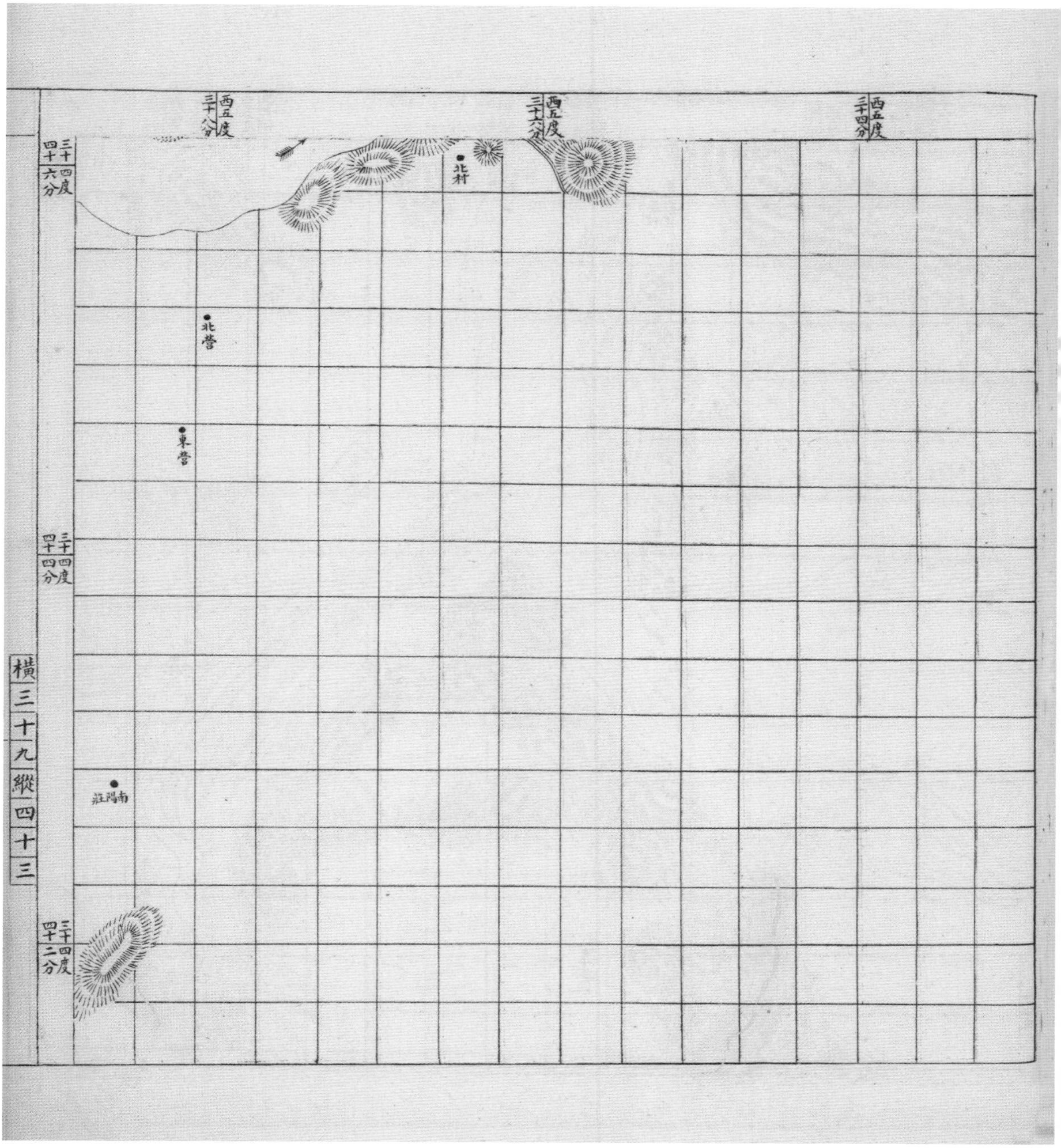

横三十九縱四十三

西五度三十八分

西五度三十六分

西五度三十四分

三十四度四十六分

三十四度四十四分

三十四度四十二分

北村

北營

東營

南闗莊

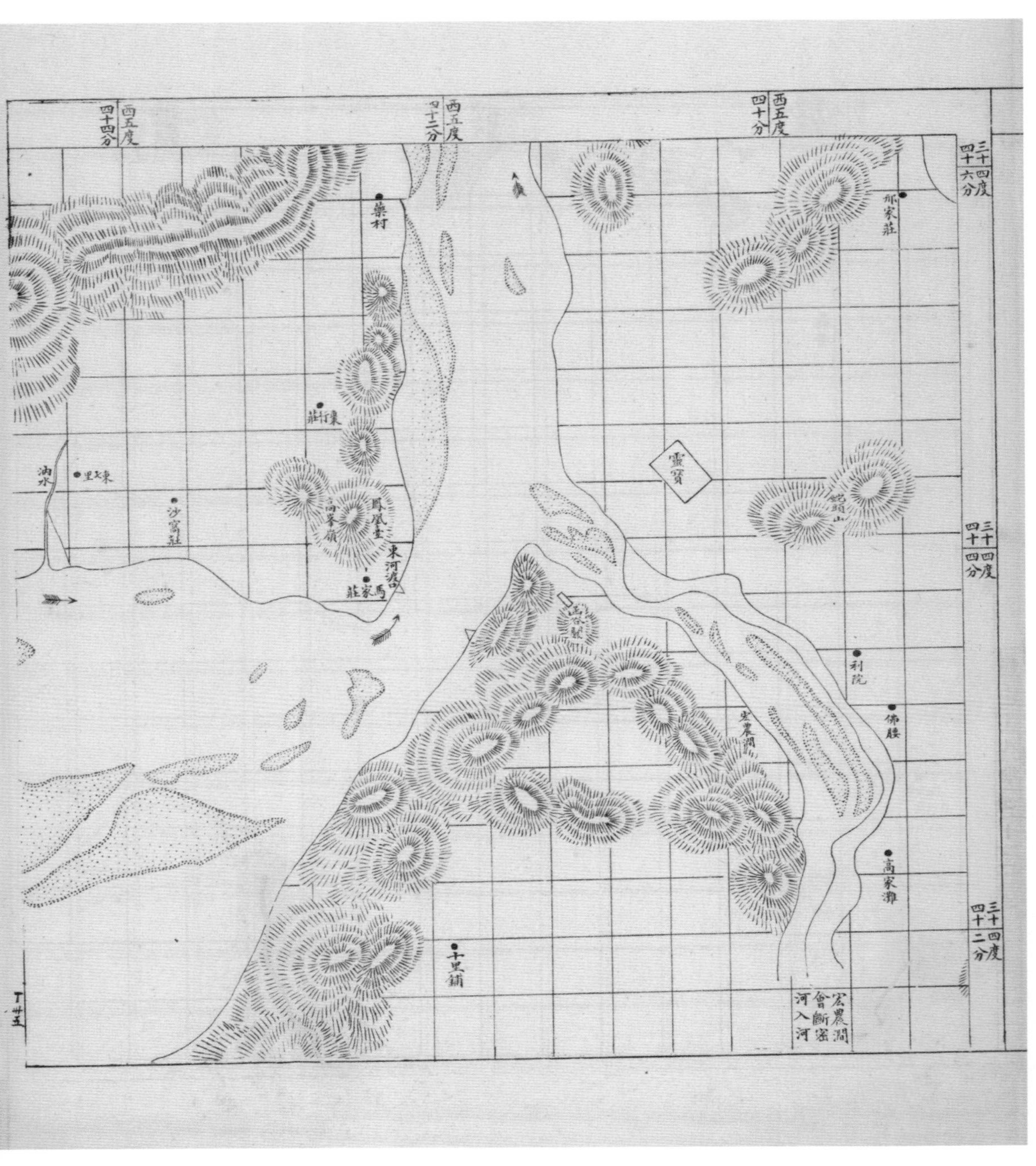

西五度四十四分
西五度四十二分
西五度四十分
三十四度四十六分
三十四度四十四分
三十四度四十二分
郝家莊
靈寶
利院
佛腰
高家灘
十里鋪
沙窩莊
東河渡口
馬家莊
宏農澗會斷密河入河

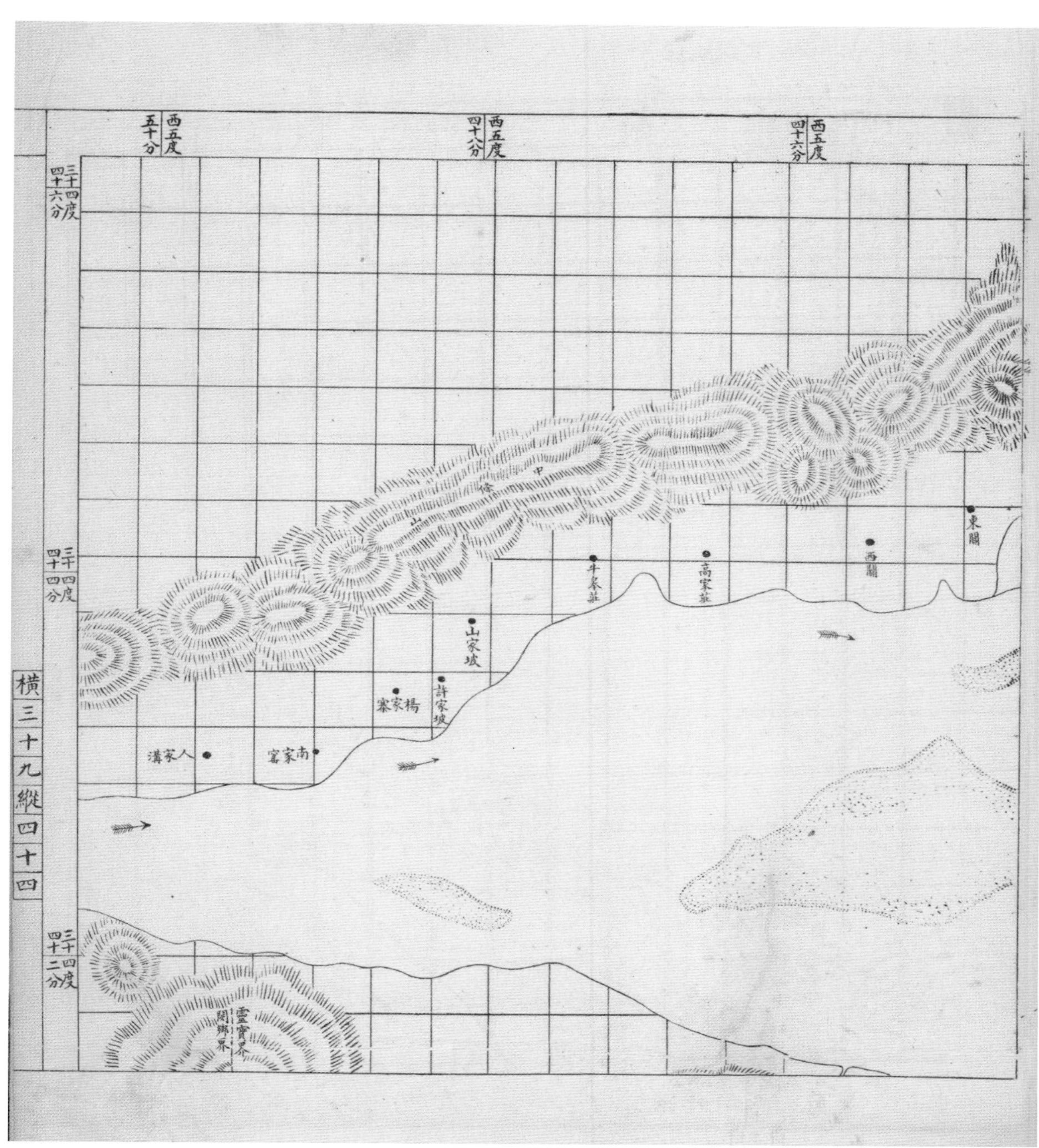

西五度五十分
西五度四十八分
西五度四十六分
三十四度四十六分
三十四度四十四分
三十四度四十二分
橫三十九縱四十四
中
條
山
東關
西關
牛參莊
高家莊
山家坡
許家坡
楊家寨
南家窰
人家溝
靈寶界
閿鄉界

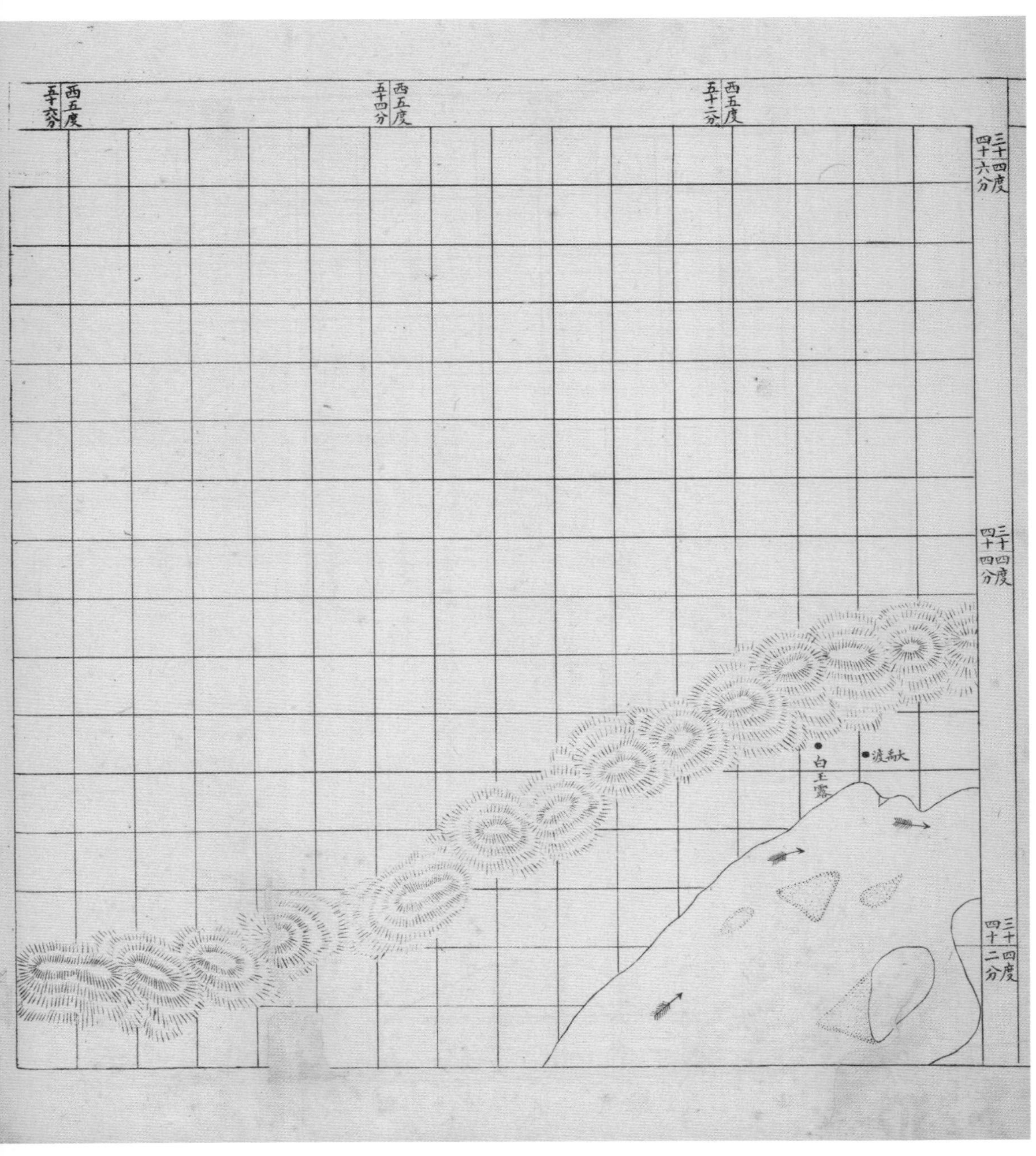
西五度五十六分
西五度五十四分
西五度五十二分
三十四度四十六分
三十四度四十四分
三十四度四十二分
白王露
大高渡

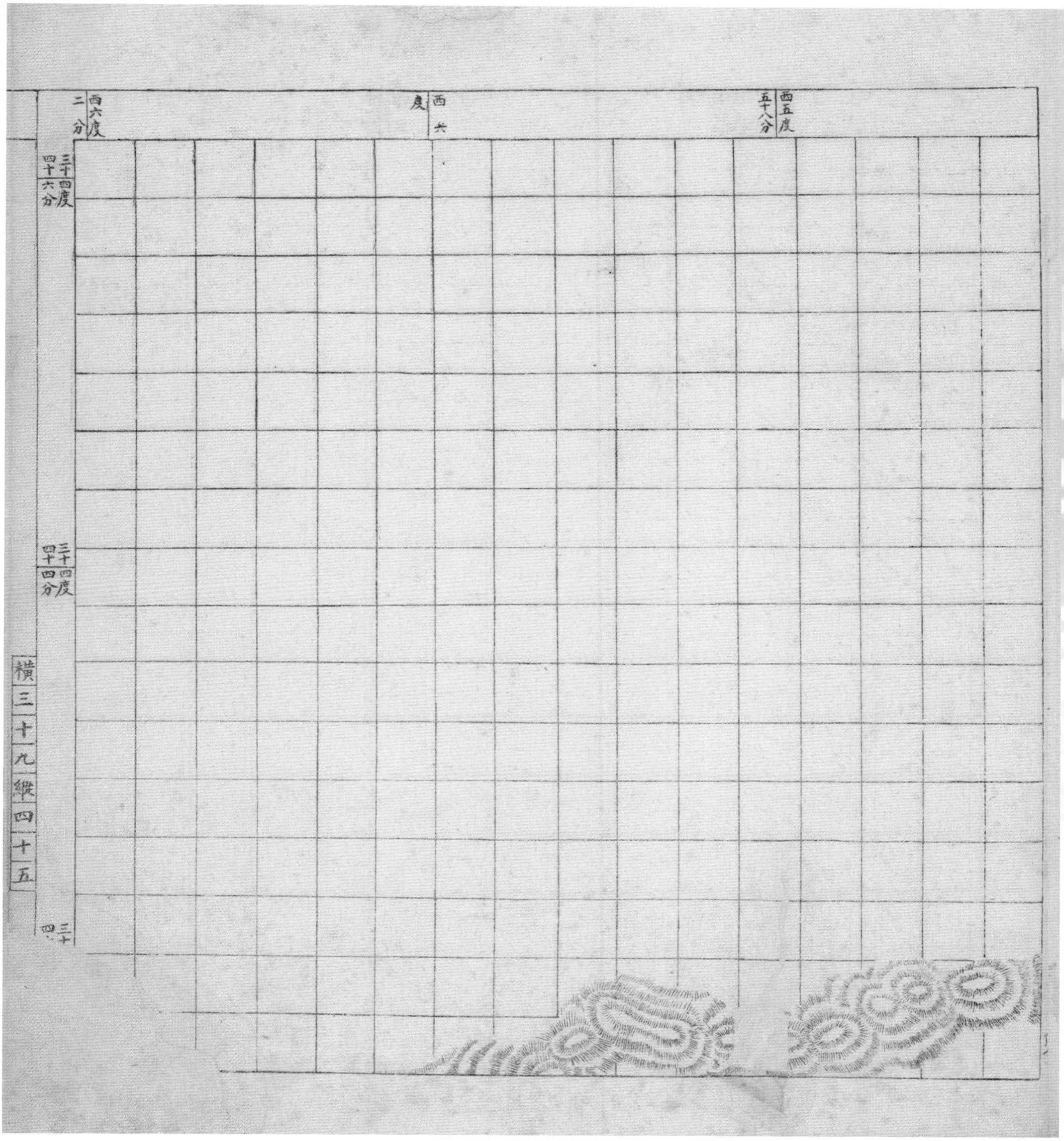

西六度二分

西六度

西五度五十八分

三十四度四十六分

三十四度四十四分

横三十九縱四十五

三十四

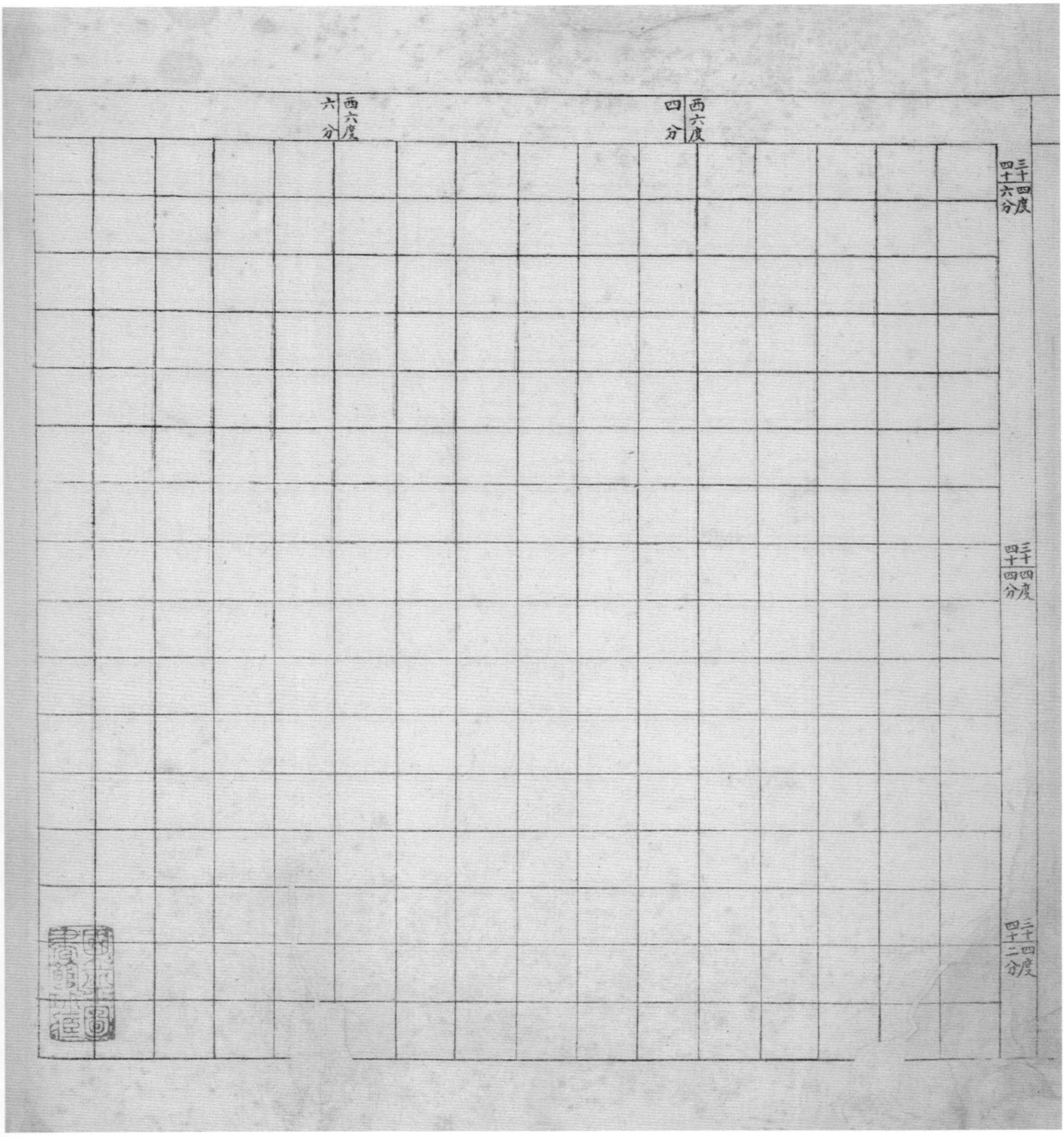

西六度六分

西六度四分

三十四度四十六分

三十四度四十四分

三十四度四十二分

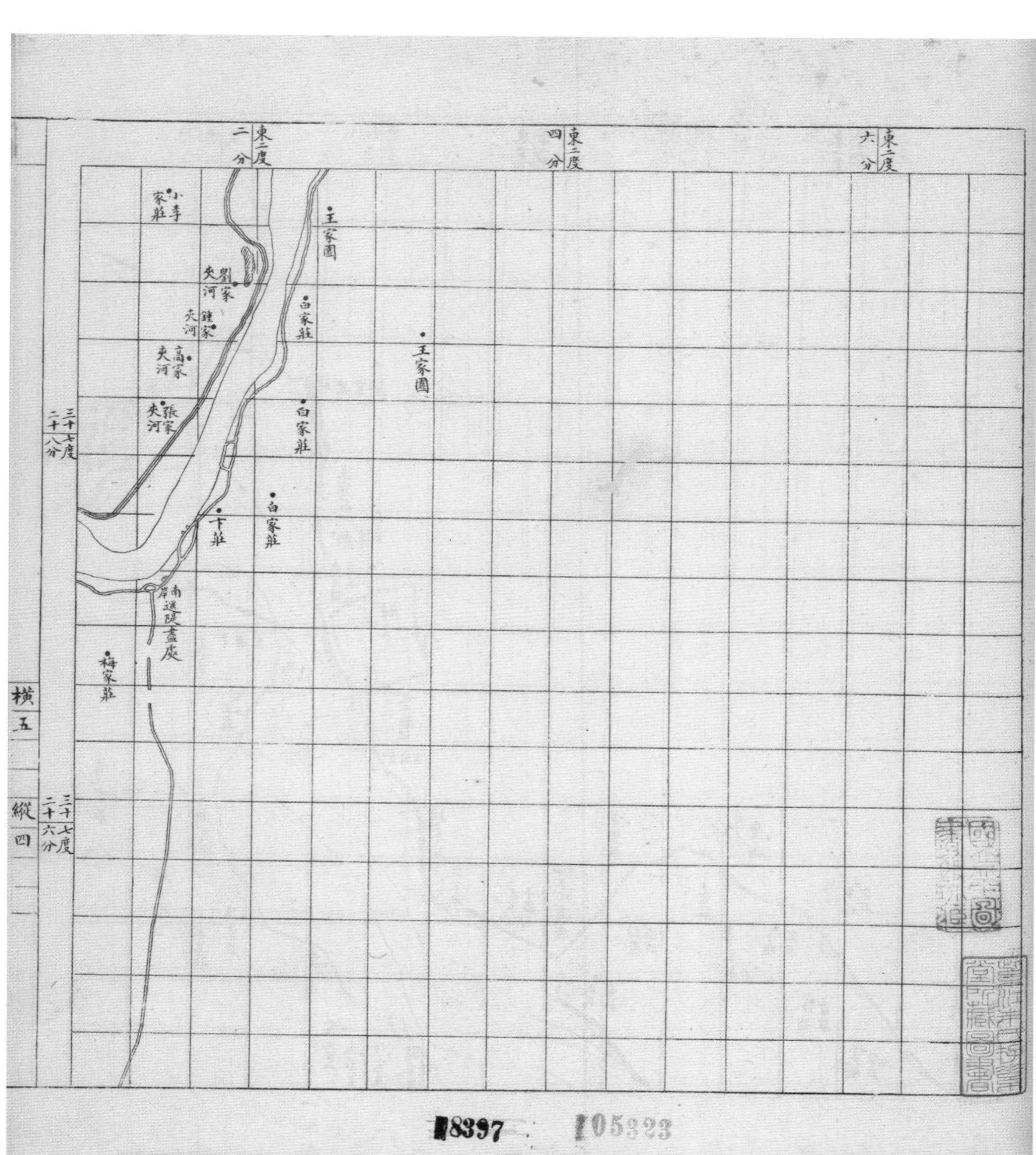
東二度二分
東二度四分
東二度六分
小李家莊
劉家夾河
鍾家夾河
高家夾河
張家夾河
王家園
白家莊
王家園
白家莊
白家莊
下莊
梅家莊
三十七度二十八分
三十七度二十六分
橫五
縱四

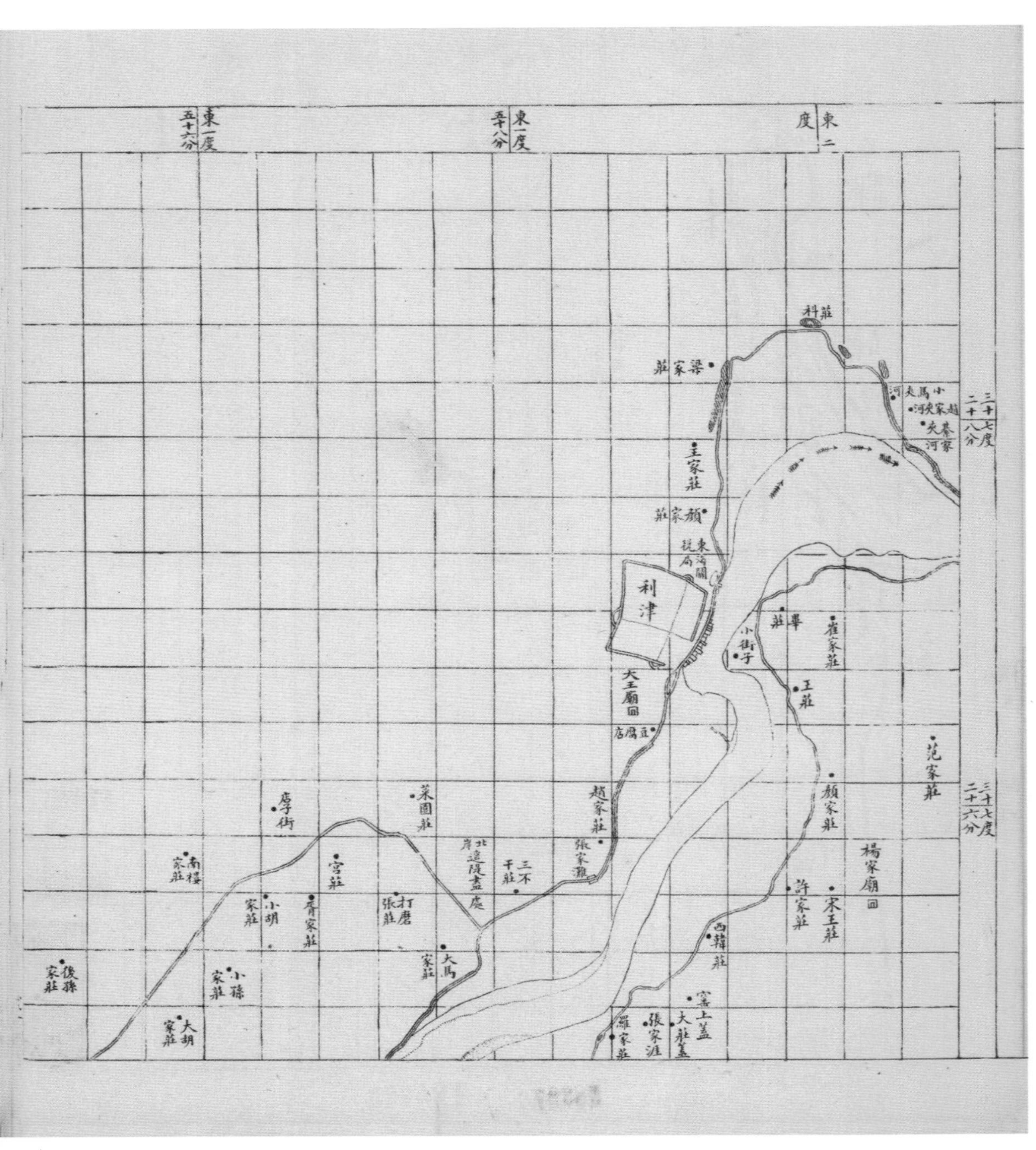

東一度五十六分
東一度五十八分
東二度
三十七度二十八分
三十七度二十六分
利津

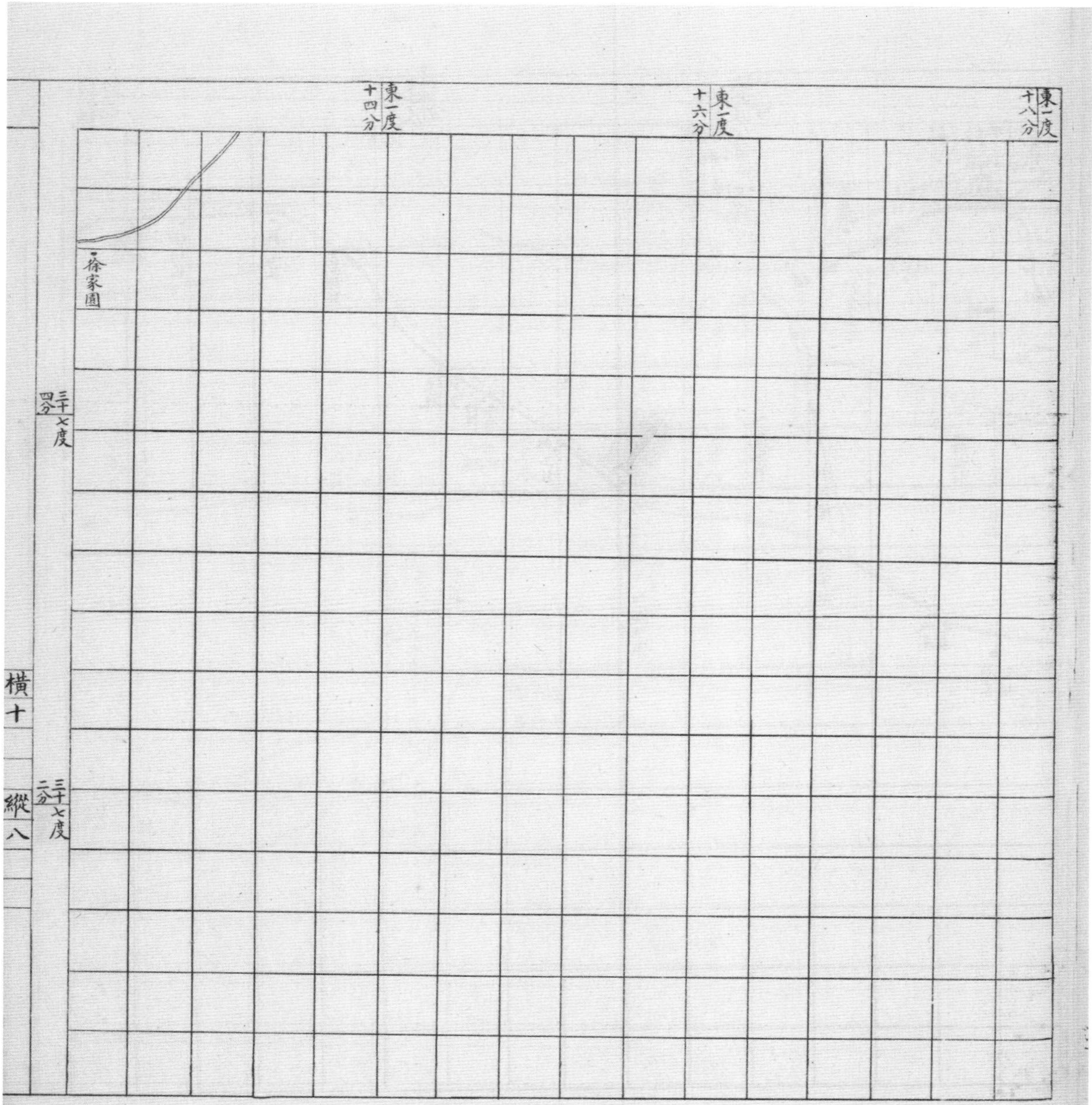

東一度十四分

東一度十六分

東一度十八分

徐家園

三十七度四分

横十

三十七度二分

縱八

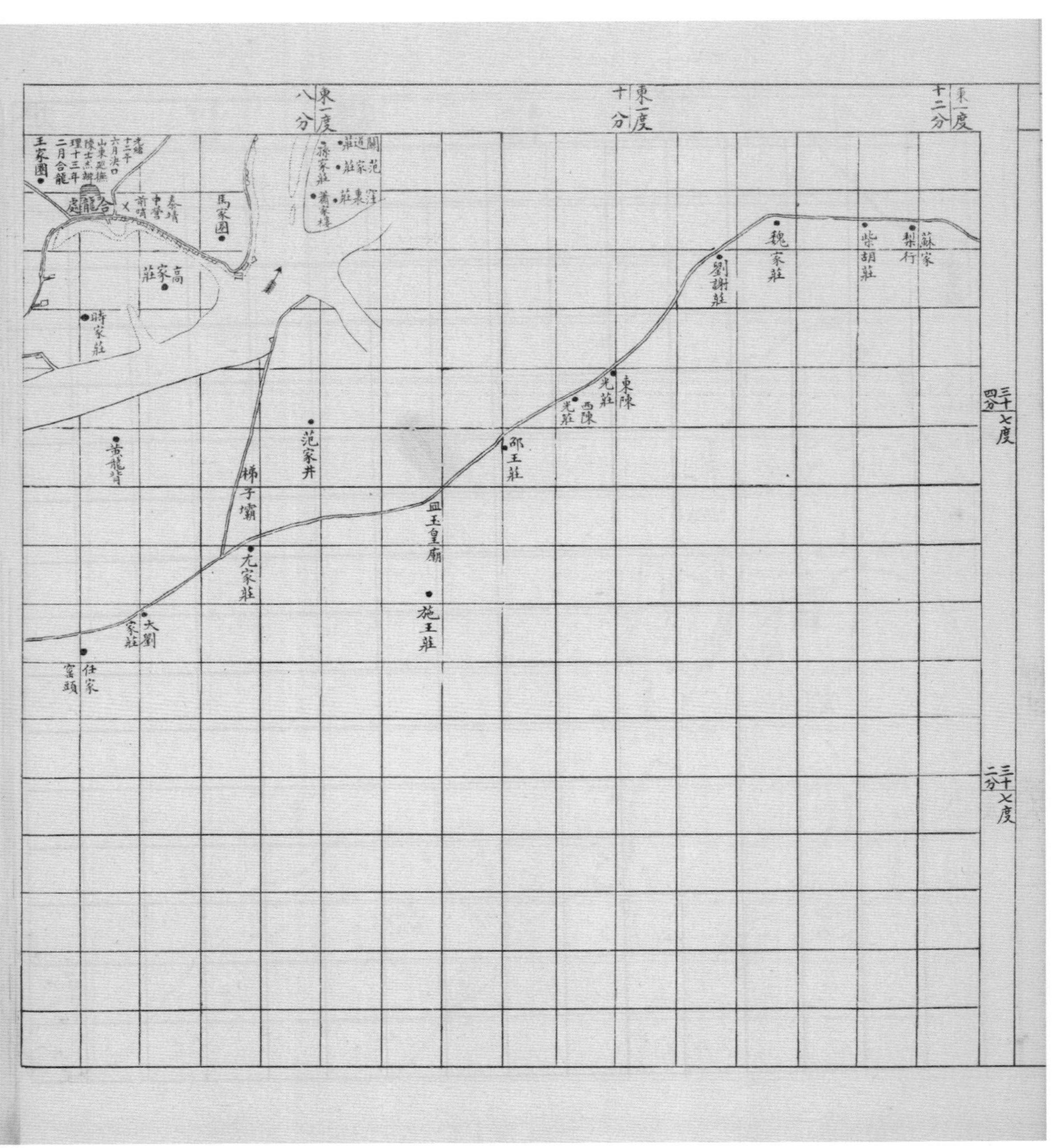

東一度八分
東一度十分
東一度十二分
三十七度四分
三十七度二分
王家園
合龍處
光緒十二年六月決口山東巡撫張曜督率工員十三年二月合龍
秦晴中營前哨
馬家園
高家莊
時家莊
范家井
黃龍背
梯子壩
尤家莊
大劉家莊
任家窯頭
四王皇廟
施王莊
邵王莊
西陳光莊
東陳光莊
劉謝莊
魏家莊
柴胡莊
梨行
蘇家

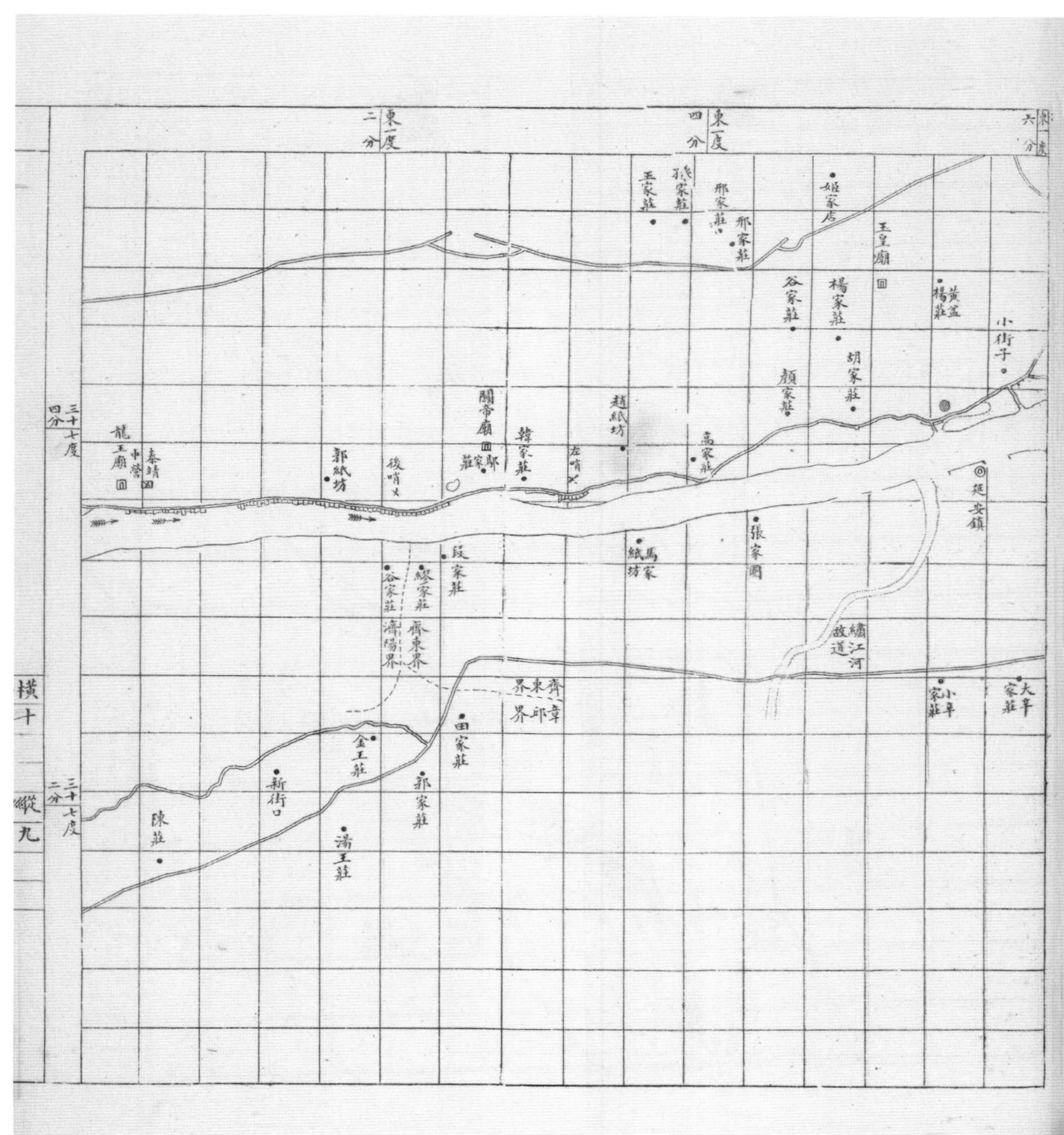
東一度二分
東一度四分
東一度六分
三十七度四分
三十七度二分
橫十
縱九
王家莊
孫家莊
邢家莊
邢家莊
姬家店
王皇廟
谷家莊
楊家莊
黃盆楊莊
小街子
胡家莊
顏家莊
趙紙坊
高家莊
關帝廟
鄭家莊
韓家莊
左哨
後哨
郭紙坊
龍王廟
秦靖中營
延安鎮
張家園
馬家紙坊
段家莊
繆家莊
谷家莊
濟陽界
齊東界
繡江河故道
齊東界
章邱界
小辛家莊
大辛家莊
田家莊
金王莊
新街口
郭家莊
陳莊
湯王莊

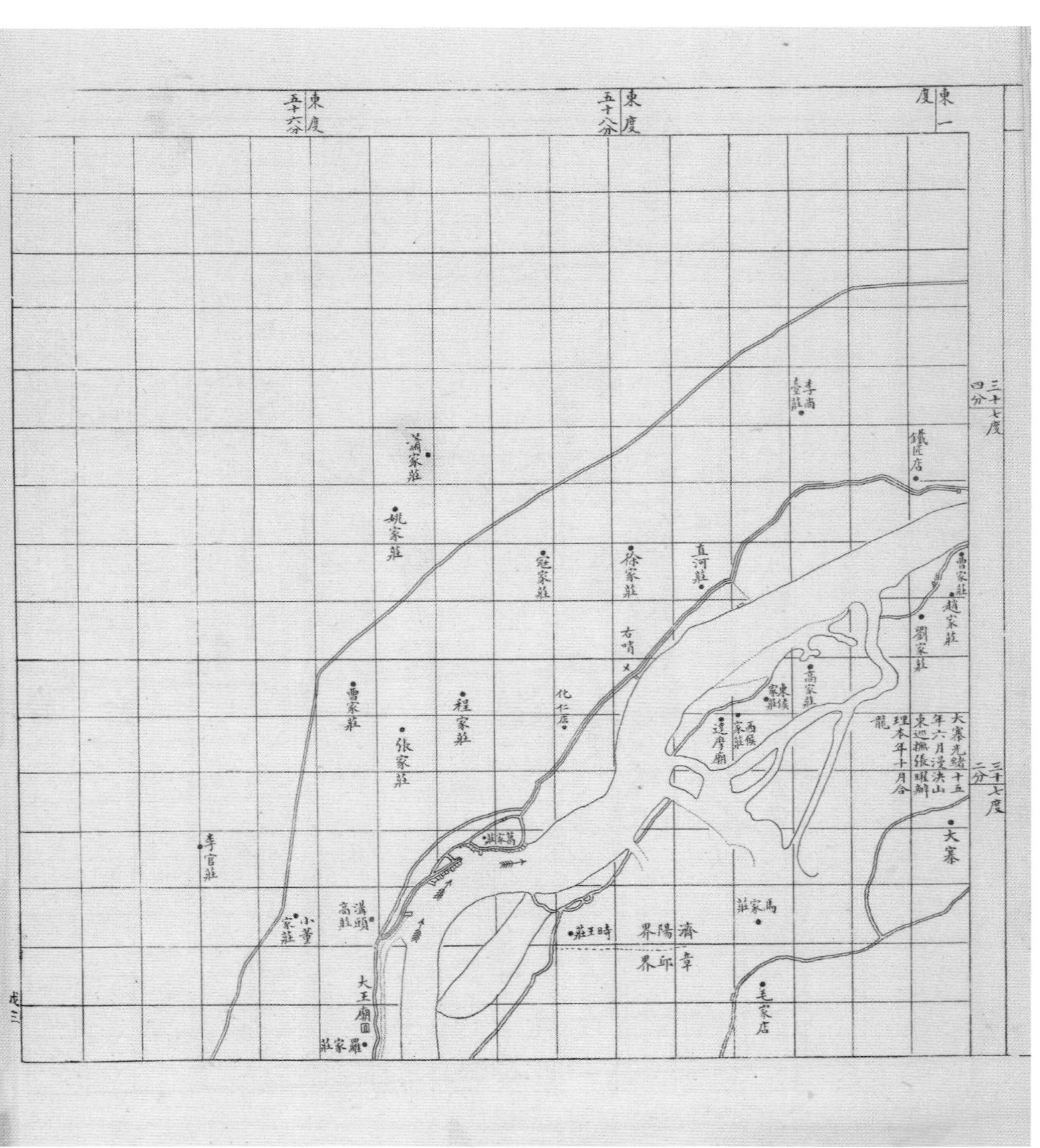
東度五十六分
東度五十八分
東一度
三十七度四分
三十七度二分
李尚臺莊
鐵匠店
蕭家莊
姚家莊
寇家莊
徐家莊
直河莊
曹家莊
趙家莊
劉家莊
高家莊
東侯家莊
西侯家莊
達摩廟
化仁店
曹家莊
程家莊
張家莊
大寨光緒十五年六月漫決山東巡撫張曜辦理本年十月合龍
大寨
李官莊
小董家莊
溝頭高莊
時王莊
濟陽界
章邱界
馬家莊
毛家店
大王廟
羅家莊

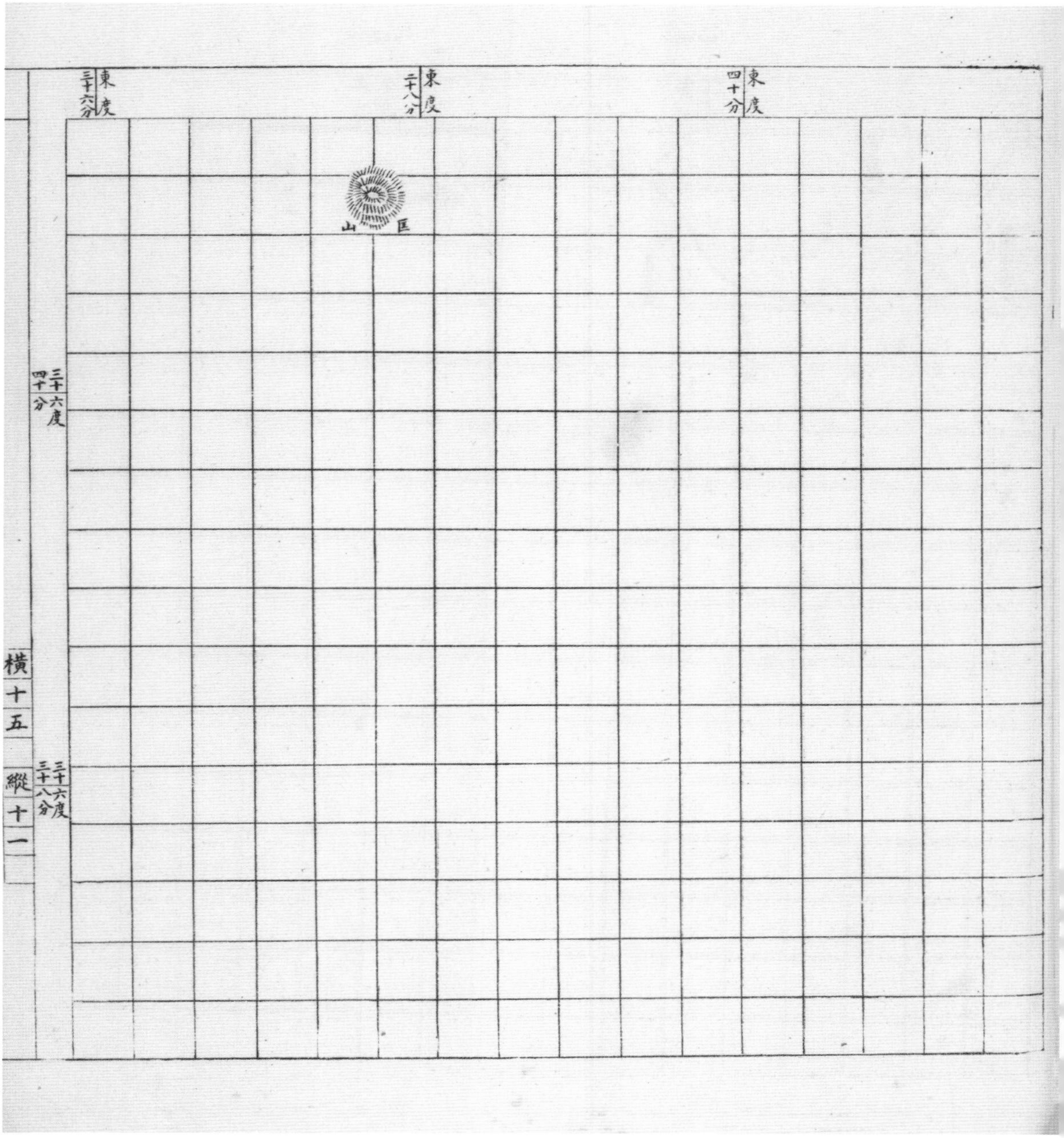

東度三十六分

東度二十八分

東度四十分

三十六度四十分

橫十五

縱十一

三十六度三十八分

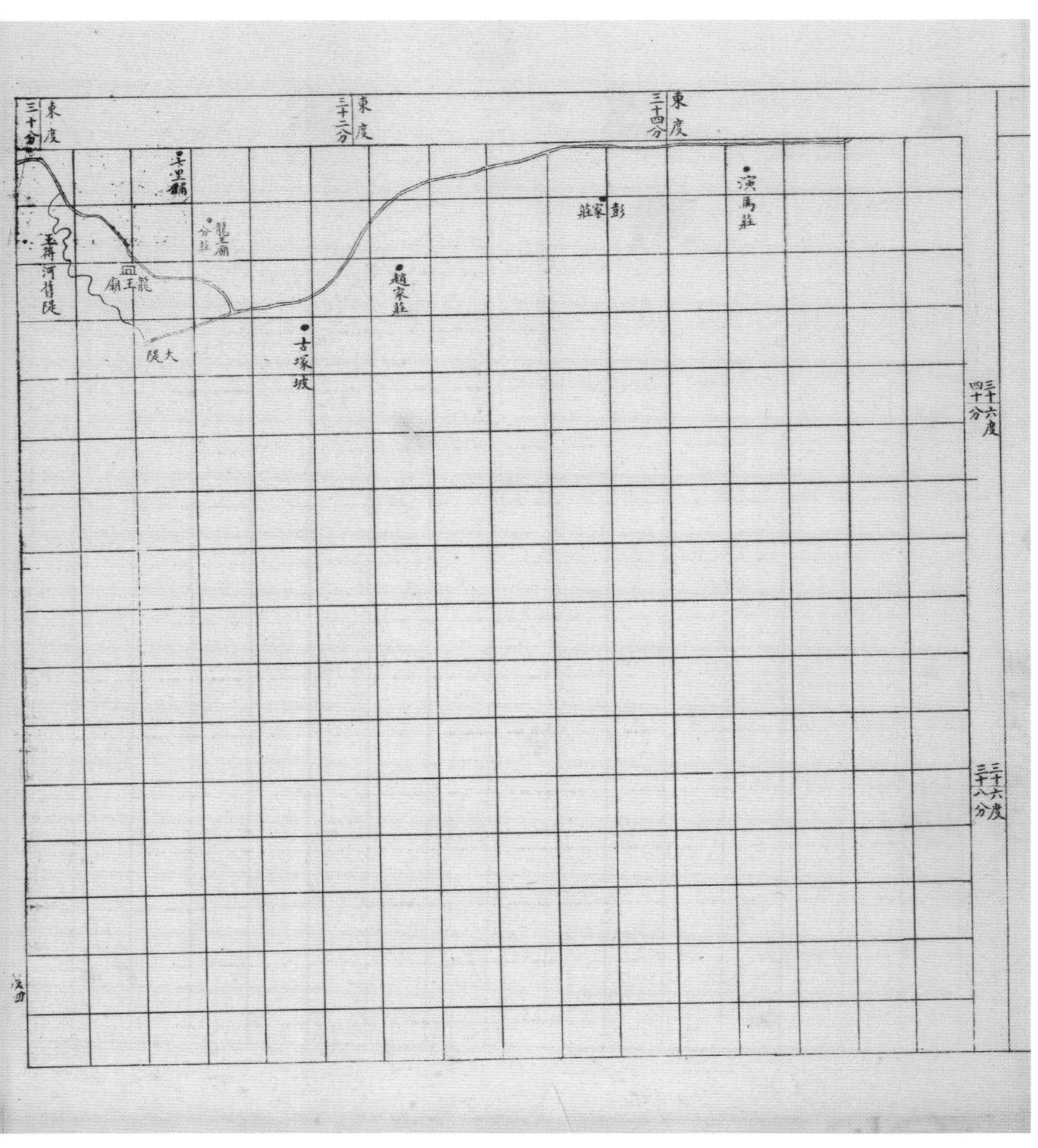

東度
三十分
東度
三十二分
東度
三十四分
七里舖
龍王廟分莊
王莽河舊隄
龍王廟
大隄
古塚坡
趙家莊
彭家莊
演馬莊
三十六度
四十分
三十六度
三十八分

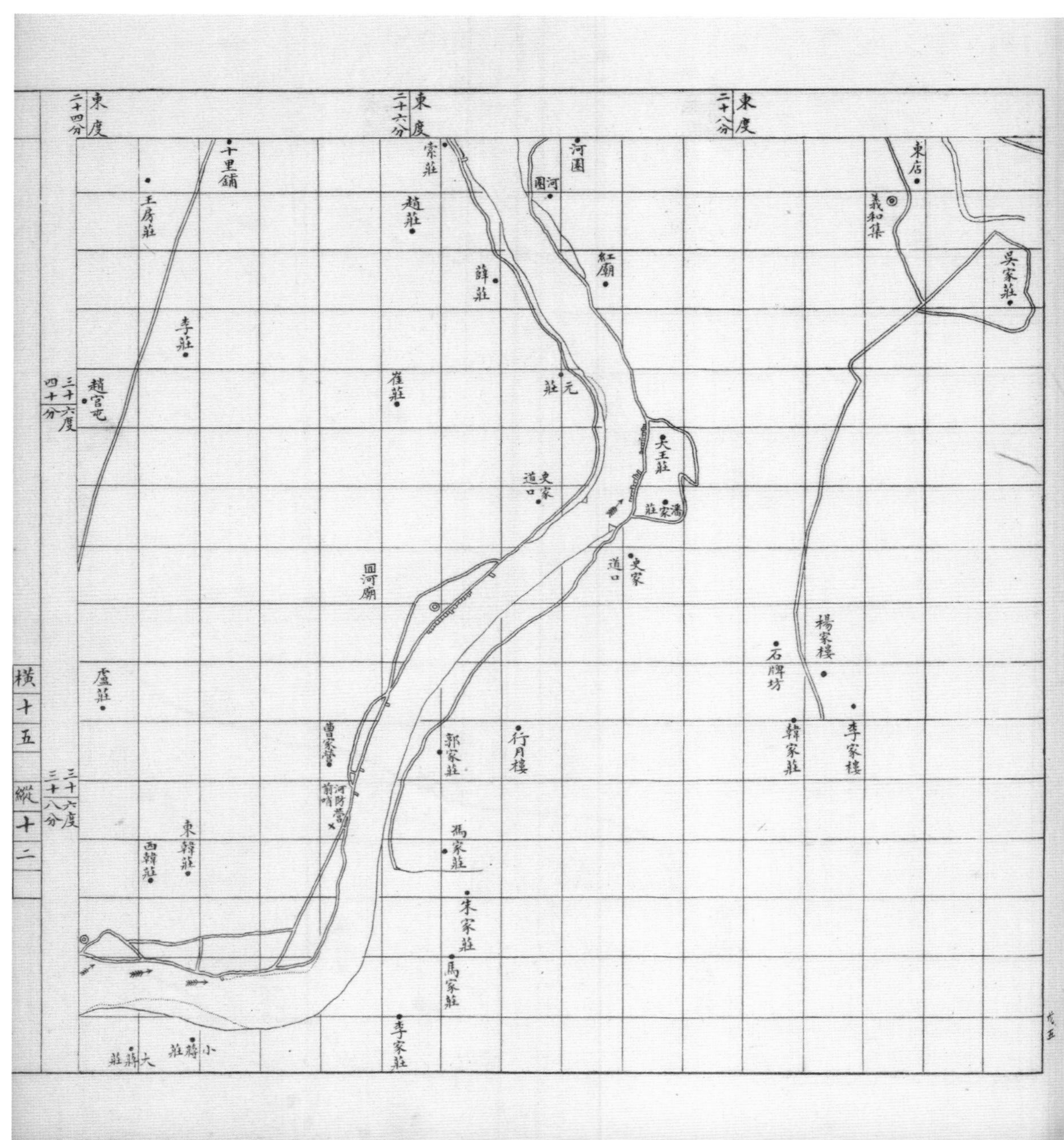
東度二十四分
東度二十六分
東度二十八分
三十六度四十分
三十六度三十八分
橫十五
縱十二
十里舖
王房莊
李莊
趙官屯
盧莊
東韓莊
西韓莊
大蔣莊
小蔣莊
索莊
趙莊
薛莊
崔莊
河圈
河圈
紅廟
元莊
天王莊
潘家莊
史家道口
史家道口
回河廟
曹家營
河防營
前哨
郭家莊
行月樓
馮家莊
朱家莊
馬家莊
李家莊
東店
義和集
吳家莊
楊家樓
石牌坊
韓家莊
李家樓

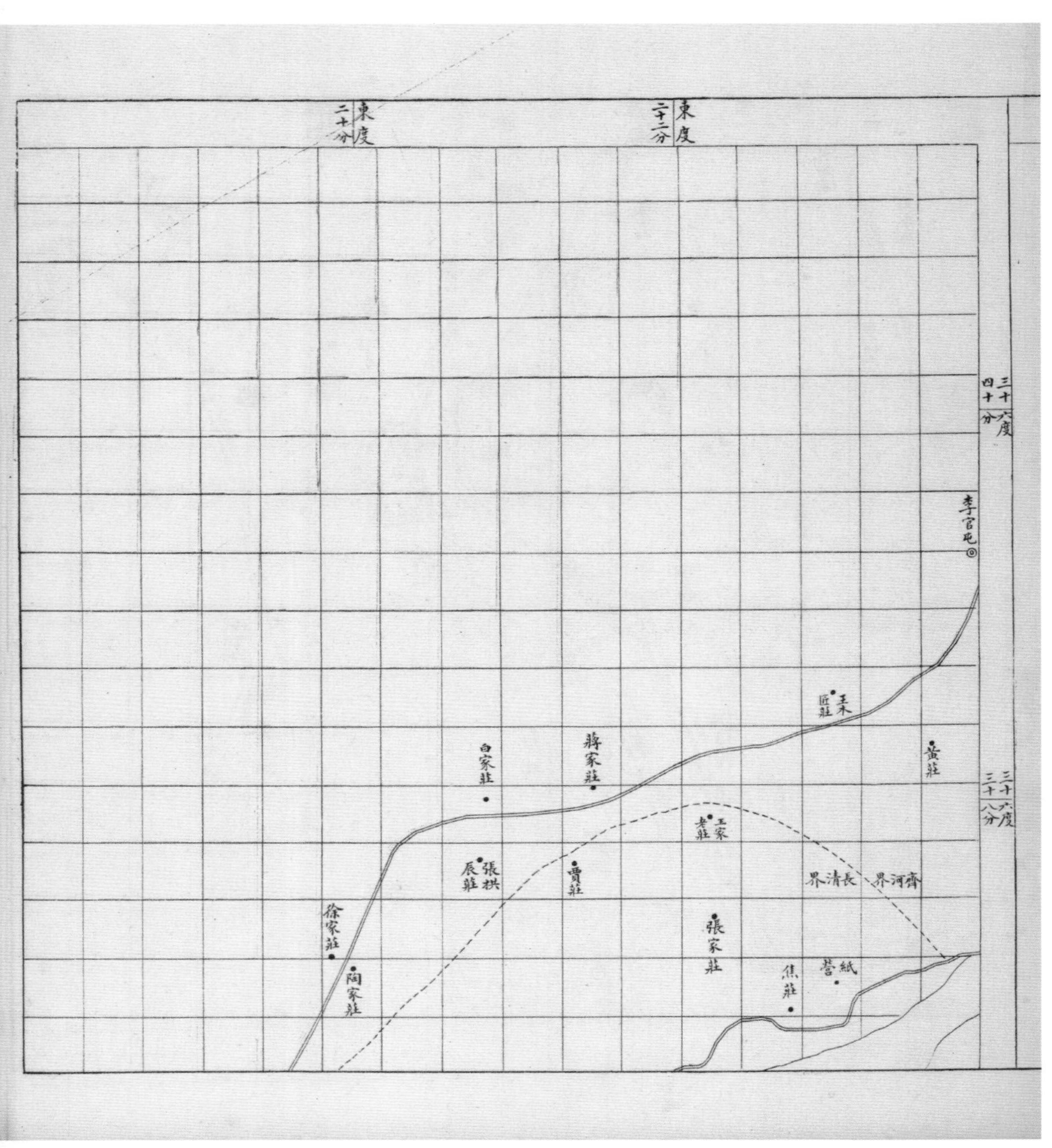

東度二十分
東度二十二分
三十六度四十分
三十六度三十八分
李官屯
王木匠莊
黃莊
蔣家莊
白家莊
王家套莊
張拱辰莊
賈莊
齊河界
長清界
徐家莊
陶家莊
張家莊
紙營
焦莊

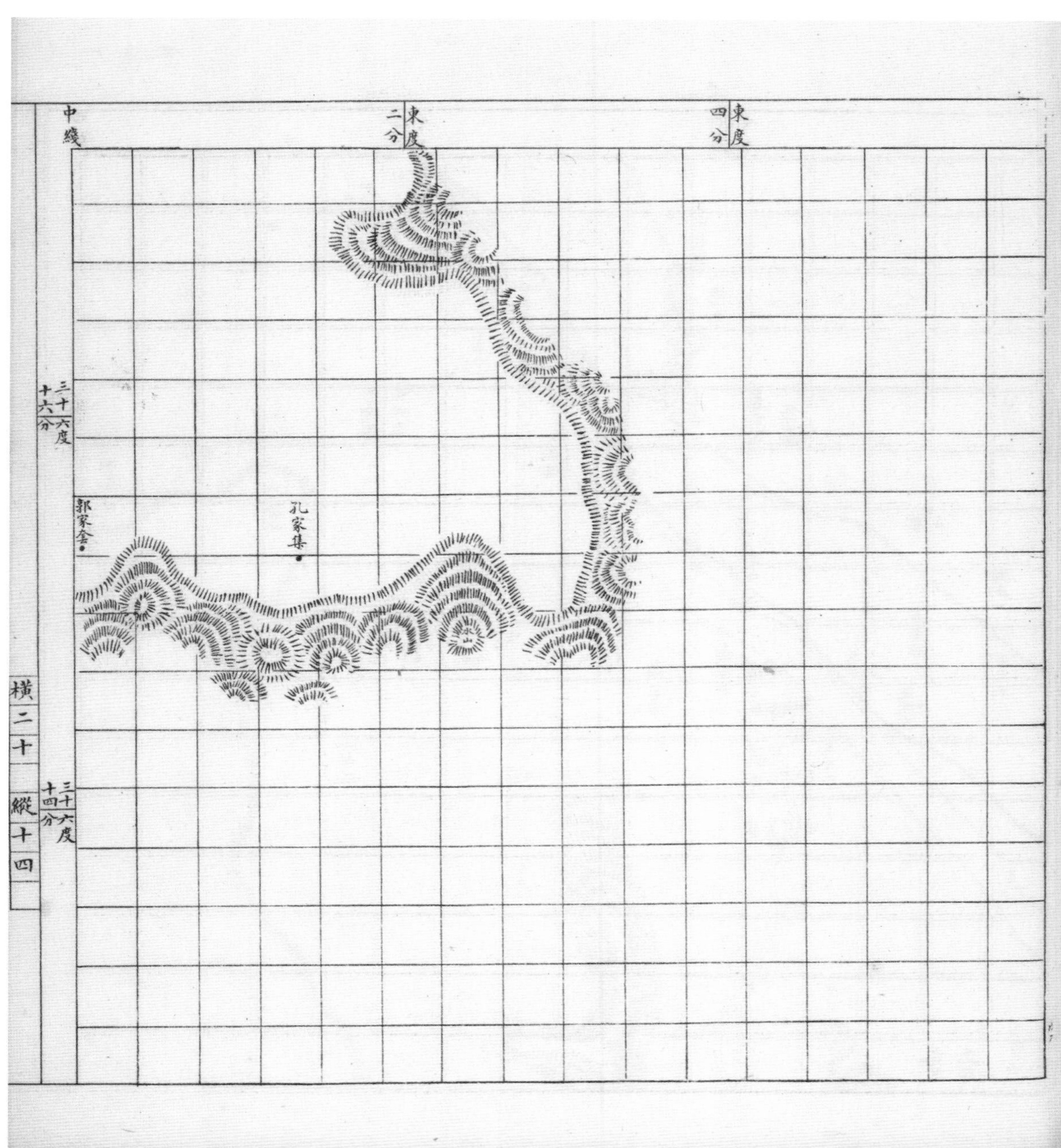
中綫
東度二分
東度四分
三十六度十六分
郭家舍
孔家集
三十六度十四分
橫二十
縱十四

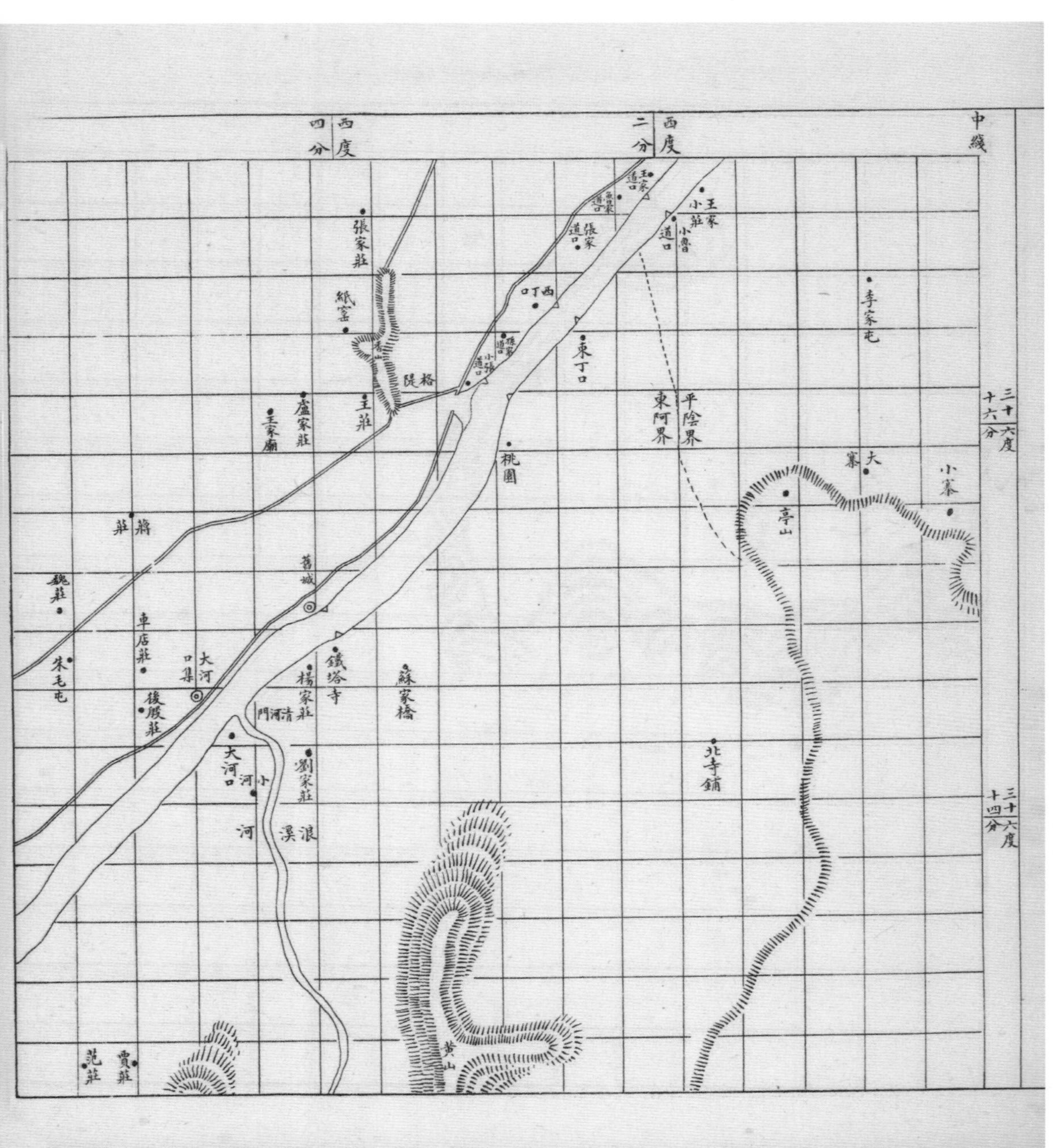

西度四分
西度二分
中綫
三十六度十六分
三十六度十四分
張家莊
紙窰
王莊
盧家莊
王家廟
格隄
東丁口
西丁口
平陰界
東阿界
桃園
李家屯
大寨
小寨
亭山
蔣莊
魏莊
舊城
車店莊
朱毛屯
大河口集
後殷莊
鐵塔寺
楊家莊
蘇家橋
清河門
大河口
小河
劉家莊
北寺鋪
浪溪河
黄山
范莊
賈莊

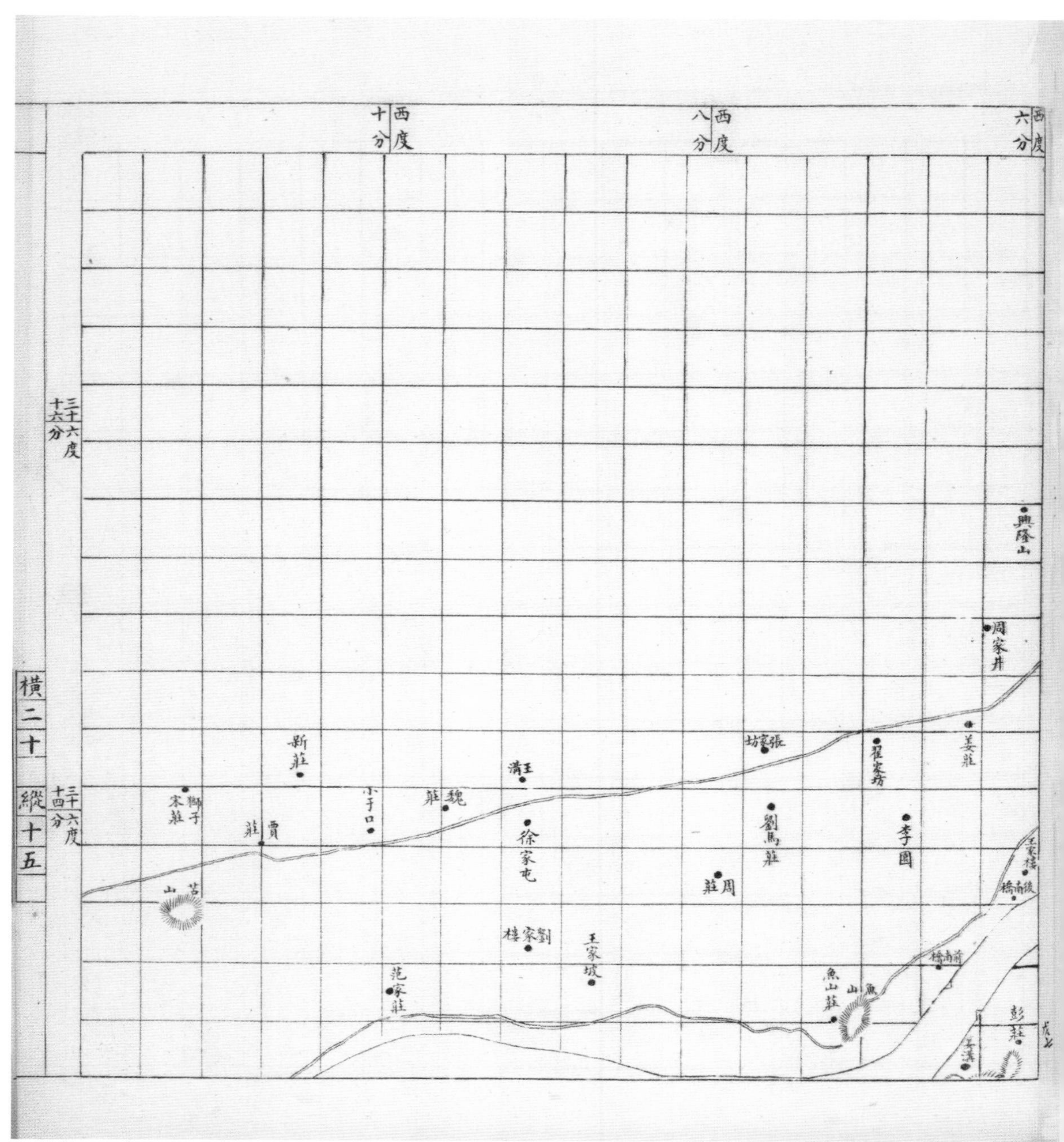

西度十分
西度八分
西度六分
三十六度十六分
三十六度十四分
橫二十
縱十五
興隆山
周家井
姜莊
翟家坊
張家坊
李園
劉馬莊
周莊
徐家屯
王清
魏莊
小于口
新莊
賈莊
劉家樓
王家坡
范家莊
魚山莊
魚山
彭莊

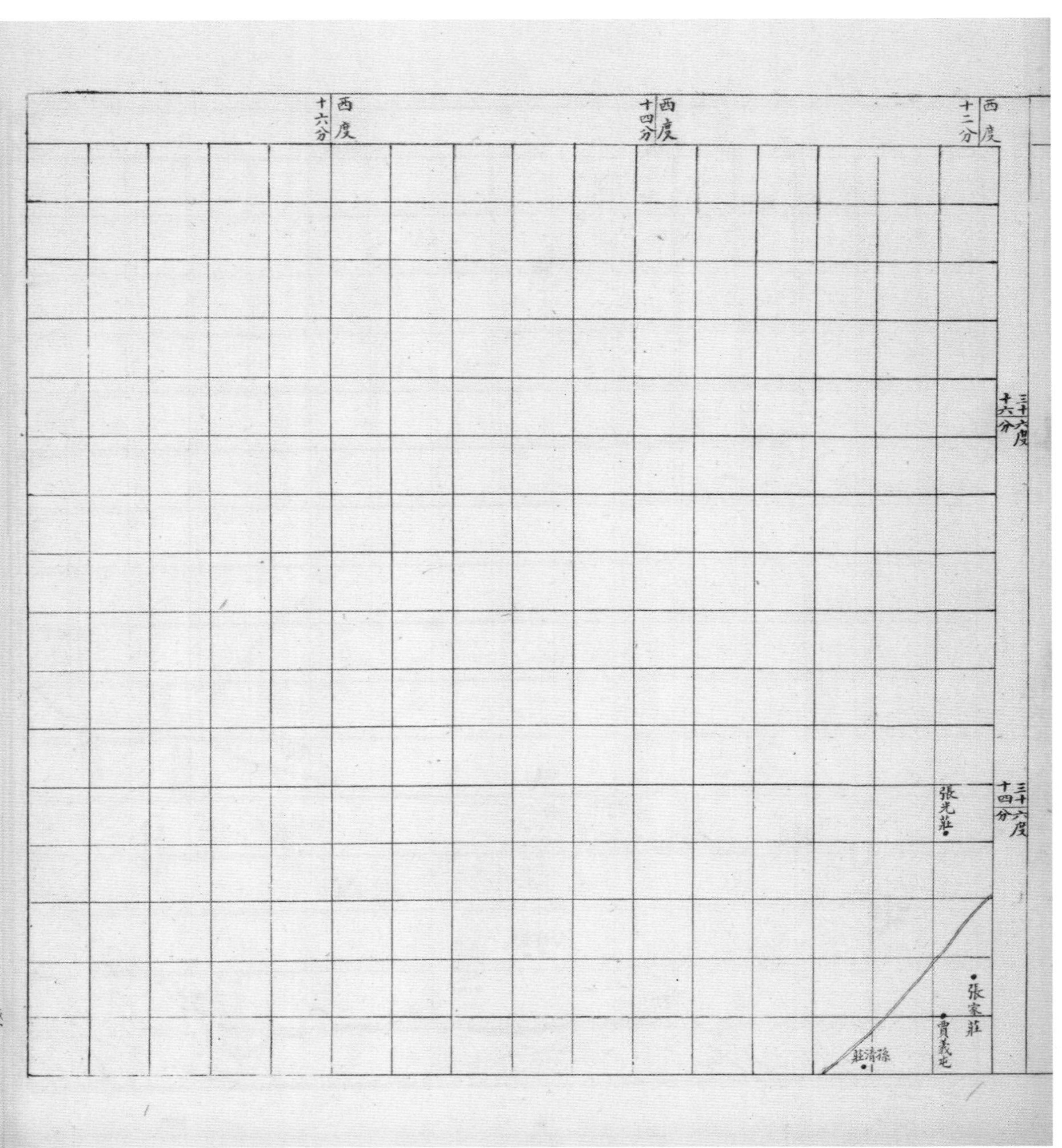
西度十六分
西度十四分
西度十二分
三十六度十六分
三十六度十四分
張光莊
張家莊
賈義屯
孫清莊

西西人
二十二分

西度
二十分

西度
十八分

三十五度
五十二分

三十五度
五十分

横二十五縱十六

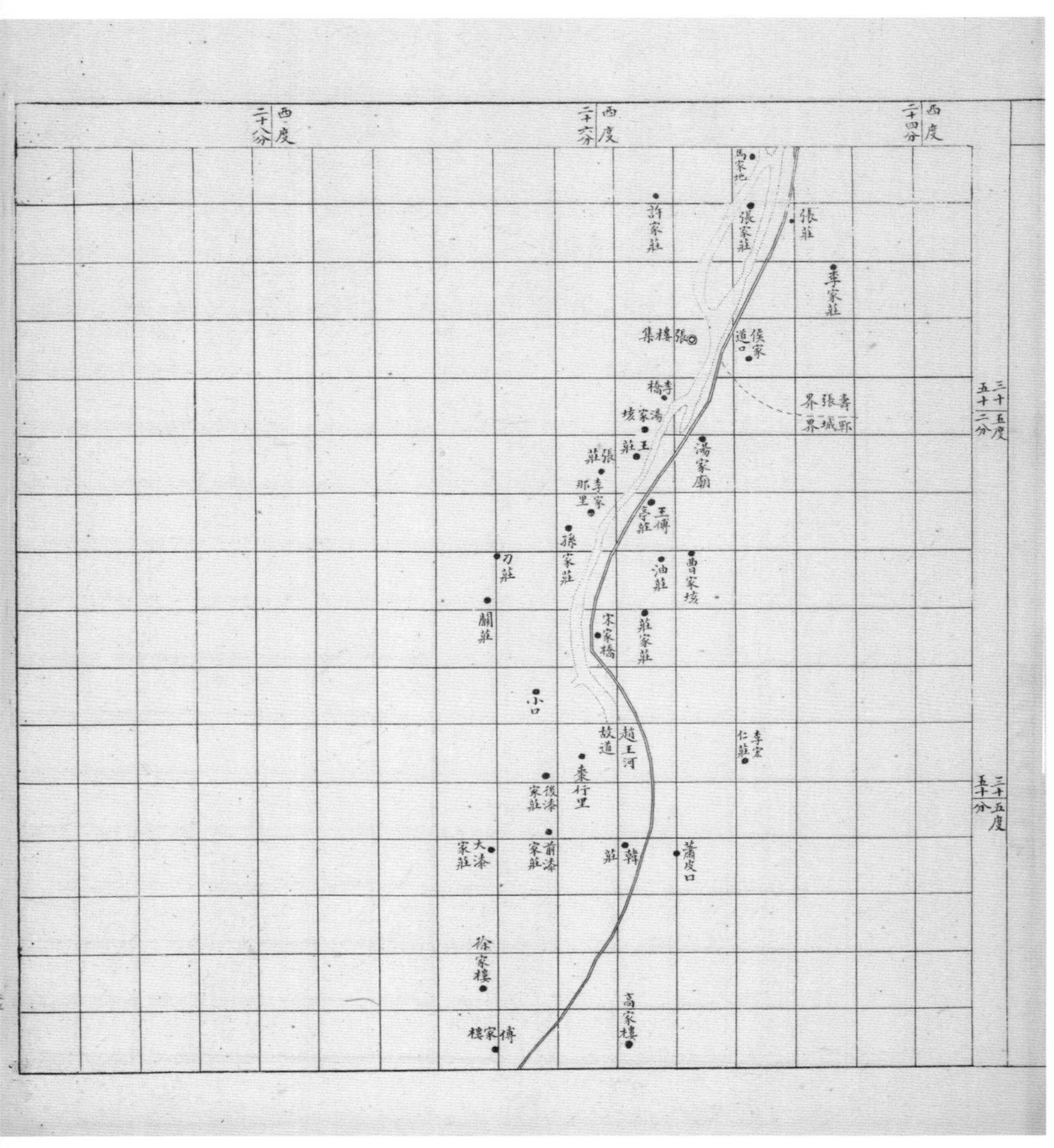

西度三十四分

西度三十六分

西度三十分

三十五度五十二分

横二十五縱十七

三十五度五十分

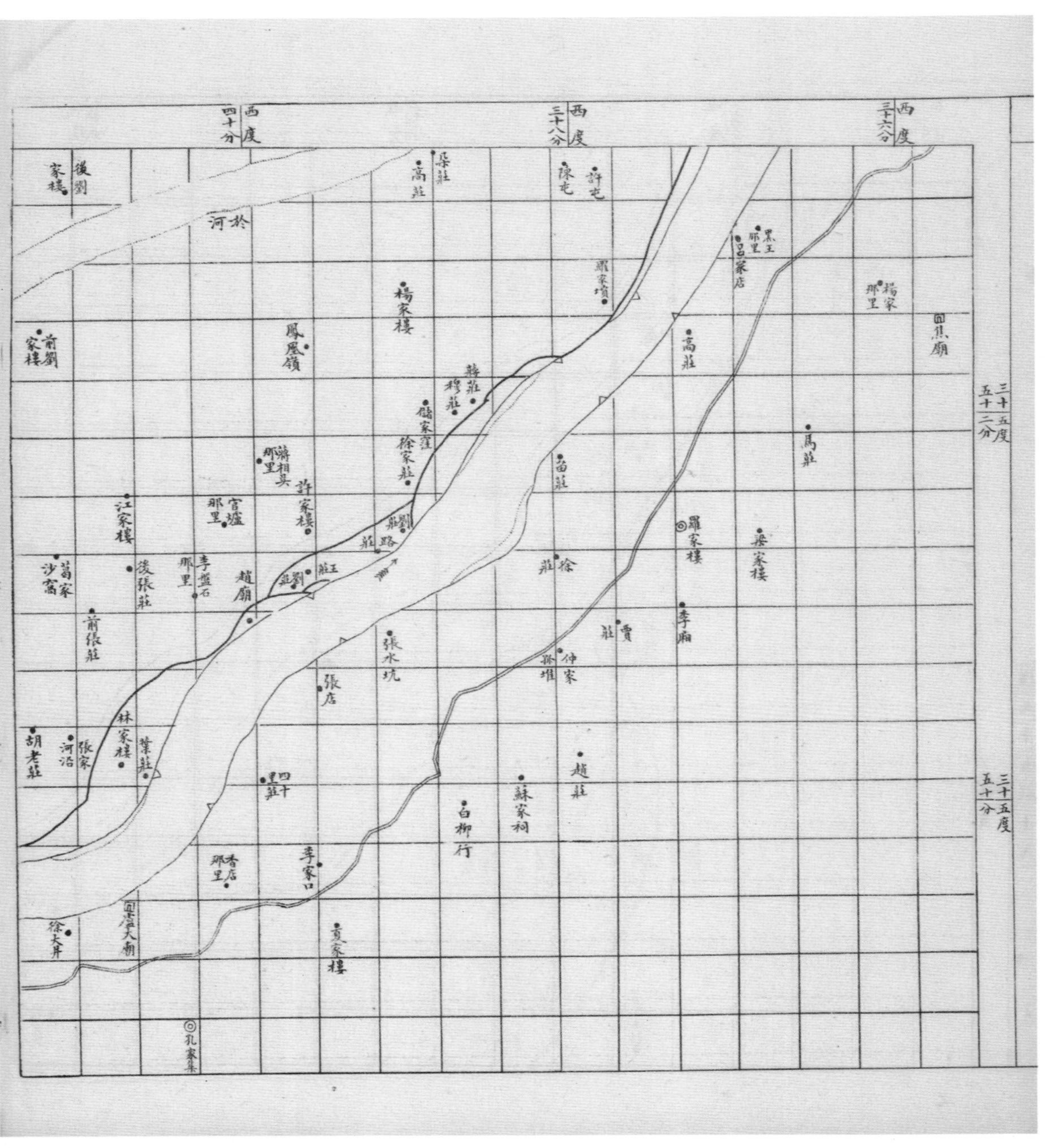

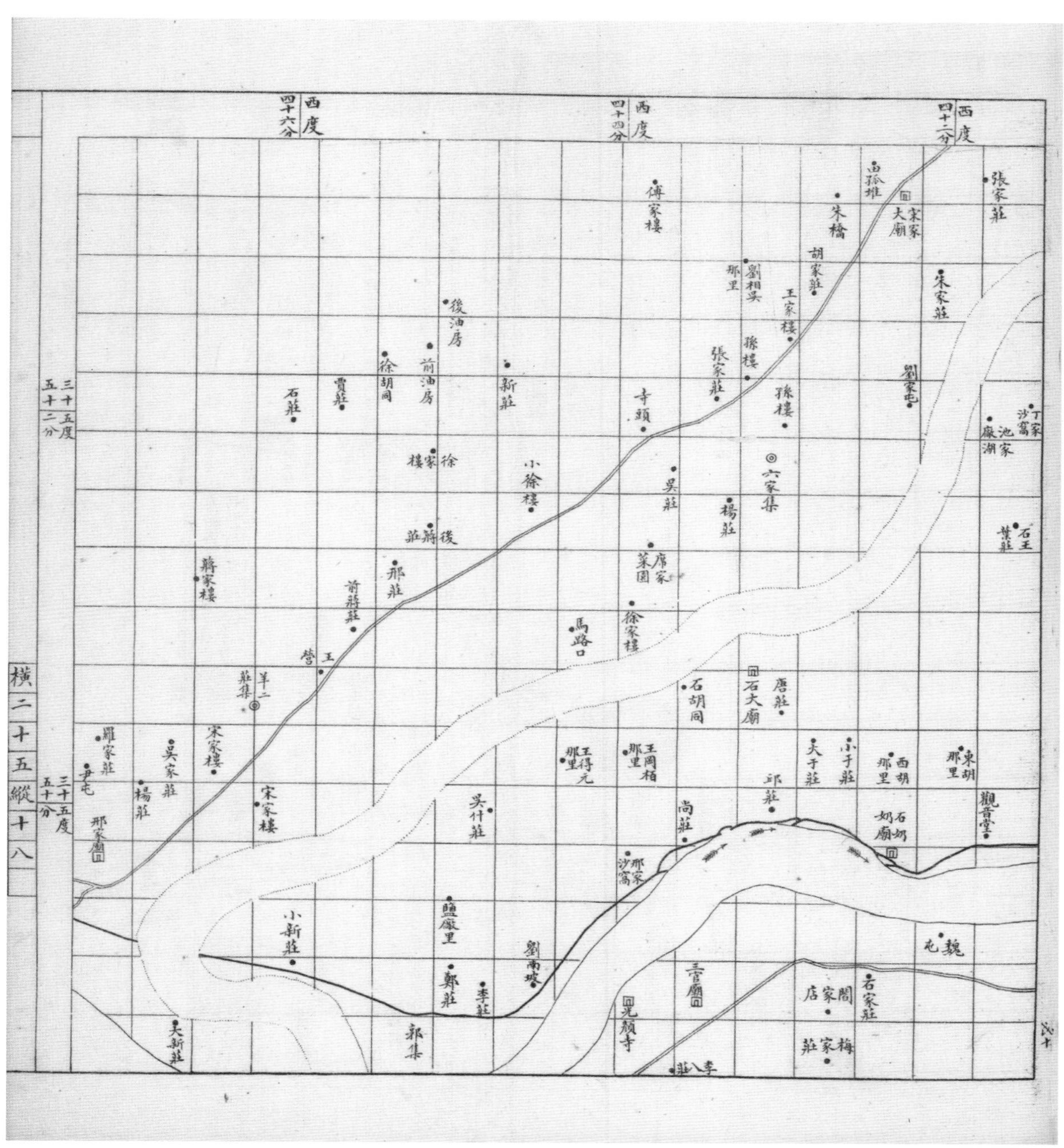
西度四十六分
西度四十四分
西度四十二分
三十五度五十二分
三十五度五十分
橫二十五縱十八
張家莊
傅家樓
朱橋
胡家莊
朱家莊
王家樓
孫樓
張家莊
後油房
前油房
徐胡同
新莊
賈莊
石莊
寺頭
孫樓
劉家屯
六家集
吳莊
楊莊
小徐樓
徐家樓
後蔣莊
邢莊
前蔣莊
蔣家樓
席家菜園
徐家樓
馬路口
王營
羊二莊集
石胡同
石大廟
唐莊
羅家莊
吳家莊
宋家樓
宋家樓
楊莊
邢家廟
吳什莊
尚莊
邢莊
小于莊
大于莊
觀音堂
邢家沙窩
鹽廠里
小新莊
劉南坡
鄭莊
李莊
郭集
三官廟
光顏寺
店家閣
石家莊
梅家莊
李八莊
魏屯

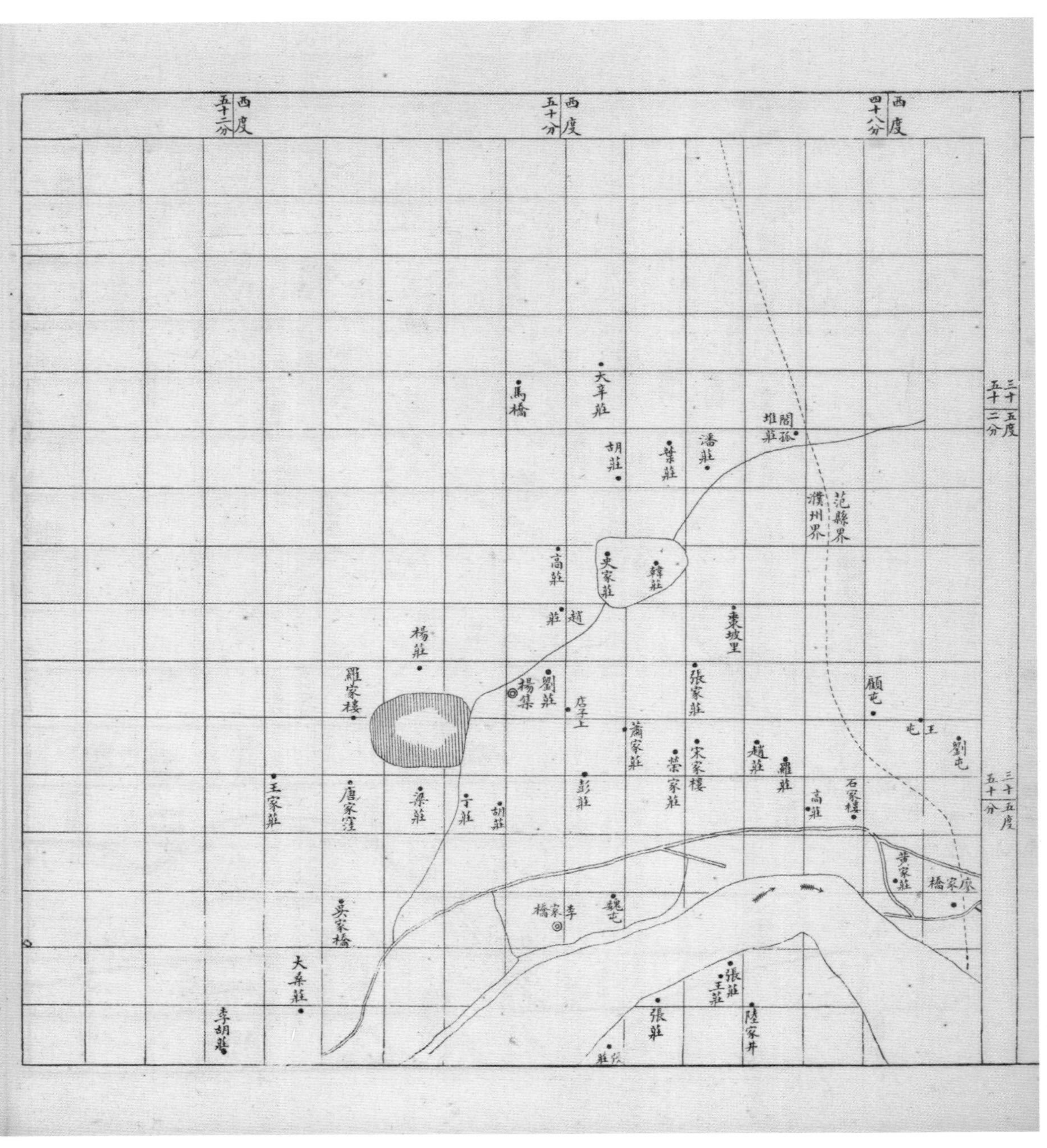

西度五十二分
西度五十分
西度四十八分
三十五度五十二分
三十五度五十分
馬橋
大辛莊
胡莊
葉莊
潘莊
閻孫堆莊
范縣界
濮州界
高莊
夾家莊
韓莊
趙莊
楊莊
東坡里
羅家樓
楊集
劉莊
店子上
張家莊
顧屯
王屯
劉屯
蕭家莊
宋家樓
葉家莊
趙莊
羅莊
王家莊
唐家窪
梁莊
于莊
胡莊
彭莊
高莊
石家樓
黃家莊
橋家廟
吳家橋
李家橋
魏屯
大桑莊
張莊
王莊
張莊
陸家井
李胡莊

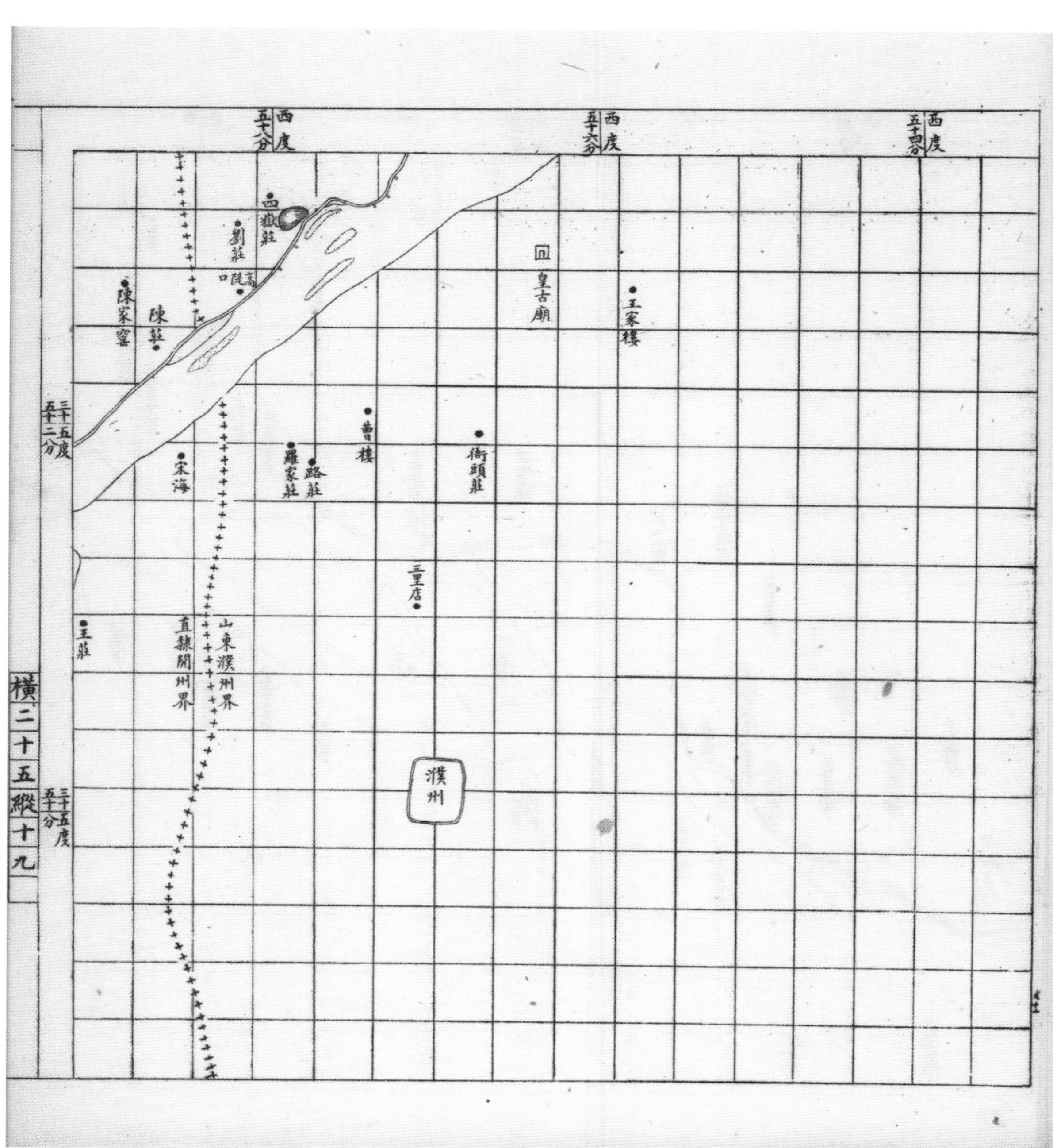
西度五十八分
西度五十六分
西度五十四分
三十五度五十二分
三十五度五十分
橫二十五縱十九
西嶽莊
劉莊
高陂口
陳家窰
陳莊
皇古廟
王家樓
曹樓
衙頭莊
宋海
羅家莊
路莊
三里店
王莊
山東濮州界
直隸開州界
濮州

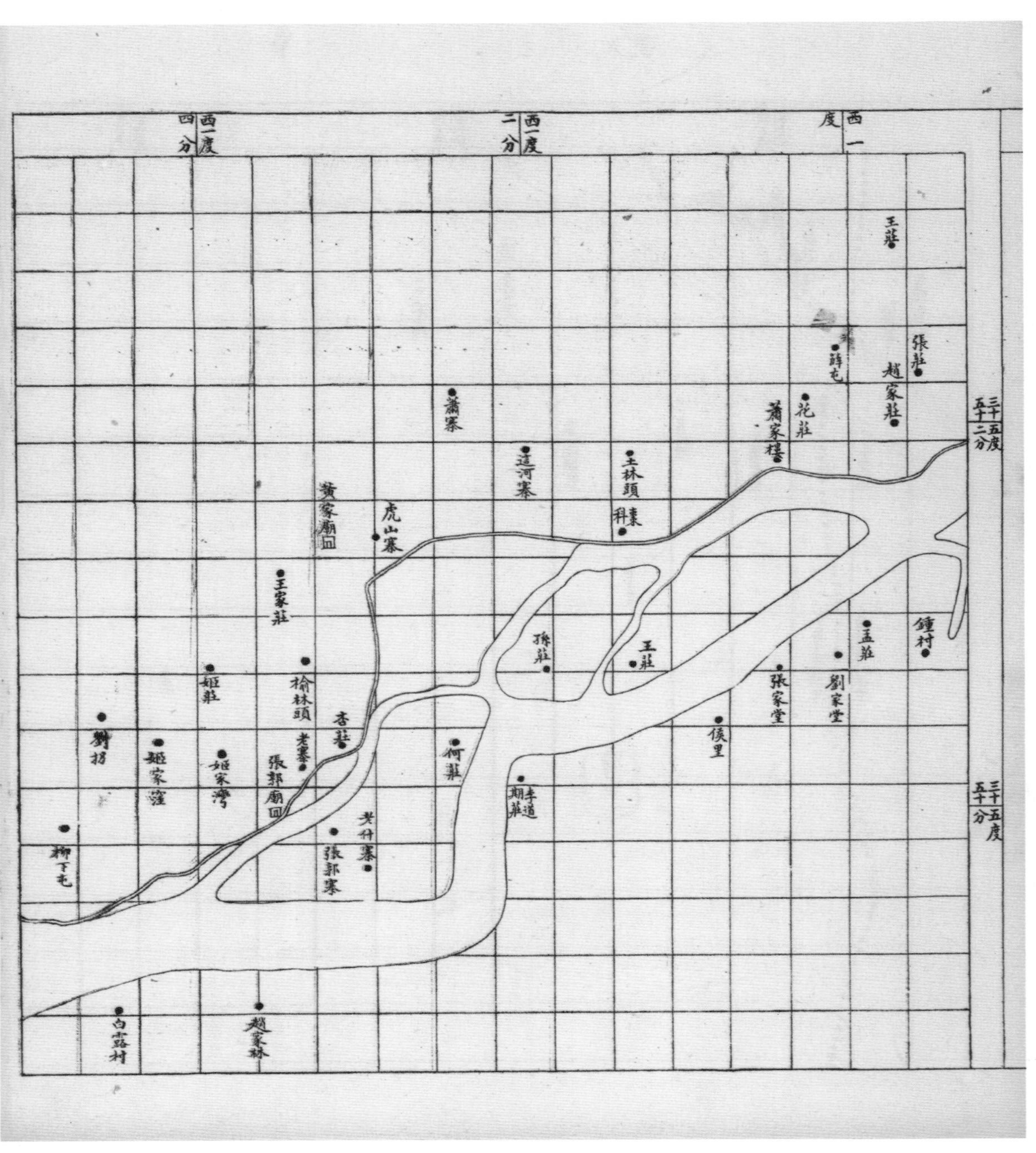
西一度四分
西一度二分
西一度
三十五度五十二分
三十五度五十分
王莊
張莊
趙家莊
蕭家樓
蕭寨
道河寨
王林頭
虎山寨
黃家廟
王家莊
孫莊
王莊
孟莊
鍾村
張家堂
劉家堂
侯里
何莊
姬莊
榆林頭
杏莊
張郭廟
張郭寨
劉招
姬家窪
姬家灣
柳下屯
白露村
趙家林

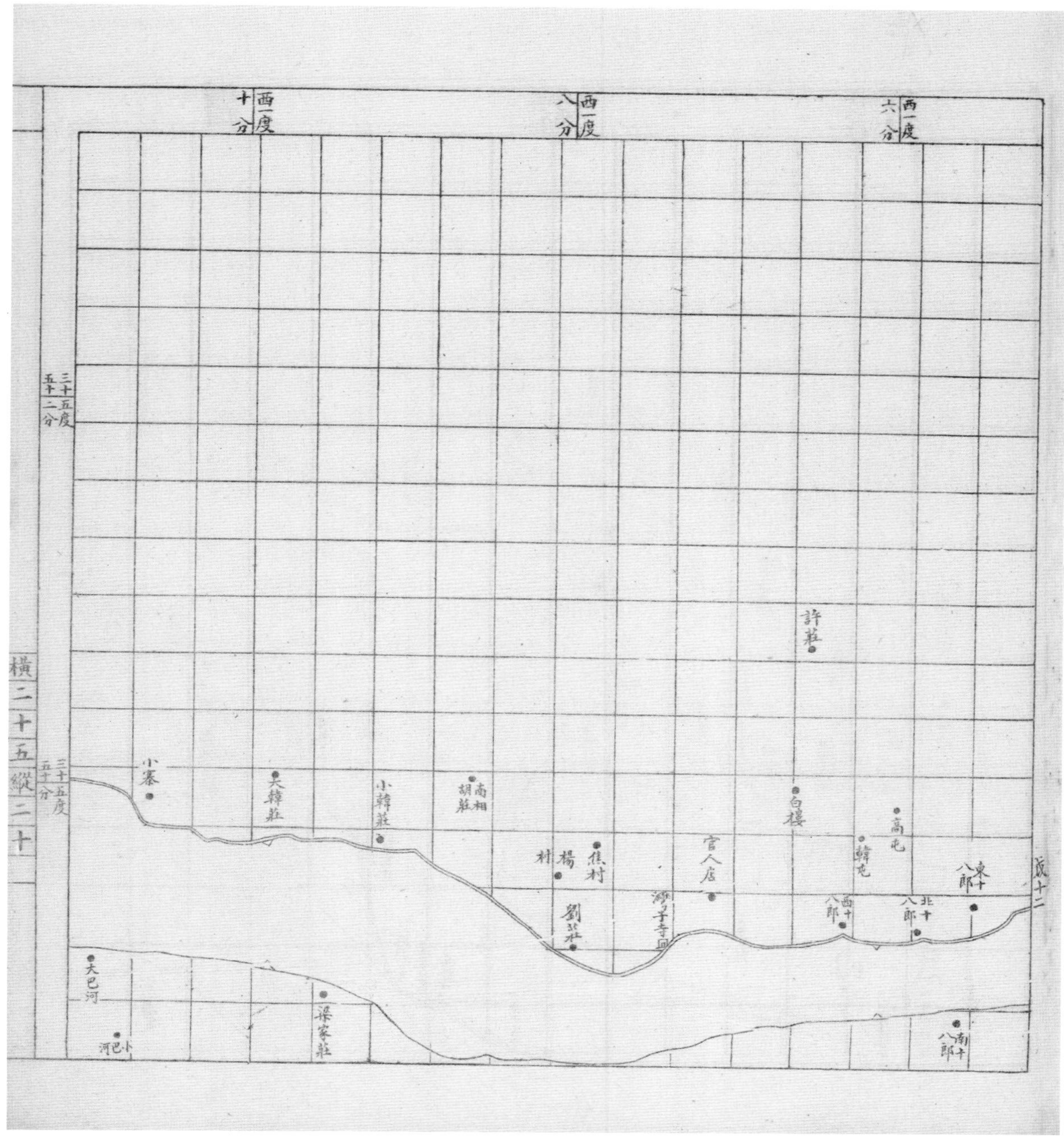
西一度十分
西一度八分
西一度六分
三十五度五十二分
橫二十五縱二十
三十五度五十分
小寨
大韓莊
小韓莊
南胡相莊
焦村
楊村
劉莊
官人店
許莊
白樓
高屯
韓屯
西十八郎
北十八郎
東十八郎
大巴河
小巴河
梁家莊
南十八郎

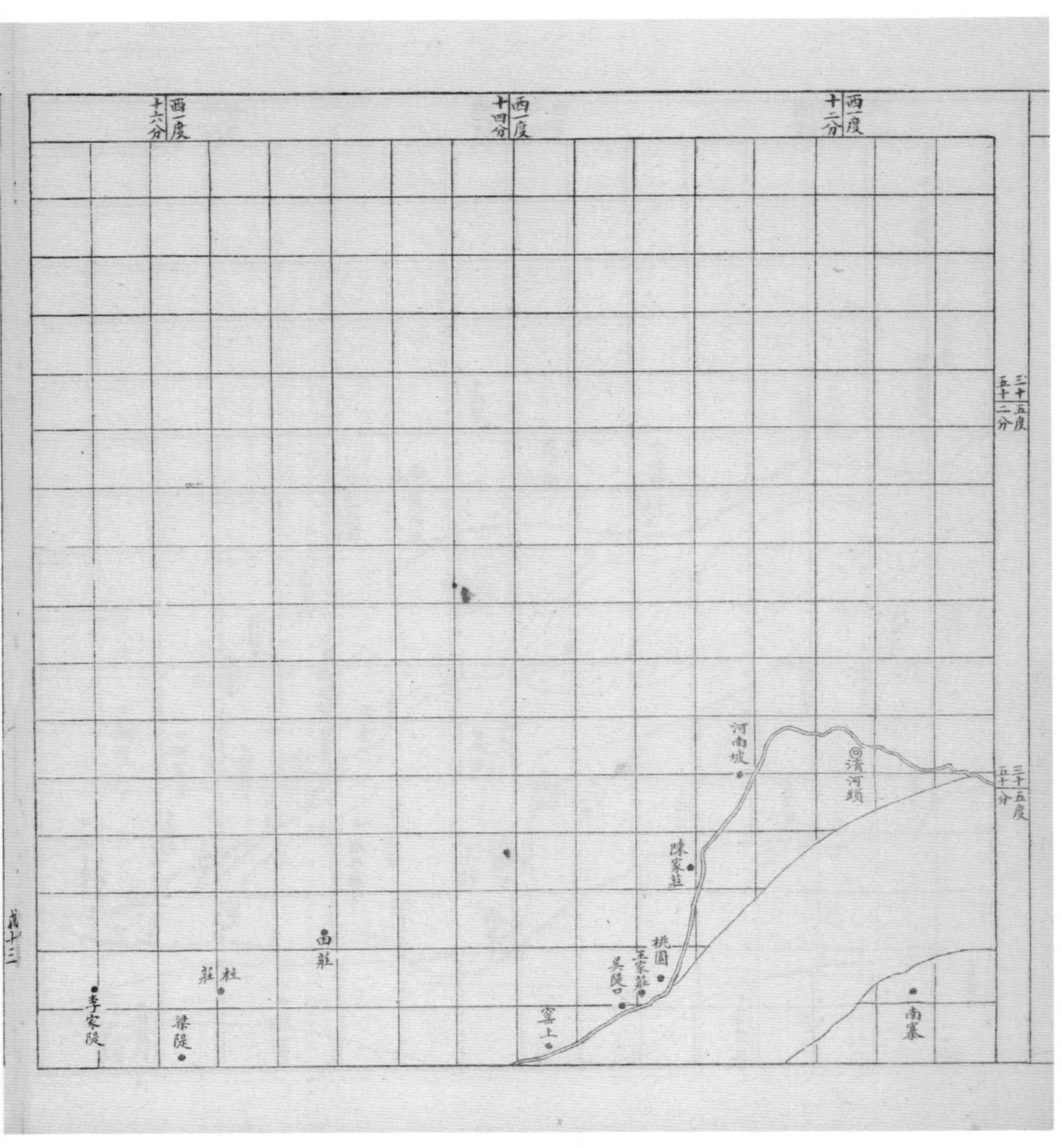

西一度十六分
西一度十四分
西一度十二分
三十五度五十二分
三十五度五十分
河南坡
清河頭
陳家莊
桃園
王家莊
吳隄口
窰上
南寨
西莊
杜莊
李家隄
梁隄
戌十三

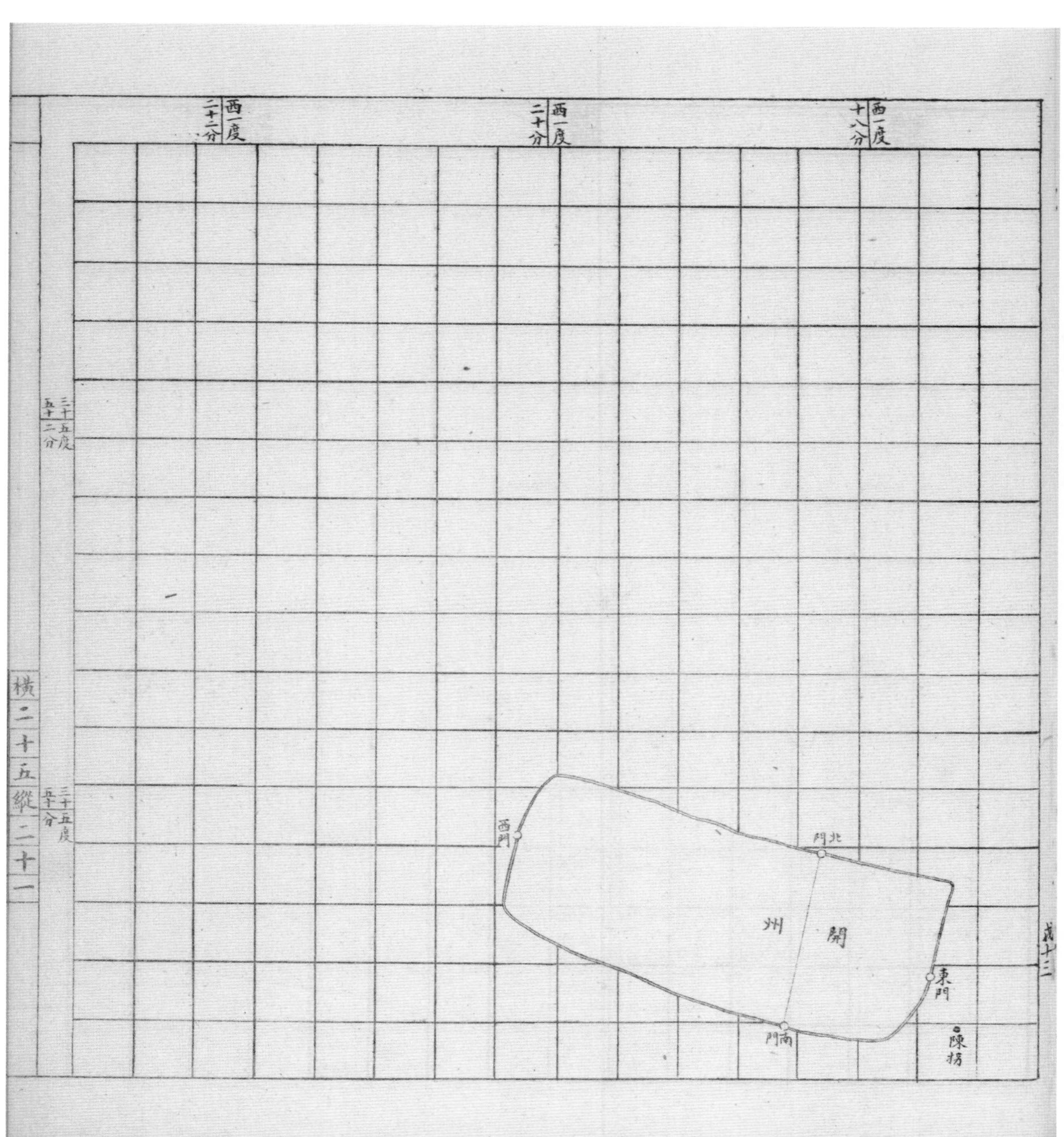
西一度二十二分
西一度二十分
西一度十八分
三十五度五十二分
三十五度五十分
横二十五縱二十一
西門
北門
開州
東門
南門
陳栳
戌十三

西一度二十八分

西一度二十六分

西一度二十四分

三十五度五十二分

三十五度五十分

西一度十分

西一度八分

西一度六分

三十五度二十八分

三十五度二十六分

横三十

縱二十

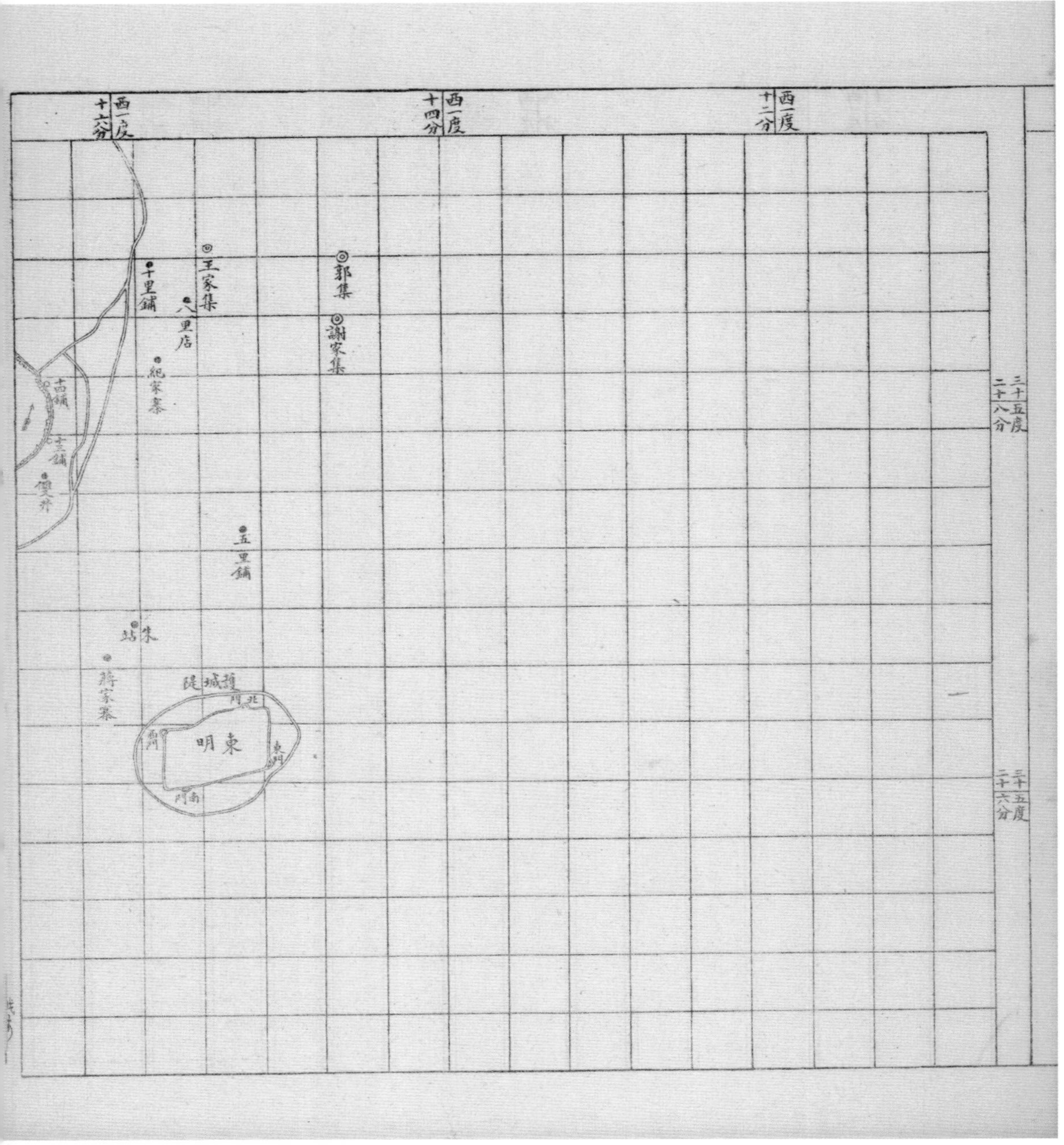
西一度
十六分
西一度
十四分
西一度
十二分
十里鋪
王家集
八里店
郭集
謝家集
紀家寨
十四鋪
十三鋪
雙井
五里鋪
朱站
蔣家寨
護城隄
北門
西門
東門
南門
東明
三十五度
二十八分
三十五度
二十六分

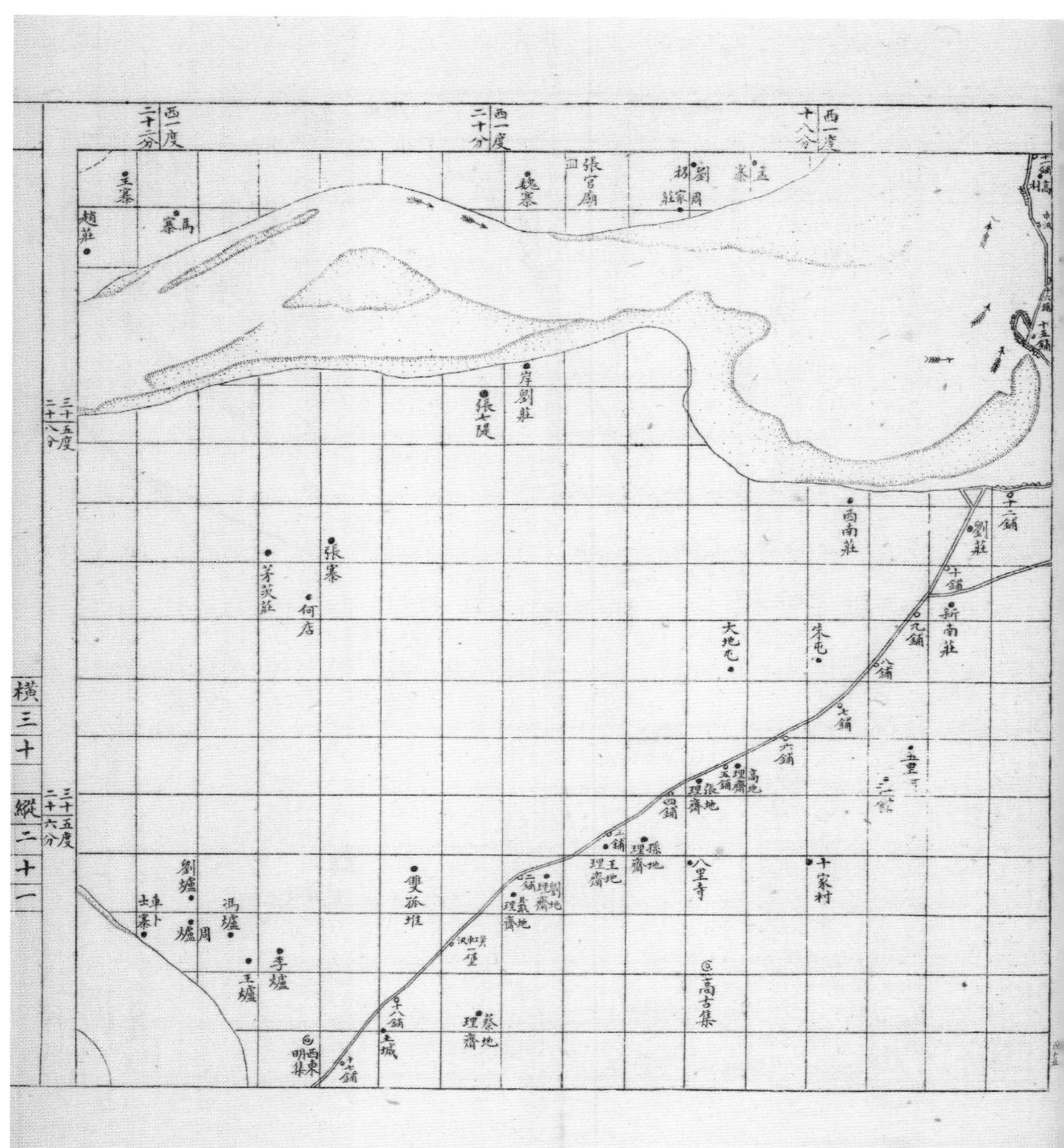
西一度二十二分
西一度二十分
西一度十八分
三十五度二十八分
三十五度二十六分
橫三十
縱二十一
王寨
趙莊
馬寨
魏寨
張官廟
劉周
楊家莊
王寨
岸劉莊
張七隄
張寨
茅茨莊
何店
大地屯
朱屯
西南莊
劉莊
新南莊
十二鋪
十鋪
九鋪
八鋪
七鋪
六鋪
五鋪
四鋪
二鋪
十八鋪
十七鋪
高地理齋
張地理齋
孫地理齋
王地理齋
劉地理齋
戴地理齋
蔡地理齋
八里寺
十家村
五里寺
二郎館
雙孫堆
土城
西東明集
高古集
劉爐
馮爐
周爐
李爐
王爐
車卜寨

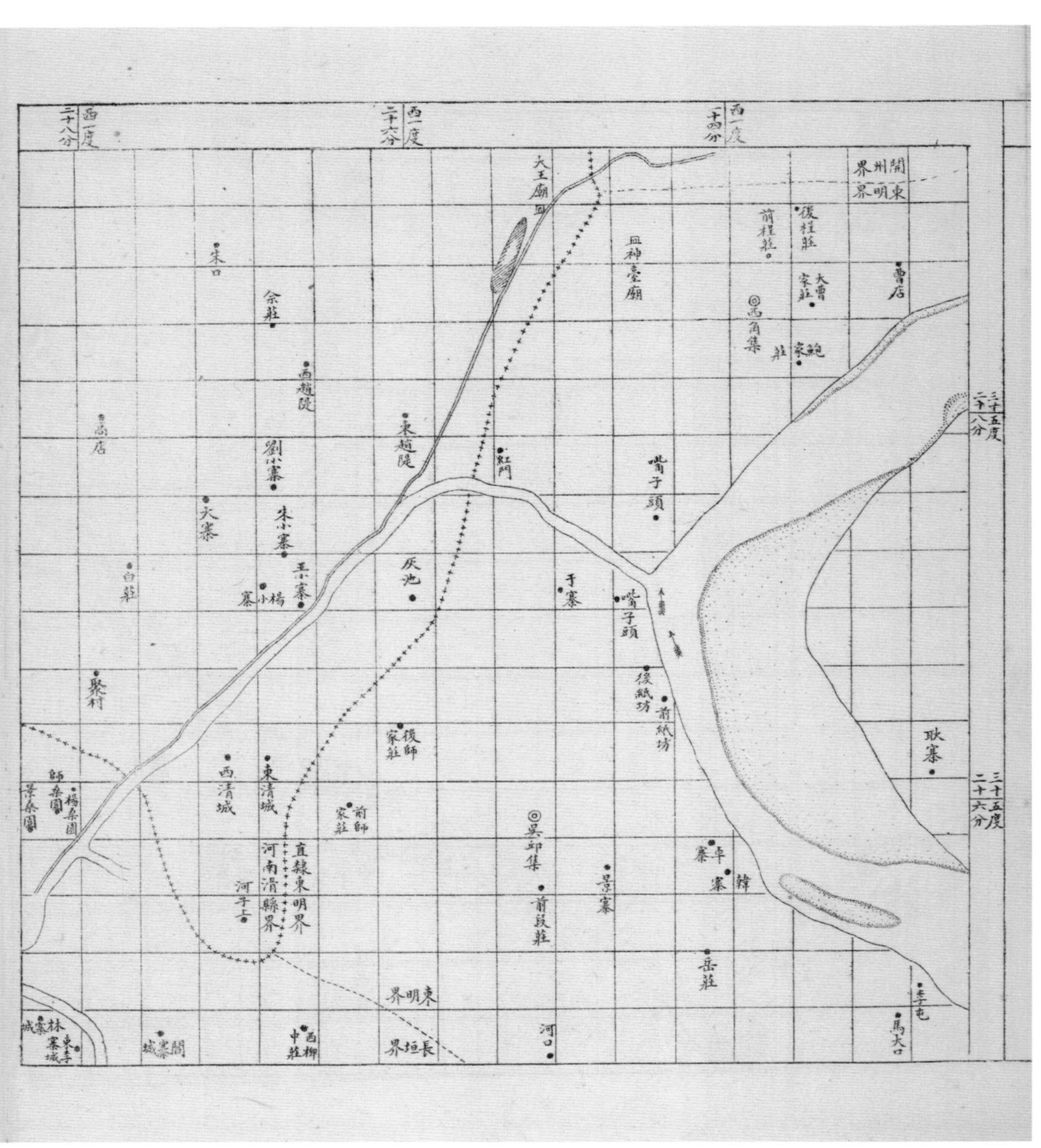
西一度二十八分
西一度二十六分
西一度二十四分
大王廟
開州東明界
後程莊
前程莊
神臺廟
大曹家莊
曹店
西角集
鮑家莊
朱口
佘莊
西趙陡
東趙陡
紅門
劉小寨
朱小寨
大寨
嘴子頭
白莊
楊小寨
灰池
于寨
嘴子頭
聚村
後紙坊
前紙坊
後師家莊
耿寨
西清城
東清城
前師家莊
吳垻集
楊桑園
師桑園
直隸東明界
河南滑縣界
河子上
前段莊
景寨
韓寨
卓寨
岳莊
東明界
長垣界
西柳中莊
河口
馬大口
李屯
三十五度二十八分
三十五度二十六分

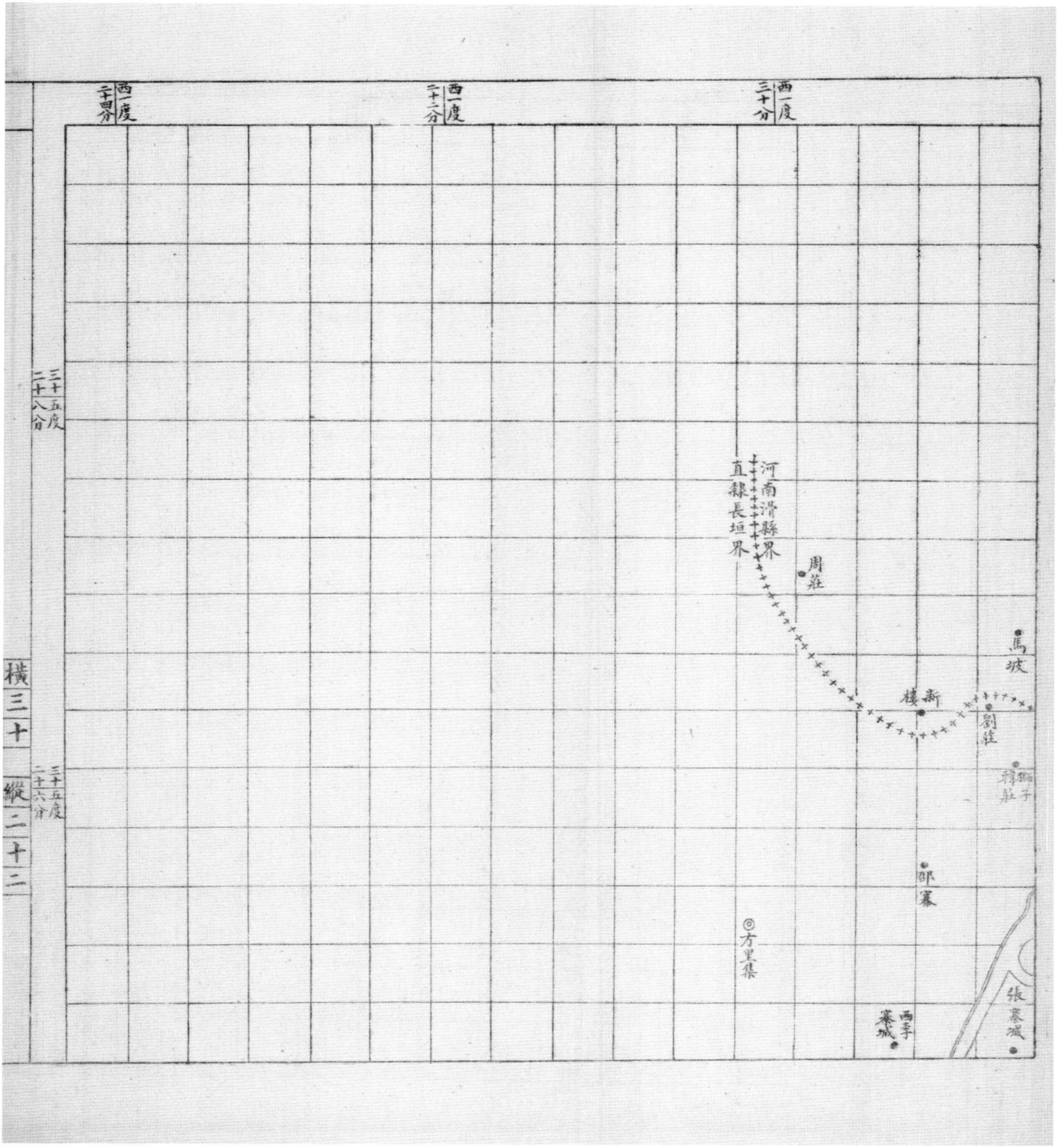

西一度二十四分
西一度二十二分
西一度三十分
三十五度二十八分
三十五度二十六分
橫三十
縱二十二
河南滑縣界
直隸長垣界
周莊
馬坡
新樓
劉莊
獅子韓莊
邵寨
方里集
西李寨城
張寨城

西一度四十分

西一度三十八分

西一度三十六分

三十五度二十六分

三十五度二十六分

戊十八

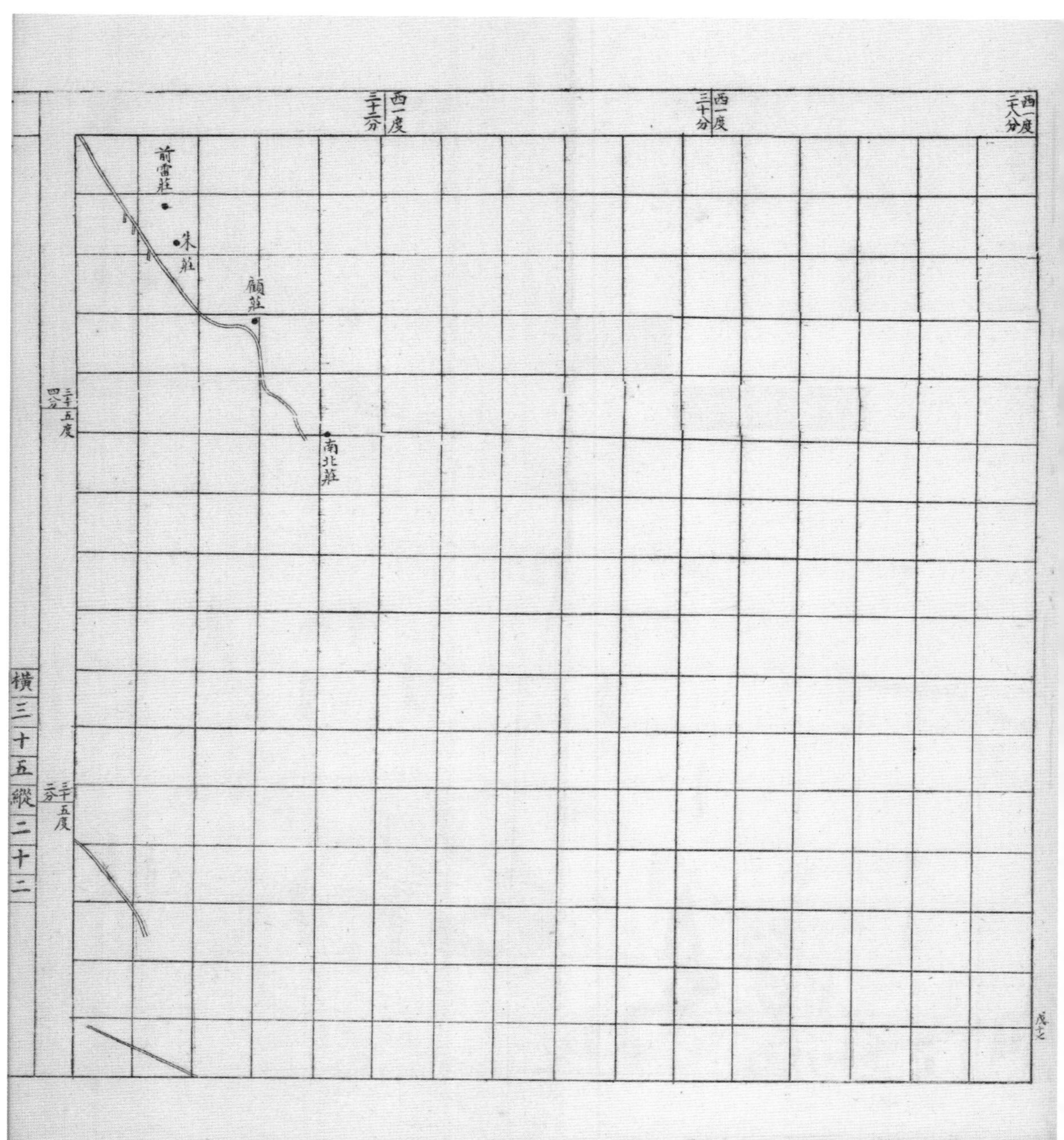

西一度三十二分
西一度三十分
西一度二十八分
前雷莊
朱莊
顧莊
南北莊
三十五度四分
三十五度三分
橫三十五縱二十二

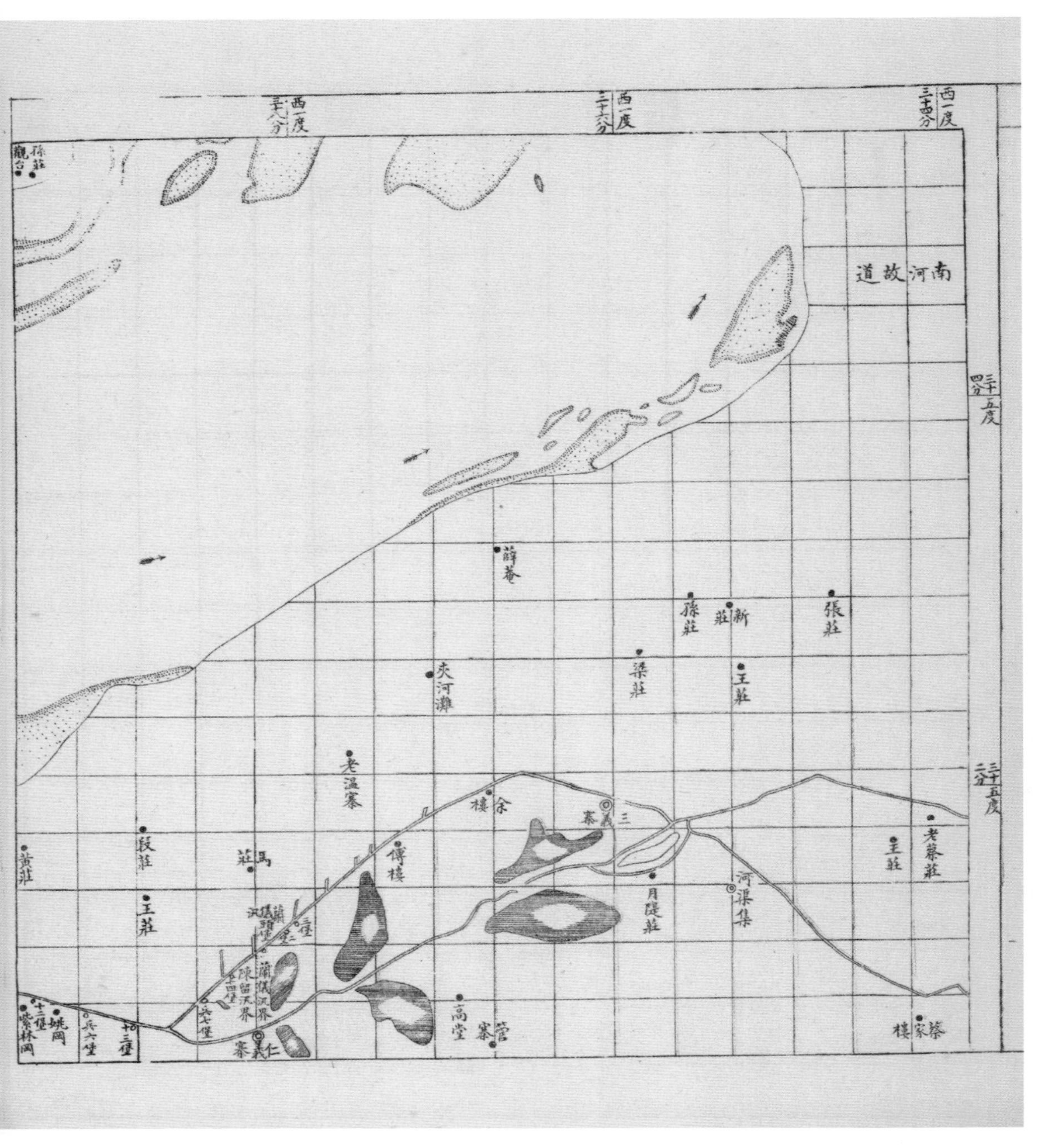

西一度三十八分
西一度三十六分
西一度三十四分
三十五度四分
三十五度二分
南河故道
孫莊
觀台
薛菴
孫莊
新莊
張莊
梁莊
王莊
夾河灘
老温寨
余樓
三義寨
傅樓
馬莊
段莊
黄莊
王莊
月隄莊
河渠集
老蔡莊
王莊
蔡家樓
高堂
管寨
仁義寨
姚岡
紫林岡

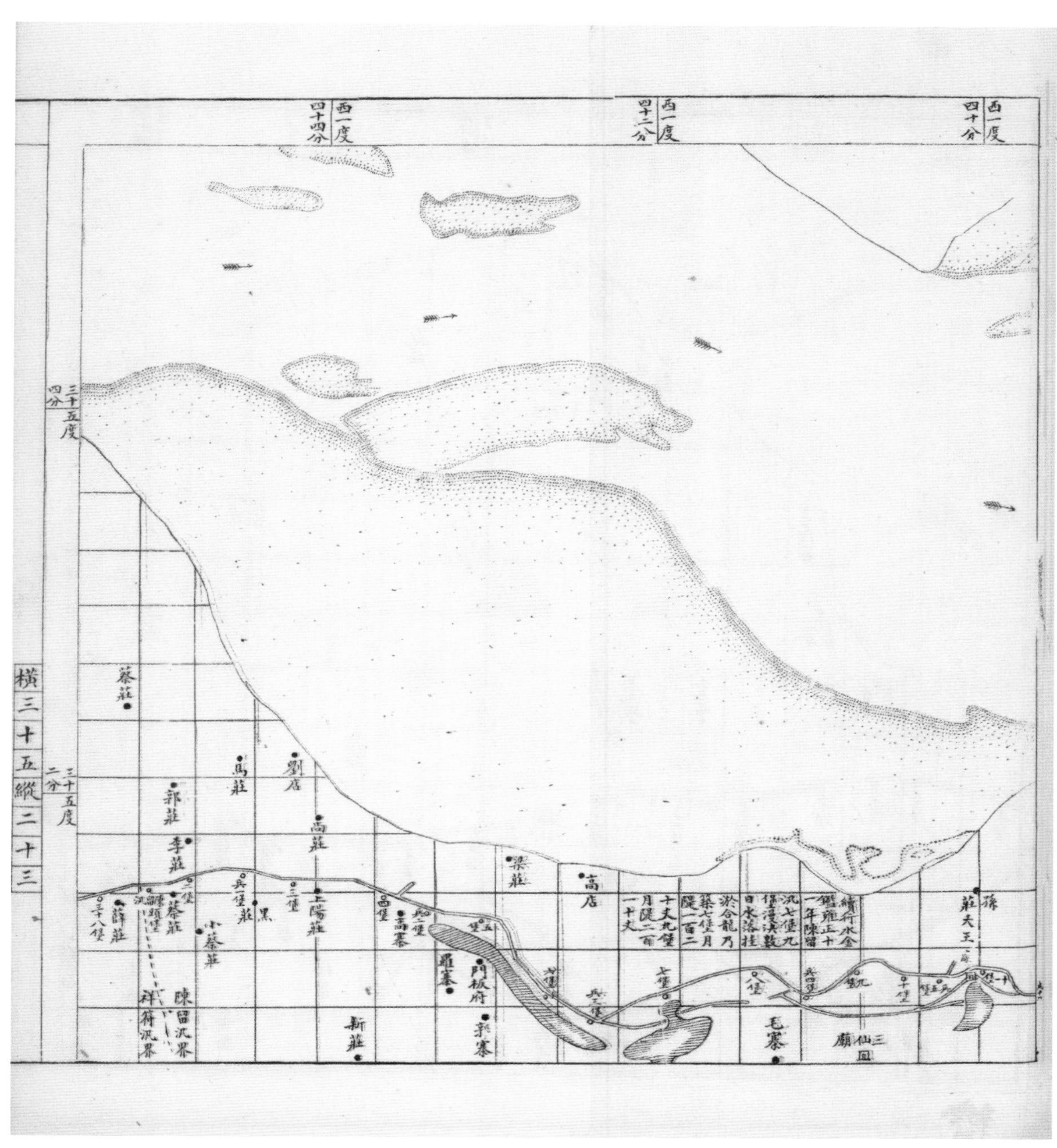

西一度四十四分
西一度四十二分
西一度四十分
三十五度四分
三十五度二分
橫三十五縱二十三
蔡莊
馬莊
劉店
郭莊
高莊
李莊
梁莊
高店
上陽莊
薛莊
羅寨
新莊
郭寨
毛寨
三仙廟
陳留汛界
祥符汛界
續行水金鑑雍正十一年陳留汛七堡九堡漫決數日水落挂淤合龍乃築七堡月隄一百二十丈九堡月隄二百一十丈

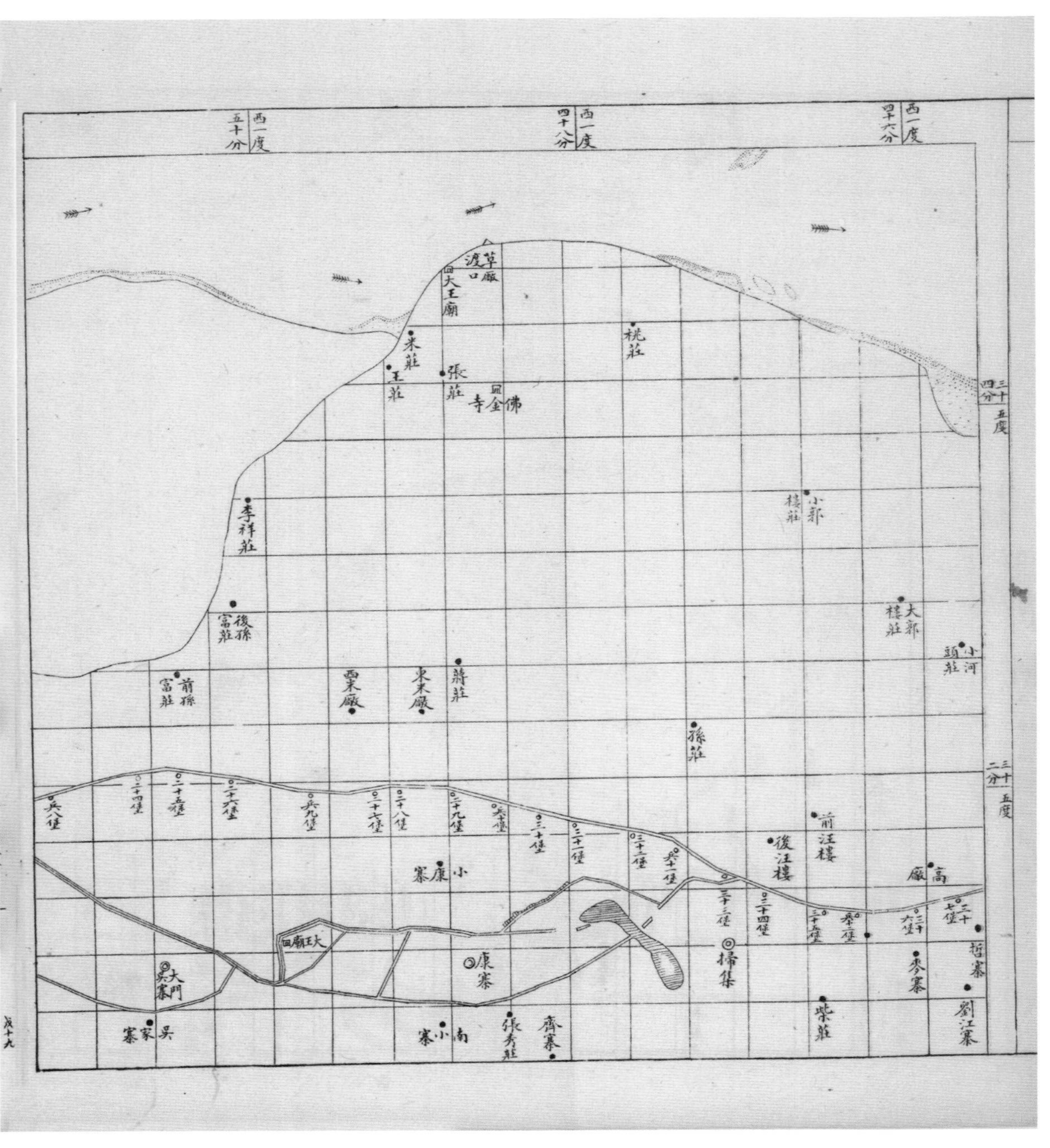

西一度五十分
西一度四十八分
西一度四十六分
三十五度四分
三十五度二分
草廠渡口
大王廟
米莊
王莊
張莊
佛金寺
桃莊
李祥莊
小郭樓莊
後孫富莊
前孫富莊
大郭樓莊
小河頭莊
西米廠
東米廠
蔣莊
孫莊
二十四堡
二十五堡
二十六堡
二十七堡
二十八堡
二十九堡
三十堡
三十一堡
三十二堡
三十四堡
小康寨
前汪樓
後汪樓
高廠
大王廟
大門吳寨
康寨
掃集
吳家寨
小南寨
張秀莊
齊寨
柴莊
麥寨
劉江寨

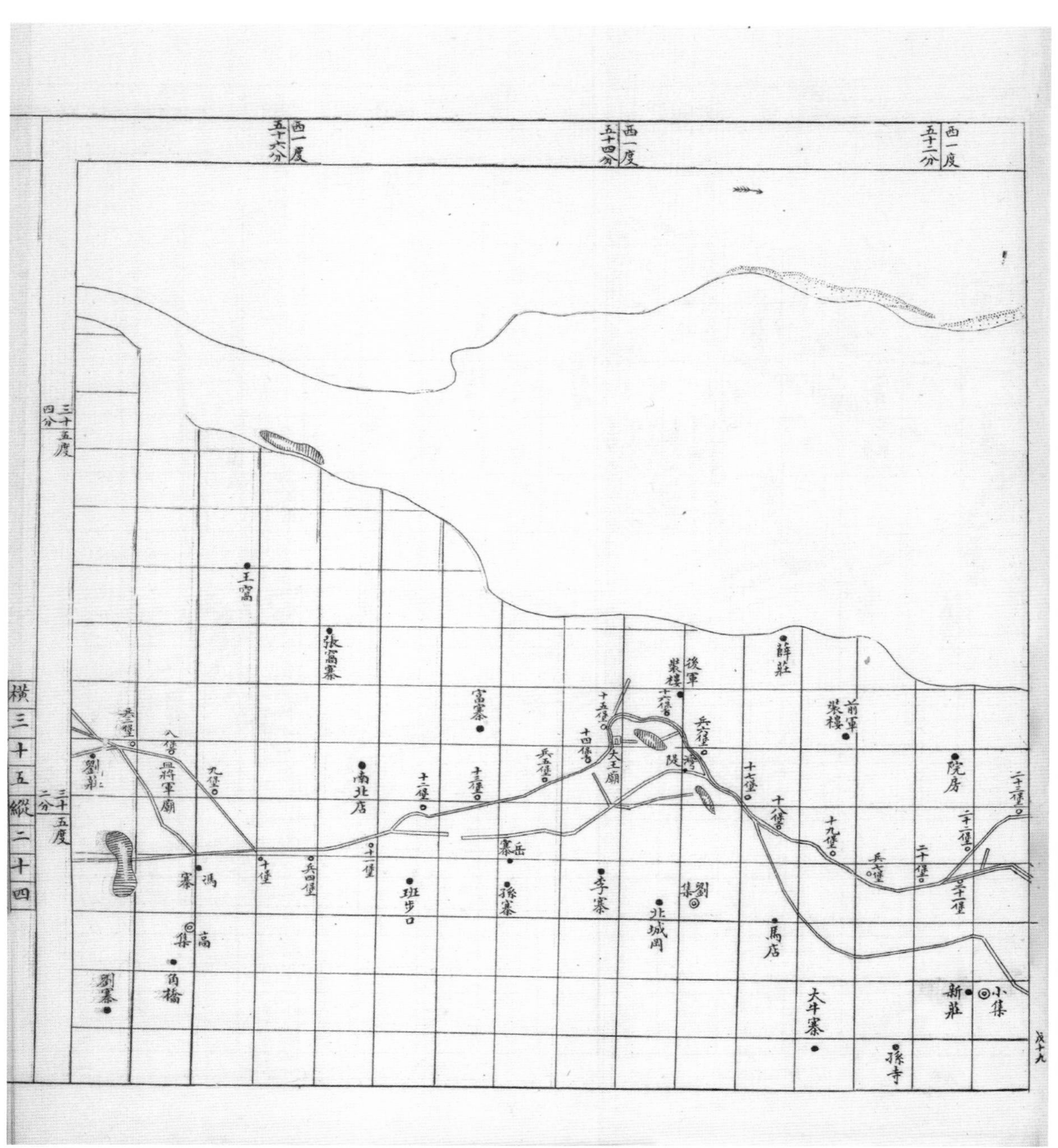
西一度五十六分
西一度五十四分
西一度五十二分
三十五度四分
三十五度二分
橫三十五縱二十四
王窩
張窩寨
富寨
南北店
班步口
孫寨
李寨
北城岡
馬店
大牛寨
新莊
小集
孫寺
薛莊
後軍教樓
前軍教樓
院房
大王廟
劉集
高集
角檜
劉寨
馮寨
將軍廟

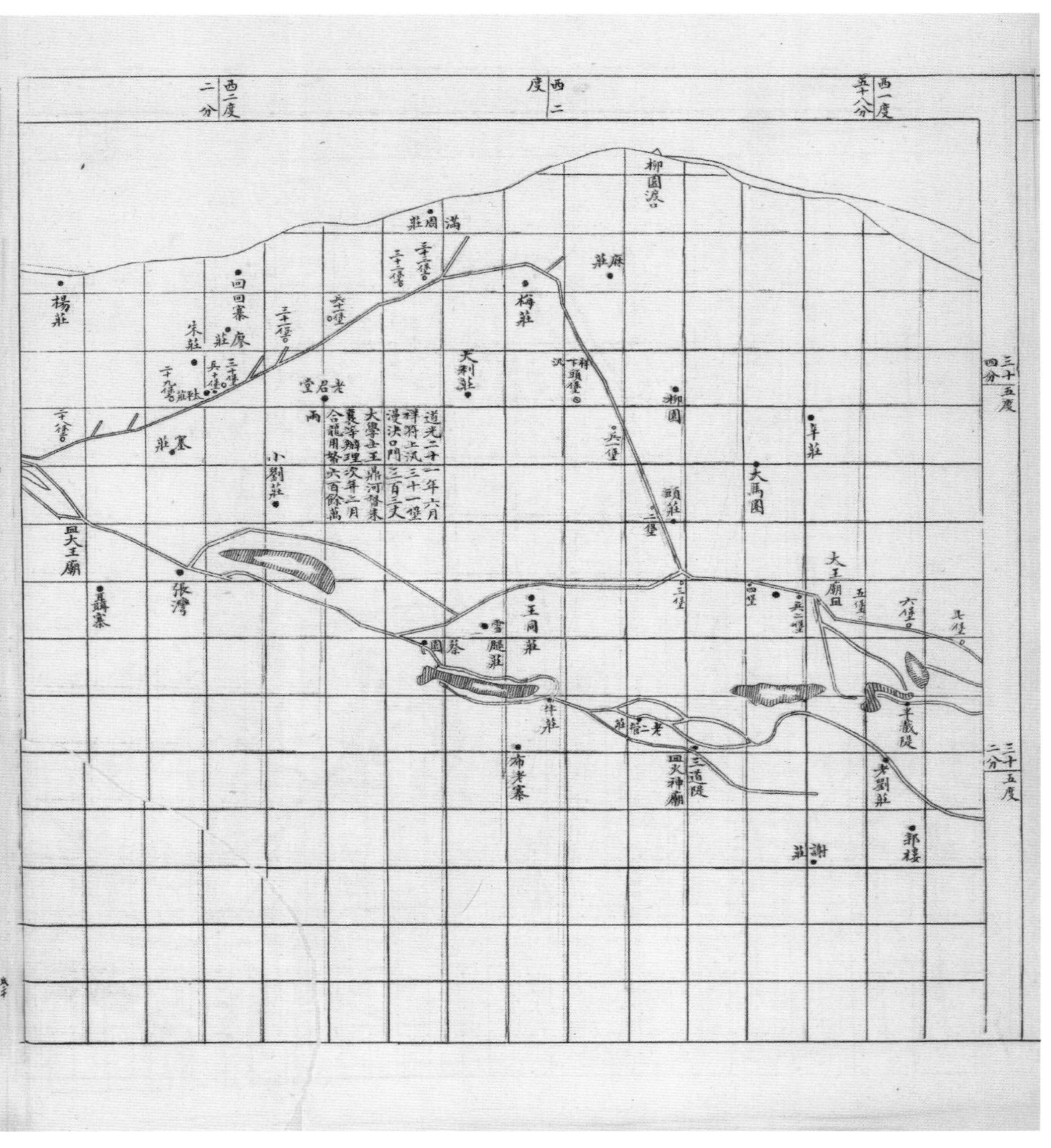
西二度二分
西二度
西一度五十八分
三十五度四分
三十五度二分
柳園渡口
滿周莊
麻莊
楊莊
回回寨
廖莊
朱莊
梅莊
老君堂
小劉莊
柳園
頭莊
大馬圈
辛莊
大王廟
張灣
王同莊
蔡園
火神廟
三道隄
老劉莊
謝莊
郭樓
道光二十一年六月
祥符上汛三十一堡
漫決口門三百三十丈
大學士王鼎河督朱
襄等辦理次年二月
合龍用帑六百餘萬

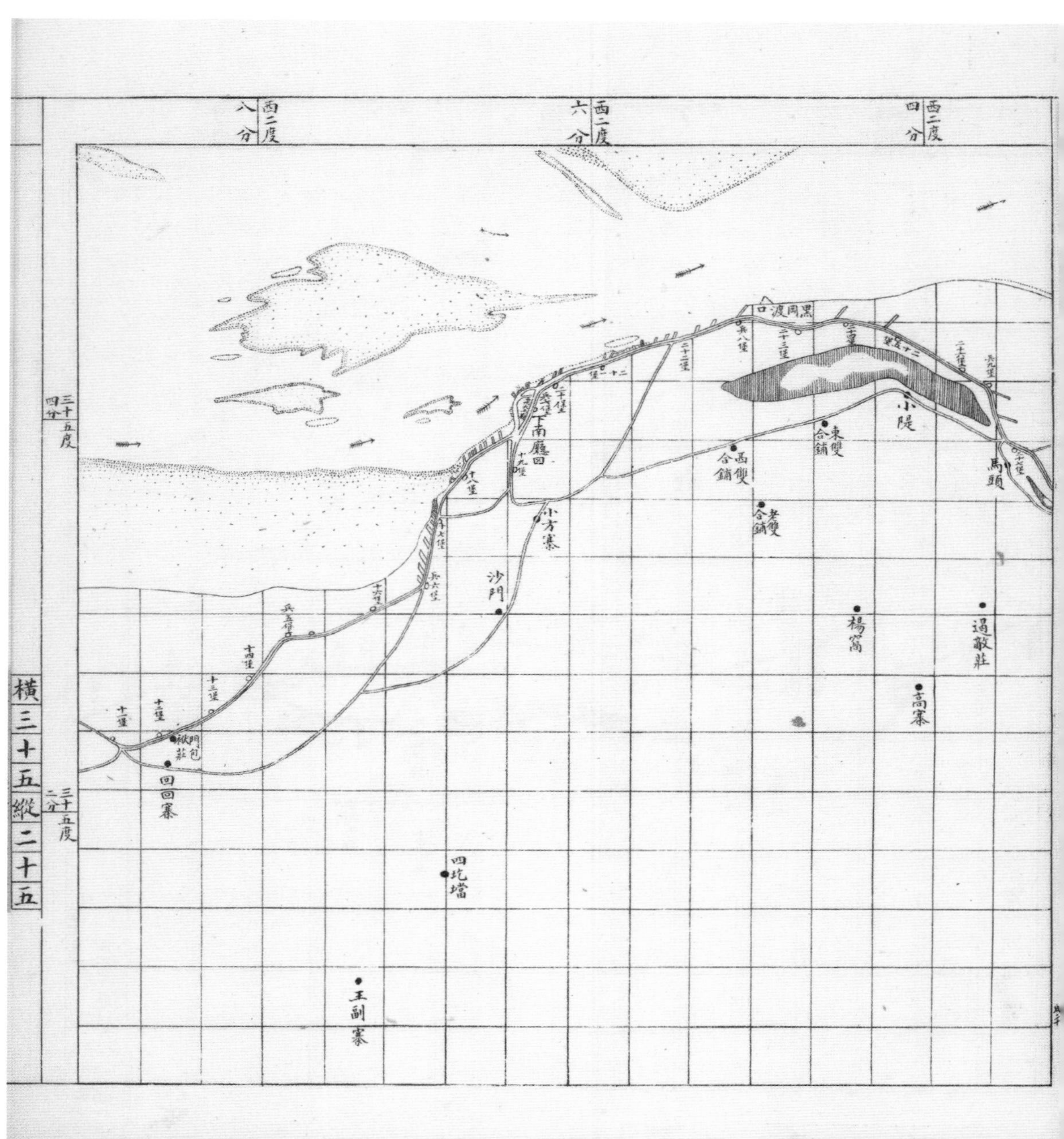

横三十五縦二十五
西二度八分
西二度六分
西二度四分
三十五度四分
三十五度二分
黑岡渡口
小隄
馬頭
東雙合鋪
西雙合鋪
老雙合鋪
下南廳回
小方寨
沙門
楊窩
過敵莊
高寨
回回寨
四坑增
王副寨

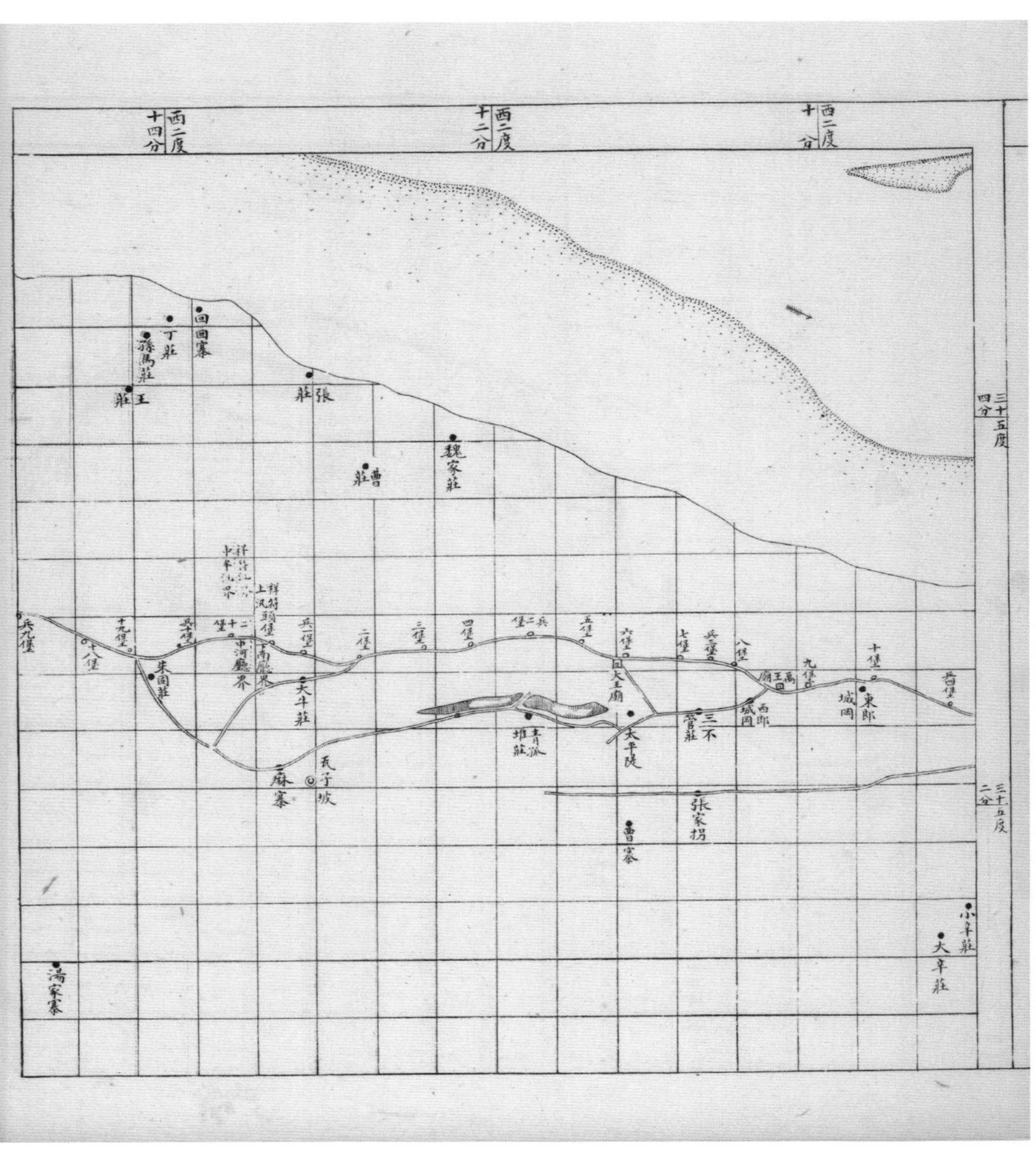

西二度十四分
西二度十二分
西二度十分
三十五度四分
三十五度二分
回回寨
丁莊
孫馬莊
王莊
張莊
魏家莊
曹莊
朱固莊
大斗莊
麻寨
瓦子城
大王廟
太平陵
三不營莊
西郎城岡
東郎城岡
張家拐
曹家寨
小辛莊
大辛莊
湯家寨

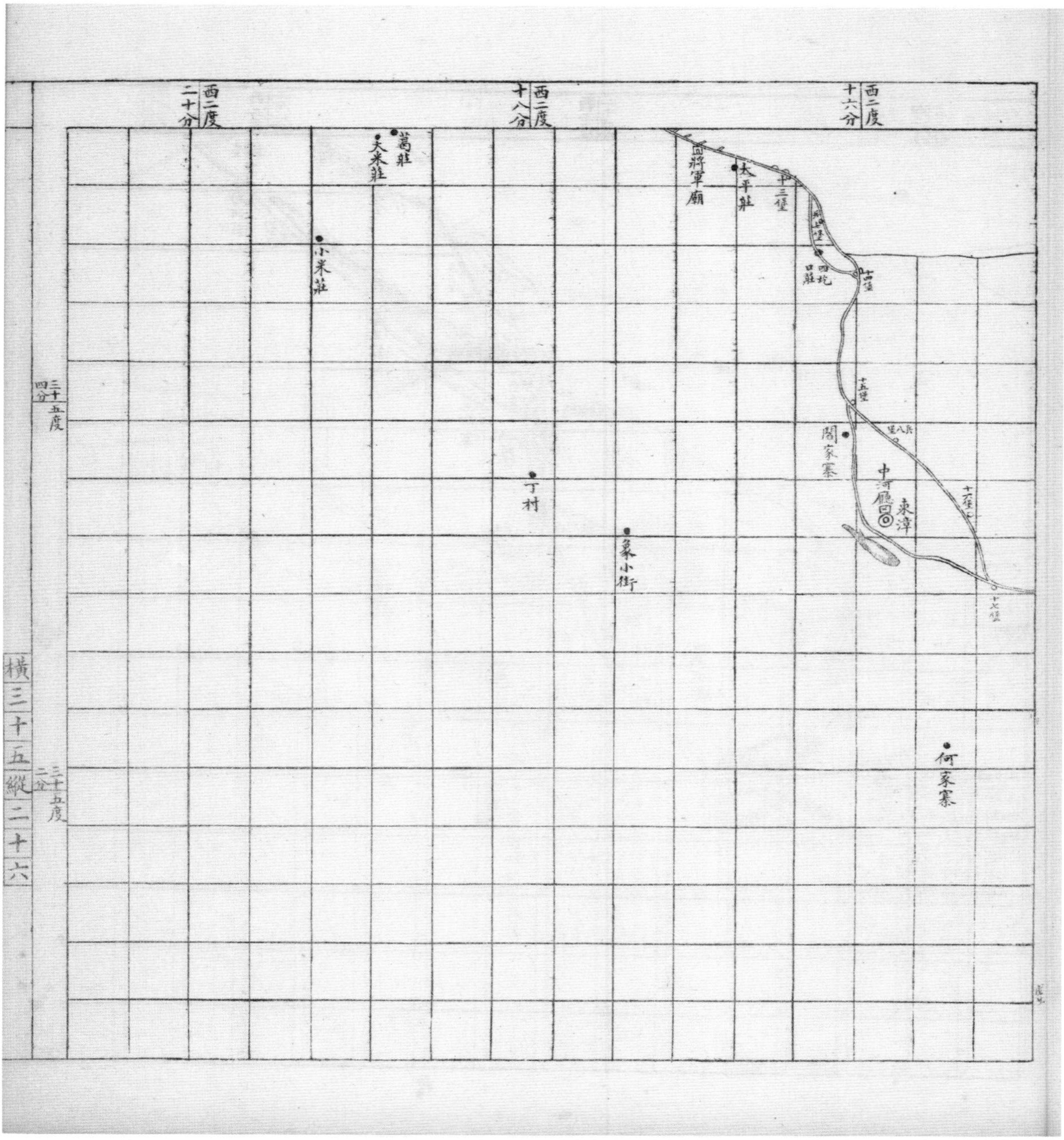

西二度二十分

西二度十八分

西二度十六分

三十五度四分

三十五度二分

横三十五縱二十六

葛莊

大米莊

小米莊

將軍廟

太平莊

丁村

小街

閻家寨

中河廳

東漳

何家寨

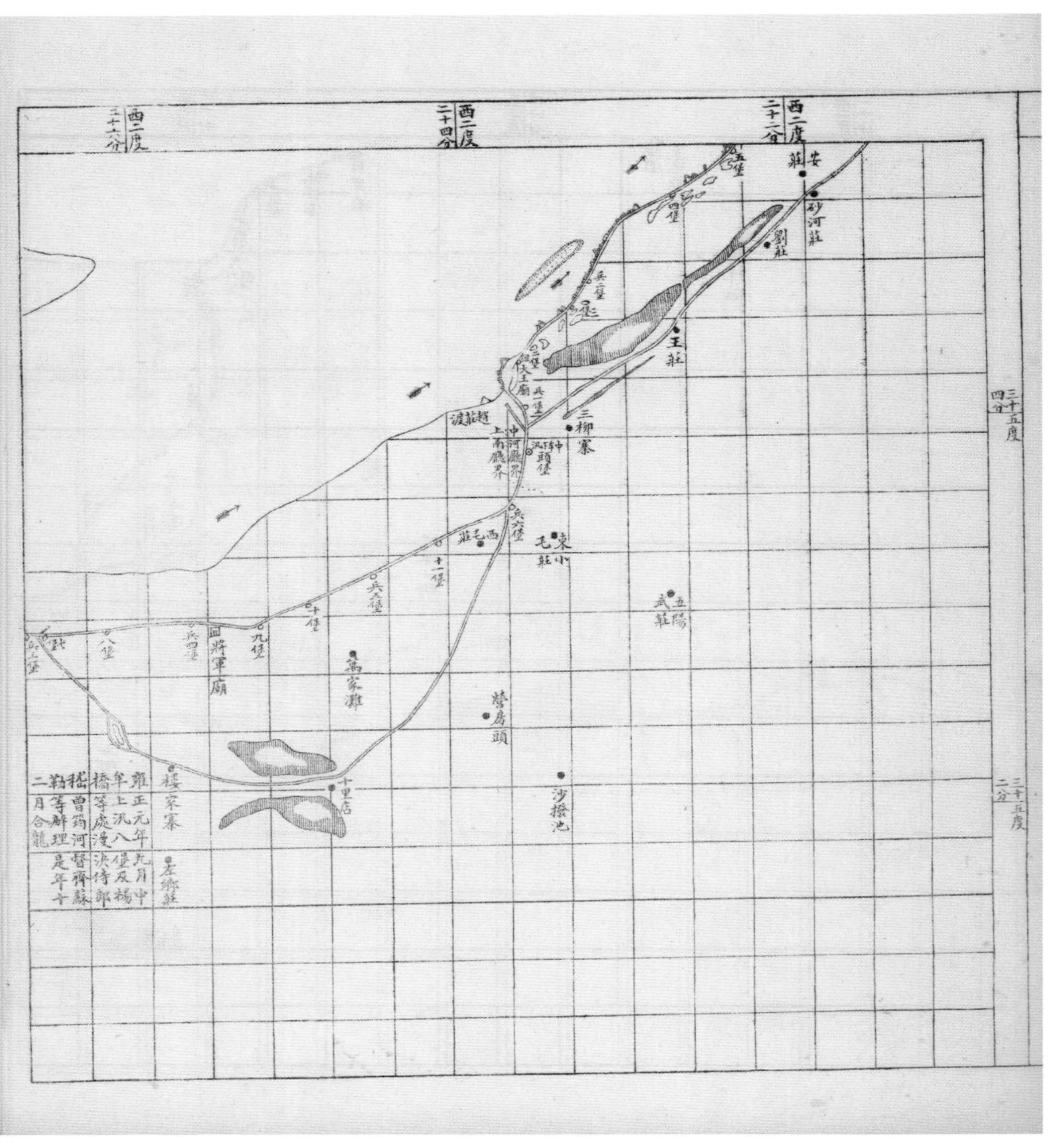

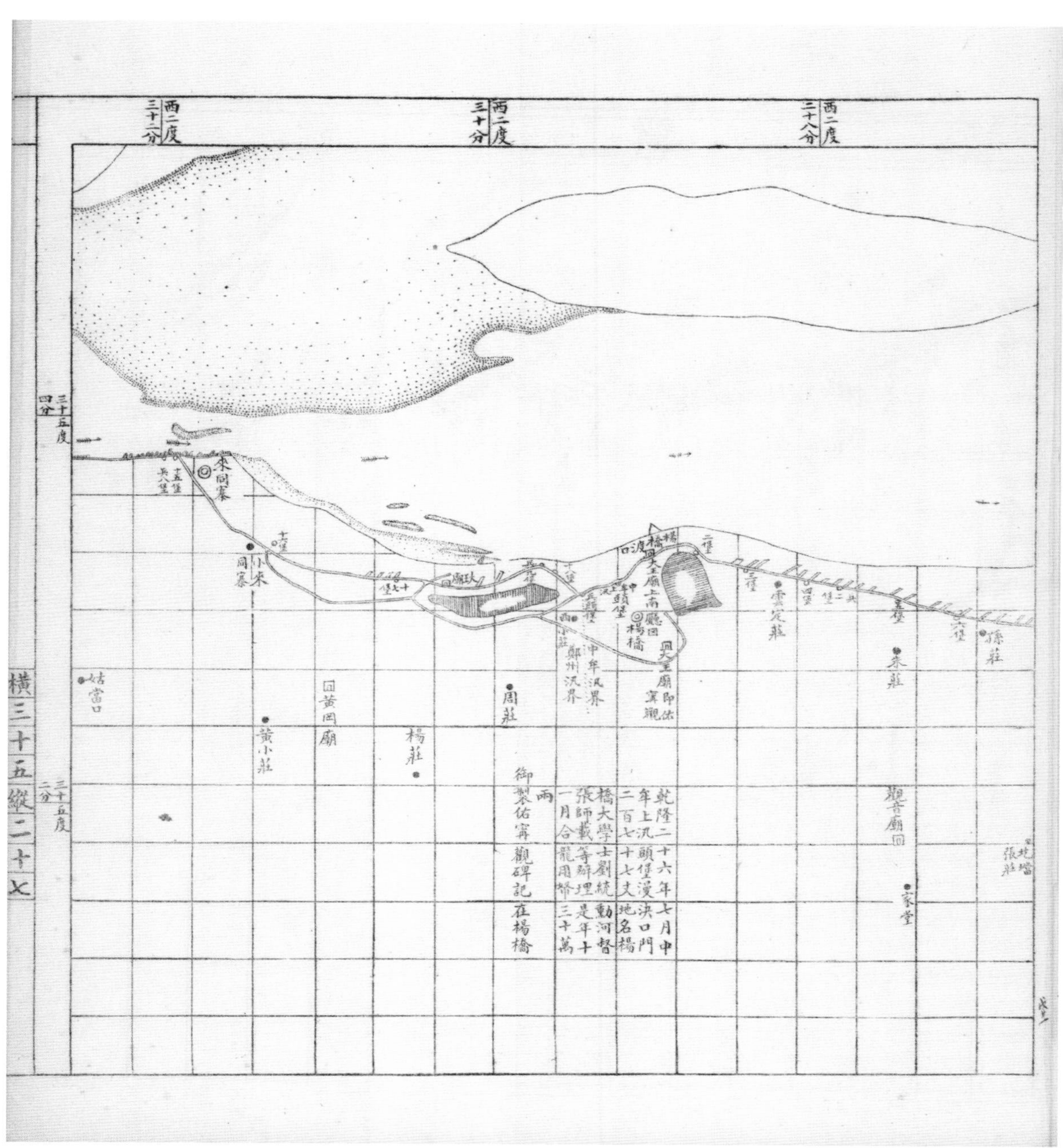
西二度三十二分
西二度三十分
西二度二十八分
三十五度四分
三十五度二分
橫三十五縱二十七
來同寨
小來同寨
黃小莊
黃岡廟
楊莊
周莊
楊橋
鄭州汛界
中牟汛界
雲定莊
來莊
孫莊
觀音廟
家堂
乾隆二十六年七月中
年上汛頭堡漫決口門
二百七十七丈地名楊
橋大學士劉統勳河督
張師載等辦理是年十
一月合龍用帑三十萬
兩
御製佑寧觀碑記在楊橋

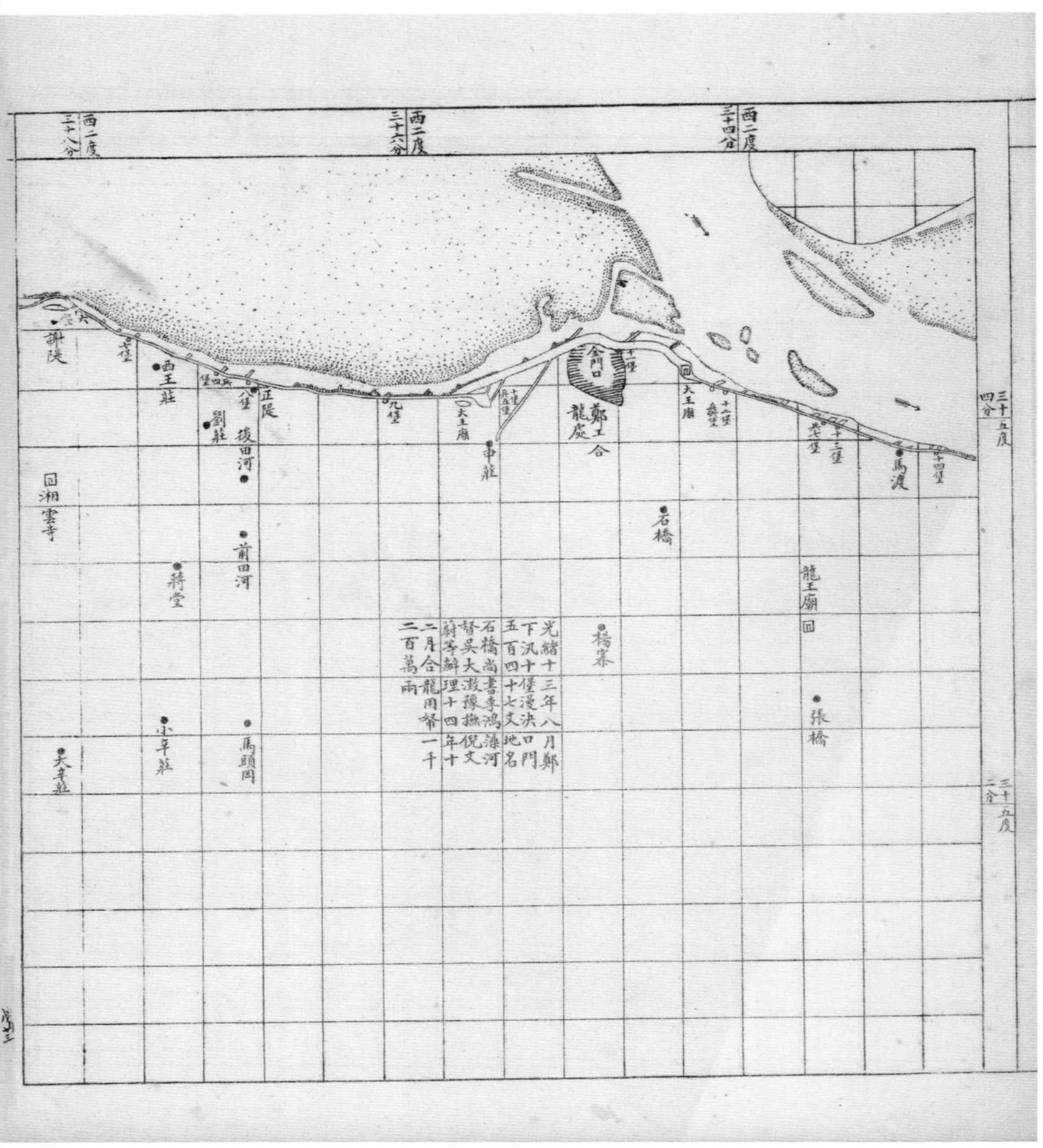
西二度三十八分
西二度三十六分
西二度三十四分
三十五度四分
三十五度二分
金門口
鄭工合龍處
西王莊
劉莊
後田河
前田河
蔣堂
馬頭岡
小辛莊
大辛莊
湘雲寺
申莊
石橋
楊寨
龍王廟
張橋
馬渡
大王廟
光緒十三年八月鄭下汛十堡漫決口門五百四十七丈地名石橋尚書李鴻藻河督吳大澂豫撫倪文蔚等辦理十四年十二月合龍用帑一千二百萬兩

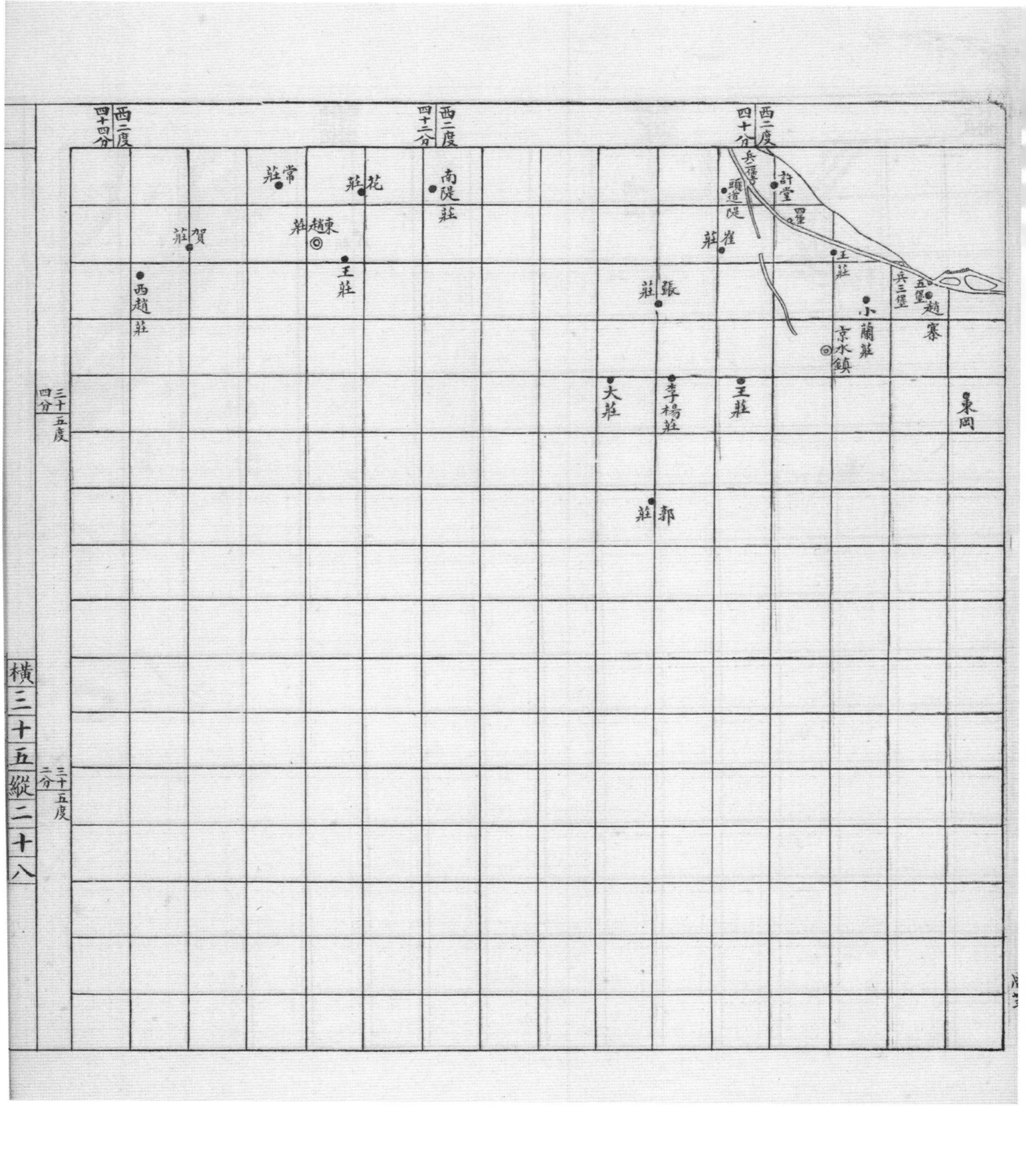

西二度四十四分

西二度四十二分

西二度四十分

三十五度四分

三十五度二分

橫三十五縱二十八

常莊

花莊

南隄莊

賀莊

東趙莊

王莊

西趙莊

張莊

大莊

李楊莊

王莊

郭莊

兵堡

頭道隄

許堂

四堡

崔莊

王莊

小蘭莊

京水鎮

兵三堡

五堡趙寨

東岡

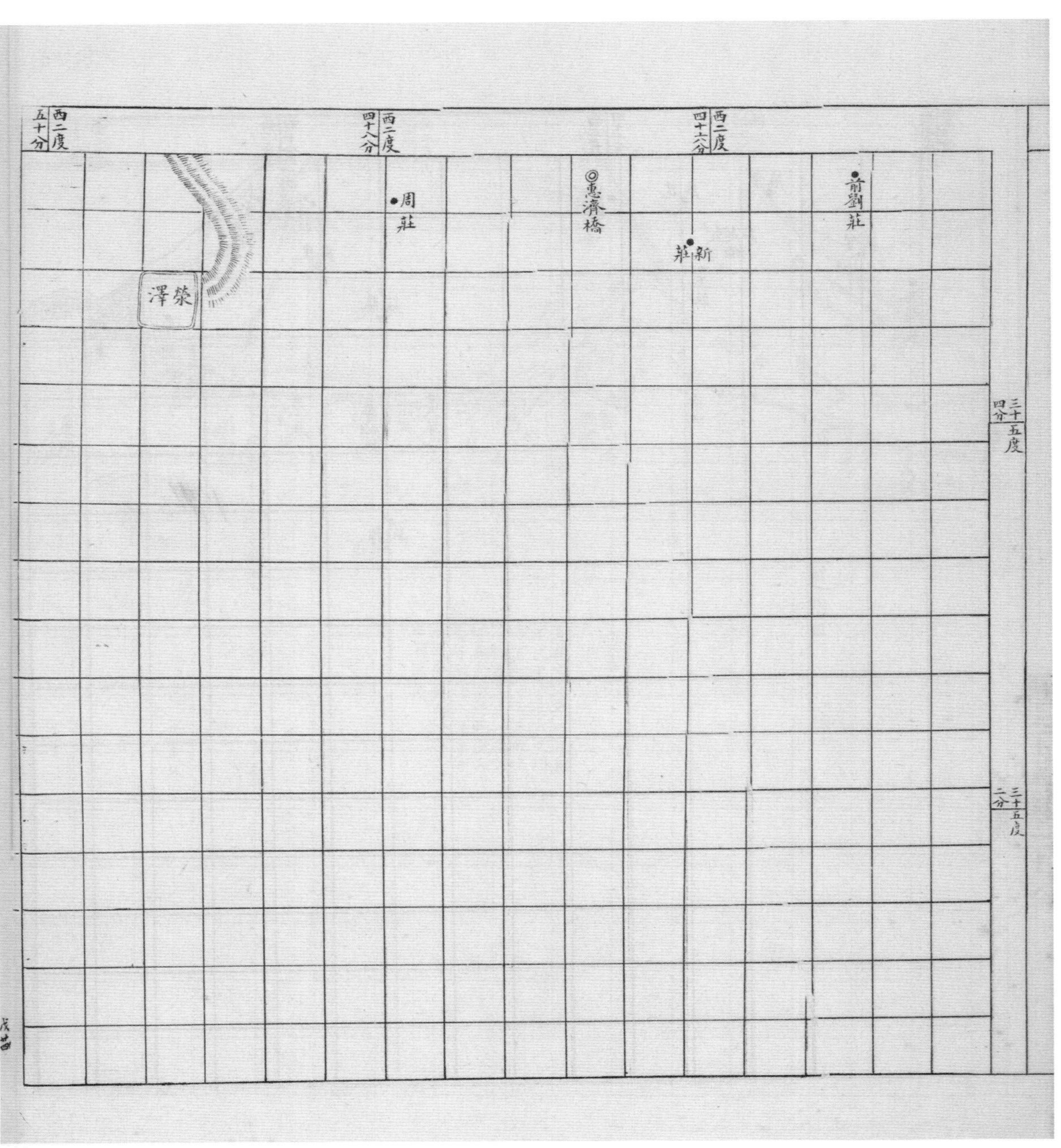
西二度五十分
西二度四十八分
西二度四十六分
周莊
惠濟橋
新莊
前劉莊
滎澤
三十五度四分
三十五度二分

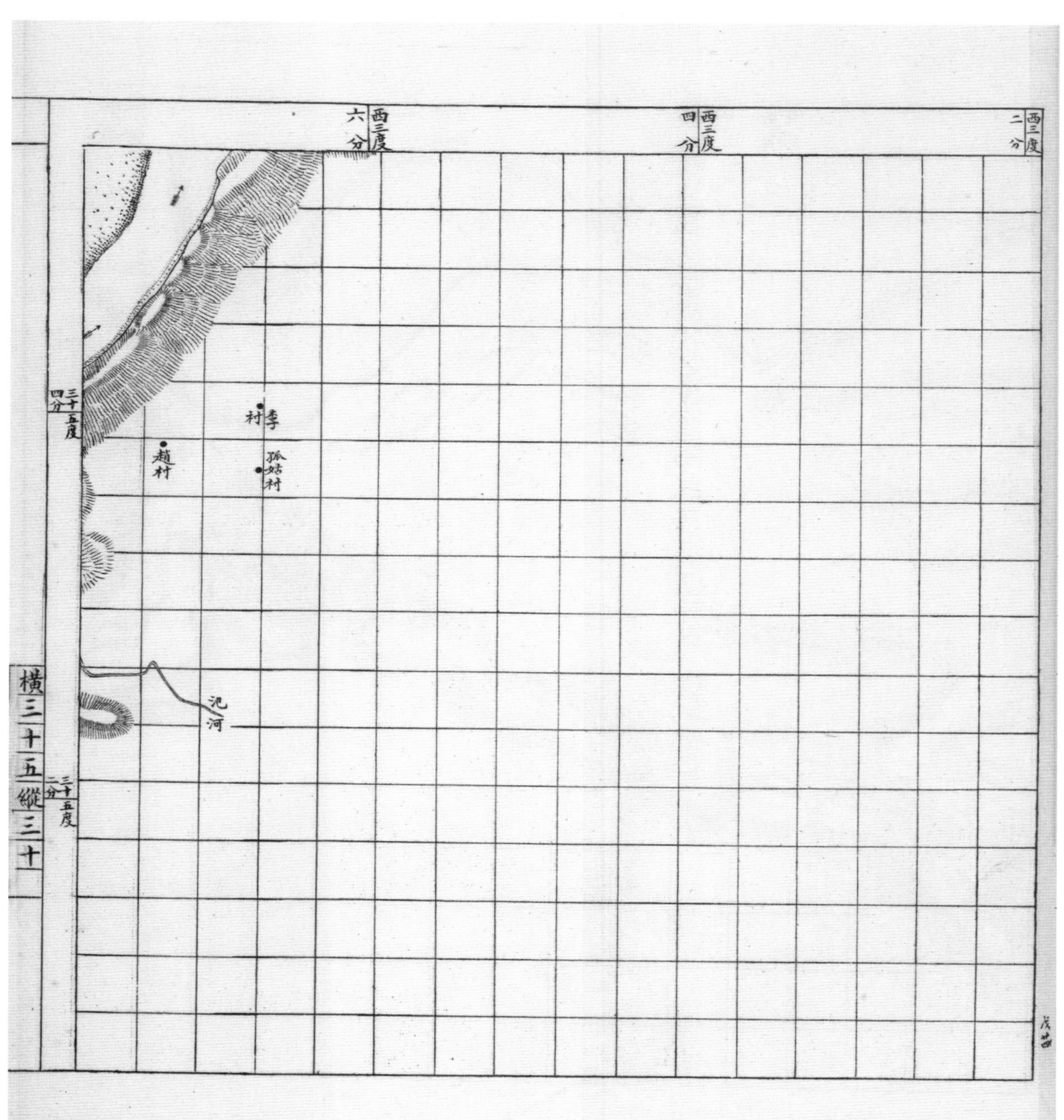

西三度六分
西三度四分
西三度二分
三十五度四分
三十五度二分
李村
趙村
孫姑村
汜河
橫三十五縱三十

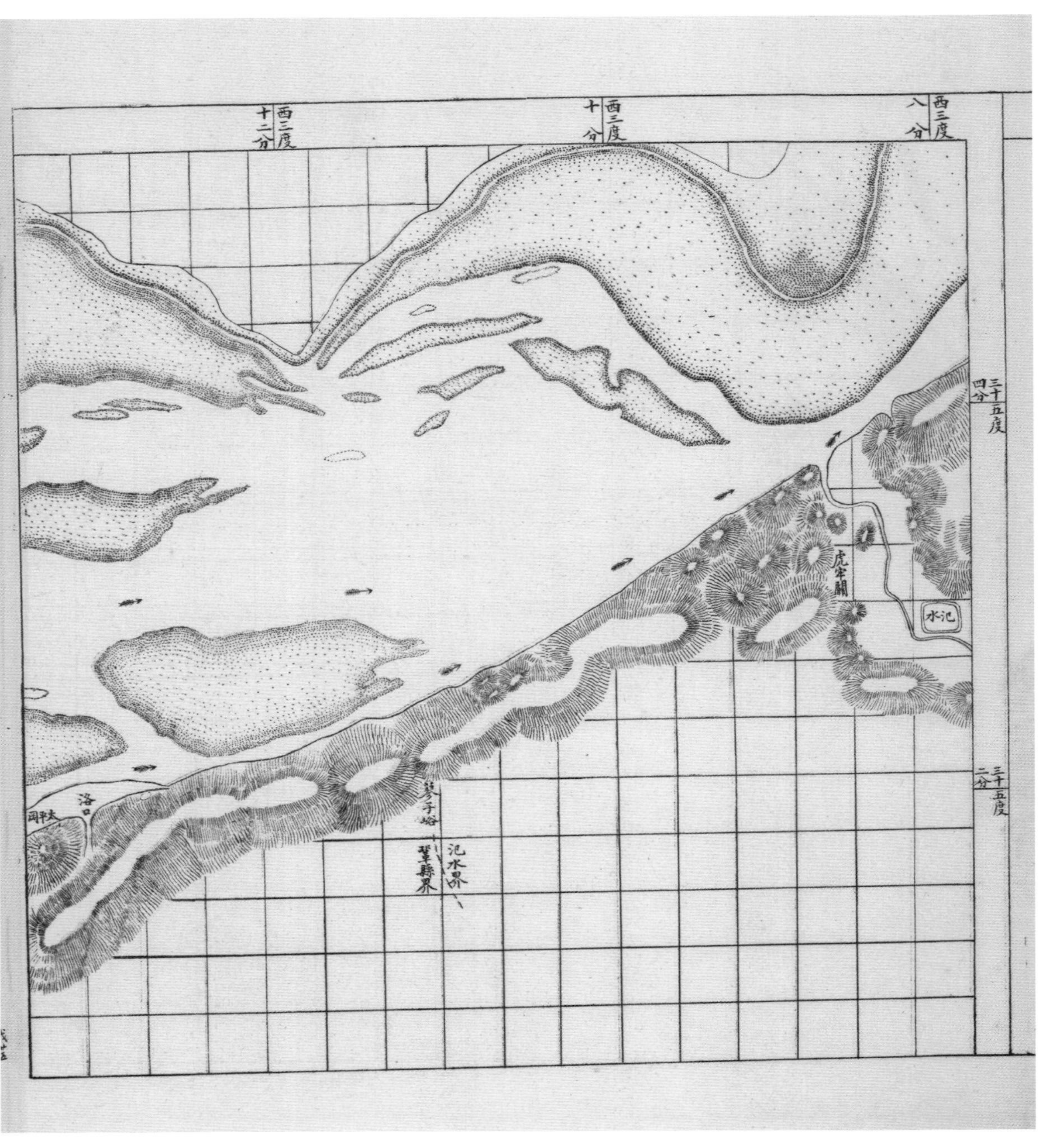
西三度十二分
西三度十分
西三度八分
三十五度四分
三十五度二分
虎牢關
汜水
洛口
太平岡
汜水界
鞏縣界

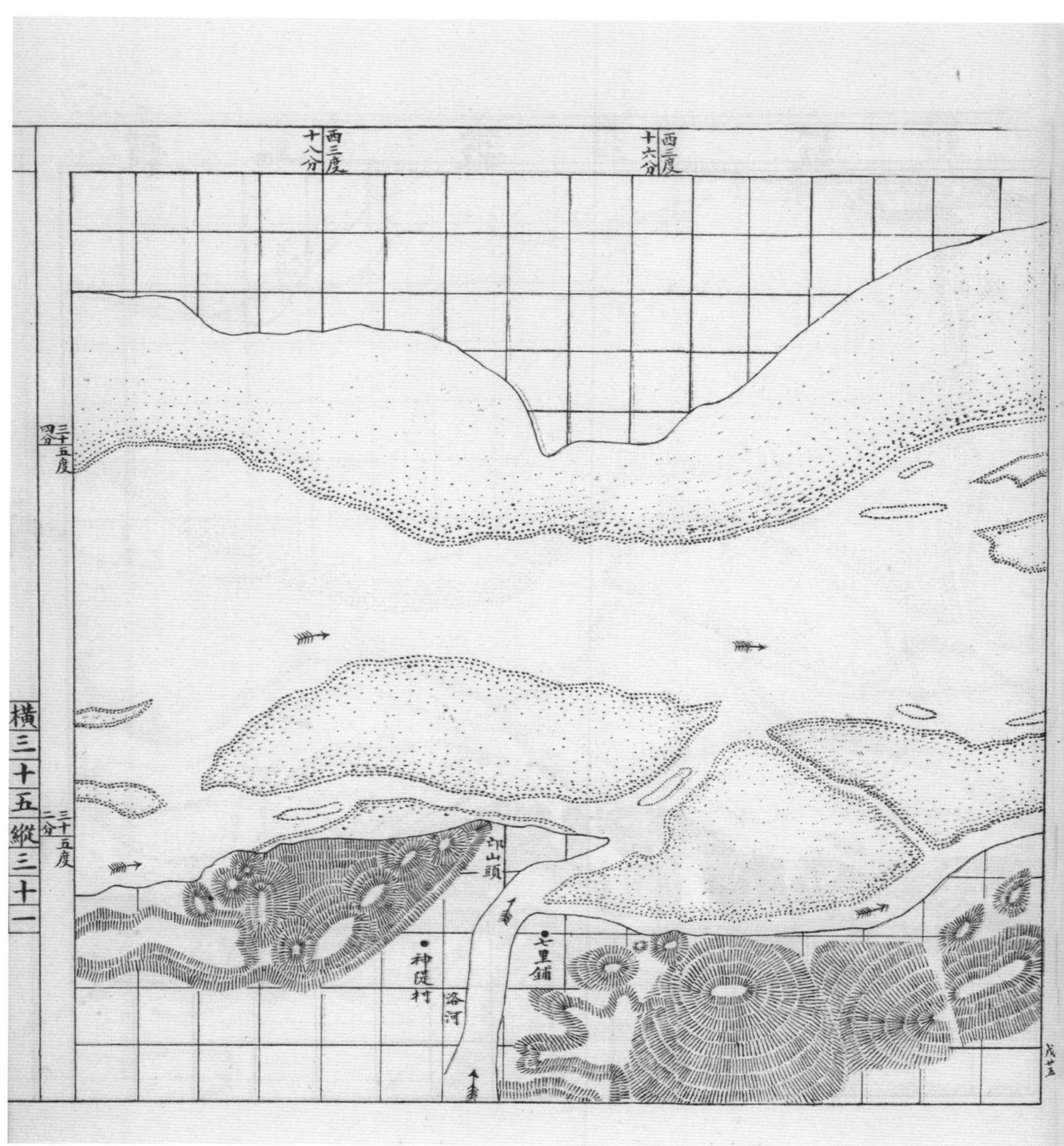
西三度十八分
西三度十六分
三十五度四分
三十五度二分
横三十五縱三十一
邙山頭
神堤村
七里鋪
洛河
戊十五

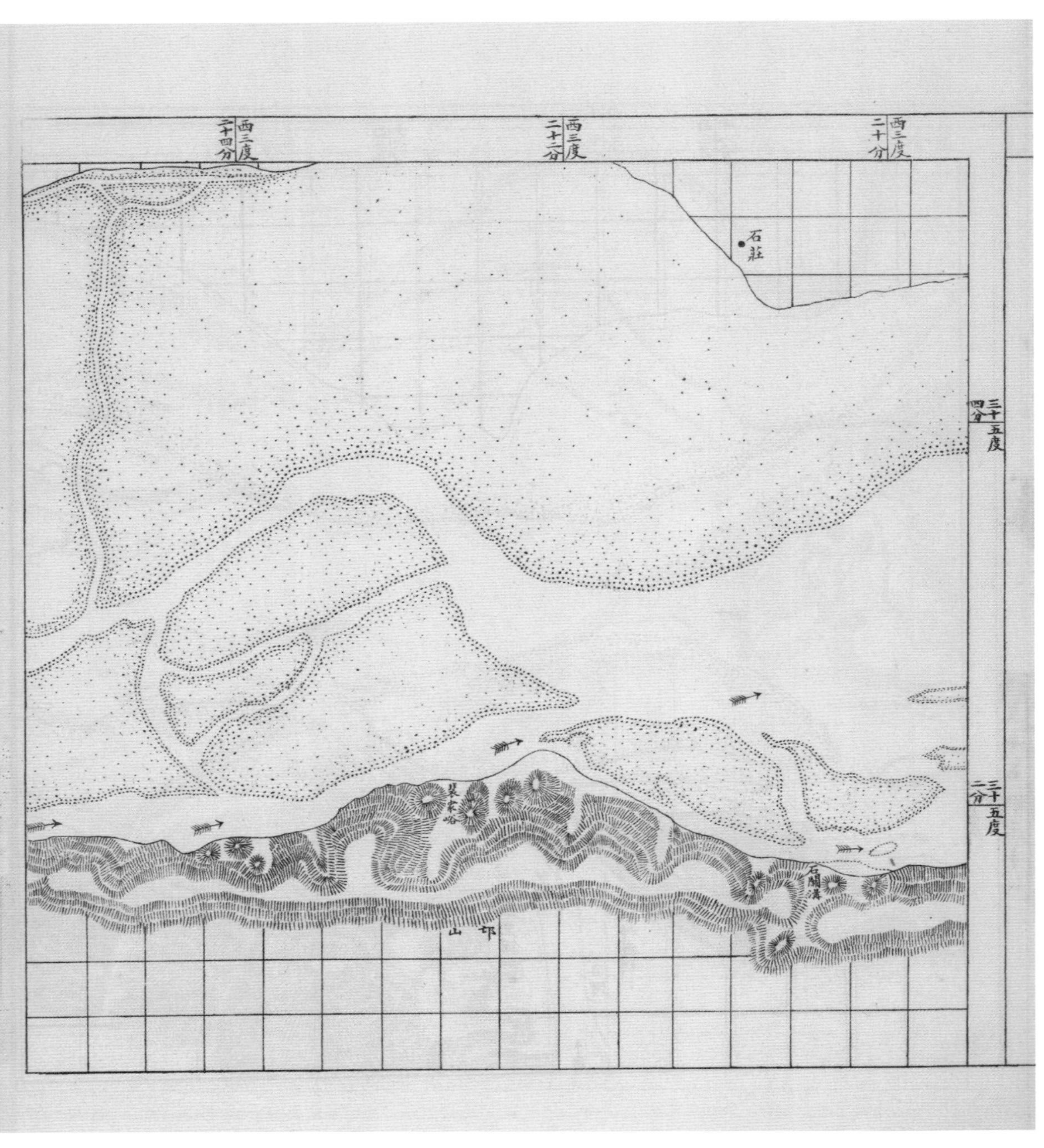
西三度二十四分
西三度二十二分
西三度二十分
石莊
三十五度四分
三十五度二分
裴家峪
石關溝
邙山

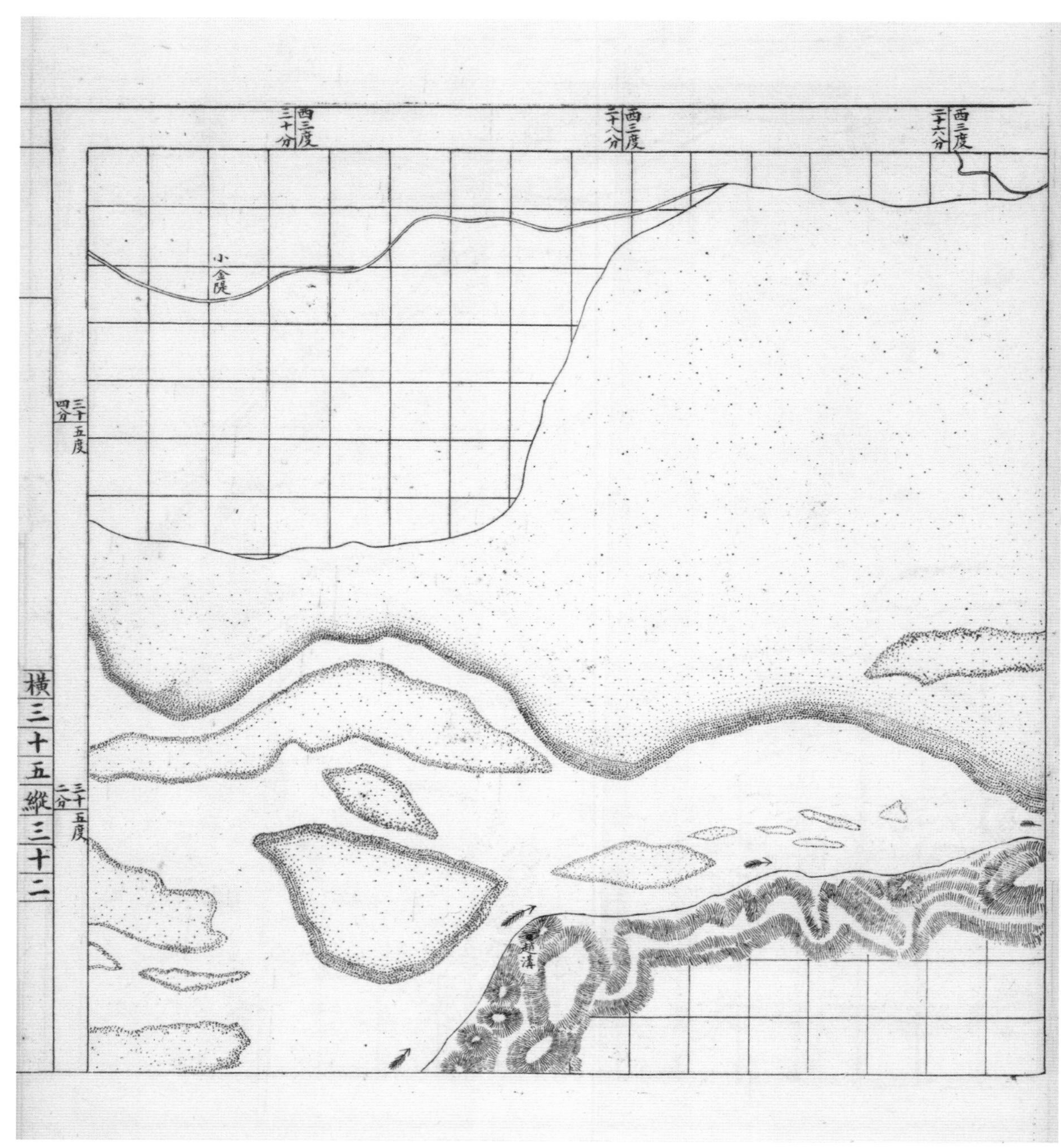
西三度三十分
西三度二十八分
西三度二十六分
小金陡
三十五度四分
三十五度二分
横三十五縱三十二

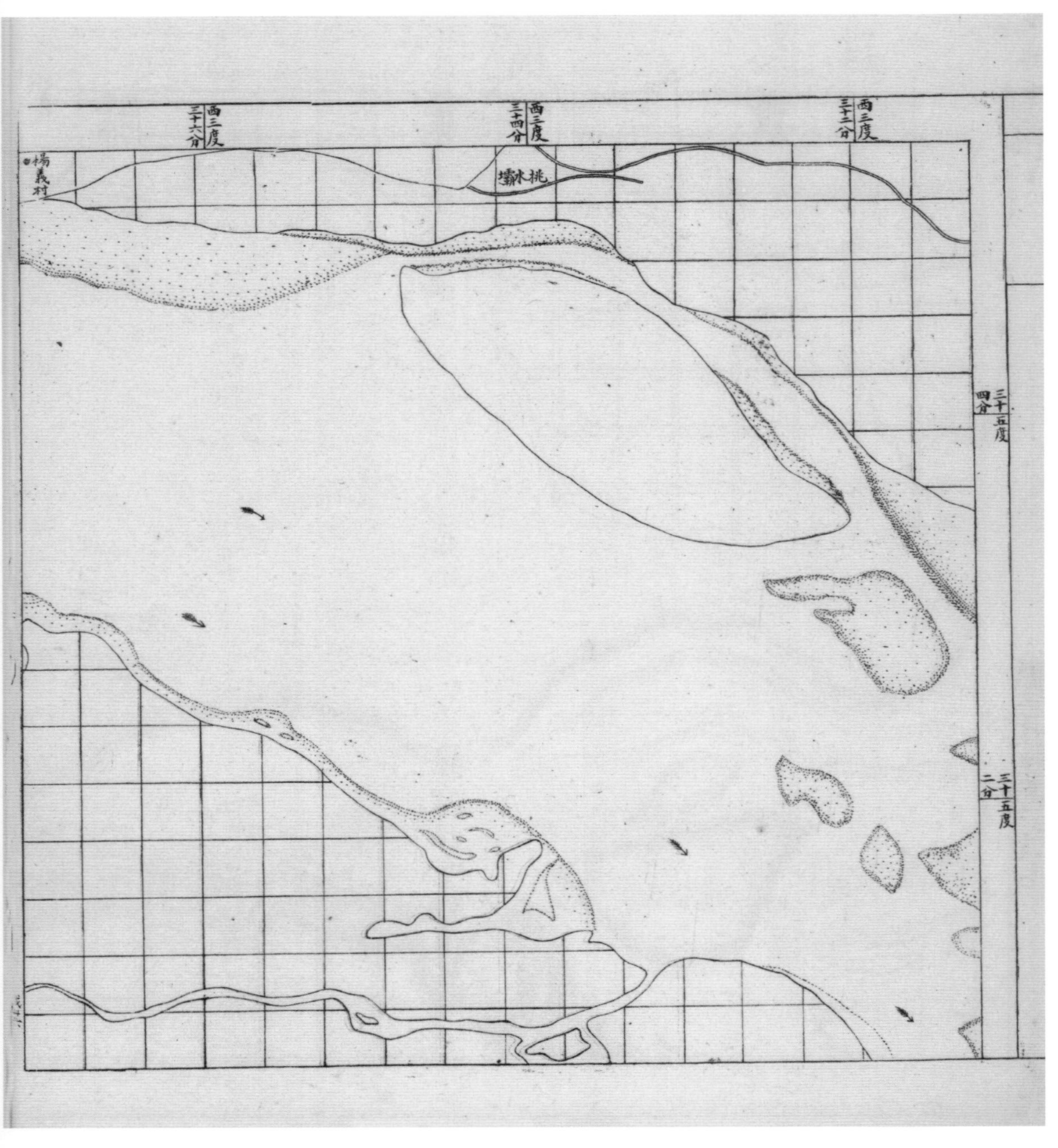
西三度
三十六分
西三度
三十四分
西三度
三十二分
楊義村
挑水壩
三十五度
四分
三十五度
二分

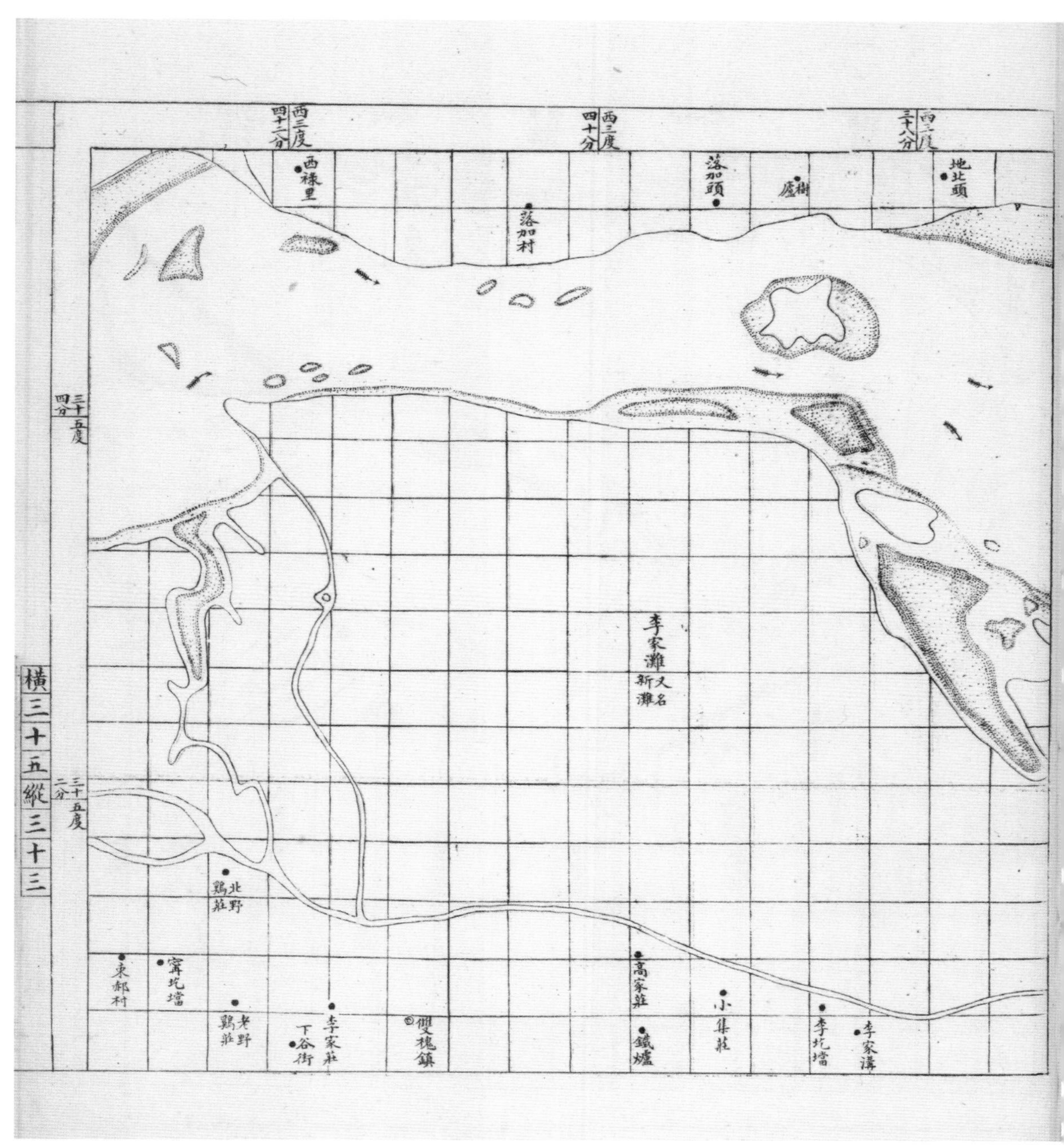

西三度四十二分
西三度四十分
西三度三十八分
三十五度四分
三十五度二分
横三十五縱三十三
西禄里
落加頭
樹
地北頭
落加村
李家灘又名新灘
北野鷄莊
東郝村
老野鷄莊
李家莊
下谷街
雙槐鎮
高家莊
鐵爐
小集莊
李家溝

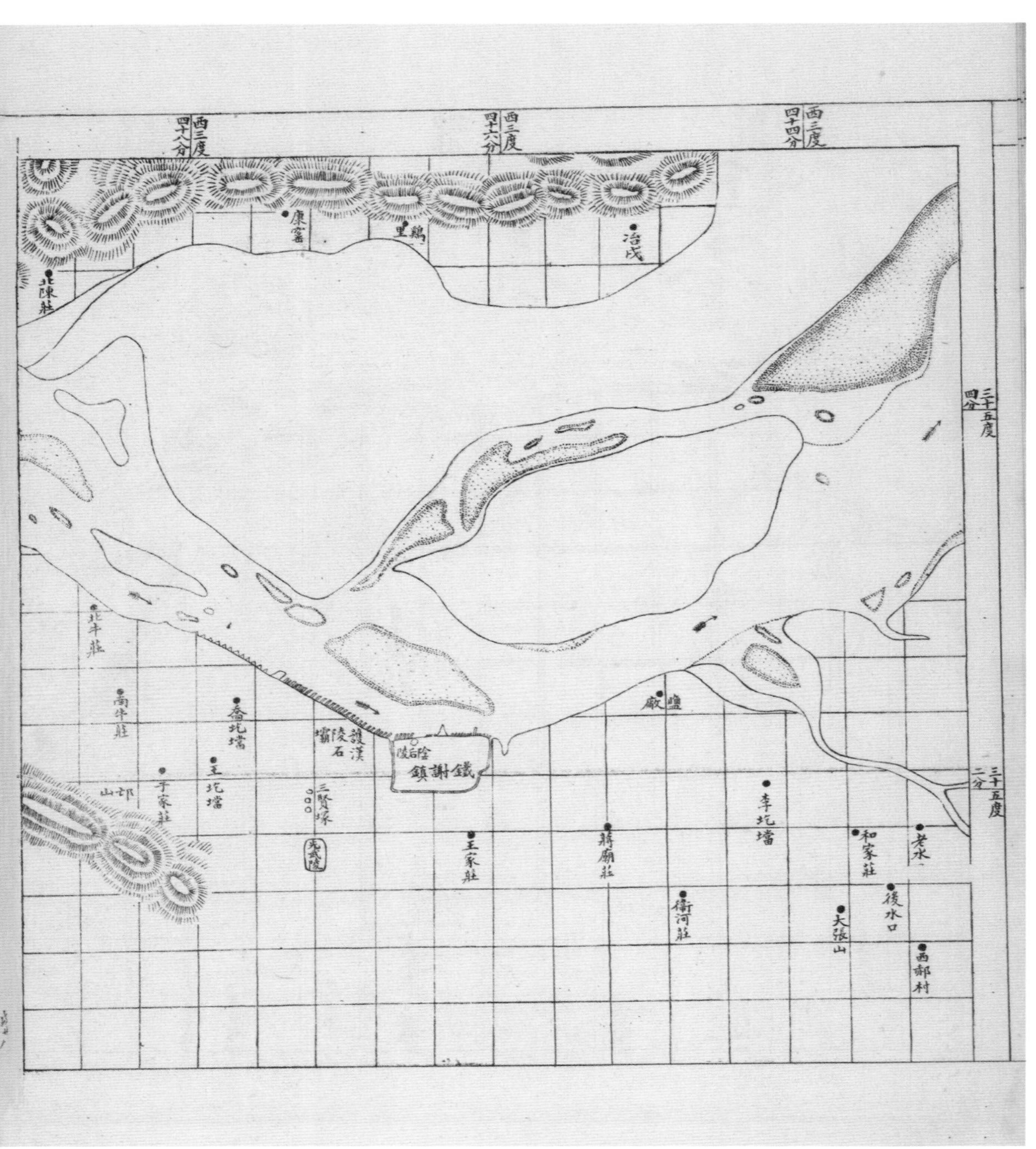
西三度四十八分
西三度四十六分
西三度四十四分
康窑
鷄里
治戍
北陳莊
三十五度四分
北牛莊
南牛莊
喬圪墻
王圪墻
于家莊
邙山
護漢陵石墻
陰后陵
鐵謝鎮
三賢塚
光武陵
鹽廠
王家莊
蔣廟莊
李圪墻
和家莊
老水
後水口
大張山
衛河莊
西部村
三十五度二分

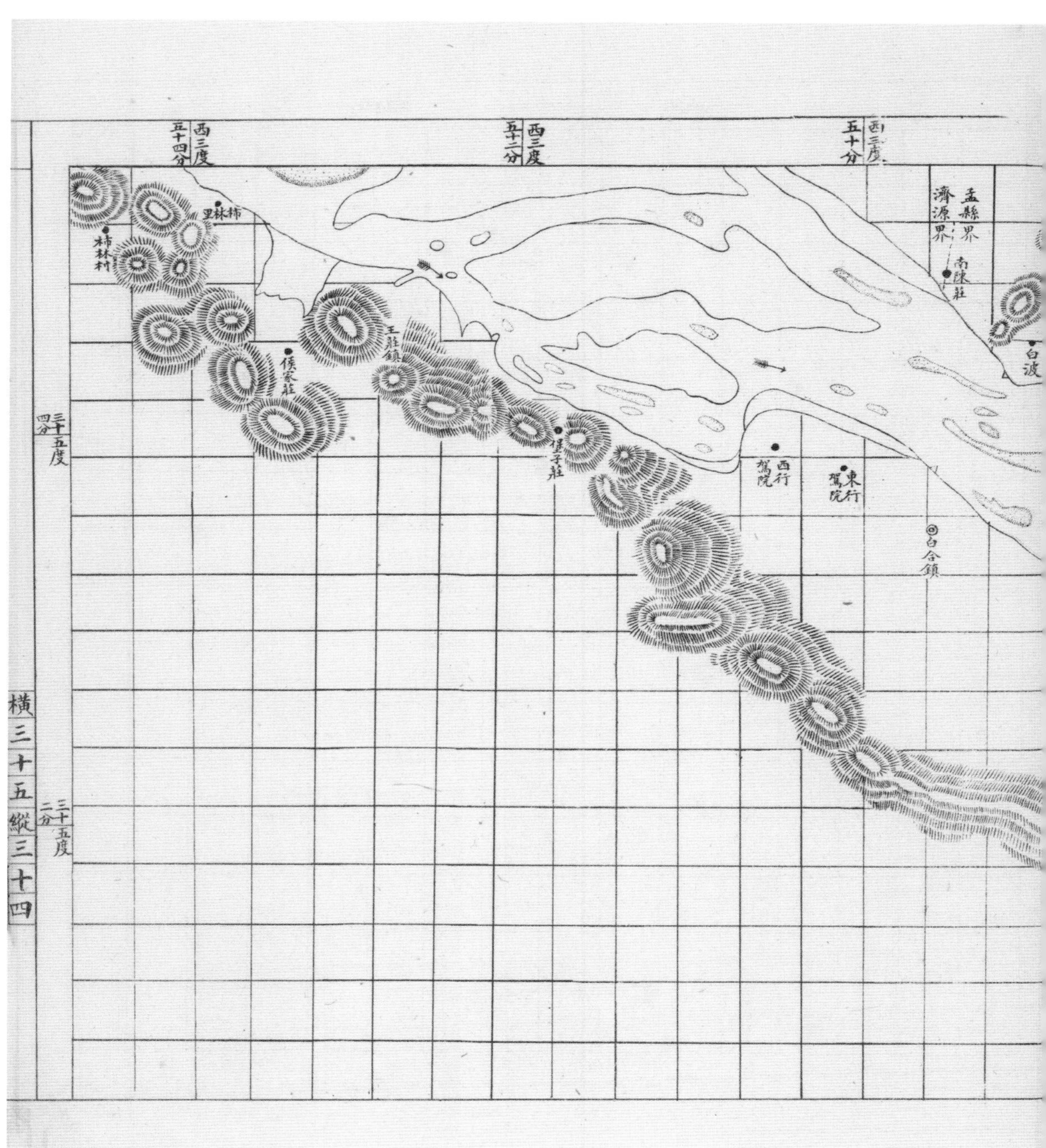

西三度五十四分
西三度五十二分
西三度五十分
孟縣界
濟源界
南陳莊
柿林里
柿林村
侯家莊
王莊鎮
堡子莊
西行駕院
東行駕院
白合鎮
白波
三十五度四分
三十五度二分
横三十五縱三十四

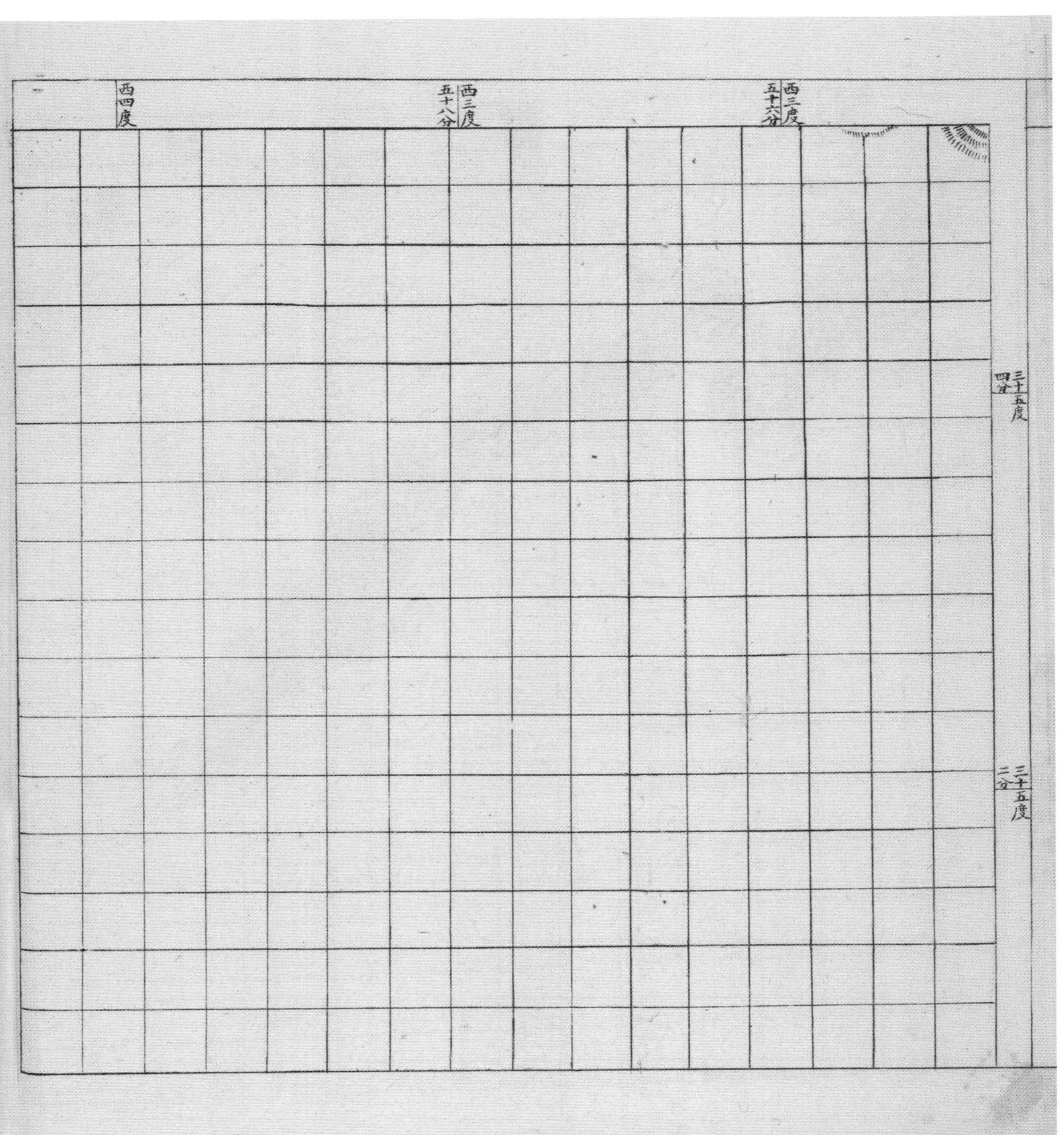
西四度
西三度五十八分
西三度五十六分
三十五度四分
三十五度二分

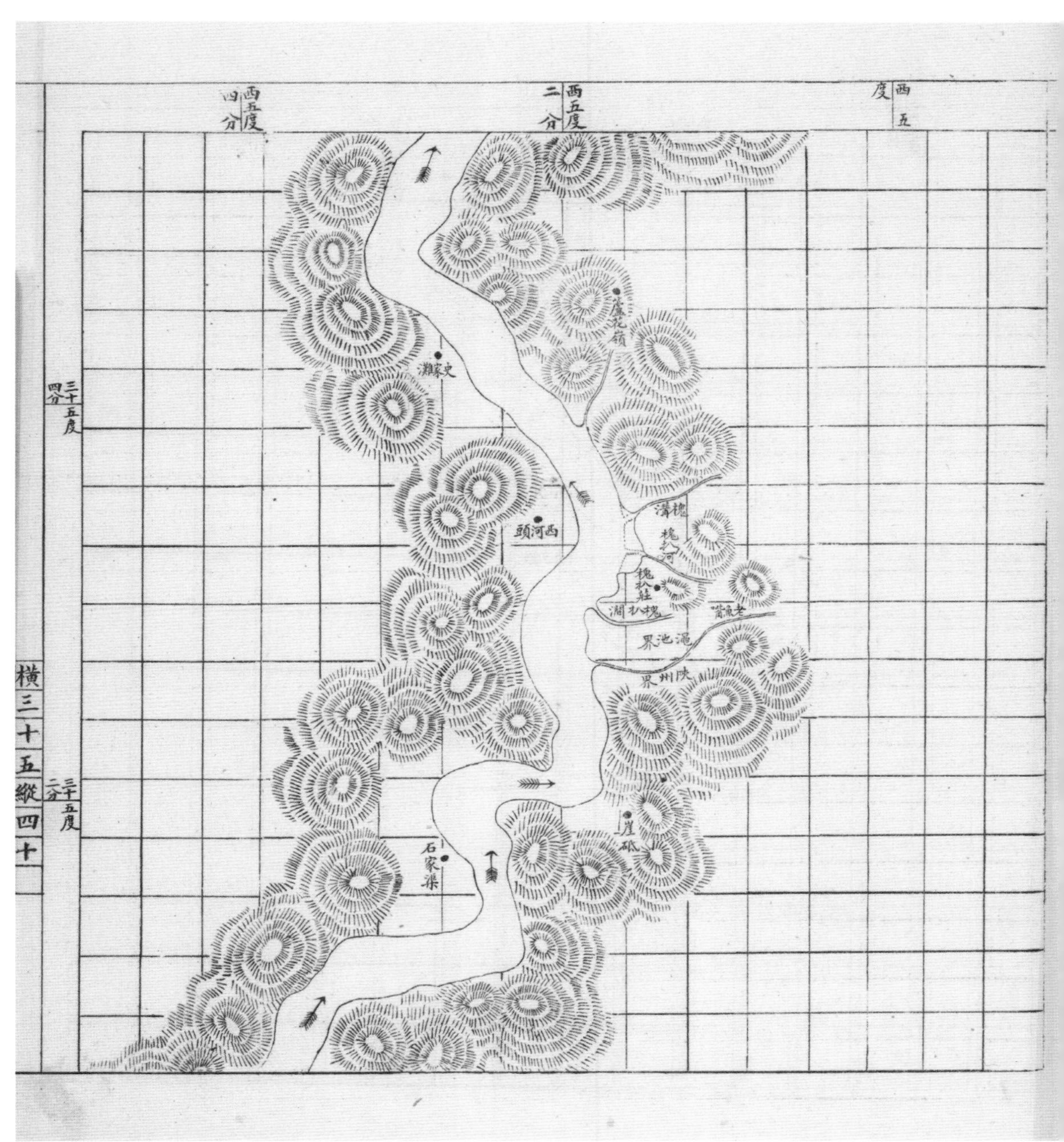

西五度四分
西五度二分
西五度
三十五度四分
三十五度二分
横三十五縱四十
史家灘
西河頭
澠池界
陝州界
崖砥
石家渠

西五度十分

西五度八分

西五度六分

三十五度四分

三十五度二分

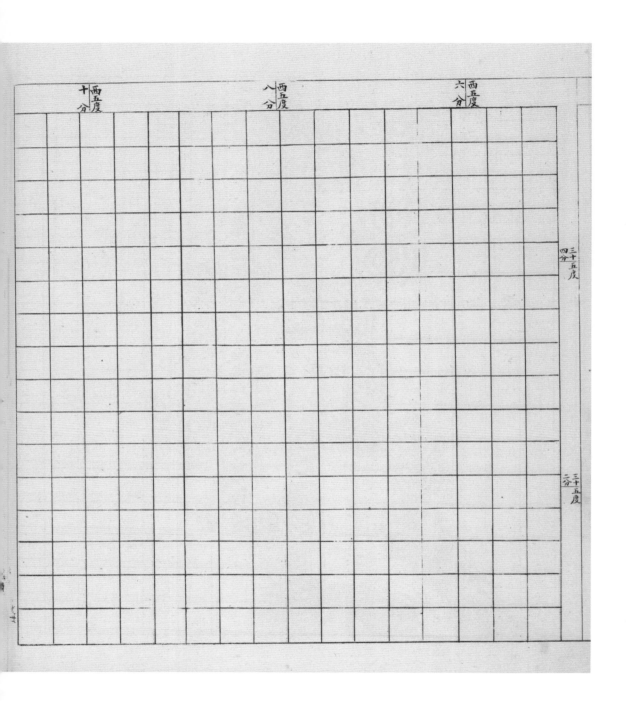

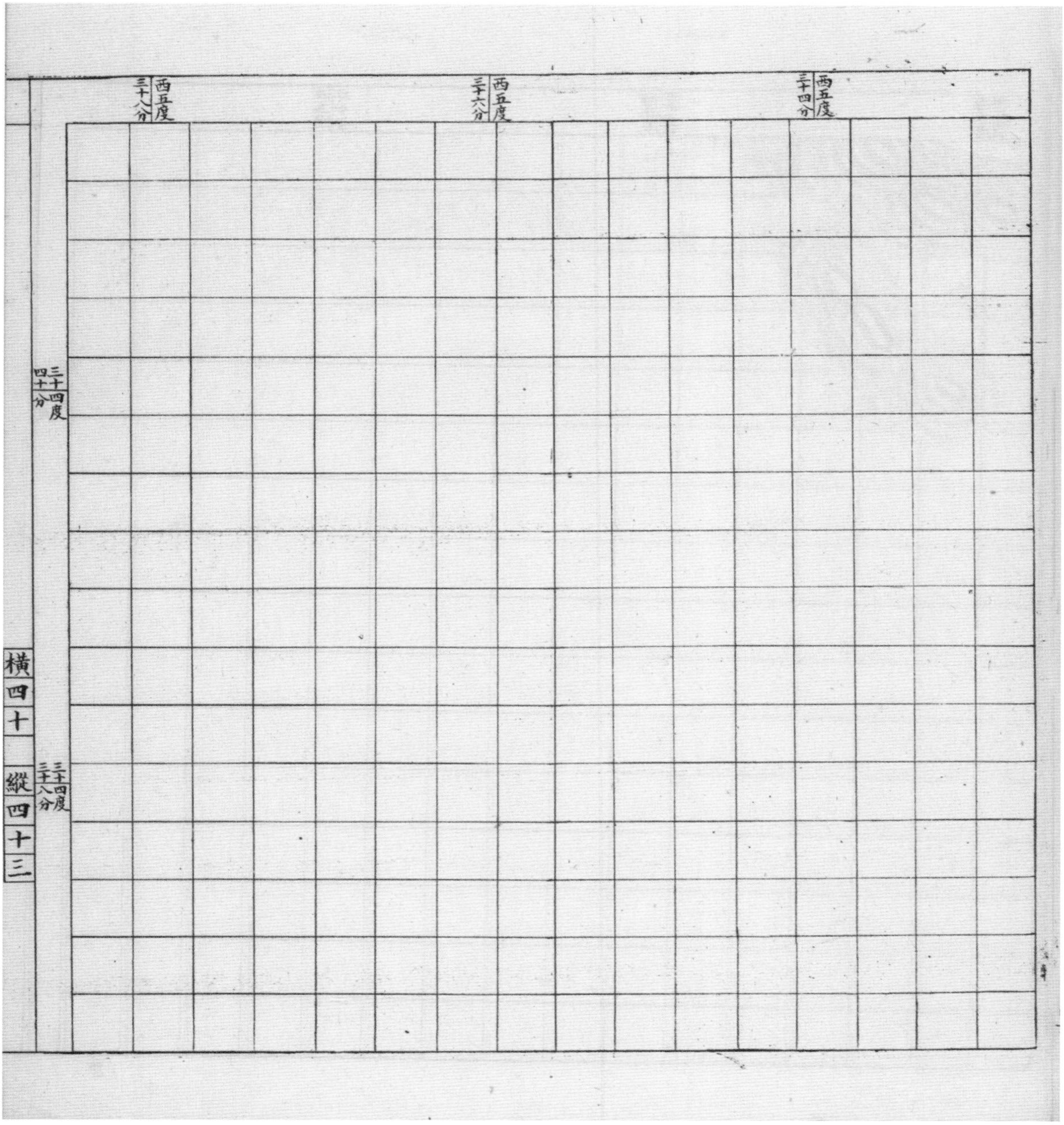

西五度三十八分

西五度三十六分

西五度三十四分

三十四度四十分

三十四度三十八分

橫四十 縱四十三

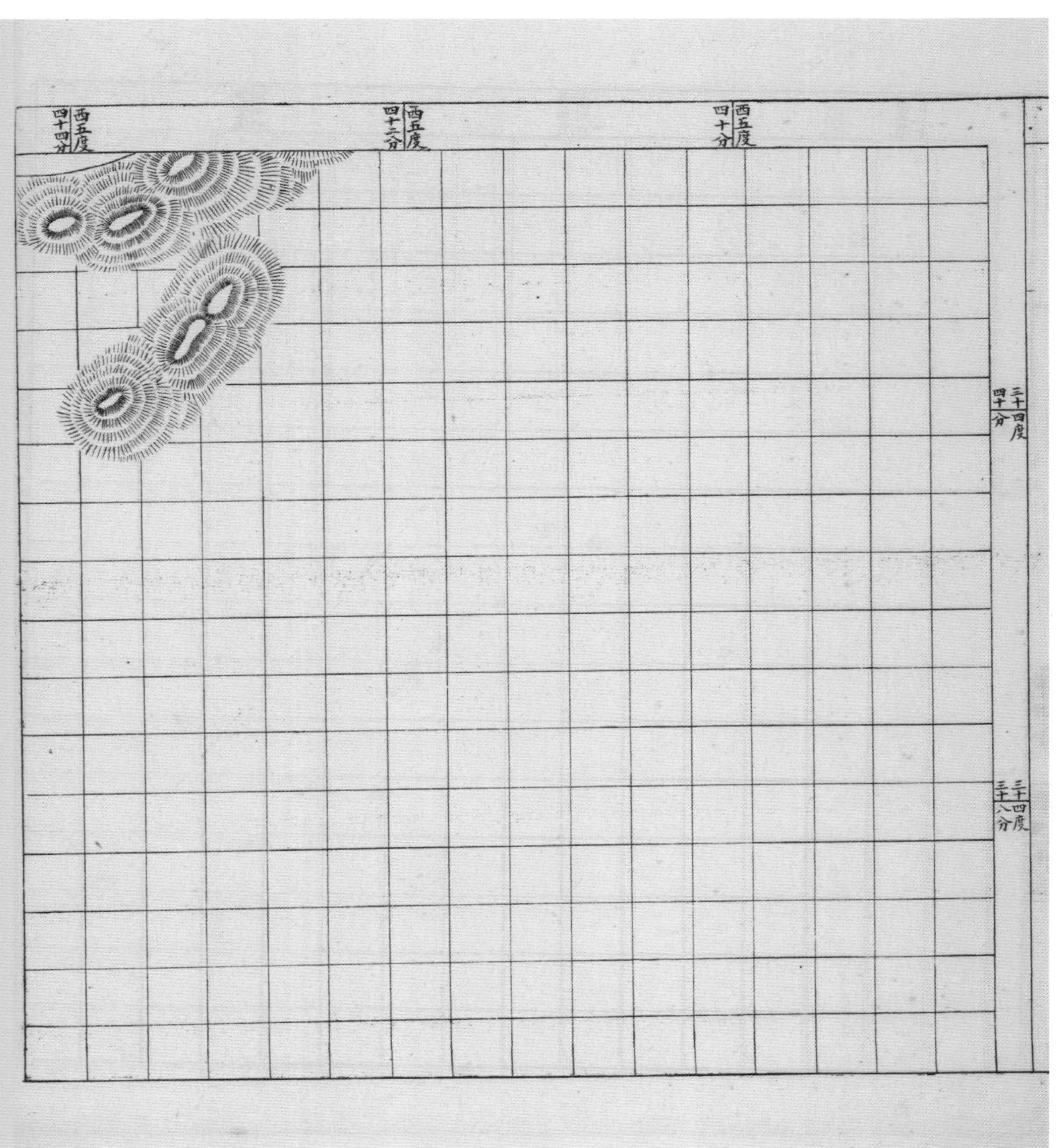
西五度四十四分
西五度四十二分
西五度四十分
三十四度四十分
三十四度三十八分

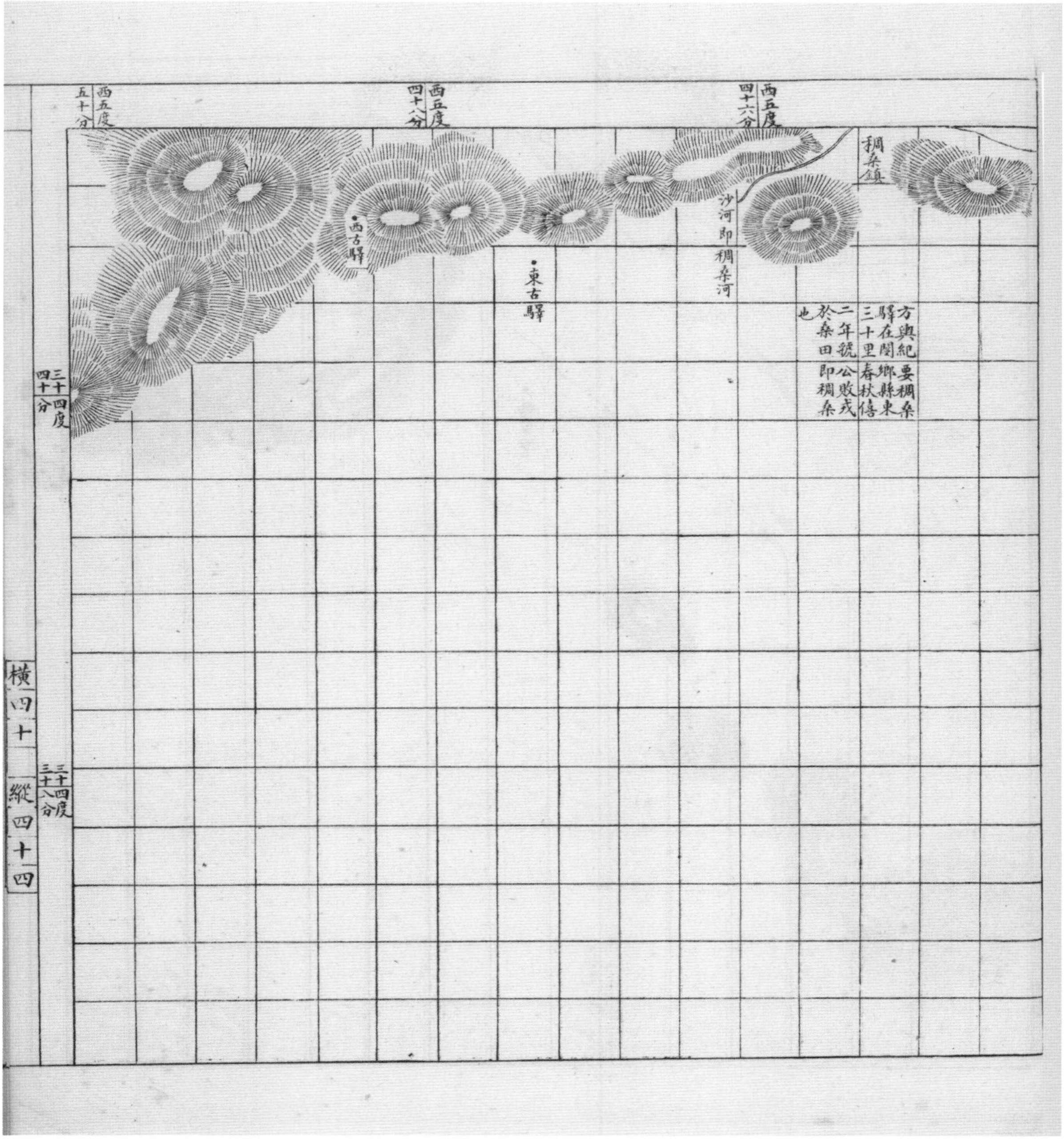

西五度五十分

西五度四十八分

西五度四十六分

稠桑鎮

西古驛

東古驛

沙河即稠桑河

方輿紀要稠桑驛在閿鄉縣東三十里春秋僖公二年虢公敗戎於桑田即稠桑也

三十四度四十分

三十四度三十八分

橫四十　縱四十四

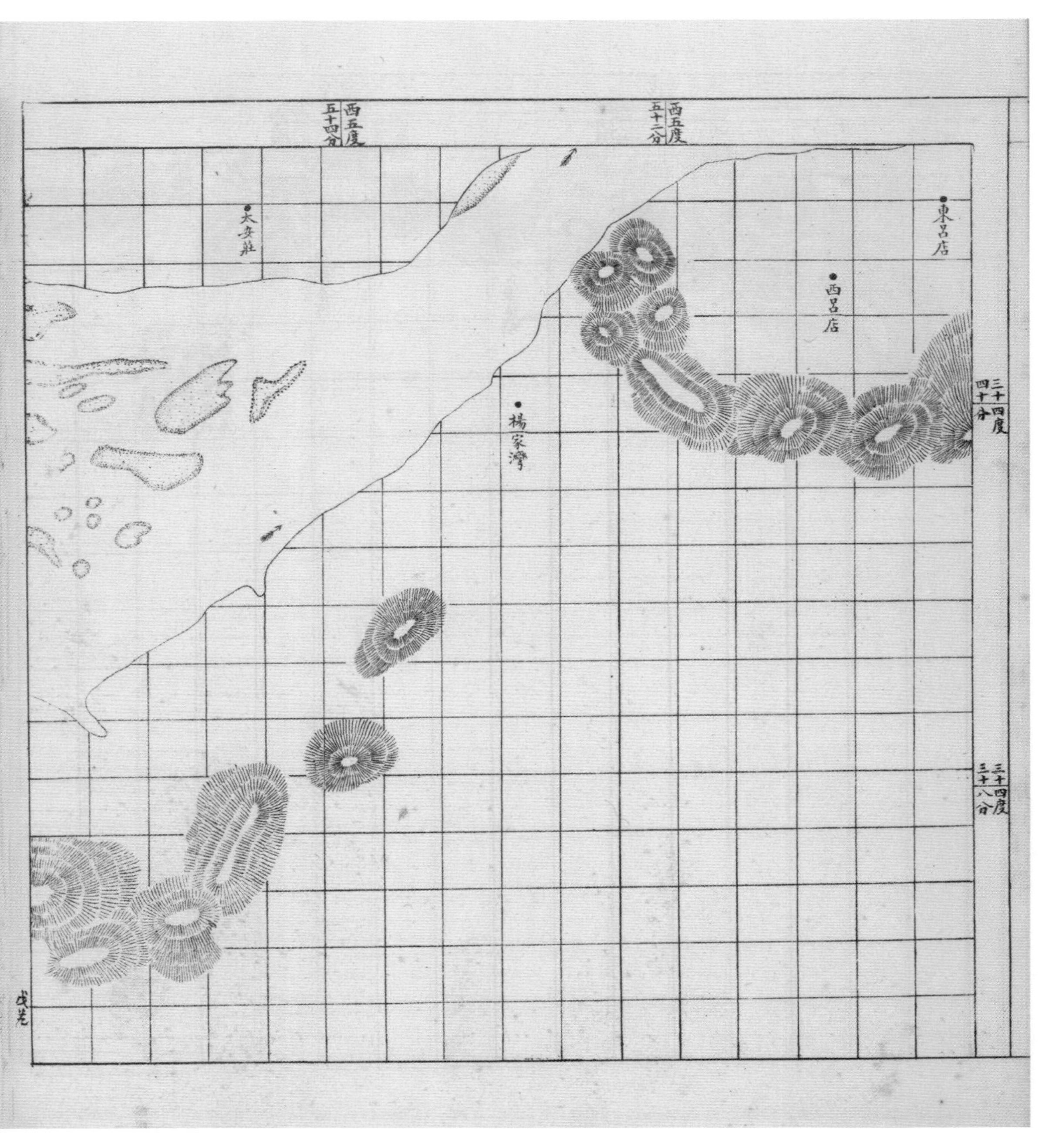
西五度
五十四分
西五度
五十二分
大安莊
東呂店
西呂店
楊家灣
三十四度
四十分
三十四度
三十八分
戊光

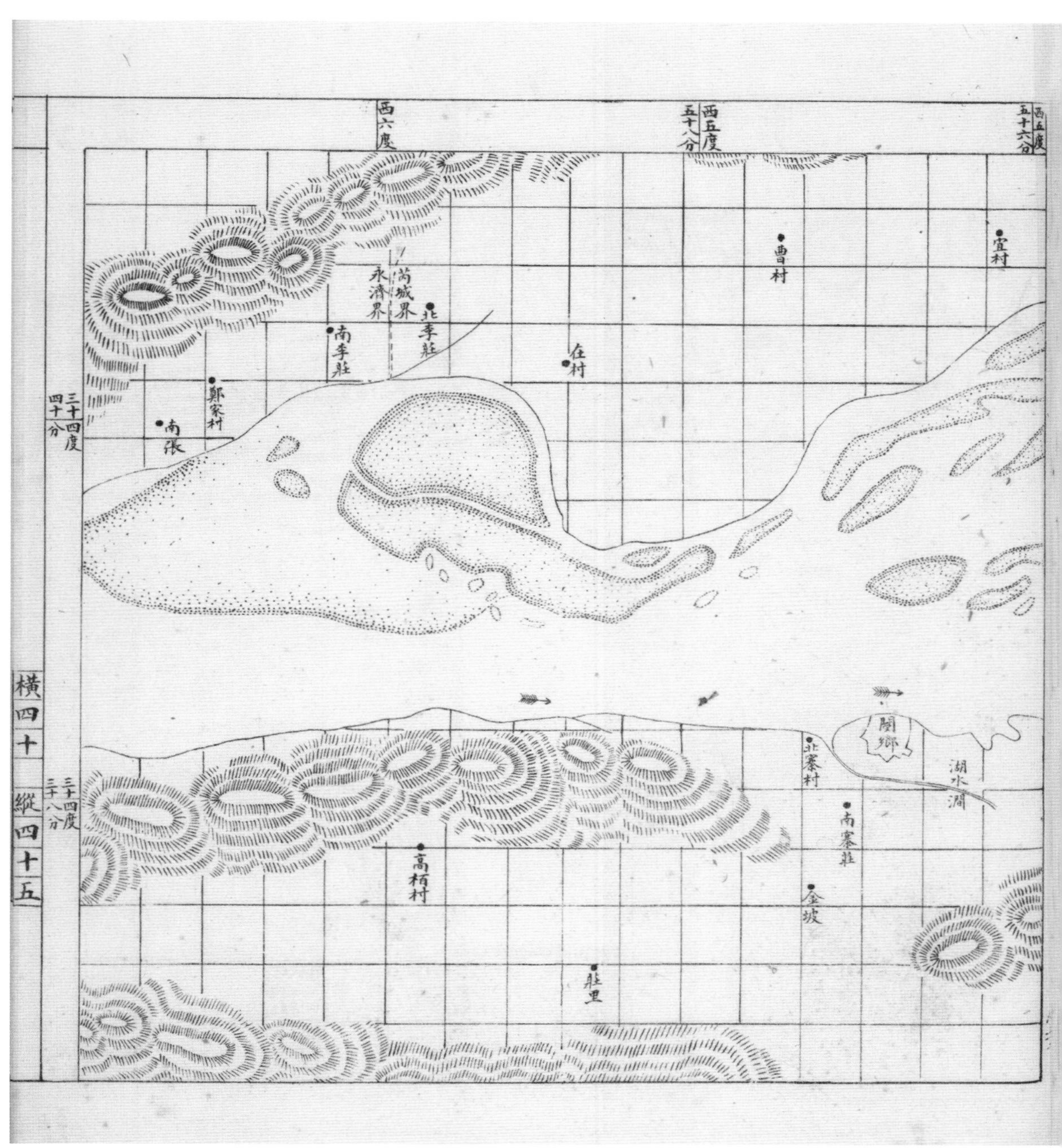
西六度
西五度五十八分
西五度五十六分
三十四度四十分
三十四度三十八分
横四十
縱四十五
曹村
宜村
菏城界
永濟界
北李莊
南李莊
在村
鄭家村
南張
閘鄉
湖水澗
北寨村
南寨莊
高柏村
金坡
莊里

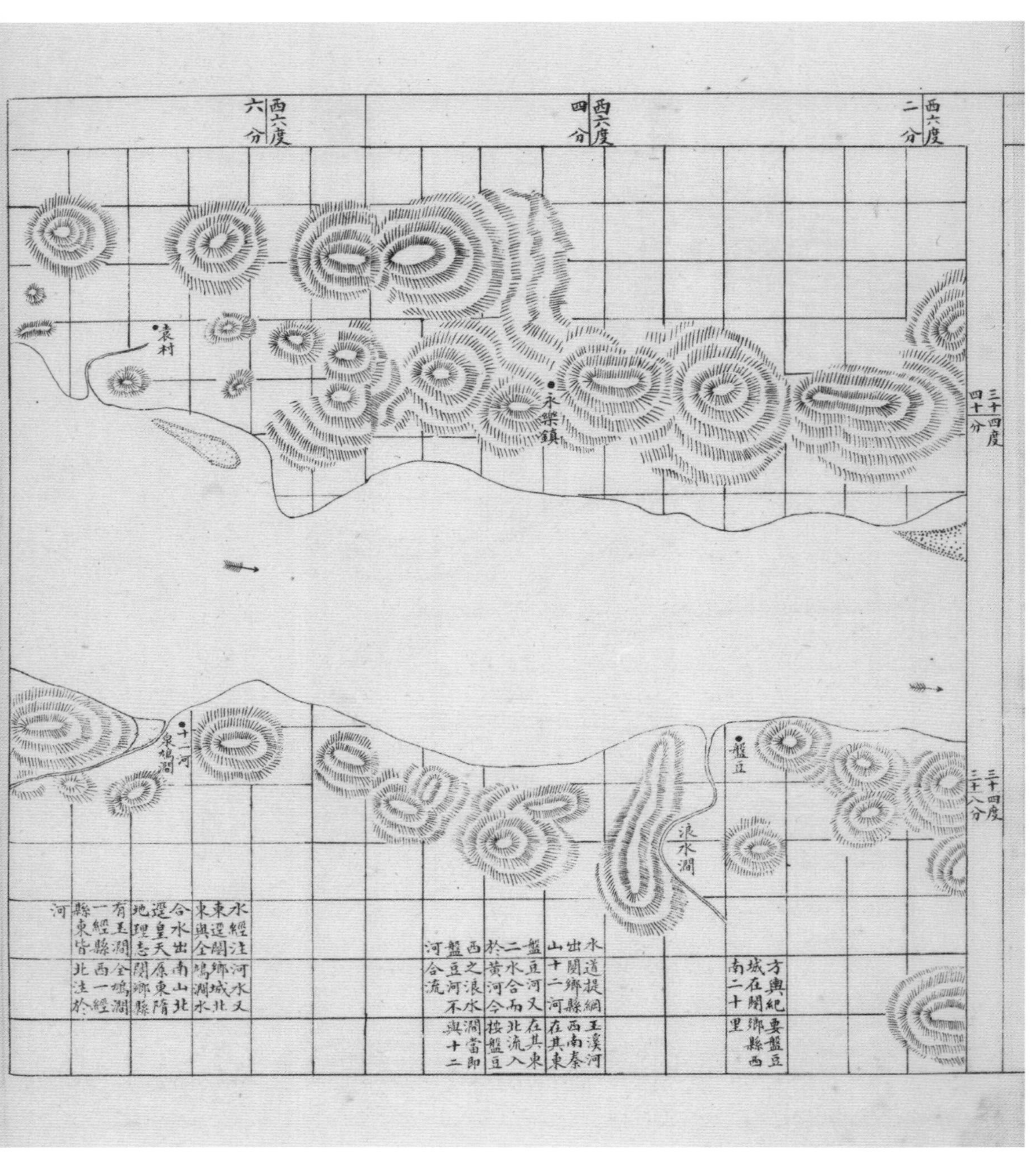

西六度六分
西六度四分
西六度二分
三十四度四十分
三十四度三十八分
袁村
永樂鎮
十二河
泉鳩澗
盤豆
浪水澗
水經注河水又東逕閿鄉城北東與全鳩澗水合水出南山北逕皇天原東隋地理志閿鄉縣有玉澗全鳩澗一經縣西一經縣東皆北注於河
水道提綱王溪河出閿鄉縣西南秦山十二河在其東盤豆河又在其東二水合而北流入於黃河今按盤豆西之浪水澗當即盤豆河不與十二河合流
方輿紀要盤豆城在閿鄉縣西南二十里

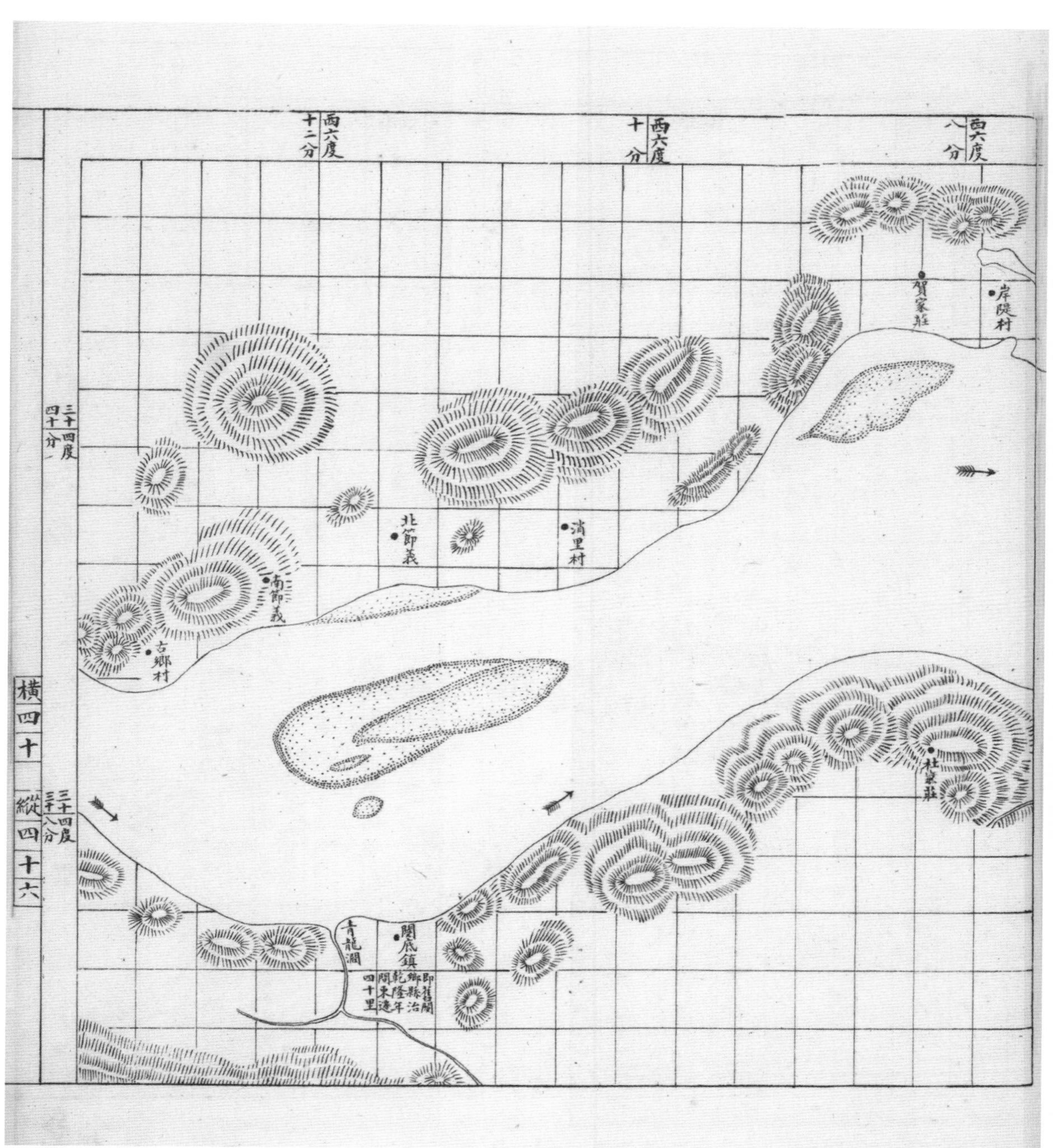

西六度十二分
西六度十分
西六度八分
三十四度四十分
三十四度三十八分
橫四十
縱四十六
賀家莊
岸隄村
北節義
消里村
南節義
古鄉村
杜家莊
青龍澗
閿底鎮
即舊閿鄉縣治乾隆年間東遷四十里

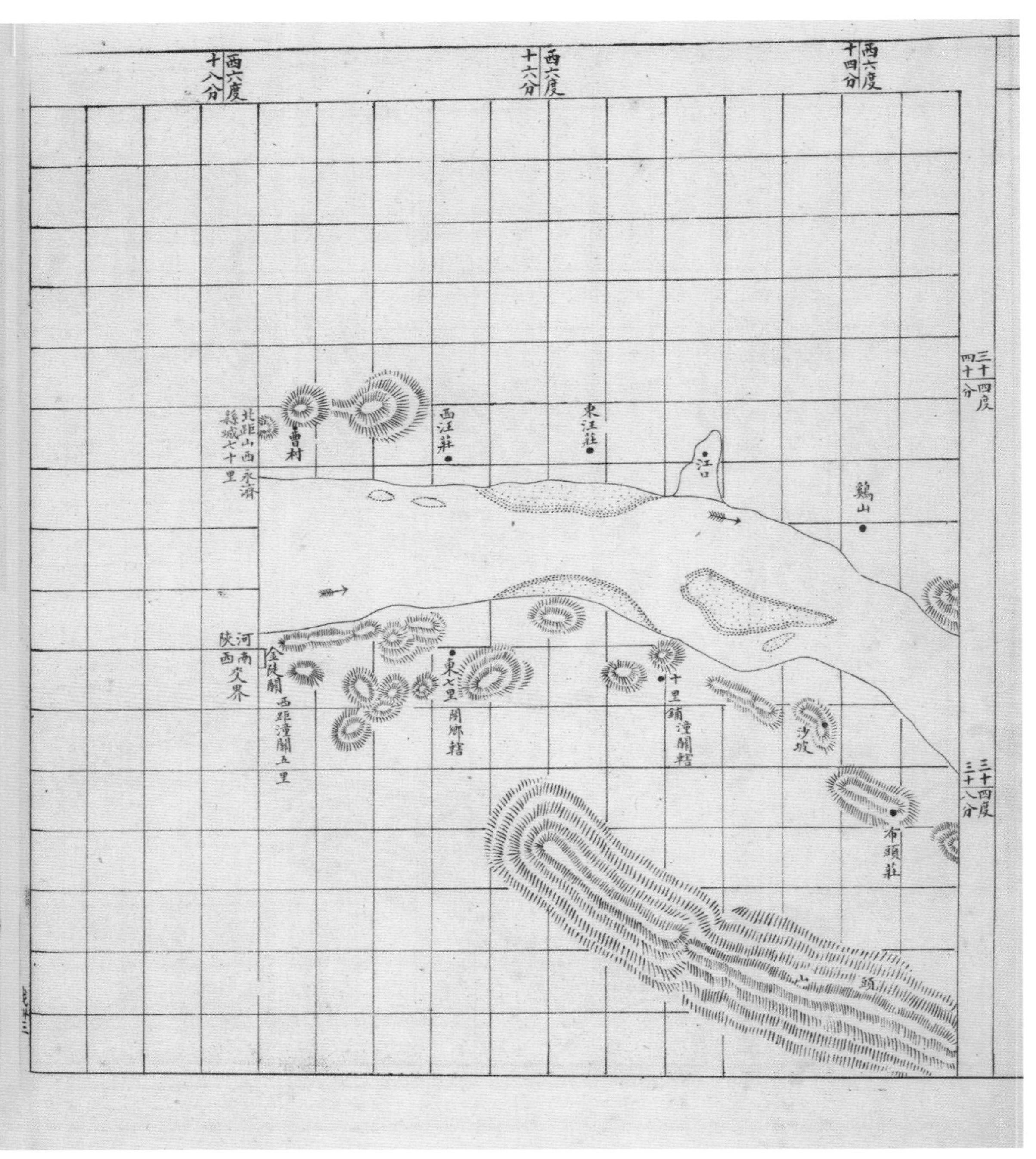
西六度十八分
西六度十六分
西六度十四分
三十四度四十分
三十四度三十八分
北距山西永濟縣城七十里
曹村
西汪莊
東汪莊
江口
鷄山
河南陝西交界
金陡關
西距潼關五里
東七里
閿鄉轄
十里鋪
潼關轄
沙坡
布頭莊

三省黃河河道一

自陝西潼關廳金斗關至山東利津縣海口止計二段

河自陝西潼關廳北折而東又東一里右逕金斗關入河南閿鄉縣界左逕山西永濟縣境曹村又東十七里右得青龍澗一名玉溪澗自東南來注之又東十四里左得袁村澗自北來注之又東一里右得泉鳩澗自西南來注之又東九里右得浪水澗自南來注之又東十里左逕山西芮城縣界又東七里右得湖水澗自東南來注之又東一里右逕閿鄉縣城又東二十四里右逕河南靈寶縣界閿鄉縣河長八十三里又東十一里右得沙河自西南來注之又東四里左得汭水自北來注之又東北十里右得宏農澗合斷密河自西南來注之又東北一里右逕靈寶縣城又北九里又東七里左逕山西平陸縣界又南四里又東北九里右得好陽河自南來注之又東北十里右逕河南陝州界右得淄水河自南來注之靈寶縣河長六十五里又東北十八里右得乾頭河一名蒼龍澗自南來注之又東北三里右得青龍河自東南來注之又東北二里右逕陝州城左逕平陸縣城又東北一里左得胡家村澗自西北來注之又東北三里半左得潘庵村澗自東北來注之又東南十四里又東北四里左得王家沙澗自西北來注之又東北三里半右得馬家河自南來注之又東南五里又東北十三里左得三門澗自東北來注之又東北一里逕三門硤又東南三里右得七里溝自南來注之又東北六里右得趙家河自南來注之又東北十九里右得程溝自東南來注之又東北一里右得程家河自東南來注之又東北半里左得王家河自西北來注之又東北一里左得天澗河自東來注之又東北十九里半右逕河南澠池縣界有老魚嘴澗自東南來注之陝州河長一百一十八里又北一里左得槐扒澗自東來注之又北一里右得槐扒河自東南來注之又北半里左得槐溝自東北來注之又西北一里半右得蘆花嶺澗自東北來注之又東北

二十三里又東南十四里左逕山西垣曲縣界有應口溝自西北來注之又東一里左得北角石澗自東北來注之又東十二里右得西柳窩澗自東南來注之又東一里右得東柳窩澗自東南來注之又東北四里右得白龍窩澗自東南來注之又西北五里又東六里半右得馬鈴澗自西南來注之又東八里左得半澗自西北來注之又東半里右得澗口河自南來注之又東九里半左逕山西垣曲縣城又東半里左逕河南濟源縣界有清水河自西北來注之又有沇水自北來注之又東南二里右得河水澗自西南來注之又東四里右得白崖澗自東南來注之又東北七里右得關家澗自東南來注之又東北二里右得宋家溝自東南來注之左得龍潭溝自西北來注之又東北五里左得澗莊澗自北來注之又東南五里右得單家澗自南來注之又東北十里左得茅田澗自東北來注之又東南四里右逕河南新安縣界有荊子山澗自西南來注之澠池縣河長一百二十八里又東北三里左得小家溝自東北來注之又東北十二里左得清河口澗自北來注之又東北八里左得歐灣澗自北來注之又東南十九里右得南津澗自西南來注之又東南六里右得陣河自西南來注之又東南十二里半右逕河南孟津縣界有闇蒼澗自東南來注之新安縣河長六十里半又東南三里左得羅宇西溝自東北來注之又東南三里半左得羅宇東溝自北來注之又東南十三里右得康嶺溝自西南來注之又東南一里右得大晏溝自南來注之又東南一里右得大宴東溝自南來注之又東南一里左得堆底溝自東北來注之又東南一里半左得圪塔澗自東北來注之又東南四里左得圪塔東澗自東北來注之又東南九里左得廖塢澗自北來注之又東四里半左得廖塢東澗自西北來注之又東九里左得利崖底西澗自北來注之又東一里半左得利崖底東澗自北來注之又東南十七里左逕河南孟縣界南陳濟源縣河長一百六十八里半又東南十二里右逕鐵謝鎮又東三十六

里半右逕扣馬鎮左逕桃源莊又東二里半左逕孟縣城又東南六里右逕河南鞏縣界孟津縣河長一百二十六里又東北九里右逕趙溝又東十一里半左逕河南温縣界孟縣河長七十七里半又東北六里右逕裴家峪又東南六里右逕石關溝又東北十里半右逕邙山頭又東南二里右得洛水自西南來注之又東南半里左逕温縣城又東北十四里右逕河南汜水縣界鞏縣河長五十九里半又東北六里半左逕河南武陟縣界温縣河長四十五里半又東一里半右得汜水自東南來注之又北一里半右逕汜水縣城又東北一里半左得莽河合濟水來注之又北東二里右逕孤柏嘴又北東二十七里半右逕河南滎澤縣界汜水縣河長四十里半又東北八里半左逕武陟縣城又東南三里半左得沁河自西北來注之又東南二十二里半右逕滎澤縣城又東南八里半右逕斷隄頭又東二里右逕滎澤縣故南關又東南七里半左逕河南滎澤縣界武陟縣河長八十六里半又東南三里半右逕河南鄭州界滎澤縣南岸河長五十六里又東南三里左逕河南原武縣界滎澤縣北岸河長六里半又東十三里右逕石橋又東南五里左逕原武縣城又東南六里右逕來同寨又東六里右逕河南中牟縣界鄭州河長三十三里又東四里半左逕河南陽武縣界原武縣河長三十四里半又東北十六里右逕趙家渡又東十九里半左逕河南封邱縣界陽武縣河長三十五里半又東二里半右逕東漳又東南七里右逕河南祥符縣界中牟縣河長四十九里半又東南二十里左逕范莊又東六里又逕黑岡渡又東北二十一里半左逕河南祥符縣界封邱縣河長五十七里又東南十三里左逕西古城又東南十右里右逕草廠口又東南十里右逕河南陳留縣界祥符縣南岸河長八十二里半又東南十三里左逕小張莊又東北三里左逕河南陳留縣界祥符縣北岸河長五十一里又東北三里半右逕河南蘭儀縣界陳留縣南岸河長十九里半又北東八里左逕西壩頭入蘭儀縣

界陳留縣北岸河長十一里半又右逕銅瓦廂東壩頭自金斗關至銅瓦廂

河長九百二十九里

三省黃河河道二

自河南蘭儀縣銅瓦廂東折而北又北十二里左逕徐公集又東北十六里左逕油坊寨入直隸長垣縣界蘭儀縣北岸河長二十八里右逕葉新莊入長垣縣界蘭儀縣南岸河長三十六里又北東二十五里右逕竹林集又北西十一里左逕盧義姑一名五間屋又東六里右逕直隸東明縣界長垣縣南岸河長四十二里又東五里右逕郭寨又東北八里左逕李屯入東明縣界長垣縣北岸河長五十五里又北西九里左逕嘴子頭又東北六里左逕曹莊又東十五里右逕高村又北西十三里左逕遽村集入直隸開州界東明縣北岸河長四十三里又東二十八里左逕石莊黃入山東菏澤縣界開州北岸河長二十八里右逕朱口入菏澤縣界東明縣南岸河長八十四里又東十一里左逕蘭河口入開州界菏澤縣北岸河長十一里又東北二里半右逕藍路口入開州界菏澤縣南岸河長十三里半又東北十三里半左逕梅寨入山東濮州界開州北岸河長十六里右逕王莊入濮州界開州南岸河長十三里半又北八里左逕潘寨缺口又東北十五里左逕項城集又東北十七里右逕康屯又北八里左逕柳園里又東北十三里左逕羅莊坍隄口又東南七里左逕大辛莊淤河口入山東范縣界濮州北岸河長六十八里右逕鹽店入山東范縣界濮州南岸河長六十八里又東北十一里左逕邱莊又東五里右逕徐大井又東北二十五里右逕侯家樓入山東陽穀縣界范縣南岸河長四十一里又東北五里左逕劉家莊入山東壽張縣界范縣北岸河長四十六里又東北十五里右逕小龍灣又北東七里右逕范莊支河口又北四里左逕淤河口又東北三里左逕陳家坊又東十里左逕岔河莊入陽穀縣界壽張縣北岸河長三十九里又東七里左逕黃家口入壽張縣界陽穀縣北岸河長七里又東二里右逕紅廟入壽張縣界陽穀縣南岸河長五十三里又東北九里右逕山東東平州十里鋪南運河自南來

注之壽張縣南岸河長九里又北東二里左逕小白鋪入東平州界壽張縣北岸河長十三里又北東十里左逕西趙橋入山東東阿縣界東平州北岸河長十里右逕東趙橋入東阿縣界東平州南岸河長十二里又東北四里左逕史家橋又北東六里左逕陶城鋪新運河口又東北五里左逕魏家山又東北四里右逕陰柳棵又北東五里右逕八里廳又東七里右逕龐家口大清河匯紋水自南來注之又東北十里左逕大河口右得狼溪河匯白雁泉洪範池諸水自南來注之又東北十一里右逕小魯道口入山東平陰縣界東阿縣南岸河長五十二里又東北十五里左逕于家窩入平陰縣界東阿縣北岸河長六十七里又東北七里左逕鄧莊又東南四里左逕康口又東北七里左逕湖溪渡又東北四里右逕劉官莊入山東肥城縣界平陰縣南岸河長三十七里又東北十二里左逕肥城縣界平陰縣北岸河長三十四里又東北十八里左逕五哥廟入山東長清縣界肥城縣北岸河長十八里右逕孟家道口入長清縣界肥城縣南岸河長三十里又東北又西七里右逕水坡莊又北六里左逕官莊又東北六里右逕苗家莊右得南沙河匯諸山之水自南來注之又西北三里左逕董家寺又東北五里左逕荆隆口又東北九里左逕陰河又東北九里左逕黄陡崖又東六里右逕東興隆莊北沙河匯泰山之水自南來注之又東北二里左逕張村入山東齊河縣界長清縣北岸河長五十三里又北東十四里左逕史家道口又北西七里左逕五里堡又東七里左逕齊河縣城右得玉符河自南來注之又北東十三里左逕陳家林又東北二里左逕李家岸又東七里右逕蔣家莊入山東歷城縣界長清縣南岸河長一百三里又東九里左逕西紙坊入歷城縣界齊河北岸河長五十九里又東南七里右逕濼口濼水舊自南來注之又東十四里左逕馮家堂新河口又東北又南東五里半右逕堰頭鎮小清河閘口小清河舊自南來注之又北又東北七里左逕邢家渡又東又北東八里白

泉河舊自南來注之又二里右逕河套圈又北又東南又北西十里巨治河舊自東來注之又一里右逕孟家圈又北東五里右逕秦家道口又北又北東七里半右逕滏溝入山東章邱縣界歷城縣南岸河長七十六里左逕二十里鋪入山東濟陽縣界歷城縣北岸河長六十七里又北又北東五里半左逕席家渡口又北東十四里半左逕濟陽縣城又北東又北又東北十六里右逕時王莊入濟陽縣界章邱縣河長三十六里又東又北東三里半右逕西侯家莊又東北七里左逕龍王廟又東五里右逕苗家莊入山東齊東縣界濟陽縣南岸河長十五里半又東北八里繡江河舊自南來注之又一里右逕延安鎮又東北又北八里半左逕徐家道口又東北又東三里左逕桑家渡又東北四里半左逕劉旺莊入山東惠民縣界濟陽縣北岸河長七十六里半又東北十三里右逕齊東縣城減河舊自南來注之又東南又東北十二里左逕于王口又北東五里右逕山東青城縣界齊東縣河長五十五里又北東四里左逕歸仁鎮又北東十一里半左逕徐家莊又北東又東又南東九里左逕清河鎮又東南十五里左逕崔家莊又東又西北又北東九里左逕姚家口又北東又南東又東十一里右逕翟家寺入山東濱州界青城縣河長五十九里半又北東又北西又東七里左逕卜家莊入濱州界惠民縣河長九十六里半又東南七里半左逕藍家莊又東又東南又北西又東又南東十四里半左逕孔家莊又南東又東北六里左逕新街口又北東又北西十三里半左逕丁家口又東四里右逕徐家井入山東蒲臺縣界濱州南岸河長五十二里半又北西又北東七里半右逕蒲臺縣城又南東又北東又南東又北東十四里左逕菜園又東又北又東又北十里半左逕劉家渡又南東三里左逕山東利津縣界濱州北岸河長八十里半又北東九里半左逕宮家莊又東又北西又東南又北西十四里半右逕曹家店又北西又東北五里右逕四行子入利津縣界蒲臺縣河長六十四里又北東

又西北八里左逕利津縣城又北東又南東又北東二十五里左逕十四戶王家口又東又北東又北西十九里半左逕鹽窩又東又南東又北十四里左逕高家莊又東南又南東八里半右逕辛莊又東又北又北東十二里左逕鐵門關又北東三十六里一百三十八丈左逕蕭神廟又北東八里三十四丈左逕窪拉又南又南東又北東七里左逕二溝子又南東又東又東北五里四十二丈左逕三溝子又東南十七里一百三十二丈左逕紅頭窩又南東七里一十四丈至海口利津縣北岸河長一百九十八里利津縣南岸河長一百六十九里自銅瓦廂至海口河長一千一百十三里半自金斗關至海口河共長二千四十二里半

河南省北岸

黄沁廳四汛唐郭汛武陟汛滎澤汛原武汛

唐郭汛五堡頭堡隄一百九十二丈七尺二寸二堡隄二百九十一丈四尺三寸三堡隄三百八十三丈四尺七寸四堡隄三百丈九尺六寸五堡隄一百八十七丈一尺一寸共隄七里九十五丈六尺九寸

武陟汛十一堡縷隄十二堡頭堡隄三百九十九丈三尺二堡隄一百二十七丈五寸三堡隄一百九十三丈五寸四堡隄一百九十三丈五寸五堡隄三百八十六丈七尺六寸六堡隄三百六十二丈六尺七寸七堡隄三百八十八丈八寸八堡隄三百七十四丈二尺二寸九堡隄四百五丈二尺四寸十堡隄三百九十八丈五尺七寸十一堡隄三百二十九丈六尺七寸縷隄頭堡隄二百三十三丈三尺一寸二堡隄二百七十七丈一尺九寸三堡隄一百九十二丈六寸四堡隄一百九十一丈五尺三寸五堡隄三百三十丈六尺六寸六堡隄四百一丈九尺四寸七堡隄二百二丈八尺五寸八堡隄一百九十九丈六尺五寸九堡隄九十二丈四尺十堡隄二百二十五丈六寸十一堡隄三百五十六丈七尺三寸十二堡隄二十四丈二尺共隄三十四里一百六十五丈二尺四寸

滎澤汛六堡頭堡隄二百八十四丈三尺九寸二堡隄三百十七丈四尺六寸三堡隄二百四十丈三尺四堡隄一百八十一丈八尺五堡隄三百二十八丈三尺五寸六堡隄一百九十八丈三尺五寸共隄八里一百十丈六尺五寸

原武汛二十堡頭堡隄二百九十七丈六尺六寸二堡隄二百六十三丈一寸三堡隄三百二十三丈七寸四堡隄二百三十八丈二尺六寸五堡隄一百九十八丈六尺四寸六堡隄二百六十二丈五尺三寸七堡隄二百九十

丈七寸八堡隄四百四十二丈五尺三寸九堡隄四百六十五丈九尺五寸十堡隄三百七十七丈五尺二寸十一堡隄三百六十九丈九尺三寸十二堡隄四百四十六丈四尺九寸十三堡隄三百八十一丈一尺五寸十四堡隄四百二十六丈六尺九寸十五堡隄三百五十七丈三尺九寸十六堡隄一百七十丈二尺八寸十七堡隄五百四十八丈四尺六寸十八堡隄三百七丈八尺九寸十九堡隄四百十九丈九尺一寸二十堡隄二百九十丈七尺三寸共隄三十八里三十八丈一尺六寸黃沁廳隄共長八十九里四十九丈七尺四寸

衞糧廳四汛陽武汛陽封汛封邱上下汛

陽武汛二十三堡一堡隄二百四十五丈五尺二寸二堡隄三百七十七丈八尺五寸三堡隄三百丈三尺四堡隄二百六十八丈九尺五寸五堡隄一百三十三丈六尺五寸六堡隄三百八十六丈一尺七堡隄二百十七丈八尺八堡隄二百二十一丈一尺九堡隄二百五十四丈一尺十堡隄二百六十丈七尺十一堡隄二百四十四丈二尺十二堡隄二百五十四丈一尺十三堡隄二百四十五丈二尺十四堡隄三百五十四丈一尺十五堡隄二百八十四丈八尺十六堡隄二百十六丈二尺十七堡隄三百四十一丈五尺五寸十八堡隄三百五丈二尺五寸十九堡隄二百五十七丈四尺二十堡隄二百七丈九尺二十一堡隄二百六十三丈七尺二十二堡隄三百四十九丈八尺二十三堡隄三百四十一丈二尺共隄三十五里三十一丈四尺七寸

陽封汛十六堡一堡隄一百十五丈三尺二堡隄一百十七丈三尺三堡隄一百十五丈六尺四堡隄三百五十七丈七尺五堡隄二百八丈五尺六堡隄一百八十八丈一尺七堡隄一百七十三丈二尺八堡隄一百四十二丈二尺九堡隄三百三十六丈六尺十堡隄四百二十丈七尺十一堡隄三百

三十七丈十二堡隄一百八十七丈一尺十三堡隄三百十二丈四尺八寸十四堡隄四百九丈二尺十五堡隄三百四十七丈八尺八寸十六堡隄三百五十六丈四尺共隄二十二里一百六十五丈二尺六寸

封邱上下汛十六堡上汛一堡隄三百九十五丈三尺五寸二堡隄二百八十丈四尺三堡隄三百七十七丈五尺四堡隄四百三十丈三尺五堡隄三百十六丈八尺六堡隄三百五十九丈七尺七堡隄三百七十四丈五尺五寸八堡隄三百八十九丈七尺九堡隄四百四十七丈四尺下汛十堡隄三百四十七丈八尺十一堡三百三十二丈九尺十二堡隄二百六十丈二尺東月埝十三堡隄五百十二丈一尺十四堡隄三百九十丈九尺十五堡隄四百九十八丈九尺十六堡隄九十五丈七尺共隄三十二里五十丈二尺

衛糧廳隄共長九十里六十六丈九尺三寸

祥河廳一汛祥符上汛

祥符上汛十七堡一堡隄二百六十三丈月隄一堡隄二百六十六丈七尺二堡隄二百九十丈四尺三堡隄二百九十五丈三尺五寸四堡隄三百四十二丈九尺五堡隄三百十二丈五尺六堡隄三百二十六丈七尺七堡隄三百二十丈七尺八堡隄三百四十七丈八尺九堡隄三百六十八丈六尺五寸十堡隄三百三十九丈九尺十一堡隄三百六十二丈八尺三寸十二堡隄三百五丈二尺五寸十三堡隄三百三十四丈九尺五寸十四堡隄三百四十一丈五尺五寸十五堡隄三百七十四丈八尺八寸十六堡隄三百六十九丈六尺共隄三十里一百六十三丈六尺六寸祥河廳隄共長三十里一百六十三丈六尺六寸

下北廳二汛祥陳汛陳留汛

祥陳汛十二堡一堡隄三百三十四丈二尺二堡隄三百三十丈三尺三寸三堡隄四百十一丈五尺一寸四堡隄三百四十三丈二尺五堡隄四百七

十九丈四尺九寸六堡隄六百八十七丈七尺七堡隄二百五十丈四尺七寸八堡隄三百八十七丈七尺五寸九堡隄三百一丈九尺五寸十堡隄二百九十丈四尺十一堡隄二百七十二丈二尺五寸十二堡隄二百九十丈四尺共隄二十四里五十九丈六尺五寸

陳留汎二堡頭堡隄三百八丈五尺五寸二堡隄一百八十二丈共隄二里一百三十丈五尺五寸下北廳隄共長二十七里十丈二尺河南北岸四廳隄共長二百三十七里一百一十丈五尺三寸

直隸省山東省北岸

自長垣縣大車集接大行隄至紙坊集隄二十二里又至大蘇莊隄二十里又至滑縣界隄十一里長垣縣隄共五十三里滑縣界至開州界隄十三里滑縣隄共十三里開州界至蘧村集隄二十里又至司馬集隄十里又至雙合嶺隄十里又至鮑莊隄十二里又至習城寨隄十里又至李園集隄十三里又至濮州界白岡隄八里開州隄共八十三里白岡至項城集隄十四里九十丈又至姬莊集隄七里又至柳園里隄十七里又至李家橋隄十一里又至范縣廖家橋隄八里濮州隄共五十七里九十丈廖家橋至孫樓隄十五里又至于家莊隄十二里九十丈又至陽穀縣界隄十里九十丈范縣隄共三十八里陽穀縣界至壽張縣界隄二里一百三十丈陽穀縣隄共三里一百三十丈壽張縣界至程家莊隄七里五十丈又至陳家樓隄十二里又至孫家口隄九里又至花那里隄十二里九十丈又至陽穀縣界隄六里壽張縣隄共四十六里一百四十丈陽穀縣界至東阿縣界隄四里九十丈陽穀縣隄又共四里九十丈東阿縣界至八里廟隄七里又至大鳳口隄十三里又至陶城鋪新運河隄七里又至魏家山隄七里又至魚山隄十八里又至小張道口隄十五里又至艾山隄六里又至滑口隄八里又至平陰縣界隄四里東阿縣隄共八十五里平陰縣界至湖溪渡隄十五里又至朱家圈

隄十里又至肥城縣界隄十一里九十丈平陰縣隄共三十六里九十丈肥城縣界至長清縣界隄十八里肥城縣隄共十八里長清界至官莊隄十四里又至董家寺隄十一里又至金隆口隄七里又至陰河隄十一里九十丈又至楊家道口隄九里又至齊河縣界隄七里長清縣隄共五十九里九十丈齊河縣界至豆腐窩隄十里又至縣東門隄十八里九十丈又至歷城縣界隄二十八里一百四丈齊河縣隄共五十七里十四丈歷城縣界至濟陽縣界隄五十四里一百四十丈歷城縣隄共五十四里一百四十丈濟陽縣界至惠民縣界隄七十八里一百四十一丈濟陽縣隄共七十八里一百四十一丈惠民縣界至濱州界隄九十五里一百四丈惠民縣隄共九十五里一百四丈濱州界至利津縣界隄七十九里十丈濱州隄共七十九里十丈利津縣界至鐵門關外月隄角隄一百十六里一百六十丈又至隄盡處隄二十九里二十五丈利津縣隄共一百四十六里五丈直隸山東兩省臨河隄共長一千九里一百四十四丈河南直隸山東三省北岸大隄共長一千二百四十七里七十四丈五尺三寸

三省黄河南岸隄工表

河南省南岸

上南廳四汛滎澤汛鄭上汛鄭下汛中年上汛

滎澤汛兵夫十五堡兵一堡隄五十丈七尺六寸夫一堡隄二百五十七丈四尺二堡隄一百七十三丈二尺五寸三堡隄一百十五丈八尺三寸四堡隄一百五十三丈七尺八寸五堡隄一百三十二丈兵二堡隄三十二丈一尺六堡隄二百十四丈一尺七寸七堡隄二百二十四丈四尺八堡隄二百二丈九尺五寸九堡隄二百八丈二尺三寸十堡隄二十四丈一尺兵三堡隄一百五十一丈四尺七寸十一堡隄二百九十六丈三尺四寸十二堡隄三百二十丈六寸共隄一十四里三十六丈八尺四寸

鄭上下汛兵夫二十七堡上汛夫一堡隄五百五十六丈六寸兵一堡隄一百四十八丈五尺二堡隄二百十丈二尺三堡隄一百四十五丈二尺兵二堡隄一百六十三丈四堡隄三百九十二丈七尺兵三堡隄八十四丈八尺五堡隄三百九十六丈六堡隄二百二十九丈三尺五寸七堡隄二百五十四丈一尺兵四堡隄一百五丈四尺四寸八堡隄三百八十一丈一尺五寸下汛九堡隄三百七十丈兵五堡隄二丈二尺十堡隄三百四十四丈八尺五寸十一堡隄二百九十二丈三尺八寸兵六堡隄七十二丈六尺十二堡隄三百四十丈八尺四寸兵七堡隄五丈十三堡隄三百七十六丈八尺六寸十四堡隄三百六十九丈六尺兵八堡隄五丈三尺十五堡隄四百十二丈八尺十六堡隄四百十一丈八尺四寸十七堡隄三百九十四丈三尺五寸兵九堡隄十九丈四尺五寸十八堡隄一百三十八丈六尺共隄三十六里一百四十三丈一尺七寸

中年上汛兵夫十七堡兵一堡隄一百四十三丈八尺八寸夫一堡隄二百六十八丈九尺五寸二堡隄一百七十四丈九尺三堡隄一百九十八丈六

尺六寸四堡隄八十八丈一尺兵二堡隄二百九丈八尺八寸五堡隄二百七十四丈五尺七寸六堡隄二百三十八丈九尺二寸兵三堡隄十一丈八尺八寸七堡隄二百七丈五尺七寸八堡隄二百十七丈八尺兵四堡隄二百十丈八尺七寸九堡隄一百七十七丈五尺四寸十堡隄二百五十七丈七尺兵五堡隄二百十二丈八尺五寸十一堡隄二百十七丈八尺兵六堡隄二百七丈二尺四寸共隄十七里一百五十九丈一尺一寸上南廳隄共長六十八里一百五十九丈一尺二寸

中河廳一汛中牟下汛

中牟下汛兵夫三十堡夫一堡隄一百二十七丈八尺八寸兵一堡隄一百五十三丈三尺七寸二堡隄二百三十三丈一尺四寸三堡隄八十三丈一尺六寸兵二堡隄三百五十五丈七尺四寸四堡隄二百八十丈五尺五堡隄二百三十四丈六尺三寸兵三堡隄一百七十五丈四尺六堡隄三百七丈七尺二寸七堡隄一百五十二丈六尺二寸兵四堡隄一百七十一丈六尺八堡隄五百八十丈九堡隄一百四十丈八寸兵五堡隄四百三丈五尺九寸十堡隄四百九十八丈四尺六寸十一堡隄三百六十七丈六尺二寸兵六堡隄一百五十一丈四尺七寸十二堡隄四百九十五丈八尺二寸十三堡隄一百八十三丈四尺八寸兵七堡隄一百九十丈七尺四寸十四堡隄四百十九丈四尺三寸十五堡隄一百六十五丈一尺六寸兵八堡隄三百九丈四寸十六堡隄二百三十二丈六尺五寸十七堡隄一百四十九丈八尺二寸兵九堡隄二百十九丈一尺二寸十八堡隄一百八十九丈九寸十九堡隄一百三丈一尺二寸兵十堡隄一百八十九丈九寸二十堡隄二丈共隄四十里六十五丈五尺四寸中河廳隄共長四十里六十五丈五尺四寸

下南廳三汛祥符上汛祥符下汛陳留汛

祥符上汛兵夫四十四堡夫一堡隄二百八丈七尺三寸兵一堡隄一百五
十一丈一尺四寸二堡隄一百九十六丈三尺五寸三堡隄二百三十二丈
六尺四堡隄一百七十三丈五尺三寸兵二堡隄一百八十八丈五尺二寸
五堡隄一百十三丈八尺六寸六堡隄一百六十二丈七堡隄八十八丈九
尺三寸兵三堡隄七十二丈六尺八堡隄二百三十九丈四尺五寸九堡隄
二百四十七丈一尺三寸十堡隄一百七十五丈二尺二寸兵四堡隄二百
六十丈三尺七寸十一堡隄二百八十一丈九尺八寸十二堡隄一百四十
六丈五尺二寸十三堡隄一百四十八丈二尺二寸十四堡隄一百八十四
丈一尺四寸兵五堡隄七十五丈二尺四寸十五堡隄一百二十五丈五尺
六寸十六堡隄一百二十丈四尺兵六堡隄一百五十七丈四尺十七堡隄
一百八十丈十八堡隄二百九十三丈七尺十九堡隄二百十六丈兵七堡
隄一百二十三丈二十堡隄一百八十丈二十一堡隄二百十六丈二十二
堡隄一百九十四丈七尺兵八堡隄一百六十五丈二十三堡隄一百八十
丈八尺五寸二十四堡隄一百九十九丈六尺五寸二十五堡隄一百八十
一丈五尺二十六堡隄一百九十九丈六尺兵九堡隄一百四十五丈二尺
二十七堡隄三百六十三丈二十八堡隄三百六十三丈二十九堡隄一百
二十七丈五寸兵十堡隄五十四丈四尺五寸三十堡隄一百五十一丈八
尺三十一堡隄一百八十五丈一尺三寸兵十一堡隄一百八十一丈五尺
三十二堡隄一百三十五丈五尺五寸三十三堡隄三百八十二丈一尺四
寸共隄四十五里六十八丈七尺一寸

祥符下汛兵夫五十堡夫一堡隄四百九十二丈九尺兵一堡隄三百五丈
二尺五寸二堡隄一百九十七丈八尺三堡隄一百八十一丈五尺四堡隄
一百五十三丈四尺五寸兵二堡隄一百七十四丈九尺五堡隄一百六十
一丈三尺七寸六堡隄一百九十二丈六寸七堡隄三百十三丈四尺八寸

兵三堡隄一百三十八丈九尺五寸八堡隄一百七十丈六尺九堡隄一百八十一丈五尺十堡隄一百八十一丈五尺兵四堡隄一百九十九丈六尺五寸十一堡隄一百七十三丈二尺四寸十二堡隄一百七十七丈二尺十三堡隄一百六十九丈二尺八寸兵五堡隄一百八十七丈四尺四寸十四堡隄一百五十二丈六尺二寸十五堡隄一百七十二丈二尺六寸十六堡隄一百八十七丈一尺七寸兵六堡隄一百五十九丈六寸十七堡隄一百七十一丈九尺三寸十八堡隄一百六十二丈三寸十九堡隄一百六十三丈三尺五寸兵七堡隄一百七十一丈九尺三寸二十堡隄一百八丈九尺二十一堡隄八十丈二十二堡隄一百八十丈二尺二寸二十三堡隄一百十八丈六尺兵八堡隄二百四丈二尺七寸二十四堡隄一百五十八丈四尺二十五堡隄一百五十二丈二尺二十六堡隄二百四十九丈一尺五寸兵九堡隄一百七十七丈八尺七寸二十七堡隄一百四十丈三尺五寸二十八堡隄一百五十三丈二尺二十九堡隄一百二十七丈兵十堡隄一百四十丈二尺五寸三十堡隄一百二十三丈七尺五寸三十一堡隄一百七十七丈六尺四寸三十二堡隄一百三十八丈五寸兵十一堡隄一百三十六丈三尺一寸三十三堡隄一百七十一丈九尺三寸三十四堡隄一百八十一丈五尺三十五堡隄一百三十八丈二尺七寸兵十二堡隄一百五十八丈五尺三寸三十六堡隄一百四十五丈二尺三十七堡隄一百二十九丈三尺六寸三十八堡隄一百四十五丈二尺共隄四十八里八十八丈五尺七寸

陳留汛兵夫二十堡夫一堡隄一百五十九丈六寸二堡隄二百十七丈八尺兵一堡隄八十九丈九尺三堡隄三百八丈五尺五寸四堡隄八十二丈三寸兵二堡隄七十二丈六尺五堡隄一百四十五丈二尺六堡隄一百二十六丈三尺九寸兵三堡隄八十丈八尺七堡隄一百五十八丈四尺八堡

隄一百丈六尺五寸兵四堡隄一百七十六丈二尺二寸九堡隄一百六十六丈六尺一寸十堡隄一百六十三丈三尺五寸兵五堡隄一百九丈二尺五寸十一堡隄二百七十八丈八尺五寸十二堡隄三百四丈九尺二寸十三堡隄二百七十三丈二尺四寸兵六堡隄七十二丈九尺三寸十四堡隄九十九丈三尺三寸共隄十七里一百二十六丈八寸下南廳隄共長一百一十二里二十三丈三尺六寸河南南岸三廳隄共長二百二十里一百四十八丈二寸

直隸省山東省南岸

自蘭儀銅瓦廂至四門堂隄二十五里又至東明縣果寨隄四十八里銅瓦廂至東明縣界隄共七十三里果寨至黄工上汎界隄十八里又至黄工中汎界隄二十六里九十丈又至黄工下汎界隄十八里一百二十丈又至菏澤縣賈莊合龍處隄十一里九十丈東明縣隄共七十四里一百二十丈賈莊至開州王道莊隄十八里菏澤縣隄共十八里王道莊至濮州董口隄十八里開州隄共十八里董口至吳什莊西新隄頭隄十四里九十丈又至范縣田樓隄二十七里濮州隄共四十一里九十丈田樓至玉皇莊隄七里又至侯家樓隄三十六里九十丈范縣隄共四十三里九十丈又至陽穀縣史那里隄十二里九十丈又至于那里隄二里九十丈又至郭莊小隄十三里四十丈又至黄花寺隄六里又至紅廟隄十六里九十丈陽穀縣隄共五十里一百三十丈紅廟至壽張縣東平州界十里鋪隄十里九十丈壽張縣隄共十里九十丈十里鋪至東阿縣界馬山南頭隄十里東平州隄共十里馬山南頭至馬山北頭無隄四里又至尹山腳隄三里又至鐵山頭無隄八里又至里連橋隄五里九十丈又至里連山隄一百四十丈又至柏木山隄九十丈東阿縣隄共二十一里一百四十丈柏木山隄以東皆山至長清縣馮家莊至紅廟隄十一里又至玉符河口隄十一里又至歷城縣界隄十九里

一百八丈長清縣隄共四十一里一百八丈歷城縣界至章邱縣界隄七十八里一百六十五丈歷城縣隄共七十八里一百六十五丈章邱縣界至濟陽界隄三十三里七十一丈章邱縣隄共三十三里七十一丈濟陽縣界至齊東縣界隄七里濟陽縣隄共七里齊東縣界至青城縣界隄五十二里十丈齊東隄共五十二里十丈青城縣界至濱州界隄五十六里一百三十四丈青城縣隄共五十六里一百三十四丈濱州界至蒲臺縣界隄四十九里八十七丈八尺濱州隄共四十九里八十七丈八尺蒲臺縣界至利津縣界隄五十八里二十一丈蒲臺縣隄共五十八里二十一丈利津縣界至韓家垣南壩頭隄七十九里又至隄盡處三十五里二十五丈利津縣隄共一百十四里二十五丈自銅瓦廂起直隸山東兩省臨河隄共長八百五十三里二十一丈八尺河南直隸山東三省南岸大隄共長一千七十三里一百六十九丈八尺二寸

三省黃河全圖北岸隄工高寬表

黃沁廳	面寬	高于地	高于灘
唐郭汛一堡	五丈六尺	一丈八尺八寸	一丈五尺
二堡	十丈二尺	一丈九尺八寸	一丈八寸
三堡	十丈七尺五寸	二丈	一丈八寸
四堡	十丈五尺	二丈三尺一寸	一丈三尺八寸
五堡	十丈二尺	二丈一尺	二丈四寸
武陟汛一堡	三丈三尺	三丈三尺	一丈六尺五寸
二堡	三丈六尺	三丈三尺	一丈六尺五寸
三堡	三丈六尺	三丈三尺	一丈五尺四寸
四堡	四丈	二丈七尺	一丈四尺八寸
五堡	四丈	二丈七尺	一丈三尺
六堡	三丈六尺三寸	一丈八尺八寸	一丈七尺一寸
七堡	二丈九尺七寸	一丈七尺五寸	一丈七尺五寸
八堡	三丈三尺	二丈四寸	二丈一寸
九堡	二丈九尺	一丈九尺八寸	一丈七尺
十堡	三丈三尺	一丈九尺	一丈八尺
十一堡	三丈一尺四寸	一丈八尺	一丈八尺二寸
縷隄頭堡	三丈三尺	二丈五尺	一丈八尺
二堡	三丈九尺	二丈二尺七寸	一丈七尺一寸
三堡	四丈	二丈三尺	一丈七尺
四堡	七丈二尺六寸	二丈六尺七寸	一丈
五堡	八丈二尺	二丈九尺七寸	一丈五寸
六堡	六丈六尺	三丈六寸	一丈五寸
七堡	三丈九尺六寸	一丈五尺八寸	一丈五尺
八堡	六丈二尺七寸	一丈八尺四寸	一丈七尺一寸
九堡	五丈	一丈九尺四寸	二丈一尺
十堡	五丈	一丈	一丈五尺
十一堡	三丈六尺	一丈一尺	一丈五尺
十二堡	四丈五尺	二丈	一丈六尺八寸
滎澤汛一堡	四丈	二丈四尺	一丈三尺二寸
二堡	四丈六尺	一丈六尺五寸	一丈三尺五寸

三堡	四丈三尺	一丈五尺	一丈五尺
四堡	四丈	一丈六尺五寸	一丈二尺五寸
五堡	四丈	二丈七寸	一丈四尺五寸
六堡	四丈	二丈三尺四寸	一丈七尺
原武汛頭堡	三丈六尺	二丈	一丈四尺五寸
二堡	四丈	二丈	一丈五尺
三堡	五丈	一丈五尺	一丈七尺八寸
四堡	三丈三尺	一丈七尺	一丈六尺五寸
五堡	三丈三尺	二丈	一丈六尺
六堡	三丈二尺	一丈六尺	一丈三尺
七堡	三丈	二丈一尺	二尺六寸
八堡	五丈	三丈二尺六寸	一丈一尺
九堡	三丈六尺	三丈六尺	九尺三寸
十堡	三丈三尺	一丈五尺五寸	三丈二尺
十一堡	四丈三尺	四丈三尺	一丈三尺二寸
十二堡	三丈三尺	三丈三尺	一丈五尺
十三堡	三丈九尺六寸	三丈一尺	一丈三尺二寸
十四堡	三丈九尺	三丈四尺	一丈六尺
十五堡	三丈三尺	三丈二尺	一丈三尺
十六堡	三丈三尺	三丈四尺	一丈二尺三寸
十七堡	三丈六尺	三丈四尺	一丈四尺
十八堡	四丈一尺	三丈七尺	一丈四尺五寸
十九堡	四丈一尺	三丈七尺	一丈四尺
二十堡	四丈	三丈七尺	一丈四尺
衛糧廳	面寬	高于地	高于灘
陽武汛頭堡	四丈	三丈二尺三寸	一丈三尺四寸
二堡	四丈三尺	三丈三尺二寸	一丈三尺二寸
三堡	四丈三尺	三丈五尺六寸	一丈五尺七寸
四堡	四丈三尺	三丈五尺三寸	一丈五尺八寸
五堡	六丈	三丈四尺三寸	一丈三尺五寸
六堡	五丈二尺	三丈六尺三寸	一丈三尺五寸
七堡	五丈	三丈七尺九寸	一丈三尺八寸

八堡	三丈	三丈七尺六寸	一丈四尺二寸
九堡	四丈五尺	四丈五尺	一丈三尺五寸
十堡	三丈三尺	三丈九尺六寸	一丈一尺三寸
十一堡	二丈六尺	三丈九尺一寸	一丈三尺二寸
十二堡	二丈八尺	三丈五尺六寸	一丈二尺一寸
十三堡	二丈八尺	三丈四尺	一丈一尺
十四堡	二丈八尺	四丈二尺	一丈二尺四寸
十五堡	二丈八尺	三丈四尺三寸	一丈五尺五寸
十六堡	三丈	二丈五尺	一丈三尺六寸
十七堡	三丈	三丈五尺	一丈九尺六寸
十八堡	五丈六尺	二丈七尺四寸	一丈一尺
十九堡	四丈	三丈六尺三寸	一丈一尺
二十堡	五丈二尺八寸	三丈六尺三寸	一丈四尺三寸
二十一堡	五丈	三丈七尺八寸	一丈三尺五寸
二十二堡	五丈	三丈六尺三寸	一丈三尺五寸
二十三堡	四丈六尺	三丈二尺	一丈三尺三寸
陽封汛頭堡	五丈	三丈二尺	一丈三尺五寸
二堡	五丈	三丈三尺	一丈三尺四寸
三堡	四丈三尺	三丈六寸	一丈三尺八寸
四堡	三丈五尺	二丈九尺	一丈八尺
五堡	四丈	四丈一尺	一丈四尺
六堡	六丈三丈	三丈四尺五寸	一丈三尺
七堡	五丈	三丈二尺	一丈四尺
八堡	五丈四尺	三丈九尺	一丈五尺三寸
九堡	六丈	三丈五尺	一丈七尺五寸
十堡	五丈	三丈四尺三寸	一丈六尺
十一堡	五丈	三丈九尺六寸	一丈四尺
十二堡	五丈	三丈六尺五寸	一丈三尺五寸
十三堡	四丈三尺	三丈九尺	一丈七尺五寸
十四堡	四丈六尺	四丈、	一丈五尺
十五堡	四丈三尺	三丈九尺	一丈六尺
十六堡	四丈三尺	三丈九尺	一丈六尺

封邱上汛一堡	三丈三尺	三丈七尺六寸	一丈五寸
二堡	三丈三尺	三丈八尺	一丈三尺五寸
三堡	五丈	三丈九尺	一丈二尺三寸
四堡	五丈六尺	四丈一尺六寸	一丈二尺
五堡	三丈三尺	四丈二尺	一丈二尺
六堡	三丈三尺	四丈一尺	一丈四尺
七堡	三丈三尺	四丈三尺	一丈三尺五寸
八堡	三丈三尺	四丈	八尺
九堡	三丈三尺	四丈	一丈一尺五寸
封邱下汛十堡	五丈	三丈五尺六寸	一丈五尺七寸
十一堡	五丈六尺	三丈三尺	一丈七尺六寸
十二堡	六丈	三丈三尺	一丈六尺五寸
十三堡	四丈六尺	三丈三尺	一丈四尺五寸
十四堡	四丈六尺	三丈三尺	二丈
十五堡	八丈二尺	三丈	二丈
十六堡	四丈三尺	三丈九尺	一丈六尺
祥河廳	面寬	高于地	高于灘
祥符汛一堡	六丈二尺	四丈	一丈四尺
頭堡	六丈二尺	四丈	一丈七尺
二堡	七丈	三丈三尺	二丈
三堡	六丈六尺	三丈	一丈八尺
四堡	五丈	三丈三尺	一丈四尺八寸
五堡	五丈六尺	三丈七寸	一丈一尺
六堡	五丈三尺	三丈四尺	一丈三尺
七堡	四丈六尺	三丈六尺	一丈一尺
八堡	四丈六尺	三丈九尺	一丈三尺
九堡	六丈	三丈九尺六寸	一丈二尺
十堡	四丈六尺	四丈四尺	一丈四尺八寸
十一堡	七丈二尺六寸	四丈四尺二寸	一丈二尺二寸
十二堡	六丈六尺	四丈七尺八寸	一丈六尺五寸
十三堡	五丈	五丈一尺四寸	一丈一尺二寸
十四堡	九丈	五丈八尺	一丈三尺九寸

十五堡	十丈	四丈八尺	二丈九尺五寸嫩灘
十六堡	十丈	四丈四尺五寸	二丈六寸嫩灘

下北廳	面寬	高于地	高于灘
祥陳汎一堡	十丈	四丈一尺	二丈嫩灘
二堡	十丈	四丈一尺六寸	二丈嫩灘
三堡	八丈五尺八寸	四丈四尺五寸	二丈嫩灘
四堡	七丈二尺六寸	四丈三尺六寸	二丈七尺七寸嫩灘
五堡	四丈六尺	四丈三尺	一丈
六堡	三丈三尺	三丈一尺	一丈三尺五寸
七堡	三丈三尺	三丈三尺六寸	一丈八尺
八堡	三丈三尺	三丈三尺	一丈一尺五寸
九堡	三丈三尺	四丈三尺	一丈五尺
十堡	三丈六尺	三丈四尺	一丈四尺
十一堡	四丈九尺五寸	三丈八尺	一丈四尺
十二堡	三丈三尺	三丈三尺	一丈二尺
陳留汎頭堡	一丈五尺	三丈六寸	一丈三尺八寸
二堡	三丈三尺	三丈二尺六寸	一丈二尺

長垣縣	面寬	高于地	高于灘
大車集	二丈三尺	六尺	五尺
東了牆	二丈	七尺	八尺
香莊	二丈八尺	七尺五寸	六尺
孟岡集	二丈六尺	七尺	七尺五寸
石頭莊	一丈五尺	八尺	八尺
大蘇莊	二丈四尺	九尺	九尺
王寨城	二丈五尺	八尺	九尺
楊桑園	三丈	七尺	八尺

滑縣	面寬	高于地	高于灘
西清城	二丈二尺	六尺	九尺
王小寨	二丈二尺	九尺	九尺
小曲集	二丈二尺	一丈二尺	七尺

開州	面寬	高于地	高于灘
瓦屋寨	一丈六尺	一丈	七尺

黄寨	一丈八尺	八尺	七尺
王新莊	二丈	八尺五寸	八尺
遂村集	二丈	八尺	七尺五寸
新牛寨	二丈二尺	八尺	八尺
王寨	二丈	八尺	八尺
雙合嶺	一丈五尺	八尺五寸	八尺
南油	一丈三尺	八尺	九尺
清湖莊	二丈	八尺	七尺五寸
習城寨	二丈四尺	九尺	九尺
喬莊	二丈	一丈五寸	一丈
李園集	二丈二尺	九尺	八尺
董樓	一丈七尺	八尺五寸	七尺
常寨	一丈一尺	八尺五寸	五尺
濮州	面寬	高于地	高于灘
宋河渠	二丈四尺	七尺	六尺
高莊月隄	三丈	九尺	
姬莊集	二丈	七尺五寸	
柳園里	二丈二尺	七尺	
李家橋	二丈四尺	八尺	
石家樓	二丈五尺	一丈	九尺
廖家橋	二丈二尺	八尺	八尺
范縣	面寬	高于地	
羊二莊集	二丈	八尺五寸	
孫樓	二丈二尺	八尺	
張東環莊	二丈	七尺	
于家莊	一丈八尺	七尺五寸	
陳坊	二丈二尺	八尺	
陽穀縣	面寬	高于地	
路莊	二丈四尺	七尺	
壽張縣	面寬	高于地	
程家莊	二丈四尺	八尺五寸	
陳家樓	二丈二尺	七尺	

孫家口	二丈四尺	七尺五寸	
花那里	二丈四尺	八尺	
周莊	二丈三尺	八尺	
陽穀縣	面寬	高于地	高于灘
疊渡朗	二丈二尺	七尺五寸	
楊家莊	一丈八尺	八尺	
晉城	一丈五尺	七尺	六尺
呂家莊	一丈	六尺	六尺
大風口	一丈六尺	五尺五寸	五尺
陶城鋪運河口	三丈	九尺	
魏家山	二丈二尺	七尺	五尺
王家坡	一丈五尺	五尺	四尺
南橋	一丈六尺	四尺	三尺
舊城	一丈八尺	六尺	四尺
張家道口	二丈二尺	九尺	五尺
井家圈	二丈四尺	七尺	
姜家樓	二丈八尺	一丈一尺	八尺
滑口	二丈四尺	九尺	七尺
平陰縣	面寬	高于地	高于灘
于家窩	二丈二尺	六尺	五尺
大義屯	二丈五尺	九尺	六尺
孫家溜	二丈六尺	九尺五寸	八尺
湖溪渡	二丈四尺	九尺	
朱家圈	二丈六尺	九尺五寸	
陶家嘴	二丈四尺	一丈一尺	九尺
肥城縣	面寬	高于地	高于灘
傅家岸	二丈六尺	一丈	
李家隤	二丈八尺	九尺	八尺五寸
長清縣	面寬	高于地	高于灘
五哥廟	二丈二尺	一丈	
顧道口	二丈五尺	一丈二尺	
孫莊	一丈二尺	一丈三尺	八尺

地名	面寬	高于地	高于灘
五龍潭	二丈	一丈五尺	九尺
大馬頭	二丈四尺	一丈一尺	九尺
董家寺	二丈六尺	一丈	九尺
荊隆口	二丈四尺	一丈二尺	八尺
孔官莊	二丈五尺	一丈一尺	九尺
陰河	二丈五尺	一丈	八尺五寸
楊家道口	二丈四尺	九尺	
焦莊	二丈四尺	一丈	九尺
齊河縣	面寬	高于地	高于灘
張村	二丈五尺	一丈一尺	
高套	三丈二尺	一丈五寸	
曹家營	三丈五尺	一丈一尺	
豆腐窩	二丈一尺五寸	一丈三尺	
元莊	二丈四尺	一丈二尺五寸	一丈
五里鋪	二丈二尺	一丈三尺	
南垣	六丈四尺連幫隄	一丈三尺	
齊河東門外	二丈二尺	一丈一尺五寸	六尺二寸
郭家集	二丈三尺	一丈三尺	七尺
朱河圈	三丈五尺	一丈一尺	六尺
歷城縣	面寬	高于地	高于灘
大王廟西	二丈二尺	一丈一尺	六尺
北濼口石隄	二丈	四尺	
鵲山東	二丈二尺	一丈	六尺
邢家渡口	一丈八尺	九尺	八尺
史家塢	一丈七尺	一丈一尺	七尺
朱毛店	二丈	一丈一尺	七尺
席家渡	二丈二尺	一丈一尺	八尺五寸
濟陽縣	面寬	高于地	高于灘
十里鋪	二丈二尺	一丈一尺五寸	八尺
南門外三合土隄	七尺三寸	六尺三寸	
戴家莊	二丈二尺	一丈	七尺五寸
葛家店	二丈一尺	一丈一尺四寸	六尺四寸

三省黃河全圖南岸隄工高寬表

上南廳	面寬	高于地	高于灘
滎澤汛兵頭堡	三丈三尺	一丈八尺	一丈五尺
頭堡	三丈三尺	一丈八尺	一丈五尺
二堡	三丈三尺四寸	二丈三尺	一丈四尺五寸
三堡	四丈八尺	一丈八尺	九尺四寸
四堡	四丈九尺五寸	一丈八尺	九尺四寸
五堡	四丈九尺五寸	一丈八尺四寸	一丈五寸
兵二堡	三丈三尺	一丈八尺	一丈一尺
六堡	三丈三尺	一丈八尺	一丈一尺
七堡	三丈三尺	一丈七尺八寸	一丈四尺八寸
八堡	二丈三尺	二丈一尺	一丈四尺
九堡	四丈	二丈二尺七寸	一丈六尺
十堡	二十丈	二丈三尺	二丈
兵三堡	二十丈	二丈三尺	二丈
十一堡	八丈三尺	二丈八尺	一丈九尺
十二堡	九丈二尺	一丈三尺	一丈八尺二寸
鄭上汛一堡	十丈二尺	二丈三尺	一丈八尺五寸
兵一堡	十丈二尺	二丈二尺	二丈
二堡	六丈	一丈八尺五寸	一丈八尺二寸
三堡	四丈九尺	一丈八尺五寸	一丈三尺五寸
兵二堡	五丈	一丈七尺	一丈三尺五寸
四堡	四丈六尺	一丈八尺	一丈一尺
兵三堡	六丈六尺	一丈八尺	一丈六尺
五堡	八丈三尺五寸	二丈五尺	一丈六尺
六堡	九丈六尺	二丈七尺四寸	二丈
七堡	七丈六尺	二丈五尺	一丈七尺
兵四堡	八丈三尺	二丈九尺	一丈四尺五寸
八堡	九丈	二丈五尺五寸	一丈四尺八寸
鄭下汛九堡	十丈二尺三寸	二丈九尺七寸	一丈八尺四寸
兵五堡	二十二丈一尺一寸	二丈五尺	一丈八尺八寸
十堡	二十二丈一尺一寸	二丈五尺	一丈八尺八寸

鄭工合龍處	二十三丈一尺五寸	三丈九尺	二丈五尺七寸
十一堡	二十六丈七尺	二丈二尺四寸	一丈一尺八寸
兵六堡	四丈二尺九寸	二丈六尺四寸	一丈七尺一寸
十二堡	四丈二尺九寸	二丈六尺四寸	一丈七尺一寸
兵七堡	五丈六尺一寸	二丈八尺三寸	一丈七尺一寸
十三堡	五丈六尺一寸	二丈八尺三寸	一丈七尺一寸
十四堡	八丈二尺五寸	二丈八尺三寸	一丈九尺五寸
兵八堡	一丈一尺八寸	二丈二尺四寸	一丈六尺五寸
十五堡	一丈一尺八寸	二丈二尺四寸	一丈六尺五寸
十六堡	三丈三尺	二丈八尺	一丈五寸
十七堡	四丈九尺五寸	三丈二尺	七尺二寸
兵九堡	三丈三尺	二丈五尺	五尺六寸
十八堡	三丈三尺	二丈五尺	五尺六寸
中河廳	面寬	高于地	高于灘
中牟上汎兵頭堡	三丈三尺	三丈一尺	一丈三尺
頭堡	三丈三尺	三丈一尺	一丈
二堡	九丈	二丈八尺五寸	一丈二尺
三堡	五丈四尺	三丈一尺	一丈三尺二寸
四堡	八丈九尺	二丈六尺四寸	一丈三尺八寸
兵二堡	五丈九尺四寸	三丈一尺	一丈五寸
五堡	十丈	三丈一尺三寸	一丈四尺八寸
六堡	四丈六尺	三丈一尺六寸	一丈一尺八寸
兵三堡	七丈九尺	二丈八尺三寸	八尺五寸
七堡	七丈九尺	二丈八尺三寸	八尺五寸
八堡	四丈八尺	二丈三尺四寸	一丈二尺二寸
兵四堡	四丈八尺	二丈三尺七寸	一丈五寸
九堡	四丈八尺	二丈三尺七寸	一丈五寸
十堡	五丈六尺	一丈五尺八寸	一丈一尺二寸
兵五堡	五丈	一丈六尺	一丈一尺
十一堡	五丈二尺	一丈六尺五寸	一丈一尺二寸
兵六堡	五丈二尺	三丈一尺六寸	七尺二寸
中牟下汎頭堡	七丈二尺六寸	三丈三尺	一丈六尺

兵頭堡	八丈五尺八寸	三丈四尺三寸	八尺八寸
二堡	八丈二尺五寸	三丈六尺	二丈二尺
三堡	七丈二尺六寸	四丈	二丈三尺四寸
兵二堡	七丈九尺二寸	三丈九尺二寸	一丈二尺
四堡	九丈二尺四寸	三丈七尺九寸	一丈六尺
五堡	七丈二尺六寸	三丈七尺五寸	一丈六尺
兵三堡	十丈八尺九寸	三丈	一丈五尺
六堡	七丈二尺六寸	二丈一尺	一丈七尺
七堡	九丈九尺	二丈三尺	一丈七尺
兵四堡	九丈二尺四寸	二丈五尺	一丈六尺三寸
八堡	二十五丈七尺四寸連後戧	三丈一尺八寸	一丈五尺
九堡	十七丈八尺	二丈六尺	一丈六尺
兵五堡	十丈	二丈一尺二寸	一丈八尺
十堡	八丈	一丈九尺	一丈一尺二寸
十一堡	七丈六尺	一丈八尺	一丈二尺
兵六堡	九丈五寸	一丈八尺	一丈二尺
十二堡	九丈一尺五寸	一丈八尺五寸	一丈一尺五寸
十三堡	六丈	一丈九尺一寸	一丈一尺五寸
兵七堡	六丈五尺	二丈	一丈二尺
十四堡	七丈二尺六寸	一丈九尺	一丈三尺二寸
十五堡	五丈六尺	二丈一尺五寸	八尺二寸
兵八堡	五丈	一丈三尺二寸	八尺
十六堡	五丈	一丈五尺	一丈
十七堡	四丈三尺	一丈七尺	一丈二尺
兵九堡	四丈	一丈七尺	九尺
十八堡	四丈	一丈九尺	一丈一尺
十九堡	三丈六尺	二丈一尺	一丈
兵十堡	三丈六尺	二丈	一丈
二十堡	三丈三尺	一丈九尺八寸	一丈
下南廳	面寬	高于地	高于灘
祥符上汛頭堡	三丈三尺	一丈九尺六寸	一丈
兵一堡	三丈三尺	二丈五寸	九尺五寸

二堡	三丈	二丈二尺	九尺
三堡	三丈	二丈	一丈一尺五寸
四堡	三丈	二丈	一丈一尺
兵二堡	三丈	一丈九尺	一丈五寸
五堡	三丈	一丈七尺五寸	一丈二尺
六堡	三丈	二丈四尺	一丈
七堡	三丈二尺	一丈七尺一寸	七尺
兵三堡	三丈三尺	一丈六尺五寸	六尺五寸
八堡	三丈五尺	一丈六尺一寸	六尺
九堡	四丈二尺	二丈九尺	八尺五寸
十堡	四丈六尺二寸	二丈四寸	六尺六寸
兵四堡	六丈二尺二寸	二丈六尺三寸	七尺三寸
十一堡	四丈六尺三寸	二丈九尺四寸	六尺八寸
十二堡	三丈六尺三寸	三丈一尺	一丈二尺
十三堡	三丈三尺	二丈一尺	一丈三尺
十四堡	七丈五尺八寸	二丈一尺二寸	一丈三尺三寸
兵五堡	七丈	二丈一尺二寸	一丈二尺九寸
十五堡	六丈五尺	二丈一尺二寸	一丈三尺
十六堡	六丈三尺	二丈一尺二寸	一丈四尺五寸
兵六堡	六丈八尺	三丈一尺三寸	一丈六尺
十七堡	十丈	三丈	一丈六尺
十八堡	十三丈	三丈	一丈六尺
十九堡	十丈	三丈	二丈六尺
兵七堡	十丈	三丈一尺	二丈八尺
二十堡	八丈	三丈九寸	二丈六尺
二十一堡	七丈八尺	三丈四尺	二丈八尺
二十二堡	七丈九尺二寸	三丈五尺	二丈六尺
兵八堡	八丈四尺七寸	四丈	一丈一尺二寸
二十三堡	八丈五尺	三丈二尺	一丈二尺
二十四堡	十五丈	二丈三尺	一丈四尺
二十五堡	十四丈二尺	二丈三尺	一丈三尺
二十六堡	十二丈八尺	三丈三尺	一丈五尺六寸

兵九堡	十二丈八尺	三丈四尺	一丈五尺六寸
二十七堡	十丈五尺	二丈四尺	一丈八尺
二十八堡	六丈三尺	一丈八尺	一丈三尺
二十九堡	四丈九尺	一丈一尺	九尺
兵十堡	五丈五尺	一丈三尺	一丈二寸
三十堡	五丈	一丈一尺	七尺
三十一堡	七丈一尺	二丈	一丈
兵十一堡	六丈六尺	一丈三尺八寸	一丈四尺
三十二堡	六丈六尺	一丈三尺二寸	一丈三尺
三十三堡	六丈六尺	二丈一尺七寸	一丈三尺二寸
祥符下汛頭堡	四丈九尺	一丈二尺	九尺二寸
兵頭堡	六尺六寸	一丈一尺	五尺九寸
二堡	十丈五尺	一丈七尺	六尺
三堡	六丈六尺	一丈九尺	八尺
四堡	六丈六尺	二丈一尺	三尺
兵二堡	六丈六尺	一丈八尺二寸	二尺三寸
五堡	三丈九尺	一丈八尺	四尺六寸
六堡	三丈三尺四寸	二丈二尺	六尺
七堡	三丈三尺	二丈二尺	四尺
兵三堡	六丈五尺	三丈二尺	八尺
八堡	六丈五尺	一丈九尺	五尺九寸
九堡	七丈	二丈七尺	一丈二尺
十堡	六丈六尺	二丈五尺	八尺二寸
兵四堡	四丈	二丈五寸	六尺
十一堡	五丈二尺	二丈八尺	七尺八寸
十二堡	五丈六尺	二丈八尺	一丈
十三堡	三丈六尺	二丈四尺	四尺六寸
兵五堡	三丈六尺	三丈五寸	八尺五寸
十四堡	二丈九尺	三丈二尺	一丈五尺
十五堡	一丈九尺	三丈二尺	八尺
十六堡	二丈九尺	二丈六尺	一丈八寸
兵六堡	三丈三尺七寸	三丈	一丈二尺五寸

十七堡	七丈二尺	二丈九尺七寸	一丈四尺
十八堡	四丈四尺八寸	二丈九尺	一丈二尺五寸
十九堡	二丈四尺七寸	二丈九尺	一丈三尺
兵七堡	二丈三尺七寸	二丈九尺	一丈一尺
二十堡	四丈六尺	三丈六尺	一丈三尺
二十一堡	六丈一尺	三丈	一丈
二十二堡	三丈四尺	二丈三尺	一丈四尺
二十三堡	三丈六尺	一丈八尺	一丈四尺
兵八堡	二丈七尺	一丈八尺	一丈一尺
二十四堡	三丈四尺六寸	一丈七尺	一丈四尺
二十五堡	三丈四尺七寸	一丈九尺二寸	一丈二尺
二十六堡	三丈九尺六寸	一丈八尺八寸	一丈三寸
兵九堡	三丈七尺七寸	一丈六尺	一丈
二十七堡	二丈一寸	一丈七尺	四尺六寸
二十八堡	一丈六尺五寸	一丈八尺五寸	八尺六寸
二十九堡	三丈	二丈六尺四寸	一丈
兵十堡	一丈八尺	二丈六尺	一丈一尺
三十堡	二丈三尺	二丈三尺	一丈
三十一堡	二丈一尺四寸	二丈六尺	一丈
三十二堡	一丈九尺	二丈五尺	五尺九寸
兵十一堡	五丈三尺	七尺八寸	二丈八尺
三十三堡	二丈六尺	一丈	六尺
三十四堡	二丈	二丈五尺	六尺
三十五堡	二丈	三丈四尺	一丈二尺
兵十二堡	五丈六尺	二丈八尺四寸	九尺九寸
三十六堡	一丈六尺	一丈三尺	三丈三尺
三十七堡	一丈六尺五寸	三丈二尺	一丈一尺二寸
三十八堡	二丈四尺七寸	三丈六尺	九尺二寸
陳留汛一堡	二丈六尺	三丈七尺	一丈三尺
二堡	三丈	三丈八尺	一丈三尺
兵一堡	二丈二尺一寸	五丈七尺九寸	一丈二尺八寸
三堡	一丈八尺	三丈八尺	一丈二尺

四堡	二丈二尺	三丈五尺	一丈三尺
兵二堡	二丈二尺	三丈五尺	一丈三尺二寸
五堡	三丈三尺	五丈	一丈四尺
六堡	二丈六尺四寸	五丈八寸	一丈一尺二寸
兵三堡	二丈六尺四寸	五丈八寸	一丈
七堡	二丈六尺	五丈八寸	一丈
八堡	三丈三尺	二丈八尺	一丈四尺五寸
兵四堡	五丈二尺八寸	二丈三尺	一丈四尺
九堡	三丈三尺	四丈四尺八寸	一丈四尺八寸
十堡	五丈	四丈四尺八寸	一丈四尺八寸
兵五堡	五丈	四丈五尺	一丈四尺
十一堡	二丈八尺	四丈五尺	一丈四尺
十二堡	三丈三尺	四丈六尺	一丈五寸
兵六堡	三丈六尺	三丈六尺	二丈二寸
十三堡	三丈六尺三寸	四丈四尺二寸	一丈三尺八寸
兵七堡	三丈八尺五寸	四丈二尺	一丈三尺
十四堡	四丈九尺	三丈六尺	二丈二寸
蘭儀縣	面寬	高于地	高于灘
頭堡	三丈九尺	三丈七尺	一丈七尺
二堡	四丈九尺五寸	三丈七尺二寸	二丈
三堡	五丈	三丈七尺	一丈九尺
銅瓦廂壩頭	面寬	高于地	高于灘
閻潭	二丈九尺 連幫隄	七尺	七尺
黃工上汛果寨	二丈二尺	八尺	
何寨月隄	四丈五尺	一丈	一丈
何寨	九丈 連幫隄	一丈	
黃工中汛高村	一丈六尺	一丈	
白店	三丈五尺 内月隄五丈	一丈 内月隄一丈	一丈一尺
黃工下汛黃莊	八丈五尺	六尺	六尺二寸
東明縣	面寬	高于地	高于灘
黃工下汛	十一丈四尺 連幫隄	七尺	七尺
賈莊	三丈七尺	九尺六寸	一丈

菏澤縣	面寬	高于地	高于灘
藍路口	十五丈三尺連幫隄	六尺七寸	
劉屯至雙合嶺	三丈五尺	九尺六寸	
王盛屯	二丈	八尺	八尺
前黨堂東	二丈二尺	一丈	九尺五寸
濮州	面寬	高于地	高于灘
董家口	二丈	九尺	九尺
王莊	一丈八尺	八尺	八尺二寸
鼎堂莊前新築民隄	二丈	七尺	七尺
壽張界	面寬	高于地	高于灘
小龍灣	二丈	七尺	七尺三寸
郭莊	一丈五尺	七尺	七尺一寸
馬家那里	四丈	九尺八寸	
陽穀縣	面寬	高于地	高于灘
路莊	十三丈六尺連幫隄	一丈五尺	一丈四尺
孫莊	六丈	一丈九尺	
十里鋪孫莊	六丈五尺	一丈二尺	
壽張縣運河口于莊	四丈四尺	一丈	九尺
東平州	面寬	高于地	高于灘
王莊	一丈五尺	七尺	六尺八寸
馬山腳	一丈一尺	六尺	六尺
尹山	一丈	五尺	四尺九寸
鐵山	一丈一尺	五尺	四尺五寸
東阿縣	面寬	高于地	高于灘
里連橋	一丈八尺	七尺	七尺一寸
馮家莊	一丈一尺	四尺	三尺五寸
行月樓	一丈二尺	四尺	三尺八寸
紅廟	二丈六尺連幫隄	五尺	五尺
河圈莊	三丈	五尺	四尺五寸
南店	一丈九尺	六尺	
長清縣	面寬	高于地	高于灘
玉符河口	一丈九尺	九尺	

玉符河口北店	二丈四尺	一丈五寸	五尺五寸
席家渡口	二丈五尺	八尺	三尺五寸
段家莊	一丈八尺	一丈三尺五寸	六尺
歷城縣	面寬	高于地	高于灘
新徐莊	二丈一尺	一丈四尺	八尺五寸
丁家莊	一丈八尺	九尺六寸	四尺五寸
大魯莊	二丈	一丈四尺二寸	九尺
南灤口石隄	六丈	八尺四寸	
吉家莊	二丈五尺	一丈一尺	六尺五寸
堰頭	二丈二尺	九尺八寸	七尺
新開口	二丈二尺	七尺	
王家路	二丈二尺	一丈	七尺八寸
孟家園	二丈一尺	九尺七寸	六尺
秦家道口	二丈一尺	九尺	
章邱縣	面寬	高于地	高于灘
溞溝	三丈	一丈六寸	
席家道口	一丈五尺	六尺五寸	六尺一寸
濟陽縣對岸土城隄	一丈九尺	八尺九寸	
盛家莊	一丈五尺	一丈	四尺五寸
何王莊	一丈	六尺四寸	三尺二寸
濟陽縣	面寬	高于地	高于灘
侯家莊斷隄	八尺	四尺	四尺五寸
齊東縣	面寬	高于地	高于灘
張家莊	一丈	五尺六寸	四尺
縣城北關	一丈四尺	八尺八寸	四尺
東王莊斷隄	八尺	三尺八寸	三尺
于王口	七尺	二尺九寸	二尺七寸
青城縣	面寬	高于地	高于灘
小李莊	七尺	二尺九寸	二尺七寸
孟家口	七尺	三尺	二尺五寸
趙家莊斷隄	五尺	三尺六寸	三尺三寸
小青河	九尺二寸	五尺七寸	五尺七寸

李家集	一丈	四尺五寸	三尺七寸
小青城	六尺	三尺五寸	三尺二寸
宮家莊北岸姚家口	九尺	五尺九寸	四尺二寸
董家口	八尺五寸	四尺八寸	四尺二寸
濱州	面寬	高于地	高于灘
翟家寺西一里	一丈	五尺九寸	四尺五寸
周家莊東面存隄	一丈	六尺二寸	三尺六寸
祁家莊存隄	一丈五尺	六尺九寸	五尺
高家莊	一丈二尺	三尺二寸	三尺二寸
潘家閣	一丈一尺	六尺九寸	六尺三寸
謝家莊	九尺	六尺六寸	五尺八寸
蒲台縣	面寬	高于地	高于灘
護城隄	一丈五尺	八尺三寸	四尺八寸
縣城東關	二丈	六尺	四尺二寸
東五里莊	一丈	七尺七寸	三尺五寸
龍王崖	一丈五寸	五尺二寸	五尺
賈家莊	一丈四尺三寸	七尺	六尺
三岔鎮	一丈	四尺六寸	六尺五寸
宮家莊對岸	一丈	五尺	六尺二寸
圈裏張家	一丈	五尺	三尺六寸
曹家店	一丈二尺九寸	七尺四寸	六尺四寸
利津縣	面寬	高于地	高于灘
四行子	一丈三尺	七尺四寸	六尺一寸
韓莊	一丈四尺	六尺二寸	五尺
縣城對岸	一丈四尺	七尺六寸	七尺三寸
白家莊	一丈二尺	六尺一寸	六尺三寸
宋家莊	一丈	八尺七寸	七尺七寸
張家莊	二丈二尺	四尺六寸	四尺七寸
甯海莊	一丈	七尺一寸	
大十六戶	一丈一尺	九尺	六尺九寸
西灘莊下	一丈四尺	七尺五寸	六尺八寸
辛莊上游	一丈五尺	八尺一寸	六尺六寸
辛莊	一丈五尺五寸	六尺三寸	五尺五寸
韓家垣斷隄	二丈	二尺六寸	二尺五寸
鐵門關碼頭對岸	一丈	七尺二寸	五尺
瓶子	一丈	八尺	六尺五寸
北塔鹽灘	一丈	六尺七寸	五尺一寸
南隄盡處	一丈	六尺五寸	四尺二寸

三省黄河北岸金隄表

自滑縣白道口二十二里至開州界又十里至李陵平又四里半至侯道口又十二里至開州城南又二十三里至清河頭又二十里至柳下屯又二十三里至濮州界又七里至葛家樓又十六里至范縣界又十二里至張青營又二十里至范縣城又四里半至壽張縣界鬬虎店又七里半至賀家廟又十四里半至闞門口又十七里半至壽張縣城又十二里至慈勝寺又十三里半至曹隄口又三里至張秋鎮

北岸遥隄表

自曹隄口接金隄起十三里半至顔家格隄又六里半至運河門又十八里半至小于莊又十九里至香山又十九里至平陰東河界又十里至王家莊又二十二里至肥城平陰界又十九里至長清界之格隄又十六里至白家鋪又十四里至長清齊河界又八里至蔣家莊又十五里至十里鋪又十四里至七里鋪又七里一百七十五丈至位莊梯子壩口又三里一百六十二丈至李家岸隄斷處計斷三里九十三丈至殘隄計殘八里三十八丈至斷隄計斷二里六十二丈至鐵匠莊又八里一百三十一丈至王二鎮又十七里一百七十九丈至孔家莊又九里二丈至姚趙店又十二里五十七丈至無當廟又二里七十丈至吴家寨又五里八十七丈至田家莊又七里九十一丈至葛莊又七里一百二丈至小董家莊又十四里一百四十二丈至趙家莊又九里一百五丈至畢家集又二里二十九丈五尺又二十六丈五尺至隄斷處計續築月隄一里一百十八丈至隄斷處計斷五里五十九丈至續月隄計續九十三丈至隄斷處又二十六丈接月隄又三里一百七十二丈五尺接王家圈梯子壩又一里四十二丈七尺至隄斷處計斷十四里一百七十一丈起高家莊十四里一百七十丈五尺至大陳家又十里至孟家莊又十四里二十丈至王家集又九里十二丈至清河鎮又九里三十丈至魏家集東隄斷處計斷四里一百七丈又十里二丈五尺至老君堂梯子壩又十一里七十丈至張家莊又十一里二十八丈至紀家溝又十一里一百五十四丈五尺至彭家莊又十三里五十二丈至小方家莊又九里八十丈至馬家莊又八里九十一丈至小有家莊又十三里一百三十七丈至于家莊又七里一百六十丈至貴皃李家

莊又七里五十六丈至小胡家莊又七里一百丈至大馬家莊遥隄盡處接入縷隄

南岸遥隄表

自銅瓦廂二十五里至四門堂又四十八里至果寨又十八里至黄工上汛界又二十六里半至黄工中汛界又十八里一百二十丈至東明荷澤界又十一里一百三十丈至賈莊合龍處又十四里一百三十丈至開州濮州界又七十六里至范縣鄆城界又四十四里半至鄆城壽張界又十六里至趙王河口趙家那里又八里半至黄花寺又十四里至路莊又十二里五十丈至十里鋪自十里鋪至韓家莊皆山無隄自韓家莊又十里至玉符河吴家莊自玉符河濱十三里一百十九丈至演馬莊東轉角又六里一百六十九丈至日月輪山又三里一百六十丈至藥山東麓以東接大隄又十六里八十七又至華山又五里半至卧牛山東麓又十二里三十四丈八尺至石家莊又二十三里一百四十七丈六尺至黄家莊梯子壩又二十里一百五十一丈五尺至南李莊又十六里二十九丈至金王莊外月隄盡處又十四里一百五十一丈至濟字前營中右哨分界之梯子壩中又十六里一百五十九丈至濟字前營右後哨界又十九里五十九丈六尺至河成左營前哨界又十一里一百二十八丈七尺至河成左營前左哨界又十里三十丈至清河渡口又十一里一百四十五丈六尺至河成左營左中哨界又十一里一百五十丈至河城左營中右哨界又十七里二十丈六尺至河成左營右後哨界又十七里一百十三丈八尺至河成後營前哨界又十五里一百十四丈至河成後營後哨界又十六里一百七十四丈至河成後營中左哨界又十一里八十二丈至河成後營右哨界又十五里三十丈至黄壩頭缺口又十三里八十二丈至梅家莊遥隄盡處接入利津縷隄

述意十二條

一河圖之興權輿上古周漢緯書有河圖始開圖河圖稽耀鉤河圖稽命徵河圖括地象龍魚河圖諸目緣字赤文間存一二命名之義莫得而詳惟始開圖云黃帝問風后余欲知河之始開風后曰河凡有五皆始開乎崑崙之墟又稱帝命伯禹曰告汝九術五勝之常可以克之汝能從之汝師徒將興尋繹數言略知本意易稱河出圖聖人則之魯論稱河不出圖吾已矣夫經典昭垂圖之最古者莫河圖若也

聖朝苞符大啓而祥瑞不言炳軒宓之圖書斥哀平之符讖河圖之作主於實事求是較之宋景以歷紀推言水災偽稱洞視玉版者意迥殊焉

一我

朝

列聖相承聰明天亶

聖祖仁皇帝研求數理過於顓門實為萬古首開風氣恭讀

聖訓康熙三十九年直隸總督王新命以修理永定河繪圖呈進

聖祖披閱指問曰此圖曲折闊狹與河形不符如一百八十丈為一里則以尺為丈或以寸為丈更或以分釐為丈尺量其遠近按尺寸繪之方與河形相符一覽了然今爾此圖皆意度為之未見明確著另繪圖呈覽五十年又

諭大學士等天上度數俱從地之寬大脗合以周時之尺算之天上一度即有地上二百五十里以今時之尺算之天上一度即有地上二百里自古以來繪輿圖者俱不依照天上之度數以推算地理之遠近故差誤者多前特差能算善畫之人將東北一帶山川地理俱照天上度數推算詳加繪圖

聖訓煌煌誠萬世所宜遵守茲圖以分釐為丈尺以天度定地理惟恪遵

祖訓求與河形相符非好為詳核也

一輿圖之學古人最重而其法未備故不能如近世之精晉裴秀方丈圖以

一分為十里一寸為百里唐賈耽海內華夷圖亦以寸為百里明朱思本縱橫界畫以五十里為一方此皆古圖之最精者

國初劉繼莊嘗言圖至十里一方則竟無從著手四至八到方方湊合求其毛髮不爽難之又難胡渭作歷代河圖亦云辨方正位存其梗概非身所親歷終無以得其真蓋圖學之難如此近時長江圖五里一方江蘇省圖二里一方為最精核之本此圖每方一里尤為前此所無蓋河形曲折一里數變壩身隄面丈尺無多如以二里為一方則數十丈一曲之河與長數丈之壩寬數丈之隄皆不能繪入方內然非身所親歷亦安能成此真實可據之圖知今之所以難益知古之所以不易耳

一河圖向無善本每年咨報歲搶工程全圖皆出吏胥之手不過取多年藍本更改描畫於工段長短形勢險易道里遠近無可鉤稽且東河河道地兼三省籌治河者當合全局以謀之如常山之陣擊首則尾應擊尾則首應而東省之河勢問之豫省不能知豫省之河勢問之東省不能知兩省不能如一省一河遂幾如兩河由全河無圖可攷之故也茲圖西自河南閿鄉金斗關河流入豫之處起東至山東利津鐵門關河流入海之處止凡二千四十餘里沿河三省州縣村莊隄岸埽壩曾經測量者例皆繪入庶幾全河形勢可以一目瞭然

一圖莫難于地輿圖地輿莫難于水道圖水道莫難于河圖河又莫難于圖現在之河蓋非先測後繪不能得其真形非若歷來之圖以意度為之者可比韓非言畫工惡圖犬馬好圖鬼魅實事難形而虛偽不窮其言信然昔胡文忠林翼作

大清一統輿圖歷數載而始成此圖較一統圖有更難者蓋以遠近論一統圖數萬里此圖僅二千里之河彼遠而此近以虛實論一統圖僅取

內府舊圖鉤稽參覈此圖全無藍本跬步毫釐皆由測量得數此實而彼虛矣

一測量之事起自帝堯虞書稱宅東嵎夷宅西昧谷宅與度古字通用所謂度者即測量也淮南王書稱堯為天子天下遠近險易始有道里尤其明諭數千年來幾成絕業

聖朝育虞孕夏稽古同天風氣大開實效將睹然知其理尚易而行其法甚難施之黃河尤難之難者約舉其端蓋有十事兩岸測量先求對綫小則目不能見大則游移生差其難一也隄非一重灘非一岸南北合計六綫之多得東遺西顧此失彼其難二也器不精良何能盡善至於用器又易有差非器精用嫺差且罔覺其難三也秫林葦地蔽日連天遠勢難知得尺得寸其難四也隄為水斷跬步難施須出横綫比例得數若無横綫地步又須涉河用測兩遠相距法費時既多所得無幾其難五也隄岸難取直角非鈍即鋭比例難準展轉設法心力俱憊其難六也隄綫灘綫量用鐵絲絲與隄灘均有凹凸積微成鉅數里必差其難七也移步換形稍縱即逝五官並用庶免遺忘其難八也目光之差或偏左右須自試定以法消之白馬昌門易成匹練其難九也光綫入目多成弧形不能徑直且有气差與弧面差故測量之人宜兼明光學其難十也至於用力又有數難三汛時至水皆漫灘舟大則膠舟小則危絓於叢樹死生呼吸其難一自朝至昃暴露河干行不能車立不能蓋烈日風寒靡所栖息其難二東北際海西南亘山舟輿不通人跡罕到跋涉艱險為世所無其難三濱河之地多同沙漠村落絕少食宿難求既患枵腹兼有戒心其難四是以寒暑一易測量始周昔常仲將書凌雲殿榜閣立本畫凌煙閣圖幾欲罷而不能悔擇術之未慎以今方昔殆有同情矣

一測算非所以治河而治河之道未有不資於測算周髀算經曰故禹之所以治天下者此數之所由生也趙岐注云禹治洪水決疏江河望山川之形定高下之勢除滔天之災釋昏墊之厄使東注于海而無浸溺乃勾股

之所由生據此數言是漢儒尚知治水之必用算學元郭守敬為千古算學名家嘗以海面較京師至汴梁定其地形高下之差又自孟門而東循黃河故道縱橫數百里閒各為測量地平或可以分殺河勢或可以灌漑田土其事見於元史本傳可見測算黃河古人行之已久近人馮桂芬有測河道議欲以此事行之於直隸山東河南三省惟徧測各州縣高下其事甚難耳

一南江北河天所以分南戒然江為自禹以來數千年不變之江而河則為咸豐以來數十年新變之河咸豐以前舊河皆已遷之壑舟也咸豐以前舊圖皆已陳之芻狗也濱河一帶皆水所縱橫糜爛之區往迹蕩然絕無可攷以視長江兩岸某水某山歷歷皆在古言古事一一可徵者真有霄壤之殊故圖河視圖江難且數倍然作圖之意專為全河形勢兩岸工程重在知今不在攷古其山川遠近郡縣沿革無關命意悉不加詳至古賢遺蹟名勝輿區靡藉鋪陳皆從刊削惟以徵實為主云

一昔人有云以書諭者不盡事之情以鞭御者不盡馬之變持有定之圖不可以治有定之河況欲以治無定之河雖然天下無定者皆受治于有定以無定治無定愈不可治矣且河之無定者水也而隄則有定無定者灘也而岸則有定明於有定之數則無定之數不能出其範圍目論之士識囿方隅動言今日之圖不合明日之用似矣不知天下事無一勞永逸者無一成不變者康熙時之歷象考成何以至乾隆而必須再訂雍正時之
大清會典何以至嘉慶而必須重修河渠為
國家大政將聽其前此之變遷而無可攷聽其後此之變遷而不為備乎夫河卽善變亦須數年二千四十里中必不里里皆變一百六十篇中必不篇篇皆變每歲三汛前後使人巡視仿繪其變者易之其不變者仍之較之臨事搶修所費猶為轂爾

一治河者必先知河善治河者必通知全河於全河之形勢其處寬其處窄其處灣其處直其處高其處下其處淺其處深無一事不了然于胸中而後可以得治河之要領若但知辨工而不知減工但知一節而不知全局非善治河者也包世臣之言曰河臣以能知長河深淺寬窄者為上能明錢糧者次之陳潢告靳輔之言曰治患者非即於患處治之也必推其所以致患之處而急圖之非歷覽而規度焉則地勢之高下水勢之來去施工之次序皆不可得而明矣此皆能通知全河之說也欲通知全河舍此圖其奚自哉

一明萬歷中科臣尹瑾踏勘河工繪圖以進因奏黃淮之形勢實關國家之命脈如知其為祖陵之密邇則思培護之當嚴知其為京師之通津則思疏浚之當豫知漕運關乎國用則思河務之當修知壤地切乎民生則思保障之當急知堰隄之綿亙則思上流之宜防知壩閘之布列則思下流之當浚觀今日之順軌當思昔日之橫流觀土功之艱鉅當思保守之不易擇人以重其寄久任以責其成歲修以績其工綜核以稽其實所言均甚切至雖今昔情形辨法均有不同然大略亦不外此矣

一此圖實用可以略舉十端綜全河之形勢汛漲皆可預防其用一核全隄之丈尺土料皆可實估其用二知河面之闊狹挑戗不至誤設其用三察灘形之利害守切不至謬施其用四定村莊之名目稟報無從影射其用五詳營汛之界限修守無從推諉其用六具高下之確數兩岸得以合籌其用七挈首尾之要樞千里得以相應其用八備三省之工程欲改易而成規可案其用九存一代之掌故雖變遷而遺跡可求其用十凡此十用特其大綱賡續擴充望諸來者要之河不變則此圖不變河即欲變而能用此圖亦可以不至于變虛心察之實力行之二千里順軌之圖即億萬年安瀾之券也

三省黃河圖後敘

海防江防河防皆不可無圖圖而不準適足以誤事近數十年來泰西各國輿圖之學日益精求而中國海道圖長江圖亦皆參用西法測繪精密獨河道無總圖亦無善本蓋豫省人才於天文測量之學尚多隔閡風氣未開因陋就簡以河圖責之吏胥摹繪草率悉依舊本南北七廳所轄之區僅存大畧上下游則無從問津矣光緒戊子冬十二月鄭工合龍以後設局開辦善後事宜臣所竭壹講求者以添築石壩測繪河圖為最要

奏調福建船政局上海機器局天津製造局廣東輿圖局精於測算工於繪畫之委員學生二十餘人並委道員易順鼎總理河道圖說事務自黃河入豫境之閿鄉縣起至山東利津縣之海口止分作四段圖成則合而為一每方一里總計河道二千四十二里為圖一百五十七紙河身之寬窄以沙灘隄岸為限南北兩岸之高下以隄外民地為率河溜之緩急以溜箭之多寡為別東西南北之方向道里之遠近皆以天文星度為準雖河水之忽長忽落沙灘之忽有忽無日變遷而不可知原非一圖所能定而頂衝坐灣分溜合流何處工險何處工緩大致不出此圖但使河工人員留心講習以後逐年伏秋大汛變易情形隨時添注圖內以無定之說補有定之圖是在後之人輔其不逮精益求精則以是圖為發軔之端可也經始於光緒十五年五月閏十月而圖成以正本進

呈

御覽並以副本交上海鴻文書局加工石印藉廣流傳工既竣謹識數語以紀顛末

頭品頂戴兵部尚書銜前河東河道總督臣吳大澂謹敘

《河南省各县黄河河势情形图》

版本：彩绘本

年代：清光绪年间（1871—1908 年）

幅数：16 幅

此图包括了 16 幅彩绘本地图，均为随奏折地图，主要记录了清光绪年间河南省各县发生水灾的河势情形、拟建河工等内容。具体如下。

《勘查郑工现在河势情形草图》，图幅纵 20 厘米、横 58 厘米，图向上南下北、左东右西，主要绘制了河南郑州灾情发生后勘查河势的情形。全图以墨色绘制，系草图一幅。图中可见，自西向东的黄河流过五堡后分成两股，又在十堡、十一堡一带决口，冲断堤坝，奔往东南方向。图中决口西侧有“估筑拦河埝”“估筑坝基”等字，八堡附近有一红色贴签，上书“盖坝估筑挑水坝”，是计划修建的河防工程。

《查勘郑工上移情形图》，图幅纵 31 厘米、横 90 厘米，图向上南下北、左东右西，所绘地理范围与《勘查郑工现在河势情形草图》大致相同，东西方向比后者更广，是一幅上呈图。地图以红色实线标绘堤坝，包括原黄河南岸堤坝和黄河北岸“新堤形”，以红色双虚线标绘“引河”。7 处红色标签分别显示了自东坝基起至十三堡止的新堤各段长度、引河长度、东西坝基长宽高等。

《光绪十年六月底中河厅实在河势及大堤湾曲情形图》，图幅纵 21 厘米、横 74 厘米，图向上北下南、左西右东。此图绘制精细，详细绘制了中河厅境内黄河南岸堤坝情形。第一道堤坝上自西向东共有十堡，其上绘出尖石状的坝、锯齿状的埽工及块状的石垛；第二道堤坝为月堤和旧南堤。图上有六枚红色贴签，详细注明了勘查情况，从内容来看，五堡东侧的大石坝是工程关键所在，该大石坝现量“长十丈六尺，宽十四丈”，但是“较之望间又复塌短四尺矣”。

《中河厅中牟下汛三八堡现在河势情形图》，图幅纵 21 厘米、横 74 厘米，所绘地理范围与《光绪十年六月底中河厅实在河势及大堤湾曲情形图》基本相同，内容略有差异，图向相反，为上南下北、左东右西。本图同样绘制精细，但文字内容不如后者详细，图中仅有两处贴签文字，分别标注“栗恭勤公抛筑”和“新抛石垛”。

《中河厅属中牟下汛现在河势情形图》，图幅纵 18 厘米、横 56 厘米，图向上北下南、左西右东，所绘地理范围与《光绪十年六月底中河厅实在河势及大堤湾曲情形图》《中河厅中牟下汛三八堡现在河势情形图》基本相同，但此图中有河水泛滥之势，南北两道大坝之间均有水流，故此图绘制年代应该早于后两图。图中八堡与九堡之间并无石垛，七堡与八堡之间并无二坝等，大致也可佐证该点。

《开封府鄢陵县造送舆河图》，图幅纵 53 厘米、横 54 厘米，图向上北下南、左西右东。图背有红色长贴签，上书图名并钤四方官印一枚。地图主要详细绘出了流经鄢陵县境内的河流，从北至南依次有双洎河、文水河、海红沟、北三道、中三道、南三道、玉带河、清流河及流颖河等，还以文字标注了主要河流的入境及汇出情况。图中还大量标注了县境内沿河各个村庄地名，并印上房屋印戳作为图标。

《郑汛裴昌庙河势图》，图幅纵 20 厘米、横 51 厘米，图向上南下北、左东右西。图中所绘黄河北岸西起武陟汛、荥泽汛界，经荥泽汛、原武汛界，至原武汛、阳武汛界以东；黄河南岸起于荥泽汛、郑州上汛界以西，过郑州下汛、中牟上汛界，至中牟上汛、中牟下汛界以东。黄河南北两岸均有大堤，其中北岸大堤工程绘制详细，图中不仅绘出了荥原越堤，还绘出了大堤各堡。武陟汛、荥泽汛界至荥泽汛、原武汛界之间有十堡，荥泽汛、原武汛界至原武汛、阳武汛界之间有二十堡，原武汛、阳武汛界以东又有十堡。在南岸，黄河在裴昌庙以西决堤南流。由此可见，此图是一幅灾后现势图。

《下北河厅属现在河势情形图》，图幅纵 20 厘米、横 77 厘米，图向上南下北、左东右西，地图完整绘出了下北河厅境内之黄河。从图中可以看出，原本应从下北河厅自西往东流向曹考厅的黄河，在兰阳汛界内的新庄集以东突然折向北流，此处“金门口宽一千六百九十六丈”，西北角河湾处形成一处“嫩滩”。此图的重点应当是下北河厅西半段的埽工工程，该段有挑水坝、斜坝等 9 处坝工，每处均需加埽工或砖石工，有贴签“共计埽工六十六段”“共砖石工五处”。该段埽工及砖石工几乎连成了片，可见河情之严峻。

《荥泽县民埝石坝工程现在河势情形草图》，图幅纵 24 厘米、横 59 厘米，图向上北下南、左西右东，实际绘出荥泽县东北保合寨以东的民埝工程。“西埝头至东埝头工长二百零五丈”，东埝头接官堤头；月堤以北是临河的顺河埝，埝上有石坝 8 道、砖石垛 38 个。埝北黄河呈倒“几”字形，河道中绘满密集的红色波纹条，似为漫水之势。河北为滩地。

《卫辉府封邱县呈议筑黄陵一带堤埝情形图》，图幅纵 63 厘米、横 47 厘米，图名上加盖“封邱县印”红色方形大印，此图绘制者为封邱县衙。图中提及清同治四年（1865 年）的筑堤情况，因此地图绘制时间一定晚于清同治四年（1865 年）。此图系封邱县就县境内修筑堤埝一事向上呈报而绘制，新筑堤埝自黄陵集东起，至白王东北出境。图中贴有 20 余处红签，其上文字标出各村寨至县城、至黄河或至邻县交界等处的里程、周围原有堤坝的情况以及拟修新堤如何与原有堤坝衔接等的说明。地图图向上南下北、左东右西，黄河从本图南侧、东侧流过，封邱县城位于本图西侧。图中以醒目的红色标示封邱县新修堤埝。

《现查上南厅属郑州下汛十堡漫口河势情形图》，图名来源于贴签，图有断裂缺失，目前仅存纵 21.6 厘米、横 9.3 厘米的一段。图向上南下北、左东右西，现存图上绘出黄河南岸荥泽汛界头堡及头堡以西民堰一道，再往西有“广武山”一座，又绘出黄河北岸五堡至八堡；十堡及漫口河势情形可能位于缺失部分。图右上方有红色贴签一张，上书“上南厅属经管大堤一道，西自荥泽汛民埝头起，东至中牟上汛界止，顺长一万一千八百二十八丈八尺六寸，计程六十五里一百二十八丈八尺六寸”。广武山位于今河南省荥阳市，本称三皇山，也叫三室山，这里是黄河中下游的分界线，2001 年竖立了“黄河中下游分界碑”。

《西平舞阳两县洪河庄村图》，是曹全均修办洪沙各河节略附图，图幅纵 37 厘米、横 63 厘米，图向上南下北、左东右西。西平县（今河南省驻马店市辖县）、舞阳县（今属河南省漯河市）位于河南省中南部，境内有洪河经过。洪河系淮河支流，源出伏牛山，流经河南省东南部、安徽省北部边境，在洪河口入淮，全长 455 公里。此图详细绘出了洪河在西平、舞阳两县境内的支流汇入情况及所经村庄。从图中可以看出，洪河在此二县境内共有两条较大的支流，上游有三里河从北侧汇入，西平县城以下又有沙河从南侧汇入。图中洪河的其他支流主要位于南岸，有石河、玉皇河、王沟、刘沟、红眼沟、藩桥河、青岗涧河、恪陡河、万全河、马沟、小河丈等，北岸则有小泥沟、千江河、龙尾沟、崔沟、张沟等。图中还详细绘出 12 座桥，以醒目的红色标示，其中有 10 座位于洪河上，大部分桥或者标出了桥名，或者标出了材质。

《绘呈北二下汛河流情形并图说》，图幅纵 18 厘米、横 39 厘米，记录了北二下汛河流及工程情形。黄河在此处形成“横河顶冲”之势，这是造成河流冲决的主要原因，而冲决则是堤防决口的常见形式。在河势演变尤其是游荡性河段河势演变过程中，有三种情况可能导致“横河”的产生。第一，当弯道凹岸土质松散，抗冲能力差，弯道出口处的土质又为抗冲性强的黏土或亚黏土时，易引导河道向纵深发展，迫使水流急转弯，形成“横河”；第二，在洪水急剧消落，滩区弯道靠溜部位突然上提时，流向改变，弯道深化，且在弯道以下出现新滩，形成“横河”；第三，在水流涨落过程中，当斜向支汊发展成主溜时，也会形成“横河”。横河形成后，水流集中，冲刷力增强，滩地大量塌失，塌至堤防即出现险情。当水流冲塌堤防的速度超过抢护的速度时，就可能塌断堤身，水流穿堤而过，造成决口。图中显示“北二下汛经管工长十里零三分”，全段分成十号。“横河顶冲”发生在七号位附近，以醒目的红色标注。此段工程防护主要在七号至十号位，标注了三处“埽”工，且岸上有一处汛署和三处汛房。

《北四下汛河流全图》，顾名思义，记录了北四下汛河流情形。图幅纵 25 厘米、横 56 厘米，图中以醒目的红色表示河流中的洪峰，但无其他文字说明。河流北侧有大小四处圈埝和一处圈堤，东头绘出一处埽工。北岸标绘一号至十七号，除第十五号和第十六号无铺房外，其余十五号皆有铺房。另有汛房四处、汛署一所和龙王庙一座。图背钤“李□”红章一枚。

《南四工河图》，图幅纵 20.5 厘米、横 51 厘米，图向上北下南、左西右东，主要绘出了河流南岸南四工界内的河防工程。堤工呈东西走向，以黑色双线表示，内着浅绿色，自西向东共有头号至二十八号共计 28 处工程，四号工程附近有汛署、大公馆、将军庙各一处，九号工程处建有圈埝。28 处工程中，五号、六号、十二号、十三号为险工，在这 4 处险工靠近河流一侧可以看到垛状埽工。图中还标出了 3 处废堤，新堤均更偏北。图背钤“李□”红章一枚。

最后一幅为无名草图，图幅纵 20.8 厘米、横 38.8 厘米，记录了“大溜”在兰仪汛境内东坝头处向北冲出大堤的情形。从“老河身”“东坝头”这些名称可以看出，此图绘制时期明显晚于发生铜瓦厢决口的清咸丰五年（1855 年）。

翁莹芳

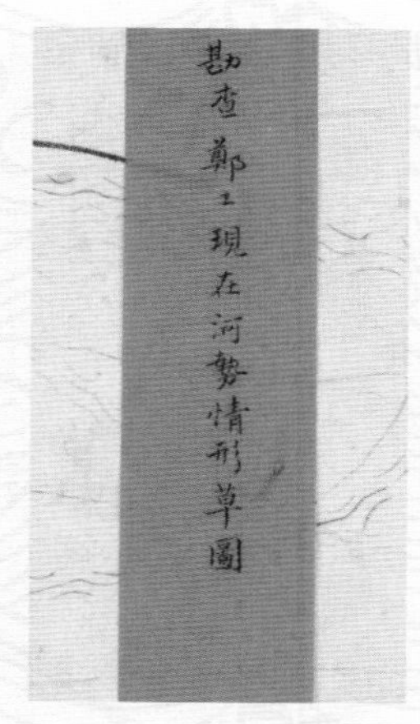

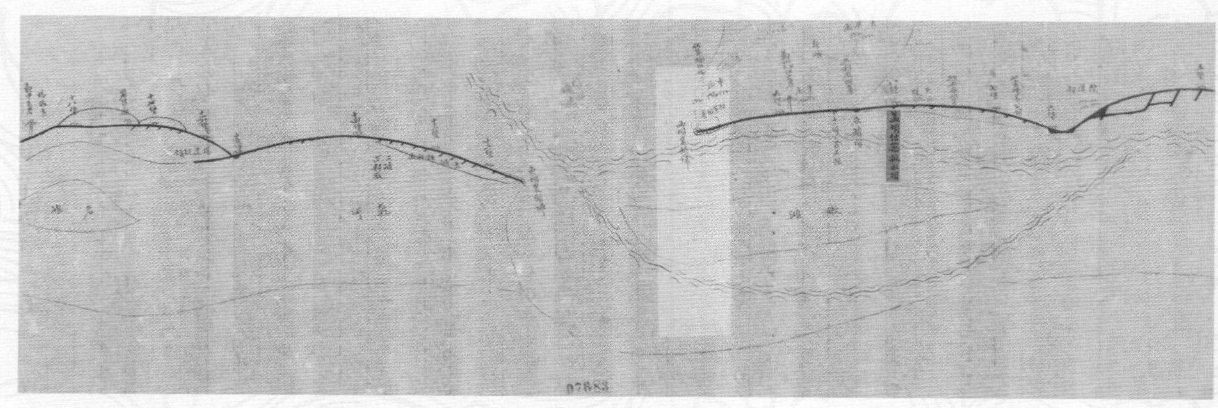

《勘查郑工现在河势情形草图》（20 厘米 ×58 厘米）

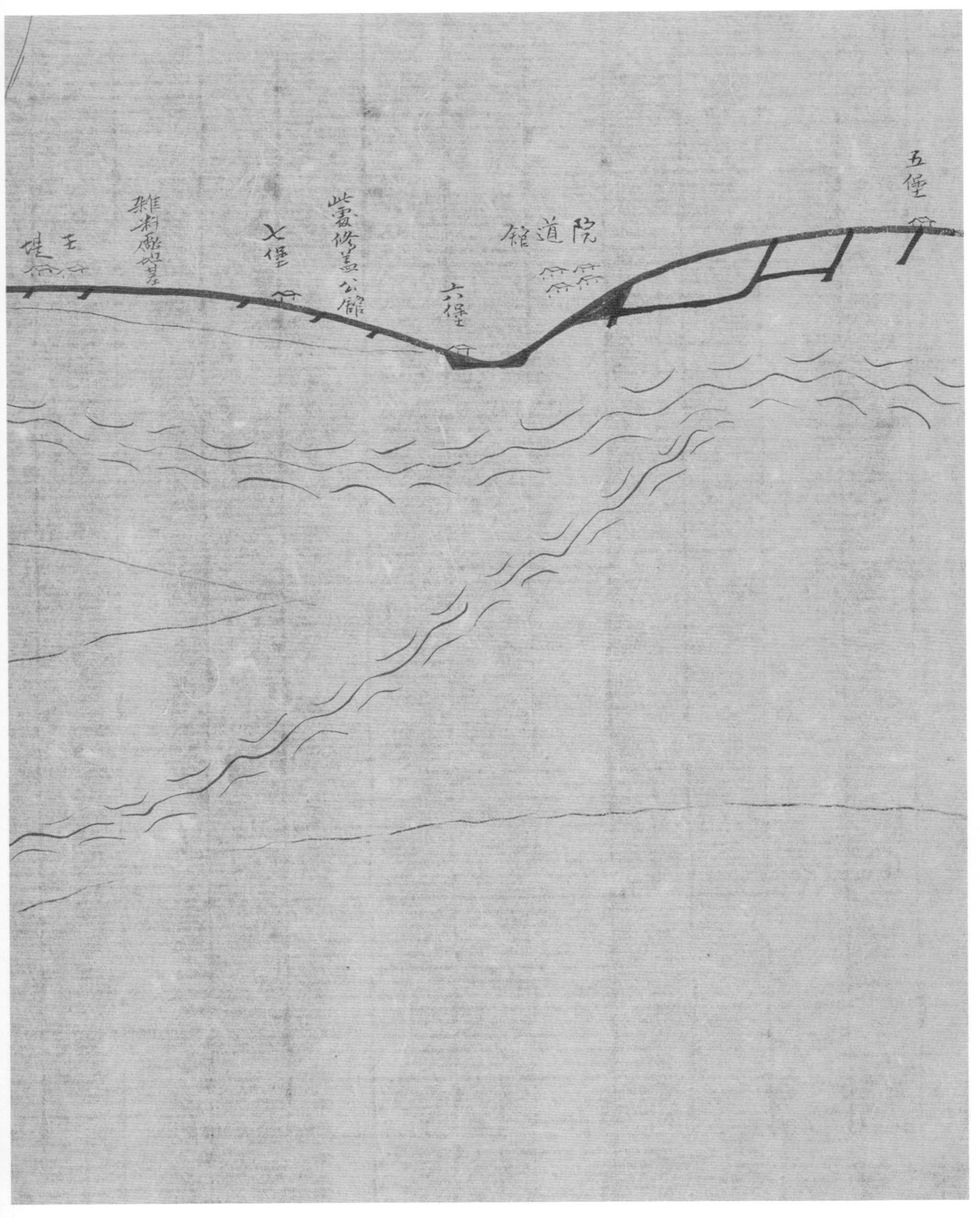
五堡
六堡
七堡

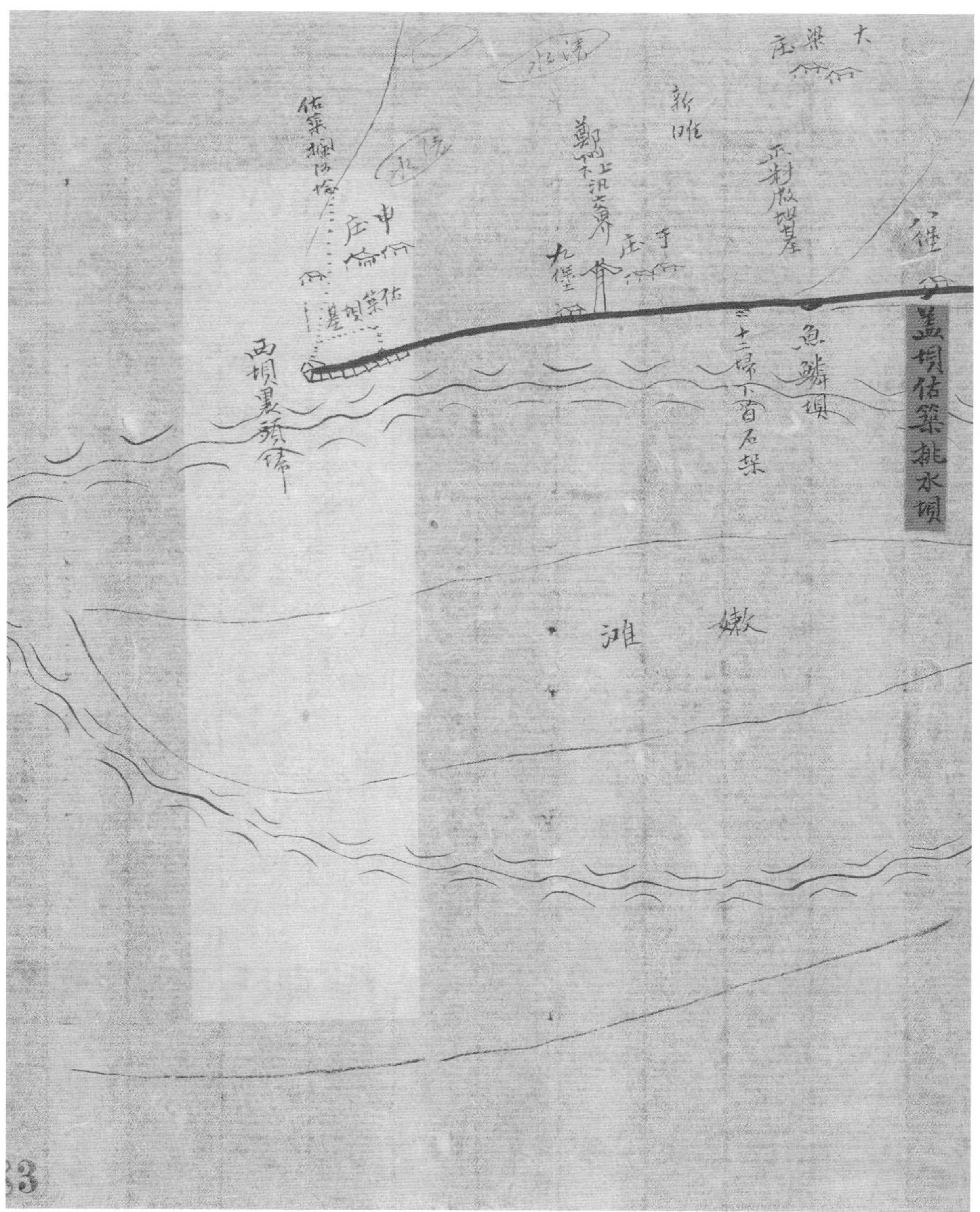
盖坝估築挑水坝
大梁庄
清水
中庄
九堡
八堡
估築基坝
西坝裹头埽
十二埽下首石垛
鱼鳞坝
嫩滩

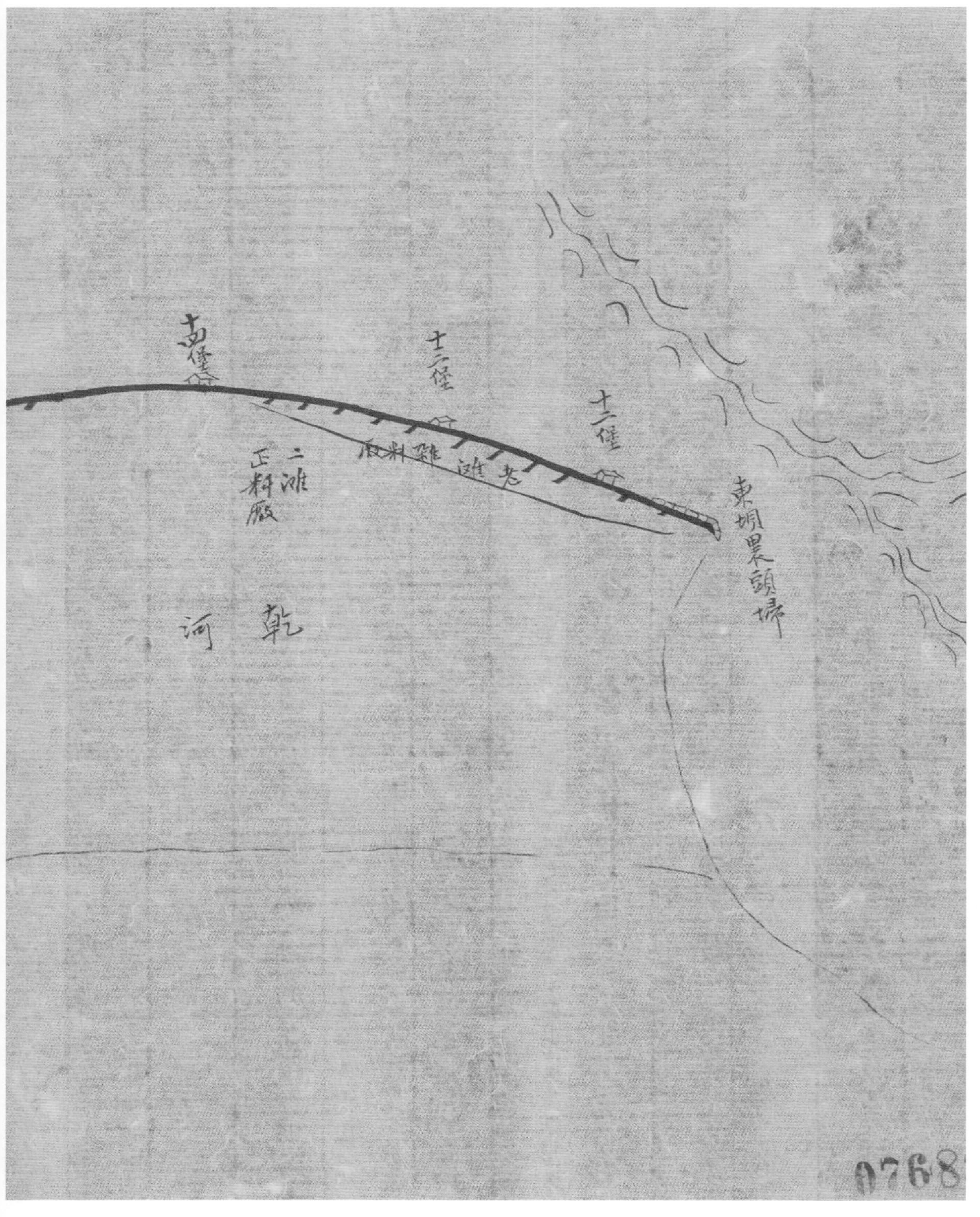
十四堡
十二堡
十二堡
二滩
正料厰
老滩雜料厰
東埧畧頭埽
乾河

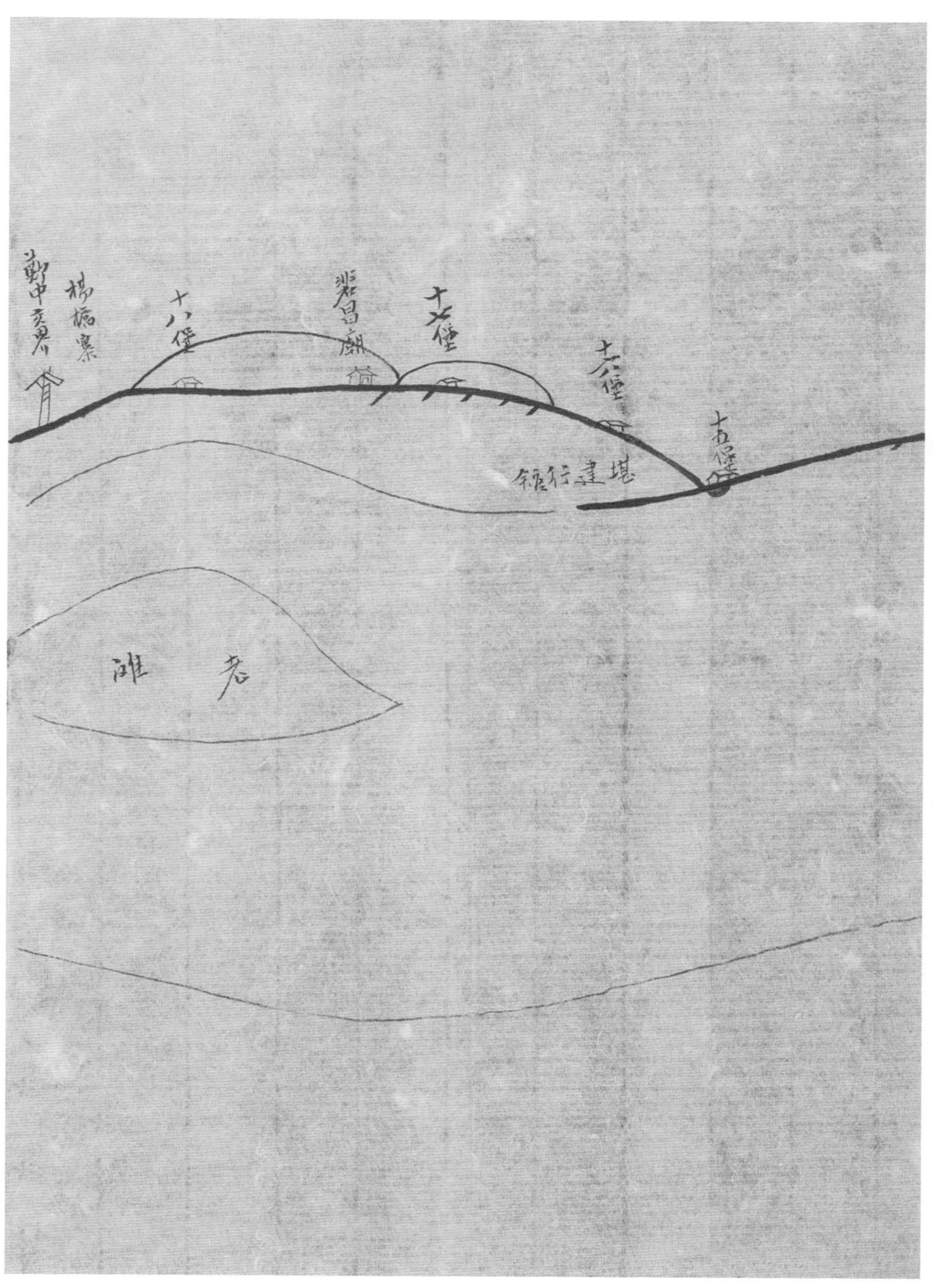
鄞中交界
楊橋寨
十八堡
崇昌廟
十七堡
十六堡
十五堡
堪建行修

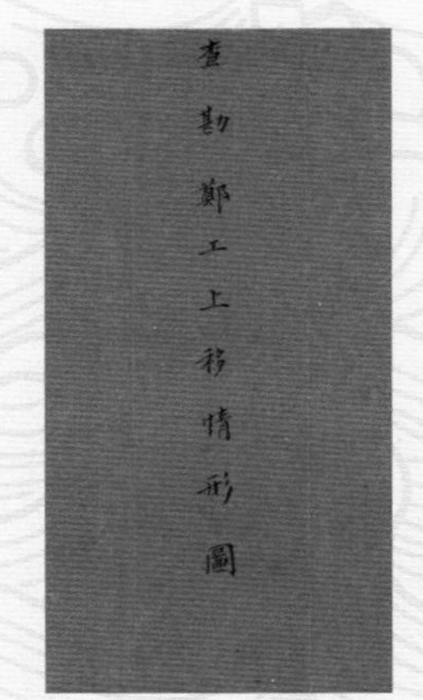

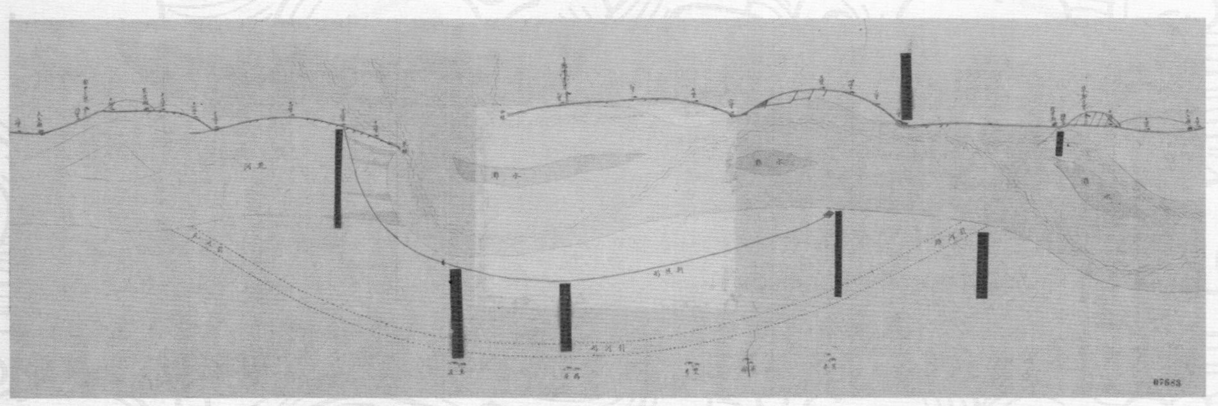

《查勘郑工上移情形图》（31 厘米 ×90 厘米）

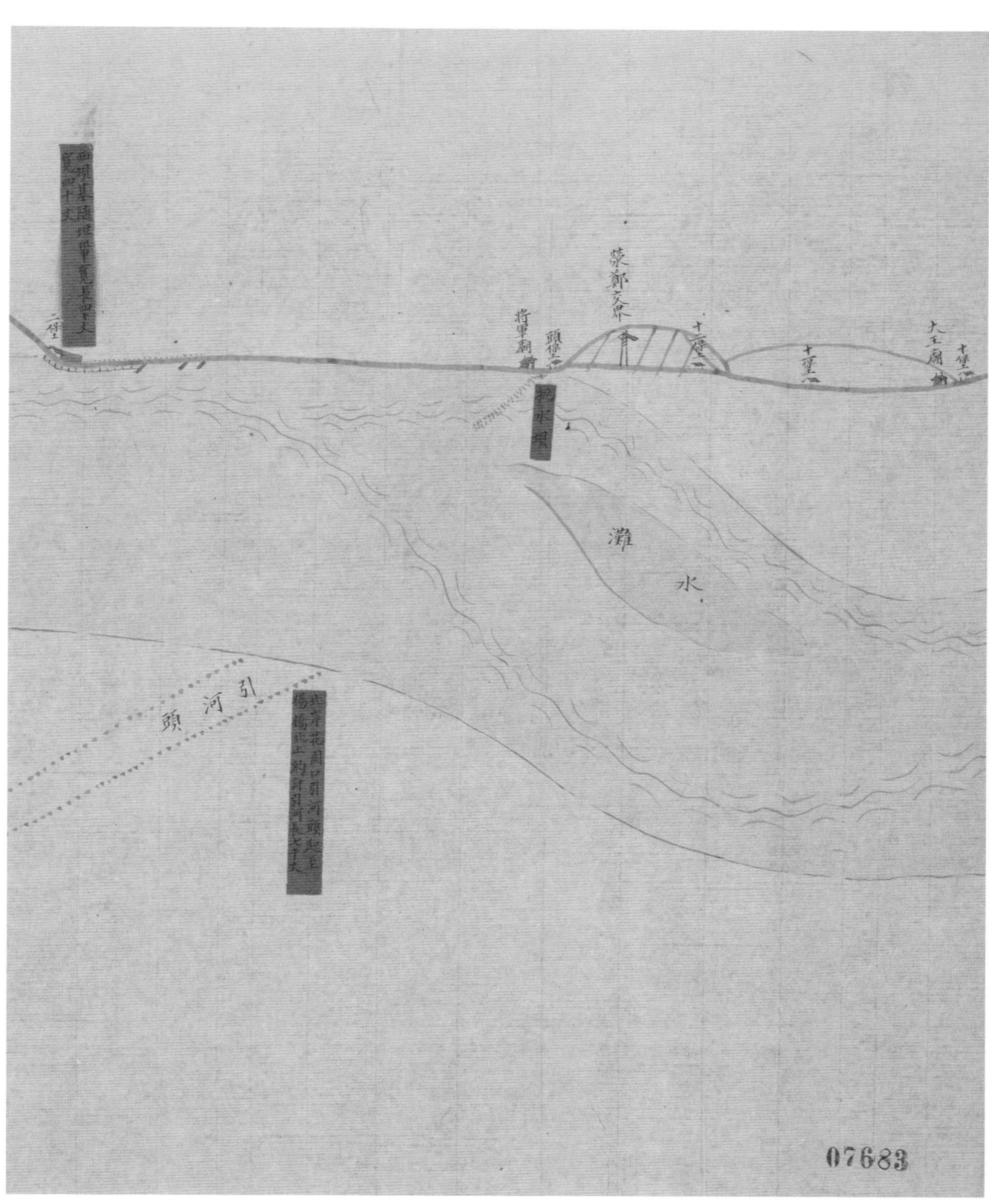
二堡
將軍廟
頭堡
蒙鄭交界
十里
大王廟
挑水壩
灘水
引河頭
07683

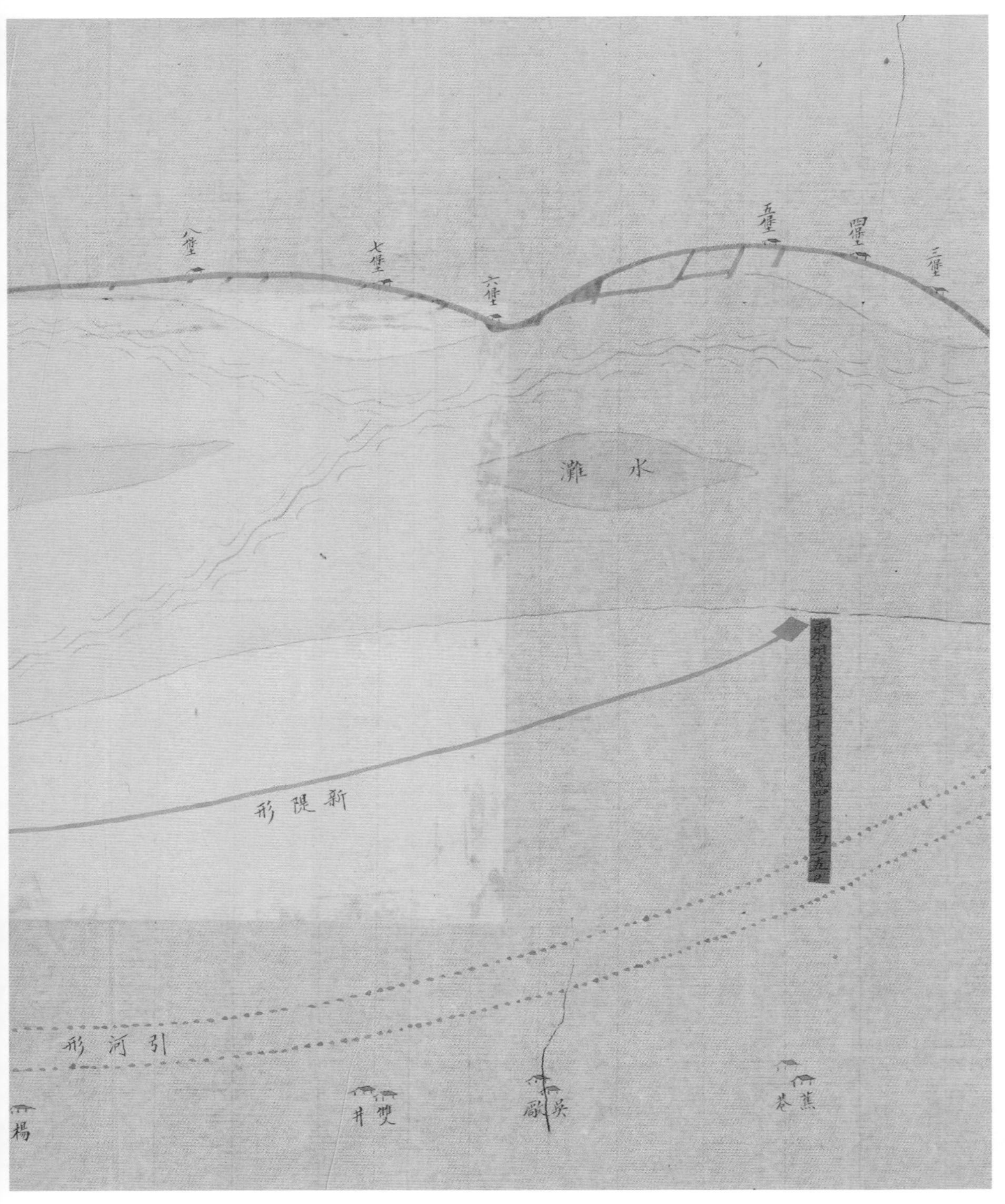
八堡
七堡
六堡
五堡
四堡
三堡
水灘
東壩基長五十丈頂寬四十丈高二丈五尺
新隄形
引河形
楊
雙井
吳廠
蕉巷

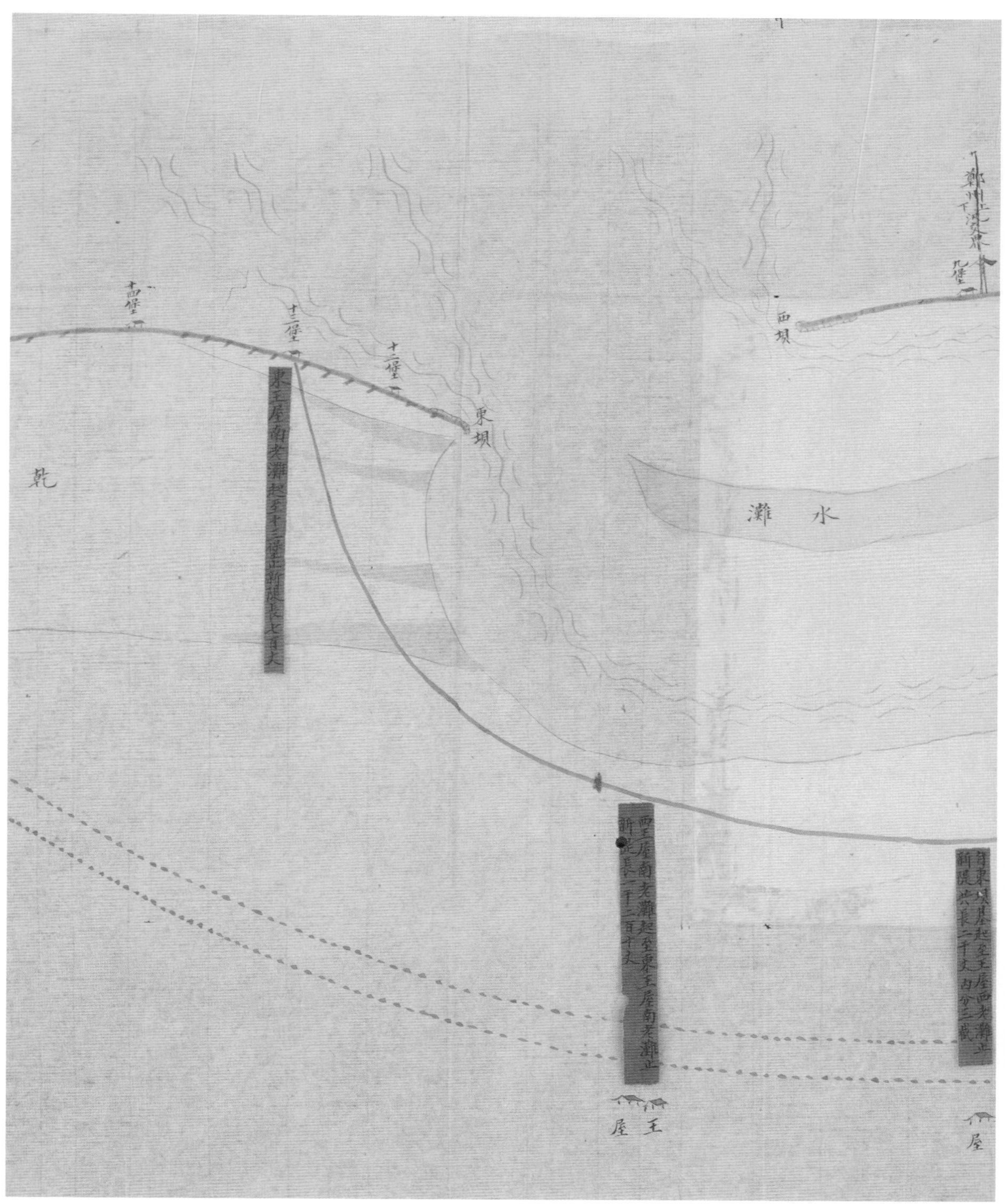
十四堡
十三堡
十二堡
東壩
西壩
鄭州上汛交界
九堡
乾
灘
水
東王屋南老灘起至十三堡止新堤長七百丈
西王屋南老灘起至東王屋南老灘止
新堤長一千二百丈
自東王屋起至王屋西老灘止
新隄共長二千丈内分三段
王屋
屋

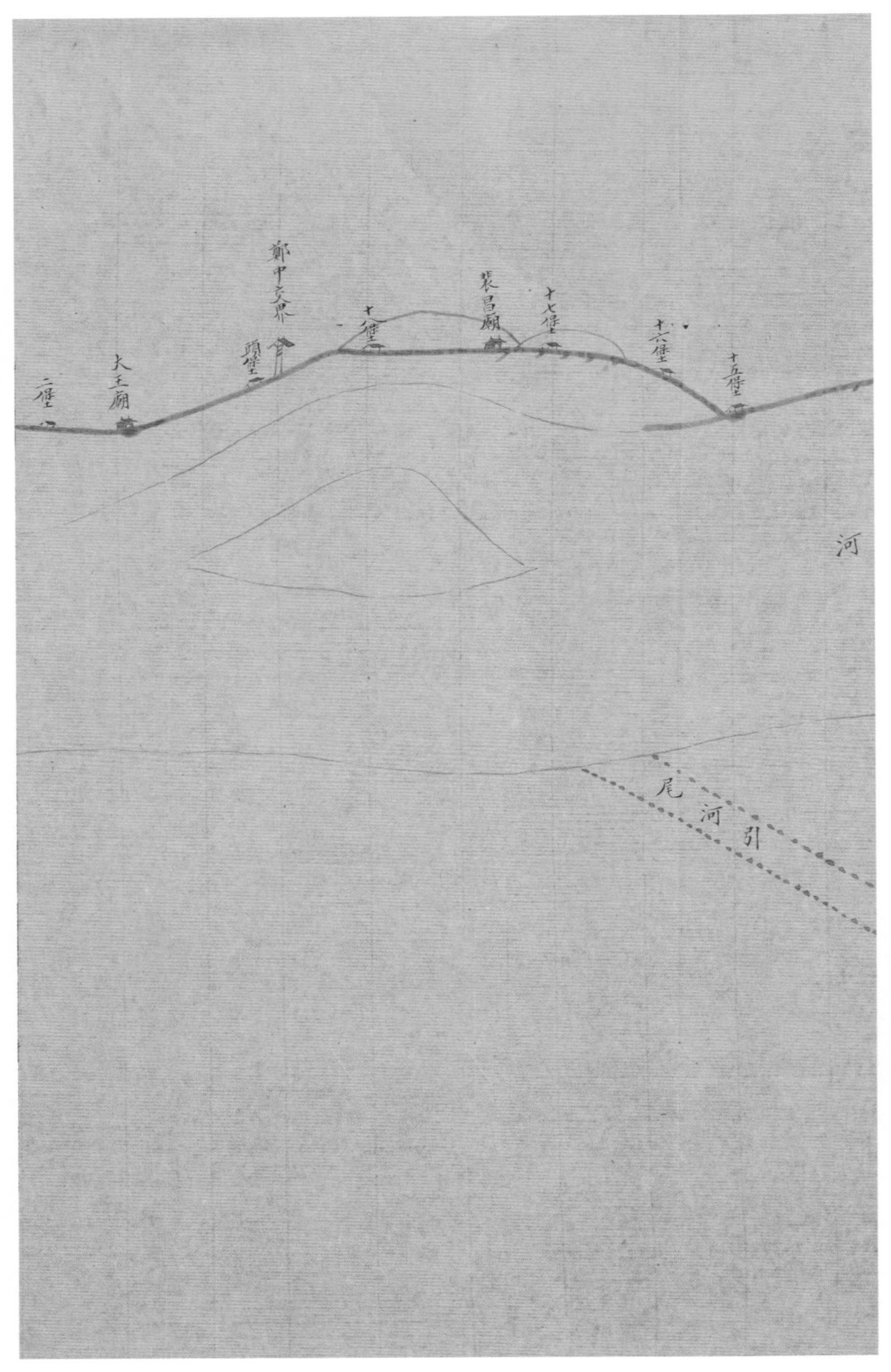
二堡
大王廟
頭堡
鄭中交界
十八堡
裴昌廟
十七堡
十六堡
十五堡
河
引河尾

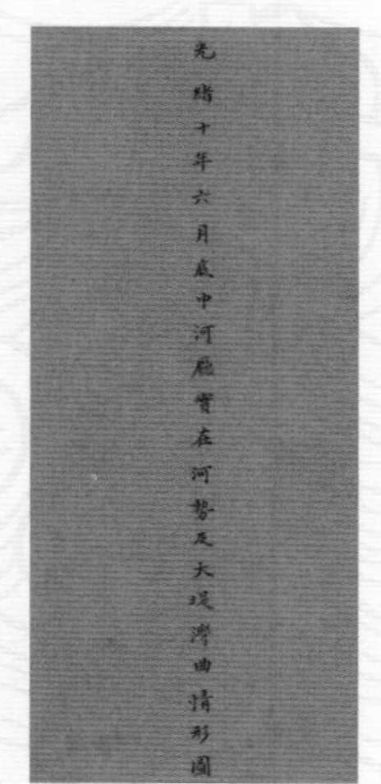

《光绪十年六月底中河厅实在河势及大堤湾曲情形图》（21 厘米 ×74 厘米）

托二埧
托三埧
十堡
十一堡
十二堡
07683

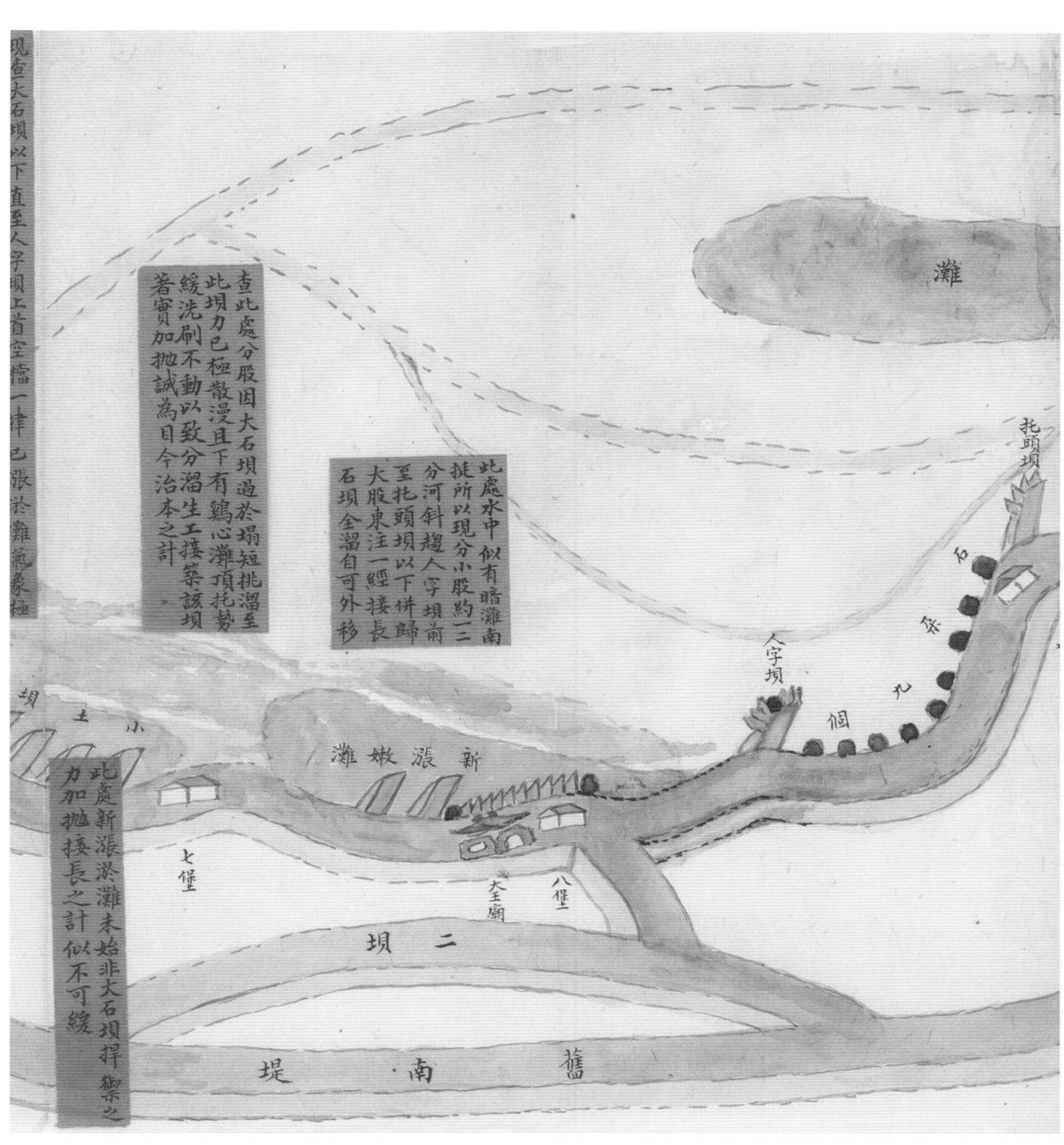
現查大石壩以下直至人字壩工首空檔一律已漲淤灘氣象極
查此處分股因大石壩過於塌短挑溜至此壩力已極散漫且下有鷄心灘頂托勢緩洗刷不動以致分溜生工接築該壩著實加拋誠為目今治本之計
此處水中似有暗灘南挺所以現分小股約一二分河斜趨人字壩前至托頭壩以下併歸大股東注一經接長石壩全溜自可外移
灘
托頭壩
石垛九個
人字壩
小土壩
新漲嫩灘
此處新漲淤灘未始非大石壩捍禦之力加拋接長之計似不可緩
七堡
大王廟
八堡
二壩
舊南堤

昨復馳赴該工會同朱守備永和乘船往來上下確勘
查大石垻前河勢經此次長水溜稍裹卧所以河底亦
見淘深用杆徧探計距垻頭五六丈外及上下首垻檔東
西各寬十數丈一律全見石底當時用石之多難以數計測
量垻前水深六尺探至三四丈外水深八九尺五六丈外水深
一丈有畸雖垻工極形坍塌舊石悉在水中而察看情形
尚能挑溜足見當日工程實在並該垻為通工關鍵之明
徵也大溜現自三四堡抱順絞邊東趨該垻挺峙河心正
當其衝亟應趁此事機順利將垻身酌量收窄磚石並用
核實加拋定能收上挑下護之益
圩雖長水工漫串水溝槽縱横錯雜目前形勢似尚不足
深恃而上游大石垻一經加拋挑動大溜全河能否併歸北
股縱無十分把握而新漲淤灘定可保其不塌此護灘即所
以護埽護堤不為八堡計正所以深為八堡計也況該垻底石
甚多坦坡放足加拋既無虞塌卸辦理尤事半功倍復念
秉恭勤公創築於當年刻我
大帥繼修於今日俾五十年保障垻工依然屹立後先濟美
神必佑之工固瀾安肇端於斯矣
現量大石垻長十丈
六尺寬十四丈較之望
間又復塌短四尺矣
大石垻
三垻
道
六
三堡
四堡
五堡
官廳
六堡
堤
月

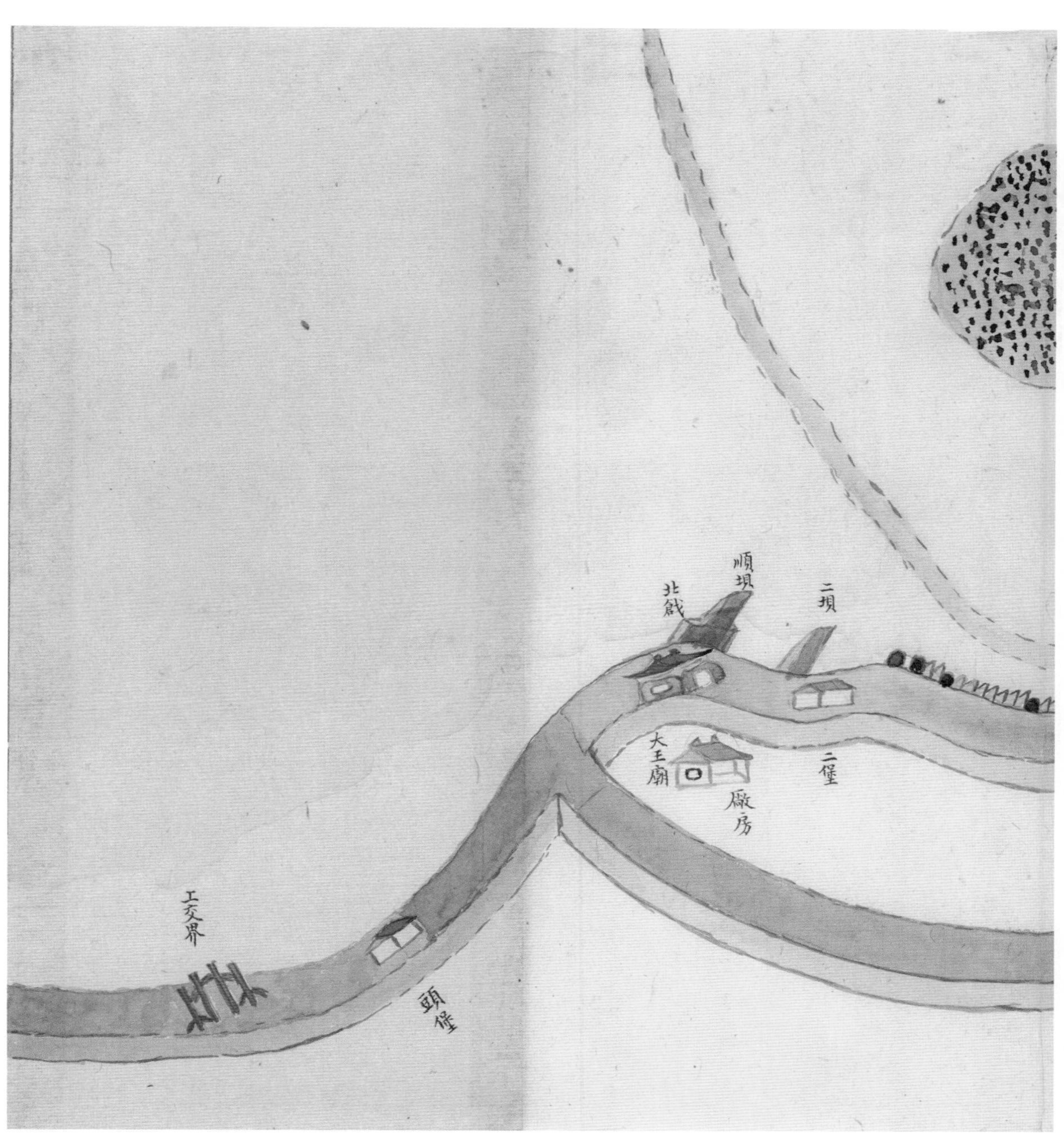
順垻
北戧
二垻
大王廟
廠房
二堡
工交界
頭堡

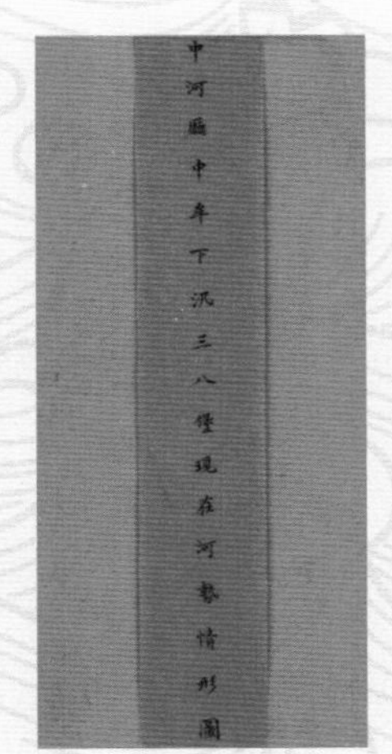

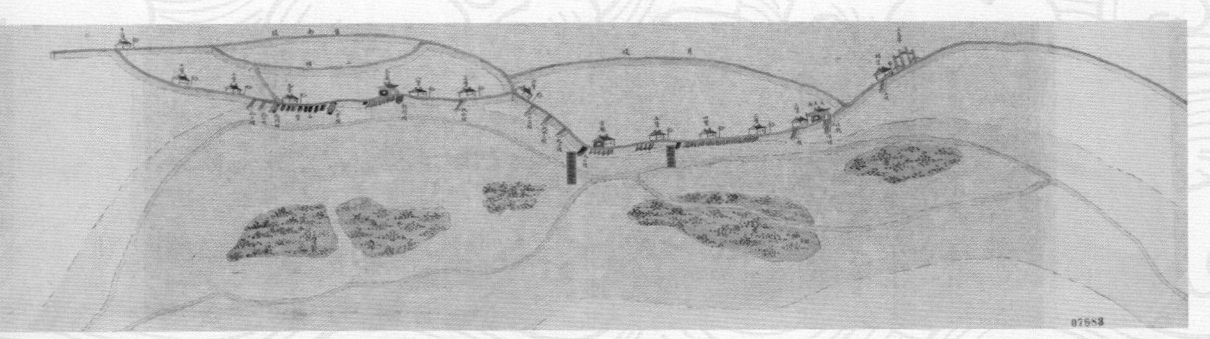

《中河厅中牟下汛三八堡现在河势情形图》（21 厘米 ×74 厘米）

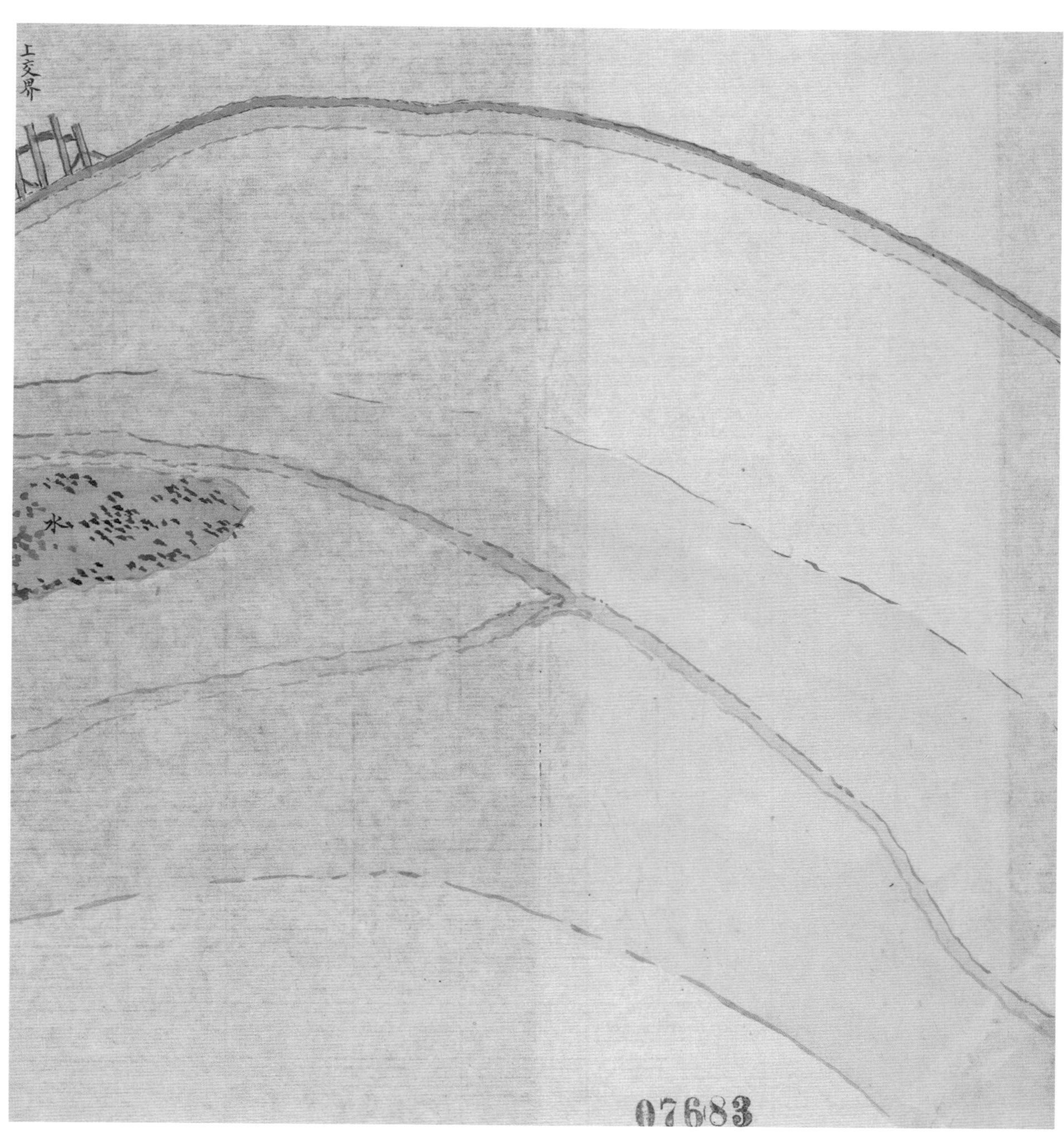

上交界
水

月堤
頭堡
土堤
大王廟
二堡
北戗
順壩
二壩
三堡
四堡
五堡
新抛石梁
灘
老灘

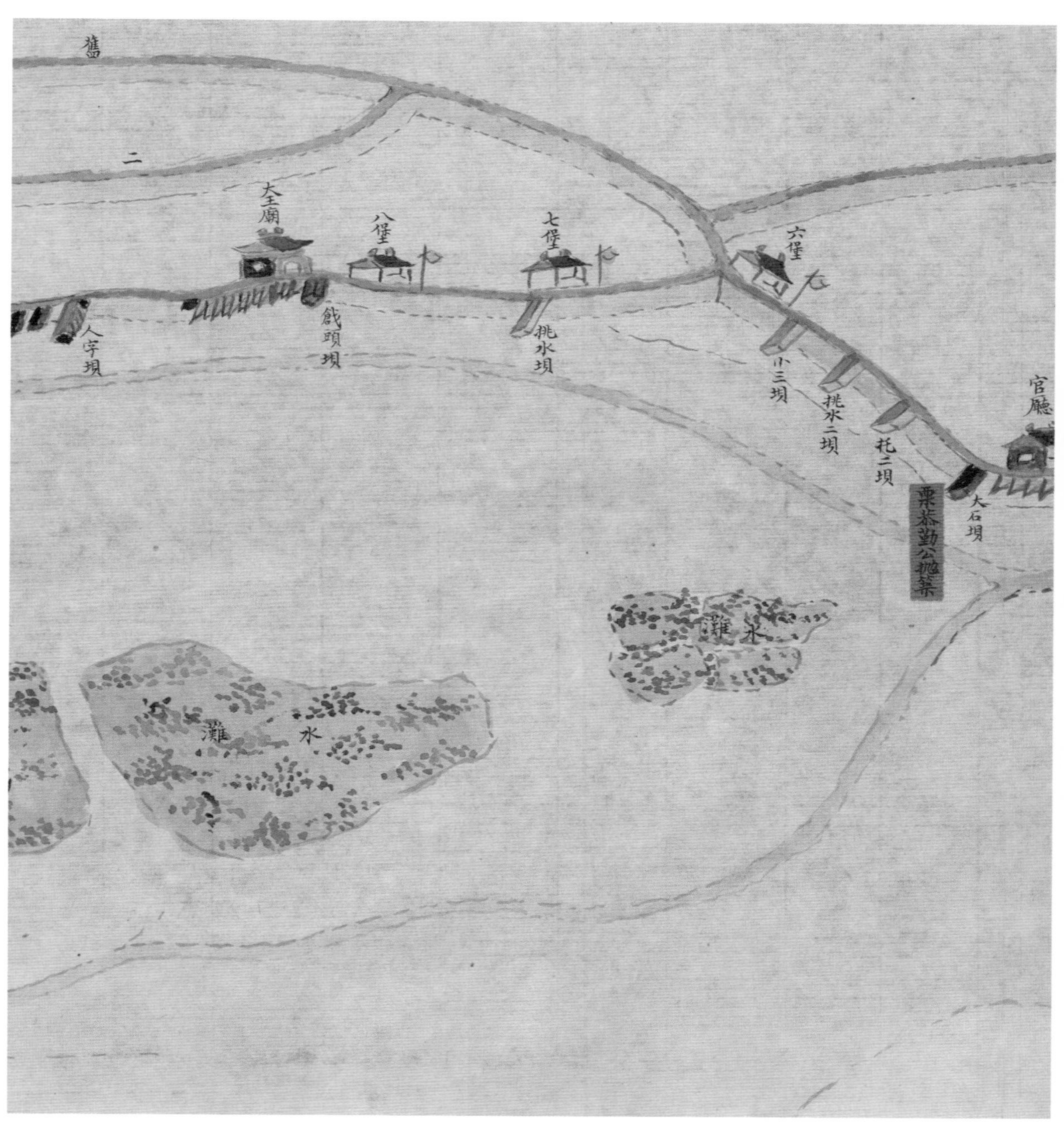
舊
二
大王廟
八堡
七堡
六堡
人字埧
戧頭埧
挑水埧
小三埧
挑水二埧
托二埧
官廳
大石埧
栗恭勤公搶築
灘水
灘水

南
堤
壩
十二堡
十一堡
十堡
九堡
托三壩
托二壩
托頭壩
石
垛
水
灘

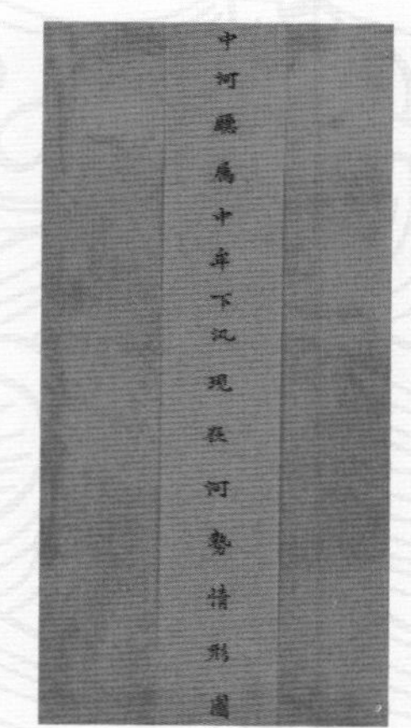

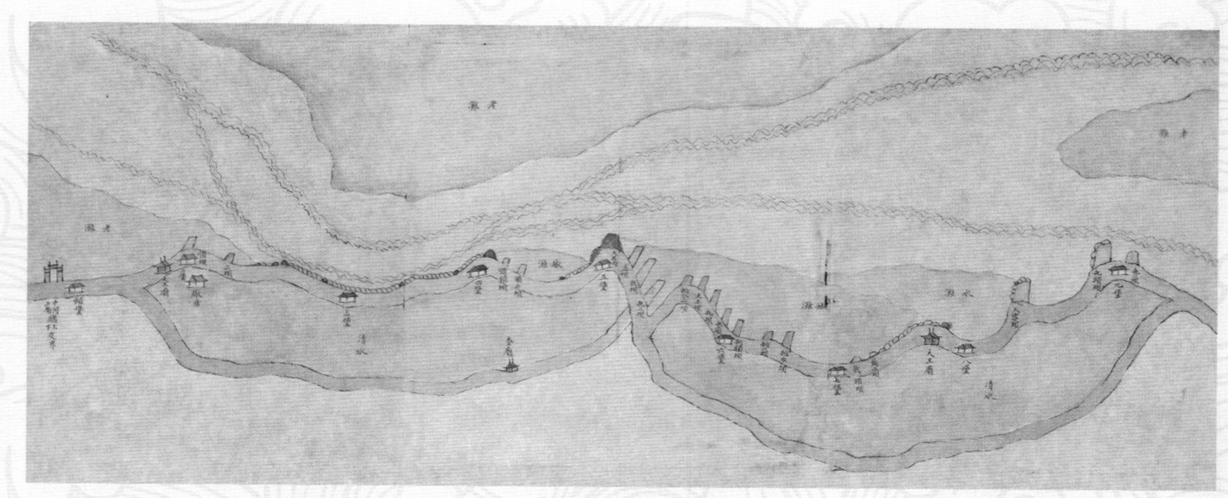

《中河厅属中牟下汛现在河势情形图》（18 厘米 ×56 厘米）

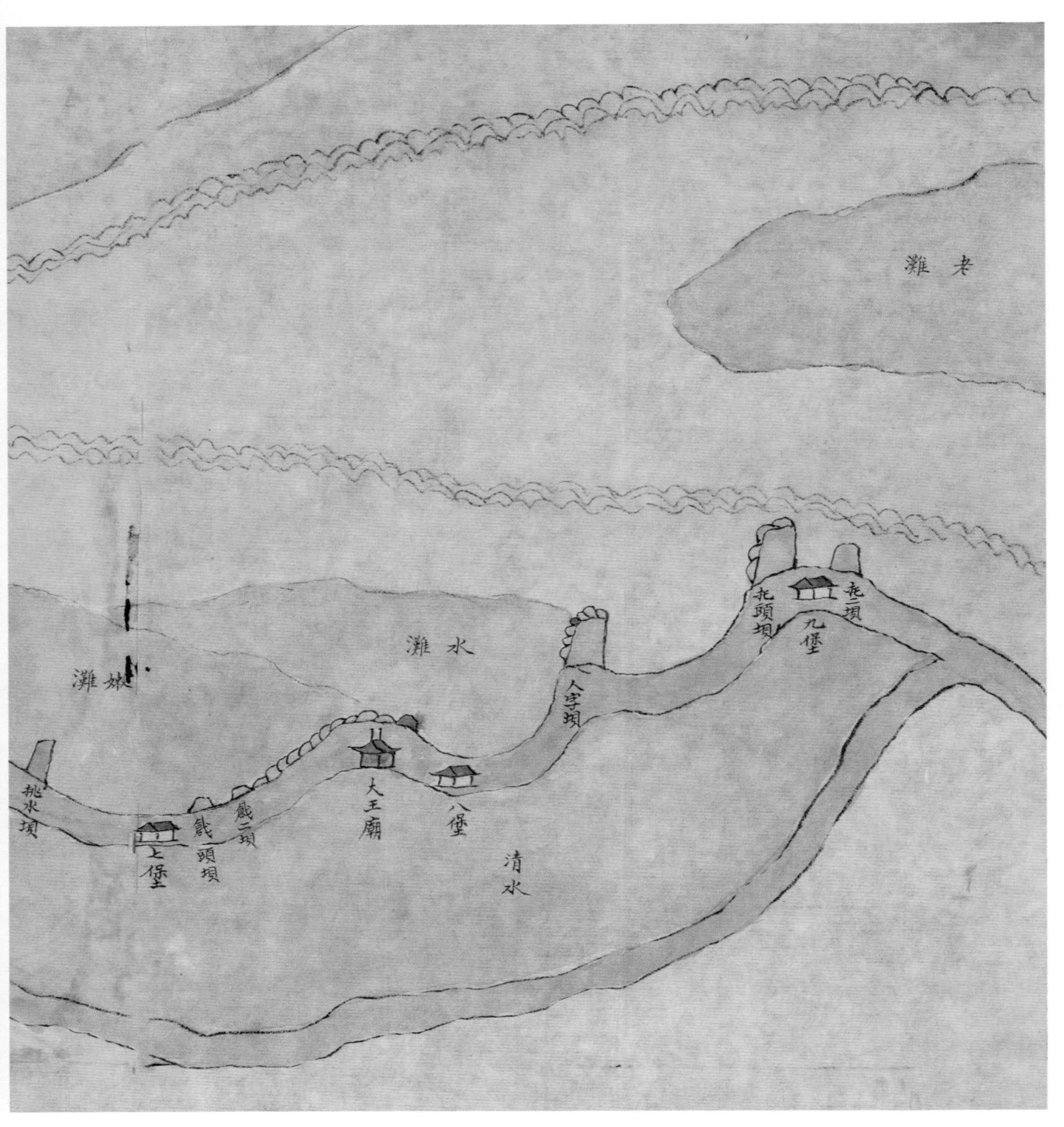

老灘
水灘
嫩灘
挑水埧
七堡
戧頭埧
戧二埧
大王廟
八堡
人字埧
戧頭埧
戧二埧
九堡
清水

老灘
嫩灘
三堡
清水
四堡
順頭垻
順二垻
大王廟
五堡
大石垻
蓋垻
托垻
托二垻
挑水二垻
大土垻
托垻
托二垻
六堡
挑頭垻
挑二垻

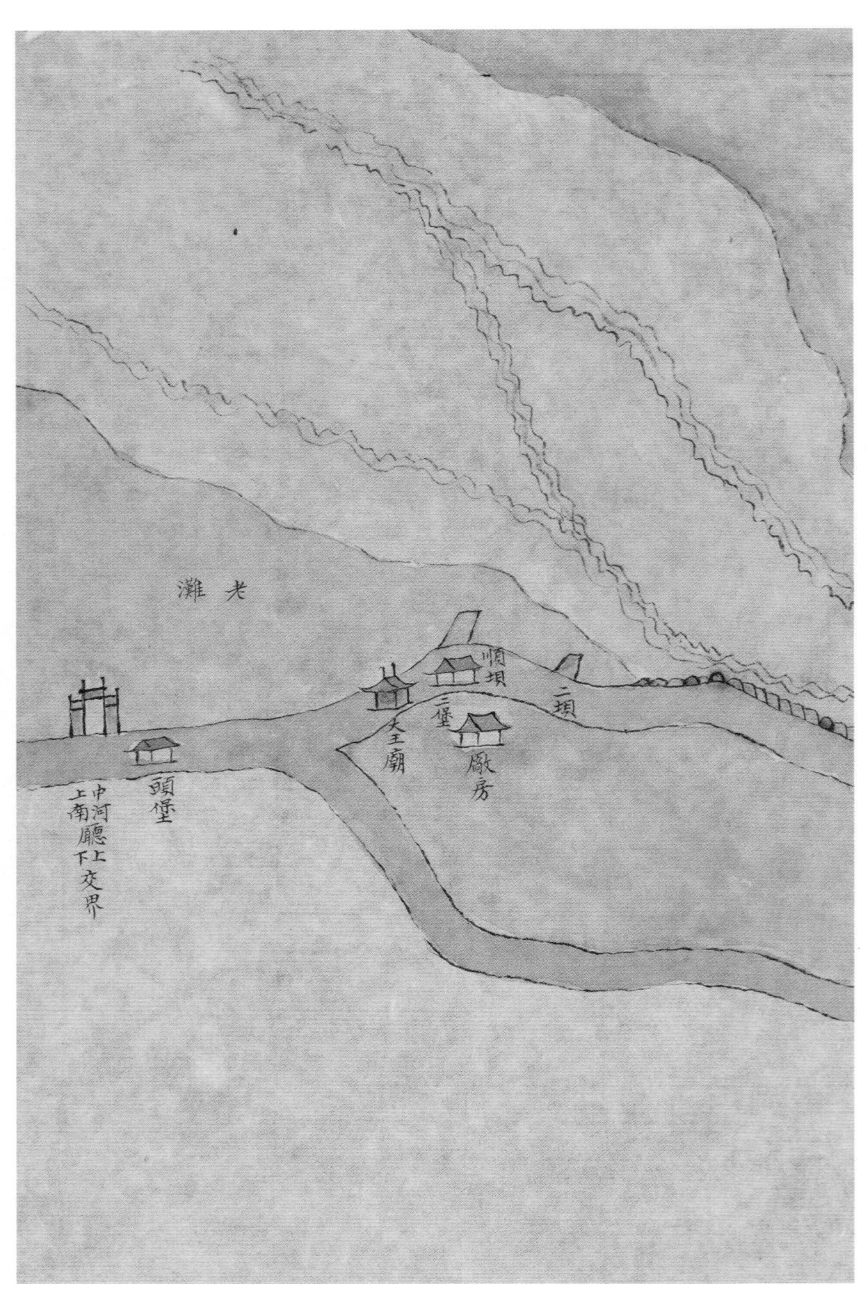

老灘
順垻
二垻
三堡
大王廟
廠房
頭堡
中河廳上
上南下交界

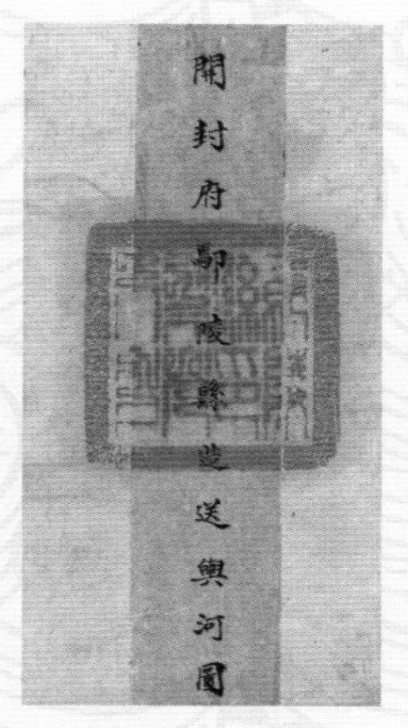

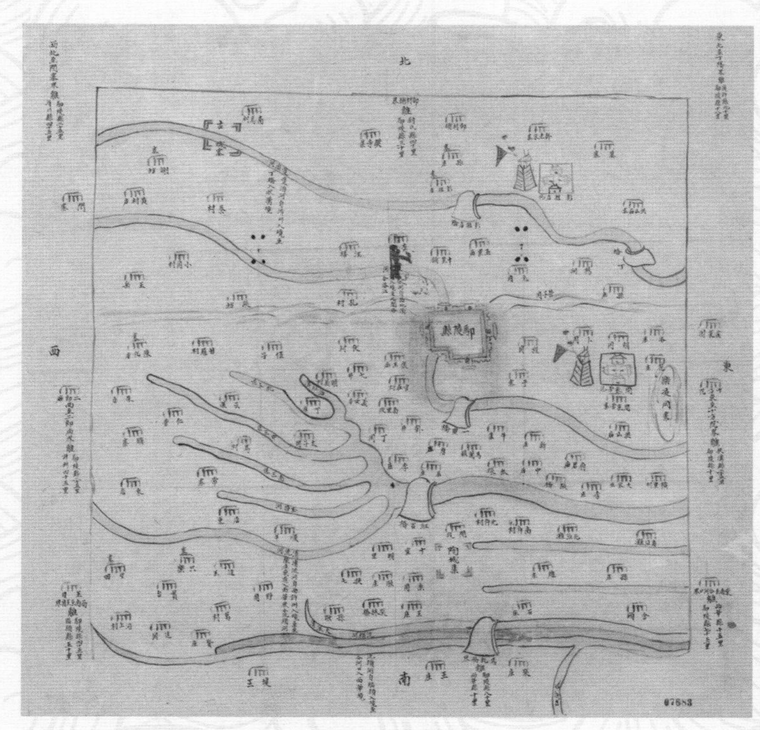

《开封府鄢陵县造送舆河图》（53 厘米 ×54 厘米）

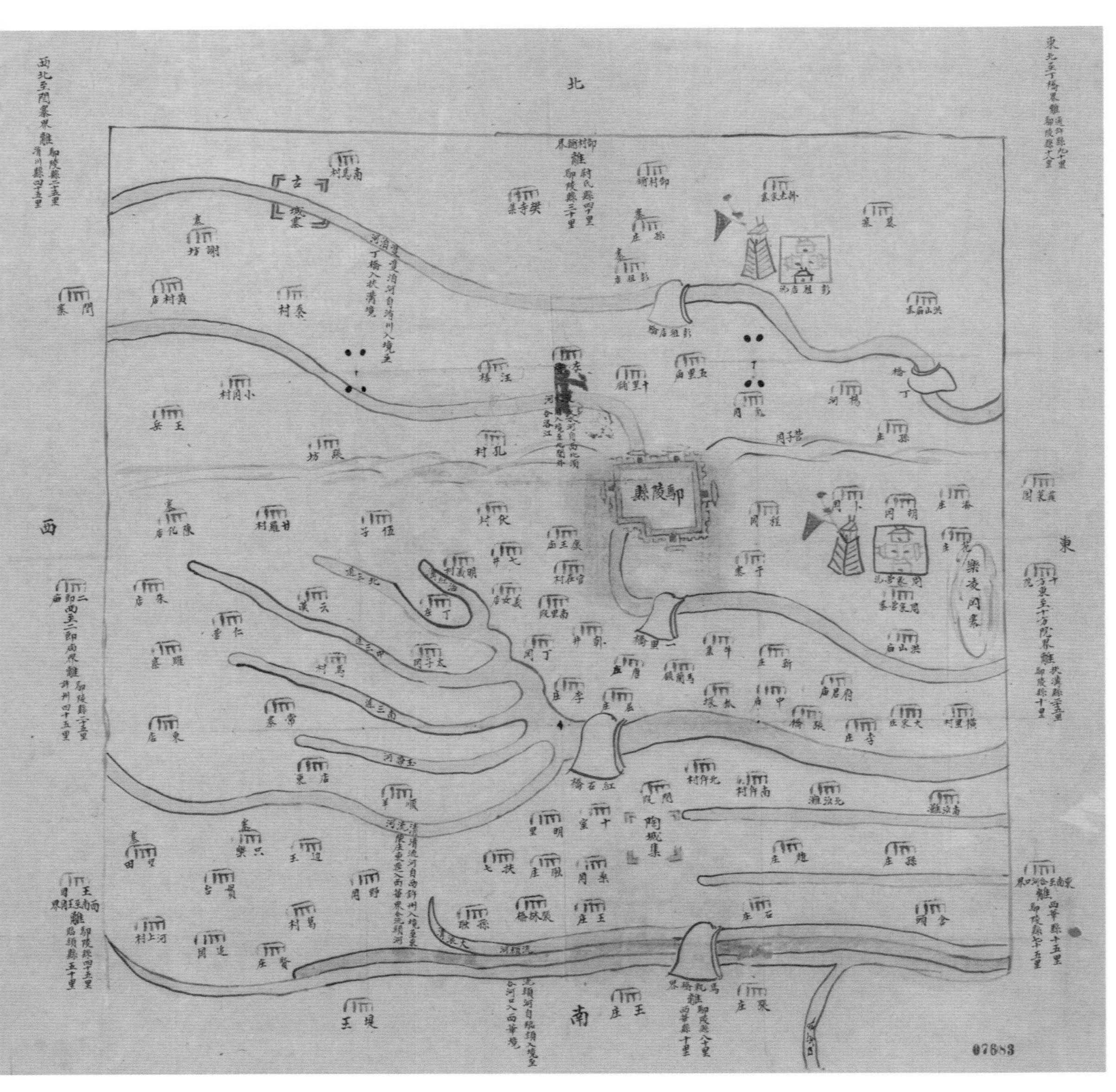

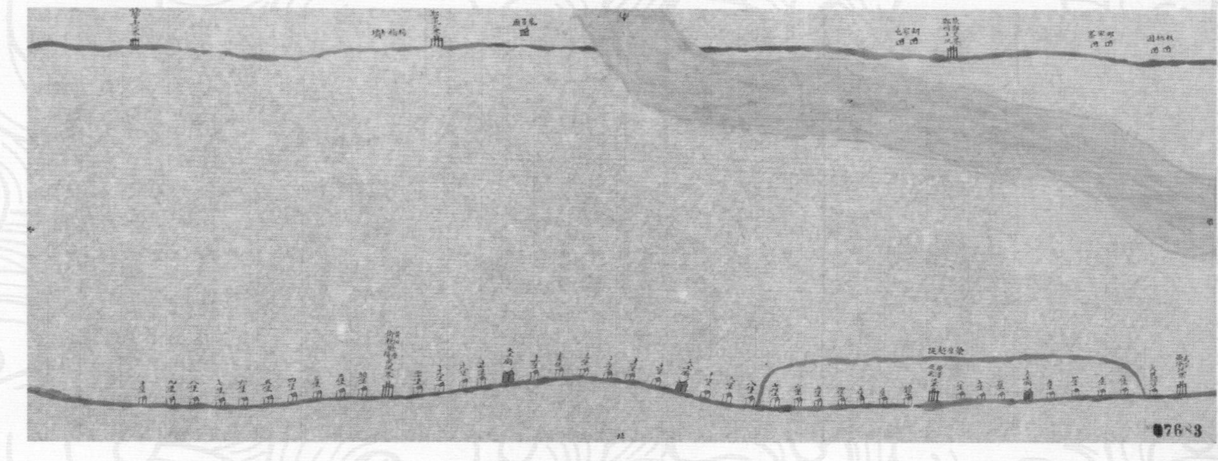

《郑汛裴昌庙河势图》（20 厘米 ×51 厘米）

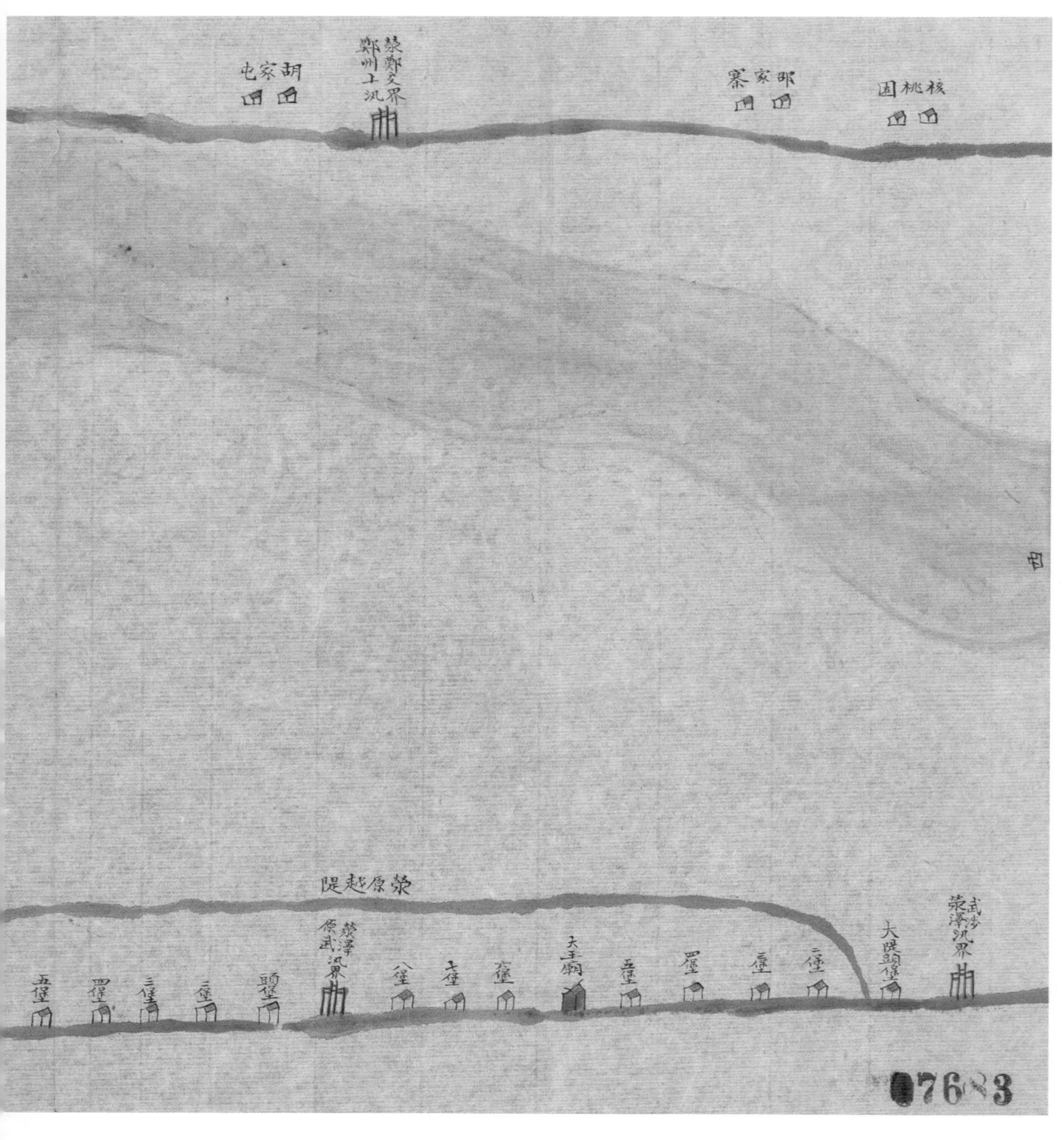

胡家屯
滎鄭交界
鄭州上汛
邵家寨
核桃园
滎原越隄
滎澤
原武汛界
武陟
滎澤汛界
大隄頭堡
大王廟
頭堡
二堡
三堡
四堡
五堡

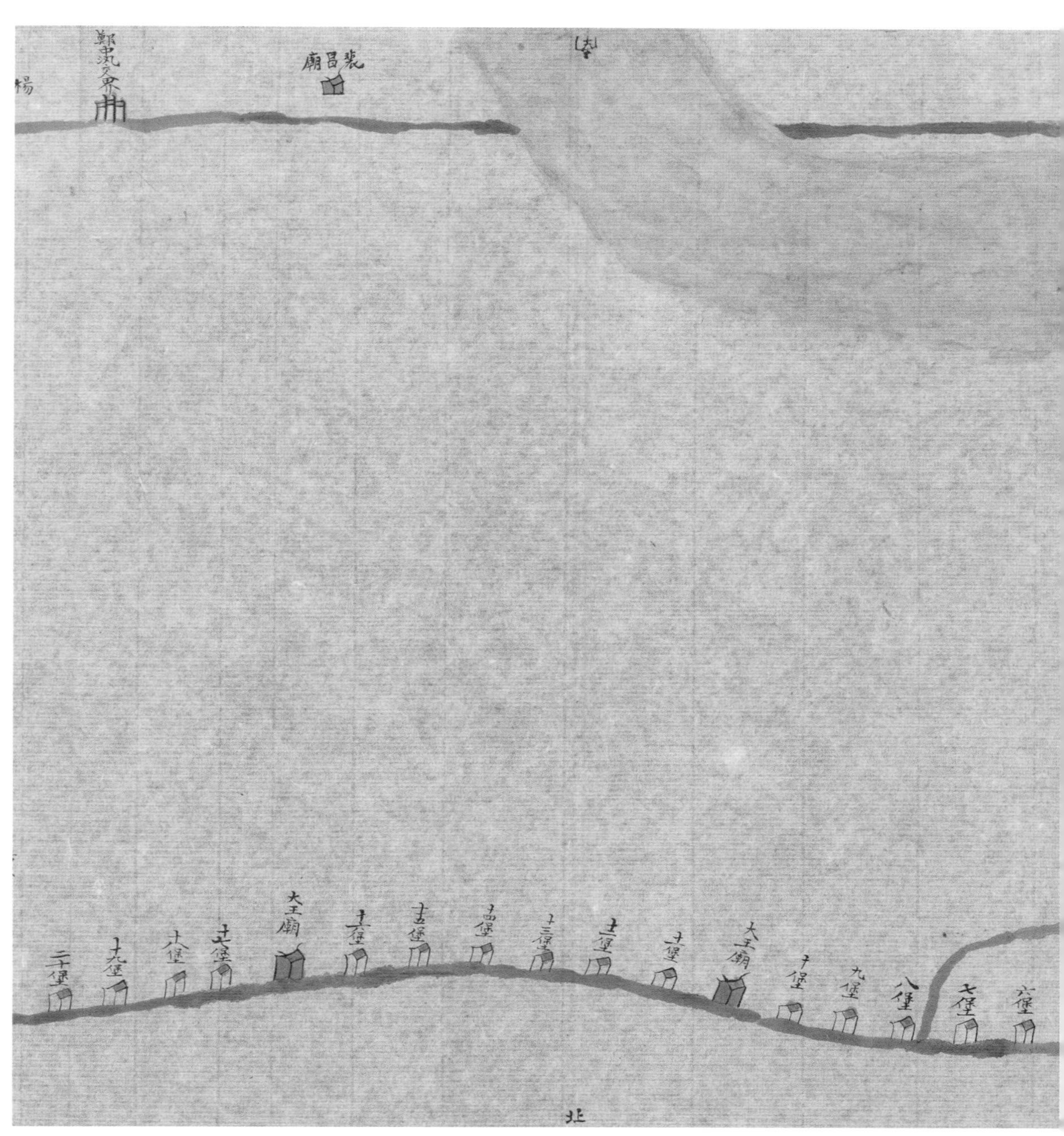
楊
鄭汛交界
裴昌廟
二十堡
十九堡
十八堡
十七堡
大王廟
十六堡
十五堡
十四堡
十三堡
十二堡
十一堡
大王廟
十堡
九堡
八堡
七堡
六堡
北

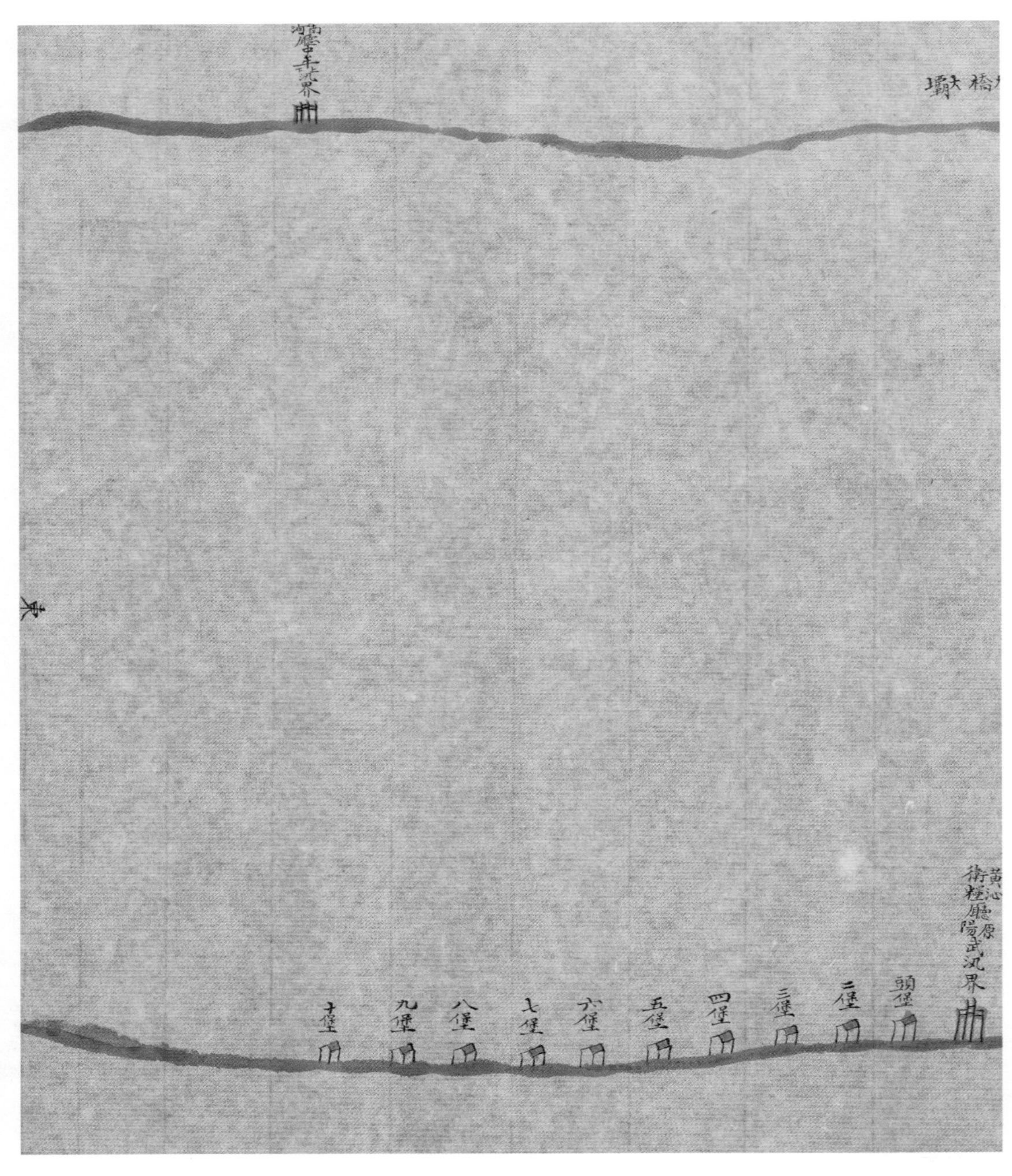

南河廢牟城界
橋大壩
東
黄沁廳原武汛界
頭堡
二堡
三堡
四堡
五堡
六堡
七堡
八堡
九堡
十堡

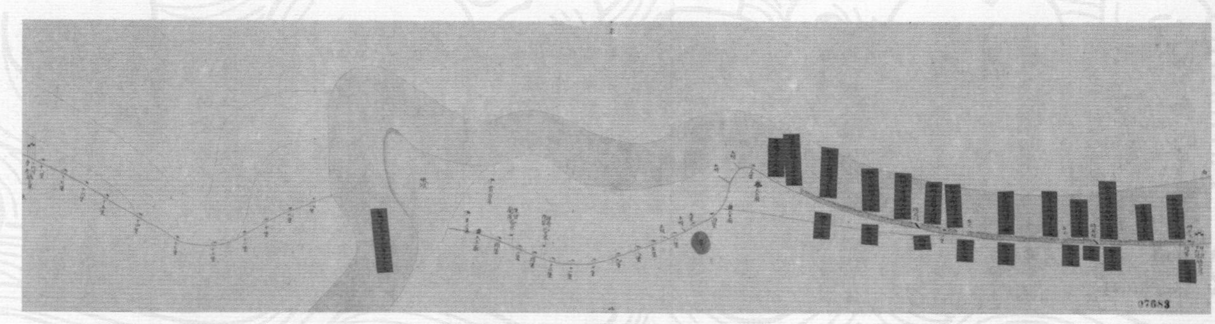

《下北河厅属现在河势情形图》（20 厘米 ×77 厘米）

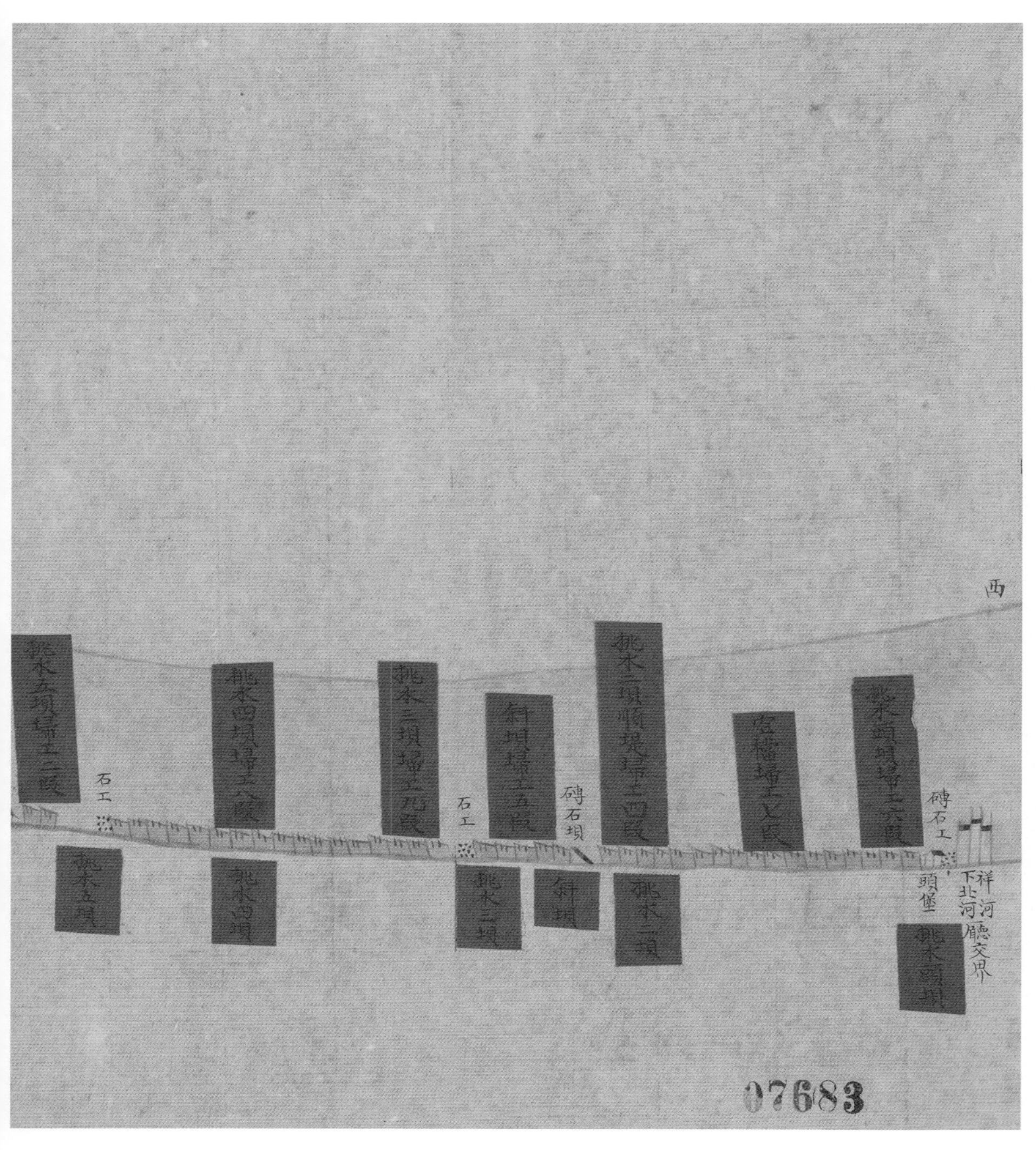
西
挑水五垻埽工二段
挑水四垻埽工八段
挑水三垻埽工九段
斜垻埽工五段
挑水二垻順堤埽工四段
空檔埽工七段
挑水頭垻埽工六段
石工
石工
磚石垻
磚石工
挑水五垻
挑水四垻
挑水三垻
斜垻
挑水二垻
頭堡
挑水頭垻
祥河下北河廳交界
07683

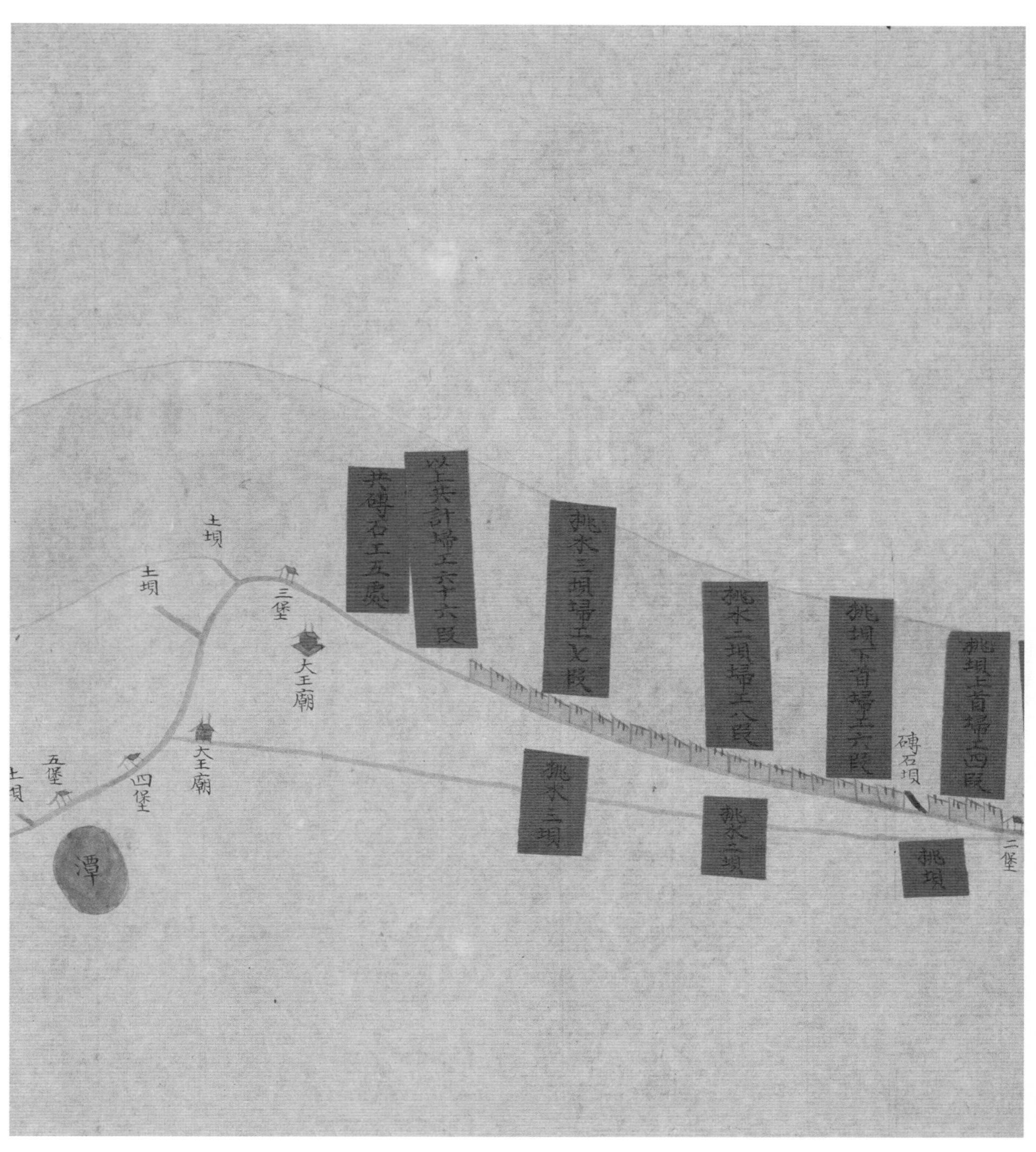
二堡
挑垻上首埽工四段
磚石垻
挑垻
挑垻下首埽工六段
挑水二垻埽工八段
挑水二垻
挑水三垻埽工七段
挑水三垻
以上共計埽工六十六段
共磚石工五處
三堡
大王廟
大王廟
土垻
土垻
四堡
五堡
土垻
潭

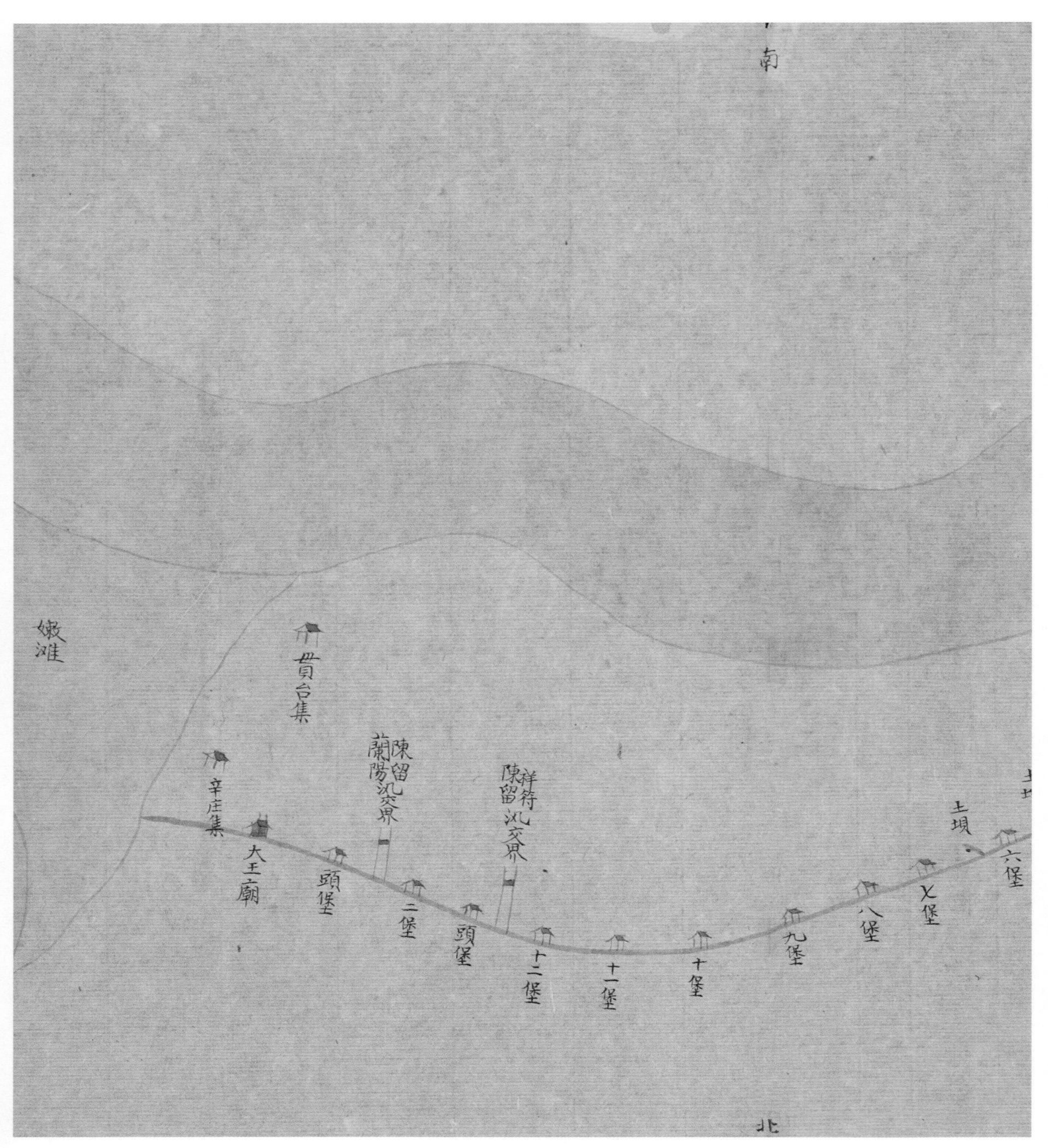
南
嫩灘
貫台集
辛庄集
大王廟
陳留
蘭陽汛交界
頭堡
二堡
頭堡
祥符
陳留汛交界
十二堡
十一堡
十堡
九堡
八堡
七堡
土垻
六堡
北

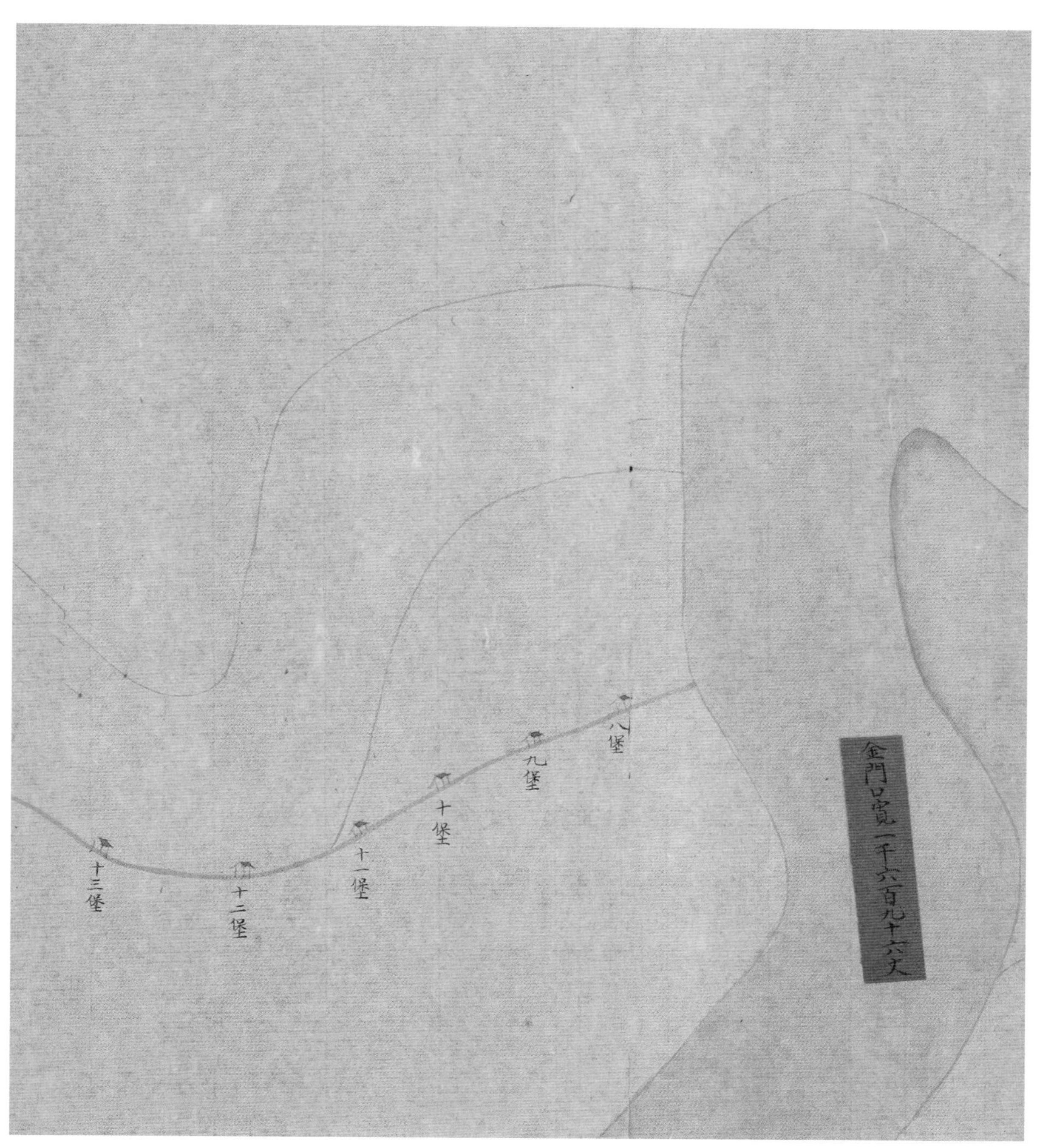

金門口寬一千六百九十六丈
八堡
九堡
十堡
十一堡
十二堡
十三堡

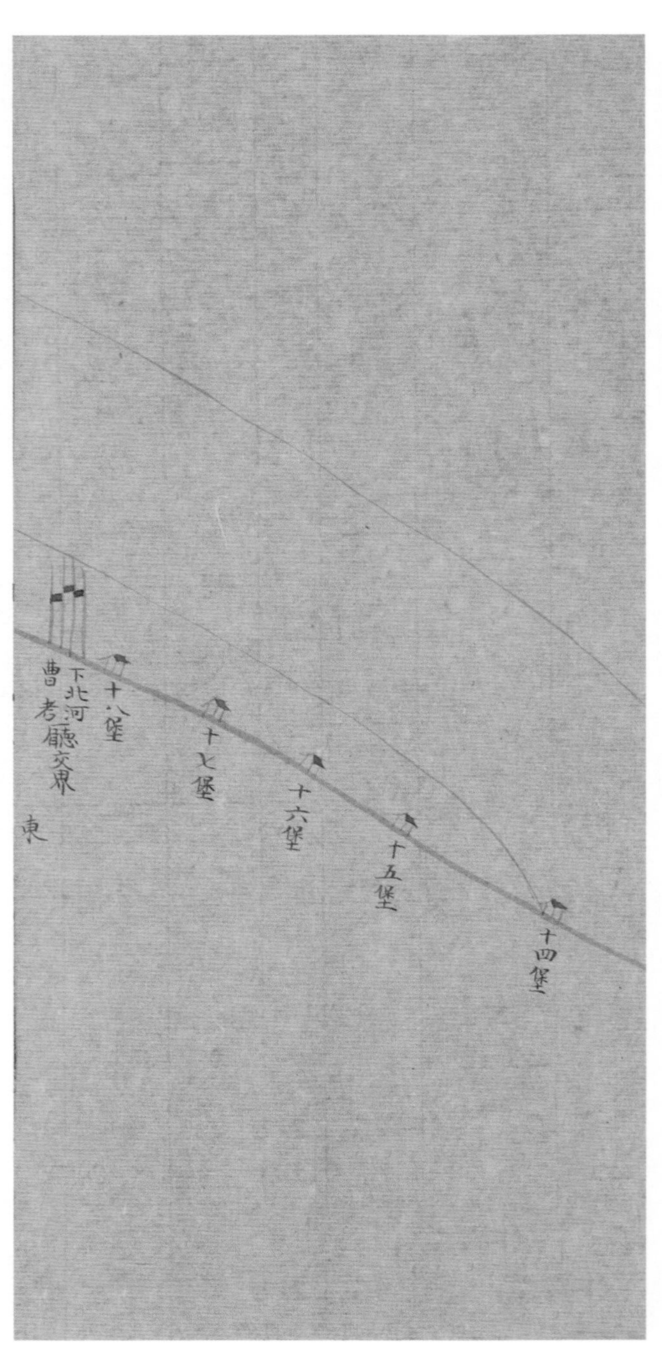

下北河
曹考廳交界
十八堡
十七堡
十六堡
十五堡
十四堡
東

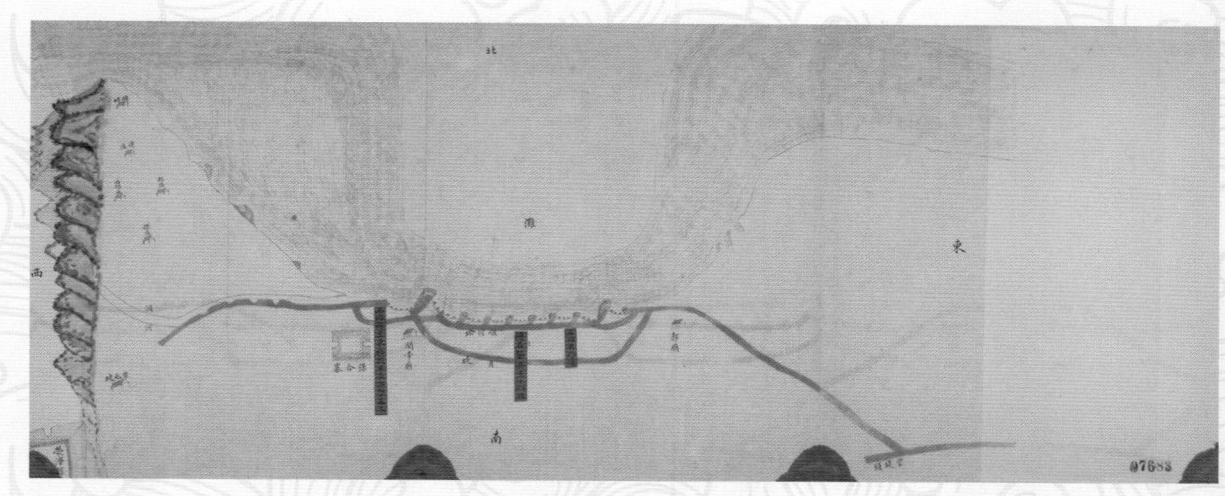

《荥泽县民埝石坝工程现在河势情形草图》（24 厘米 ×59 厘米）

東
官堤頭
07683

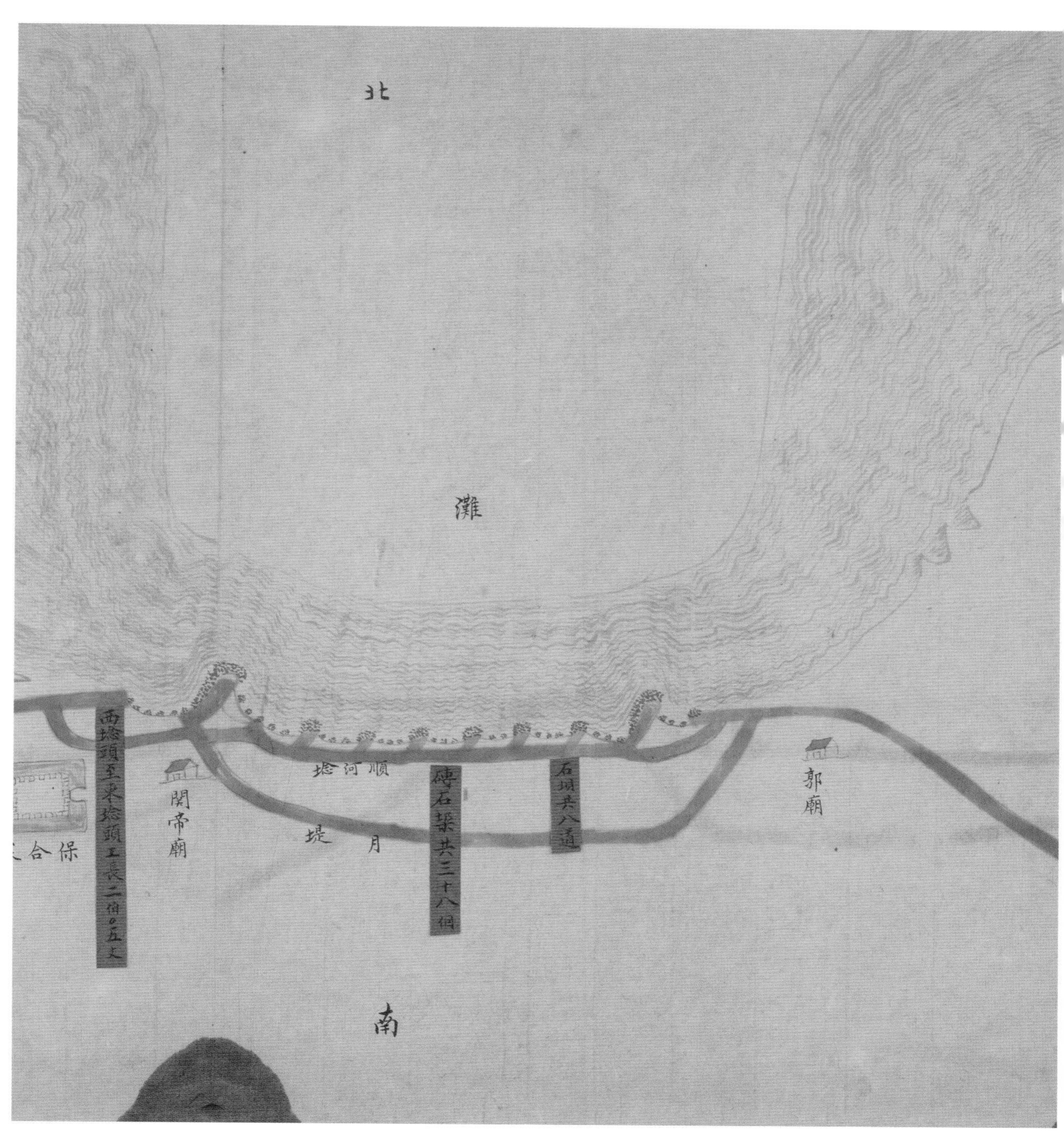
北
灘
西埝頭至東埝頭工長二佰〇五丈
關帝廟
順河埝
月堤
磚石垛共三十八個
石垻共八道
郭廟
保合
南

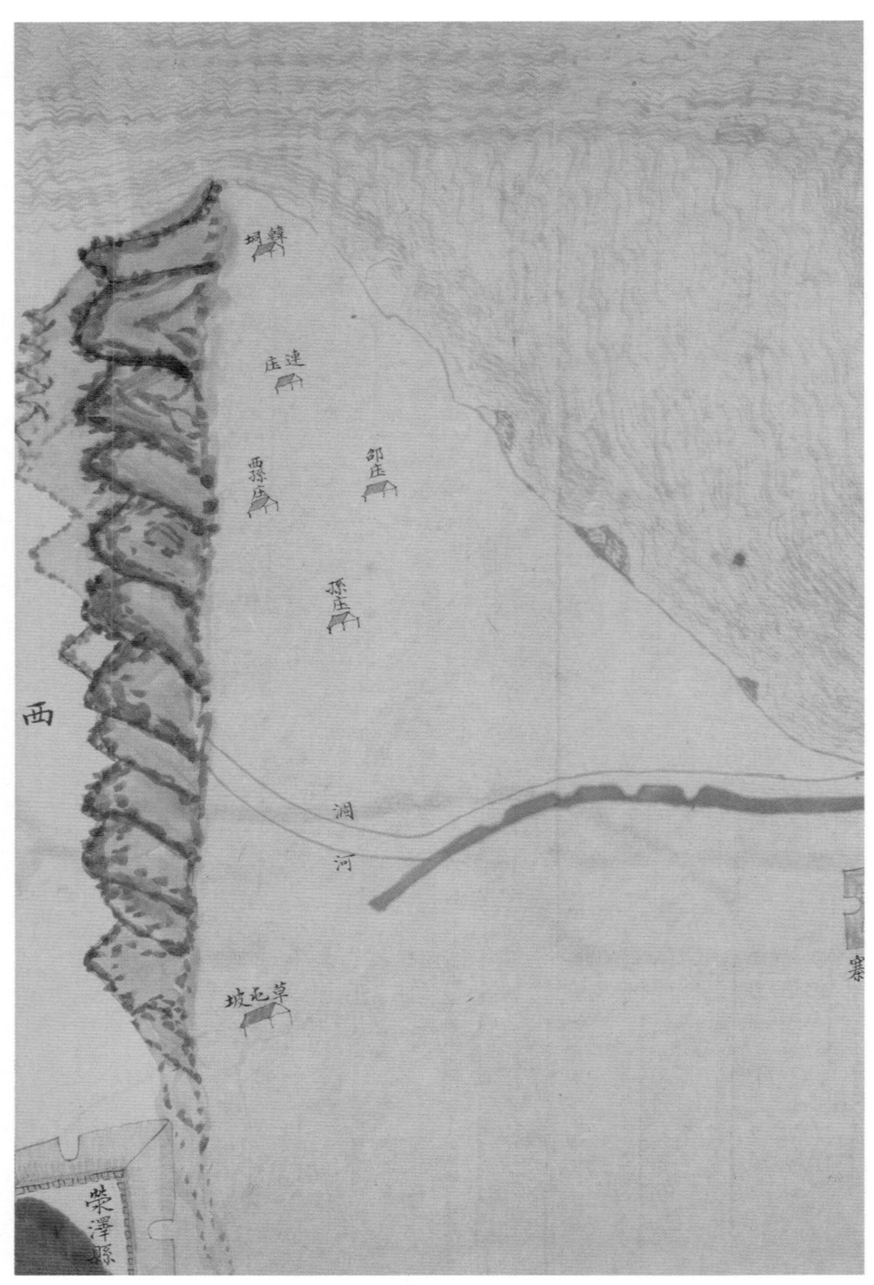
韓垌
連庄
西孫庄
郜庄
孫庄
西
澗河
寨
草屯坡
榮澤縣

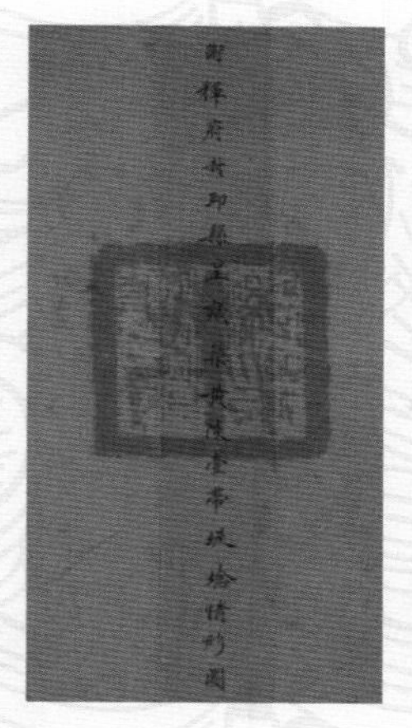

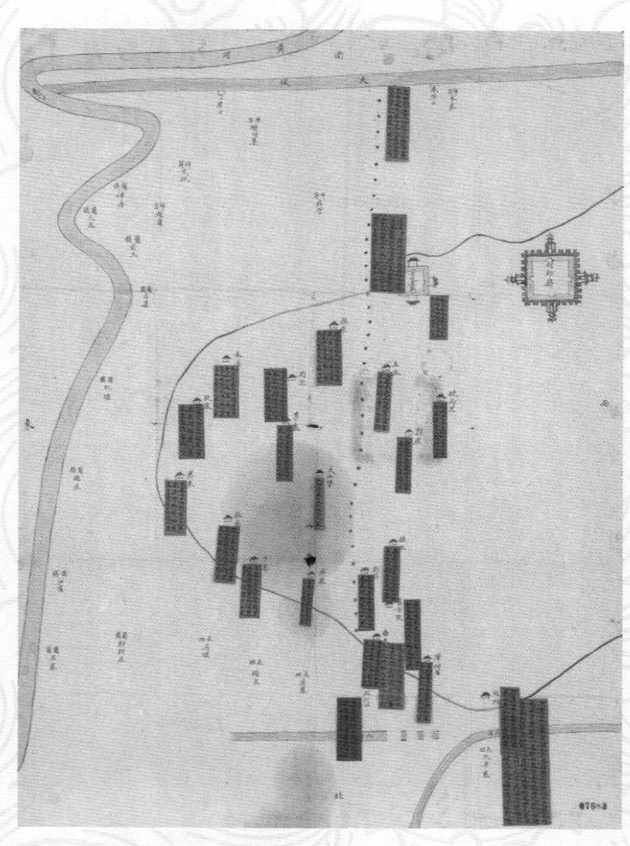

《卫辉府封邱县呈议筑黄陵一带堤埝情形图》

（63 厘米 ×47 厘米）

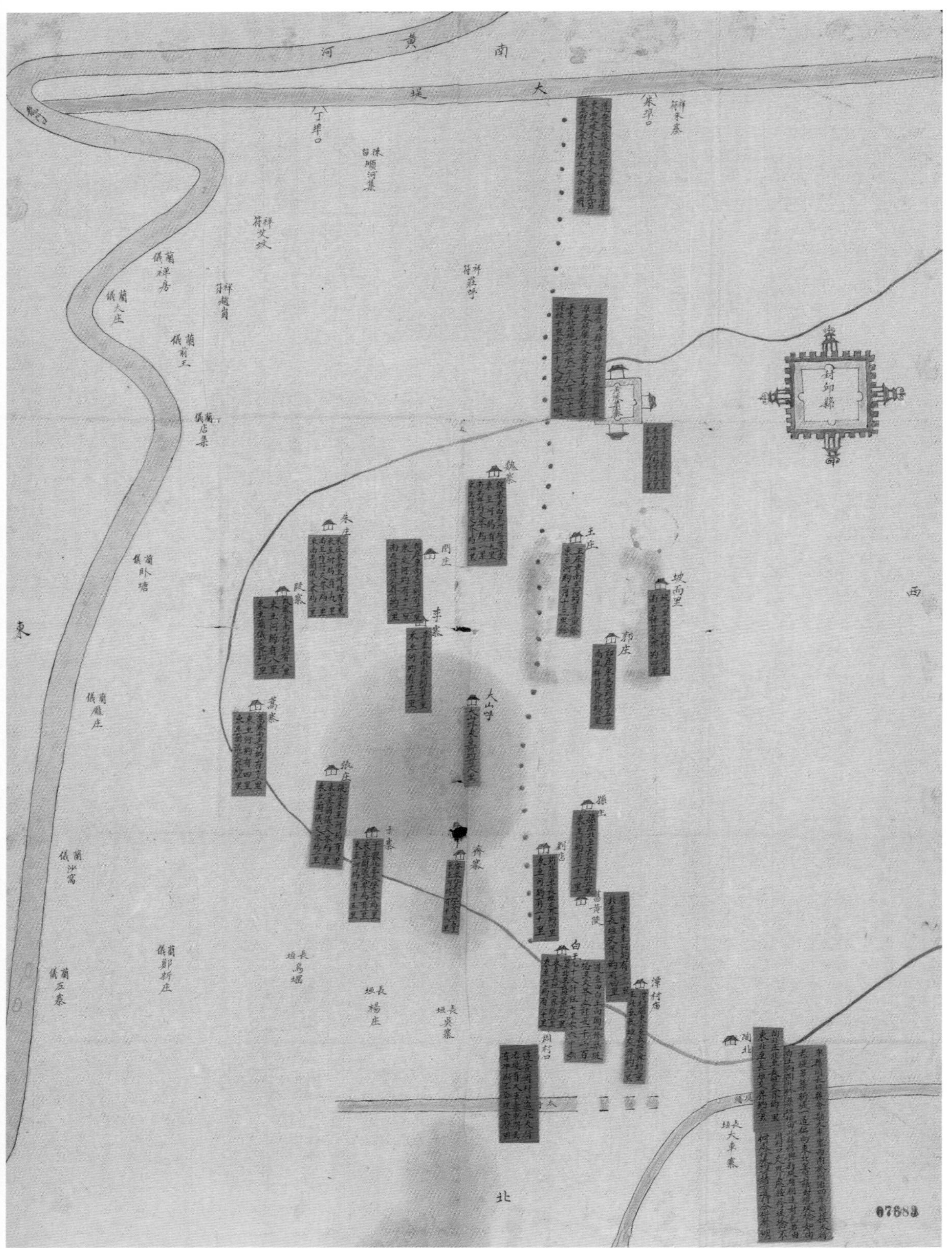

南
黄
河
大
堤
封邱縣
東
西
北
07683

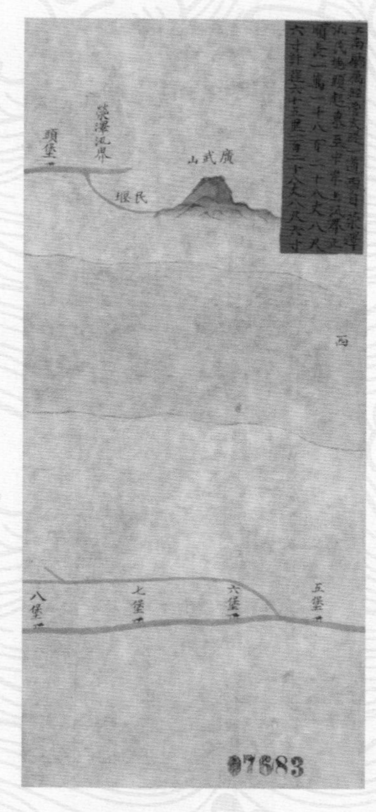

《现查上南厅属郑州下汛十堡漫口河势情形图》

（21.6 厘米 ×9.3 厘米）

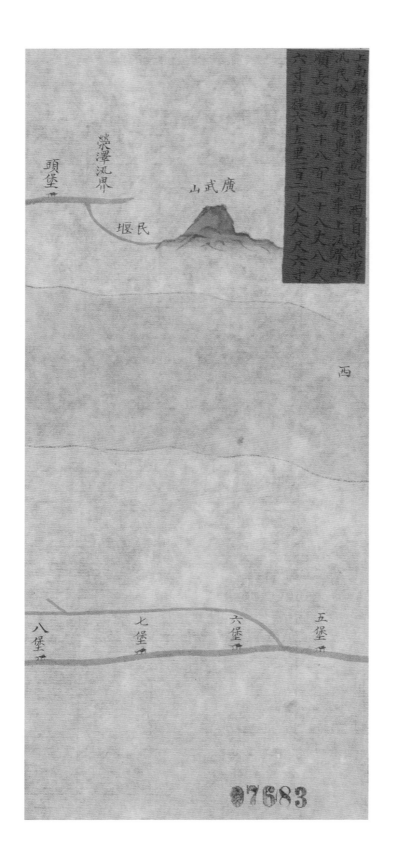
上南岸隔餘渠大隄一道西自滎澤
汎民埝頭起東至中牟上汎界止
順長一萬一千八百二十八丈八尺
六寸計程六十五里一百二十八丈八尺六寸
滎澤汎界
頭堡
廣武山
民堰
西
八堡
七堡
六堡
五堡
07683

《西平舞阳两县洪河庄村图》（37 厘米 ×63 厘米）

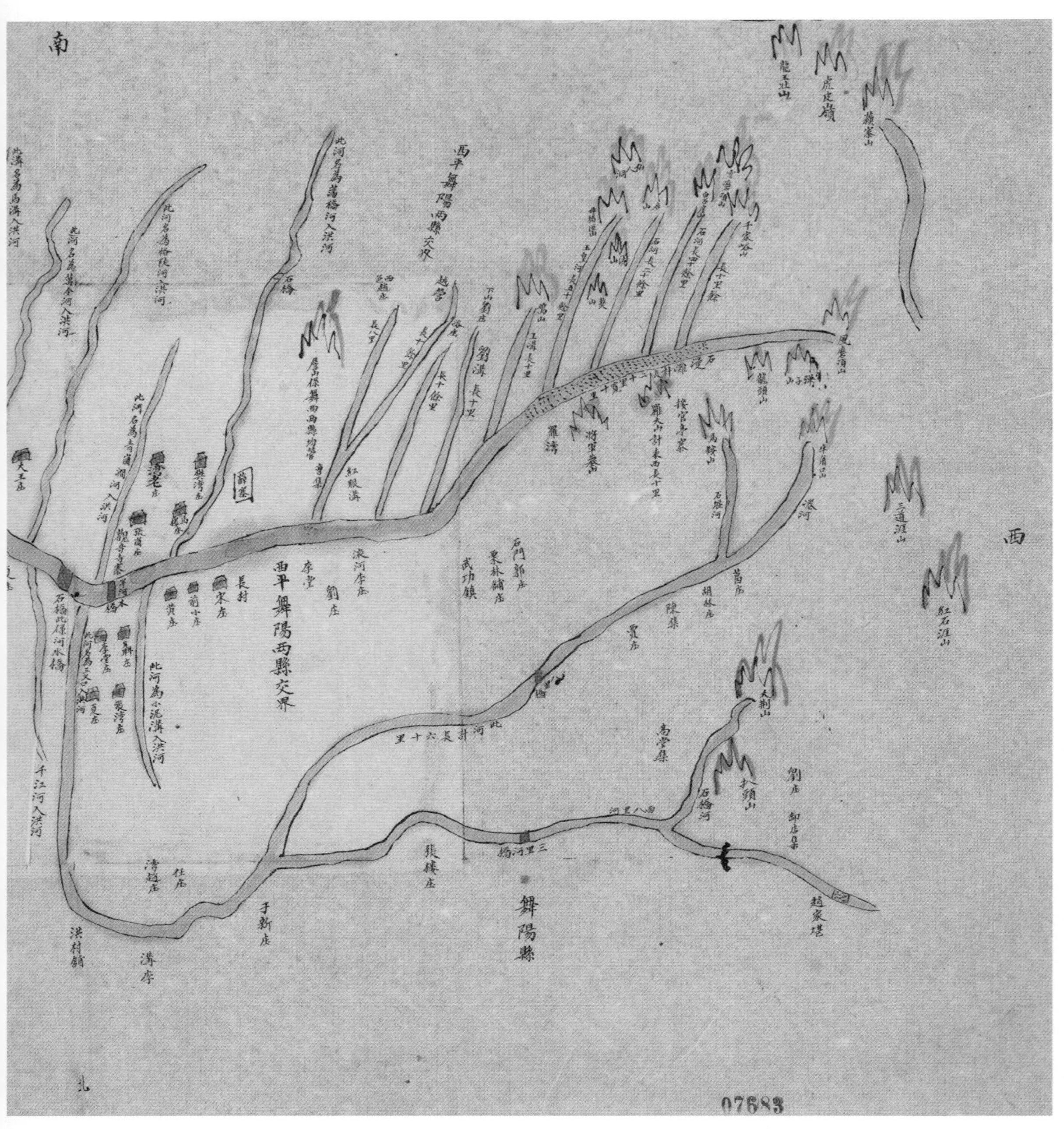

南
西
北
西平舞陽兩縣交界
舞陽縣
07683

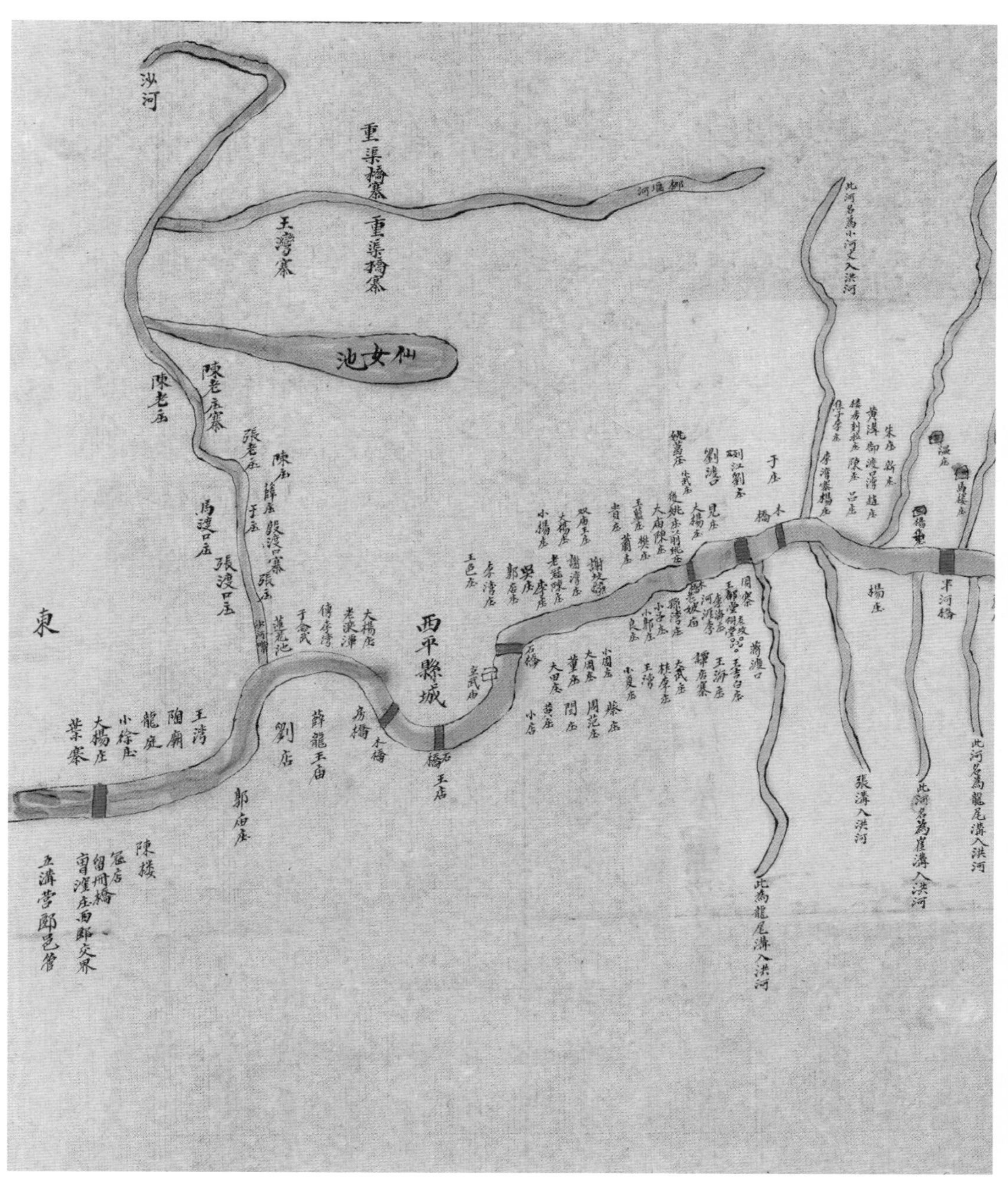

沙河
重渠橋寨
重渠橋寨
王灣寨
仙女池
陳老庄
陳老庄寨
張老庄
馬渡口庄
張渡口庄
東
西平縣城
王灣
陶廟
龍庭
葉寨
劉店
薛龍王庙
陳樓
五溝營郾邑管
此河名為小河又入洪河
此為龍尾溝入洪河
張溝入洪河
此河名為崔溝入洪河
此河名為龍尾溝入洪河

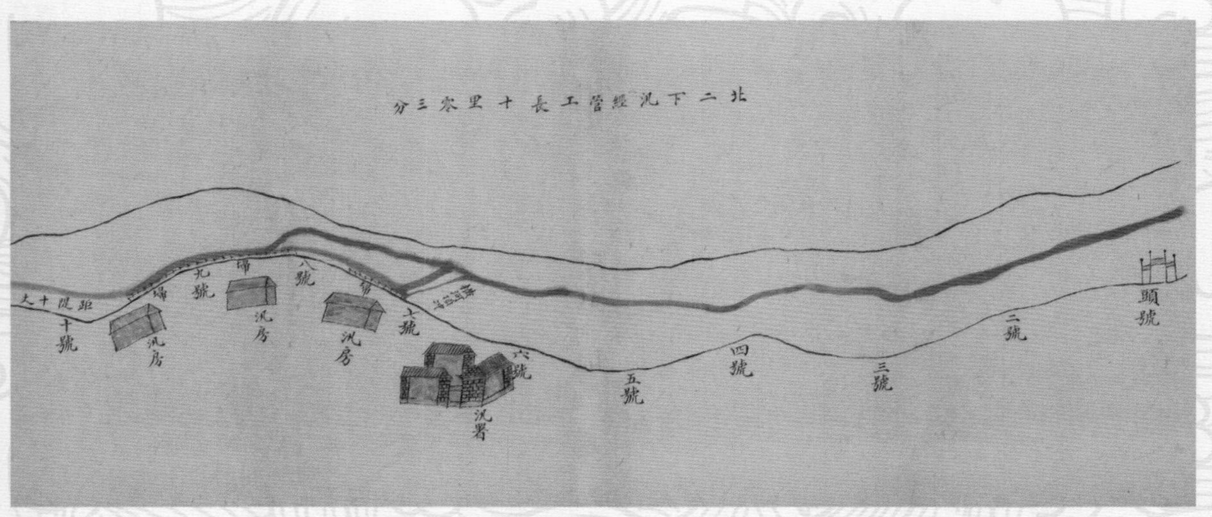

《绘呈北二下汛河流情形并图说》（18 厘米 ×39 厘米）

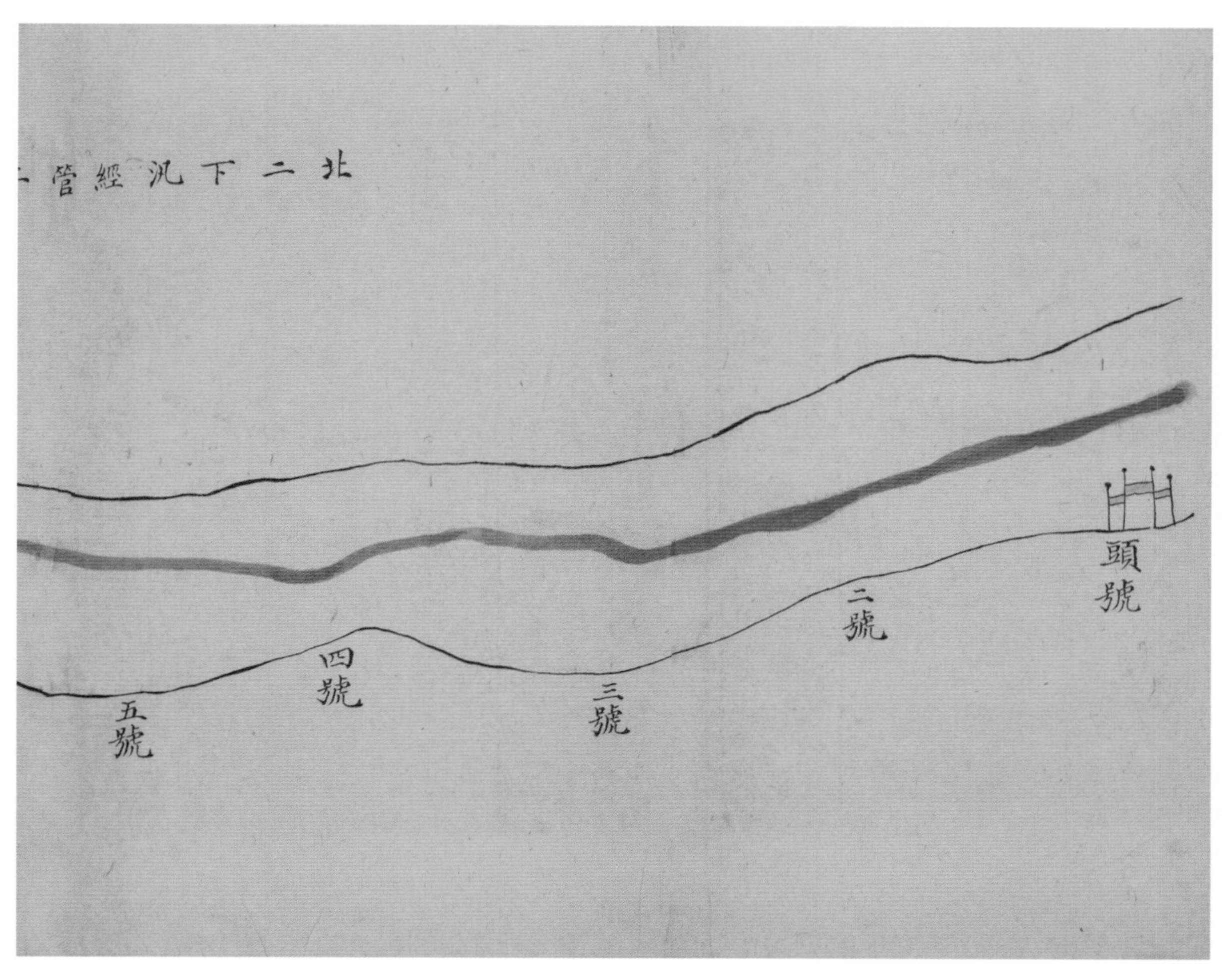
北二下汛經管
頭號
二號
三號
四號
五號

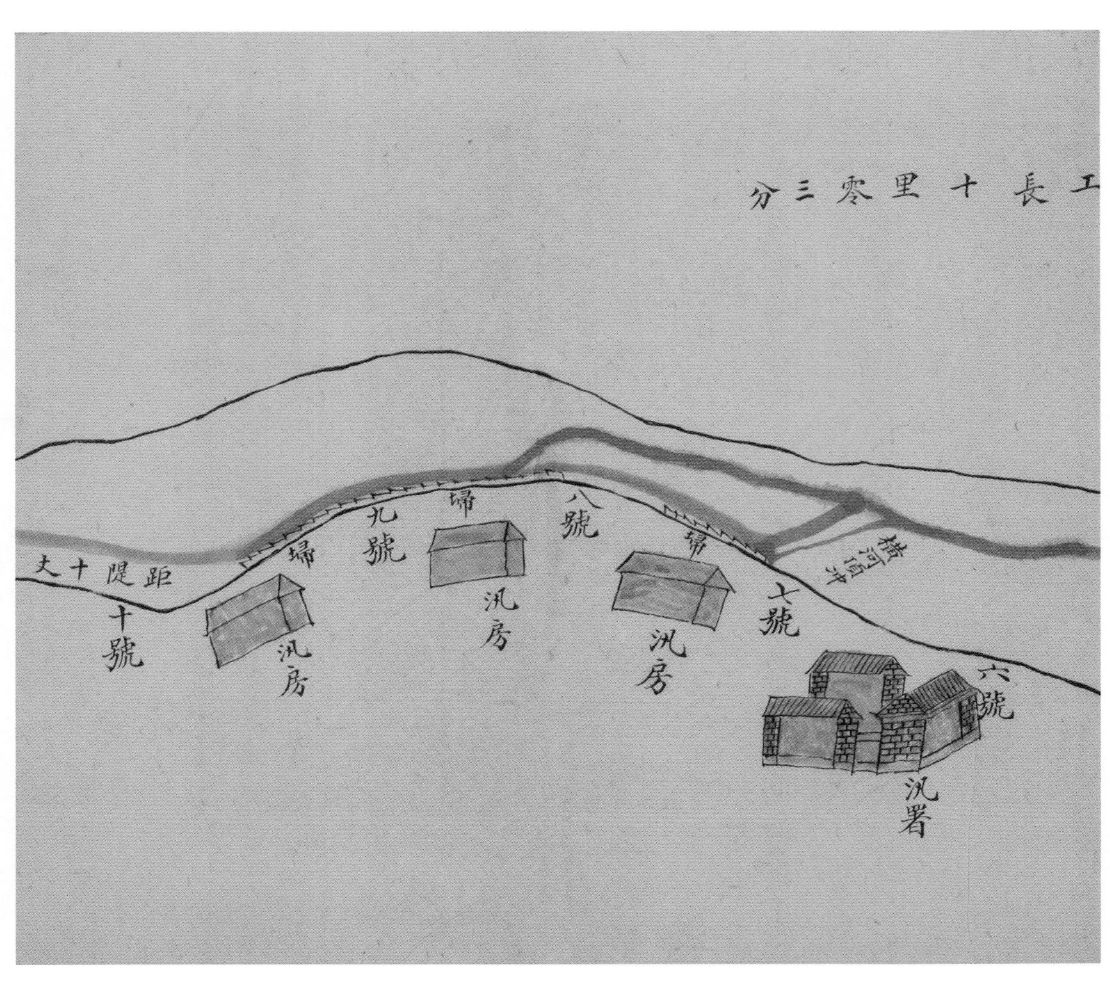
工長十里零三分
距隄十丈
十號
汛房
埽
九號
埽
汛房
八號
埽
汛房
横河頂沖
七號
六號
汛署

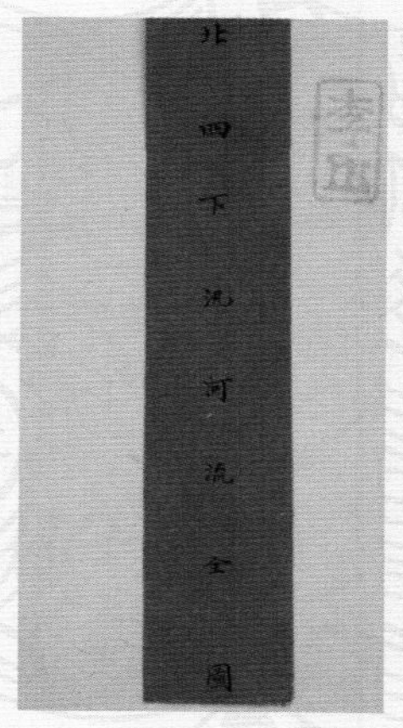

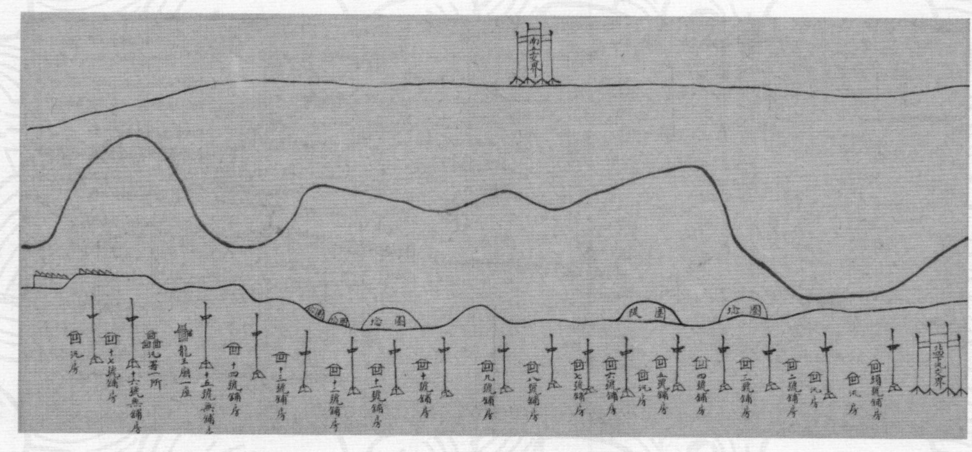

《北四下汛河流全图》（25 厘米 ×56 厘米）

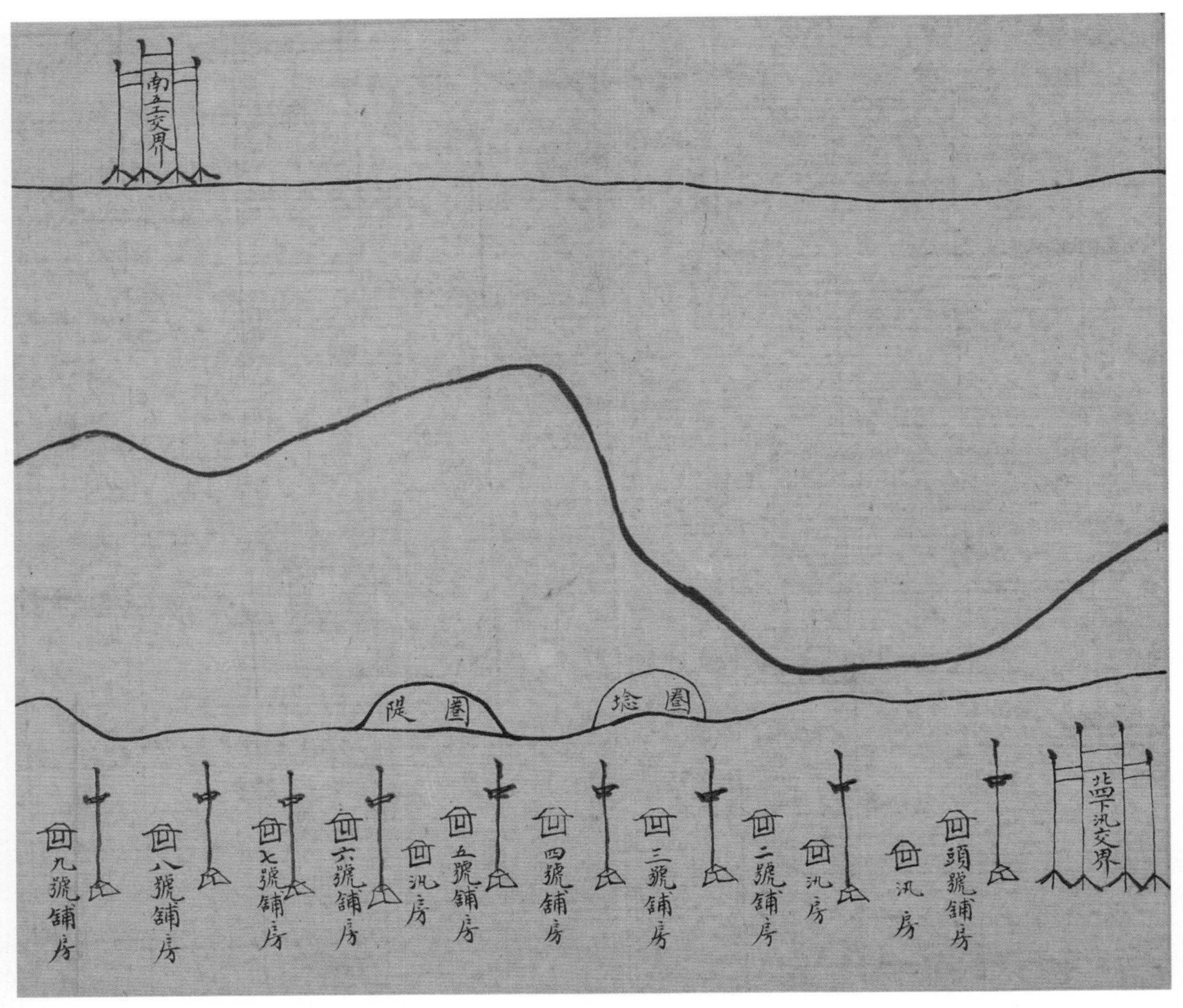

南五交界
隄圈
埝圈
北四下汛交界
頭號鋪房
汛房
汛房
二號鋪房
三號鋪房
四號鋪房
五號鋪房
汛房
六號鋪房
七號鋪房
八號鋪房
九號鋪房

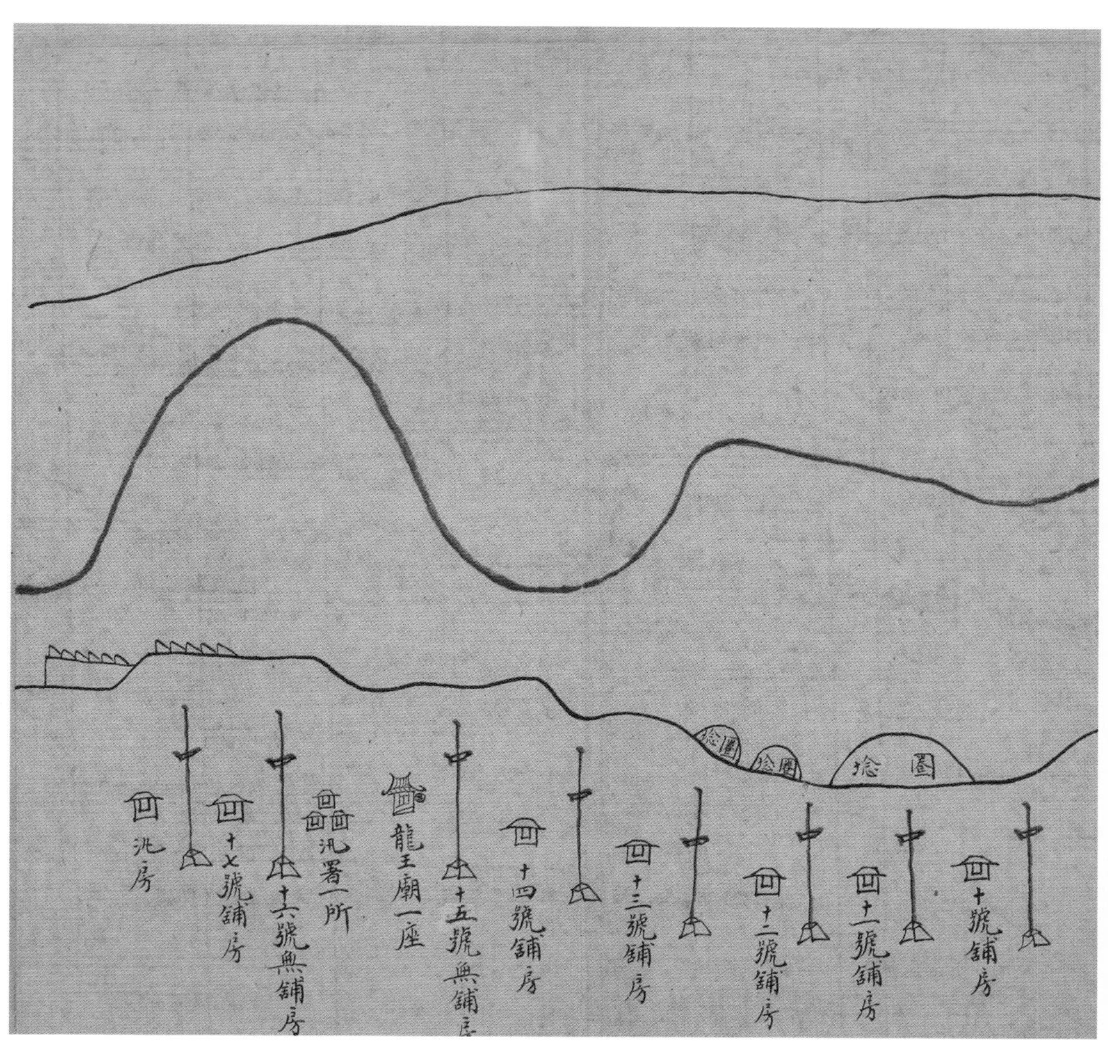

汛房
十七號鋪房
十六號無鋪房
汛署一所
龍王廟一座
十五號無鋪房
十四號鋪房
十三號鋪房
十二號鋪房
十一號鋪房
十號鋪房

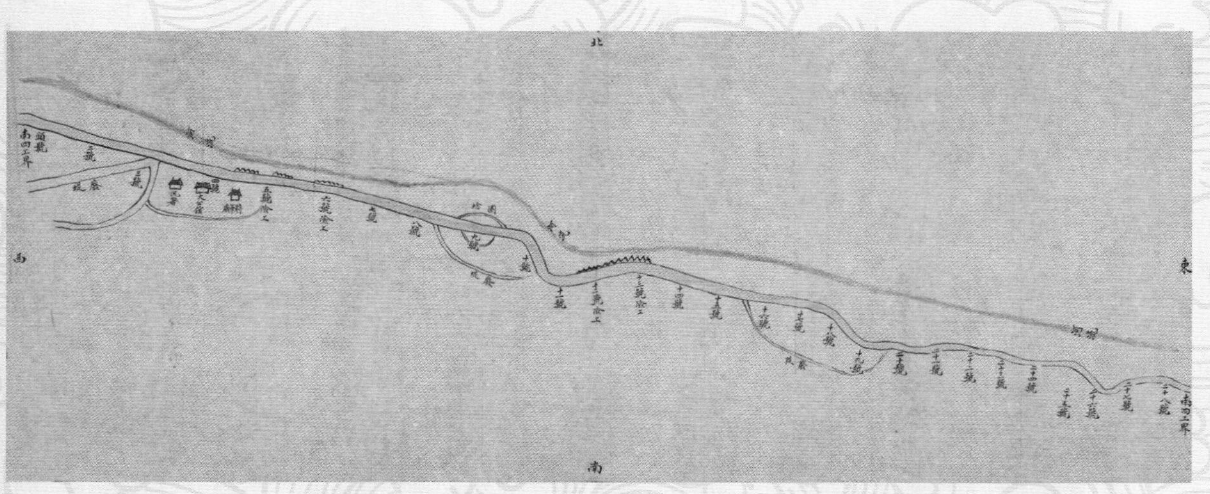

《南四工河图》（20.5 厘米 ×51 厘米）

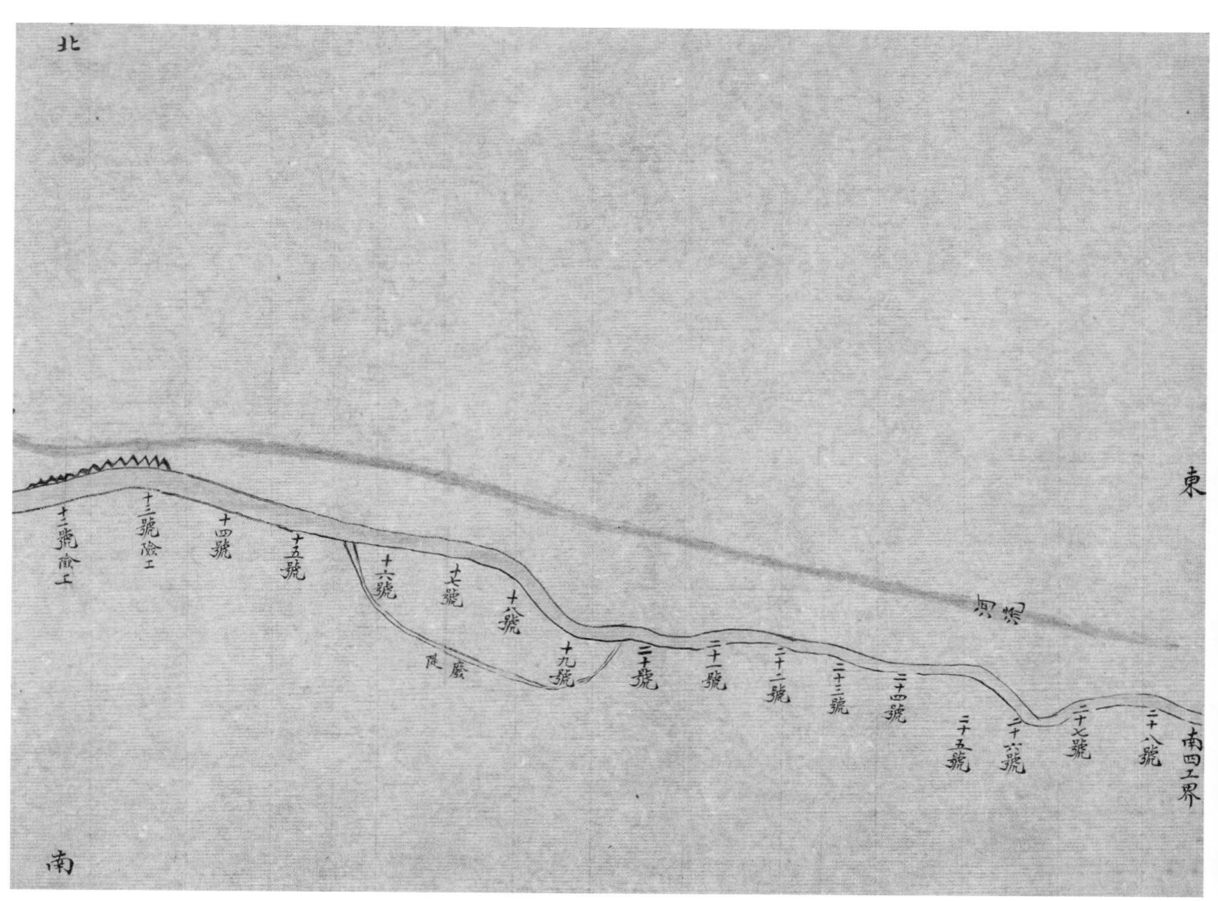

北
東
南
十二號險工
十三號險工
十四號
十五號
十六號
十七號
十八號
十九號
廢隄
二十號
二十一號
二十二號
二十三號
二十四號
二十五號
二十六號
二十七號
二十八號
南四工界

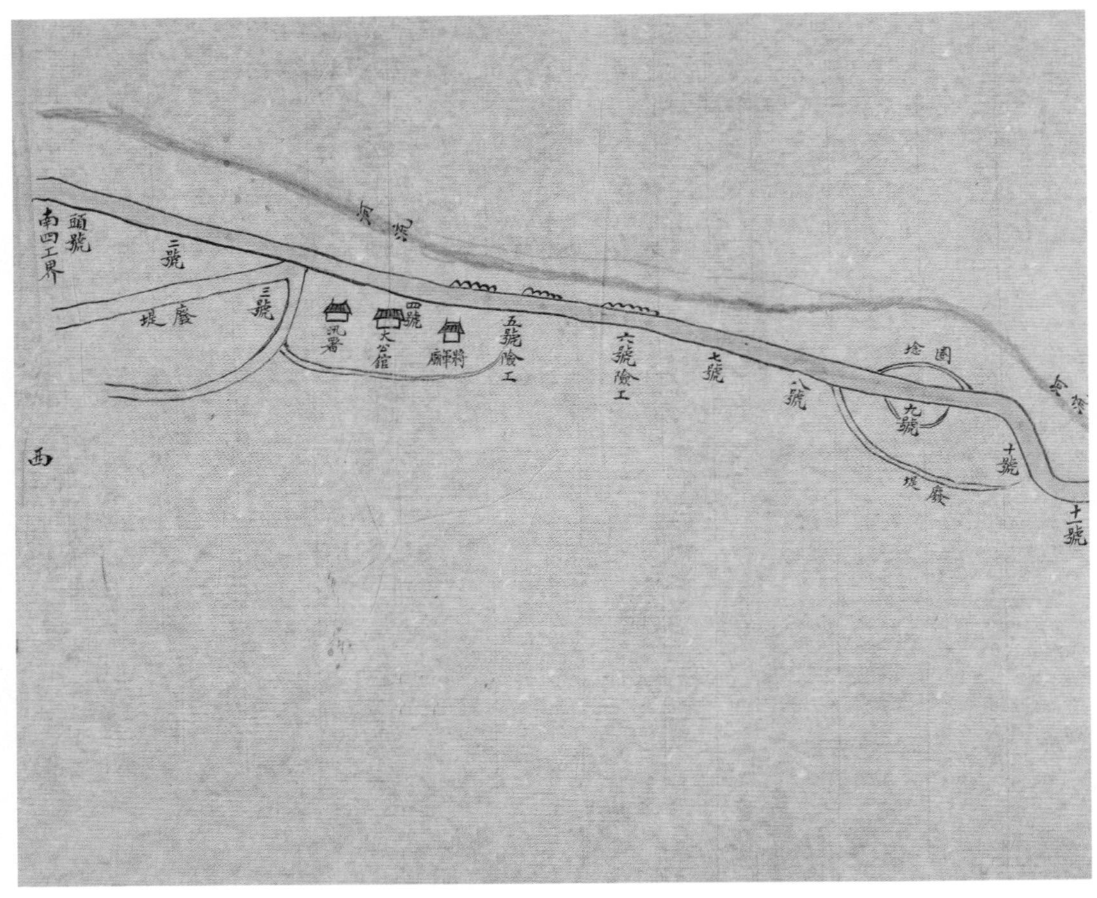
南四工界
頭號
二號
三號
廢堤
汛署
四號
大公館
將軍廟
五號險工
六號險工
七號
八號
圈埝
九號
十號
廢堤
十一號
西

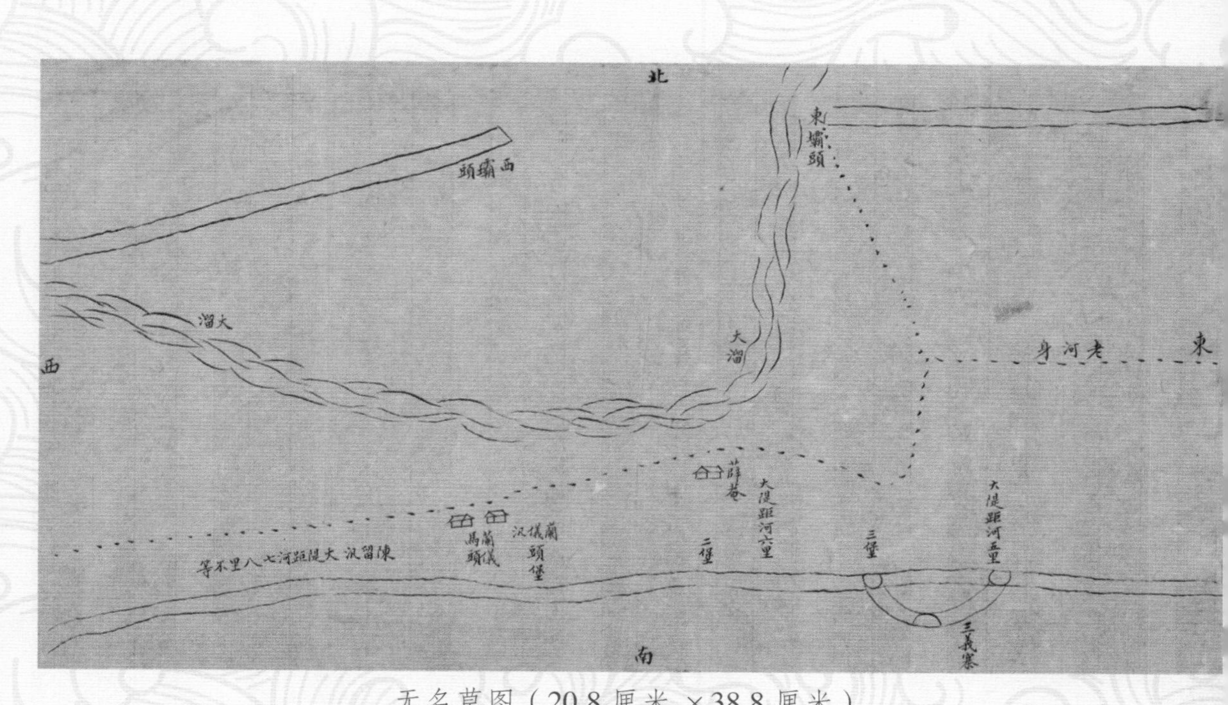

无名草图（20.8 厘米 ×38.8 厘米）

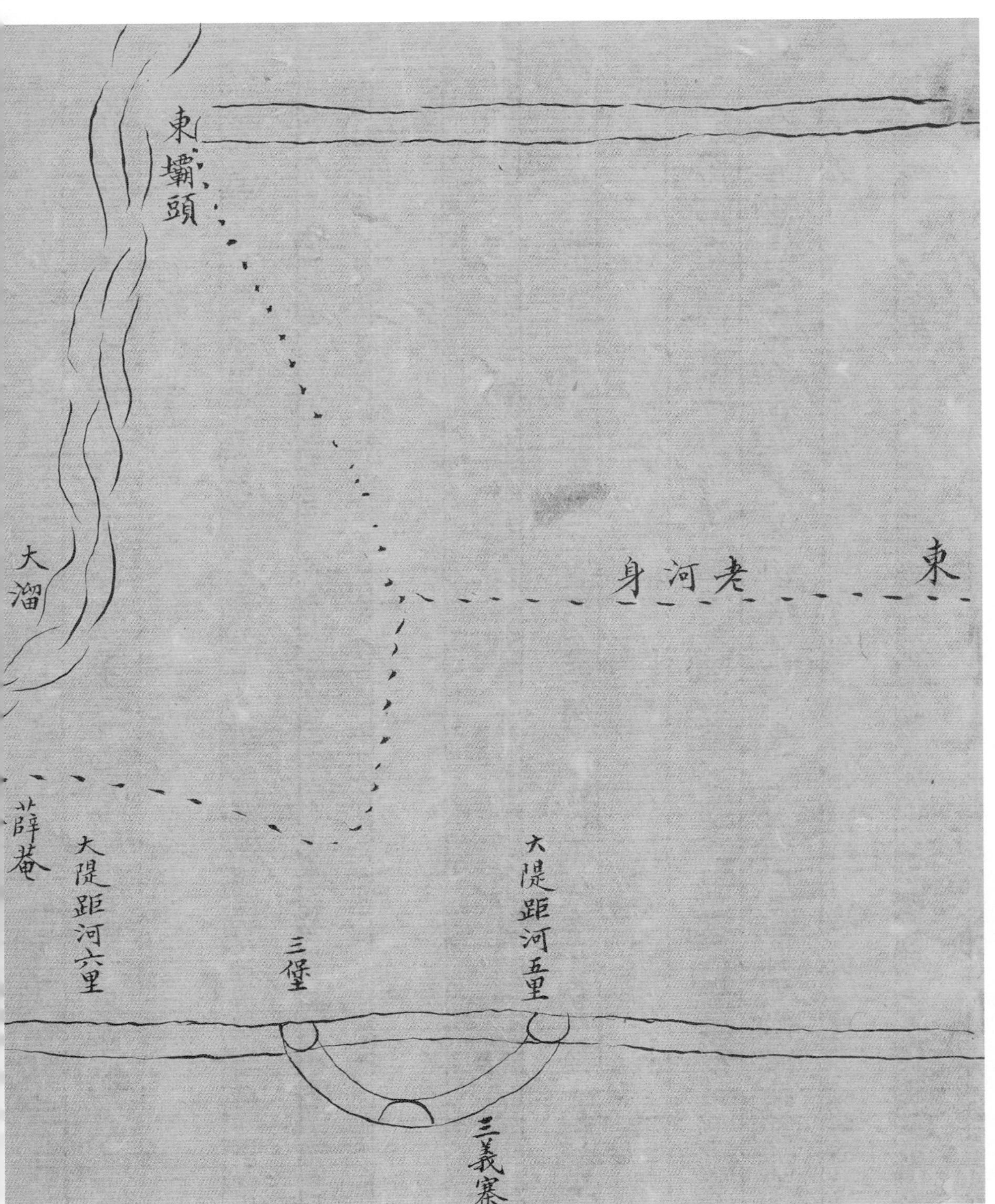
東壩頭
大溜
東
老河身
薛菴
大隄距河六里
三堡
大隄距河五里
三義寨

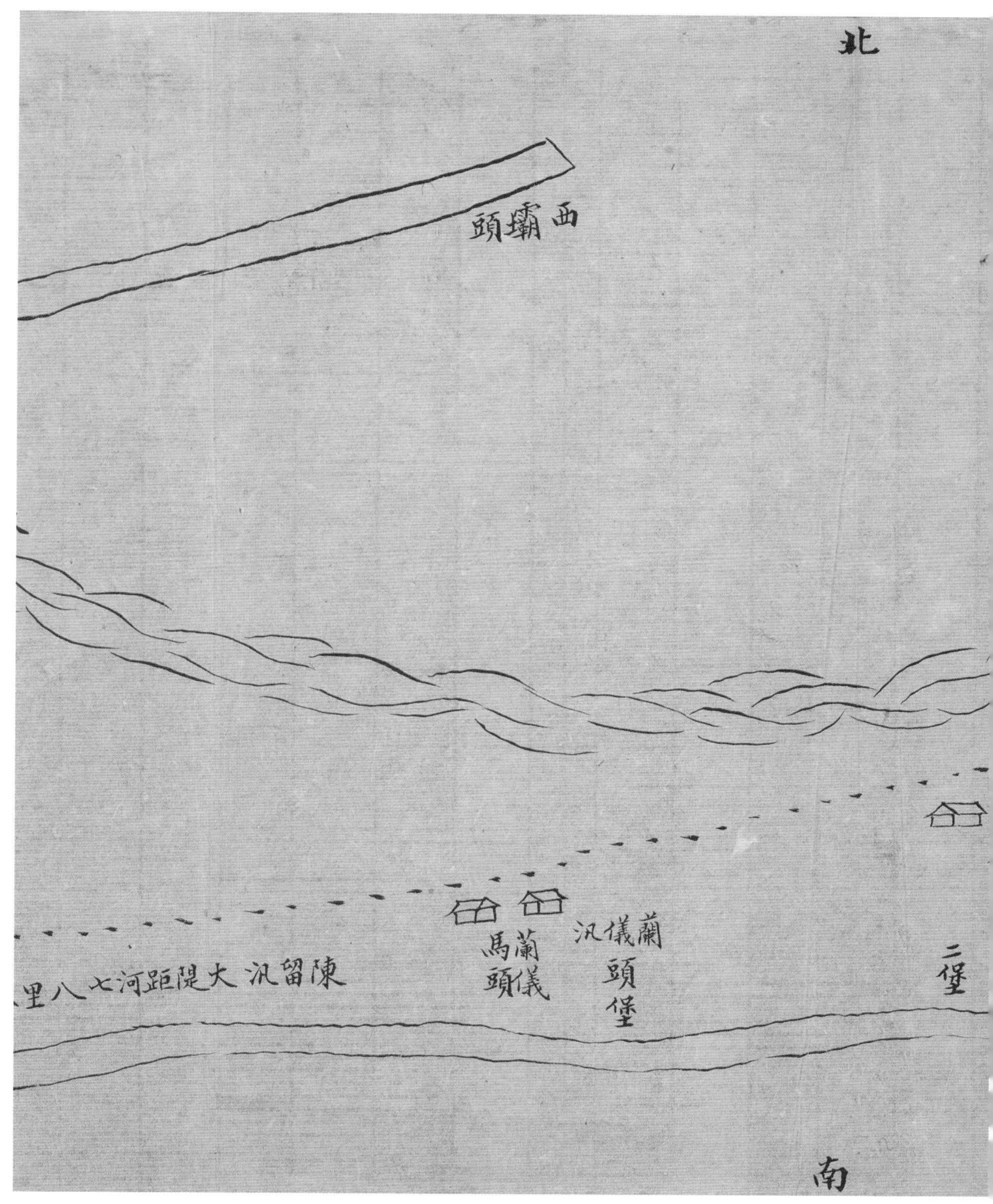
北
西壩頭
陳留汛大堤距河七八里
蘭儀馬頭
蘭儀汛頭堡
二堡
南

大溜
西
不等

《灵宝陕州渑池新安孟津巩县汜水黄河情形总图》

版本：彩绘本

年代：清宣统年间（1909—1911 年）

尺寸：22 厘米 ×102.5 厘米

幅数：1 幅

《灵宝陕州渑池新安孟津巩县汜水黄河情形总图》（以下简称《黄河情形图》）绘于清宣统年间，全图纵 22 厘米、横 102.5 厘米。该图绘制的内容为：从河南灵宝县至巩县段黄河河道及两岸汇入的水系、山脉以及府州县的情况，并且标注了两岸府州县的县名、水系名、界牌等。此外，该图还贴签注明了各地离县城的道里数、漫淤情形、黄河水势情形等，是了解清末河南灵宝至巩县一带黄河水系、山脉、行政区划等比较重要的舆图文献。

《黄河情形图》，全图自右向左，自灵宝县至巩县，方位自西向东；自上到下，方位自南向北。清代灵宝县隶属陕州，属河陕汝道；中华人民共和国成立后，1993 年撤销灵宝县，设立县级灵宝市，归河南省直辖，同年 6 月又改由三门峡市代管。《黄河情形图》中，自灵宝县向西跨过弘农涧河，绘有著名的函谷关。这里绘制的函谷关是历史上三座函谷关中的秦关。该关西踞高原，东临绝涧，南接秦岭，北塞黄河。因关在谷中，深险如函，故称函谷关。灵宝县以北绘有老子故宅、演武场等地点。据《灵宝县志》记载，老子故宅在城西北一里，为隋时所建；相传老子曾在此著书立说，后人便在县城建宅以示纪念。县志方位描述与《黄河情形图》所绘大抵相当，不过故宅今日早已不存。

灵宝县以东为陕州城，《黄河情形图》在陕州城以北的黄河河道上有贴签“万锦滩黄河水势面宽约计三百余丈，原有底水一丈一尺。自桃汛之日起，遇有陡长，随时驰报，现有志桩”。此签以东的黄河河道上又有贴签“南门河水面宽二十丈，中门河水面宽二十余丈，北门河水面宽二十丈，共约计河水面宽六十余丈，门口下河面宽四十余丈。水势自万锦滩往北行走，复迤往东，北出三门，斜湾东南，经中流砥柱复转往东北而行。询之该处居民上下，河势历来如斯，并无变迁，滩涯亦无坐迁处所”。这两处贴签记述了清末陕州城以北、以东的黄河流向及水面宽度。

过陕州城继续往东至渑池县以北南村城附近，《黄河情形图》共有十余条贴签，几乎都是被黄河淹没的村庄与渑池县的方位、距离。清末，因河政日益腐败，河道日趋梗阻，黄河频频决口，黄河问题已日趋严重。1855 年黄河铜瓦厢决口改道，是一次空前的浩劫，洪水波及河南、山东、直隶 3 省 10 府 40 余州县，受灾面积近 3 万平方公里。由于没有堤防约束，洪水泛滥横流达 20 多年，泛流宽度达 200 多里，被洪水冲塌或淹浸的县城就有六七个，其中濮州、范县、齐东等州县不得不迁城以避水患。其实早在乾隆年间，河南就曾遭受重大洪灾：清乾隆二十六年（1761 年），黄河干流及支流伊河、洛河、沁河同时暴涨，下游两岸共漫口 26 处，河南、山东、安徽共有 26 个州县被淹，偃师、巩县、河内、武陟、修武等县大水灌城。支流沁河对怀庆府造成危害，“城下四面俱浸，淹没军民以万计”。

渑池县再往东，新安县以北，有贴签“平时水约有一里，宽深约有十丈余，现在水宽不足一里，俱系石底，水势平稳”。新安县以东为洛阳县，洛阳县向北渡过黄河有济源县。在洛阳县以东，《黄河情形图》绘有邙山。邙山，又名北邙、芒山、郏山等，海拔约 300 米，为黄土丘陵地，是洛阳北面的一道天然屏障。此外，邙山还是诸多帝王贵胄和显赫人物安葬之地，有古代墓葬数十万座之多，其中就包括《黄河情形图》中绘制的汉光武帝陵。汉光武帝陵，古称原陵，当地俗称“汉陵”或“刘家坟”。这座陵寝是东汉开国皇帝刘秀和光烈皇后阴丽华的合葬墓。正如《黄河情形图》所绘，汉光武帝陵南倚邙山、北临黄河，近山傍水，威严肃穆。

汉光武帝陵以东有孟津县、偃师县，黄河对岸则是孟县。偃师县再往东是巩县。《黄河情形图》在这四个县之间绘有小型聚落近十处，巩县周围还绘有普安寺、南极山、紫金山、龙尾山、青龙山等。青龙山属中岳嵩山支脉，位于巩县（今巩义市）中南部地区。该山古称霍山、天陵山，也有天渡山、桃花山、万佛山等称呼。清乾隆《巩县志》记载：“巩山无大于霍山者，即天陵也。”

巩县往东，《黄河情形图》绘有多条支流河道，并贴有多个贴签，贴签内容均与黄河及其支流汜水河水系相关。如汜水河支流磴固川“此系支河名磴固川，自石洞沟起，至老君堂入干，长七里，宽七八尺，深四五尺不等”，小里河“此系支河名小里河，自石峪起，至金谷堆入干，长八里，宽七八尺，深三四尺不等”，小汜河“此系支河名小汜河，自煤窑沟起，至泥河入干，长七里，宽八九尺，深四五尺不等”，汜水河发源地“方山黄龙池，系汜河发源处”，黄河“黄河东至汜水县夏泗口出境”“北至温县界十五里，黄河宽九里”，“黄河东距荥泽县界二十五里，自石槽沟出境，接入荥泽县东流”。汜水河，也作汜河，古称汜水，河南省郑州市境内黄河支流，上游由东西两支组成，东支发源于新密市米村镇北部（原尖山乡）田种湾村五指岭北坡，流经巩义市米河镇、荥阳市刘河镇、高山镇、郑州市上街区峡窝镇，在荥阳市汜水镇口子村注入黄河。

总体而言，《黄河情形图》的绘制和记述基本符合当时的实际情况，反映了清末水系绘制的水平，对于人们了解光绪年间黄河流向、水系状况以及黄河中游地理环境等都有着比较重要的意义。

成二丽

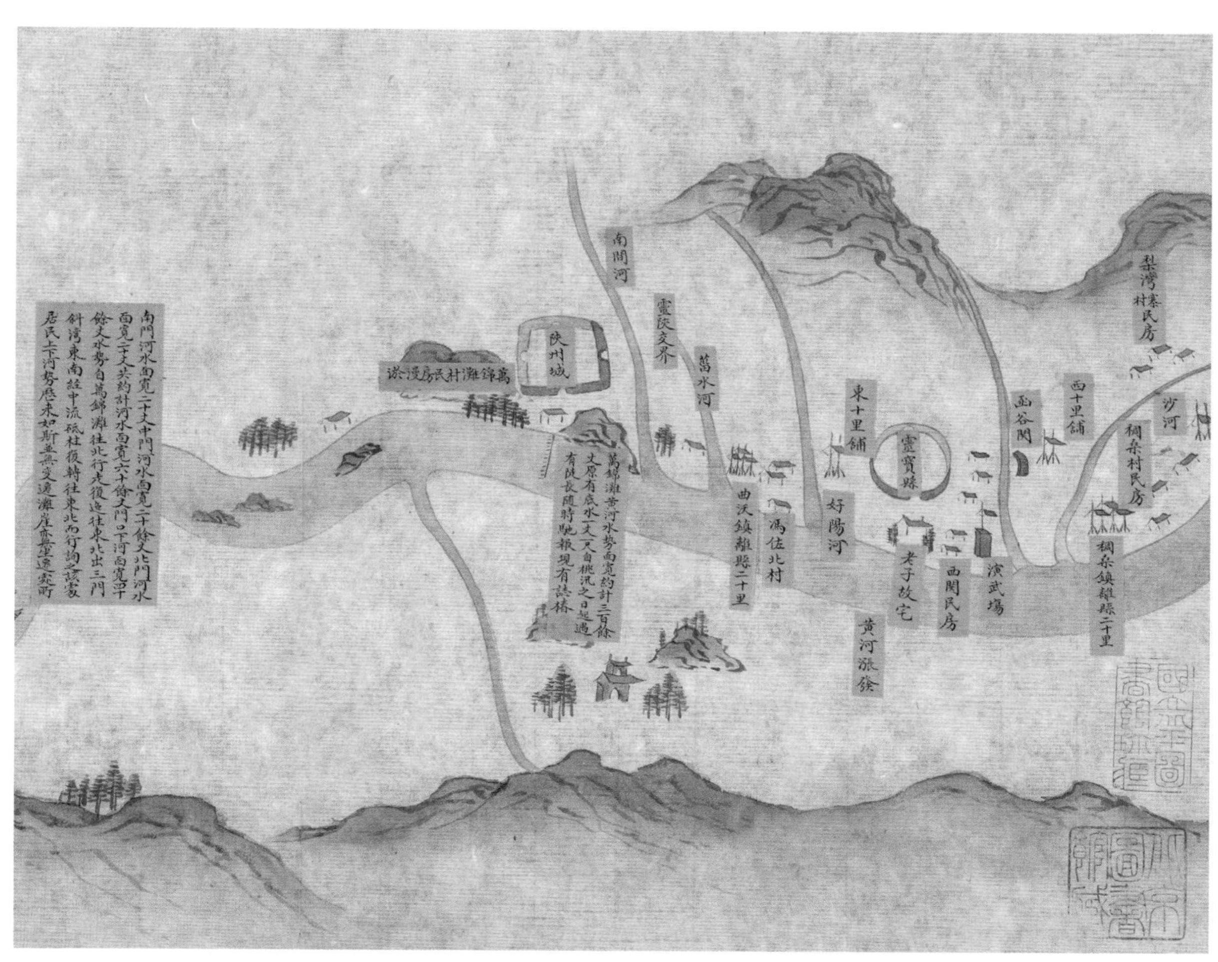
南門河水面寬二十丈中門河水面寬二十餘丈北門河水
面寬二十丈共約計河水面寬六十餘丈門口下河面寬四十
餘丈水勢自萬錦灘往北行尤復迤往東北出三門
斜湾東南経中流砥柱復轉往東北而行詢之該處
居民上下河勢歷來如斯並無更遷灘崖亦無坐遷處所
萬錦灘村民房漫淤
陝州城
南關河
靈陝交界
萬錦灘黃河水勢面寬約計三百餘
丈原有底水一丈一尺自桃汛之日起過
有陡長隨時馳報現有誌椿
東十里舖
靈寶縣
曲沃鎮離縣二十里
馮佐北村
好陽河
老子故宅
西關民房
演武場
黃河漲發
函谷關
西十里舖
梨灣寨村民房
沙河
稠桑村民房
稠桑鎮離縣二十里

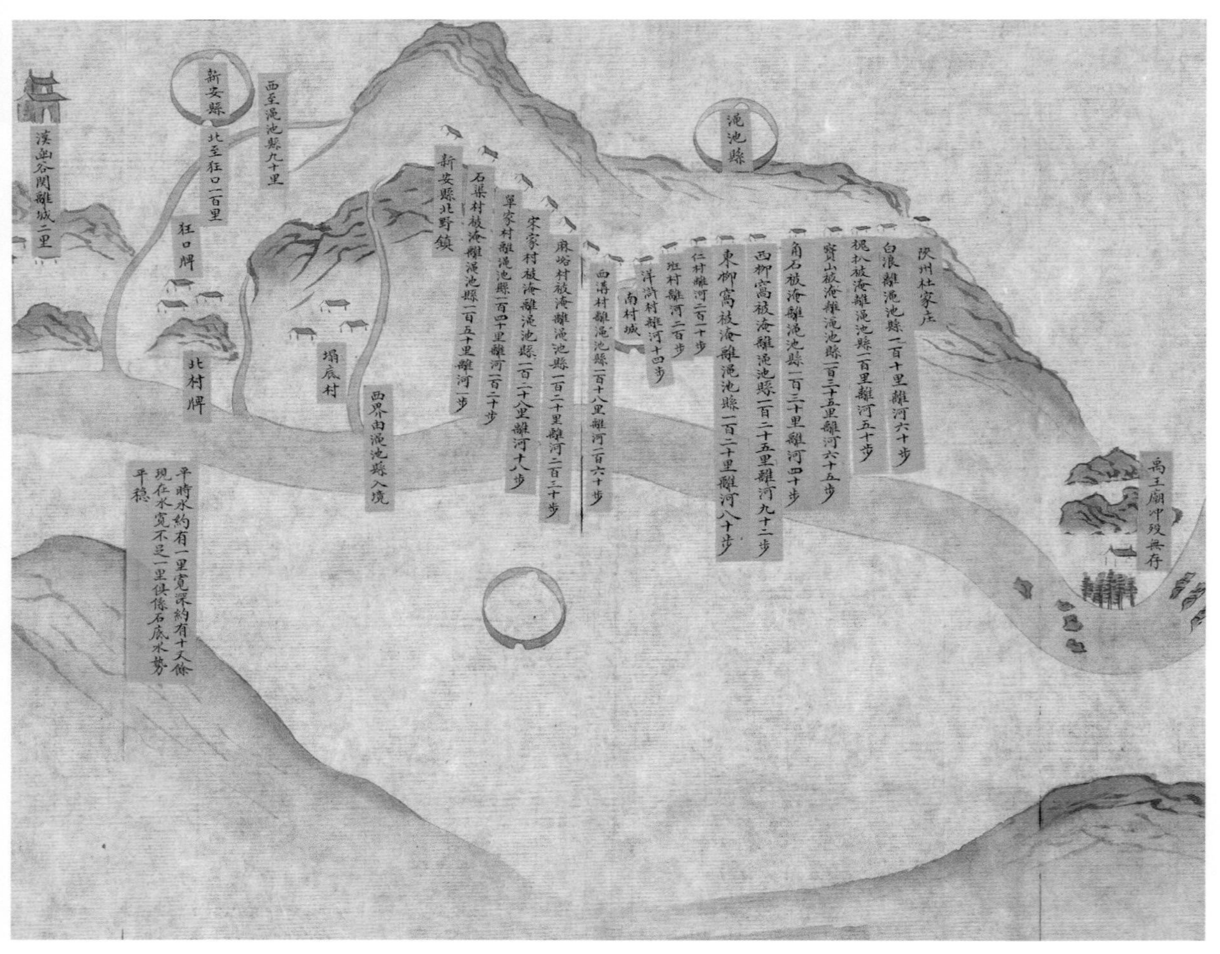

禹王廟冲毁無存
陝州杜家庄
白浪離澠池縣一百十里離河六十步
槐扒被淹離澠池縣一百里離河五十步
寶山被淹離澠池縣一百三十五里離河六十五步
角石被淹離澠池縣一百三十里離河四十步
西柳窩被淹離澠池縣一百二十五里離河九十二步
東柳窩被淹離澠池縣一百二十里離河八十步
澠池縣
仁村離河二百一十步
班村離河二百步
洋淵村離河十四步
南村城
西溝村離澠池縣一百十八里離河二百六十步
麻峪村被淹離澠池縣一百二十里離河二百三十步
宋家村被淹離澠池縣一百二十八里離河十八步
單家村離澠池縣一百四十里離河一百二十步
石渠村被淹離澠池縣一百五十里離河一步
新安縣北野鎮
西界由澠池縣入境
塌底村
北村牌
狂口牌
西至澠池縣九十里
新安縣
北至狂口一百里
漢函谷関離城二里
平時水約有一里寬深約有十丈餘現在水寛不足一里俱係石底水勢平穩

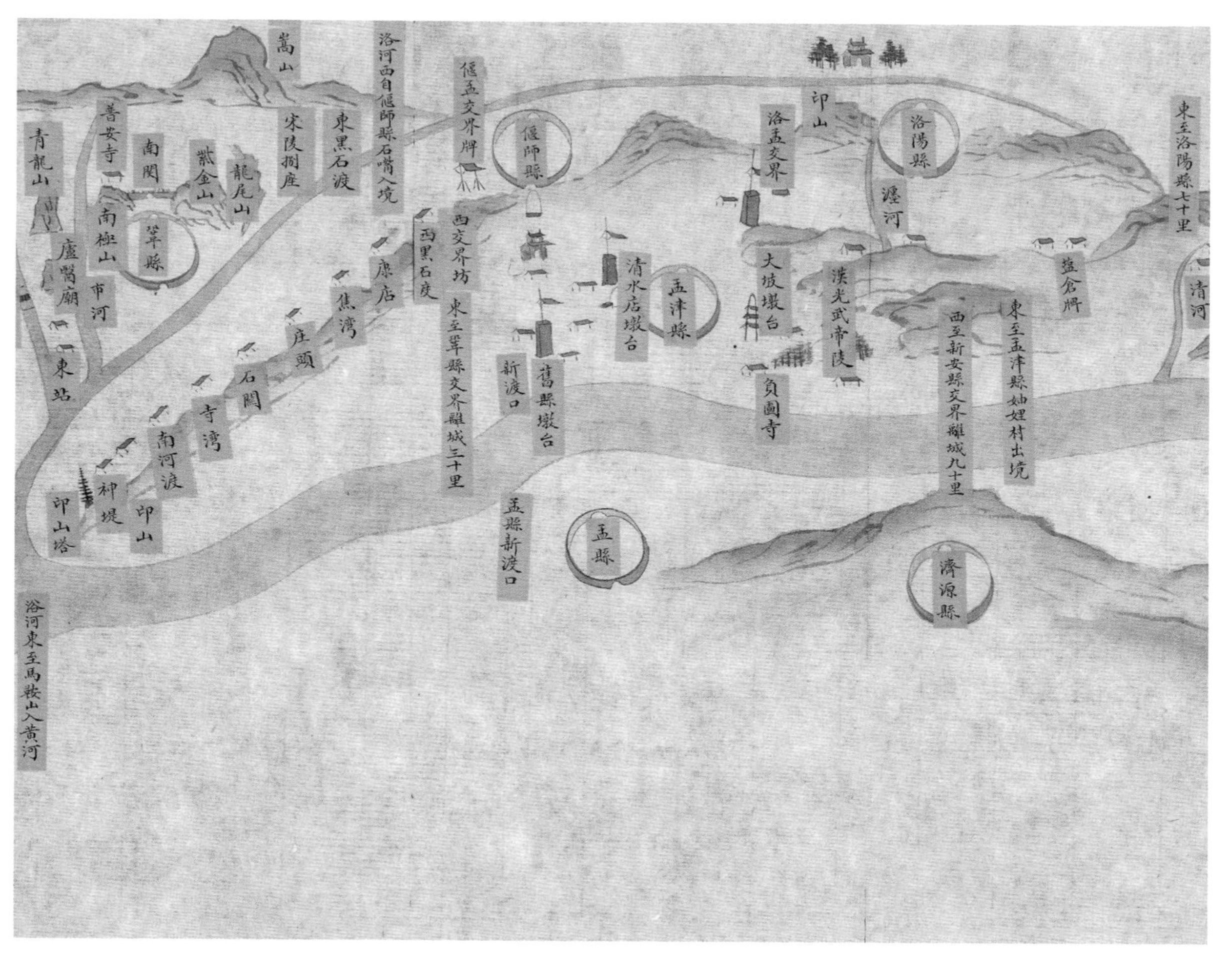

東至洛陽縣七十里
清河
洛陽縣
瀍河
印山
洛孟交界
鹽倉牌
東至孟津縣妯娌村出境
西至新安縣交界離城九十里
漢光武帝陵
大坡墩台
負圖寺
孟津縣
清水店墩台
濟源縣
孟縣
舊縣墩台
新渡口
孟縣新渡口
偃師縣
偃孟交界牌
西交界坊
東至鞏縣交界離城三十里
西黑石度
洛河西自偃師縣石嘴入境
康店
焦灣
庄頭
石閣
寺灣
南河渡
印山
神堤
印山塔
嵩山
宋陵捆座
東黑石渡
龍尾山
紫金山
南閣
善安寺
南極山
鞏縣
市河
盧醫廟
東站
青龍山
洛河東至馬鞍山入黃河

此係支河名小汜河自趙家口起至林寨河入幹長九里寬八九尺深四五尺不等
分水嶺
林寨河
此係支河名小泥河自煤窰溝起至泥河入幹長七里寬八九尺深四五尺不等
小里河
金谷堆
太溪池
此係支河名小里河自石峪起至金谷堆入幹長八里寬七八尺深三四尺不等
黄龍池
方山黄龍池係汜河發源處
老君堂
蓮花池
此係支河名磴固川自石洞溝起至老君堂入幹長七里寬七八尺深四五尺不等
汜河
柒里舖
青松山
魏市河
東營房
老㨗坡
双槐樹
寺浴
沙浴溝
伏蛟山
大披山
洛口
東交界坊
英浴
黄河東距滎澤縣界二十五里自石槽溝出境㧞入滎澤縣
東流
北至温縣界十五里黄河約寬九里
黄河東至汜水縣夏汭口出境

《卫粮厅光绪二十八年分做过岁修埽工砖土石各工河图》

版本：彩绘本

年代：清光绪二十八年（1902 年）

尺寸：21.6 厘米 ×96 厘米

幅数：1 幅

本图绘出卫粮厅属阳武汛、阳封汛、封邱汛经管之黄河北岸大堤各堡及迎水坝、越堤、圈埝等堤工位置，并贴签标注埽工段长。随图附清折 1 纸。清折内容为：

三品衔知府用、在任候补同知、河南卫辉府上北河卫粮通判陈增寿今于与印结事，依奉结得，卑职承办光绪贰拾捌年分岁修埽砖土石各工，均系按照造报丈尺如式修做完竣，俱属工坚料实，并无草率浮冒情弊，理合出具印结是实。光绪贰拾捌年月，通判陈增寿。

清代河南卫辉府置有“卫辉府河捕粮盐水利通判”，简称“卫辉府粮捕通判”或“卫粮厅”。卫粮厅所辖黄河北岸河务，康熙年间属北河同知管理。清雍正三年（1725 年），北河同知改称上北河同知，俗称“上北河厅”，同时添设下北河同知一员，俗称“下北河厅”。清雍正五年（1727 年），上北河厅移驻阳武县太平镇，原武、阳武、封邱三县境内堤工皆归上北河厅管理。清乾隆五十年（1785 年），原武汛三十七里堤工划归黄沁厅管理，原下北河厅所属祥符汛堤三十里划归上北河厅管理，上北河厅管阳武、阳封、封邱、祥符四汛。清嘉庆八年（1803 年），阳武、阳封、封邱三汛堤工划归卫粮厅管理，改称“卫辉府河捕粮盐水利上北河务通判”，简称“上北卫粮厅”或仍简称“卫粮厅”。至清嘉庆二十五年（1820 年），卫粮厅管理阳武、封邱二县境内黄河北岸堤埽工程。所辖堤段西自黄沁厅属原武汛下界起，东至祥河厅属祥符上汛上界止，总堤长一万六千四百七十九丈八尺。

管有堡夫一百四十五名、埽夫二十名、河兵一百七十名。设置三汛：阳武汛、阳封汛、封邱汛。

图中方位上南下北，左东右西。图中所绘卫粮厅，位于黄沁厅之东、祥河厅之西，并且在图最右标绘“黄沁厅上北卫粮厅交界”字样，在图最左标绘“上北卫粮厅祥河厅交界”字样，以此作为上北卫粮厅的地理位置标识。图中绘出卫粮厅三汛阳武汛、阳封汛和封邱汛，阳武汛有二十三堡，阳封汛有十六堡，封邱汛有十六堡。

阳武汛，管理阳武县境内堤工，所管堤段西自原武汛下界起，东至二十三堡止，堤长六千零七十三丈。图中所示阳武汛沿堤标注名称依次为阳武汛头堡、二堡、小庙、三堡、四堡、五堡、六堡、七堡、八堡、九堡、十堡、十一堡、十二堡、十三堡、十四堡、十五堡、十六堡、十七堡、十八堡、十九堡、二十堡、二十一堡、二十二堡、二十三堡。由三堡向小庙方向有越堤一道，和越堤相交有迎水坝一道，迎水坝过李庄（今原阳县李庄村），坝头为娄凤鸣庄。十九堡处贴红签：“一岁修增培月石坝第三段下首尾土坝上首土工四段，共长二百丈”。二十三堡堤内有三官庙（今原阳县三官庙）。二十三堡之后标注：“阳武汛阳封汛交界”。

阳封汛，位于阳武汛之下，管理阳武、封邱二县境内堤防工程，所管堤防自阳武汛下界起，至封邱汛上界止，堤长五千零五丈五尺。图中阳封汛沿堤标注名称依次为头堡、二堡、三堡、四堡、五堡、六堡、七堡、八堡、九堡、十堡、十一堡、十二堡、十三堡、十四堡、十五堡、十六堡。在十四堡处有越堤一道，十六堡之后标注：“阳封汛封邱汛交界”。

封邱汛，位于阳封汛之下，管理封邱县境内堤防工程，所管堤段自阳封汛下界起，至祥河厅祥符上汛上界止，堤长五千三百五十二丈五尺。图中封邱汛沿堤标注名称依次为头堡、二堡、三堡、四堡、五堡、六堡、七堡、八堡、九堡、十堡、十一堡、十二堡、十三堡、十四堡、十五堡、十六堡。四堡堤外有于家店（今封丘县于店村）。九堡、十堡间堤外有荆隆镇（今封丘县荆隆宫乡）。十六堡之后标注：“上北卫粮厅祥河厅交界”，同时也是封邱汛、祥符上汛界。

封邱汛十堡处有西圈埝往东南方向伸入黄河，西圈埝有土坝、头坝和顺二坝，在土坝处贴签：“一岁修抢办加厢西圈埝第九段下首起土坝前埽工六段，共长七十五丈”；在头坝、顺二坝处贴红签：“一岁修补厢西圈埝第二道顺坝并迤下头坝各西面并坝头埽工五段，共长七十七丈”。土坝前埽工六段、头坝迤西二段和顺二坝迤西三段，总计十一段，图中专门涂以黄色，以示区分。对应十四堡和十五堡中间位置的东圈埝处贴红签：“一岁修加抛十三堡越埝三道挑坝头砖坝一道，牵长三十七丈五尺八寸”；对应十六堡处贴红签一处：“一岁修加抛十三堡越埝四道挑坝头并西面碎石一段，牵长四十三丈”。这些红签描述该段黄河顺坝、土坝前的补厢埽工施工地段的长度，押盖满汉文关防红印，以防止贴红脱落后不知工程的位置。

白鸿叶

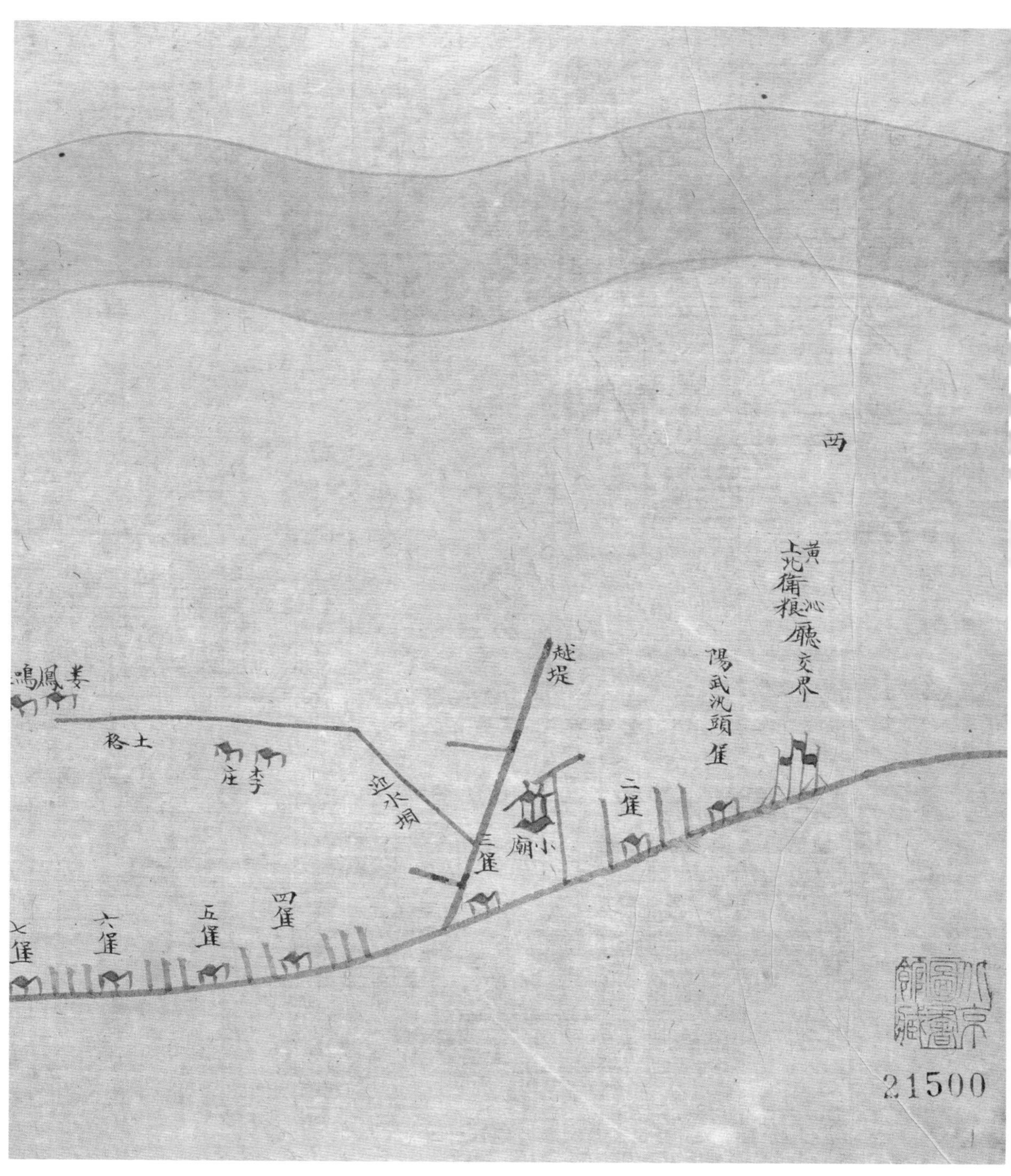
西
黄沁
上北備粮廳交界
陽武汛頭堡
二堡
越堤
小廟
三堡
迎水埧
李庄
土格
鳳姜
鳴
四堡
五堡
六堡
七堡

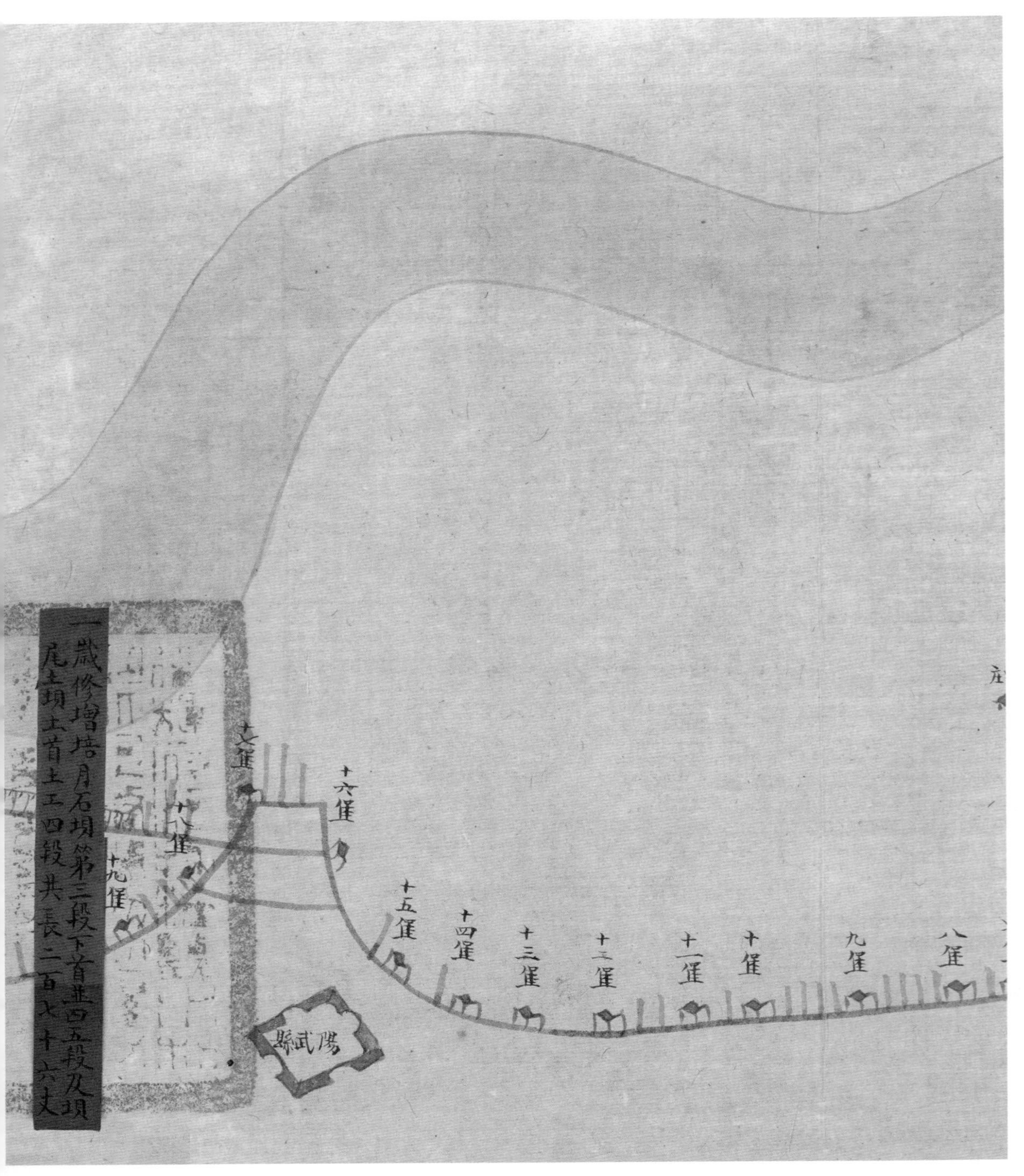
一歲修增培月石垻第三段下首並四五段及垻
尾土垻土首土工四段共長二百七十六丈
十七堡
十六堡
十八堡
十九堡
十五堡
十四堡
十三堡
十二堡
十一堡
十堡
九堡
八堡
陽武縣

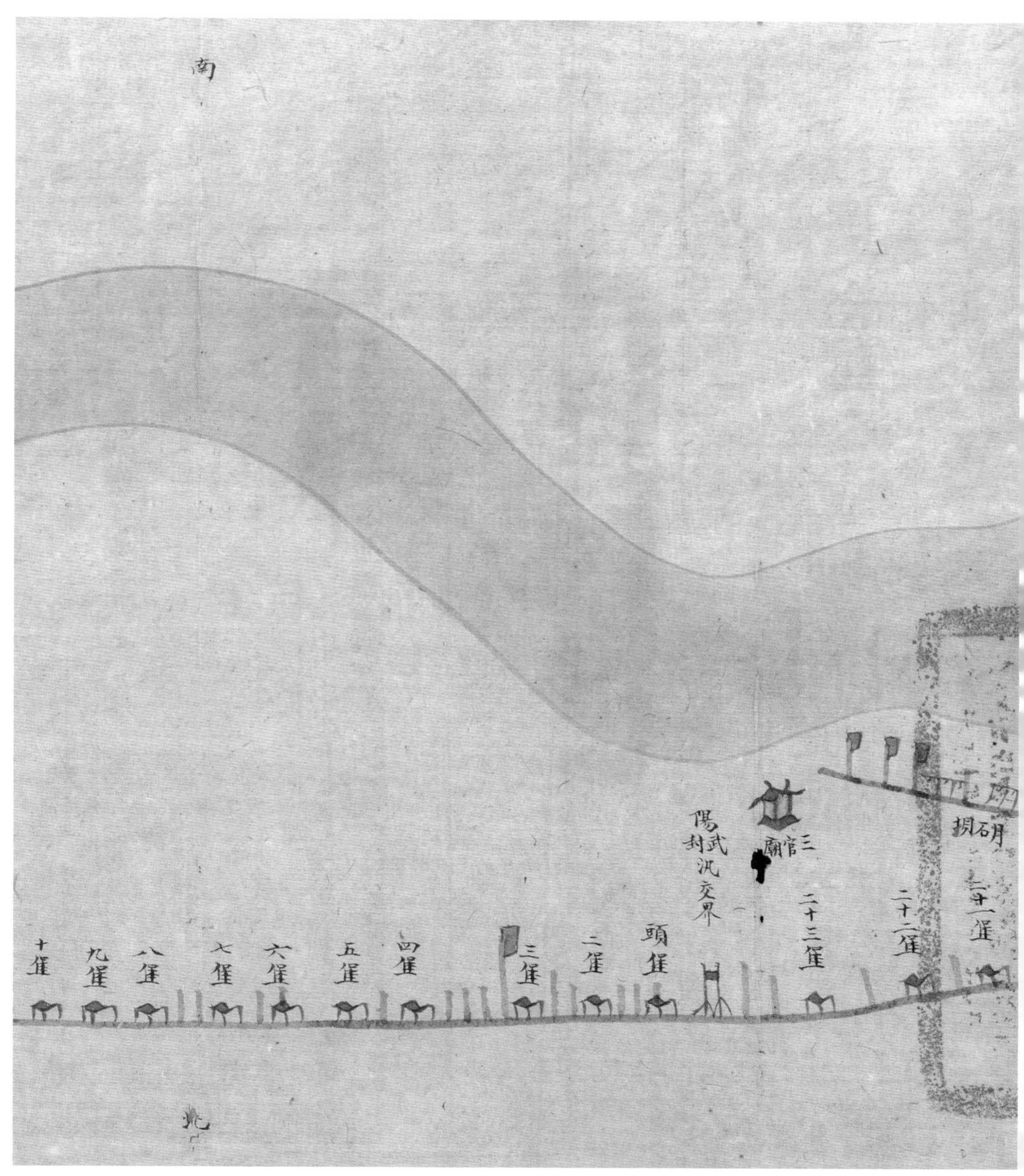
南
三官廟
陽武封汛交界
月石垻
二十一堡
二十二堡
二十三堡
頭堡
二堡
三堡
四堡
五堡
六堡
七堡
八堡
九堡
十堡
北

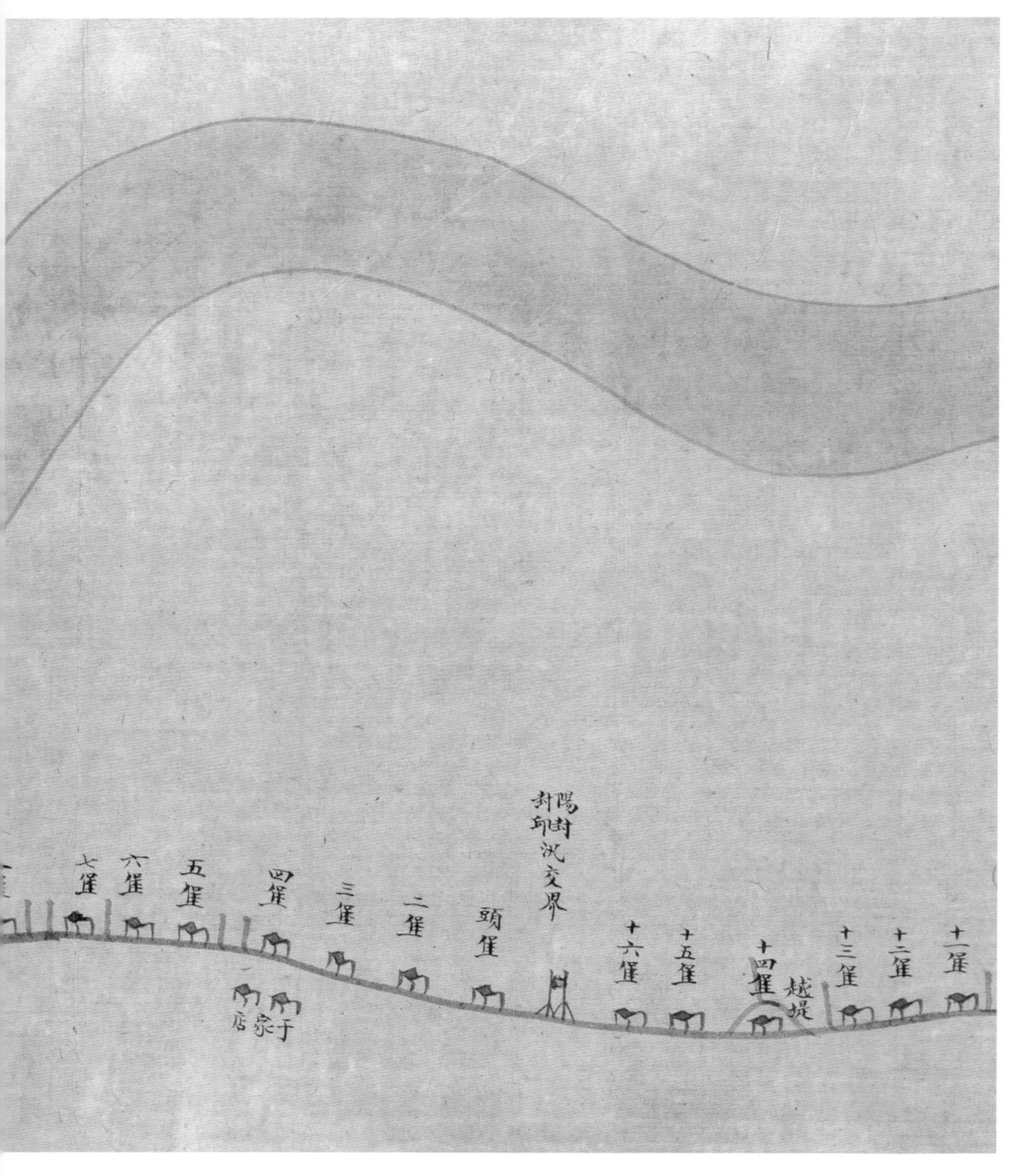
七堡
六堡
五堡
四堡
于家店
三堡
二堡
頭堡
陽封封邱汛交界
十六堡
十五堡
十四堡
越堤
十三堡
十二堡
十一堡

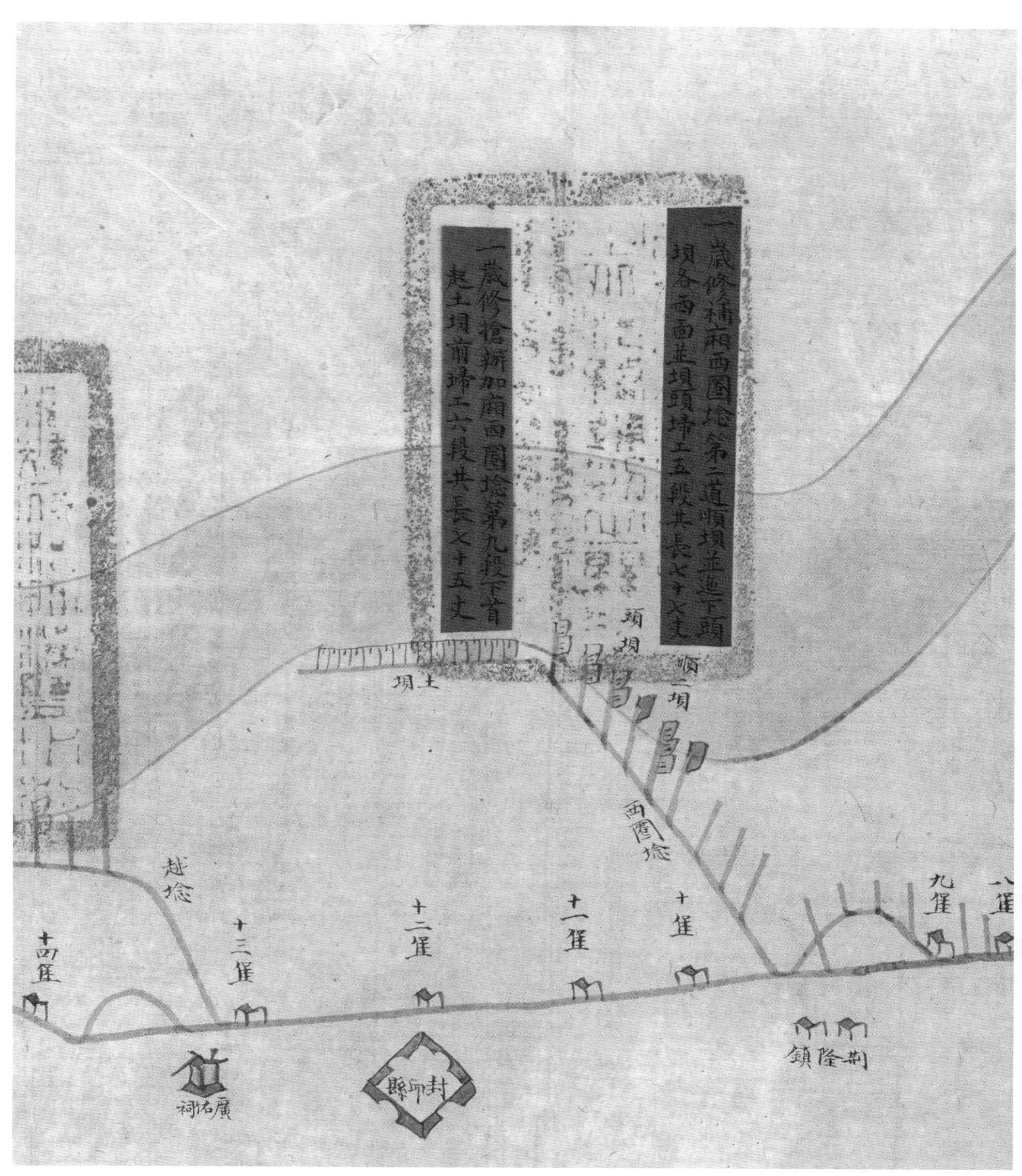
一歲修補廂西圈埝第二道順埧並迎下頭埧各西面並埧頭埽工五段共長七十丈
一歲修搶辦加廂西圈埝第九段下首起土埧前埽工六段共長七十五丈
頭埧
順二埧
土埧
西圈埝
越埝
十四堡
十三堡
十二堡
十一堡
十堡
九堡
八堡
廣佑祠
封邱縣
荆隆鎮

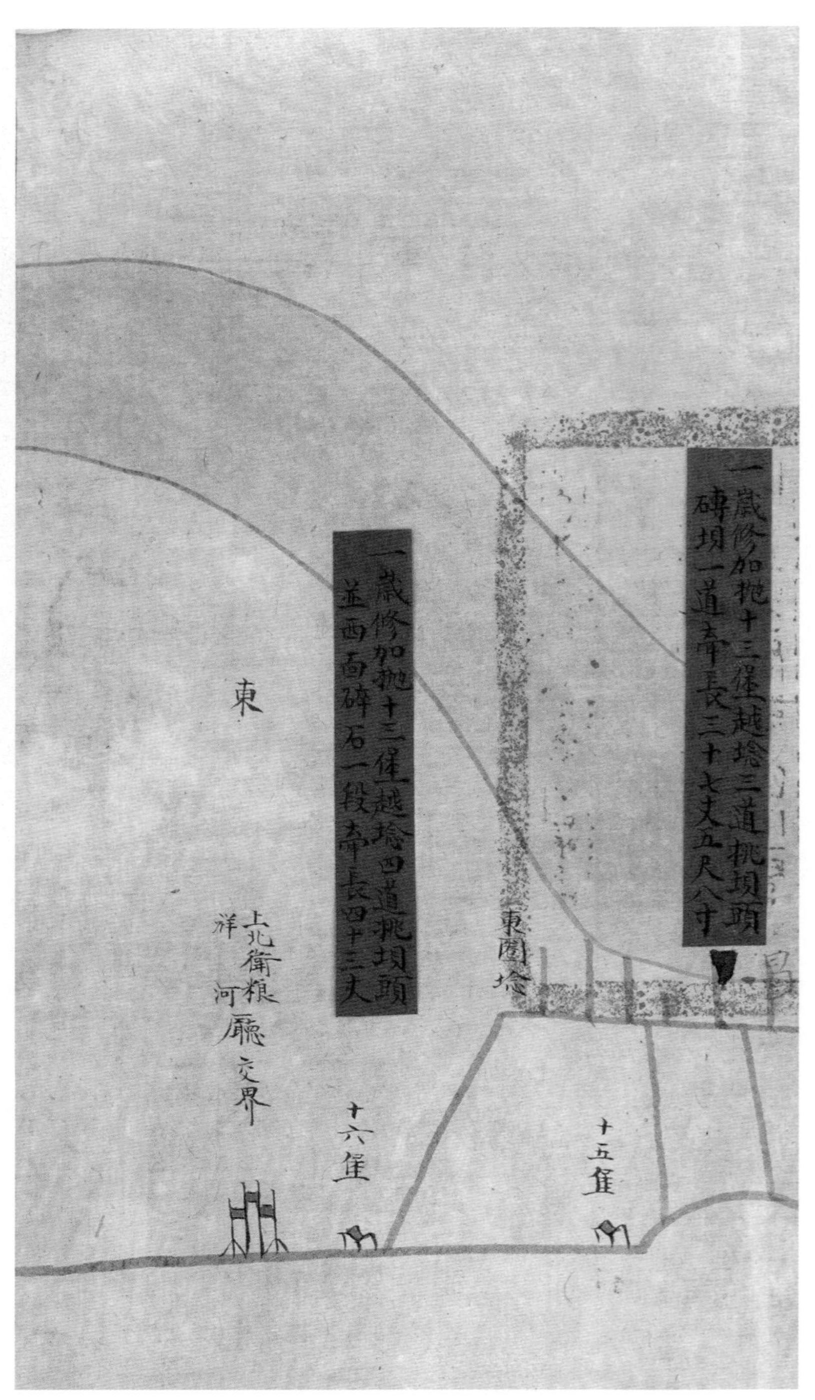
一歲修加拋十三堡越埝三道挑垻頭
磚垻一道共長三十七丈五尺八寸
一歲修加拋十三堡越埝四道挑垻頭
並西面碎石一段共長四十三丈
東圈埝
東
上北衛糧
洋河
廳交界
十六堡
十五堡

三品銜知府用在任候補同知河南衛輝府上北河衛糧通判陳增壽今於

與印結事依奉結得卑職承辦光緒貳拾捌年分歲修埽磚土石各工均係

按照造報丈尺如式修做完竣俱屬工堅料實並無草率浮冒情弊理合出具印結是實

光緒貳拾捌年　月　日通　判　陳增壽押

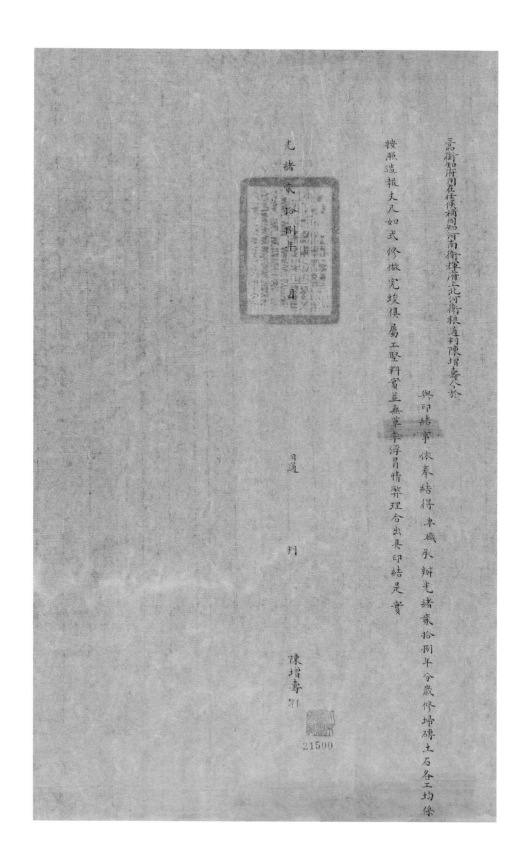

《卫粮厅光绪三十三年分做过岁修埽砖土石各工河图》

版本：彩绘本

年代：清光绪三十三年（1907 年）

尺寸：21.6 厘米 ×94.5 厘米

幅数：1 幅

本图绘出卫粮厅属阳武汛、阳封汛、封邱汛经管之黄河北岸大堤各堡及迎水坝、越堤、圈埝等堤工位置，并贴签标注埽工段长。

清代河南卫辉府设有“卫辉府河捕粮盐水利通判”，简称“卫辉府粮捕通判”或“卫粮厅”。卫粮厅所辖黄河北岸河务，康熙年间属北河同知管理。清雍正三年（1725 年），北河同知改称上北河同知，俗称“上北河厅”，同时添设下北河同知一员，俗称“下北河厅”。清雍正五年（1727 年），上北河厅移驻阳武县太平镇，原武、阳武、封邱三县境内堤工皆归上北河厅管理。清乾隆五十年（1785 年），原武汛三十七里堤工划归黄沁厅管理，原下北河厅所属祥符汛堤三十里划归上北河厅管理，上北河厅管阳武、阳封、封邱、祥符四汛。清嘉庆八年（1803 年），阳武、阳封、封邱三汛堤工划归卫粮厅管理，改称“卫辉府河捕粮盐水利上北河务通判”，简称“上北卫粮厅”或仍简称“卫粮厅”。至清嘉庆二十五年（1820 年），卫粮厅管理阳武、封邱二县境内黄河北岸堤埽工程。所辖堤段西自黄沁厅属原武汛下界起，东至祥河厅属祥符上汛上界止，总堤长一万六千四百七十九丈八尺。管有堡夫一百四十五名、埽夫二十名、河兵一百七十名。设置三汛：阳武汛、阳封汛、封邱汛。

图中方位上南下北，左东右西。图中所绘卫粮厅，位于黄沁厅之东、祥河厅之西，并且在图最右标绘“黄沁厅上北卫粮厅交界”字样，在图最左标绘“上北卫粮厅祥河厅交界”字样，以此作为上北卫粮厅的地理位置标识。图中绘出卫粮厅三汛阳武汛、阳封汛和封邱汛，阳武汛有二十三堡，阳封汛有十六堡、封邱汛有十六堡。

阳武汛，管理阳武县境内堤工，所管堤段西自原武汛下界起，东至二十三堡止，堤长六千零七十三丈。图中所示阳武汛沿堤标注名称依次为阳武汛头堡、二堡、小庙、三堡、四堡、五堡、六堡、七堡、八堡、九堡、十堡、十一堡、十二堡、十三堡、十四堡、十五堡、十六堡、十七堡、十八堡、十九堡、二十堡、二十一堡、二十二堡、二十三堡。由三堡向小庙方向有越堤一道，和越堤相交迎水坝一道，迎水坝过李庄（今原阳县李庄村），坝头为娄凤鸣庄。二十三堡堤内有三官庙（今原阳县三官庙）。二十三堡之后标注“阳武汛阳封汛交界”。

阳封汛，位于阳武汛之下，管理阳武、封邱二县境内堤防工程，所管堤防自阳武汛下界起，至封邱汛上界止，堤长五千零五丈五尺。图中阳封汛沿堤标注名称依次为头堡、二堡、三堡、四堡、五堡、六堡、七堡、八堡、九堡、十堡、十一堡、十二堡、十三堡、十四堡、十五堡、十六堡。在十四堡处有越堤一道，十六堡之后标注“阳封汛封邱汛交界”。

封邱汛，位于阳封汛之下，管理封邱县境内堤防工程，所管堤段自阳封汛下界起，至祥河厅祥符上汛上界止，堤长五千三百五十二丈五尺。图中封邱汛沿堤标注名称依次为头堡、二堡、三堡、四堡、五堡、六堡、七堡、八堡、九堡、十堡、十一堡、十二堡、十三堡、十四堡、十五堡、十六堡。四堡堤外有于家店（今封丘县于店村）。九堡、十堡间堤外有荆隆镇（今封丘县荆隆宫乡）。十六堡之后标注“上北卫粮厅祥河厅交界”，同时也是封邱汛、祥符上汛界。

封邱汛十堡处有西圈埝往东南方向伸入黄河，西圈埝有土坝、头坝和顺二坝，在土坝处贴签：“一岁修抢办加厢西圈埝第九段下首起土坝前六埽以下埽工七段，共长七十六丈”，在头坝、顺二坝处贴红签：“一岁修补厢西圈埝头坝迤东托坝二道并第九段下首起土坝前七埽下首埽工七段，共长七十二丈”。签中提及的工段在图中专门涂以黄色，以示区分。较清光绪二十八年（1902 年）图，在十一堡处贴签标记增修工段：“一岁修增培十一堡下首上截土工一段，工长一百七十四丈”。对应十四堡越埝处贴红签：“一岁修加抛十三堡越埝三道挑坝头砖坝一道，牵长四十丈七尺二寸”，对应十五堡处贴红签一处：“一岁修加抛十三堡越埝四道挑坝头并西面碎石一段，牵长四十四丈七尺二寸”。这些红签描述该段黄河顺坝、土坝前的补厢埽工施工地段的长度，押盖满汉文关防红印，以防止贴红脱落后不知工程的位置。

此图地理范围、绘画风格和内容均与《卫粮厅光绪二十八年分做过岁修埽工砖土石各工河图》基本相同。只有贴红签位置不同，且红签描绘内容也不一样。

白鸿叶

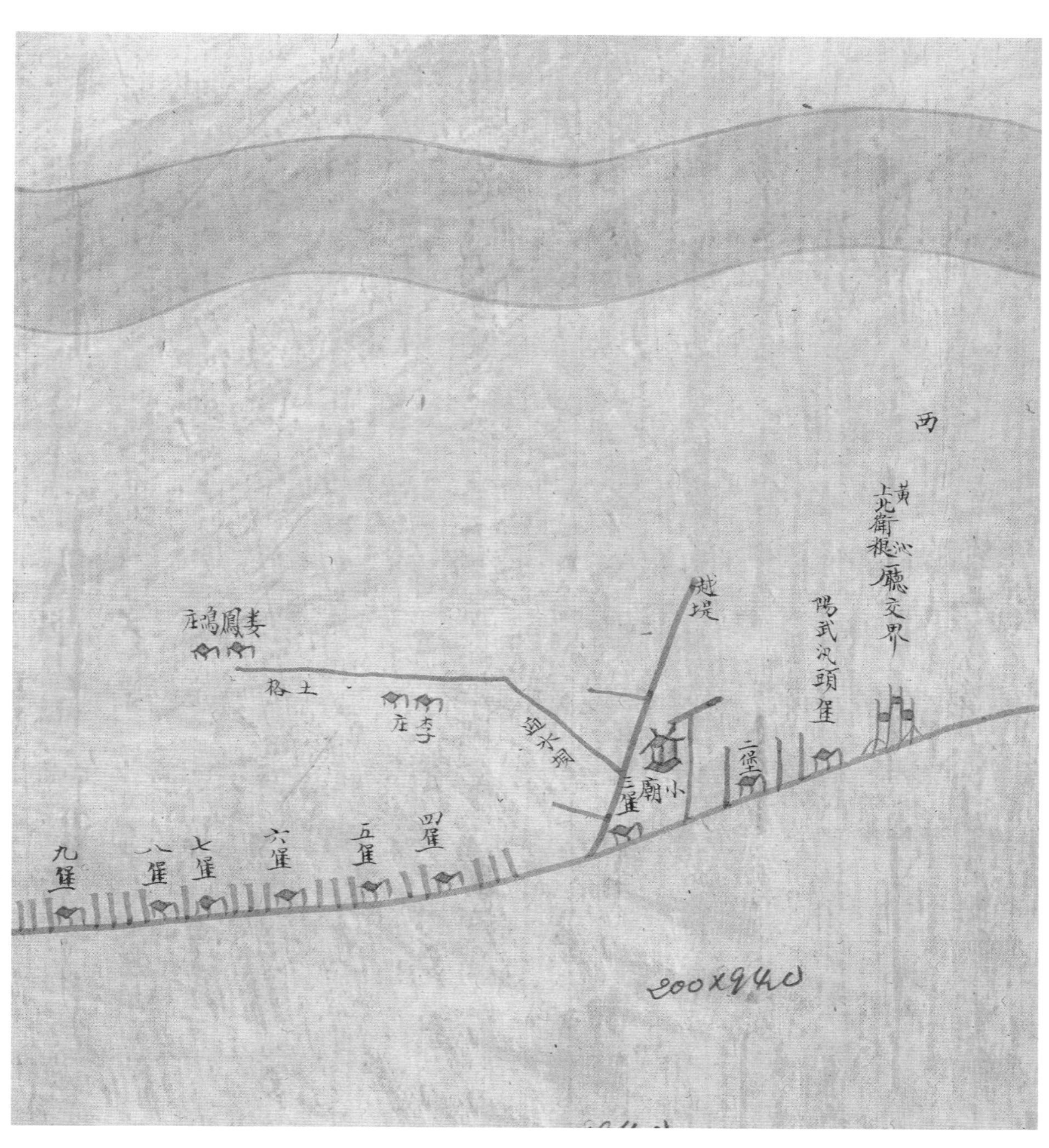
西
黃沁廳交界
越堤
陽武汛頭堡
二堡
小廟
三堡
四堡
五堡
六堡
七堡
八堡
九堡
李庄
土格
婁鳳鳴庄

三官廟
陽武封汎交界
頭堡
二十三堡
二十二堡
二十一堡
二十堡
十九堡
十八堡
月石坝
十七堡
十六堡
十五堡
十四堡
十三堡
十二堡
十一堡
十堡
陽武縣

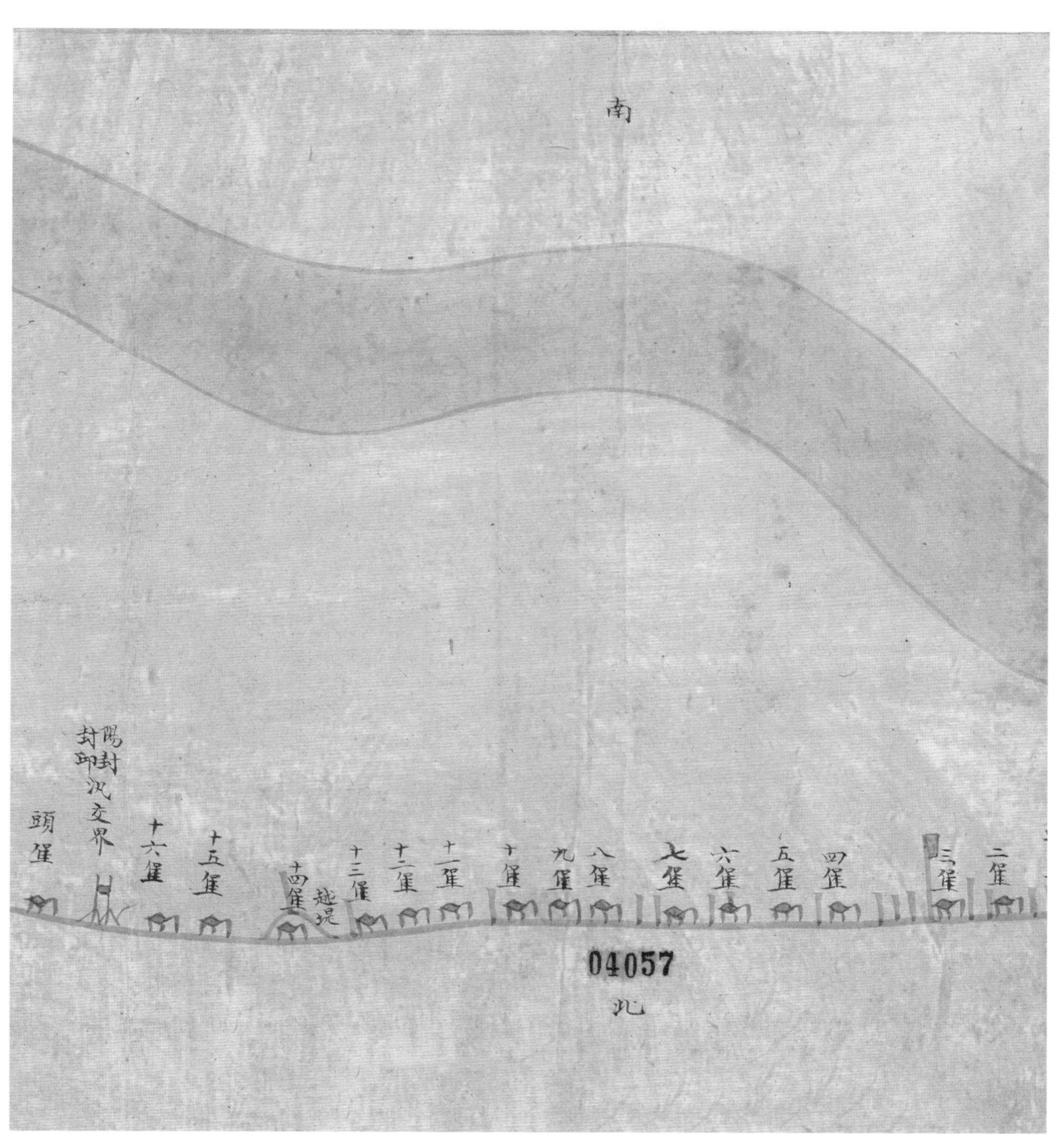

南
頭堡
陽封封邱汛交界
十六堡
十五堡
十四堡
越堤
十三堡
十二堡
十一堡
十堡
九堡
八堡
七堡
六堡
五堡
四堡
三堡
二堡
04057
北

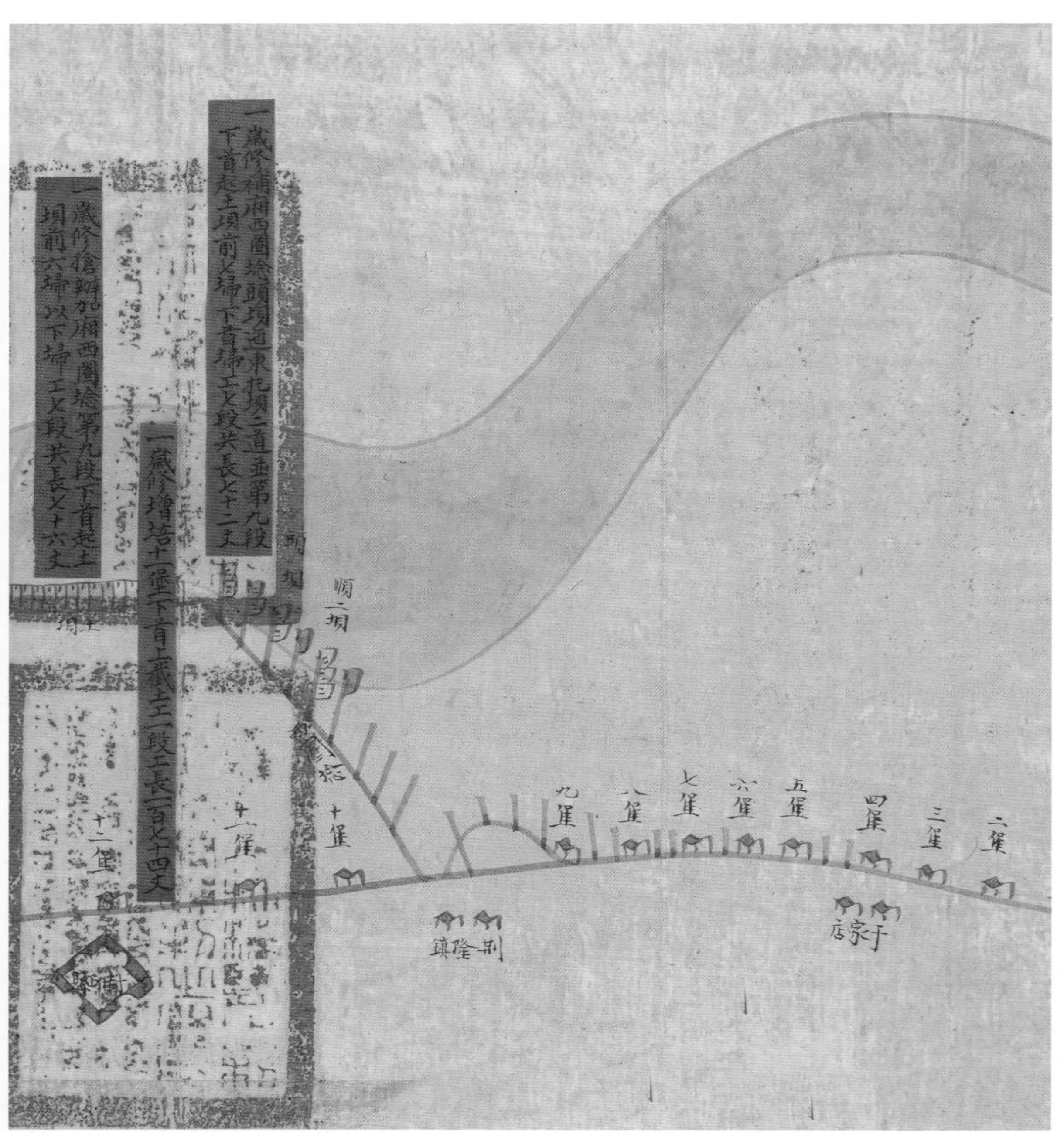

一歲修補廂西圍埝頭坦迤東托坦二道並第九段下首起土坦前七埽下首埽工七段共長七十二丈
一歲修搶辦加廂西圍埝第九段下首起土坦前六埽以下埽工七段共長七十六丈
一歲修增培十一堡下首上截土工一段工長二百七十四丈
頭坦
順二坦
十堡
九堡
八堡
七堡
六堡
五堡
四堡
三堡
二堡
十一堡
十二堡
荆隆鎮
于家店

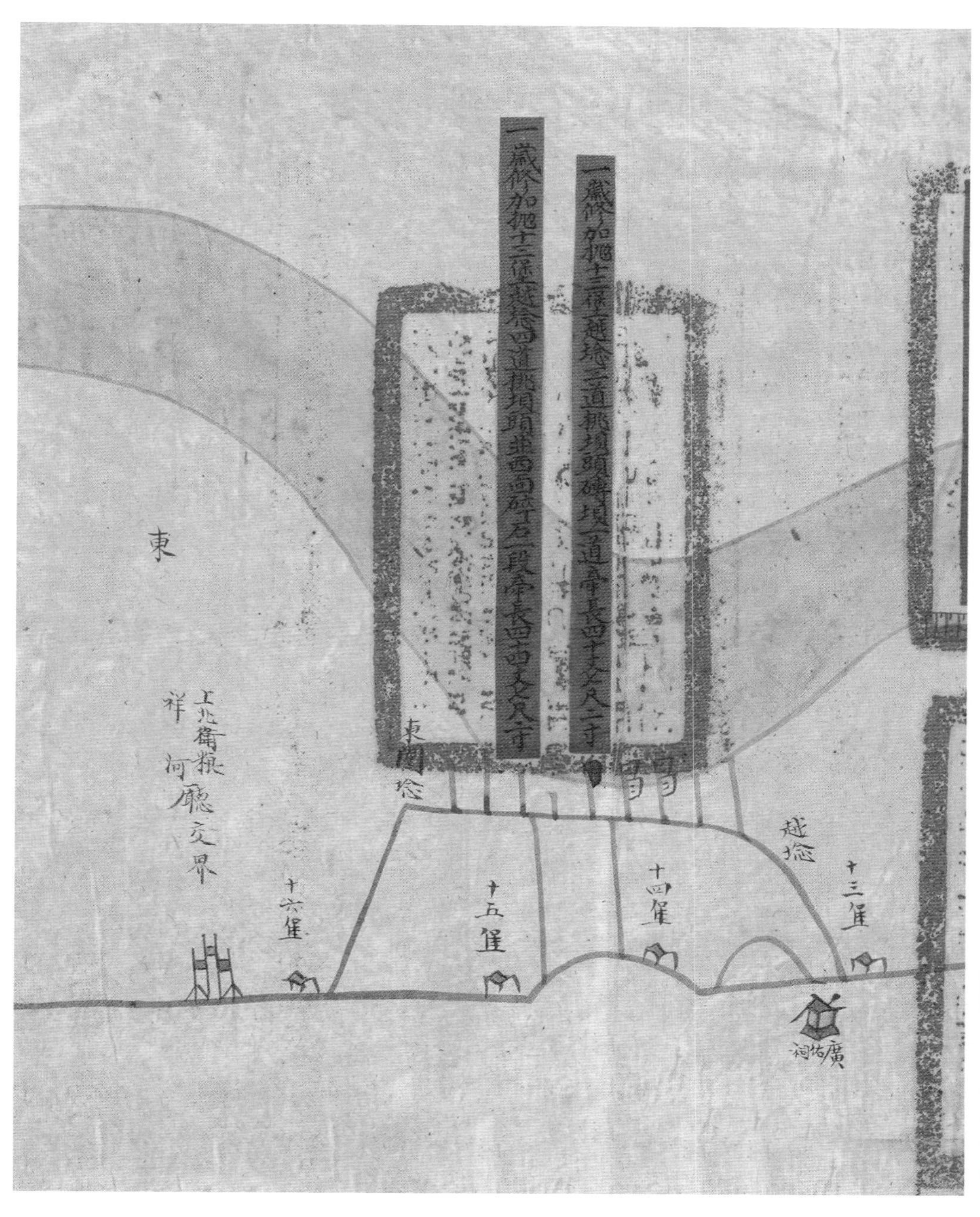
一歲修加抛土三段越埝四道挑坝頭並西面碎石一段牵長四百四丈尺寸
一歲修加抛土三段越埝二道挑坝頭磚坝一道牵長四十丈尺二寸
東
上北衛粮
祥河廳交界
東關埝
越埝
十六堡
十五堡
十四堡
十三堡
廣佑祠

《卫粮厅宣统元年分做过岁修埽砖土石各工河图》

版本：彩绘本

年代：清宣统元年（1909 年）

尺寸：21 厘米 ×97 厘米

幅数：1 幅

本图详绘卫粮厅辖内河道及北岸堤坝、堡及县城、官厅等。随图附清折 1 纸。清折内容为：

四品顶戴署理河南卫辉府上北河卫粮通判候补同知李大镕，今于与印结事依奉结得卑职承办宣统元年分岁修埽砖土石各工，均系按照造报丈尺如式修做完竣，俱属工坚料实，并无草率浮冒情弊，理合出具印结是实。宣统元年日，署通判李大镕。

清代河南卫辉府设有“卫辉府河捕粮盐水利通判”，简称“卫辉府粮捕通判”或“卫粮厅”。卫粮厅所辖黄河北岸河务，康熙年间属北河同知管理。雍正三年，北河同知改称上北河同知，俗称“上北河厅”，同时添设下北河同知一员，俗称“下北河厅”。清雍正五年（1727 年），上北河厅移驻阳武县太平镇，原武、阳武、封邱三县境内堤工皆归上北河厅管理。清乾隆五十年（1785 年），原武汛三十七里堤工划归黄沁厅管理，原下北河厅所属祥符汛堤三十里划归上北河厅管理，上北河厅管阳武、阳封、封邱、祥符四汛。清嘉庆八年（1803 年），阳武、阳封、封邱三汛堤工划归卫粮厅管理，改称“卫辉府河捕粮盐水利上北河务通判”，简称“上北卫粮厅”或仍简称“卫粮厅”。至清嘉庆二十五年（1820 年），卫粮厅管理阳武、封邱二县境内黄河北岸堤埽工程。所辖堤段西自黄沁厅属原武汛下界起，东至祥河厅属祥符上汛上界止，总堤长一万六千四百七十九丈八尺。管有堡夫一百四十五名、埽夫二十名、河兵一百七十名。设置三汛：阳武汛、阳封汛、封邱汛。

图中方位上南下北，左东右西。图中所绘卫粮厅，位于黄沁厅之东、祥河厅之西，并且在图最右标绘“黄沁厅上北卫粮厅交界”字样，在图最左标绘“上北卫粮厅祥河厅交界”字样，以此作为上北卫粮厅的地理位置标识。图中绘出卫粮厅三汛阳武汛、阳封汛和封邱汛，阳武汛有二十三堡，阳封汛有十六堡、封邱汛有十六堡。

阳武汛，管理阳武县境内堤工，所管堤段西自原武汛下界起，东至二十三堡止，堤长六千零七十三丈。图中所示阳武汛沿堤标注名称依次为阳武汛头堡、二堡、小庙、三堡、四堡、五堡、六堡、七堡、八堡、九堡、十堡、十一堡、十二堡、十三堡、十四堡、十五堡、十六堡、十七堡、十八堡、十九堡、二十堡、二十一堡、二十二堡、二十三堡。由三堡向小庙方向有越堤一道，和越堤相交迎水坝一道，迎水坝过李庄（今原阳县李庄村），坝头为娄凤鸣庄。二十三堡堤内有三官庙（今原阳县三官庙）。二十三堡之后标注：“阳武汛阳封汛交界”。

阳封汛，位于阳武汛之下，管理阳武、封邱二县境内堤防工程，所管堤防自阳武汛下界起，至封邱汛上界止，堤长五千零五丈五尺。图中阳封汛沿堤标注名称依次为头堡、二堡、三堡、四堡、五堡、六堡、七堡、八堡、九堡、十堡、十一堡、十二堡、十三堡、十四堡、十五堡、十六堡。在十四堡处有越堤一道，十六堡之后标注：“阳封汛封邱汛交界”。

封邱汛，位于阳封汛之下，管理封邱县境内堤防工程，所管堤段自阳封汛下界起，至祥河厅祥符上汛上界止，堤长五千三百五十二丈五尺。图中封邱汛沿堤标注名称依次为头堡、二堡、三堡、四堡、五堡、六堡、七堡、八堡、九堡、十堡、十一堡、十二堡、十三堡、十四堡、十五堡、十六堡。四堡堤外有于家店（今封丘县于店村）。九堡、十堡间堤外有荆隆镇（今封丘县荆隆宫乡）。十六堡之后标注：“上北卫粮厅祥河厅交界”，同时也是封邱汛、祥符上汛界。

封邱汛十堡处有西圈埝往东南方向伸入黄河，西圈埝有土坝、头坝和顺二坝，在土坝处贴签：“一岁修抢办加厢西圈埝第九段下首起土坝前六埽以下埽工七段，共长七十六丈”，在头坝处贴红签：“一岁修补厢西圈埝头坝迤东托坝二道并第九段下首起土坝前七埽下首埽工七段，共长七十二丈”。签中提及的工段在图中专门涂以黄色，以示区分。较清光绪二十八年（1902 年）和清光绪三十三年（1907 年）图，在十二堡和十三堡中间对应缕堤处贴签标记增修工段：“一岁修增培十二堡下首上截土工一段，工长一百七十四丈”。对应十四堡越埝处贴红签：“一岁修新抛十三堡越埝第一道盖坝头并西面碎石一段，牵长八丈四尺”“一岁修新抛十三堡越埝第二道盖坝头砖坝一道，牵长八丈二尺六寸”。这些红签描述该段黄河顺坝、土坝前的补厢埽工施工地段的长度，押盖满汉文关防红印，以防止贴红脱落后不知工程的位置。

此图地理范围、绘画风格和内容均与《卫粮厅光绪二十八年分做过岁修埽工砖土石各工河图》《卫粮厅光绪三十三年分做过岁修埽砖土石各工河图》基本相同，应该说是同一底图，只有贴红签位置不同，且红签描绘内容也不一样。

白鸿叶

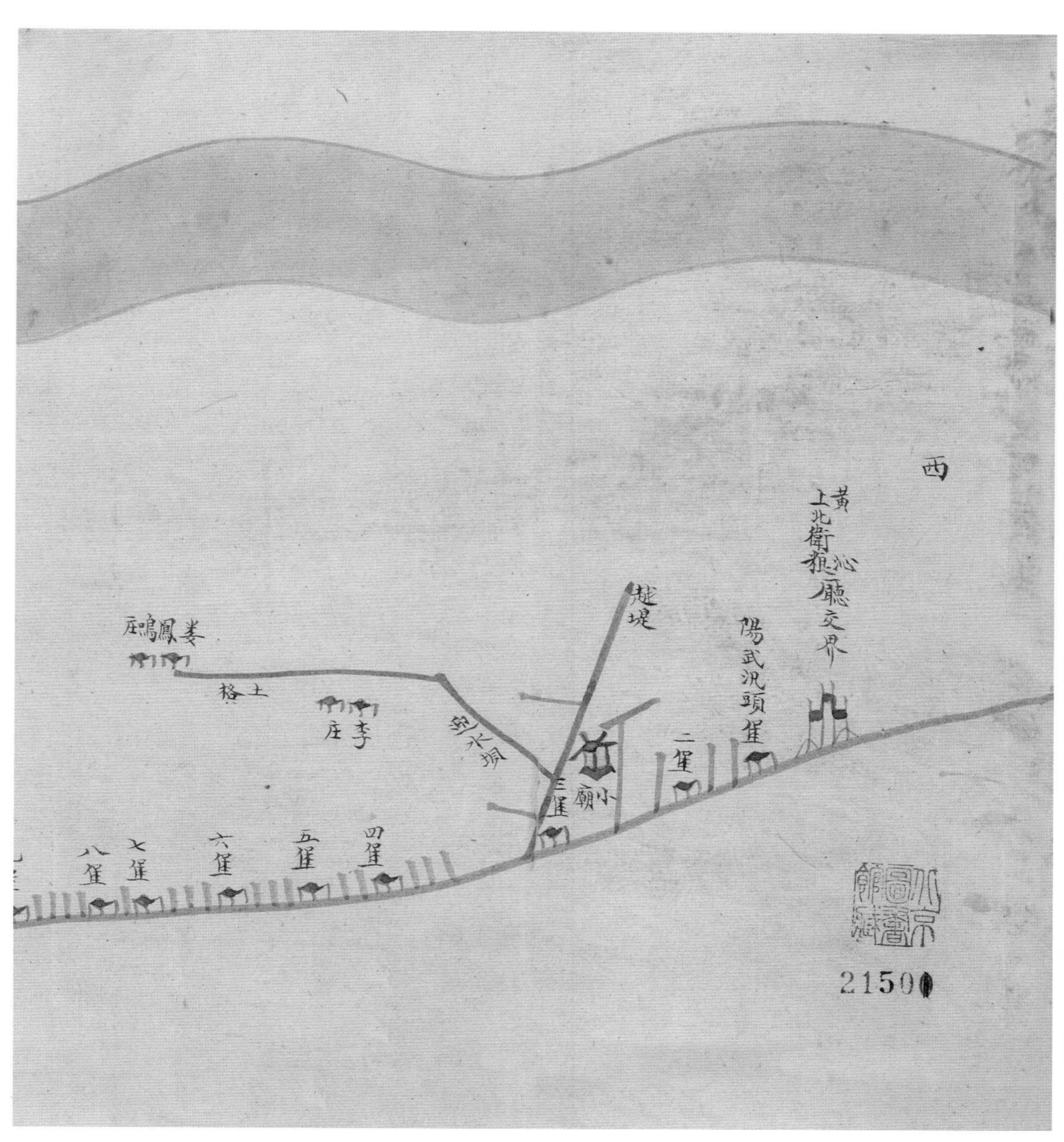
西
黃沁廳交界
上北衛糧
陽武汛頭堡
越堤
姜鳳鳴庄
土格
李庄
小廟
二堡
三堡
四堡
五堡
六堡
七堡
八堡

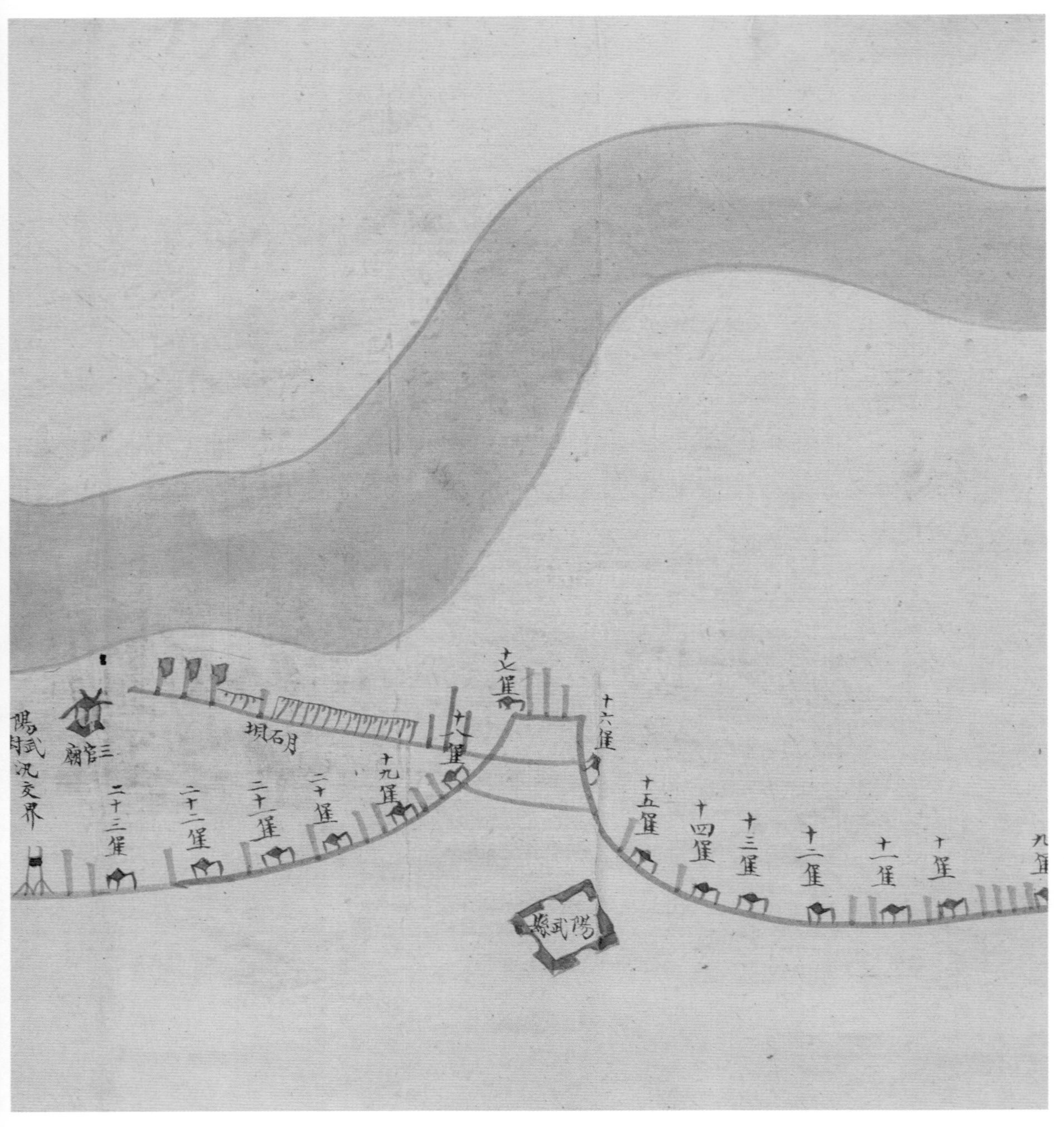

陽武汎交界
三官廟
月石壩
二十三堡
二十二堡
二十一堡
二十堡
十九堡
十八堡
十七堡
十六堡
陽武縣
十五堡
十四堡
十三堡
十二堡
十一堡
十堡
九堡

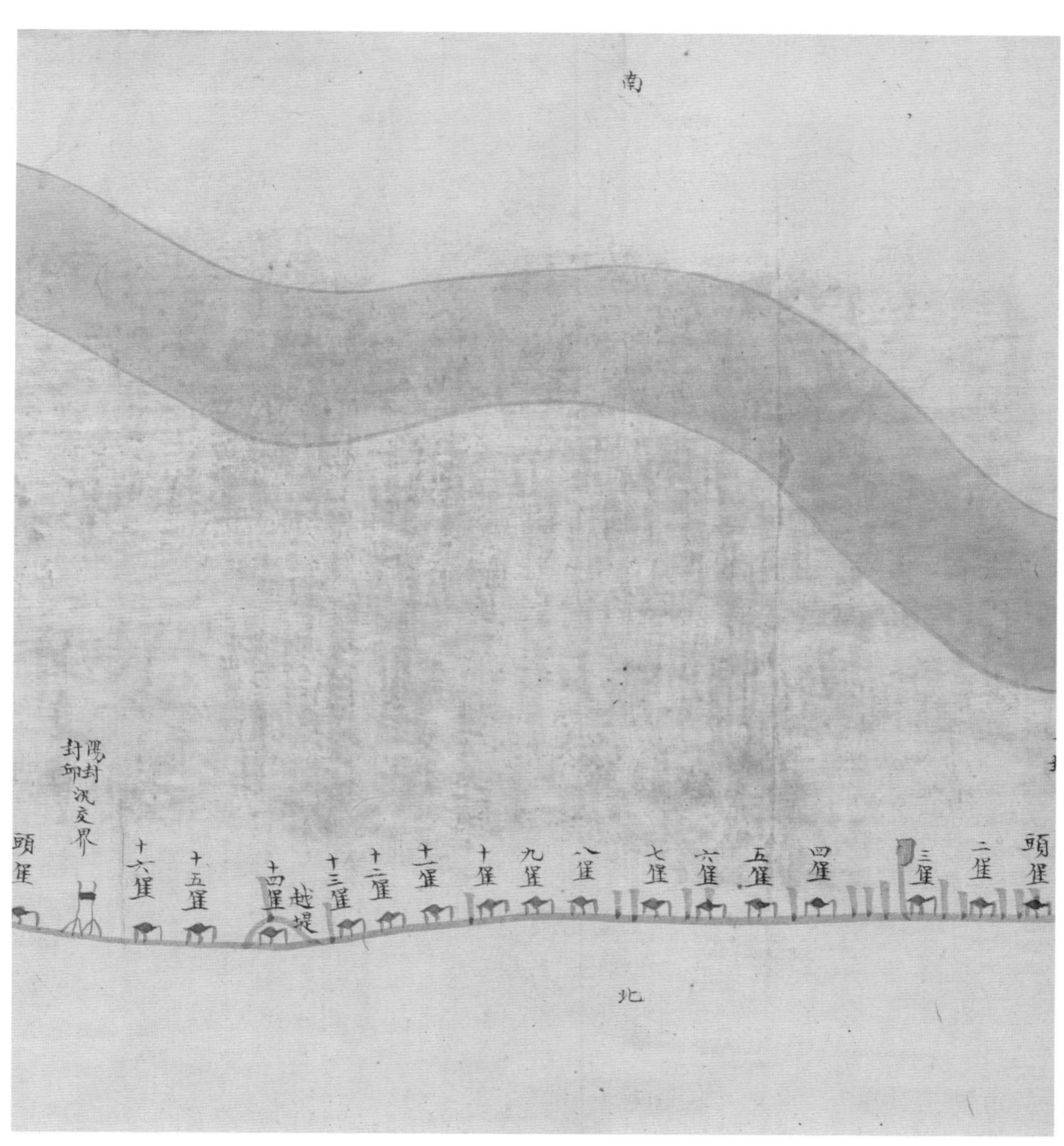
南
陽封
封邱汛交界
頭堡
十六堡
十五堡
十四堡
越堤
十三堡
十二堡
十一堡
十堡
九堡
八堡
七堡
六堡
五堡
四堡
三堡
二堡
頭堡
北

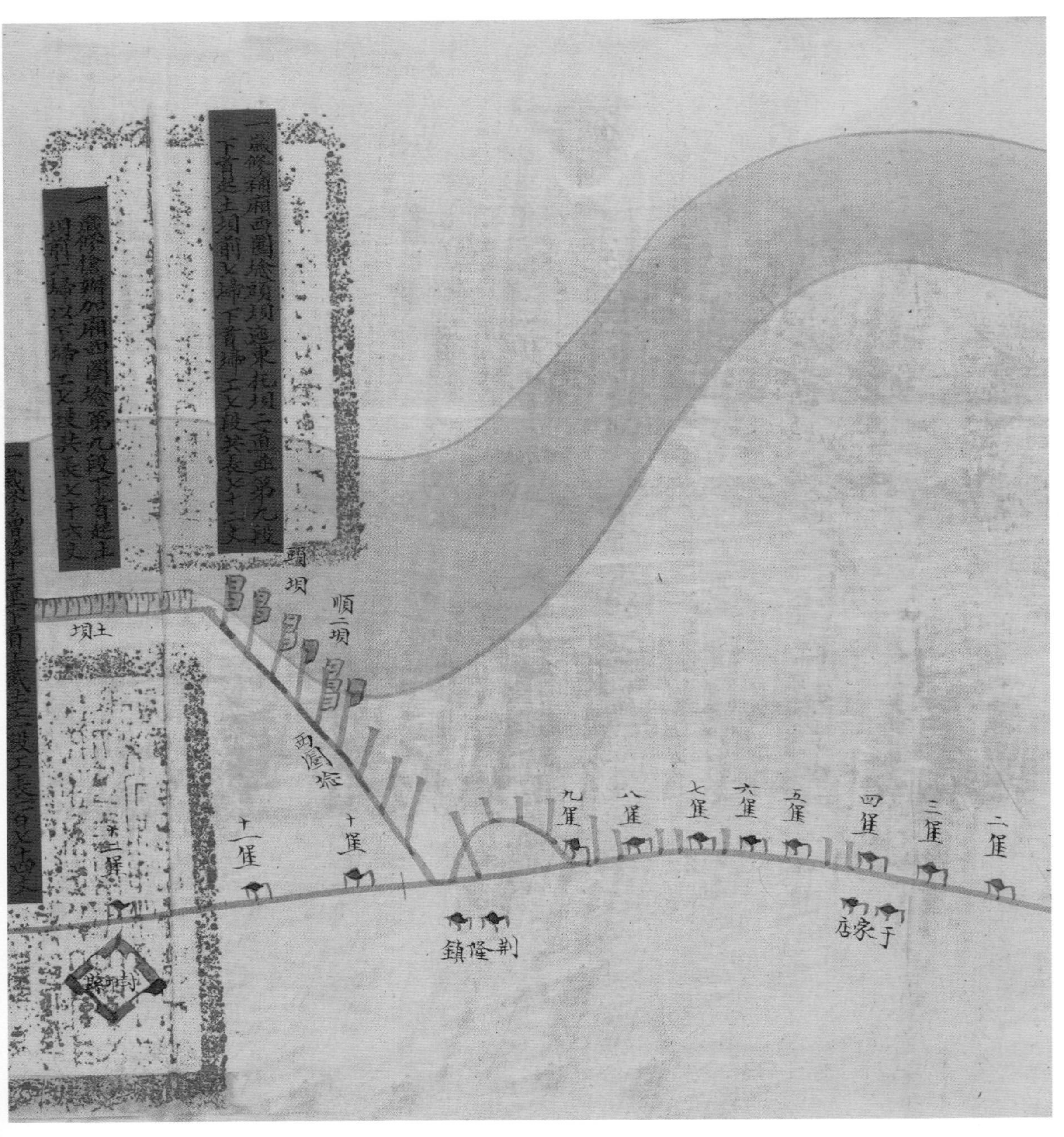

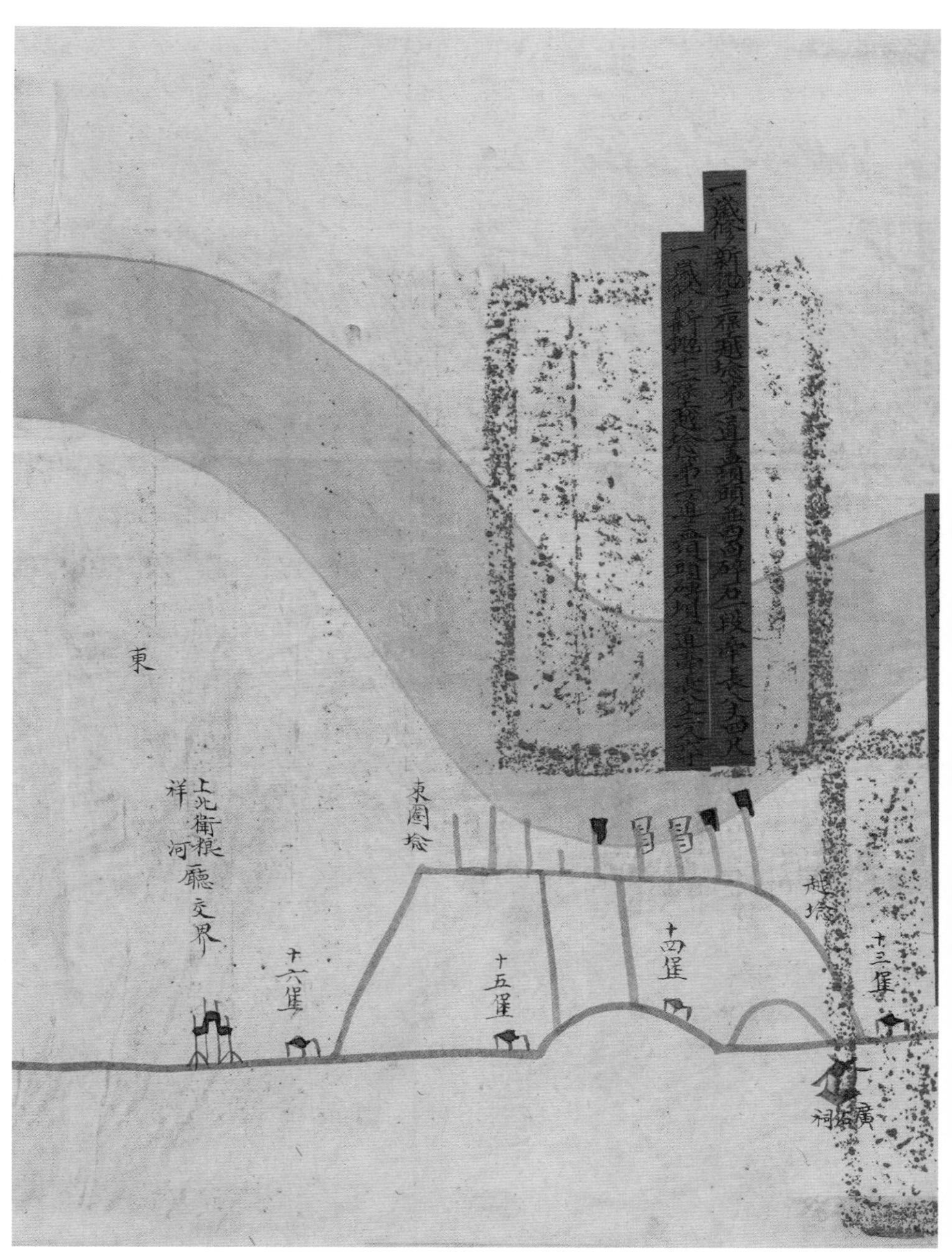
東
上北衛糧
祥河廳交界
東圍埝
越埝
十六堡
十五堡
十四堡
十三堡

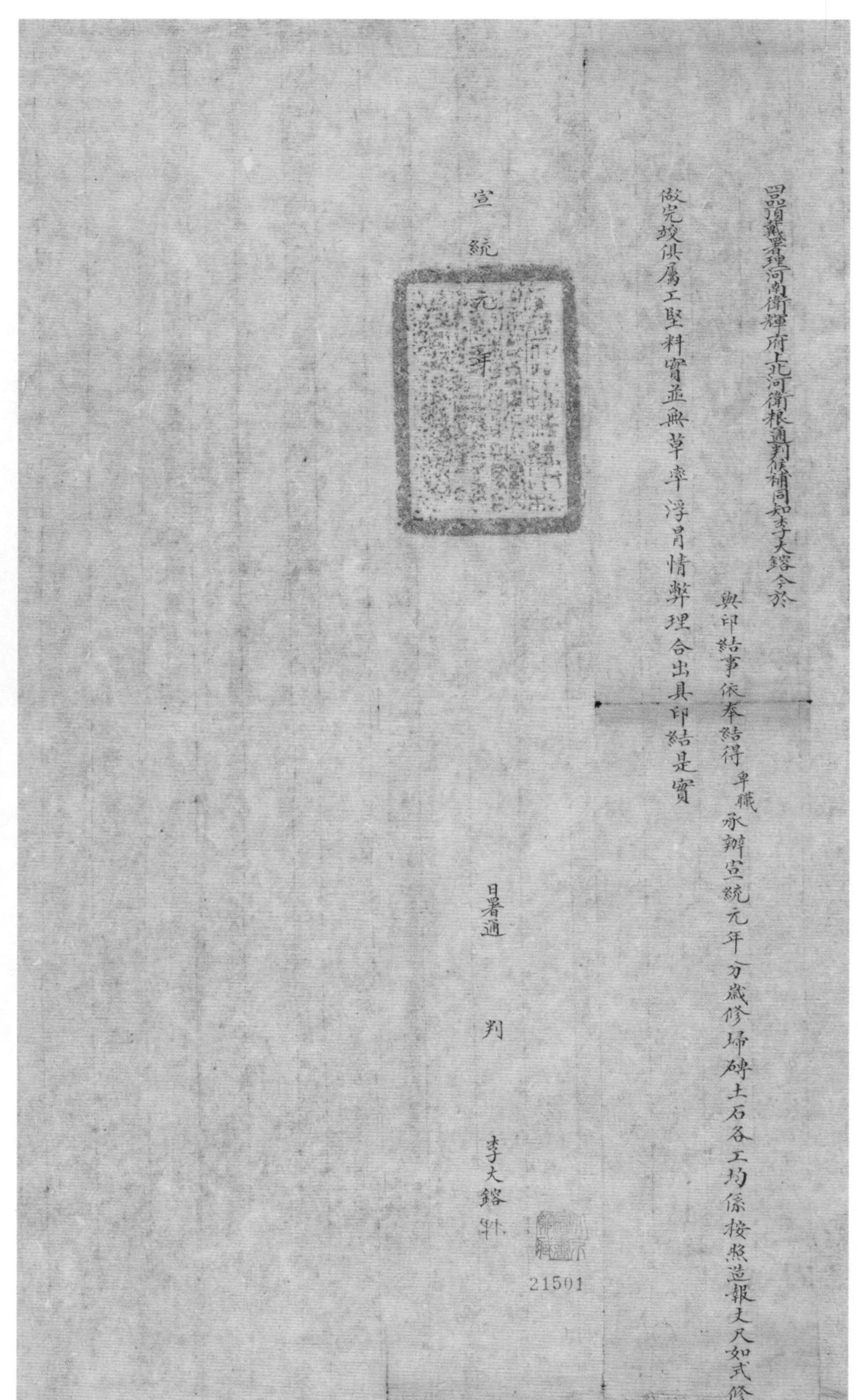

四品頂戴署理河南衛輝府上北河衛糧通判候補同知李大鎔今於

與印結事依奉結得　卑職

承辦宣統元年分歲修埽磚土石各工均係按照造報丈尺如式修

做完竣俱屬工堅料實並無草率浮冒情弊理合出具印結是實

宣統元年　　　月　　　日署通判李大鎔（押）

《卫粮厅属阳武阳封封邱三汛现在河势情形图》

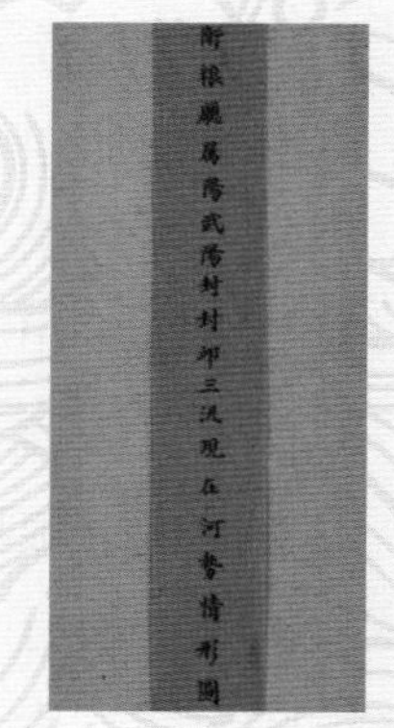

版本：彩绘本

年代：清道光年间（1843—1844 年）

尺寸：21 厘米 ×95 厘米

幅数：1 幅

本图（简称《现在河势情形图》）绘出卫粮厅所属河南阳武、阳封、封邱三汛经管之黄河河道及沿岸堤、堡、县、官厅、村镇情形。

清代河南卫辉府设有“卫辉府河捕粮盐水利通判”，简称“卫辉府粮捕通判”或“卫粮厅”。卫粮厅所辖黄河北岸河务，康熙年间属北河同知管理。清雍正三年（1725 年），北河同知改称上北河同知，俗称“上北河厅”；同时添设下北河同知一员，俗称“下北河厅”。清雍正五年（1727 年），上北河厅移驻阳武太平镇，原武、阳武、封邱三县境内堤工皆归上北河厅管理。清乾隆五十年（1785 年），原武汛三十七里堤工划归黄沁厅管理，原下北河厅所属祥符汛堤三十里划归上北河厅管理，上北河厅管阳武、阳封、封邱、祥符四汛。清嘉庆八年（1803 年），阳武、阳封、封邱三汛堤工划归卫粮厅管理，改称“卫辉府河捕粮盐水利上北河务通判”，简称“上北卫粮厅”或仍简称“卫粮厅”。至清嘉庆二十五年（1820 年），卫粮厅管理阳武、封邱二县境内黄河北岸堤埽工程。所辖堤段西自黄沁厅属原武汛下界起，东至祥河厅属祥符上汛上界止，总堤长一万六千四百七十九丈八尺。管有堡夫一百四十五名、埽夫二十名、河兵一百七十名。设置三汛：阳武汛、阳封汛、封邱汛。

图中方位上南下北，左东右西。图中所绘卫粮厅，位于黄沁厅之东、祥河厅之西，并且在图最右标绘“黄沁厅上北卫粮厅交界”字样，在图最左标绘“上北卫粮厅祥河厅交界”字样，以此作为上北卫粮厅的地理位置标识。图中绘出卫粮厅三汛阳武汛、阳封汛和封邱汛，阳武汛有二十三堡，阳封汛有十六堡、封邱汛有十六堡。

图中所绘黄河河道着有黄色，自西向东至阳武汛十九堡处即折而向南，流出本图所绘范围，与清代黄河主流河道有异。阳武汛十九堡以东，又用双线勾出一段未着色的河道，此段未着色河道走向与清代黄河主流河道基本一致。可以看出，本图绘制时，黄河偏离了原先的主流河道，出现了向南改道的现象。因此，本图所绘应是某次黄河南岸决口后的形势。

清代卫粮厅所绘黄河图除此《卫粮厅属阳武阳封封邱三汛现在河势情形图》外，尚有《上北卫粮厅属光绪二年比较元年抢修埽工平险丈尺图》《卫粮厅光绪二十八年分做过岁修埽工砖土石各工河图》《卫粮厅光绪三十三年分做过岁修埽砖土石各工河图》《卫粮厅宣统元年分做过岁修埽砖土石各工河图》4 幅，由此 4 图可以看出光绪初年至宣统年间卫粮厅所辖黄河河道及北岸堤坝状况基本没有变化。将《现在河势情形图》与其他相关地图对比，可以发现《现在河势情形图》的绘制时间应早于光绪时期。例如《现在河势情形图》阳武汛三堡处之越堤顶端往东南方向筑有挑坝一道，卫粮厅光绪、宣统年间所绘 4 图中无此挑坝，而道光年间的《六省黄河工程埽坝情形图》则有此挑坝。显然，《现在河势情形图》应早于光绪时期。自清嘉庆八年（1803 年）设置上北卫粮厅之后，到光绪初年之前，黄河在此河段南岸决口改道只有清道光二十三年（1843 年）六月“决中牟，水趋朱仙镇，历通许、扶沟、太康入涡会淮”，此决口至清道光二十四年（1844 年）十二月方堵塞完毕。因此，《现在河势情形图》应绘于清道光二十三年（1843 年）至清道光二十四年（1844 年）之间。

图中所绘卫粮厅三汛，阳武汛管理阳武县境内堤工，所管堤段西自原武汛下界起，东至二十三堡止，堤长六千零七十三丈。图中所示阳武汛沿堤标注名称依次为阳武汛头堡、二堡、小庙、三堡、四堡、五堡、六堡、七堡、八堡、九堡、十堡、十一堡、十二堡、十三堡、十四堡、十五堡、十六堡、十七堡、十八堡、十九堡、二十堡、二十一堡、二十二堡、二十三堡。由三堡向小庙方向有越堤一道，和越堤相交挑坝一道、迎水坝一道，迎水坝过李庄（今原阳县李庄村），坝头为娄凤鸣庄。二十三堡堤内标注“三官庙”（今原阳县三官庙）及“潘庄”。二十三堡之后标注“阳武汛阳封汛交界”。

阳封汛位于阳武汛之下，管理阳武、封邱二县境内堤防工程，所管堤防自阳武汛下界起，至封邱汛上界止，堤长五千零五丈五尺。图中阳封汛沿堤标注名称依次为头堡、二堡、三堡、四堡、五堡、六堡、七堡、八堡、九堡、十堡、十一堡、十二堡、十三堡、十四堡、十五堡、十六堡。在十四堡处有越堤一道，十六堡之后标注“阳封汛封邱汛交界”。

封邱汛位于阳封汛之下，管理封邱县境内堤防工程，所管堤段自阳封汛下界起，至祥河厅祥符上汛上界止，堤长五千三百五十二丈五尺。图中封邱汛沿堤标注名称依次为头堡、二堡、三堡、四堡、五堡、六堡、七堡、八堡、九堡、十堡、十一堡、十二堡、十三堡、十四堡、十五堡、十六堡。四堡堤外有于家店（今封丘县于店村）。九堡、十堡间堤外有荆隆镇（今封丘县荆隆宫乡）。十六堡之后标注“上北卫粮厅祥河厅交界”，同时也是封邱汛、祥符上汛界。

封邱汛十堡处有西圈埝往东南方向伸入黄河，西圈埝尽头向东筑有土坝一道，土坝与十三堡越埝之间还绘有一道土埝。西圈埝、土坝在《六省黄河工程埽坝情形图》《上北卫粮厅属光绪二年比较元年抢修埽工平险丈尺图》等图中均有体现，但土坝与越埝之间的土埝在上述各图中都没有绘出，可能是道光二十三年前后短暂存在的一道堤埝。

封邱汛十三堡与十六堡之间，缕堤之外有越埝一道。《六省黄河工程埽坝情形图》《上北卫粮厅属光绪二年比较元年抢修埽工平险丈尺图》等图中，封邱汛十四堡与十五堡的位置皆在缕堤之上。然而，此《现在河势情形图》中，十四堡与十五堡皆绘于越埝之上。未知此二堡之具体位置是否发生过迁移，亦或是《现在河势情形图》绘制失误，待考。

白鸿叶

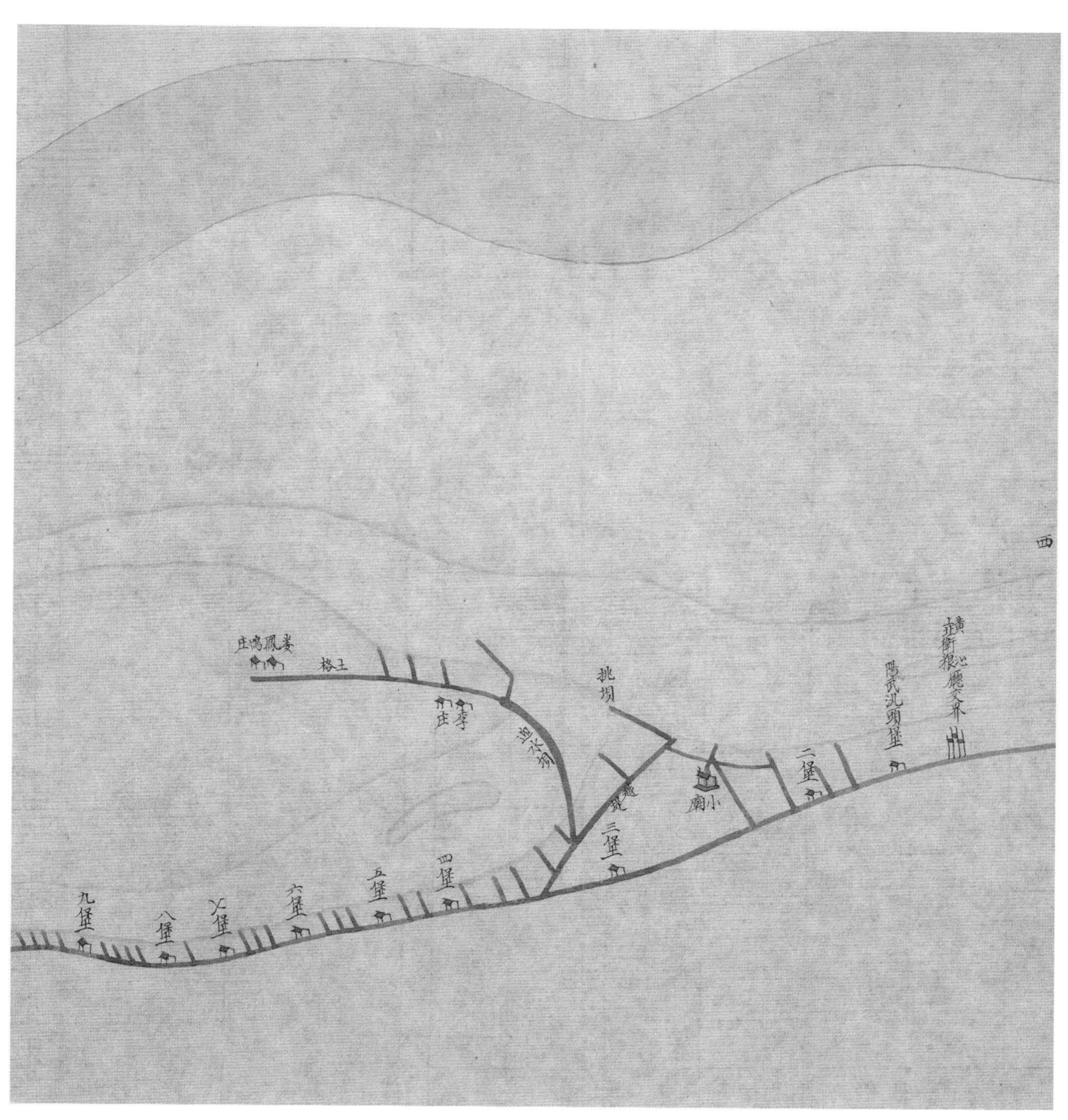

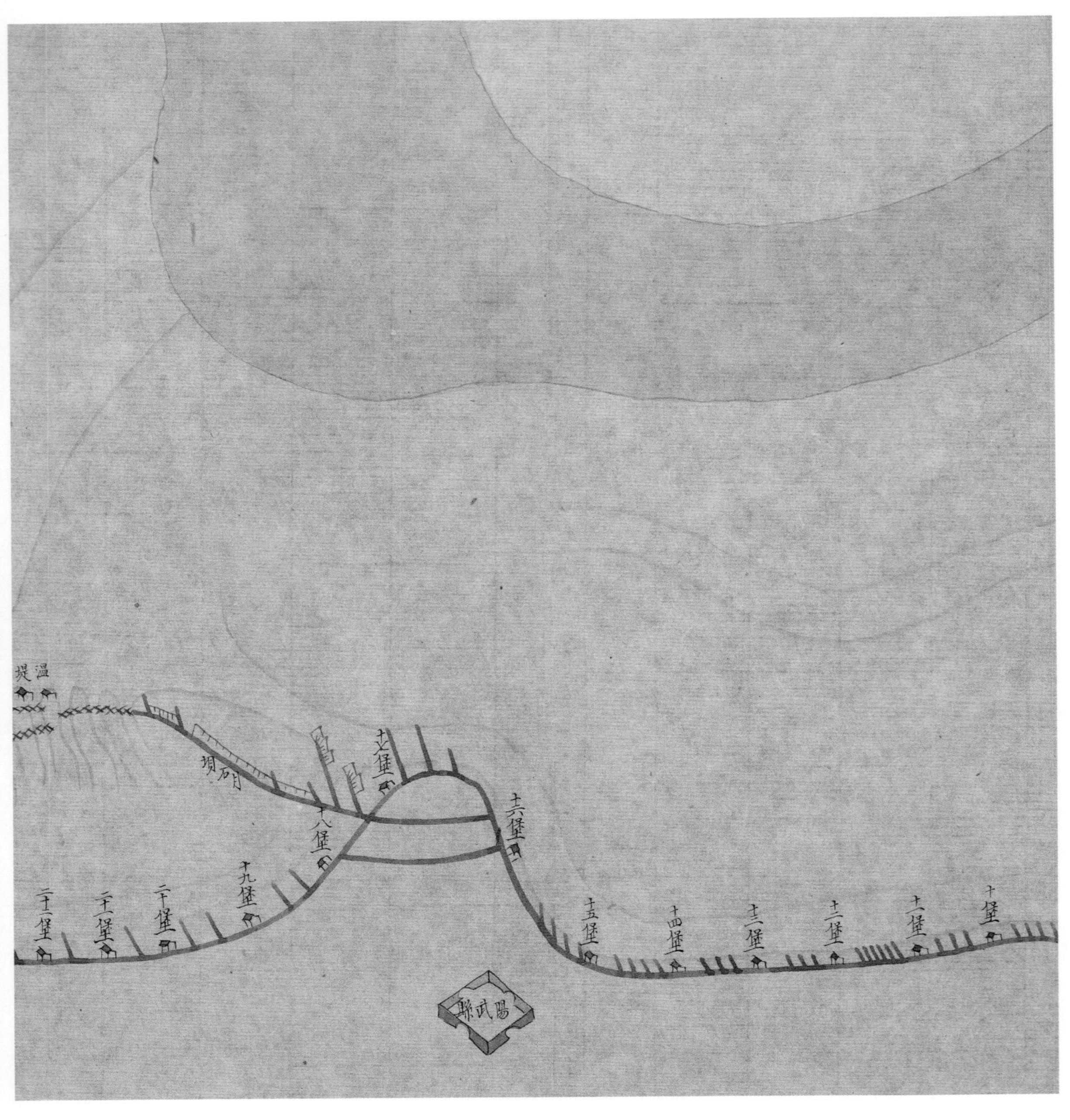
温堤
月石壩
十七堡
十六堡
十八堡
十九堡
二十二堡
二十一堡
二十堡
十五堡
十四堡
十三堡
十二堡
十一堡
十堡
陽武縣

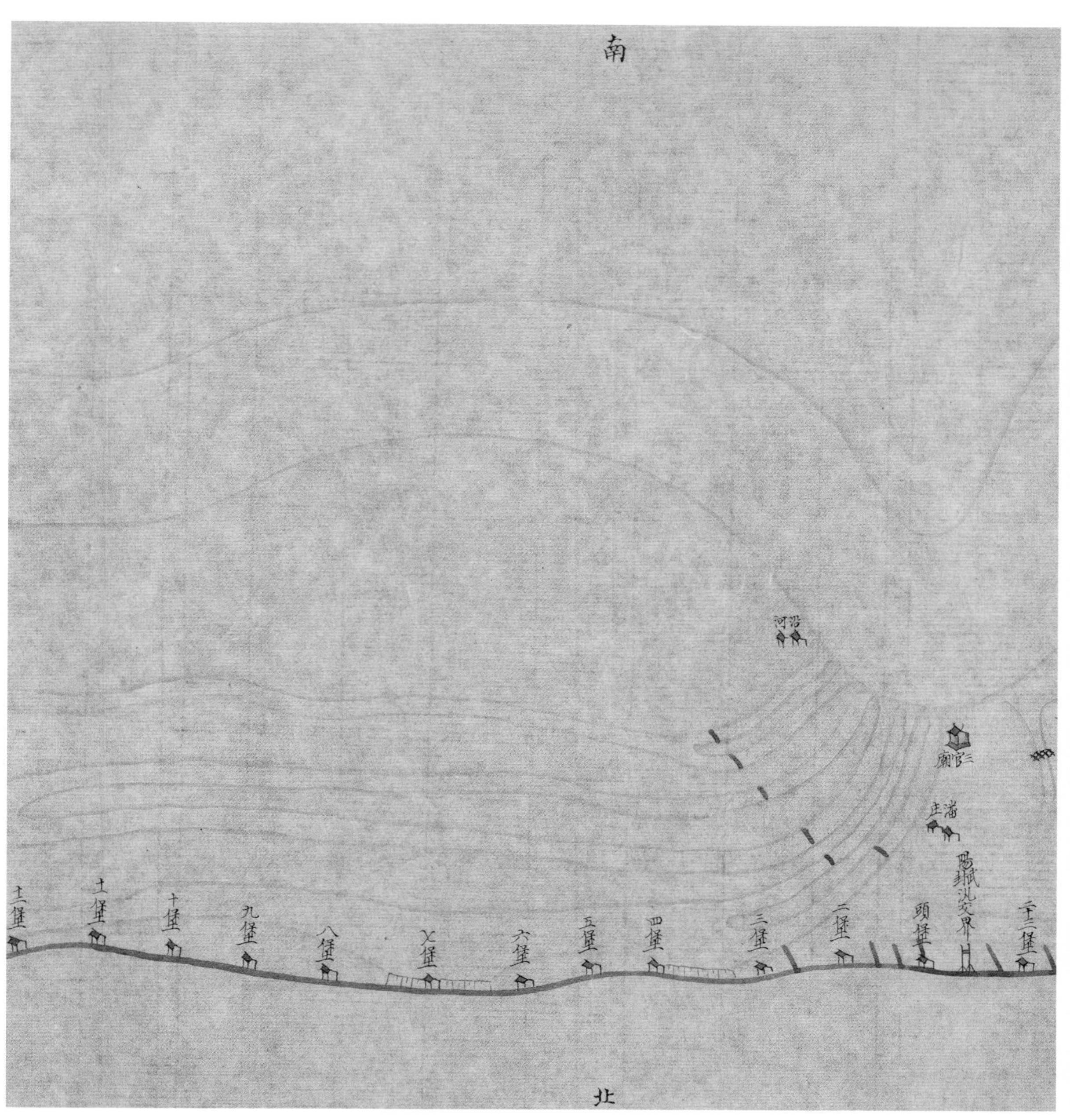
南
沿河
三官廟
潘庄
陽武封邱交界
十二堡
十一堡
十堡
九堡
八堡
七堡
六堡
五堡
四堡
三堡
二堡
頭堡
二十三堡
北

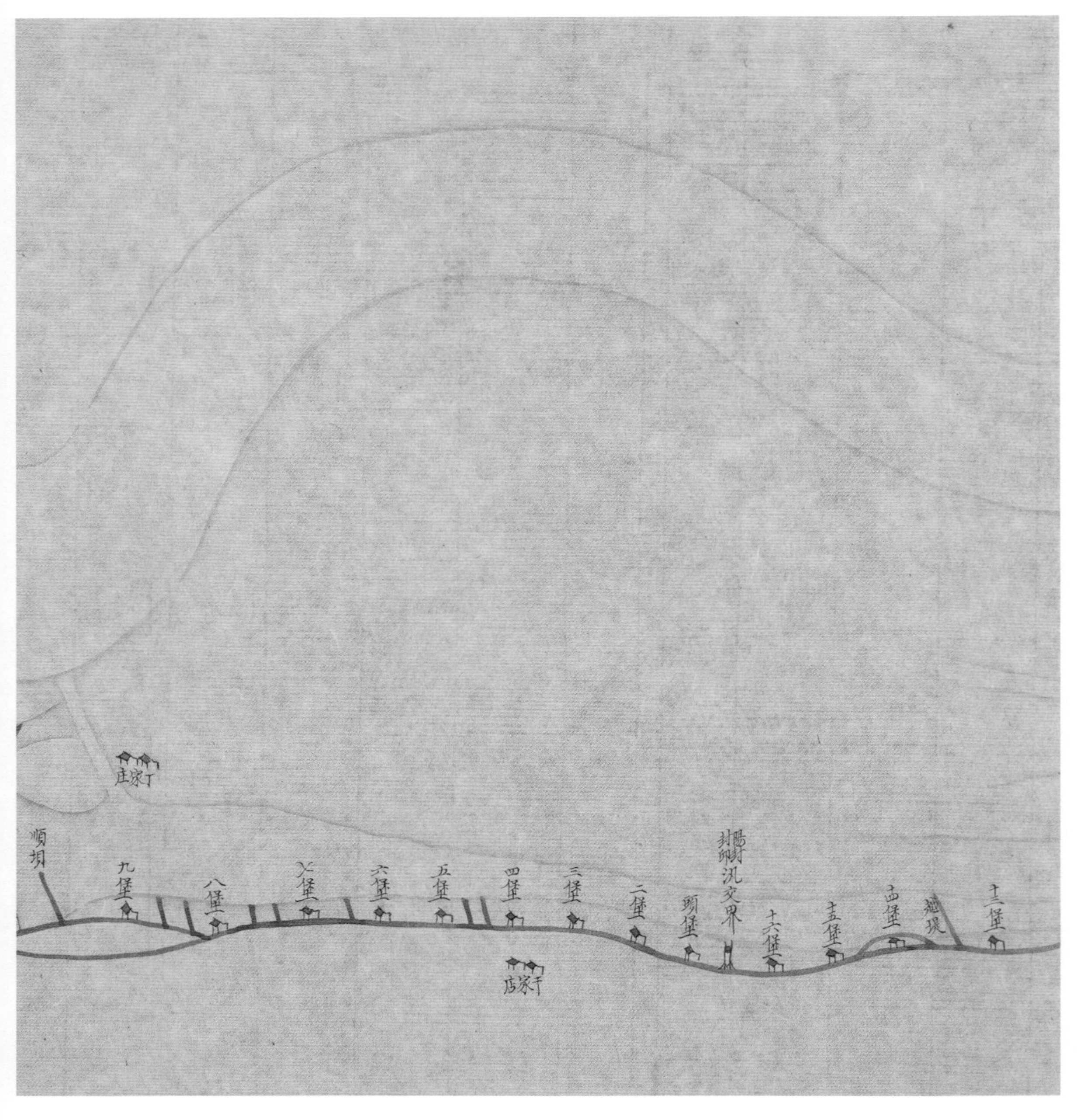

丁家庄
顺坝
九堡
八堡
七堡
六堡
五堡
四堡
三堡
二堡
头堡
阳封封邱汛交界
十六堡
十五堡
十四堡
越坝
十三堡
于家店

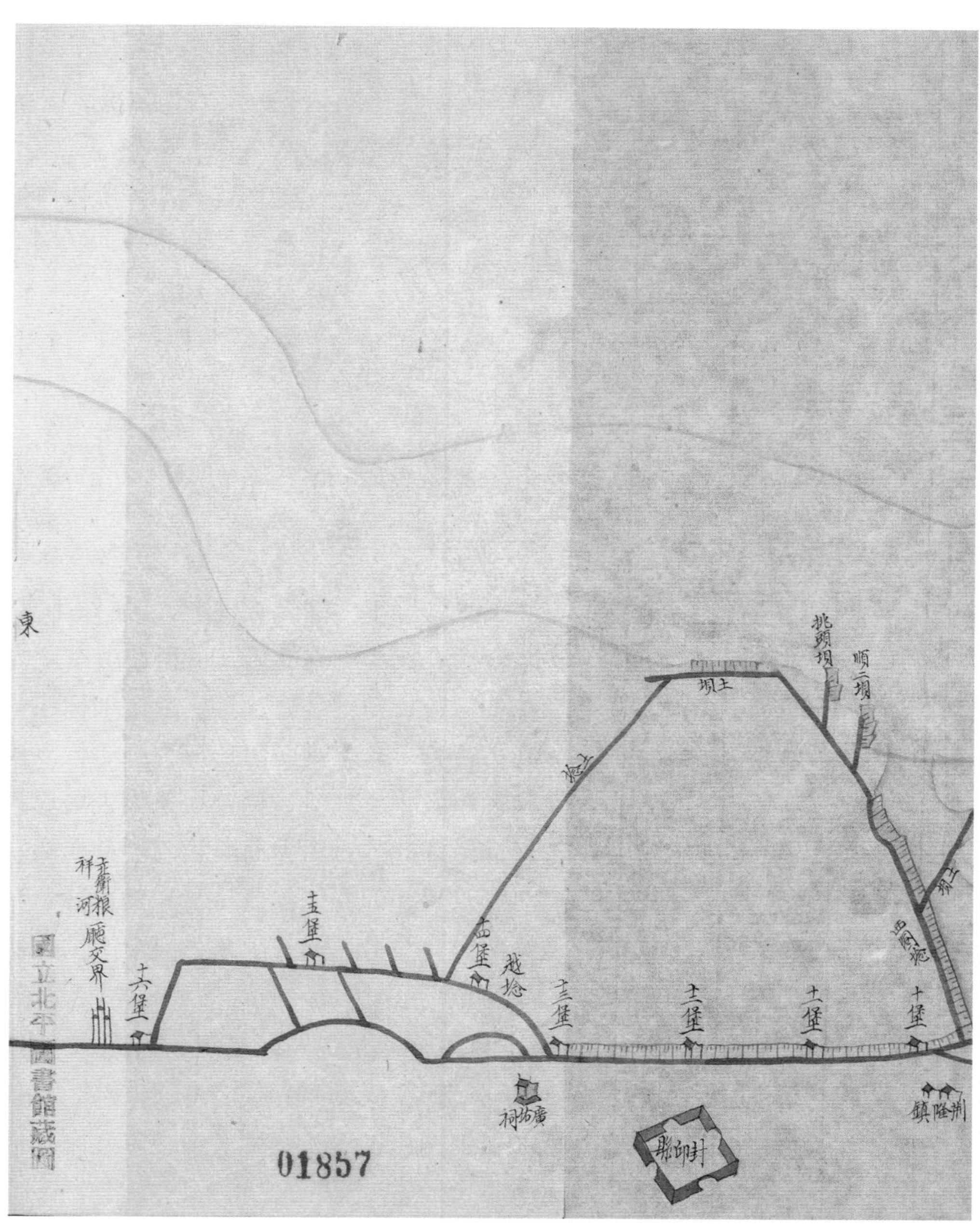

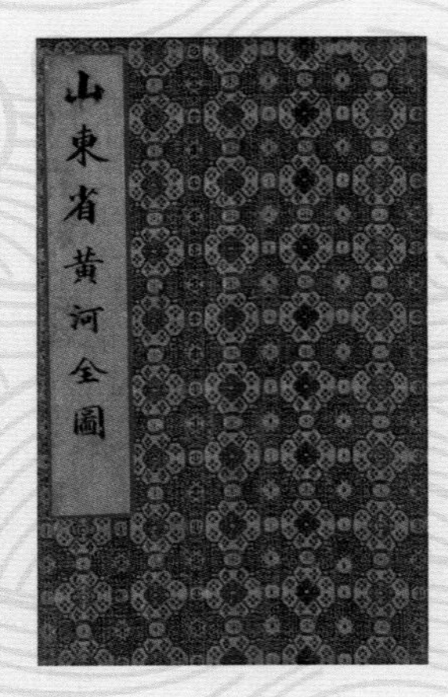

《山东省黄河全图》

版本：彩绘本

年代：清光绪年间（1898—1900 年）

尺寸：27 厘米 ×664 厘米

幅数：1 幅

《山东省黄河全图》，彩绘本，图纵 27 厘米、横 664 厘米，未注比例。本图采用山水画法，绘出了清末黄河改道后，黄河在山东境内直至入海口的河道、两岸堤埝及两岸的河流、州县、村庄等，并详细标注了两岸险工、漫口及合龙时间。图大致方位为上北下南，以黄河为中心，以浅黄色绘出黄河河道，浅棕色绘出黄河两岸及中心河滩，棕色线条代表堤埝，草绿色线条绘出大清河、运河、卫河河道。此外，图中简略绘制了黄河两岸的州县城池，标注了各地名称及省界、县界，但并未绘制出沿岸的山脉。

本图绘制手法及绘制内容与另一幅《山东黄河全图》类似，图中绘出了光绪年间山东境内黄河两岸近岸民埝和远岸大堤，包括张秋镇以西清同治十三年（1874 年）丁宝桢主持修筑的黄河南堤、清光绪三年（1877 年）山东巡抚李元华修筑的近水北堤以及清光绪九年（1883 年）山东巡抚陈士杰主持修筑的张秋镇以东黄河两岸长堤。图中黄河南岸齐东县以东至利津，仅绘出南岸大堤，未绘出民埝。清光绪十二年（1886 年）新任山东巡抚张曜考察山东境内黄河后，上奏提出南岸守堤、北岸守埝的建议，将南岸历城以下村民迁出堤外，另建新村安置。于是南岸弃埝守堤，展拓河身，北岸则接修民埝，增培作堤。因此，图中黄河南岸自齐东至利津，只绘出一道堤防，原有民埝已弃。黄河北岸历城以东的官堤有多处缺口，而民埝则修筑完整。

图中黄、运交汇处，绘出了十里堡至张秋镇的旧运道与清光绪七年（1881 年）新开的陶城埠新运道。虽然张秋镇旧运道已经淤堵，但图中仍用草绿色表示。图中还详细绘出了陶城埠闸及运口两侧的泊船水柜、蓄水水柜。可见漕船到达陶城埠运口后，并不一定能直接进运河，仍需待黄河水涨，借黄行运。图中原位于黄河南岸的齐东县城已被淹没，在黄河中间河滩，标注为“齐东旧城”。蒲台县原位于黄河南岸，现位于河中土滩，两侧均为黄流。在利津县黄河入海口处，本图也与《山东黄河全图》一样，绘出了当前入海河道及之前入海旧道。清光绪二十三年（1897 年），黄河在利津县南北岭子决口，大溜直向东南，经苟家庄、姜沟子，从丝网口入海。山东巡抚张汝梅奏请在河北岸筑堤一道，将旧河道截断，并在新河道南岸筑堤束水。图中黄河河道已从丝网口入海，并且在利津县北岭子处绘有“新筑拦黄坝”，坝北侧标注“入海旧道”。沿入海旧道再往东北标注有“铁门关旧河身”及“韩家垣入海旧道”，并在入海口处标注有“萧神庙”“毛史坨”，这两处都是黄河入海的旧河道。清光绪三十年（1904 年），黄河又在利津盐窝薄庄决口，经老虎滩嘴向北流去，再次改道由套儿河、车子沟等处入海。

《山东省黄河全图》绘制的黄河河道、堤埝状况与《山东黄河全图》大体一致，但是绘制手法较为简略。与《山东黄河全图》不同的是，《山东省黄河全图》详细描绘了黄河两岸的险工、渡口、漫口，并标注了合龙的时间。黄河险工专指为了防止水流冲刷堤防而沿大堤修建的丁坝、垛、护岸工程，位于堤防临河一侧，起到保护堤防的作用。险工是古代常用的治河方法，清代治河名臣靳辅在《治河方略》中记“防河之要，惟有守险工而已”，刘成忠的《河防刍议》中总结“防险之法有四：一曰埽，二曰坝，三曰引河，四曰重堤”，其中埽是用秸、苇、柳或土石为材料，用绳索盘结拴系成整体来保护堤防、堵塞决口。清光绪八年（1882 年）以后，改道山东的黄河溃溢屡见，经常需要修筑险工以堵塞已决漫口或防止黄河冲刷大堤。而黄河水无定势，山东境内黄河两岸险情多变，因此黄河两岸险工林立。清光绪二十五年（1899 年）“计南岸近省百里，近埝之险，有二三十处。北岸自长清官庄，至利津以下盐窝止，四百六十八里之间，有险工五十四处。”❶“沿河一带，险工最多。凡顶冲之处，或已决之处，皆有工程。其工程磨盘埽居多，以秸料覆土层迭为之，形如磨盘。”❷《山东省黄河全图》中标注了光绪

❶ 中国水利水电科学研究院水利史研究室编，《再续行水金鉴·黄河卷 6》，湖北人民出版社，2004，第 2614 页。

❷ 中国水利水电科学研究院水利史研究室编，《再续行水金鉴·黄河卷 6》，湖北人民出版社，2004，第 2631 页。

末年黄河两岸各处险工及漫口合龙处，并绘制险工形状，如磨盘层叠。

图中还重点描述了清光绪二十三年（1897年）、清光绪二十四年（1898年）黄河决口及合龙的情况。清光绪二十三年（1897年）初，因黄河凌汛，历城、章邱交界处小沙滩、胡家岸两处漫决成口，三月初堵合。图中历城小沙滩漫口处标注"小沙滩险工，二十三年三月合龙"。清光绪二十四年（1898年）六月，东阿县北岸王家庙大堤决口，九月初五日合龙；济阳县北岸桑家渡大堤漫溢成口，十月堵合；历城南岸杨史道口民埝漫决，十二月堵复。图中东阿王家庙大堤决口处，大堤缺口，未绘制堵合工程；南岸历城杨史道口漫决处，洪水冲决了民埝及官堤两道防线，图中标注"漫口新工"，未标注堵合时间；北岸济阳桑家渡漫口处标注"于二十四年六月漫口合龙"。

从图中所绘黄河河道情形及漫口工程可以推测，此图绘制时间在清光绪二十四年（1898年）至清光绪二十六年（1900年）。利津县西侧的蒲台县原位于黄河南岸，清光绪二十六年（1900年）黄河在蒲台县以上张肖堂凌汛决口，大溜南移，此后蒲台县城皆位于黄河北岸。图中蒲台县城被黄河包围，黄河大溜尚未移至蒲台县城以南，因此它描绘的应是清光绪二十六年（1900年）黄河凌汛决口之前的状况。此外，图中还反映了清光绪二十四年（1898年）堵塞的决口，因此此图绘制时间应在清光绪二十四年（1898年）至清光绪二十六年（1900年）。

《山东省黄河全图》直观表现了清光绪末年黄河在山东境内形成的河道情形与黄河两岸大堤、民埝的空间形态，重点描绘了黄河穿运的情形以及黄河入海河道的变迁状况，并特别标注了黄河两岸的险工以及黄河决口的堵合情况，是了解清光绪年间黄河、运河体系大变迁十分重要的史料。

成二丽

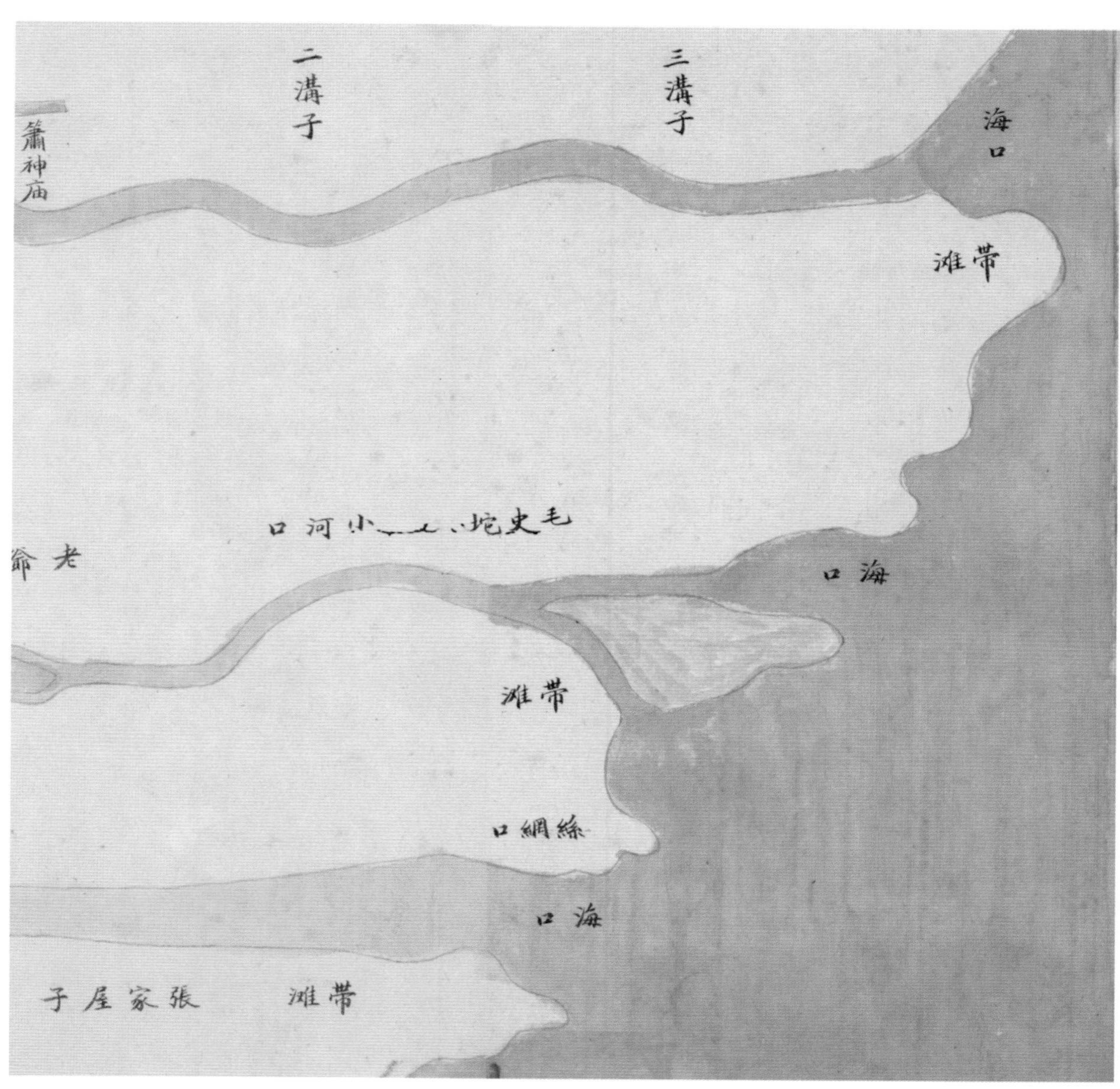
二溝子
三溝子
蕭神庙
海口
帶灘
毛史蛇小河口
老爺
海口
帶灘
絲網口
海口
張家屋子
帶灘

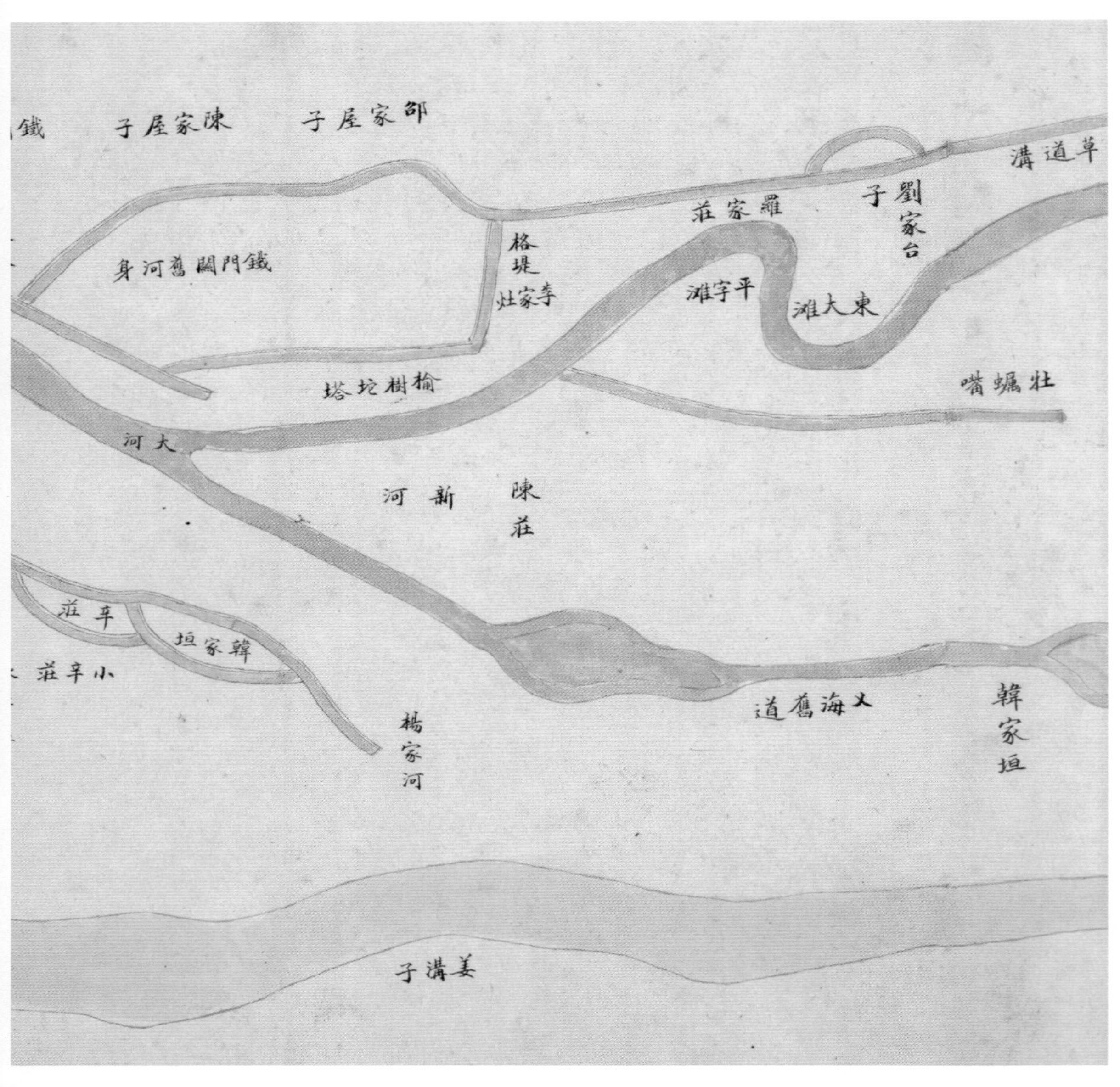

鐵
陳家屋子
郜家屋子
草道溝
羅家莊
子
劉家台
鐵門關舊河身
格堤
李家灶
平字灘
東大灘
榆樹坨塔
牡蠣嘴
大河
新河
陳莊
辛莊
韓家垣
小辛莊
楊家河
乂海舊道
韓家垣
姜溝子

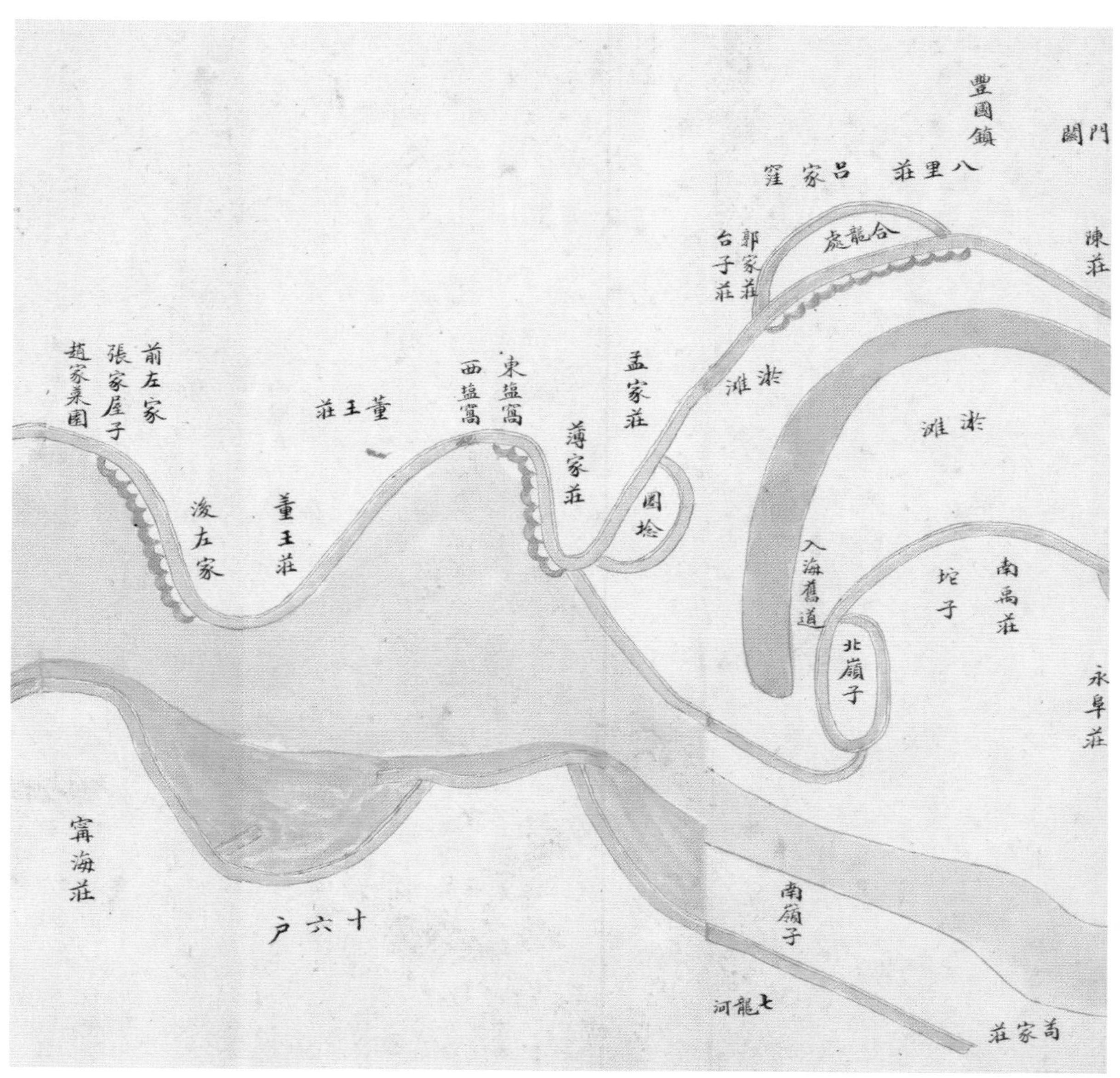

豐國鎮
門闕
八里莊
呂家窪
郭家莊
台子莊
合龍處
陳莊
淤灘
淤灘
孟家莊
圈埝
薄家莊
東盐窩
西盐窩
董王莊
董王莊
前左家
張家屋子
趙家菜園
後左家
入海舊道
坨子
南禹莊
北嶺子
永阜莊
甯海莊
十六户
南嶺子
七龍河
苟家莊

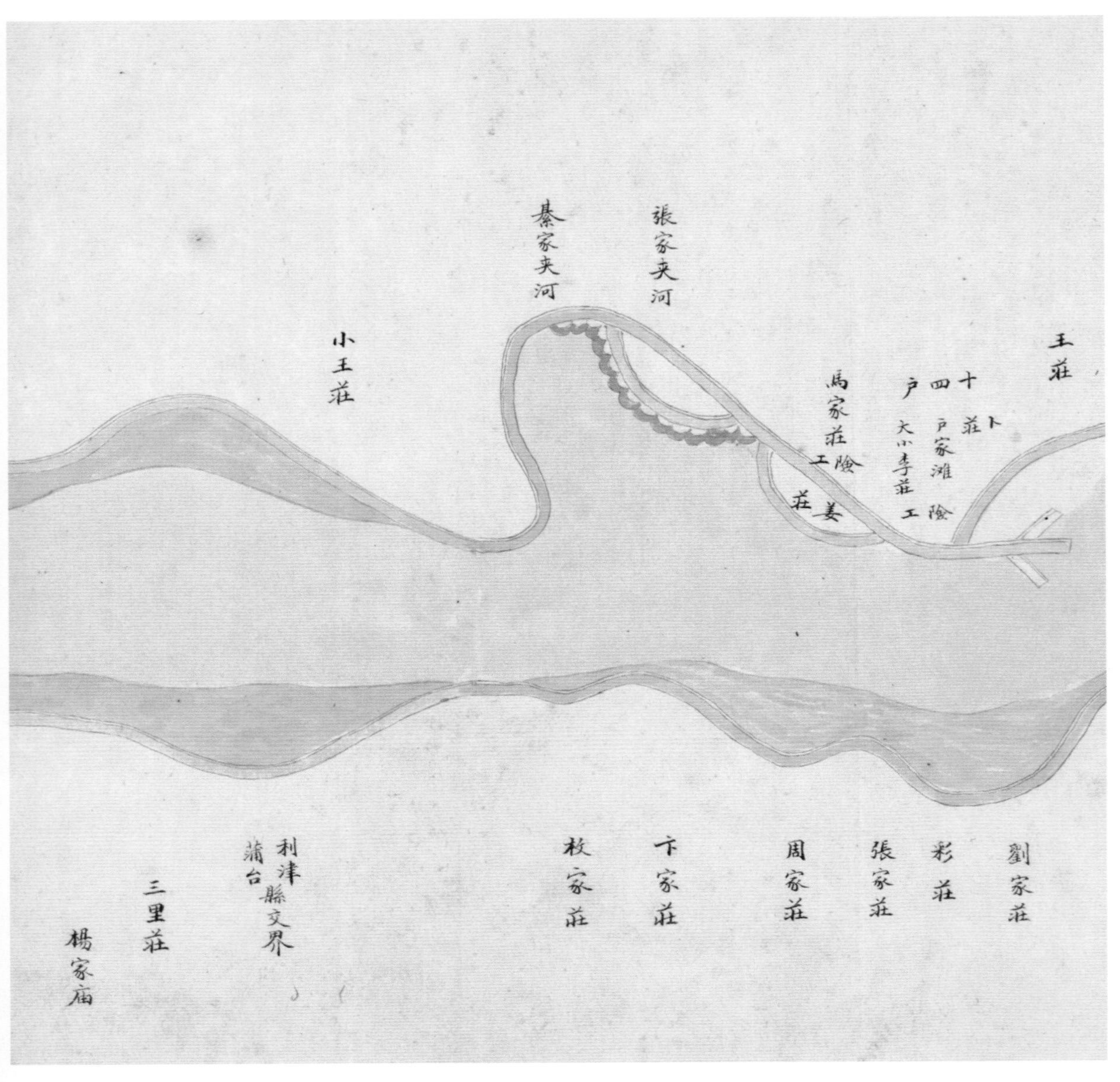
張家夾河
秦家夾河
小王莊
王莊
十四戶
卜莊
戶家灘險
大小李莊工
馬家莊險工
姜莊
劉家莊
彩莊
張家莊
周家莊
卞家莊
枚家莊
利津縣交界
蒲台
三里莊
楊家廟

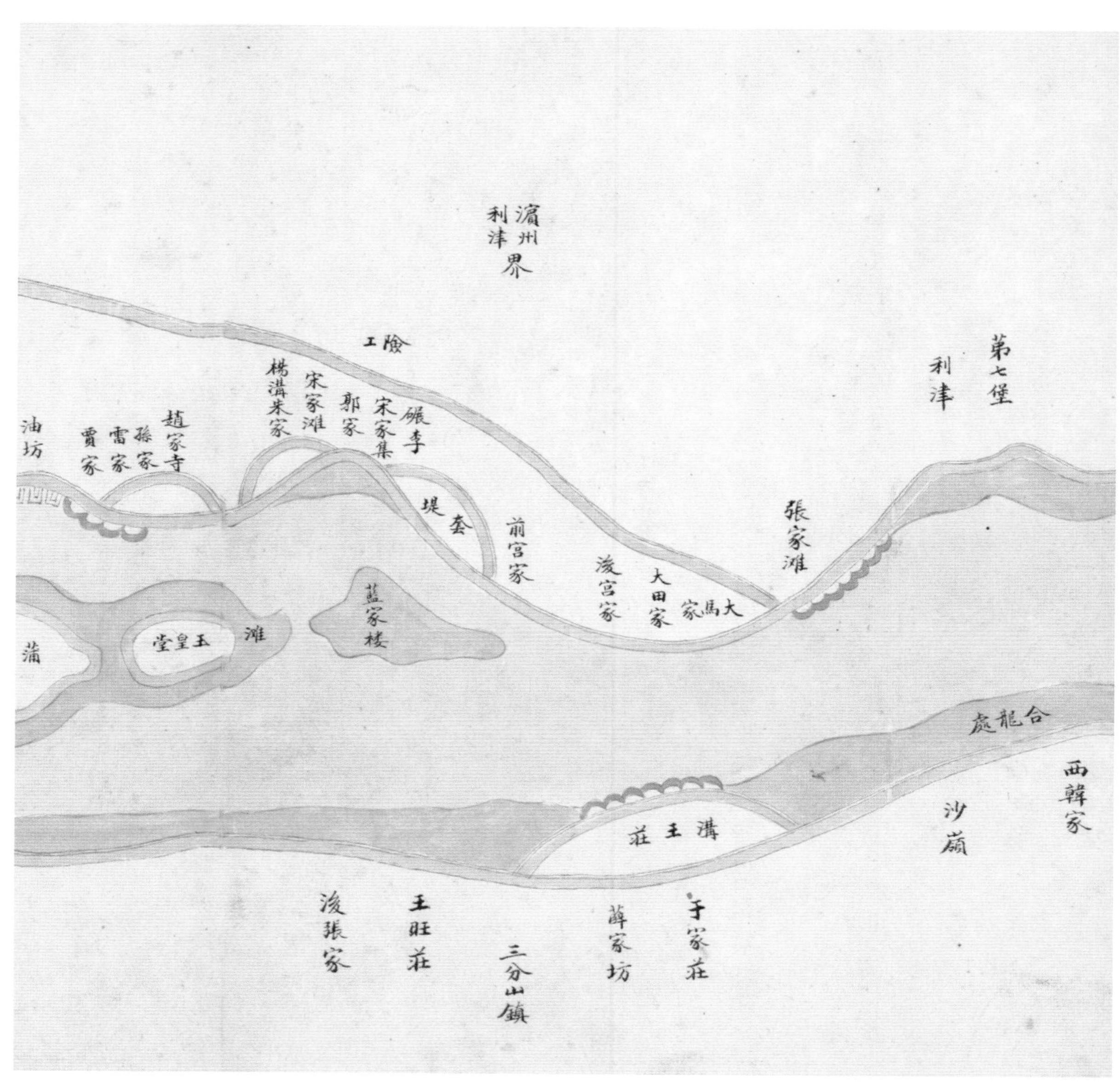
濱州
利津
界
工險
第七堡
利津
趙家寺
孫家
雷家
賈家
油坊
楊溝朱家
宋家灘
郭家
宋家集
碾李
套堤
前宮家
後宮家
大田家
大馬家
張家灘
藍家楼
玉皇堂
灘
蒲
合龍處
西韓家
沙嶺
溝王莊
後張家
王旺莊
三分山鎮
薛家坊
于家莊

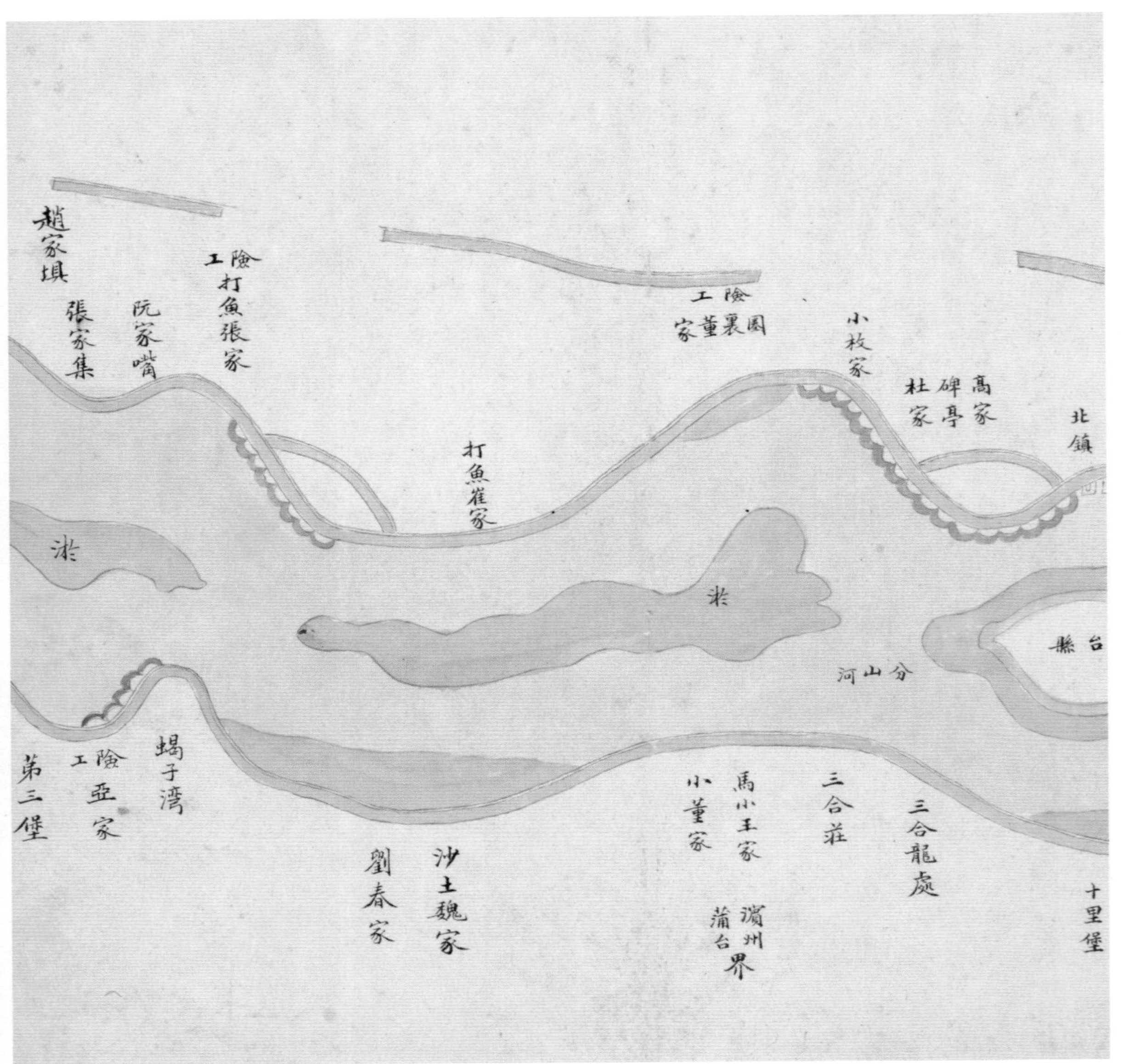
趙家垻
險工
打魚張家
阮家嘴
張家集
險工
園裏董家
小枚家
高家
碑亭
杜家
北鎮
打魚崔家
淤
淤
台縣
分山河
蝎子灣
險工
亞家
第三堡
馬小王家
小董家
三合莊
三合龍處
沙土魏家
劉春家
濱州
蒲台
界
十里堡

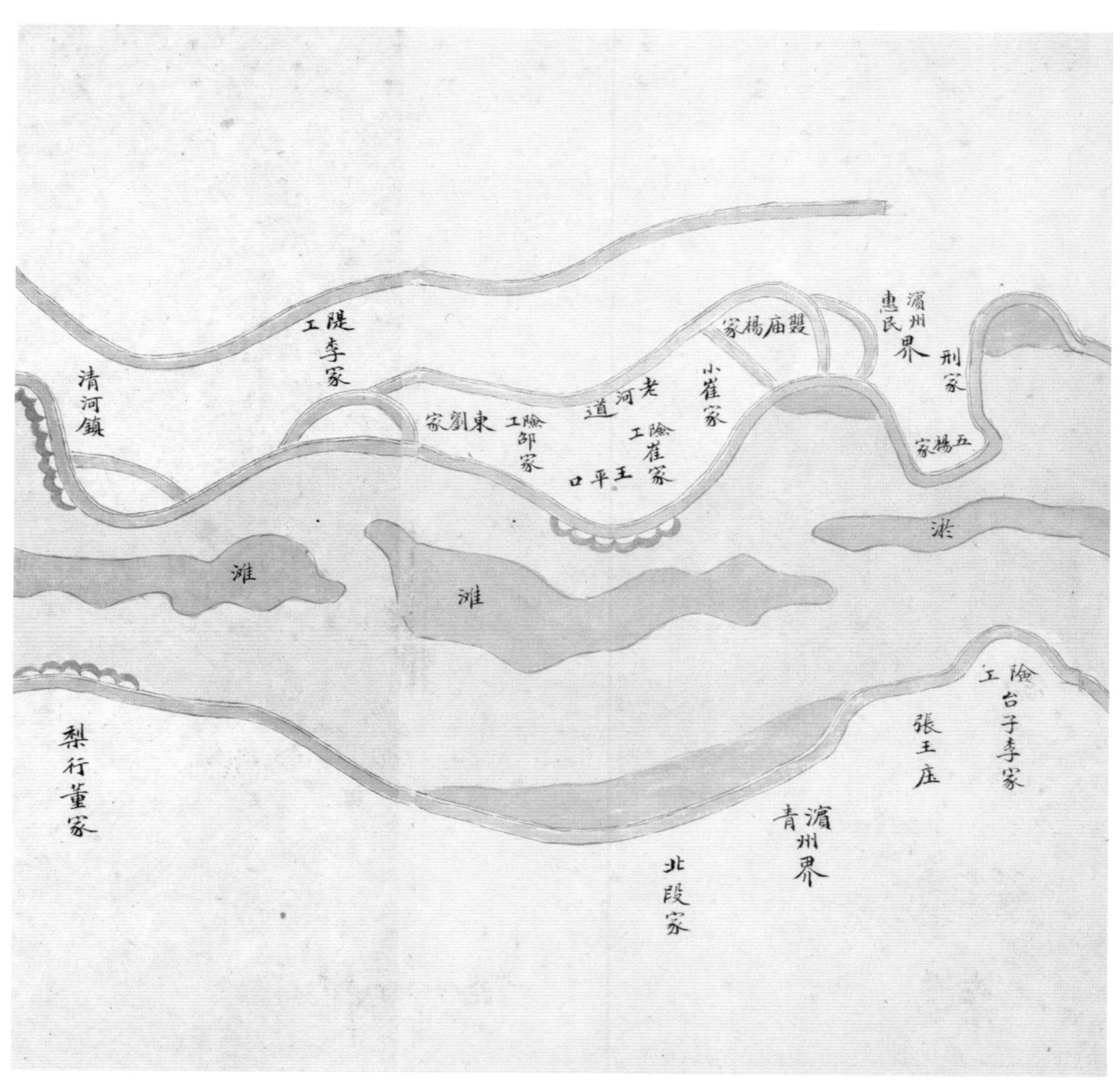

清河镇
隄李家工
東劉家
險邵家工
老河道
險崔家工
王平口
小崔家
娘娘廟楊家
濱州惠民界
刑家
五楊家
灘
灘
淤
險台子李家工
張王庄
濱州青界
北段家
梨行董家

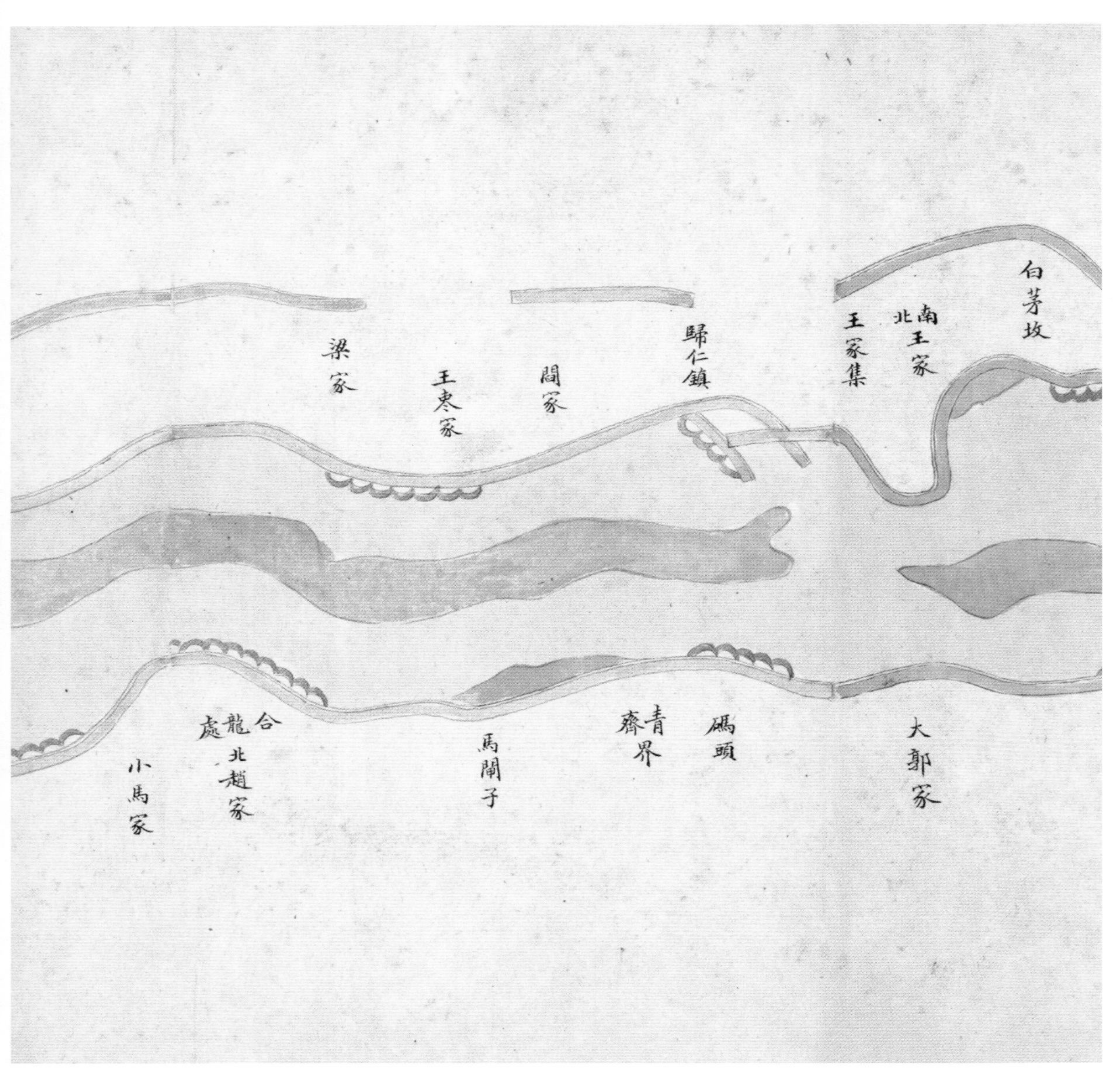

白茅坡
南北王家
王家集
歸仁鎮
閻家
王枣家
梁家
大郭家
碼頭
青齊界
馬閘子
合龍處
北趙家
小馬家

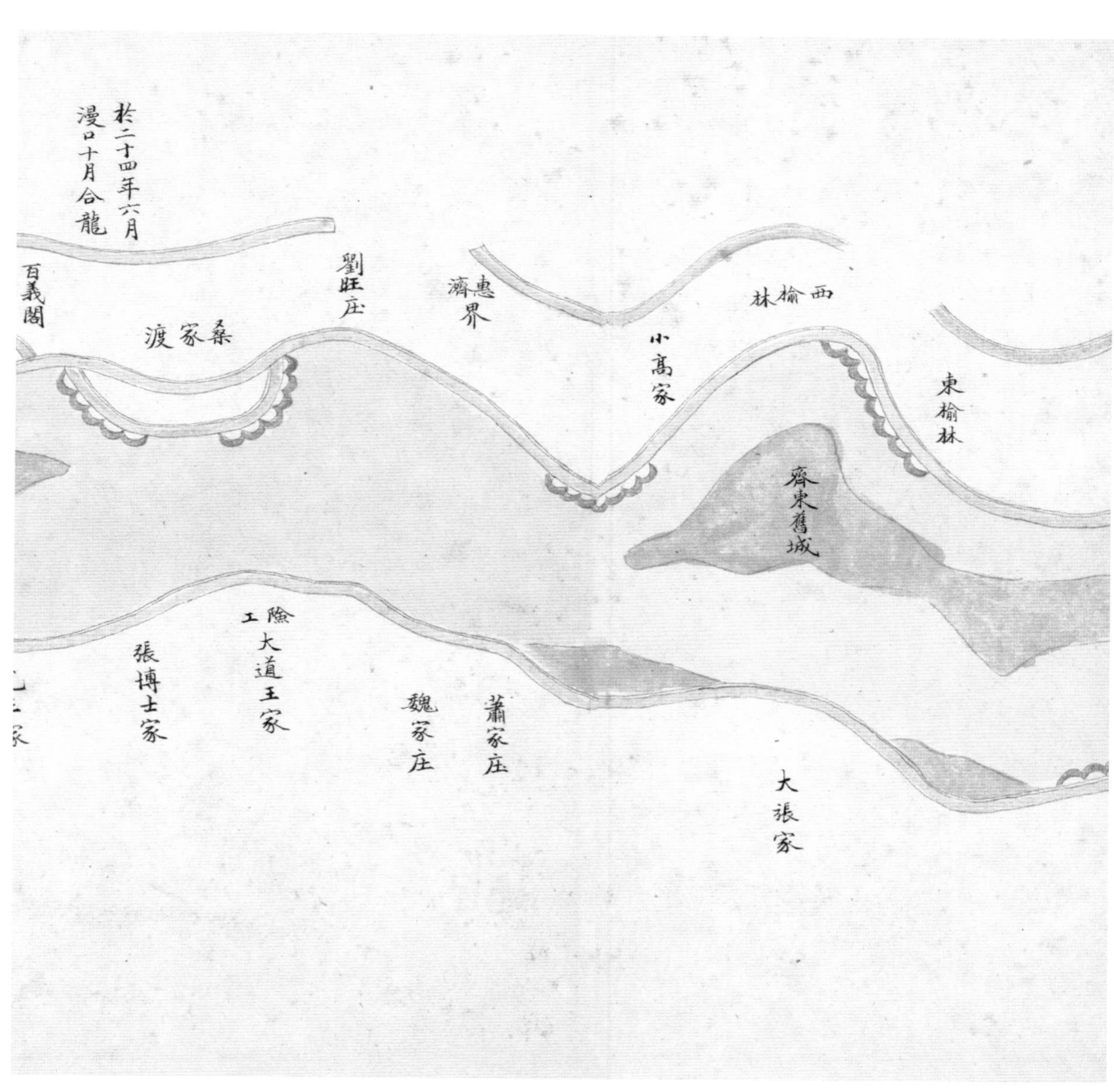
於二十四年六月
漫口十月合龍
百義閣
桑家渡
劉旺庄
惠濟界
西榆林
小高家
東榆林
齊東舊城
險工
大道王家
張博士家
魏家庄
蕭家庄
大張家

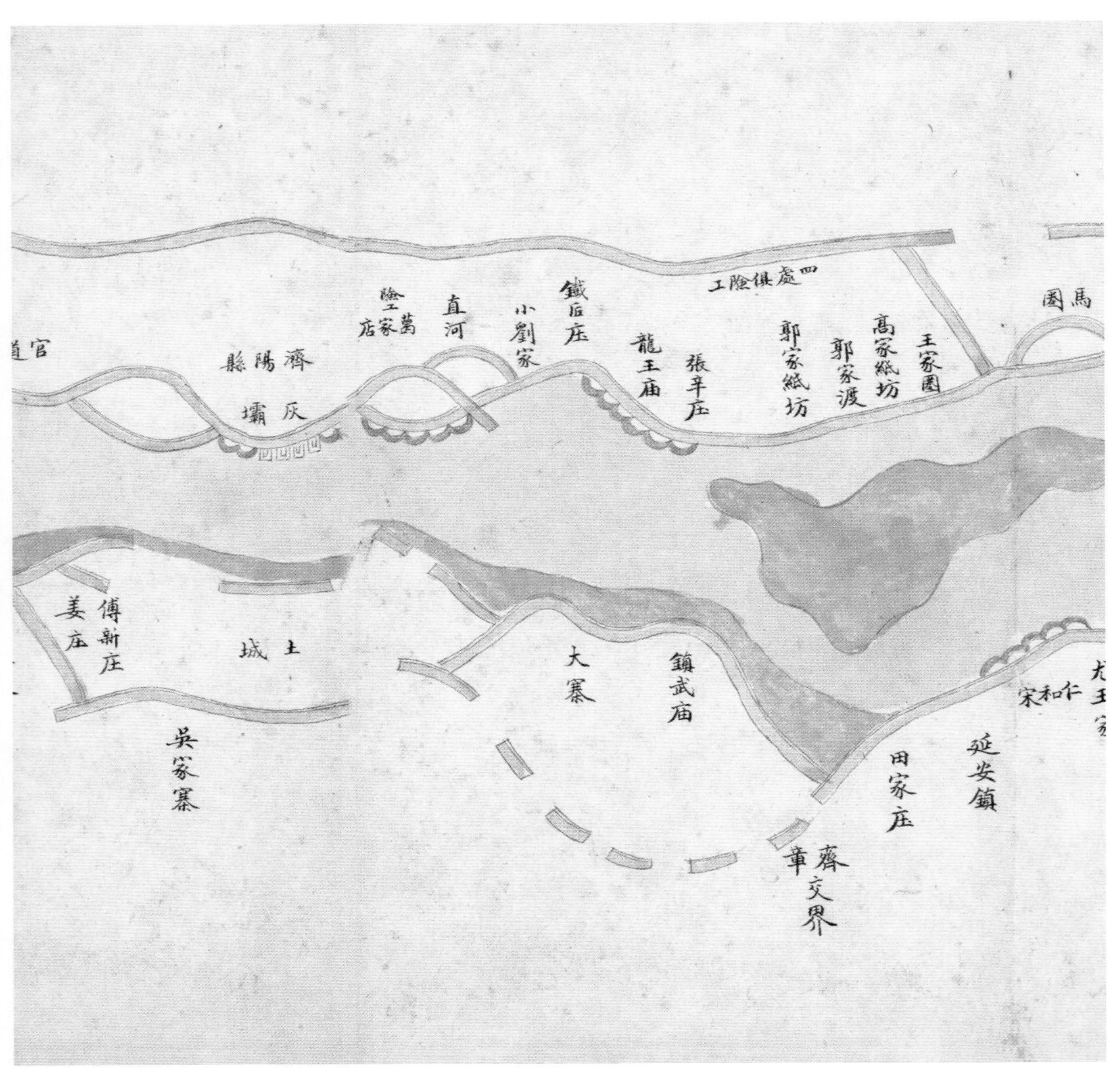

四處俱險工
馬圈
王家圈
高家紙坊
郭家渡
郭家紙坊
張辛庄
龍王庙
鐵匠庄
小劉家
直河
萬家店
濟陽縣
灰壩
官道
傅新庄
姜庄
土城
吳家寨
大寨
鎮武庙
田家庄
延安鎮
仁和宋
章齊交界

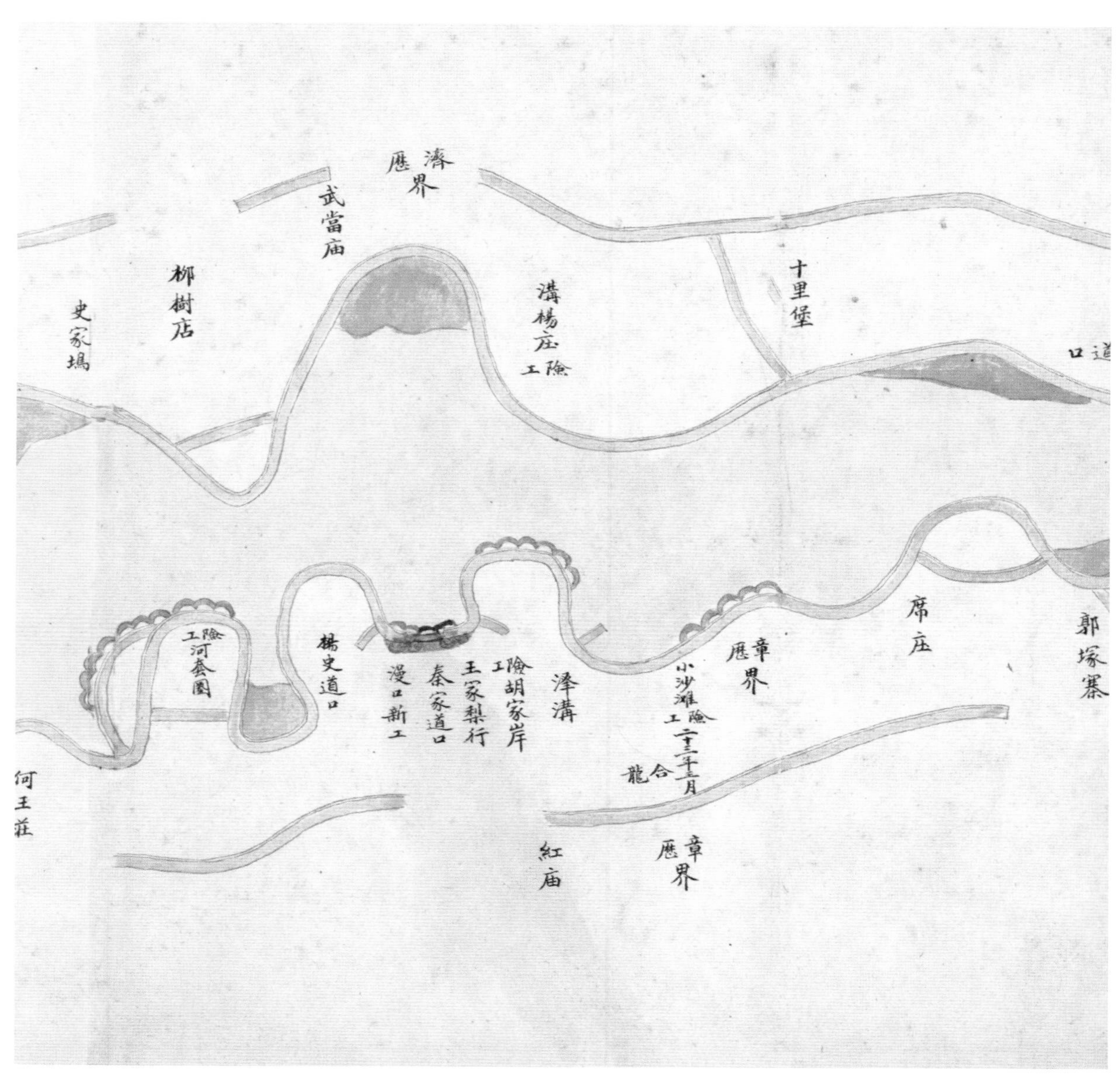
濮
歷界
武當庙
柳樹店
史家塢
溝楊庄
險工
十里堡
道口
險工
河套圈
楊史道口
漫口新工
秦家道口
王家梨行
險工
胡家岸
澤溝
章
歷界
小沙灘
險工
席庄
郭塢寨
合龍
何王莊
紅庙
章
歷界

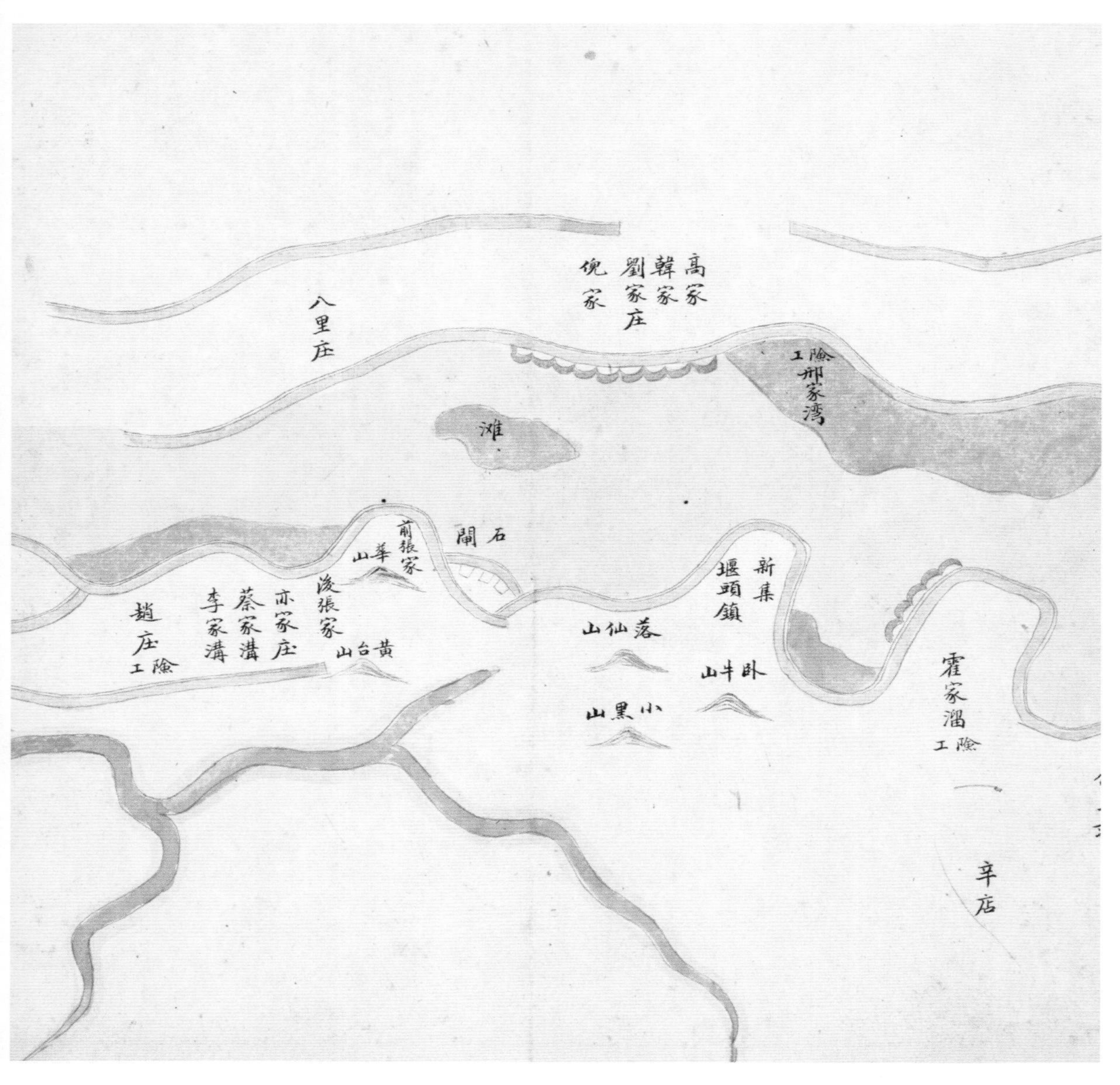

高家
韓家
劉家庄
倪家
八里庄
險工
邢家湾
滩
石閘
前張家
華山
新集
堰頭鎮
後張家
亦家庄
蔡家溝
李家溝
趙庄
險工
黄台山
落仙山
卧牛山
小黑山
霍家溜
險工
辛店

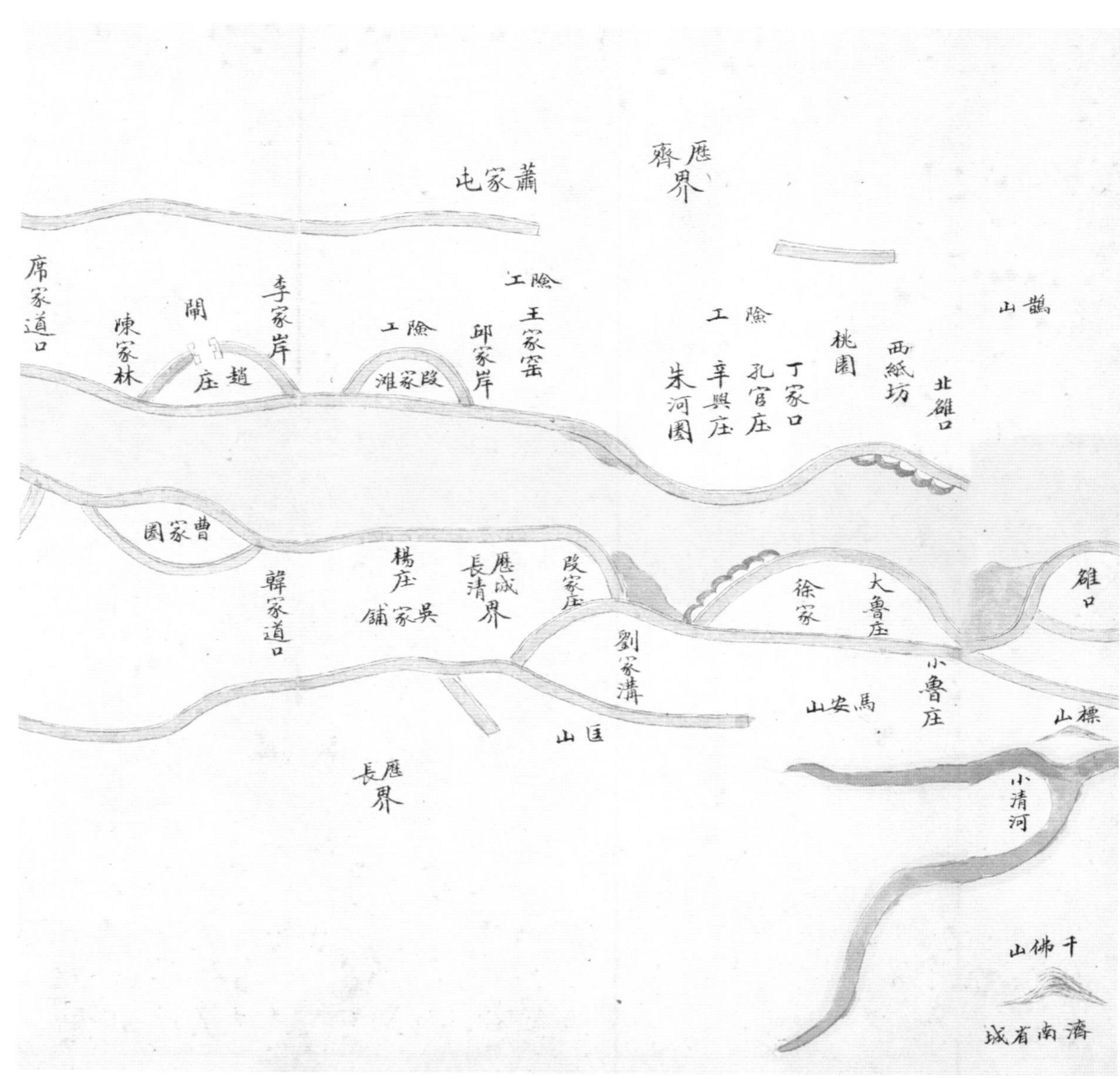
蕭家屯
歷齊界
席家道口
閘
陳家林
李家岸
趙庄
險工
段家湖
邱家岸
險工
王家窑
險工
丁家口
孔官庄
辛興庄
朱河圈
桃園
西紙坊
北雒口
鵲山
曹家園
韓家道口
楊庄
吳家舖
歷城長清界
段家庄
劉家溝
徐家
大魯庄
雒口
小魯庄
馬安山
匡山
標山
長歷界
小清河
千佛山
濟南省城

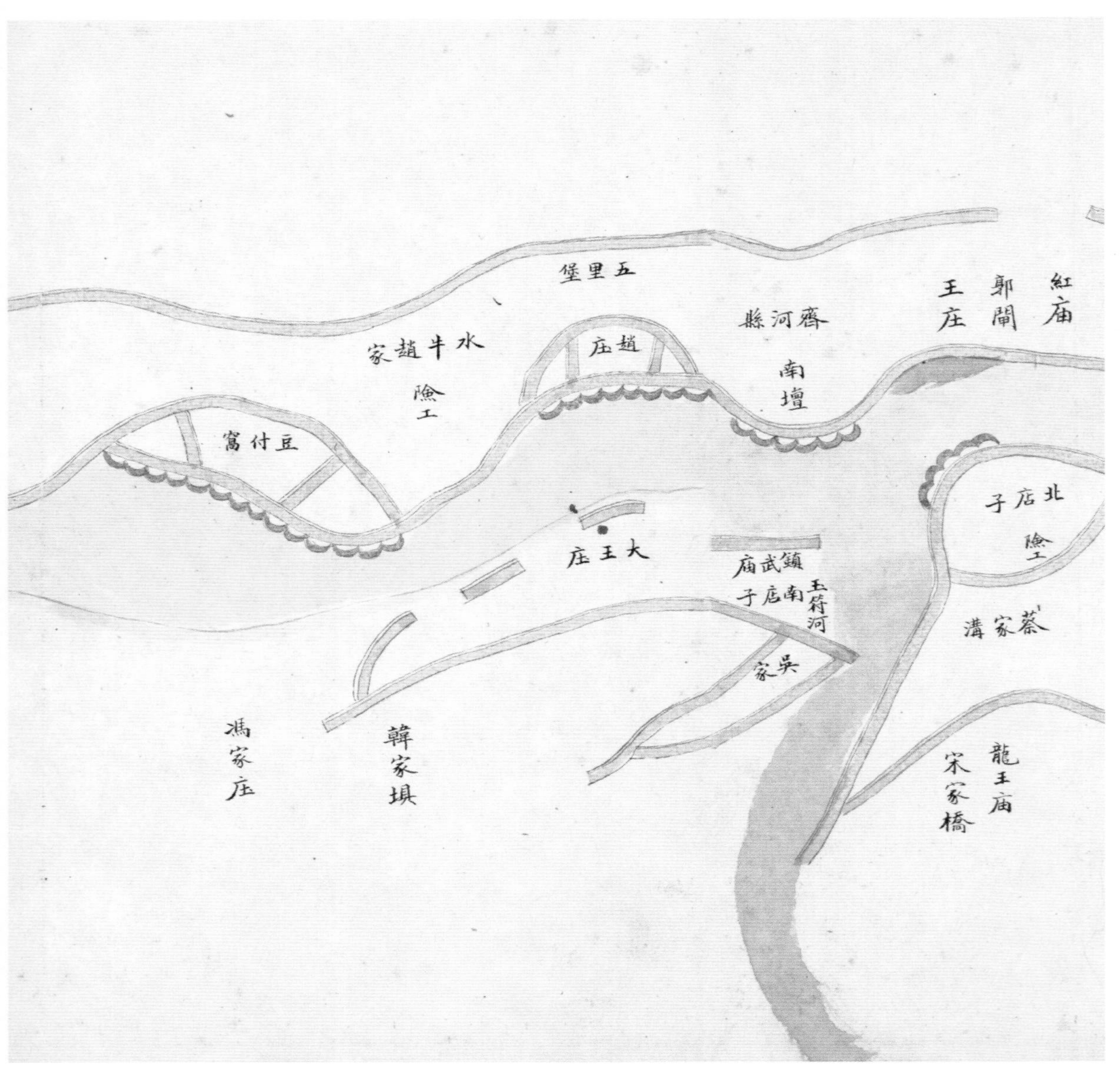
五里堡
紅廟
郭閘
王庄
齊河縣
水牛趙家
險工
趙庄
南壇
豆付窩
大王庄
鎮武廟
南店子
玉符河
北店子
險工
蔡家溝
吳家
馮家庄
韓家埧
龍王廟
宋家橋

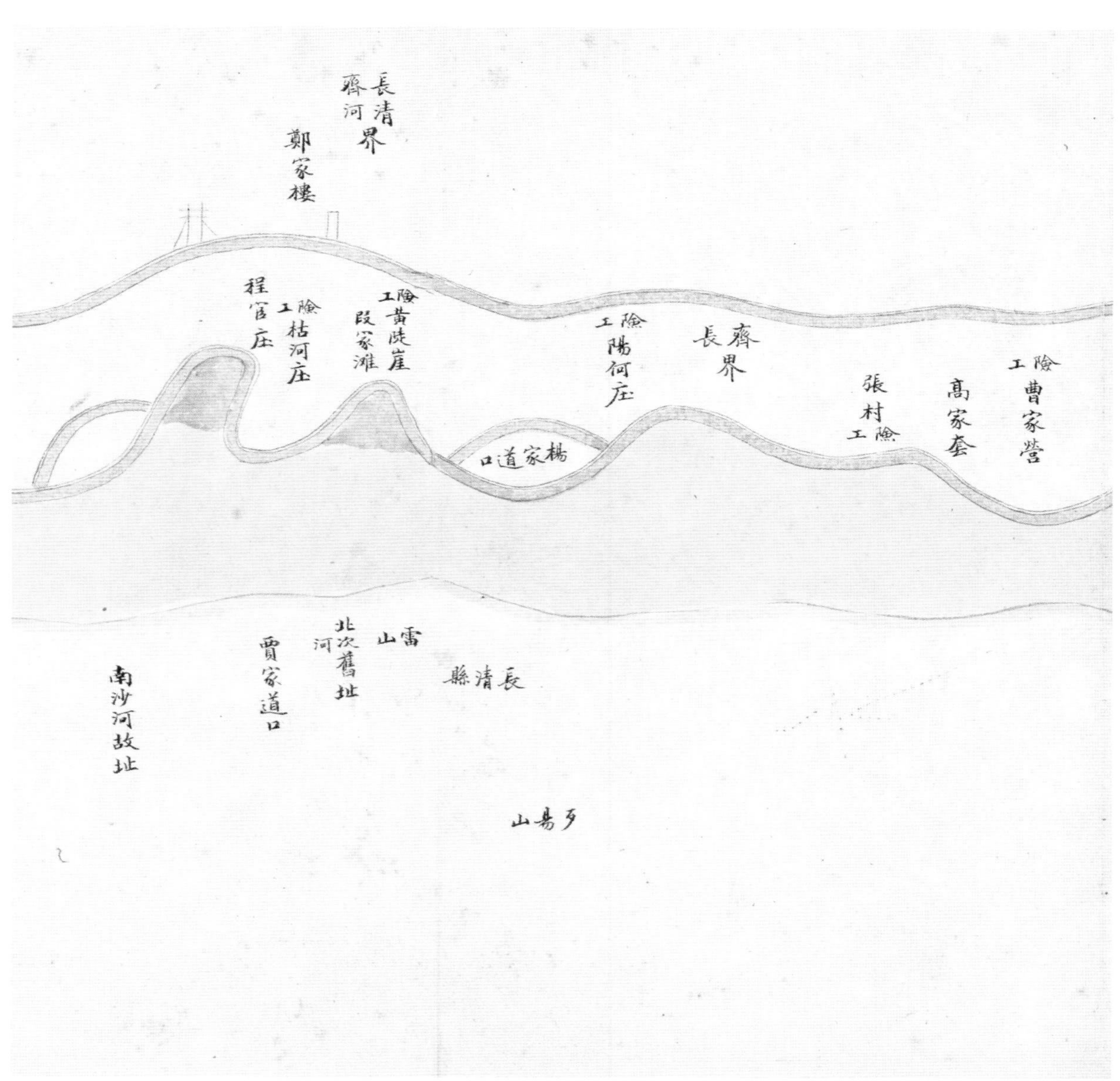
長清
齊河界
鄭家樓
程官庄
險工
枯河庄
險工
黃陡崖
段家灘
險工
陽河庄
長齊界
楊家道口
張村
險工
高家套
險工
曹家營
雷山
北沙河
舊址
賈家道口
長清縣
南沙河故址
歹易山

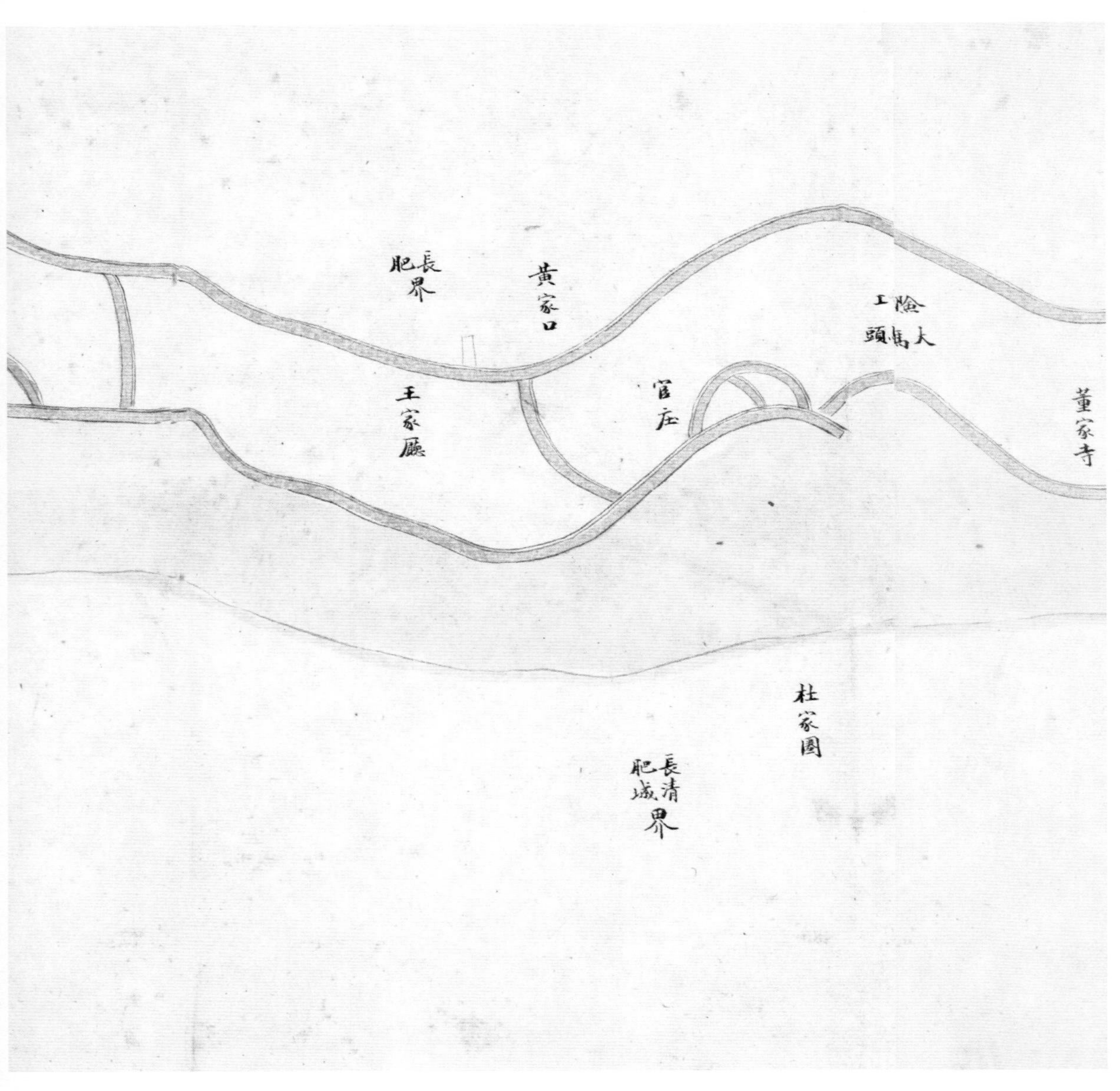
長肥界
黄家口
險工
大馬頭
董家寺
王家廠
官庄
杜家園
長清肥城界

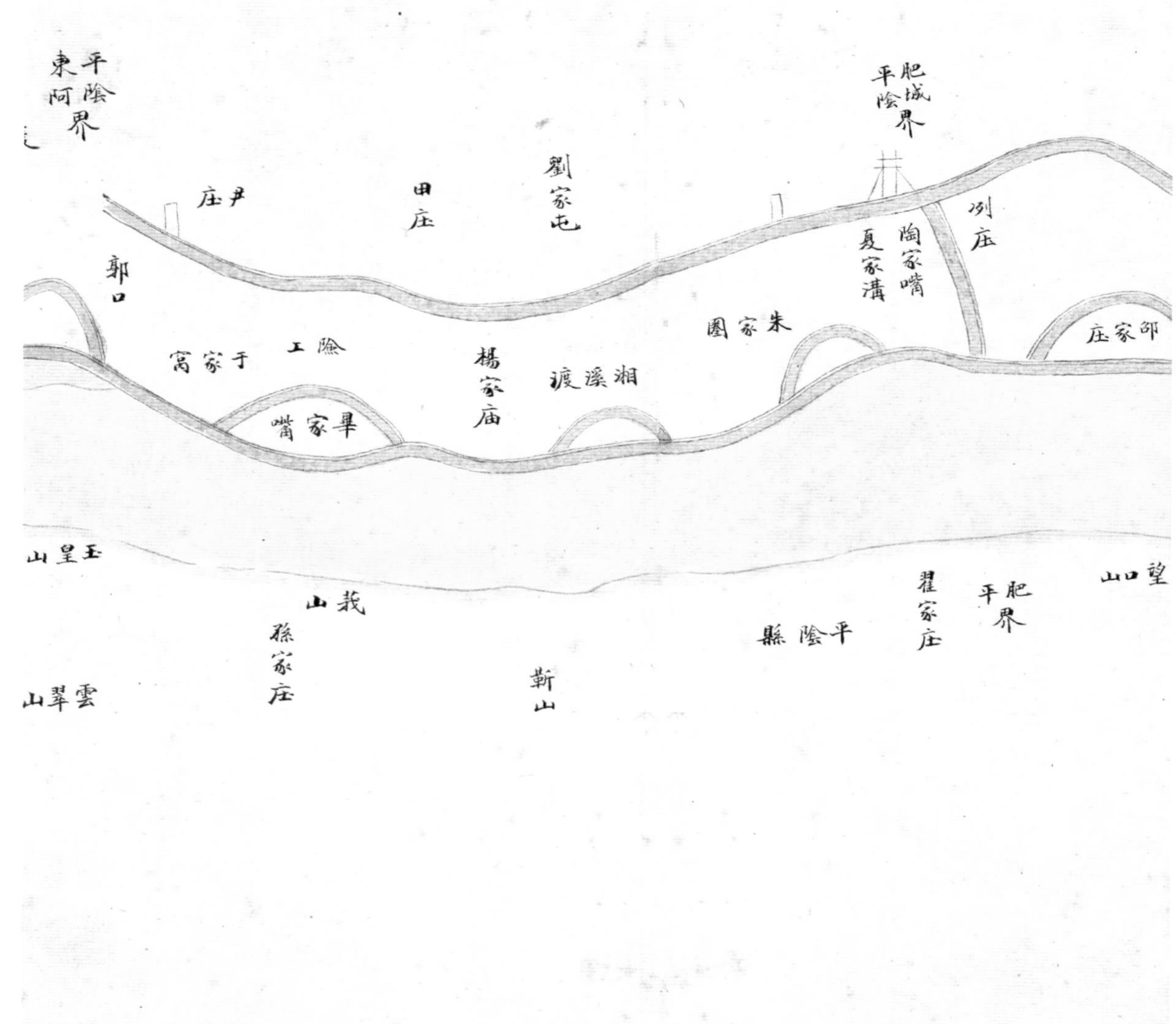

平陰東阿界
肥城平陰界
尹庄
田庄
劉家屯
郭口
刘庄
陶家嘴
夏家溝
朱家圈
郜家庄
于家窩
險工
楊家庙
湘溪渡
畢家嘴
玉皇山
望口山
莪山
孫家庄
平陰縣
翟家庄
肥平界
靳山
雲翠山

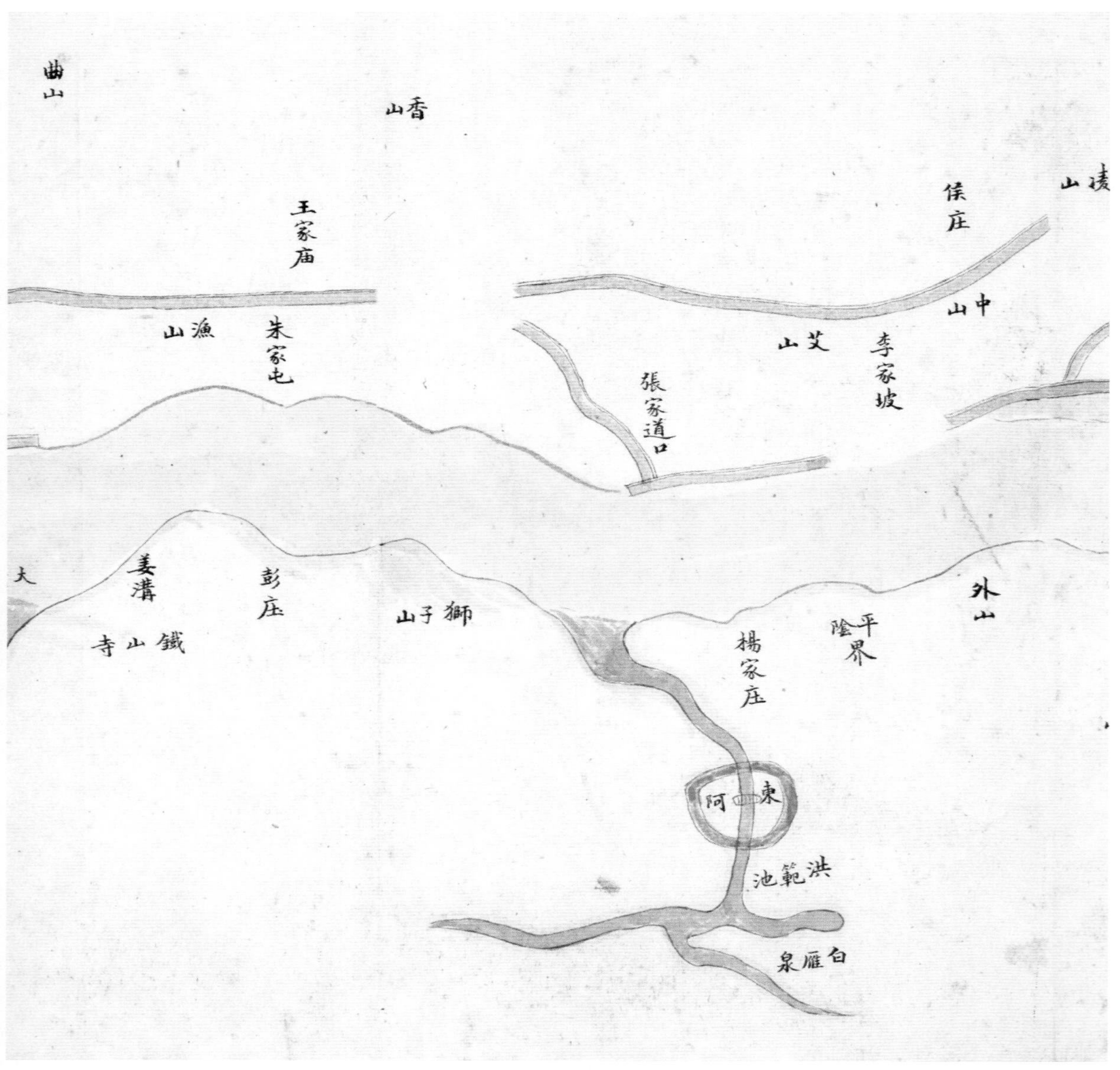
曲山
香山
王家庙
漁山
朱家屯
張家道口
艾山
李家坡
中山
侯庄
凌山
大
姜溝
彭庄
獅子山
鐵山寺
外山
平陰界
楊家庄
東阿
洪範池
白雁泉

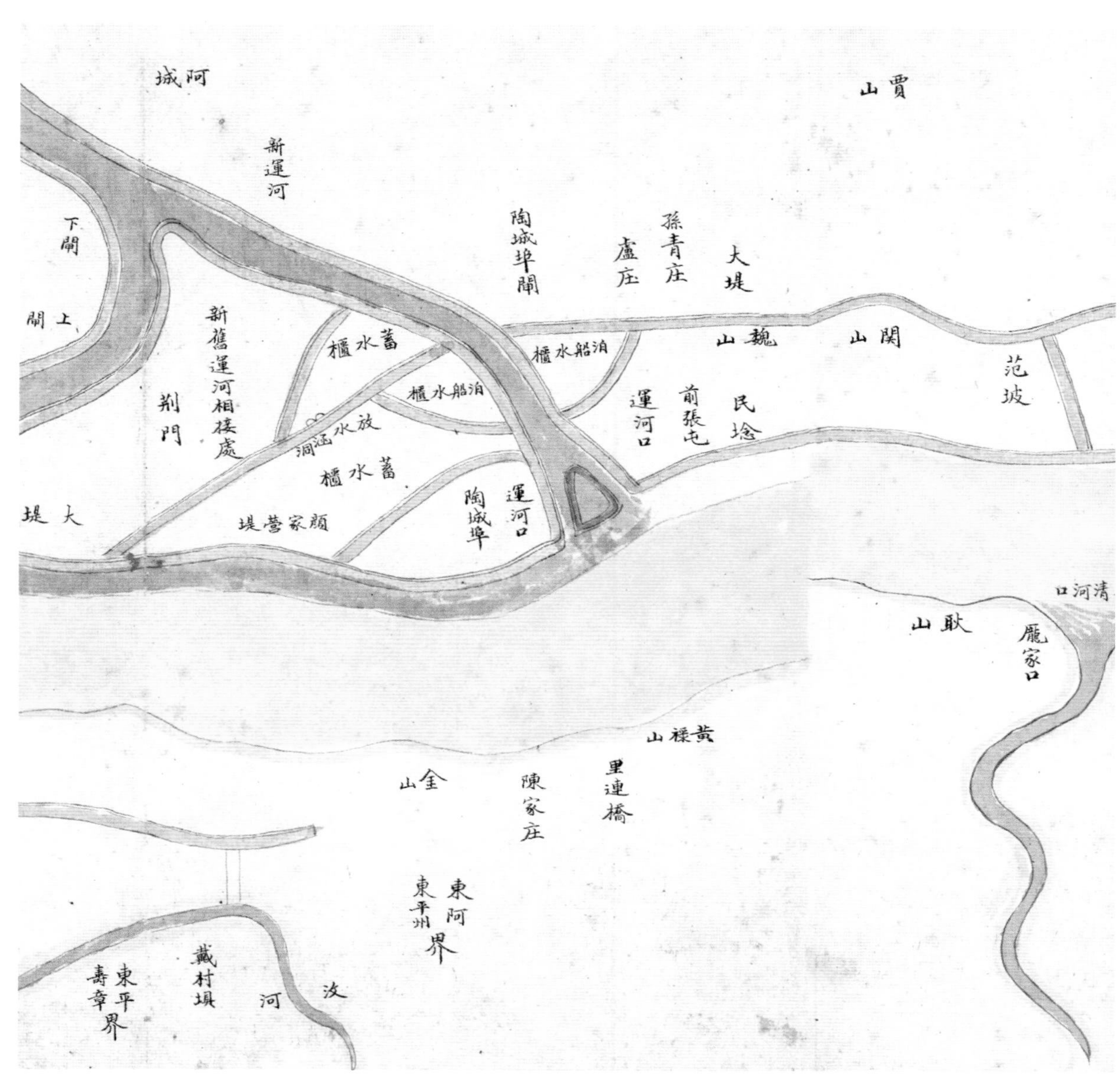
阿城
賈山
新運河
下閘
上閘
陶城埠閘
孫青庄
盧庄
大堤
新舊運河相接處
荊門
蓄水櫃
泊船水櫃
放水涵洞
魏山
関山
范坡
運河口
前張屯
民埝
蓄水櫃
大堤
顏家營堤
陶城埠
運河口
清河口
耿山
龐家口
黃棵山
全山
陳家庄
里連橋
東阿
東平州界
東平
壽章界
戴村垻
汶河

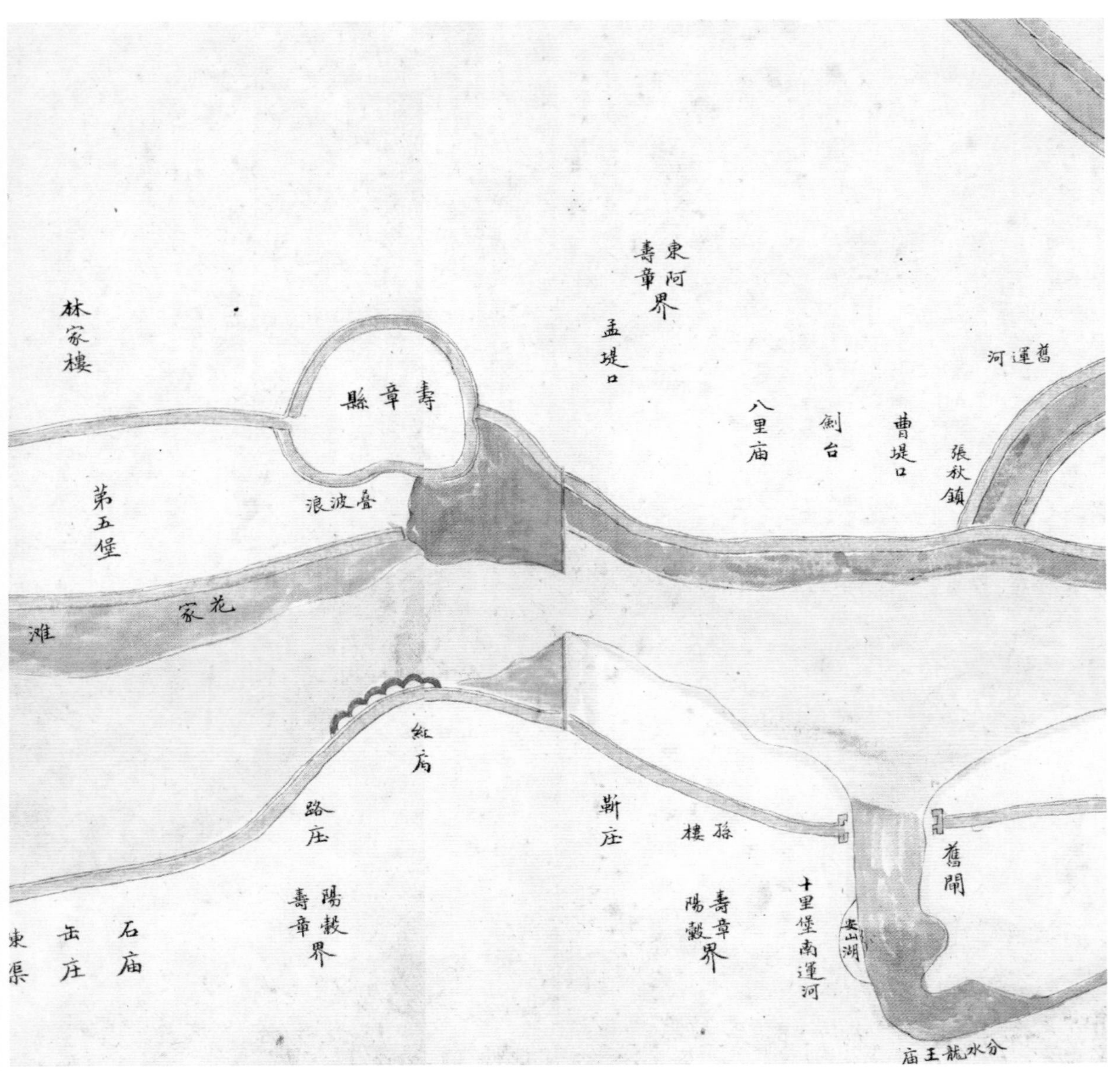
林家樓
東阿壽章界
孟堤口
舊運河
壽章縣
八里庙
劍台
曹堤口
張秋鎮
第五堡
浪波叠
花家滩
紅庙
路庄
靳庄
孫樓
舊閘
陽穀壽章界
壽章陽穀界
十里堡南運河
安山湖
石庙
缶庄
分水龍王庙

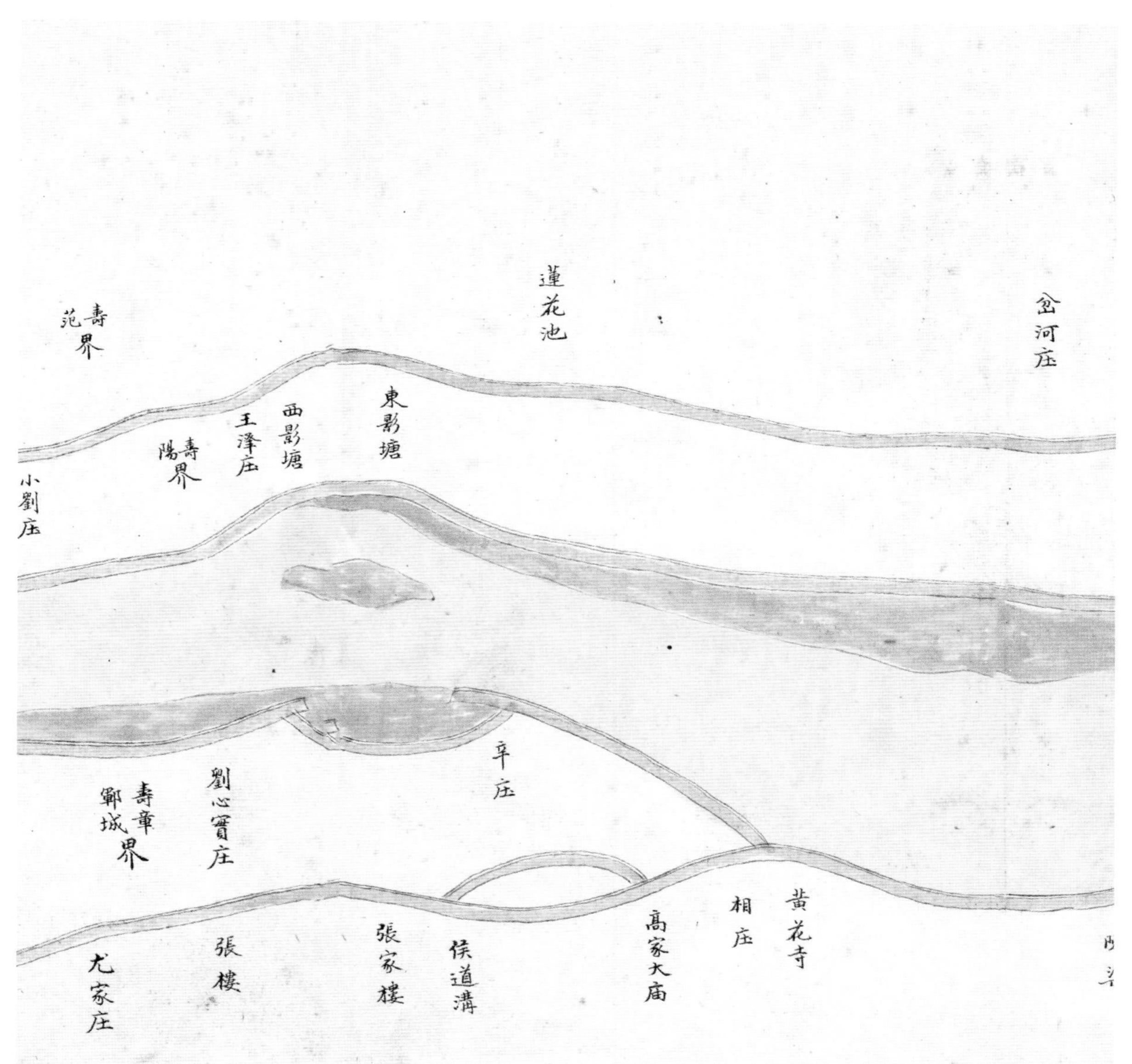
壽范界
蓮花池
岔河庄
小劉庄
壽陽界
王澤庄
西影塘
東影塘
壽章鄆城界
劉心買庄
辛庄
尤家庄
張樓
張家樓
侯道溝
高家大廟
相庄
黃花寺

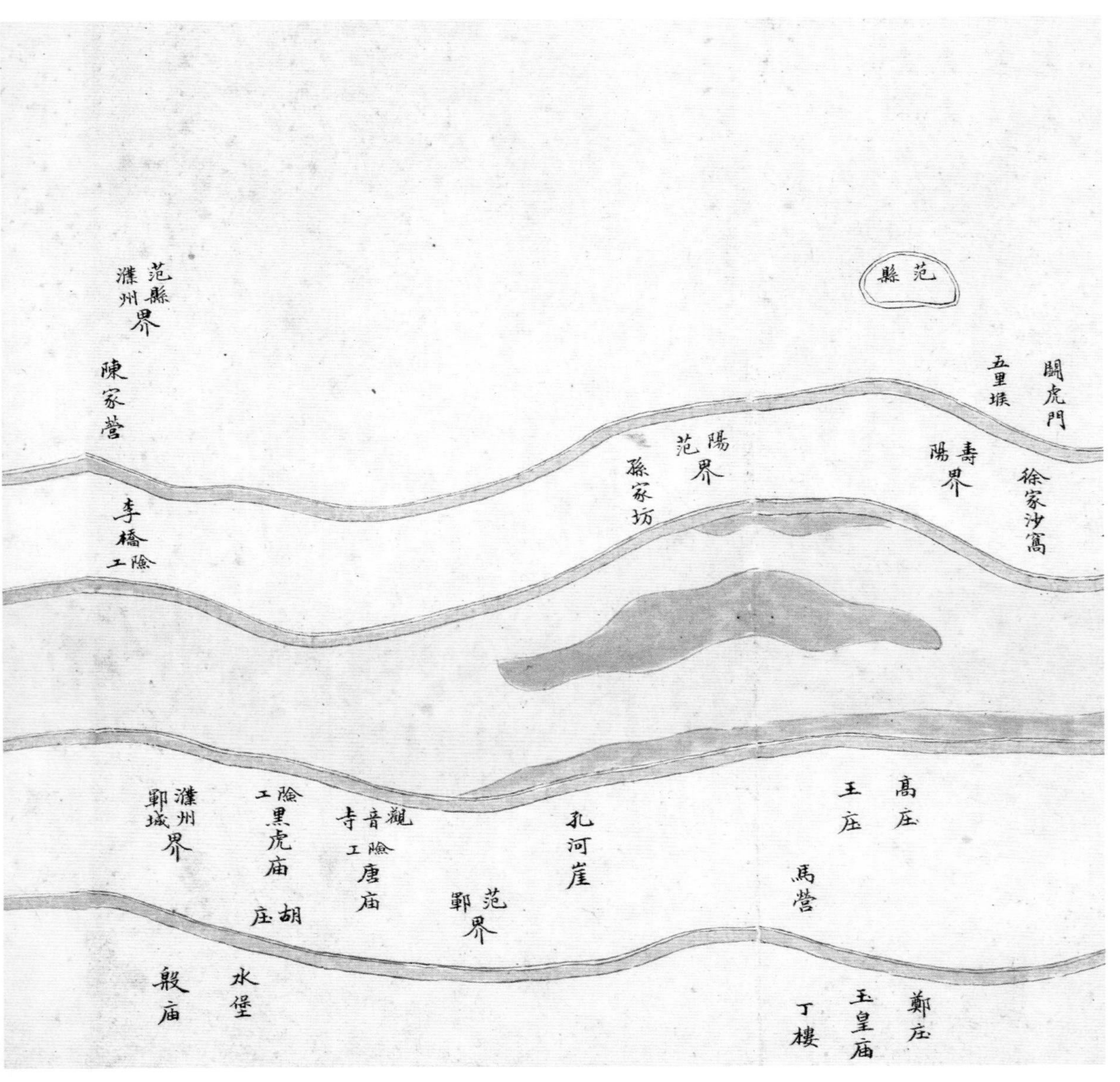
范縣
范縣
濮州界
陳家營
關虎門
五里堠
陽范界
壽陽界
孫家坊
徐家沙窩
李橋
險工
濮州
鄆城界
險工
黑虎廟
觀音寺
險工
唐廟
胡庄
范鄆界
孔河崖
高庄
王庄
馬營
水堡
般廟
丁樓
王皇廟
鄭庄

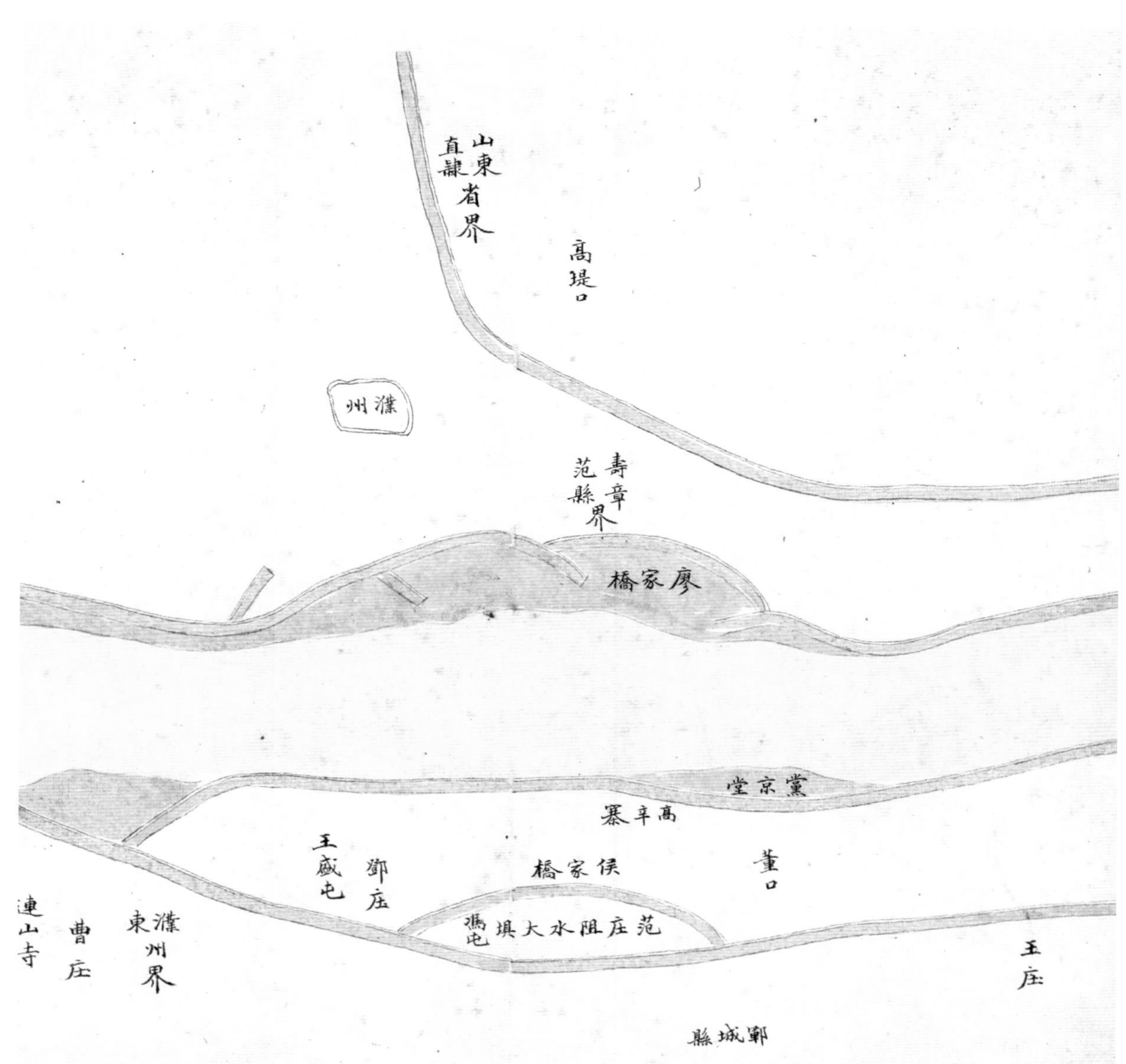
山東
直隸省界
高堤口
濮州
壽章
范縣界
廖家橋
黨京堂
高辛寨
王威屯
鄧庄
侯家橋
董口
連山寺
曹庄
濮州東界
馮屯
范庄阻水大壩
王庄
鄆城縣

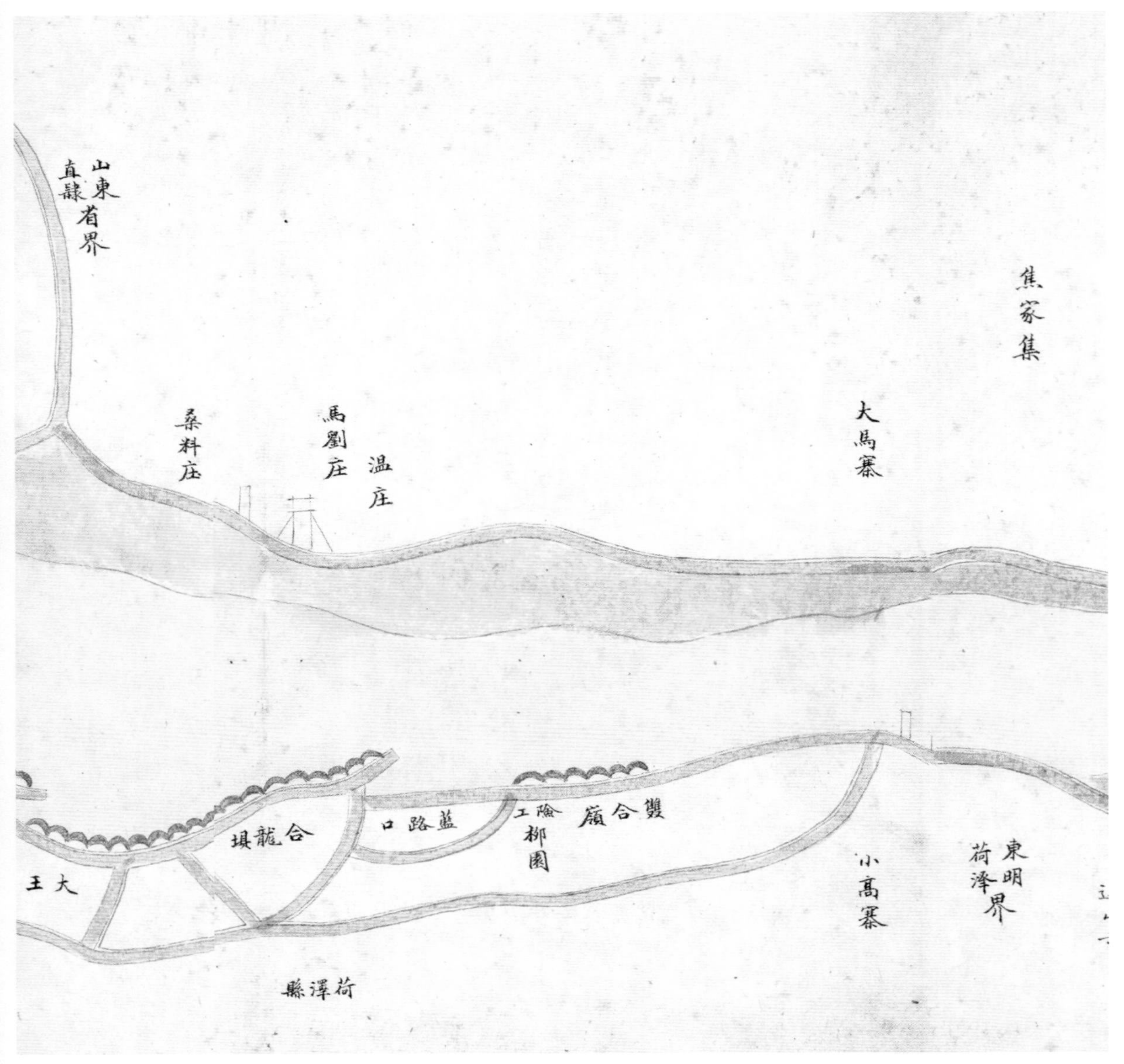
山東
直隸
省界
桑料庄
馬劉庄
温庄
大馬寨
焦家集
合龍堤
藍路口
險工
雙合廠
柳園
大王
小高寨
東明
荷澤
界
荷澤縣

朱口
張河口
賈庄
庙
尤家樓

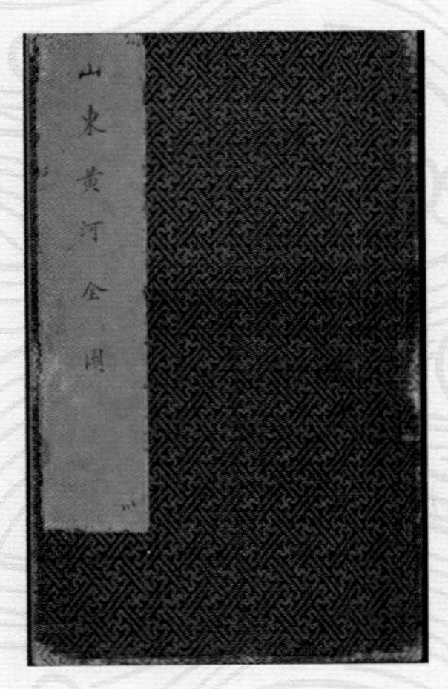

《山东黄河全图》

版本：彩绘本

年代：清光绪末年（1898—1900 年）

尺寸：28 厘米 ×654 厘米

幅数：1 幅

《山东黄河全图》，彩绘本，图纵 28 厘米、横 654 厘米，未注比例。本图采用山水画法，绘出了清末黄河改道后，黄河在山东境内直至入海口的河道、两岸堤埝及沿河的山脉、河流、州县、村庄等。

清咸丰五年（1855 年）以前，黄河过河南，经山东曹县、单县，沿江苏北部东南流，最后从江苏响水县云梯关入海。清咸丰五年（1855 年），黄河在河南兰考铜瓦厢决口后改道。“黄流先向西北斜注，淹及封邱、祥符二县村庄。再折向东北，漫注兰仪、考城以及直隶长垣等县村庄。行至长垣县属之兰通集，溜分三股，一股由赵王河，走山东曹州府迤南下注，两股由直隶东明县南北二门分注，经山东濮州、范县，均至张秋镇汇流穿运，总归大清河入海。”❶黄河改道山东后，山东水患不断，极大地影响了山东地方民众的生产生活，因此筑堤束黄就成了首要任务。自黄河铜瓦厢决口到同治初的十年之间，清廷忙于对农民起义军的镇压，无心顾及黄河，决口后的黄河水四处泛滥，清政府无力治理，山东各州县只好自筹经费自行筑堤，“顺河筑堰，遇湾切滩，堵截支流”❷，以限制水灾的蔓延。直到清同治十三年（1874 年），清廷才在丁宝桢的主持下开始修筑张秋镇以西的黄河南堤。清光绪三年（1877 年），山东巡抚李元华又修筑了近水北堤。

❶ 中国水利水电科学研究院水利史研究室编，《再续行水金鉴·黄河卷 3》，湖北人民出版社，2004，第 1127 页。

❷ 中国水利水电科学研究院水利史研究室编，《再续行水金鉴·黄河卷 3》，湖北人民出版社，2004，第 1142 页。

至此铜瓦厢以东至张秋镇黄运交会处的黄河被限制在河堤之间。运河以东，黄河则借大清河河道入海，两岸筑有民埝。张秋镇以上两岸堤防形成以后，黄河主流沿大清河而下，随着下游泥沙淤积，河道渐高，张秋镇以下民埝已挡不住洪水，经常决溢。为了解决下游黄河决溢问题，清光绪九年（1883年）山东巡抚陈士杰主持修筑了张秋镇以东的黄河两岸长堤，长堤至利津县大马家庄为止。

《山东黄河全图》所绘即清光绪年间修筑黄河堤坝后，黄河下游河道流向及两岸情形。图西起山东、直隶交界，黄河经濮州、范县、寿张县，在张秋镇穿旧运河、陶城埠穿新运河后沿大清河，经东阿县、平阴县、长清县、齐河县、济南府、济阳县，然后绕过旧齐东县，经蒲台县，从利津县入海。图大致方位为上北下南，以黄河为中心，以土黄色绘出黄河河道，粉色绘出黄河两岸及中心河滩，深棕色线条代表堤埝。图中以菱形符号表示府，椭圆表示县城，草绿色线条绘出大清河、运河、卫河河道，以形象绘法绘出沿岸的山脉，并标注了各地名称及省界、县界。图中绘出了山东境内黄河两岸近岸民埝和远岸大堤，黄河南岸大堤绘至齐东县止，齐东县以东至利津县未绘出黄河南岸大堤。清光绪十年（1884年）以后，南岸历城以下各州县官堤民埝以内村庄，终年浸于黄流，民情困苦。清光绪十二年（1886年）新任山东巡抚张曜考察山东境内黄河后上奏提出南岸守堤、北岸守埝的建议："北岸齐河历城以下至利津，河面既窄，河身又高，现南岸何王庄（章丘县）以下至齐东、蒲台民埝内外均有黄流，目前之计，南岸惟有力护遥堤，北岸则需增培民埝，以保安全……"[❶]此后，张曜将南岸历城以下村民迁出堤外，另建新村安置。于是南岸弃埝守堤，展拓河身，北岸则接修民埝，增培作堤，始成定局。因此图中黄河南岸自齐东至利津，只绘出一道堤防，原有民埝已弃。黄河北岸历城以东的官堤有多处缺口，而民埝则修筑完整。

黄河改道后，由于洪水泛滥，其河道及入海口在山东境内也常常发生变化。例如，《山东黄河全图》图中绘有一处"旧齐东"城，位于黄河中间河滩，是原来的齐东县城，本位于黄河南岸。清光绪十八年（1892年），黄河水泛滥，河道南移，齐东县城被淹，仅剩东南一隅[❷]，因此另寻址建新齐东城。"黄

---

❶ 中国水利水电科学研究院水利史研究室编，《再续行水金鉴·黄河卷5》，湖北人民出版社，2004，第1936页。

❷ 民国《齐东县志》卷二《地理志上·灾祥》，《中国地方志集成·山东府县志辑》第30册，第343页。

河决县城，漂没仅存东南一隅。”“黄水灌城，衙署为墟，经知县王儒章具呈省署，有迁城之请。十九年冬，知县康鸿逵奉准迁城于九扈镇，城垣就该镇原有圩墙。”❶又如，清光绪二十六年(1900年)黄河在蒲台县以上张肖堂凌汛决口，蒲台县一夜之间由河南变成河北。

图中还反映了黄、运相交处运河的变化。清咸丰五年（1855年）黄河决口改道后，流至山东阳谷县张秋镇附近穿运河而过，把山东运河拦腰截断，使得运河河道受阻。这时清廷的精力主要用于镇压太平天国运动，无意治理黄河和运河。清同治三年（1864年）漕运总督吴棠上奏折表示东南军务大定，拟请试行河运。此后为了运道通畅，使漕船顺利渡黄，清廷采取疏浚、筑坝、绕行等各种方案。查筠所绘《清代黄河河工图》中就详细描绘了漕船绕行史家桥的方案。光绪初年，黄运交会处八里庙、张秋等处全淤，运道再次受阻。清光绪七年（1881年）正月，“周恒祺、李鹤年奏：为八里庙黄运口门因上游水势南趋，来源微弱，拟请改移运口，另开新河……查史家桥下游陶城埠地方，南对史家桥，北至阿城闸，运河计程一十二里，地势平衍，并无庐墓村庄，堪以开挖新河。将来漕船南来，由十里堡出闸入黄，顺溜至陶城埠，迳达阿城闸口，该处为大清河众水汇归之区，船只一到，即可起坝入运。既免史家桥逆流推挽之难，亦可避八里庙一带浅阻之患，洵于运务大有裨益。”❷从周恒祺的奏折可以看出，陶城埠位于史家桥下游，在此黄河河水已汇为一股，不存在水量小的问题，而且陶城埠离史家桥距离不远，漕船沿黄河顺流至史家桥，从陶城埠新挑河道可直接到达阿城闸，也避开了淤堵的张秋运道，一举三得。图中所绘京杭大运河穿张秋镇的一段已标注为旧运河，往东的陶城埠新运河已经开通。图中还详细绘出了陶城埠闸及运口两侧的泊船水柜、蓄水水柜。可见漕船到达陶城埠运口后，并不一定能直接进入运河，仍需待黄河水涨，借黄行运。

清咸丰五年（1855年）黄河铜瓦厢决口以后，夺大清河由山东利津入海。起初，黄河河道从利津铁门关萧神庙入海。清光绪八年（1882年）后，山东境内黄河常决，下游河口也逐渐淤高，尾闾不畅。清光绪十五年（1889年），黄河在利津县陈庄镇韩家垣决口，山东巡抚张曜因此处距海较近，奏请勿堵，

---

❶ 民国《齐东县志》卷二《地理志上·城池》，《中国地方志集成·山东府县志辑》第30册，第348页。

❷ 中国水利水电科学研究院水利史研究室编，《再续行水金鉴·运河卷4》，湖北人民出版社，2004，第1386－1387页。

并令于南北两岸筑堤各三十里，束水东行，在毛史坨入海。“光绪十五年，韩家垣漫口，因之为入海之路，于陈家庄筑拦黄大坝，而旧河遂废。”[1]清光绪二十三年（1897年），黄河在利津县南北岭子决口，大溜直向东南，经荀家庄、姜沟子，从丝网口入海。清光绪二十四年（1898年）山东巡抚张汝梅奏请在河北岸筑堤一道，将旧河道截断，并在新河道南岸筑堤束水。图中黄河河道已从丝网口入海，并且在利津县北岭子处绘有“新筑拦黄坝”，坝北侧标注“入海旧道”。沿入海旧道再往东北标注有“铁门关旧河身”及“韩家垣入海旧道”，并在入海口处标注有“萧神庙”“毛史坨”，这两处都是黄河入海的旧河道。清光绪三十年（1904年），黄河又在利津盐窝薄庄决口，经老虎滩嘴向北流去，再次改道由套儿河、车子沟等处入海。

从图中所绘黄河河道情形可以推测，此图绘制时间在清光绪二十四年（1898年）至清光绪二十六年（1900年）之间。图中黄河入海口为丝网口，是清光绪二十三年（1897年）黄河在利津县南北岭子决口后形成的新的入海口。自薄家庄至北岭子的“新筑拦黄坝”，是清光绪二十四年（1898年）修筑的。另外，清光绪二十六年(1900年)黄河在蒲台县以上张肖堂凌汛决口，黄河大溜南移，蒲台县城一夜之间由河南变成河北。图中蒲台县仍位于黄河南岸，因此它反映的应是清光绪二十六年（1900年）黄河凌汛决口之前的状况。

《山东黄河全图》直观表现了清光绪年间黄河在山东境内形成的新河道情形，以及黄河两岸大堤、民埝的空间形态。其所绘城池位置、黄河穿运河的情形以及黄河入海河道的走向，是了解清光绪年间黄河、运河体系大变迁十分重要的史料，同时也体现了清晚期所绘黄河图在表现形式和绘制技法上的特点，具有较高的历史艺术价值。

成二丽

[1] 中国水利水电科学研究院水利史研究室编，《再续行水金鉴·黄河卷6》，湖北人民出版社，2004，第2488页。

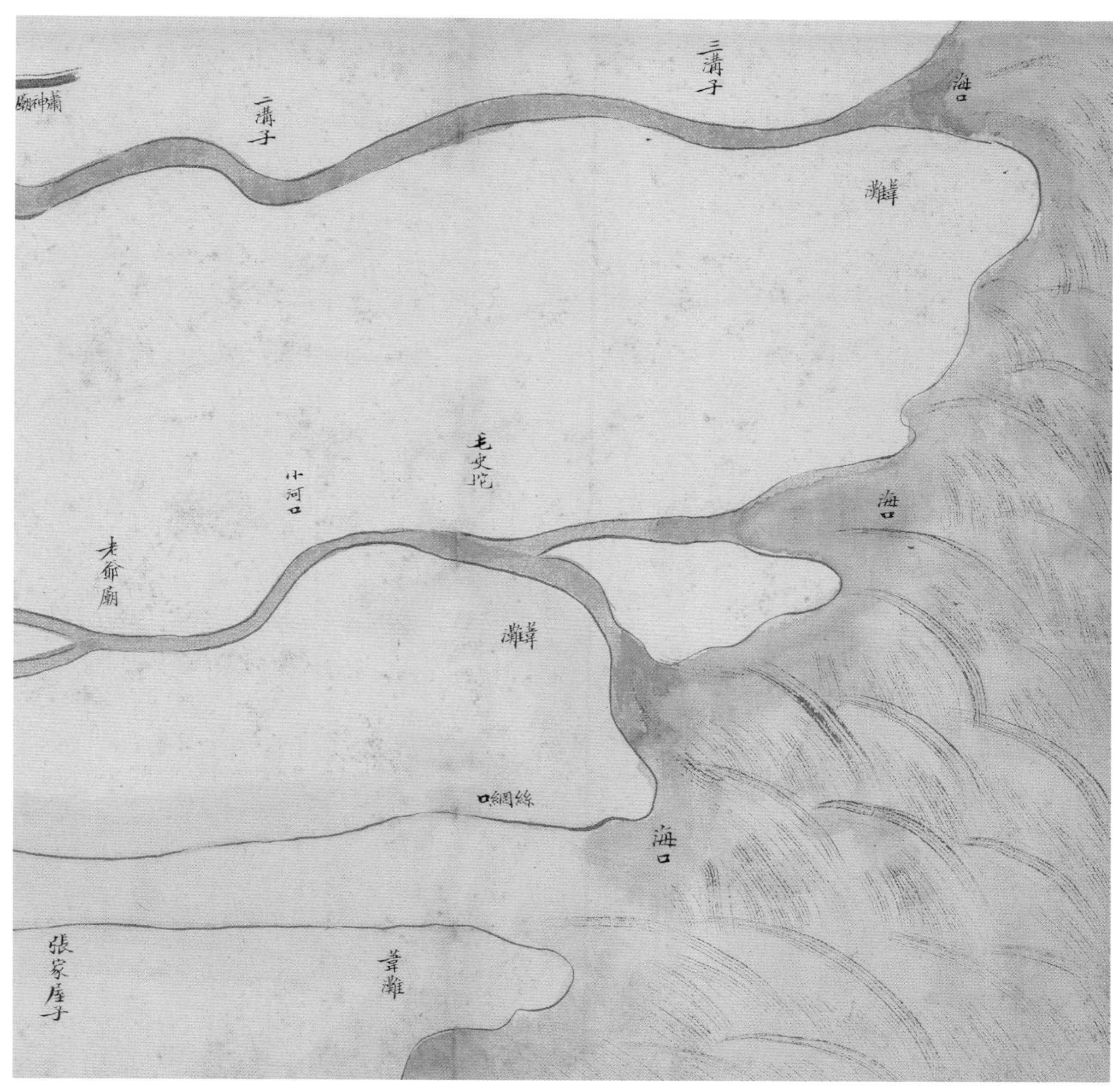

蕭神廟
二溝子
三溝子
海口
葦灘
毛史坨
小河口
老爺廟
海口
葦灘
絲網口
海口
張家屋子
葦灘

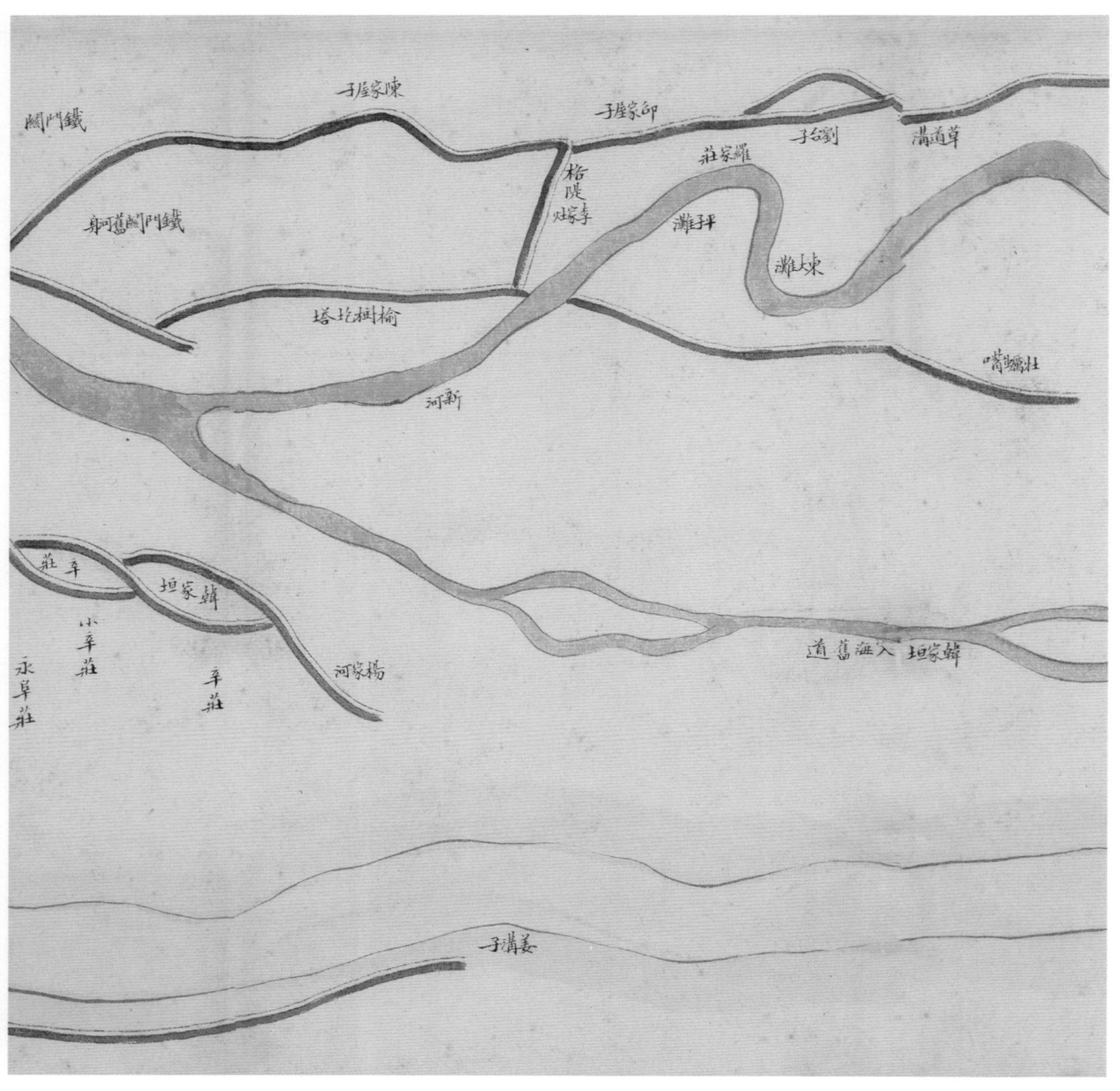
鐵門關
陳家屋子
邱家屋子
劉台子
草道溝
格堤
李家灶
羅家莊
鐵門關舊河身
坪灘
東大灘
榆樹圪塔
杜蠣嘴
新河
辛莊
韓家垣
小辛莊
永阜莊
辛莊
楊家河
入海舊道
韓家垣
姜溝子

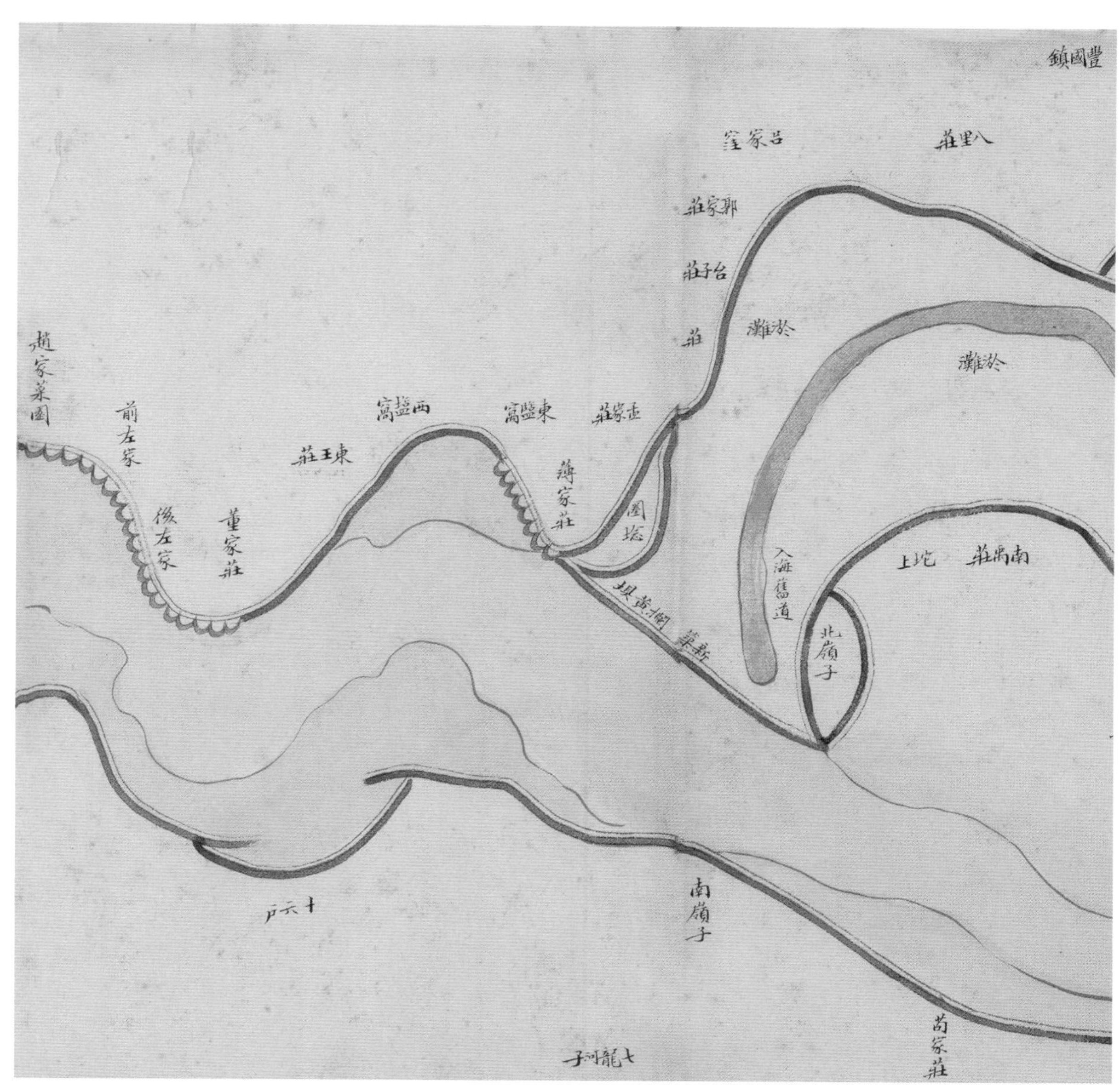

豐國鎮
呂家窪
八里莊
郭家莊
台子莊
莊
於灘
於灘
趙家菜園
前左家
西鹽窩
東鹽窩
垂家莊
東王莊
後左家
董家莊
薄家莊
圈堤
新築閘黃壩
入海舊道
北嶺子
坨上
南禹莊
十六戶
南嶺子
七龍河子
苟家莊

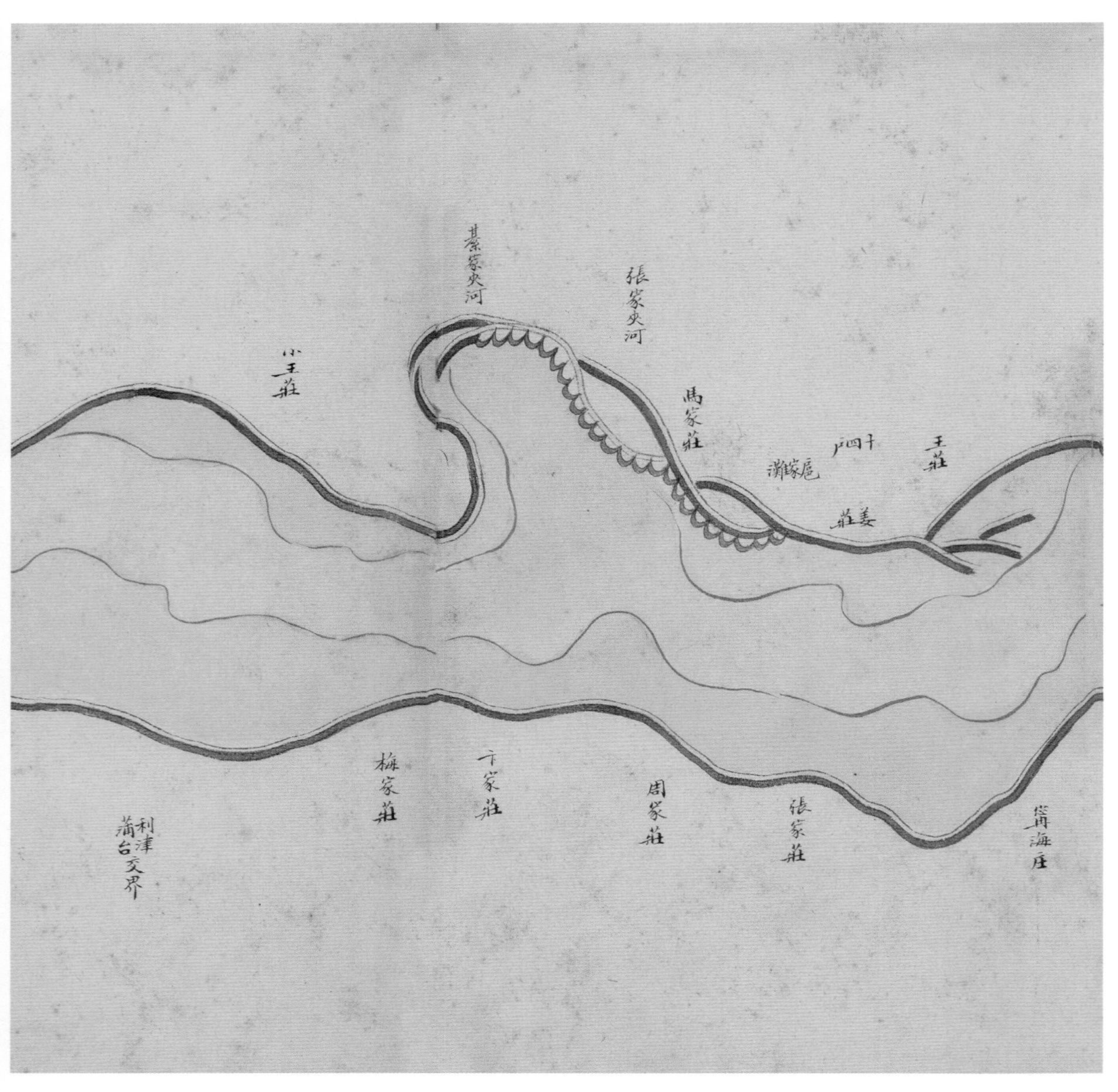
綦家夾河
張家夾河
小王莊
馬家莊
十四戶
扈家灘
王莊
姜莊
梅家莊
卞家莊
周家莊
張家莊
甯海庄
利津蒲台交界

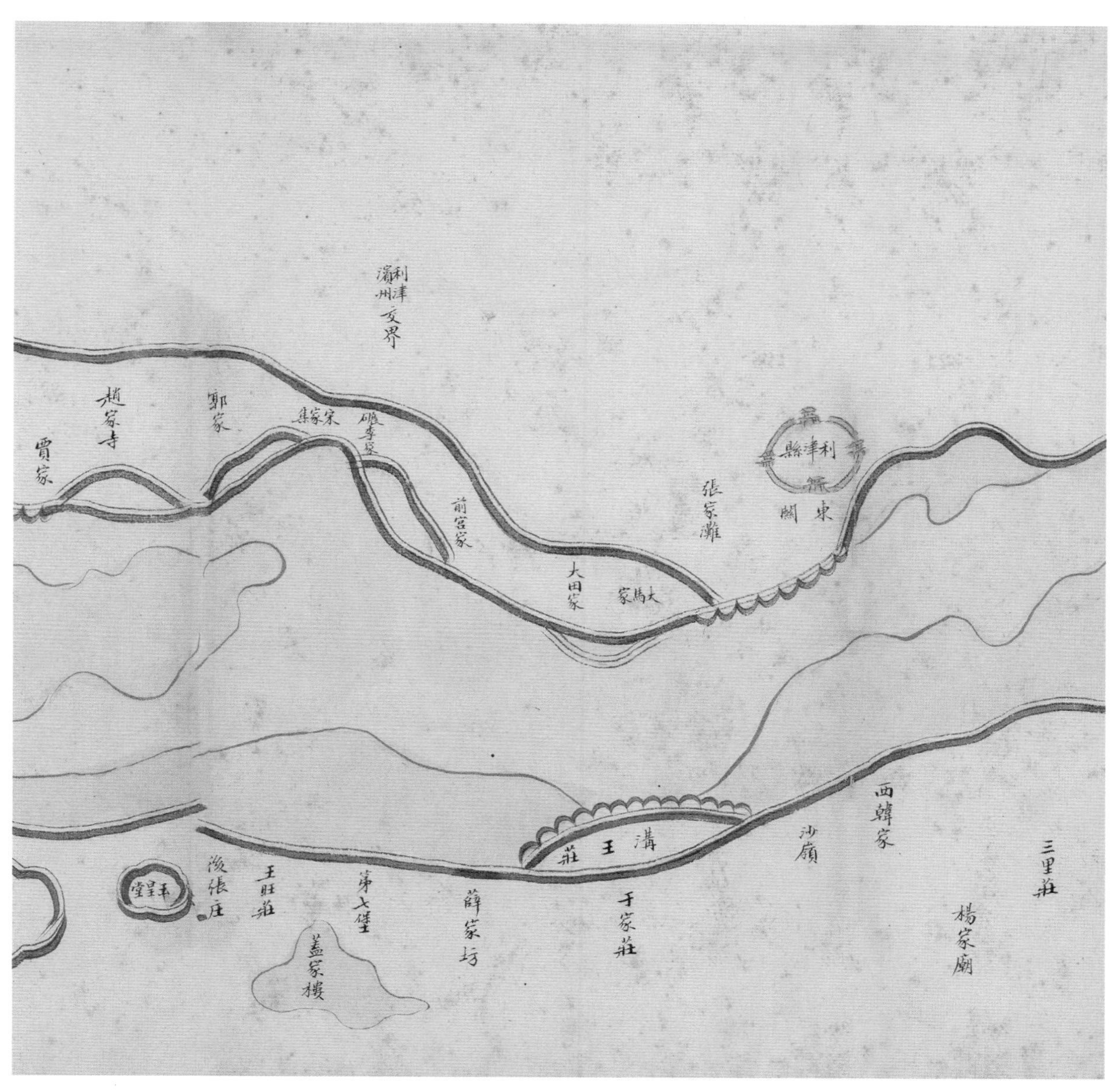
利津霑州交界
趙家寺
賈家
郭家
宋家集
碾李家
前宮家
利津縣
東關
張家灘
大田家
大馬家
溝王莊
西韓家
沙嶺
三里莊
楊家廟
于家莊
薛家圩
第七堡
王旺莊
後張庄
玉皇堂
蓋家樓

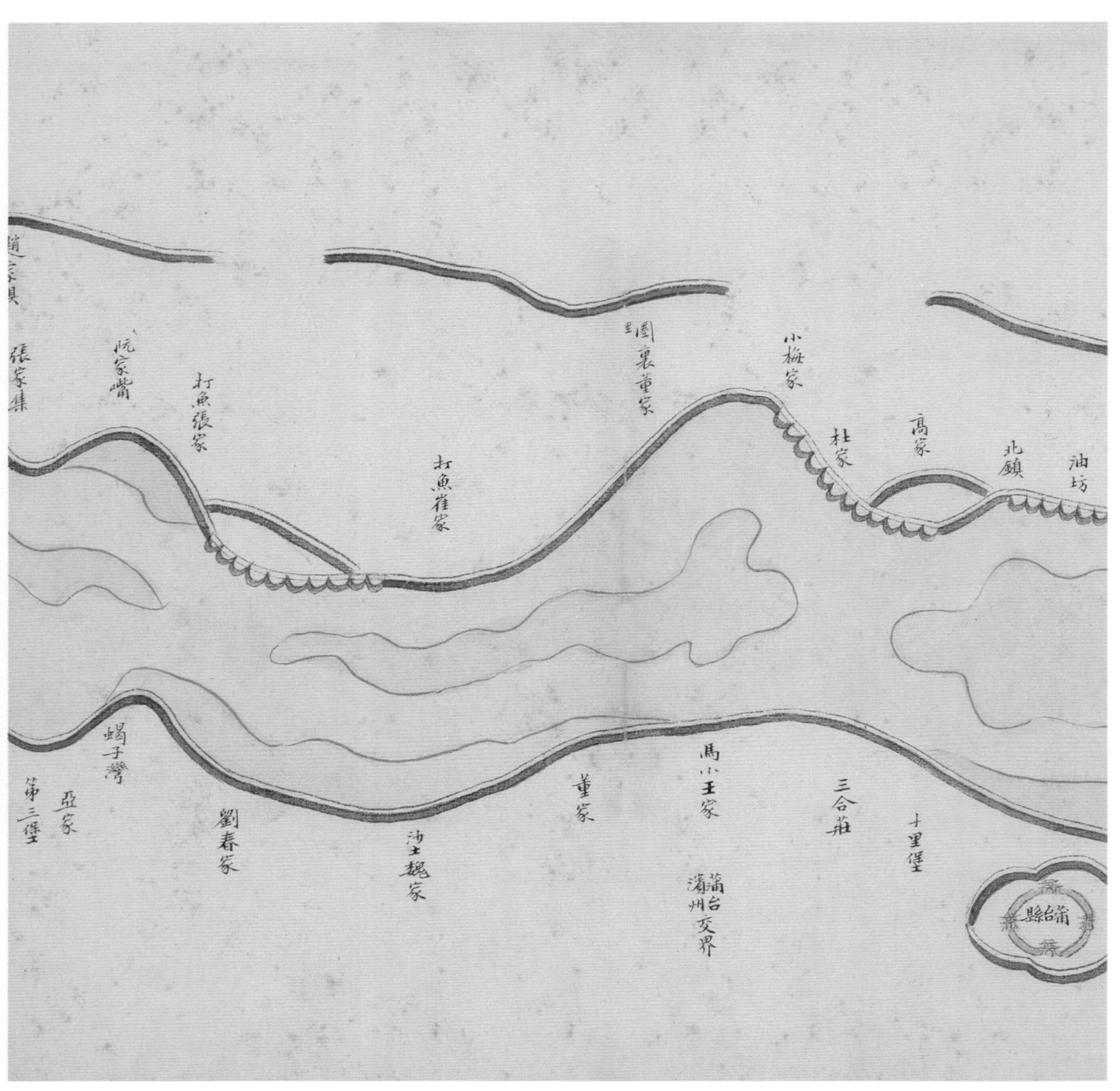

趙家集
張家集
阮家嘴
打魚張家
打魚崔家
圈裏董家
小梅家
杜家
高家
北鎮
油坊
蝎子灣
第三堡
亞家
劉春家
沙土魏家
董家
馬小王家
蒲台濱州交界
三合莊
十里堡
蒲台縣

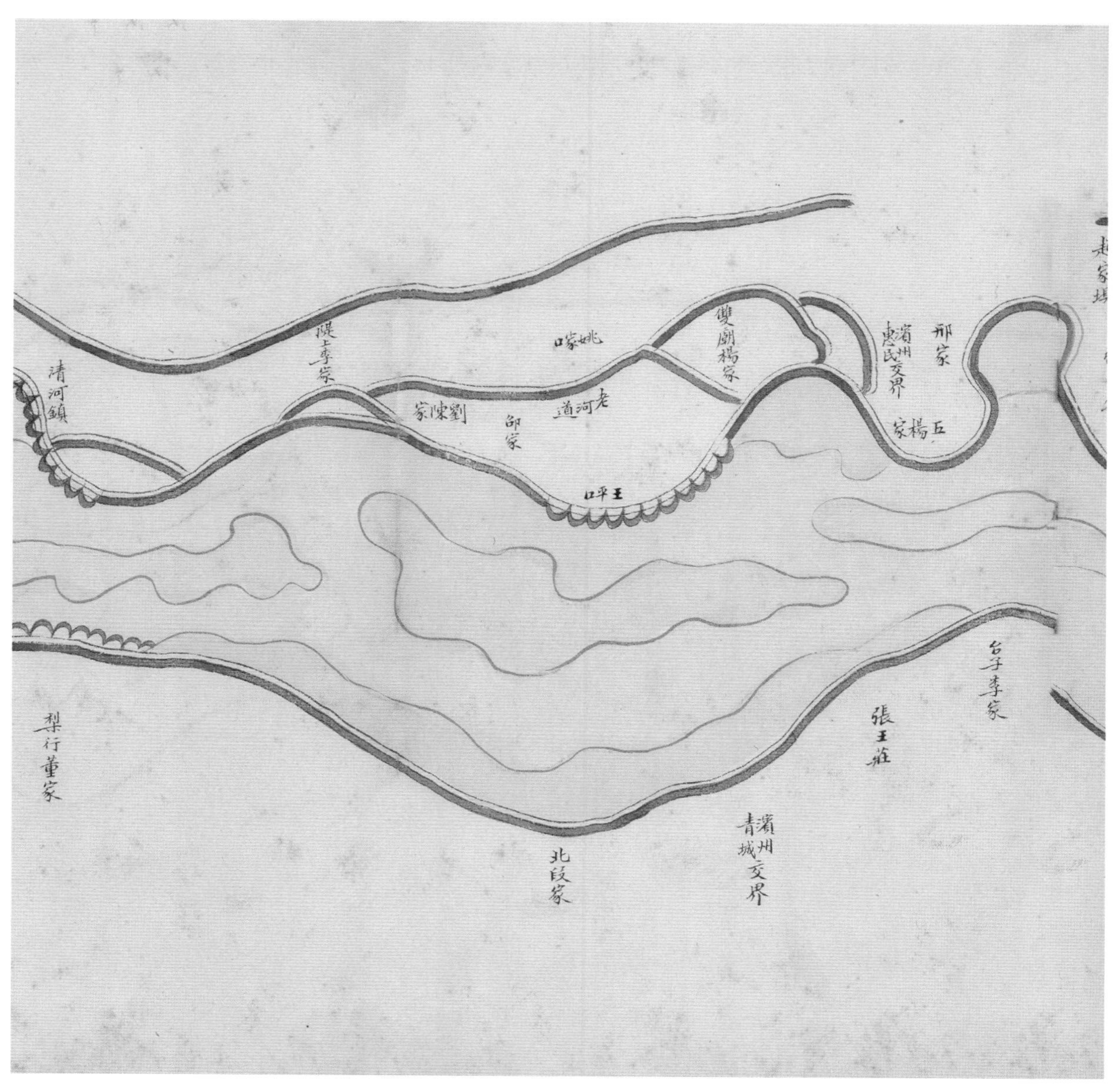

清河鎮
堤上李家
姚家口
劉陳家
老河道
邱家
雙廟楊家
王平口
濱州惠民交界
邢家
丘楊家
梨行董家
北段家
青城濱州交界
張王莊
台子李家

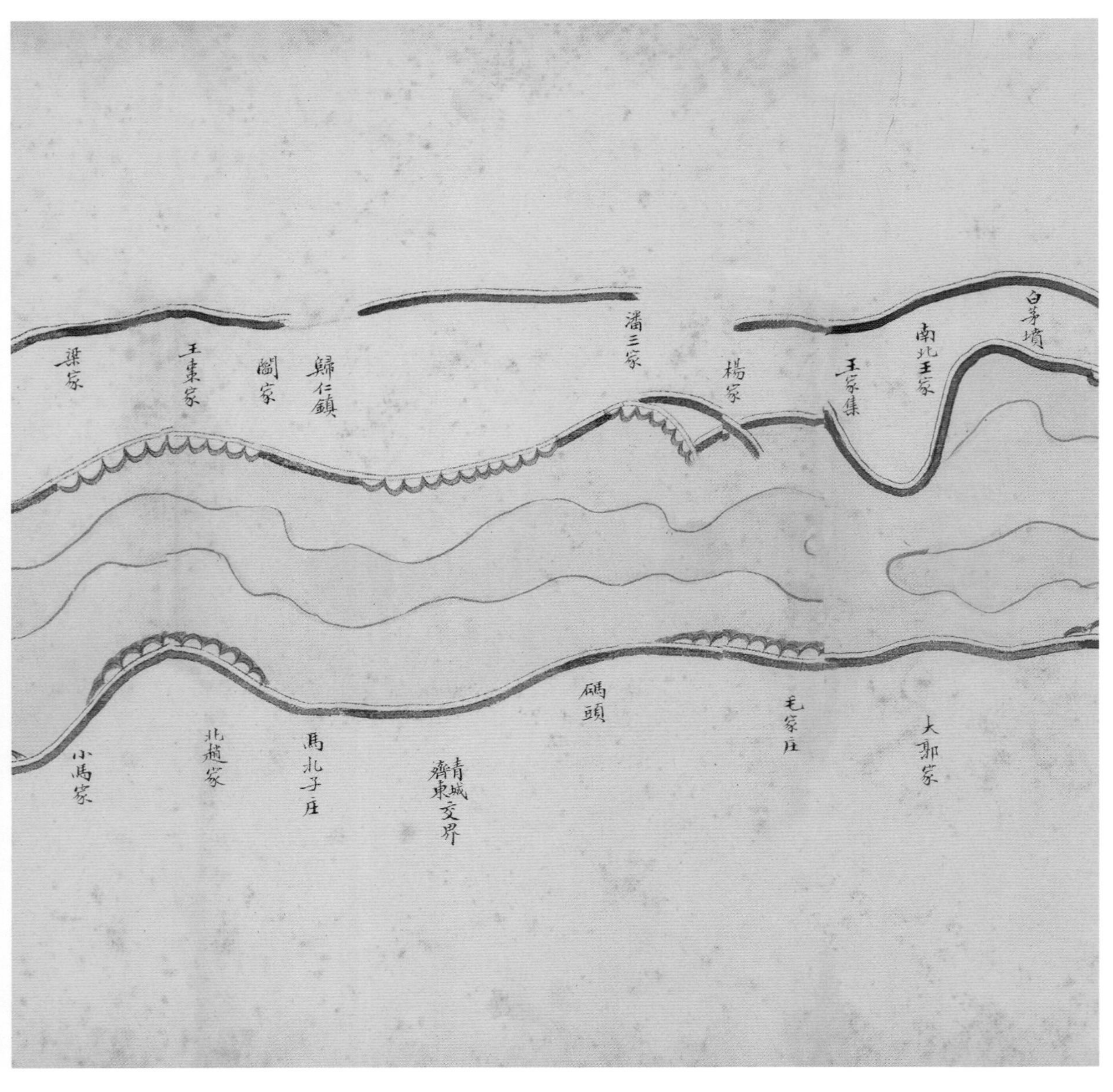

梁家
王東家
閻家
歸仁鎮
潘三家
楊家
王家集
南北王家
白茅墳
小馬家
北趙家
馬扎子庄
青城
濟東交界
碼頭
毛家庄
大郭家

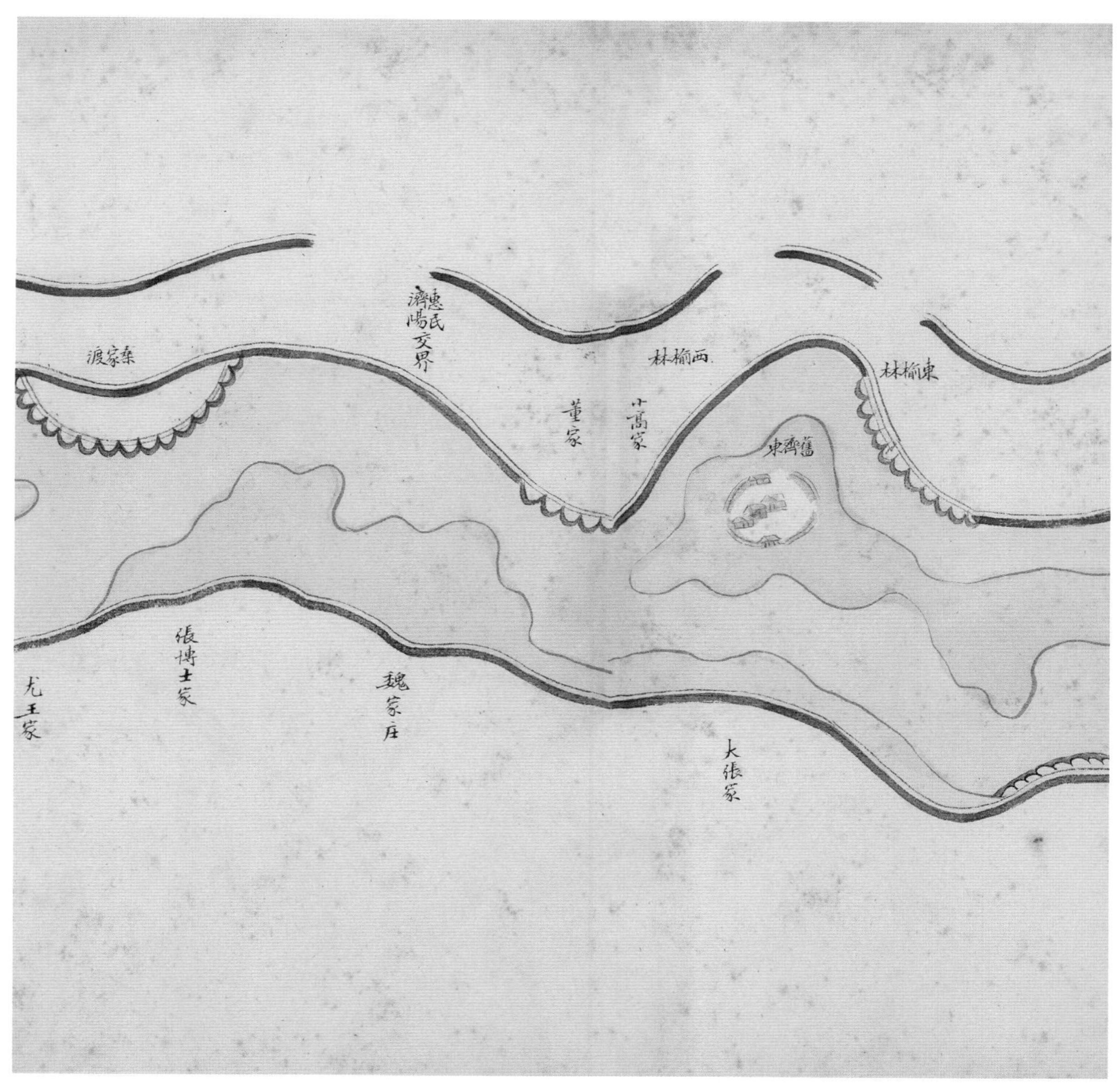

桑家渡
惠民
濟陽交界
西榆林
董家
小高家
東榆林
舊齊東
張博士家
尤王家
魏家庄
大張家

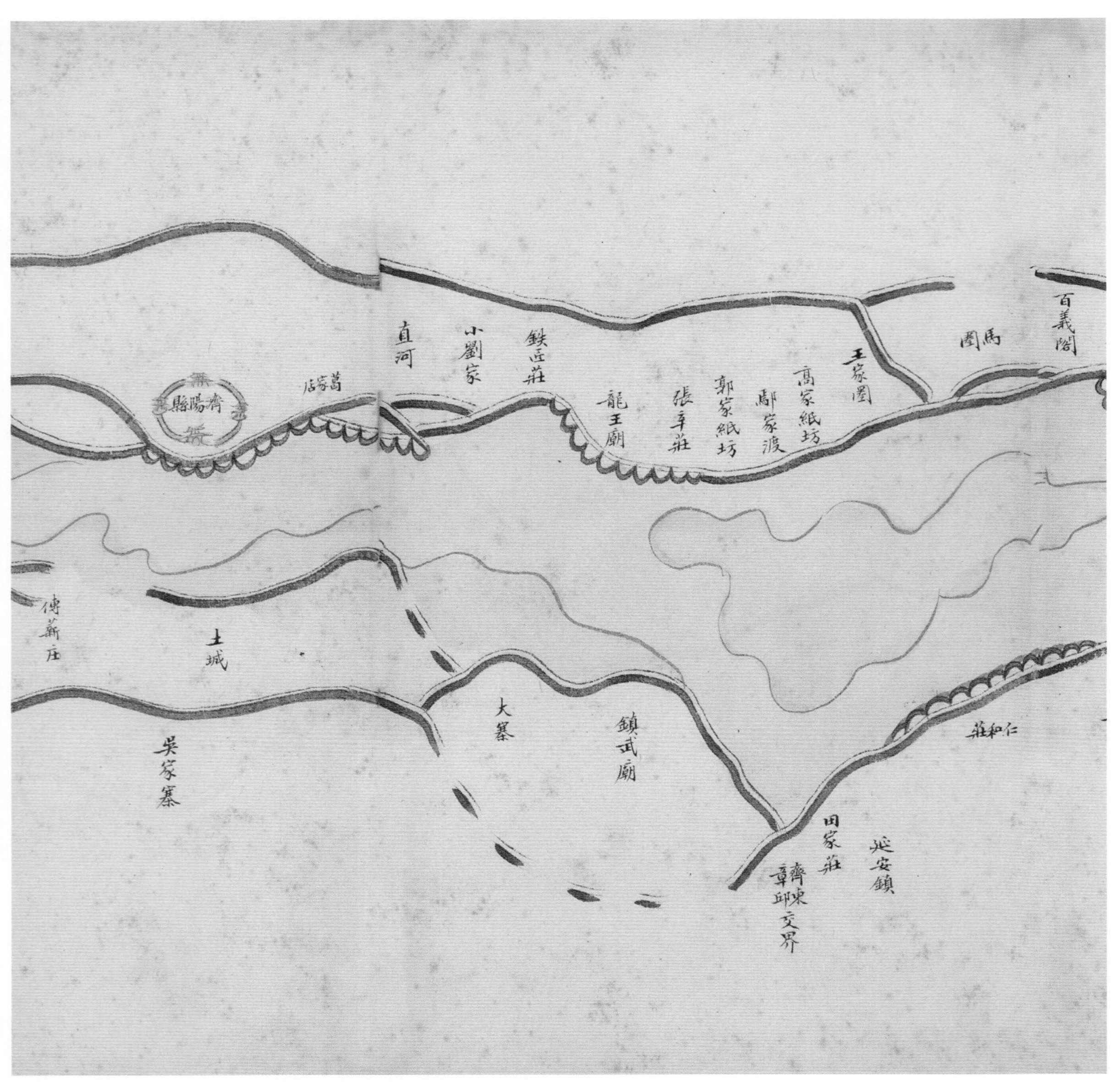

濟陽縣
葛家店
直河
小劉家
鉄匠莊
龍王廟
張辛莊
郭家紙坊
鄢家渡
高家紙坊
王家圈
馬圈
百義閣
傅新庄
土城
吴家寨
大寨
鎮武廟
仁和莊
田家莊
延安鎮
齊東章邱交界

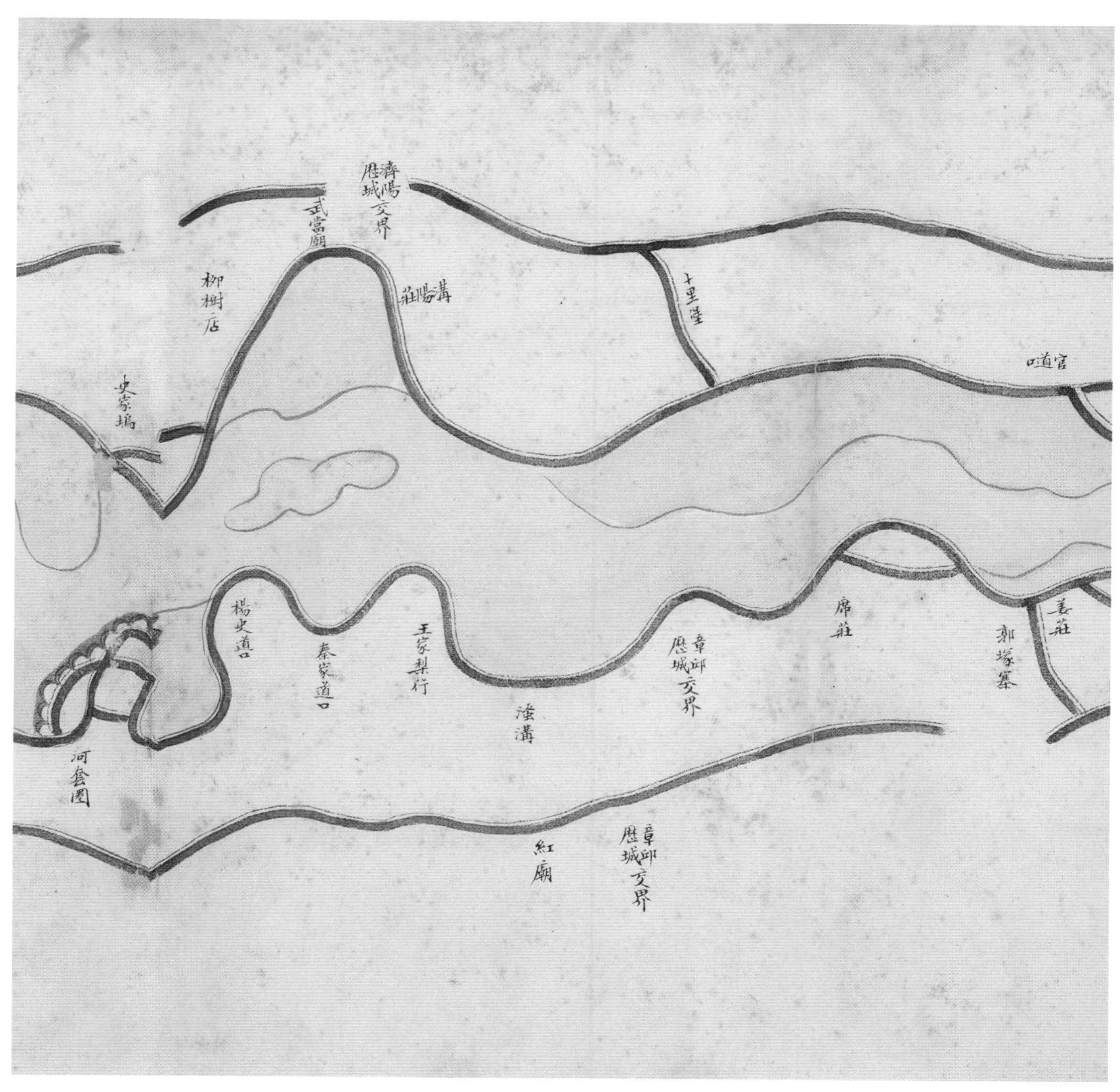

濟陽歷城交界
武當廟
柳樹店
莊陽溝
十里堡
官道口
史家塢
楊史道口
秦家道口
王家梨行
章邱歷城交界
席莊
郭塚寨
姜莊
滏溝
河套圈
紅廟
章邱歷城交界

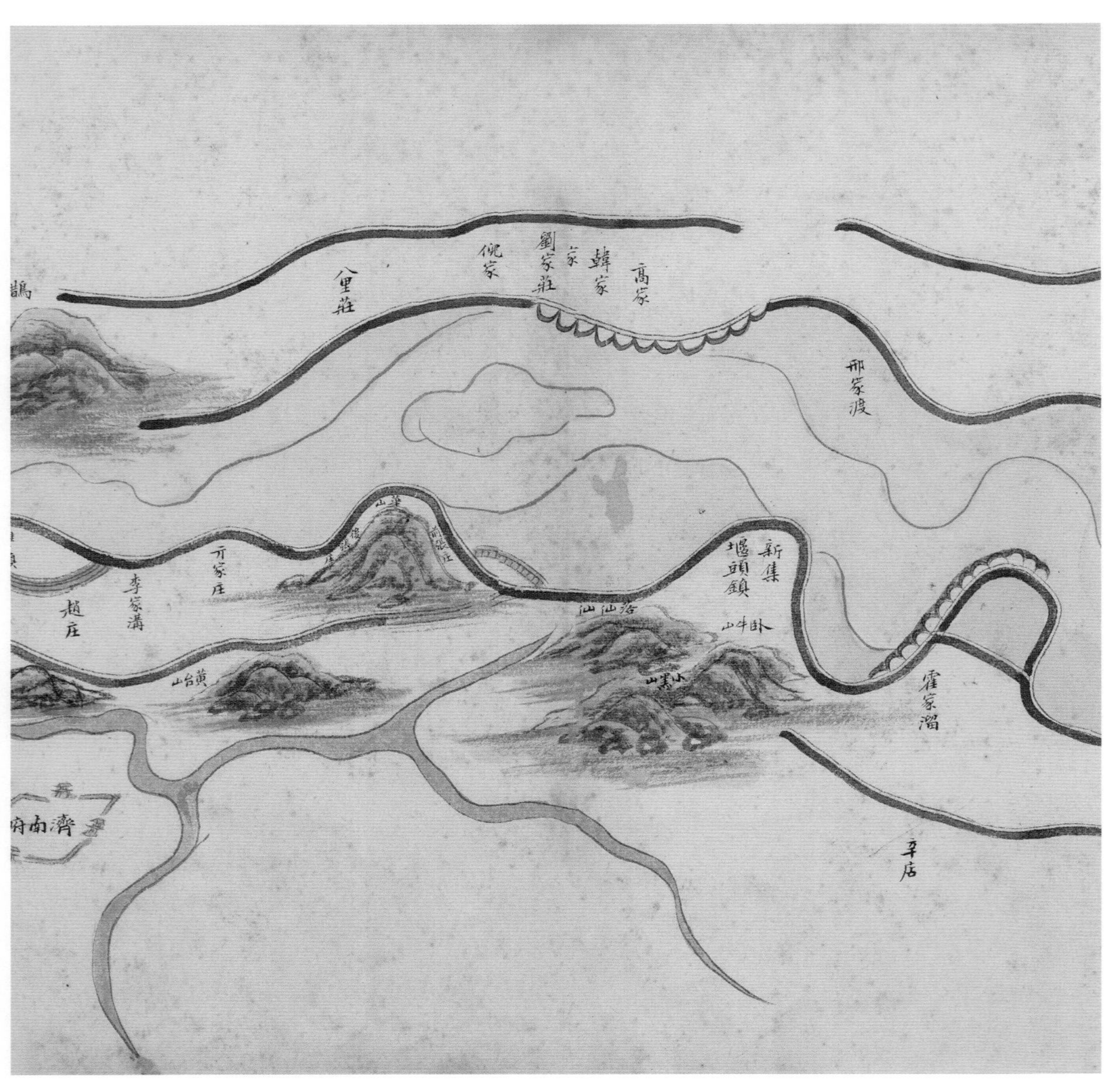
八里莊
倪家
劉家莊
家
韓家
高家
邢家渡
新集
堰頭鎮
李家溝
趙庄
黃台山
臥牛山
濟南府
霍家溜
辛店

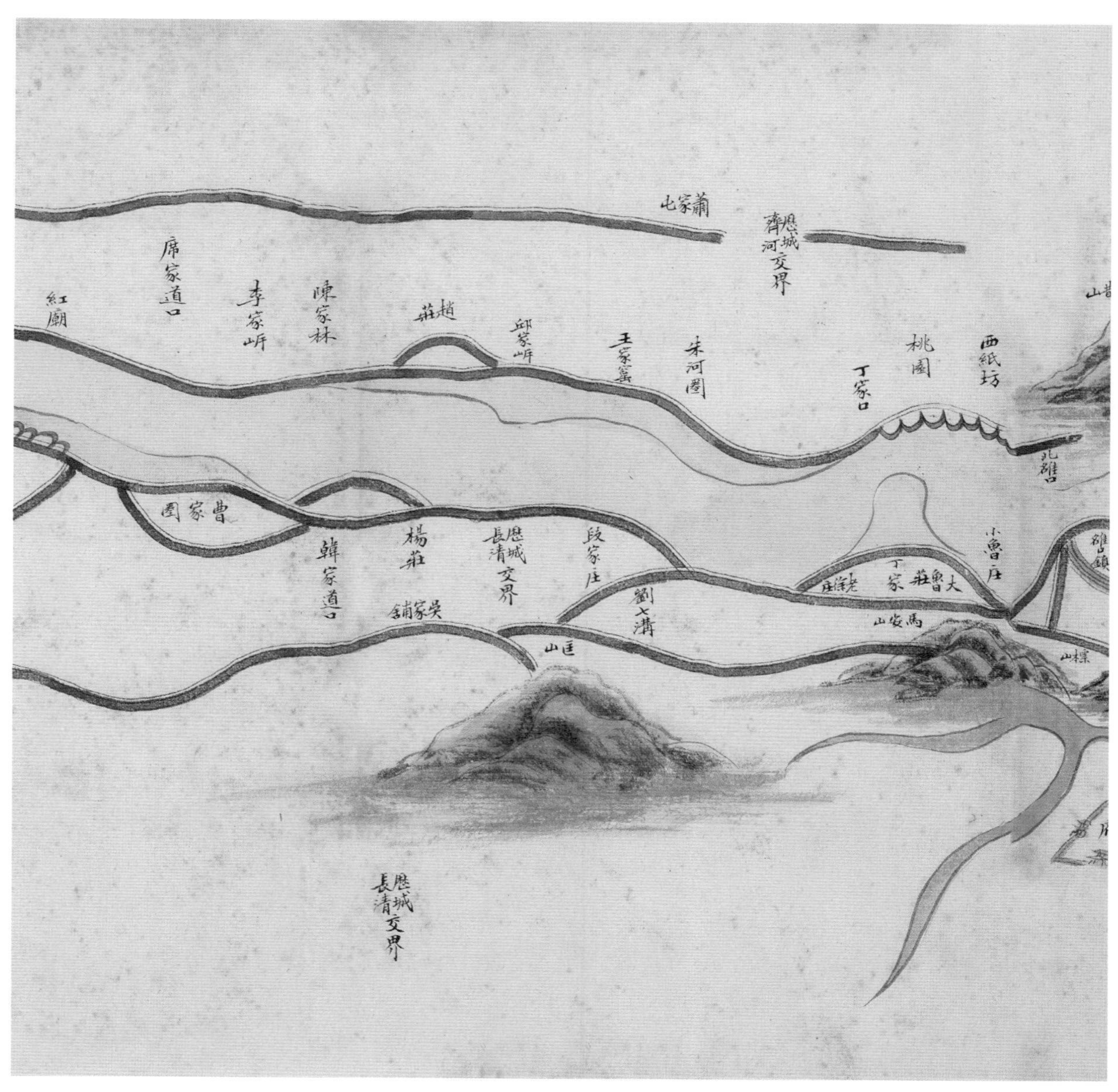
蒲家屯
歷城
齊河交界
席家道口
紅廟
李家岍
陳家林
趙莊
邱家岍
王家窯
朱河圈
桃園
西紙坊
丁家口
曹家園
韓家道口
楊莊
歷城
長清交界
段家庄
劉七溝
吳家舖
匡山
馬安山
小魯庄
大魯莊
丁家
老僧庄
歷城
長清交界

郭閘
王莊
齊河縣
南灣
五里堡
水牛趙家
豆腐窩
曹家營
鎮武廟
北店子
大王庄
南店子
玉符河
吳家
韓家垻
馮家莊

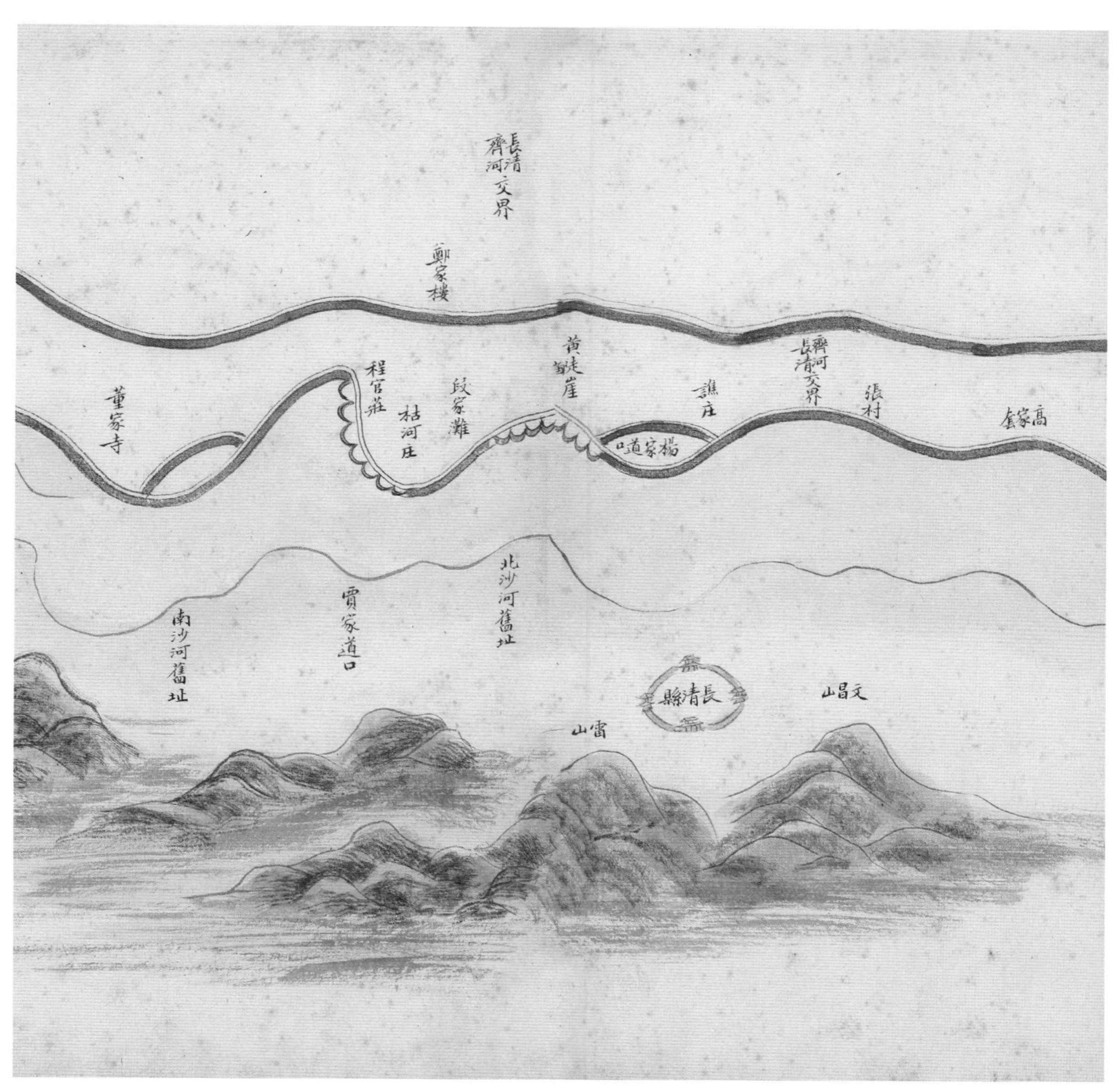
長清
齊河交界
鄭家樓
程官莊
董家寺
桔河庄
段家灘
譙庄
楊家道口
長清
齊河交界
張村
北沙河舊址
賈家道口
南沙河舊址
長清縣
文昌山
雷山

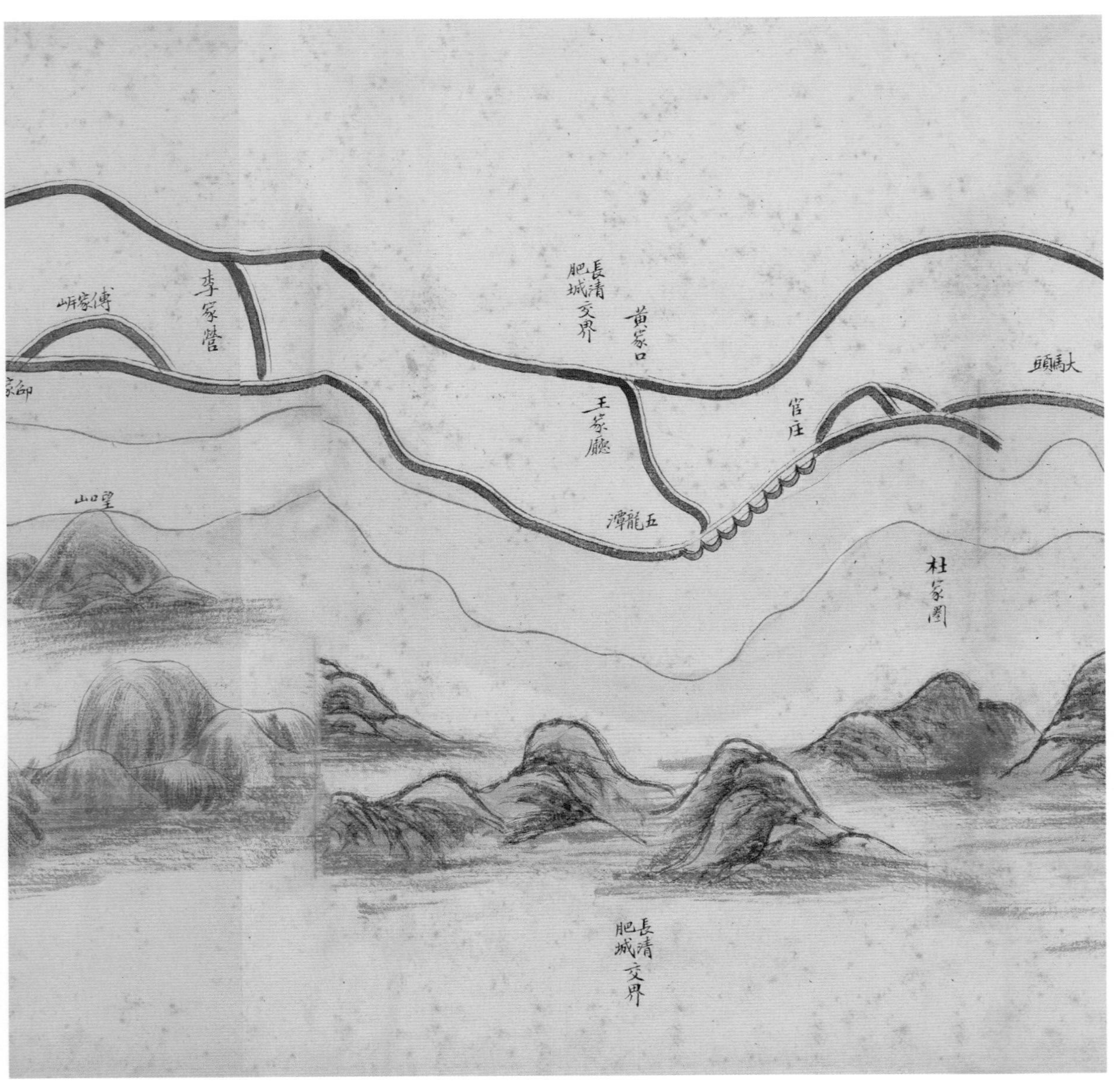
傅家峪
李家營
長清
肥城
交界
黄家口
王家廳
五龍潭
官庄
大馬頭
杜家圈
長清
肥城
交界

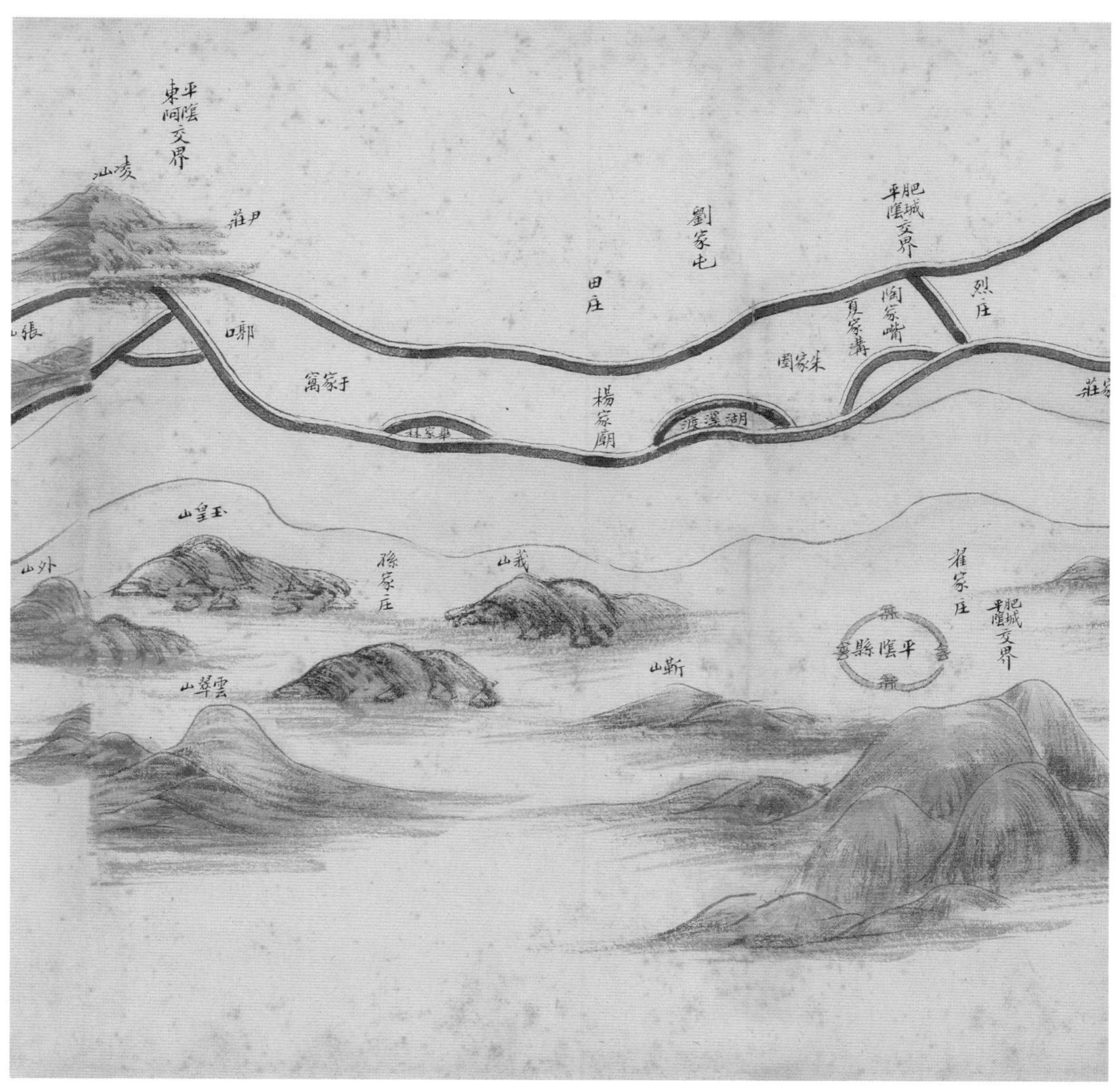

東平阿陰交界
凌山
尹莊
劉家屯
田庄
平陰肥城交界
烈庄
陶家嘴
夏家溝
朱家園
楊家廟
于家窩
玉皇山
孫家庄
崔家庄
平陰縣
肥城平陰交界
雲翠山

曲山
王家廟
香山
侯庄
范坡
漁山
朱乇屯
張家道口
李家坡
艾山
彭庄
大清河口
獅子山
狼溪河口
龐喙
姜溝
楊家庄
鉄山寺
東阿縣
洪範池
白雁泉

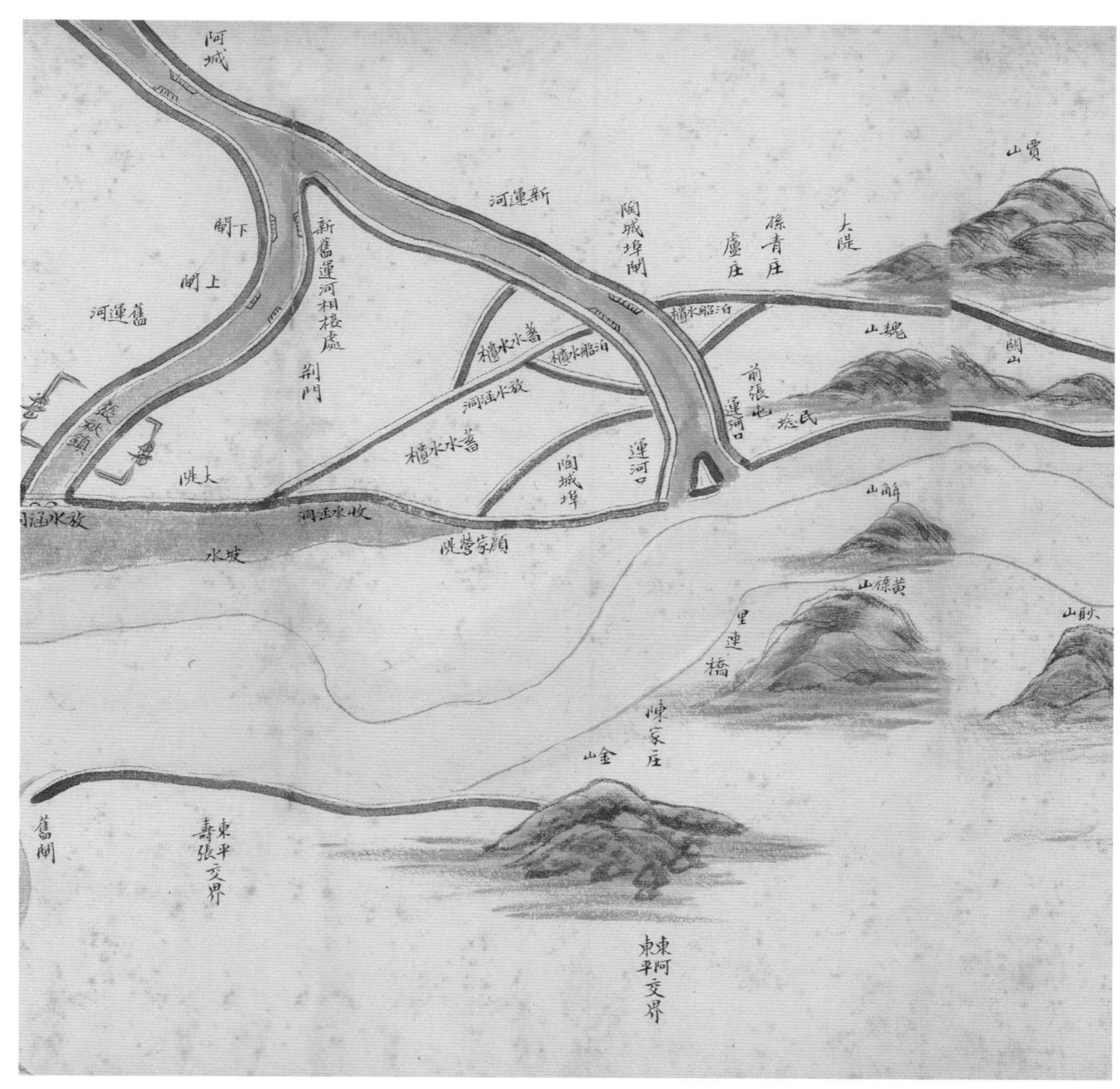

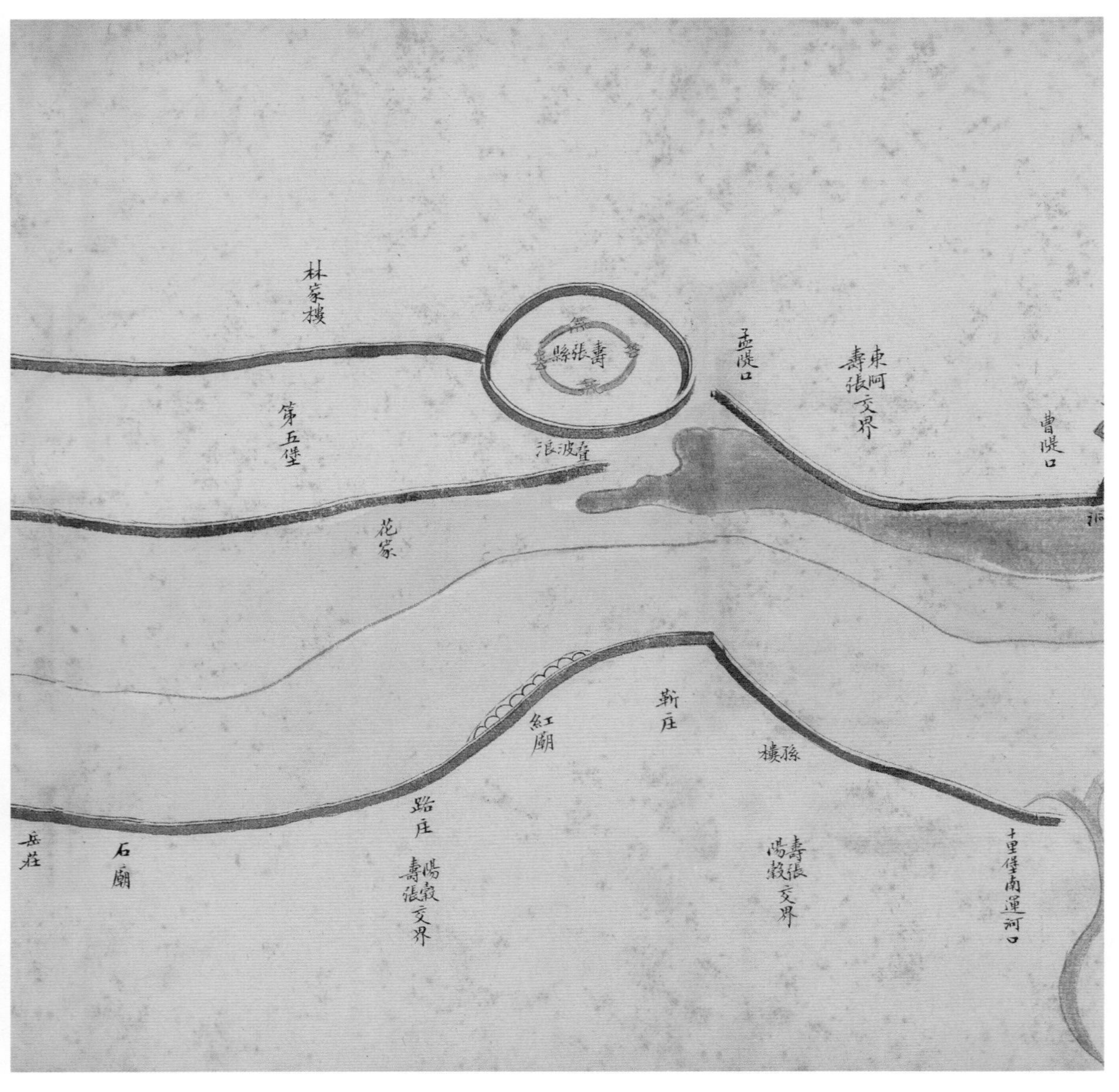
林家樓
壽張縣
孟隄口
東阿
壽張交界
曹隄口
第五堡
張波臺
花家
靳庄
紅廟
孫樓
路庄
陽穀
壽張交界
壽張
陽穀交界
岳莊
石廟
十里堡南運河口

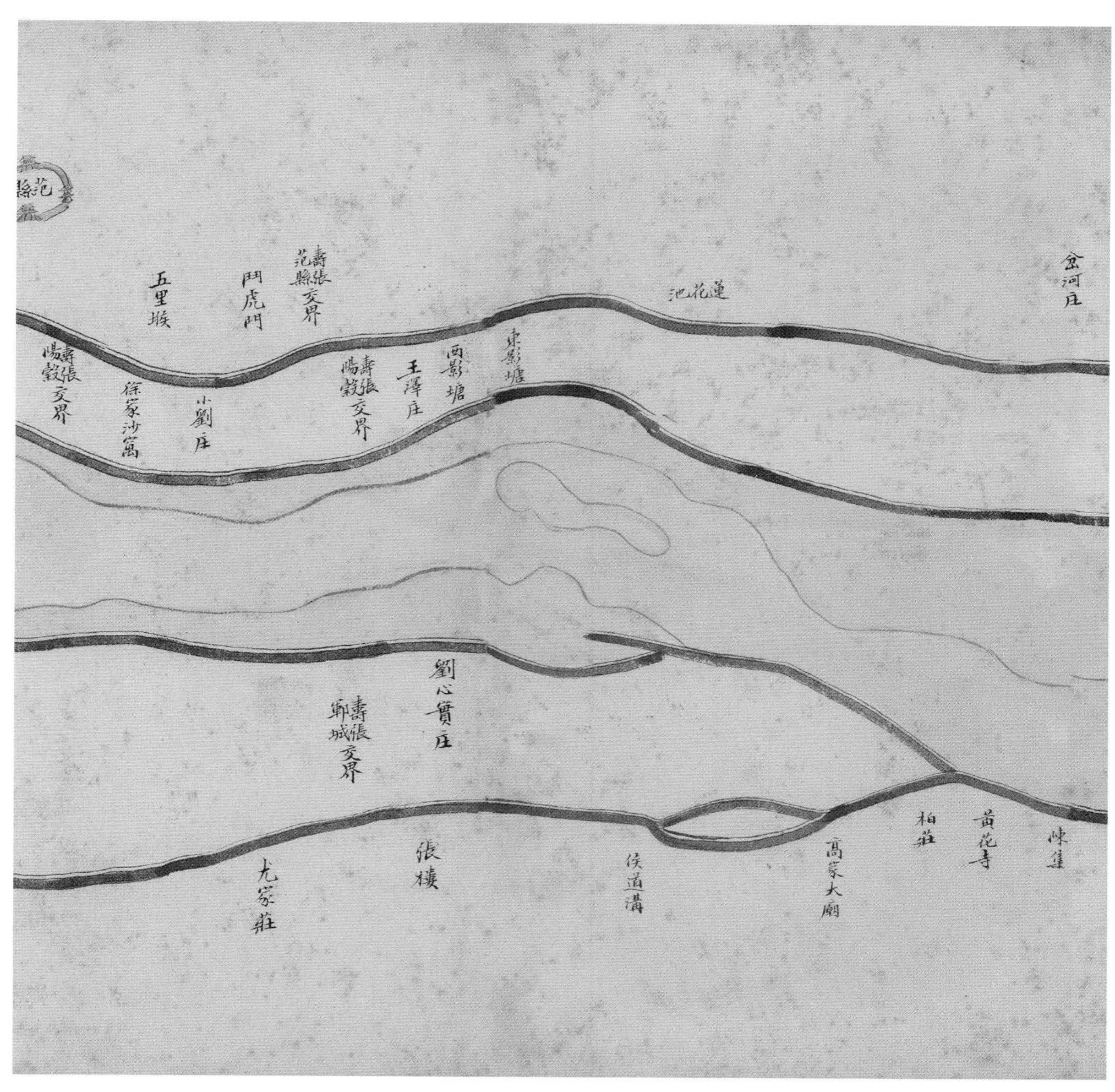
范縣
壽張范縣交界
五里堠
虎門
蓮花池
岔河庄
壽張陽穀交界
徐家沙窩
小劉庄
壽張陽穀交界
王澤庄
西影塘
東影塘
劉心實庄
壽張鄆城交界
尤家莊
張樓
侯道溝
高家大廟
柏莊
黄花寺
陳集

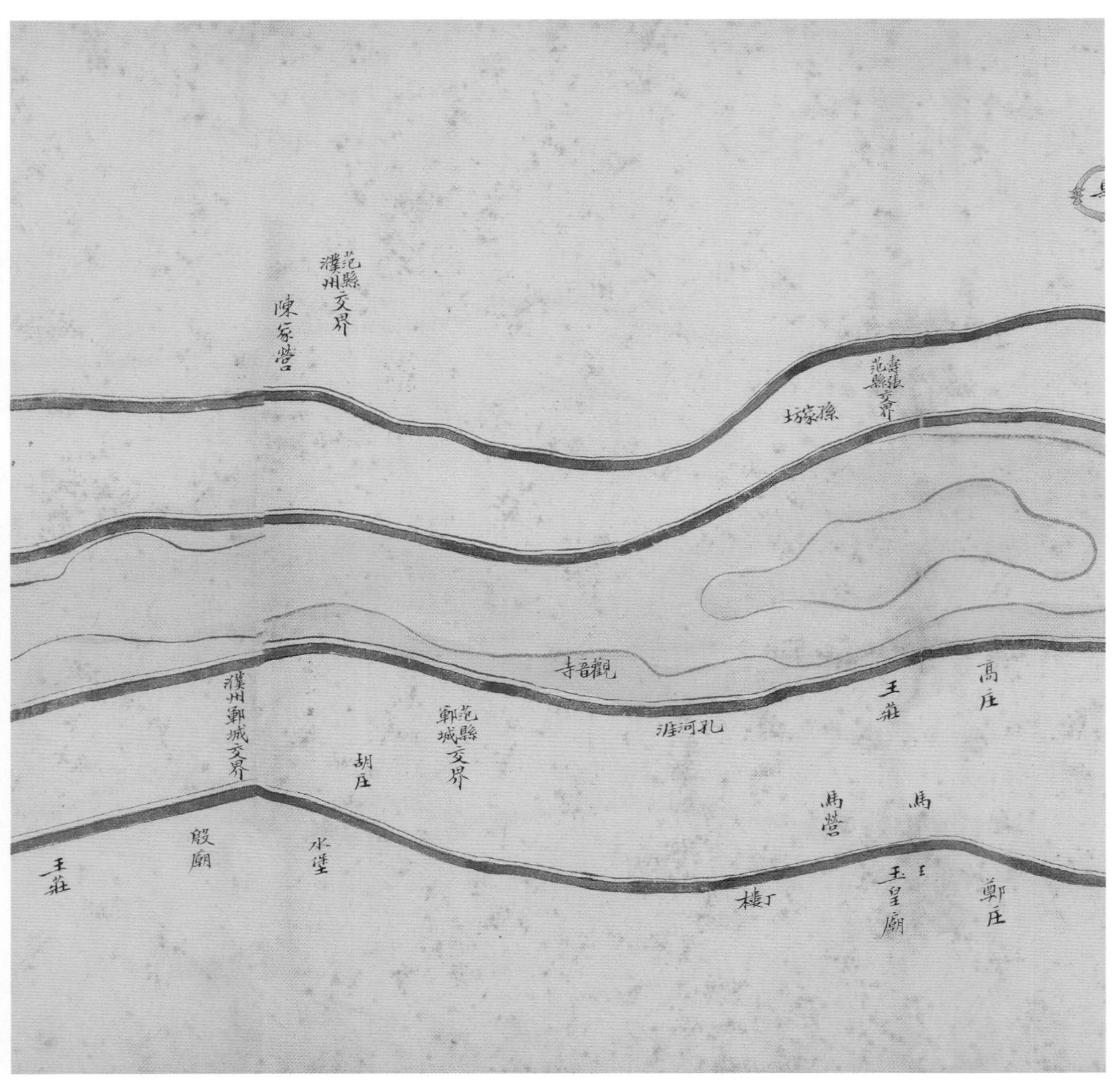

范縣濮州交界
陳家營
孫家圬
壽張范縣交界
觀音寺
濮州鄆城交界
范縣鄆城交界
孔河涯
王莊
高庄
胡庄
馬營
馬
殷廟
水堡
王莊
丁樓
玉皇廟
鄭庄

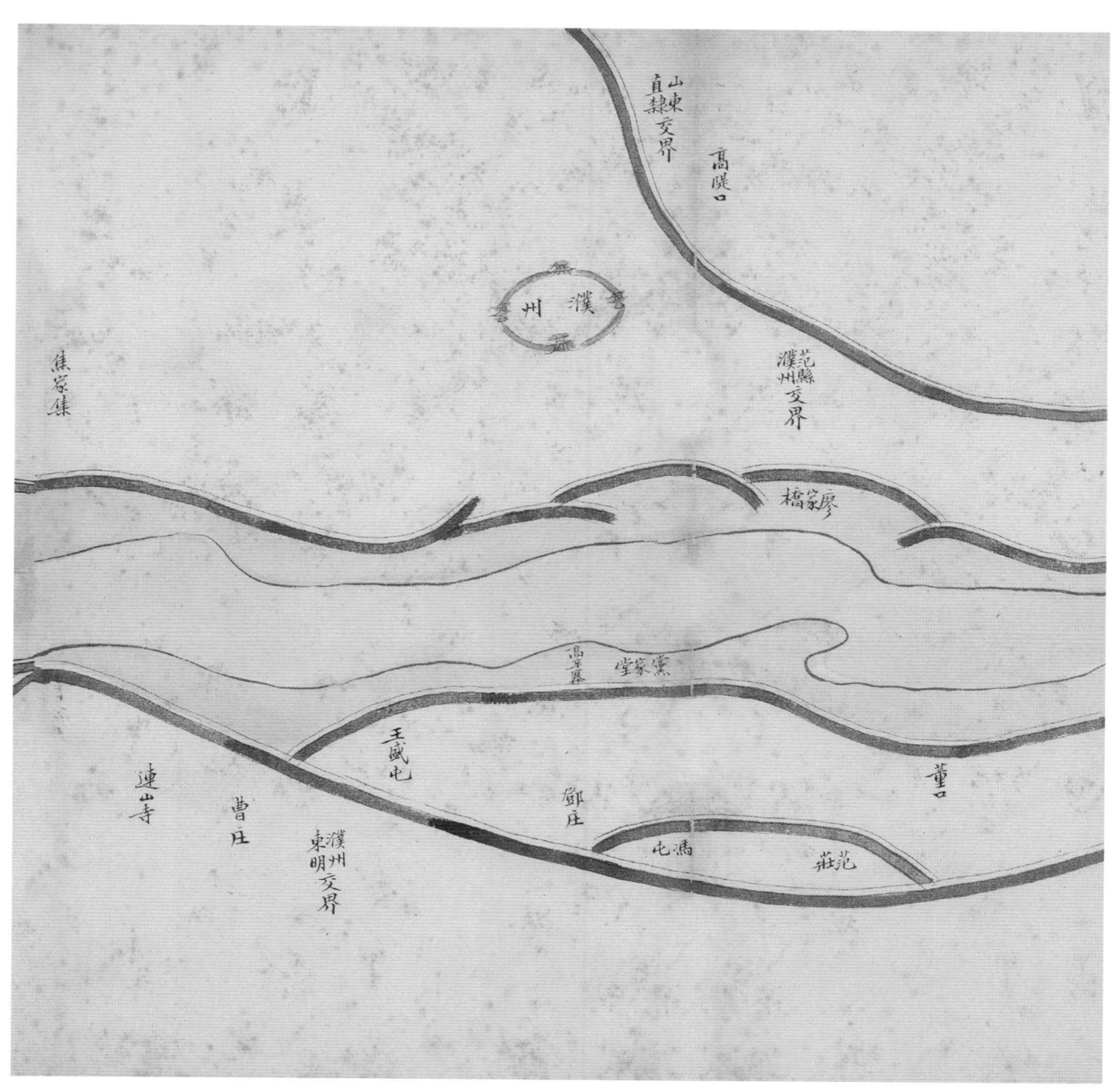
山東直隸交界
高隄口
濮州
范縣濮州交界
焦家集
廖家橋
董口
連山寺
曹庄
王盛屯
鄧庄
濮州東明交界
范莊

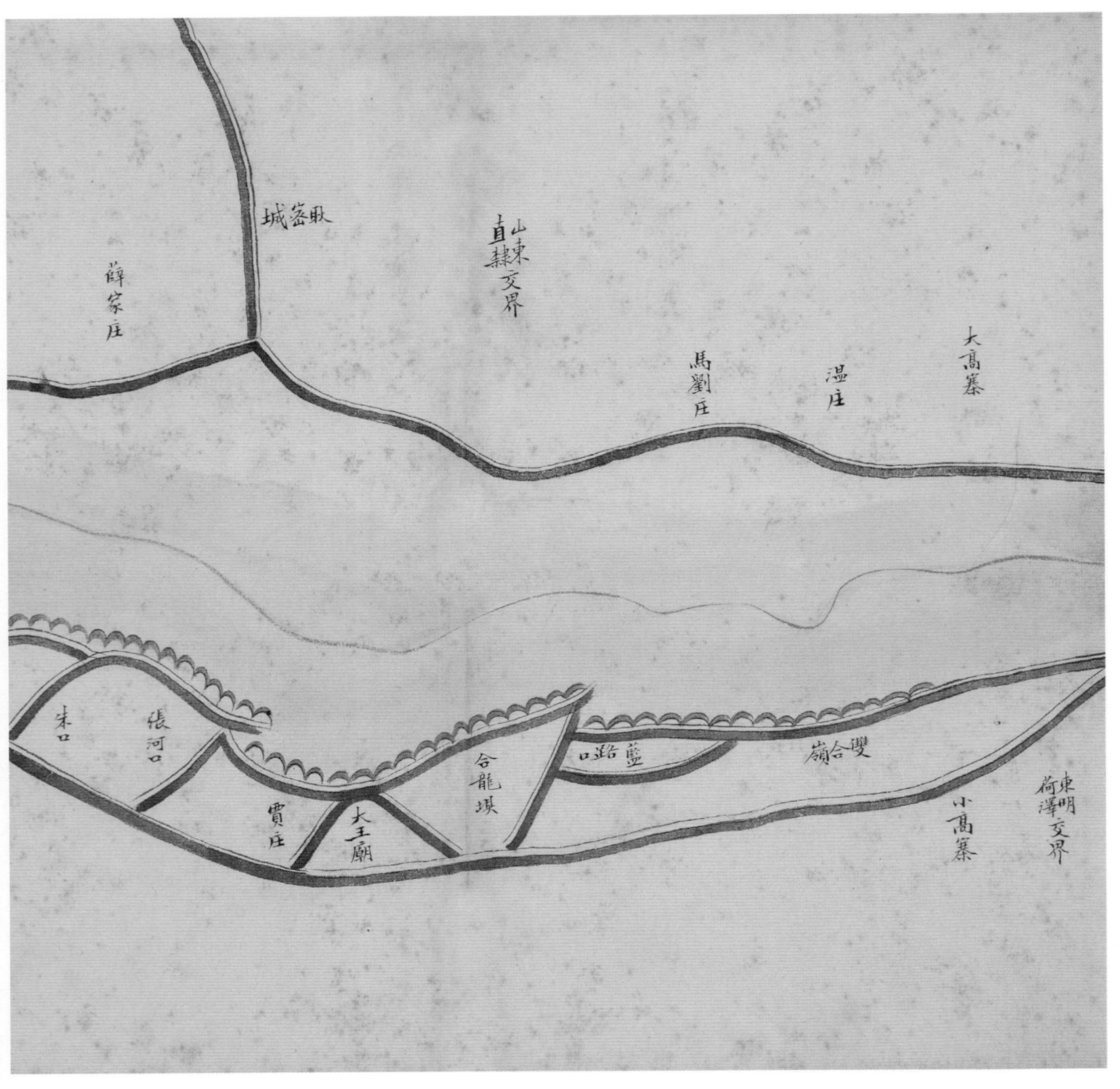
耿密城
薛家庄
山東
直隸交界
馬劉庄
温庄
大高寨
張河口
合龍壩
藍路口
雙合嶺
貫庄
大王廟
小高寨
東明
荷澤交界

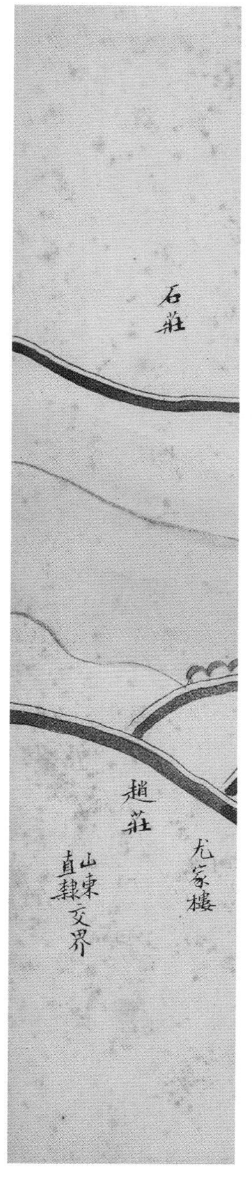
石莊
趙莊
尤家樓
山東
直隸交界

《山东黄河大堤全图》

版本：彩绘本

年代：清光绪年间（1884—1889年）

尺寸：45厘米 ×210厘米

幅数：1幅

《山东黄河大堤全图》，彩绘本，图纵45厘米、横210厘米，未注比例。本图方位大致为上南下北，左东右西，黄河始终位于图中央。本图绘制范围西起阳谷县张秋镇黄运交运处，东至利津县黄河入海处。图中黄河着黄色，其他河流着绿色，山峰简略绘制，黄河两岸民埝、大堤、月堤、格堤等用红色线条表示，其中着重标注了黄河大堤以内的村庄、城池等。大堤两侧用文字详细记述了各县长堤的起止点、长度，以及其他堤埝长度。本图虽名为山东黄河，但所绘黄河为山东黄河中下段，经东平、平阴、肥城、长清、齐河、历城、济阳、惠民、滨州、利津等州县，主要表现了山东黄河中下段的堤埝情况。

清咸丰五年（1855年），黄河在河南兰考铜瓦厢决口，改道经山东夺大清河入海。"黄流先向西北斜注，淹及封邱、祥符二县村庄。再折向东北，漫注兰仪、考城以及直隶长垣等县村庄。行至长垣县属之兰通集，溜分三股，一股由赵王河，走山东曹州府迤南下注，两股由直隶东明县南北二门分注，经山东濮州、范县，均至张秋镇汇流穿运，总归大清河入海。"[1]黄河改道山东后，山东水患不断，极大地影响了山东地方民众的生产生活，因此筑堤束黄就成了首要任务。决口之初，清廷即拟兴工堵筑，但当时正处太平天国和捻军起义之时，清政府极力扩充军队进行镇压，无力顾及河决之事。"黄

[1] 中国水利水电科学研究院水利史研究室编，《再续行水金鉴·黄河卷3》，湖北人民出版社，2004，第1127页。

流泛滥，经行三省地方，小民荡析离居，朕心实深轸念。惟历届大工堵河，必须帑项数百万两之多，现值军务未平，饷糈不继，一时断难兴筑。若能因势利导，设法疏消，使黄流有所归属，通畅入海，不致旁趋无定，则附近民田庐舍，尚可保卫，所有兰阳漫口，即可暂行缓堵。”

决口后的黄河水四处泛滥，清政府无力治理，山东各州县只好自筹经费自行筑堤，“顺河筑堰，遇湾切滩，堵截支流”❶，以限制水灾的蔓延。清咸丰十一年（1861 年），侍郎沈兆霖奏：“张秋以东，自鱼山至利津海口，皆筑民堰。”❷清同治六年（1867 年）十二月，张秋镇以下沿大清河两岸的民埝修筑完毕。其中黄河北岸自张秋镇至利津埝长 850 余里，南岸自齐东至利津埝长 300 余里，两岸全长 1150 余里。张秋镇以上南岸民埝也于同治十一年五月全部修筑完竣。❸《山东黄河大堤全图》中黄河近岸红线即当时修筑的民埝，图中标注为“民堰”，并且在各险要之处标注“次险”“最险”“险要”等字样。

清光绪元年（1875 年），清政府开始着手修筑山东境内黄河两岸官堤。清光绪三年（1877 年），口门以下至张秋镇之间两岸官堤修筑完竣。张秋镇以上两岸堤防形成以后，黄河主流沿大清河而下。随着下游泥沙淤积，河道渐高，张秋镇以下民埝已挡不住洪水，经常决溢。为了解决下游黄河决溢问题，清光绪八年（1882 年）十二月，仓场侍郎游百川被派往山东，查勘黄河情形，浙江巡抚陈士杰调任山东巡抚。清光绪九年（1883 年）陈士杰与游百川勘察黄河，并提出治河建议，其中之一即为修筑两岸大堤。清光绪九年（1883 年）九月，山东巡抚陈士杰奏请修筑两岸长堤：“为今之计，当以修筑长堤，俾免泛滥为实……而长堤两岸千四百里，亦难同时兴工。现经派员弁，分筑长清齐河惠民滨州各北岸，历城齐东章邱各南岸。限来年正月杪告竣。再行接办长清之南岸，历城、济阳之北岸，滨州、青城、蒲台之南岸。”❹清光绪十年（1884 年）五月，自长清至利津两岸长堤培

❶ 中国水利水电科学研究院水利史研究室编，《再续行水金鉴·黄河卷 3》，湖北人民出版社，2004，第 1142 页。

❷ 中国水利水电科学研究院水利史研究室编，《再续行水金鉴·黄河卷 3》，湖北人民出版社，2004，第 1191 页。

❸ 黄河水利委员会山东河务局编，《山东黄河志》，山东省新闻出版局，第 166 页。

❹ 中国水利水电科学研究院水利史研究室编，《再续行水金鉴·黄河卷 4》，湖北人民出版社，2004，第 1723 页。

修完竣，陈士杰上奏详细说明情况。

“是月二十九日，陈士杰奏为山东新筑黄河两岸长堤，一律告竣，绘图呈览，恭恳钦派大院验收事。伏查长堤为亿万生灵休戚所关。开办以来……（中略）逾九月之久，始得全功告成。堤分南北两岸。南岸东阿平阴肥城，依傍山麓，地势较高，无庸修筑。现由长清起，筑至利津交界三里庄止，计长三百三十余里。均底宽八丈，顶宽二丈，高八尺。北岸地势较洼，上接濮范金堤，自东阿界接筑起，合平阴县，共长九十五里余。该二县北岸低于南岸，较之他县，地势略高。定以底宽五丈，顶宽一丈，高八尺。其下为肥城地界，逐渐洼下。由该县北岸起，至利津民埝第一段止，计长四百零三里余。均底宽八丈，顶宽二丈，高八尺。又齐河齐东济阳蒲台等县，近城添筑护堤。长清历城惠民等县，加筑格堤月堤，约四十余里。其利津城以下，奏明改修民埝，沿河地段，长一百六十余里。定以底宽五丈，顶宽一丈二尺，高八尺。铁门关以下，添修灶坝，长五十余里。底宽三丈，顶宽一丈，高八尺。统计南北两岸，由东阿至利津灶场止，共长一千零八十余里。缘逢湾取直，核实丈量。是以与上年原估里数，节省较多。其长清齐河历城齐东惠民滨州蒲台利津各州县，低洼处所。照原定丈尺，加高至一丈二三尺，展宽至十丈及十二三丈不等。因地制宜以期稳固据印委各员节次禀报。臣复委道府大员，分投验收，高宽如式。逐段锥试，均属夯硪坚实。委无偷减草率情弊并送册结前来。臣覆查无异。惟此次工程至千有余里之远，用款至百数十万之多。国帑民生，关系非小。”[1]

《山东黄河大堤全图》中黄河远岸红线即陈士杰主持修筑的黄河大堤，因南岸平阴县、肥城县有山为屏障，所以南岸长堤自长清县起，北岸长堤自东阿县接金堤筑起，均至利津大马家庄附近。新堤完成以后，山东黄河两岸形成了双重堤防，张秋镇以下至利津县，黄河两岸均有遥堤（官堤）和民埝，重点地方还修建了格堤[2]、月堤[3]、护堤等。《山东黄河大堤全图》中重点标注了黄河两道堤防之间分布的大量村庄，这些村庄最易受到黄河水灾，一旦民埝溃决，而外围又有官堤阻挡，则其间村庄必被水淹。因此

❶ 中国水利水电科学研究院水利史研究室编，《再续行水金鉴·黄河卷 4》，湖北人民出版社，2004，第 1794 页。

❷ 格堤，连接遥堤与缕堤的横堤，为网格状，可以防止缕堤溃决，冲刷遥堤。

❸ 月堤，也称作“套堤”或“圈堤”，形似半月形，常位于缕堤或大堤之内堤身单薄，或大溜逼近的险要堤段。

在修筑长堤期间，陈士杰也多次上奏请求加固民埝，“将长堤以内居民，一体保护”。[1]

黄河长堤修筑到利津县大马家庄为止，大马家庄以下为民埝和灶坝。利津县靠海，民众以制盐为生，盐户修建盐灶用以煎盐。为了防止黄河泛滥对盐业的影响，地方民众在黄河两岸修坝以挡水患，俗称为“灶坝”。图中利津铁门关以下为灶坝，并有一道护滩横坝，灶坝两侧的绿色圆圈代表盐灶。根据陈士杰奏折，灶坝高度与大堤一致，宽度比大堤要窄。

《山东黄河大堤全图》绘制较为简略，主要反映了清光绪九年（1883 年）陈士杰主持修筑的黄河下游大堤及民埝、格堤、灶坝等治河工程。图中的黄河从利津铁门关萧神庙入海。根据黄河尾闾的变迁情况，清光绪十五年（1889 年）黄河改道后，不再从萧神庙入海，改经韩家垣、毛史坨入海。因此，此图的绘制时间应为清光绪十年（1884 年）以后，清光绪十五年（1889 年）之前。大堤修筑完成后，陈士杰紧接上奏陈明长堤管理办法，包括设河防总局、招募防汛勇丁、官民协防、严禁掘堤偷料等。不过还未来得及部署，次月黄河水涨，民埝大堤节节生险，齐东县萧家庄民埝被水漫溢，大堤亦刷宽八十余丈。此后，黄河长堤有的地方被水冲溃，有的则被堤内民众掘开以泄洪水，此堤并未成为一劳永逸解决水患的方法。

成二丽

[1] 中国水利水电科学研究院水利史研究室编，《再续行水金鉴 · 黄河卷 4》，湖北人民出版社，2004，第 1783 页。

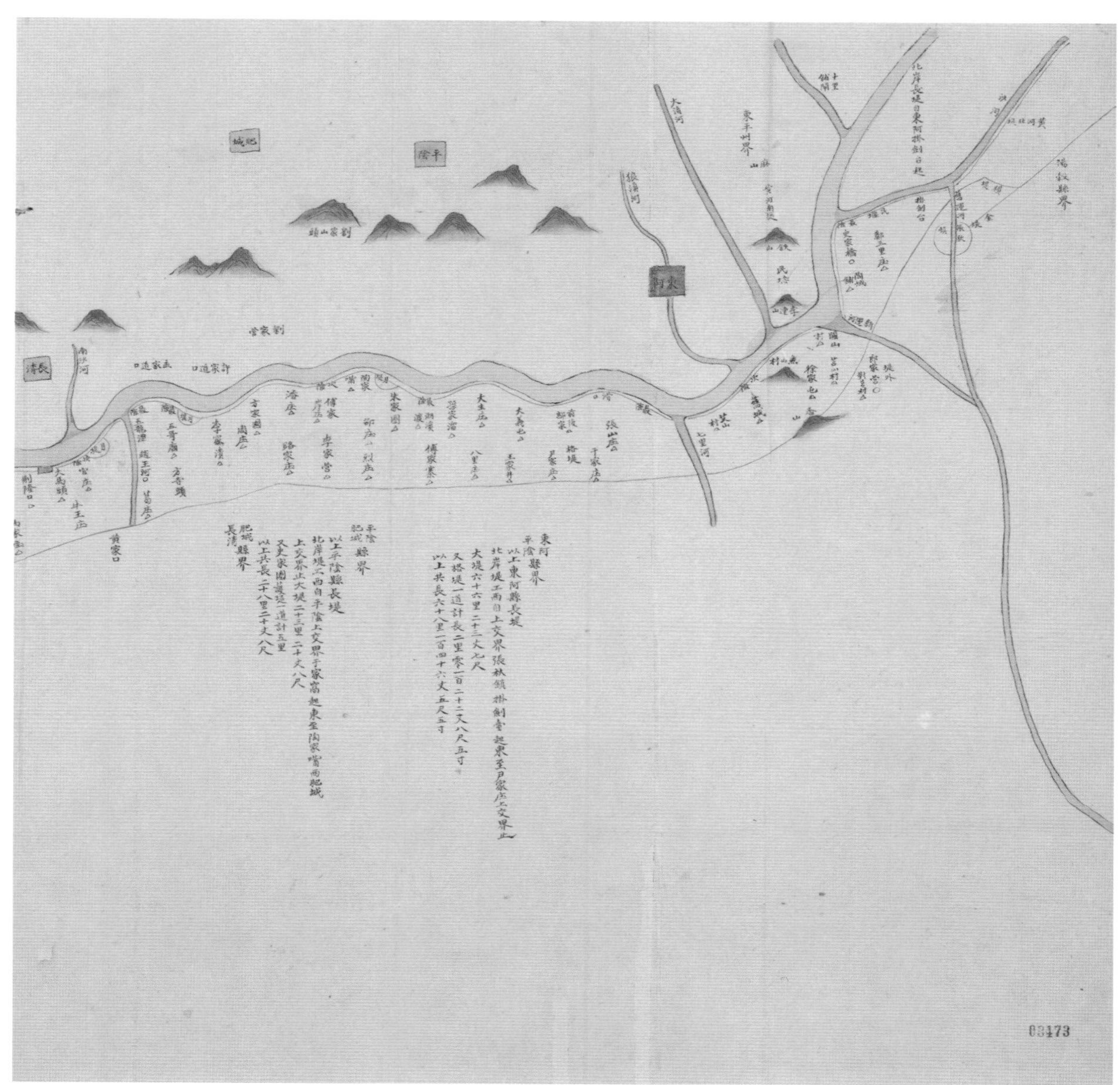
肥城
平陰
東河
長清
大清河
狼溪河
東平州界
陽穀縣界
劉家營
許家道口
黃家口
李家營
東河
平陰縣界
以上東河縣長堤
北岸堤工西自上交界張秋鎮掛劍臺起東至尹家庄上交界止
大堤六十六里二十三丈七尺
又格堤一道計長二里零一百二十二丈八尺五寸
以上共長六十八里一百四十六丈五尺五寸
平陰
肥城縣界
以上平陰縣長堤
北岸堤工西自平陰上交界于家窩起東至陶家嘴西肥城
上交界止大堤二十三里二十丈八尺
又吏家園越堤一道計五里
以上共長二十八里二十丈八尺
肥城
長清縣界

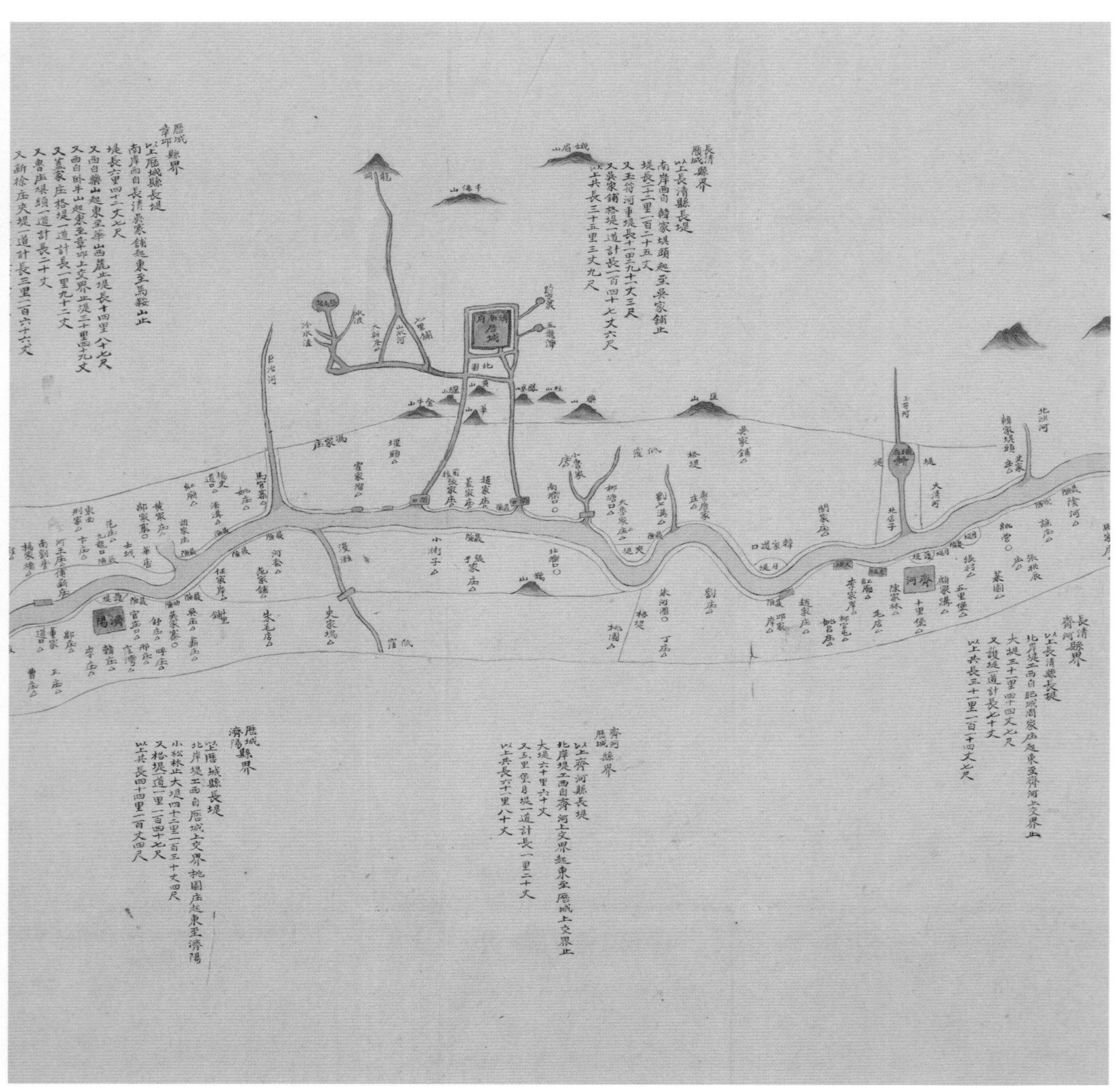
長清
歷城縣界
以上長清縣長堤
南岸西自韓家堤頭起至吳家鋪止
堤長二十二里一百二十五文
又王符河重堤長十一里二九十八丈三尺
又吳家鋪格堤一道計長一百四十七丈六尺
以上共長三十五里三丈九尺
歷城
章邱縣界
以上歷城縣長堤
南岸西自長清吳家鋪起東至馬鞍山止
堤長六里四十二丈七尺
又西自藥山起東至華山西麓止堤長十四里八十七尺
又西自卧牛山起東至章邱上交界止堤三十里四十九丈
又蓋家庄格堤一道計長一里九十二丈
又書庄堤頭一道計長二十丈
又新徐庄夾堤一道計長三里一百六十六丈
長清
齊河縣界
以上長清縣長堤
北岸堤工西自肥城周家庄起東至齊河上交界止
大堤三十一里四十四丈七尺
又護堤一道計長七十丈
以上共長三十一里一百一十四丈七尺
歷城
濟陽縣界
以上歷城縣長堤
北岸堤工西自歷城上交界桃園庄起東至濟陽
小松林止大堤四十二里一百三十丈四尺
又格堤一道一里一百四十七尺
以上共長四十四里一百丈四尺
齊河
歷城縣界
以上齊河縣長堤
北岸堤工西自齊河上交界起東至歷城上交界止
大堤六十里六十丈
又五里堡月堤一道計長一里二十丈
以上共長六十一里八十丈

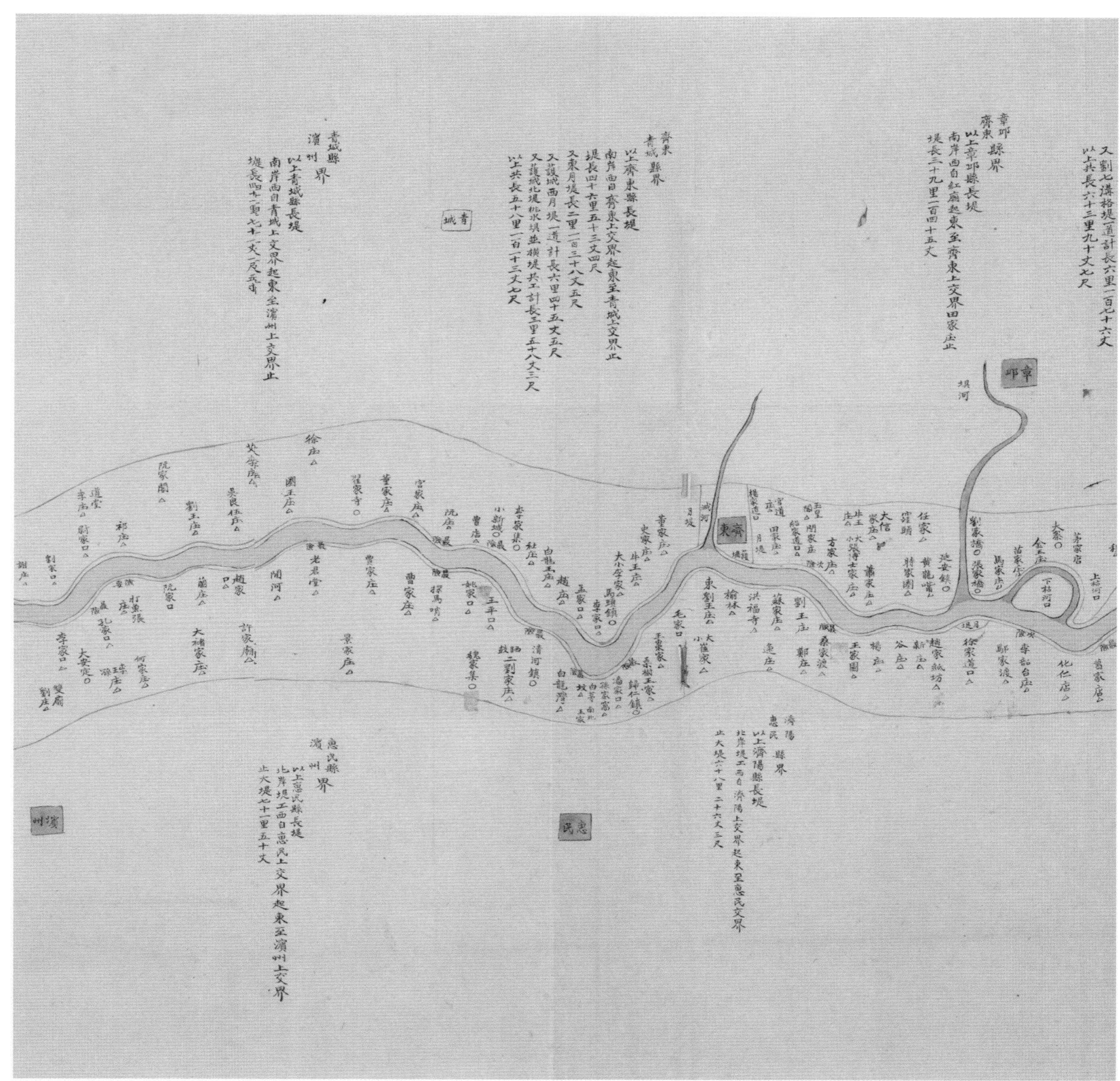
又劉七溝格堤通計長六里一百七十六丈
以上共長六十三里九十丈七尺
章邱 齊東 縣界
以上章邱縣長堤
南岸西自紅廟起東至齊東上交界田家庄止
堤長三十九里一百四十五丈
齊東 青城 縣界
以上齊東縣長堤
南岸西自齊東上交界起東至青城上交界止
堤長四十六里五十三丈四尺
又東月堤長二里一百三十八丈五尺
又護城西月堤一道計長六里四十五丈五尺
又護城北堤抵水鎮並橫堤共工計長五里五十八丈三尺
以上共長五十八里一百十三丈七尺
青城縣 濱州 界
以上青城縣長堤
南岸西自青城上交界起東至濱州上交界止
堤長四十七里七十一丈一尺五寸
青城
章邱
齊東
濟陽 惠民 縣界
以上濟陽縣長堤
北岸堤工西自濟陽上交界起東至惠民交界
止大堤六十八里二十六丈三尺
惠民縣 濱州 界
以上惠民縣長堤
北岸堤工西自惠民上交界起東至濱州上交界
止大堤七十一里五十丈
惠民
濱州

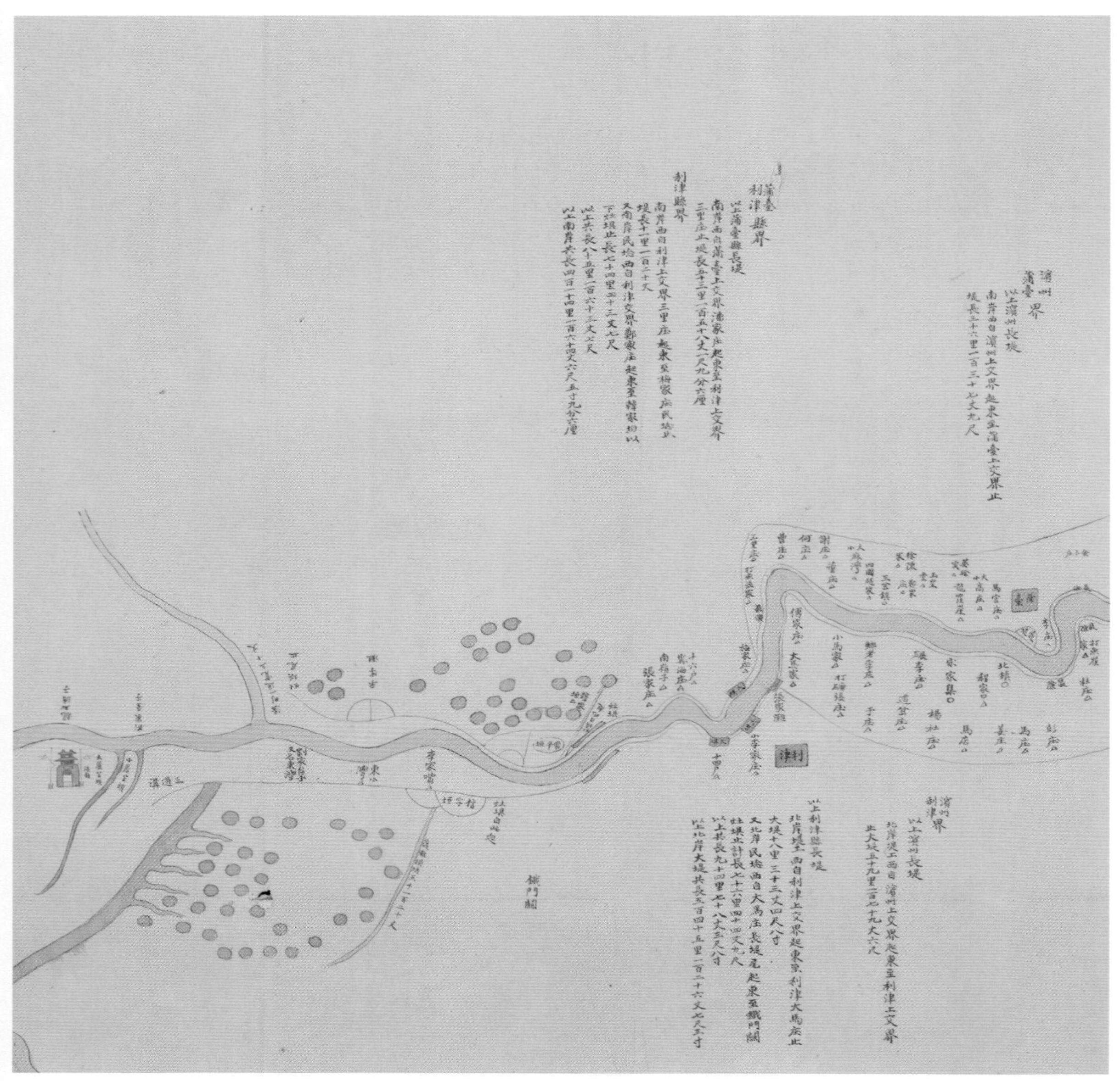
蒲臺
利津 縣界
以上蒲臺縣長堤
南岸西自蒲臺上交界潘家庄起東至利津上交界
三里庄止堤長五十三里一百五十八丈一尺九分六厘
利津縣界
南岸西自利津上交界三里庄起東至梅家庄民埝止
堤長十一里一百二十丈
又南岸民埝西自利津交界鄭家庄起東至韓家坦以
下灶垻止長七十四里四十三丈七尺
以上共長八十五里一百六十三丈七尺
以上南岸共長四百一十四里一百六十四丈六尺五寸九分六厘
濱州
蒲臺 界
以上濱州長堤
南岸西自濱州上交界起東至蒲臺上交界止
堤長五十六里一百三十七丈九尺
濱州
利津 界
以上濱州長堤
北岸堤工西自濱州上交界起東至利津上交界
止大堤五十九里一百七十九丈六尺
以上利津縣長堤
北岸堤工西自利津上交界起東至利津大馬庄止
大堤十八里三十三丈四尺八寸
又北岸民埝西自大馬庄長堤尾起東至鐵門關
灶垻止計長七十六里四十四丈九尺
以上共長九十四里七十八丈五尺八寸
以上北岸大堤共長五百四十五里一百二十六丈七尺五寸
利津
鐵門關

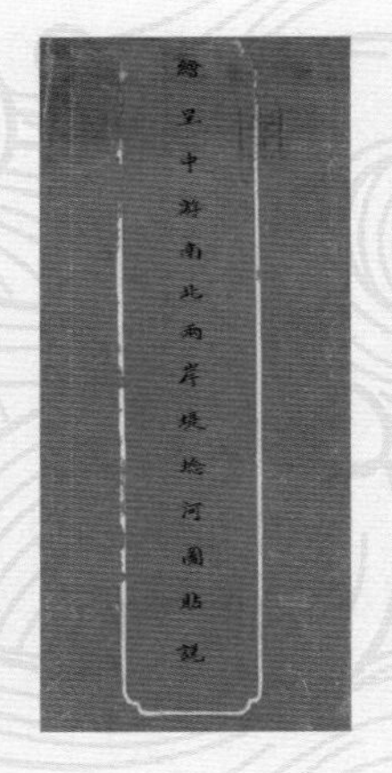

《中游南北两岸堤埝河图贴说》

版本：彩绘本

年代：清光绪年间（1884—1898年）

尺寸：34厘米 ×450厘米

幅数：1幅

清代山东地区是黄河、运河交汇的地区。治理黄河，疏浚运河，向来是治河保运的国之大事。在治理过程中，先贤们留下了大量绘制精美的黄河水利图。黄河水利图在清代的河工治理和河政运作中起着至关重要的作用，关系社稷安危、人民福祉。《中游南北两岸堤埝河图贴说》成图于光绪年间，作者不详，绘出山东阳谷县张秋镇至济阳县桑家渡之黄河河道及两岸堤防工程，为水利史研究，尤其是黄河历史研究提供了极为珍贵的一手图像史料。

该图纵34厘米、横450厘米，经折装，自右侧往左展开，对应的方位大致为自西南向东北，图幅中始终以黄河南岸为上方，并未细究实际方位。卷首起自山东张秋镇（今阳谷县张秋镇），卷尾止于济阳县桑家渡（今济南市济阳区老桑渡），详细标注地名，重点绘制黄河河道沿途的州县、山峦、闸坝、湖泊、河流、险工等地物。图幅整体绘制精美，采用中国传统绘制技法，山峦涂以黛青色，黄河干道多施以浅黄色，支渠则多以浅青色表示，用以表现含沙量的不同，两岸堤埝则以土棕色表示。

该图图例符号统一写实，多使用方形城墙符号来表示河道沿线城市，使用砖红色屋顶的房屋符号象征性地表示村庄；以青灰色屋顶、白色墙面的符号表示寺庙，如卧牛山附近的“大王庙”；以青灰色房屋与红色标旗表示管河各营驻地，如“河定右营”“河定中营”等；以青灰色砖墙符号表示各种水利工程，砖墙上有红色栅栏形状的为水闸，如“新闸”，砖墙两侧以黑色线条排列连接的为涵洞。此外，还有一些通过特殊象形符号表示的景物，如“挂剑台”。图中文字注记丰富，分为直接在图中用黑字标注和红纸黑字贴签两种方式。直接标注内容涉及河道两岸村庄、寺庙、城池、驻防、山川、渡口、闸坝等地物名称。贴签部分则主要记录了两项内容，一为水道航行过程中的各处险要之地，并按险要程度分为“极险”“次险”“新险”；一为各营驻地及其弁勇员额，这与黄河河道水势凶险、治理困难的客观情况有关。

关于该图的绘制或表现年代，较为明显的判定标识为运河运道不再经过阳谷张秋镇，而是自阳谷陶城埠新闸渡黄。明永乐九年（1411 年），明廷令工部尚书宋礼重新开挖会通河，并于当年六月工竣。新开河道约 65 里，取道汶上县袁口，傍安山湖东，途经蕲口、安山镇、戴庙而达于张秋镇。张秋镇也因运河而繁荣，时人有“南有苏杭，北有临张”的美誉，“张”即是张秋镇。清咸丰五年（1855 年），黄河于河南兰仪铜瓦厢（今河南省兰考县铜瓦厢）决口，在张秋镇附近将运河堤坝冲毁。为保漕运，初期曾在八里庙开运口。清光绪七年（1881 年），因八里庙黄河断流，运口淤积严重，不宜行舟，遂改新运口于陶城埠，另开新河至阳谷阿城闸入运河，此后的运道不再经过阳谷张秋。图幅中已经绘制陶城埠新闸，途经张秋镇的河道则被标注为老运河，故而该图绘制及表现年代肯定在清光绪七年（1881 年）以后。图中齐河城右侧有贴签“彭副将全福管带河定右营”。民国《齐河县志》记载了光绪年间河防营历任官长，“彭全福字寿亭，湖北黄陂县人，光绪十年任”❶，后因功升任提督。彭全福于清光绪十年（1884 年）担任河营长官，为清代驻防齐河附近河防营的最后一任长官，而下一任长官已是民国元年（1912 年）上任的马鸿宾。因此，该图绘制时间应当为光绪十年之后。

据图中贴签记载：“查龚都司廷魁管带河定左营，弁勇二百七十员，承防汛地，上自云庄起，下至田家止，计长一万一千六百六十丈零七尺，合路六十四里七分有奇，共埽坝一百九十六座登明。”都司龚廷魁，宣统朝所修《东华续录》有记载其人：“本年（光绪二十三年）六月间，山东上中两游伏汛漫溢，前经谕令该抚查明具奏兹据奏明详细情形。此次失事处所，虽据称盛涨异常，人力难施，该管员弁究属疏于防范，承防分防之营官委员，补用游击刘芳池……补用都司龚廷魁。”❷龚廷魁于清光绪二十三年（1897 年）任河营都司，并于次年因功升任河营游击。同样的情况还有卷尾龙王庙右侧贴签所记载的叶云升，贴签中他的职位为“游击”，而他于清光绪

❶（民国）郝金章，《齐河县志》卷之二十一，民国二十二年铅印本，第 398 页。

❷（清）朱寿朋，《东华续录（光绪朝）》卷一百四十七，清宣统元年上海集成图书公司铅印本，第 3062 页。

二十四年（1898 年）补用为参将。❶

综上所述，根据图中所表现的地物状况以及贴签记载的河营长官履历，可以大致判断，本图的成图时间为清光绪十年（1884 年）至清光绪二十四年（1898 年）。❷

山东地区是黄河、运河交汇的地区，治河得以保运，保运所以治河。因此，这一段黄河一直以来都是黄河治理的重点，除了体现在频繁的水利工程建置与维护上，也体现在河防管理制度的建设上。《中游南北两岸堤埝河图贴说》中文字注记较多，尤其是贴签部分，集中记载了山东境内黄河张秋镇至桑家渡段的河防驻扎情况，对各河防营弁勇员额、所负责河段以及河坝长度均有详细记载。清咸丰五年（1855 年），“铜瓦厢河决，穿运而东，堤埝冲溃”，黄河决溢，改道山东入海。黄河穿运以后，导致山东运河的某些河段淤浅严重，难以畅流。清光绪七年（1881 年），因八里庙黄河断流，运口淤积严重，不宜行舟，于是从陶城埠至阿城闸之间挑挖河渠一道，即清光绪七年（1881 年）以后新的过黄通道。光绪朝《中游南北两岸堤埝河图贴说》形象化地展现了上述状况，可以与文献记载相互印证，对于研究清光绪七年（1881 年）以后的黄河河防管理制度具有重要的价值，是难得的图像史料。

陶城铺闸（笔者于 2021 年 11 月 2 日拍摄）

房智超

---

❶ （清）朱寿朋，《东华续录（光绪朝）》卷一百五十一，清宣统元年上海集成图书公司铅印本，第 3148 页。

❷ 图中卷尾标注“桑家渡合龙处”。合龙是水利工程中的一项术语，是指桥梁、堤、坝等从两端施工的工程在中间接合的过程。一般来讲，通过合龙工程可以判断某一水利图的绘制时间，然而桑家渡地处黄河险要之地，自咸丰以来，多次在此处决口，记载较为明晰的有清咸丰五年（1855 年）、清光绪十八年（1892 年）、清光绪二十四年（1898 年）的三次，并且都得到了有效治理。沈括有言，“凡塞河决，垂合，中间一埽，谓之‘合龙门’，功全在此”，这也是中国古代应对河流决口的主要办法，此处标注的“合龙处”究竟是哪一次留下的，很难有定论，因此难以作为判断本图成图时间的证据。

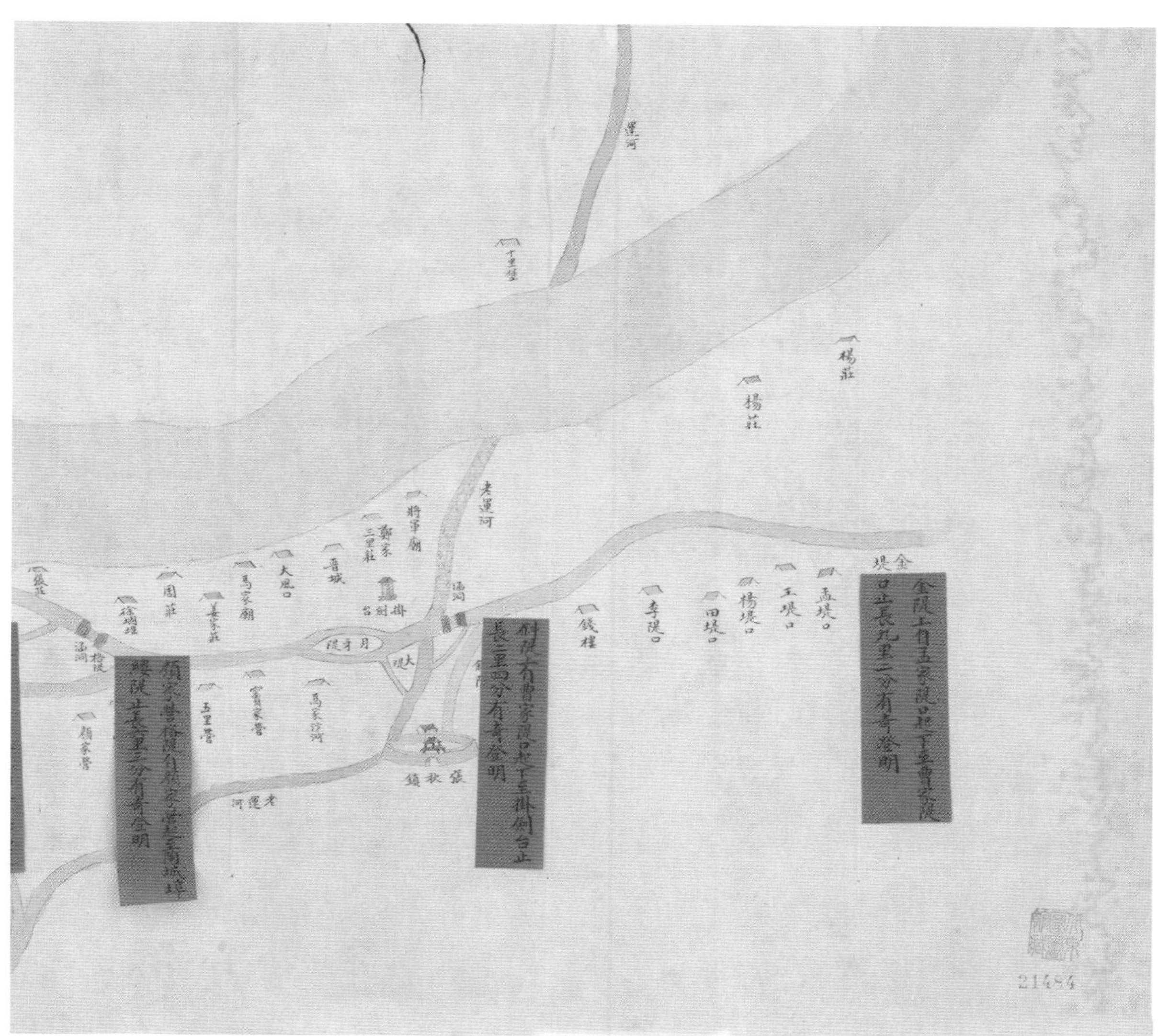
運河
十里堡
楊莊
楊莊
老運河
將軍廟
鄭家
三里莊
晉城
大風口
馬家廟
周莊
張莊
姜家莊
掛劍台
涵洞
月牙隄
大隄
錢樓
李隄口
田堤口
楊堤口
王堤口
孟堤口
金堤
金隄工自孟家隄口起下至曹家隄口止長九里二分有奇登明
斜隄工自曹家隄口起下至掛劍台止長三里四分有奇登明
顏家營格隄自顏家營起至南城埠縷隄止長二里三分有奇登明
格隄
涵洞
五里營
馬家沙河
顏家營
張秋鎮
老運河
21484

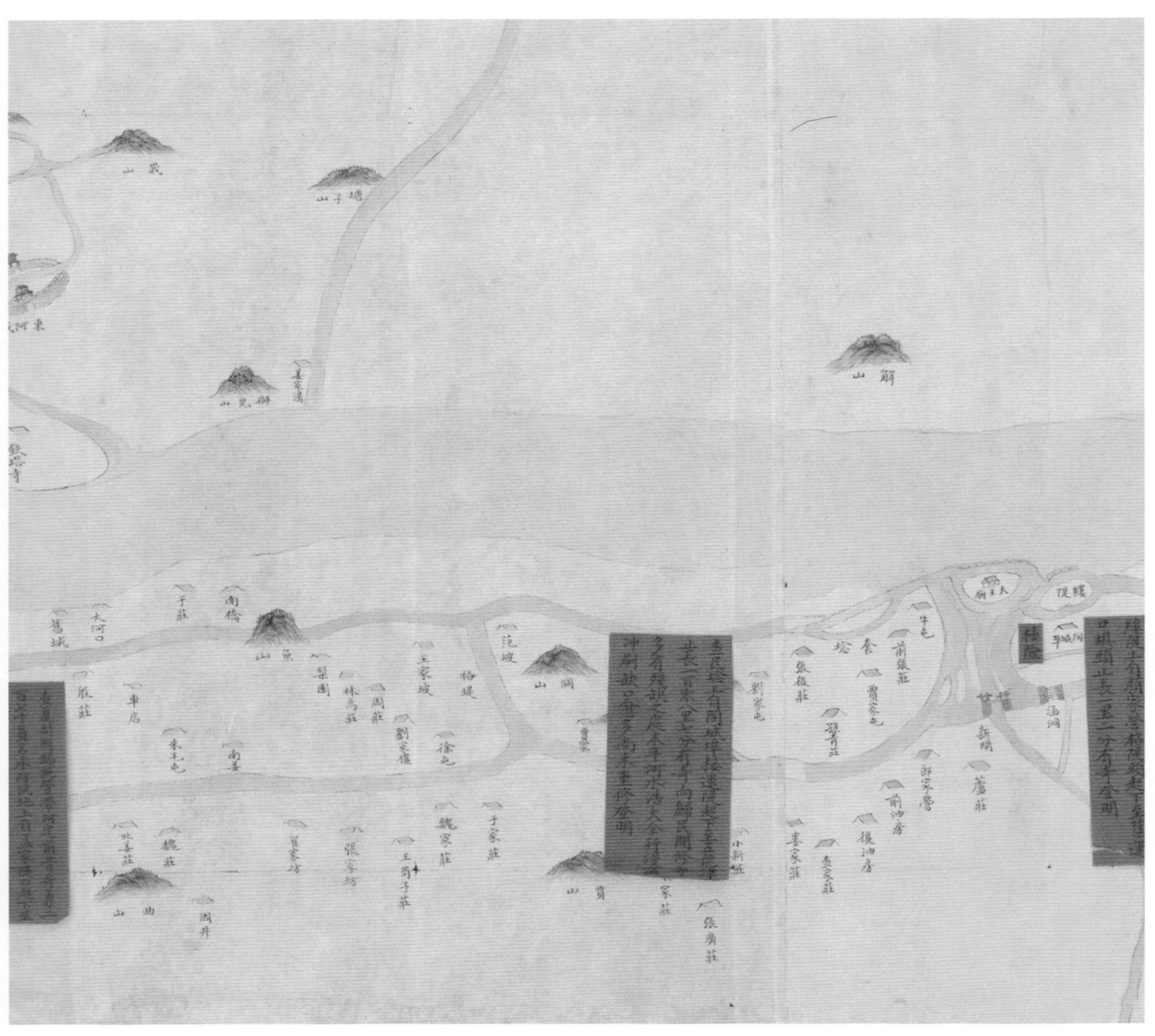

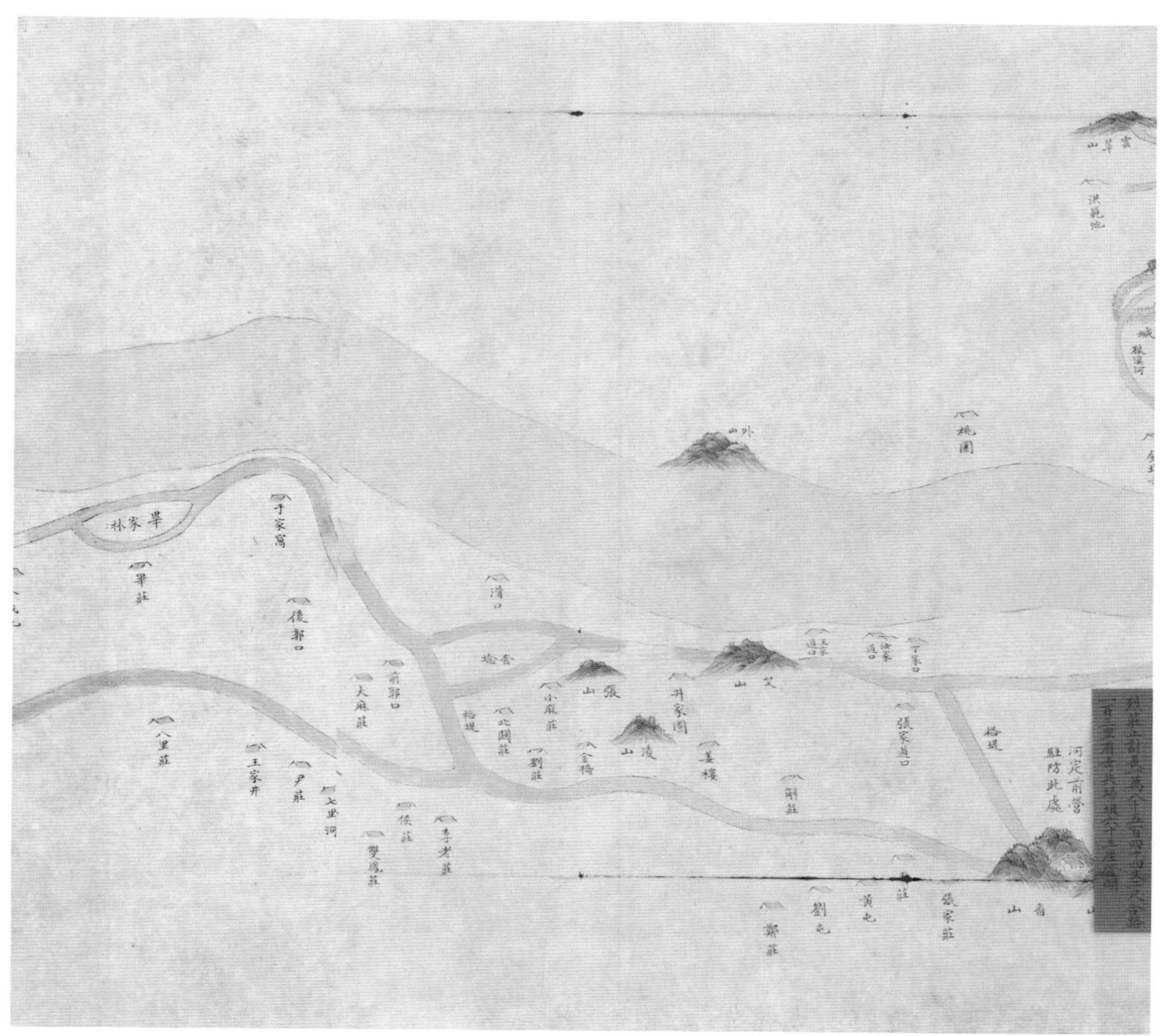

雲旱山
洪範池
城
桃園
外山
畢家林
于家窩
畢莊
後郭口
滑口
香峪
前郭口
大麻莊
八里莊
王家井
尹莊
七里河
張山
小麻莊
北圍莊
劉莊
金橋
井家圍
艾山
凌山
姜樓
張家道口
河定前營
駐防此處
丁家口
侯莊
李老莊
雙碾莊
劉屯
黄屯
張家莊
香山
鄭莊

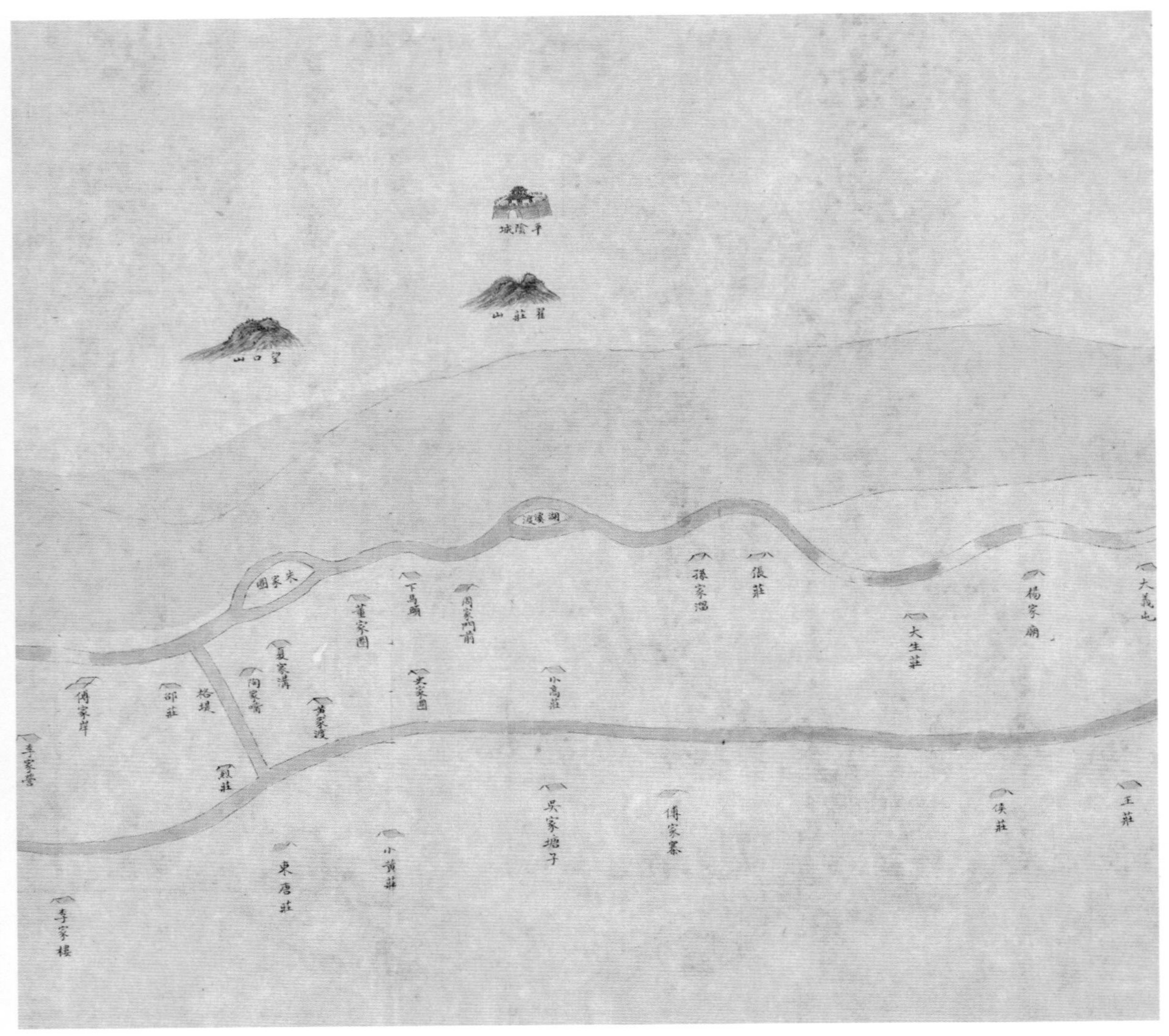

平陰城
翟莊山
望口山
胡家渡
朱家圏
孫家溜
張莊
大義屯
楊家廟
大生莊
董家園
下馬頭
周家門前
夏家溝
小高莊
何家岸
邵莊
格堤
李家營
吳家塘子
傅家寨
侯莊
王莊
小黄莊
東唐莊
李家樓

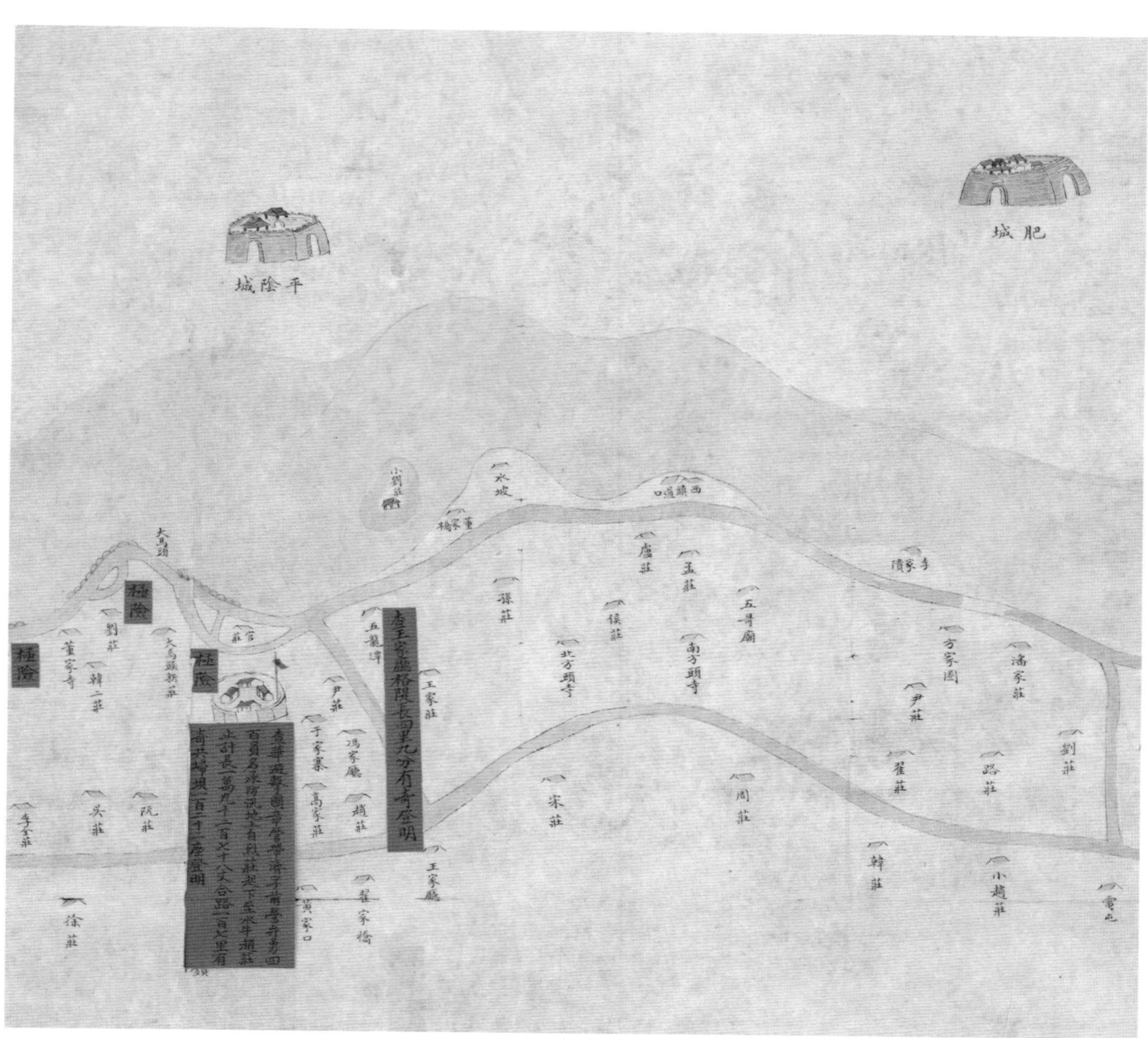

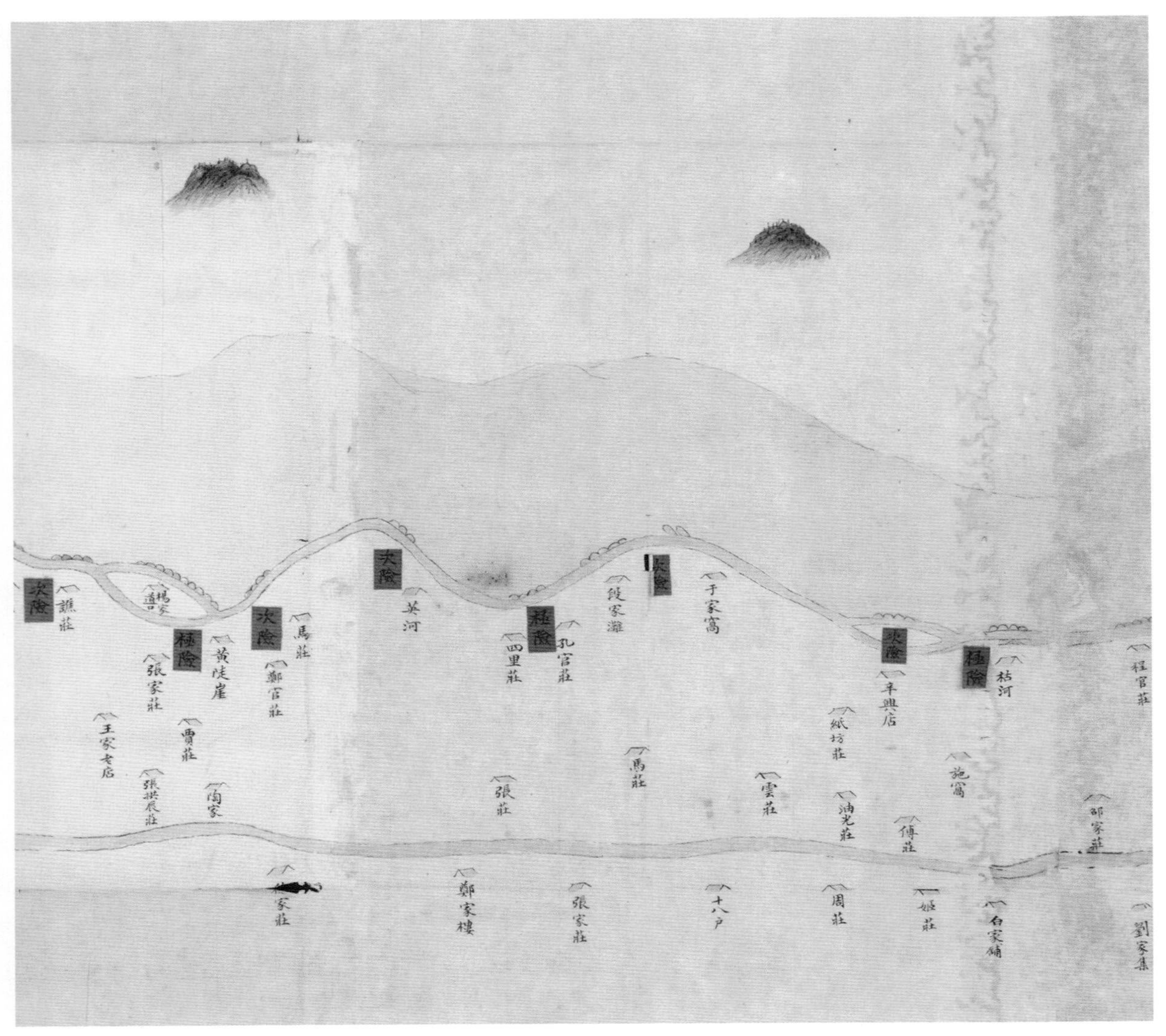
次險
譙莊
楊家道口
極險
張家莊
黄陡崖
王家老店
賈莊
張拱辰莊
陶家
次險
馬莊
鄭官莊
家莊
夾險
英河
極險
四里莊
孔官莊
張莊
鄭家樓
張家莊
段家灘
于家窩
馬莊
雲莊
十八户
次險
辛興店
紙坊莊
油光莊
周莊
傅莊
姬莊
極險
枯河
施窩
白家舖
程官莊
邵家莊
劉家集

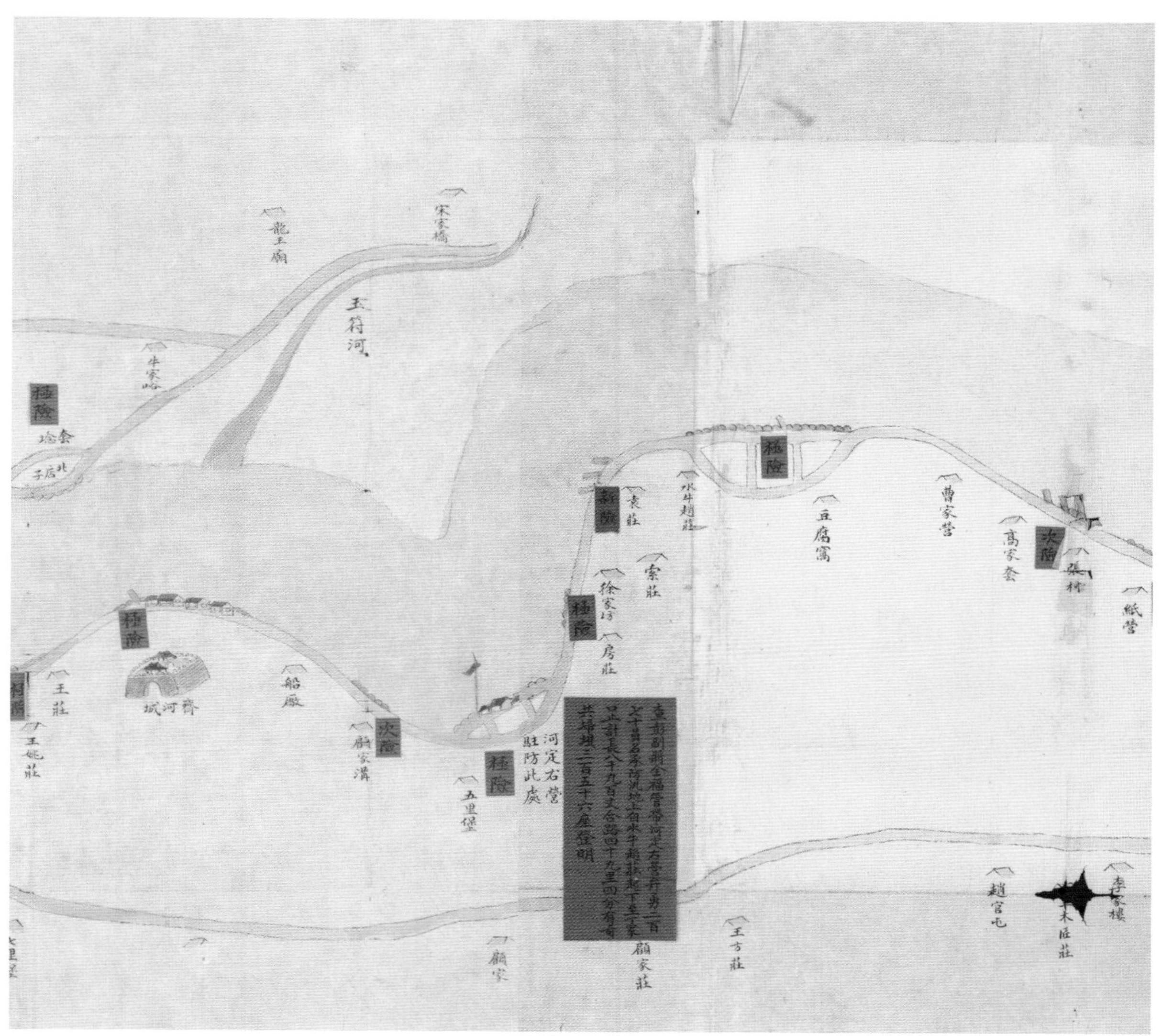

龍王廟
宋家橋
玉符河
北店子
極險
新險
袁莊
水牛趙莊
極險
豆腐窩
曹家營
高家套
次險
紙營
徐家坊
房莊
極險
王莊
齊河城
船廠
次險
極險
五里堡
河定右營
駐防此處
查新副將全福管帶河定右營弁兵二百
七十四名承防汛地上自水牛趙莊起下至王家
口止計長八千九百丈合路四十九里四分有奇
共埽壩二百五十六座登明
王方莊
趙官屯
李家樓

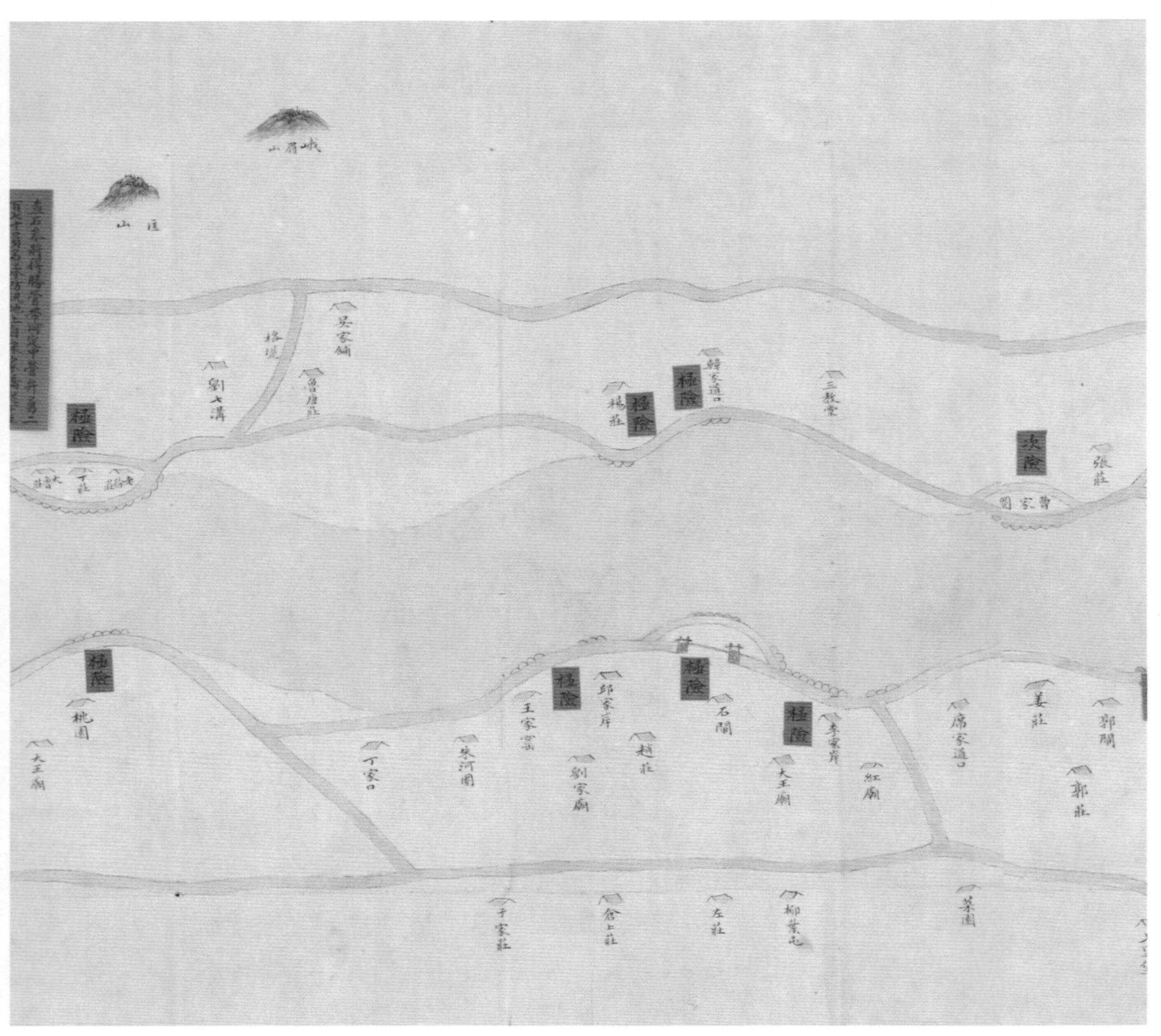

峨眉山
匡山
吳家舖
格堤
劉七溝
楊莊
極險
極險
韓家道口
三教堂
次險
張莊
曹家圈
極險
桃園
大王廟
丁家口
東河圈
王家窯
極險
邱家岸
劉家廟
趙莊
極險
石閘
極險
李家岸
大王廟
紅廟
席家道口
姜莊
郭閘
郭莊
于家莊
倉上莊
左莊
柳葉屯
菜園

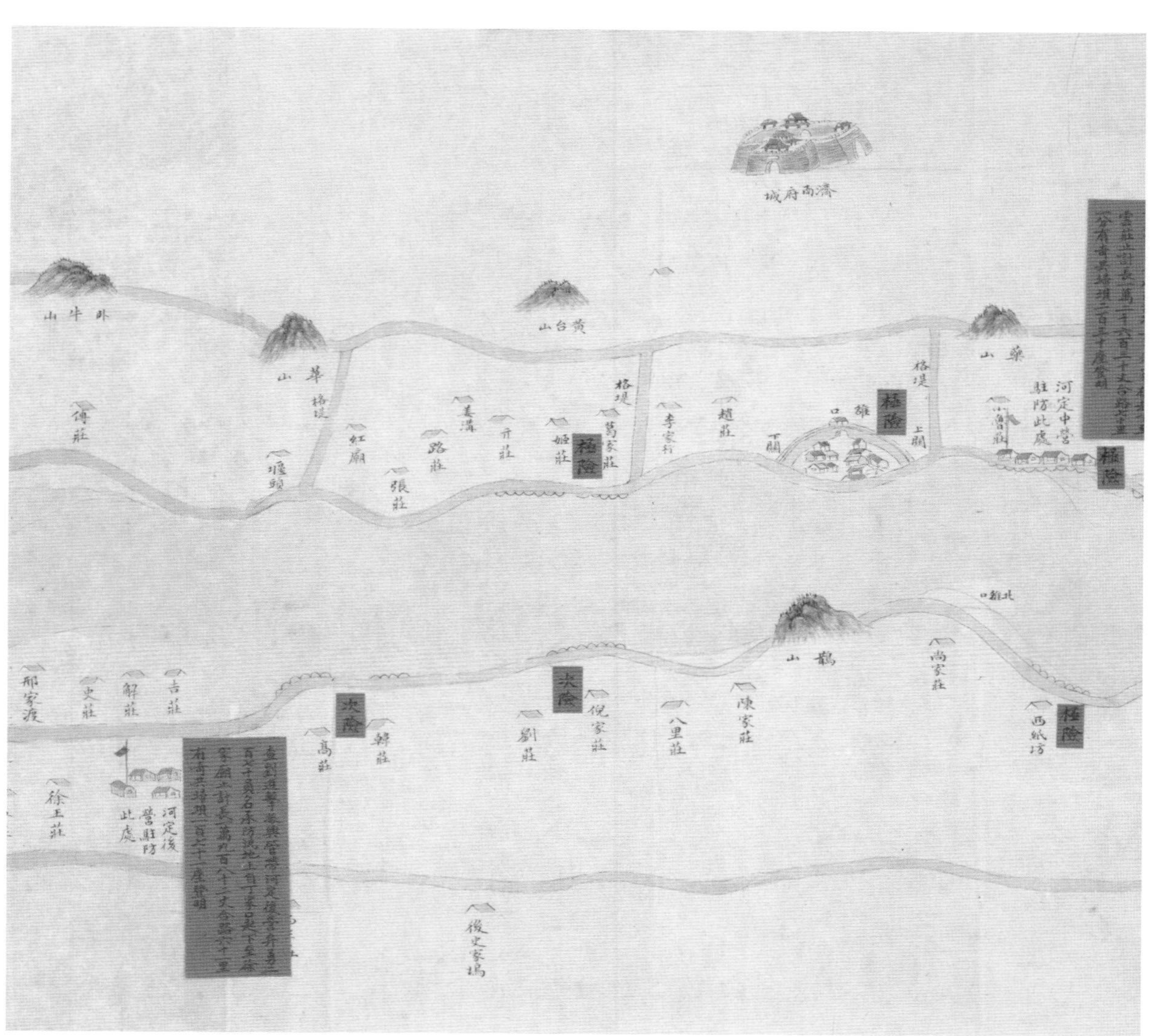

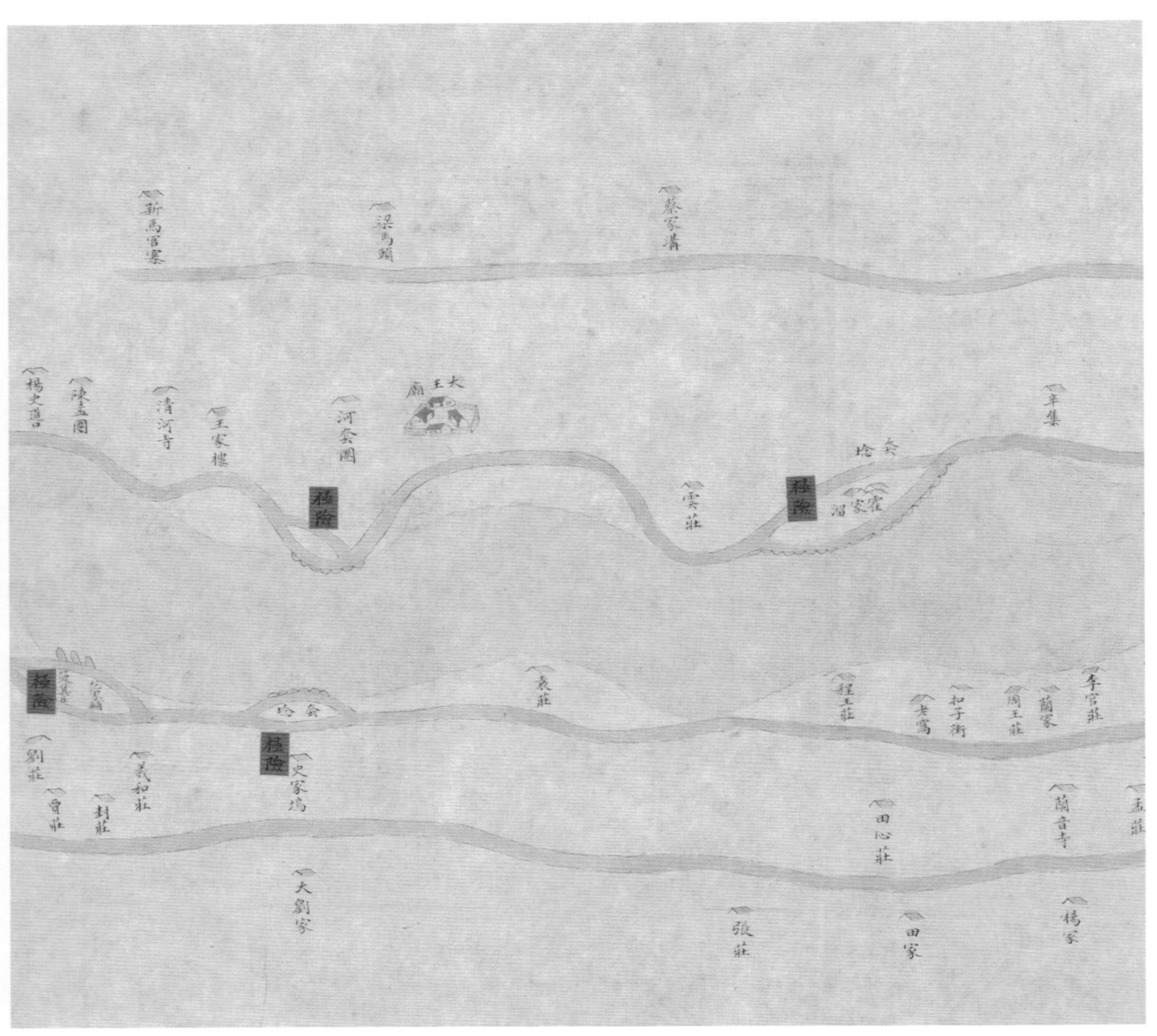
新馬官寨
梁馬頭
蔡家集
楊史道口
陳孟圈
清河寺
王家樓
河套圈
大王廟
辛集
雲莊
霍家湖
極險
袁莊
程王莊
老窩
扣子街
閻王莊
蘭家
李官莊
劉莊
義和莊
賈莊
封莊
史家塢
田心莊
蘭音寺
大劉家
張莊
田家
楊家

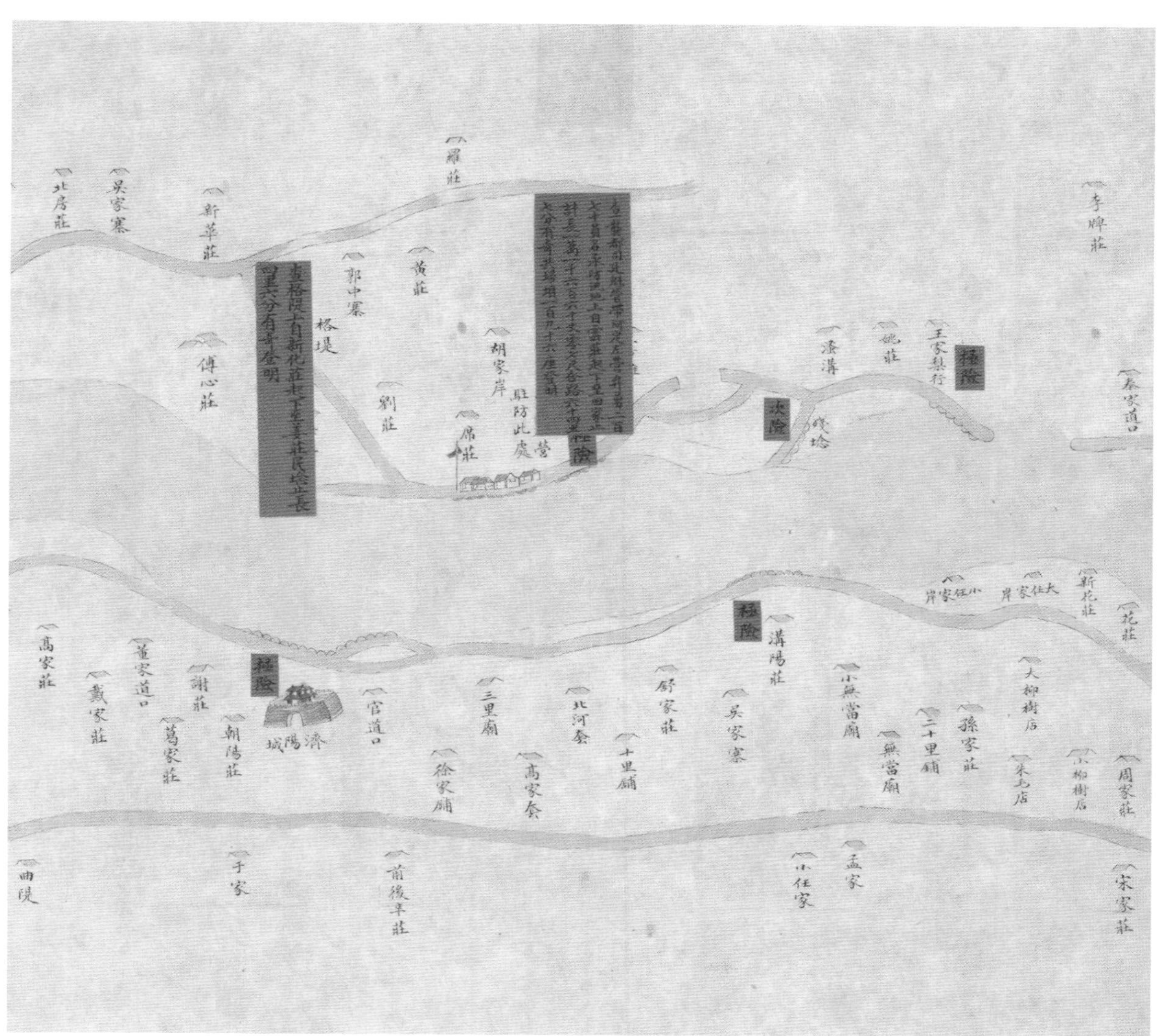

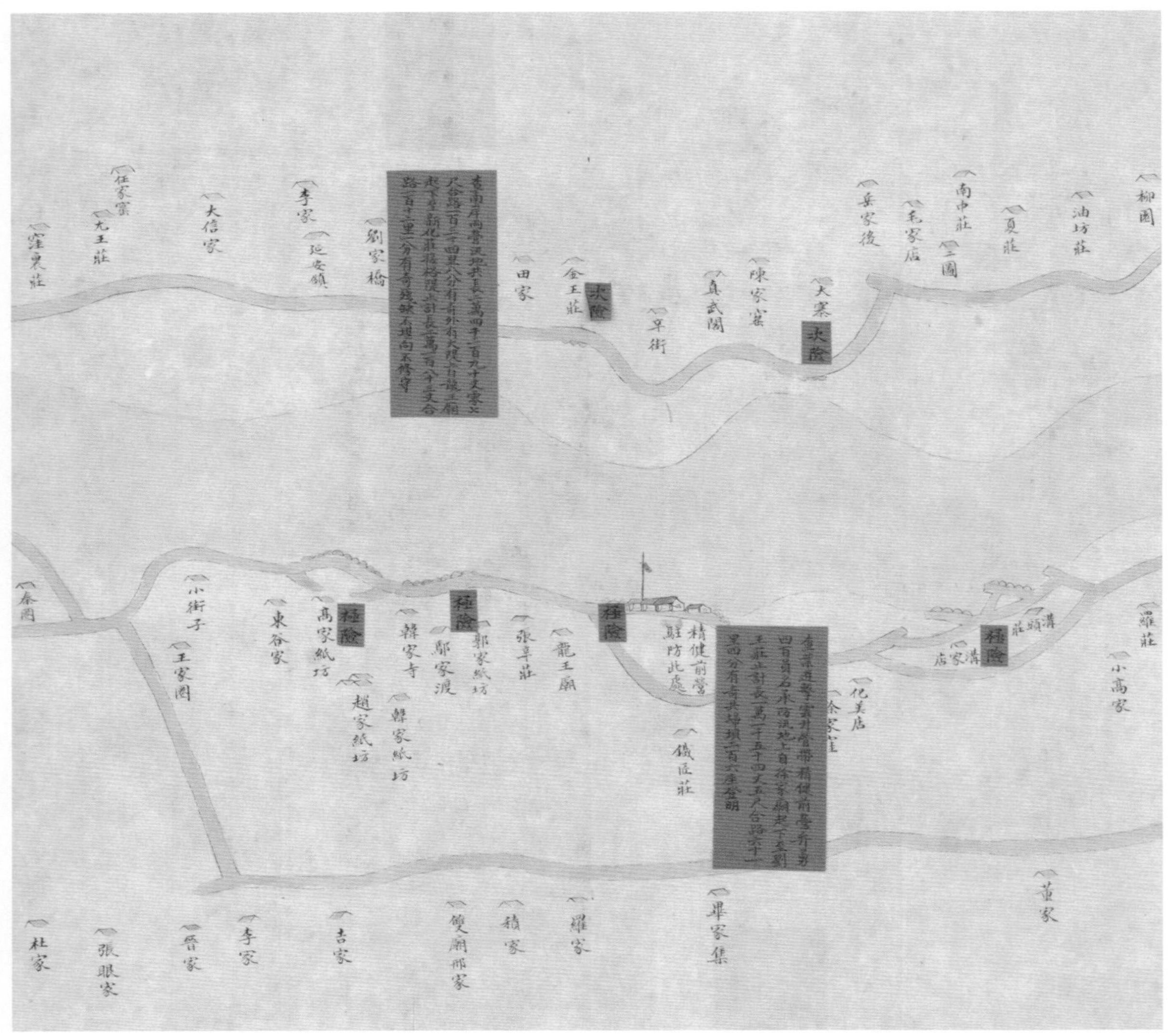

窪東莊
九王莊
任家窯
大信家
李家
延安鎮
劉家橋
田家
金王莊
大險
草街
真武閣
陳家窑
大寨
大險
安家後
毛家店
南中莊
三圈
夏莊
油坊莊
柳圈
春園
小街子
王家園
東谷家
高家紙坊
極險
趙家紙坊
韓家寺
韓家紙坊
極險
鄢家渡
郭家紙坊
張草莊
龍王廟
極險
精健前營駐防此處
鐵匠莊
余家窪
化美店
溝家店
溝頭莊
極險
羅莊
小高家
杜家
張眼家
晉家
李家
吉家
雙廟邢家
穆家
羅家
畢家集
董家

王皇閣
邵王莊
斗官莊
魏家
劉先生家
老鸛趙家
沙窩
馬圈
柱險
合龍處
桑家渡
劉王莊
南北岸無汛地上自孟家嶺口起下至劉王
莊共長六萬八千七百二十四丈合路三百八
十里八分有奇外有大隄自孟家廳起至
商家莊共長四萬一千三百三十三丈合路
二百二十五里一分有奇殘缺不堪尚不修守
魏家
史家道口
商家
油坊

《中国黄河文化大典》编辑出版人员

总 编 辑 黄 河

总责任编辑 营幼峰

总执行编辑 马爱梅 宋建娜

工程档案（古代部分）一

责任编辑 李慧君

审稿编辑 李慧君 宋建娜 丛燕姿

图稿编辑 芦 博

美术编辑 芦 博

装帧设计 芦 博 李 菲

责任排版 芦 博

责任校对 梁晓静 黄 梅

责任印制 崔志强 焦 岩 冯 强